Die Bonus-Seite

Ihr Vorteil als Käufer dieses Buches

Auf der Bonus-Webseite zu diesem Buch finden Sie zusätzliche Informationen und Services. Dazu gehört auch ein kostenloser **Testzugang** zur Online-Fassung Ihres Buches. Und der besondere Vorteil: Wenn Sie Ihr **Online-Buch** auch weiterhin nutzen wollen, erhalten Sie den vollen Zugang zum **Vorzugspreis**.

So nutzen Sie Ihren Vorteil

Halten Sie den unten abgedruckten Zugangscode bereit und gehen Sie auf **www.sap-press.de**. Dort finden Sie den Kasten **Die Bonus-Seite für Buchkäufer**. Klicken Sie auf **Zur Bonus-Seite/Buch registrieren**, und geben Sie Ihren **Zugangscode** ein. Schon stehen Ihnen die Bonus-Angebote zur Verfügung.

Ihr persönlicher **Zugangscode**

yjzu-dvaw-9367-npxg

SAP®-Controlling – Customizing

SAP PRESS

SAP PRESS ist eine gemeinschaftliche Initiative von SAP und Galileo Press. Ziel ist es, Anwendern qualifiziertes SAP-Wissen zur Verfügung zu stellen. SAP PRESS vereint das fachliche Know-how der SAP und die verlegerische Kompetenz von Galileo Press. Die Bücher bieten Expertenwissen zu technischen wie auch zu betriebswirtschaftlichen SAP-Themen.

Uwe Brück
Praxishandbuch SAP-Controlling
586 S., 4., aktualisierte und erweiterte Auflage 2011, geb., mit Referenzkarte
ISBN 978-3-8362-1728-6

Antonia Wilms, Andrea Hölzlwimmer
Praxishandbuch Produktkosten-Controlling mit SAP
507 S., 2011, geb.
ISBN 978-3-8362-1661-6

Uwe Brück, Alfons Raps
Praxishandbuch Gemeinkosten-Controlling mit SAP
527 S., 2., aktualisierte und erweiterte Auflage 2010, geb.
ISBN 978-3-8362-1485-8

Oliver Schöb
Ergebnisrechnung mit SAP
465 S., 2., erweiterte Auflage 2012, geb.
ISBN 978-3-8362-1864-1

Jörg Siebert, Martin Munzel
Praxishandbuch Report Painter/Report Writer
320 S., 2012, geb.
ISBN 978-3-8362-1718-7

Aktuelle Angaben zum gesamten SAP PRESS-Programm finden Sie unter *www.sap-press.de.*

Martin Munzel, Renata Munzel

SAP®-Controlling – Customizing

Galileo Press

Bonn • Boston

Liebe Leserin, lieber Leser,

vielen Dank, dass Sie sich für ein Buch von SAP PRESS entschieden haben.

Im SAP-Customizing – insbesondere bei einer so komplexen Komponente wie CO – gibt es viele Stellschrauben mit zahlreichen Wechselwirkungen und Abhängigkeiten. So können Sie passgenaue Einstellungen für Ihr Unternehmen vornehmen – oder sich im Dickicht der Möglichkeiten verirren. Mit diesem Buch lernen Sie nicht nur, welche Schrauben Sie drehen müssen, sondern auch wie und warum.

Renata und Martin Munzel kennen die Fragestellungen, die in Controllingprojekten immer wiederkehren, und teilen in diesem Buch nicht nur ihr Wissen, sondern auch ihre Erfahrungen mit Ihnen. Für diese zweite Auflage ihres Buches haben sich die beiden Autoren ihr Buch noch einmal zur Brust genommen und es um neue Themen ergänzt. Sie finden nun topaktuelle Informationen zu der neuen Planungsfunktion von CO, den verbesserten Möglichkeiten zur Stammdatenpflege, zur Profit-Center-Rechnung im neuen Hauptbuch sowie zu den parallelen Herstellkosten. Eines aber hat sich nicht geändert: Die Autoren führen Sie wie gewohnt kompetent durch die einzelnen Transaktionen im Customizing und zeigen Ihnen darüber hinaus, wie Sie beim Aufbau Ihres Systems vorgehen sollten. Ich bin mir sicher, dass Sie auch in Ihrem Projekt von den Tipps und Kniffen aus diesem Buch profitieren werden!

Wir freuen uns stets über Lob, aber auch über kritische Anmerkungen, die uns helfen, unsere Bücher zu verbessern. Am Ende dieses Buches finden Sie daher eine Postkarte, mit der Sie uns Ihre Meinung mitteilen können. Als Dankeschön verlosen wir unter den Einsendern regelmäßig Gutscheine für SAP PRESS-Bücher.

Ihre Eva Tripp
Lektorat SAP PRESS

Galileo Press
Rheinwerkallee 4
53227 Bonn

eva.tripp@galileo-press.de
www.sap-press.de

Auf einen Blick

Der Name Galileo Press geht auf den italienischen Mathematiker und Philosophen Galileo Galilei (1564–1642) zurück. Er gilt als Gründungsfigur der neuzeitlichen Wissenschaft und wurde berühmt als Verfechter des modernen, heliozentrischen Weltbilds. Legendär ist sein Ausspruch *Eppur si muove* (Und sie bewegt sich doch). Das Emblem von Galileo Press ist der Jupiter, umkreist von den vier Galileischen Monden. Galilei entdeckte die nach ihm benannten Monde 1610.

Lektorat Eva Tripp
Korrektorat Monika Klarl, Köln
Einbandgestaltung Sabine Reibeholz
Titelbild iStockphoto:000012928881 © instamatics
Typografie und Layout Vera Brauner
Herstellung Maxi Beithe
Satz III-satz, Husby
Druck und Bindung Beltz Druckpartner, Hemsbach

Gerne stehen wir Ihnen mit Rat und Tat zur Seite:
eva.tripp@galileo-press.de bei Fragen und Anmerkungen zum Inhalt des Buches
service@galileo-press.de für versandkostenfreie Bestellungen und Reklamationen
thomas.losch@galileo-press.de für Rezensionsexemplare

Bibliografische Information der Deutschen Nationalbibliothek
Die Deutsche Nationalbibliothek verzeichnet diese Publikation in der Deutschen Nationalbibliografie; detaillierte bibliografische Daten sind im Internet über http://dnb.d-nb.de abrufbar.

ISBN 978-3-8362-2448-2

2., aktualisierte und erweiterte Auflage 2013

Inhalt

1 Einleitung

Im Mittelpunkt dieses Buches steht das Customizing der Controlling-Komponente (CO) in SAP ERP mit all ihren Teilkomponenten. Um Ihnen eine fundierte Anleitung zu geben, welche Einstellungen Sie im Customizing durchführen müssen, werfen wir immer auch einen Blick darauf, welche Funktionen Ihnen in CO zur Verfügung stehen. Anhand von Beispielen erläutern wir, welchem Zweck die jeweilige Funktion dient und wie sie im Customizing abgebildet werden kann. In vielen Tipps, Hinweisen und Querverweisen machen wir deutlich, an welchen Stellen Zusammenhänge und Abhängigkeiten zu anderen Funktionen bestehen.

Der Fokus dieses Buches liegt auf der Konfiguration des SAP ERP-Systems, nicht auf seiner Anwendung. In jedem Kapitel erläutern wir den betriebswirtschaftlichen Hintergrund, das Konzept und die wesentlichen Bestandteile des Teilbereichs von CO, um dann im Detail die einzelnen Funktionen und das Customizing vorzustellen. Wir gehen jedoch nicht darauf ein, wie Sie diese Funktionen im Anwendungsmenü aufrufen und einsetzen.

Die Struktur der einzelnen Kapitel ist der Übersichtlichkeit halber an die Struktur des SAP-Standardeinführungsleitfadens angelehnt. Es ist unser Anspruch, das Customizing des Controllings komplett vorzustellen. Allerdings haben wir dabei bewusst einige wenige Aspekte ausgeklammert, nämlich jene Themen, die tiefere Kenntnisse in Bereichen außerhalb des Controllings erfordern. Hierzu gehören etwa Berechtigungen, ALE-Szenarien (das Zusammenspiel verschiedener SAP-Systeme) und das Organisationsmanagement aus SAP ERP Human Capital Management (HCM).

In der 2., aktualisierten und erweiterten Auflage wurde das Buch komplett durchgesehen und um aktuelle Informationen zur neuen Planungsfunktion und zur Stammdatenpflege, zur Profit-Center-Rechnung im neuen Hauptbuch sowie zu den parallelen Herstellkosten ergänzt.

1.1 An wen richtet sich dieses Buch?

Mit diesem Buch richten wir uns an Leser, die das SAP-System und seinen Aufbau bereits kennen. Elementare Konzepte wie z.B. die Systemarchitektur, der modulare Aufbau von SAP ERP, das Transportwesen oder die Verarbeitung von Batch-Input-Mappen sollten Ihnen vertraut sein; wir verweisen ansonsten auf unser Buch *SAP-Finanzwesen – Customizing*, das ebenfalls bei SAP PRESS erschienen ist und in dem wir diese Aspekte ausführlicher erläutert haben.

Wenn Sie bereits mit der Anwendung der SAP-Komponente CO vertraut sind und sich weiteres Wissen über die Konfiguration des Controllings aneignen möchten, ist dieses Buch das richtige für Sie. Es ist auch für SAP-Berater und SAP-Inhouse-Betreuer geeignet, die bereits über Grundwissen in anderen Komponenten des SAP-Systems verfügen und das Controlling kennenlernen möchten. Sie können dieses Buch nutzen, um das Customizing von CO systematisch und Schritt für Schritt zu erlernen. Eine ähnlich umfangreiche Hilfestellung leistet das Buch denjenigen, die bereits als Anwender im Controlling arbeiten und ihre bisherigen Aufgaben durch die Konfiguration ergänzen möchten.

Schließlich kann Ihnen dieses Buch als Nachschlagewerk für das Customizing dienen, wenn Sie bereits ein erfahrener CO-Berater oder CO-Inhouse-Betreuer sind. Auch bei der Vorbereitung auf eine Beraterzertifizierung kann Sie das Buch unterstützen.

1.2 Aufbau des Buches

Das Buch ist in zehn Kapitel gegliedert, von denen die Kapitel 3 bis 9 jeweils eine der CO-Komponenten behandeln. Diese Kapitel sind gleich strukturiert: Zunächst erläutern wir im Überblick die betriebswirtschaftlichen Hintergründe und die zugrunde liegenden Konzepte der jeweiligen Komponente und stellen anschließend die notwendigen Customizing-Einstellungen ausführlich vor. Am Ende der einzelnen Kapitel skizzieren wir, wie die vorgestellten Funktionalitäten in den drei bereits erwähnten Beispielunternehmen eingesetzt werden können.

Einige Konzepte und Funktionalitäten tauchen in mehreren Komponenten auf, wie z.B. Umlagen, Verteilungen, Abrechnung oder Konditionsschemata. Da wir uns der Übersichtlichkeit halber an die Struktur des SAP-Standardeinführungsleitfadens halten, kommen wir somit an mehreren Stellen auf dieselbe Funktion zu sprechen. Um uns nicht wiederholen zu müssen, beschreiben wir jede Funktionalität nur einmal ausführlich und verweisen an anderen Stellen im Buch darauf.

In **Kapitel 2**, »Unternehmensstruktur und Grundeinstellungen«, erläutern wir zunächst einige Organisationseinheiten aus Finanzbuchhaltung und Controlling, die die Voraussetzung dafür schaffen, dass Sie überhaupt mit dem Customizing des Controllings beginnen können. Darüber hinaus beschreiben wir in diesem Kapitel einige Grundeinstellungen im Controlling, die Sie als Vorbereitung vornehmen müssen, bevor Sie mit der Einrichtung Ihres Systems fortfahren.

Schwerpunkt von **Kapitel 3** ist die Kostenartenrechnung. Kostenarten bilden die Basis für alle Buchungen, die Sie im Controlling vornehmen. Wir erklären den Unterschied zwischen primären und sekundären Kostenarten und zeigen die verschiedenen Wege dazu, wie Sie Stammsätze für Kostenarten anlegen können.

In **Kapitel 4**, »Kostenstellenrechnung«, stellen wir Ihnen die erste CO-Unterkomponente vor. Wir beschäftigen uns zunächst mit den verschiedenen Arten von Stammdaten, wie z.B. Kostenstellen, Leistungsarten oder statistischen Kennzahlen. Im weiteren Verlauf des Kapitels widmen wir uns der Planung und Etatverwaltung, Obligo und Mittelbindung und den Istbuchungen.

Kapitel 5, »Innenaufträge«, thematisiert die Einstellungen für Innenaufträge. Wir gehen zunächst auf die Auftragsstammdaten ein, bevor wir Ihnen anschließend die Konfiguration der Planung, Budgetierung und Verfügbarkeitskontrolle sowie der Istbuchungen vorstellen.

In **Kapitel 6**, »Prozesskostenrechnung«, nehmen wir eine Komponente unter die Lupe, die im deutschsprachigen Raum verhältnismäßig wenig Verwendung findet. Wir erläutern daher ausführlicher als in den anderen Kapiteln die Grundidee und die wesentlichen Konzepte der Prozesskostenrechnung, bevor wir auf die Stammdaten, Templates, Planung und Istbuchungen eingehen.

Die Produktkostenrechnung ist Thema von **Kapitel 7**, »Produktkosten-Controlling«, das das umfangreichste in diesem Buch ist. Das

Kapitel ist in die drei Teile »Produktkostenplanung«, »Kostenträgerrechnung« und »Istkalkulation/Material-Ledger« unterteilt. Wir zeigen Ihnen ausführlich, wie Sie Standardpreise für Produkte kalkulieren, stellen Ihnen die verschiedenen Arten von Kostenträgern vor und erläutern zum Schluss, wie Sie mithilfe des Material-Ledgers parallele Wertansätze führen und eine Istkalkulation durchführen können.

In **Kapitel 8**, »Ergebnis- und Marktsegmentrechnung«, erläutern wie die Funktionsweise der Ergebnisrechnung. Sie lernen die grundlegenden Konzepte wie Merkmale, Wertfelder und Ergebnisbereiche kennen und erfahren, wie Sie Stammdaten bearbeiten, hierarchisch anordnen oder ableiten können. Im Rahmen der Bewertung zeigen wir Ihnen die verschiedenen Möglichkeiten, um Werte aus der Produktkalkulation oder mittels eines Kalkulationsschemas zu ermitteln. Neben einer ausführlichen Beschreibung der Planung kommen wir dann auf die Werteflüsse im Ist zu sprechen, bevor wir Ihnen zum Schluss noch einige hilfreiche Werkzeuge vorstellen.

In **Kapitel 9**, »Profit-Center-Rechnung«, beschäftigen wir uns mit der klassischen Profit-Center-Rechnung, die Sie nur noch einsetzen, wenn Sie noch nicht mit dem neuen Hauptbuch arbeiten. Wir gehen zu Anfang des Kapitels kurz auf die Veränderungen ein, die das neue Hauptbuch mit sich bringt, und stellen dann die Funktionsweise in der klassischen Variante vor. Wir erklären Ihnen, welche Stammdaten Ihnen zur Verfügung stehen, wie Sie Kontierungsobjekte zu Profit-Centern zuordnen und wie Sie planen können. Schließlich gehen wir noch auf die Istbuchungen, Konsolidierungsvorbereitungen und Werkzeuge ein.

Kapitel 10, »Berichtswesen«, entspricht keiner CO-Komponente, sondern bildet eine Zusammenfassung der Einstellungen zum Berichtswesen in den einzelnen Komponenten. Da die Einstellungen zum Informationssystem in allen CO-Komponenten sehr ähnlich sind, haben wir beschlossen, das Berichtswesen zusammenzufassen. Wir gehen daher in den Kapiteln 3 bis 9 nicht auf das Informationssystem ein; die grundlegenden Funktionen zum Report Painter und zur Recherche finden Sie zusammengefasst in Kapitel 10.

Im **Anhang** fassen wir schließlich noch einmal alle wichtigen verwendeten Menüpfade zusammen. Außerdem finden Sie hier den Index und ein Glossar.

1.3 Wie können Sie mit dem Buch arbeiten?

Die grundlegenden Konzepte, die für alle Komponenten von CO bedeutsam sind, wie Organisationseinheiten, Nummernkreise, Versionen oder Transportwesen, finden Sie in Kapitel 2. Abgesehen von diesem Kapitel können Sie alle anderen Kapitel unabhängig voneinander lesen; alle für das jeweilige Kapitel wichtigen Begriffe werden zu Anfang erklärt.

Die vergleichsweise große Anzahl von Querverweisen in diesem Buch ist dem Umstand geschuldet, dass eine Reihe von Funktionen in CO in unterschiedlichen Zusammenhängen eingesetzt wird. Wir erläutern diese jeweils nur an einer Stelle ausführlich und verweisen an den anderen Stellen darauf. Wo immer Abhängigkeiten zu anderen Funktionen im Customizing von CO bestehen, weisen wir darauf hin, um Ihnen das Verständnis zu erleichtern.

Sofern vorhanden, haben wir zusätzlich zu den Menüpfaden im Customizing auch den Transaktionscode angegeben. Viele Customizing-Einstellungen verwenden jedoch nur den allgemeinen Code SPRO – in diesen Fällen haben wir auf diese Information verzichtet. Eine Liste der verwendeten Menüpfade und Transaktionscodes finden Sie im Anhang.

Einige Transaktionen wie z.B. die Stammdatenpflege sind sowohl über das Anwendungsmenü als auch über das Customizing erreichbar. Wir haben in diesem Buch durchgängig alle Customizing-Transaktion angegeben, weil es sich schließlich um ein Buch über Customizing handelt.

Um Ihnen das Arbeiten mit dem Buch zu erleichtern, verwenden wir die folgenden Symbole, um auf spezielle Informationen hinzuweisen:

Dieses Symbol warnt Sie vor häufig gemachten Fehlern oder weist Sie auf Besonderheiten hin, die Sie beachten sollten. **[«]**

Mit diesem Symbol werden Tipps markiert, die Ihnen die Arbeit erleichtern werden. **[+]**

Wenn das besprochene Thema anhand von praktischen Beispielen erläutert und vertieft wird, machen wir Sie mit diesem Symbol darauf aufmerksam. **[zB]**

Als Bonusangebote zu diesem Buch bieten wir Ihnen den Anhang dieses Buches (das Glossar, den Index sowie die Liste aller im Buch verwendeten Transaktionen) zum Download an. Dazu ergänzend finden Sie im Downloadbereich zu diesem Buch eine zusätzliche Übersicht, die der Struktur des SAP-Standard-IMG zu CO entspricht und wiedergibt, an welchen Stellen im Buch die einzelnen Customizing-Transaktionen beschrieben werden.

Außerdem stellen wir Ihnen ausgewählte Beispiele zum Customizing von CO als Offlinedemo zur Verfügung. Die 13 Videos haben zusammen eine Gesamtdauer von über einer Stunde und beinhalten die folgenden Themen:

- Video 1: Ressourcenplanung
- Video 2: Periodische Umbuchung in der Kostenstellenrechnung
- Video 3: Kostenstellenverteilung
- Video 4: Kostenstellenumlage
- Video 5: Interne Leistungsverrechnung in der Kostenstellenrechnung
- Video 6: Gemeinkostenzuschlag
- Video 7: Easy Cost Planning
- Video 8: Template-Verrechnung
- Video 9: WIP-Ermittlung
- Video 10: Strukturen in der Ergebnisrechnung
- Video 11: Planungseinstieg
- Video 12: Report-Painter-Bericht
- Video 13: Rechercheberich t

Sie finden den Anhang und die Videos zum Download auf der Website des Verlags unter *https://ssl.galileo-press.de/bonus-seite/*. Hier werden Sie aufgefordert, den Zugangscode anzugeben, den Sie vorne im Buch auf der blauen Umschlagseite finden. Anschließend haben Sie Zugang zu den Zusatzangeboten dieses Buches. Einige der Videos finden Sie auch unter *www.fico-forum.de*.

1.4 Die Beispielunternehmen aus diesem Buch

Wir stellen Ihnen nun kurz die Beispielunternehmen vor, die Sie im weiteren Verlauf des Buches kennenlernen werden.

Beim ersten Unternehmen handelt es sich um die Firma *Kinderspiel*, einen Hersteller von Spielwaren. Das Produktportfolio umfasst Brett- und Kartenspiele, Puzzles sowie Holz- und Plastikspielzeug. Alle Produkte werden im eigenen Werk gefertigt und an den Großhandel verkauft.

Der Elektronikgroßhändler *Hightech-Handel* ist unser zweites Beispielunternehmen. Diese Firma kauft Elektronikartikel wie Hi-Fi-Geräte, Fernseher und Computer von diversen Herstellern ein und verkauft sie an den Einzelhandel weiter.

Die Firma *RM Consulting* ist schließlich ein Beratungshaus, das seine Kunden bei der Gestaltung von Geschäftsprozessen sowie bei der Einführung und Optimierung von Standardsoftware wie SAP und Oracle berät.

1.5 Danksagung

Wir möchten uns ganz besonders bei Uwe Brück, Herbert Krause und Jörg Siebert bedanken, die unser Manuskript Korrektur gelesen und uns mit zahlreichen Hinweisen und Anregungen unterstützt haben. Dank gilt auch Michael Haupt dafür, dass er ein anschauliches Beispiel für die Iteration der Tarifermittlung in Abschnitt 4.6.3, »Periodenabschluss«, beigesteuert hat.

Wie üblich hat Frau Eva Tripp von SAP PRESS dafür gesorgt, dass unser Manuskript reibungslos in das Buch verwandelt wurde, das Sie nun in den Händen halten.

Auch unsere Söhne Vincent, Philip und Jan haben das Ihre zu diesem Buch beigetragen. Als besonders hilfreich hat sich eine Kinderampel erwiesen, die sie uns geschenkt haben. Mit diesem Hilfsmittel konnten wir an der Tür zum Arbeitszimmer kenntlich machen, ob Kinder im Arbeitszimmer gerade erwünscht sind oder nicht.

Renata und **Martin Munzel**

Die Organisationseinheiten in der Finanzbuchhaltung und im Controlling bilden die Grundlage für alle weiteren Einstellungen. Die Grundeinstellungen betreffen alle Unterkomponenten des Controllings.

2 Unternehmensstruktur und Grundeinstellungen

In diesem Kapitel erläutern wir Ihnen, welche Grundvoraussetzungen Sie in Ihrem ERP-System schaffen müssen, bevor Sie mit der Implementierung der CO-Teilkomponenten wie Kostenartenrechnung, Kostenstellenrechnung etc. beginnen können. Wir stellen Ihnen dabei die grundlegenden Organisationseinheiten vor, die Sie benötigen. Dabei gehen wir zunächst auf die Finanzbuchhaltung ein und beschreiben die Organisationseinheiten Buchungskreis, Kontenplan, Geschäftsjahresvariante und Funktionsbereich. Danach gehen wir auf die entsprechenden Einheiten im Controlling ein, nämlich den Kostenrechnungskreis und den Ergebnisbereich. Wir schließen den Abschnitt über die Unternehmensstruktur mit einigen Erläuterungen zu den Einheiten Werk und Bewertungsklasse.

Im zweiten Teil dieses Kapitels zeigen wir Ihnen, welche Grundeinstellungen Sie im Controlling vornehmen müssen. Wir erläutern dabei die Konzepte der Nummernkreise und Versionen und zeigen Ihnen, welche Möglichkeiten Sie bei der Pflege der Nachrichtensteuerung und der Kontierungslogik haben. Im Anschluss beschäftigen wir uns mit den Einstellungen zur parallelen Bewertung, die Sie vornehmen müssen, falls Sie parallele Wertansätze im Controlling fahren wollen. Zum Schluss erhalten Sie noch einige Hinweise zum Transportwesen im Controlling.

2.1 Organisationsstrukturen

Die Finanzbuchhaltung (Komponente FI) bildet den Kern des SAP ERP-Systems, da ein Großteil der Vorgänge, die im System gebucht werden, einen Beleg in der Finanzbuchhaltung nach sich zieht. Es ist nicht möglich, SAP ERP produktiv zu betreiben, ohne mindestens einen Buchungskreis definiert zu haben, der mit einem Kontenplan und einer Geschäftsjahresvariante verknüpft ist.

Wie Sie später sehen werden, ist der Kostenrechnungskreis, die grundlegende Organisationseinheit im Controlling, eng mit den genannten Elementen verzahnt. Sie lernen in diesem Abschnitt außerdem noch den Ergebnisbereich kennen, der die Grundlage für die Ergebnis- und Marktsegmentrechnung bildet. Zum Abschluss stellen wir Ihnen darüber hinaus noch die Einheiten Werk und Bewertungsklasse vor, die zur Materialwirtschaft gehören und notwendig für das Produktkosten-Controlling sind.

2.1.1 Buchungskreis

Was ist ein Buchungskreis?

Ein *Buchungskreis* bildet in SAP ERP eine selbstständige bilanzierende Einheit ab und ist damit die kleinste organisatorische Einheit des externen Rechnungswesens. Für jeden Buchungskreis können Sie einen gesetzlichen Einzelabschluss (Monatsabschluss und Jahresabschluss) inklusive vollständiger Bilanz sowie Gewinn- und Verlustrechnung (GuV) erstellen. Wie bereits erwähnt, bildet der Buchungskreis auch die Grundlage für alle weiteren Organisationseinheiten in den verschiedenen SAP-Komponenten.

Buchungskreis anlegen

Sie definieren einen Buchungskreis im Customizing über UNTERNEHMENSSTRUKTUR • DEFINITION • FINANZWESEN • BUCHUNGSKREIS BEARBEITEN, KOPIEREN, LÖSCHEN, PRÜFEN; Aktivität: BUCHUNGSKREIS KOPIEREN, LÖSCHEN, PRÜFEN (Transaktion EC01).

Sie haben die Möglichkeit, einen existierenden Buchungskreis zu kopieren und im Nachhinein die Buchungskreiseinstellungen anzupassen. Wir empfehlen Ihnen, Ihren eigenen Buchungskreis aus einem vorhandenen unter Berücksichtigung eines Landes-Templates zu kopieren, z.B. sollten Sie einen deutschen Buchungskreis vom Buchungskreis DE01 (Country Template DE) kopieren. Damit werden bestimmte Landeseinstellungen mit übernommen. Sie sollten auf keinen Fall den Buchungskreis 0001 als eigenen Buchungskreis anpassen, da dieser von SAP für verschiedene Buchungskreisupdates verwendet wird.

Nachdem Sie den Buchungskreis kopiert haben, können Sie die kopierten Daten über den Customizing-Pfad Unternehmensstruktur • Definition • Finanzwesen • Buchungskreis bearbeiten, kopieren, löschen, prüfen anpassen; wählen Sie hier die Aktivität: Buchungskreisdaten bearbeiten (siehe Abbildung 2.1).

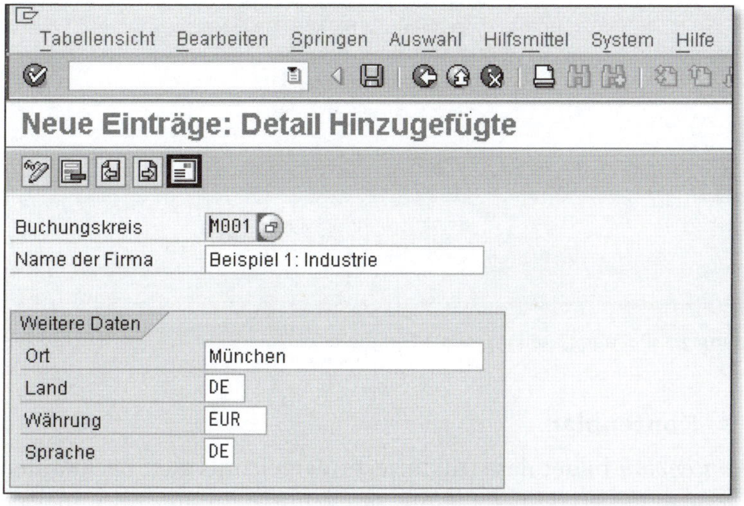

Abbildung 2.1 Buchungskreis anlegen

Wenn Sie auf das Symbol [Symbol] klicken, können Sie die Adressdaten des Buchungskreises anpassen.

Alle kopierten Einstellungen zum Buchungskreis können Sie sich über das Customizing-Menü Finanzwesen (neu) • Grundeinstellungen Finanzwesen (neu) • Globale Parameter prüfen und ergänzen anschauen und eventuell ändern (siehe Abbildung 2.2).

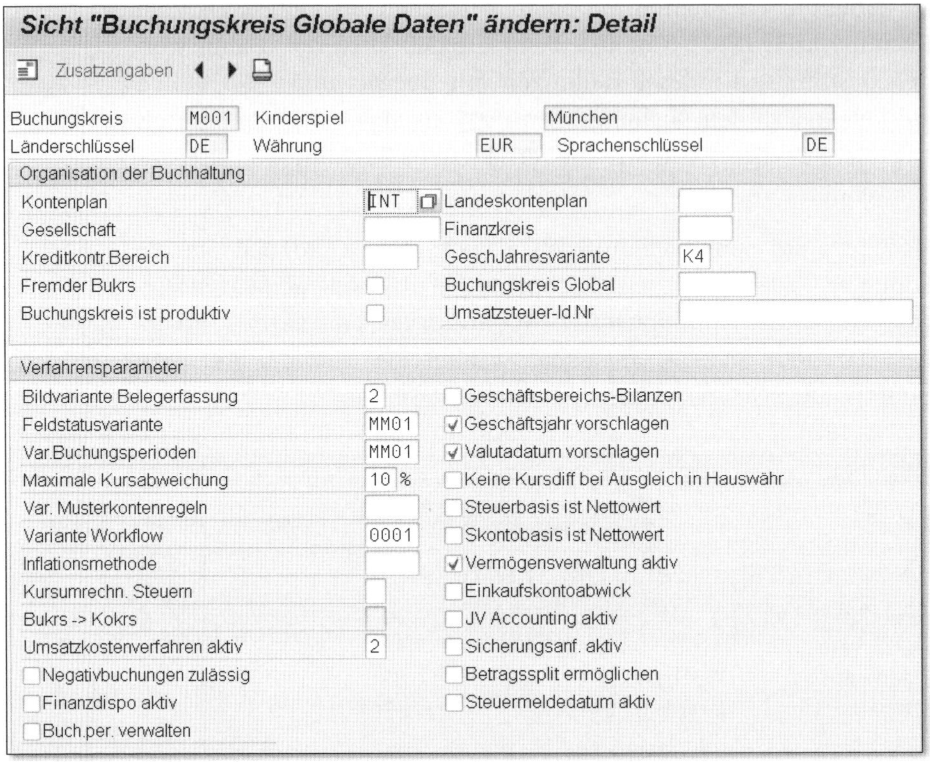

Abbildung 2.2 Buchungskreis – globale Parameter

2.1.2 Kontenplan

Was ist ein Kontenplan?

Der *Kontenplan* bildet das strukturierte Verzeichnis aller Sachkonten (Hauptbuchkonten) und gibt damit den Rahmen für eine ordnungsgemäße Darstellung von Buchhaltungsdaten vor. Jedem Buchungskreis muss zwingend ein Kontenplan zugeordnet werden. Der zugeordnete Kontenplan wird als *operativer Kontenplan* bezeichnet, d.h., auf den Konten des operativen Kontenplans werden die Buchungen im Tagesgeschäft durchgeführt. Der operative Kontenplan wird sowohl von der Buchhaltung als auch vom Controlling verwendet. Bei der Definition des Kontenplans entscheiden Sie, wie viele Stellen die Sachkontennummer haben soll und ob die Integration mit den für das Controlling relevanten Kostenarten manuell oder automatisch erfolgen soll. Die Einstellungen zum Kontenplan nehmen Sie über den Menüpfad Finanzwesen (neu) • Hauptbuchhaltung (neu) • Stammdaten • Sachkonten • Vorarbeiten • Kontenplanverzeichnis bearbeiten (Transaktion OB13) vor (siehe Abbildung 2.3).

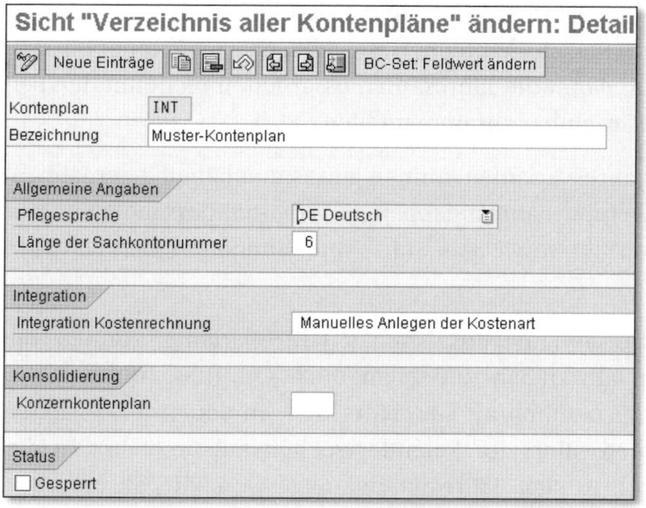

Abbildung 2.3 Kontenplanverzeichnis bearbeiten

Ein Kontenplan kann mehreren Buchungskreisen zugeordnet werden. Falls Sie Änderungen an einem Kontenplan vornehmen, beachten Sie bitte, dass die Änderungen auch für alle anderen Buchungskreise gelten, die den gleichen Kontenplan nutzen.

Kontenplan zum Buchungskreis zuordnen

Dem Buchungskreis M001 wurde durch die Buchungskreiskopie der Kontenplan INT zugeordnet. Sie verknüpfen den Kontenplan mit einem Buchungskreis über FINANZWESEN (NEU) • HAUPTBUCHHALTUNG (NEU) • STAMMDATEN • SACHKONTEN • VORARBEITEN • BUCHUNGSKREIS EINEM KONTENPLAN ZUORDNEN (Transaktion OB62).

Abbildung 2.4 Buchungskreis zum Kontenplan zuordnen

2.1.3 Geschäftsjahresvariante

Was ist eine Geschäftsjahresvariante?

Damit Geschäftsvorgänge bestimmten Zeiträumen zugeordnet werden können, muss ein Geschäftsjahr mit Buchungsperioden festgelegt werden. Dazu definieren Sie eine *Geschäftsjahresvariante* Jeder Buchungskreis muss einer Geschäftsjahresvariante zugeordnet sein.

Das Geschäftsjahr kann sich mit dem Kalenderjahr decken, muss es aber nicht. Zum Beispiel kann ein Geschäftsjahr von Oktober bis September dauern, damit die Jahresabschlussarbeiten nicht mit den Feiertagen Ende Dezember zusammenfallen.

Die Geschäftsjahresvarianten können jahresunabhängig oder -abhängig definiert werden. Jahresunabhängig bedeutet, dass in jedem Jahr die Periodenanzahl sowie das Start- und Enddatum der Perioden gleich sind.

Bei einer jahresabhängigen Geschäftsjahresvariante können die Perioden von Jahr zu Jahr unterschiedlich sein (z. B. finden Sie in britischen Unternehmen oft Geschäftsjahre, in denen die Perioden Kalenderwochen oder vier Kalenderwochen entsprechen). In der Regel empfiehlt es sich, jahresunabhängige Geschäftsjahresvarianten zu verwenden.

Geschäftsjahresvariante pflegen

Die Einstellungen zu den Geschäftsjahresvarianten nehmen Sie über Finanzwesen (neu) • Grundeinstellungen Finanzwesen (neu) • Bücher • Geschäftsjahr und Buchungsperioden • Geschäftsjahresvariante pflegen (Rumpfgeschäftsjahr pflegen) oder über die Transaktion OB29 vor (siehe Abbildung 2.5).

GV	Beschreibung	Jahresspezif	Kalenderj	Anzahl Buchungsp	Anzahl Sond
24	Halbe Perioden	☐	☐	24	
C1	1 Periode (Kalenderjahr)	☐	☐	1	
FV	12 Buchungsperioden HD	☐	☑	12	4
H3	12 Buchungsperioden HD	☐	☑	12	4
H6	4 Perioden GRHD	☐	☐	4	1
K0	Kalenderjahr, 0 Sonderperiode	☐	☑	12	
K1	Kalenderjahr, 1 Sonderperiode	☐	☑	12	1
K2	Kalenderjahr, 2 Sonderperiode	☐	☑	12	2
K3	Kalenderjahr, 3 Sonderperiode	☐	☑	12	3
K4	Kalenderjahr, 4 Sonderperiode	☐	☑	12	4
R1	Rumpfgeschäftsjahr Jan-Sep	☑	☐	12	4
V3	April - März, 4 Sonderperioden	☐	☐	12	4
V6	Juli - Juni, 4 Sonderperioden	☐	☐	12	4
V9	Okt. - Sep., 4 Sonderperioden	☐	☐	12	4
WK	Kalenderwochen	☑	☐	53	

Abbildung 2.5 Geschäftsjahresvariante pflegen

2.1.4 Funktionsbereich

Was ist ein Funktionsbereich?

Funktionsbereiche benötigen Sie nur dann, wenn Sie Ihr Ergebnis nach dem Umsatzkostenverfahren (UKV) ausweisen wollen. Sie können mittels der Funktionsbereiche für jede Buchung in der GuV die Funktion (z.B. Kosten des Umsatzes, Vertriebskosten oder Verwaltungskosten) ermitteln, unter der sie im Ergebnis gezeigt werden soll.

Es gibt in SAP ERP sowohl in der Komponente FI als auch in der Komponente CO mehrere Möglichkeiten, um das Umsatzkostenverfahren abzubilden. In der Finanzbuchhaltung gilt:

- Falls Sie das neue Hauptbuch nutzen, ist der Funktionsbereich bereits ein fester Bestandteil Ihrer Auswertungsmöglichkeiten.
- Nutzen Sie das klassische Hauptbuch, können Sie das Umsatzkostenverfahren entweder in einem sogenannten *speziellen Ledger* oder einem *UKV-Ledger* abbilden.

Die Komponente FI ist jedoch nicht Thema dieses Buches, weshalb wir die genannten Möglichkeiten hier nicht weiter vertiefen können. Weiterführende Informationen zum neuen Hauptbuch und zu Ledgern finden Sie z.B. in unserem Buch *SAP-Finanzwesen – Customizing*, das ebenfalls bei SAP PRESS erschienen ist.

Im Controlling stehen Ihnen folgende Funktionalitäten zur Verfügung, um ein Umsatzkostenverfahren zu realisieren:

- In der Ergebnisrechnung (CO-PA), definieren Sie Ihre Wertfelder so, dass sie Funktionsbereichen entsprechen (siehe Kapitel 8, »Ergebnis- und Marktsegmentrechnung«)
- Wenn Sie das klassische Hauptbuch mit der klassischen Profit-Center-Rechnung einsetzen, können Sie Funktionsbereiche in Profit-Center-Belegen fortschreiben (siehe Kapitel 9, »Profit-Center-Rechnung«). Sie benötigen dann kein gesondertes Ledger in der Finanzbuchhaltung.

Funktionsbereich definieren

Um Funktionsbereiche in der Profit-Center-Rechnung zu nutzen, müssen Sie zunächst im Customizing über FINANZWESEN • GRUNDEINSTELLUNGEN FINANZWESEN • BUCHUNGSKREIS • UMSATZKOSTENVERFAHREN • FUNKTIONSBEREICH • FUNKTIONSBEREICH DEFINIEREN alle Funktionsbereiche anlegen, die Sie benötigen (siehe Abbildung 2.6).

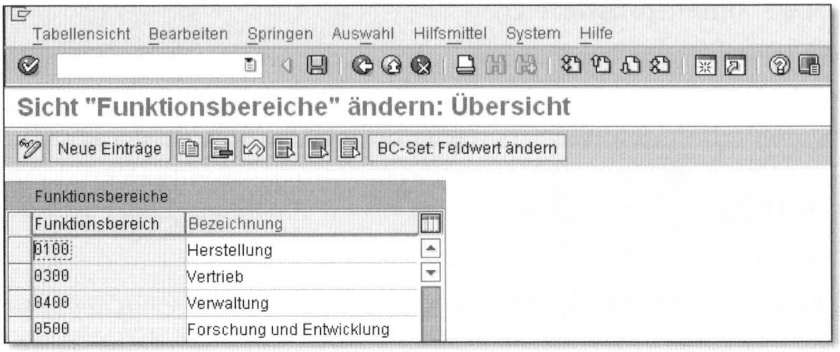

Abbildung 2.6 Funktionsbereich anlegen

Funktionsbereich ermitteln

Nun müssen Sie festlegen, wie der Funktionsbereich bei Buchungen überhaupt ermittelt werden soll. Sie haben folgende Möglichkeiten:

- **Manuelle Eingabe**
  Beim Erfassen von Buchungen geben Sie den Funktionsbereich manuell ein.
- **Ableitung über Substitution**
  Dazu erstellen Sie über FINANZWESEN • GRUNDEINSTELLUNGEN FINANZWESEN • BUCHUNGSKREIS • UMSATZKOSTENVERFAHREN • SUBSTITUTION FÜR UMSATZKOSTENVERFAHREN EINRICHTEN • SUBSTITUTION DEFINIEREN (Transaktion OBZM) eine Substitution, mittels derer Sie Regeln festlegen, wie der Funktionsbereich in Abhängigkeit von anderen Stammdaten wie Konten oder Controlling-Objekten abgeleitet werden soll. Weitere Informationen zu Substitutionen finden Sie in Abschnitt 2.2.4, »Kontierungslogik«.
- **Feste Verknüpfung von Konten mit Funktionsbereichen**
  Diese richten Sie ein, indem Sie den Funktionsbereich in den Kontenstammdaten eintragen.
- **Zuordnung zu Controlling-Objekten**
  Das System erlaubt Ihnen, für Controlling-Objekte wie Kostenstellen, Aufträge, Projekte etc. einen Funktionsbereich vorzugeben. Bei Fertigungsaufträgen, Instandhaltungsaufträgen oder Innenaufträgen tragen Sie den Funktionsbereich in der Auftragsart ein. Bei Projekten können Sie den Funktionsbereich im Projektprofil vorgeben und bei Kostenstellen individuell.

Funktionsbereiche zuordnen

Damit Sie die Funktionsbereiche in den Kontenstammdaten und Controlling-Objekten eintragen können, müssen Sie zunächst das

Umsatzkostenverfahren zur Vorbereitung aktivieren. Dies erledigen Sie im Customizing über Finanzwesen • Grundeinstellungen Finanzwesen • Buchungskreis • Umsatzkostenverfahren • Umsatzkostenverfahren zur Vorbereitung aktivieren. Wählen Sie Ihren Buchungskreis aus, und setzen Sie den Status des UKV auf in Vorbereitung (siehe Abbildung 2.7). Sie können dann Funktionsbereiche in der Profit-Center-Rechnung verwenden.

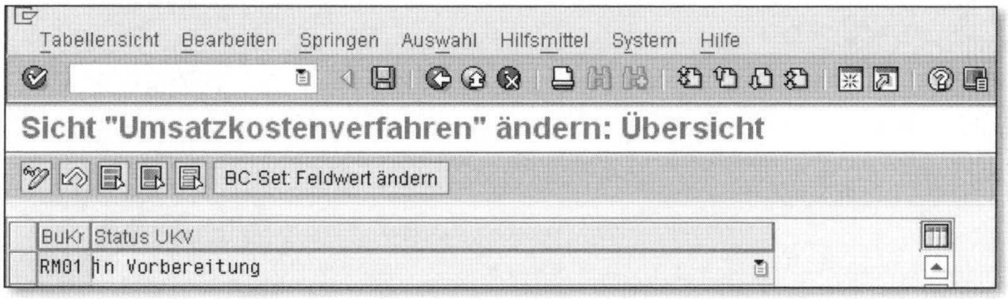

Abbildung 2.7 Umsatzkostenverfahren zur Vorbereitung aktivieren

Damit haben wir Ihnen die wichtigsten Organisationseinheiten in der Finanzbuchhaltung vorgestellt. Wir fahren nun fort mit den Strukturen im Controlling

2.1.5 Kostenrechnungskreis

Was ist ein Kostenrechnungskreis?

Der *Kostenrechnungskreis* ist die zentrale Organisationseinheit im Controlling, von der alle weiteren Stammdaten und Einstellungen abhängig sind. Wie beim Buchungskreis in der Finanzbuchhaltung müssen Sie zunächst einen Kostenrechnungskreis anlegen, um überhaupt das Customizing in CO einstellen zu können. Ein Kostenrechnungskreis ist definiert als Organisationseinheit, für die eine vollständige, in sich geschlossene Kostenrechnung durchgeführt werden kann.

Sie erstellen einen Kostenrechnungskreis über folgenden Pfad im Customizing: Unternehmensstruktur • Definition • Controlling • Kostenrechnungskreis pflegen. Im Popup-Fenster, das dann erscheint, wählen Sie erneut Kostenrechnungskreis pflegen. Klicken Sie nun auf die Schaltfläche Neue Einträge, und Sie können einen neuen Kostenrechnungskreis anlegen (Transaktion OX06, siehe Abbildung 2.8).

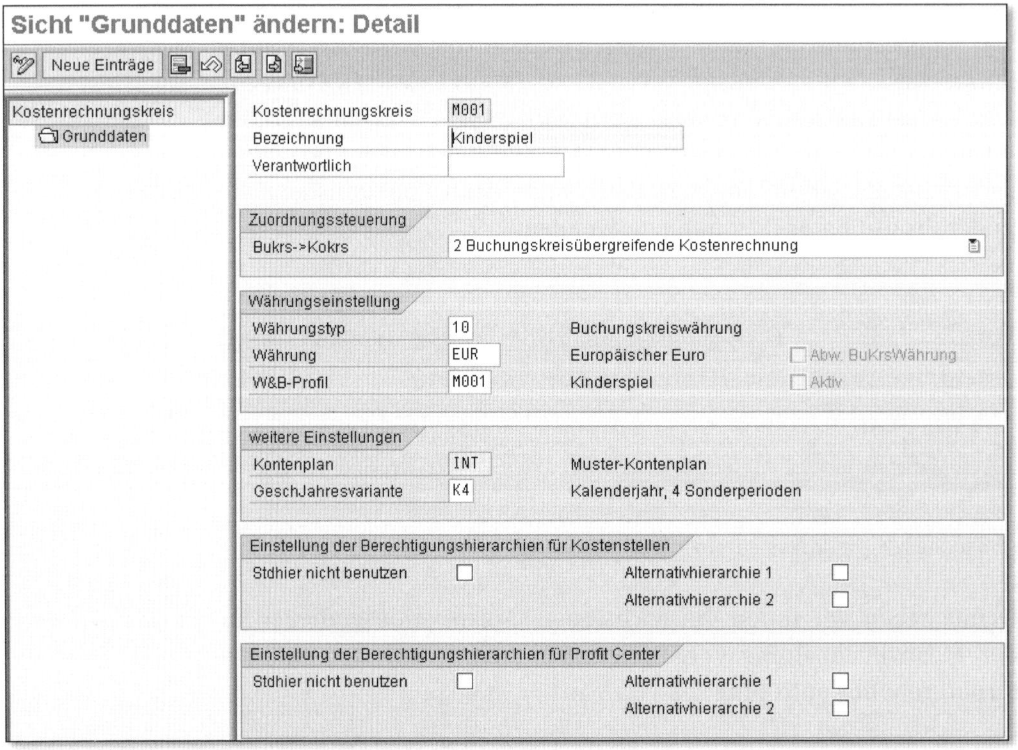

Abbildung 2.8 Kostenrechnungskreis anlegen

Zusammenhang von Kostenrechnungskreis und Buchungskreis

Sie müssen jeden Buchungskreis einem Kostenrechnungskreis zuordnen, wobei Sie auch mehrere Buchungskreise mit demselben Kostenrechnungskreis verknüpfen können. Dazu müssen aber der bzw. die betroffenen Buchungskreis(e) und der Kostenrechnungskreis denselben Kontenplan und dieselbe Geschäftsjahresvariante verwenden; es ist jedoch erlaubt, dass die Währungen unterschiedlich sind.

Über den Parameter BUKRS → KORKS steuern Sie, ob Sie dem Kostenrechnungskreis einen oder mehrere Buchungskreise zuordnen wollen (in unserem Beispiel haben wir Kostenrechnungskreis M001 so eingestellt, dass wir ihn mit mehreren Buchungskreisen verknüpfen können). Wählen Sie hier KOSTENRECHNUNGSKREIS ANALOG BUCHUNGSKREIS, erscheint zusätzlich der Button KOKRS = BUKRS, mittels dessen Sie alle Parameter wie Kontenplan oder Geschäftsjahresvariante vom Buchungskreis in den Kostenrechnungskreis übertragen können.

Die Parameter im Block WÄHRUNGSEINSTELLUNG erläutern wir weiter unten in Abschnitt 2.2.5, »Parallele Wertansätze«.

[«]

Aufbau der Organisationsstruktur

Es gibt eine klare Empfehlung von SAP, für das gesamte Unternehmen nur einen Kostenrechnungskreis zu führen. Das bedeutet, Sie ordnen alle Buchungskreise diesem einen Kostenrechnungskreis zu. Dies bietet Ihnen folgende Vorteile:

Ein Buchungskreis darf einem Kostenrechnungskreis nur dann zugeordnet werden, wenn beide dieselbe Geschäftsjahresvariante und denselben Kontenplan verwenden. Damit können Sie gewährleisten, dass alle Buchungskreise denselben Kontenplan verwenden, und auf diese Weise eine grundlegende Standardisierung sicherstellen.

Stammdaten wie Kostenarten, Kostenstellen und Profit-Center müssen für jeden Kostenrechnungskreis angelegt werden. Bei nur einem Kostenrechnungskreis verringern Sie den Aufwand für die Stammdatenpflege erheblich.

Sie können buchungskreisübergreifende Auswertungen im Controlling fahren. Es ist in SAP ERP nicht möglich, Daten aus unterschiedlichen Kostenrechnungskreisen in einem Bericht anzuzeigen.

Grundlegende Funktionen im Controlling sind nur innerhalb eines Kostenrechnungskreises möglich, wie etwa buchungskreisübergreifender Verkauf, Transferpreise, Verrechnungen im Controlling oder werksübergreifende Kalkulation.

Buchungskreis zum Kostenrechnungskreis zuordnen

Im nächsten Schritt müssen Sie dem Kostenrechnungskreis mindestens einen Buchungskreis zuordnen. Doppelklicken Sie dazu im linken Bildschirmteil auf ZUORDNUNG BUCHUNGSKREISE. Klicken Sie auf NEUE EINTRÄGE, und fügen Sie einen oder mehrere Buchungskreise hinzu (siehe Abbildung 2.9). In unserem Beispiel wurde der Buchungskreis M001 dem Kostenrechnungskreis M001 zugeordnet.

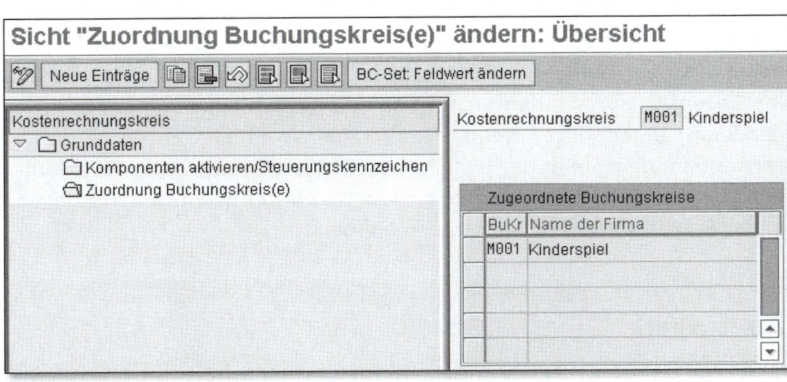

Abbildung 2.9 Buchungskreis zum Kostenrechnungskreis zuordnen

Zum Kostenrechnungskreis müssen Sie noch weitere Einstellungen vornehmen, indem Sie etwa die verschiedenen Teilkomponenten wie Innenaufträge oder die Prozesskostenrechnung aktivieren oder die Standardhierarchie für die Kostenstellen festlegen. Die entsprechenden Einstellungen erläutern wir in den folgenden Abschnitten.

2.1.6 Ergebnisbereich

Was ist ein Ergebnisbereich?

Der *Ergebnisbereich* ist die höchste organisatorische Einheit in der Ergebnis- und Marktsegmentrechnung (CO-PA). Innerhalb eines Ergebnisbereichs definieren Sie sogenannte *Merkmale* und *Wertfelder*, die Sie z.B. zur Deckungsbeitragsrechnung verwenden können. Sie können einen Ergebnisbereich mit einem oder mehreren Kostenrechnungskreisen verknüpfen. Diese können auch unterschiedliche Kontenpläne verwenden, sie müssen jedoch derselben Geschäftsjahresvariante zugeordnet sein.

Ergebnisbereich anlegen

Sie können einen Ergebnisbereich im Customizing über UNTERNEHMENSSTRUKTUR • DEFINITION • CONTROLLING • ERGEBNISBEREICH ANLEGEN erstellen. Allerdings können Sie an dieser Stelle lediglich einen Namen vergeben; alle weiteren Einstellungen nehmen Sie im Customizing-Menü der Ergebnisrechnung vor (siehe Kapitel 8, »Ergebnis- und Marktsegmentrechnung«). Die Zuordnung zwischen Kostenrechnungskreis und Ergebnisbereich nehmen Sie im Customizing unter UNTERNEHMENSSTRUKTUR • ZUORDNUNG • CONTROLLING • KOSTENRECHNUNGSKREIS – ERGEBNISBEREICH ZUORDNEN vor.

[»]

Anzahl der Ergebnisbereiche

In Abschnitt 2.1.5, »Kostenrechnungskreis«, haben wir Ihnen bereits empfohlen, möglichst nur einen Kostenrechnungskreis in Ihrem Unternehmen zu verwenden. Dasselbe gilt für Ergebnisbereiche – Sie können Ihr System besser standardisieren und sparen sich einigen Aufwand mit der Stammdatenpflege, wenn Sie nur einen zentralen Ergebnisbereich verwenden, dem Sie nach Möglichkeit alle Kostenrechnungskreise zuordnen. Sie gewährleisten damit auch, dass Sie konzernweite Auswertungen in der Ergebnisrechnung vornehmen können.

2.1.7 Werk

Was ist ein Werk?

Das *Werk* ist die grundlegende Organisationseinheit in der Logistik. Auf Basis eines Werkes können Sie die Grundeinstellungen für Materialwirtschaft, Produktion, Instandhaltung etc. aufbauen.

Sie definieren ein Werk über den Menüpfad Unternehmensstruktur • Definition • Logistik Allgemein • Werk definieren, kopieren, löschen, prüfen (Transaktion EC02).

Werk anlegen ...

Nachdem Sie das Werk definiert haben, müssen Sie es dem Buchungskreis zuordnen. Die Zuordnung nehmen Sie über den Menüpfad Unternehmensstruktur • Zuordnung • Logistik Allgemein • Werk – Buchungskreis zuordnen (Transaktion OX18) vor. Sie können einem Buchungskreis mehrere Werke zuordnen.

... und zuordnen

2.1.8 Bewertungsklasse

Was ist eine Bewertungsklasse?

Die *Bewertungsklasse* ist ein Schlüssel in der Materialwirtschaft, mit dem Sie die Kontenfindung steuern können. Falls z.B. die Bestände für unterschiedliche Materialien auf verschiedenen Sachkonten ausgewiesen werden sollten, müssen Sie den Materialien unterschiedliche Bewertungsklassen zuordnen (weitere Informationen dazu finden Sie in Abschnitt 7.3.2, »Grundeinstellungen für die Materialkalkulation«. Welche Bewertungsklassen für welche Materialien zugelassen sind, steuern Sie über die Kombination Bewertungsklasse/Materialart. Die Bewertungsklassen definieren Sie über den Menüpfad Materialwirtschaft • Bewertung und Kontierung • Kontenfindung • Kontenfindung ohne Assistent • Bewertungsklassen festlegen (Transaktion OMSK). Die Bewertungsklassen können unabhängig vom Werk bzw. Buchungskreis verwendet werden.

Wir haben Ihnen damit alle wichtigen Organisationseinheiten vorgestellt, die Sie als Grundlage für das weitere Customizing des Controllings benötigen. Wir fahren nun fort mit den Grundeinstellungen, die Sie für alle Unterkomponenten der CO-Komponente festlegen müssen.

2.2 Grundeinstellungen im Controlling

In diesem Abschnitt fassen wir alle grundlegenden Einstellungen zusammen, die Sie bearbeiten müssen, bevor Sie die einzelnen Komponenten von CO produktiv verwenden können. Wir stellen Ihnen dazu die Nummernkreise vor, ohne die Sie keine Belege buchen können; auch Versionen sind eine Grundvoraussetzung dafür, Plan- wie Istdaten fortschreiben zu können. Nachrichtensteuerung und Kontierungslogik sind nützliche Werkzeuge für den Produktivbetrieb. So können Sie Fehlermeldungen in Warnmeldungen umwandeln und umgekehrt, Ihre eigenen Prüfungen in Belegen über eine Validierung vornehmen oder organisatorische Änderungen durch eine Substitution abbilden. Falls Sie parallele Wertansätze führen wollen, müssen Sie einige Einstellungen zum Währungs- und Bewertungsprofil vornehmen. Wenn Sie alle Einstellungen im Customizing fertiggestellt haben, müssen Sie diese noch transportieren. Zum Abschluss dieses Abschnitts zeigen wir Ihnen, was Sie dabei beachten müssen.

2.2.1 Nummernkreise

Was ist ein Nummernkreis?

Über *Nummernkreise* steuern Sie, wie die Belegnummern für Belege im Controlling vergeben werden. Alle Belege im Controlling sind über den sogenannten *Vorgang* klassifiziert, der den betriebswirtschaftlichen Zweck des Belegs widerspiegelt. Beispiele für Vorgänge sind etwa CO-Durchbuchung aus FI, Anzahlung oder Abrechnung Plan. Jeden der Vorgänge, die Sie in Ihrem System verwenden wollen, ordnen Sie dann einer Gruppe zu, die Sie wiederum mit einem Nummernintervall verknüpfen. Somit werden alle Vorgänge in derselben Gruppe Belegnummern aus demselben Intervall erhalten. Sie sind bei der Definition der Nummernkreise vollkommen frei – Sie können für jeden Vorgang eine eigene Gruppe mit Nummernkreis anlegen oder alle Vorgänge derselben Gruppe zuordnen.

Nummernkreise definieren

Sie definieren Nummernkreise im Customizing über Controlling • Controlling Allgemein • Organisation • Nummernkreise für CO-Belege pflegen (Transaktion KANK). Wählen Sie dann zunächst den Kostenrechnungskreis aus ❶ (siehe Abbildung 2.10). Falls Sie mehrere Kostenrechnungskreise im Einsatz haben, können Sie über den Button Kopieren ❷ ganz einfach alle Nummernkreise inklusive Gruppen von einem anderen Kostenrechnungskreis kopieren. Wollen Sie jedoch eine neue Zuordnung vornehmen, klicken Sie auf den Button Gruppen ❸, um die Gruppen zu definieren.

Sie sehen dann eine Übersicht über die bestehenden Gruppen inklusive der zugeordneten Vorgänge (siehe Abbildung 2.11). Um eine neue Gruppe hinzuzufügen, klicken Sie auf den Button Pflegen.

Abbildung 2.10 Einstiegsbilder der Nummernkreise

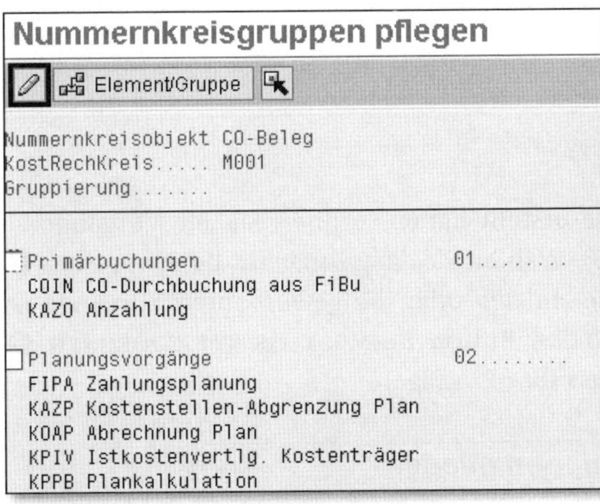

Abbildung 2.11 Übersicht über die Gruppen

Sie können nun eine neue Gruppe einfügen (siehe Abbildung 2.12). Tragen Sie zunächst einen Text ein, und geben Sie dann das Nummernintervall an, in dem Belege zu dieser Gruppe gebucht werden sollen. Indem Sie den Parameter Ext (Extern) aktivieren, legen Sie fest, dass die Nummern für das entsprechende Intervall vom Anwender manuell vergeben werden. Nummernkreise werden nicht nur für Belege, sondern auch für Stammdaten wie z.B. Innenaufträge eingesetzt. Eine externe Nummernvergabe kann z.B. dann sinnvoll sein, wenn Sie die Nummerierung Ihrer Aufträge nach einer bestimmten Logik vornehmen wollen. Bei Belegnummern sollten Sie die externe Vergabe nur dann einsetzen, wenn Sie die Nummern über eine Erweiterung nach Ihrer eigenen Logik definieren wollen.

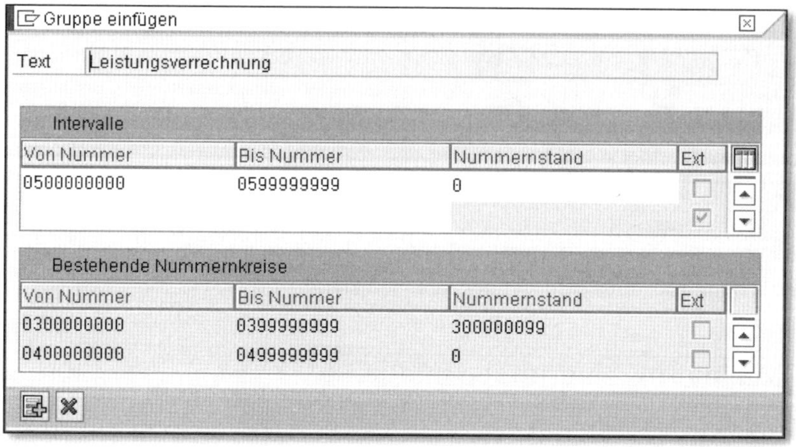

Abbildung 2.12 Gruppe einfügen

Wenn Sie die Gruppe erstellt haben, ordnen Sie ihr Vorgänge zu (siehe Abbildung 2.13). Wählen Sie dazu zunächst die Gruppe aus ❶, und doppelklicken Sie auf den oder die gewünschten Vorgänge ❷. Klicken Sie dann auf den Button Element Gruppe zuordnen ❸. Sichern Sie zum Schluss Ihre Einträge.

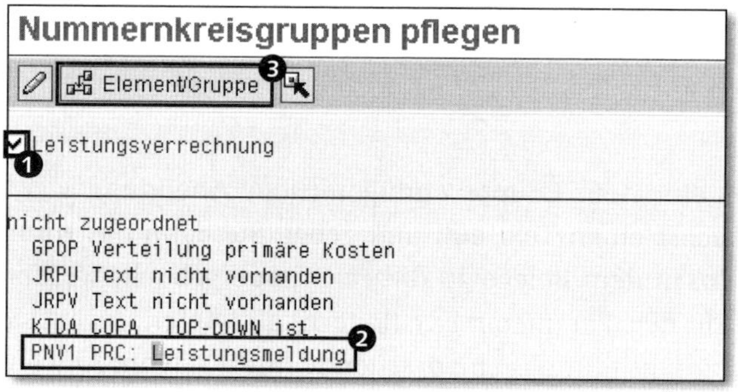

Abbildung 2.13 Vorgänge zur Gruppe zuordnen

2.2.2 Versionen

Was ist eine Version?

Versionen dienen dazu, Datenbestände parallel zueinanderzuführen. Bei der Planung setzen Sie Versionen ein, um unterschiedliche Planungsstände vorzuhalten; die Version 0 ist dabei immer die aktuelle Planung, die Sie z. B. auch für die Ermittlung von Tarifen in der Kostenstellenrechnung heranziehen.

[zB]

Versionen im Plan

Sie führen eine Jahresplanung für das Geschäftsjahr 2011 durch. Ist das Jahr 2011 angebrochen, aktualisieren Sie Ihre Planung jedes Quartal. Um die jeweiligen Planungsstände vorzuhalten und auswerten zu können, gehen Sie dabei wie folgt vor:

- Sie definieren die Versionen 0 (aktuelle Planung), 1 (Jahresplanung), 2 (1. Quartal), 3 (2. Quartal), 4 (3. Quartal) und 5 (4. Quartal).
- Zunächst hinterlegen Sie die Jahresplanung für 2011 in Version 0; damit ist diese Planung Ihre aktuelle Version. Außerdem kopieren Sie diese Planung in Version 1, um diesen Planungsstand »einzufrieren«.
- Zum Ende des 1. Quartals 2011 passen Sie Ihre aktuelle Planung in Version 0 an, um diese wieder auf den neuesten Stand zu bringen. Diese aktuelle Fassung kopieren Sie in Version 2, um die Plandaten später noch auswerten zu können.
- Zum Ende von Quartal 2, 3 und 4 verfahren Sie analog zum 1.: Sie passen die Planung in Version 0 an und kopieren den jeweils aktuellen Stand in die entsprechende Planversion, die dem Quartal zugeordnet ist.

Wenn Sie die parallele Bewertung einsetzen (siehe auch Abschnitt 2.2.5, »Parallele Wertansätze«), schreiben Sie die Daten der verschiedenen Wertansätze ebenfalls in jeweils eigenen Versionen fort.

[zB]

Versionen im Ist bei paralleler Bewertung

Sie führen die parallelen Wertansätze LEGALE BEWERTUNG, KONZERNBEWERTUNG und PROFIT-CENTER-BEWERTUNG. Jeden dieser Wertansätze ordnen Sie einer Version zu (z.B. 0 für legale Bewertung, 30 für den Konzern und 60 für die Profit-Center-Bewertung. Sämtliche Istbuchungen werden dann im jeweiligen Wertansatz in der entsprechenden Version fortgeschrieben.

Version anlegen

Sie legen Versionen im Customizing über CONTROLLING • CONTROLLING ALLGEMEIN • ORGANISATION • VERSIONEN PFLEGEN an (siehe Abbildung 2.14). In der Dialogstruktur navigieren Sie dabei zunächst zum Punkt ALLGEMEINE VERSIONSDEFINITION ❶. Für jede Version geben Sie einen Namen und eine Bezeichnung an ❷ und aktivieren dann je nach Bedarf Kennzeichen. Das Kennzeichen PLAN steuert, ob die Version für die Planung verwendet werden darf, entsprechend dürfen Sie für eine Version mit dem Kennzeichen IST Buchungen im Ist vornehmen. Die Kennzeichen WIP/ERGERM und ABWEICHUNG sind für das Produktkosten-Controlling relevant und werden in

Abschnitt 7.4.3, »Auftragsbezogenes Produkt-Controlling«, näher erläutert. In der Spalte EXKLUSIVE (exklusive Verwendung) können Sie eine exklusive Verwendung für spezielle Anwendungen auswählen; keine dieser Anwendungen ist jedoch für die in diesem Buch behandelten Themen relevant.

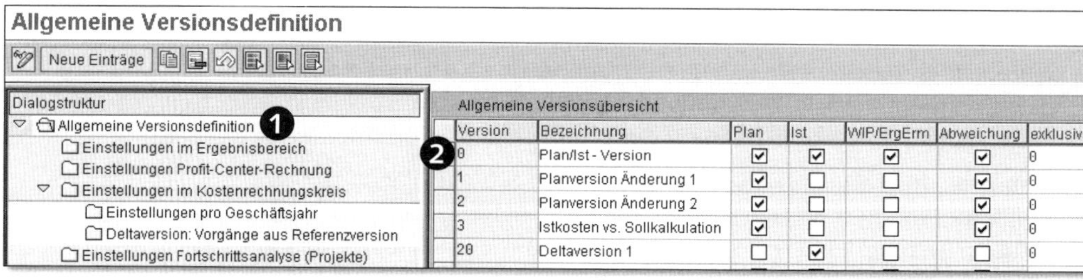

Abbildung 2.14 Allgemeine Versionsdefinition

Wie Sie in der Dialogstruktur links erkennen können, können Sie für eine Version unter anderem auch Einstellungen zum Ergebnisbereich und zur Profit-Center-Rechnung vornehmen; diese erläutern wir ausführlich in den Kapiteln 8, »Ergebnis- und Marktsegmentrechnung«, bzw. 9, »Profit-Center-Rechnung«. Wir gehen nun aber noch auf die Einstellungen ein, die Sie zum Kostenrechnungskreis vornehmen müssen (siehe Abbildung 2.15). Anhand der Parameter PLAN und IST ❶ sowie WIP/ERGERM und ABWEICHUNG ❷ können Sie an dieser Stelle bei Bedarf Einstellungen widerrufen, die Sie zuvor in der allgemeinen Versionsdefinition vorgenommen haben.

[zB]

Einstellungen der allgemeinen Definition widerrufen

Sie haben in der allgemeinen Versionsdefinition festgelegt, dass Version 0 für Plan- und Istwerte zugelassen ist. Im Kostenrechnungskreis stellen Sie nun davon abweichend ein, dass Istwerte zwar erlaubt sind (indem Sie den Parameter IST aktiviert lassen), Planwerte aber nicht zugelassen sein sollen (durch Ausschalten des Parameters PLAN).

Umgekehrt ist dies nicht möglich – ist das Führen von Plan- bzw. Istdaten in der allgemeinen Versionsdefinition nicht erlaubt, können Sie dies im Kostenrechnungskreis nicht davon abweichend zulassen.

Wenn Sie parallele Wertansätze führen, legen Sie in der Spalte BEWERTUNGSSICHT ❸ fest, auf welche Bewertungssicht sich die entsprechende Version bezieht. Im Beispiel sollen in der Version 0 die Istwerte der legalen Bewertung fortgeschrieben werden. Die Spalte

BEGR (Berechtigungsgruppe) ❹ dient dazu, spezielle Berechtigungen für die Version zu definieren. Der Parameter REFVERSION ❺ ist notwendig, wenn Sie in der Prozesskostenrechnung mit Referenzversionen arbeiten. Weitere Informationen dazu finden Sie in Kapitel 6, »Prozesskostenrechnung«.

Abbildung 2.15 Einstellungen zum Kostenrechnungskreis

Indem Sie in den Einstellungen zum Kostenrechnungskreis eine Version auswählen und dann auf EINSTELLUNGEN PRO GESCHÄFTSJAHR verzweigen ❶, pflegen Sie die geschäftsjahresabhängigen Einstellungen zur Version (siehe Abbildung 2.16). Zunächst pflegen Sie hier einen Eintrag für jedes Geschäftsjahr, in dem die Version eingesetzt werden soll. Über VERSION GESPERRT ❷ verhindern Sie, dass im entsprechenden Geschäftsjahr Planwerte verändert werden können. Aktivieren Sie den Parameter PLANUNGSINTEGRATION ❸, erlauben Sie damit, dass Planwerte aus der Kostenstellenrechnung und der Prozesskostenrechnung in die Profit-Center-Rechnung übergeben werden und dabei Planbelege erzeugt werden. KOPIEREN ERLAUBT ❹ bedeutet, dass die Planwerte zu der entsprechenden Version kopiert werden dürfen.

Abbildung 2.16 Einstellungen pro Geschäftsjahr

Doppelklicken Sie auf eine Zeile in der Spalte JAHR ❺, gelangen Sie zu den Detaileinstellungen zum Geschäftsjahr (siehe Abbildung 2.17).

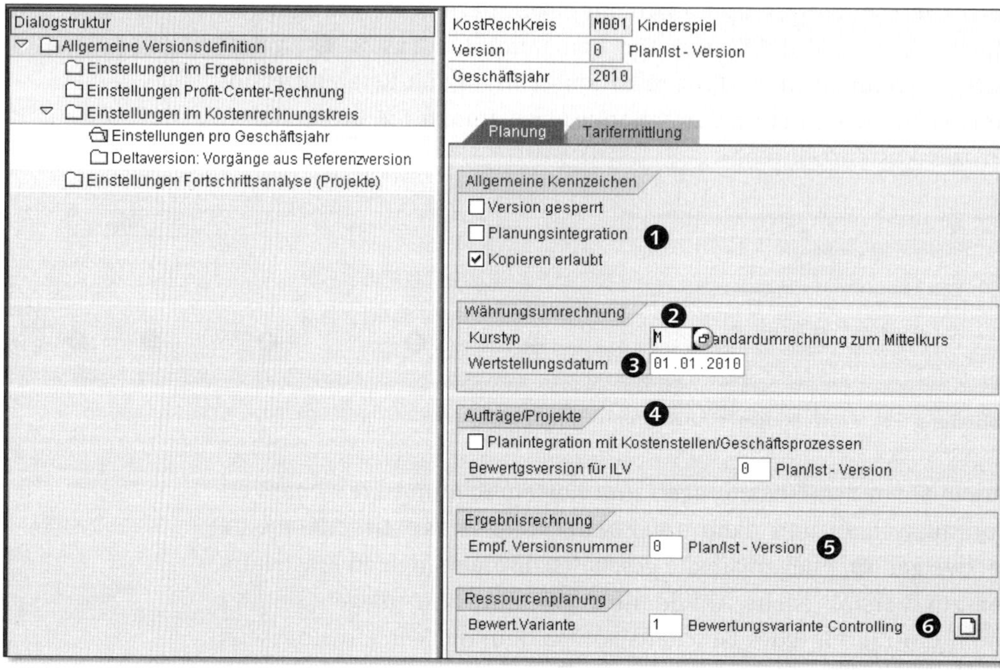

Abbildung 2.17 Details zum Geschäftsjahr

Im Block ALLGEMEINE KENNZEICHEN ❶ finden Sie dieselben Parameter wieder, die wir bereits oben erläutert haben. Über den Parameter KURSTYP ❷ steuern Sie, zu welchem Wechselkurs zu dieser Version Belege in Fremdwährung umgerechnet werden sollen. Sie können im System unterschiedliche Kurstypen hinterlegen und jeweils unterschiedliche Fremdwährungswechselkurse je Typ pflegen. So können Sie z.B. anhand des Kurstyps zwischen Geld-, Brief- und Mittelkurs unterscheiden. Unter WERTSTELLUNGSDATUM ❸ geben Sie an, zu welchem Datum der Kurs ermittelt werden soll.

Wenn Sie das Kennzeichen PLANINTEGRATION MIT KOSTENSTELLEN/GESCHÄFTSPROZESSEN ❹ aktivieren, bedeutet das, dass geplante Leistungsaufnahmen auf Empfängern auch automatisch beim Sender fortgeschrieben werden. Weitere Details zur Leistungsverrechnung finden Sie u.a. in den Abschnitten 4.4.2, »Manuelle Planung«, und 4.6.3, »Periodenabschluss«.

Unter ERGEBNISRECHNUNG ❺ können Sie bei der Planabrechnung eine abweichende Empfängerversion eintragen (Parameter EMPF.

VERSIONSNUMMER). Die Einzelheiten dazu erfahren Sie in Abschnitt 8.5.4, »Planungsintegration«. Welche Bewandtnis die Einstellungen im Block RESSOURCENPLANUNG ❻ haben, erläutern wir Ihnen in Abschnitt 4.4.4, »Ressourcenplanung«.

Welche Einstellungen Sie auf der Registerkarte TARIFERMITTLUNG vornehmen, erläutern wir in Abschnitt 4.6.3, »Periodenabschluss«, im Rahmen der Tarifermittlung. In der Dialogstruktur finden Sie außerdem noch einen Eintrag zur Delta-Version; eine genauere Erklärung von Delta-Versionen liefern wir Ihnen in Abschnitt 6.2, »Voraussetzungen und Grundeinstellungen«.

Wir schließen damit das Thema Versionen hier ab und beschäftigen uns nun mit der Nachrichtensteuerung.

2.2.3 Nachrichtensteuerung

Wozu dient die Nachrichtensteuerung?

Über die *Nachrichtensteuerung* können Sie in bestimmten Fällen den Typ von SAP-Standardnachrichten ändern, sodass Sie z.B. aus einer Fehlermeldung eine Warnmeldung machen oder umgekehrt. Diese Einstellungen können Sie entweder für alle Benutzer oder nur für einzelne Anwender vornehmen.

[zB]

Nachrichtensteuerung

Im Standard ist es nicht erlaubt, bei Innenaufträgen das Profit-Center zu ändern, wenn auf dem Auftrag bereits Belege gebucht sind. Um dies in Ausnahmefällen zuzulassen, ändern Sie für den zuständigen IT-Mitarbeiter für die Nachricht KO367 den Typ auf WARNMELDUNG, sodass dieser die Zuordnung ändern kann.

Nachrichtensteuerung einstellen

Sie pflegen die Nachrichtensteuerung im Customizing über CONTROLLING • CONTROLLING ALLGEMEIN • ORGANISATION • NACHRICHTENSTEUERUNG ÄNDERN (Transaktion OBA5). Nachrichten im SAP-System bestehen immer aus zwei Buchstaben und drei Zahlen (z.B. KO367). Die Buchstaben geben dabei das Arbeitsgebiet an, über das die Nachrichten klassifiziert sind. Die drei Zahlen bilden die Nachrichtennummer. Bei der Pflege der Nachrichten wählen Sie also zunächst ein Arbeitsgebiet aus (siehe Abbildung 2.18).

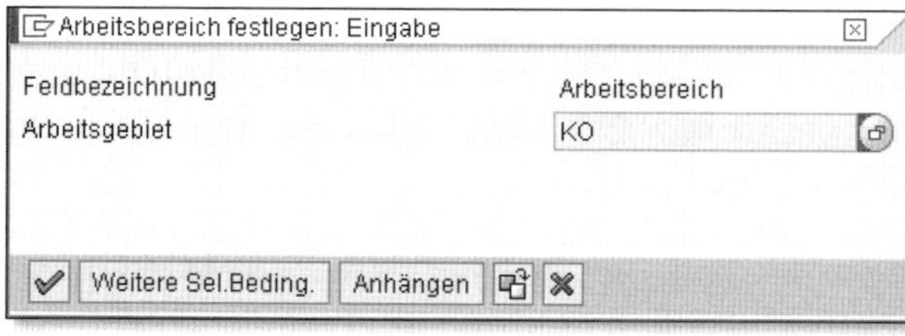

Abbildung 2.18 Arbeitsgebiet für Nachrichtensteuerung

Im nächsten Schritt legen Sie Einträge für diejenigen Nachrichten an, deren Steuerung Sie ändern wollen (siehe Abbildung 2.19). Im Beispiel können Sie in der Spalte STANDARD sehen, dass für die Nachricht 367 der Standardnachrichtentyp E (Fehlermeldung) eingestellt ist. Für den Benutzer MUNZEL wird nun festgelegt, dass sowohl bei der Dialog- als auch bei der Batch-Verbuchung die Meldung nur noch ein Warnhinweis sein soll. Dafür haben wir zunächst in der Spalte BENUTZERNAME den entsprechenden Anwender eingetragen und dann in den Spalten DIALOG und BATCHL ein W für Warnmeldung.

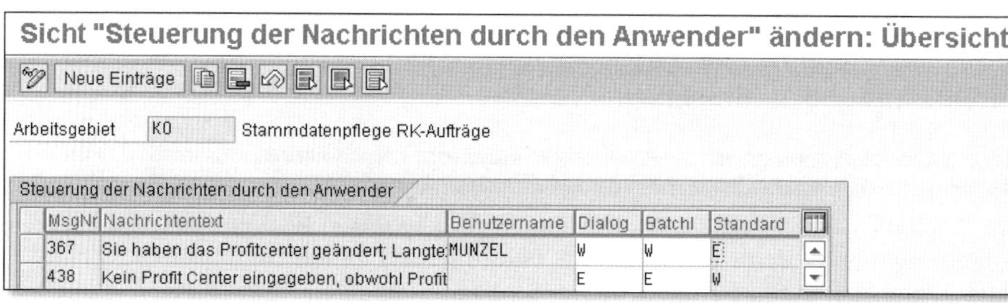

Abbildung 2.19 Nachrichten steuern

In der nächsten Zeile haben wir für alle Benutzer festgelegt, dass die Nachricht 438, die im Standard eine Warnmeldung ist, nunmehr als Fehlermeldung angezeigt werden soll.

Wir zeigen Ihnen nun als Nächstes, welche Änderungen Sie an der Kontierungslogik vornehmen können.

2.2.4 Kontierungslogik

Was bedeutet Validierung und Substitution?

In diesem Abschnitt stellen wir Ihnen die Konzepte der Validierungen und Substitutionen vor. Unter *Validierung* versteht man eine zusätzliche Prüfung, die zu verschiedenen sogenannten *Prüfzeitpunkten* durchgeführt werden kann – beim Erfassen des Belegkopfs, beim

Erfassen einer Belegzeile oder bei einer CO-internen Buchung. Bei einer *Substitution* können Sie beim Buchen eines Belegs automatisch bestimmte Felder mit einem anderen Wert überschreiben lassen. Wir zeigen Ihnen nun zunächst, wie Sie eine Validierung erstellen, und werden danach auf die Substitution eingehen.

Validierung definieren

Pro Kostenrechnungskreis können Sie je eine Validierung pro Prüfzeitpunkt einstellen. Über den Menüpfad CONTROLLING • CONTROLLING ALLGEMEIN • KONTIERUNGSLOGIK • VALIDIERUNG DEFINIEREN (Transaktion OKC7) ordnen Sie eine schon existierende Validierung zu (siehe Abbildung 2.20).

KKrs	Zeitpkt	Validierung	Bezeichnung	Aktiv
M001	1	0_CO_1	Beispiel Validierung für CO	1

Abbildung 2.20 Existierende Validierung dem Kostenrechnungskreis zuordnen

Per Doppelklick auf die entsprechende Zeile können Sie die Definition der Validierung verändern. Durch den Eintrag im Feld AKTIV-GRAD entscheiden Sie, ob und wann Ihre Validierung aktiv ist. Zur Verfügung stehen Ihnen folgende Einträge:

- 0 – inaktiv
- 1 – aktiv
- 2 – aktiv, außer für Batch-Input

Eine neue Validierung legen Sie über UMFELD • VALIDIERUNG an. Wählen Sie zunächst den passenden Prüfzeitpunkt aus (im Beispiel aus Abbildung 2.21 die Belegzeile), und erstellen Sie über den Button VALIDIERUNG eine neue Validierung. Bei der Definition müssen Sie eine Nachrichten-ID angeben, zu der Sie die Nachricht zuordnen, die durch die Validierung ausgegeben werden soll. Sofern Sie noch keine Nachrichtenklasse für diese Zwecke haben, legen Sie zunächst eine an.

Eine Validierung kann mehrere Schritte umfassen, wobei in jedem Schritt eine eigene Prüfung durchgeführt werden kann. Ein Schritt wiederum besteht aus einer Voraussetzung, einer Prüfung und einer Nachricht. Die Voraussetzung enthält eine logische Bedingung, die erfüllt sein muss, damit im nächsten Schritt die Prüfung überhaupt durchgeführt wird. Für die Voraussetzung können Sie alle Felder verwenden, die in der Liste TABELLENFELDER stehen. Im Beispiel wurde als Voraussetzung angeführt, dass die zu buchende Kostenart gleich

477300 sein muss. Im nächsten Schritt, der Prüfung, geben Sie einen weiteren logischen Ausdruck an. Wenn die Prüfung negativ ausfällt, also der Ausdruck nicht erfüllt ist, gibt das System eine Meldung aus, die Sie bei der Nachricht hinterlegen.

Im Beispiel wird die Validierung nur unter der Voraussetzung aktiv, dass das zu buchende Konto 477300 entspricht. Für diesen Fall wird überprüft, ob die angegebene Kostenstelle 120 ist. Wurde eine andere Kostenstelle eingegeben, gibt das SAP-System die Fehlermeldung »Die Kostenart 477300 ist nur mit der Kostenstelle 120 buchbar« aus.

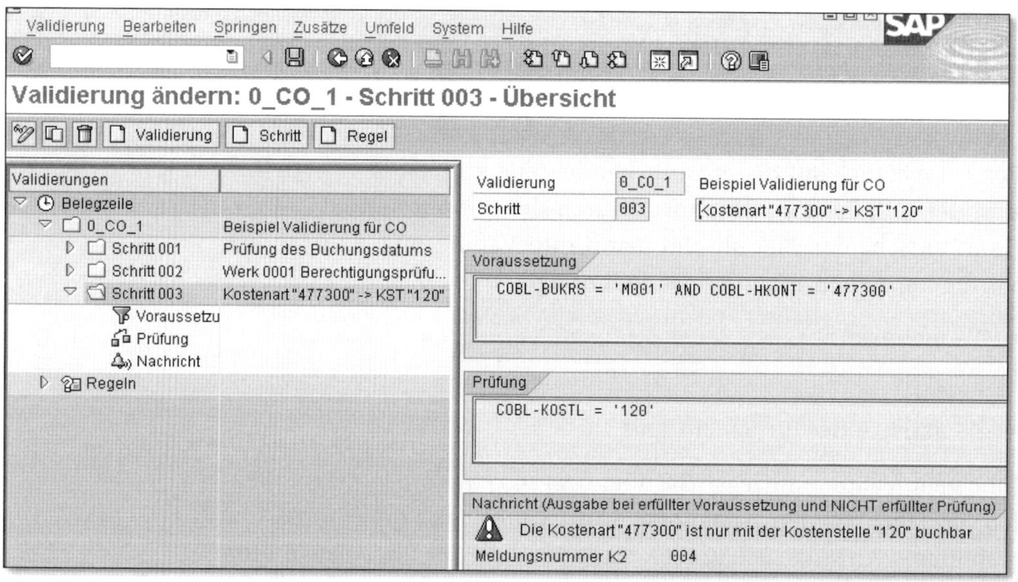

Abbildung 2.21 Beispiel für eine Validierung

Substitution definieren

Der Aufbau einer Substitution ist dem einer Validierung sehr ähnlich. Sie pflegen Substitutionen über den Menüpfad CONTROLLING • CONTROLLING ALLGEMEIN • KONTIERUNGSLOGIK • SUBSTITUTION DEFINIEREN (Transaktion OKC9). Auch hier erfolgt die Zuordnung anhand eines Zeitpunktes und eines Kostenrechnungskreises, und auch eine Substitution kann mehrere Schritte umfassen. Zu einem Schritt definieren Sie analog zur Validierung eine Voraussetzung, und sofern diese erfüllt ist, wird der Substitutionsschritt ausgeführt.

Wir nehmen an, es gab organisatorische Veränderungen, und die Kostenstelle 100 wird nicht mehr verwendet, dafür wird die Kostenstelle 120 gebucht. Im Beispiel aus Abbildung 2.22 wird Kostenstelle 100 als Voraussetzung eingetragen und in der Substitution der konstante Wert 120.

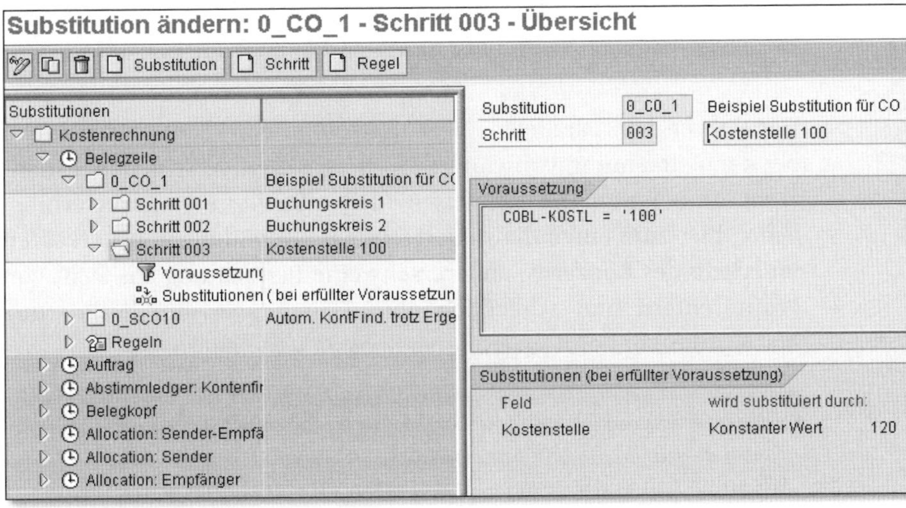

Abbildung 2.22 Beispiel für eine Substitution

Wir schließen damit den Abschnitt zur Kontierungslogik ab und gehen über zum nächsten Thema, den parallelen Wertansätzen.

2.2.5 Parallele Wertansätze

Was ist ein Wertansatz?

SAP ERP bietet Ihnen die Möglichkeit, bis zu drei parallele Wertansätze zu führen. Ein Wertansatz bietet dabei eine Kombinationsmöglichkeit aus einer Währung und einer Bewertungssicht.

Mittels paralleler Wertansätze können Sie im Rechnungswesen durchgängig Vorgänge in mehreren Währungen fortschreiben. Dabei haben Sie die Wahl zwischen der Buchungskreiswährung (Währungstyp 10) und der Konzernwährung (Währungstyp 30).

Was ist eine Bewertungssicht?

Darüber hinaus können Sie insbesondere Warenflüsse aus legaler Sicht, Konzernsicht und gegebenenfalls Profit-Center-Sicht betrachten. Je Bewertungssicht können Sie entscheiden, welchen Währungstyp Sie auswählen. Für die legale Sicht müssen Sie jedoch zwingend die Buchungskreiswährung wählen, für alle weiteren Sichten haben Sie die Wahl zwischen Buchungskreiswährung und Konzernwährung.

[zB]

Parallele Wertansätze

Sie führen drei parallele Wertansätze in der folgenden Konstellation:

- die legale Bewertungssicht in Buchungskreiswährung
- die Konzernsicht in Konzernwährung
- die Profit-Center-Sicht in Buchungskreiswährung

Das Führen von parallelen Wertansätzen ist vor allem entscheidend bei der Betrachtung von Güterflüssen zwischen verschiedenen Konzernunternehmen. Die drei verschiedenen Bewertungssichten ermöglichen hier zum einen die steuerrechtliche Abbildung von Verkäufen innerhalb des Konzerns, andererseits eine Betrachtung aus Sicht von Profit-Centern und schließlich eine Zwischengewinn-Eliminierung und Ermittlung der Konzernherstellkosten von Gütern.

[zB]

Parallele Bewertung von Warenflüssen

Nehmen wir an, Ihr Teilunternehmen A verkauft das Produkt 123 an Unternehmen B. Aus legaler Sicht sieht die Transaktion wie folgt aus:

Der legale Bewertungspreis für Produkt 123 beträgt in Unternehmen A 800 EUR, der Verkaufspreis aus legaler Sicht betrage 1.000 EUR.

Unternehmen A verbucht demnach:

Umsatz	–1.000 EUR
Bestandsveränderungen	800 EUR
Bestand	–800 EUR

(Hinweis: Habenbuchungen werden im SAP-System stets als negative Beträge dargestellt; der Einfachheit halber stellen wir Forderungen und Verbindlichkeiten in diesem Beispiel nicht dar.)

Unternehmen B bucht in der legalen Sicht:

WE/RE-Konto	1.000 EUR
Bestand	–1.000 EUR

Nehmen wir nun an, der Preis von Produkt 123 aus Konzernsicht betrage 500 EUR. Das System bucht dann parallel in der Konzernbewertungssicht:

Unternehmen A

Bestandsveränderungen	500 EUR
Bestand	–500 EUR

Unternehmen B

WE/RE-Konto	–500 EUR
Bestand	500 EUR

Hinweis: Ein Buchungsbeispiel für Transferpreise zwischen Profit-Center finden Sie in Abschnitt 9.6, »Transferpreise«.

Währungs- und Bewertungsprofil definieren

Um Warenflüsse parallel bewerten und Transferpreise führen zu können, benötigen Sie das Material-Ledger (siehe Abschnitt 7.5, »Istkalkulation/Material-Ledger«). Bevor Sie dieses jedoch aktivieren können, müssen Sie ein Währungs- und Bewertungsprofil (kurz: W&B-Profil) einstellen, in dem Sie festlegen, welche Bewertungssichten und Währungen Sie parallel führen wollen. Wie Sie dabei vorgehen, zeigen wir Ihnen nun.

Sie legen ein W&B-Profil im Customizing über CONTROLLING • CONTROLLING ALLGEMEIN • PARALLELE WERTANSÄTZE/TRANSFERPREISE FÜHREN • GRUNDEINSTELLUNGEN • WÄHRUNGS- UND BEWERTUNGSPROFIL ERSTELLEN (Transaktion 8KEM) an. Legen Sie hier zunächst ein neues Profil an (siehe Abbildung 2.23), und pflegen Sie den Text dafür ❶. Wählen Sie dann in der Dialogstruktur die Detailsicht ❷, um die Bewertungsansätze einzutragen ❸. Wie bereits weiter oben erwähnt, stehen Ihnen die Währungstypen 10 (WÄHRUNG DES BUCHUNGSKREISES) und 30 (KONZERNWÄHRUNG) sowie die Bewertungssichten 1 (KONZERNBEWERTUNG) und 2 (PROFIT-CENTER-BEWERTUNG) zur Verfügung. Die Sicht 0 (LEGALE BEWERTUNG) mit der Währung des Buchungskreises ist obligatorisch.

Abbildung 2.23 Währungs- und Bewertungsprofil anlegen

Einstellung der Konzernwährung [+]

Welche Währung Sie als Konzernwährung führen, können Sie nur zentral für den gesamten Mandanten festlegen. Sie pflegen diese Einstellung im Anwendungsmenü über WERKZEUGE • ADMINISTRATION • VERWALTUNG • MANDANTENVERWALTUNG • MANDANTENPFLEGE (Transaktion SCC4). Über den Parameter STD. WÄHRUNG stellen Sie die Konzernwährung ein.

W&B-Profil zuordnen

Wenn Sie das W&B-Profil angelegt haben, verknüpfen Sie es als Nächstes über CONTROLLING • CONTROLLING ALLGEMEIN • PARALLELE WERTANSÄTZE/TRANSFERPREISE FÜHREN • GRUNDEINSTELLUNGEN • W&B-PROFIL DEM KOSTENRECHNUNGSKREIS ZUORDNEN (Transaktion 8KEQ) mit Ihrem Kostenrechnungskreis (siehe Abbildung 2.24). Tragen Sie das Profil in der Spalte W&B-PROF. ein.

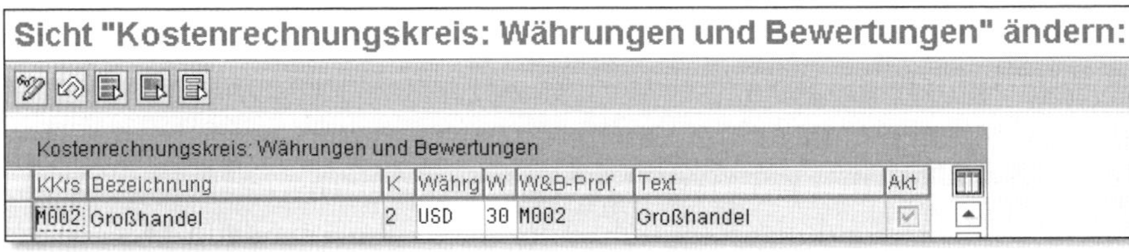

Abbildung 2.24 Währungs- und Bewertungsprofil dem Kostenrechnungskreis zuordnen

Versionen zuordnen

Um Buchungen im Ist in parallelen Wertansätzen fortschreiben zu können, müssen Sie außerdem jeder Bewertungssicht, die Sie in Ihr W&B-Profil aufgenommen haben, eine Version zuordnen. Wie Sie Versionen pflegen, haben wir in Abschnitt 2.2.2, »Versionen«, bereits erläutert; über CONTROLLING • CONTROLLING ALLGEMEIN • PARALLELE WERTANSÄTZE/TRANSFERPREISE FÜHREN • GRUNDEINSTELLUNGEN • VERSIONEN FÜR BEWERTUNG ANLEGEN gelangen Sie aus dem Einstellungsmenü für parallele Wertansätze direkt in die Versionspflege. Sie ordnen die Bewertungssicht in den Einstellungen der Version zum Kostenrechnungskreis zu (siehe Abbildung 2.25).

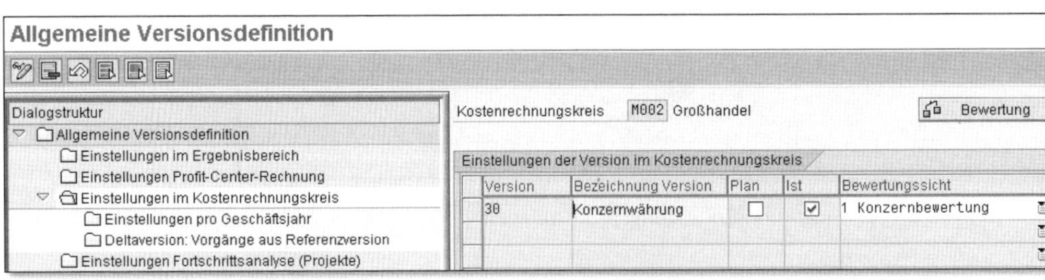

Abbildung 2.25 Version für Bewertungsansatz

Bei paralleler Bewertung werden Forderungen und Verbindlichkeiten nur nach der legalen Sicht bewertet, weil auch die Zahlung zu ebendiesem Wert erfolgen wird. Um die Differenz zwischen der Forderung und der Gegenbuchung fortzuschreiben, müssen Sie sogenannte *Wertansatzverrechnungskonten* festlegen, die Sie über CONTROLLING • CONTROLLING ALLGEMEIN • PARALLELE WERTANSÄTZE/TRANSFERPREISE FÜHREN • DETAILSTEUERUNG • WERTANSATZVERRECHNUNGSKONTO DEFINIEREN (Transaktion 8KEN) pflegen. Sie tragen hier je Buchungskreis ein, unter welchen GuV-Konten die Differenzen fortgeschrieben werden sollen; Sie können hier auch für jede Gesellschaft differenzieren.

Wertansatzverrechnungskonto [zB]

Weiter oben haben wir ein Beispiel für einen Warenverkauf zwischen zwei Buchungskreisen dargestellt, in dem wir bewusst die Forderungen und Verbindlichkeiten außer Acht gelassen haben; nun nehmen wir diesen Aspekt mit hinzu.

In der legalen Sicht finden folgende Buchungen statt:

Unternehmen A

Umsatz	–1.000 EUR
Forderungen	1.000 EUR
Bestandsveränderungen	800 EUR
Bestand	–800 EUR

Unternehmen B

WE/RE-Konto	1.000 EUR
Bestand	–1.000 EUR
Verbindlichkeiten	1.000 EUR
WE/RE-Konto	–1.000 EUR

In der Konzernbewertungssicht wird der Vorgang wie folgt gebucht:

Unternehmen A

Umsatz	–500 EUR
Forderungen	1.000 EUR
Bestandsveränderungen	500 EUR
Bestand	–500 EUR

Unternehmen B

WE/RE-Konto	–500 EUR
Bestand	500 EUR
Verbindlichkeiten	1.000 EUR
WE/RE-Konto	500 EUR

> Da das Material in der Konzernsicht einen anderen Wert besitzt als in der legalen Sicht, gleichwohl aber die Forderungen und Verbindlichkeiten zum selben Wert angesetzt sind, entsteht eine Differenz von 500 EUR zwischen dem Umsatz und den Forderungen (Unternehmen A) bzw. zwischen dem Bestandswert und den Verbindlichkeiten (Unternehmen B). Diese Differenz wird an das Wertansatzverrechnungskonto verrechnet.

Konditionsarten ausnehmen

Bei buchungskreisübergreifenden Verkaufsvorgängen kann es sinnvoll sein, für die Profit-Center- oder Konzernbewertung bestimmte Konditionsarten aus dem SD von der Verrechnung auszunehmen – wie z.B. bestimmte Rabatte oder Zuschläge. Diese Einstellung können Sie über CONTROLLING • CONTROLLING ALLGEMEIN • PARALLELE WERTANSÄTZE/TRANSFERPREISE FÜHREN • DETAILSTEUERUNG • DEAKTIVIERUNG DER UMRECHNUNG AUSGEWÄHLTER KONDITIONSARTEN vornehmen (siehe Abbildung 2.26). In der Spalte KON... (Konditionsart) tragen Sie ein, welche Konditionsart Sie ausnehmen wollen; Sie können diese Einstellung auch über die Spalte KORECH... je Kostenrechnungskreis einschränken. Wählen Sie dann in der Spalte BEWERTUNG die Bewertungssicht aus, für die die Einstellung gelten soll, und markieren Sie anhand der Parameter EXT. VERK. BZW. INT. VERK., ob die entsprechende Konditionsart für externe und/oder interne Verkäufe ausgenommen werden soll.

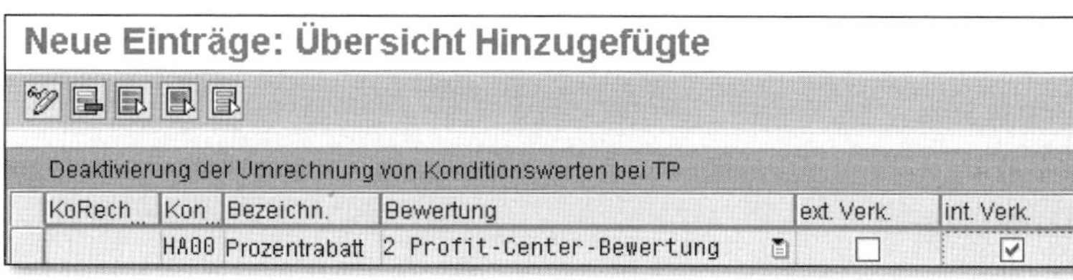

Abbildung 2.26 Konditionsarten von der Umrechnung ausnehmen

Parallele Wertansätze aktivieren

Wenn Sie alle Einstellungen zur parallelen Bewertung abgeschlossen haben, aktivieren Sie sie über CONTROLLING • CONTROLLING ALLGEMEIN • PARALLELE WERTANSÄTZE/TRANSFERPREISE FÜHREN • AKTIVIERUNG • PARALLELE WERTANSÄTZE: AKTIVIERUNG PRÜFEN/DURCHFÜHREN (Transaktion 8KEP, siehe Abbildung 2.27). Sie können für den entsprechenden Kostenrechnungskreis erst eine Prüfung durchführen, ob alle Customizing-Einstellungen korrekt sind, bevor Sie die Einstellungen aktivieren.

Abbildung 2.27 Währungs- und Bewertungsprofil aktivieren

[«]

Aktivieren von parallelen Wertansätzen

Beachten Sie, dass Sie das Führen von parallelen Wertansätzen nicht mehr deaktivieren können, wenn Sie sie erst einmal produktiv gesetzt und Belege gebucht haben. Bevor Sie also das W&B-Profil aktivieren, prüfen Sie sorgfältig, ob Sie alle entscheidenden Einstellungen korrekt vorgenommen haben:

- Sie haben die gewünschten Währungen und Bewertungssichten in Ihrem W&B-Profil eingestellt.
- Das W&B-Profil ist dem korrekten Kostenrechnungskreis zugeordnet.
- Falls Sie das Material-Ledger nutzen wollen, haben Sie alle Einstellungen dort vorgenommen und sich vergewissert, dass diese korrekt sind (siehe Abschnitt 7.5.4, »Produktivstart für das Material-Ledger«).
- Sie haben für jede Bewertungssicht eine Version definiert und der Bewertungssicht zugeordnet.

2.2.6 Produktivstart vorbereiten

Systemeinstellungen transportieren

Wie wir in den folgenden Kapiteln immer wieder einmal ansprechen werden, erzeugt das System nicht bei allen Systemeinstellungen in der Komponente CO automatisch einen Transportauftrag, um Ihre Einstellungen vom Entwicklungssystem in die weiteren Systeme in Ihrer Landschaft zu transportieren. Dies betrifft insbesondere Einstellungen zum Kostenrechnungskreis, Stammdaten, Berichte sowie sämtliche Einstellungen zur Prozesskostenrechnung. Um Ihre Systemeinstellungen zu transportieren, steht Ihnen im Menübaum CONTROLLING • CONTROLLING ALLGEMEIN • PRODUKTIVSTART VORBEREITEN • TRANSPORT VON SYSTEMEINSTELLUNGEN eine Reihe von Transaktionen zur Verfügung, mit denen Sie manuell Transportaufträge erzeugen können. Indem Sie hier z. B. den Punkt EINSTELLUNGEN ZUR ORGANISATION TRANSPORTIEREN (Transaktion OKE5) aufrufen, können Sie die Einstellungen zum Kostenrechnungskreis, Versionen oder Nummernkreise transportieren (siehe Abbildung 2.28).

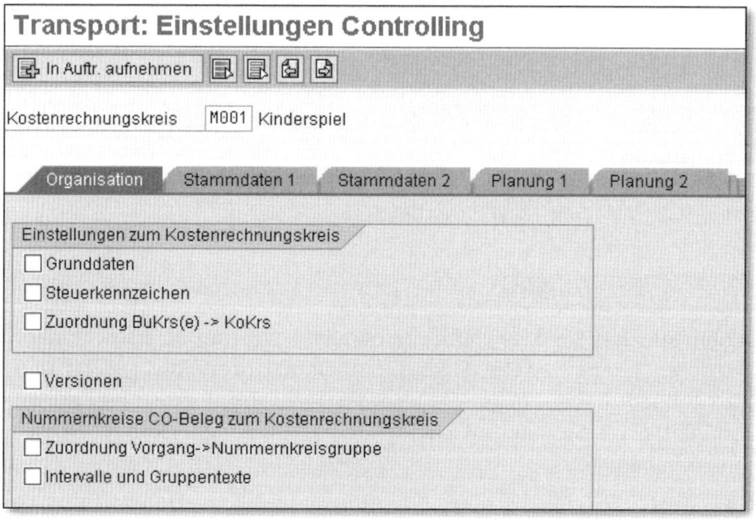

Abbildung 2.28 Einstellungen zur Organisation transportieren

2.3 Parallele Bewertung von Herstellkosten ab EHP 5

Seit Enhancement Package 5 bietet SAP zusätzlich die Möglichkeit, Herstellkosten parallel nach verschiedenen Rechnungslegungsvorschriften fortzuschreiben. Unterschiede zwischen Rechnungslegungsvorschriften ergeben sich vor allem aus unterschiedlichen Werten für Abschreibungen, die in der Anlagenbuchhaltung (Komponente FI-AA) gebucht werden. Die Abschreibungen werden wiederum auf Kostenstellen gebucht, wodurch sich abweichende Leistungsartentarife ergeben können. Aus den Leistungsartentarifen können wiederum Unterschiede bei den Herstellkosten entstehen. Details zu den Leistungsartentarifen finden Sie in Abschnitt 4.4, »Planung und Etatverwaltung«, sowie in Abschnitt 4.6.3, »Periodenabschluss«. Die Bewertung von Herstellkosten erläutern wir ausführlich in den Abschnitten 7.3.3, »Materialkalkulation«, und 7.5, »Istkalkulation/ Material-Ledger«.

Diese Funktionalität ist sowohl im neuen als auch im klassischen Hauptbuch nutzbar.

Um die parallele Bewertung von Herstellkosten nutzen zu können, müssen Sie als Erstes die Business Function FIN_CO_COGM und die

Business Extension EA_FIN aktivieren (siehe hierzu auch den Abschnitt 2.4, »Business Functions aktivieren«).

Wenn die Business Function aktiv ist, müssen Sie zunächst im Customizing der Finanzbuchhaltung die zu verwendenden Rechnungslegungsvorschriften definieren. Wählen Sie hierzu den Pfad Finanzwesen (neu) • Grundeinstellungen Finanzwesen (neu) • Bücher • Parallele Rechnungslegung • Rechnungslegungsvorschriften definieren. Legen Sie hier die benötigten Rechnungslegungsvorschriften an (siehe Abbildung 2.29).

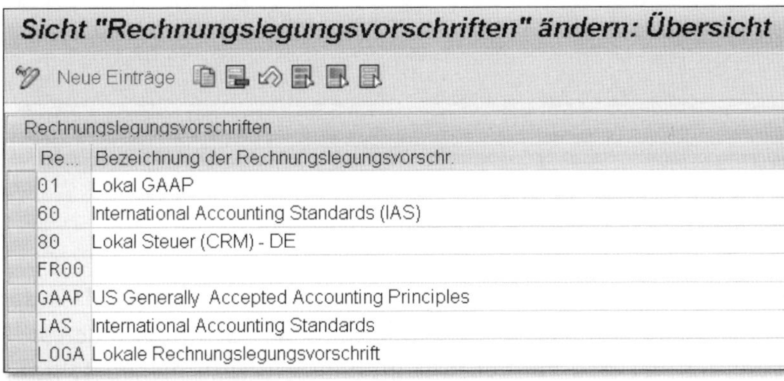

Re...	Bezeichnung der Rechnungslegungsvorschr.
01	Lokal GAAP
60	International Accounting Standards (IAS)
80	Lokal Steuer (CRM) - DE
FR00	
GAAP	US Generally Accepted Accounting Principles
IAS	International Accounting Standards
LOGA	Lokale Rechnungslegungsvorschrift

Abbildung 2.29 Rechnungslegungsvorschriften definieren

Wenn Sie das neue Hauptbuch einsetzen, müssen Sie darüber hinaus im nächsten Customizing-Schritt desselben Menübaums die Rechnungslegungsvorschriften den Ledger-Gruppen zuordnen (weitere Informationen zu neuem Hauptbuch und Ledger-Gruppen finden Sie in unserem Buch *SAP Finanzwesen – Customizing*, das ebenfalls bei SAP PRESS erschienen ist).

Die Herstellkosten führen Sie im Controlling parallel anhand von Versionen. Daher müssen Sie zunächst die Version 0 in den Einstellungen zum Kostenrechnungskreis als Legale Bewertung kennzeichnen (siehe Abbildung 2.30). Wie Sie Versionen definieren, haben wir bereits in Abschnitt 2.2.2, »Versionen«, erläutert.

Darüber hinaus benötigen Sie für jede zusätzliche Rechnungslegungsvorschrift eine weitere Version, die Sie als Parallele Herstellkosten 1, 2 oder 3 kennzeichnen (siehe Abbildung 2.31).

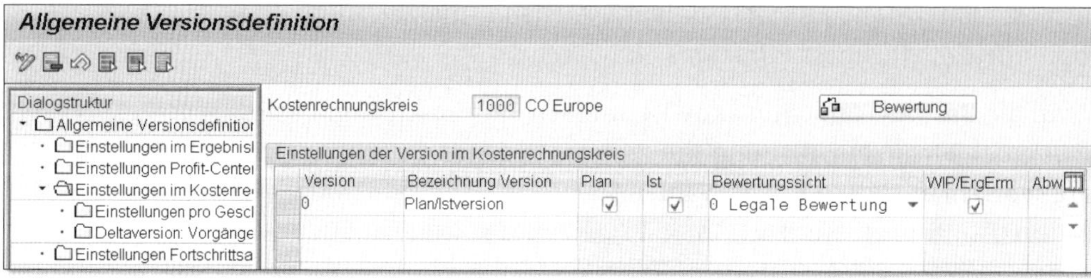

Abbildung 2.30 Version 0 als legale Bewertung kennzeichnen

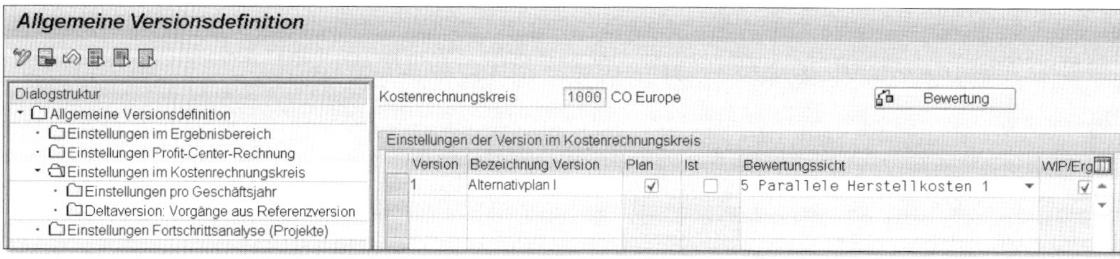

Abbildung 2.31 Version als parallele Herstellkosten kennzeichnen

Im Währungs- und Bewertungsprofil legen Sie nun fest, dass der Wertansatz 0 den legalen Herstellkosten entspricht und einer oder beide der weiteren verfügbaren Wertansätze dazu dienen soll, die parallelen Herstellkosten fortzuschreiben (siehe Abbildung 2.32). Was ein Währungs- und Bewertungsprofil ist und wie Sie es definieren, haben wir bereits im Detail in Abschnitt 2.2.5, »Parallele Wertansätze«, beschrieben.

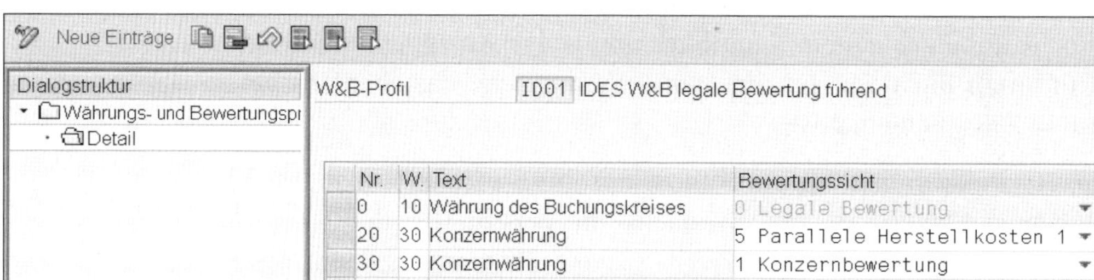

Abbildung 2.32 Währungs- und Bewertungsprofil für parallele Wertansätze

Um die Abschreibungen aus den verschiedenen Bewertungsbereichen in der Anlagenbuchhaltung zu übernehmen, müssen Sie sie definieren und ins Hauptbuch überleiten. Diese Einstellung nehmen Sie im Customizing unter FINANZWESEN (NEU) • ANLAGENBUCHHALTUNG • INTEGRATION MIT DEM HAUPTBUCH • MITZUBUCHENDE BEWERTUNGSBEREIche bestimmen vor. Wählen Sie außerdem im selben Menübaum den Pfad Mitzubuchende Kontierungselemente • Kontierungsarten für Kontierungselemente festlegen, um einzustellen, dass die Abschreibungen auf Kostenstellen gebucht werden. Detaillierte Informationen zur Anlagenbuchhaltung finden Sie ebenfalls in unserem zuvor genannten Buch zum Customizing des SAP-Finanzwesens.

Nun legen Sie im Material-Ledger fest, für welche Bewertungspläne und Bewertungsbereiche aus der Anlagenbuchhaltung die Abschreibungen in die parallele Bewertung übernommen werden sollen. Gehen Sie hierzu im Customizing zu Controlling • Produktkosten-Controlling • Istkalkulation/Material-Ledger • Istkalkulation • Parallele Bewertung von Herstellkosten • Abschreibungen aus der Anlagenbuchhaltung ins Controlling übernehmen. Tragen Sie hier die entsprechenden Bewertungspläne und Bewertungsbereiche ein, und ordnen Sie sie entweder der führenden Bewertung oder einer parallelen Bewertung zu (siehe Abbildung 2.33).

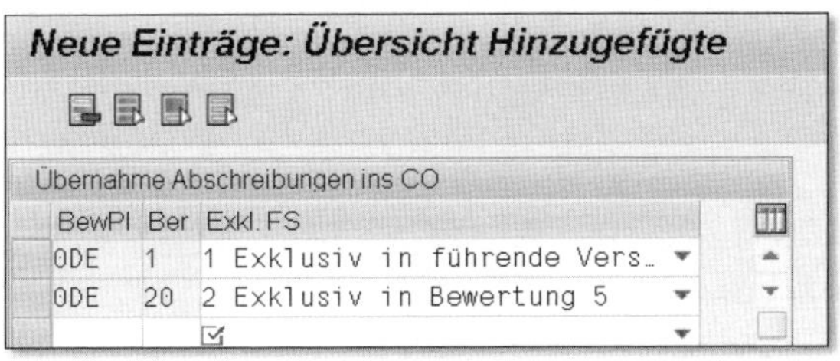

Abbildung 2.33 Abschreibungen ins Controlling übernehmen

Um in der Anwendung die Herstellkosten zur legalen Bewertung zu ermitteln, führen Sie die Transaktion CKMLCP aus. Mithilfe von Transaktion CKMLCPAVR können Sie die parallelen Herstellkosten ermitteln (siehe Abbildung 2.34).

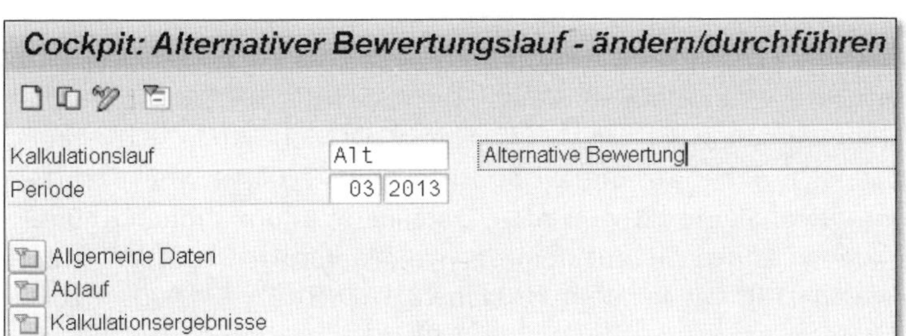

Abbildung 2.34 Paralleler Bewertungslauf

2.4 Business Functions aktivieren

In Releases vor ECC 6.0 hatten Upgrades auf neuere Releases oft zur Folge, dass neue oder geänderte Funktionalitäten, die das neue Release mit sich brachte, automatisch im SAP-System aktiv wurden. Es waren dann umfangreiche Tests notwendig, um zu überprüfen, ob ein neues Release Auswirkungen auf bestehende Prozesse hatte. Um dieses Problem zumindest in Bezug auf die neuen Funktionalitäten zu lösen, hat SAP mit Release ECC 6.0 seine Releasestrategie verändert. Weiterentwicklungen werden jetzt mittels sogenannter Enhancement Packages (EHP) ausgeliefert, und neue Funktionen sind nach einem Upgrade zunächst inaktiv. Neue Funktionen sind nun jeweils in sogenannten Business Functions gekapselt, die erst vom Kunden aktiviert werden müssen, um genutzt werden zu können. Sie aktivieren Business Functions gleich im ersten Menüpunkt im Standard-IMG des Customizings (siehe Abbildung 2.35).

Abbildung 2.35 Menüpfad zum Aktivieren von Business Functions

Wenn Sie die Transaktion Business Functions aktivieren aufrufen, erhalten Sie eine Liste aller verfügbaren Business Functions (siehe Abbildung 2.36). Um eine Business Function zu aktivieren, kreuzen Sie in der entsprechenden Zeile das Feld in der Spalte Geplanter Zustand an und klicken dann auf den Button Änderungen aktivieren.

[»]

Achtung: Einige Business Functions sind irreversibel

Beachten Sie, dass es einige Business Functions gibt, die Sie nicht mehr ausschalten können, wenn Sie sie erst einmal aktiviert haben. Bitte informieren Sie sich daher ausführlich über die Auswirkungen von Business Functions, bevor Sie sie aktiv schalten. Detaillierte Informationen zu Business Functions finden Sie auf dem Service Marketplace von SAP unter *https://websmp110.sap-ag.de/~form/sapnet?_SHORTKEY=01100035870000743370&*.

Testen Sie gegebenenfalls Business Functions in einem Sandbox-System, das nicht an das Transportwesen Ihres Produktivsystems angeschlossen ist.

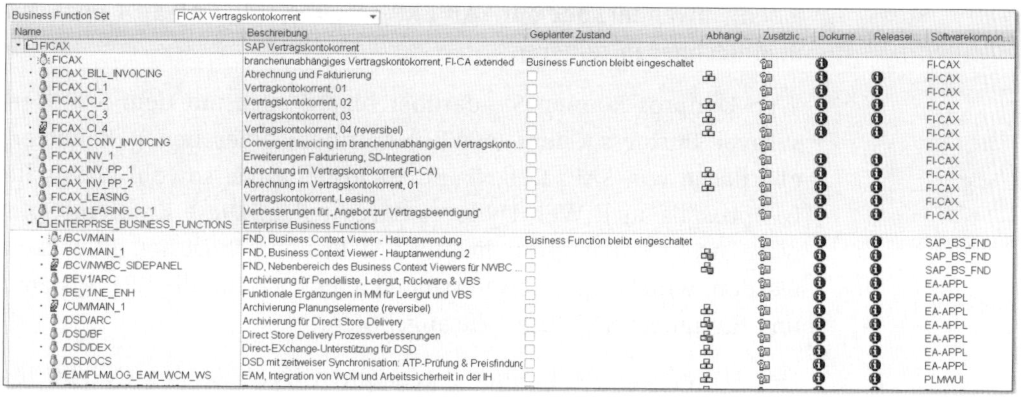

Abbildung 2.36 Business Functions aktivieren

Einige der hier vorgestellten Business Functions heißen Business Extensions, weil sie von SAP als Erweiterung der ERP-Standardfunktionalität verstanden werden. Das Prinzip ist aber dasselbe: Um die Funktionalität verwenden zu können, müssen Sie die Business Function oder die Business Extension aktivieren.

2.5 Web Dynpros und der SAP NetWeaver Business Client

In der zweiten Auflage dieses Buches stellen wir Ihnen einige Funktionen zur Stammdatenpflege und Planung vor, die SAP mit EHP 6 herausgebracht hat. Diese Funktionen, die wir Ihnen in den Abschnitten 4.3, »Stammdaten«, 4.4, »Planung und Etatverwaltung«, 5.3, »Auftragsstammdaten«, und 5.4, »Planung«, im Detail erläutern werden, basieren auf sogenannten *Web Dynpros*. Dynpro steht kurz für dynamisches Programm; im herkömmlichen SAP GUI bilden Dynpros für jede Transaktion, die Sie aufrufen können, die Benutzeroberfläche. Dynpros steuern also, welche Felder Ihnen angezeigt werden, welche davon eingabebereit sind, welche Buttons angeboten werden etc. Web Dynpros sind nun Dynpros, die nicht nur in SAP GUI verwendet werden, sondern auch über einen Webbrowser aufgerufen werden können. Web Dynpros sind wesentlich flexibler zu gestalten als herkömmliche Dynpros. Die Möglichkeit, sie über einen Webbrowser aufrufen zu können, bietet Firmen mit mehreren Standorten einen weiteren wichtigen Vorteil: Sie müssen nicht für jeden Anwender, der mit SAP ERP arbeiten soll, SAP GUI lokal auf dem Rechner installieren.

Web Dynpros können Sie darüber hinaus auch mit dem SAP NetWeaver Business Client (NWBC) aufrufen, einer neuen Benutzeroberfläche von SAP. Der NWBC ist in der Lage, sowohl klassische Dynpros als auch Web Dynpros darzustellen. Diese Frontend-Software ist von SAP ursprünglich für SAP Business ByDesign entwickelt worden, wird in späteren Versionen aber auch für alle ERP-Systeme und für andere SAP-Produkte angeboten.

Den NWBC gibt es in einer sogenannten Light Version (NWBC für HTML), die in ihrer Funktionalität stark eingeschränkt ist. Für die erweiterten Funktionalitäten für die Stammdatenpflege und Planung, die wir Ihnen später vorstellen werden, benötigen Sie hingegen den NWBC for Desktop, die Vollversion des SAP NetWeaver Business Clients. Dabei handelt es sich um eine eigene Software, die Sie zusätzlich zu SAP GUI auf Ihrem Rechner installieren müssen. Da der NWBC auch die klassischen Dynpros verarbeiten kann, können Sie den NWBC dann auch ausschließlich verwenden und müssen nicht zwischen beiden Frontend-Programmen hin- und herwechseln.

Die später vorgestellten neuen Funktionalitäten können Sie auch mit dem Business Explorer Analyzer (BEx Analyzer) oder dessen Nachfolger, dem Analysis Client, nutzen.

Der NWBC besteht aus der sogenannten *Shell* (siehe Abbildung 2.37), die der Navigation dient, und der *Canvas*, in der die Anwendungsdaten dargestellt werden. In der Shell finden Sie oben eine Menüleiste ❶; anders als beim SAP GUI werden hier nur die Transaktionen dargestellt, die Ihnen auch in Ihrer Benutzerrolle zugewiesen worden sind. Die entsprechenden Transaktionen sind in der Navigationsleiste links ❷ auswählbar.

Der SAP NetWeaver Business Client verursacht keine zusätzlichen Lizenzgebühren. Um ihn zu installieren, können Sie ihn unter der Adresse *http://goo.gl/9dfVv* herunterladen. Alle technischen Voraussetzungen dafür finden Sie im SAP-Hinweis 1029940. Im Hinweis 900000 stellt SAP eine FAQ-Liste zum NWBC bereit.

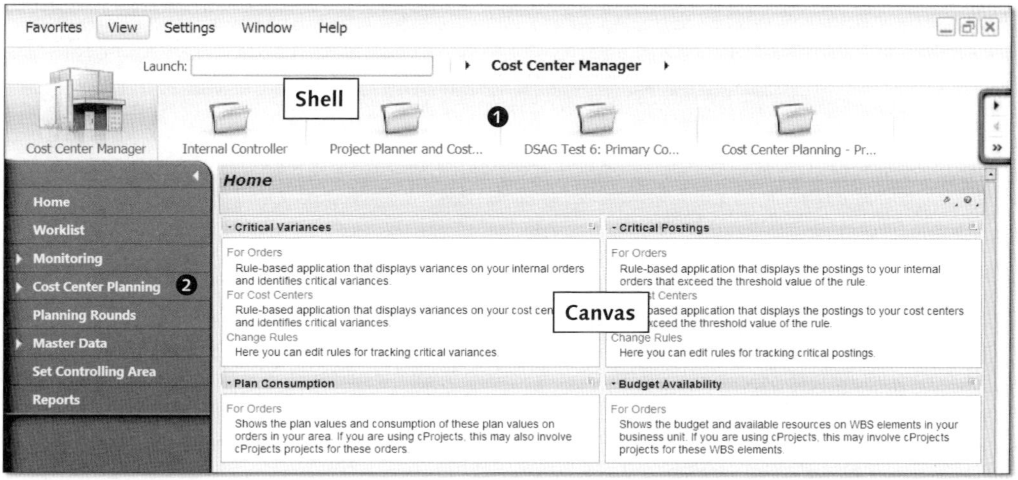

Abbildung 2.37 SAP NetWeaver Business Client

2.6 Zusammenfassung

Wir haben Ihnen in diesem einleitenden Kapitel die grundlegenden Organisationseinheiten in der Finanzbuchhaltung und im Controlling vorgestellt, wie etwa Buchungskreis, Kontenplan, Kostenrechnungskreis oder Ergebnisbereich. Im Anschluss daran haben wir Sie durch die verschiedenen Grundeinstellungen geführt, die Sie im Controlling übergreifend für alle Unterkomponenten vornehmen können. Im Detail haben wird dabei Nummernkreise, Versionen, die Nachrichtensteuerung und die Kontierungslogik besprochen. Ein weiteres Thema in diesem Kapitel sind die Grundeinstellungen für parallele Wertansätze, die Sie z.B. vornehmen müssen, wenn Sie das Material-Ledger und/oder Transferpreise einsetzen möchten. Als Nächstes haben wir Sie auf das Transportwesen im Controlling aufmerksam gemacht, das Sie in vielen Fällen manuell anstoßen müssen. Zum Schluss haben wir Ihnen eine der wesentlichen Neuerungen in EHP 5, die parallele Bewertung von Herstellkosten, und auch das Konzept von Business Functions sowie den SAP NetWeaver Business Client vorgestellt.

Wir schließen damit das Kapitel zu den Organisationseinheiten und Grundeinstellungen ab und beschäftigen uns im nächsten Kapitel mit den Kostenarten.

Kostenarten dienen der Klassifizierung von Kosten. Sie bilden zusammen mit den verschiedenen Controlling-Objekten die Grundlage für das Erfassen und Auswerten von Buchungen im Controlling.

3 Kostenartenrechnung

In der Kostenartenrechnung stellt SAP alle notwendigen Stammdaten und Einstellungen zur Verfügung, um anhand von Kostenarten Kosten und Erlöse zu erfassen, zu klassifizieren und auszuwerten. In diesem Kapitel erläutern wir zunächst genauer, was eine Kostenart ist und welche Eigenschaften sie besitzt, um dann die Grundlagen zu klären, die Sie schaffen müssen, um Kostenarten anzulegen. Wir stellen dann die verschiedenen Transaktionen dar, anhand derer Sie die Stammsätze von Kostenarten und Kostenartengruppen verwalten. Zum Abschluss des Kapitels gehen wir noch auf die Funktionalitäten der Abgrenzung und des Abstimm-Ledgers ein.

3.1 Überblick

Was ist eine Kostenart?

Eine *Kostenart* ist ein Stammsatz in der Kostenartenrechnung, die analog zu einem Konto in der Finanzbuchhaltung dazu dient, Kosten und Erlöse zu klassifizieren.

Primäre vs. sekundäre Kostenarten

In der Kostenartenrechnung unterscheiden wir zwischen *primären* und *sekundären Kostenarten*. Alle Geschäftsvorfälle, die in der Finanzbuchhaltung erfasst werden und in der Kostenartenrechnung abgebildet werden sollen, werden auf primären Kostenarten gebucht. Primäre Kostenarten werden mit Bezug zu einem Konto in der Finanzbuchhaltung angelegt, haben also eine 1:1-Beziehung und dieselbe Nummer wie das zugehörige Sachkonto. Sie können primäre Kostenarten nur für Sachkonten anlegen, die als Erfolgskonten eingestellt sind.

Was ist eine Erlösart?

Kostenarten können neben Kosten auch Erlöse repräsentieren. Die entsprechenden Stammsätze heißen dann *Erlösart*.

[zB]

Primäre Kosten- und Erlösarten

Beispiele für primäre Kostenarten sind:

- Materialverbrauch
- Gehälter
- Miete

Erlösarten können z. B. sein:

- Erlöse verbundener Unternehmen
- Frachterlöse

Die sekundären Kostenarten verwenden Sie ausschließlich im Controlling für interne Verrechnungen wie Umlagen oder Abrechnungen. Den sekundären Kostenarten steht kein Stammsatz in der Finanzbuchhaltung gegenüber.

[zB]

Sekundäre Kostenarten

Sekundäre Kostenarten verwenden Sie z. B. für:

- Umlage Personalkostenstellen
- Abrechnung Innenaufträge

Die Konzepte der Umlage und Abrechnung lernen Sie in den folgenden Kapiteln kennen.

Was ist ein Controlling-Objekt?

Wie bereits erwähnt, dienen Kostenarten der Klassifizierung von Kosten und Erlösen. Um wiederum die Entstehung von Kosten zu erfassen, ordnen Sie jede Buchung im Controlling einem sogenannten *Controlling-Objekt* zu. Ein Controlling-Objekt ist ein Oberbegriff für alle Stammdaten, die Sie im Controlling einsetzen können und von denen wir Ihnen einige in den folgenden Kapiteln dieses Buches vorstellen werden.

[zB]

Controlling-Objekte

Die folgenden Controlling-Objekte lernen Sie u.a. im Rahmen dieses Buches kennen:

- Kostenstellen
- Innenaufträge
- Geschäftsprozesse
- Fertigungsaufträge
- Produktkostensammler

- Kostenträgerhierarchien
- Kundenauftragspositionen
- Kostenträger allgemein
- Ergebnisobjekte

Was ist eine Kontierung?

Wenn Sie zu einem Sachkonto in der Finanzbuchhaltung ergänzend eine primäre Kostenart im Controlling angelegt haben, müssen Sie bei jeder Buchung auf dieses Konto auch eine *Kontierung* angeben, also einen Bezug zu einem Controlling-Objekt. Mit der Kombination aus Kostenart und Controlling-Objekt können Sie somit zu jedem Beleg festlegen, um welche Art von Kosten es sich handelt und wo sie entstanden sind.

Kombination aus primärer Kostenart und Controlling-Objekt [zB]

Übliche Beispiele für Buchungen im Controlling anhand von Kostenart und Controlling-Objekt sind:

- Gehälter auf der Kostenstelle MARKETING
- Materialverbrauch zum Fertigungsauftrag 123
- Reisekosten zum Innenauftrag MESSESTAND
- Erlöse Inland zur Kundenauftragsposition 12345 10

Sekundärkostenarten ohne Saldo

Buchungen anhand von Sekundärkostenarten müssen immer zwischen zwei (oder mehr) Controlling-Objekten erfolgen. Der Betrag im Soll und im Haben ist damit je sekundärer Kostenart pro Beleg immer gleich, und der Saldo je sekundärer Kostenart im Beleg immer null. Sekundäre Kostenarten haben keinen Saldo, und es gibt auch keine Möglichkeit, für eine Sekundärkostenart wie bei einem Konto den Kontostand aufzurufen. Sie können lediglich je Controlling-Objekt sehen, in welcher Höhe Verrechnungen zu einer bestimmten Sekundärkostenart stattgefunden haben.

Buchung mit Sekundärkostenart [zB]

Buchungen anhand von Sekundärkostenarten haben folgende Gestalt:

- Die Kostenstelle BUCHHALTUNG verrechnet mittels der Sekundärkostenart UMLAGE PERSONAL 1.000 EUR an die Kostenstelle VERTRIEB.
- Der Innenauftrag MESSESTAND rechnet unter der Sekundärkostenart ABRECHNUNG INNENAUFTRÄGE 500 EUR an die Kostenstelle MARKETING ab.

3.2 Voraussetzungen und Grundeinstellungen

Notwendige Organisationseinheiten

Bevor Sie die Kostenartenrechnung im Controlling aktivieren und einsetzen können, müssen Sie im Customizing bereits die folgenden Organisationseinheiten angelegt haben:

- Buchungskreis anlegen (inklusive Geschäftsjahresvariante und Kontenplan) (siehe Abschnitt 2.1.1, »Buchungskreis«)
- Kostenrechnungskreis anlegen und dem Buchungskreis zuordnen (siehe Abschnitt 2.1.5, »Kostenrechnungskreis«)

3.3 Stammdaten

In der Kostenartenrechnung stehen Ihnen als Stammdaten die Kostenarten und die Kostenartengruppen zur Verfügung; Letztere dienen dazu, die Kostenarten zu strukturieren. Wir stellen Ihnen nun zunächst die Kostenarten vor und beschäftigen uns im Anschluss mit den Kostenartengruppen.

3.3.1 Kostenarten

Sie haben zwei Möglichkeiten, Kostenarten anzulegen: einzeln manuell oder maschinell per Batch-Input-Mappe. Wir zeigen Ihnen als Erstes den manuellen Weg und danach die Einstellungen, die für die maschinelle Anlage notwendig sind.

Kostenarten einzeln anlegen

Kostenarten anlegen

Wenn Sie nur wenige Kostenarten-Stammsätze anlegen wollen, können Sie dies am Einfachsten über die Einzelbearbeitung tun. Sie rufen diese über den Menüpfad Controlling • Kostenartenrechnung • Stammdaten • Kostenarten • Kostenarten anlegen; Aktivität Primäre Kostenart anlegen (Transaktion KA01) bzw. Sekundäre Kostenart anlegen (Transaktion KA06) auf. Im Einstiegsbild geben Sie zunächst die Nummer der Kostenart an und entscheiden, in welchem Zeitraum sie gültig sein soll (siehe Abbildung 3.1).

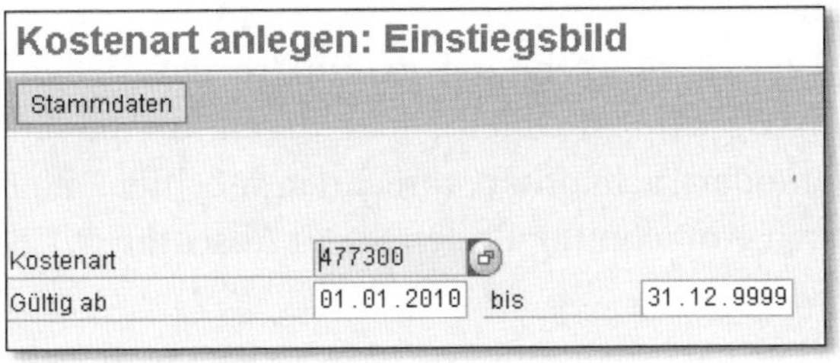

Abbildung 3.1 Kostenart anlegen: Einstiegsbild

Primäre Kostenartentypen

In den GRUNDDATEN pflegen Sie die Bezeichnung der Kostenart (bei einer primären Kostenart wird die Bezeichnung des zugeordneten Sachkontos vorgeschlagen) und ordnen einen KOSTENARTENTYP zu (siehe Abbildung 3.2). Der Kostenartentyp kennzeichnet, für welchen betriebswirtschaftlichen Zweck die Kostenart verwendet werden soll. Für Primärkostenarten stehen Ihnen die folgenden Typen zur Verfügung:

- **Primärkosten/kostenminderne Erlöse**
  Primärkosten/kostenminderne Erlöse (Typ 1) sind der Standardtyp für Primärkosten und werden für Kosten verwendet, die in der Finanzbuchhaltung oder in anderen Komponenten wie z.B. der Materialwirtschaft erfasst werden.
- **Abgrenzungen**
  Abgrenzungen (Typ 3 und 4) werden benötigt, wenn Sie die Funktionalität der Abgrenzung verwenden, die wir in Abschnitt 4.6.3, »Periodenabschluss«, ausführlich erläutern.
- **Erlöse**
  Als Erlöse (Typ 11) kennzeichnen Sie alle Erlösarten, mittels derer Umsatz gebucht werden soll (in der Finanzbuchhaltung oder im Vertrieb). Beachten Sie, dass Sie Kostenarten vom Typ 11 nicht auf Kostenstellen buchen können und dass Erlöse, die Sie in die Ergebnisrechnung übernehmen wollen, zwingend dem Kostenartentyp 11 zugeordnet sein müssen.
- **Erlösschmälerungen**
  Für Erlösschmälerungen (Typ 12) gelten die gleichen Aussagen wie für Erlöse; Sie können diesen Kostenartentyp verwenden, um Korrekturen oder Abzüge im Vertrieb zu buchen – wie z.B. Boni, Rabatte oder Skonto.

- **Abrechnung extern**
  Kostenarten vom Typ 22 (Abrechnung extern) setzen Sie ein, wenn Sie Controlling-Objekte an Objekte in anderen Komponenten wie z.B. Anlagen oder Sachkonten abrechnen möchten. Weitere Informationen zur Abrechnung finden Sie in Abschnitt 5.7.5, »Abrechnung«.

Sekundäre Kostenartentypen

Für Sekundärkostenarten stehen folgende Typen zur Auswahl:

- Abrechnung intern (Typ 21) wird für die Abrechnung mittels einer Abrechnungskostenart verwendet (siehe Abschnitt 5.7.5).
- Abgrenzungskostenarten zur Auftrags-/Projektabgrenzung (Typ 31) benötigen Sie für die Ergebnisermittlung (siehe Abschnitt 5.7.4, »Ergebnisermittlung«, und für die Ermittlung von Ware in Arbeit (siehe Abschnitt 7.4.3, »Auftragsbezogenes Produkt-Controlling«).
- Typ 41 verwenden Sie für Gemeinkostenzuschläge (siehe Abschnitt 7.3.2, »Grundeinstellungen für die Materialkalkulation«).
- Umlagen (Typ 42) sind ein Konzept der Verrechnung, die wir in Abschnitt 4.6.3, »Periodenabschluss«, ausführlich erläutern.
- Den Typ 43 (Leistungsverrechnung) verwenden Sie für Kostenarten, die mit Leistungsarten verknüpft werden sollen und der Erfassung von internen Leistungen dienen (siehe Abschnitt 4.3.6, »Leistungsarten«).
- Die Typen 50, 51, 52 und 61 benötigen Sie für die Ermittlung des Auftragseingangs und des Fortschrittswertes für Projekte. Projekte sind nicht Bestandteil dieses Buches; ausführliche Informationen zum Projekt-Controlling können Sie z.B. unserem Buch *Projektcontrolling mit SAP* entnehmen, das ebenfalls bei SAP PRESS erschienen ist.

Was ist ein Eigenschaftsmix?

Sie können in den GRUNDDATEN außerdem einen EIGENSCHAFTSMIX eintragen. Er besteht aus einer oder mehreren Eigenschaften, die Sie im Customizing definieren können (siehe weiter hinten in diesem Abschnitt). Diese Eigenschaften dienen dazu, Kostenarten nach Ihren Anforderungen näher zu spezifizieren, und können in Auswertungen verwendet werden. Darüber hinaus haben Eigenschaften keine weitere Funktion.

[zB]

Eigenschaftsmix

Mögliche Eigenschaften können z.B. sein:

- IT-Kosten
- fixe Kosten bzw. variable Kosten
- Personalkosten
- zahlungswirksam bzw. nicht zahlungswirksam

Daraus können Sie z.B. folgende Eigenschaftsmixe erstellen:

- zahlungswirksame fixe Personalkosten
- nicht zahlungswirksame fixe Personalkosten mit Bezug zur IT

Wie Sie sehen, ist das Feld Funktionsbereich an dieser Stelle nicht eingabebereit. Sie können diesen nur ändern, wenn Sie das UKV-Ledger in Vorbereitung gesetzt haben (siehe Abschnitt 2.1.4, »Funktionsbereich«). Wie wir dort außerdem erläutern, können Sie Funktionsbereiche in Sachkonten fest vorgeben; bei primären Kostenarten wird der Funktionsbereich dann aus dem Sachkonto übernommen.

Mengenführende Kostenarten

Auf der Registerkarte Kennzeichen können Sie die Kostenart als mengenführend definieren und die entsprechende Mengeneinheit hinterlegen. Damit bewirken Sie, dass zusätzlich zu den Kosten auch Verbrauchsmengen zu dieser Kostenart fortgeschrieben werden. Dies benötigen Sie u.a. dann, wenn Sie Mengen auswerten oder diese Kostenart als Bezug für Verrechnungen wie Umlagen, Verteilungen oder Gemeinkostenzuschläge verwenden wollen.

[zB]

Menge führen

Sie definieren eine Kostenart Materialverbrauch, die beim Verbrauch von z.B. Rohstoffen gebucht wird. Erfassen Sie dann eine Entnahme von Rohstoffen, wird im Beleg nicht nur der Kostenbetrag fortgeschrieben, sondern auch die verbrauchte Menge.

Vorschlagskontierung festlegen

Schließlich können Sie eine Kostenstelle bzw. einen Innenauftrag als Vorschlagskontierung hinterlegen. Damit wird bei jeder Buchung, bei der die entsprechende Kostenart verwendet wird, die Vorschlagskontierung als Controlling-Objekt vorgeschlagen, kann aber vom Anwender geändert werden.

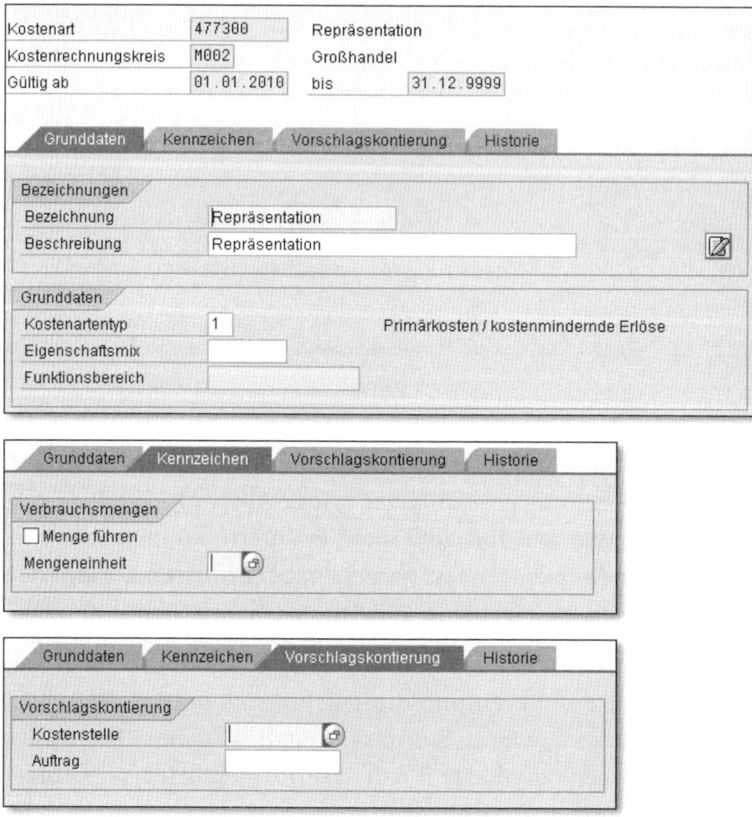

Abbildung 3.2 Kostenart anlegen: Stammdatenfelder

Primäre und sekundäre Kostenarten maschinell anlegen

Kostenarten per Sammelbearbeitung anlegen

Die maschinelle Bearbeitung der Kostenarten erlaubt es Ihnen, eine große Anzahl von Stammsätzen auf einmal zu erstellen. Diese Funktionalität bietet sich z.B. an, wenn Sie die Kostenartenrechnung neu implementieren oder größere Änderungen an den Stammsätzen vornehmen wollen.

Über den Menüpfad Controlling • Kostenartenrechnung • Stammdaten • Kostenarten • Primäre und sekundäre Kostenarten maschinell anlegen • Voreinstellungen vornehmen (Transaktion OKB2) stellen Sie zunächst den Kontenplan ein, für den Sie Kostenarten anlegen wollen. Dann geben Sie Intervalle bzw. einzelne Konten an und legen fest, mit welchem Kostenartentyp diese angelegt werden sollen. Sie können über diesen Weg sowohl primäre als auch sekundäre Kostenarten anlegen (siehe Abbildung 3.3).

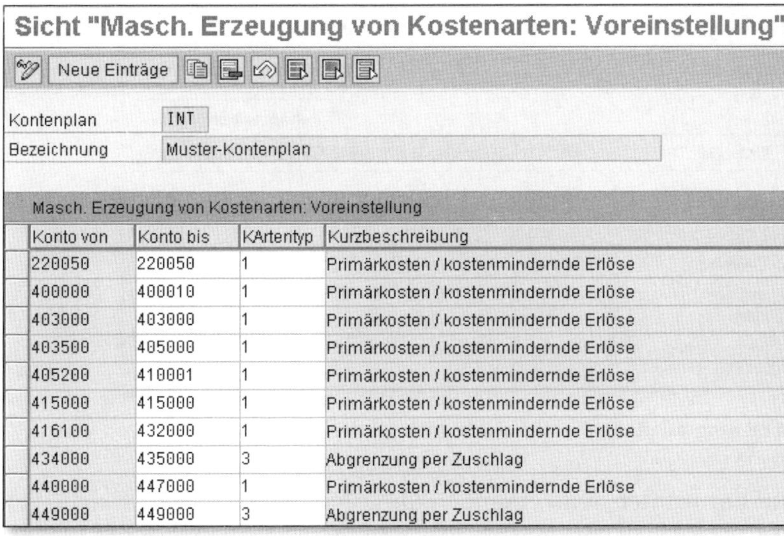
Sicht "Masch. Erzeugung von Kostenarten: Voreinstellung"

Neue Einträge

Kontenplan: INT
Bezeichnung: Muster-Kontenplan

Masch. Erzeugung von Kostenarten: Voreinstellung

Konto von	Konto bis	KArtentyp	Kurzbeschreibung
220050	220050	1	Primärkosten / kostenmindernde Erlöse
400000	400010	1	Primärkosten / kostenmindernde Erlöse
403000	403000	1	Primärkosten / kostenmindernde Erlöse
403500	405000	1	Primärkosten / kostenmindernde Erlöse
405200	410001	1	Primärkosten / kostenmindernde Erlöse
415000	415000	1	Primärkosten / kostenmindernde Erlöse
416100	432000	1	Primärkosten / kostenmindernde Erlöse
434000	435000	3	Abgrenzung per Zuschlag
440000	447000	1	Primärkosten / kostenmindernde Erlöse
449000	449000	3	Abgrenzung per Zuschlag

Abbildung 3.3 Voreinstellungen für die maschinelle Kostenartendefinition

Über Controlling • Kostenartenrechnung • Stammdaten • Kostenarten • Primäre und sekundäre Kostenarten maschinell anlegen • Batch-Input-Mappe erzeugen (Transaktion OKB3) erstellen Sie im nächsten Schritt anhand der soeben getroffenen Voreinstellungen eine Batch-Input-Mappe. Hier legen Sie außerdem fest, in welchem Zeitfenster die Kostenarten angelegt werden sollen.

Über die Customizing-Transaktion Controlling • Kostenartenrechnung • Stammdaten • Kostenarten • Primäre und sekundäre Kostenarten maschinell anlegen • Batch-Input-Mappe ausführen (Transaktion SM35) spielen Sie die Batch-Input-Mappe dann ab und legen damit die Kostenarten automatisch an.

Zeitabhängige Felder festlegen

Zeitabhängigkeit von Feldern

Wie wir beim Anlegen der Kostenarten erwähnten, legen Sie Stammsätze für Kostenarten für einen bestimmten Bezugszeitraum an. Damit sind alle Stammdatenfelder, die Sie für eine Kostenart definieren, für den jeweils gewählten Zeitraum gültig. Über die Customizing-Transaktion Controlling • Kostenartenrechnung • Stammdaten • Kostenarten • Zeitabhängige Felder für Kostenarten festlegen (Transaktion OKEK) können Sie Stammdatenfelder so umstellen, dass sie nicht mehr zeitabhängig sind (siehe Abbildung 3.4).

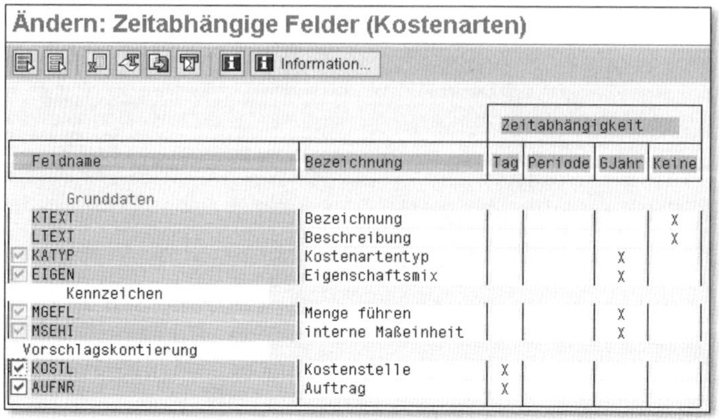

Ändern: Zeitabhängige Felder (Kostenarten)

Feldname	Bezeichnung	Tag	Periode	GJahr	Keine
Grunddaten					
KTEXT	Bezeichnung				X
LTEXT	Beschreibung				X
KATYP	Kostenartentyp			X	
EIGEN	Eigenschaftsmix			X	
Kennzeichen					
MGEFL	Menge führen			X	
MSEHI	interne Maßeinheit			X	
Vorschlagskontierung					
KOSTL	Kostenstelle	X			
AUFNR	Auftrag	X			

Abbildung 3.4 Zeitabhängige Felder

Auf der rechten Seite erkennen Sie anhand des Kreuzes, welche Felder tagesgenau, periodengenau oder geschäftsjahresgenau geführt werden. Dabei handelt es sich um Voreinstellungen von SAP, die nicht änderbar sind. Deaktivieren Sie jedoch das Häkchen auf der linken Seite, stellen Sie das entsprechende Feld damit als nicht zeitabhängig ein (diese Einstellung gilt mandantenweit, hat also Auswirkungen auf alle Kostenrechnungskreise in Ihrem Mandanten).

[zB]

Zeitabhängigkeit von Stammdatenfeldern

Im Standard ist die Vorschlagskontierung für eine Kostenstelle tagesabhängig, d.h., Sie könnten einen Bezugszeitraum von einem Tag auswählen und für diesen Tag z.B. die Kostenstelle 500 voreinstellen. Für den darauffolgenden Tag können Sie dann die Kostenstelle 600 einstellen etc. Deaktivieren Sie die Zeitabhängigkeit des Feldes, gilt die eingestellte Kostenstelle für den gesamten Gültigkeitszeitraum der Kostenart.

Kostenarteneigenschaften festlegen

Eigenschaften anlegen

Weiter oben haben wir bereits erwähnt, dass Sie in Kostenartenstammdaten einen Eigenschaftsmix eintragen können, und auch Beispiele dazu geliefert. Welche Werte für den Eigenschaftsmix zur Verfügung stehen, legen Sie im Customizing fest. Dazu definieren Sie zunächst die Eigenschaften selbst und geben dann gültige Kombinationen für die Eigenschaftsmixe vor.

Die Eigenschaften pflegen Sie über Controlling • Kostenartenrechnung • Stammdaten • Kostenarten • Kostenarteneigenschaften festlegen (Transaktion OKA6). Für jede Eigenschaft tragen Sie einen einstelligen Schlüssel (Spalte Eigenschaft) und eine Bezeichnung ein. Außerdem legen Sie anhand der Position fest, an welcher Stelle im Eigenschaftsmix die Eigenschaft stehen soll (siehe Abbildung 3.5).

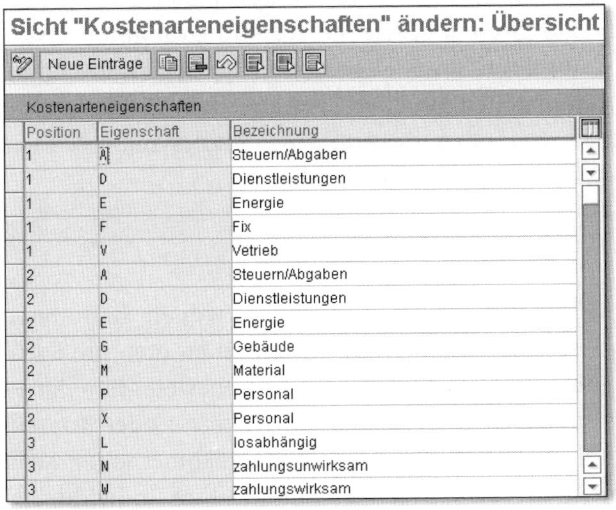

Sicht "Kostenarteneigenschaften" ändern: Übersicht

Neue Einträge

Kostenarteneigenschaften

Position	Eigenschaft	Bezeichnung
1	A	Steuern/Abgaben
1	D	Dienstleistungen
1	E	Energie
1	F	Fix
1	V	Vetrieb
2	A	Steuern/Abgaben
2	D	Dienstleistungen
2	E	Energie
2	G	Gebäude
2	M	Material
2	P	Personal
2	X	Personal
3	L	losabhängig
3	N	zahlungsunwirksam
3	W	zahlungswirksam

Abbildung 3.5 Kostenarteneigenschaften

Kostenarteneigenschaftsmix festlegen

Eigenschaftsmix anlegen

Im nächsten Schritt stellen Sie über CONTROLLING • KOSTENARTENRECHNUNG • STAMMDATEN • KOSTENARTEN • KOSTENARTENEIGENSCHAFTSMIX FESTLEGEN (Transaktion OKA4) die Eigenschaftsmixe ein. Ein Mix kann aus bis zu acht Eigenschaften bestehen; Sie geben je Mix an, welche Eigenschaften wo erlaubt sind (siehe Abbildung 3.6). Im Beispiel in der Abbildung ist somit der Mix F (Fix) + M (Material) + W (zahlungswirksam) erlaubt, ebenso wie F + P (Personal).

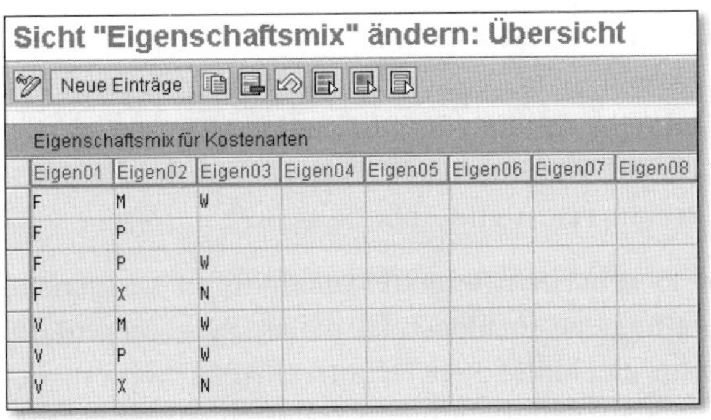

Sicht "Eigenschaftsmix" ändern: Übersicht

Neue Einträge

Eigenschaftsmix für Kostenarten

Eigen01	Eigen02	Eigen03	Eigen04	Eigen05	Eigen06	Eigen07	Eigen08
F	M	W					
F	P						
F	P	W					
F	X	N					
V	M	W					
V	P	W					
V	X	N					

Abbildung 3.6 Eigenschaftsmix

Selektionsvarianten

Was ist eine Selektionsvariante?

Selektionsvarianten dienen dazu, in Transaktionen für die Sammelbearbeitung oder in Berichten Kostenarten anhand von Stammdatenmerkmalen zu selektieren. Ausführlichere Informationen zu diesem Konzept und eine Beschreibung, wie Sie Selektionsvarianten erstellen, finden Sie in Abschnitt 4.3.5, »Kostenstellen«. Selektionsvarianten für Kostenarten erstellen Sie über CONTROLLING • KOSTENARTENRECHNUNG • STAMMDATEN • KOSTENARTEN • SELEKTIONSVARIANTEN FÜR KOSTENARTEN ANLEGEN (Transaktion KM5V).

Suchhilfen

Was ist eine Suchhilfe?

Wann immer Sie eine Kostenart verwenden wollen (z.B. beim Buchen oder Ändern der Stammdaten), stehen Ihnen mehrere Suchhilfen zur Verfügung, um die gewünschten Kostenarten schneller zu finden. Beispiele sind u.a. KOSTENART JE KONTENPLAN oder KOSTENART NACH BEZEICHNUNG. Falls die ausgelieferten Suchmethoden nicht ausreichen, können Sie diese auch erweitern. Ihre individuellen Suchhilfen definieren Sie über CONTROLLING • KOSTENARTENRECHNUNG • STAMMDATEN • KOSTENARTEN • SUCHHILFEN FÜR KOSTENARTEN DEFINIEREN (Transaktion OKEC).

[»]

Erstellen von Suchhilfen

Das Anlegen von Suchhilfen ist oft sehr hilfreich, erfordert aber ein gewisses Verständnis der Datenstrukturen in SAP ERP. Sie müssen dazu die technischen Namen von Feldern kennen und wissen, in welchen Tabellen sich die benötigten Felder befinden. Falls Sie dieses Hintergrundwissen nicht haben, sollten Sie sich mit Ihrer IT-Abteilung zusammensetzen.

Suchhilfe für Kostenarten anlegen

Wir zeigen Ihnen nun exemplarisch, wie Sie Kostenarten anhand der in der Vorschlagskontierung im Kostenartenstamm zugeordneten Kostenstelle finden können. Über die oben genannte Transaktion erreichen Sie die Sammelsuchhilfe zur Kostenart KART. Die existierenden Suchhilfen für die Kostenarten finden Sie auf der Registerkarte INKLUDIERTE SUCHHILFEN (siehe Abbildung 3.7).

Empfehlenswert ist es, eine existierende Suchhilfe zu verwenden und auf dieser Basis eine neue anzulegen (also diese zu kopieren). Im Beispiel haben wir die Suchhilfe KARTN auf ZKAEIG kopiert. Per Doppelklick auf die neue Suchhilfe können Sie diese anpassen. Hier entscheiden Sie, nach welchen Feldern Sie suchen möchten, und definieren die Reihenfolge für die Felder. Wir haben hier den Suchparameter KOSTL (Kostenstelle) hinzugefügt (siehe Abbildung 3.8).

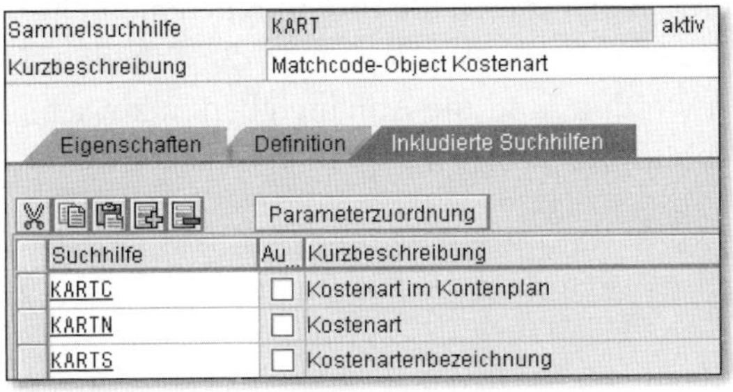

Abbildung 3.7 Suchhilfen für die Kostenarten

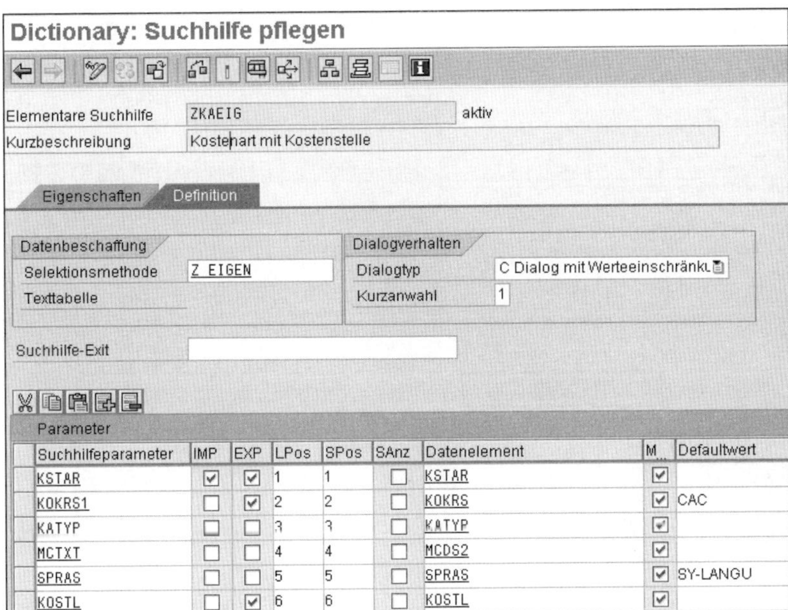

Abbildung 3.8 Neue Suchhilfe ZKAEIG

Darüber hinaus benötigen Sie eine Selektionsmethode, anhand derer Sie dem System mitteilen, woher die Daten gelesen werden sollen. Diese muss als View oder Tabelle angelegt werden (in unserem Beispiel Z_EIGEN).

Über die Transaktion SE11 legen Sie die Selektionsmethode als View an. Sie können auch eine existierende Selektionsmethode wie z.B. M_KARTN aus dem Matchcode KOSTENART kopieren und entsprechend anpassen. Ihr neuer View muss als kundenspezifisches Objekt mit Z* anfangen.

Auf der Registerkarte Viewfelder tragen Sie Ihre möglichen Suchfelder ein; auf Tabellen/Joinbedingungen pflegen Sie die Tabellen, in denen die Felder gelesen werden, und die Abhängigkeiten zwischen diesen Tabellen (siehe Abbildung 3.9).

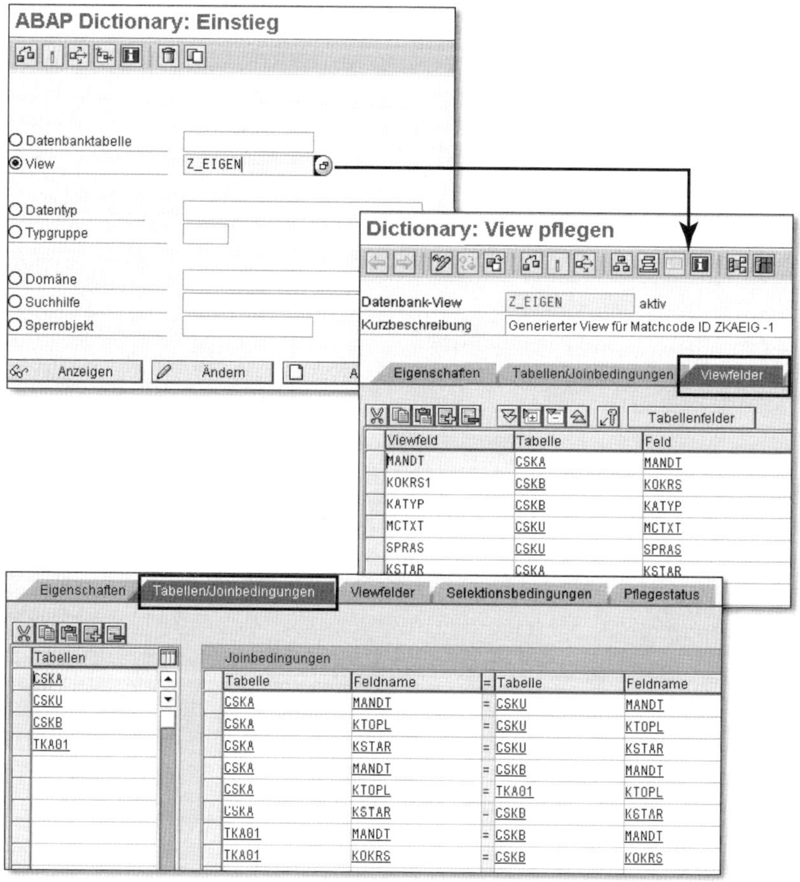

Abbildung 3.9 View für eine neue Suchhilfe

Nachdem Sie Ihren View angelegt haben, müssen Sie Ihre Daten speichern und aktivieren. Danach können Sie ihn als Selektionsmethode eintragen. Ihre neue Suchhilfe müssen Sie ebenfalls speichern und aktivieren. Zuletzt pflegen Sie noch die Parameterzuordnung für die neue Suchhilfe (siehe Abbildung 3.10).

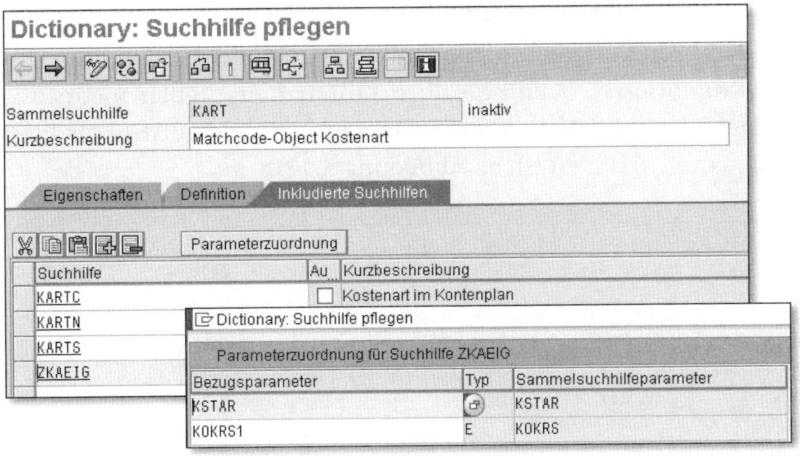

Abbildung 3.10 Parameterzuordnung für neue Suchhilfe

Jetzt können Sie in der Anwendung die Kostenarten nach der zugeordneten Kostenstelle suchen (siehe Abbildung 3.11).

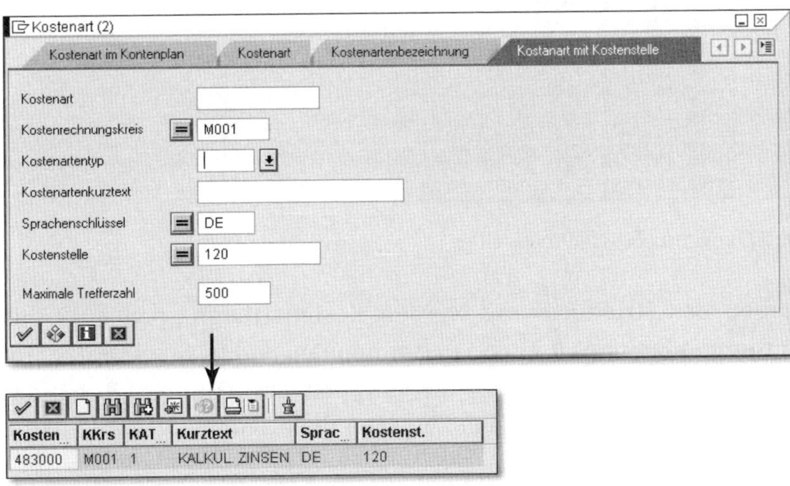

Abbildung 3.11 Das neu angelegte Matchcode (Suchhilfe) in der Anwendung

Erweiterungen

Erweiterung für Kostenartenstammdaten

Falls die vorhandenen Stammdatenfelder zu den Kostenarten nicht ausreichen, können Sie anhand der Erweiterung COOMKA01 weitere hinzufügen. Sie pflegen die Erweiterung über die Transaktion CMOD und können dann per ABAP-Programmierung Ihre selbst erstellten Felder definieren.

3.3.2 Kostenartengruppen

Kostenartengruppen pflegen

Auf Basis von Kostenartengruppen können Sie gleichartige Kostenarten strukturieren. Wenn Sie Ihre Kostenartengruppen mehrstufig miteinander verbinden, können Sie eine vollständige Struktur Ihrer Kostenarten abbilden (siehe Abbildung 3.12).

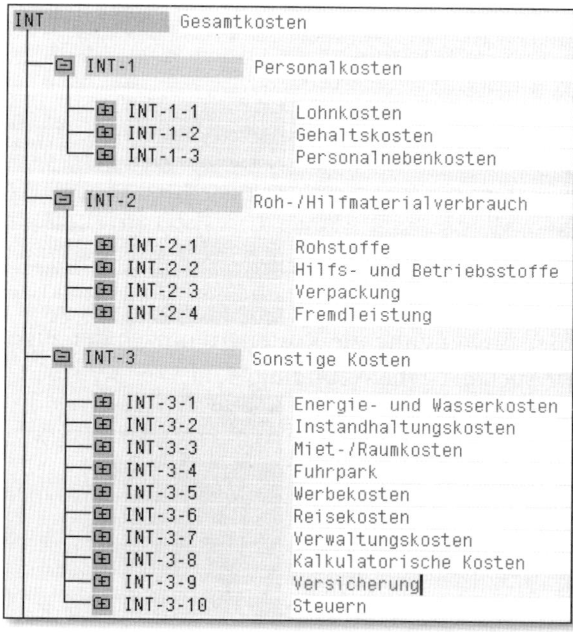

Abbildung 3.12 Ausschnitt aus einer Kostenartenstruktur

Neben der Strukturierung werden Kostenartengruppen auch zur Zusammenfassung logisch zusammenhängender Stammsätze im Informationssystem und für die Gruppenverarbeitung z.B. bei der Planung, Verteilung oder bei Umlagen benötigt.

Sie definieren Kostenartengruppen über CONTROLLING • KOSTENARTENRECHNUNG • STAMMDATEN • KOSTENARTEN • KOSTENARTENGRUPPEN ANLEGEN (Transaktion KAH1). Im Einstiegsbild geben Sie den Namen der Kostenartengruppe an. Im nächsten Bild können Sie über den Button GLEICHE EBENE ❶ oder EBENE DARUNTER ❷ schon existierende Kostenartengruppen oder über den Button KOSTENART ❸ einzelne Kostenarten bzw. Intervalle zuordnen (siehe Abbildung 3.13).

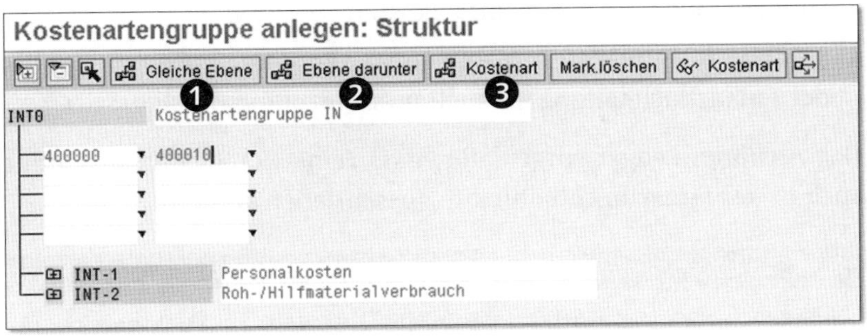

Abbildung 3.13 Kostenartengruppen definieren

Sie haben damit alle Einstellungen zu den Kostenartenstammdaten kennengelernt. Zum Abschluss dieses Kapitels kommen wir noch auf die Abgrenzung und das Abstimm-Ledger zu sprechen.

3.4 Abgrenzung

Die *Abgrenzung* dient dazu, unregelmäßig anfallende Kosten unterjährig gleichmäßig zu verteilen, wenn sie das ganze Geschäftsjahr betreffen. SAP bietet dabei die Abgrenzung über das *Zuschlagsverfahren* an sowie das *Soll=Ist-Verfahren* (für leistungsabhängige Abgrenzungen) und das leistungsunabhängige *Plan=Ist-Verfahren*. SAP bietet in der Kostenartenrechnung über den Menüpfad CONTROLLING • KOSTENARTENRECHNUNG • ABGRENZUNG DIE MÖGLICHKEIT, Einstellungen zur Abgrenzung zu pflegen. Wir behandeln dieses Thema ausführlich in Abschnitt 4.6.3, »Periodenabschluss«.

3.5 Abstimm-Ledger

Wozu dient das Abstimm-Ledger?

Das *Abstimm-Ledger* dient dazu, die Komponenten FI und CO aufeinander abzustimmen. Dies kann notwendig sein, wenn Sie z.B. Buchungen mit Funktionsbereichswechsel, Geschäftsbereichswechsel oder buchungskreisübergreifend in CO durchgeführt haben. Sie benötigen das Abstimm-Ledger, wenn die folgenden Bedingungen alle erfüllt sind:

- Sie haben das neue Hauptbuch nicht im Einsatz.
- Sie haben das neue Hauptbuch im Einsatz, verwenden aber nicht die Echtzeitaktivierung.

- Sie berichten nach dem Umsatzkostenverfahren.
- Sie führen Auswertungen zum Umsatzkostenverfahren sowohl in der Finanzbuchhaltung als auch im Controlling durch.

Das Abstimm-Ledger sorgt dafür, dass reine CO-Buchungen online auch in der Finanzbuchhaltung fortgeschrieben werden.

[zB]

Funktionsbereichswechsel

Nehmen wir an, die Kostenstelle 500 (IT) ist dem Funktionsbereich 11 (Verwaltung) zugeordnet. Sie haben Primärkosten für Gehälter in Höhe von 1.000 EUR auf diese Kostenstelle gebucht. Zum Funktionsbereich 11 zeigen Sie damit in der Finanzbuchhaltung wie auch im Controlling einen Betrag von 1.000 EUR.

Nun führen Sie eine Leistungsverrechnung in Höhe von 200 EUR von Kostenstelle 500 an Kostenstelle 600 (Vertrieb) durch. Kostenstelle 600 ist dem Funktionsbereich 12 (Vertriebskosten) zugeordnet. Die Leistungsverrechnung erfolgte unter einer Sekundärkostenart, die in der Finanzbuchhaltung nicht sichtbar ist. Sie zeigen somit im Controlling zum Funktionsbereich 11 Kosten in Höhe von 800 EUR und zum Funktionsbereich 12 einen Betrag von 200 EUR. In der Finanzbuchhaltung haben Sie nach wie vor 1.000 EUR beim Funktionsbereich 11 stehen. Wenn Sie in beiden Komponenten über Funktionsbereiche berichten möchten, benötigen Sie das Abstimm-Ledger.

Abstimm-Ledger aktivieren

Um das Abstimm-Ledger zu verwenden, müssen Sie es zunächst über Controlling • Kostenartenrechnung • Abstimmledger • Abstimmledger aktivieren/deaktivieren (Transaktion KALA) aktivieren (siehe Abbildung 3.14). Dabei geben Sie außerdem an, unter welcher Belegart die Abstimmbuchungen durchgeführt werden sollen.

Abbildung 3.14 Abstimm-Ledger aktivieren

Ausgleichskonten hinterlegen

Unter Controlling • Kostenartenrechnung • Abstimmledger • Ausgleichskonten für Abstimmbuchungen definieren hinterlegen Sie dann Ausgleichskonten, auf denen die Buchungen aus CO in FI fortgeschrieben werden. Das Verrechnungskonto für GESCHÄFTS-/FUNKTIONSBEREICHSFUNKTIONSKONTEN pflegen Sie in der Transaktion OBXN (siehe Abbildung 3.15), das Konto für BUCHUNGSKREISVERRECHNUNGEN in der Transaktion OBYA. Falls eine starre Zuordnung der Verrechnungskonten für Ihre Anforderungen nicht ausreicht, können Sie über KONTEN FÜR AUTOMATISCHE BUCHUNGEN HINTERLEGEN (Transaktion OK17) eine Substitution einrichten, um die Verrechnungskonten flexibel zu ermitteln. Die Funktionalität ist dabei dieselbe, die wir Ihnen in Abschnitt 2.2.4, »Kontierungslogik«, vorgestellt haben.

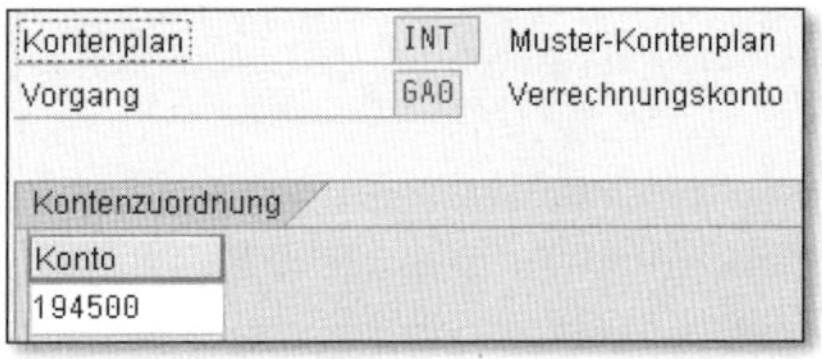

Abbildung 3.15 Verrechnungskonto für Geschäfts-/Funktionsbereichswechsel

Nummernkreis pflegen

Unter dem Customizing-Punkt CONTROLLING • KOSTENARTENRECHNUNG • ABSTIMMLEDGER • BELEGNUMMERN FÜR ABSTIMMBUCHUNG festlegen (Transaktion OK13) pflegen Sie Nummernkreise für die Abstimmbuchungen. Weitere Informationen zu Nummernkreisen finden Sie in Abschnitt 2.2.1, »Nummernkreise«.

Regeln zur Auswahl

Als Voreinstellung werden alle Buchungen, die im Controlling erfasst werden, wie z. B. Umlagen, Verteilungen oder Leistungsverrechnungen, in das Abstimm-Ledger übernommen. Falls Sie die Zahl der zu übernehmenden Buchungen einschränken wollen, können Sie über CONTROLLING • KOSTENARTENRECHNUNG • ABSTIMMLEDGER • REGELN ZUR AUSWAHL VON ABSTIMMBUCHUNGEN ÜBERNEHMEN (Transaktion KALK) Regeln hinterlegen (siehe Abbildung 3.16). Die Vorgehensweise zum Anlegen von Regeln ist sehr ähnlich wie bei Validierungen und Substitutionen (siehe Abschnitt 2.2.4, »Kontierungslogik«). Anhand einer Regel hinterlegen Sie eine logische Bedingung, die bei jeder Buchung im Controlling durchlaufen wird. Ist die Bedingung erfüllt, wird die Buchung ins Abstimm-Ledger fortgeschrieben. Im Beispiel haben wir eine Regel angelegt, die dann erfüllt ist, wenn der Funktionsbereich der Buchung nicht mit dem Partner-Funktionsbereich übereinstimmt, wenn also ein Funktionsbereichswechsel stattfindet. Auf diese Art können Sie beliebig viele Regeln hinterlegen und auch andere Regeln referenzieren.

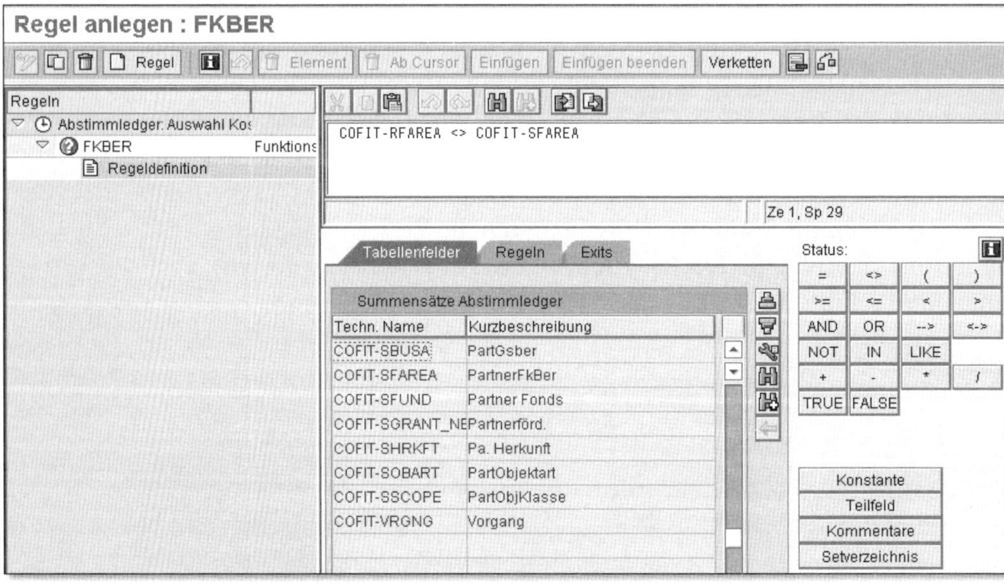

Abbildung 3.16 Regeln für Abstimmbuchungen hinterlegen

Wir haben Ihnen damit die Customizing-Einstellungen für das Abstimm-Ledger vorgestellt und sind damit auch schon am Ende dieses Kapitels angelangt.

3.6 Zusammenfassung

Sie haben in diesem Kapitel die für das Controlling elementaren Stammdatentypen Kostenarten und Kostenartengruppen kennengelernt und kennen nun den Unterschied zwischen primären und sekundären Kostenarten. Sie wissen auch, welche verschiedenen Kostenartentypen es gibt und wofür diese eingesetzt werden. Wir haben Ihnen darüber hinaus die weiteren Einstellungen für Kostenarten gezeigt, etwa die zeitabhängigen Felder und die Eigenschaften. Anhand eines Beispiels haben Sie außerdem gelernt, wie Sie eine Suchhilfe anlegen können. Zum Schluss des Kapitels haben wir Ihnen dann das Abstimm-Ledger vorgestellt.

Wir beenden damit das Kapitel zur Kostenartenrechnung. Im folgenden Kapitel steht die Kostenstellenrechnung im Mittelpunkt.

Mit der Kostenstellenrechnung strukturieren Sie das Unternehmen in Verantwortungsbereiche. Die Kostenstellen erlauben es Ihnen, Gemeinkosten zu planen, zu erfassen und zu verrechnen.

4 Kostenstellenrechnung

In diesem Kapitel geben wir Ihnen zunächst einen Überblick über die Funktionalität der Kostenstellenrechnung und erläutern die Integration dieser Komponente mit den anderen Komponenten von CO. Wir zeigen Ihnen dann, welche Grundeinstellungen notwendig sind, um mit der Kostenstellenrechnung arbeiten zu können. Weiter geht es dann mit den Stammdaten – wir stellen die wichtigsten Konzepte wie Kostenstellen, Leistungsarten, statistische Kennzahlen und Ressourcen dar und beschreiben die verschiedenen Möglichkeiten, diese zu pflegen. Im Anschluss daran erläutern wir Ihnen die verschiedenen Möglichkeiten, die Ihnen bei der Planung zur Verfügung stehen, und gehen auch auf die Etatverwaltung ein. Zum Thema Obligo und Mittelbindung beschreiben wir, welche Einstellungen nötig sind, um die Obligofortschreibung zu aktivieren und um Belege zur Mittelbindung erfassen zu können.

Den größten Teil dieses Kapitels nimmt der Abschnitt zu den Istdaten ein. Wir zeigen Ihnen zunächst, welche Einstellungen Sie im Customizing vornehmen müssen, um manuelle Belege zu erfassen und Daten aus anderen SAP-Komponenten zu übernehmen. Dann befassen wir uns ausführlich mit den verschiedenen Methoden zur periodischen Kostenverrechnung und zeigen anhand von Beispielen, wie Sie diese einsetzen können. Zum Schluss demonstrieren wir Ihnen anhand einiger Beispiele, wie die Kostenstellenrechnung in unseren drei fiktiven Unternehmen eingesetzt werden könnte.

4.1 Überblick

Kostenstellen als Verantwortungsbereiche

Die Kostenstellenrechnung sollte am Anfang einer Implementierung von CO stehen, da sie hilft, die Unternehmensstruktur im Sinne von Kostenverantwortung abzubilden, und eine Reihe von Grundvoraussetzungen für andere CO-Komponenten schafft.

Die Kostenstellenrechnung ist Teil des Gemeinkosten-Controllings und dient dazu, ein Unternehmen so zu strukturieren, dass sämtliche anfallenden Gemeinkosten eindeutig einem Verantwortlichkeitsbereich zugeordnet werden können.

Ein Verantwortungsbereich wird dabei durch eine *Kostenstelle* repräsentiert. Eine Kostenstelle ist eine organisatorische Einheit, die eine bestimmte Aufgabe ausführt (z.B. Finanzbuchhaltung, Leitung, Einkauf), der eine gewisse Anzahl von Personen zugeordnet ist (z.B. alle Mitarbeiter der Abteilung Finanzbuchhaltung) und die einen Verantwortlichen hat (den Kostenstellenleiter). Kostenstellen werden hierarchisch gegliedert, um die gesamte Unternehmensstruktur abzubilden.

Strukturierung der Kostenstellen

Nach welchen Kriterien die Strukturierung erfolgt, hängt zum einen stark von der Branche des Unternehmens ab (ein Industrieunternehmen wird anders strukturiert sein als ein Dienstleister), andererseits von der internen Führungsstruktur: Manche Firmen strukturieren sich nach Funktionen (z.B. Rechnungswesen, Vertrieb, Logistik etc., siehe z.B. Abbildung 4.1), andere nach ihren Produkten (die gleiche Beispielfirma wie in Abbildung 4.1 könnte sich z.B. nach ihren Produktgruppen *Spielzeug*, *Brettspiele* und *Bücher* gliedern).

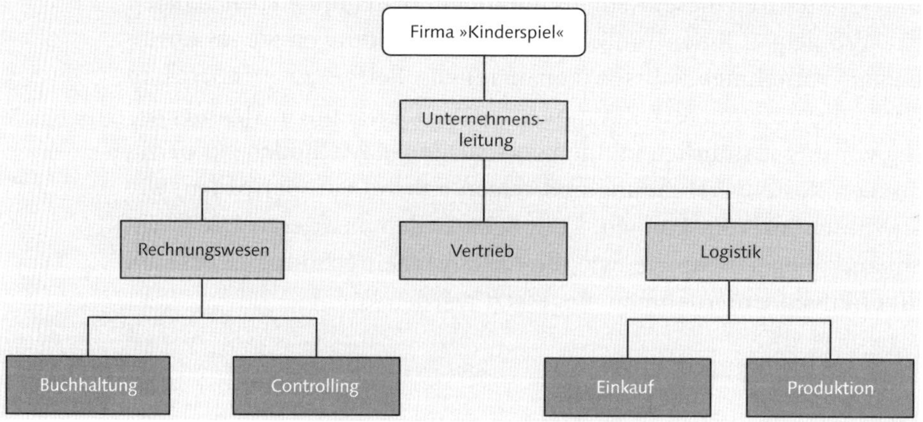

Abbildung 4.1 Beispiel für eine Kostenstellenstruktur

In Abbildung 4.2 können Sie das Ergebnis einer Umfrage auf der Website *www.fico-forum.de* sehen, wonach offenbar eine Gliederung nach funktionalen Gesichtspunkten eine relativ weit verbreitete Strukturform für Kostenstellen ist.

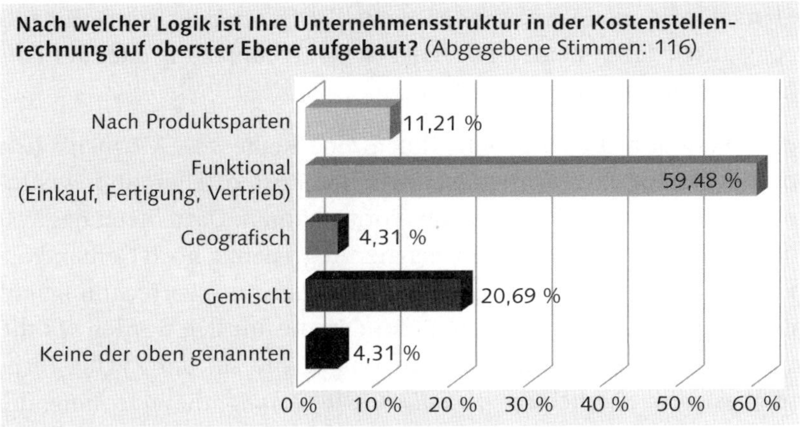

Abbildung 4.2 Umfrage zur Gestaltung der Kostenstellenstruktur (Quelle: *www.fico-forum.de*)

Anhand der Kostenstellenstruktur können somit sämtliche Gemeinkosten eindeutig einer Kostenstelle und damit einem Verantwortlichen zugeordnet werden. Beachten Sie, dass dies in der Regel nicht für Einzelkosten gilt; das Konzept des Controllings in SAP ERP sieht vor, dass Sie andere Teilkomponenten wie z. B. die Ergebnisrechnung (siehe Kapitel 8, »Ergebnis- und Marktsegmentrechnung«) oder das Produktkosten-Controlling (siehe Kapitel 7, »Produktkosten-Controlling«) zur Verwaltung der Einzelkosten einsetzen. Weitere Details zu den Kostenstellenstammdaten und der Kostenstellenhierarchie finden Sie in Abschnitt 4.3, »Stammdaten«.

Kostenerfassung auf Kostenstellen

Wie Sie bereits aus Kapitel 3, »Kostenartenrechnung«, wissen, erfolgt die Klassifizierung von Kosten in SAP ERP anhand von Kostenarten. Primären Kostenarten steht dabei jeweils ein Sachkonto in der Finanzbuchhaltung gegenüber, während sekundäre Kostenarten der Verrechnung innerhalb des Controllings dienen. Die Erfassung von Kosten – im Plan wie im Ist – kann sowohl anhand von primären Buchungen aus der Finanzbuchhaltung erfolgen als auch mittels Verrechnungen über Sekundärkostenarten zwischen Kostenstellen und anderen Controlling-Objekten.

Kostenstellenplanung

Sie können Kosten zu Kostenstellen geschäftsjahres- und periodengenau planen und Ihre Planung regelmäßig aktualisieren. In Auswertungen (siehe dazu Kapitel 10, »Berichtswesen«) können Sie den Plankosten die Istkosten gegenüberstellen, um zu analysieren, welche Ursachen es für mögliche Plan-/Istabweichungen geben könnte. Plandaten können Sie entweder manuell erfassen oder mit Unterstützung durch das System, z. B. bei der Ressourcenplanung oder der Formelplanung bzw. Template-Planung.

Zum Periodenabschluss steht Ihnen eine Reihe von Möglichkeiten zur Verfügung, Verrechnungen zwischen Kostenstellen und eventuell anderen Controlling-Objekten vorzunehmen. Dazu bietet das System neben verschiedenen Formen der Abgrenzung noch Gemeinkostenzuschläge, mehrere Möglichkeiten der Leistungsverrechnung und die Template-Verrechnung an. Besonders ausführlich werden wir die vier Verrechnungsmethoden beschreiben, die auf der Zyklus-Technik basieren, nämlich die *periodische Umbuchung*, die *Verteilung*, die *Umlage* und die *indirekte Leistungsverrechnung*.

Mittels Leistungsverrechnungen können Kostenstellen Leistung (z. B. in der Fertigung oder bei der Durchführung von Dienstleistungen) an Objekte im Produktkosten-Controlling wie etwa Fertigungsaufträge weiterbelasten. Voraussetzung dafür ist, dass Sie *Leistungsarten* anlegen (siehe Abschnitt 4.3.6, »Leistungsarten«). Eine Leistungsart dient dazu, im Betrieb erbrachte Leistungen zu klassifizieren, zu messen und zu bewerten. Für unterschiedliche Arten von Leistungen können Sie verschiedene Leistungsarten erstellen, diese anhand von bestimmten Dimensionen wie Zeit oder Menge messen und mit einem Tarif bewerten.

[zB]

Leistungsarten

Typische Beispiele für Leistungsarten in Unternehmen sind:

- Personalstunden in der Fertigung, gemessen in Stunden
- Maschinenstunden in der Fertigung, gemessen in Stunden
- Rüstzeiten in der Fertigung, gemessen in Stunden
- zubereitete Menüs in der Kantine, gemessen in Stück
- Energie, gemessen in Kilowattstunden

Bei den genannten Werkzeugen zur Verrechnung wie der Umlage oder Verteilung belasten Sie Kosten von Kostenstellen an mehrere

Empfänger gleichzeitig weiter. Welchen Anteil dabei jeder Empfänger bekommen soll, können Sie über verschiedene Kriterien, wie z. B. die Höhe der Kosten einer bestimmten Kostenart im Plan oder Ist, festlegen. Anhand sogenannter *statistischer Kennzahlen* haben Sie aber auch die Möglichkeit, Kriterien heranzuziehen, die nicht in Kosten gemessen werden können.

[zB]

Statistische Kennzahlen

Als statistische Kennzahlen können Sie z. B. verwenden:

- Anzahl der Mitarbeiter in einer Abteilung
- Fläche eines Raums (in Quadratmetern)
- Anzahl der PCs, die eine Abteilung benutzt (in Stück)

Schnittstellen der Kostenstellenrechnung

Wie Sie bisher gesehen haben, steht Ihnen in der Kostenrechnung eine Reihe von Werkzeugen zur Verfügung, mittels derer Sie Kosten innerhalb der Kostenstellenrechnung verrechnen können. Die Kostenstellenrechnung bietet aber auch Schnittstellen zu den anderen Komponenten im Controlling, wie Sie in Abbildung 4.3 sehen.

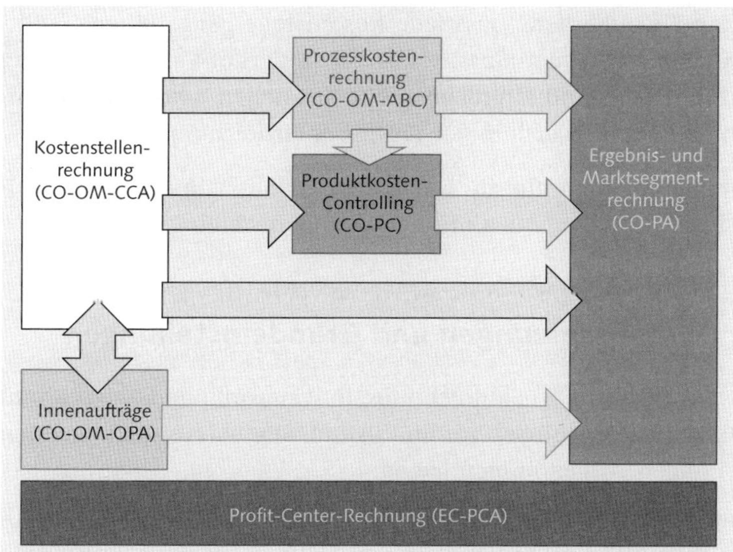

Abbildung 4.3 Einordnung der Kostenstellenrechnung in das Gesamtkonzept der Komponente CO

Die engste Verknüpfung besitzt die Kostenstellenrechnung mit den Innenaufträgen, denn diese können als statistische Aufträge direkt auf Kostenstellen durchbuchen. Kosten können anhand der unterschiedlichen Verrechnungsmethoden an Innenaufträge weiterbelastet und über die Abrechnung auch an Kostenstellen zurückverrechnet werden (siehe Abschnitt 5.7.5, »Abrechnung«).

Die Prozesskostenrechnung dient dazu, Gemeinkosten präziser zu bündeln und Verursachern zuzuordnen, als dies mit den Möglichkeiten der Kostenstellenrechnung machbar wäre. Dazu ist es jedoch zunächst erforderlich, die auf Kostenstellen erfassten Gemeinkosten den Prozessen zuzuordnen. Dies geschieht entweder über Template-Verrechnungen (siehe Abschnitt 6.4, »Templates«) oder über Umlagen von Kostenstellen an Geschäftsprozesse. Umlagen erläutern wir in Abschnitt 4.6.3, »Periodenabschluss«.

In der Ergebnis- und Marktsegmentrechnung können Sie Gemeinkosten auch direkt Marktsegmenten wie z.B. Produkten oder Kunden zuordnen. Zu diesem Zweck setzen Sie Umlagen von Kostenstellen an Ergebnisobjekte ein. Welche Einstellungen dafür notwendig sind, erläutern wir in Abschnitt 8.6.7, »Gemeinkosten übernehmen«.

Zum Schluss unseres Überblicks über die Controlling-Landschaft beachten Sie außerdem, dass jede Kostenstelle genau einem Profit-Center zugeordnet sein muss, sofern Sie die Profit-Center-Rechnung einsetzen. Damit sind sämtliche auf Kostenstellen erfassten Gemeinkosten automatisch auch in der Profit-Center-Rechnung sichtbar.

Wir erläutern Ihnen nun im Detail das Customizing der Kostenstellenrechnung und beginnen mit den Grundeinstellungen.

4.2 Voraussetzungen und Grundeinstellungen

Notwendige Organisationseinheiten

Bevor Sie die Kostenstellenrechnung im Controlling aktivieren und einsetzen können, müssen Sie im Customizing bereits die folgenden Einstellungen vorgenommen haben:

- Buchungskreis anlegen (inklusive Geschäftsjahresvariante und Kontenplan) (siehe Abschnitt 2.1.1, »Buchungskreis«)
- Kostenrechnungskreis anlegen und dem Buchungskreis zuordnen (siehe Abschnitt 2.1.5, »Kostenrechnungskreis«)
- Nummernkreise definieren (siehe Abschnitt 2.2.1, »Nummernkreise«)

Kostenstellenrechnung aktivieren

Darüber hinaus müssen Sie die Kostenstellenrechnung im Kostenrechnungskreis aktivieren. Wählen Sie dazu im Customizing den Menüpfad CONTROLLING • KOSTENSTELLENRECHNUNG • KOSTENSTELLENRECHNUNG IM KOSTENRECHNUNGSKREIS AKTIVIEREN (Transaktion OKKP). Selektieren Sie dann den entsprechenden Kostenrechnungskreis, und wählen Sie KOMPONENTEN AKTIVIEREN/STEUERUNGSKENNZEICHEN (siehe Abbildung 4.4). Stellen Sie dann den Parameter KOSTENSTELLEN auf KOMPONENTE AKTIV.

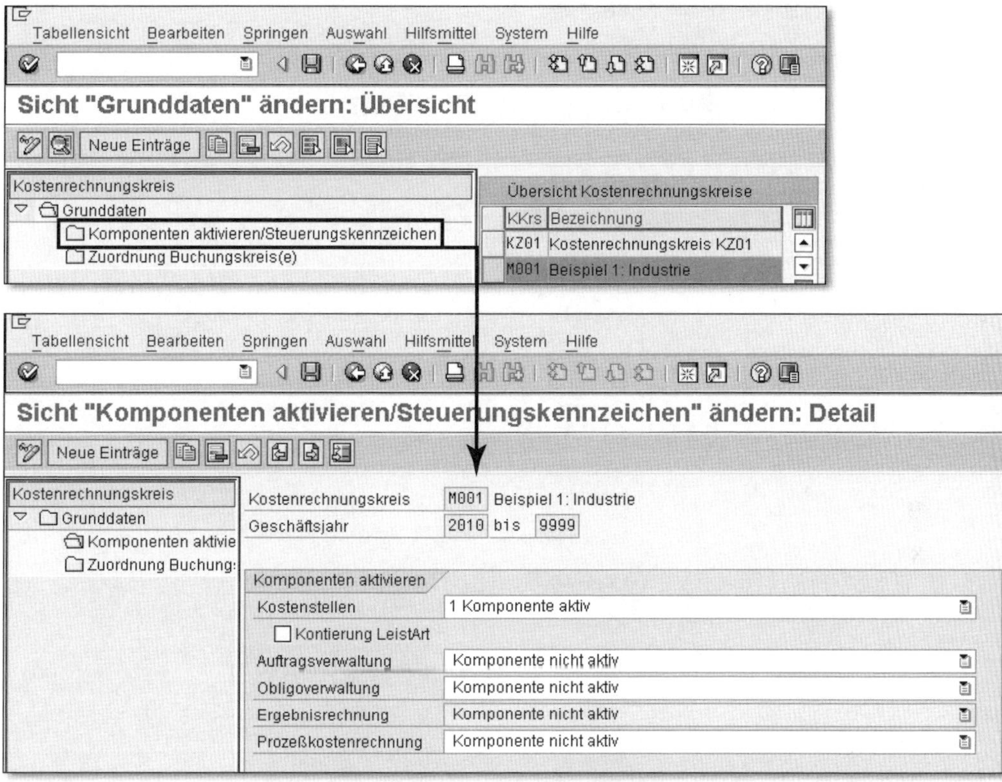

Abbildung 4.4 Kostenstellenrechnung im Kostenrechnungskreis aktivieren

Sie können außerdem den Parameter KONTIERUNG LEISTART aktivieren; damit erlaubt es Ihnen das System, Primärkosten beim Verbuchen direkt Leistungsarten zuzuordnen, um Soll-/Istvergleiche anzustellen. Mehr zu diesem Thema erfahren Sie in Abschnitt 4.6.3, »Periodenabschluss«, zum Thema Splittung.

Beachten Sie, dass Sie die Kostenstellenrechnung (wie auch alle anderen Komponenten in CO) jahresweise aktivieren. Als Voreinstellung gibt das System einen Zeitraum vom aktuellen Geschäftsjahr bis zum Jahr 9999 vor. Über den Button NEUE EINTRÄGE können Sie hier weitere Intervalle eintragen.

Kostenstellenstandardhierarchie einstellen

Kehren Sie nun zum Einstiegsbild der Transaktion OKKP zurück, und führen Sie einen Doppelklick auf Ihren Kostenrechnungskreis aus. Sie gelangen damit zu den GRUNDDATEN des Kostenrechnungskreises. Sofern noch nicht geschehen, tragen Sie hier ein, wie die *Kostenstellenstandardhierarchie* für den Kostenrechnungskreis heißen soll (siehe Abbildung 4.5).

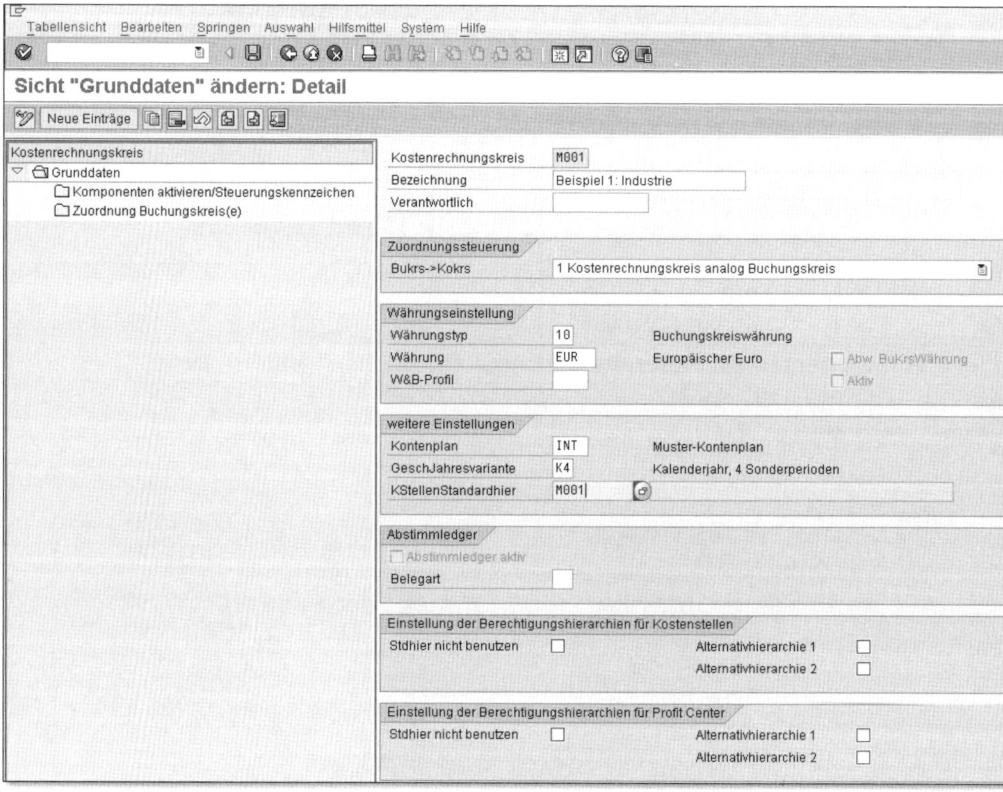

Abbildung 4.5 Kostenstellenstandardhierarchie zum Kostenrechnungskreis eintragen

Die Standardhierarchie bildet den Ursprungsknoten für die gesamte Kostenstellenhierarchie des Kostenrechnungskreises. Von hier ausgehend, können Sie Kostenstellengruppen und einzelne Kostenstellen zuordnen und somit die Kostenstellenstruktur Ihres Unternehmens abbilden, wie wir im Anschluss in Abschnitt 4.3, »Stammdaten«, näher erläutern werden.

4.3 Stammdaten

Nachdem Sie die Standardhierarchie im Kostenrechnungskreis angelegt haben, können Sie Ihre Unternehmensstruktur anhand von Kostenstellengruppen und individuellen Kostenstellen in der Kostenstellenrechnung abbilden. Für die innerbetriebliche Leistungsverrechnung benötigen Sie außerdem Leistungsarten; statistische Kennzahlen helfen vor allem bei Verrechnungen, Ressourcen bei der Planung.

4.3.1 Kostenstellenarten

Kostenstellenarten anlegen

Bevor Sie jedoch damit beginnen, sollten Sie zunächst die von SAP im Standard ausgelieferten *Kostenstellenarten* überprüfen und gegebenenfalls an Ihre Anforderungen anpassen. Eine Kostenstellenart dient zum einen dazu, Vorschlagswerte für alle Kostenstellen einzustellen, die zu dieser Art angelegt werden (diese Vorschlagswerte können jedoch in den Stammdaten der Kostenstellen überschrieben werden). Zum anderen ist es möglich, die Verwendung von Leistungsarten auf eine bestimmte Kostenstellenart einzuschränken.

[zB]

Kostenstellenart und Leistungsart

Sie definieren die Kostenstellenart FERTIGUNG. Als Vorschlagswerte legen Sie fest, dass auf allen Fertigungskostenstellen Mengen geführt werden sollen, und geben außerdem einen Funktionsbereich vor.

Sie stellen dann die Leistungsart FERTIGUNGSSTUNDEN so ein, dass diese nur zur Planung auf Fertigungskostenstellen verwendet werden darf. Es ist damit nicht möglich, diese Leistungsart zur Planung auf Kostenstellen anderer Art zu benutzen.

Sie definieren Kostenstellenarten im Customizing über CONTROLLING • KOSTENSTELLENRECHNUNG • STAMMDATEN • KOSTENSTELLEN • KOSTENSTELLENARTEN DEFINIEREN (siehe Abbildung 4.6).

Jede Kostenstellenart erhält einen Schlüssel (Spalte KART) und eine BEZEICHNUNG. Die Spalte MENGE (Mengen führen) bedeutet, dass das System überwacht, ob bei Buchungen auf Kostenstellen dieser Kostenstellenart jeweils eine Menge mitgegeben werden muss (z.B. Verbrauchsmenge eines Materials oder eine Menge von Einheiten einer Leistungsart). Ist dies nicht der Fall, wird eine Meldung ausgegeben. In den weiteren Spalten legen Sie fest, welche Geschäftsvorgänge erlaubt oder gesperrt sein sollen: Primärkostenbuchungen im Ist (IstPri), Sekundärbuchungen im Ist (IstSek), Isterlöse (IstErl), Primär- bzw. Sekundärkosten und Erlöse im Plan (PlnPri, PlnSek und PlnErl) sowie Obligo. In der Spalte Funk können Sie einen Funktionsbereich vorschlagen.

KArt	Bezeichnung	Menge	IstPri	IstSek	IstErl	PlnPri	PlnSek	PlnErl	Obligo	Funk
9	Verrechnung	☐	☐	☐	☑	☐	☐	☑	☑	YADM
C	Verrechnung	☐	☐	☐	☑	☐	☐	☑	☑	YADM
E	Entwicklung	☐	☐	☐	☑	☐	☐	☑	☑	YPRD
F	Fertigung	☑	☐	☐	☑	☐	☐	☑	☑	YPRD
G	Logistik	☐	☐	☐	☑	☐	☐	☑	☑	YPRD
H	Hilfskostenstelle	☑	☐	☐	☑	☐	☐	☑	☑	YPRD
L	Leitung	☐	☐	☐	☑	☐	☐	☑	☑	YADM
M	Material	☐	☐	☐	☑	☐	☐	☑	☑	YPRD
S	Soziales	☐	☐	☐	☑	☐	☐	☑	☑	YADM
V	Vertrieb	☐	☐	☐	☑	☐	☐	☑	☑	YSLS
W	Verwaltung	☐	☐	☐	☑	☐	☐	☑	☑	YADM

Abbildung 4.6 Kostenstellenarten definieren

Wir zeigen Ihnen nun, wie Sie Kostenstellenstammdaten anlegen können. Dazu steht Ihnen eine Reihe von verschiedenen Transaktionen zur Verfügung.

4.3.2 Standardhierarchie

Kostenstellen-standardhierarchie pflegen

Über die Customizing-Transaktion Controlling • Kostenstellenrechnung • Stammdaten • Kostenstellen • Standardhierarchie pflegen (Transaktion OKEON) können Sie die gesamte Kostenstellenstruktur zentral pflegen (siehe Abbildung 4.7). Im Beispiel sehen Sie, dass bereits sowohl Kostenstellengruppen (z.B. M001-01 für das Rechnungswesen) als auch Kostenstellen angelegt wurden (z.B. 500 für die Fertigung).

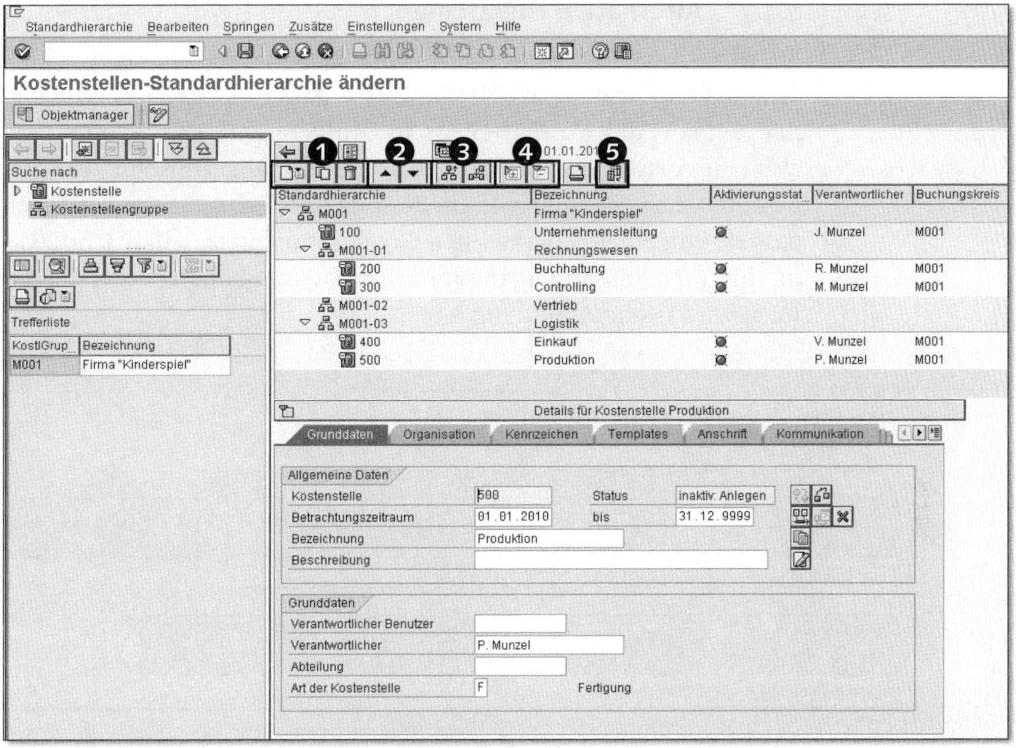

Abbildung 4.7 Pflege der Kostenstellenstandardhierarchie

Über die Buttons im Bereich ❶ können Sie Kostenstellen bzw. -gruppen anlegen, kopieren oder löschen. Die Pfeile unter ❷ verwenden Sie, um Kostenstellen und -gruppen nach oben oder unten zu verschieben und damit in eine andere Reihenfolge zu bringen. Unter ❸ haben Sie die Möglichkeit, Kostenstellen oder -gruppen eine Hierarchiestufe nach oben oder unten zu bewegen und sie so anderen Gruppen unter- oder überzuordnen. Alternativ dazu können Sie Kostenstellen und -gruppen auch mit der Maus per Drag & Drop hin- und herbewegen. Die Buttons unter ❹ dienen dazu, Kostenstellengruppen auf- oder zuzuklappen, und derjenige bei ❺ erlaubt es Ihnen, weitere Stammdatenfelder zu den Kostenstellen ein- bzw. auszublenden.

Im unteren Bereich der Transaktion pflegen Sie die Stammdatenfelder zu den Kostenstellen. Welche Felder Ihnen hier zur Verfügung stehen, beschreiben wir im Detail in Abschnitt 4.3.5, »Kostenstellen«.

4.3.3 Alternative Hierarchien

Bislang war es in SAP ERP nicht möglich, Kostenstellenhierarchien zeitabhängig zu pflegen. Dies bedeutet, dass es immer nur eine gültige Version der Kostenstellenstandardhierarchie gab. Wollte man also eine Auswertung der GuV (z.B. vom Vorjahr) aufrufen, war dies nicht möglich. Nehmen wir am Beispiel der Firma *RM Consulting* an, dass sie von einer geografischen Organisation im Geschäftsjahr 2013 in eine thematische Organisation für das Geschäftsjahr 2014 überführt wird (siehe Abbildung 4.8).

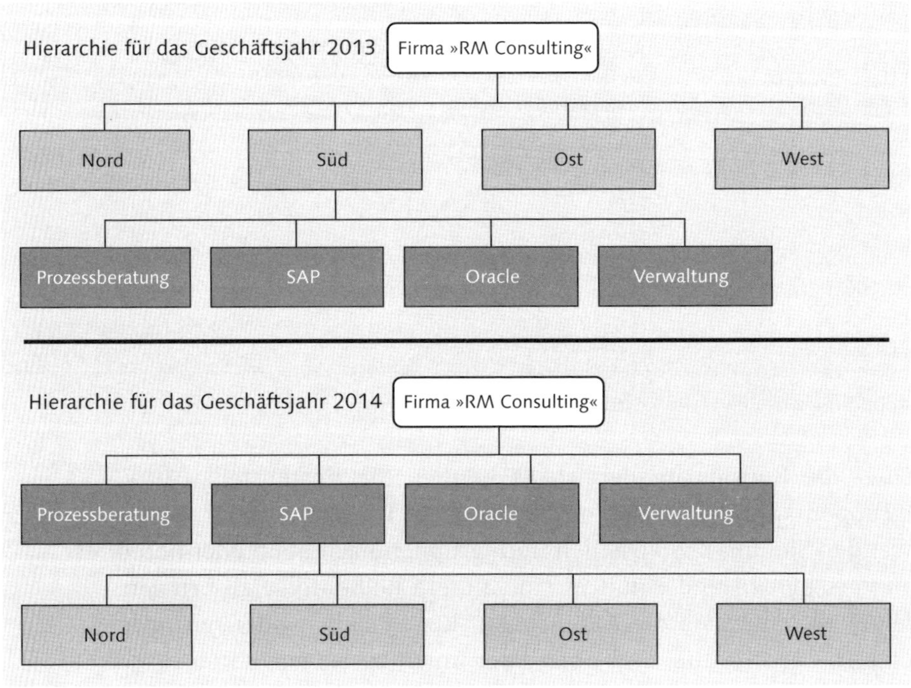

Abbildung 4.8 Geografische Hierarchie von RM Consulting

Im Geschäftsjahr 2014 ist es dann nicht mehr möglich, mithilfe der Standardhierarchie über das Ergebnis für das Jahr 2013 zu berichten; Sie müssen vielmehr zu diesem Zweck eine alternative Standardhierarchie anlegen.

SAP hat dieses Problem mithilfe von Enhancement Package (EHP) 6 gelöst. Nun können Sie sogenannte Hierarchieversionen pflegen, die den jeweils gültigen Stand der Standardhierarchie zu einem bestimmten Zeitraum darstellen (siehe Tabelle 4.1).

Hierarchieversion	Bedeutung	Gültigkeit
01	erste Reorganisation	01.01.2013
02	zweite Reorganisation	01.04.2013
03	dritte Reorganisation	01.06.2013

Tabelle 4.1 Übersicht über die Reorganisationen

Um verschiedene Hierarchieversionen nutzen zu können, müssen Sie als Erstes die Business Function FIN_CO_CCMGMT aktivieren (was eine Business Function ist und wie Sie sie aktivieren, haben wir in Abschnitt 2.4, »Business Functions aktivieren«, beschrieben).

Wenn die Business Function aktiv ist, definieren Sie im Customizing über CONTROLLING • KOSTENSTELLENRECHNUNG • STAMMDATEN • HIERARCHIEVERSIONEN DEFINIEREN neue Hierarchieversionen. Sie können hier je Version festlegen, ab wann diese gültig sein soll und eine Bezeichnung vergeben (siehe Abbildung 4.9).

Abbildung 4.9 Hierarchieversionen definieren

Die Definition einer Hierarchieversion im Customizing ist die Voraussetzung dafür, dass die Anwender überhaupt damit arbeiten können; erst wenn diese Aufgabe erledigt ist, können Sie also in der Anwendung die Standardhierarchie mit Bezug auf eine Hierarchieversion pflegen.

Um alternative Hierarchien zu pflegen, benötigen Sie den SAP NetWeaver Business Client (weitere Informationen dazu finden Sie in Abschnitt 2.5, »Web Dynpros und der SAP NetWeaver Business Client«). Hierzu klicken Sie zunächst auf den Button HIERARCHIEVERSION AUSWÄHLEN und selektieren dann die Hierarchieversion, die Sie bearbeiten möchten (siehe Abbildung 4.10).

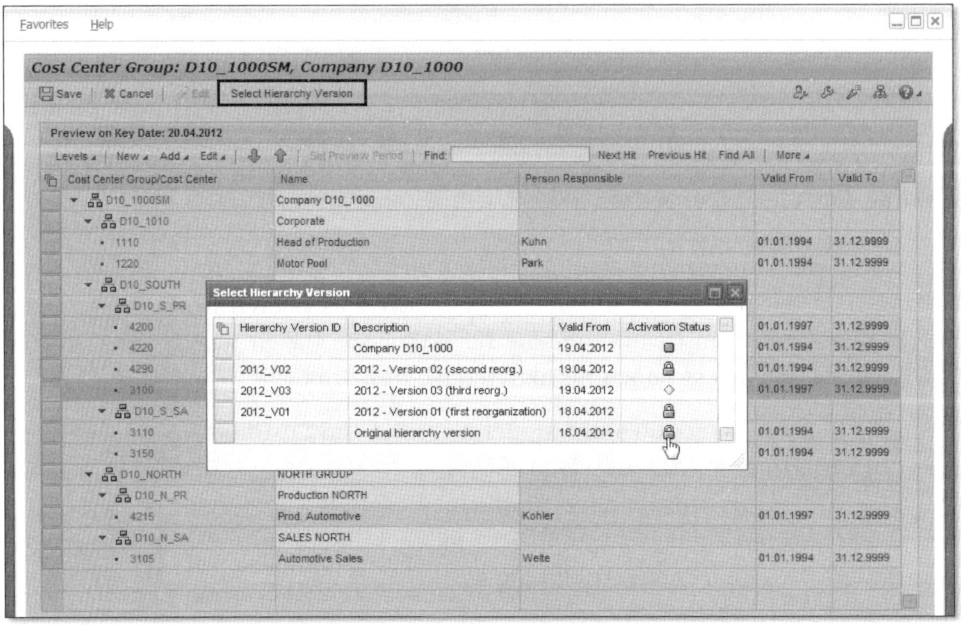

Abbildung 4.10 Hierarchieversionen pflegen

Die Hierarchieversionen haben jeweils einen Aktivierungsstatus:

- Die aktuell gültige Version ist aktiv.
- Zukünftige, noch nicht gültige Versionen haben den Status INAKTIV.
- Für frühere, nicht mehr gültige Versionen verwendet SAP den Status DEAKTIV.

In der oben gezeigten Anwendung im SAP NetWeaver Business Client bestimmen Sie somit die Struktur der Hierarchien, die Sie zuvor im Customizing definiert haben. Wenn der Stichtag gekommen ist, ab dem eine neue Version gültig sein soll, müssen Sie diese noch aktivieren. Diesen Schritt vollziehen Sie im Customizing über CONTROLLING • KOSTENSTELLENRECHNUNG • STAMMDATEN • INAKTIVE HIERARCHIEN AKTIVIEREN. Geben Sie hier die Hierarchieversion an, und führen Sie die Transaktion aus (siehe Abbildung 4.11). Die hier angegebene Version wird nun aktiv, und gleichzeitig wird die zuvor aktive Version auf den Status DEAKTIV gesetzt.

Um Hierarchieversionen in Report-Painter-Berichten verwenden zu können, müssen Sie noch einige Einstellungen vornehmen. Rufen Sie hierzu einen beliebigen Bericht auf, und wählen Sie dann UMFELD • OPTIONEN. Aktivieren Sie anschließend den Expertenmodus (siehe Abbildung 4.12).

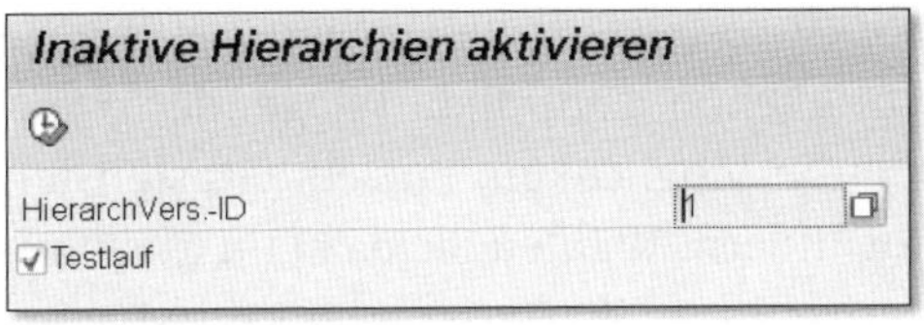

Abbildung 4.11 Inaktive Hierarchien aktivieren

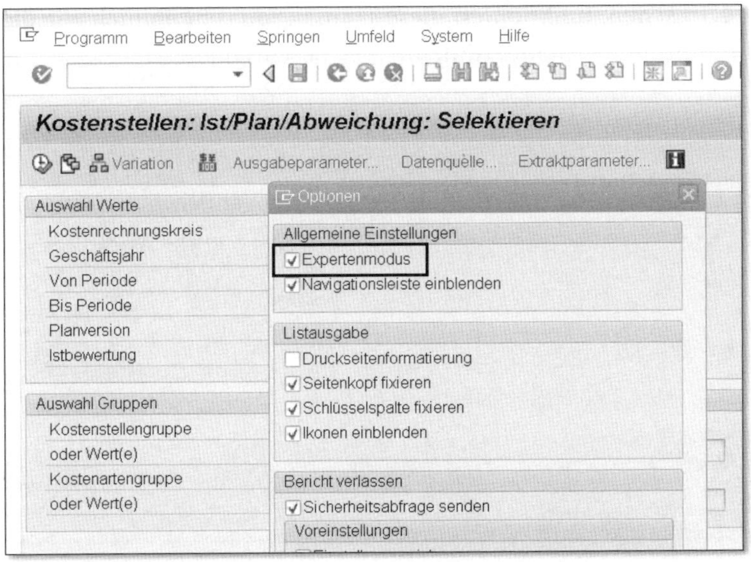

Abbildung 4.12 Expertenmodus im Report Painter aktivieren

Klicken Sie nun auf den Button AUSGABEPARAMETER. Im Block DATUM ZUM LESEN VON STAMMDATEN ist in unserem Falle der Wert SYSTEMDATUM voreingestellt. Um auf eine frühere Hierarchieversion zuzugreifen, geben Sie im Feld FESTER WERT ein Datum ein (siehe Abbildung 4.13). Beim Ausführen des Berichts selektiert das System nun die Hierarchieversion, die zum entsprechenden Datum gültig war.

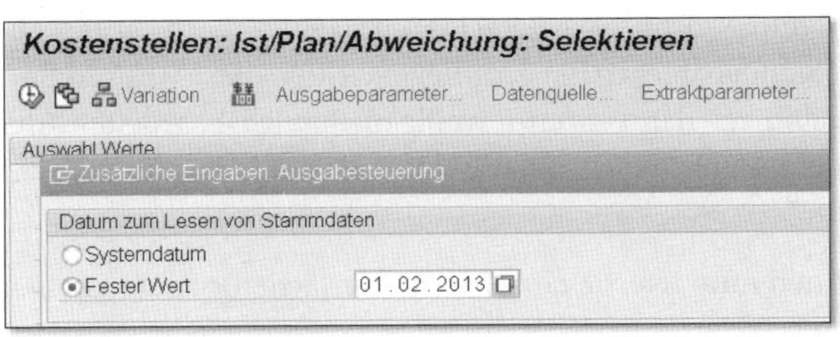

Abbildung 4.13 Report-Painter-Bericht zum Stichtag aufrufen

4.3.4 Kostenstellengruppen

Kostenstellengruppen pflegen

Alternativ zur soeben beschriebenen zentralen Pflege der Standardhierarchie haben Sie auch die Möglichkeit, einzelne Kostenstellengruppen anzulegen bzw. zu ändern. Wählen Sie dazu im Customizing den Menüpfad CONTROLLING • KOSTENSTELLENRECHNUNG • STAMMDATEN • KOSTENSTELLEN • KOSTENSTELLENGRUPPEN definieren (Transaktion KSH1 (Anlegen) bzw. KSH2 (Ändern)). Wie Sie in Abbildung 4.14 sehen, funktioniert diese Transaktion sehr ähnlich wie die in Abschnitt 4.3.2 »Standardhierarchie« beschriebene.

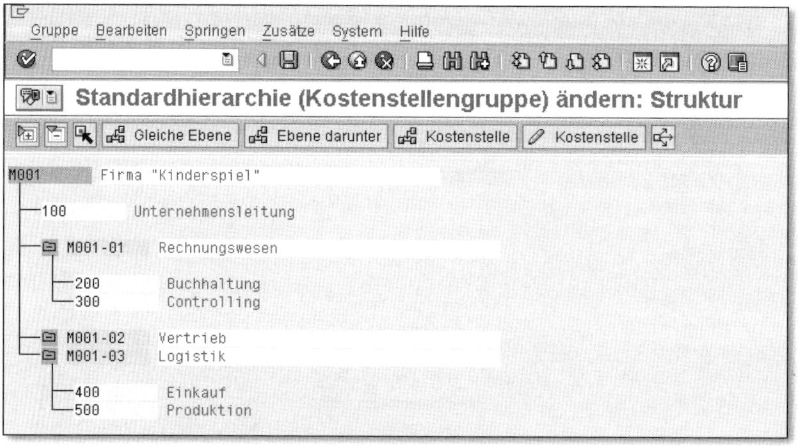

Abbildung 4.14 Kostenstellengruppe pflegen

Hier ist es jedoch möglich, beim Aufrufen einen Unterabschnitt der Standardhierarchie anzugeben und somit nur einen Teil der Hierarchie zu pflegen. Falls Ihr Unternehmen eine sehr große Kostenstellenhierarchie besitzt, kann die Pflege der Standardhierarchie mitunter recht inperformant sein, und es kann auch nur ein Benutzer zur selben Zeit daran arbeiten, da er die Tabelle für alle anderen sperrt. Ein weiterer Aspekt sind die Berechtigungen – möglicherweise wollen Sie bestimmten Benutzern nur die Berechtigung geben, bestimmte Teilbereiche der Standardhierarchie zu pflegen. Über diese Transaktion können die Benutzer dann ihren jeweiligen Bereich bearbeiten (die Pflege der gesamten Standardhierarchie wäre ihnen dann nicht erlaubt).

Wir zeigen Ihnen nun, wie Sie einzelne Stammsätze für Kostenstellen anlegen können.

4.3.5 Kostenstellen

Einzelbearbeitung von Kostenstellen

Sie können Kostenstellenstammdaten nicht nur über die Standardhierarchie oder über Kostenstellengruppen, sondern auch über eigene Transaktionen individuell oder in einer Sammelerfassung pflegen.

Die individuelle Pflegetransaktion rufen Sie im Customizing über CONTROLLING • KOSTENSTELLENRECHNUNG • STAMMDATEN • KOSTENSTELLEN • KOSTENSTELLEN ANLEGEN (Transaktion KS01 bzw. KS02) auf. Tragen Sie einen Namen für die Kostenstelle ein, und wählen Sie den Zeitraum, für den die Kostenstelle gültig sein soll. Sie können dann die GRUNDDATEN pflegen (siehe Abbildung 4.15).

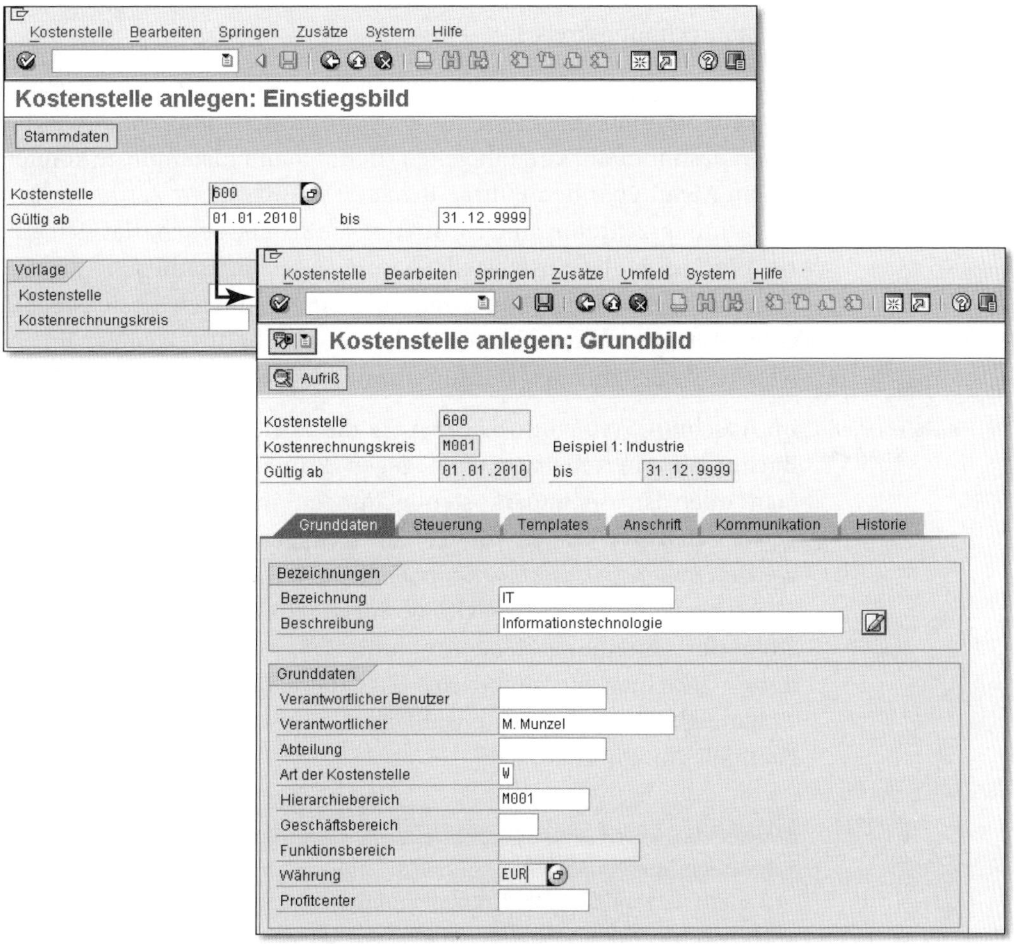

Abbildung 4.15 Kostenstelle anlegen über die Einzelbearbeitung

Kostenstellenparameter

In den GRUNDDATEN pflegen Sie eine Kurz- und Langbezeichnung für die Kostenstelle sowie weitere Stammdaten wie einen Verantwortlichen, die Kostenstellenart (siehe dazu auch Abschnitt 4.3.1, »Kostenstellenarten«). Falls Sie mit Geschäftsbereichen bzw. Profit-Centern oder dem Umsatzkostenverfahren arbeiten, können Sie an dieser Stelle eine Zuordnung zu einem Geschäftsbereich, Profit-Center oder Funktionsbereich treffen. Außerdem können Sie unter WÄHRUNG eine eigene Objektwährung einstellen, die von der Kostenrechnungskreiswährung abweichen kann. Damit bewirken Sie, dass unter dieser Kostenstelle alle Werte parallel in der Kostenrechnungskreiswährung und der Objektwährung fortgeschrieben werden. Voraussetzung dafür ist, dass Sie in den Steuerungsparametern des Kostenrechnungskreises den Parameter ALLE WÄHRUNGEN aktiviert haben (siehe Abschnitt 2.1.5, »Kostenrechnungskreis«).

Zeitabhängigkeit von Kostenstellen

Die Stammsätze für Kostenstellen sind zeitabhängig; das bedeutet, dass alle Stammdaten, die Sie für eine Kostenstelle pflegen, immer für einen bestimmten Zeitraum gelten. In der Stammdatenpflege können Sie im Menü über den Eintrag BEARBEITEN • BETRACHT.ZEITRAUM den Betrachtungszeitraum ändern, auf den Sie sich beziehen. Hat sich z.B. ein Wechsel in der Kostenstellenleitung ergeben, können Sie für den entsprechenden Betrachtungszeitraum einen anderen Kostenstellenleiter eintragen. Weiter hinten in diesem Abschnitt zeigen wir Ihnen, wie Sie die Zeitabhängigkeit für einzelne Felder aufheben können.

Kostenstellen sperren

Im Abschnitt STEUERUNG können Sie die Kostenstelle für bestimmte Buchungen sperren, wie etwa gegen Primärkostenbuchungen im Plan oder Ist, Sekundärkostenbuchungen im Plan oder Ist oder Erlöse. Darüber hinaus können Sie festlegen, ob Mengen geführt werden sollen (zu diesem Kennzeichen siehe auch Abschnitt 4.3.1, »Kostenstellenarten«) oder Obligo fortgeschrieben werden soll (zur Obligofortschreibung siehe Abschnitt 4.5, »Obligo und Mittelbindung«. Beachten Sie außerdem, dass diese Kennzeichen bereits in Abhängigkeit von der Kostenstellenart vorgeschlagen wurden (siehe ebenfalls Abschnitt 4.3.1).

[»]

Steuerungskennzeichen

Die Steuerungskennzeichen können Sie dazu verwenden, eine Kostenstelle zu sperren, wenn Sie sie nicht mehr benötigen. Beachten Sie, dass Sie Kostenstellen zwar über die Transaktion KS04 im Anwendungsmenü löschen können, dies ist jedoch nicht mehr möglich, sobald Sie auf der Kostenstelle bereits gebucht oder geplant haben. Auch das Löschen für bestimmte Zeiträume ist nicht mehr möglich, sobald Plandaten im entsprechenden Zeitraum erfasst worden sind.

Im Abschnitt TEMPLATES können Sie Einstellungen zur Formelplanung (siehe Abschnitt 4.4.5, »Formelplanung«), Template-Verrechnung (siehe Abschnitt 4.6.3, »Periodenabschluss«) oder Gemeinkostenzuschlägen (siehe ebendort) vornehmen. Unter ANSCHRIFT und KOMMUNIKATION hinterlegen Sie, falls nötig, Adressdaten, und unter HISTORIE finden Sie Änderungsbelege zum Stammsatz.

Seit EHP 6 steht für die Kostenstellenstammdaten eine völlig neue Pflegetransaktion zur Verfügung. Um diese nutzen zu können, müssen Sie die Business Function FIN_CO_CCMGMT aktivieren (wie Sie dies tun können, lesen Sie in Abschnitt 2.4, »Business Functions aktivieren«). Darüber hinaus müssen Sie den SAP NetWeaver Business Client installieren, den wir im Detail in Abschnitt 2.5, »Web Dynpros und der SAP NetWeaver Business Client«, beschrieben haben.

Mit dem SAP NetWeaver Business Client sieht die Kostenstellenstammdatenpflege wie in Abbildung 4.16 aus.

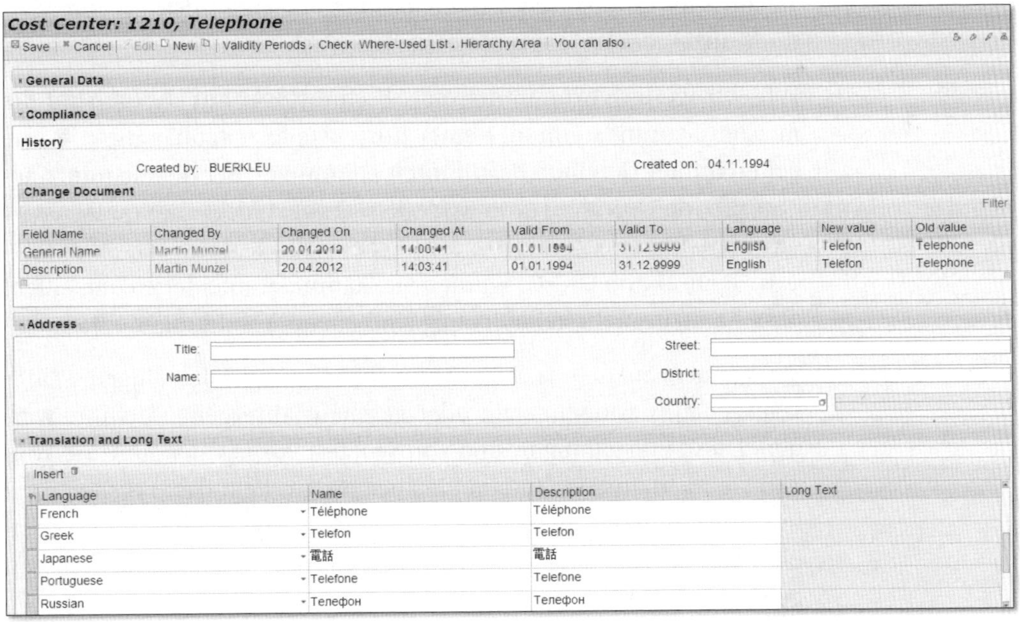

Abbildung 4.16 Pflege der Kostenstellenstammdaten mit dem SAP NetWeaver Business Client

Die Stammdatenfelder sind nun nicht mehr in einzelnen Registerkarten angeordnet, sondern in einzelne Blöcke aufgeteilt. Die Blöcke stehen als Voreinstellung untereinander, aber Sie können die Reihenfolge beliebig verändern und die Blöcke auf- und zuklappen. Es ist auch möglich, einzelne Blöcke ganz auszublenden, wenn diese nicht verwendet werden. Ebenfalls hervorzuheben an der neuen Funktionalität ist die Möglichkeit, die Stammdatenfelder in unterschiedlichen Sprachen zu pflegen. Bisher war dies nur möglich, wenn Sie sich in der entsprechenden Sprache angemeldet haben und die jeweilige Bezeichnung über die herkömmliche Stammdatenpflege eingetragen haben. Dies ist nicht nur umständlich, sondern kann auch eine gewisse Herausforderung darstellen, wenn Sie sich z.B. in Mandarin oder Japanisch anmelden müssen und die Bedeutung der Menüeinträge nicht einmal mehr erahnen können.

Die neue Funktionalität für die Stammdatenpflege steht nicht nur für Kostenstellen zur Verfügung, sondern auch für Leistungsarten (siehe Abschnitt 4.3.6, »Leistungsarten« und für Innenaufträge (siehe Abschnitt 5.3.1, »Auftragsarten«).

Weitere Beispiele und Videos zur neuen Stammdatenpflege finden Sie auch im E-Book *New SAP Controlling Planning Interface* von Martin Munzel, das bei Espresso Tutorials erschienen ist.

Wie wir weiter vorne in diesem Abschnitt erwähnt haben, sind die meisten Stammdatenfelder einer Kostenstelle zeitabhängig, d.h., sie gelten immer für einen bestimmten Zeitraum. Über die Customizing-Transaktion CONTROLLING • KOSTENSTELLENRECHNUNG • STAMMDATEN • KOSTENSTELLEN • ZEITABHÄNGIGE FELDER FÜR KOSTENSTELLEN FESTLEGEN (Transaktion OKEG) können Sie Stammdatenfelder so umstellen, dass sie nicht mehr zeitabhängig sind (siehe Abbildung 4.17).

Sie können auf der rechten Seite sehen, ob die jeweiligen Felder tagesgenau, periodengenau oder geschäftsjahresgenau geführt werden. Diese Einstellungen sind von SAP fest vorgegeben, und Sie können sie nicht ändern. Indem Sie aber für ein Feld das Häkchen ganz links deaktivieren, heben Sie die Zeitabhängigkeit des Feldes komplett auf. Beachten Sie bitte, dass diese Einstellungen mandantenweit gelten.

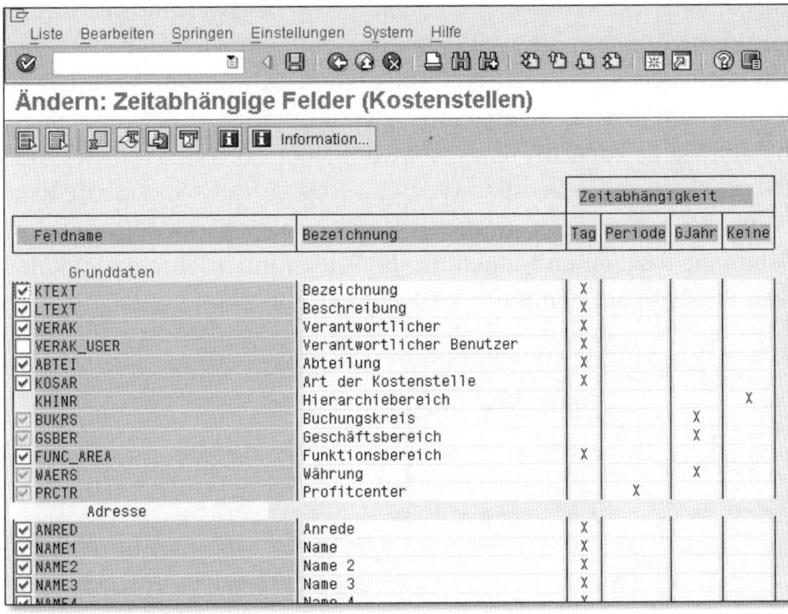

Abbildung 4.17 Einstellen der zeitabhängigen Felder

Sammelbearbeitung von Kostenstellen

Die Sammelpflege von Kostenstellen können Sie nicht über das Customizing festlegen, sondern nur über das Anwendungsmenü über CONTROLLING • KOSTENSTELLENRECHNUNG • STAMMDATEN • KOSTENSTELLE • SAMMELBEARBEITUNG • ÄNDERN (Transaktion KS12). Im Einstiegsbild dieser Transaktion haben Sie die Auswahl, ob Sie eine einzelne Kostenstelle, eine Gruppe oder alle Kostenstellen bearbeiten möchten (siehe Abbildung 4.18).

Abbildung 4.18 Kostenstellen ändern über die Sammelbearbeitung

Selektionsvariante für Kostenstellen

Über eine *Selektionsvariante* können Sie die Auswahl noch flexibler vornehmen, indem Sie nach Stammdatenmerkmalen wie etwa Verantwortlichem, Abteilung etc. selektieren. Um in der Sammelbearbeitung für Kostenstellen eine Selektionsvariante zu verwenden, müssen Sie sie zunächst im Customizing über CONTROLLING • KOSTENSTELLENRECHNUNG • STAMMDATEN • KOSTENSTELLEN • SELEKTIONSVARIANTEN KOSTENSTELLEN DEFINIEREN (Transaktion KM1V) anlegen. Geben Sie dazu einen Namen für die Selektionsvariante ein, und klicken Sie dann auf den Button ANLEGEN (siehe Abbildung 4.19).

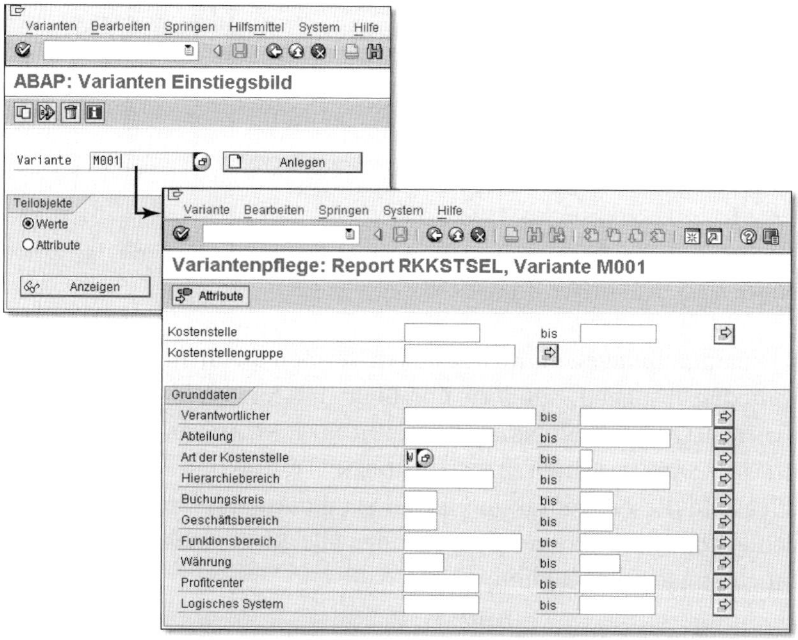

Abbildung 4.19 Selektionsvariante für die Sammelbearbeitung anlegen

Sie können dann anhand sämtlicher zu Kostenstellen verfügbarer Stammdaten auswählen, welche Stammdaten Sie mit dieser Selektionsvariante bearbeiten wollen (in Abbildung 4.19 z.B. nur Verwaltungskostenstellen, also solche vom Typ W). Wenn Sie die Selektionsvariante dann speichern, müssen Sie noch eine Bezeichnung angeben.

Wenn Sie die Sammelbearbeitung starten, können Sie außerdem noch eine sogenannte *Listvariante* auswählen (im Beispiel in Abbildung 4.18 wurde die Listvariante SAP02 verwendet). Diese steuert, welche Felder Ihnen bei der Bearbeitung angeboten werden und wie diese angeordnet sind. SAP liefert hier im Standard fünf Listvarianten aus, die den meisten Anforderungen genügen sollten und die Sie auch nicht verändern können. Sie können jedoch eigene Listvarianten anlegen, um sie Ihren Bedürfnissen anzupassen. Dazu wählen Sie im Customizing den Punkt CONTROLLING • KOSTENSTELLENRECHNUNG • STAMMDATEN • KOSTENSTELLEN • LISTVARIANTEN FÜR SAMMELBEARBEITUNG DEFINIEREN (Transaktion OKM1).

Suchhilfen für Kostenstellen

Auch für Kostenstellen können Sie eigene Suchhilfen erstellen; wie dies funktioniert, haben wir bereits in Abschnitt 3.3.1, »Kostenarten«, erläutert. Sie erstellen eigene Suchhilfen für Kostenstellen über die Customizing-Transaktion CONTROLLING • KOSTENSTELLENRECHNUNG • STAMMDATEN • KOSTENSTELLEN • SUCHHILFEN FÜR KOSTENSTELLEN DEFINIEREN (Transaktion OKEA).

Erweiterungen für Kostenstellen

Darüber hinaus stehen Ihnen die Erweiterungen EXIT_SAPLKMA1_001 und EXIT_SAPLKMA1_002 für die Kostenstellenstammdaten zur Verfügung, die Sie über die Transaktion CMOD bearbeiten können.

Nachdem wir Ihnen nun die wichtigsten Einstellungen zu den Kostenstellenstammdaten vorgestellt haben, wenden wir uns als Nächstes den Leistungsarten zu.

4.3.6 Leistungsarten

Verknüpfung von Leistungsarten mit Kostenarten

Bevor Sie Leistungsarten anlegen, beachten Sie bitte, dass jede Leistungsart einer Sekundärkostenart vom Typ 43 (Verrechnung Leistungen/Prozesse) zugeordnet sein muss. Dabei ist es durchaus möglich, mehrere oder gar alle Leistungsarten derselben Kostenart zuzuordnen.

[+]

Zuordnung von Leistungsarten zu Kostenarten

Wägen Sie sorgfältig ab, ob Sie für jede Leistungsart eine eigene Kostenart definieren wollen, insbesondere, wenn Sie eine größere Zahl an Leistungsarten benötigen. Kostenarten, die Sie einmal angelegt haben, können Sie nicht mehr löschen, sobald Sie einmal darauf gebucht oder geplant haben – sie bleiben Ihrem Kontenplan also so lange erhalten, bis Sie alle Datensätze dazu archiviert haben.

Ob Sie tatsächlich mehrere Kostenarten für die Leistungsverrechnung benötigen, hängt im Wesentlichen von Ihren Reportinganforderungen ab. Fassen Sie alle Leistungsarten unter einer Kostenart zusammen, werden Sie in Kostenstellenberichten in aggregierter Form keine Details zu Leistungsarten abrufen können. Es ist jedoch möglich, in Einzelpostenberichte zu verzweigen, die die Detailinformationen für jede Leistungsart darstellen können.

In bestimmten Planungsformen wie z.B. dem Easy Cost Planning für Innenaufträge (siehe Abschnitt 5.4.3, »Easy Cost Planning und Execution Services«) werden in Planzeilen nur die Bezeichnungen der geplanten Kostenarten gezeigt; wollen Sie zu einem Innenauftrag mehrere verschiedene Leistungsarten planen, können Sie sie nicht unterscheiden, wenn alle derselben Kostenart zugeordnet sind.

Leistungsarten anlegen

Sie erstellen Stammdaten für Leistungsarten im Customizing unter Controlling • Kostenstellenrechnung • Stammdaten • Leistungsarten • Leistungsarten anlegen (Transaktion KL01). Wie bei den Kostenstellenstammdaten geben Sie einen Namen für die Leistungsart an und wählen einen Gültigkeitszeitraum aus. Sie können dann die Stammdaten für die Leistungsart pflegen (siehe Abbildung 4.20).

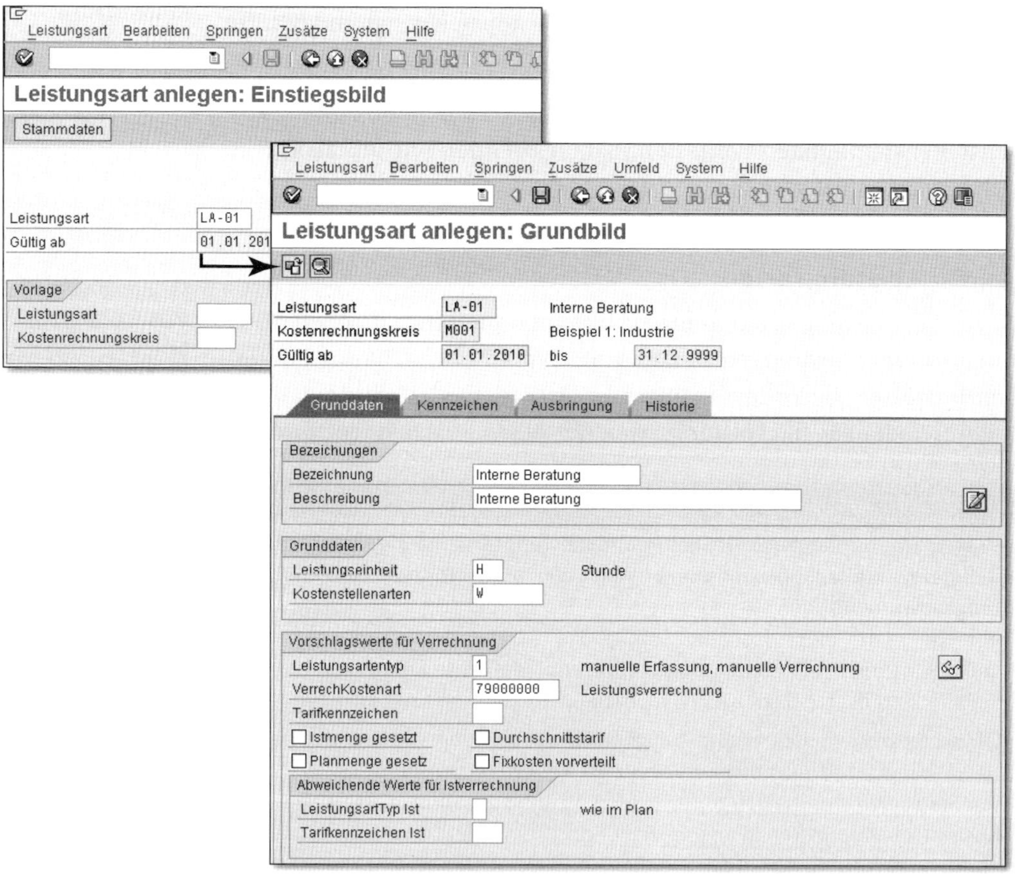

Abbildung 4.20 Leistungsart anlegen

Vergeben Sie für die Leistungsart eine Kurz- und eine Langbezeichnung. Im Bereich Grunddaten legen Sie die Maßeinheit fest, mit der die Leistung der Leistungsart gemessen wird. Über Kostenstellenarten können Sie einschränken, für welche Kostenstellen die Leistungsart zur Planung herangezogen werden darf (siehe auch Abschnitt 4.3.1, »Kostenstellenarten«). Mit einem »*« lassen Sie alle Kostenstellenarten zu.

Leistungsartentyp

Der Leistungsartentyp bestimmt, auf welche Weise die *Leistungserfassung* und *-verrechnung* für diese Leistungsart erfolgen soll. Mit Leistungserfassung ist dabei die Leistungsmenge gemeint, die von einer Kostenstelle zu der betroffenen Leistungsart im Plan oder Ist erbracht wird. Im Rahmen der Leistungsverrechnung wird ermittelt, welche Empfänger (z.B. Kostenstellen, Innenaufträge oder Geschäftsprozesse) welche Leistung unter dieser Leistungsart in Anspruch genommen haben. Im einfachsten Fall 1 (manuelle Erfassung, manuelle Verrechnung) werden sowohl die Leistungserfassung als auch die Leistungsverrechnung manuell über die direkte Leistungsverrechnung erfasst (im Anwendungsmenü über Controlling • Kostenstellenrechnung • Istbuchungen • Leistungsverrechnung • Erfassen (Transaktion KB21N)).

Bei 2 (indirekte Ermittlung, indirekte Verrechnung) handelt es sich um Leistungen, die schwer oder überhaupt nicht mess- bzw. erfassbar sind. Es ist daher nicht möglich oder nicht zumutbar, die geleistete Sendermenge oder die empfangene Menge zu ermitteln und einzugeben. Stattdessen werden bei der indirekten Leistungsverrechnung Sender-/Empfänger-Beziehungen sowie Bezugsbasen eingetragen, anhand derer das System die erbrachte Leistung und die Verrechnung automatisch ermittelt. Für weitere Details zur indirekten Leistungsverrechnung siehe Abschnitt 4.6.3, »Periodenabschluss«.

Der Leistungsartentyp 3 (manuelle Erfassung, indirekte Ermittlung) ist eine Mischform der zuvor beschriebenen Typen 1 und 2. In diesem Fall ist es möglich, die Leistungsmenge des Senders genau zu bestimmen, jedoch nicht die erhaltenen Mengen der Empfänger. Auch hier können Sie eine indirekte Leistungsverrechnung aufgrund von Sender-/Empfänger-Beziehungen und Bezugsbasen durchführen.

Für Leistungsarten vom Typ 4 (manuelle Erfassung, keine Verrechnung) können Sie lediglich erfassen, wie viel Leistung von einer

Kostenstelle zu dieser Leistungsart erbracht wurde; diese wird aber nicht weiterverrechnet. Dazu steht Ihnen im Anwendungsmenü eine eigene Transaktion zur Verfügung (CONTROLLING • KOSTENSTELLENRECHNUNG • ISTBUCHUNGEN • SENDERLEISTUNGEN • ERFASSEN (Transaktion KB51N)).

Wenn Sie Leistungsartentyp 1, 2 oder 3 gewählt haben, müssen Sie unter VERRECHNUNGSKOSTENART eine Sekundärkostenart vom Typ 43 angeben, unter der die Leistungsart verrechnet werden soll.

Tarifkennzeichen

Über den Parameter TARIFKENNZEICHEN steuern Sie, wie die Tarife je Kostenstelle für die Leistungsart ermittelt werden sollen. Das Kennzeichen 1 (AUTOMATISCH AUF BASIS DER PLANLEISTUNG ERMITTELT) bedeutet, dass das System die gesamten auf der Kostenstelle geplanten Kosten heranzieht und durch die geplante Leistung dividiert. 2 (AUTOMATISCH AUF BASIS DER KAPAZITÄT ERMITTELT) funktioniert ähnlich wie 1, es werden aber die Plankosten durch die Kapazität der Kostenstelle anstelle der Planleistung dividiert. Haben Sie Tarifkennzeichen 1 oder 2 gesetzt, können Sie im Anwendungsmenü über CONTROLLING • KOSTENSTELLENRECHNUNG • PLANUNG • VERRECHNUNGEN • TARIFERMITTLUNG (Transaktion KSPI) Plantarife automatisch ermitteln lassen.

Wählen Sie das Tarifkennzeichen 3 (MANUELL FESTGELEGT), geben Sie die Plantarife im Anwendungsmenü über CONTROLLING • KOSTENSTELLENRECHNUNG • PLANUNG • LEISTUNGSERBRINGUNG/TARIFE • ÄNDERN (Transaktion KP26) manuell ein.

[»]

Parallele iterative Tarife

Wenn Sie beim Anlegen Ihrer Planversion den Parameter REIN ITERATIVER TARIF aktiviert haben (siehe Abschnitt 4.6.3, »Periodenabschluss«), berechnet das System zu jedem Tarif (unabhängig davon, ob er manuell oder automatisch ermittelt wurde) parallel einen rein iterativen Tarif, also automatisch anhand der Plankosten und Planleistungen. Dieser hat keinerlei Auswirkungen auf irgendwelche Buchungen, Sie können ihn aber zum Vergleich heranziehen, um zu prüfen, welche Auswirkungen etwaige manuelle Tarife in Ihrem Leistungsgeflecht haben.

Der Parameter ISTMENGE GESETZT bewirkt, dass Sie bei der indirekten Leistungsverrechnung in jedem Fall manuell eine Istmenge für den Sender erfassen müssen, auch wenn die Leistungsempfänger retrograd ermittelt werden.

Wenn Sie DURCHSCHNITTSTARIF aktivieren, bleibt der Tarif der Leistungsart das ganze Geschäftsjahr über konstant und unterliegt z.B. keinen periodischen Schwankungen.

Über PLANMENGE GESETZT stellen Sie ein, dass die manuell geplante Leistungsmenge der Leistungsart nicht durch die automatische Planabstimmung überschrieben werden kann.

Mittels des Parameters FIXKOSTEN VORVERTEILT legen Sie fest, dass die Leistungsart an der Fixkostenvorverteilung teilnimmt. Bei dieser Funktionalität verteilen Sie die Fixkosten der Kostenstelle an alle Kostenstellen und Geschäftsprozesse, die Leistungsaufnahmen derselben Kostenstelle geplant haben. Die Aufteilung erfolgt proportional zum fixen Anteil der geplanten Leistungsaufnahme. Sie rufen die Fixkostenvorverteilung im Anwendungsmenü über CONTROLLING • KOSTENSTELLENRECHNUNG • PERIODENABSCHLUSS • EINZELFUNKTIONEN • FIXKOSTENVORVERTEILUNG (Transaktion KSFX) auf.

Im Block ABWEICHENDE WERTE FÜR ISTVERRECHNUNG können Sie für den Leistungsartentyp und das Tarifkennzeichen andere Verfahrensweisen wählen als im Plan.

Leistungsarten sperren

Im Abschnitt KENNZEICHEN der Stammdatenpflege finden Sie lediglich einen Parameter – das Sperrkennzeichen. Aktivieren Sie dieses, können Sie die Leistungsart nicht mehr für die Planung von Leistungsaufnahmen verwenden. Beachten Sie bitte, dass dieses Sperrkennzeichen aber nicht verhindert, dass Istbuchungen mit dieser Leistungsart durchgeführt werden können.

Ausbringungseinheit für Leistungsarten

Im Abschnitt AUSBRINGUNG können Sie eine Ausbringungseinheit und einen Ausbringungsfaktor pflegen. Damit bilden Sie ab, dass die Leistung von einer Einheit der Leistungsart die Ausbringung eines Gutes in einer anderen Einheit zur Folge hat, multipliziert mit dem Ausbringungsfaktor.

[zB]

Ausbringungseinheit und Ausbringungsfaktor

In der Kommissionierung der Firma *Kinderspiel* werden in einer Stunde 20 Brettspiele verpackt. Die Leistungsart KOMMISSIONIERUNG mit der Leistungseinheit STUNDE hätte damit die Ausbringungseinheit STÜCK mit dem Ausbringungsfaktor 20.

Wie bei Kostenstellen sind auch bei Leistungsarten die Stammdatenfelder zeitabhängig, d.h., Sie können sie jeweils für einen bestimmten Zeitraum pflegen und auch gegebenenfalls die Zeitabhängigkeit bestimmter Felder ändern (siehe dazu die ausführlichen Erläuterungen im vorangegangenen Abschnitt 4.3.5, »Kostenstellen«). Sie stellen die Zeitabhängigkeit für Leistungsarten im Customizing unter CONTROLLING • KOSTENSTELLENRECHNUNG • STAMMDATEN • LEISTUNGSARTEN • ZEITABHÄNGIGE FELDER FÜR LEISTUNGSARTEN FESTLEGEN (Transaktion OKEI) ein.

Wie wir in Abschnitt 4.3.5, »Kostenstellen«, ausführlich vorgestellt haben, stellt SAP mit EHP 6 eine neue Benutzeroberfläche für das Bearbeiten von Stammdaten zur Verfügung. Auch für Leistungsarten haben Sie nun die Möglichkeit, die Stammdaten in einer flexibel gestaltbaren Eingabemaske zu pflegen (siehe Abbildung 4.21).

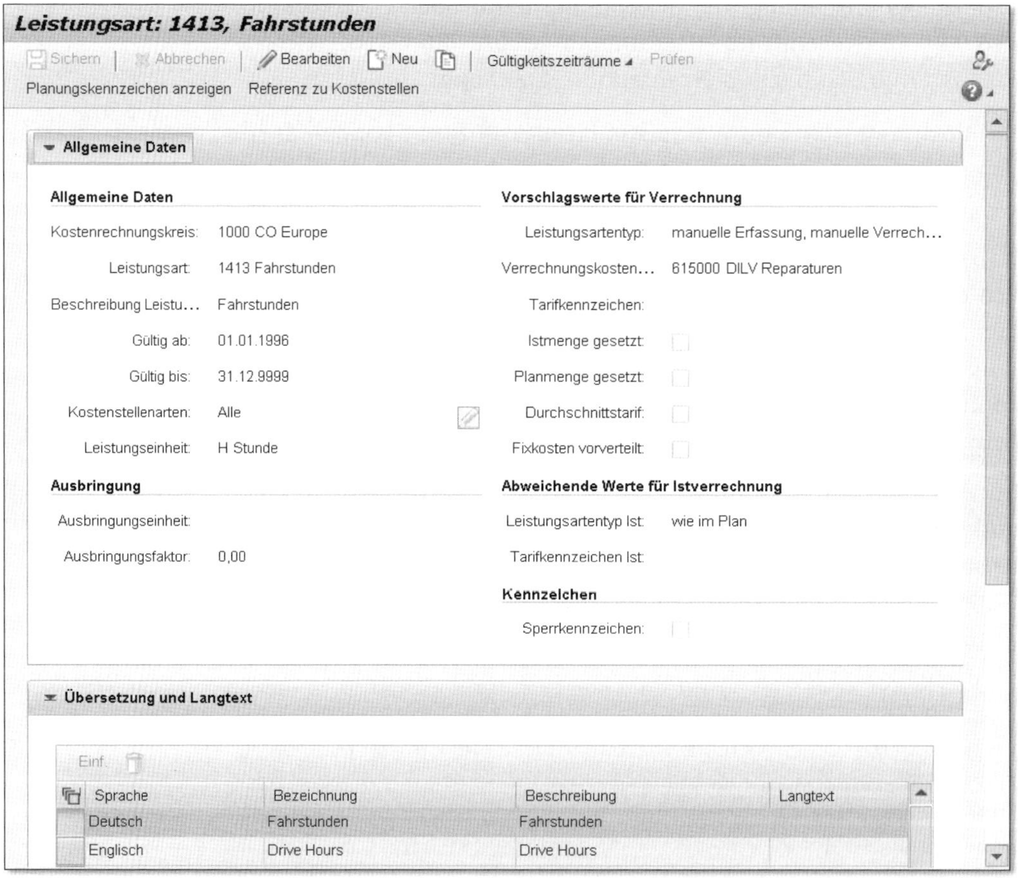

Abbildung 4.21 Neue Stammdatenpflege für Leistungsarten

Für Leistungsarten gibt es im Anwendungsmenü keine Sammelbearbeitung zum Ändern der Stammdaten, sondern nur zum Anzeigen und Löschen. Analog wie für Kostenstellen können Sie für diese Sammelbearbeitung Selektionsvarianten erstellen (im Customizing über CONTROLLING • KOSTENSTELLENRECHNUNG • STAMMDATEN • LEISTUNGSARTEN • SELEKTIONSVARIANTEN LEISTUNGSARTEN DEFINIEREN, Transaktion KM7V).

Sammelbearbeitung für Leistungsarten

Leistungsartengruppen legen Sie im Customizing über CONTROLLING • KOSTENSTELLENRECHNUNG • STAMMDATEN • LEISTUNGSARTEN • LEISTUNGSARTENGRUPPEN DEFINIEREN (Transaktion KLH1) an. Die Funktionsweise dieser Transaktion ist dieselbe wie beim Anlegen der Kostenstellengruppen (siehe Abschnitt 4.3.4, »Kostenstellengruppen«).

Leistungsartengruppen

Sie haben, wiederum genau wie bei den Kostenstellen, außerdem die Möglichkeit, eigene Suchhilfen (CONTROLLING • KOSTENSTELLENRECHNUNG • STAMMDATEN • LEISTUNGSARTEN • SUCHHILFEN FÜR LEISTUNGSARTEN DEFINIEREN, Transaktion OKEE) zu erstellen und Erweiterungen anzulegen (Transaktion CMOD, Exits EXIT_SAPLKMA6_001 und EXIT_SAPLKMA6_002).

Suchhilfen und Erweiterungen für Leistungsarten

Nachdem Sie nun die Leistungsarten näher kennengelernt haben, behandeln wir als Nächstes die statistischen Kennzahlen.

4.3.7 Statistische Kennzahlen

Sie erstellen statistische Kennzahlen im Customizing über CONTROLLING • KOSTENSTELLENRECHNUNG • STAMMDATEN • STATISTISCHE KENNZAHLEN • STATISTISCHE KENNZAHLEN PFLEGEN (Transaktion KK01). Wählen Sie zunächst einen Namen für die Kennzahl, und bestätigen Sie; Sie können dann die weiteren GRUNDDATEN pflegen (siehe Abbildung 4.22).

Statistische Kennzahlen anlegen

Vergeben Sie hier eine Beschreibung und eine Einheit, in der die statistische Kennzahl erfasst werden soll. Außerdem müssen Sie den Kennzahlentyp wählen: Beim Typ FESTWERT erfassen Sie für jede Kostenstelle einen Wert, der für den Rest des Geschäftsjahres konstant bleibt. SUMMENWERTE hingegen bedeutet, dass Sie jeden Monat einen anderen Wert eingeben können; der Wert der Vorperiode wird dabei nicht vorgetragen.

Statistischer Kennzahlentyp

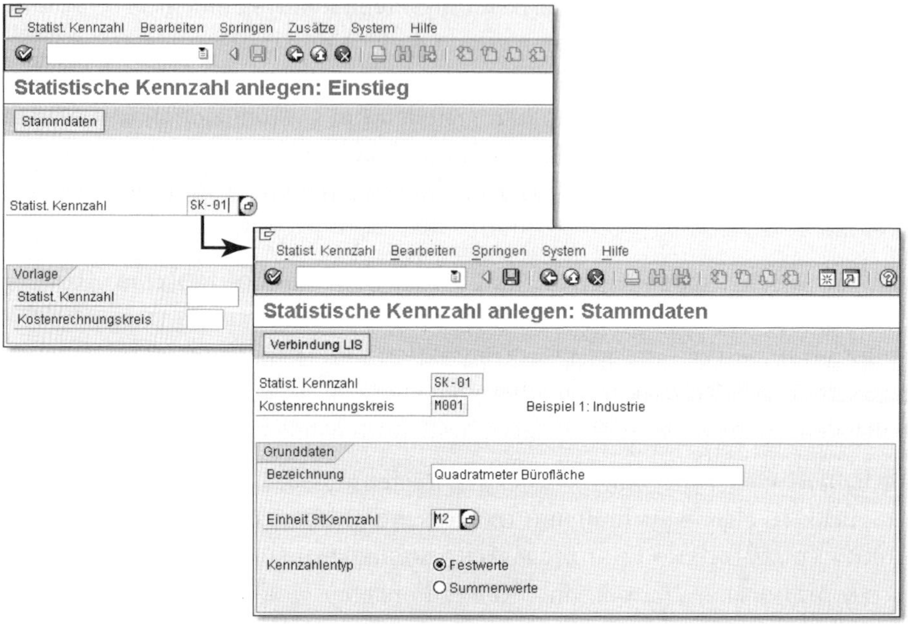

Abbildung 4.22 Statistische Kennzahl anlegen

[zB]

Statistischer Kennzahlentyp

Bei einer Kennzahl für die Fläche eines Büros in Quadratmetern wählen Sie den Typ Festwerte. Falls Sie hingegen für die Umlage der Betriebskantine die Zahl der verzehrten Menüs je Kostenstelle erfassen wollen, wählen Sie für die Kennzahl Verzehrte Menüs den Typ Summenwerte, da sich dieser Wert jeden Monat ändern kann.

Sie können außerdem Gruppen für statistische Kennzahlen anlegen. Wählen Sie dazu im Customizing den Pfad Controlling • Kostenstellenrechnung • Stammdaten • Statistische Kennzahlen • Statistische Kennzahlengruppen pflegen (Transaktion KBH1). Die Funktionalität ist dieselbe wie bei den Kostenstellengruppen (siehe Abschnitt 4.3.4).

Als letzter Kategorie von Stammdaten wenden wir uns nun den Ressourcen zu.

4.3.8 Ressourcen

Ressourcen anlegen

Sie erstellen *Ressourcen* im Customizing über Controlling • Kostenstellenrechnung • Stammdaten • Ressourcen • Ressourcen defi-

NIEREN (Transaktion KPR2). Dazu vergeben Sie einen Namen sowie einen Gültigkeitszeitraum (siehe Abbildung 4.23). Außerdem pflegen Sie eine Einheit, mit der Sie die Ressource messen wollen, eine Bezeichnung sowie eine Kostenart, die für die Planung verwendet werden soll. Falls Sie Ressourcen für Materialien erstellen wollen, können Sie außerdem noch ein Werk, eine Materialnummer oder eine Musterkalkulation eintragen (für weitere Details zu einer Musterkalkulation siehe Abschnitt 7.3.6, »Muster- und Simulationskalkulation«). Wie Sie Ressourcen bei der Ressourcenplanung einsetzen können, erläutern wir in Abschnitt 4.4.4, »Ressourcenplanung«.

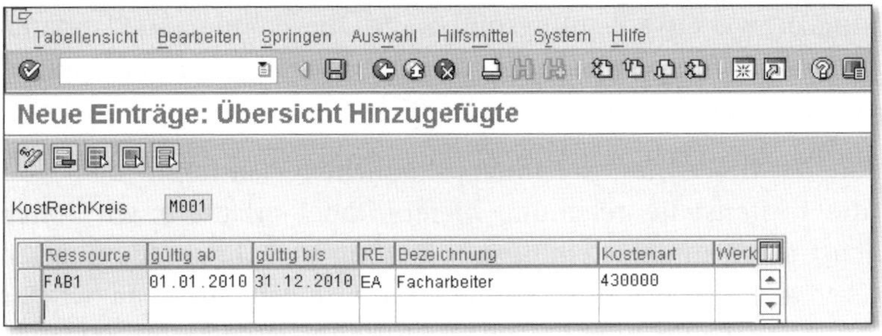

Abbildung 4.23 Ressource anlegen

Nachdem Sie nun alle Arten von Stammdaten kennengelernt haben, die in der Kostenstellenrechnung verwendet werden, gehen wir nun über zur Planung.

4.4 Planung und Etatverwaltung

Bei der Kostenstellenplanung stehen Ihnen verschiedene Planungsformen zur Verfügung. Über die manuelle Planung erfassen Sie je Kostenstelle Plankosten anhand von primären Kostenarten sowie die Aufnahme von Leistungen anderer Kostenstellen mittels Leistungsarten bzw. sekundärer Kostenarten. Um diese Funktionalität zu nutzen, benötigen Sie Planungslayouts und -profile. Die dafür notwendigen Customizing-Einstellungen erläutern wir Ihnen in Abschnitt 4.4.2, »Manuelle Planung«.

Die Ressourcenplanung erleichtert Ihnen die Arbeit, indem Sie Platzhalter einsetzen können für Kostenfaktoren, die in unterschiedlichen Bereichen des Unternehmens jeweils mit demselben Wert geplant werden. Ändert sich der Planwert einer solchen Ressource, müssen

Sie diesen nur an einer zentralen Stelle ändern, um die Planung aller beteiligten Kostenstellen zu aktualisieren.

Mittels der Formelplanung können Sie Planwerte anhand komplexer Berechnungen aus einer Vielzahl von Parametern automatisch ermitteln. So können Sie u.a. die Stammdaten von Kostenstellen und Leistungsarten, Plankosten und -leistungen auch anderer Kostenstellen sowie statistische Kennzahlen heranziehen. Die sogenannte *Template-Technik*, auf der die Formelplanung basiert, erlaubt darüber hinaus beliebige Rechenoperationen auf den genannten Parametern.

Des Weiteren bietet SAP eine umfangreiche Unterstützung bei der Planung an, wie etwa Planungshilfen, die Übernahme von Plandaten aus anderen Komponenten (Personalwirtschaft, Anlagenbuchhaltung) sowie Planverrechnungen.

Wir stellen Ihnen nun die unterschiedlichen Planungsformen vor, die die Kostenstellenrechnung bietet. Dabei erläutern wir Ihnen zunächst die Grundeinstellungen, die nötig sind, bevor Sie mit den weiteren Arbeiten beginnen können. Dann zeigen wir Ihnen, wie Sie für die manuelle Planung Layouts und Profile erstellen oder wie ein Kalkulationsschema für die Ressourcenplanung aufgebaut wird. Wir gehen dann auf die diversen Planungshilfen ein, die Ihnen darüber hinaus zur Verfügung stehen. Mittels der Plandatenübernahme können Sie Planwerte aus anderen Komponenten übernehmen. Die Verrechnungen werden wir in diesem Abschnitt nur kurz anreißen, da wir sie ausführlich in Abschnitt 4.6.3, »Periodenabschluss«, behandeln werden. Zum Schluss dieses Abschnitts gehen wir noch kurz auf die Einstellungen zur Etatverwaltung ein.

4.4.1 Grundeinstellungen

Wenn Ihre Firma in unterschiedlichen Ländern mit verschiedenen Währungen tätig ist, werden Sie wahrscheinlich die Anforderung haben, dass alle Planwerte, die in einer anderen Währung als der Konzernwährung erfasst werden, zu einem festen Kurs in die Konzernwährung umgerechnet werden sollen. Indem Sie dann die Istwerte zum selben Wechselkurs mit den Planzahlen vergleichen, können Sie die Einflüsse von Wechselkursschwankungen aus Ihrem Ergebnis herausfiltern.

Um mit Wechselkursen arbeiten zu können, müssen Sie zunächst sogenannte *Kurstypen* anlegen. Mit dem Kurstyp legen Sie fest, wie die Werte umgerechnet werden sollen; M bedeutet im Standard z.B. Standardumrechnung zum Mittelkurs. Sie erstellen Kurstypen im Customizing über Controlling • Kostenstellenrechnung • Planung • Grundeinstellungen zur Planung • Kurstypen definieren (Transaktion OB07). Prüfen Sie hier, ob der Kurstyp M für Ihre Zwecke ausreicht oder ob Sie weitere Typen benötigen.

Im nächsten Schritt legen Sie über Controlling • Kostenstellenrechnung • Planung • Grundeinstellungen zur Planung • Umrechnungskurse definieren (Transaktion OB08) je Kurstyp die Wechselkurse zwischen den verschiedenen Währungen an.

Zur Planung benötigen Sie außerdem Versionen; wie Sie diese pflegen, haben wir in Abschnitt 2.2.2, »Versionen«, erläutert.

4.4.2 Manuelle Planung

Planungslayouts

Die manuelle Kostenplanung für Kostenstellen rufen Sie im Anwendungsmenü über Controlling • Kostenstellenrechnung • Planung • Kosten/Leistungsaufnahmen • Ändern (Transaktion KP06) auf (siehe Abbildung 4.24). Dort können Sie zwischen unterschiedlichen sogenannten *Planungslayouts* auswählen, die Ihnen für jeden Planungszweck die dafür benötigten Informationen anbieten. Unter ❶ sehen Sie, welches Layout Sie ausgewählt haben, über die Pfeiltasten bei ❷ können Sie zwischen den verfügbaren Layouts hin- und herschalten.

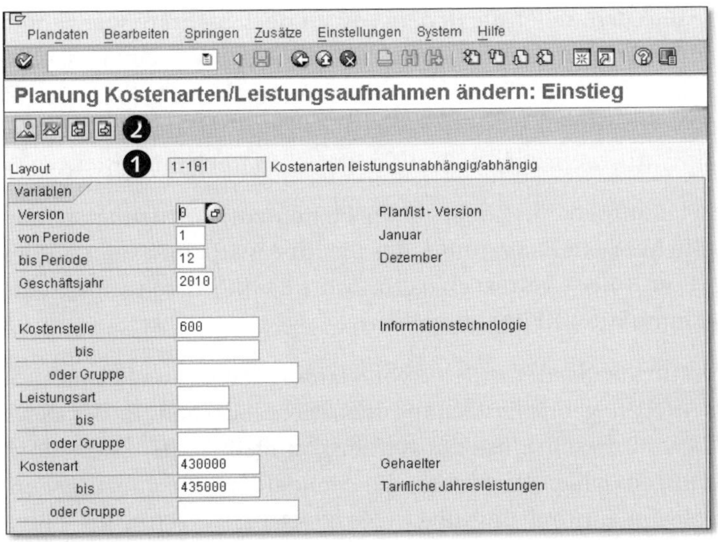

Abbildung 4.24 Einstiegsbild der manuellen Kostenstellenplanung

Merkmale und Kennzahlen im Planungslayout

Das Planungslayout besteht im Wesentlichen aus *Merkmalen* und *Kennzahlen*. Merkmale spezifizieren den Kontext, für den Sie die Plandaten erfassen wollen – Kostenstelle, Kostenart, Leistungsart, Geschäftsjahr, Planversion, Perioden. Anhand der Kennzahlen hingegen unterscheiden Sie, ob Sie Plan- oder Istdaten darstellen wollen, Mengen oder Beträge etc. In Abbildung 4.25 ist ein Layout exemplarisch dargestellt: Im Kopf ❶ sehen Sie diejenigen Merkmale, die für alle Eingabezeilen gelten, wie etwa die Planversion, das Geschäftsjahr, die Perioden und die Kostenstelle.

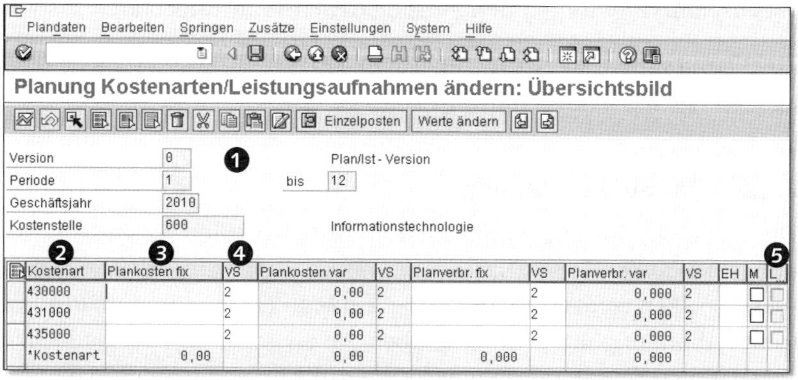

Abbildung 4.25 Bestandteile des Planungslayouts

Das Merkmal Kostenart steht in der *Schlüsselspalte* ❷ und die unterschiedlichen Kennzahlen in den *Wertspalten* (z.B. ❸ für die fixen Plankosten). Außerdem sehen Sie in dem Layout noch mehrere sogenannte *Attribute:* Bei ❹ handelt es sich um ein Attribut (den Verteilungsschlüssel), das sich direkt auf die benachbarte Wertspalte bezieht. Unter ❺ (L = »Langtext vorhanden«) sehen Sie ein Attribut, das unabhängig von Wertspalten ist – es bezieht sich auf den gesamten Plandatensatz.

Planerprofil auswählen

Welche Planungslayouts Ihnen beim Planen zur Verfügung stehen, steuern Sie über ein *Planerprofil*, das Sie im Anwendungsmenü über Controlling • Kostenstellenrechnung • Planung • Planerprofil setzen (Transaktion KP04) auswählen.

SAP liefert im Standard eine Reihe von Planungslayouts und Planerprofilen aus, die alle gängigen Planungsszenarien abdecken. In der Regel sollten Sie mit diesen Einstellungen auskommen; sollten Sie jedoch Anforderungen haben, die über die Standardlayouts hinausgehen, können Sie im Customizing über • Kostenstellenrechnung • Planung • Manuelle Planung • Eigene Planungslayouts eigene erstellen. Sie finden dort je eine Transaktion für die Kostenartenplanung, die Leistungsartenplanung und die statistische Kennzahlenplanung.

[«]

Standardlayouts verwenden

Verwenden Sie nach Möglichkeit die im Standard ausgelieferten Planungslayouts. Eigene Layouts sollten Sie nur in absoluten Ausnahmefällen mithilfe der hier vorgestellten Funktionalität erstellen!

Planungslayout erstellen

Die Planungslayouts werden mit dem Werkzeug *Report Painter* erstellt, das auch für Berichte verwendet wird (siehe auch Kapitel 10, »Berichtswesen«). Als Beispiel zeigen wir Ihnen nun, wie Sie ein Formular erstellen können, anhand dessen Sie für eine Kostenstelle je Kostenart fixe Kosten eingeben können, die Sie anhand eines *Verteilungsschlüssels* auf die Perioden verteilen können. Was ein Verteilungsschlüssel genau ist und wozu er nützt, erläutern wir am Ende dieses Abschnitts. Sie erstellen das neue Layout über die Transaktion KOSTENSTELLENRECHNUNG • PLANUNG • MANUELLE PLANUNG • EIGENE PLANUNGSLAYOUTS • PLANUNGSLAYOUTS FÜR KOSTENARTEN ANLEGEN. Dazu geben Sie einen Namen und eine Bezeichnung an und klicken dann auf den Button ANLEGEN (siehe Abbildung 4.26). Sie können auch ein bereits bestehendes Layout kopieren, indem Sie das entsprechende Layout im Feld PLANUNGSLAYOUT im Block KOPIEREN AUS eintragen. Beachten Sie, dass Sie bestehende Standardlayouts von SAP nicht verändern dürfen. Für Ihre selbst erstellten Layouts dürfen Sie keine Namen vergeben, die mit einer Zahl beginnen.

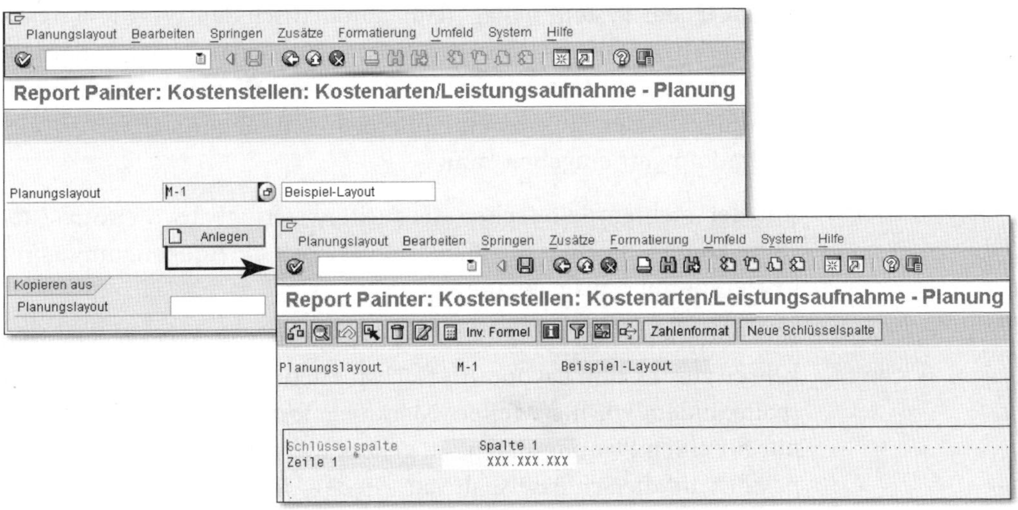

Abbildung 4.26 Eigenes Planungslayout erstellen

Allgemeine Selektionen im Planungslayout

Die Kopfmerkmale, die für alle Eingabezeilen gelten sollen, definieren Sie über BEARBEITEN • ALLG. SELEKTIONEN • ALLG. SELEKTIONEN (siehe Abbildung 4.27).

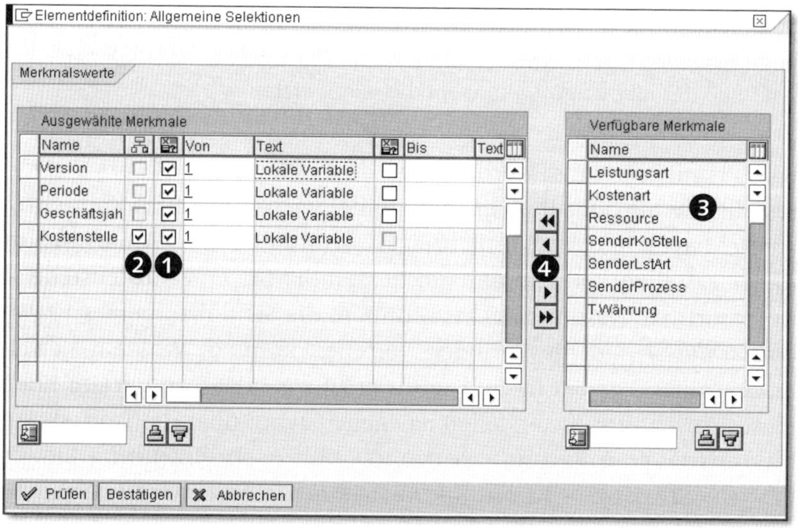

Abbildung 4.27 Kopfmerkmale (Allgemeine Selektionen)

Lokale Variable

Im Block auf der linken Seite sehen Sie die Merkmale, die wir ausgewählt haben: VERSION, PERIODE, GESCHÄFTSJAHR und KOSTENSTELLE. Diese können Sie entweder fest vorgeben oder als sogenannte *Variablen* deklarieren – in dem Fall kann der Anwender sie dann beim Aufrufen des Layouts eingeben. Dazu kreuzen Sie das Häkchen bei [Symbol] an ❶; das System schlägt dann automatisch den Wert 1 – LOKALE VARIABLE vor. Für das Merkmal KOSTENSTELLE haben wir außerdem das Kennzeichen EINGABE VON SETS aktiviert ❷, was bedeutet, dass man hier bei der Eingabe einen Bereich von einem Startwert bis zu einem Endwert eingeben kann.

Auf der rechten Seite sehen Sie weitere verfügbare Merkmale ❸. Diese können Sie über die Pfeiltasten ❹ noch hinzufügen, um sie mit in die Kopfmerkmale aufzunehmen.

Schlüsselspalte definieren

Wir bestätigen nun die Eingabe der ALLGEMEINEN SELEKTIONEN und kehren zurück zum Layout. Als Nächstes definieren wir die Schlüsselspalte, indem wir hier weitere Merkmale festlegen, die dann jeweils nur für einen Planungsdatensatz gelten. Dazu führen wir einen Doppelklick auf die Schlüsselspalte aus. In der Elementdefinition wählen wir das Merkmal KOSTENART aus und setzen die Kennzeichen EINGABE VON SETS sowie VARIABLE (siehe Abbildung 4.28).

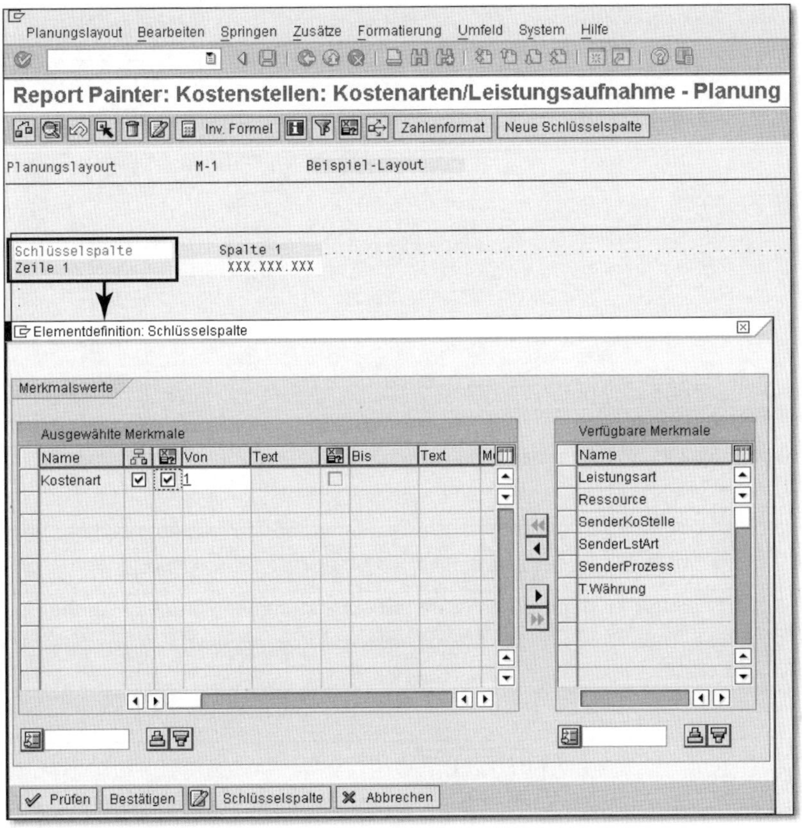

Abbildung 4.28 Schlüsselspalte definieren

Merkmalsdarstellung

Wenn Sie die den Button BESTÄTIGEN anklicken, erfragt das System, wie die Schlüsselspalte später bei der Planung dargestellt werden soll: nur der Merkmalswert (also in diesem Fall die Kostenartennummer), nur die Bezeichnung oder eine Kombination von beidem (siehe Abbildung 4.29). Wir haben festgelegt, dass erst die Kostenartennummer und dann die Bezeichnung angezeigt werden soll; Sie können hier außerdem noch die Länge für die Darstellung angeben.

Wertspalte anlegen

Die Wertspalte für die fixen Plankosten definieren wir durch einen Doppelklick auf die bereits existierende Spalte. In der Elementdefinition wählen wir nun die Kennzahl für diese Spalte aus (PLANKOSTEN FIX IN KOSTENRECHNUNGSKREISWÄHRUNG – siehe Abbildung 4.30).

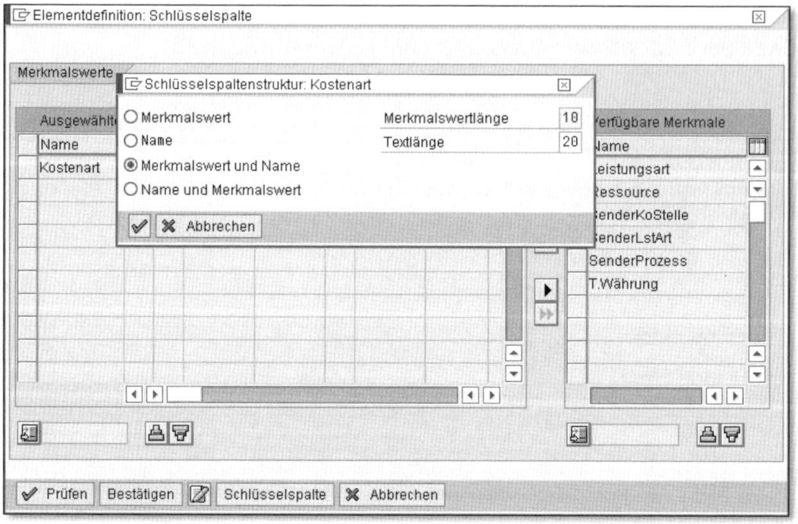

Abbildung 4.29 Merkmalsdarstellung festlegen

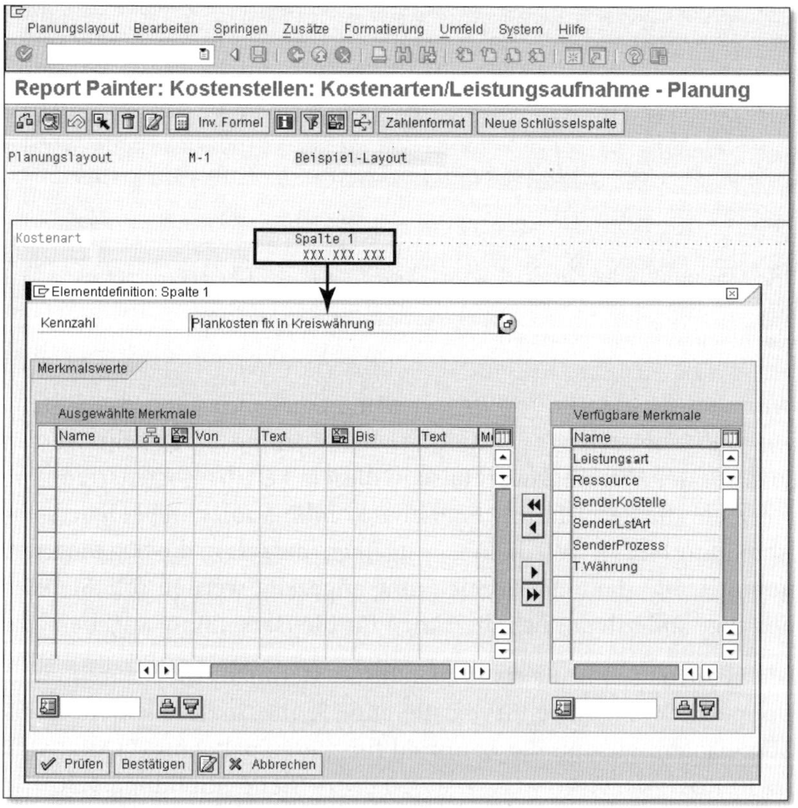

Abbildung 4.30 Wertspalte definieren

Attributspalte anlegen

Als Nächstes fügen wir als Attribut zu unserer ersten Wertspalte einen *Verteilungsschlüssel* hinzu (was das ist und wozu dieser dient, erläutern wir etwas weiter unten). Dazu markieren wir die Spalte und wählen dann BEARBEITEN • SPALTEN • ZUSATZFELDER ANHÄNGEN. Von den Attributen, die das System vorschlägt, wählen wir VERTEILUNGSSCHLÜSSEL aus (siehe Abbildung 4.31).

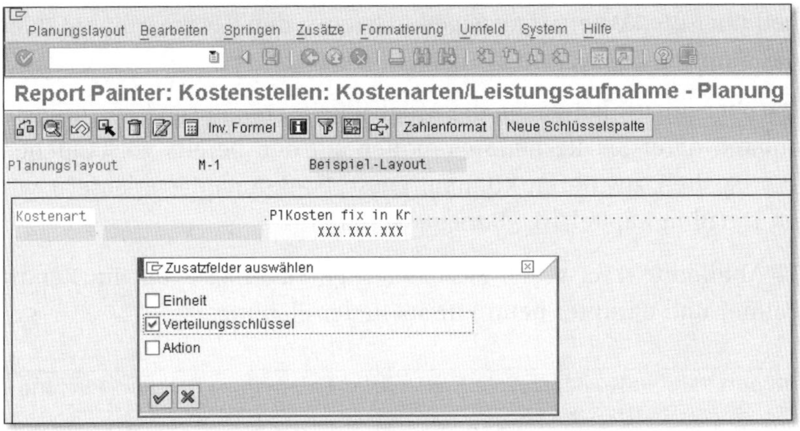

Abbildung 4.31 Attributspalte mit Bezug zu einer Wertspalte anlegen

Analog legen wir nun eine weitere Wertspalte für die variablen Kosten an. Um neue Elemente hinzuzufügen, doppelklicken wir entweder direkt neben eine bereits existierende Spalte oder wählen im Menü BEARBEITEN • ELEMENT • ELEMENT EINFÜGEN. Das System bietet dann verschiedene Elementtypen zur Auswahl – eine neue KENNZAHL MIT MERKMALEN, ein ATTRIBUT oder eine FORMEL (siehe Abbildung 4.32). Wir wählen die erste Option und gelangen dann zur Elementdefinition für eine weitere Wertspalte, für die wir dann als Kennzahl PLANKOSTEN VARIABEL IN KOSTENRECHNUNGSKREISWÄHRUNG auswählen.

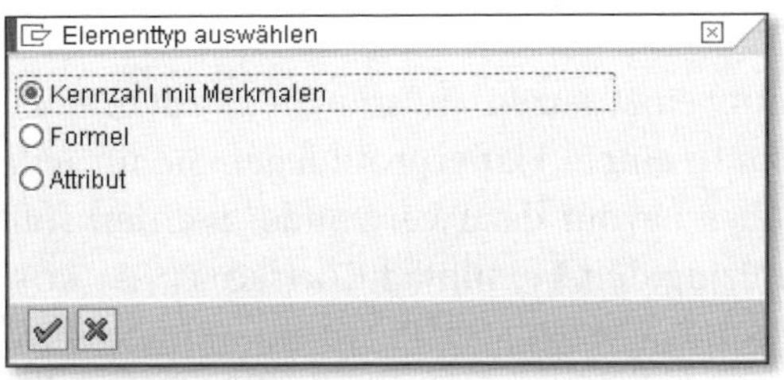

Abbildung 4.32 Neues Element hinzufügen

Sie können noch weitere Elemente hinzufügen, indem Sie entweder direkt neben eine bereits existierende Spalte doppelklicken oder im Menü BEARBEITEN • ELEMENT • ELEMENT EINFÜGEN wählen. Das System bietet dann verschiedene Elementtypen zur Auswahl – eine neue KENNZAHL MIT MERKMALEN, ein ATTRIBUT oder eine FORMEL (siehe Abbildung 4.32). So können Sie auch ein Attribut ohne Bezug zu einer Wertspalte anlegen; ein solches Attribut kann z.B. Informationen über die Kostenart anzeigen, wie etwa den Kostenartentyp oder das Kennzeichen MENGE FÜHREN.

Formel einfügen

Darüber hinaus haben Sie die Möglichkeit, eine Formel einzufügen, anhand derer Sie Rechenoperationen auf den bereits vorhandenen Wertspalten ausführen können. Diese Funktionalität erläutern wir im Detail in Kapitel 10, »Berichtswesen«.

In Abbildung 4.33 sehen Sie das fertige Planungslayout im Report Painter und darunter beim Einsatz in der Planung.

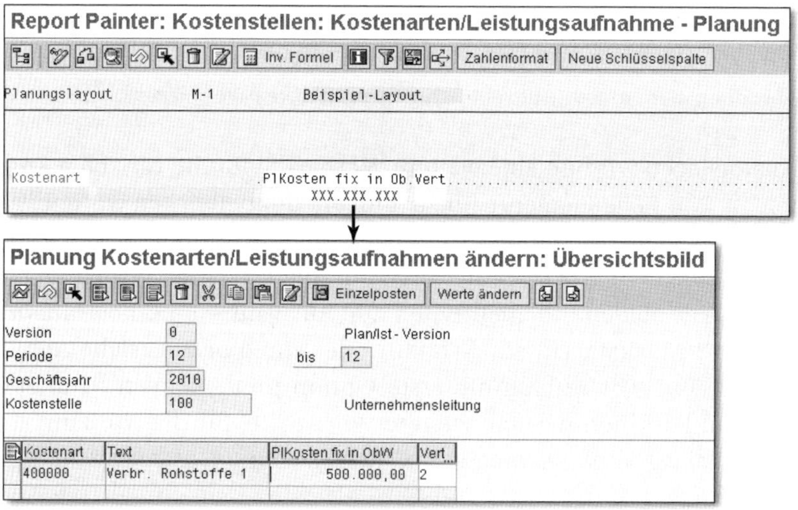

Abbildung 4.33 Fertiges Planungslayout im Report Painter und in der Anwendung

Planungslayout in Planerprofil eintragen

Um Ihr Layout bei der Planung einzusetzen, müssen Sie es zuvor noch in ein Planerprofil eintragen. In einem Planerprofil legen Sie für jede Planungsaktivität fest, welches Layout dazu verwendet werden soll. Wählen Sie dazu im Customizing den Menüpfad CONTROLLING • KOSTENSTELLENRECHNUNG • PLANUNG • MANUELLE PLANUNG • EIGENE PLANERPROFILE DEFINIEREN. Wie üblich gilt, dass Sie die von SAP ausgelieferten Profile nicht verändern sollten. Kopieren Sie also ein SAP-Profil (es gilt auch hier die Namenskonvention, dass die Namen Ihrer Layouts nicht mit einer Zahl beginnen dürfen), wählen Sie es aus (❶ in Abbildung 4.34), und klicken Sie dann auf CONTROLLING ALLGEMEIN ❷. Sie erhalten eine Übersicht über alle verfügbaren Planungsszenarien. Wählen Sie eines aus ❸ (in diesem Beispiel: KOSTELLEN: KOSTENARTEN/LEISTUNGSAUFNAHME), und klicken Sie auf LAYOUTS CONTROLLING ❹. Sie können dann das oder die gewünschten Planungslayouts eintragen ❺. Beachten Sie, dass Sie durchaus auch mehrere Layouts zum selben Szenario zur Verfügung stellen können – der Anwender kann beim Aufruf der Planung zwischen diesen hin- und herschalten.

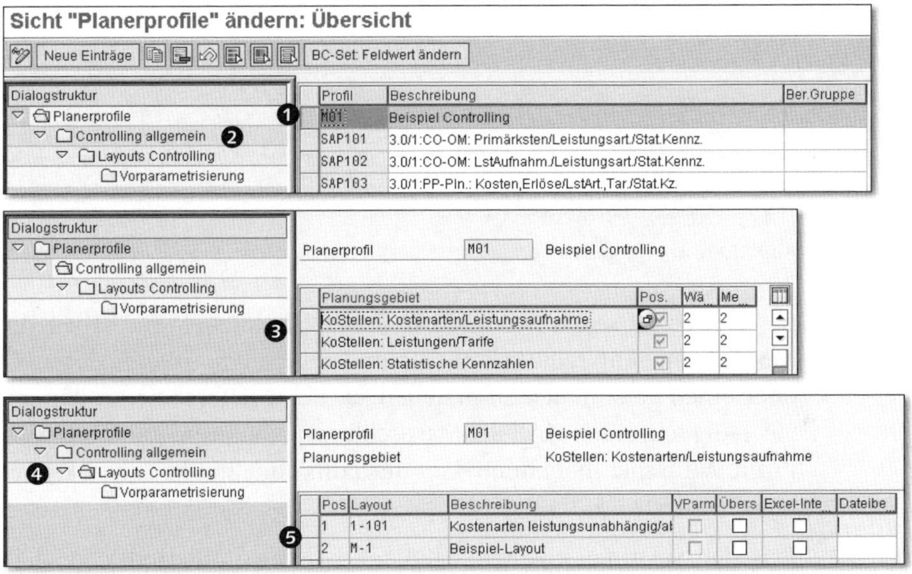

Abbildung 4.34 Planerprofil erstellen

Verteilungsschlüssel definieren

Beim Erstellen des Planungslayouts hatten wir bereits das Konzept eines Verteilungsschlüssels erwähnt. Dabei handelt es sich um ein Hilfsmittel, das Sie einsetzen können, wenn Sie Ihre Plandaten nicht nur auf Ebene des Geschäftsjahres eingeben, sondern für jede Periode planen möchten. Dies ist z.B. sinnvoll bei einem Geschäftsmodell, das stark saisonal schwankt – wie z.B. die Herstellung von Eiscreme. SAP bietet bereits eine Reihe vordefinierter Verteilungsschlüssel an, wie z.B. den Schlüssel 1 – GLEICHMÄSSIGE VERTEILUNG, bei dem, wie der Name schon sagt, der Jahreswert gleichmäßig auf die Perioden verteilt wird. Sollten die vorhandenen Schlüssel Ihren Anforderungen nicht genügen, können Sie im Customizing über CONTROLLING • KOSTEN-

STELLENRECHNUNG • PLANUNG • MANUELLE PLANUNG • EIGENE VERTEILUNGSSCHLÜSSEL DEFINIEREN (Transaktion KP80) neue erstellen (siehe Abbildung 4.35).

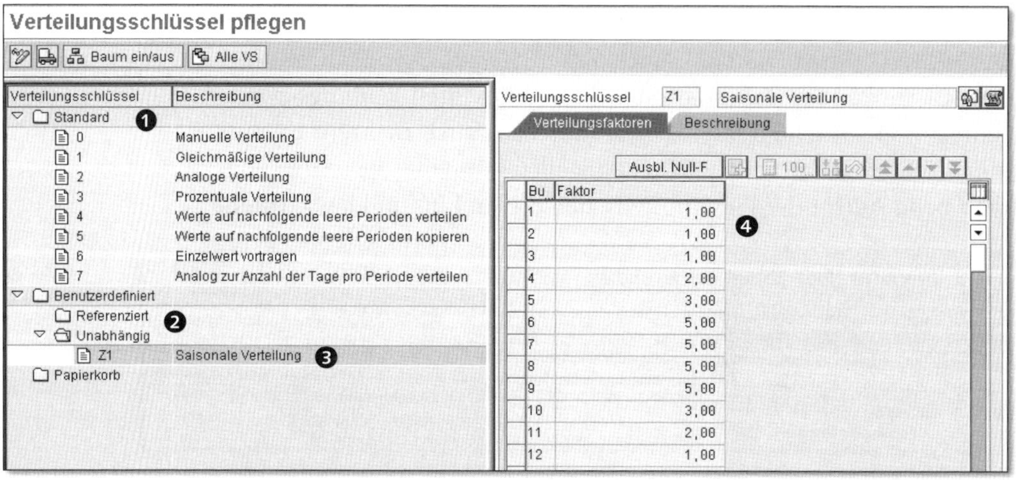

Abbildung 4.35 Eigenen Verteilungsschlüssel erstellen

Im Bereich ❶ sehen Sie die SAP-Standardschlüssel. Sie haben die Möglichkeit, entweder einen dieser Schlüssel zu referenzieren ❷ oder einen ganz neuen zu erstellen ❸. Beim Referenzieren können Sie lediglich einen SAP-Standardschlüssel kopieren und frei nach Ihren Wünschen benennen – an der Funktionalität können Sie aber nichts ändern.

Perioden gewichten

Erstellen Sie einen eigenen Schlüssel, können Sie Perioden gewichten. Dazu tragen Sie die Periode und einen Gewichtungsfaktor ein ❹. Im Beispiel haben wir einen Schlüssel für eine saisonal schwankende Verteilung erstellt. Verwenden Sie diesen Schlüssel bei der Planung, wird der Jahreswert stärker auf die Sommermonate verteilt als auf den Rest des Jahres.

[zB]

Benutzerdefinierter Verteilungsschlüssel

Im Beispiel oben ist die Gesamtsumme der Gewichte aller Perioden 34. Der Jahresplanwert wird nun auf die Perioden in Abhängigkeit vom Gewicht der Periode verteilt:

Planwert (Periode) = Gewicht (Periode) × Planwert (Jahr)

Bei einem Planwert von 1.000 ergäbe sich für den Januar ein Wert von 1/34 × 1.000 = 29,41. Für den Juli würde ermittelt: 5/34 × 1.000 = 147,05.

Detailplanung durchführen

Mittels der *Detailplanung* können Sie noch weiter im Detail planen, nämlich unterhalb der Ebene Kostenart. Diese Planungsform ermöglicht es Ihnen, die Plandaten zu einer Kostenart in beliebige, frei wählbare Unterpositionen aufzugliedern. Beachten Sie jedoch, dass Sie diese Detailebene nicht im Ist buchen können; Istbuchungen erfolgen immer nur auf Kostenartenebene.

Sie gelangen zur Detailplanung, indem Sie zunächst die Kostenstellenplanung (Transaktion KP06) aufrufen. Entscheiden Sie sich dort für eine Kostenart, und wählen Sie dann im Menü BEARBEITEN • DETAILPLANUNG • ÄNDERN/ANZEIGEN. Sie können dann sogenannte *variable Positionen* verwenden, wie z.B. in Abbildung 4.36 dargestellt, oder auch auf Einkaufsinfosätze, Materialnummern oder Leistungsarten zugreifen.

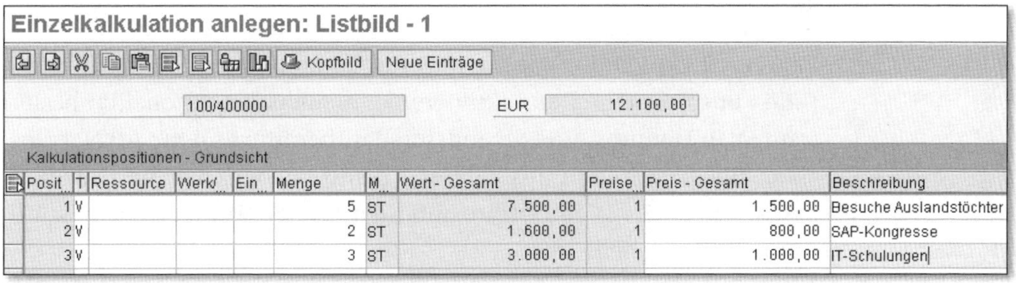

Posit	T	Ressource	Werk	Ein	Menge	M	Wert - Gesamt	Preise	Preis - Gesamt	Beschreibung
1	V				5	ST	7.500,00	1	1.500,00	Besuche Auslandstöchter
2	V				2	ST	1.600,00	1	800,00	SAP-Kongresse
3	V				3	ST	3.000,00	1	1.000,00	IT-Schulungen

Abbildung 4.36 Beispiel für Detailplanung

Kalkulationsvariante und Bewertungsvariante für Detailplanung

Im Customizing gibt es lediglich zwei Einstellungen, die für die Detailplanung relevant sind – eine Kalkulationsvariante und eine Bewertungsvariante. Unter CONTROLLING • KOSTENSTELLENRECHNUNG • PLANUNG • MANUELLE PLANUNG • DETAILPLANUNG PRIMÄRKOSTENARTEN • KALKULATIONSVARIANTEN FESTLEGEN (Transaktion OKY4) stellen Sie eine sogenannte *Kalkulationsvariante* ein. Eine Kalkulationsvariante dient dazu, für all die unterschiedlichen Planszenarien in SAP ERP die jeweils relevanten Planungsparameter festzulegen. Im Falle der Detailplanung besteht sie lediglich aus einer *Kalkulationsart* und einer *Bewertungsvariante*. Die Kalkulationsart legt das Bezugsobjekt der Planung fest (hier: eine Primärkostenart), und die Bewertungsvariante steuert, aufgrund welcher Strategie der Preis eines Materials ermittelt werden soll, das zur Planung herangezogen wird.

In diesem Szenario hat SAP die Kalkulationsvariante PP fest voreingestellt; Sie können also für die Detailplanung keine andere verwenden. Auch die Parameter dieser Kalkulationsvariante können Sie nicht verändern – die Kalkulationsart 03 ist ebenso fest eingestellt wie die Bewertungsvariante 013. Sie können zwar die Einstellungen der Bewertungsvariante verändern, bedenken Sie aber, dass diese Änderungen systemweit gelten würden und Sie damit eine SAP-Standardeinstellung ändern.

Wir schließen nun mit der manuellen Planung ab und wenden uns dem nächsten Thema innerhalb der Planung zu, der Ressourcenplanung.

4.4.3 Manuelle Planung mithilfe von Web Dynpros

Seit EHP 6 steht für die manuelle Planung in der Kostenstellenrechnung eine völlig neue Pflegetransaktion zur Verfügung. Um diese nutzen zu können, müssen Sie die Business Function FIN_CO_CCPLAN aktivieren (wie Sie dies tun können, lesen Sie in Abschnitt 2.4 »Business Functions aktivieren«); die neue Funktionalität basiert auf Web Dynpros, und Sie müssen darüber hinaus den SAP NetWeaver Business Client installieren; beides haben wir im Detail in Abschnitt 2.5, »Web Dynpros und der SAP NetWeaver Business Client«, beschrieben.

Für die neue Planung hat SAP in CO Funktionalität aus der integrierten Planung in BW (BW-IP) zur Verfügung gestellt, ohne dass Sie dafür ein BW-System benötigen würden. Mit der neuen Funktionalität werden in Ihrem ERP-System sogenannte *InfoObjects* erzeugt, die in BW als Datenentität für Berichte bzw. in der integrierten Planung auch der Planung dienen. Ein InfoObject kann als Merkmal (z. B. Kostenart, Kostenstelle, Innenauftrag), Kennzahl (Menge, Wert) oder Datum eingesetzt werden. In BW müssen Sie stets eine Verknüpfung zwischen InfoObjects und den entsprechenden Datenentitäten in SAP ERP herstellen, um sie mit Daten zu füllen.

Berichte werden in BW mithilfe sogenannter InfoProvider erstellt. Ein InfoProvider ist eine Struktur, die alle relevanten InfoObjects für eine bestimmte Berichtsanforderung enthält.

BW ist nicht nur ein Berichtswerkzeug, sondern vor allem ein Data Warehouse, das heißt, dass die Daten, über die berichtet werden soll, in BW gehalten werden. Typischerweise werden die Daten nachts aus dem ERP-System nach BW geladen, um dann dort ausgewertet werden zu können. Seit BW-Release 7 ist es jedoch auch möglich, sogenannte virtuelle InfoProvider zu verwenden. Diese werden nicht im Vorhinein mit Daten befüllt, sondern erst zur Laufzeit, also dann, wenn Sie einen Bericht zu einem virtuellen InfoProvider aufrufen. Genau diese Technik hat sich SAP zunutze gemacht, um die erwähnte neue Planungsfunktionalität in SAP ERP einzubauen. Mithilfe der Business Function FIN_CO_CCPLAN können Sie sogenannten BI Content generieren, also vordefinierte InfoObjects und InfoProvider, die bereits mit den notwendigen Datenelementen in CO verknüpft sind. Um diese Einstellungen vorzunehmen, benötigen Sie keine BW-Kenntnisse.

Wenn Sie die notwendigen Einstellungen zur neuen Planungsfunktionalität vorgenommen haben, können Sie Planungslayouts verwenden, die wie Planungs-Querys in BW-IP aufgebaut sind. Dies bedeutet, dass Sie nicht nur Stammdaten darstellen und dazu Planwerte eingeben können, sondern auch die Möglichkeit haben, sich in der Planungsmaske Istwerte des laufenden Jahres oder aus vergangenen Jahren anzeigen zu lassen sowie historische Planwerte und auch zusätzliche Stammdatenfelder der Kostenstellen (wie den Verantwortlichen, die Abteilung etc.). Diese Querys werden technisch gesehen mittels virtueller InfoProvider aufgerufen; die erforderlichen Daten werden also zur Echtzeit aus den CO-Tabellen geladen. Wenn Sie Ihre Plandaten erfasst haben, werden die Daten wieder in dieselben herkömmlichen CO-Tabellen zurückgeschrieben. Sie können diese Daten auch weiterhin mit den klassischen Planungswerkzeugen in CO weiterpflegen.

In Abbildung 4.37 sehen Sie die neue Benutzeroberfläche für die Primärkostenplanung der Kostenstellen, die Sie anstelle von Transaktion KP06 verwenden können. Wie Sie sehen, ist die Darstellung der Planungsfunktion völlig anders, als Sie es von den klassischen Transaktionen her gewohnt sind. Die Selektionsmaske im oberen Bildbereich ist aufgebaut wie in BW, und der Planungsbereich unten ist flexibel gestaltbar. Sie können Spalten verschieben oder ein- und ausblenden, und Sie können mehrere Berichte nebeneinander darstellen.

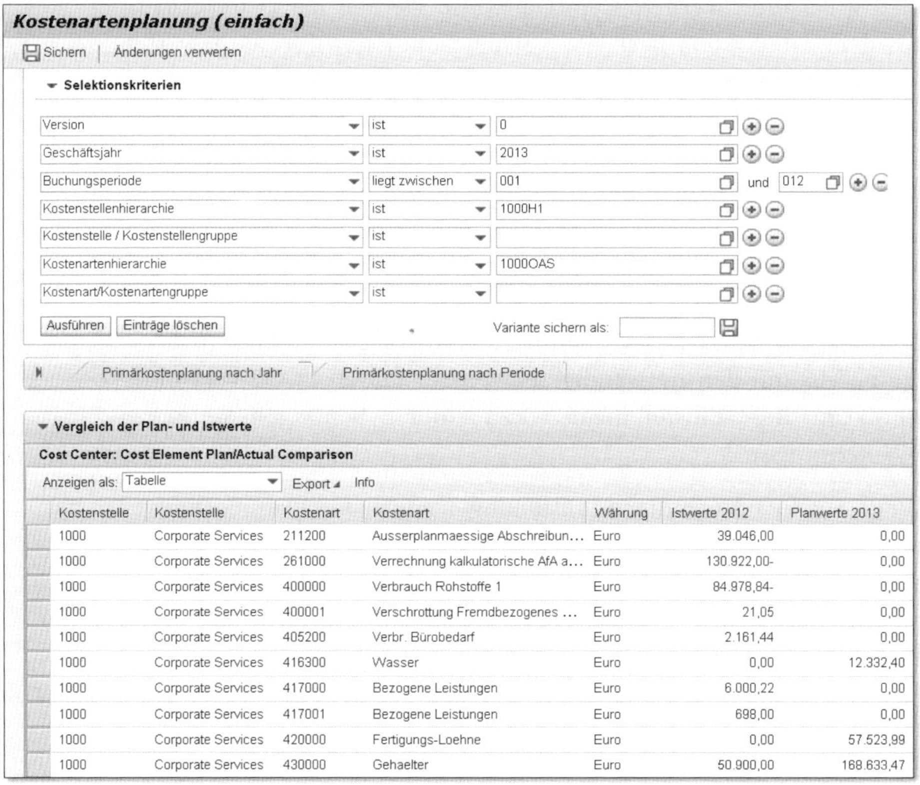

Abbildung 4.37 Neue Planungsfunktionalität für die Kostenstellen-Primärkostenplanung

In Abbildung 4.38 sehen Sie die neue Planungsmaske für die Leistungsaufnahme und Tarifplanung, die Sie anstelle der Transaktion KP26 verwenden können. Es ist nun möglich, übersichtlich in einer Maske mehrere Kostenstellen und Leistungsarten gleichzeitig zu planen.

Um die neue Planungsfunktionalität einsetzen zu können, sind neben dem Aktivieren der Business Function und der Installation des NWBC noch eine Reihe weiterer Einstellungen in der SAP-Basis notwendig. Bei Redaktionsschluss dieses Buches gab es von SAP noch keine offizielle Installationsanleitung dazu, und die uns aktuell bekannten Installationsschritte wären zu umfangreich, um sie mit in dieses Kapitel aufzunehmen. Die neuen Planungs-Querys können Sie selbst gestalten, benötigen dafür aber Kenntnisse des Query Designers, eines Werkzeugs, das auch in BW zum Erstellen von Berichten verwendet wird.

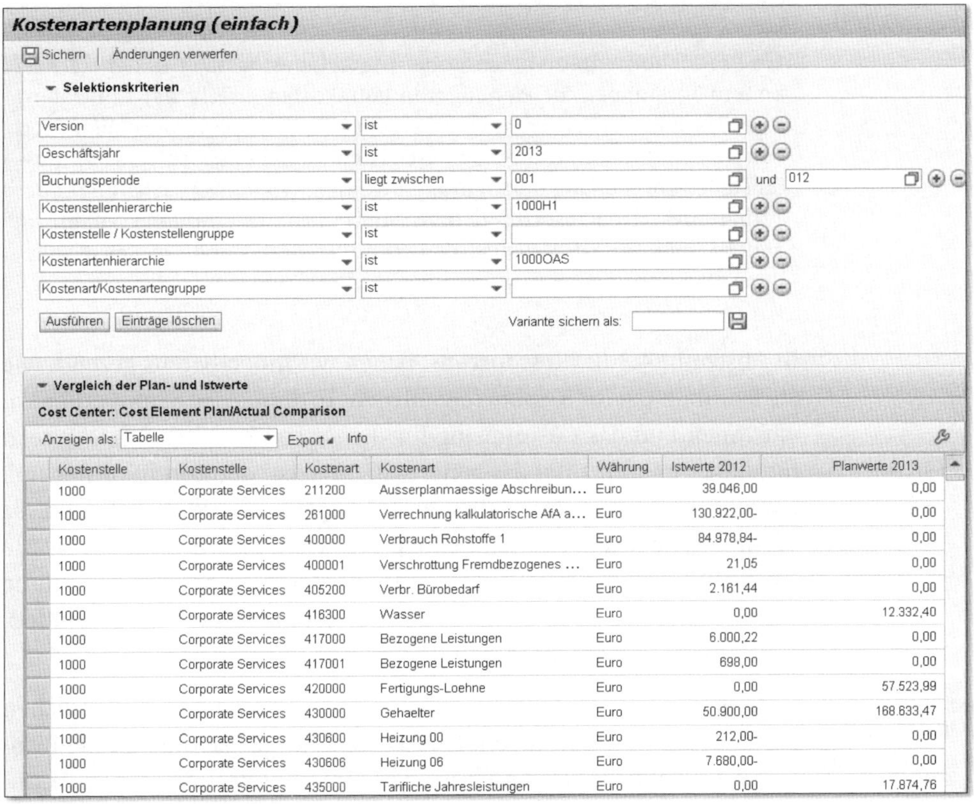

Abbildung 4.38 Neue Planungsfunktionalität für die Tarifplanung

Aktuelle Informationen zur neuen Planungsfunktionalität finden Sie im Blog von Martin Munzel unter *http://fico-forum.de/fico_forum/board.php?board=17* oder im E-Book *New SAP Controlling Planning Interface* von Martin Munzel, das bei Espresso Tutorials erschienen ist.

4.4.4 Ressourcenplanung

Planung anhand von Ressourcen

Die Ressourcenplanung erleichtert Ihnen die Arbeit, indem Sie mittels sogenannter *Ressourcen* nicht absolute Euro-Beträge planen, sondern Mengen. Eine Ressource ist dabei ein Stammsatz, der eine Verknüpfung zu einer Primärkostenkostenart enthält, eine Maßeinheit sowie einen Preis je Maßeinheit. Der Preis kann dabei in Abhängigkeit von z. B. einer Kostenstelle oder des ganzen Kostenrechnungskreises festgelegt werden. Erfassen Sie dann zu einer Kostenstelle eine Planmenge zu einer Ressource, ermittelt das System dann Plankosten in Höhe des Preises der Ressource multipliziert mit der Menge.

[zB]

Ressourcenplanung

Ein Produktionsunternehmen in der Metallindustrie zahlt seinen Facharbeitern Tariflöhne. Zur Planung von Lohnkosten erstellt das Controlling eine Ressource *Arbeitsstunde Facharbeiter Tarifgruppe V* mit einem Preis von 30 EUR/Stunde. Diese Ressource kann nun in unterschiedlichen Kostenstellen zur Planung herangezogen werden, wo immer Facharbeiter der Tarifgruppe V eingesetzt werden. Sollte sich der Tariflohn kurzfristig ändern, müsste man lediglich den Ressourcenpreis ändern, um die Planung aller betroffenen Kostenstellen zu aktualisieren.

In Abschnitt 4.3.8, »Ressourcen«, haben wir Ihnen bereits gezeigt, wie Sie Stammdaten für Ressourcen anlegen. In diesem Abschnitt erläutern wir Ihnen nun das Customizing für die Ressourcenplanung. SAP setzt für diese Funktionalität das generische Konzept der Konditionstechnik ein, das Ihnen an vielen Stellen wiederbegegnen wird. Während diese Technik sehr flexibel zu handhaben und vielseitig verwendbar ist (sie wird z.B. auch bei der Preisfindung im Vertrieb, bei der Ermittlung von Steuersätzen in FI oder bei der Bewertung in CO-PA verwendet), ist ihr Customizing wenig intuitiv und recht kompliziert.

Bestandteile der Ressourcenplanung

In Abbildung 4.39 erhalten Sie einen Überblick über die wesentlichen Bestandteile der Ressourcenplanung. Der Ausgangspunkt ist die Planversion – wenn Sie also unter einer bestimmten Version planen, ermittelt das System automatisch die zuvor hinterlegten Ressourcenpreise.

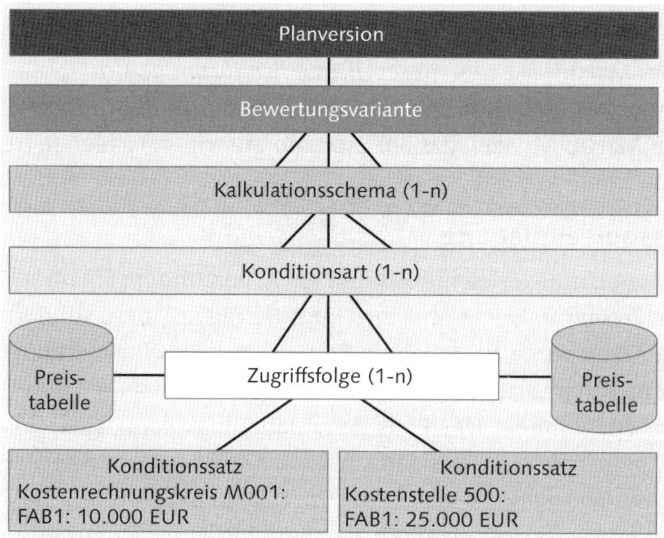

Abbildung 4.39 Überblick über das Customizing der Ressourcenplanung

Zu der Planversion ordnen Sie genau eine *Bewertungsvariante* zu; diese wiederum hat in diesem Kontext keine weitere Aufgabe, als an ein oder mehrere *Kalkulationsschemata* zu verweisen. Ein Kalkulationsschema besteht im Rahmen der Ressourcenplanung aus einer oder mehreren Zeilen, die eine Verbindung zu einer oder mehreren *Zugriffsfolgen* herstellen. Es bestimmt außerdem die Reihenfolge, in der die Zugriffsfolgen abgearbeitet werden sollen. Eine Zugriffsfolge gibt zum einen vor, mit welchen sogenannten *Zugriffen* Sie den Preis einer Ressource planen wollen. Ein Zugriff ist dabei zu verstehen als Selektion von Merkmalen – z.B. abhängig von einzelnen Kostenstellen, vom Profit-Center oder vom Kostenrechnungskreis. Die Zugriffsfolge steuert außerdem, in welcher Reihenfolge die einzelnen Zugriffe erfolgen sollen.

Welche Merkmale in einem Zugriff selektiert werden sollen, steuern Sie über eine *Preistabelle*. In der Preistabelle wählen Sie die gewünschten Merkmale aus. Je Zugriff planen Sie dann zu guter Letzt die Ressourcenwerte.

Wie Sie sehen, kommen Sie im einfachsten Fall mit je einer Entität der genannten Objekte aus, um Ihre Ressourcen zu planen. Der Komplexität sind nach oben aber keine Grenzen gesetzt. Wir zeigen Ihnen das Customizing nun Schritt für Schritt anhand eines einfachen Beispiels. Nehmen wir an, Sie möchten Planwerte für die Ressource FACHARBEITER wie folgt festlegen:

- Bei der Kostenstelle 500 gehen Sie von Personalkosten in Höhe von 25.000 EUR je Facharbeiter aus.
- Da auf der Kostenstelle 300 besondere Spezialisten benötigt werden, rechnen Sie hier mit Kosten von 30.000 EUR je Facharbeiter.
- Auf allen anderen Kostenstellen im Kostenrechnungskreis gehen Sie von 10.000 EUR je Facharbeiter aus.

Preistabellen pflegen

Wir beginnen mit den Preistabellen. Sie benötigen eine Tabelle je Zugriff, also je Merkmalskombination. In unserem Beispiel wollen wir Planwerte in Abhängigkeit von der Kostenstelle und in Bezug auf den Kostenrechnungskreis eingeben. Damit brauchen wir zwei Zugriffe und folglich zwei Preistabellen.

SAP liefert im Standard fünf Preistabellen aus:

- 132: Preis pro Kostenstelle
- 136: Preis pro Kostenrechnungskreis

- 137: Preis pro Land/Region
- 138: Preis pro Buchungskreis/Geschäftsbereich
- 139: Preis pro Profit-Center

Damit sollten alle gängigen Anforderungen abgedeckt sein. Sollten Sie dennoch eine weitere Tabelle benötigen, können Sie diese im Customizing unter Controlling • Kostenstellenrechnung • Planung • Ressourcenplanung • Preistabellen definieren (Transaktion KPRI) anlegen. In Abbildung 4.40 sehen Sie die Tabelle 132 (Preis pro Kostenstelle). Sie wählen auf der linken Seite all die Felder aus, nach denen Sie einschränken wollen; die Felder Kostenrechnungskreis, Version und Ressource werden dabei in jedem Fall benötigt.

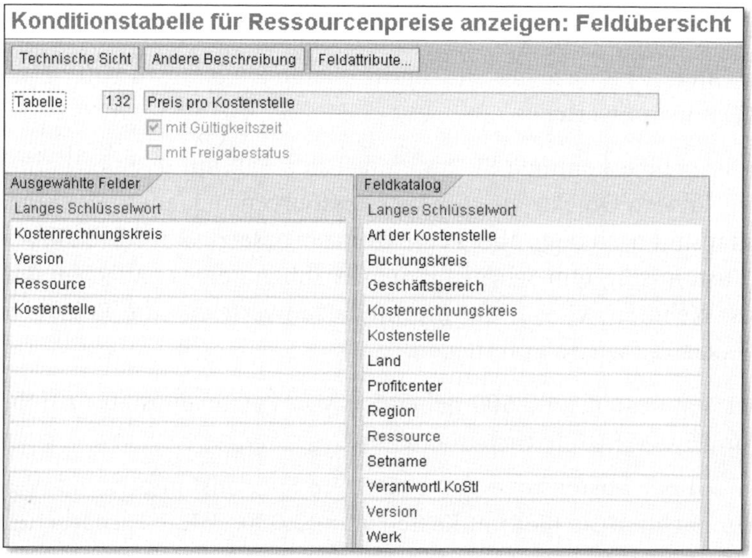

Abbildung 4.40 Preistabelle pflegen

Sie dürfen die Standardtabellen nicht verändern, sondern sollten eine bestehende kopieren und an Ihre Anforderungen anpassen.

Zugriffsfolgen definieren

Im nächsten Schritt legen Sie nun über Controlling • Kostenstellenrechnung • Planung • Ressourcenplanung • Zugriffsfolgen definieren eine Zugriffsfolge an. Wie Sie in Abbildung 4.41 sehen, haben wir zunächst die Zugriffsfolge ZM01 angelegt ❶. Über Zugriffe ❷ gelangen wir dann zur Pflege der Zugriffe ❸. Dort haben wir Einträge zu den Tabellen 132 (Preis pro Kostenstelle) und 136 (Preis pro Kostenrechnungskreis) erstellt. Beachten Sie, dass die

Reihenfolge entscheidend ist: Im Beispiel wird das System bei der Planung für die aktuelle Kostenstelle zuerst prüfen, ob ein Preis für diese Kostenstelle hinterlegt wurde. Dann erst schaut es nach einem Preis je Kostenrechnungskreis. Der Parameter EXKLUSIV ❹ bedeutet, dass das System die Preisfindung abbrechen soll, sobald es einen Preis gefunden hat. Dadurch haben wir im Beispiel erreicht, dass ein Preis je Kostenstelle Vorrang gegenüber dem allgemeineren Preis je Kostenrechnungskreis hat: Das System würde für diejenigen Kostenstellen, für die ein Preis gepflegt wurde, nicht mehr weiter nach einem Preis je Kostenrechnungskreis suchen.

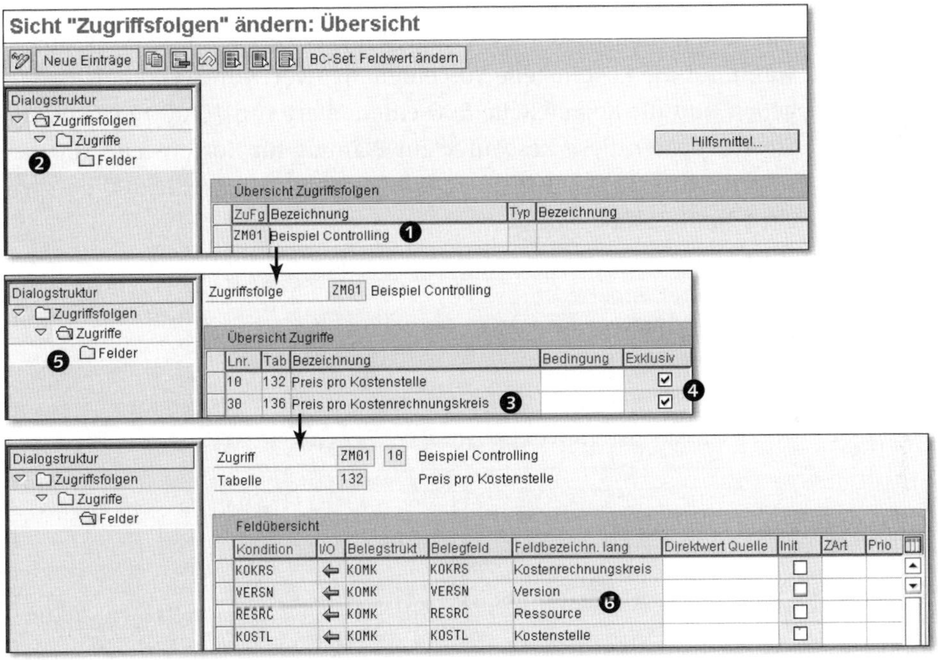

Abbildung 4.41 Zugriffsfolge definieren

Der Parameter BEDINGUNG erlaubt es Ihnen, noch weitere Prüfungen einzufügen, diese sind aber eher für die Preisfindung im Vertrieb relevant; die angebotenen Bedingungen haben keine Bedeutung für Szenarien im Controlling.

Je Zugriff müssen Sie noch einmal in den Unterpunkt FELDER ❺ verzweigen. Das System verknüpft an dieser Stelle die Felder aus den Preistabellen mit denen der Kostenstellenplanbelege ❻. Dies geschieht automatisch, Sie müssen hier nichts weiter einstellen.

Konditionsarten festlegen

Im nächsten Schritt geben Sie in Abhängigkeit von Ihren Zugriffen die Ressourcenpreise an. Wählen Sie dazu den Customizing-Eintrag CONTROLLING • KOSTENSTELLENRECHNUNG • PLANUNG • RESSOURCENPLANUNG • KONDITIONSARTEN DEFINIEREN (Transaktion KPR4). Wie in Abbildung 4.42 dargestellt, legen Sie dazu zunächst eine sogenannte *Konditionsart* an, der Sie Ihre zuvor definierte Zugriffsfolge zuordnen ❶. Klicken Sie dann auf KONDITIONSSÄTZE ❷. Das System erkundigt sich nun, auf welchen Zugriff Sie sich beziehen wollen ❸, und fordert Sie danach auf, die zu benutzenden Merkmale einzuschränken ❹. Nun können Sie zu Ihrem Zugriff die Planwerte für die Ressourcen eintragen ❺.

Im Beispiel haben wir den Zugriff PREIS PRO KOSTENSTELLE ausgewählt, für die Kostenstelle 300 einen Planwert von 30.000 EUR angegeben und für Kostenstelle 500 einen Wert von 25.000 EUR. Wenn Sie also später diese Ressource zur Planung für Kostenstelle 300 einsetzen, wird sie mit 30.000 EUR bewertet; Kostenstelle 500 entsprechend mit 25.000 EUR.

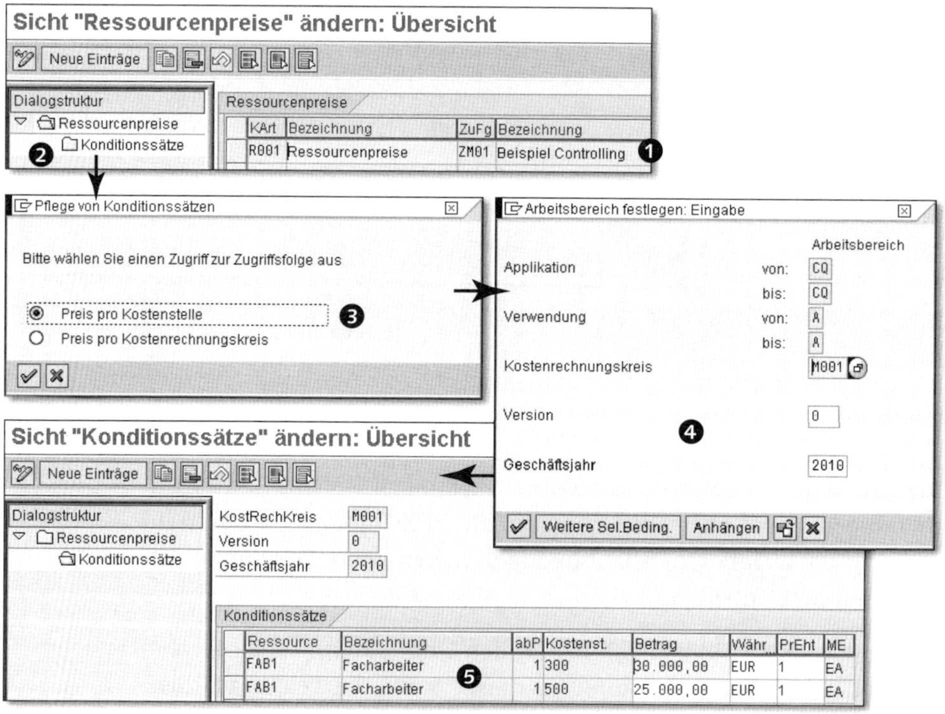

Abbildung 4.42 Konditionsarten/Ressourcenpreise pflegen

Analog sind wir für den Zugriff Preis pro Kostenrechnungskreis verfahren und haben einen Wert von 10.000 EUR gepflegt. Damit geht das System von einen Planwert von 10.000 EUR für alle Kostenstellen in diesem Kostenrechnungskreis aus, mit Ausnahme der Kostenstellen 300 und 500, bei denen wir einen kostenstellenabhängigen Preis gepflegt haben.

Kalkulationsschema für Ressourcenplanung anlegen

Nun legen wir ein Kalkulationsschema an. Sie finden die Transaktion dazu im Customizing unter Controlling • Kostenstellenrechnung • Planung • Ressourcenplanung • Kalkulationsschemata definieren (Transaktion KPRC). Über das Kalkulationsschema geben Sie an, welche Zugriffsfolgen durchgeführt werden sollen und in welcher Reihenfolge dies geschehen soll (siehe Abbildung 4.43). Im Beispiel haben wir das Kalkulationsschema RM01 angelegt ❶. Durch Klicken auf Kalkulationsschemazeilen ❷ können Sie dann alle aufzurufenden Zugriffsfolgen eingeben ❸ und über das Feld Stufe deren Reihenfolge bestimmen.

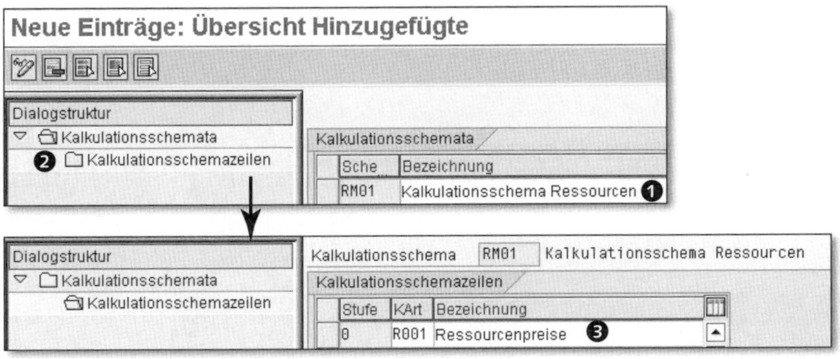

Abbildung 4.43 Kalkulationsschema definieren

Bewertungsvariante für Ressourcenplanung definieren

Anschließend erstellen wir eine Bewertungsvariante über Controlling • Kostenstellenrechnung • Planung • Ressourcenplanung • Bewertungsvarianten definieren (Transaktion KPR8). Hier geben Sie lediglich einen Namen und eine Beschreibung für die Bewertungsvariante an (siehe Abbildung 4.44). Wenn Sie den Parameter K.-Analyse (Anzeige der Konditionsanalyse) aktivieren, führt das System bei jedem Aufruf der Bewertungsvariante eine Analyse durch, auf welche Weise die einzelnen Zugriffe durchgeführt und welche Werte dabei ermittelt wurden. Dies ist nur für den Testbetrieb empfehlenswert, da sich der Anwender dabei durch mehrere Popup-Fenster durchklicken müsste.

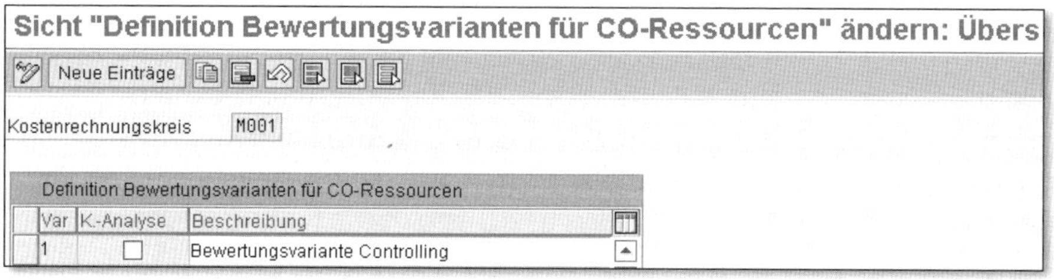

Abbildung 4.44 Bewertungsvariante anlegen

Bewertungsvariante mit Kalkulationsschema verknüpfen

Im folgenden Schritt verknüpfen Sie die neue Bewertungsvariante mit dem zuvor erstellten Kalkulationsschema. Wählen Sie dazu im Customizing den Menüpfad CONTROLLING • KOSTENSTELLENRECHNUNG • PLANUNG • RESSOURCENPLANUNG • KALKULATIONSSCHEMATA ZU BEWERTUNGSVARIANTE ZUORDNEN (Transaktion KPRA). Wie Sie in Abbildung 4.45 sehen können, haben wir in unserem Beispiel das Kalkulationsschema RM01 mit der Bewertungsvariante 1 verknüpft. Falls Sie mehrere Kalkulationsschemata zuordnen, arbeitet das System sie in der Reihenfolge ab, in der Sie sie eingetragen haben. Über das Feld RF (Reihenfolge) können Sie die Reihenfolge auch explizit vorgeben.

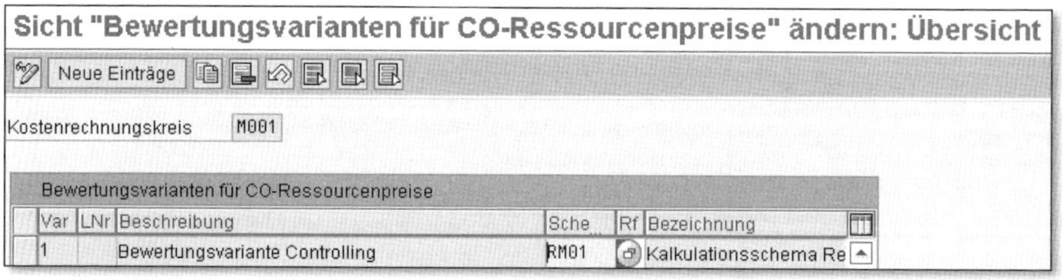

Abbildung 4.45 Kalkulationsschema der Bewertungsvariante zuordnen

Bewertungsvariante mit Planversion verknüpfen

Im letzten Schritt tragen Sie nun die Bewertungsvariante in der Planversion ein (im Customizing entweder über die Versionspflege, wie wir sie in Abschnitt 2.2.2, »Versionen«, beschrieben haben, oder über CONTROLLING • KOSTENSTELLENRECHNUNG • PLANUNG • RESSOURCENPLANUNG • BEWERTUNGSVARIANTE ZU VERSION ZUORDNEN (Transaktion OKEV)). In Abbildung 4.46 sehen Sie, dass Sie dazu zu den Einstellungen pro Geschäftsjahr verzweigen und dann in die Detailsicht gehen. Sie pflegen die Bewerungsvariante unter BEWERT. VARIANTE.

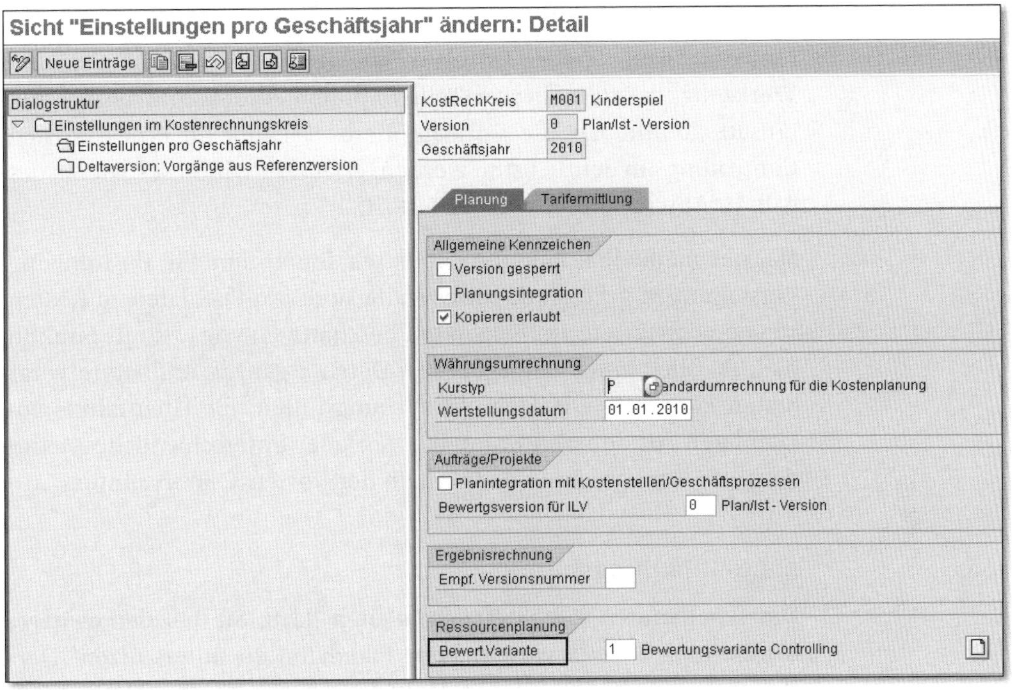

Abbildung 4.46 Bewertungsvariante in der Planversion eintragen

Einstellungen im Planerprofil

Sie können nun Ihre Ressourcen zur Planung einsetzen. Die Planung erfolgt ganz normal über die Transaktion KP06; beachten Sie dabei, dass Sie ein Planerprofil benötigen, das ein Planungslayout enthält, mit dem Sie Ressourcen planen können. Im Standard können Sie z. B. das Profil SAPR&R verwenden (weitere Informationen zu Planungslayouts und Planerprofilen finden Sie in Abschnitt 4.4.2, »Manuelle Planung«). In Abbildung 4.47 sehen Sie, wie Sie aufgrund unserer Beispieleinstellungen die Ressource FAB1 auf der Kostenstelle 300 planen können.

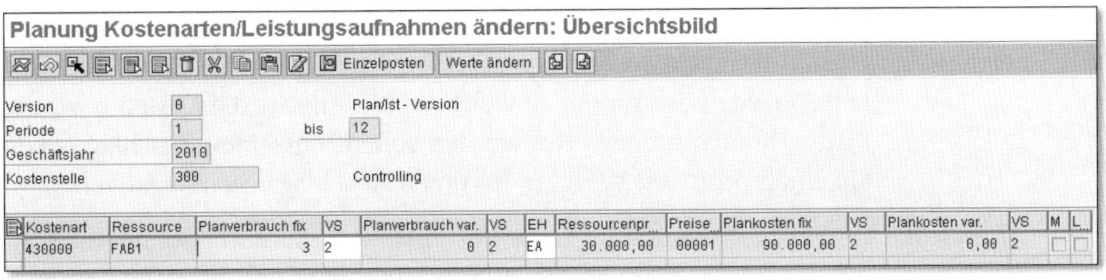

Abbildung 4.47 Beispiel für Ressourcenplanung

4.4.5 Formelplanung

Die *Formelplanung* oder *Template-Planung* ist ein universell nutzbares Werkzeug, das in mehreren Teilkomponenten des Controllings zum Einsatz kommt. Da die Vorzüge dieser Technik im Prozesskosten-Controlling am deutlichsten werden, erläutern wir dieses Thema deshalb in Abschnitt 6.4, »Templates«.

Mit der manuellen Planung haben wir Ihnen nun alle Customizing-Einstellungen gezeigt, die notwendig sind, um Plandaten zu Kostenstellen zu erfassen. Im Folgenden beschäftigen wir uns mit Funktionen, die die einmal eingegebenen Daten ergänzen und weiterverarbeiten können – wie etwa die Planungshilfen, die Übernahme von Plandaten aus anderen Komponenten oder unterschiedliche Methoden zur Planverrechnung innerhalb der Kostenstellenrechnung.

4.4.6 Planungshilfen

Die sogenannten *Planungshilfen* dienen dazu, Sie bei der weiteren Bearbeitung bereits vorhandener Plandaten zu unterstützen. Dazu stehen Ihnen die Funktionen Umwertung, periodische Umbuchung und Abgrenzung zur Verfügung.

Umwertung anlegen

Mithilfe einer *Umwertung* können Sie zu den vorhandenen Plandaten Ihrer Kostenstellen prozentuale Zuschläge hinzufügen bzw. Abschläge abziehen. Sie legen eine Umwertung im Customizing unter CONTROLLING • KOSTENSTELLENRECHNUNG • PLANUNG • PLANUNGSHILFEN • UMWERTUNG DEFINIEREN (Transaktion KPU1) an (siehe Abbildung 4.48). Dazu vergeben Sie zunächst einen Namen und geben das Geschäftsjahr sowie die Planversion an, für die diese Umwertung gelten soll ❶. Im nächsten Schritt pflegen Sie einen Text ❷ und bestimmen, für welche Kostenstellen und Kostenarten die Umwertung durchgeführt werden soll ❸. Hier können Sie jeweils entweder Einzelwerte, Bereiche oder Gruppen angeben. Klicken Sie auf den Button DEFINITION, um die Umwertungsprozentsätze anzugeben ❹. Sie können für jede Periode bestimmen, zu welchem Prozentsatz die Kosten bzw. der Planverbrauch umgewertet werden sollen. Für einen Zuschlag geben Sie einen positiven Wert an, für einen Abschlag einen negativen.

Periodische Umbuchung im Plan

Im Beispiel haben wir für die Kostenstellen 200 und 300 und die Kostenarten von 430000 bis 474100 in allen Perioden 2010 einen Zuschlag von 10% erhoben.

Nachträgliches Ändern einer Kostenartengruppe [«]

Haben Sie eine Kostenartengruppe angegeben, auf die sich die Umwertung beziehen soll, und ändern diese Kostenartengruppe nachträglich, wird diese Änderung nicht automatisch in der Umwertung fortgeschrieben. In einem solchen Fall wechseln Sie nach der Änderung der Kostenartengruppe noch einmal in die Pflege der Umwertung, klicken auf DEFINITION und sichern die Umwertung.

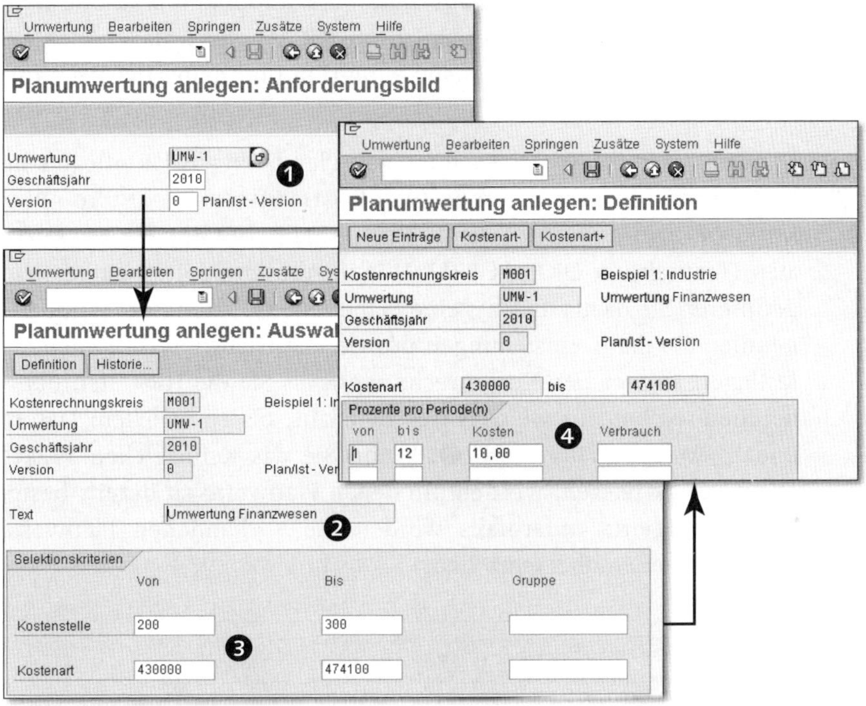

Abbildung 4.48 Definieren einer Umwertung

Planabgrenzung

Die periodische Umbuchung und die Abgrenzung können Sie sowohl im Plan als auch im Ist durchführen. Wir erläutern beide im Detail in Abschnitt 4.6.3, »Periodenabschluss«. Für die Abgrenzung sind die Customizing-Einstellungen in Plan und Ist identisch; eine periodische Umbuchung im Plan pflegen Sie unter CONTROLLING • KOSTENSTELLENRECHNUNG • PLANUNG • PLANUNGSHILFEN • PERIODISCHE UMBUCHUNG • PERIODISCHE UMBUCHUNG DEFINIEREN (Transaktion KSW7).

Erweiterungen für Planungshilfen

Zusätzlich zu den genannten Planungshilfen – Umwertung, periodische Umbuchung und Abgrenzung – haben Sie außerdem die Möglichkeit, zum Kopieren von Plan- und Istdaten Erweiterungen zu implementieren. Die Komponente EXIT_SAPMKPT4_010 dient dabei zum Kopieren von Kosten, EXIT_SAPMKPT4_020 zum Kopieren von Mengen und Preisen.

4.4.7 Plandatenübernahme

Neben der manuellen Eingabe von Planzahlen – und umfangreichen Funktionen zu deren Weiterbearbeitung – bietet Ihnen SAP ERP auch die Möglichkeit, Plandaten aus anderen Komponenten zu übernehmen, nämlich aus der Personalplanung (HCM), der Anlagenbuchhaltung (FI-AA), der Produktionsplanung (PP) und dem Logistik-Informationssystem (LIS).

Übernahme von Plandaten aus HCM

Die Einstellungen zur Übernahme von Plandaten aus HR pflegen Sie im Customizing über CONTROLLING • KOSTENSTELLENRECHNUNG • PLANUNG • PLANDATENÜBERNAHME • PERSONALKOSTEN AUS HR ÜBERNEHMEN (Transaktion OKPLACTRL). Wie in Abbildung 4.49 dargestellt, definieren Sie dazu zunächst eine Planquelle ❶. Zu dieser Planquelle nehmen Sie dann Einstellungen pro Geschäftsjahr vor, in denen Sie festlegen, in welchen Kostenrechnungskreis Sie die HR-Daten übernehmen wollen, für welches Geschäftsjahr, bis zu welchem Datum und in welche Planversion ❷. Wenn Sie das Kennzeichen WERTE ADDIEREN aktivieren, werden die neuen Planwerte zu bereits bestehenden addiert; andernfalls werden die vorhandenen Planwerte durch die neuen überschrieben.

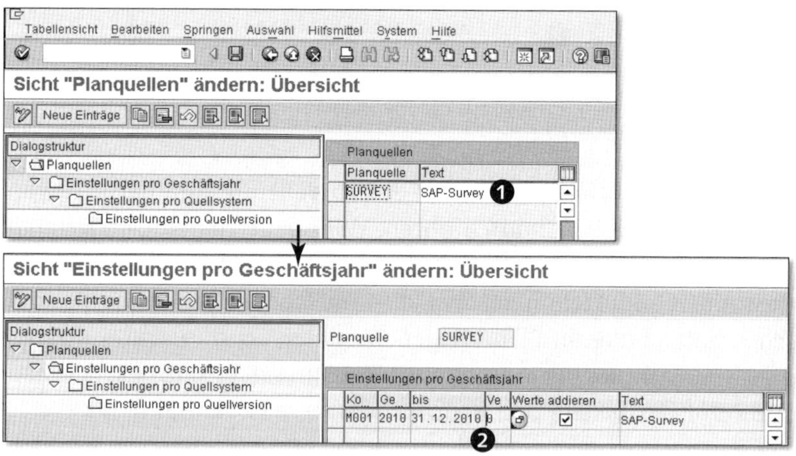

Abbildung 4.49 Übernahme von Plandaten aus HR

Wenn Sie nur die bislang erläuterten Einstellungen vornehmen, können Sie bereits Plandaten aus demselben ERP-System übernehmen, in dem Sie sich gerade befinden. Wollen Sie Daten aus mindestens einem externen System übertragen und sollen diese Daten in unterschiedlichen Planversionen abgelegt werden, können Sie noch die EINSTELLUNGEN PRO QUELLSYSTEM pflegen. Hier legen Sie fest, welches Quellsystem Daten in welche Planversion übertragen soll. Haben Sie mehr als ein Quellsystem, können Sie außerdem noch EINSTELLUNGEN PRO QUELLVERSION vornehmen und anhand von externen Referenzschlüsseln festlegen, welche Daten explizit übernommen werden sollen. Die Übernahme der Personalkosten starten Sie dann im Anwendungsmenü über die Transaktion KPHR.

Übernahme von Daten aus der Anlagenbuchhaltung

Um geplante Abschreibungen, Zinsen und Investitionen aus der Anlagenbuchhaltung (FI-AA) zu übernehmen, müssen Sie in der Anlagenbuchhaltung sicherstellen, dass die Voraussetzungen für die Integration mit der Kostenstellenrechnung gegeben sind. Dazu definieren Sie zunächst einen Bewertungsplan, der Vorgaben zur Ermittlung der Abschreibungen enthält. In Verbindung mit diesem Bewertungsplan erstellen Sie Anlagenklassen, in denen Sie vorgeben, auf welche CO-Objekte die Anlagen kontiert werden dürfen. Um Planwerte in die Kostenstellenrechnung übernehmen zu können, müssen Anlagen auch auf Kostenstellen kontierbar sein. Schließlich legen Sie zu den so erstellten Anlagenklassen Anlagenstammsätze an, die Sie Kostenstellen zuordnen. Sofern Sie leistungsabhängig planen wollen, müssen Sie außerdem auch eine Leistungsart mit angeben. Wie Sie Bewertungspläne und Anlagenklassen definieren, können Sie im Detail in unserem Buch *SAP-Finanzwesen – Customizing* nachlesen, das bei SAP PRESS erschienen ist. Die Übernahme der geplanten Abschreibungen, Zinsen und Investitionen starten Sie im Anwendungsmenü über die Transaktion S_ALR_87099918.

Übernahme von Planleistungen aus PP

Sie können außerdem Planleistungen aus PP übernehmen, indem Sie im Customizing den Punkt CONTROLLING • KOSTENSTELLENRECHNUNG • PLANUNG • PLANDATENÜBERNAHME • DISPONIERTE LEISTUNGEN AUS PP ÜBERNEHMEN pflegen. Dazu stellen Sie je Kostenrechnungskreis, Version und Geschäftsjahr ein, welche Leistungsbedarfe genau übernommen werden sollen (siehe Abbildung 4.50). Sie können wählen zwischen der Grobplanung, der Bedarfsplanung und der Langfristplanung, die jeweils in der Produktionsplanung durchgeführt werden können.

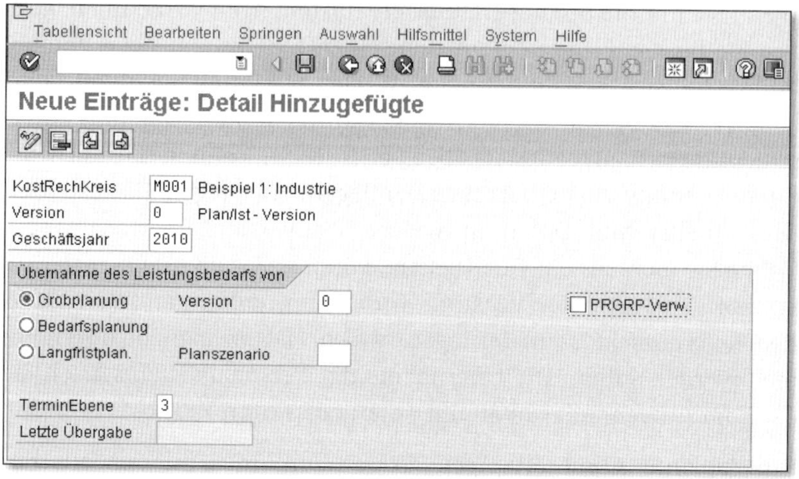

Abbildung 4.50 Disponierte Leistungen aus PP übernehmen

Je nach gewähltem Szenario zieht das System zunächst die geplanten Mengen an eigengefertigten Produkten zu Rate und ermittelt anhand der zu diesen Produkten hinterlegten Arbeitspläne die gesamte Planleistung je Kostenstelle. Weitere Informationen zur Integration von CO mit PP und zu Arbeitsplänen finden Sie in Kapitel 7, »Produktkosten-Controlling«. Sie füllen die statistischen Kennzahlen mit Planwerten aus PP, indem Sie im Anwendungsmenü die Transaktion KSPP starten.

Übernahme von statistischen Kennzahlen aus dem LIS

Zum Schluss zeigen wir Ihnen nun noch, wie Sie statistische Kennzahlen aus dem Logistik-Informationssystem (LIS) in die Kostenstellenrechnung übernehmen können. Das LIS ist ein Informationssystem, das Kennzahlen aus der Logistik in verdichteter Form fortschreibt, um diese zeitnah auswerten zu können. Beispiele für solche Kennzahlen sind der Auftragseingangswert bzw. der Verkaufswert von Kundenaufträgen im Vertrieb oder Bestellmengen bzw. Wareneingangsmengen im Einkauf. Mittels des LIS können Sie die erwähnten Kennzahlen z.B. je Kunde oder Lieferant, je Verkaufsbüro oder Einkaufsgruppe auswerten, ohne alle bestehenden Kundenaufträge bzw. Bestellungen durchsuchen zu müssen.

Statistische Kennzahlen mit LIS-Kennzahlen verknüpfen

Um Kennzahlen aus dem LIS in die Kostenstellenrechnung zu übernehmen, müssen Sie zunächst statistische Kennzahlen mit LIS-Kennzahlen verknüpfen. Dazu wählen Sie im Customizing die Transaktion Controlling • Kostenstellenrechnung • Planung • Plandaten-

Übernahme • Übernahme statistischer Kennzahlen aus dem LIS • Verbindung statistischer Kennzahlen mit dem LIS definieren (Transaktion KK01). Sie gelangen damit zur selben Transaktion zum Anlegen statistischer Kennzahlen, die wir bereits in Abschnitt 4.3.7, »Statistische Kennzahlen«, vorgestellt haben (siehe Abbildung 4.51).

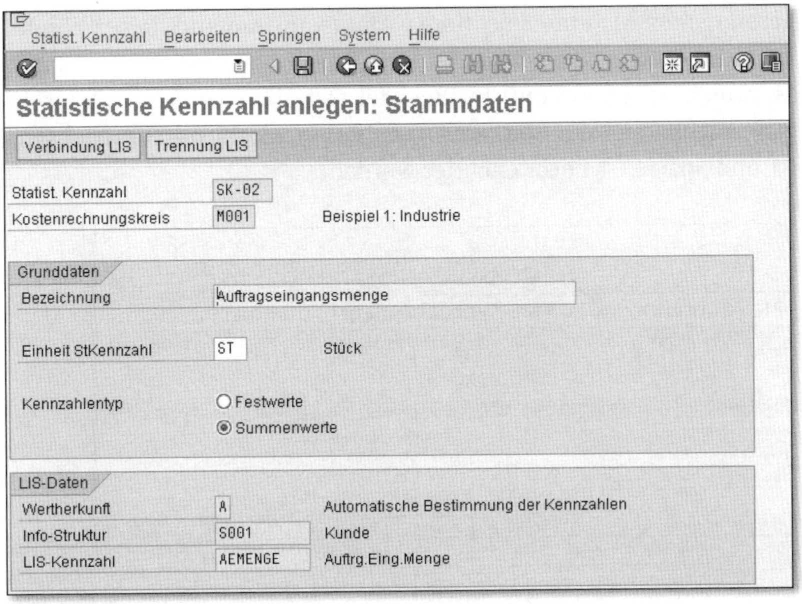

Abbildung 4.51 Verknüpfen einer statistischen Kennzahl mit dem LIS

Wenn Sie die Grunddaten der statistischen Kennzahl gepflegt haben, klicken Sie auf den Button Verbindung LIS, um sie mit einer LIS-Kennzahl zu verknüpfen. Sie können dann innerhalb der LIS-Struktur die gewünschte Kennzahl finden und eintragen. Beachten Sie, dass Sie keine Kennzahlen aus dem LIS übernehmen können, die Beträge darstellen – statistische Kennzahlen sind nur für Mengen vorgesehen.

Fortschreibung der LIS-Kennzahlen

Wenn Sie auf diese Weise eine oder mehrere statistische Kennzahlen mit dem LIS verknüpft haben, ordnen Sie diese nun einer oder mehreren Kostenstellen zu, um festzulegen, welche Werte genau auf welcher Kostenstelle fortgeschrieben werden sollen. Wählen Sie dazu im Customizing den Punkt Controlling • Kostenstellenrechnung • Planung • Plandatenübernahme • Übernahme statistischer Kennzahlen aus dem LIS • Zuordnung Kostenstelle – Leistungsart definieren (Transaktion KVA0). Je Kostenstelle, Planversion und

Geschäftsjahr ordnen Sie zunächst die zuvor definierten Kennzahlen zu (siehe Abbildung 4.52). Würden Sie die Einstellung so lassen, würde das System die Kennzahl ohne weitere Einschränkung auswählen und zuordnen – im Beispiel in Abbildung 4.52 würde also auf der Kostenstelle 500 die Auftragseingangsmenge des gesamten Konzerns als Kennzahl hinterlegt werden. Wollen Sie dies weiter detaillieren, geben Sie eine Selektionsvariante an. Anhand dieser können Sie – in Abhängigkeit von der gewählten Kennzahl – auf weitere Merkmale einschränken. Im Beispiel soll also nur die Auftragseingangsmenge aus der Verkaufsorganisation M001 mit Vertriebsweg 01 und Sparte 01 berücksichtigt werden.

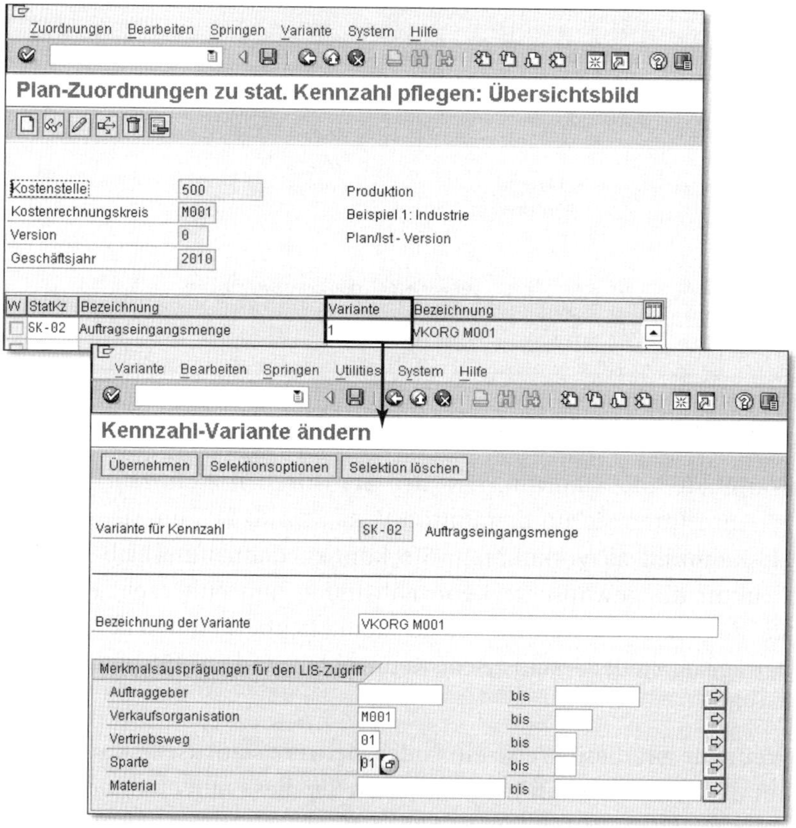

Abbildung 4.52 Kostenstelle mit LIS-Kennzahl verknüpfen

Wenn Sie die Einstellungen vorgenommen haben, können Sie die Plandaten aus dem LIS über die Transaktionen KVA4 (leistungsunabhängig) bzw. KVD4 (leistungsabhängig) übernehmen.

Sie haben nun alle wesentlichen Einstellungen kennengelernt, die Sie benötigen, um Plandaten aus anderen Komponenten in die Kostenstellenrechnung zu übernehmen. Wir beschäftigen uns nun mit Planverrechnungen.

4.4.8 Verrechnungen im Plan

In der Kostenstellenplanung haben Sie die Möglichkeit, wie auch bei den Istbuchungen, unterschiedliche Verrechnungen durchzuführen: Gemeinkostenzuschläge, Verteilungen, Umlagen und Leistungsverrechnungen. Gemeinkostenzuschläge im Plan erstellen Sie im Customizing unter CONTROLLING • KOSTENSTELLENRECHNUNG • PLANUNG • VERRECHNUNGEN • GEMEINKOSTENZUSCHLÄGE IM PLAN DEFINIEREN (Transaktion OKOZ). Verteilungen im Plan finden Sie unter CONTROLLING • KOSTENSTELLENRECHNUNG • PLANUNG • VERRECHNUNGEN • VERTEILUNG, Umlagen unter CONTROLLING • KOSTENSTELLENRECHNUNG • PLANUNG • VERRECHNUNGEN • UMLAGEN und Leistungsverrechnungen unter CONTROLLING • KOSTENSTELLENRECHNUNG • PLANUNG • VERRECHNUNGEN • LEISTUNGSVERRECHNUNG. Die Customizing-Einstellungen, die dafür nötig sind, sind identisch mit denen der Istverrechnungen, die wir im Detail in Abschnitt 4.6.3, »Periodenabschluss«, erläutern.

4.4.9 Etatverwaltung

Mithilfe der Etatverwaltung können Sie für einzelne Kostenstellen oder -gruppen ermitteln, wie viel des ursprünglichen Etats bereits durch Istbuchungen oder Obligo verfügt ist bzw. wie viel vom Etat noch übrig ist. Etats planen Sie grob als Gesamtwert je Kostenstelle und brechen sie nicht weiter herunter auf Kostenarten.

Etatprofil anlegen

Im Customizing müssen Sie lediglich ein Etatprofil anlegen, das Sie bei der Planung verwenden. Wechseln Sie dazu zum Punkt CONTROLLING • KOSTENSTELLENRECHNUNG • ETATVERWALTUNG • PROFILE FÜR DIE ETATVERWALTUNG DEFINIEREN (Transaktion OKF1). Vergeben Sie zunächst einen Namen und einen Text (siehe Abbildung 4.53). Im Block ZEITHORIZONT geben Sie vor, für wie viele Jahre in der Vergangenheit bzw. in der Zukunft geplant werden darf. Geben Sie z.B. im Feld VERGANGENHEIT den Wert »1« ein, darf der Benutzer mit diesem Profil im vergangenen Geschäftsjahr planen, aber nicht weiter in der

Vergangenheit. Der Parameter START bestimmt, um wie viele Jahre in der Zukunft – ausgehend vom aktuellen Geschäftsjahr – der Ausgangspunkt der Planung liegen soll. Geben Sie z.B. einen Wert von »2« ein und das aktuelle Geschäftsjahr ist 2010, bietet Ihnen das System beim Aufruf der Planung das Jahr 2012 an; um im aktuellen Jahr zu planen, müssten Sie dann in der Planung zurücknavigieren (vorausgesetzt, Ihr Zeithorizont in der Vergangenheit erlaubt dies).

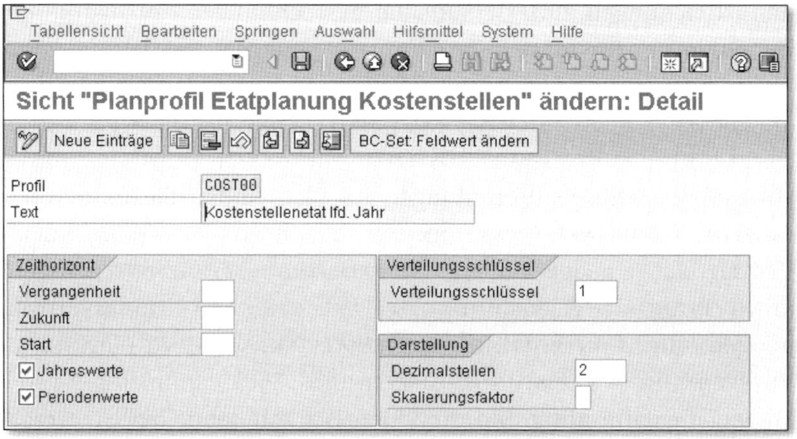

Abbildung 4.53 Etatprofil anlegen

Mit dem VERTEILUNGSSCHLÜSSEL können Sie vorgeben, wie die Etatwerte auf Jahresebene auf die Perioden verteilt werden sollen. Weitere Details zu Verteilungsschlüsseln finden Sie in Abschnitt 4.4.2, »Manuelle Planung«.

Im Feld DEZIMALSTELLEN geben Sie an, wie viele Dezimalstellen für die Planwerte angezeigt werden sollen. Mithilfe des SKALIERUNGSFAKTORS können Sie außerdem die Werte in aggregierter Form darstellen, z.B. in Tausendern oder Millionen.

Wir schließen damit das Thema Planung ab. Im Anschluss wenden wir uns nun dem Obligo und der Mittelbindung zu.

4.5 Obligo und Mittelbindung

Was ist Obligo?

Unter *Obligo* versteht man zu erwartende Istkosten, die z.B. durch einen geschlossenen Vertrag oder eine Bestellung entstanden sein können. In der Finanzbuchhaltung sind derartige Vorgänge nirgendwo sichtbar, sondern werden erst mit dem Eingang einer Rechnung oder dem Ausgang einer Zahlung erfasst. Im Controlling bietet SAP ERP jedoch die Möglichkeit, Obligo frühzeitig und automatisch zu verbuchen und in Auswertungen darzustellen. Ein Kostenstellenverantwortlicher kann so anhand der Summe aus Istkosten und Obligo erkennen, wie hoch seine Belastungen im laufenden Geschäftsjahr sind bzw. wie viel von seinem Etat noch verfügbar ist.

Obligofortschreibung

Obligo wird automatisch beim Erstellen bzw. Ändern von Bestellanforderungen und Bestellungen im Einkauf erstellt und im Controlling fortgeschrieben, sofern Positionen der Bestellanforderungen bzw. Bestellungen auf Controlling-Objekte wie Kostenstellen, Innenaufträge oder Projekte kontiert sind.

Was ist eine Mittelbindung?

Eine *Mittelbindung* können Sie manuell erstellen, wenn Sie den Anfall von Istkosten mit Sicherheit erwarten, aber noch keine konkrete Bestellanforderung oder Bestellung angelegt haben. Sie können bereits erfasste Mittelbindungen später ändern oder abbauen, wenn die erwarteten Istkosten angefallen sind. Dazu stehen Ihnen eigene Transaktionen im Anwendungsmenü zur Verfügung, die Sie unter CONTROLLING • KOSTENSTELLENRECHNUNG • ISTBUCHUNGEN • MITTELBINDUNG finden.

Um Obligo und Mittelbindung verwenden zu können, müssen Sie jedoch zunächst einige Einstellungen im Customizing vornehmen. Wir stellen Ihnen diese Schritte nun im Einzelnen vor.

4.5.1 Obligoverwaltung aktivieren

Obligoverwaltung aktivieren

Als Erstes schalten Sie die Obligoverwaltung über CONTROLLING • KOSTENSTELLENRECHNUNG • OBLIGO UND MITTELBINDUNG • OBLIGOVERWALTUNG AKTIVIEREN ein. Sie finden in dieser Transaktion drei Unterpunkte: Über OBLIGOVERWALTUNG IM KOSTENRECHNUNGSKREIS AKTIVIEREN (Transaktion OK01) sorgen Sie dafür, dass die Funktionalität im Kostenrechnungskreis grundsätzlich zur Verfügung steht (nicht nur für die Kostenstellenrechnung, sondern auch für Innenaufträge, Projekte etc.). Wählen Sie hier Ihren Kostenrechnungskreis aus, und aktivieren Sie die Komponente (siehe Abbildung 4.54).

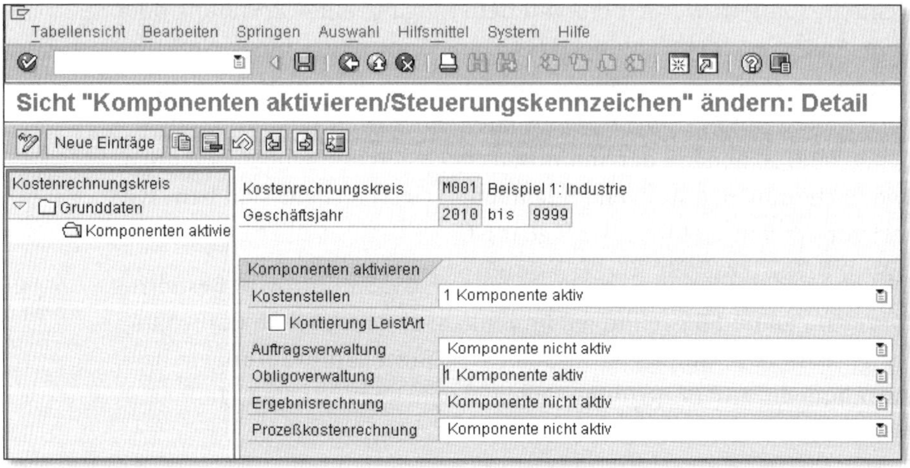

Abbildung 4.54 Obligoverwaltung im Kostenrechnungskreis aktivieren

Obligofortschreibung je Kostenstellenart

Nachdem Sie die Obligoverwaltung im Kostenrechnungskreis grundsätzlich aktiviert haben, legen Sie nun für jede Kostenstelle einzeln fest, ob darauf auch tatsächlich Obligo fortgeschrieben werden soll. Dies können Sie zum einen über die Kostenstellenart als Vorschlagswert hinterlegen, danach aber immer noch für jede Kostenstelle einzeln festlegen.

Im zweiten Punkt, VORSCHLAGSWERT OBLIGOVERW. IN KOSTENSTELLENART HINTERLEGEN, geben Sie je Kostenstellenart als Vorschlagswert vor, ob die Obligofortschreibung gesperrt sein soll oder nicht. Diese Transaktion haben wir bereits in Abschnitt 4.3.1, »Kostenstellenarten«, ausführlich beschrieben. Beachten Sie an dieser Stelle, dass die Einstellungen in dieser Transaktion systemweit gelten und nicht kostenrechnungskreisabhängig sind!

Schließlich können Sie über OBLIGOVERWALTUNG IN KOSTENSTELLEN AKTIVIEREN (Transaktion KS08) das Sperrkennzeichen für die Obligofortschreibung je Kostenstelle individuell pflegen. Dazu stellt Ihnen SAP die Transaktion zur Massenpflege von Kostenstellen zur Verfügung, die wir in Abschnitt 4.3.5, »Kostenstellen«, vorgestellt haben.

4.5.2 Einstellungen für die Mittelbindung

Nummernkreise für Mittelbindung definieren

Für die Mittelbindung benötigen Sie eigene Belegarten, um sie gegenüber anderen Geschäftsvorfällen kenntlich zu machen. Legen Sie zunächst über CONTROLLING • KOSTENSTELLENRECHNUNG • OBLIGO

UND MITTELBINDUNG • NUMMERNKREISE FÜR MITTELBINDUNG DEFINIEREN (Transaktion OK60) einen oder mehrere Nummernkreise an. Weitere Details zum Pflegen von Nummernkreisen finden Sie in Abschnitt 2.2.1, »Nummernkreise«.

Belegarten für Mittelbindung definieren

Im nächsten Schritt können Sie unter CONTROLLING • KOSTENSTELLENRECHNUNG • OBLIGO UND MITTELBINDUNG • BELEGARTEN ZUR MITTELBINDUNG DEFINIEREN eigene Belegarten für die Mittelbindung anlegen, sofern die von SAP ausgelieferte Belegart Ihren Anforderungen nicht genügt. In Abbildung 4.55 haben wir die SAP-Standardbelegart dargestellt.

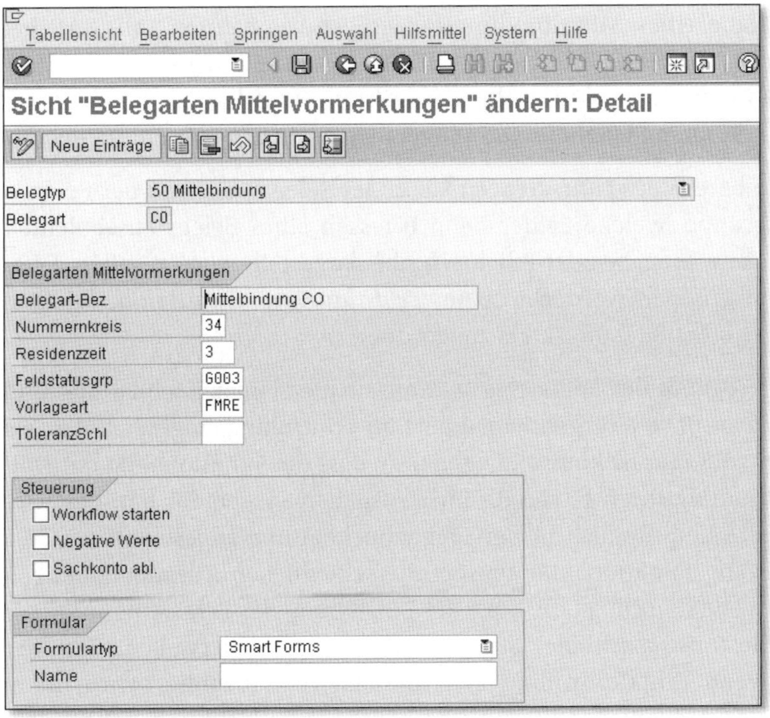

Abbildung 4.55 Belegart für Mittelbindung definieren

Unter BELEGART geben Sie eine Bezeichnung für den neuen Eintrag an. Der BELEGTYP definiert den Geschäftsvorfall, in dessen Zusammenhang eine Mittelbindung gebucht werden soll. Beachten Sie jedoch, dass Sie für Mittelbindungen im Controlling ausschließlich den Belegtyp 50 (MITTELBINDUNG) verwenden können; die anderen Belegtypen, die das System hier anbietet, dienen zur Verwendung in anderen Komponenten wie z.B. dem Haushaltsmanagement (PSM-

FM). Auch die Einstellungen zu VORLAGEART, Toleranzschlüssel (TOLERANZSCHL) und im Block STEUERUNG haben im Controlling keine Bedeutung. Unter NUMMERNKREIS tragen Sie einen zuvor erstellten Nummernkreis ein. Die RESIDENZZEIT gibt an, wie viele Monate ein Beleg dieser Belegart mindestens im System verbleiben muss, bevor er archiviert werden darf.

Was ist eine Feldstatusgruppe?

Über die *Feldstatusgruppe* (FELDSTATUSGRP) steuern Sie, welche Felder beim Erstellen einer Mittelbindung angezeigt werden und wie diese sich verhalten sollen (dies erläutern wir gleich im Anschluss näher). Im Block FORMULAR schließlich können Sie ein Formular (Smart Form oder PDF-basiertes Formular) angeben, das zur Druckausgabe eines Mittelbindungsbelegs genutzt werden soll. SAP hat bereits ein Standardformular hinterlegt, das automatisch beim Drucken verwendet wird; sollte dieses Ihren Anforderungen nicht genügen, können Sie an dieser Stelle ein eigenes Formular eintragen.

Wie bereits erwähnt, steuern Sie in der Belegart anhand der Feldstatusgruppe, welche Felder beim Erfassen eines Belegs ausgeblendet als Kann-Eingabe oder Pflichteingabe dargestellt werden sollen. Feldstatusgruppen werden in einer *Feldstatusvariante* zusammengefasst und einem Buchungskreis zugeordnet.

Die Technik des Feldstatus stammt aus der Finanzbuchhaltung und wird ansonsten nirgendwo anders im Controlling eingesetzt; dass sie hier zum Einsatz kommt, liegt daran, dass die Funktionalität der Mittelbindung ihren Ursprung im Haushaltsmanagement hat, das wiederum ursprünglich in der Finanzbuchhaltung angesiedelt war. Da dieselbe Funktionalität in so unterschiedlichen Zusammenhängen verwendet wird, ist die korrekte Einstellung des Feldstatus an dieser Stelle umso wichtiger. Sie müssen nämlich sicherstellen, dass der Anwender im Controlling nicht mit Feldern konfrontiert wird, die in der Kostenstellenrechnung überhaupt keine Relevanz haben, wie z.B. die Konzepte FINANZSTELLE oder FINANZPOSITION aus dem Haushaltsmanagement.

Feldstatusvariante definieren

Unter CONTROLLING • KOSTENSTELLENRECHNUNG • OBLIGO UND MITTELBINDUNG • FELDSTEUERUNG MITTELBINDUNG • FELDSTATUSVARIANTE DEFINIEREN (Transaktion FMU3) erstellen Sie zunächst eine Feldstatusvariante bzw. nutzen die voreingestellte Variante FMRE (siehe Abbildung 4.56).

Abbildung 4.56 Feldstatusvariante definieren

Feldstatusvariante mit Buchungskreis verknüpfen

Im nächsten Punkt, CONTROLLING • KOSTENSTELLENRECHNUNG • OBLIGO UND MITTELBINDUNG • FELDSTEUERUNG MITTELBINDUNG • FELDSTATUSVARIANTE BUCHUNGSKREIS ZUORDNEN, verknüpfen Sie die Feldstatusvariante mit Ihrem Buchungskreis (siehe Abbildung 4.57).

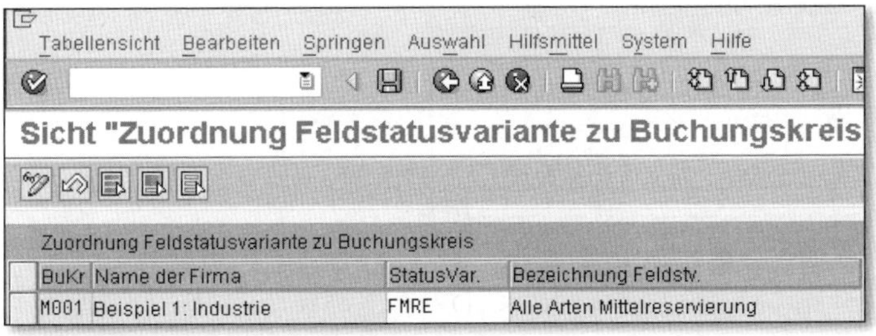

Abbildung 4.57 Feldstatusvariante zum Buchungskreis zuordnen

Feldstatusgruppen anlegen

Nachdem Sie die Feldstatusvariante definiert und zugeordnet haben, legen Sie nun die Feldstatusgruppen an. Wählen Sie dazu den Customizing-Eintrag CONTROLLING • KOSTENSTELLENRECHNUNG • OBLIGO UND MITTELBINDUNG • FELDSTEUERUNG MITTELBINDUNG • FELDSTATUSGRUPPEN DEFINIEREN (Transaktion FMU5, siehe Abbildung 4.58). SAP hat im Standard die Gruppe G003 ausgeliefert und voreingestellt.

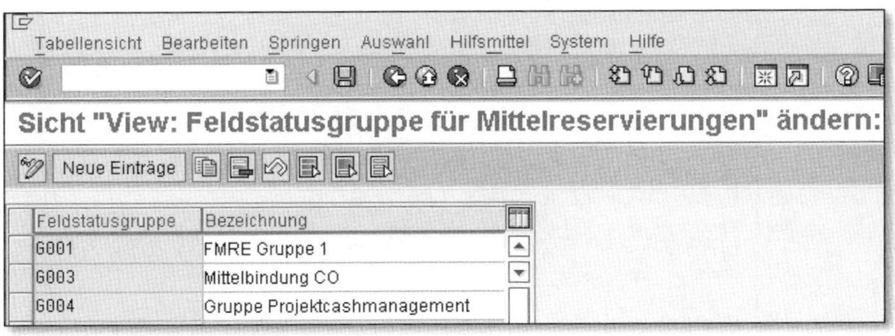

Abbildung 4.58 Feldstatusgruppen definieren

Feldauswahlleiste definieren

Über die *Feldauswahlleiste* schließlich steuern Sie, welche Felder beim Erfassen einer Mittelbindung ausgeblendet bzw. als Kann- oder Muss-Eingabe angezeigt werden sollen. Wählen Sie dazu die Customizing-Transaktion CONTROLLING • KOSTENSTELLENRECHNUNG • OBLIGO UND MITTELBINDUNG • FELDSTEUERUNG MITTELBINDUNG • FELDAUSWAHLLEISTE DEFINIEREN (Transaktion FMU7). SAP hat hier im Standard bereits einige Auswahlleisten bereitgestellt; für die Mittelbindung im Controlling ist der Eintrag MITTELV_CO vorgesehen (siehe Abbildung 4.59). Indem Sie eine Feldauswahlleiste auswählen und dann auf FELDSTATUS ZUR FELDAUSWAHLLEISTE klicken, können Sie die Felder einstellen. Auch hier möchten wir Ihnen den Hinweis ans Herz legen, keine SAP-Standardeinstellungen zu verändern, sondern sie bei Bedarf zu kopieren und erst dann an Ihre Anforderungen anzupassen.

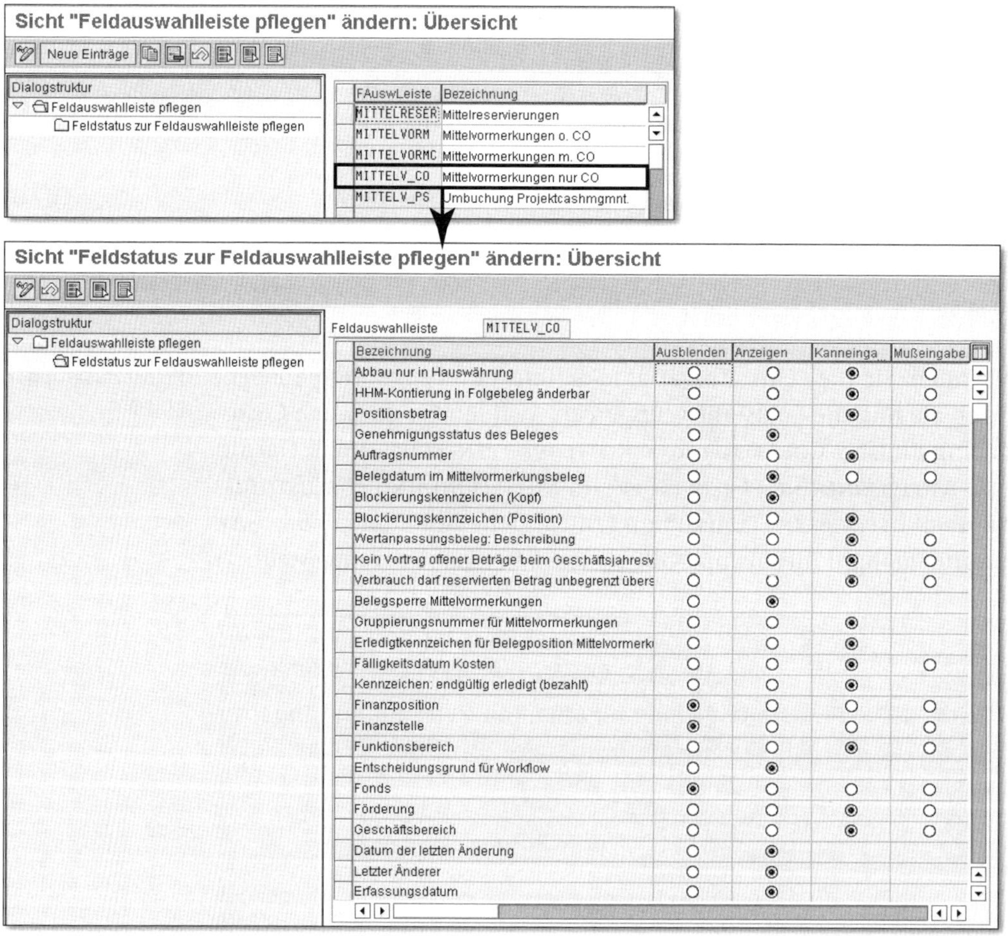

Abbildung 4.59 Feldauswahlleiste pflegen

Feldauswahlleiste mit Feldstatusvariante und -gruppe verknüpfen

Zum Schluss verknüpfen Sie über Controlling • Kostenstellenrechnung • Obligo und Mittelbindung • Feldsteuerung Mittelbindung • Feldauswahlleiste zuordnen (Transaktion FMUN) die Feldauswahlleiste mit der Feldstatusvariante und -gruppe (siehe Abbildung 4.60). Sie erinnern sich: Die Feldstatusvariante hatten wir zuvor dem Buchungskreis zugeordnet und die Feldstatusgruppe der Belegart. Damit ermittelt das System nun automatisch die entsprechende Feldauswahlleiste, wenn Sie in Ihrem Buchungskreis zur betroffenen Belegart einen Beleg erfassen.

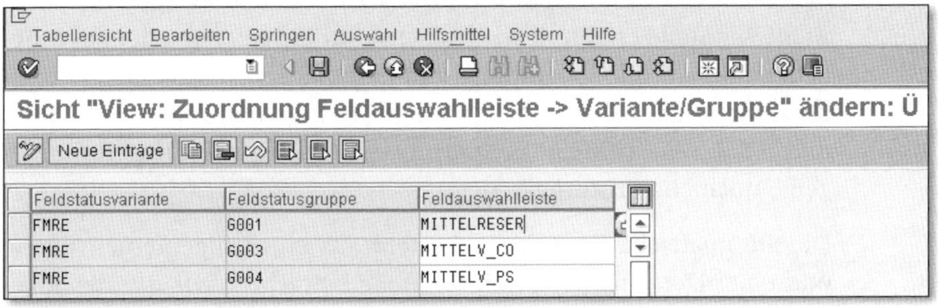

Abbildung 4.60 Feldauswahlleiste zur Feldstatusvariante/-gruppe zuordnen

Wir schließen damit den Abschnitt zu Obligo und Mittelbindung ab und widmen uns nun den Istbuchungen.

4.6 Istbuchungen

Nachdem Sie nun die erforderlichen Customizing-Einstellungen zu den Stammdaten, zur Planung sowie zum Obligo und zur Mittelbindung kennengelernt haben, befassen wir uns im Folgenden mit den Istbuchungen. In diesem Abschnitt stellen wir Ihnen zunächst die Einstellungen für manuelle Istbuchungen vor – vor allem die automatische Kontierung und Erfassungsvarianten – und gehen außerdem noch auf die Möglichkeiten ein, Istkosten aus anderen Komponenten wie HR oder dem LIS zu übernehmen. Dann kommen wir zum Schwerpunkt dieses Abschnitts, dem Periodenabschluss. Wir erklären Ihnen ausführlich, wie die einzelnen Funktionen zur Weiterverrechnung von Kosten zum Periodenabschluss funktionieren und worin sie sich unterscheiden. Zum Abschluss zeigen wir Ihnen noch, welche Einstellungen Sie für die Abweichungen vornehmen müssen.

4.6.1 Manuelle Istbuchungen

Automatische Kontierung einstellen

Eine der wichtigsten Customizing-Transaktionen im Controlling ist die *automatische Kontierung*, die Sie über CONTROLLING • KOSTENSTELLENRECHNUNG • ISTBUCHUNGEN • MANUELLE ISTBUCHUNGEN • AUTOMATISCHE KONTIERUNGSFINDUNG BEARBEITEN (Transaktion OKB9) einstellen können. Diese Funktionalität deckt mehrere unterschiedliche Szenarien ab, die wir in verschiedenen Kapiteln dieses Buches behandeln werden. So können Sie zum einen Vorschlagswerte für manuell erfasste Belege in der Finanzbuchhaltung vorgeben und zum anderen die Kontierungsfindung für automatisch erzeugte Belege einstellen. An dieser Stelle erläutern wir zunächst nur die erste von beiden Möglichkeiten; auf die Behandlung von automatischen Buchungen kommen wir in den Abschnitten 8.6.5, »Direktkontierung aus FI/MM«, und 9.8.3, »Maschinelle Kontierungszuordnung von Erlösarten pflegen«, noch einmal zurück.

Die automatische Kontierung besteht aus einer allgemeinen Ebene und einer Detailebene; an dieser Stelle betrachten wir nur die allgemeine Ebene. Um für eine Kostenart einen Vorschlagswert vorzugeben, erstellen Sie einen Eintrag mit dem entsprechenden Buchungskreis und der gewünschten Kostenart. Dann geben Sie als Vorschlagskontierung entweder eine Kostenstelle (Spalte KOSTENST.) oder einen Innenauftrag an (AUFTRAG) – siehe Abbildung 4.61. Ein Anwendungsbeispiel für ein solches Szenario sind z. B. Telefonkosten oder Mietkosten, die Sie manuell in FI erfassen und auf einer zentralen Kostenstelle sammeln möchten. Beachten Sie, dass es sich lediglich um einen Vorschlagswert handelt – der Anwender kann diesen manuell beim Buchen noch ändern. Falls Sie in der Kostenart im Stammsatz eine Vorschlagskostenstelle hinterlegt haben (siehe Abschnitt 3.3.1, »Kostenarten«), hat die Einstellung in der automatischen Kontierung Vorrang.

Abbildung 4.61 Automatische Kontierung einstellen

Auf der Detailebene können Sie Kostenarten automatisch auf bestimmte Kostenstellen oder Innenaufträge in Abhängigkeit vom Profit-Center kontieren. Die dazu notwendigen Einstellungen erläutern wir in Abschnitt 9.8.3, »Maschinelle Kontierungszuordnung von Erlösarten pflegen«.

Feldstatus überprüfen [+]

Wenn Sie für eine Kostenart eine automatische Kontierung hinterlegen, sollten Sie im Feldstatus des zugehörigen Kontos das Feld KOSTENSTELLE als Kann-Feld deklarieren. Falls Sie es als Muss-Feld eingestellt haben, fordert das System die Eingabe einer Kostenstelle ein, bevor die automatische Kontierung ermittelt werden kann.

Wie Sie den Feldstatus im Zusammenhang mit der Mittelbindung einstellen, haben wir bereits in Abschnitt 4.5.2, »Einstellungen für die Mittelbindung«, erläutert; weiterführende Informationen zu diesem Thema finden Sie in unserem Buch *SAP-Finanzwesen – Customizing* (SAP PRESS).

Manuelle Istbuchungen erfassen

Während die automatische Kontierung vor allem manuelle Belege aus der Finanzbuchhaltung betrifft, können Sie im Anwendungsmenü der Kostenstellenrechnung mittels Transaktion KB31B auch Belege im Controlling erfassen, wie etwa die manuelle Leistungsverrechnung, das Erfassen von statistischen Kennzahlen oder die Umbuchung von Kosten. Diese Transaktionen sind generisch, d.h., Sie können damit nicht nur Kosten zwischen Kostenstellen umbuchen, sondern auch zwischen Innenaufträgen oder Geschäftsprozessen oder auch zwischen unterschiedlichen Controlling-Objekten. In Abbildung 4.62 sehen Sie ein Beispiel für eine Umbuchung von Kosten zwischen zwei Kostenstellen. Welche Felder dabei angezeigt werden, steuern Sie über die sogenannte *Erfassungsvariante* (ERFASSVAR). Sie haben beim EINGABETYP außerdem die Auswahl zwischen einer List- bzw. Einzelerfassung (bei der Einzelerfassung haben Sie einen besseren Überblick über die zu pflegenden Felder, bei der Listerfassung können Sie komfortabler mehrere Positionen gleichzeitig erfassen).

Bei der Einzelerfassung können Sie über eine sogenannte *Navigationsliste* weitere Details zu den erfassten Daten anzeigen (z.B. das zugehörige Profit-Center). Über SPRINGEN • ÜBERSICHTSLISTE rufen Sie eine Auswertung über die bisher eingegebenen Zeilen auf.

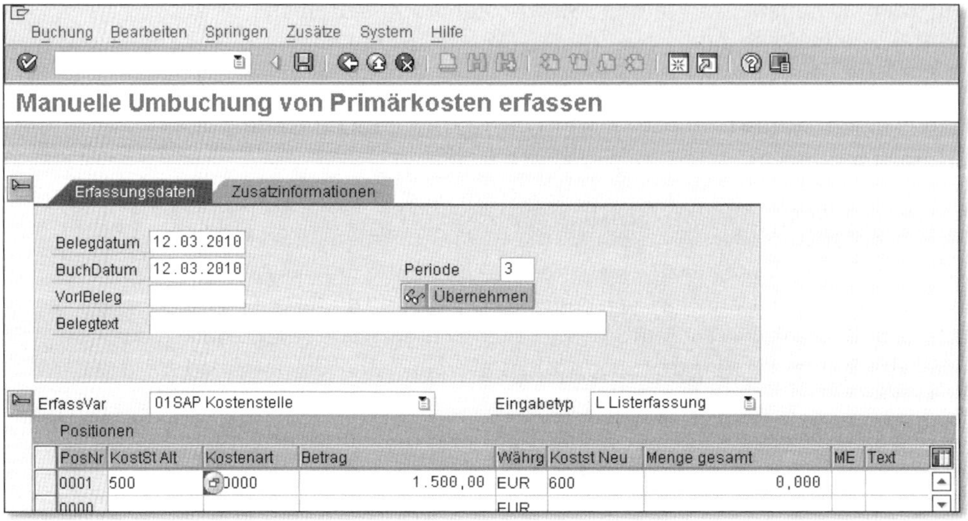

Abbildung 4.62 Beispiel für manuellen CO-Beleg

Erfassungsvariante definieren

Die *Erfassungsvariante* enthält alle Voreinstellungen zum Aufbau und Aussehen dieser Transaktion. Sofern die voreingestellten Erfassungsvarianten Ihren Anforderungen nicht genügen, können Sie im Customizing über CONTROLLING • KOSTENSTELLENRECHNUNG • ISTBUCHUNGEN • MANUELLE ISTBUCHUNGEN • EIGENE ERFASSUNGSVARIANTEN FÜR BUCHUNGEN IM CONTROLLING DEFINIEREN eigene erstellen. Wie üblich gilt, dass Sie bestehende SAP-Varianten nicht verändern dürfen. Ihre eigenen Varianten dürfen nicht mit einer Zahl beginnen. Als Beispiel zeigen wir Ihnen, wie Sie auf Basis einer bestehenden Erfassungsvariante eine eigene anlegen und um zusätzliche Felder erweitern können (siehe Abbildung 4.63).

Zunächst haben wir die Erfassungsvariante 01SAP in unsere eigene, RM01, kopiert ❶. Über DEFINITION DER ERFASSUNGSVARIANTEN PRO VORGANG ❷ gelangen wir dann in eine Liste der relevanten Vorgänge. Unter *Vorgängen* versteht man an dieser Stelle die unterschiedlichen Geschäftsvorfälle, in deren Rahmen Sie manuelle Istbuchungen vornehmen können. Die Erfassungsvarianten sind für alle Vorgänge einsetzbar; Sie pflegen für Ihre Variante je Vorgang, welche Felder jeweils angezeigt werden sollen.

Im Beispiel haben wir den Vorgang RKU1 – UMBUCHUNG KOSTEN ausgewählt ❸ und gelangen per Doppelklick zur Definition der Erfassungsvariante je Vorgang. Dort stellen Sie ein, welche Felder auf der

Sender- und welche auf der Empfängerseite angezeigt werden sollen. Im Beispiel haben wir also auf der Empfängerseite das Feld AUFTRAG noch zusätzlich ausgewählt ❹.

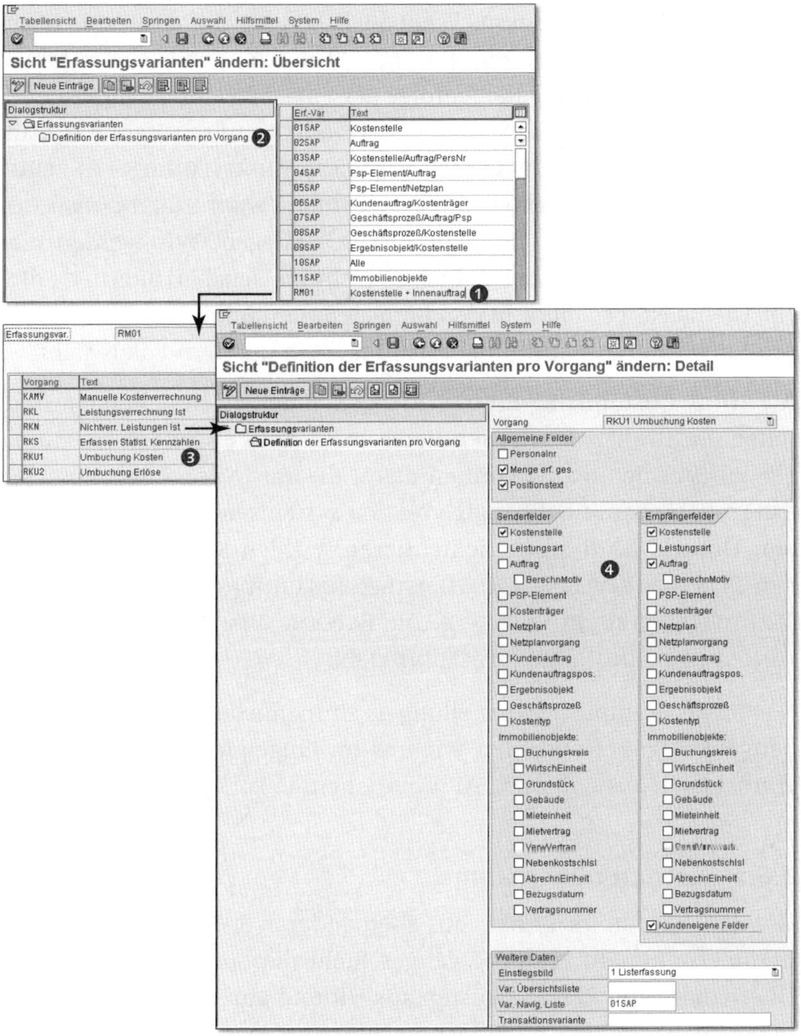

Abbildung 4.63 Eigene Erfassungsvariante erstellen

Beachten Sie außerdem die Einstellungen unten im Block WEITERE DATEN: Unter EINSTIEGSBILD legen Sie fest, ob Sie beim Aufruf der Transaktion zuerst die List- oder die Einzelerfassung angezeigt bekommen möchten. Über den Parameter VAR. ÜBERSICHTSLISTE können Sie eine Anzeigevariante für die Übersichtsliste voreinstellen. Diese Variante müssen Sie zunächst in der Anwendung erstellen und sichern, danach können Sie sie hier eintragen. Entsprechend haben Sie die Möglichkeit, über VAR. NAVIG. LISTE eine Variante für die Navigationsliste zu hinterlegen. Auch diese müssen Sie zunächst in der Anwendung erstellen und sichern. Schließlich können Sie auch eine sogenannte *Transaktionsvariante* eintragen. Damit können Sie beim Aufruf der Transaktion z.B. die Reihenfolge der Eingabefelder verändern oder mit Werten vorbelegen. Sie können Transaktionsvarianten im Customizing über SAP NETWEAVER • ALLGEMEINE EINSTELLUNGEN • ANZEIGEEIGENSCHAFTEN VON FELDERN • FELDER FÜR ANWENDUNGSTRANSAKTIONEN KONFIGURIEREN (Transaktion SHD0) pflegen. Wir werden dies allerdings im Rahmen dieses Buches nicht im Detail erläutern, da dies ein Thema ist, das mehr in den Bereich Basisadministration und Dynpro-Entwicklung gehört und deshalb nicht in unserem Fokus steht.

BAdI zur Bewertung von Leistungsverrechnungen

Als dritter Customizing-Eintrag zu den manuellen Istbuchungen steht Ihnen ein BAdI zur externen Bewertung von Leistungsverrechnungen zur Verfügung. Sie können damit die Tarife von Leistungsarten extern vorgeben, unabhängig von den systemseitig ermittelten Tarifen. Um das BAdI zu implementieren, wählen Sie im Customizing den Pfad CONTROLLING • KOSTENSTELLENRECHNUNG • ISTBUCHUNGEN • MANUELLE ISTBUCHUNGEN • BADI: EXTERNE BEWERTUNG VON LEISTUNGSVERRECHNUNGEN IMPLEMENTIEREN.

Nachdem Sie nun die Einstellungen zu manuellen Buchungen kennengelernt haben, wenden wir uns im Folgenden der Übernahme von Istdaten aus anderen SAP-Komponenten zu.

4.6.2 Istdatenübernahme

Istdaten werden im Prinzip aus allen anderen SAP-Komponenten in CO übernommen; in der Regel geschieht dies automatisch. Für die Übernahme von Personalkosten aus HR und von statistischen Kennzahlen aus dem LIS sind jedoch noch einige Voreinstellungen vorzunehmen.

Übernahme von HCM-Daten im Ist

Die Einstellungen zur Übernahme von Plandaten aus HCM haben wir bereits in Abschnitt 4.4.7, »Plandatenübernahme«, erläutert. Bei der Istübernahme werden die Personalkosten auf die Stammkostenstelle der betroffenen Mitarbeiter gebucht. In manchen Fällen bietet es sich jedoch an, bestimmte Kostenarten (wie z.B. den Arbeitgeberanteil an den Sozialabgaben) zentral auf einer Kostenstelle zu sammeln. Dazu können Sie – ähnlich wie bei der automatischen Kontierung, siehe Abschnitt 4.6.1, »Manuelle Istbuchungen«, – je Buchungskreis und Kostenart eine Kostenstelle oder einen Innenauftrag hinterlegen, auf die die Kosten gebucht werden sollen. Sie finden diese Einstellung im Customizing unter Controlling • Kostenstellenrechnung • Istbuchungen • Istdatenübernahme • Übernahme Personalkosten aus HR • Personalkosten zu Kostenstellen zuordnen (siehe Abbildung 4.64).

Abbildung 4.64 Personalkosten zu Kostenstellen zuordnen

Ersatzkostenstelle für Personalabrechnung festlegen

Wie bereits erwähnt, wird bei der Personalabrechnung eines Mitarbeiters jeweils die Kostenstelle belastet, der dieser zugeordnet ist. In manchen Fällen kann es jedoch passieren, dass eine Kostenstelle für Istbuchungen gesperrt wurde, da sie nicht mehr verwendet werden soll (zum Sperren von Kostenstellen siehe Abschnitt 4.3.5, »Kostenstellen«). Sollten dann – z.B. durch ein Versäumnis in der Personalabteilung – dieser Kostenstelle noch immer Mitarbeiter zugeordnet sein, würde die Personalabrechnung mit einer Fehlermeldung abbrechen und könnte nicht zu Ende geführt werden. Um Verzögerungen in diesem hochsensiblen Bereich zu vermeiden, hat SAP an dieser Stelle die Möglichkeit eingebaut, eine Ersatzkostenstelle zu pflegen. Über Controlling • Kostenstellenrechnung • Istbuchungen • Istdatenübernahme • Übernahme Personalkosten aus HR • Ersatzkostenstellen für Personalabrechnung festlegen können Sie für jeden Buchungskreis eine solche Ersatzkostenstelle hinterlegen. Sollte die Personalabrechnung auf einen Fehler durch eine gesperrte Kostenstelle stoßen, bucht das System die entsprechenden Kosten dann auf die Ersatzkostenstelle.

Statistische Kennzahlen aus LIS im Ist übernehmen

Um statistische Kennzahlen in der Kostenstellenrechnung im Ist mit Daten aus dem LIS zu füllen, sind dieselben Customizing-Einstellungen notwendig, die wir bereits in Abschnitt 4.4.7, »Plandatenübernahme«, vorgestellt haben. Die Übernahme der Kennzahlen im Ist führen Sie im Anwendungsmenü über die Transaktion KVA5 (leistungsunabhängig) bzw. KVD5 (leistungsabhängig) durch.

BAdI zur Übernahme aus Fremdsystemen

Sie können Istdaten nicht nur aus anderen SAP-Komponenten übernehmen, sondern auch aus Fremdsystemen. Dafür steht ein BAdI zur Verfügung, das Sie über CONTROLLING • KOSTENSTELLENRECHNUNG • ISTBUCHUNGEN • DATENÜBERNAHME AUS FREMDSYSTEMEN • BADI: ÜBERNAHME VON EXTERNEN CO-ISTDATEN IMPLEMENTIEREN aufrufen.

Wir wenden uns nun den unterschiedlichen Funktionalitäten zur Verrechnung von Kosten zum Monatsabschluss zu.

4.6.3 Periodenabschluss

Zum Periodenabschluss haben Sie eine Reihe von Möglichkeiten zur Istverrechnung von Kosten zwischen Kostenstellen und anderen Controlling-Objekten. Dazu zählen vor allem die Abgrenzung, die periodische Umbuchung, die Verteilung, die Umlage sowie Gemeinkostenzuschläge. Im Rahmen der Leistungsverrechnung können Sie Leistungen sowohl direkt als auch indirekt weiterbelasten, eine Template-Verrechnung durchführen oder die Splittung bzw. die Tarifermittlung einsetzen. Wir stellen Ihnen nun die notwendigen Customizing-Einstellungen für alle diese Funktionen vor.

Abgrenzung

Arten der Abgrenzung

Die *Abgrenzung* dient dazu, unregelmäßig anfallende Kosten unterjährig gleichmäßig zu verteilen, wenn sie das ganze Geschäftsjahr betreffen. SAP bietet dabei die Abgrenzung über das *Zuschlagsverfahren* an sowie das *Soll=Ist-Verfahren* (für leistungsabhängige Abgrenzungen) und das leistungsunabhängige *Plan=Ist-Verfahren*.

In allen drei Verfahren ermittelt das System die abzugrenzenden Beträge anhand von Planwerten, die Sie auf einer Kostenstelle erfassen müssen. Im einfachsten Fall, dem Plan=Ist-Verfahren, planen Sie auf der abzugrenzenden Kostenart selbst, beim Zuschlagsverfahren erfolgt die Abgrenzung als prozentualer Zuschlag auf eine andere Kostenart, und beim Soll=Ist-Verfahren wird die Abgrenzung anhand der Sollkosten einer Leistungsart ermittelt.

Abgrenzung nach dem Zuschlagsverfahren

Wir erläutern zunächst das Zuschlagsverfahren an einem Beispiel. Nehmen wir an, in der IT-Abteilung fielen im Laufe des Jahres für ein Softwaresystem Lizenzgebühren und auch Wartungskosten an. Die Wartungskosten betragen dabei 10% der Lizenzgebühren. Während die Gebühren für die Lizenzen jedoch monatlich vom Lizenzgeber berechnet werden, werden die Wartungsgebühren nur einmal im Jahr in Rechnung gestellt. Die Abgrenzung per Zuschlagsverfahren können Sie im Customizing so einstellen, dass die monatliche Abgrenzung der Wartungsgebühren jeweils 10% der im selben Monat angefallenen Lizenzgebühren betragen soll. Dazu legen Sie im Customizing zunächst ein *Zuschlagsschema* an, das alle Einstellungen enthält, die Sie für die Abgrenzung benötigen (siehe Abbildung 4.65). Das Zuschlagsschema besteht aus einer *Basis*, einem *Zuschlag* und einer *Entlastung*. Die Basis definiert, von welcher Kostenart die Abgrenzung abhängig sein soll (also im Beispiel die Lizenzgebühren). Anhand des Zuschlags legen Sie die Höhe des Zuschlags in Bezug auf die Basis fest (hier 10%, da ja die Wartungsgebühren 10% der Lizenzgebühren betragen sollen). Die Entlastung schließlich steuert, unter welcher Kostenart die Abgrenzung gebucht werden soll und gegen welches Controlling-Objekt die Kostenstelle belastet werden soll. Sie haben hier die Alternative zwischen einem *Abgrenzungsauftrag* oder einer Abgrenzungskostenstelle. Auf dieses Abgrenzungsobjekt werden sowohl die gesammelten Abgrenzungen als auch die tatsächlichen Kosten gebucht, die abgegrenzt werden (im Beispiel also die Gesamtrechnung der Wartungsgebühren über 120.000 EUR).

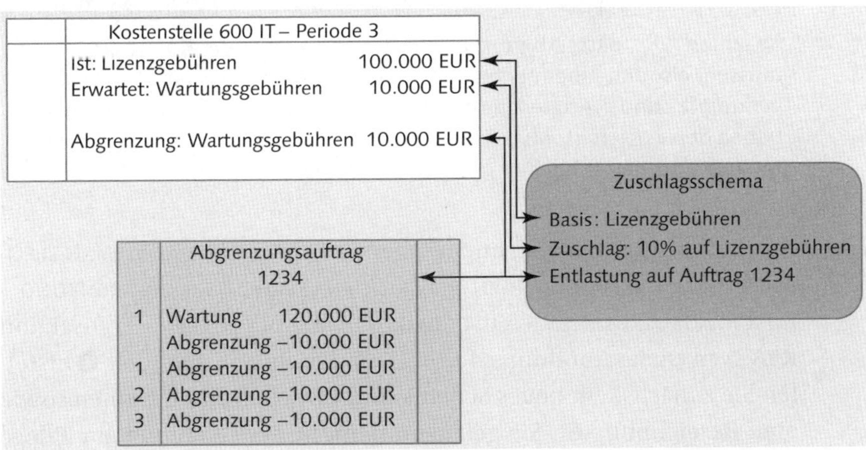

Abbildung 4.65 Abgrenzung nach dem Zuschlagsverfahren

Im Beispiel sind in Periode 3 auf der Kostenstelle 600 100.000 EUR an Lizenzgebühren angefallen. Beim Ausführen der Abgrenzung bucht das System eine Belastung von 10% der Lizenzgebühren, also 10.000 EUR, auf die Kostenstelle 600 und entlastet gleichzeitig den Abgrenzungsauftrag 1234 um denselben Betrag. Auf diesem Abgrenzungsauftrag wurden bereits im Januar die tatsächlichen Wartungsgebühren in Höhe von 120.000 EUR gebucht.

Abgrenzungsaufträge anlegen

Wenn Sie sich dazu entschließen, für die Abgrenzung Abgrenzungsaufträge einzusetzen, können Sie im Customizing unter CONTROLLING • KOSTENSTELLENRECHNUNG • ISTBUCHUNGEN • PERIODENABSCHLUSS • ABGRENZUNG • AUFTRAGSARTEN FÜR ABGRENZUNGSAUFTRÄGE ANLEGEN (Transaktion KOT2_OPA) eigene Auftragsarten für diesen Zweck erstellen und bei Bedarf unter CONTROLLING • KOSTENSTELLENRECHNUNG • ISTBUCHUNGEN • PERIODENABSCHLUSS • ABGRENZUNG • AUFTRAGSLAYOUT FÜR ABGRENZUNGSAUFTRÄGE ANLEGEN eigene Layouts für diese Aufträge definieren. Auftragsarten und -layouts erläutern wir im Detail in den Abschnitten 5.3.1, »Auftragsarten«, und 5.3.4, »Bildschirmgestaltung«. Beachten Sie jedoch, dass Abgrenzungsauftragsarten vom Auftragstyp 02 (Abgrenzungsauftrag) sein müssen.

Abgrenzungskostenarten anlegen

Unter dem Customizing-Punkt CONTROLLING • KOSTENSTELLENRECHNUNG • ISTBUCHUNGEN • PERIODENABSCHLUSS • ABGRENZUNG • ZUSCHLAGSVERFAHREN • ABGRENZUNGSKOSTENARTEN ANLEGEN (Transaktion KA01) erstellen Sie Kostenarten, die für die Abgrenzung eingesetzt werden können.

[»]

Abgrenzungskostenarten

Beachten Sie, dass Abgrenzungskostenarten primäre Kostenarten sein müssen, also mit einem entsprechenden Konto in der Finanzbuchhaltung verknüpft sind. Abgrenzungskostenarten für das Zuschlagsverfahren haben den Kostenartentyp 03; Sie können auf diesen Kostenarten ansonsten genauso direkt buchen wie z.B. bei Kostenarten vom Typ 1 oder 11.

Zuschlagsschema anlegen

Das Zuschlagsschema legen Sie über CONTROLLING • KOSTENSTELLENRECHNUNG • ISTBUCHUNGEN • PERIODENABSCHLUSS • ABGRENZUNG • ZUSCHLAGSVERFAHREN • ZUSCHLAGSSCHEMA DEFINIEREN (Transaktion KSAZ) an (siehe Abbildung 4.66). Über den Button ANLEGEN ❶ erstellen Sie zunächst ein neues Schema und vergeben einen Namen sowie eine Bezeichnung ❷. Sie gelangen dann in das Detailbild zur Pflege des Zuschlagsschemas.

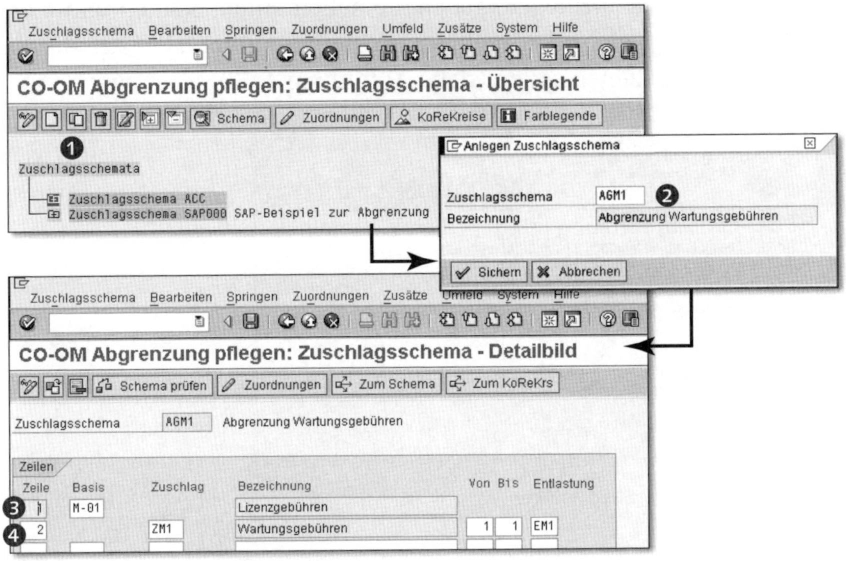

Abbildung 4.66 Zuschlagsschema anlegen

Das Zuschlagsschema ist wie die Konditionstechnik ein generisches Werkzeug, das an verschiedenen Stellen im ERP-System eingesetzt wird, z.B. auch bei den Gemeinkostenzuschlägen. Es besteht aus frei definierbaren Zeilen. Jede Zeile repräsentiert entweder eine Basis, einen Zuschlag (meist in Kombination mit einer Entlastung) oder eine Summierung. Im Beispiel haben wir in Zeile 1 zunächst eine BASIS »M-01« eingetragen, die sich auf die Kostenart für Lizenzgebühren bezieht ❸. In der nächsten Zeile sehen Sie einen ZUSCHLAG »ZM1« für Wartungsgebühren ❹ in Kombination mit der ENTLASTUNG »EM1«. In den Spalten VON und BIS ist jeweils eingetragen, auf welche Zeile sich der Zuschlag und die Entlastung beziehen, nämlich auf Zeile 1, die die Basis enthält.

Geben Sie in einer Zeile weder eine Basis noch eine Entlastung ein, interpretiert das System diese als Summenzeile. In den Spalten Von und Bis geben Sie dann an, welche Zeilen Sie summieren möchten. Entlastungen können sich auch auf Summenzeilen beziehen und damit beliebig komplexe Szenarien aufbauen, wenn nötig.

Die Bestandteile des Zuschlagsschemas – Basis, Zuschlag und Entlastung – können Sie im Menü über SPRINGEN pflegen. Wenn Sie in den Schemazeilen ein Element angeben, das noch nicht existiert, lässt Sie das System diese aber auch direkt anlegen.

Basis anlegen

Um eine Basis anzulegen, geben Sie neben einem Namen und einer Bezeichnung ein oder mehrere Kostenartenintervalle an, die als Bezugsbasis dienen sollen (siehe Abbildung 4.67).

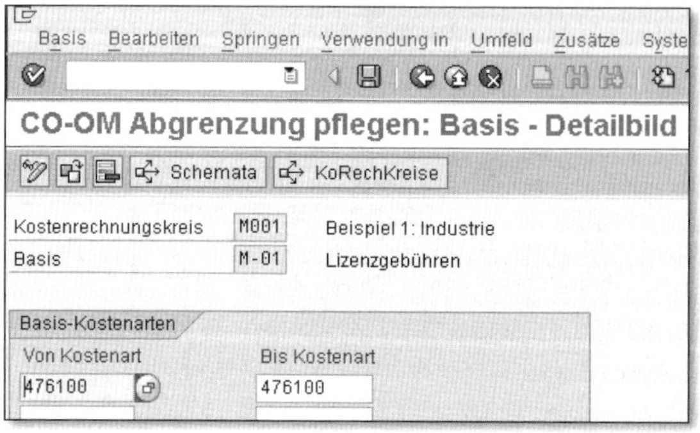

Abbildung 4.67 Basis anlegen

Zuschlag definieren

Beim ZUSCHLAG geben Sie einen Gültigkeitszeitraum an (siehe Abbildung 4.68) und den Zuschlagsprozentsatz im Ist und gegebenenfalls im Plan (den Planzuschlag benötigen Sie, um die Abgrenzung in der Planung zu verwenden, siehe auch Abschnitt 4.4.6, »Planungshilfen«).

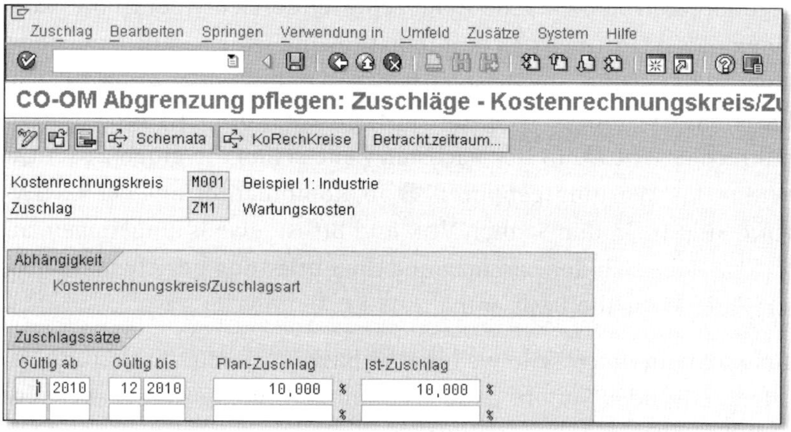

Abbildung 4.68 Zuschlag erstellen

Entlastung definieren

In der ENTLASTUNG schließlich legen Sie fest, bis wann diese gelten soll, unter welcher Kostenart die Abgrenzung durchgeführt werden soll und gegen welches Controlling-Objekt dabei gebucht werden soll (Abgrenzungskostenstelle oder -auftrag, siehe Abbildung 4.69).

Abbildung 4.69 Entlastung definieren

Zuschlagsschema zum Kostenrechnungskreis zuordnen

Zum Schluss müssen Sie das Zuschlagsschema noch Ihrem Kostenrechnungskreis zuordnen. Dazu gehen Sie zurück in die Übersicht der Abgrenzungsschemata (siehe Abbildung 4.70) und wählen Ihr Schema aus. Über den Button ZUORDNUNGEN ❶ gelangen Sie zunächst zu einem Dialogfenster, in dem Sie einen Kostenrechnungskreis auswählen und entscheiden, ob Sie das Zuschlagsschema für Ist- oder Planabgrenzungen einsetzen wollen ❷. Sie tragen dann zum ausgewählten Kostenrechnungskreis ein Abgrenzungsschema inklusive eines Gültigkeitszeitraums ein ❸.

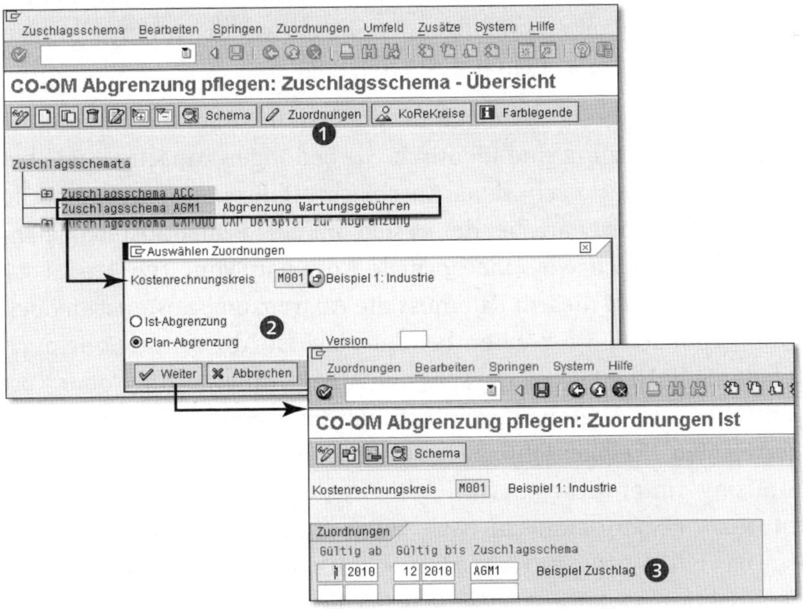

Abbildung 4.70 Zuschlagsschema zum Kostenrechnungskreis zuordnen

Abgrenzung durchführen

Sie haben nun ein Zuschlagsschema angelegt und damit festgelegt, auf welche Basis sich die Abgrenzung bezieht, wie hoch der Prozentsatz für den Zuschlag ist und gegen welches Controlling-Objekt gebucht werden soll. Sie haben das Zuschlagsschema außerdem einem Kostenrechnungskreis zugeordnet. Damit können Sie diese Abgrenzung für alle Kostenstellen im entsprechenden Kostenrechnungskreis einsetzen, unter der Voraussetzung, dass Istkosten für diejenige(n) Kostenart(en) angefallen sind, die Sie in der Basis angegeben haben. Sie führen die Abgrenzung im Ist im Anwendungsmenü über CONTROLLING • KOSTENSTELLENRECHNUNG • PERIODENABSCHLUSS • EINZELFUNKTIONEN • ABGRENZUNG (Transaktion KSA3) durch. Für die Abgrenzung im Plan wählen Sie den Pfad CONTROLLING • KOSTENSTELLENRECHNUNG • PLANUNG • PLANUNGSHILFEN • ABGRENZUNG (Transaktion KSA8). Dabei können Sie dann auswählen, für welche Kostenstelle(n) Sie die Abgrenzung durchführen wollen.

Erweiterungen für die Abgrenzung

Für die Abgrenzung nach dem Zuschlagsverfahren stehen Ihnen drei Erweiterungen zur Verfügung (EXIT_SAPLKASC_011 für die Basis, EXIT_SAPLKASC_012 für die Zuschlagsbasis und EXIT_SAPLKASC_013 für die Entlastungen). Sie haben nun alle wesentlichen Einstellungen für die Abgrenzung nach dem Zuschlagsverfahren kennengelernt; wir beschreiben im Folgenden die notwendigen Einstellungen für die Soll=Ist- bzw. Plan=Ist-Abgrenzung.

Plan=Ist-Abgrenzung und Soll=Ist-Abgrenzung

Die Customizing-Einstellungen für die Plan=Ist-Abgrenzung und die Soll=Ist-Abgrenzung sind identisch. Sie benötigen zunächst – wie bei der Abgrenzung nach dem Zuschlagsverfahren – eine spezielle Abgrenzungskostenart, bei der es sich um eine Primärkostenart handelt und die auch wie eine normale Kostenart vom Typ 1 oder 11 bebuchbar ist. In diesem Fall muss die Abgrenzungskostenart jedoch vom Typ 4 sein. Sie können bei der Plan=Ist-Abgrenzung wie auch bei der Soll=Ist-Abgrenzung spezielle Abgrenzungsaufträge oder Kostenstellen als Abgrenzungsobjekt für die Abgrenzungsbuchungen verwenden. Welches Objekt Sie verwenden wollen, legen Sie im Customizing unter CONTROLLING • KOSTENSTELLENRECHNUNG • ISTBUCHUNGEN • PERIODENABSCHLUSS • ABGRENZUNG • SOLL=IST-VERFAHREN • SOLL=IST-ENTLASTUNG PFLEGEN • SOLL=IST-ENTLASTUNG PFLEGEN (Transaktion KSAJ) fest (siehe Abbildung 4.71). Das System schlägt hier alle Kostenarten vom Typ 4 vor; per Doppelklick können Sie dann angeben, gegen welches Kontierungsobjekt die Abgrenzung gebucht werden soll.

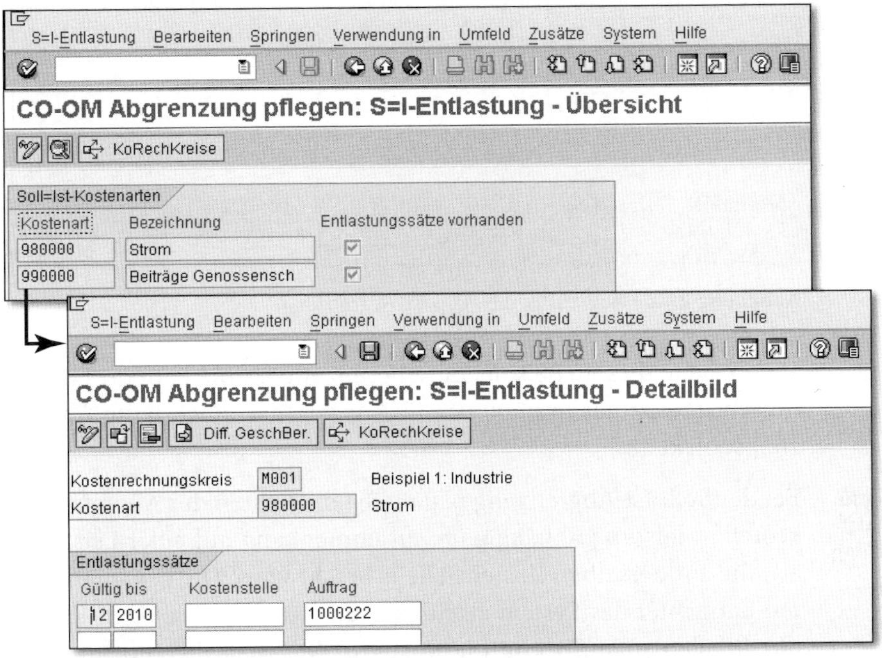

Abbildung 4.71 Soll=Ist- bzw. Plan=Ist-Abgrenzung festlegen

Auch die Ausführung beider Abgrenzungsmethoden erfolgt identisch über die Transaktion CONTROLLING • KOSTENSTELLENRECHNUNG • PERIODENABSCHLUSS • EINZELFUNKTIONEN • ABGRENZUNG (Transaktion KSA3). Welche Art der Abgrenzung dabei durchgeführt wird, hängt davon ab, wie Sie Ihre Abgrenzungskostenart beplant haben.

Planung für Plan=Ist-Abgrenzung

Für den einfacheren Fall, die Plan=Ist-Abgrenzung, planen Sie auf der betroffenen Kostenstelle zur entsprechenden Abgrenzungskostenart direkt die abzugrenzenden Werte. Im Beispiel betrachten wir Jahresbeiträge zu einer Genossenschaft. Der Beitrag beläuft sich auf 1.200 EUR jährlich und wird einmal im Jahr entrichtet. Sie planen also auf der Kostenstelle, der Sie diese Kosten zurechnen wollen, den monatlich abzugrenzenden Wert, in diesem Fall also 100 EUR (siehe Abbildung 4.72). Beachten Sie, dass Sie bei der Planung von Jahreswerten Verteilungsschlüssel einsetzen können (mehr Informationen zu Verteilungsschlüsseln finden Sie in Abschnitt 4.4.2, »Manuelle Planung«).

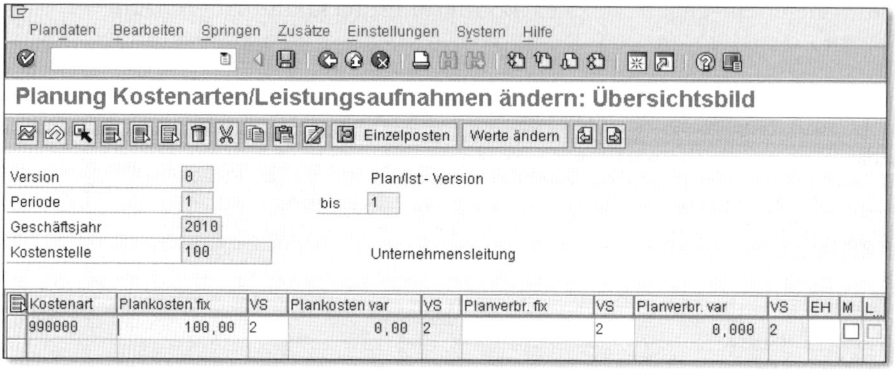

Abbildung 4.72 Planwert für die Plan=Ist-Abgrenzung

Wenn Sie in diesem Beispiel die Abgrenzung für die Periode 1 durchführen, grenzt das System 100 EUR gegen das eingestellte Abgrenzungsobjekt ab.

Planung für Soll=Ist-Abgrenzung

Bei der Soll=Ist-Abgrenzung planen Sie die Kosten der Abgrenzungskostenart leistungsabhängig im Zusammenhang mit einer Leistungsart, die auf derselben Kostenstelle erbracht wird. Die geplanten Kosten betrachtet das System als Sollkosten, also als diejenigen Kosten, die anfallen sollen, wenn die Kostenstelle genau die geplante Leistung zur der entsprechenden Leistungsart erbringt. Bei der Abgrenzung zieht das System dann die tatsächlich erbrachte Leistung heran und grenzt die geplanten Kosten im Verhältnis von Soll zu Ist ab.

Im Beispiel wollen wir Stromgebühren in Abhängigkeit von der erbrachten Fertigungsleistung abgrenzen. Dabei nehmen wir an, dass die Firma für Strom eine monatliche Abschlagszahlung entrichtet und dann zum Jahresende eine genaue Abrechnung erhält, woraufhin dann entweder eine Nach- oder Rückzahlung ansteht. Um die tatsächlich zu erwartenden Stromkosten auf der Produktionskostenstelle periodisch abzugrenzen, gehen wir davon aus, dass der Stromverbrauch direkt von der erbrachten Fertigungsleistung abhängt.

Leistungsplanung

Für die Periode 1 haben wir über die Transaktion KP26 im Anwendungsmenü für die Leistungsart Fertigungsstunden zunächst eine Leistung von 100 Stunden geplant (siehe Abbildung 4.73).

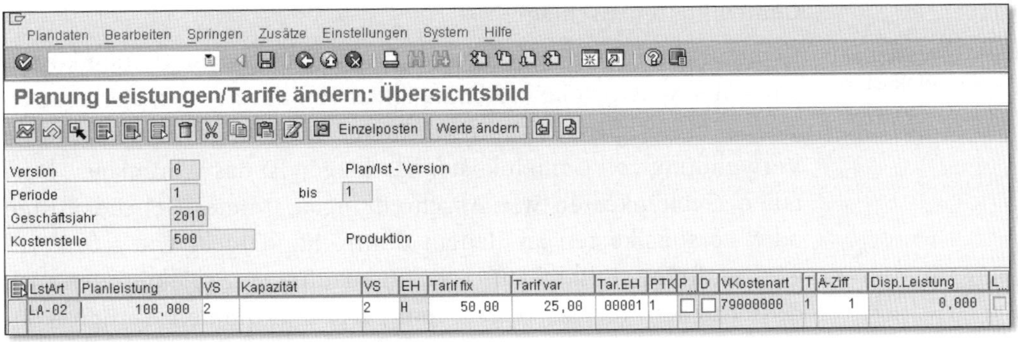

Abbildung 4.73 Planleistung der Fertigungsstunden

Wir planen nun über die Transaktion KP06 im Anwendungsmenü die Sollkosten zu dieser Leistungsart, also die Stromkosten, die wir erwarten, falls die Kostenstelle genau die geplante Leistung erbringt. Der fixe Teil der Stromkosten (die Grundgebühr) betrage dabei 50 EUR, der variable Teil (die verbrauchten Kilowattstunden) 200 EUR (siehe Abbildung 4.74). Unsere Sollkosten für Strom entsprechen somit 250 EUR für 100 zu leistende Fertigungsstunden.

Sollkosten planen

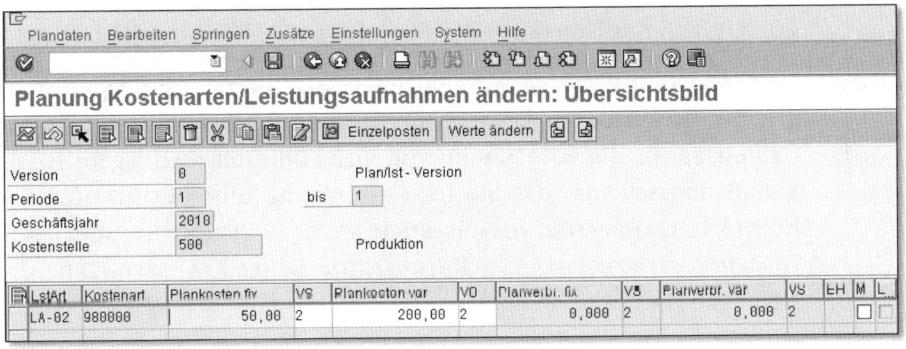

Abbildung 4.74 Planung der leistungsabhängigen Sollkosten

Wenn Sie nun die Soll=Ist-Abgrenzung für Periode 1 ausführen, grenzt das System die Sollkosten in Bezug auf die Istleistung ab. Wurden also z.B. in Periode 1 anstelle der geplanten 100 Fertigungsstunden nur 90 Stunden geleistet, grenzt das System 230 EUR ab: 50 EUR Fixkosten + 180 EUR variable Kosten (200 EUR × 90 Fertigungsstunden).

Soll=Ist-Abgrenzung durchführen

Wir schließen damit das Thema Abgrenzung ab und wenden uns nun den Gemeinkostenzuschlägen zu.

Gemeinkostenzuschläge

Was ist ein Gemeinkostenzuschlag?

Gemeinkostenzuschläge können Sie einsetzen, um Gemeinkosten von einer Kostenstelle in Abhängigkeit von bestimmten Kostenarten an andere Kostenstellen zu verrechnen. Ein gängiges Beispiel für die Verwendung von Gemeinkostenzuschlägen ist das Warenlager. Dort fallen Gemeinkosten wie Abschreibungen, Miete, Gebäudekosten oder Personalkosten an. Jedem Controlling-Objekt wie z.B. Fertigungsaufträge, Kundenaufträge, Innenaufträge, Projekte oder auch Kostenstellen, für das Waren vom Lager entnommen werden, können Sie einen gewissen Betrag für die Inanspruchnahme des Lagers aufschlagen. Der Zuschlagsbetrag errechnet sich in Abhängigkeit von einer oder mehreren bestimmten Kostenarten (in diesem Fall Materialverbrauch) und anhand eines im Gemeinkostenzuschlag hinterlegten Zuschlagsprozentsatzes. Die Kostenstelle, die den Zuschlag erhebt, wird im Gegenzug um den Zuschlagsbetrag entlastet.

Zum Beispiel könnten Sie für die Lagerkostenstelle einen Gemeinkostenzuschlag in Höhe von 2% auf den Verbrauch von Fertigprodukten erheben. Entnimmt nun die F&E-Kostenstelle ein Fertigprodukt im Wert von 1.000 EUR vom Lager, würde der Gemeinkostenzuschlag 20 EUR von der Lagerkostenstelle auf die F&E-Kostenstelle buchen.

Kalkulationsschema für Gemeinkostenzuschläge

Gemeinkostenzuschläge werden unter sekundären Zuschlagskostenarten (Kostenartentyp 41) gebucht, die Sie zunächst anlegen müssen. Grundlage für die Berechnung von Gemeinkostenzuschlägen ist ein Kalkulationsschema, das Sie im Customizing unter Controlling • Kostenstellenrechnung • Istbuchungen • Periodenabschluss • Gemeinkostenzuschläge • Kalkulationsschemata definieren erstellen können.

Selektionsvariante für Gemeinkostenzuschläge

Wie Sie ein solches Kalkulationsschema erstellen, zeigen wir im Detail in Abschnitt 7.3.2, »Grundeinstellungen für die Materialkalkulation«. Sie legen damit – ähnlich wie bei einer Abgrenzung nach dem Zuschlagsverfahren, siehe weiter oben in diesem Abschnitt – fest, auf welche Kostenarten Sie sich beziehen, welcher Zuschlagsprozentsatz erhoben und welche Kostenstelle entlastet werden soll. Sie führen dann die Gemeinkostenzuschläge im Anwendungsmenü über die Transaktion KSI4 aus und geben dabei die gewünschten Empfängerkostenstellen an. Diese können Sie auch über eine Selektionsvariante auswählen, die Sie im Customizing über Controlling • Kostenstellenrechnung • Istbuchungen • Periodenabschluss • Gemeinkos-

TENZUSCHLÄGE • SELEKTIONSVARIANTEN FÜR GEMEINKOSTENZUSCHLÄGE DEFINIEREN (Transaktion KM1V) erstellen. Weitere Informationen zu Selektionsvarianten für Kostenstellen finden Sie in Abschnitt 4.3.5, »Kostenstellen«.

Nach diesem kurzen Exkurs in das Produktkosten-Controlling erläutern wir Ihnen nun die verschiedenen Möglichkeiten zur periodischen Kostenverrechnung anhand von Zyklen.

Periodische Verrechnungen

Unter dem Sammelbegriff *periodische Verrechnungen* beschreiben wir die vier Konzepte *periodische Umbuchung*, *Verteilung*, *Umlage* und *indirekte Leistungsverrechnung*, die allesamt anhand sogenannter *Zyklen* definiert und ausgeführt werden.

Was ist ein Zyklus?

In einem *Zyklus* legen Sie fest, von welchem Senderobjekt (z. B. eine Kostenstelle oder eine Gruppe von Kostenstellen) Sie welche Kostenarten (z. B. alle Personalkosten oder alle Fahrzeugkosten) an welche Empfängerobjekte (z. B. andere Kostenstellen, Innenaufträge oder Geschäftsprozesse) weiterverrechnen wollen.

Was ist eine Empfängerbezugsbasis?

Nach welchen Kriterien Sie die zu verrechnenden Kosten den Empfängern zuordnen, steuern Sie über sogenannte *Empfängerbezugsbasen*. Dies können z. B. feste Prozentsätze sein, der Saldo einer bestimmten Kostenart auf dem Empfänger oder auch eine statistische Kennzahl (weitere Informationen zum Anlegen von statistischen Kennzahlen finden Sie in Abschnitt 4.3.7).

Ein Zyklus enthält somit eine oder mehrere Regeln, wie Kosten verrechnet werden sollen. Sie führen Ihre Zyklen dann jeweils zum Periodenende aus (idealerweise nach dem Schließen der Buchungsperioden in der Finanzbuchhaltung, um sicherzustellen, dass danach keine Buchungen mehr erfolgen). Sie erhalten dann eine Auswertung über die gebuchten Belege und können den Zyklus auch wieder stornieren. SAP bietet Ihnen damit ein sehr flexibles und praktisches Werkzeug an, um immer wiederkehrende monatliche Verrechnungen auszuführen.

Übersicht über Zyklustechnik

Wir geben Ihnen nun zunächst eine Übersicht, für welche Anwendungsfälle die vier verschiedenen Funktionalitäten am besten geeignet sind (siehe Tabelle 4.2). Im Anschluss zeigen wir Ihnen dann im Detail, wie Sie einen Verrechnungszyklus anlegen.

	Periodische Umbuchung	Verteilung	Umlage	Indirekte Leistungs-verrechnung
Mögliche Sender	▸ Kostenstellen ▸ Aufträge ▸ Geschäfts-prozesse ▸ Projekte	▸ Kostenstellen ▸ Geschäfts-prozesse	▸ Kostenstellen ▸ Geschäfts-prozesse	▸ Kostenstellen mit Leistungs-art ▸ Geschäfts-prozesse
Verrechenbare Kostenarten	Nur Primärkosten	Nur Primärkosten	Primär- und Sekundärkosten	Primär- und Sekundärkosten
Mögliche Empfänger	▸ Kostenstellen ▸ Aufträge ▸ Geschäfts-prozesse ▸ Projekte	▸ Kostenstellen ▸ Aufträge ▸ Geschäfts-prozesse ▸ Projekte	▸ Kostenstellen ▸ Aufträge ▸ Geschäfts-prozesse ▸ Ergebnis-objekte ▸ Projekte	▸ Kostenstellen ▸ Aufträge ▸ Geschäfts-prozesse ▸ Ergebnis-objekte (nur im Ist) ▸ Projekte
Sender-Informationen	Nur Einzelposten	Summensatz und Einzelposten	Summensatz und Einzelposten	Summensatz und Einzelposten
Ursprungs-kostenarten	Bleiben erhalten	Bleiben erhalten	Verdichtet zu Umlagekosten-arten	Verdichtet (Ver-rechnung über Leistungsarten)

Tabelle 4.2 Überblick über die verschiedenen Verrechnungsarten

Periodische Umbuchung

Die *periodische Umbuchung* dient dazu, Kosten von einem Controlling-Objekt auf ein anderes umzubuchen. Im Prinzip ist das Ergebnis das gleiche, als würden Sie die Kosten manuell umbuchen – mit diesem Werkzeug können Sie dies aber gebündelt einmalig zum Monatsende durchführen. Sie können periodische Umbuchungen zwischen allen möglichen Controlling-Objekten ausführen, neben Kostenstellen können Sie auch Aufträge, Geschäftsprozesse oder Projekte als Sender und Empfänger einsetzen.

Kostenartengerechte Verrechnung

Die Umbuchung erfolgt grundsätzlich *kostenartengerecht*, d.h., die zu verrechnenden Kosten werden unter der Originalkostenart weitergebucht. Da Sie Sekundärkosten nicht direkt umbuchen können, können Sie die periodische Umbuchung nur für Primärkosten durchführen.

Keine Fortschreibung von Summensätzen

Die Besonderheit der periodischen Umbuchung ist die Tatsache, dass die Informationen über den Sender nicht in den Summensätzen fortgeschrieben werden, sondern nur in den Einzelposten sichtbar sind. Dies dient laut SAP dazu, den Speicherbedarf für die Belege zu reduzieren. Die Konsequenz daraus ist, dass Sie in Berichten, die auf Summentabellen basieren, nicht auswerten können, von welchem Sender die periodische Umbuchung kam; Sie können diese Information nur abrufen, indem Sie sich die gebuchten Einzelposten anzeigen lassen. Die periodische Umbuchung sollten Sie daher nur verwenden, wenn der Sender der Verrechnung für die Verantwortlichen der Empfängerkostenstellen bzw. Controlling-Objekte irrelevant ist.

Die periodische Umbuchung können Sie z.B. einsetzen, wenn Sie Kosten wie Telefon, Porto oder Energie auf einer Verwaltungskostenstelle sammeln und dann zum Monatsende an die Verursacher weiterbelasten.

Periodische Umbuchung von Telefonkosten [zB]

Sie buchen alle Kosten für Telefon auf einer Verwaltungskostenstelle, da Sie eine Sammelrechnung vom Anbieter bekommen. Es ist für Sie zu aufwendig, die Telefonkosten verursachergerecht den Kostenstellen zuzuordnen, Sie verrechnen die Kosten daher prozentual auf die Empfängerkostenstellen.

Die Ausgangssituation ist wie folgt:

Verwaltungskostenstelle 1

Telefonkosten: 1.000 EUR

Kostenstelle 2	Kostenstelle 3	Kostenstelle 4
20%	30%	50%

Nachdem die periodische Umbuchung durchgeführt wurde, sehen die Salden der Kostenstellen wie folgt aus:

Verwaltungskostenstelle 1

Telefonkosten: 0 EUR

Kostenstelle 2	Kostenstelle 3	Kostenstelle 4
Telefonkosten:		
200 EUR	300 EUR	500 EUR

Verteilung

Die *Verteilung* funktioniert sehr ähnlich wie die periodische Umbuchung in dem Sinne, dass auch hier nur Primärkosten kostenartengerecht verrechnet werden können. Die Unterschiede zwischen beiden Methoden bestehen darin, dass die Verteilung nur für Kostenstellen und Geschäftsprozesse als Sender eingesetzt werden kann (als Empfänger stehen Kostenstellen, Aufträge und Geschäftsprozesse zur

Verfügung) und dass bei der Verteilung die Informationen über den Sender auch in den Summensätzen fortgeschrieben werden.

Die Verteilung bietet sich für ähnliche Szenarien an wie die periodische Umbuchung, also für die Verrechnung von Kosten, die auf Verwaltungskostenstellen gesammelt werden.

[zB]

Verteilung von Mietkosten

Sie buchen alle Kosten für die Miete Ihres Bürogebäudes auf einer Verwaltungskostenstelle. Die gesamten Mietkosten verrechnen Sie zum Monatsende mittels einer Verteilung an alle Kostenstellen, die Büros in dem Gebäude nutzen. Als Schlüssel für die Verteilung verwenden Sie eine statistische Kennzahl für »Quadratmeter Bürofläche«.

Die Ausgangssituation ist wie folgt:

Verwaltungskostenstelle 1

Mietkosten: 6.000 EUR

Kostenstelle 2	Kostenstelle 3	Kostenstelle 4
100 qm Bürofläche	200 qm Bürofläche	300 qm Bürofläche

Insgesamt werden 600 qm Bürofläche genutzt, also belastet die Verteilung die Empfängerkostenstellen mit 6.000/600 = 10 EUR pro Quadratmeter Bürofläche. Nachdem die Verteilung durchgeführt wurde, sehen die Salden der Kostenstellen wie folgt aus:

Verwaltungskostenstelle 1

Mietkosten: 0 EUR

Kostenstelle 2	Kostenstelle 3	Kostenstelle 4
100 qm Bürofläche	200 qm Bürofläche	300 qm Bürofläche
Mietkosten:		
1.000 EUR	2.000 EUR	3.000 EUR

Umlage

Umlagen können Sie für Kostenstellen und Geschäftsprozesse als Sender einsetzen; als Empfänger stehen Ihnen neben Kostenstellen auch Aufträge, Geschäftsprozesse, Projekte und auch Ergebnisobjekte zur Verfügung. Beachten Sie jedoch, dass es für die Umlage auf Ergebnisobjekte eine eigene Pflegetransaktion für Zyklen in der Komponente CO-PA gibt (siehe dazu auch Abschnitt 8.6.7, »Gemeinkosten übernehmen«).

Verrechnung unter Sekundärkostenart

Bei einer Umlage entlasten Sie – im Unterschied zur periodischen Umbuchung und zur Verteilung – die Senderkostenstelle unter einer Sekundärkostenart. Zum einen bedeutet dies, dass Sie auch Sekundärkostenarten weiterbelasten können, die z.B. von anderen Kostenstellen über eine andere Umlage oder eine Leistungsverrechnung belastet wurden. Zum anderen können Sie damit die zu verrechnenden Kostenarten zusammenfassen, sodass beim Empfänger das Ergebnis der Verrechnung nur unter einer oder wenigen Kostenarten übersichtlich erkennbar ist. Dies hat außerdem zur Folge, dass der Saldo der weiterbelasteten Kostenarten auf der Senderkostenstelle bestehen bleibt. Sie können dadurch auf der Senderkostenstelle besser erkennen, welches die originär gebuchten Kosten waren (nämlich die Primärkosten) und welche das Ergebnis von Verrechnungen waren (die Sekundärkosten).

Die Umlage bietet sich somit in Fällen an, in denen Sie komplexe, mehrstufige Verrechnungen durchführen und der Übersichtlichkeit willen die Detailinformationen beim Empfänger reduzieren wollen.

[zB]

Umlage von Personalkosten

Auf Ihrer Reisekostenstelle haben Sie Personalkosten mit unterschiedlichen Kostenarten gebucht. Diese Kosten legen Sie auf alle Kostenstellen in Abhängigkeit von den dort gebuchten Reisekosten um. Im Beispiel hatten in der betroffenen Periode nur die IT und der Vertrieb Reisekosten.

Die Ausgangssituation ist wie folgt:

Kostenstelle Reiseabteilung	
Gehälter	10.000 EUR
Zuschlag Krankenversicherung	2.000 EUR
Sozialversicherung	3.000 EUR
Gesamt	**15.000 EUR**

Kostenstelle IT		Kostenstelle Vertrieb	
Reisekosten	50.000 EUR	Reisekosten	100.000 EUR

Die Personalkosten werden zu 1/3 an die IT und zu 2/3 an den Vertrieb umgelegt. Die Entlastung erfolgt dabei unter der Sekundärkostenart Umlage Personal. Nach der Umlage sehen die Salden der Kostenstellen wie folgt aus:

Kostenstelle Reiseabteilung	
Gehälter	10.000 EUR
Zuschlag Krankenversicherung	2.000 EUR
Sozialversicherung	3.000 EUR
Umlage Personal	–15.000 EUR
Gesamt	**0 EUR**

Kostenstelle IT		Kostenstelle Vertrieb	
Reisekosten	50.000 EUR	Reisekosten	100.000 EUR
Umlage Personal	5.000 EUR	Umlage Personal	10.000 EUR

Indirekte Leistungsverrechnung

Die *indirekte Leistungsverrechnung* setzen Sie ein, wenn ein Empfängerobjekt (dies kann eine Kostenstelle, ein Auftrag, ein Geschäftsprozess, ein Projekt oder ein Ergebnisobjekt sein) Leistungen von einer Kostenstelle oder einem Geschäftsprozess in Anspruch nimmt, aber es entweder nicht möglich oder nicht zumutbar ist, die verbrauchte Leistung am Sender oder Empfänger zu messen. In einem Zyklus zur indirekten Leistungsverrechnung können Sie somit je Empfänger Gewichtungsfaktoren wie z.B. Istkosten bzw. Plankosten einer bestimmten Kostenart, Istverbrauch bzw. Planverbrauch einer Leistungsart oder statistische Kennzahlen einsetzen, um den Leistungsverbrauch zu bestimmen. Beim Sender können Sie sich entweder auf die manuell erfasste Leistung beziehen (falls vorhanden), eine feste Menge vorgeben oder die Leistungsmenge retrograd ermitteln.

Retrograde Ermittlung von Leistung

Bei der *retrograden Ermittlung* ermittelt das System die erbrachte Leistung anhand der im Zyklus eingestellten Gewichtungsfaktoren bei den Empfängern.

[zB]

Indirekte Leistungsverrechnung

Die Kantine bietet eine Leistung »zubereitete Menüs« an, gemessen in Stück. Die Kosten der Kantine sollen an alle Kostenstellen verrechnet werden. Es ist jedoch weder zumutbar, die auf der Senderseite zubereiteten Menüs zu zählen, noch die auf der Empfängerseite verzehrten. Bei den Empfängern wird daher der Leistungsbezug in Abhängigkeit von der Zahl der Mitarbeiter je Kostenstelle geschätzt, die als statistische Kennzahl verbucht werden. Auf der Senderseite wird die Leistung retrograd ermittelt, also gleichgesetzt mit der verbrauchten Menge der Empfänger. Der Einfachheit halber beziehen wir hier nur die Empfängerkostenstellen IT und Vertrieb ein.

Die Ausgangssituation ist wie folgt:

Kostenstelle Kantine

Leistungsart *zubereitete Menüs* mit Tarif 5 EUR/Stück

Kostenstelle IT	Kostenstelle Vertrieb
10 Mitarbeiter	30 Mitarbeiter

Die Gesamtzahl der Mitarbeiter auf den betroffenen Kostenstellen beträgt 40, also geht die indirekte Leistungsverrechnung von 40 verzehrten Menüs aus.

Dies ist damit gleichzeitig die retrograd ermittelte Senderleistung. Es werden damit von der Kantine 50 EUR an die IT verrechnet (5 × 10) und 150 EUR an den Vertrieb (5 × 30).

Beachten Sie, dass bei der periodischen Umbuchung, der Verteilung und der Umlage in der Regel alle Kosten der Senderobjekte verrechnet werden. Bei der indirekten Leistungsverrechnung ist dies nicht der Fall, denn die Verrechnung erfolgt anhand der festgelegten Tarife und der ermittelten Leistung, unabhängig von den tatsächlichen Kosten. Mithilfe der Isttarifermittlung (siehe weiter unten in diesem Abschnitt) können Sie jedoch die Tarife nachträglich an die tatsächlichen Istkosten anpassen.

Wir zeigen Ihnen nun, wie Sie Zyklen für die vier unterschiedlichen Verrechnungsarten anlegen. Beachten Sie bitte, dass es unterschiedliche Pflegetransaktionen für die unterschiedlichen Sender gibt. Wir beziehen uns an dieser Stelle nur auf Kostenstellen als Sender. In den Kapiteln zu Innenaufträgen (Kapitel 5), Prozesskostenrechnung (Kapitel 6) und der Ergebnis- und Marktsegmentrechnung (Kapitel 8) erläutern wir dann die jeweiligen Besonderheiten für das Pflegen von Zyklen.

Typen von Sendern und Empfängern festlegen

Zunächst müssen Sie festlegen, welche Objekte Sie überhaupt in Zyklen als Sender bzw. Empfänger verwenden wollen und wie deren Eingabe erfolgen soll. Für die periodische Umbuchung nehmen Sie diese Einstellung unter CONTROLLING • KOSTENSTELLENRECHNUNG • ISTBUCHUNGEN • PERIODENABSCHLUSS • PERIODISCHE UMBUCHUNG • TYPEN VON SENDERN/EMPFÄNGERN DER PERIOD. UMBUCHUNG FESTLEGEN (Transaktion KCAP) vor (siehe Abbildung 4.75). Sie finden dort jedes Objekt zweimal, einmal für Verrechnungen im Ist und einmal für solche im Plan, da diese unabhängig voneinander sind.

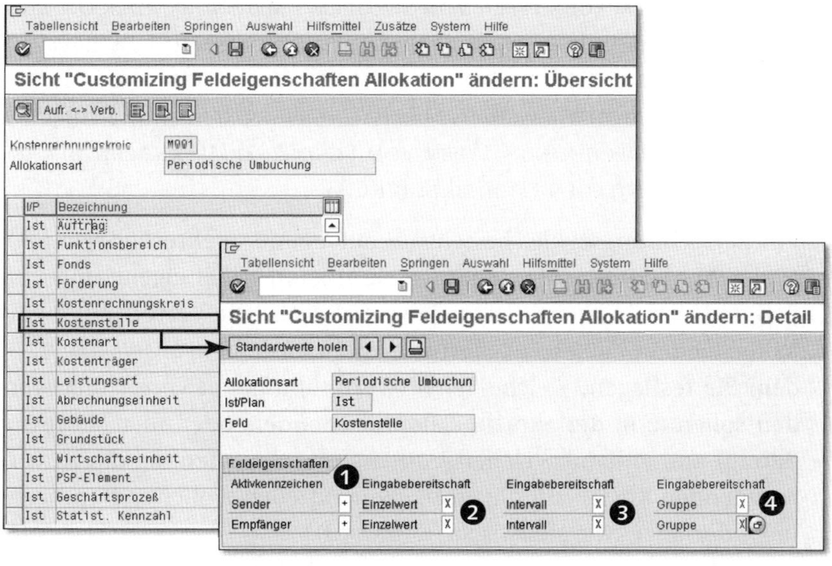

Abbildung 4.75 Typen von Sendern/Empfängern festlegen

Sie pflegen dann unter AKTIVKENNZEICHEN ❶, ob das Objekt ein Pflichtfeld (Eingabe »+«) ist, optional (»X«) oder ausgeblendet werden soll (leerer Eintrag). Für manche Objekte wie z.B. die Kostenstelle, die sowohl als Sender als auch als Empfänger infrage kommen, finden Sie hier zwei Zeilen mit Parametern jeweils für Sender und Empfänger, bei anderen nur eine.

Darüber hinaus legen Sie fest, ob das entsprechende Feld als EINZELWERT eingegeben werden kann ❷ (»X«) oder nicht (leerer Eintrag), als INTERVALL ❸ und/oder als GRUPPE ❹.

[»]

Sichtbarkeit von Controlling-Objekten

Bitte beachten Sie, dass Sie Objekte wie Kostenstellen, Aufträge, Geschäftsprozesse, Projekte etc. nur dann in Verrechnungen verwenden können, wenn Sie die entsprechenden Komponenten im Kostenrechnungskreis aktiviert haben (siehe Abschnitt 4.2, »Voraussetzungen und Grundeinstellungen«).

Die gleiche Einstellung können Sie für die anderen Verrechnungsarten ebenfalls vornehmen. Für die Verteilung finden Sie den Eintrag unter CONTROLLING • KOSTENSTELLENRECHNUNG • ISTBUCHUNGEN • PERIODENABSCHLUSS • VERTEILUNG • TYPEN VON SENDERN/EMPFÄNGERN DER VERTEILUNG FESTLEGEN (Transaktion KCAV), für die Umlage unter CONTROLLING • KOSTENSTELLENRECHNUNG • ISTBUCHUNGEN • PERIODENABSCHLUSS • UMLAGE • TYPEN VON SENDERN/EMPFÄNGERN DER UMLAGE FESTLEGEN (Transaktion KCAU) und für die indirekte Leistungsverrechnung unter CONTROLLING • KOSTENSTELLENRECHNUNG • ISTBUCHUNGEN • PERIODENABSCHLUSS • LEISTUNGSVERRECHNUNG • INDIREKTE LEISTUNGSVERRECHNUNG • TYPEN VON SENDERN/EMPFÄNGERN DER IN. LEIST.VERR. FESTLEGEN (Transaktion KCAL).

Segmente im Zyklus

Ein Verrechnungszyklus besteht aus einem oder mehreren *Segmenten* (siehe Abbildung 4.76). Jedes Segment kann dabei eigene und von den anderen Segmenten unabhängige Regeln zur Verrechnung enthalten. Jedes Segment wiederum besteht aus einem *Segmentkopf*, in dem Sie festlegen, welche Senderwerte überhaupt verrechnet werden sollen (z.B. der aktuelle Saldo des Senders oder aber ein fester Betrag) und anhand welcher Empfängerbezugsbasen Sie die zu verrechnenden Kosten auf die Empfänger aufteilen wollen (z.B. prozentual oder über eine statistische Kennzahl).

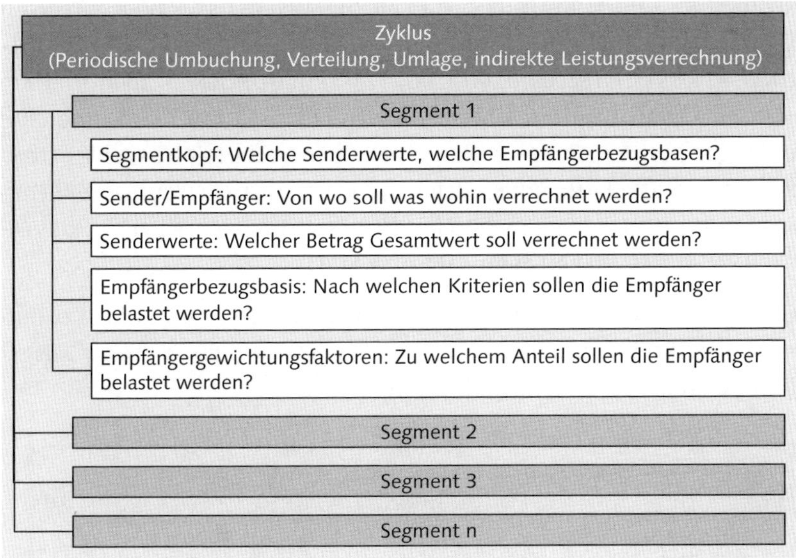

Abbildung 4.76 Übersicht über einen Verrechnungszyklus

Sender und Empfänger

Im nächsten Bestandteil eines Segments legen Sie die Sender und Empfänger fest: Von welcher Kostenstelle und welche Kostenarten sollen auf welche Empfänger verrechnet werden?

Unter den Senderwerten spezifizieren Sie Ihre Angaben aus dem Segmentkopf näher: Wenn Sie einen festen Betrag verrechnen wollen, tragen Sie diesen Betrag hier ein. Wollen Sie z.B. Plankosten verrechnen, geben Sie an dieser Stelle die betroffene Planversion an.

Empfängerbezugsbasis

Sofern Sie im Segmentkopf als Empfängerbezugsbasis eine andere Option als feste Prozentsätze gewählt haben, müssen Sie dann festlegen, z.B. anhand welcher Kostenart oder welcher statistischen Kennzahl die Kosten den Empfängern zugeordnet werden sollen.

Empfängergewichtungsfaktoren

Und schließlich geben Sie *Empfängergewichtungsfaktoren* an, wobei Sie für jedes Empfängerobjekt festlegen, zu welchem Prozentsatz es belastet werden soll.

Wir zeigen Ihnen nun, wie Sie Verrechnungszyklen anlegen können. Dabei bauen wir parallel die oben genannten Beispiele nach.

Eine periodische Umbuchung legen Sie über Controlling • Kostenstellenrechnung • Istbuchungen • Periodenabschluss • Periodische Umbuchung • Periodische Umbuchungen definieren (Transaktion KSW1) an, Verteilungen über Controlling • Kostenstellen-

Rechnung • Istbuchungen • Periodenabschluss • Verteilung • Verteilung definieren (Transaktion KSV1), Umlagen über Controlling • Kostenstellenrechnung • Istbuchungen • Periodenabschluss • Umlage • Umlage definieren (Transaktion KSU1) und eine indirekte Leistungsverrechnung über Controlling • Kostenstellenrechnung • Istbuchungen • Periodenabschluss • Leistungsverrechnung • Indirekte Leistungsverrechnung • Indirekte Leistungsverrechnung definieren (Transaktion KSC1).

Zyklus anlegen

Geben Sie einen Namen für den Zyklus an (dieser muss im Kostenrechnungskreis eindeutig sein) und ein Datum, ab wann er ausgeführt werden darf (siehe Abbildung 4.77).

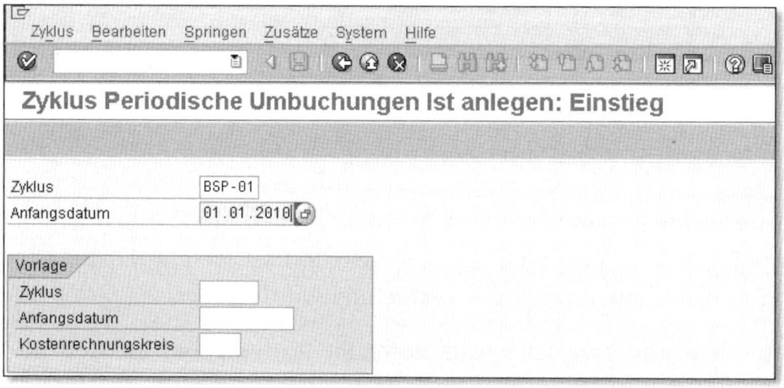

Abbildung 4.77 Verrechnungszyklus anlegen

Zyklus-Kopfdaten

Sie pflegen dann die Kopfdaten des Zyklus, der Steuerungsdaten enthält, die für alle Segmente gültig sind (siehe Abbildung 4.78). Zunächst müssen Sie ein Enddatum eingeben; dies bedeutet, dass der Zyklus nach diesem Datum nicht mehr ausgeführt werden darf. Sie können dieses Datum – im Gegensatz zum Anfangsdatum – auch nachträglich noch ändern. Außerdem können Sie einen Text angeben.

In den Kopfdaten finden Sie außerdem zwei Blöcke mit Parametern – Kennzeichen und Feldgruppen; welche Parameter hier verwendet werden können, hängt von der Art des Verrechnungszyklus ab.

Das Kennzeichen iterativ (wird in allen Verrechnungsarten außer der indirekten Leistungsverrechnung verwendet) bedeutet, dass wechselseitige Beziehungen zwischen Sendern und Empfängern berücksichtigt werden. Die Ausführung des Zyklus wird so lange wiederholt, bis die Sender vollständig entlastet sind.

Abbildung 4.78 Kopfdaten pflegen

Iteration im Verrechnungszyklus [zB]

Im 1. Segment verrechnet eine Verwaltungskostenstelle 10% ihrer Gesamtkosten von 3.000 EUR an die IT.

Im 2. Segment belastet die IT 10% ihrer Gesamtkosten von 6.000 EUR an die Finanzbuchhaltung.

Die Ausgangssituation ist wie folgt:

Verwaltung	3.000 EUR
IT	6.000 EUR
Finanzbuchhaltung	0 EUR

Alle Segmente werden beim Aufruf des Zyklus gleichzeitig ausgeführt. Nach der ersten Iteration hat die Verwaltung alle Kosten weiterbelastet, 300 davon an die IT. Die IT wiederum hat 6.000 EUR verrechnet, 2.000 davon an die Finanzbuchhaltung, gleichzeitig jedoch 300 EUR von der Verwaltung belastet bekommen.

Situation nach der 1. Iteration:

Verwaltung	0 EUR
IT	300 EUR
Finanzbuchhaltung	600 EUR

Beim Durchlaufen der 2. Iteration belastet dann die IT die verbliebenen 300 EUR weiter, 30 davon an die Finanzbuchhaltung.

Situation nach der 2. Iteration:

Verwaltung	0 EUR
IT	0 EUR
Finanzbuchhaltung	630 EUR

Beachten Sie, dass hier auch durchaus komplexere Szenarien möglich sind – würde z.B. die IT wiederum die Verwaltung rückbelasten, müsste die Iteration noch häufiger durchlaufen werden, bis alle Kosten verrechnet sind.

Kumulierte Verrechnung

Über den Parameter KUMULIERT (wird in allen Verrechnungsarten außer der indirekten Leistungsverrechnung verwendet) steuern Sie, dass die Empfängerbezugsbasen über das Geschäftsjahr kumuliert werden. Das bedeutet, dass bei jedem Aufruf des Zyklus die Bezugsbasen von Periode 1 bis zur aktuellen Periode gesammelt betrachtet werden und somit nicht für jede Periode isoliert. Das System bucht dann in der aktuellen Periode lediglich die Differenz zu den bisher im laufenden Geschäftsjahr kumuliert gebuchten Beträgen.

Diesen Parameter können Sie nur einsetzen, wenn Sie die Sender-Empfängerbeziehungen unterjährig nicht ändern und in allen Segmenten des Zyklus als Senderregel GEBUCHTE BETRÄGE sowie als Empfängerbezugsbasis VARIABLE ANTEILE wählen.

[zB]

Kumulierte Verrechnung

Betrachten wir unser Beispiel für eine Umlage der Personalkosten anhand der gebuchten Reisekosten für den Fall einer kumulierten Verrechnung.

Die Ausgangssituation in Periode 1 stellt sich wie folgt dar:

Kostenstelle Reiseabteilung

Gehälter	10.000 EUR
Zuschlag Krankenversicherung	2.000 EUR
Sozialversicherung	3.000 EUR
Gesamt	15.000 EUR

Kostenstelle IT		Kostenstelle Vertrieb	
Reisekosten	50.000 EUR	Reisekosten	100.000 EUR

Nach der Umlage in Periode 1 werden die Kostenstellen wie folgt belastet:

Kostenstelle IT		Kostenstelle Vertrieb	
Reisekosten	50.000 EUR	Reisekosten	100.000 EUR
Umlage Personal	5.000 EUR	Umlage Personal	10.000 EUR

Nun betrachten wir Periode 2. Die Personalkosten der Reiseabteilung sind gleich geblieben, die Reisekosten von IT und Vertrieb sehen aber wie folgt aus:

Kostenstelle IT		Kostenstelle Vertrieb	
Reisekosten	100.000 EUR	Reisekosten	50.000 EUR

Kumuliert über die Perioden 1 und 2 ergibt sich:

Kostenstelle IT		Kostenstelle Vertrieb	
Reisekosten	150.000 EUR	Reisekosten	150.000 EUR

Die kumulierten Personalkosten der Reiseabteilung von 30.000 EUR werden somit je zu 50% an die IT und den Vertrieb umgelegt. In Periode 2 wird die Differenz zu den bisherigen Verrechnungen gebucht:

Kostenstelle IT		Kostenstelle Vertrieb	
Umlage Personal	10.000 EUR	Umlage Personal	5.000 EUR

Wenn Sie den Parameter VERBRAUCH (nur für die periodische Umbuchung und die Verteilung relevant) aktivieren, werden neben den Kosten auch die mit den Primärkosten gebuchten Verbrauchswerte mit verteilt.

Bei der indirekten Leistungsverrechnung steht Ihnen der Parameter AUSBRINGUNGSMENGE zur Verfügung. Damit können Sie festlegen, dass retrograde Verbrauchswerte, die durch das Ausführen des Zyklus ermittelt werden, beim Sender fortgeschrieben werden.

Verrechnung in Objektwährung

Standardmäßig werden alle Verrechnungen in der Kostenrechnungskreiswährung durchgeführt. Wenn Sie jedoch den Parameter OBJEKTWÄHRUNG aktivieren, können Sie für Sender und Empfänger, die eine abweichende Objektwährung führen (in Abschnitt 4.3.5, »Kostenstellen«, haben wir beschrieben, wie Sie für Kostenstellen eine eigene Objektwährung einstellen können), alle Verrechnungen zusätzlich auch in der Objektwährung durchführen. Voraussetzung dafür ist, dass in einer Verrechnung alle Sender und Empfänger die gleiche Objektwährung führen.

Verrechnung in Transaktionswährung

Der Parameter TRANSAKTIONSWÄHRUNG bewirkt, dass in einer Verrechnung alle Belege, die in einer Fremdwährung gebucht sind (also in einer von der Kostenrechnungskreiswährung abweichenden Währung), sowohl in Kostenrechnungskreiswährung als auch in Fremdwährung verrechnet werden.

Die Parameter OBJEKTWÄHRUNG und TRANSAKTIONSWÄHRUNG können Sie nur in der periodischen Umbuchung, der Verteilung und der Umlage verwenden. Sie sind darüber hinaus nur dann auswählbar, wenn Sie in den Steuerungsparametern des Kostenrechnungskreises den Parameter ALLE WÄHRUNGEN aktiviert haben (siehe Abschnitt 2.1.5, »Kostenrechnungskreis«).

Segment anlegen

Nachdem Sie die Kopfdaten des Zyklus bearbeitet haben, legen Sie über ANHÄNGEN SEGMENT das erste Segment an (siehe Abbildung 4.79).

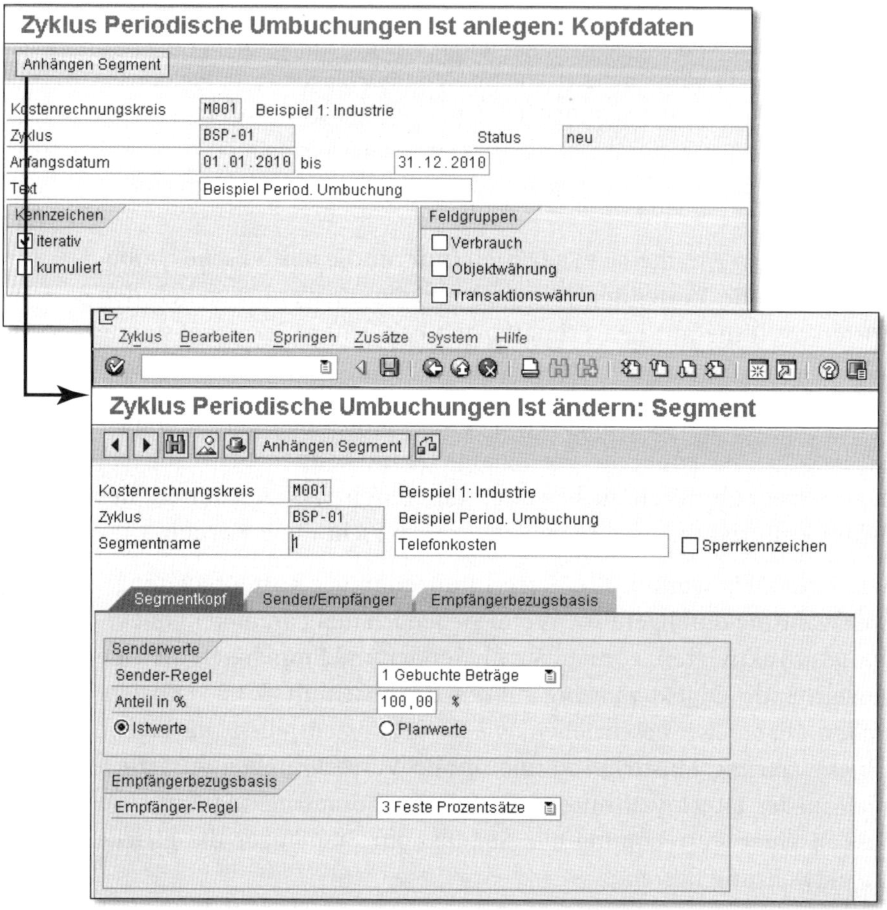

Abbildung 4.79 Segment anlegen

Segmentkopf pflegen

Im Segmentkopf vergeben Sie zunächst einen Namen (dieser muss innerhalb des Zyklus eindeutig sein) und eine Bezeichnung. Das SPERRKENNZEICHEN können Sie später einmal nutzen, um einzelne Segmente eines Zyklus zu sperren. Damit können Sie den Rest des Zyklus weiterverwenden, ohne einen neuen anlegen zu müssen.

Senderregel

Im Block SENDERWERTE pflegen Sie als Erstes die SENDER-REGEL. Diese gibt vor, welcher Wert auf dem Sender entlastet werden soll. In der Regel werden Sie hier den Wert GEBUCHTE BETRÄGE wählen, denn dieser bewirkt, dass der Perioden-Saldo des Senders bezüglich der

Kostenarten, die Sie auf der Registerkarte SENDER/EMPFÄNGER angeben, komplett entlastet wird. Stattdessen könnten Sie auch FESTE BETRÄGE angeben; in diesem Fall geben Sie auf der Registerkarte SENDERWERTE einen Betrag an, zu dem der Sender entlastet werden soll. Wählen Sie FESTE TARIFE, können Sie unter SENDERWERTE einen Tarif angeben, der mit dem Wert unter EMPFÄNGERGEWICHTUNGSFAKTOREN je Empfänger multipliziert wird, um den Verrechnungswert zu ermitteln. Im Beispiel wollen wir die Telefonkosten der Verwaltungskostenstelle verrechnen und wählen daher GEBUCHTE BETRÄGE.

[«]

Flexible Darstellung der Sichten

Im oben dargestellten Beispiel sind die Sichten SENDERWERTE und EMPFÄNGERGEWICHTUNGSFAKTOREN nicht sichtbar. Dies liegt daran, dass wir unter EMPFÄNGERBEZUGSBASIS den Wert FESTE PROZENTSÄTZE ausgewählt haben (s.u.); in diesem Fall müssen Sie in den betroffenen Sichten nichts eintragen, und sie werden daher automatisch ausgeblendet.

Mittels des Parameters ANTEIL IN % können Sie festlegen, dass vom Senderwert nur ein bestimmter Prozentsatz verrechnet wird. In unserem Beispiel könnten wir hier also »80%« eintragen, um nur 80% der Telefonkosten weiterzubelasten.

Wenn Sie als Senderwert GEBUCHTE BETRÄGE gewählt haben, geht das System standardmäßig davon aus, dass Sie sich dabei auf Istwerte beziehen – der Parameter ISTWERTE ist daher voreingestellt. Wählen Sie jedoch stattdessen PLANWERTE, werden beim Ausführen des Zyklus die Planwerte des Senders herangezogen und im Ist verrechnet.

Empfängerregel

Im Block EMPFÄNGERBEZUGSBASIS steuern Sie über die EMPFÄNGERREGEL, wie die zu verrechnenden Werte den Empfängern zugeordnet werden sollen. Wählen Sie hier VARIABLE ANTEILE, können Sie die Empfängerwerte variabel anhand von anderen Kostenarten, statistischen Kennzahlen etc. ermitteln lassen. In diesem Fall werden weitere Parameter eingeblendet, die wir im nächsten Beispiel weiter erläutern. Alternativ können Sie die Aufteilung auf die Empfänger anhand von FESTEN BETRÄGEN, FESTEN PROZENTSÄTZEN oder FESTEN ANTEILEN vornehmen. Bei festen Beträgen tragen Sie direkt in der Sicht EMPFÄNGERBEZUGSBASIS die Beträge ein, die auf den jeweiligen Empfänger verrechnet werden sollen; bei festen Prozentsätzen geben

Sie je Empfänger einen Prozentsatz an – das System verrechnet dann je Empfänger den angegebenen Prozentsatz des Senderwertes. Feste Anteile funktionieren ähnlich wie feste Prozentsätze. Sie geben dabei je Empfänger einen beliebigen Wert an; das System addiert diese Werte und verrechnet an jeden Empfänger den Senderwert in Relation zum jeweiligen Anteil der Summe der Anteile.

[zB]

Empfängerwerte als feste Anteile

Der Senderwert sei 1.000. Sie geben für drei Empfänger feste Anteile an:

Empfänger 1: 10.000, Empfänger 2: 100.000, Empfänger 3: 300.

Der Gesamtwert der Anteile beträgt 110.300. Der Senderwert wird wie folgt verrechnet:

Empfängerwert = Senderwert × Anteil / Summe Anteile

Damit ergibt sich:

1. Empfängerwert 1 = 1.000 × 10.000 / 110.300 = 90,66
2. Empfängerwert 2 = 1.000 × 100.000 / 110.300 = 906,62
3. Empfängerwert 3 = 1.000 × 300 / 110.300 = 2,72

Für das aktuelle Beispiel wollen wir anhand einer periodischen Umbuchung die Telefonkosten anhand fester Prozentsätze verrechnen. Beachten Sie, dass im Block EMPFÄNGERBEZUGSBASIS noch weitere Parameter zur Verfügung stehen, die aber nur eingeblendet werden, wenn Sie als EMPFÄNGER-REGEL die Einstellung VARIABLE ANTEILE auswählen. Diese weiteren Parameter sehen wir uns nun im nächsten Beispiel an, in dem wir anhand einer Verteilung die Mietkosten einer Verwaltungskostenstelle aufgrund von statistischen Kennzahlen verrechnen wollen (siehe Abbildung 4.80).

Hier haben wir als EMPFÄNGER-REGEL VARIABLE ANTEILE gewählt und sehen nun zwei weitere Parameter. Über die Art der variablen Anteile (ART VAR. ANTEILE) geben Sie an, aufgrund welcher Kriterien die Empfängerwerte ermittelt werden sollen. Zur Auswahl stehen hier Istkosten, Plankosten, Istverbrauch bzw. Planverbrauch einer bestimmten Leistungsart, statistische Kennzahlen im Ist bzw. im Plan, Istleistung bzw. Planleistung einer bestimmten Leistungsart sowie statistische Istkosten und Plankosten. Für das Beispiel haben wir STATISTISCHE KENNZAHLEN IST gewählt.

Normierung negativer Bezugsbasen

Der zweite Parameter im Block EMPFÄNGERBEZUGSBASIS, Normierung negativer Bezugsbasen (NORMIERUNG NEG. BEZUGSBASEN), dient dazu,

Bezugsbasen zu verarbeiten, die unterschiedliche Vorzeichen haben. Sind die Bezugsbasen nicht normiert und kommen Empfänger sowohl mit positiver wie negativer Bezugsbasis vor, würde dies dazu führen, dass die Empfänger mit negativer Bezugsbasis nicht be-, sondern entlastet würden.

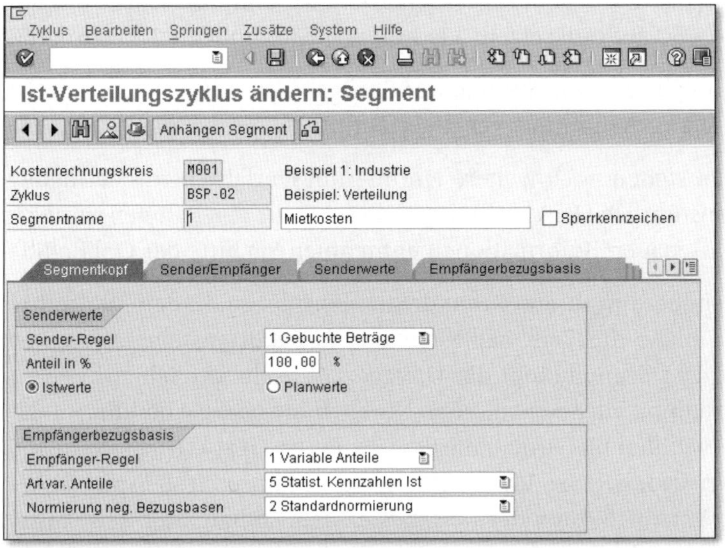

Abbildung 4.80 Beispiel für eine Verteilung

Bezugsbasen mit gemischten Vorzeichen **[zB]**

Nehmen wir an, der Senderwert sei 1.000 EUR. Diesen wollen Sie an zwei Empfänger aufgrund einer variablen Empfängerbezugsbasis (z.B. Istkosten) verteilen. Dabei sei die Bezugsbasis von Empfänger 1 70, die von Empfänger 2 – 50. Um den zu verrechnenden Wert je Empfänger auszurechnen, geht das System genauso vor, wie wir es im Beispiel oben zu den variablen Anteilen beschrieben haben:

Empfängerwert = Senderwert × Empfängerbezugsbasis/Summe aller Empfängerbezugsbasen

Damit ergäben sich folgende Werte:

- Die Summe der Bezugsbasen ist 70 – 50 = 20.
- Für Empfänger 1 ist der Empfängerwert 1.000 × 70 / 20 = 3.500.
- Für Empfänger 2 ergibt sich als Empfängerwert 1.000 × – 50 / 20 = – 2.500.

In diesem Fall würde also Empfänger 2 um einen Betrag entlastet werden, der höher wäre als der Senderwert, während Empfänger 1 um einen umso höheren Betrag belastet würde.

Durch eine Normierung wird dieses Problem behoben. Die gebräuchlichste Form dabei ist die Standardnormierung. Ist die Summe der Bezugsbasen positiv oder null, setzt das System die Bezugsbasis mit dem höchsten negativen Wert auf null und erhöht alle anderen Bezugsbasen im Verhältnis.

Beispiel: Bei den drei Bezugsbasen 100, – 20 und – 50 würde das System die – 50 auf null setzen; aus – 20 wird 30, und aus 100 wird 150.

Für den Fall, dass die Summe der Bezugsbasen negativ oder null ist, wird entsprechend umgekehrt verfahren.

Daneben stehen noch weitere Normierungsverfahren zur Verfügung, deren ausführliche Beschreibung an dieser Stelle den Rahmen sprengen würde. Genauere Informationen entnehmen Sie bitte der Onlinehilfe.

Wir wenden uns nun unserem dritten Beispiel zu, in dem wir mittels einer Umlage die Personalkosten der Reisekostenstelle verrechnen wollen. Der Segmentkopf der Umlage sieht sehr ähnlich aus wie der der Verteilung oder periodischen Umbuchung (siehe Abbildung 4.81). Wir verwenden hier erneut die Sender-Regel Gebuchte Beträge und die Empfänger-Regel Variable Anteile. In unserem Beispiel wollen wir die Personalkosten der Reisekostenstelle anhand der Reisekosten der anderen Kostenstellen verrechnen, daher wählen wir als Art der variablen Anteile (Art var. Anteile) den Eintrag Istkosten.

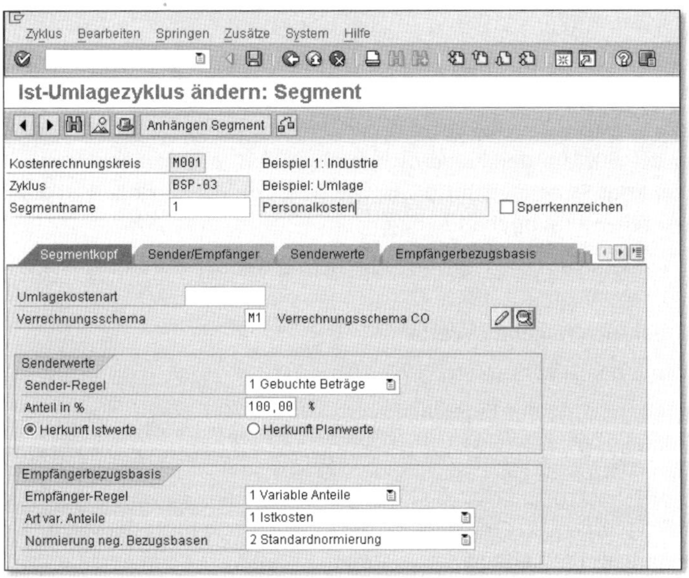

Abbildung 4.81 Beispiel für eine Umlage

Umlagekostenart angeben

Der Segmentkopf der Umlage weist jedoch noch einen wesentlichen Unterschied gegenüber der periodischen Verrechnung und der Verteilung auf: Sie können hier eine Umlagekostenart angeben, anhand derer im betroffenen Segment alle Kostenarten verrechnet werden.

Verrechnungsschema einsetzen

Falls Sie jedoch differenzieren wollen (Sie möchten z.B. Gehälter unter einer anderen Umlagekostenart verrechnen als die Gehaltsnebenkosten), können Sie ein *Verrechnungsschema* verwenden. Ein Verrechnungsschema dient dazu, zu verrechnende Kostenarten jeweils unterschiedlichen Umlagekostenarten zuzuordnen. Dieses Konzept ist sehr hilfreich, da Sie ansonsten in unserem Beispiel für die Gehälter und die Nebenkosten jeweils eigene Segmente mit jeweils einer eigenen Umlagekostenart definieren müssten.

Verrechnungsschema definieren

Sie erstellen ein Verrechnungsschema im Customizing unter Kostenstellenrechnung • Istbuchungen • Periodenabschluss • Verteilung • Verteilung definieren (Transaktion KSV1), Umlagen über Controlling • Kostenstellenrechnung • Istbuchungen • Periodenabschluss • Umlage • Verrechnungsschemata definieren (Transaktion KSES). Dazu erstellen Sie zunächst ein Verrechnungsschema ❶ (siehe Abbildung 4.82). Zu diesem Schema können Sie dann beliebig viele sogenannte *Zuordnungen* ❷ anlegen. Für jede Zuordnung können Sie Regeln dazu festlegen, unter welcher Umlagekostenart bestimmte Kostenarten bei einer Umlage verrechnet werden sollen. Im Beispiel wollen wir die Gehälter von den Personalnebenkosten getrennt verrechnen und erstellen daher zwei entsprechende Zuordnungen.

Für jede Zuordnung tragen Sie anschließend im Punkt Ursprung ein, welche Kostenarten jeweils berücksichtigt werden sollen ❸. In der Zuordnung 10 für Gehälter haben wir die entsprechende Kostenart eingetragen; neben Einzelwerten können Sie hier auch Intervalle oder Kostenartengruppen pflegen.

Schließlich verknüpfen Sie unter Umlagekostenart die zu verrechnenden Kostenarten mit einer Umlagekostenart ❹. Diese Einstellung bewirkt somit, dass alle Gehaltskostenarten in Umlagen unter der Umlagekostenart 975000 verrechnet werden, während die Personalnebenkosten einer anderen Umlagekostenart zugeordnet sind.

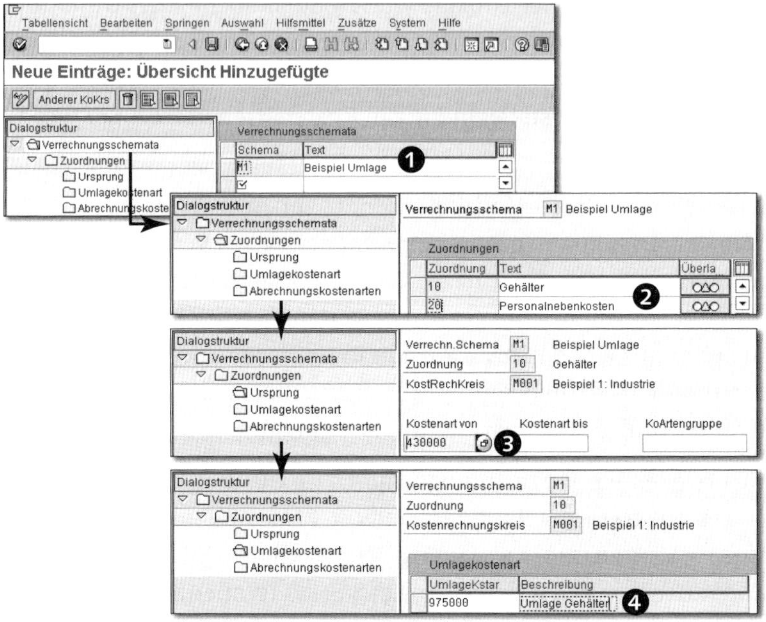

Abbildung 4.82 Verrechnungsschema pflegen

Sie haben nun die Einstellungen zum Segmentkopf der Umlage kennengelernt; wir zeigen Ihnen im Folgenden die Einstellungen zur indirekten Leistungsverrechnung (siehe Abbildung 4.83).

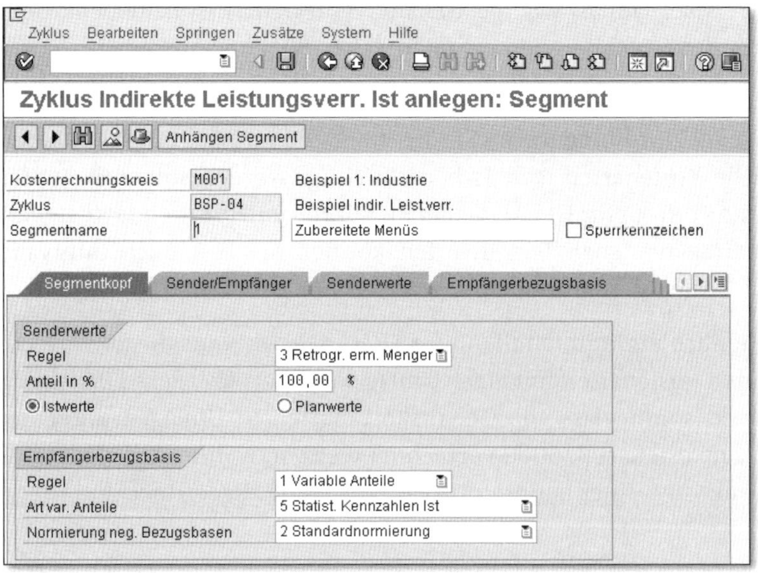

Abbildung 4.83 Beispiel für eine indirekte Leistungsverrechnung

Senderregel bei Leistungsverrechnung

Bei der indirekten Leistungsverrechnung beziehen Sie sich bei der Senderregel auf Mengen anstelle von Werten, daher haben Sie hier die folgenden Einträge zur Verfügung:

- **Gebuchte Mengen**
  Analog zu gebuchten Werten verrechnen Sie hier sämtliche auf dem Sender erfassten Leistungsmengen.
- **Feste Mengen**
  Sie geben vor, welche Menge verrechnet werden soll.
- **Retrograd ermittelte Mengen (Retrogr. erm. Mengen)**
  Die Menge, die verrechnet wird, wird anhand der Empfängerwerte ermittelt; wenn Sie in den Kopfeinstellungen des Zyklus den Parameter AUSBRINGUNGSMENGE aktiviert haben, wird die retrograd ermittelte Menge auch auf dem Sender fortgeschrieben.

Alle weiteren Parameter im Segmentkopf haben die gleiche Bedeutung wie bei den anderen bereits vorgestellten Verrechnungsarten. In unserem Beispiel wollen wir die zubereiteten Menüs retrograd ermitteln und haben den entsprechenden Wert als Senderwert ausgewählt. Die Empfängerbezugsbasis soll anhand einer statistischen Kennzahl (Zahl der Mitarbeiter) ermittelt werden.

Sender/Empfänger angeben

Auf der nächsten Registerkarte SENDER/EMPFÄNGER geben Sie nun an, von welchen Sendern unter welchen Kostenarten Sie an welche Empfänger verrechnen wollen (siehe Abbildung 4.84). Im Beispiel der periodischen Umbuchung der Telefonkosten haben wir hier die Verwaltungskostenstelle 120 und die Kostenarten für Telefonkosten angegeben. Als Empfänger wählen wir alle Kostenstellen, die Telefonkosten verursacht haben.

Welche Felder hier angeboten werden, hängt davon ab, welche Controlling-Komponenten Sie aktiviert haben und welche Einstellungen Sie unter CONTROLLING • KOSTENSTELLENRECHNUNG • ISTBUCHUNGEN • PERIODENABSCHLUSS • PERIODISCHE UMBUCHUNG • TYPEN VON SENDERN/EMPFÄNGERN DER PERIOD. UMBUCHUNG FESTLEGEN (Transaktion KCAP) vorgenommen haben (siehe weiter oben in diesem Abschnitt).

Dieser Abschnitt sieht in allen vier Verrechnungsarten gleich aus, mit dem einzigen Unterschied, dass Sie bei der indirekten Leistungsverrechnung anstelle von Senderkostenarten eine Senderleistungsart angeben.

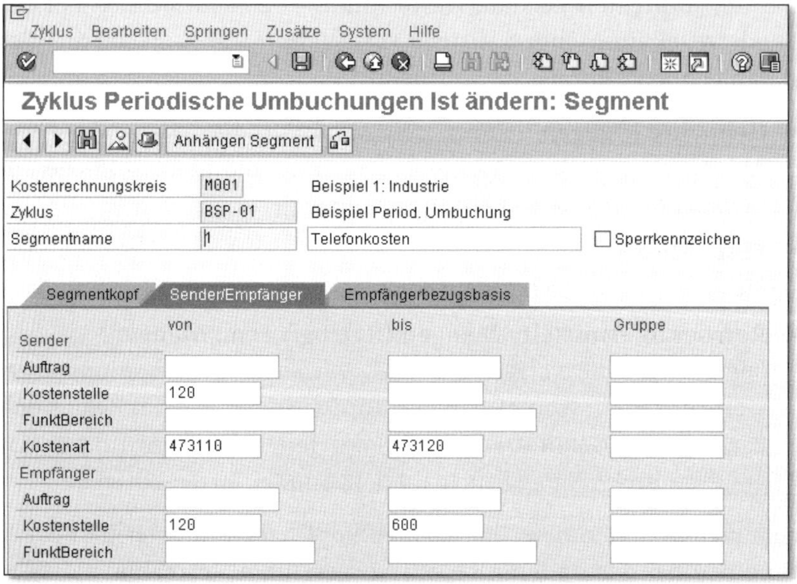

Abbildung 4.84 Sender und Empfänger im Verrechnungszyklus

[»]

Leistungsartentyp

Beachten Sie, dass Sie eine indirekte Leistungsverrechnung nur für Leistungsarten vom Typ 2 (INDIREKTE ERMITTLUNG, INDIREKTE VERRECHNUNG) oder 3 (MANUELLE ERMITTLUNG, INDIREKTE VERRECHNUNG) erstellen und durchführen können. Für Leistungsarten vom Typ 1 (MANUELLE ERMITTLUNG, MANUELLE VERRECHNUNG) können Sie nur eine direkte Leistungsverrechnung vornehmen, und Leistungsarten vom Typ 4 können Sie gar nicht verrechnen. Weitere Informationen zum Leistungsartentyp finden Sie in Abschnitt 4.3.6, »Leistungsarten«.

Senderwerte pflegen

Wenn Sie im Segmentkopf als SENDER-REGEL FESTE BETRÄGE bzw. MENGEN oder FESTE TARIFE bzw. MENGEN gewählt haben, tragen Sie auf der Registerkarte SENDERWERTE den Betrag bzw. die Menge ein, die dem Sender entlastet werden soll. Im Übrigen geben Sie an dieser Stelle eine Planversion an, falls Sie als Herkunft der Senderwerte PLANWERTE ausgewählt haben (siehe Abbildung 4.85). Andernfalls brauchen Sie an dieser Stelle keine Einträge vorzunehmen, bzw. die Registerkarte wird gar nicht angezeigt.

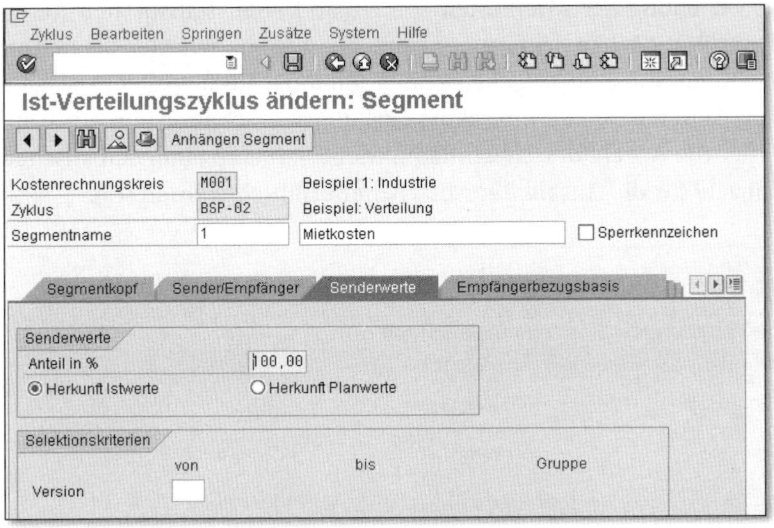

Abbildung 4.85 Senderwerte pflegen

Empfängerbezugsbasis einstellen

Auf der Registerkarte Empfängerbezugsbasis stellen Sie nun ein, wie die Empfängerwerte ermittelt werden sollen; welche Felder hier angezeigt werden, hängt von den Einstellungen ab, die Sie im Segmentkopf vorgenommen haben.

Bei der periodischen Umbuchung der Telefonkosten wollen wir anhand von festen Prozentsätzen verrechnen; entsprechend geben wir hier für jeden der Empfänger, die wir unter Sender/Empfänger eingetragen haben, einen Prozentsatz an (siehe Abbildung 4.86).

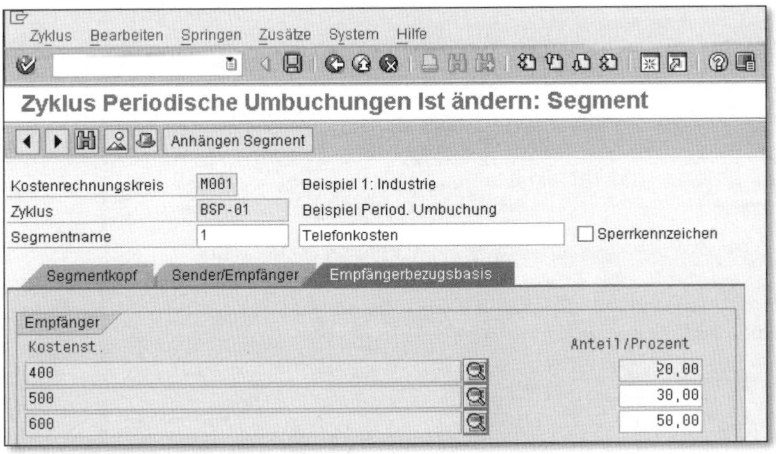

Abbildung 4.86 Empfängerbezugsbasis anhand von festen Prozentsätzen

Die Verteilung der Mietkosten soll anhand einer statistischen Kennzahlfür Büroflächen erfolgen; entsprechend haben wir hier die betroffene Kennzahl eingetragen (siehe Abbildung 4.87). Auf die gleiche Weise sind wir bei der indirekten Leistungsverrechnung vorgegangen, bei der die Anzahl der zubereiteten Menüs anhand einer statistischen Kennzahl für die Anzahl der Mitarbeiter ermittelt werden soll.

Abbildung 4.87 Empfängerbezugsbasis aufgrund von statistischen Kennzahlen

Für die Umlage der Personalkosten der Reisekostenstelle schließlich beziehen wir uns als Empfängerbezugsbasis auf die Kostenart REISEKOSTEN, die wir an dieser Stelle eintragen (siehe Abbildung 4.88).

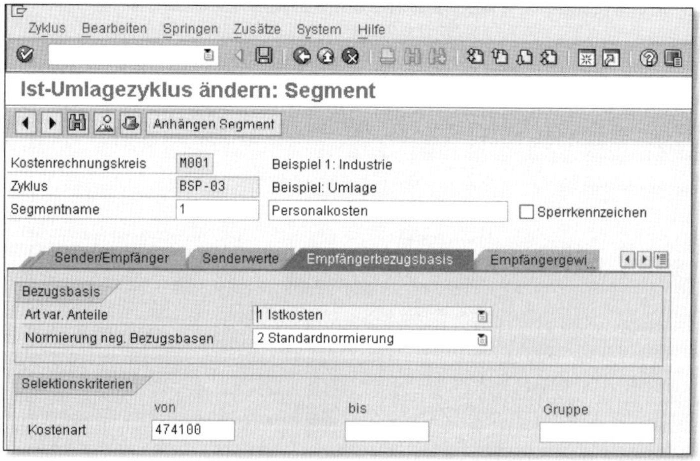

Abbildung 4.88 Empfängerbezugsbasis anhand von Kostenarten

Empfängergewichtungsfaktoren definieren

Zu guter Letzt haben Sie auf der Registerkarte EMPFÄNGERGEWICHTUNGSFAKTOREN noch die Möglichkeit, einzelne Empfänger stärker oder weniger zu belasten, als aufgrund der Empfängerbezugsbasis vorgesehen ist (siehe Abbildung 4.89). Tragen Sie hier für einen Empfänger einen höheren Wert als 100 ein, erhöht sich dessen Empfängerwert im Verhältnis zu den anderen Empfängern; bei einem Wert unter 100 verringert sich der Wert im Verhältnis entsprechend. Der gesamte Sender- bzw. Empfängerwert verändert sich dadurch nicht.

[+]

Ausschließen von Empfängern durch Gewichtung 0

Falls Sie unter SENDER/EMPFÄNGER ein Intervall von Kostenstellen angegeben haben und einige davon im entsprechenden Segment nicht belasten wollen, können Sie diese Kostenstellen von der Verrechnung ausschließen, indem Sie für sie einen Wert von 0 als Empfängergewichtungsfaktor eintragen.

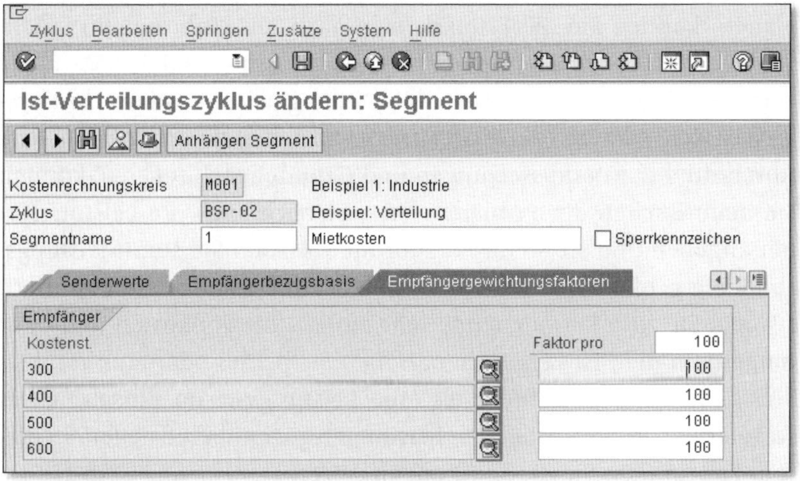

Abbildung 4.89 Empfängergewichtungsfaktoren

Verrechnung ausführen

Sie haben damit für jede Ihrer Verrechnungen ein erstes Segment angelegt und können diese nun ausführen. Dies tun Sie über das Anwendungsmenü über die Transaktionen KSW5 (Periodische Umbuchung), KSV5 (Verteilung), KSU5 (Umlage) bzw. KSC5 (Indirekte Leistungsverrechnung).

Sie haben damit die vier unterschiedlichen Methoden zur periodischen Verrechnung auf der Basis von Zyklen kennengelernt. Wir erläutern nun die Customizing-Einstellungen zu weiteren Funktionen beim Monatsabschluss.

Template-Verrechnung

Die *Template-Verrechnung* ist ein sehr flexibles Werkzeug, das in unterschiedlichen Szenarien eingesetzt werden kann. Da diese Methode am effektivsten in der Prozesskostenrechnung eingesetzt wird, beschreiben wir diese Funktionalität ausführlich in Abschnitt 6.4, »Templates«.

Template-Verrechnung anlegen

Sie legen Templates für Kostenstellen im Customizing über den Pfad Controlling • Kostenstellenrechnung • Istbuchungen • Periodenabschluss • Leistungsverrechnung • Template-Verrechnung • Templates pflegen (Transaktion CPT1) an.

Splittung

Wenn Sie auf einer Senderkostenstelle Leistungsmengen und Tarife planen, können Sie die Primärkosten dazu mit einbeziehen, indem Sie sie leistungsabhängig planen (siehe Abschnitt 4.4.2, »Manuelle Planung«). Falls Sie in den Grundeinstellungen des Kostenrechnungskreises den Parameter Kontierung LeistArt aktiviert haben (siehe Abschnitt 4.2, »Voraussetzungen und Grundeinstellungen«), können Sie beim Buchen der Primärkosten zusätzlich auch die Leistungsart mit angeben und sie so direkt zuordnen. Haben Sie somit leistungsabhängig geplant und die Istkosten auf die Leistungsarten kontiert, können Sie zum Periodenende sehr einfach die Sollkosten und -leistungen mit dem Ist vergleichen. Haben Sie beides oder eins von beiden nicht getan und mehr als eine Leistungsart im Einsatz, ist es schwieriger, die Istkosten den Leistungen gegenüberzustellen. In diesem Fall können Sie die *Splittung* einsetzen.

Bei der Splittung geben Sie Regeln vor, nach welchen Kriterien die Istkosten auf die Leistungsarten aufgeteilt werden sollen. Die Kriterien, die Sie dabei einsetzen können, sind von SAP fest vorgegeben, wie z.B. anhand der Leistungsmenge, der Kapazität im Plan oder aufgrund einer statistischen Kennzahl. Um die Splittung (im Anwendungsmenü über die Transaktion KSS2) durchführen zu können, müssen Sie zunächst im Customizing unter Controlling • Kostenstellenrechnung • Istbuchungen • Periodenabschluss • Leistungs-

VERRECHNUNG • SPLITTUNG • SPLITTUNGSSCHEMA DEFINIEREN (Transaktion OKES) ein Splittungsschema erstellen. Im Splittungsschema legen Sie anhand von Zuordnungen fest, welche Kostenarten nach welcher Regel gesplittet werden sollen. Bevor Sie jedoch eine Zuordnung anlegen können, benötigen Sie zuerst eine Splittungsregel (siehe Abbildung 4.90). Dazu wählen Sie in der Dialogstruktur den entsprechenden Eintrag ❶ aus und legen eine Splittungsregel an ❷. Geben Sie der Regel einen Namen, und wählen Sie eines der fest vorgegebenen Verfahren; im Beispiel haben wir den Eintrag 25 (DISPONIERTE LEISTUNG PLAN) gewählt. Für bestimmte Verfahren wie z.B. statistische Kennzahlen oder Planwerte müssen Sie noch weitere Angaben machen, nämlich um welche Kennzahl es sich handeln soll oder auf welche Planversion Sie sich beziehen. Diese Informationen hinterlegen Sie über SELEKTION FÜR REGELN ❸ unter ❹.

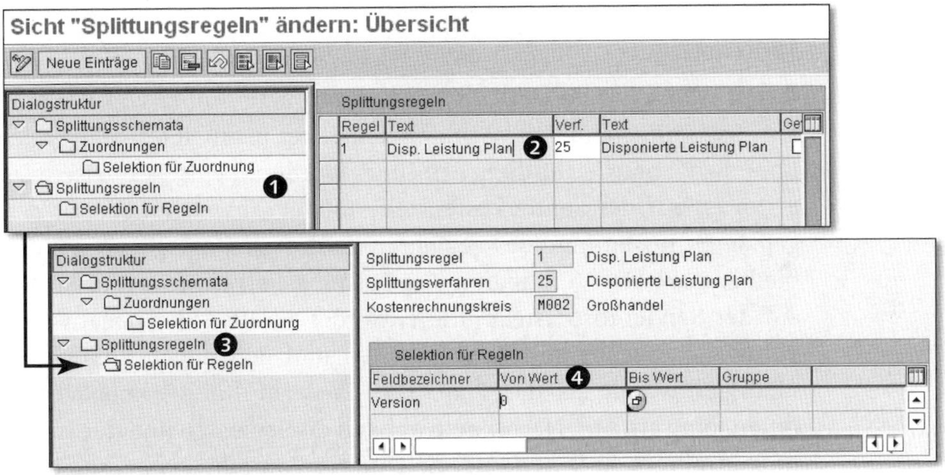

Abbildung 4.90 Splittungsregeln definieren

Nachdem Sie nunmehr eine Splittungsregel festgelegt haben, können Sie das Splittungsschema selbst erstellen (siehe Abbildung 4.91). Legen Sie dafür zunächst einen neuen Eintrag an ❶. Wählen Sie dann der Menüstruktur den Eintrag ZUORDNUNGEN ❷ und definieren Sie eine oder mehrere Zuordnungen ❸. Um schließlich festzulegen, für welche Kostenarten die einzelnen Zuordnungen gelten sollen, wählen Sie SELEKTION FÜR ZUORDNUNG ❹, und tragen Sie die entsprechenden Werte ein ❺.

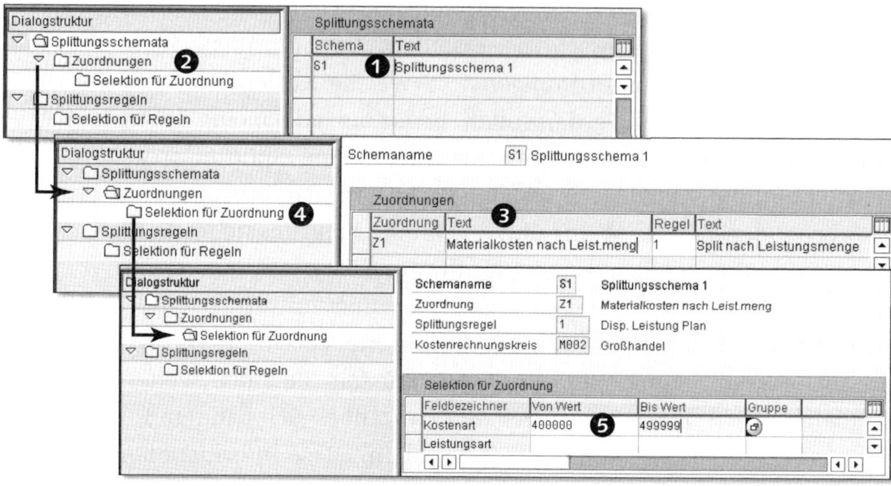

Abbildung 4.91 Splittungsschema erstellen

Tarifermittlung

Bisher waren wir bei der Leistungsverrechnung immer von Plantarifen ausgegangen, die im Vorhinein entweder manuell festgelegt oder über die Plantarifermittlung errechnet wurden. Typischerweise wird es im Ist auf der Senderkostenstelle immer Abweichungen zu den geplanten Kosten und der geplanten Leistungsmenge geben. Es verbleiben nach der Verbuchung der Leistungsverrechnung Restkosten auf der Senderkostenstelle, die entweder positiv oder negativ sein können, je nachdem, ob die Istkosten und -leistungen höher oder niedriger waren als der Plan. Die Tarifermittlung ermöglicht es Ihnen, die Tarife im Nachhinein anhand der Istkosten und der Istleistung ermitteln zu lassen und die Differenz an die Leistungsempfänger weiterzubelasten.

Die Art und Weise, wie die Tarifermittlung erfolgen soll, legen Sie in der Version ein (siehe Abschnitt 2.2.2, »Versionen«). In den geschäftsjahresabhängigen Parametern zum Kostenrechnungskreis entscheiden Sie dabei im Abschnitt TARIFERMITTLUNG, nach welchem Verfahren die Tarife ermittelt werden sollen und wie die Nachbewertung verbucht werden soll. Über den Parameter NACHBEWERTUNG (siehe Abbildung 4.92) legen Sie fest, ob die nachträgliche Belastung der Leistungsempfänger anhand eines eigenen Vorgangs erfolgen (also in Berichten deutlich als Nachbelastung erkennbar sein soll) oder im Originalvorgang nachträglich mit verbucht werden soll; der Einfluss der Tarifermittlung ist dann nicht mehr erkennbar.

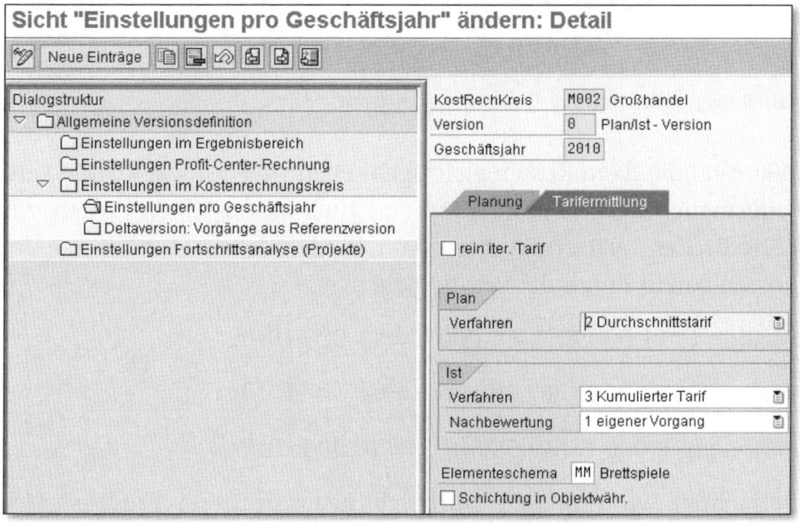

Abbildung 4.92 Einstellungen zur Tarifermittlung in der Version

Den Parameter VERFAHREN können Sie für die Plan- und Isttarifermittlung wählen; Sie haben die Wahl zwischen:

- Periodentarif
- durchschnittlichem Tarif
- kumuliertem Tarif (nur für die Isttarifermittlung)

Beim Periodentarif wird der Tarif für jede Periode anhand der angefallenen Kosten und Leistungen ermittelt und kann daher schwanken. Der durchschnittliche Tarif berücksichtigt bei der Ermittlung neben der aktuellen auch die vergangenen Perioden und bildet darüber einen Durchschnitt. Der kumulierte Tarif errechnet sich genau wie der durchschnittliche, Sie haben hier aber die Möglichkeit, die Isttarife auch rückwirkend in die vergangenen Perioden nachzubuchen. Wir illustrieren die verschiedenen Methoden nun anhand eines Beispiels.

Wir betrachten eine Senderkostenstelle und nehmen an, in den ersten drei Perioden des Geschäftsjahres wurden die folgenden Werte gebucht, wie in Tabelle 4.3 dargestellt:

Periode	Fixkosten	Variable Kosten	Leistungsmenge
1	5.000 EUR	6.000 EUR	1.000 h
2	5.000 EUR	600 EUR	100 h
3	5.000 EUR	3.000 EUR	500 h

Tabelle 4.3 Gebuchte Werte des Geschäftsjahres

Während die fixen Kosten gleich geblieben sind, schwankte die Leistungsmenge stark und entsprechend auch die variablen Kosten. Als periodischer Tarif ergibt sich somit je Periode aus der Summe der Kosten geteilt durch die Leistungsmenge:

Periode 1: 11.000 EUR / 1.000 h = 11,00 EUR/h

Periode 2: 5.600 EUR / 100 h = 56,00 EUR/h

Periode 3: 8.000 EUR / 500 h = 16,00 EUR/h

Betrachten wir nun den Durchschnittstarif. Dieser ermittelt sich jeweils anhand der kumulierten Kosten geteilt durch die kumulierte Leistungsmenge:

Periode 1: 11.000 EUR / 1.000 h = 11,00 EUR/h

Periode 2: 16.600 EUR / 1.100 h = 15,09 EUR/h

Periode 3: 24.600 EUR / 1.600 h = 15,38 EUR/h

Der Tarif schwankt nun mit jeder weiteren Periode weniger als der periodische Tarif. Da in Periode 1 der periodische Tarif gleich dem durchschnittlichen ist, ist der Saldo der Kostenstelle bei der Bewertung zu Isttarifen null:

Periode 1: 1.000 h × 11,00 EUR/h = 11.000 EUR.

Bewertet man nun allerdings in den Perioden 2 und 3 die erbrachte Leistung zum Durchschnittstarif, ergibt sich damit eine Über- bzw. Unterdeckung auf der Kostenstelle:

Periode 2: 100 h × 15,09 EUR/h = 1.537,50 EUR;
die Istkosten der Periode betragen jedoch 5.600 EUR

Periode 3: 500 h × 15,38 EUR/h = 7.687,50 EUR;
die Istkosten der Periode betragen jedoch 8.000 EUR

Verwenden Sie nun die kumulierte Tarifermittlung, können Sie zu jedem Periodenabschluss den jeweiligen Durchschnittstarif rückwirkend in den früheren Perioden nachbuchen. Die Voraussetzung dafür ist freilich, dass Sie in den früheren Perioden die Periodensperre in CO nicht gesetzt haben dürfen. Sie erhalten dann zwar in jeder Periode eine Unter- bzw. Überdeckung, kumuliert ist der Saldo der Kostenstelle jedoch wieder null:

Periode 1: 1.000 h × 15,38 EUR = 15.375,00 EUR

Periode 2: 100 h × 15,38 EUR = 1.537,50 EUR

Periode 3: 500 h × 15,38 EUR = 7.687,50 EUR

Kumuliert ergibt sich: 15.375 EUR + 1.537,50 EUR + 7.687,50 EUR = 24.600 EUR, was genau den kumulierten Istkosten entspricht.

Neben den bereits erwähnten Parametern in der Version können Sie noch weitere Einstellungen zur Tarifermittlung im Customizing-Pfad Controlling • Kostenstellenrechnung • Istbuchungen • Periodenabschluss • Leistungsverrechnung • Tarifermittlung • Veränderung der Grundeinstellungen zur Tarifermittlung (Transaktion OKET) vornehmen. Der Parameter Anz.sign.Stellen dient dazu, die Zahl der internen Stellen festzulegen, mit der das System bei der Tarifermittlung rechnet. Je höher die Zahl, desto genauer wird das Ergebnis. Der Standardwert ist 6. Aktivieren Sie für den Parameter keine Optimierung, wird die eingegebene Zahl der signifikanten Stellen ignoriert. Beträge unabhängig iterieren bedeutet bei der Verwendung von parallelen Währungen, dass die Tarifermittlung je Währung iterativ durchgeführt wird (und nicht von der Kostenrechnungskreiswährung umgerechnet wird, was zu Rundungsdifferenzen führt).

[«]

Anzahl der internen Stellen

Die Anzahl der internen Stellen bei der Tarifermittlung hat eine größere Bedeutung, als es zunächst den Anschein hat. Stellen Sie hier zu wenig Stellen ein, kann es vorkommen, dass das System die Isttarife nicht korrekt ermitteln kann, sodass ein Restsaldo auf den Kostenstellen stehen bleibt. In Abbildung 4.93 sehen Sie ein Beispiel für eine iterative Tarifermittlung im Falle, dass zwei Kostenstellen sich gegenseitig mit Leistung versorgt haben. In unserem Beispiel wird mit vier Nachkommastellen gerechnet. Würden Sie mit weniger als vier Nachkommastellen rechnen, könnte es vorkommen, dass das Ergebnis nicht aufgeht.

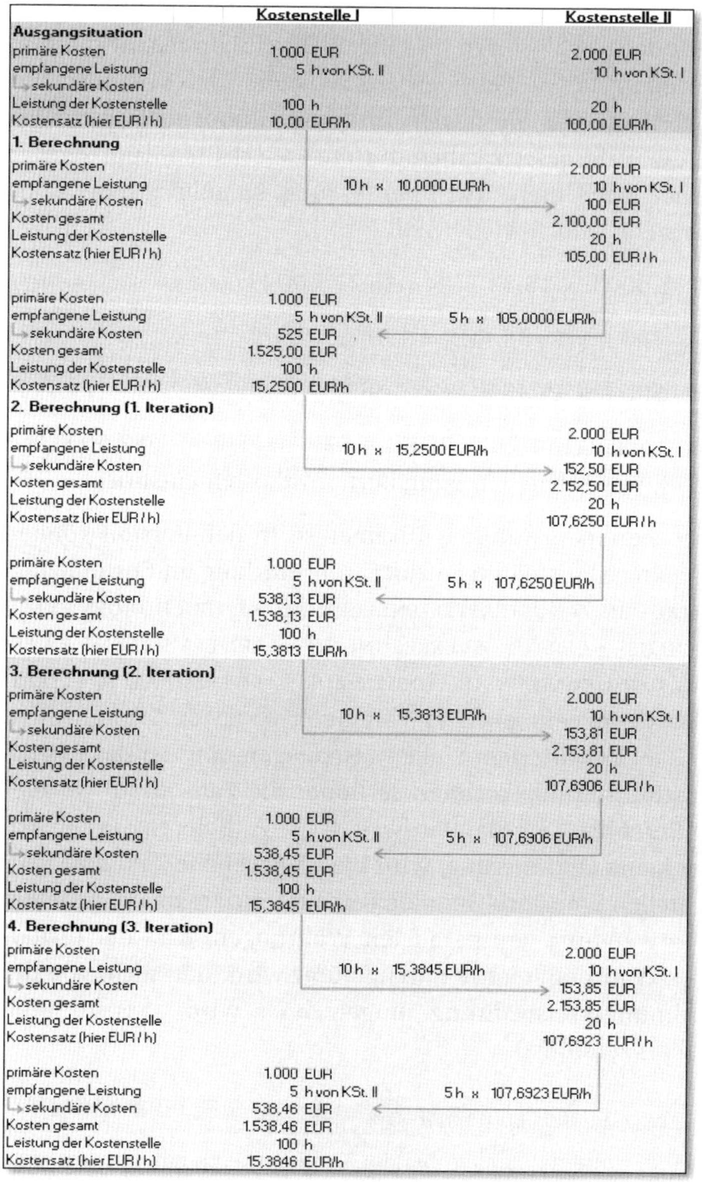

	Kostenstelle I		Kostenstelle II
Ausgangsituation			
primäre Kosten	1.000 EUR		2.000 EUR
empfangene Leistung	5 h von KSt. II		10 h von KSt. I
↳ sekundäre Kosten			
Leistung der Kostenstelle	100 h		20 h
Kostensatz (hier EUR / h)	10,00 EUR/h		100,00 EUR/h
1. Berechnung			
primäre Kosten			2.000 EUR
empfangene Leistung		10 h × 10,0000 EUR/h	10 h von KSt. I
↳ sekundäre Kosten			100 EUR
Kosten gesamt			2.100,00 EUR
Leistung der Kostenstelle			20 h
Kostensatz (hier EUR / h)			105,00 EUR / h
primäre Kosten	1.000 EUR		
empfangene Leistung	5 h von KSt. II	5 h × 105,0000 EUR/h	
↳ sekundäre Kosten	525 EUR		
Kosten gesamt	1.525,00 EUR		
Leistung der Kostenstelle	100 h		
Kostensatz (hier EUR / h)	15,2500 EUR/h		
2. Berechnung (1. Iteration)			
primäre Kosten			2.000 EUR
empfangene Leistung		10 h × 15,2500 EUR/h	10 h von KSt. I
↳ sekundäre Kosten			152,50 EUR
Kosten gesamt			2.152,50 EUR
Leistung der Kostenstelle			20 h
Kostensatz (hier EUR / h)			107,6250 EUR / h
primäre Kosten	1.000 EUR		
empfangene Leistung	5 h von KSt. II	5 h × 107,6250 EUR/h	
↳ sekundäre Kosten	538,13 EUR		
Kosten gesamt	1.538,13 EUR		
Leistung der Kostenstelle	100 h		
Kostensatz (hier EUR / h)	15,3813 EUR/h		
3. Berechnung (2. Iteration)			
primäre Kosten			2.000 EUR
empfangene Leistung		10 h × 15,3813 EUR/h	10 h von KSt. I
↳ sekundäre Kosten			153,81 EUR
Kosten gesamt			2.153,81 EUR
Leistung der Kostenstelle			20 h
Kostensatz (hier EUR / h)			107,6906 EUR / h
primäre Kosten	1.000 EUR		
empfangene Leistung	5 h von KSt. II	5 h × 107,6906 EUR/h	
↳ sekundäre Kosten	538,45 EUR		
Kosten gesamt	1.538,45 EUR		
Leistung der Kostenstelle	100 h		
Kostensatz (hier EUR / h)	15,3845 EUR/h		
4. Berechnung (3. Iteration)			
primäre Kosten			2.000 EUR
empfangene Leistung		10 h × 15,3845 EUR/h	10 h von KSt. I
↳ sekundäre Kosten			153,85 EUR
Kosten gesamt			2.153,85 EUR
Leistung der Kostenstelle			20 h
Kostensatz (hier EUR / h)			107,6923 EUR / h
primäre Kosten	1.000 EUR		
empfangene Leistung	5 h von KSt. II	5 h × 107,6923 EUR/h	
↳ sekundäre Kosten	538,46 EUR		
Kosten gesamt	1.538,46 EUR		
Leistung der Kostenstelle	100 h		
Kostensatz (hier EUR / h)	15,3846 EUR/h		

Abbildung 4.93 Beispiel für eine Iteration bei der Isttarifermittlung

Für den Fall, dass die geplante Ausbringungsmenge einer Kostenstelle nicht mit den disponierten Leistungen der jeweiligen Empfänger übereinstimmt, gibt das System bei der Tarifermittlung Warnungen oder Fehlermeldungen aus. Anhand der Parameter LEISTUNG<DISPOSITION und LEISTUNG>DISPOSITION können Sie einen Prozentsatz für die Fehlertoleranz angeben, um die Meldungen zu unterdrücken. Die Option DENNOCH BUCHEN bewirkt, dass die ermittelten Tarife auch im Falle von Fehlermeldungen bezüglich Planabweichungen verbucht werden. Über MAX. ITERATIONEN können Sie festlegen, dass das System nur eine maximale Anzahl von Rechenschritten bei der Tarifermittlung durchläuft, und damit extrem lange Laufzeiten verhindern (Siehe Abbildung 4.94).

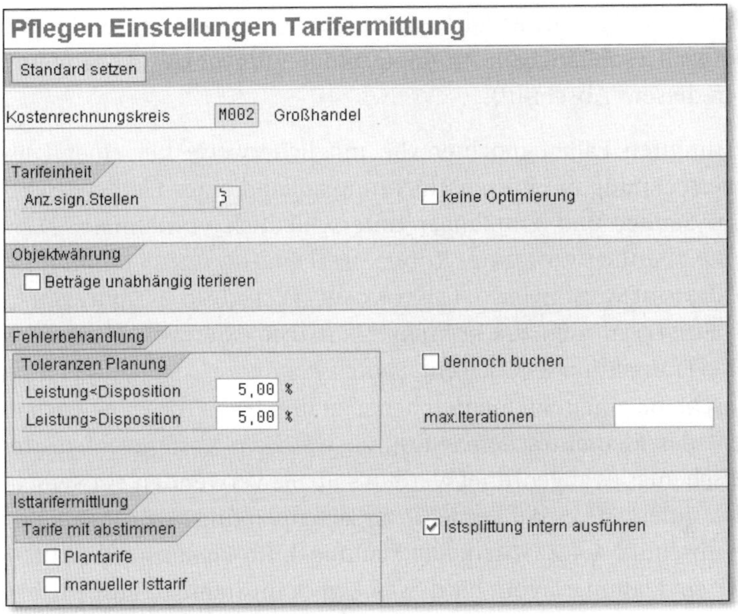

Abbildung 4.94 Grundeinstellungen zur Tarifermittlung

Die Isttarifermittlung ist nur für Leistungsarten und Geschäftsprozesse möglich, die ein entsprechendes Tarifkennzeichen gesetzt haben (siehe Abschnitt 4.3.6, »Leistungsarten«). Setzen Sie an dieser Stelle jedoch den Parameter PLANTARIFE im Abschnitt TARIFE MIT ABSTIMMEN, werden mit der Durchführung der Isttarifermittlung die erbrachten Leistungen zum aktuell gültigen Plantarif nachbewertet und gegebenenfalls nachverrechnet. Die Option MANUELLER ISTTARIF bedeutet, dass auch für Leistungsarten bzw. Geschäftsprozesse mit dem Tarifkennzeichen 7 (MANUELLER ISTTARIF) die Isttarife nachbewertet und gegebenenfalls nachverrechnet werden. ISTSPLITTUNG INTERN AUSFÜHREN bedeutet, dass die Splittung der Tarife (siehe weiter oben in diesem Abschnitt) automatisch zusammen mit der Isttarifermittlung durchgeführt wird und nicht gesondert gestartet werden muss.

Bei der Ermittlung von Tarifen können Sie die dabei ermittelten Kosten nach bestimmten Kriterien weiter untergliedern, indem Sie über Controlling • Kostenstellenrechnung • Istbuchungen • Periodenabschluss • Leistungsverrechnung • Tarifermittlung • Einstellungen zur Kostenschichtung • Kostenelementeschema definieren (Transaktion OKTZ) ein Elementeschema anlegen. Die dazu notwendigen Einstellungen erklären wir ausführlich in Abschnitt 7.2.2, »Voraussetzungen und Grundeinstellungen«. Um ein Elementeschema für die Tarifermittlung zu nutzen, tragen Sie es in den geschäftsjahresabhängigen Parametern der Version ein (siehe weiter oben in diesem Abschnitt).

In bestimmten Fällen möchten Sie möglicherweise bei einer Leistungsverrechnung die Kostenschichtung anhand eines Elementeschemas im Sender und Empfänger unterschiedlich vornehmen. Dazu legen Sie über Controlling • Kostenstellenrechnung • Istbuchungen • Periodenabschluss • Leistungsverrechnung • Tarifermittlung • Einstellungen zur Kostenschichtung • Switchschema definieren (Transaktion OKER) ein Switchschema an. Sie ordnen das Switchschema einem Elementeschema zu und legen für jedes Kostenelement des Elementeschemas fest, zu welchem Kostenelement des Switchschemas es zugeordnet werden soll. Sie verwenden ein Switchschema, indem Sie es bei der Leistungsartenplanung explizit angeben (siehe Abschnitt 4.4.2, »Manuelle Planung«). Im Planerprofil SAP104 hat SAP ein Planungslayout für diesen Zweck im Standard ausgeliefert.

Wir beenden damit den Abschnitt zum Periodenabschluss und kommen zum Schluss des Kapitels noch auf das Thema Abweichungen zu sprechen.

4.6.4 Abweichungen

Wenn Sie für Ihre Kostenstellen die erwarteten Primärkosten und im Zusammenhang mit Leistungsarten Leistungsmengen sowie Tarife geplant haben, werden Sie zum Periodenende immer Abweichungen zwischen Ist und Plan bzw. Soll feststellen. Die Abweichungsermittlung erlaubt es Ihnen, je Kostenstelle und Leistungsart festzustellen, welche Ursache die erkannten Abweichungen haben.

Die Funktionalität der Abweichungsermittlung für Kostenstellen ist sehr ähnlich wie in der Kostenträgerrechnung (siehe Abschnitt 7.4.3,

»Auftragsbezogenes Produkt-Controlling); so gibt es in beiden Szenarien eine Klassifizierung in sogenannte *Abweichungskategorien*, die wiederum für die Einsatz- und Verrechnungsseite unterschieden werden. Mit der Einsatzseite sind damit Ursachen gemeint, die ihren Ursprung bei der sendenden Kostenstelle haben, während die Verrechnungsseite den Leistungsempfängern entspricht.

Auf der Einsatzseite wird zwischen den folgenden Abweichungskategorien unterschieden:

Anhand von *Einsatzpreisabweichungen* stellen Sie fest, ob sich die Preise von Einsatzmaterialien und -dienstleistungen zwischen dem Zeitpunkt der Planung und der tatsächlichen Buchung verändert haben, obwohl es keine Abweichung zwischen den geplanten und tatsächlichen Mengen gab. Zum Beispiel haben Sie in der Fertigung den Verbrauch von 1.000 Kilowattstunden Strom zu einem Preis von 0,17 EUR je Kilowattstunde geplant, diese auch wie geplant verbraucht, allerdings betrug der tatsächliche Preis je Kilowattstunde 0,19 EUR.

Einsatzmengenabweichungen ergeben sich, wenn von den geplanten Einsatzmaterialien und -leistungen mehr oder weniger verbraucht wurden als geplant. Um im Beispiel oben zu bleiben, wäre es eine Einsatzmengenabweichung, wenn Sie anstelle der geplanten 1.000 Kilowattstunden tatsächlich 1.100 verbraucht hätten.

Strukturabweichungen bedeuten, dass andere Materialien verbraucht wurden bzw. andere Leistungen in Anspruch genommen wurden als geplant. Sie erhalten dadurch im Ist Kosten auf Kostenarten, zu denen Sie keine Planwerte haben, bzw. keine Istkosten zu geplanten Kostenarten.

Alle Abweichungen, die das System keiner der oben genannten Kategorien zuordnen kann, werden unter den *Einsatzrestabweichungen* zusammengefasst. In der Regel wird dies Kosten betreffen, die ohne Menge gebucht wurden.

Wir kommen nun zur *Verrechnungsseite*, wo Ihnen bei der Ermittlung der Gesamtabweichung und der Produktionsabweichung zum Planpreis der Periode die folgenden Abweichungskategorien zur Verfügung stehen:

Eine *Verrechnungspreisabweichung* tritt auf, wenn Sie Tarife einsetzen, die nicht über die Plantarifermittlung berechnet wurden, also z.B. einen Durchschnittstarif oder einen manuell festgelegten. Die Auswirkungen eines Durchschnittstarifs haben wir in Abschnitt 4.6.3, »Periodenabschluss«, in Bezug auf die Tarifermittlung anhand von Beispielen näher erläutert.

Mit einer *Verrechnungsmengenabweichung* haben Sie es zu tun, wenn Sie manuelle Istmengen erfassen, die von den verrechneten Istmengen abweichen.

Fixkostenabweichungen entstehen, wenn die erbrachte Leistungsmenge nicht der geplanten entspricht und dadurch die geplanten Fixkosten zum Teil über- oder unterdeckt sind. Dabei wird noch unterschieden in eine Beschäftigungsabweichung, die die Über- oder Unterdeckung der fixen Plankosten aufzeigt, und in eine sekundäre Fixkostenabweichung, die die Differenz zwischen fixen Plankosten und fixen Sollkosten ermittelt.

Unter den *Restabweichungen* werden alle Differenzen zwischen den Sollkosten und den Istkosten ausgewiesen, die zu keiner der zuvor genannten Abweichungskategorien gehören.

Die Customizing-Einstellungen zur Abweichungsermittlung in der Kostenstellenrechnung sind denen in der Kostenträgerrechnung sehr ähnlich. Eine ausführliche Erläuterung der Einstellungen finden Sie in Abschnitt 7.4.3, »Auftragsbezogenes Produkt-Controlling«, wir weisen an dieser Stelle lediglich auf die Unterschiede hin.

Für die Kostenstellenrechnung benötigen Sie keinen Abweichungsschlüssel, den Sie irgendwo hinterlegen müssten; Sie können Abweichungen über die Transaktion KSS1 für jede beliebige Kostenstelle aufrufen, sofern Sie alle weiteren notwendigen Einstellungen vorgenommen haben.

Während Sie in der Kostenträgerrechnung bis zu drei Sollversionen mit unterschiedlichen Zielsetzungen einsetzen können, steht Ihnen in der Kostenstellenrechnung lediglich eine Version (0) zur Verfügung. Sie hinterlegen hier auch eine Abweichungsvariante, die jedoch etwas anders aussieht als die in der Kostenträgerrechnung. Sie nehmen die Einstellungen zur Sollversion über CONTROLLING • KOSTENSTELLENRECHNUNG • ISTBUCHUNGEN • ABWEICHUNGEN • SOLLVERSIONEN DEFINIEREN (Transaktion OKV5) vor.

Die erwähnte Abweichungsvariante erstellen Sie über CONTROLLING • KOSTENSTELLENRECHNUNG • ISTBUCHUNGEN • ABWEICHUNGEN • ABWEI-

CHUNGSVARIANTEN DEFINIEREN (Transaktion OKVF). Sie legen hier fest, welche Abweichungskategorien Sie ermitteln wollen; die Vorgehensweise ist dieselbe wie in der Kostenträgerrechnung, es stehen Ihnen aber hier zum Teil andere Kategorien zur Verfügung.

Und schließlich können Sie noch Einsatzpreisabweichungen für Primärdaten definieren (CONTROLLING • KOSTENSTELLENRECHNUNG • IST-BUCHUNGEN • ABWEICHUNGEN • PRIMÄRDATEN-EINSATZPREISABWEICHUNGEN FESTLEGEN, Transaktion OKA8). Die Einstellungen sind analog zur Kostenträgerrechnung.

Wir haben Ihnen nun im Detail alle Customizing-Einstellungen zur Kostenstellenrechnung erläutert. Nun zeigen wir Ihnen anhand dreier Beispiele, wie diese Funktionalität in unterschiedlichen Unternehmen eingesetzt werden könnte.

4.7 Aufbau der Kostenstellenrechnung in den drei Beispielunternehmen

Zum Abschluss des Kapitels zeigen wir Ihnen nun beispielhaft, wie die Kostenstellenrechnung in unseren drei Beispielunternehmen eingesetzt werden könnte. Dazu erläutern wir zunächst, welche grundsätzlichen Überlegungen angestellt werden sollten, und gehen dann individuell auf die drei Unternehmen ein.

4.7.1 Grundüberlegungen

Die folgenden Grundüberlegungen haben die drei Beispielunternehmen bei der Implementation ihrer Kostenstellenrechnung angestellt:

Welche Struktur? Die wichtigste und weitreichendste Entscheidung bei der Einführung der Kostenstellenrechnung ist die Kostenstellenhierarchie. Wie bereits zu Beginn des Kapitels in Abschnitt 4.1, »Überblick«, erwähnt, hängt die Struktur davon ab, wie das betroffene Unternehmen organisiert ist. So kommt eine Struktur anhand von Funktionen infrage, nach Sparten bzw. Produkten oder auch nach Regionen.

Welche Formen der Planung? Auf welche Art und Weise Sie planen, hängt zum einen davon ab, welche Leistungsbeziehungen zwischen Ihren Kostenstellen bestehen, und vor allem davon, wie viel Erfahrung Sie bereits mit der Kostenstellenrechnung in SAP-Systemen haben. Ohne die manuelle Planung wird kaum jemand auskommen; Sie können hier jedoch die Kostenstellen einzeln für sich planen oder über Leistungsbeziehungen miteinander verknüpfen. Diese wiederum werden Sie in Produktionsunternehmen mit ihren Prozessen in der Fertigung und Instandhaltung zahlreicher finden als im Handel oder einem Dienstleistungsbetrieb, wo Sie Ihre Gemeinkosten möglicherweise besser über die Prozesskostenrechnung analysieren (siehe dazu Kapitel 6, »Prozesskostenrechnung«).

Die weiteren Werkzeuge zur Planungsunterstützung wie die Ressourcenplanung, die Abgrenzung oder Verrechnungen im Plan sollten Sie erst einsetzen, wenn Sie Ihre Kostenstellenstruktur bereits etabliert und manuelle Planungsrunden und Verrechnungen im Ist durchgeführt haben. Automatische Werkzeuge schaffen zusätzliche Komplexität und machen Ihre Aufgabe nicht leichter, wenn Sie noch mit elementareren Problemen zu kämpfen haben.

Soll die Obligofortschreibung aktiviert werden? Das Nachverfolgen von Obligo bietet sich nur dann an, wenn Sie für Ihre Kostenstellen ein striktes Kostenbudget für Gemeinkosten vorgeschrieben haben, das unbedingt einzuhalten ist. Indem Sie bereits beim Anlegen von Bestellungen oder gar Bestellanforderungen erkennen können, welche Kosten auf Sie zukommen, können die Kostenstellenverantwortlichen so früher handeln und z.B. eine Ausgabensperre verhängen.

Welche Verfahren zum Periodenabschluss sollen eingesetzt werden? Es hängt stark von den Geschäftsprozessen des Unternehmens ab, welche Verfahren infrage kommen. Gemeinkostenzuschläge z.B. werden in der Regel nur in Produktionsunternehmen eingesetzt, und die indirekte Leistungsverrechnung kann nur zum Einsatz kommen, wenn tatsächlich Leistungsbeziehungen zwischen Kostenstellen bestehen.

4.7.2 Einsatz der Kostenstellenrechnung bei einem Produktionsunternehmen

In unserem Produktionsunternehmen *Kinderspiel* hat man sich für eine funktionale Kostenstellenhierarchie entschieden (siehe ausschnittsweise in Abbildung 4.95). Das Unternehmen ist grob in die Bereiche Rechnungswesen, Vertrieb und Logistik gegliedert. Zwar ist das Unternehmen aus Reportingsicht in vier Sparten aufgeteilt, die Logistik ist jedoch eng verzahnt und hat einen gemeinsamen Verantwortlichen.

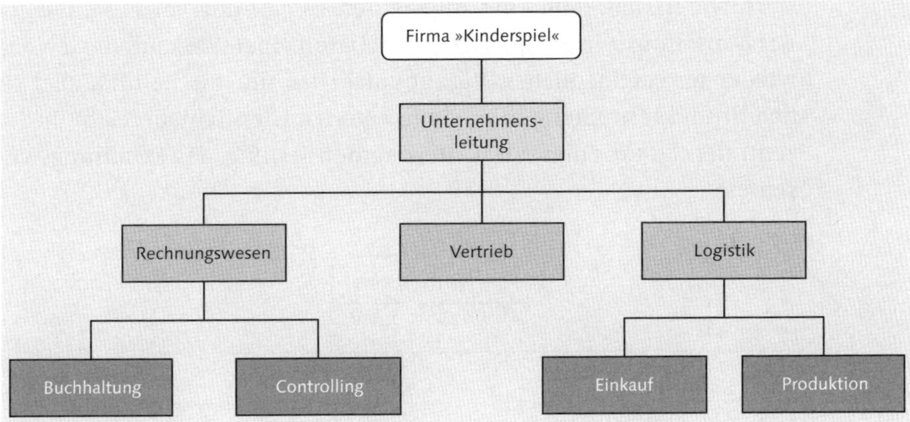

Abbildung 4.95 Beispiel für die Kostenstellenhierarchie bei einem Produktionsunternehmen

Die Planung erfolgt überwiegend manuell; man erwägt den Einsatz der Ressourcenplanung im Bereich Produktion, um die Personalkosten zu planen. Da man im Ist Umlagen in CO-PA einsetzt, werden diese auch entsprechend im Plan verwendet.

Die Obligoverwaltung wird nicht eingesetzt, da nur wenige Bestellungen auf Kostenstellen kontiert werden. Dies betrifft zum großen Teil Büromaterial, das wiederum nur einen geringen Teil der Gesamtkosten ausmacht.

Im Ist – wie auch im Plan – werden Gemeinkostenzuschläge eingesetzt, um die Kosten der Lagerkostenstelle an Fertigungsaufträge zu verrechnen. Zum Periodenabschluss werden die Gemeinkosten des Rechnungswesens und des Vertriebs sowie die Restkosten der Logistik-Kostenstellen an Ergebnisobjekte umgelegt, um eine GuV nach dem Umsatzkostenverfahren in CO-PA zu gewährleisten (mehr Informationen zu diesem Thema finden Sie in Kapitel 8, »Ergebnis- und Marktsegmentrechnung«).

4.7.3 Einsatz der Kostenstellenrechnung bei einem Großhändler

Bei unserem Großhändler *Hightech-Handel* ist die Kostenstellenstruktur nach Produktgruppen ausgerichtet, da diese auch jeweils von unterschiedlichen Verantwortlichen geführt werden (siehe Abbildung 4.96). Jeder Produktgruppenbereich ist dabei gleich organisiert, wie in der Abbildung angedeutet: Es gibt dort jeweils ein eigenes Marketing, einen eigenen Vertrieb und einen Einkauf, die jeweils wieder unterschiedlichen Verantwortlichen unterstehen. Parallel zu den Produktgruppen gibt es einen eigenen Hierarchiebereich für die zentralen Funktionen wie Unternehmensleitung, IT, Rechnungswesen etc.

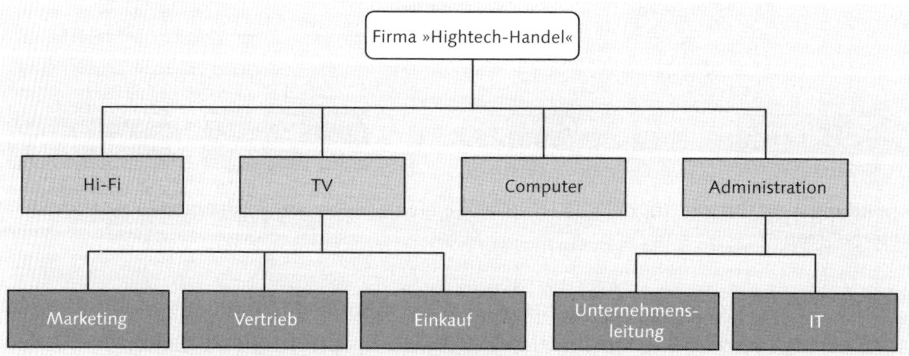

Abbildung 4.96 Beispiel für die Kostenstellenhierarchie beim Großhandel

In diesem Handelsunternehmen wird ausschließlich manuell geplant; es bestehen keine direkten Leistungsbeziehungen zwischen den Kostenstellen, und es gibt keine Verwendung für z. B. den Einsatz der Ressourcenplanung. Die Verrechnung der Gemeinkosten im Ist erfolgt über die Prozesskostenrechnung (siehe weiter unten); alle dort verwendeten Verrechnungen werden auch im Plan durchgeführt.

Die Obligoverwaltung wird in diesem Unternehmen nicht genutzt, da auch hier nur wenige Bestellungen auf Kostenstellen kontiert werden, die zudem keinen wesentlichen Teil der Kosten ausmachen.

Im Ist finden keine Verrechnungen an andere Kostenstellen vom Zentralbereich aus statt; dies liegt vor allem daran, dass man hier nach dem Gemeinkostenverfahren berichtet und keine Aufteilung der Administrationskosten in die Produktgruppen vornimmt. Wie beim Produktionsunternehmen werden jedoch die Administrationskosten per Umlage in CO-PA verrechnet, während die Vertriebskosten innerhalb der Produktgruppen über die Prozesskostenrechnung verrechnet werden (weitere Informationen dazu erhalten Sie in Kapitel 6, »Prozesskostenrechnung«).

4.7.4 Einsatz der Kostenstellenrechnung bei einem Dienstleistungsunternehmen

Bei unserem dritten Beispielunternehmen, der Firma *RM Consulting*, hat man sich eine regionale Struktur aufgebaut, da das Unternehmen entsprechend organisiert ist. Die einzelnen Niederlassungen in den verschiedenen Teilen Deutschlands sind dabei alle gleich aufgeteilt in die unterschiedlichen Beratungssegmente (Prozessberatung, SAP und Oracle), sofern diese dort vertreten sind (siehe Abbildung 4.97). So gibt es z.B. im östlichen Büro keine Beratung für Oracle-Software, entsprechend fehlt diese Kostenstelle dort. Das Rechnungswesen ist zentral im Süden angesiedelt und ist für das gesamte Unternehmen zuständig, entsprechend gibt es in den anderen Regionen keine Kostenstelle für Rechnungswesen.

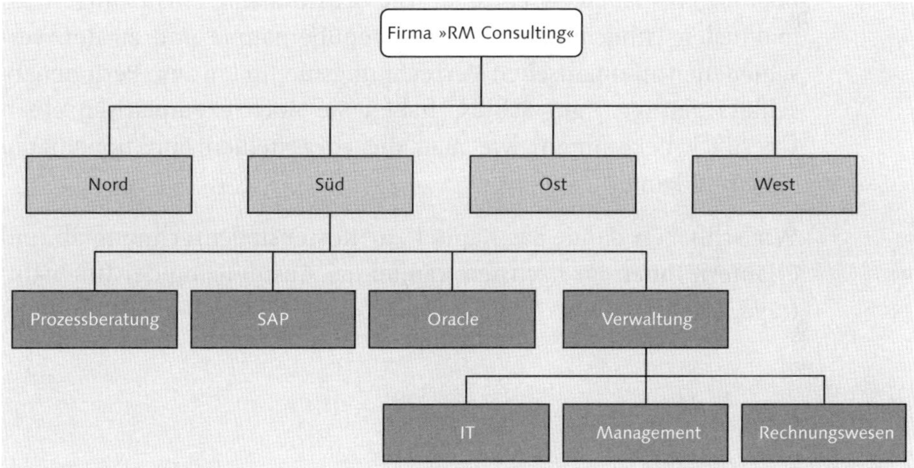

Abbildung 4.97 Beispiel für die Kostenstellenhierarchie beim Dienstleistungsunternehmen

Die Kostenstellenplanung erfolgt überwiegend manuell; für die Planung von Reisekosten setzt man die Ressourcenplanung ein, indem man z.B. je einwöchiger Dienstreise einen pauschalen Durchschnittssatz annimmt.

Eine Obligoverwaltung für Kostenstellen ist auch in diesem Unternehmen nicht relevant, da auch hier lediglich Büromaterial auf Kostenstellen beschafft wird – Bahn- und Flugtickets sowie Mietwagen werden ohne Bestellungen im SAP-System beschafft.

Zum Periodenabschluss werden die Verwaltungskosten per Verteilung an alle Regionen in CO-PA verrechnet; alle anderen Gemeinkosten werden ebenfalls an Ergebnisobjekte umgelegt.

4.8 Zusammenfassung

Sie haben nun alle wesentlichen Customizing-Einstellungen zur Kostenstellenrechnung kennengelernt. Sie kennen nun die grundlegenden Typen von Stammdaten wie Kostenstellen, Leistungsarten und statistische Kennzahlen sowie die verschiedenen Möglichkeiten, diese zu gruppieren. Wir haben Ihnen gezeigt, welche Möglichkeiten zur Planung Ihnen zur Verfügung stehen und wie Sie die Funktionalitäten Obligo und Mittelbindung konfigurieren. Im Rahmen der Istbuchungen haben wir Ihnen die Customizing-Einstellungen zu manuellen Istbuchungen, zur Istdatenübernahme und zu den verschiedenen automatischen Verrechnungsmethoden zum Periodenabschluss gezeigt. Zum Schluss haben Sie noch exemplarisch einen Überblick bekommen, wie man die vorgestellten Funktionalitäten einsetzen kann.

Wir schließen damit das Kapitel zur Kostenstellenrechnung ab und erläutern Ihnen im nächsten Kapitel das Customizing der Innenaufträge.

Innenaufträge setzen Sie ein, um zeitlich begrenzte Initiativen abzubilden, zu denen Kosten und/oder Erlöse anfallen. Mittels der Statusverwaltung steuern Sie den Lebenszyklus eines Auftrags.

5 Innenaufträge

Innenaufträge dienen dazu, Kosten und gegebenenfalls auch Erlöse zuzuordnen, die zeitlich beschränkt entstehen. In der Regel handelt es sich dabei um Initiativen wie Forschungsprojekte, Messestände oder auch Kundenprojekte, die besonders und aus der Kostenstellenrechnung herausgelöst ausgewertet werden sollen. Wir bieten Ihnen in diesem Kapitel zunächst einen Überblick über die betriebswirtschaftlichen Grundlagen sowie die technischen Möglichkeiten der Innenaufträge. Wir veranschaulichen auch, in welchem Kontext sich diese Komponente in den Gesamtkontext des Controllings einfügt. Im nächsten Abschnitt gehen wir kurz darauf ein, welche Voraussetzungen Sie schaffen müssen, um Innenaufträge einsetzen zu können. Außerdem erfahren Sie, wie Sie die Funktionalität der Innenaufträge aktivieren. Die Grundlage für die weitere Planung und Verarbeitung von Istdaten bieten die Auftragsstammdaten. Wir zeigen Ihnen, wie Sie eigene Auftragsarten definieren und wie Sie die Bildschirmgestaltung individuell einrichten können. Sie lernen außerdem das Konzept der Statusverwaltung kennen. In Abschnitt 5.4, »Planung«, stellen wir Ihnen die unterschiedlichen Werkzeuge vor, die Sie zur Planung einsetzen können. Den größten Teil dabei nimmt das *Easy Cost Planning* ein, das eine komfortable Planungsumgebung bietet und auf der Template-Technik basiert. Als Nächstes lernen Sie die Budgetierung und Verfügbarkeitskontrolle kennen. Anhand dieser Funktionalität können Sie sicherstellen, dass einmal genehmigte Budgets für Aufträge nicht überschritten werden dürfen.

Die Funktionalität *Obligo und Mittelbindung* kennen Sie bereits aus Kapitel 4, »Kostenstellenrechnung«. Wir gehen daher nur kurz darauf ein. Im Anschluss kommen wir zu den Istbuchungen. Neben den allgemeinen Einstellungen geben wir Ihnen einen kurzen Überblick über die Möglichkeiten zur periodischen Verrechnung, die analog zur Kostenstellenrechnung funktioniert. Ausführlicher gehen wir dann auf die Themen Verzinsung, Ergebnisermittlung und Abrechnung ein. Wir beenden das Kapitel wieder mit Beispielen, wie Innenaufträge in verschiedenen Branchen eingesetzt werden können.

5.1 Überblick

Innenaufträge als temporäre Objekte

Bei *Innenaufträgen* handelt es sich um Controlling-Objekte im Gemeinkosten-Controlling, die anders als Kostenstellen temporärer Natur sind. Während Kostenstellen die Unternehmensstruktur abbilden, die zumindest über ein Geschäftsjahr relativ konstant bleibt, sind Innenaufträge dafür gedacht, die zeitlich beschränkte Entstehung von Kosten zuzuordnen, die keiner Kostenstelle zugeordnet werden können oder sollen. Dies können zum einen Sondereffekte sein, die keinem alleinigen Verantwortlichen in der Kostenstellenhierarchie belastet werden können, zum anderen aber auch Initiativen, an denen mehrere Kostenstellen beteiligt sind. Zum Beispiel wollen Sie dann auswerten, wie viele Kosten insgesamt für eine Initiative angefallen sind; über die Abrechnung oder eine periodische Umbuchung können Sie die Kosten dann an die beteiligten Kostenstellen verrechnen.

[zB]

Einsatz von Innenaufträgen

Innenaufträge können Sie z.B. für folgende Anwendungen einsetzen:

- Bei Messeständen sammeln Sie die gesamten aufgelaufenen Primärkosten wie auch Leistungsverrechnungen von den beteiligten Kostenstellen, um die Gesamtkosten für den Stand zu ermitteln.
- Außerordentliche Umstrukturierungsmaßnahmen können Sie als Innenaufträge abbilden, da diese in der Regel in der Kostenstellenrechnung nicht geplant wurden und ansonsten das Ergebnis verzerren würden.

In Abbildung 5.1 sehen Sie, wie Sie z.B. die Kosten für Messeaufträge mithilfe von Innenaufträgen transparenter darstellen können. Verwenden Sie keine Aufträge, so buchen Sie sämtliche Messekosten auf Ihre Marketing-Kostenstelle und können hinterher auf der Kostenstelle nicht mehr erkennen, wie hoch jeweils die Kosten der einzelnen Messeauftritte waren. Verwenden Sie hingegen Aufträge, so können Sie je Messeauftritt die Kosten im Detail auswerten. Diese Aufträge können Sie dann mittels sekundärer Abrechnungskostenarten an die Marketing-Kostenstelle verrechnen, um die Messekosten dort kumuliert darzustellen.

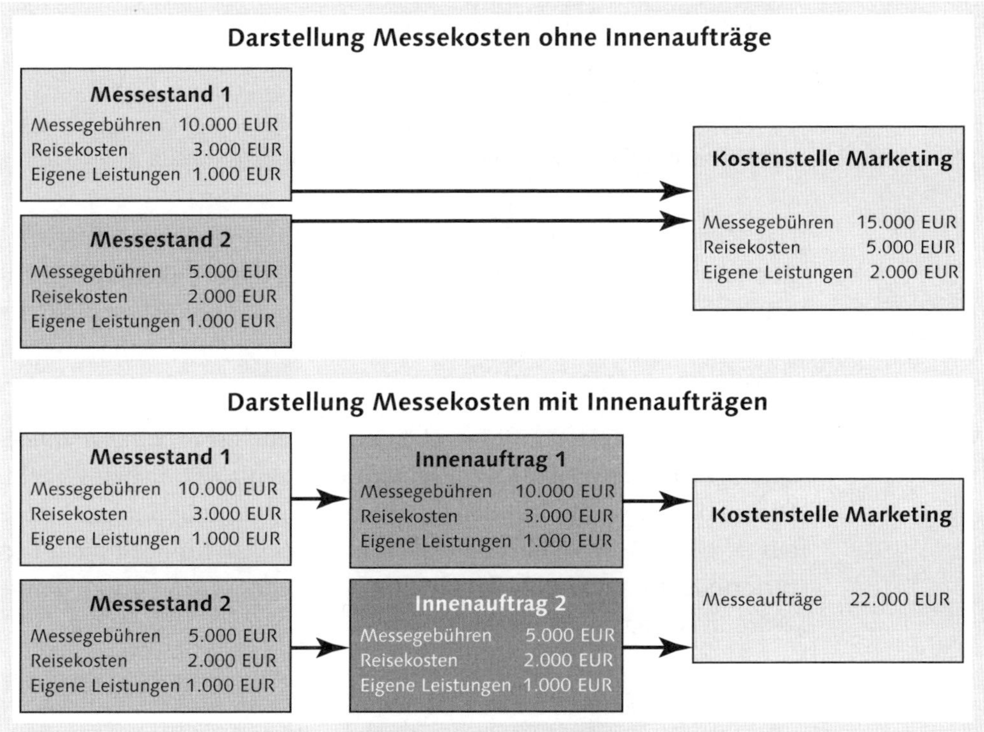

Abbildung 5.1 Darstellung von Messekosten mittels Innenaufträgen

Was sind statistische Innenaufträge?

Eine Sonderstellung nehmen die *statistischen Innenaufträge* ein. Dabei handelt es sich um keine echten Controlling-Objekte, sondern sie sind immer einer Kostenstelle zugeordnet. Sie können auf statistische Innenaufträge zwar Kosten kontieren, diese werden aber auf dem Auftrag nur statistisch gebucht, während die Istbuchung auf der zugeordneten Kostenstelle erfolgt. Während die Kosten ergebniswirksam der Kostenstelle zugeordnet sind, können Sie gleichwohl die Kosten auswerten, die auf dem statistischen Auftrag gebucht wurden. Eine solche Vorgehensweise ist immer dann sinnvoll, wenn die Kosten für einen Auftrag zwar zu 100% einer einzelnen Kostenstelle zugeordnet werden sollen, Sie aber trotzdem eine detailliertere Auswertungsmöglichkeit unterhalb der Kostenstelle benötigen.

[zB]

Nutzung von statistischen Innenaufträgen

Denkbare Beispiele für die Anwendung von statistischen Innenaufträgen sind u.a.:

- Ihr Fuhrpark besteht organisatorisch aus einer Kostenstelle und verwaltet unter anderem Leasingfahrzeuge. Um die angefallenen Kosten je Fahrzeug darzustellen, können Sie statistische Innenaufträge einsetzen.
- In der Forschung und Entwicklung arbeiten Sie ebenfalls mit nur einer Kostenstelle, Sie wollen aber nachverfolgen, wie viel Aufwand auf die einzelnen Forschungsprojekte entfallen ist. Auch hier können Sie statistische Aufträge verwenden, um die Forschungsprojekte abzubilden.

Das Konzept der statistischen Buchungen ist somit notwendig, um Kosten aus zwei verschiedenen Blickwinkeln darzustellen, sie gleichzeitig aber nicht doppelt im Ist zu erfassen. Sie können statistische Buchungen anhand des Werttyps in Berichten von den Istbuchungen getrennt darstellen.

Was sind erlösführende Innenaufträge?

Neben reinen Kostenaufträgen können Sie auch *erlösführende Innenaufträge* einsetzen, um etwa kleinere Kundenprojekte abzuwickeln. Diese können Sie mit Kundenaufträgen im SD verknüpfen, um Erlöse auf den Aufträgen zu buchen. Es ist auch möglich, für noch nicht fakturierte Aufträge mittels der Ergebnisermittlung zum Periodenende Ware in Arbeit zu ermitteln.

[zB]

Erlösführende Aufträge

Beispiele für erlösführende Innenaufträge sind:

- Kleinere Projekte, die für Kunden durchgeführt und entsprechend fakturiert werden. Der Innenauftrag dient dabei zum einen dazu, sämtliche aufgelaufenen Kosten zu sammeln, und zum anderen, diese den Erlösen gegenüberzustellen, um die Marge des Projekts zu ermitteln.
- Förderprojekte, auf denen Zuschüsse von öffentlichen Institutionen oder auch anderen Wirtschaftsunternehmen gesammelt werden. Diese dienen dann dazu, nachzuweisen, wie die Mittel verwendet wurden.

Statusverwaltung zur Steuerung des Lebenszyklus

Um den temporären Charakter der Innenaufträge abzubilden, setzen Sie Status ein. Jeder Innenauftrag hat einen Status, der beschreibt, wo im Lebenszyklus er sich gerade befindet; davon abhängig sind unterschiedliche betriebswirtschaftliche Vorgänge zum Auftrag erlaubt.

Auftragsstatus [zB]

Die folgenden Status kann ein Auftrag üblicherweise durchlaufen:

- *Eröffnet* bedeutet, dass Sie auf dem Auftrag planen, aber nicht im Ist buchen dürfen.
- *Freigegebene Aufträge* erlauben sowohl Änderungen am Plan als auch Istbuchungen.
- Ist ein Auftrag *technisch abgeschlossen*, können Sie noch Buchungen erfassen, den Plan aber nicht mehr ändern.
- An *abgeschlossenen Aufträgen* sind keinerlei Änderungen mehr möglich.

Abgrenzung der Innenaufträge von Projekten

Innenaufträge sind reine Controlling-Objekte, die über keinerlei Anbindung an die Logistik verfügen. Sie sind deshalb nur begrenzt dafür geeignet, komplexe Projekte abzubilden, insbesondere solche, bei denen in großem Umfang Material geplant, beschafft und versendet werden soll. Derartige komplexe Vorgänge können Sie mit Innenaufträgen nicht steuern, und Sie sollten dann auf Projekte zurückgreifen. Projekte sind Bestandteil des Projektsystems (Komponente PS) und bieten eben jene Anbindung an die Logistik, die bei größeren Vorhaben vonnöten ist. Das Projektsystem ist nicht Bestandteil dieses Buches, ausführliche Informationen dazu finden Sie aber in unserem Buch *Projektcontrolling mit SAP*, das auch bei SAP PRESS erschienen ist.

Unterschiedliche Auftragsarten

Wie Sie nun bereits gesehen haben, können Innenaufträge unterschiedlichen Zwecken dienen, und es ist auch gut möglich, dass Sie sie für mehrere Zwecke parallel einsetzen. Um für bestimmte Aufträge unterschiedliche Funktionalitäten zu erlauben oder Stammdatenfelder ein- bzw. auszublenden, definieren Sie Auftragsarten. Jeder Auftrag gehört zu genau einer Auftragsart; damit ist er zum einen eindeutig klassifiziert und bietet zum anderen genau die für seinen Zweck vorgesehenen Funktionen.

Schnittstellen der Innenaufträge

Wie Sie in Abbildung 5.2 sehen können, besitzen Innenaufträge vor allem Schnittstellen zur Kostenstellenrechnung und zur Ergebnisrechnung. Werteflüsse zwischen Kostenstellen und Innenaufträgen bestehen in der Regel aus Leistungsverrechnungen; falls Sie diese einsetzen wollen, sollten Sie die Kostenstellenrechnung bereits aktiviert haben, bevor Sie Innenaufträge einführen, oder beide Komponenten zumindest parallel implementieren. Die Verknüpfung zur Ergebnisrechnung besteht darin, dass Sie Innenaufträge an Ergebnisobjekte abrechnen oder über eine periodische Umbuchung verrechnen können. Wie alle anderen Controlling-Objekte müssen Sie auch Innenaufträge einem Profit-Center zuordnen, wenn Sie die Profit-Center-Rechnung einsetzen.

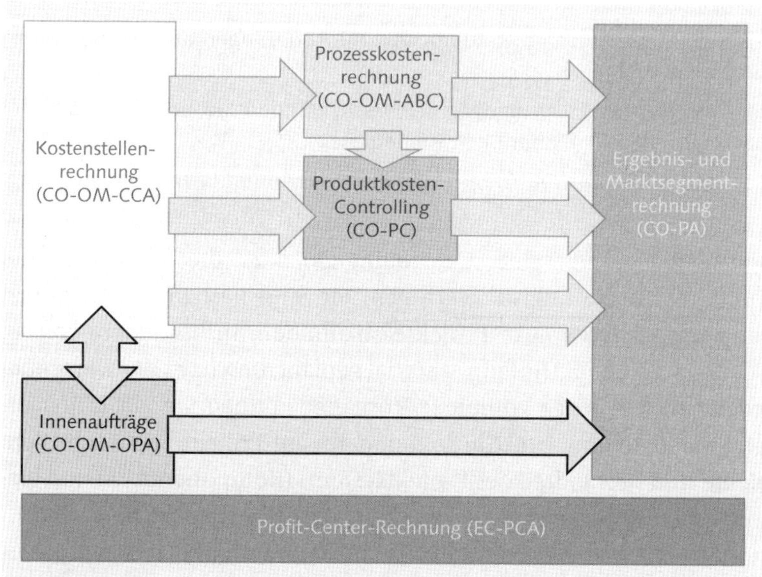

Abbildung 5.2 Einordnung der Innenaufträge in das Gesamtkonzept der Komponente CO

Wir zeigen Ihnen nun, welche Customizing-Einstellungen Sie für Innenaufträge vornehmen. Wir beginnen mit den Voraussetzungen und Grundeinstellungen.

5.2 Voraussetzungen und Grundeinstellungen

Notwendige Organisationseinheiten

Um mit Innenaufträgen arbeiten zu können, müssen Sie mindestens die folgenden Einstellungen zur Organisationsstruktur und zu den Nummernkreisen bereits vorgenommen haben:

- Buchungskreis anlegen (inklusive Geschäftsjahresvariante und Kontenplan) (siehe Abschnitt 2.1.1, »Buchungskreis«)
- Kostenrechnungskreis anlegen und dem Buchungskreis zuordnen (siehe Abschnitt 2.1.5, »Kostenrechnungskreis«)
- Nummernkreise definieren (siehe Abschnitt 2.2.1, »Nummernkreise«)

Außerdem müssen Sie die Auftragsverwaltung im Kostenrechnungskreis noch aktivieren. Dies tun Sie im Customizing über CONTROLLING • INNENAUFTRÄGE • AUFTRAGSVERWALTUNG IM KOSTENRECHNUNGSKREIS AKTIVIEREN (Transaktion OKKP). Wählen Sie Ihren Kostenrechnungskreis aus, und setzen Sie dann den Parameter AUFTRAGSVERWALTUNG auf KOMPONENTE AKTIV (siehe Abbildung 5.3).

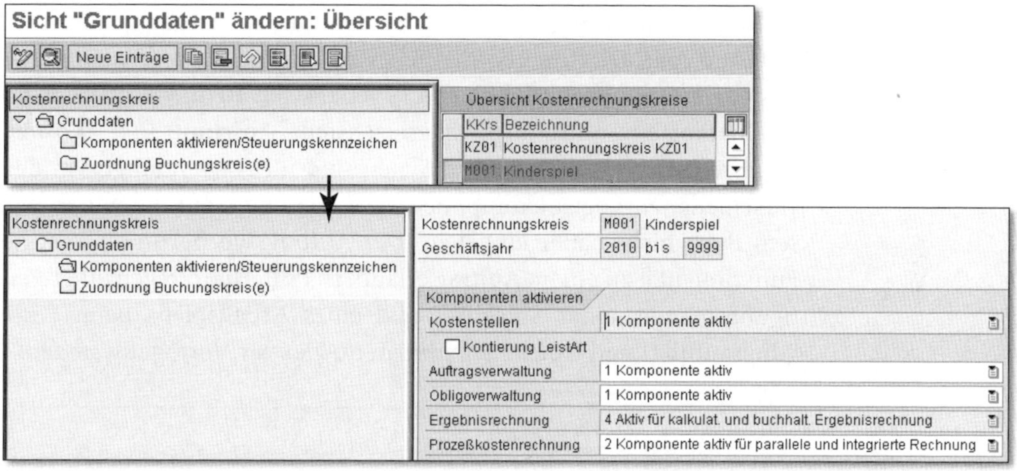

Abbildung 5.3 Auftragsverwaltung im Kostenrechnungskreis aktivieren

Wenn Sie diesen Schritt abgeschlossen haben, können Sie mit den Einstellungen für Stammdaten fortfahren.

5.3 Auftragsstammdaten

In diesem Abschnitt zeigen wir Ihnen, wie Sie Auftragsarten anlegen und so einstellen, dass sie Ihren Anforderungen genügen. Im nächsten Schritt lernen Sie die Einstellungen für Nummernkreise und zur Statusverwaltung kennen. Sie lernen außerdem, welche Möglichkeiten Sie haben, um den Bildschirmaufbau von Innenaufträgen individuell zu gestalten.

5.3.1 Auftragsarten

Auftragsarten definieren

Wie im Überblick bereits erwähnt, sind Innenaufträge in Auftragsarten klassifiziert. Die Auftragsarten dienen dazu, ähnliche Aufträge zu identifizieren, sie einem (gegebenenfalls eigenen) Nummernkreis zuzuordnen und die Stammdatenfelder zu gestalten. Sie definieren neue Auftragsarten im Customizing über CONTROLLING • INNENAUFTRÄGE • AUFTRAGSSTAMMDATEN • AUFTRAGSARTEN DEFINIEREN (Transaktion KOT2_OPA). Wie Sie in Abbildung 5.4 sehen, sind die Auftragsarten wiederum verschiedenen *Auftragstypen* zugeordnet. Im Grunde sind die Innenaufträge, mit denen wir uns in diesem Kapitel beschäftigen, nur ein Ausschnitt der verschiedenen Auftragstypen, die im System zur Verfügung stehen. Zu den Innenaufträgen gehören die Auftragstypen 01 (Innerbetrieblicher Auftrag), 02 (Abgrenzungsauftrag) und 03 (Musterauftrag). Die Typen 04, 05, 10 und 40 werden im Produktkosten-Controlling eingesetzt (siehe Abschnitt 7.4, »Kostenträgerrechnung«), alle anderen Typen sind für Anwendungen in den verschiedenen Logistikkomponenten vorgesehen, auf die wir in diesem Buch nicht näher eingehen. Der Auftragstyp bestimmt, welche Funktionalität zu einem Auftrag erlaubt ist (z. B. Hinterlegen einer Fertigungsmenge, einer Stückliste und eines Arbeitsplans beim Fertigungsauftrag) und welche Stammdatenfelder zur Verfügung stehen.

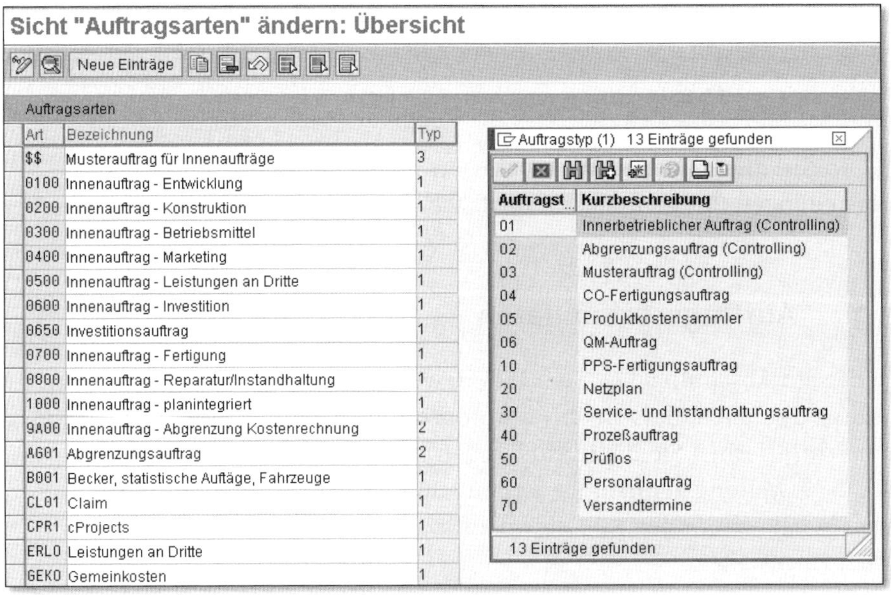

Abbildung 5.4 Auftragsstammdaten und Auftragstypen

Wenn Sie eine neue Auftragsart anlegen, wählen Sie den Auftragstyp aus und vergeben einen Schlüssel sowie eine Bezeichnung (siehe Abbildung 5.5). Im Beispiel haben wir eine Auftragsart erstellt, um

Messeaufträge abzubilden. Sie können an dieser Stelle auch bereits ein Nummernkreisintervall zuordnen (weitere Informationen zu Nummernkreisen finden Sie weiter unten).

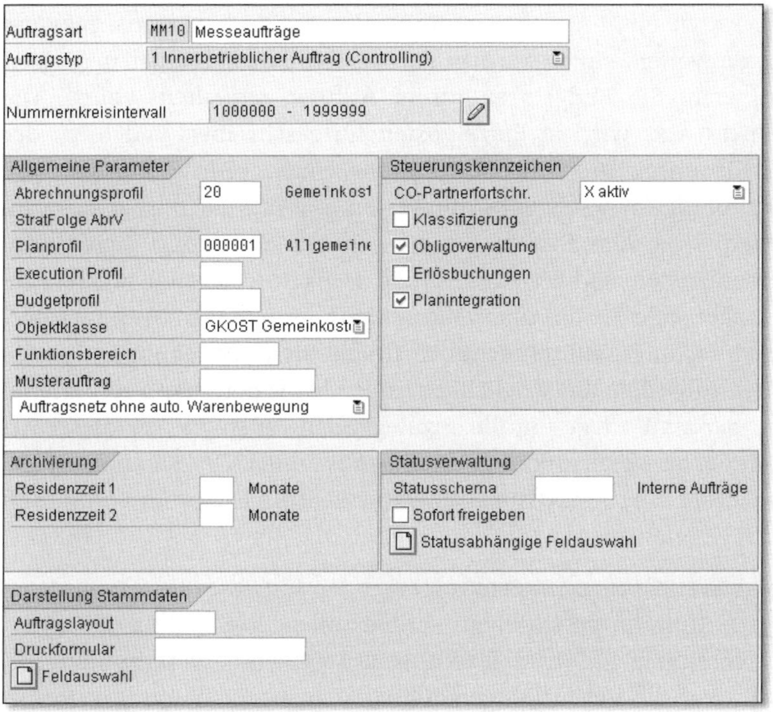

Abbildung 5.5 Auftragsart anlegen

Zuordnung von Nummernkreisen in einer Mehrsysteme-Landschaft [«]

Wenn Sie eine Mehrsysteme-Landschaft im Einsatz haben, sollten Sie in Ihrem Entwicklungssystem den Auftragsarten keine Nummernkreise zuordnen. Wenn Sie die Auftragsart anschließend transportieren, wird dadurch im Zielsystem die Zuordnung der Auftragsarten zu den Nummernkreisen durcheinandergebracht. Sie müssen diese dann manuell wieder neu zuordnen und dabei sicherstellen, dass zur selben Zeit niemand neue Aufträge anlegt, damit diese nicht im falschen Nummernkreis landen.

Allgemeine Parameter festlegen

Sie können nun einige Voreinstellungen vornehmen, die in alle Aufträge dieser Auftragsart direkt beim Anlegen eingetragen werden. Der Anwender kann diese später noch ändern (falls Sie dies über die Feldauswahl zulassen, die wir etwas weiter unten erläutern). Im Block Allgemeine Parameter hinterlegen Sie ein Abrechnungspro-

FIL für den Fall, dass Sie den Auftrag abrechnen wollen (siehe dazu Abschnitt 5.7.5, »Abrechnung«), und ordnen gegebenenfalls eine Strategiefolge für die Ermittlung der Abrechnungsvorschrift (STRAT-FOLGE ABRV) zu. Für die Planung (siehe Abschnitt 5.4) tragen Sie ein PLANPROFIL ein, und falls Sie die Funktionalität EXECUTION SERVICES nutzen wollen, ein EXECUTION PROFIL. Das BUDGETPROFIL benötigen Sie, wenn Sie Budgets zu Ihrem Auftrag verwalten wollen. Die OBJEKTKLASSE wird in Einzelposten fortgeschrieben und dient der Klassifizierung des Innenauftrags für weitere Auswertungen, wie etwa für die Analyse von Kostenflüssen. Die Klassen, die zur Auswahl stehen, sind vom System fest vorgegeben: Fertigung, Investition, Gemeinkosten und Vertrieb. Einen FUNKTIONSBEREICH müssen Sie eintragen, falls Sie das Umsatzkostenverfahren nutzen (weitere Informationen zu Funktionsbereichen finden Sie in Abschnitt 2.1.4). Sie haben außerdem die Möglichkeit, einen MUSTERAUFTRAG zu hinterlegen, der als Vorlage für alle anzulegenden Innenaufträge dieser Art dient (siehe weiter unten in diesem Abschnitt). Der Parameter AUFTRAGSNETZ O. AUTOMATISCHE WARENBEWEGUNG ist nur für Fertigungsaufträge relevant.

Steuerungskennzeichen einstellen

Unter STEUERUNGSKENNZEICHEN legen Sie fest, wie Bewegungsdaten zum Auftrag fortgeschrieben werden sollen: Wenn die CO-Partnerfortschreibung (CO-PARTNERFORTSCHR.) aktiv ist, werden Summensätze über die Verbuchungen zwischen zwei Innenaufträgen fortgeschrieben. Ist diese aktiv, können Sie eine Binnenumsatzeliminierung auf Auftragsebene durchführen, erhöhen damit aber die Zahl der im System erzeugten Belege. Entsprechend können Sie das Belegaufkommen reduzieren, wenn Sie diesen Parameter deaktivieren. Die KLASSIFIZIERUNG bewirkt, dass die Auftragsstammdaten unter bestimmten Merkmalen zusammengefasst werden und anhand dieser im Informationssystem auswertbar sind. Sie müssen den Schalter OBLIGOVERWALTUNG aktivieren, falls Sie Obligo zu Aufträgen dieser Art fortschreiben wollen (siehe Abschnitt 5.6, »Obligo und Mittelbindung«). Für den Fall, dass Sie Innenaufträge dieser Auftragsart wie ein Kleinprojekt einsetzen wollen (siehe Abschnitt 5.1, »Überblick«) und Erlöse auf ihnen verbuchen wollen, müssen Sie den Parameter ERLÖSBUCHUNGEN einschalten. PLANINTEGRATION schließlich bedeutet, dass Leistungsaufnahmen, die Sie zum Auftrag planen, automatisch auf den sendenden Kostenstellen bzw. Geschäftsprozessen als Bedarf fortgeschrieben werden.

Residenzzeit für die Archivierung

Die Parameter RESIDENZZEIT 1 und RESIDENZZEIT 2 im Block ARCHIVIERUNG bestimmen, wie lange Aufträge im System verbleiben müssen, bevor sie archiviert werden. Die Archivierung verläuft in drei Schritten – zunächst wird für abgeschlossene Aufträge eine Löschvormerkung gesetzt, dann für Aufträge mit Löschvormerkung ein Löschkennzeichen, und im dritten Schritt werden Aufträge mit Löschkennzeichen aus der Datenbank gelöscht. Die RESIDENZZEIT 1 gibt die Mindestdauer zwischen dem Setzen der Löschvormerkung und des Löschkennzeichens an, RESIDENZZEIT 2 die Zeitspanne zwischen dem Setzen des Löschkennzeichens und dem endgültigen Löschen.

Unter STATUSVERWALTUNG können Sie bei Bedarf ein STATUSSCHEMA angeben (tun Sie dies nicht, wird das Standardschema verwendet). Aktivieren Sie den Parameter SOFORT FREIGEBEN, werden Aufträge beim Anlegen sofort automatisch freigegeben. Weitere Informationen zur Statusverwaltung finden Sie in Abschnitt 5.3.3. Dort erläutern wir auch genauer die Funktionsweise des Buttons STATUSABHÄNGIGE FELDAUSWAHL.

Drucklayout hinterlegen

Im BLOCK DARSTELLUNG STAMMDATEN schließlich hinterlegen Sie ein AUFTRAGSLAYOUT, über das Sie steuern, welche Stammdaten zu Innenaufträgen dieser Art dargestellt werden und wie diese angeordnet sein sollen. Wie Sie ein Auftragslayout definieren, erklären wir weiter unten. Sie haben außerdem die Möglichkeit, ein DRUCKFORMULAR einzutragen, um die Stammdaten eines Innenauftrags auszudrucken. Dies ist z.B. eine übliche Vorgehensweise, um für einen Investitionsauftrag eine Bedarfsanmeldung auszudrucken, die vom Anwender ausgefüllt und unterschrieben werden muss. Das Druckformular selbst erstellen Sie in SAPscript über CONTROLLING • INNENAUFTRÄGE • AUFTRAGSSTAMMDATEN • AUFTRAGSDRUCK VORBEREITEN (Transaktion SE71). Bei SAPscript handelt es sich um eine umfangreiche Funktionalität in SAP ERP, die an vielen Stellen Verwendung findet, wo Formulare gedruckt werden sollen. Im Rahmen dieses Buches können wir sie allerdings nicht weiter im Detail erläutern.

Feldauswahl festlegen

Über den Button FELDAUSWAHL können Sie einstellen, welche der möglichen Stammdatenfelder für Innenaufträge überhaupt dargestellt werden sollen (siehe Abbildung 5.6). Sie entscheiden hier je Feld, ob es gar nicht dargestellt werden soll (AUSBLENDEN), angezeigt wird, aber nicht eingabebereit ist (ANZEIGEN), eingabebereit ist (EIN-

Gabe) oder gar ein Muss-Feld ist (Musseingabe). Wenn Sie den Parameter Hell aktivieren, wird das Feld zusätzlich hervorgehoben. Bitte beachten Sie, dass Sie an dieser Stelle lediglich einstellen, welche Felder überhaupt dargestellt werden; in welcher Anordnung sie in der Anwendung sichtbar sind, steuern Sie über das Auftragslayout, das wir weiter unten erläutern.

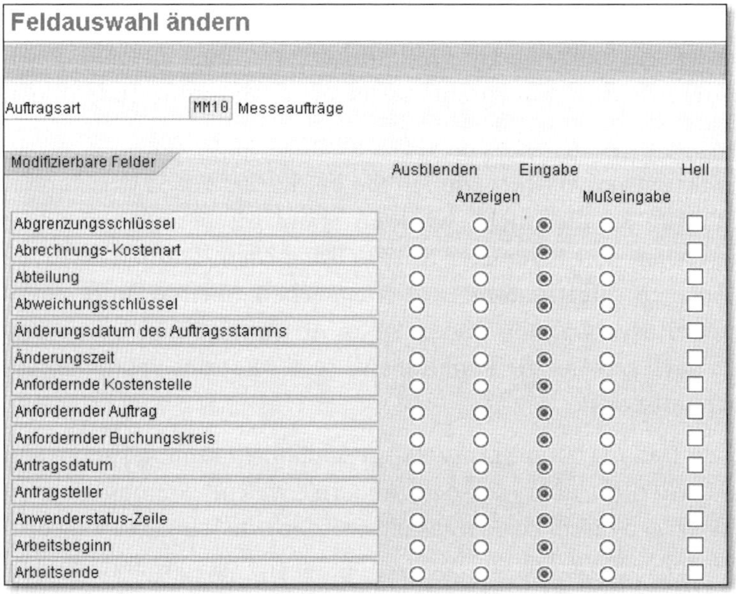

Abbildung 5.6 Feldauswahl für Auftragsstammdaten

[+]

Darstellung von Auftragsstammdaten

Grundsätzlich sollten Sie so wenige Felder anzeigen wie möglich, um den Anwender nicht mit Feldern zu verwirren, die er gar nicht benötigt. Sie sollten dabei aber auch bedenken, dass Sie Auftragsarten durch die Feldauswahl spezialisieren, d.h., Sie können dann jede Auftragsart in der Regel nur für einen Zweck einsetzen und benötigen für neue Anwendungszwecke jedes Mal eine neue Auftragsart. Dies kann in vielen Fällen auch wünschenswert sein, da Sie dann Aufträge für unterschiedliche Zwecke in Auswertungen anhand der Auftragsart oder des Nummernkreises auseinanderhalten können.

Über den Menüpfad Controlling • Innenaufträge • Auftragsstammdaten • Alt- und Fremddaten übernehmen (Transaktion OK09) können Sie Stammdaten für Innenaufträge aus Testdateien hochladen. Im Rahmen dieses Buches werden wir auf diese Funktionalität wie auch auf die Datenmigration im Allgemeinen nicht eingehen; für eine ausführliche Beschreibung dieses Themas verweisen wir auf unser Buch *SAP-Finanzwesen – Customizing*, das ebenfalls bei SAP PRESS erschienen ist.

Darüber hinaus finden Sie unter CONTROLLING • INNENAUFTRÄGE • AUFTRAGSSTAMMDATEN • ANTRAG AUF INNENAUFTRAGSSTAMMDATENÄNDERUNG eine weitere Schnittstelle zu einer SAP-Funktionalität, nämlich MELDUNGEN, die nicht Bestandteil dieses Buches ist.

5.3.2 Nummernkreise

Nummernkreise definieren

Wie bereits weiter oben erwähnt, werden die Auftragsstammdaten anhand ihrer Auftragsarten Nummernkreisen zugeordnet, d.h., Sie können für jede Auftragsart festlegen, in welchem Nummernkreis die zugeordneten Aufträge angelegt werden sollen. Sie können zwischen interner (die Nummer wird vom System automatisch vergeben) oder externer Nummernvergabe (Sie geben die Nummer manuell ein) wählen. Sie pflegen die Nummernkreise für Innenauftragsstammdaten über CONTROLLING • INNENAUFTRÄGE • AUFTRAGSSTAMMDATEN • NUMMERNKREISE FÜR AUFTRÄGE PFLEGEN (Transaktion KONK). Wie Sie Nummernkreise verwalten, haben wir in Abschnitt 2.2.1, »Nummernkreise«, beschrieben; für Innenaufträge ordnen Sie jede Auftragsart einer Gruppe zu und diese Gruppe dann einem Nummernintervall. Bitte beachten Sie, dass die Nummernkreise für Innenaufträge kostenrechnungskreisweit gelten und buchungskreisübergreifend sind. Falls Sie also je Buchungskreis und Auftragsart eigene Nummernintervalle verwalten wollen, müssen Sie je Anwendungszweck und Buchungskreis eine eigene Auftragsart anlegen.

5.3.3 Statusverwaltung

Statusschema anlegen

Status dienen dazu, im Lebenszyklus eines Auftrags unterschiedliche betriebswirtschaftliche Vorgänge zuzulassen oder zu verbieten. Der Initial-Systemstatus ist EROF (ERÖFFNET), der u.a. bewirkt, dass Sie keine Istbuchungen zu dem Auftrag erfassen können. Sie können erst buchen, wenn Sie in den nächsten Status, FREIGEGEBEN, wechseln.

Sobald der Auftrag weitgehend fertig ist, Sie aber z.B. noch den Kunden fakturieren werden, können Sie den Auftrag technisch abschließen. Damit sind dann keine Kosten-, wohl aber Erlösbuchungen erlaubt, und Sie können keine Planwerte mehr verändern. Mit dem Status Abgeschlossen schließlich ist der Auftrag endgültig zu Ende – Sie können danach keinerlei Änderungen mehr vornehmen und auch nicht mehr buchen. Um einen kompletten Überblick darüber zu bekommen, welche Vorgänge beim aktuellen Status erlaubt oder verboten sind, wählen Sie in der Auftragspflegetransaktion (im Anwendungsmenü z.B. KO02 oder KO04) Springen • Status und wechseln dann zur Registerkarte Betriebsw. Vorgänge. Zusätzlich zu den Systemstatus, die fest vom System vorgegeben sind, können Sie auch eigene Anwenderstatus definieren, in denen Sie selbst festlegen, welche betriebswirtschaftlichen Vorgänge erlaubt sind. Dazu müssen Sie im Customizing über Controlling • Innenaufträge • Auftragsstammdaten • Statusverwaltung • Statusschemata definieren (Transaktion OK02) ein *Statusschema* anlegen. Wir zeigen Ihnen nun anhand eines Beispiels, wie Sie ein Statusschema erstellen, das das Anlegen von Bestellungen im Initialstatus verhindert (dies ist nämlich im Standardstatusschema erlaubt und nicht immer erwünscht). Dazu legen wir zunächst ein neues Schema an, vergeben einen Schlüssel und einen Text und legen die Pflegesprache fest.

Wir legen zwei neue Status an: INIT und REL (siehe Abbildung 5.7). Wir vergeben zunächst für jeden Status eine Ordnungsnummer in der ersten Spalte (Ordn...) – diese dient zur eindeutigen Identifizierung. In der Spalte Initialstatus legen wir mit einem Häkchen fest, dass INIT der Initialstatus ist, also automatisch als erster Status gilt. Anhand der Spalten Niedrigste Ordnungsnummer und Höchste Ordnungsnummer verwalten wir die logische Reihenfolge der Status. Diese Einträge geben an, in welchen niedrigsten bzw. höchsten Status man vom entsprechenden Status wechseln darf.

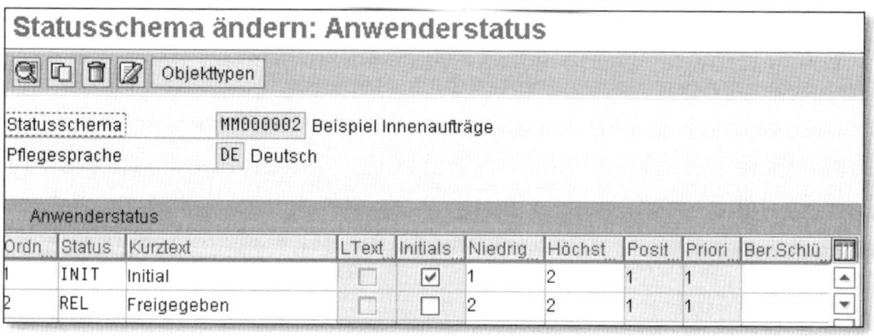

Abbildung 5.7 Status pflegen

Im Beispiel gilt für den Status INIT (Ordnungsnummer 1), dass man minimal in Status 1 (also denselben Status) und maximal in den Status mit der Ordnungsnummer 2 (also REL) wechseln darf. Dies bedeutet, dass Sie vom Initialstatus in den Folgestatus umschalten dürfen. Für den Status REL gilt hingegen, dass Sie minimal und maximal nur in Status 2 (also ebenfalls REL) springen dürfen. Damit haben wir festgelegt, dass Sie von Status REL nicht wieder in INIT zurückschalten können.

Im nächsten Schritt müssen Sie festlegen, für welche Objekttypen das Statusschema gelten soll. Die Statusverwaltung ist ein Konzept, das in unterschiedlichen Anwendungsbereichen von SAP ERP eingesetzt wird; Sie müssen daher zunächst kennzeichnen, dass sich das Schema auf Innenaufträge beziehen soll. Klicken Sie dazu auf den Button Objekttypen. Sie sehen dann eine Auswahlliste aller möglichen Objekttypen; wählen Sie den entsprechenden aus (siehe Abbildung 5.8). Kehren Sie dann über den Button Anwenderstatus wieder zurück.

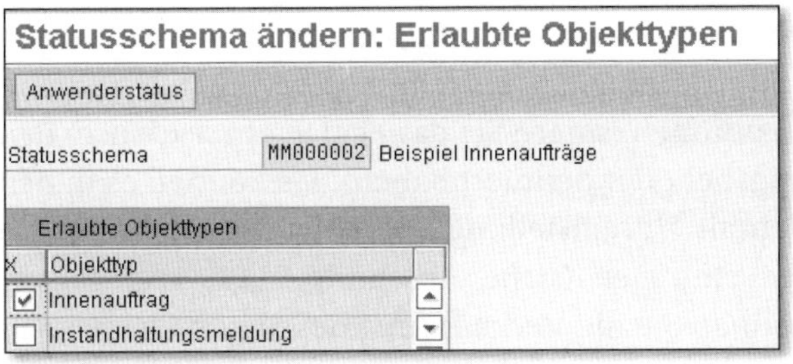

Abbildung 5.8 Objekttypen erlauben

Betriebswirtschaftliche Vorgänge über Status steuern

Nun können Sie festlegen, welche betriebswirtschaftlichen Vorgänge Sie über das Statusschema erlauben bzw. verbieten wollen. Führen Sie dazu in der Übersicht (siehe Abbildung 5.7) einen Doppelklick auf den entsprechenden Status aus. Sie sehen dann eine Liste aller Vorgänge, die Sie im Zusammenhang mit einem Innenauftrag beeinflussen können (siehe Abbildung 5.9). Im Spaltenblock Beeinflussung haben Sie die Möglichkeit, den jeweiligen Vorgang zu erlauben, mit einer Warnung zu versehen oder ganz zu verbieten. Die Standardeinstellung ist Kein Einfluss. Im Block Folgeaktion können Sie außerdem festlegen, dass eine bestimmte Aktion (wie z.B. das Freigeben des Auftrags) den betreffenden Status automatisch setzt. Dazu müssten Sie in der Zeile des betriebswirtschaftlichen Vorgangs Freigeben den Schalter in der Spalte Setzen aktivieren.

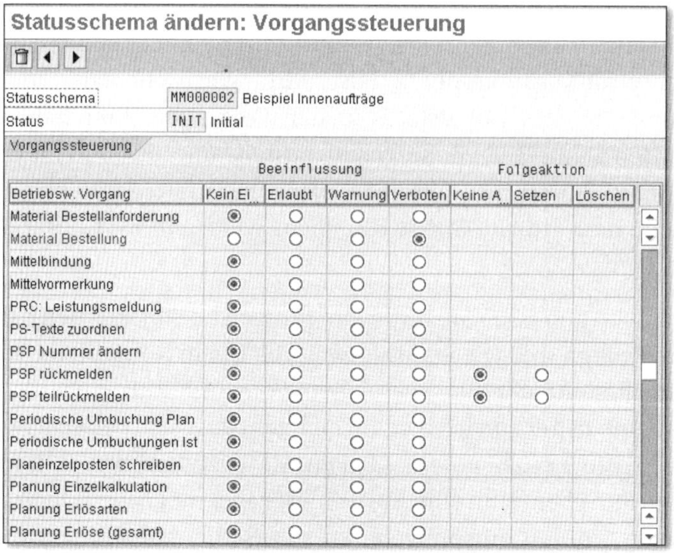
Statusschema ändern: Vorgangssteuerung

Statusschema MM000002 Beispiel Innenaufträge
Status INIT Initial

Vorgangssteuerung

	Beeinflussung				Folgeaktion		
Betriebsw. Vorgang	Kein Ei...	Erlaubt	Warnung	Verboten	Keine A...	Setzen	Löschen
Material Bestellanforderung	◉	○	○	○			
Material Bestellung	○	○	○	◉			
Mittelbindung	◉	○	○	○			
Mittelvormerkung	◉	○	○	○			
PRC: Leistungsmeldung	◉	○	○	○			
PS-Texte zuordnen	◉	○	○	○			
PSP Nummer ändern	◉	○	○	○			
PSP rückmelden	◉	○	○	○	◉	○	
PSP teilrückmelden	◉	○	○	○	◉	○	
Periodische Umbuchung Plan	◉	○	○	○			
Periodische Umbuchungen Ist	◉	○	○	○			
Planeinzelposten schreiben	◉	○	○	○			
Planung Einzelkalkulation	◉	○	○	○			
Planung Erlösarten	◉	○	○	○			
Planung Erlöse (gesamt)	◉	○	○	○			

Abbildung 5.9 Betriebswirtschaftliche Vorgänge durch Statusschema beeinflussen

Statusschema zuordnen

Sie haben damit ein Statusschema erstellt. Um es in Innenaufträgen verwenden zu können, können Sie es in bereits bestehenden Innenaufträgen manuell zuordnen (sofern Sie das Feld STATUSPROFIL in den Stammdaten als eingabebereit definiert haben). Sie können es in den Auftragsstammdaten als Voreinstellung vorgeben, indem Sie es im Feld STATUSSCHEMA eintragen (siehe Abschnitt 5.3.1, »Auftragsarten«). Alternativ können Sie die Verknüpfung des Statusschemas mit der Auftragsart auch über CONTROLLING • INNENAUFTRÄGE • AUFTRAGSSTAMMDATEN • STATUSVERWALTUNG • STATUSVERWALTUNG IN AUFTRAGSARTEN FESTLEGEN (Transaktion KOT2_OPA_STSMA) herstellen.

5.3.4 Bildschirmgestaltung

Bildschirme individuell gestalten

Neben der Auswahl der darzustellenden Felder können Sie auch den Aufbau des Pflegebildschirms für Innenaufträge umgestalten. Dazu hat SAP alle verfügbaren Felder logisch zu sogenannten *Gruppenrahmen* zusammengefasst. Es gibt einen Gruppenrahmen für die Zuordnungen, der alle Organisationsdaten wie Buchungskreis, Kostenrechnungskreis, Profit-Center etc. umfasst. Im Gruppenrahmen STEUERUNG finden sich die Parameter für Auftragswährung, Auftragstyp, Planintegration, Erlösführung etc. Sie können nun festlegen, in wie viele Abschnitte Sie die Pflegetransaktion für Innenaufträge aufteilen wollen und welche Gruppenrahmen je Abschnitt in welcher Reihenfolge dargestellt werden sollen. Beachten Sie dabei die Wechselwirkung mit der Feldauswahl (siehe Abschnitt 5.3.1, »Auftragsarten«) – haben Sie Felder ausgeblendet, werden sie nicht dargestellt, auch wenn Sie den entsprechenden Gruppenrahmen darstellen. Umgekehrt werden Felder, die Sie in der Feldauswahl eingeblendet haben, nicht angezeigt, wenn Sie den zugehörigen Gruppenrahmen nicht in Ihre Auswahl aufgenommen haben. Sie definieren die Bildschirmgestaltung über CONTROLLING • INNENAUFTRÄGE • AUFTRAGSSTAMMDATEN • BILDSCHIRMGESTALTUNG • AUFTRAGSLAYOUTS DEFINIEREN (siehe Abbildung 5.10). Zuerst wählen Sie den Abschnitt LAYOUTS ❶ und legen ein eigenes Layout an ❷. Dann bestimmen Sie über TITEL DER REGISTERKARTEN ❸ die Abschnitte, die Sie benötigen ❹. Sie geben jedem Abschnitt eine Nummer (Spalte RKARTE) und legen für jede benötigte Sprache (Spalte SPR...) eine Überschrift fest (TITEL REGISTERKA). Dann wählen Sie POSITION GRUPPENRAHMEN AUF REGISTERKARTEN ❺. Für jeden Abschnitt haben Sie nun bis zu fünf Positionen zur Verfügung (Spalte POSITION...), an denen Sie Gruppenrahmen platzieren können ❻. Abschnitt 01 ist dabei ganz oben auf dem Bildschirm und Abschnitt 05 entsprechend der unterste. Im Beispiel haben wir im Abschnitt ORGANISATION die Gruppenrahmen für die Zuordnungen, den Status und die Steuerung der Reihe nach angeordnet. Wenn Sie das Layout fertiggestellt haben, können Sie es in den Auftragsstammdaten zuordnen (siehe Abschnitt 5.3.1, »Auftragsarten«), sodass alle Aufträge der jeweiligen Auftragsart in dem so festgelegten Layout dargestellt werden.

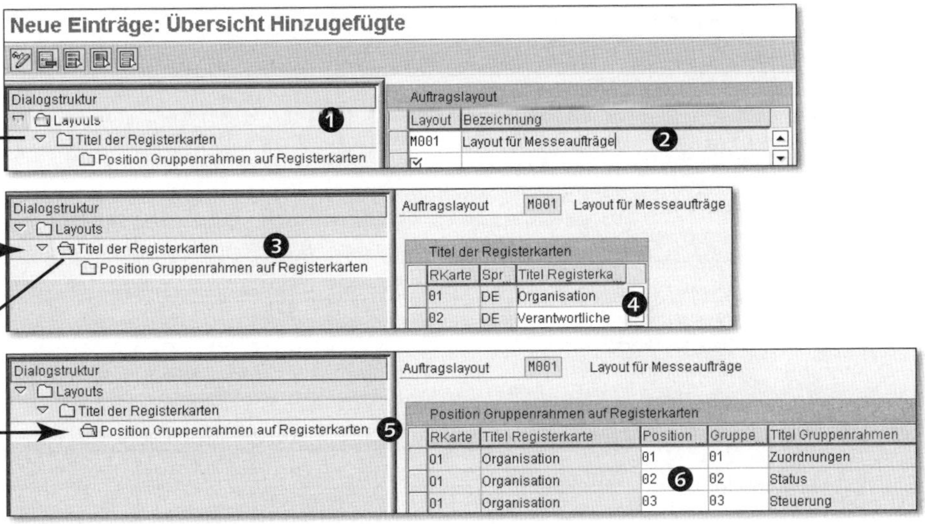

Abbildung 5.10 Auftragslayout anlegen

Parameter über Musteraufträge vorbelegen

In manchen Fällen ist es sinnvoll, bestimmte Stammdatenfelder in Innenaufträgen vorzubelegen, wenn z.B. alle Aufträge im Bereich F&E demselben Profit-Center zugeordnet werden sollen oder alle Verwaltungsaufträge einem bestimmten Funktionsbereich. Derartige Vorbelegungen können Sie über sogenannte *Musteraufträge* vornehmen. Dazu legen Sie über CONTROLLING • INNENAUFTRÄGE • AUFTRAGSSTAMMDATEN • BILDSCHIRMGESTALTUNG • MUSTERAUFTRÄGE PFLEGEN (Transaktion KOM1) einen Auftrag der Auftragsart $$ (Musteraufträge) an (siehe Abbildung 5.11). Sie geben diesem Auftrag einen Namen (der im Standard mit dem $-Zeichen beginnen muss, gefolgt von alphanumerischen Zeichen) und belegen alle gewünschten Felder vor, wie hier im Beispiel den Buchungskreis und den Funktionsbereich. Sichern Sie diesen Auftrag, und tragen Sie ihn dann in der Definition der Auftragsart ein (siehe Abschnitt 5.3.1). Alle Innenaufträge, die Sie danach zu der entsprechenden Auftragsart anlegen, erhalten dann die Voreinstellungen, die Sie soeben festgelegt haben.

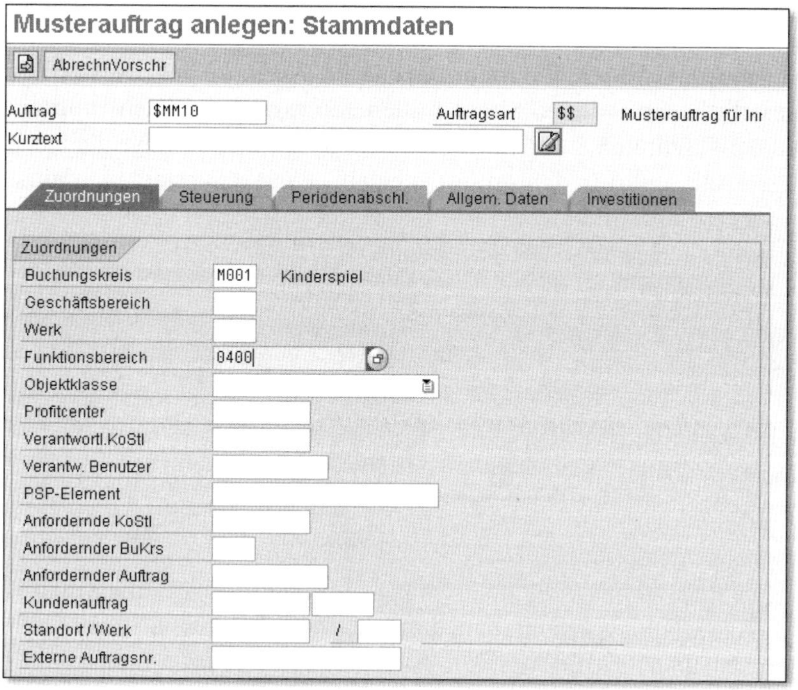

Abbildung 5.11 Musterauftrag anlegen

Neben den von SAP fest vorgegebenen Stammdatenfeldern wie z.B. KOSTENRECHNUNGSKREIS, VERANTW. BENUTZER (Verantwortlicher Benutzer) oder VERANTWORTL. KOSTL (Verantwortliche Kostenstelle) stehen Ihnen im Block ALLGEM. DATEN zehn allgemeine Datenfelder zur Verfügung, die Sie nach Belieben verwenden können. Diese Felder dienen lediglich zu Auswertungszwecken und haben keine weitergehende Funktion. Im Standard haben diese Felder bereits Bezeichnungen wie ANTRAGSTELLER, TELEFONNUMMER DES ANTRAGSTELLERS etc. und ein bestimmtes Datenformat. Sie können die Bezeichnungen dieser Felder und das Datenformat ändern und bei Bedarf auch Eingabehilfen hinterlegen. Dazu müssen Sie jedoch die entsprechenden Datenelemente im Data Dictionary verändern. Das bedeutet zum einen, dass die geänderten Einstellungen systemweit gelten und nicht nur für eine bestimmte Auftragsart; zum anderen modifizieren Sie durch diese Vorgehensweise das System und müssen damit rechnen, dass Ihre Einstellungen beim nächsten Releasewechsel überschrieben werden. Sie können die Datenelemente im Customizing über CONTROLLING • INNENAUFTRÄGE • AUFTRAGSSTAMMDATEN • BILDSCHIRMGESTALTUNG • INDIVIDUELLE STAMMDATENFELDER ÄNDERN (Transaktion SE11_OLD) anpassen.

Weitere Stammdatenfelder definieren

Eine weitere Möglichkeit, zusätzliche Stammdatenfelder zu den Innenaufträgen hinzuzufügen, bietet die Erweiterung COOPA003. Indem Sie diese über CONTROLLING • INNENAUFTRÄGE • AUFTRAGSSTAMMDATEN • ERWEITERUNGEN FÜR AUFTRAGSSTAMMDATEN ENTWICKELN (Transaktion CMOD) implementieren, können Sie die Stammdatentabelle für Aufträge (AUFK) um weitere Felder erweitern. Darüber hinaus stehen Ihnen noch die Erweiterungen COOPA001 (für eigene Prüfungen bei der Stammdatenpflege) und COOPA004 (für den Formulardruck) zur Verfügung.

Wie wir in Abschnitt 4.3.5, »Kostenstellen«, ausführlich beschrieben haben, stellt SAP mit EHP 6 eine neue Benutzeroberfläche für das Bearbeiten von Stammdaten zur Verfügung. Auch für Innenaufträge haben Sie nun die Möglichkeit, die Stammdaten in einer flexibel gestaltbaren Eingabemaske zu pflegen (siehe Abbildung 5.12).

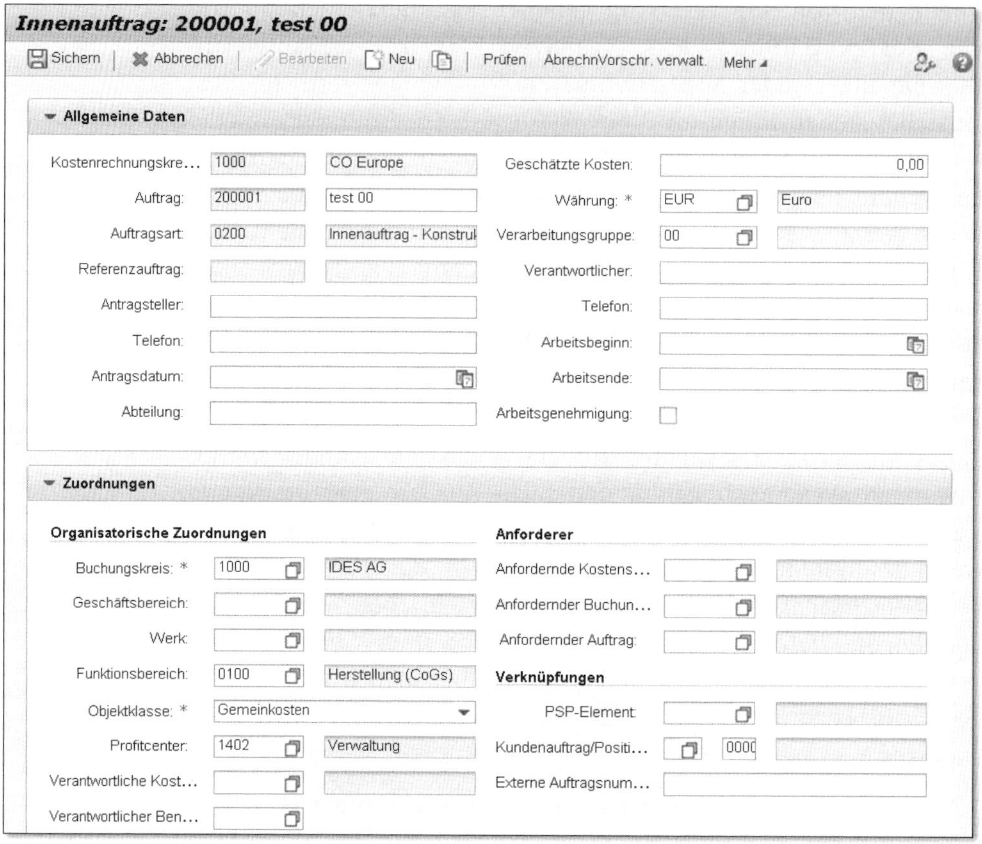

Abbildung 5.12 Neue Stammdatenpflege für Innenaufträge

5.3.5 Selektion und Sammelbearbeitung

Was ist eine Selektionsvariante?

Wann immer Sie Stammdaten für Innenaufträge pflegen oder Berichte ausführen, müssen Sie bei der Selektion genau angeben, auf welche Aufträge Sie sich beziehen wollen. Da Innenaufträge sich häufiger ändern als z.B. Kostenstellen, werden Sie in der Regel keine konkreten Aufträge selektieren, sondern dynamische Vorgaben machen, wie z.B. »alle Aufträge von Auftragsart MM10«, »alle freigegebenen Aufträge« oder »alle Aufträge, die von Benutzer RMUNZEL angelegt wurden«. Eine Möglichkeit zur Selektion bieten dabei *Selektionsvarianten*, die wir Ihnen bereits in Abschnitt 4.3.5, »Kostenstellen«, vorgestellt haben. Selektionsvarianten für Innenaufträge pflegen Sie im Customizing unter CONTROLLING • INNENAUFTRÄGE • AUFTRAGSSTAMMDATEN • SELEKTION UND SAMMELBEARBEITUNG • SELEKTIONSVARIANTEN DEFINIEREN (Transaktion OKOV).

Selektionsregeln einstellen

In einer Selektionsvariante können Sie *Selektionsregeln* verwenden, die von der Logik und vom Aufbau her den Regeln entsprechen, die Sie im Zusammenhang mit Validierungen und Substitutionen erstellen können (siehe Abschnitt 2.2.4, »Kontierungslogik«). Eine Selektionsregel für Innenaufträge legen Sie über Controlling • Innenaufträge • Auftragsstammdaten • Selektion und Sammelbearbeitung • Selektionsregeln definieren (Transaktion OKOR) an. Danach können Sie sie in Selektionsvarianten eintragen.

Statusselektionsschema anlegen

Ein *Statusselektionsschema* bietet Ihnen die Möglichkeit, Aufträge anhand ihres Status zu selektieren. Wie die Selektionsregeln können Sie diese in einer Selektionsvariante eintragen oder beim Aufrufen eines Berichts auswählen. Sie definieren ein Statusselektionsschema im Customizing über Controlling • Innenaufträge • Auftragsstammdaten • Selektion und Sammelbearbeitung • Statusselektionsschemata definieren (Transaktion BS42). Wie in Abbildung 5.13 dargestellt, legen Sie zunächst unter Statusselektionsschema ❶ ein neues Schema an. Wenn Sie ein eigenes Statusschema verwenden (siehe Abschnitt 5.3.3, »Statusverwaltung«), können Sie dieses hier eintragen ❷, um sich auf Status dieses Statusschemas zu beziehen. Unter Selektionsbedingungen ❸ legen Sie dann fest, für welche Status Sie Aufträge selektieren wollen. Im Beispiel haben wir ein Statusselektionsschema erstellt, mit dem Sie alle Aufträge auswählen, die den Systemstatus Freigegeben und den Anwenderstatus Freigegeben aus unserem eigenen Statusschema haben. Es sollen jedoch keine Aufträge selektiert werden, die gesperrt sind. Dazu haben wir zunächst den Status »FREI« eingetragen und mit einer Und-Verknüpfung den Status »REL« aus Statusschema MM000002 ❹. Zum Schluss haben wir den Status »SPER« durch Aktivieren des Parameters in der Spalte Nicht ausgeschlossen.

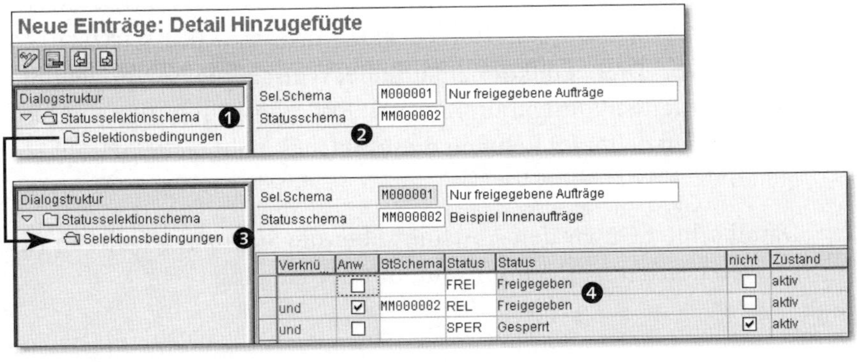

Abbildung 5.13 Statusselektionsschema erstellen

Selektionsvariante einsetzen

Mit der maschinellen Sammelbearbeitung (im Anwendungsmenü über die Transaktion KOK4) können Sie anhand einer Selektionsvariante mehrere Aufträge auf einmal bearbeiten und z.B. alle gleichzeitig freigeben oder abschließen. Sie können außerdem eine Substitution auswählen, die komplexere Änderungen vornehmen kann, wie z.B. den Verantwortlichen von »Müller« auf »Meier« ändern. Eine solche Substitution erstellen Sie im Customizing über CONTROLLING • INNENAUFTRÄGE • AUFTRAGSSTAMMDATEN • SELEKTION UND SAMMELBEARBEITUNG • SUBSTITUTIONSREGELN FÜR SAMMELBEARBEITUNG PFLEGEN (Transaktion OKOU). Hier arbeiten Sie wiederum mit Regeln, wie wir sie bereits weiter oben beschrieben haben. Eine ausführliche Erläuterung zu dieser Funktionalität finden Sie in Abschnitt 2.2.4, »Kontierungslogik«.

Verarbeitungsgruppen anlegen

Eine weitere Möglichkeit, bestimmte Aufträge gemeinsam zu selektieren, bietet die sogenannte *Verarbeitungsgruppe*. Sie können Verarbeitungsgruppen über CONTROLLING • INNENAUFTRÄGE • AUFTRAGSSTAMMDATEN • SELEKTION UND SAMMELBEARBEITUNG • VERARBEITUNGSGRUPPEN PFLEGEN anlegen und dann in den Auftragsstammdaten im Abschnitt ALLGEMEINE DATEN eintragen. In Selektionsvarianten können Sie dann Aufträge anhand von Verarbeitungsgruppen auswählen.

Suchhilfen definieren

Über CONTROLLING • INNENAUFTRÄGE • AUFTRAGSSTAMMDATEN • SELEKTION UND SAMMELBEARBEITUNG • SUCHHILFEN FÜR AUFTRÄGE ANLEGEN (Transaktion OKO1) können Sie eigene *Suchhilfen* für Innenaufträge erstellen. Wie genau das geht, haben wir in Abschnitt 3.3.1, »Kostenarten«, beschrieben.

Aufträge klassifizieren

Schließlich stellt SAP noch ein Klassensystem zur Verfügung, anhand dessen Sie Innenaufträge über die bereits vorhandenen Stammdaten hinaus klassifizieren können. Die Einstellungen dazu nehmen Sie über CONTROLLING • INNENAUFTRÄGE • AUFTRAGSSTAMMDATEN • SELEKTION UND SAMMELBEARBEITUNG • FREIE MERKMALE (KLASSIFIZIERUNG) PFLEGEN vor. Diese Funktionalität findet typischerweise Verwendung in der Variantenkonfiguration in SAP ERP und ist sehr umfangreich. Wir werden daher im Rahmen dieses Buches nicht weiter darauf eingehen.

Damit schließen wir den Abschnitt über die Stammdaten ab. Im Folgenden beschäftigen wir uns nun mit der Planung.

5.4 Planung

Um Plankosten und -erlöse zu Innenaufträgen erfassen, bietet SAP eine Reihe von verschiedenen Möglichkeiten an. Die manuelle Planung bietet eine tabellarische Sicht und verschiedene Ebenen wie eine Gesamtplanung, Jahresplanung oder kostenartengerechte Planung. Das Easy Cost Planning hingegen ist von der Bedienung her komfortabler und kann besser auf die individuellen Bedürfnisse der Planer zugeschnitten werden. Schließlich steht Ihnen wie bei den Kostenstellen auch noch die Ressourcenplanung zur Verfügung, um mit Variablen zu arbeiten. Die Planwerte können Sie außerdem mittels verschiedener Werkzeuge automatisch verrechnen.

5.4.1 Grundeinstellungen

Voraussetzungen für die Planung

Für die Planung der Innenaufträge benötigen Sie dieselben Grundvoraussetzungen wie für die Kostenstellenplanung; im Einzelnen sind dies Kurstypen, Umrechnungskurse und Versionen. Sie finden in Abschnitt 4.4.1, »Grundeinstellungen«, weitere Informationen zu diesem Thema.

5.4.2 Manuelle Planung

Manuelle Planung aufrufen

Sie haben grundsätzlich zwei verschiedene Möglichkeiten, die manuelle Kostenplanung für Innenaufträge durchzuführen – zum einen mithilfe eines Planungslayouts, wie Sie es bereits aus der Kostenstellenrechnung kennen. Sie rufen die Planungstransaktion für Kosten/Leistungsaufnahmen im Anwendungsmenü über die Transaktion KPF6 auf. Alternativ können Sie eine sogenannte *Gesamtplanung* durchführen, bei der Sie die gesamten Plankosten je Innenauftrag erfassen und nicht im Detail in Bezug auf Geschäftsjahre, Perioden oder Kostenarten (siehe Abbildung 5.14). Die Gesamtplanung können Sie dann jedoch weiter verfeinern, indem Sie eine sogenannte *Primärkostenplanung* vornehmen, bei der Sie sich dann auf Geschäftsjahre und Kostenarten beziehen.

Sie haben außerdem die Möglichkeit, von der Primärkostenplanung aus über Bearbeiten • Detailplanung in eine Detailplanung zu verzweigen. Mit dieser Funktionalität erstellen Sie eine sogenannte *Einzelkalkulation*, bei der Sie Planwerte noch genauer strukturieren, indem Sie neben manuellen Planwerten auch auf Materialstammsätze oder Leistungsarten zurückgreifen können (siehe Abbildung 5.15).

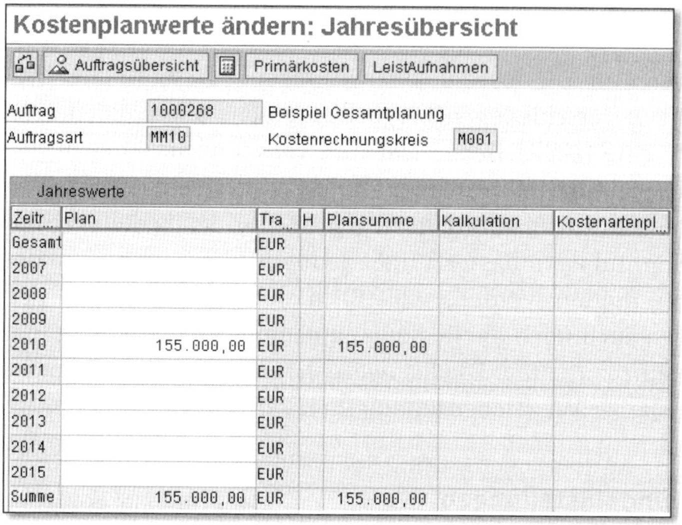

Abbildung 5.14 Beispiel für Gesamtplanung für Innenaufträge

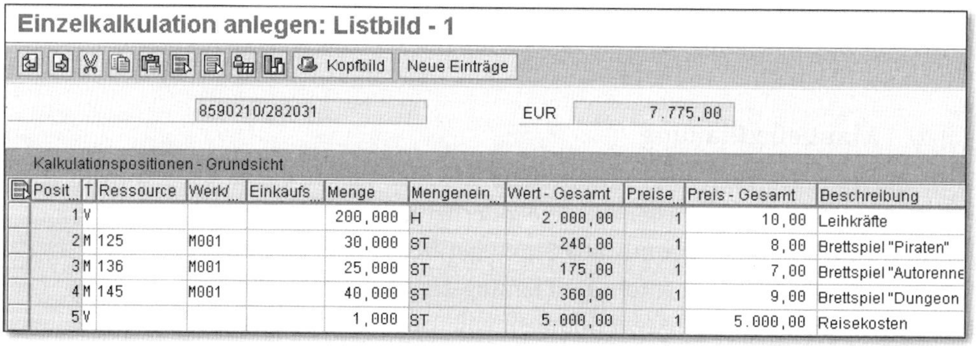

Abbildung 5.15 Beispiel für eine Einzelkalkulation

Planerprofile einstellen

Um die manuelle Planung anhand von Planungslayouts und Planerprofilen durchführen zu können, müssen Sie dieselben Einstellungen im Customizing vornehmen wie in der Kostenstellenrechnung. In Abschnitt 4.4.2, »Manuelle Planung«, haben wir im Detail beschrieben, wie Sie dabei vorgehen. Planungslayouts für Innenaufträge erstellen Sie über Controlling • Innenaufträge • Planung • Manuelle Planung • Eigene Planungslayouts • Planungslayouts für Kostenartenplanung anlegen (Transaktion KPG5) bzw. für statistische Kennzahlen über Controlling • Innenaufträge • Planung • Manuelle Planung • Eigene Planungslayouts • Planungslayouts für Statistische Kennzahlenplanung anlegen (Transaktion KPH5).

Die dazugehörigen Planerprofile definieren Sie über CONTROLLING • INNENAUFTRÄGE • PLANUNG • MANUELLE PLANUNG • EIGENE PLANERPROFILE PFLEGEN (Transaktion KP34).

Verteilungsschlüssel definieren

Für den Fall, dass Sie auch eigene Verteilungsschlüssel benötigen, können Sie diese über CONTROLLING • INNENAUFTRÄGE • PLANUNG • MANUELLE PLANUNG • EIGENE VERTEILUNGSSCHLÜSSEL PFLEGEN (Transaktion KP80) definieren.

Kalkulationsvariante anlegen

Die Customizing-Einstellungen für die Detailplanung sind ebenfalls analog zu denen für die Kostenstellenrechnung, die wir in Abschnitt 4.4.2 erläutert haben. Sie benötigen eine *Kalkulationsvariante*, die Sie über CONTROLLING • INNENAUFTRÄGE • PLANUNG • MANUELLE PLANUNG • KALKULATIONSVARIANTEN DEFINIEREN (Transaktion OKKR) einstellen können. Für die Detailplanung der Innenaufträge ist im SAP-Standard die Kalkulationsvariante PC02 mit der Kalkulationsart 04 und der Bewertungsvariante 008 vorgesehen. Es ist außerdem erforderlich, dass Sie über CONTROLLING • INNENAUFTRÄGE • PLANUNG • MANUELLE PLANUNG • NUMMERNKREISE FÜR DIE EINZELKALKULATION ZUORDNEN (Transaktion CKNR) für die Detailplanung eigene Nummernkreise definieren. Weitere Informationen zu Nummernkreisen finden Sie in Abschnitt 2.2.1.

Planprofil festlegen

Um die Gesamtplanung schließlich vornehmen zu können, müssen Sie ein *Planprofil* (nicht zu verwechseln mit dem Planerprofil) definieren, in dem Sie alle wesentlichen Einstellungen zur Planung vornehmen. Dazu wechseln Sie im Customizing zum Punkt CONTROLLING • INNENAUFTRÄGE • PLANUNG • MANUELLE PLANUNG • PLANPROFILE FÜR GESAMTPLANUNG PFLEGEN (Transaktion OKOS).

Unter ZEITHORIZONT können Sie vorgeben, um wie viele Jahre man beim Planen in die Vergangenheit oder in die Zukunft gehen darf (siehe Abbildung 5.16). Im Feld START können Sie das Startjahr für die Planung festlegen; das Startjahr errechnet sich aus dem aktuellen Jahr plus dem Wert, den Sie hier eintragen.

Im Bereich DETAILPLANUNG UND EINZELKALKULATION geben Sie Stammdatengruppen vor, die die Auswahl der angezeigten Kostenarten, Kostenstellen, Leistungsarten etc. bei der Planung einschränken. Bei der Primärkostenplanung werden z.B. nur die Kostenarten der Kostenartengruppe KA-01 angeboten. Die KALKULATIONSVARIANTE ist ein Vorschlagswert für die Einzelkalkulation und das Easy Cost Planning (siehe unten).

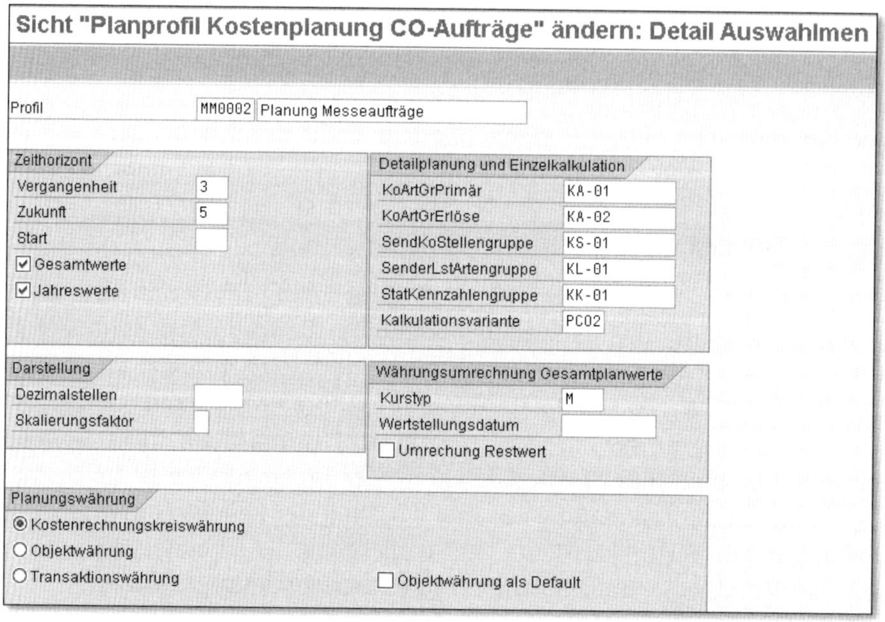

Abbildung 5.16 Planprofil anlegen

Unter DARSTELLUNG geben Sie vor, wie die Planwerte skaliert werden sollen; über den SKALIERUNGSFAKTOR können Sie die Werte z.B. in Tausendern oder Millionen darstellen; der Parameter DEZIMALSTELLEN gibt dann an, wie viele Stellen nach dem Komma angezeigt werden sollen.

Im Bereich WÄHRUNGSUMRECHNUNG GESAMTPLANWERTE bestimmen Sie anhand des Kurstyps und des Wertstellungsdatums, wie die Planwerte in Fremdwährungen umgerechnet werden sollen (weitere Informationen zu Kurstypen finden Sie in Abschnitt 4.4.1, »Grundeinstellungen«).

Schließlich legen Sie unter PLANUNGSWÄHRUNG fest, in welcher Währung auf den Aufträgen geplant werden soll, denen Sie dieses Planprofil zuordnen. Sie haben auch die Möglichkeit, die OBJEKTWÄHRUNG ALS DEFAULT einzustellen.

5.4.3 Easy Cost Planning und Execution Services

Was ist das Easy Cost Planning?

Mit dem *Easy Cost Planning* stellt Ihnen SAP eine Planungsfunktionalität zur Verfügung, die wesentlich komfortabler ist als die manuelle Planung. Das Easy Cost Planning erlaubt es Ihnen, die Plandaten direkt aus der Pflegetransaktion für Innenaufträge (KO02 bzw. KO04) heraus einzutragen, und bietet darüber hinaus die Möglichkeit, Primärkosten, Sekundärkosten und Erlöse in ein und derselben Eingabemaske zu planen. Um Planwerte anhand von Objekten aus der Logistik zu ermitteln, können Sie Einzelkalkulationen mit einbinden oder anhand von sogenannten *Kalkulationsmodellen* voreingestellte Templates erstellen. In einem Kalkulationsmodell geben Sie feste Felder vor, anhand derer geplant wird. Zu jedem Feld hinterlegen Sie wie bei einer Einzelkalkulation, wie die Planwerte ermittelt werden sollen – als variable Position durch direkte Eingabe eines Wertes zu einer vorgegebenen Kostenart, über eine Leistungsmenge in Bezug auf eine Leistungsart, als Verbrauchsmenge zu einer Materialnummer etc.

Easy Cost Planning

Wenn Sie das Easy Cost Planning verwenden, können Sie über die sogenannten *Execution Services* direkt aus dem Easy Cost Planning heraus die folgenden Folgeaktionen anstoßen:

- Bestellanforderungen, Bestellungen, Reservierungen und Warenausgang (sofern Sie ein Planungselement mit einem konkreten Bezug zu einer Materialnummer gepflegt haben)
- interne Leistungsverrechnung (wenn Sie eine Leistungsaufnahme von einer konkreten Kostenstelle mit Leistungsart geplant haben)

Kalkulationsvariante festlegen

Um mit dem Easy Cost Planning arbeiten zu können, müssen Sie im Customizing zunächst über Controlling • Innenaufträge • Planung • Easy Cost Planning und Execution Services • Easy Cost Planning • Kalkulationsvarianten festlegen (Transaktion OKKR) eine Kalkulationsvariante festlegen. SAP hat hier als Vorgabe dieselbe Variante (PC02) eingestellt wie für die Einzelkalkulation (siehe Abschnitt 5.4.2, »Manuelle Planung«). Die zugehörige Kalkulationsart ist 04, die Bewertungsvariante 008.

Kalkulationsvariante im Planprofil eintragen

Um die Kalkulationsvariante einem Innenauftrag zuzuordnen, tragen Sie sie zunächst im Planprofil ein (siehe den vorangegangenen Abschnitt). Das Planprofil wiederum verknüpfen Sie mit der Auftragsart (siehe Abschnitt 5.3.1, »Auftragsarten«). Sie können diese Einstellungen auch über Controlling • Innenaufträge • Planung • Easy Cost Planning und Execution Services • Easy Cost Planning • Planprofile für Gesamtplanung pflegen nachholen.

Elementeschema für Easy Cost Planning

Im Easy Cost Planning haben Sie die Möglichkeit, in eingeschränkter Weise Ihre Plankosten anhand eines Elementeschemas in Kostenelemente zu schichten (ausführliche Informationen zu Elementeschemata finden Sie in Abschnitt 7.3.2, »Grundeinstellungen für die Materialkalkulation«). Eingeschränkt bedeutet an dieser Stelle, dass Sie die Aufteilung in Kostenelemente lediglich in der Planung darstellen können, aber nicht speichern. Sie haben damit keine Möglichkeit, die Kostenschichtung weiterzuverwenden (z. B. zur Weitergabe an CO-PA oder zur Auswertung im Informationssystem); gleichwohl verlangt das System die Angabe eines Elementeschemas beim Aufruf des Easy Cost Plannings. Das Elementeschema für das Easy Cost Planning können Sie über Controlling • Innenaufträge • Planung • Easy Cost Planning und Execution Services • Easy Cost Planning • Elementeschema prüfen (Transaktion OKTZ) überprüfen.

[+]

Elementeschema für Easy Cost Planning

Falls Sie das Produktkosten-Controlling einsetzen, benötigen Sie ohnehin ein detailliertes Elementeschema für die Materialkalkulation. In diesem Fall können Sie das gleiche Schema für das Easy Cost Planning verwenden. Haben Sie diese Komponente jedoch nicht im Einsatz, genügt es für die Zwecke des Easy Cost Plannings, ein sehr simples Elementeschema zu definieren.

Kalkulationsschema für Gemeinkostenzuschläge

Sie können Gemeinkosten von Kostenstellen anhand von Gemeinkostenzuschlägen u. a. an Innenaufträge verrechnen. Dazu benötigen Sie ein sogenanntes *Kalkulationsschema*, das alle Einstellungen enthält, die zur Berechnung der Zuschläge notwendig sind. In Abschnitt 4.6.3, »Periodenabschluss«, finden Sie einige weitere Informationen zu Gemeinkostenzuschlägen und in Abschnitt 7.3.2, »Grundeinstellungen für die Materialkalkulation«, eine ausführliche Beschreibung der Einstellungen im Customizing. Für Innenaufträge erstellen Sie die Gemeinkostenzuschläge im Plan über Controlling • Innenaufträge • Planung • Easy Cost Planning und Execution Services • Easy Cost Planning • Gemeinkostenzuschläge im Plan definieren (Transaktion OKOZ). Um festzulegen, welches Kalkulationsschema für welchen Innenauftrag zur Anwendung kommen soll, ordnen Sie es entweder manuell im individuellen Auftrag zu, oder Sie tragen es als Vorschlagswert im Musterauftrag der zugehörigen Auftragsart ein (siehe Abschnitt 5.7.2, »Periodische Verrechnungen«). Sie führen die Gemeinkostenzuschläge im Anwendungsmenü über die Transaktion

KGP2 (Einzelverarbeitung) oder KGP4 (Sammelverarbeitung) aus. Dabei geben Sie an, für welche Innenaufträge Sie die Gemeinkostenzuschläge berechnen wollen. Bei der Sammelverarbeitung setzen Sie eine Selektionsvariante ein; weitere Informationen dazu finden Sie in Abschnitt 5.3.5, »Selektion und Sammelbearbeitung«.

Kalkulationsmodell anlegen

Wenn Sie die Customizing-Einstellungen für das Easy Cost Planning abgeschlossen haben, können Sie damit beginnen, ein Kalkulationsmodell zu erstellen, das bei der Planung eingesetzt wird. Kalkulationsmodelle basieren auf der Template-Technik, die Sie auch für Verrechnungen verwenden können (ein ausführliches Beispiel dazu finden Sie in Abschnitt 6.4, »Templates«). Sie erstellen ein Kalkulationsmodell im Anwendungsmenü über den Menüpfad Rechnungswesen • Projektsystem • Grunddaten • Vorlagen • Modelle für Easy Cost Planning bzw. über die Transaktion CKCM (im Anwendungsmenübaum für Innenaufträge ist diese Transaktion nicht vorhanden). Wählen Sie zunächst den Button Anlegen ❶; im Popup-Fenster tragen Sie dann einen Namen (dieser muss eindeutig sein und darf nicht mit einer Zahl beginnen ❷) sowie eine Bezeichnung ein (siehe Abbildung 5.17). Dann bestätigen Sie ❸.

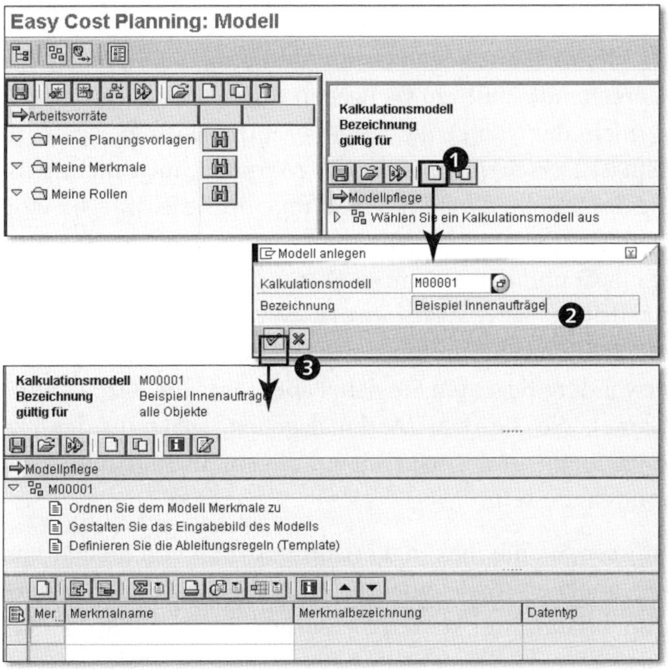

Abbildung 5.17 Kalkulationsmodell für Easy Cost Planning anlegen

Um das Kalkulationsmodell zu vervollständigen, gehen Sie in drei Schritten vor:

- **Zuordnung von Merkmalen**
  Zu jedem Planwert, der über das Kalkulationsmodell eingegeben werden soll, benötigen Sie ein MerkmalDabei handelt es sich um eine Entität aus dem Klassensystem, die vorgibt, um welchen Datentyp (z.B. Währung zur Eingabe eines Betrags oder numerisch zur Eingabe einer Menge), welche Maßeinheit (z.B. Stunden oder Stück) bzw. welche Währung es sich handeln soll.
- **Gestaltung des Eingabebildes**
  Die Eingabe der Plandaten erfolgt über ein HTML-Template, das Sie bei Bedarf individuell gestalten können. Im Rahmen dieses Buches werden wir uns auf das SAP-Standard-Template beschränken.
- **Definition von Ableitungsregeln**
  Über Ableitungsregeln legen Sie für jedes Merkmal fest, wie die eingegebenen Werte interpretiert werden sollen, ob sie sich also z.B. als variables Objekt auf eine Primärkostenart beziehen, als Zahl von Stunden auf eine Leistungsart, als Stückzahl auf ein Material etc.

Merkmal anlegen

Um ein neues Merkmal anzulegen (siehe Abbildung 5.18), tragen Sie es in die entsprechende Zeile ein ❶. Beachten Sie dabei aber, dass die Bezeichnung (nicht der Name), die Sie dem Merkmal geben, später in der Planungsmaske erscheint. Sofern das Merkmal noch nicht existiert, weist Sie das System darauf hin und fragt, ob Sie es anlegen wollen. Bestätigen Sie dies mit Ja ❷. Zum Merkmal geben Sie eine Bezeichnung ein ❸ und den Datentyp ❹ (für das Easy Cost Planning sind hier nur die Typen Numerisches Format und Währungsformat relevant). Sie können Merkmale in verschiedenen Kalkulationsmodellen verwenden; beachten Sie dabei aber, dass die Bezeichnung (nicht der Name), die Sie dem Merkmal geben, später in der Planungsmaske erscheint und entsprechend allgemein sein muss, um wiederverwendbar zu sein.

Außerdem müssen Sie die maximal erlaubte Anzahl von Stellen und Dezimalstellen angeben sowie eine Maßeinheit eintragen ❺. Sichern Sie das Merkmal dann, und kehren Sie zurück zur Pflege des Kalkulationsmodells.

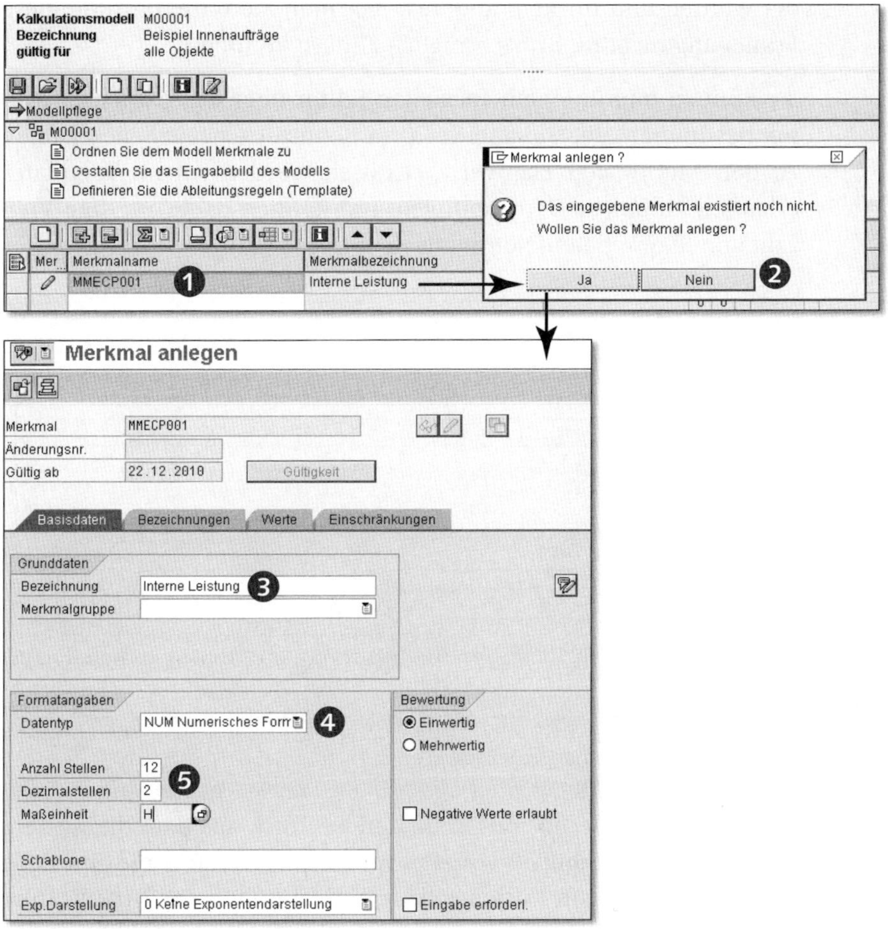

Abbildung 5.18 Merkmal anlegen

Ableitungsregeln definieren

Im Beispiel haben wir zu unserem Kalkulationsmodell drei Merkmale angelegt, zwei mit numerischem Datenformat zur Erfassung von Stunden bzw. Stückzahlen sowie eines vom Datentyp WÄHRUNG. Um die Ableitungsregeln zu pflegen, klicken Sie auf den Button DEFINIEREN SIE DIE ABLEITUNGSREGELN (TEMPLATE), wie in Abbildung 5.19 dargestellt. Das System erkundigt sich sodann, zu welchem Bezugsobjekt Sie die Ableitungsregeln anlegen möchten; Sie können alle Objekte zulassen oder auf bestimmte einschränken (z.B. nur auf Innenaufträge). Wenn Sie hier auf ein bestimmtes Objekt einschränken, darf die Regel nur für das entsprechende Bezugsobjekt verwendet werden und für kein anderes. Beachten Sie bitte, dass Sie diese Festlegung nicht mehr nachträglich ändern können.

Sie können nun in einem speziellen Editor über die Template-Technik bestimmen, wie anhand der vom Benutzer eingegebenen Zahlen zu den Merkmalen Planwerte ermittelt werden sollen. Templates erlauben komplexe Berechnungen und können dabei auf eine Vielzahl von Stammdatenfeldern aus dem Controlling zurückgreifen.

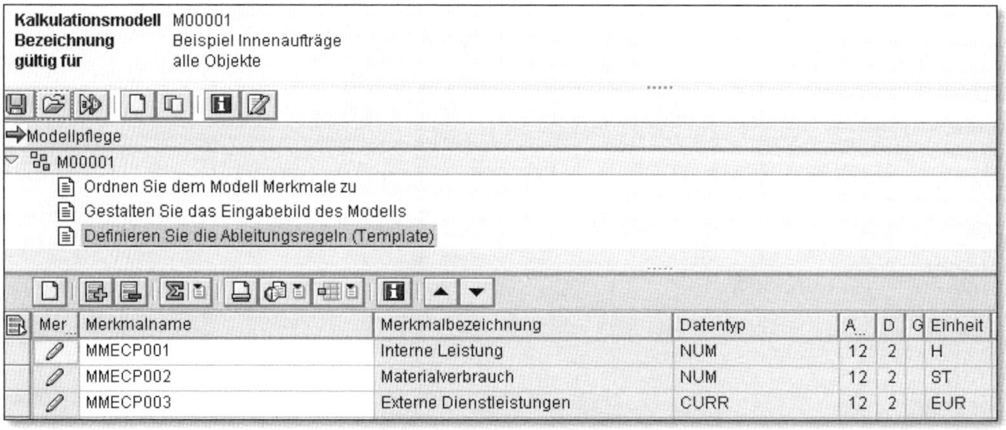

Abbildung 5.19 Ableitungsregeln anlegen

Zeilentypen

Zunächst legen Sie für jede Zeile den Typ fest, aus dem die weitere Logik der Berechnung hervorgeht. Im Beispiel haben wir je eine Zeile als Kombination von Kostenstelle und Leistungsart, als Material und als variable Position gekennzeichnet (siehe Abbildung 5.20).

Bezugsbjekt eingeben

In der Spalte Objekt geben Sie fest vor, um welche Kostenstelle und welche Leistungsart es sich handeln soll. Indem Sie einen Doppelklick auf das entsprechende Feld ❶ ausführen, öffnet sich unter ❷ ein Editor, anhand dessen Sie das Feld spezifizieren können. Rechts unter ❸ sehen Sie eine Liste aller zur Verfügung stehenden Stammdaten und Funktionen. Sie können nun eine Kombination aus Kostenstelle und Leistungsart fest vorgeben oder über Formeln dynamisch bestimmen lassen. Im Beispiel haben wir die Kostenstelle anhand der Formel SendKostenstelle und die Leistungsart über SendLeistungsart fest vorgegeben. Weiterführende Informationen zur Template-Technik finden Sie in Abschnitt 6.4.

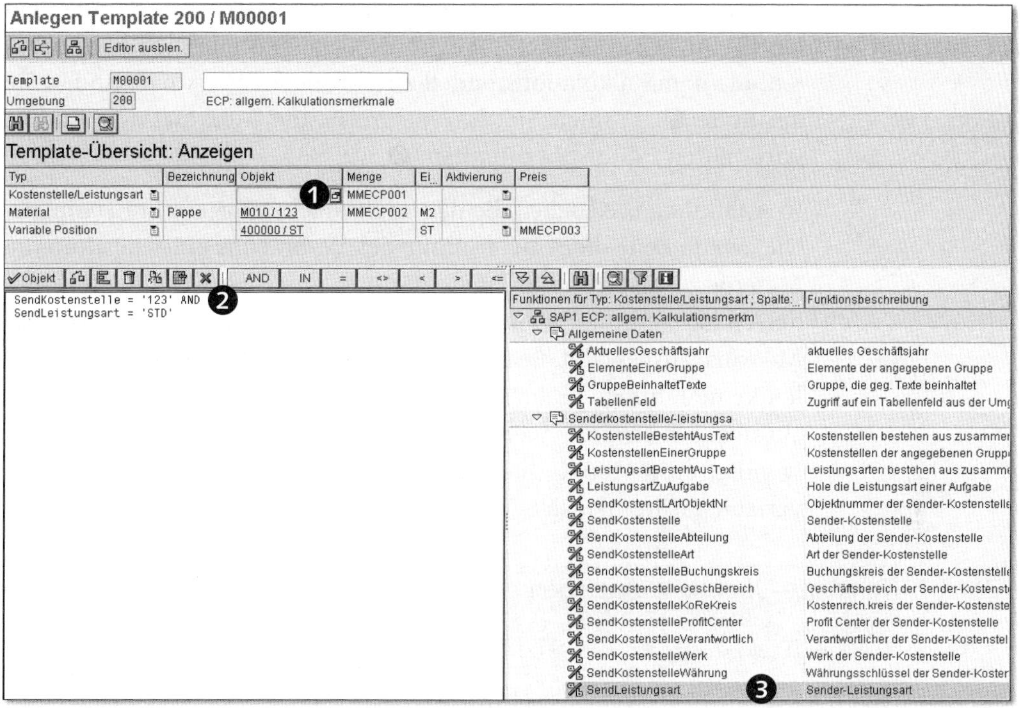

Abbildung 5.20 Ableitungsregel für Kostenstelle/Leistungsart pflegen

Menge aus Eingabeparameter ermitteln

Anhand der Leistungsart kann das System nun die entsprechende Kostenart ermitteln und anhand des Tarifs den Stundensatz. Die Anzahl der zu planenden Stunden soll anhand der Eingabe des Benutzers für das zugeordnete Merkmal ermittelt werden. In der Spalte MENGE tragen Sie das entsprechende Merkmal ein (siehe Abbildung 5.21).

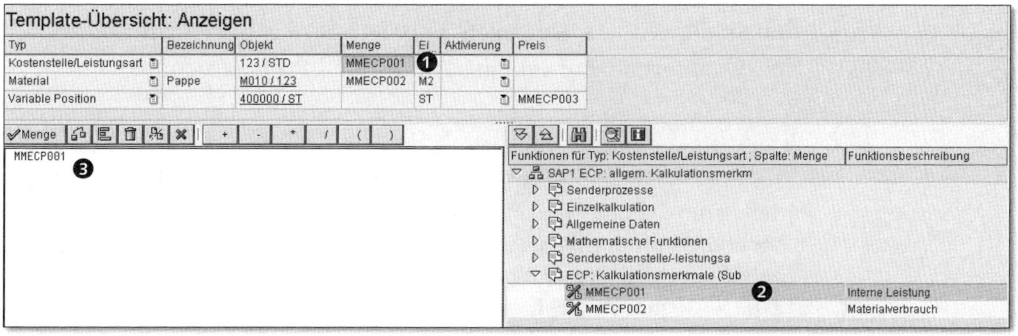

Abbildung 5.21 Angabe der Menge anhand des Merkmals

Führen Sie zunächst einen Doppelklick auf das entsprechende Feld aus ❶. Sie erhalten dann eine große Anzahl an Funktionen angeboten; die dem Kalkulationsmodell zugeordneten Merkmale finden Sie am Ende ❷. Wählen Sie das entsprechende Merkmal aus, und es wird in den Editor übernommen ❸.

In Abbildung 5.22 sehen Sie das im Beispiel fertiggestellte Template. Die zweite Zeile dient zur Planung des Verbrauchs eines bestimmten Materials; entsprechend haben wir hier unter OBJEKT das Werk mit der Materialnummer eingetragen und unter MENGE das passende Merkmal ausgewählt. Beachten Sie, dass wir in den beiden ersten Zeilen keine Einträge in der Spalte PREIS zu machen brauchten, da diese automatisch ermittelt werden. In der dritten Zeile hingegen ist es notwendig, eine Menge (hier die feste Menge von 1) einzutragen, da variable Positionen sich immer als Wert pro Menge verstehen.

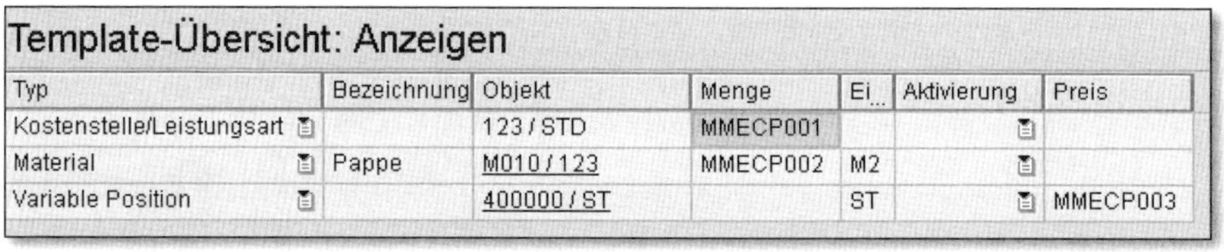

Template-Übersicht: Anzeigen

Typ	Bezeichnung	Objekt	Menge	Ei...	Aktivierung	Preis
Kostenstelle/Leistungsart		123 / STD	MMECP001			
Material	Pappe	M010 / 123	MMECP002	M2		
Variable Position		400000 / ST		ST		MMECP003

Abbildung 5.22 Fertiggestelltes Template

Variable Position

In der dritten Zeile haben wir eine variable Position erstellt, bei der wir als Objekt lediglich eine Kostenart benötigen. Da hier keine Mengen geplant werden, benötigen wir ein Merkmal vom Typ WÄHRUNG und tragen es nicht in der Spalte MENGE ein, sondern unter PREIS. Beachten Sie bitte, dass Sie bei einer variablen Position eine »1« in der Spalte MENGE eintragen müssen, da das System grundsätzlich den Planwert als Produkt aus Menge und Preis errechnet.

[+]

Erlösplanung mit dem Easy Cost Planning

Sie können mit dem Easy Cost Planning auch Erlöse manuell planen. Dazu definieren Sie eine variable Position und ordnen dieser eine Erlösart zu. Da Erlöse im Controlling als negative Werte fortgeschrieben werden, tragen Sie in der Spalte MENGE VON » –1« ein. Der Editor akzeptiert die Eingabe » –1« jedoch nicht, deshalb müssen Sie »0 – 1« eingeben.

Wenn Sie das Kalkulationsmodell fertiggestellt haben, können Sie es zur Planung in Innenaufträgen verwenden. Wechseln Sie dazu zur

Pflegetransaktion für Innenaufträge (KO02 oder KO04), und wählen Sie ZUSÄTZE • KALKULATION • ANLEGEN. Die Planungsmaske sieht dann so aus, wie in Abbildung 5.23 dargestellt.

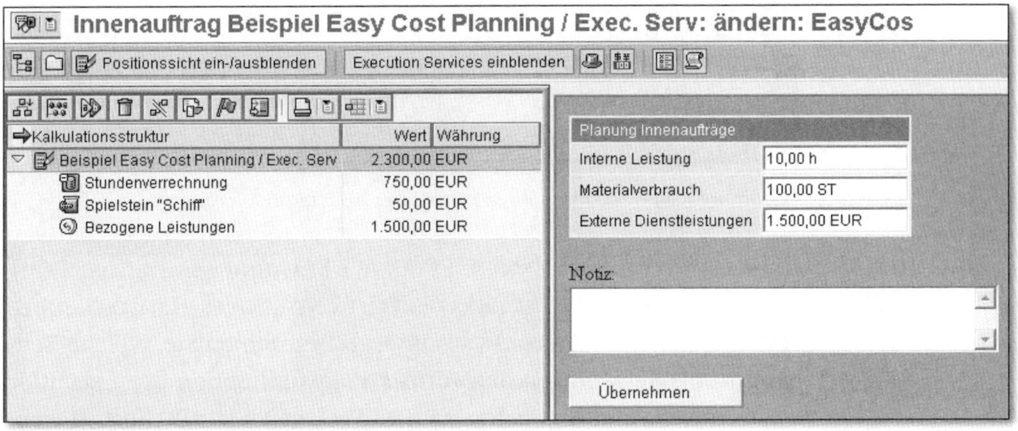

Abbildung 5.23 Planung mit Kalkulationsmodell im Easy Cost Planning

Execution Services

Execution-Services-Profil definieren

Um die Execution Services nutzen zu können, müssen Sie als Erstes ein Profil für sie erstellen (über CONTROLLING • INNENAUFTRÄGE • PLANUNG • EASY COST PLANNING UND EXECUTION SERVICES • EXECUTION SERVICES • EXECUTION SERVICES PROFIL DEFINIEREN). Darin legen Sie unter dem Punkt EXECUTION SERVICE zunächst fest, welche Folgeaktionen über die Execution Services angestoßen werden dürfen (siehe Abbildung 5.24).

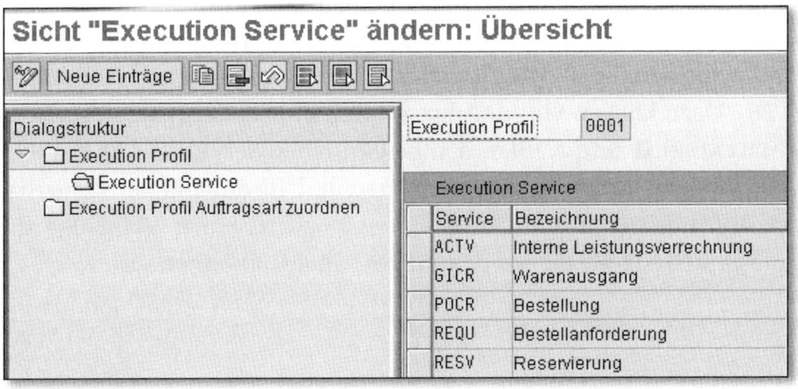

Abbildung 5.24 Profil für die Execution Services anlegen

Im zweiten Schritt ordnen Sie das Execution-Service-Profil den entsprechenden Auftragsarten zu (siehe Abbildung 5.25).

Abbildung 5.25 Execution-Service-Profil der Auftragsart zuordnen

Belegarten und Bewegungsarten zuordnen

Unter Controlling • Innenaufträge • Planung • Easy Cost Planning und Execution Services • Execution Services • Einstellungen für die Execution Services definieren bestimmen Sie, welche Belegarten und Bewegungsarten für die Folgefunktionen der Execution Services verwendet werden sollen. So legen Sie z.B. fest, welche Bestellart stets für Bestellungen eingesetzt werden soll oder unter welchen Bewegungsarten Warenausgang gebucht werden soll. Wir empfehlen Ihnen, an den standardmäßig ausgelieferten Einstellungen nichts zu verändern.

Darüber hinaus können Sie unter Controlling • Innenaufträge • Planung • Easy Cost Planning und Execution Services • Execution Services • Bezeichnungen für Execution Services definieren noch die Beschreibung der Services verändern. Auch hier empfehlen wir Ihnen, die Standardeinstellungen beizubehalten, sofern keine wichtigen Gründe dagegensprechen.

Execution Services anstoßen

Wenn Sie alle notwendigen Einstellungen für die Execution Services vorgenommen haben, können Sie die entsprechenden Vorgänge direkt aus dem Easy Cost Planning heraus anstoßen (siehe Abbildung 5.26). Dazu klicken Sie zunächst auf den Button Execution Services einblenden ❶ und wählen den gewünschten Service aus ❷ (im Beispiel eine Bestellung). Das System erstellt dann anhand der verfügbaren Informationen zum hinterlegten Material einen Vorschlag für eine Bestellung ❸, die Sie dann direkt anlegen können.

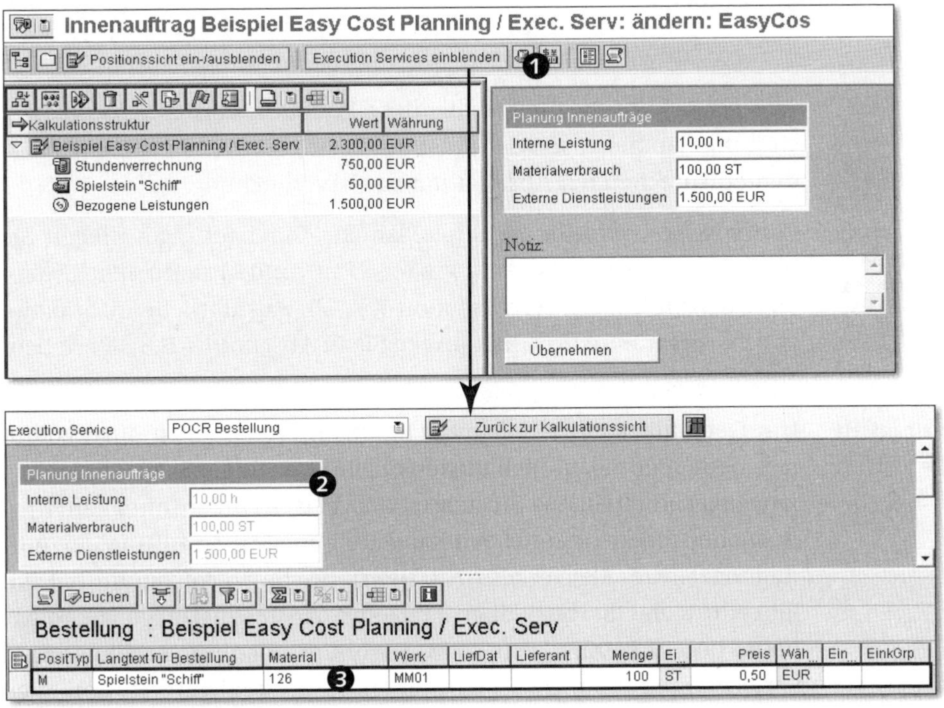

Abbildung 5.26 Execution Services aufrufen

5.4.4 Ressourcenplanung

Verwendung der Ressourcenplanung

Die *Ressourcenplanung* erleichtert Ihnen die Planung, indem Sie für häufig verwendete Planungselemente sogenannte *Ressourcen* anlegen, einen festen Betrag vorgeben und dann jeweils in Mengen anstelle von Euro-Beträgen planen. Ändert sich der Preis einer Ressource, können Sie ihn zentral ändern und automatisch alle bereits erfassten Planungen aktualisieren. Die Ressourcenplanung haben wir in Abschnitt 4.4.4 ausführlich erläutert. Sie können die entsprechenden Einstellungen im Customizing der Innenaufträge auch über CONTROLLING • INNENAUFTRÄGE • PLANUNG • RESSOURCENPLANUNG vornehmen.

5.4.5 Verrechnungen im Plan

Welche Verrechnungsformen im Plan gibt es?

Bei der Planung der Innenaufträge können Sie, wie auch im Ist, verschiedene Formen der Verrechnung definieren. Im Einzelnen sind dies:

- periodische Umbuchungen
- Gemeinkostenzuschläge im Plan

- Templates
- Abrechnung

Alle Einstellungen, die Sie für diese Funktion vornehmen müssen, sind im Plan genauso wie im Ist, und wir beschreiben sie jeweils in den entsprechenden Abschnitten zur Istverbuchung.

Periodische Umbuchung im Plan

Periodische Umbuchungen im Plan für Innenaufträge pflegen Sie über CONTROLLING • INNENAUFTRÄGE • PLANUNG • PERIODISCHE UMBUCHUNGEN DEFINIEREN (Transaktion KSW7). Ausführliche Informationen zu dieser Funktionalität finden Sie in Abschnitt 4.6.3, »Periodenabschluss«.

Gemeinkostenzuschläge im Plan

Um Gemeinkostenzuschläge für Innenaufträge im Plan durchzuführen, benötigen Sie ein Kalkulationsschema, das alle notwendigen Einstellungen enthält; Sie ordnen es den betreffenden Innenaufträgen entweder direkt oder als Voreinstellung im Musterauftrag der Auftragsart (siehe Abschnitt 5.7.2, »Periodische Verrechnungen«) zu. Einen kurzen Überblick über die Gemeinkostenzuschläge haben wir Ihnen bereits in Abschnitt 5.4.3, »Easy Cost Planning und Execution Services«, gegeben. Im Detail finden Sie weitere Informationen zu diesem Thema in Abschnitt 7.3.2, »Grundeinstellungen für die Materialkalkulation«, und eine ausführliche Beschreibung der Einstellungen im Customizing in Abschnitt 4.6.3, »Periodenabschluss«. Für Innenaufträge erstellen Sie die Gemeinkostenzuschläge im Plan über CONTROLLING • INNENAUFTRÄGE • PLANUNG • GEMEINKOSTENZUSCHLÄGE IM PLAN DEFINIEREN (Transaktion OKOZ).

Templates im Plan

Templates für Innenaufträge im Plan pflegen Sie im Menübaum CONTROLLING • INNENAUFTRÄGE • PLANUNG • TEMPLATES. Diese Funktionalität behandeln wir ausführlich in Abschnitt 6.4, »Templates«.

Planabrechnung

Für weitere Informationen zur Abrechnung verweisen wir Sie auf Abschnitt 5.7.5. Die Einstellungen dazu im Plan nehmen Sie über CONTROLLING • INNENAUFTRÄGE • PLANUNG • ABRECHNUNG vor.

5.5 Budgetierung und Verfügbarkeitskontrolle

Was ist ein Budget?

Sie haben im vorangegangenen Abschnitt verschiedene Funktionalitäten kennengelernt, anhand derer Sie für Innenaufträge eine Kostenplanung vornehmen können. Die Planung können Sie dann im weiteren Verlauf der Abwicklung des Auftrags mit dem Ist vergleichen; übersteigen die Istkosten die Plankosten, können Sie analysieren, wie die Plan-/Istabweichung zu erklären ist. Ein *Budget* hingegen ist verbindlich – das System verhindert automatisch, dass die Istkosten das genehmigte Budget überschreiten.

Was ist die Verfügbarkeitskontrolle?

Sobald Sie einem Auftrag ein Budgetprofil zuordnen, aktivieren Sie damit die *Verfügbarkeitskontrolle*. Diese überwacht, ob ein Geschäftsvorfall im Zusammenhang mit dem betroffenen Auftrag (z.B. eine Bestellung oder eine Kreditorenrechnung) zu einer Budgetüberschreitung führen würde; ist dies der Fall, darf der entsprechende Vorgang nicht durchgeführt werden. Der Verantwortliche für den Auftrag kann dann automatisch benachrichtigt werden und kann z.B. eine Erhöhung des Budgets beantragen. Änderungen des Budgets können später nachvollzogen werden. Sie pflegen das Budget für Aufträge im Anwendungsmenü über die Transaktion KO22; Nachträge können Sie über die Transaktion KO24 erfassen. Die Eingabe der Budgetzahlen ist der manuellen Planung sehr ähnlich (siehe Abschnitt 5.4.2). Auch bei der Budgetvergabe können Sie entscheiden, ob Sie Gesamtwerte oder Jahreswerte erfassen. Beachten Sie, dass die Budgetvergabe grundsätzlich nicht auf der Ebene von Kostenarten erfolgt. Wir erläutern Ihnen nun die Customizing-Einstellungen, die zuvor notwendig sind.

Budgetprofil definieren

Zuerst definieren Sie ein *Budgetprofil*, das das Verhalten der Verfügbarkeitskontrolle steuert. Dazu wechseln Sie im Customizing zum Punkt CONTROLLING • INNENAUFTRÄGE • BUDGETIERUNG UND VERFÜGBARKEITSKONTROLLE • BUDGETPROFILE PFLEGEN; wählen Sie dann BUDGETPROFILE PFLEGEN (Transaktion OKOB). Geben Sie Ihrem Budgetprofil zunächst einen Namen und eine Bezeichnung (siehe Abbildung 5.27). Unter ZEITHORIZONT können Sie vorgeben, um wie viele Jahre man bei der Budgetvergabe in die Vergangenheit oder in die Zukunft gehen darf. Im Feld START können Sie das Startjahr für die Budgetierung festlegen; das Startjahr errechnet sich aus dem aktuellen Jahr plus dem Wert, den Sie hier eintragen.

Unter DARSTELLUNG geben Sie vor, wie die Budgetwerte skaliert werden sollen; über den SKALIERUNGSFAKTOR können Sie die Werte z.B. in Tausendern oder Millionen darstellen; der Parameter DEZIMALSTELLEN gibt dann an, wie viele Stellen nach dem Komma angezeigt werden sollen.

Im Bereich WÄHRUNGSUMRECHNUNG GESAMTBUDGET bestimmen Sie anhand des Kurstyps und des Wertstellungsdatums, wie das Budget in

Fremdwährungen umgerechnet werden soll (weitere Informationen zu Kurstypen finden Sie in Abschnitt 4.4.1, »Grundeinstellungen«).

Schließlich legen Sie unter BUDGETIERUNGSWÄHRUNG fest, in welcher Währung die Aufträge budgetiert werden sollen, denen Sie dieses Budgetprofil zuordnen. Sie haben auch die Möglichkeit, die OBJEKTWÄHRUNG ALS DEFAULT einzustellen.

Falls Sie das Investitionsmanagement einsetzen, können Sie unter BUDGET PROGRAMMART eine Investitionsprogrammart hinterlegen. Aufträge mit diesem Budgetprofil dürfen dann nur dann budgetiert werden, wenn Sie eine Zuordnung zu einem Investitionsprogramm der entsprechenden Art haben.

Verfügbarkeitskontrolle aktivieren

Unter VERFÜGBARKEITSKONTROLLE schließlich legen Sie fest, wie die Verfügbarkeitskontrolle aktiviert werden soll. Dies ist deshalb von Bedeutung, weil diese Funktionalität die Performance Ihres SAP-Systems negativ beeinflussen kann. Geben Sie unter AKTIVIERUNGSART 0 an, findet keine Verfügbarkeitskontrolle statt; Aktivierungsart 1 bedeutet, dass die Verfügbarkeitskontrolle für einen Auftrag automatisch aktiviert wird, sobald ein Budget erfasst wurde. Diese Form der Aktivierung ist die komfortabelste, beansprucht aber auch mehr Systemressourcen. Geben Sie »2« ein, müssen Sie die Verfügbarkeitskontrolle über einen Hintergrundjob einplanen. Dazu müssen Sie zusätzlich unter AUSSCHÖPFGRAD einen Ausschöpfungsgrad in Prozent angeben; der Hintergrundjob aktiviert dann die Verfügbarkeitskontrolle nur für solche Aufträge, deren Budget mindestens zum angegebenen Grad ausgeschöpft ist. Damit ist die Verfügbarkeitskontrolle nur für einen Teil der Aufträge aktiv, und die Systemperformance wird weniger stark beeinträchtigt. Den entsprechenden Hintergrundjob starten Sie im Anwendungsmenü über die Transaktion KO30.

[zB]

Verfügbarkeitskontrolle im Hintergrund aktivieren

Sie haben im Budgetprofil die Aktivierungsart 2 gewählt und einen Ausschöpfungsgrad von 80% angegeben. Sie planen dann den Hintergrundjob zur Aktivierung der Verfügbarkeitsprüfung jede Nacht ein. Für alle Aufträge, deren Budget zu weniger als 80% ausgeschöpft ist, bleibt dann die Verfügbarkeitskontrolle inaktiv; nur für Aufträge, deren Restbudget weniger als 20% beträgt, wird die Verfügbarkeitskontrolle aktiviert.

Wenn Sie den Parameter GESAMT aktivieren, erfolgt die Verfügbarkeitskontrolle auf Basis von Gesamtbudgets; lassen Sie diesen inaktiv, prüft das System gegen Jahresbudgets. Über OBJEKTWÄHRUNG können Sie festlegen, dass die Verfügbarkeitskontrolle in Objektwährung erfolgt.

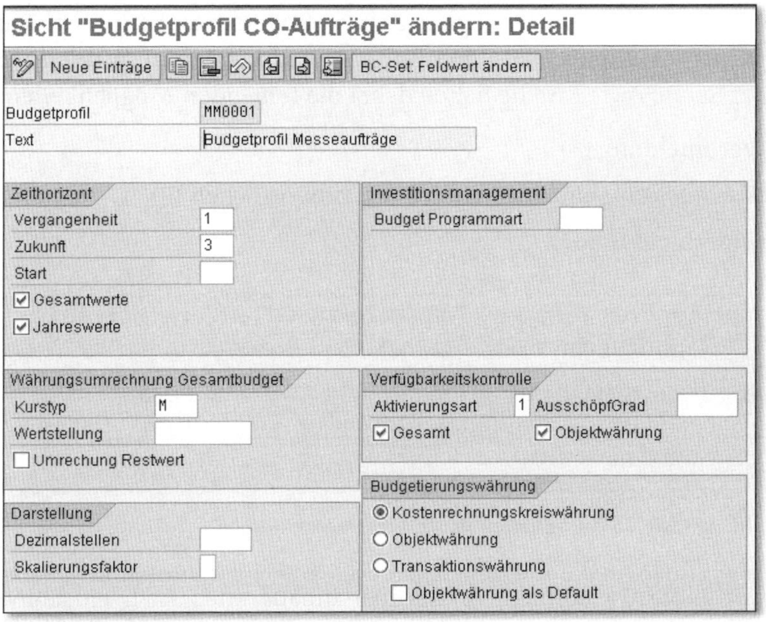

Abbildung 5.27 Budgetprofil erstellen

Budgetprofil zuordnen

Wenn Sie Ihr Budgetprofil fertiggestellt haben, müssen Sie es mit den Auftragsarten verknüpfen, für die Sie budgetieren wollen. Dies können Sie entweder in der Definition der Auftragsart vornehmen (siehe Abschnitt 5.3.1) oder direkt in der Transaktion CONTROLLING • INNENAUFTRÄGE • BUDGETIERUNG UND VERFÜGBARKEITSKONTROLLE • BUDGETPROFILE PFLEGEN; wählen Sie dann BUDGETPROFILE IN AUFTRAGSARTEN PFLEGEN (Transaktion KOAB).

Nummernkreise für Verfügbarkeitskontrolle

Für die Einzelposten, die beim Erfassen oder Ändern von Budgets gebucht werden, müssen Sie über CONTROLLING • INNENAUFTRÄGE • BUDGETIERUNG UND VERFÜGBARKEITSKONTROLLE • NUMMERNKREISE FÜR BUDGETIERUNG PFLEGEN (Transaktion OK11) Nummernkreise festlegen. Weitere Informationen zu Nummernkreisen finden Sie in Abschnitt 2.2.1.

Toleranzgrenzen für Verfügbarkeitskontrolle

Unter CONTROLLING • INNENAUFTRÄGE • BUDGETIERUNG UND VERFÜGBARKEITSKONTROLLE • TOLERANZGRENZEN FÜR VERFÜGBARKEITSKONTROLLE FESTLEGEN steuern Sie das Verhalten der Verfügbarkeitskontrolle. Sie legen hier je Kostenrechnungskreis (Spalte KKRs) und Budgetprofil (Profil) fest, bei welchem Ausschöpfungsgrad des Budgets das System eine bestimmte Aktion durchführen soll. Den Ausschöpfungsgrad können Sie entweder in Prozent (Spalte %Aus...) oder in absoluten Werten (Spalte Absol. Abweichung) angeben. Die möglichen Aktionen, die durchgeführt werden können, wählen Sie in der Spalte Akt. aus; Sie haben dabei die folgenden Möglichkeiten:

- Warnmeldung (1)
- Warnmeldung mit Mail an den Verantwortlichen (2)
- Fehlermeldung (3)

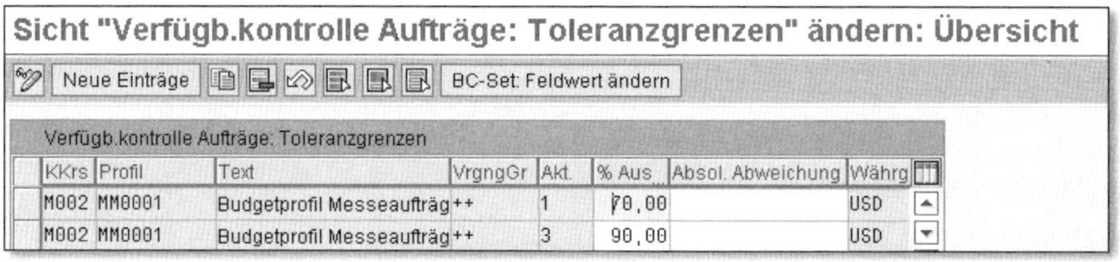

KKrs	Profil	Text	VrgngGr	Akt.	% Aus	Absol. Abweichung	Währg
M002	MM0001	Budgetprofil Messeaufträg	++	1	70,00		USD
M002	MM0001	Budgetprofil Messeaufträg	++	3	90,00		USD

Abbildung 5.28 Toleranzgrenzen für Verfügbarkeitskontrolle

Unter VrgngGr können Sie darüber hinaus noch nach einzelnen Vorgängen (z.B. Bestellanforderung, Warenausgang, Finanzbuchhaltungsbeleg etc.) einschränken. Im Beispiel haben wir festgelegt, dass für alle Vorgänge eine Warnmeldung ausgegeben werden soll, wenn das Budget zu 70% ausgeschöpft ist; bei 90% Budgetausschöpfung wird für alle Vorgänge eine Fehlermeldung angezeigt.

Budgetverantwortliche definieren

Falls Sie für bestimmte Toleranzgrenzen die Aktivität Warnmeldung mit Mail an den Verantwortlichen gewählt haben, müssen Sie über Controlling • Innenaufträge • Budgetierung und Verfügbarkeitskontrolle • Budgetverantwortliche einen oder mehrere Verantwortliche definieren. Diese Einstellung nehmen Sie für jeden Kostenrechnungskreis vor und können dann bei Bedarf weiter nach Auftragsart und/oder Objektklasse einschränken (siehe Abbildung 5.29).

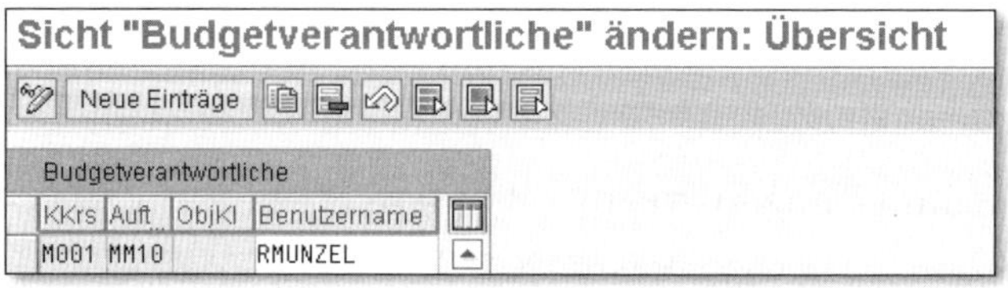

KKrs	Auft	ObjKl	Benutzername
M001	MM10		RMUNZEL

Abbildung 5.29 Budgetverantwortlichen festlegen

Ausnahmen von der Verfügbarkeitskontrolle

Sie können Kosten, die unter den entsprechenden Kostenarten gebucht wurden, von der Verfügbarkeitskontrolle ausnehmen, sodass diese nicht als Verfügungen gegen das Budget gelten. Dazu wählen Sie im Customizing den Punkt CONTROLLING • INNENAUFTRÄGE • BUDGETIERUNG UND VERFÜGBARKEITSKONTROLLE • AUSNAHMEKOSTENARTEN FÜR VERFÜGBARKEITSKONTROLLE FESTLEGEN (Transaktion OPTK). Sie geben dann je Kostenrechnungskreis (Spalte KKRs) an, welche Kostenarten ausgeschlossen werden sollen (siehe Abbildung 5.30). Bei Bedarf können Sie auch weiter nach Herkunftsgruppe (Spalte HERK.GRP.) einschränken (weitere Informationen zu Herkunftsgruppen finden Sie in Abschnitt 7.3.2, »Grundeinstellungen für die Materialkalkulation«) oder nach KOSTENTYP (falls Sie die Funktionalität für Joint Ventures nutzen). Um alle Kostenarten auszuschließen, die unter einer bestimmten Herkunftsgruppe gebucht wurden, können Sie die Kostenart auch mit dem Eintrag »*« maskieren.

Verfügbarkeitskontrolle neu aufbauen

Wann immer Sie Änderungen an den Einstellungen zur Verfügbarkeitskontrolle vorgenommen haben (z.B. in bestimmten Auftragsarten ein Budgetprofil eingetragen oder die Toleranzgrenzen geändert), müssen Sie die Verfügbarkeitskontrolle neu aufbauen. Damit stellen Sie sicher, dass die verfügten Budgets in allen Innenaufträgen wieder aktuell sind. Den Neuaufbau führen Sie im Customizing unter CONTROLLING • INNENAUFTRÄGE • BUDGETIERUNG UND VERFÜGBARKEITSKONTROLLE • VERFÜGBARKEITSKONTROLLE NEU AUFBAUEN (Transaktion KO31) durch. Sie können hier einzelne Aufträge oder ganze Auftragsarten bzw. anhand eines Budgetprofils die zu bearbeitenden Innenaufträge auswählen.

KKrs	Kostenart	Bezeichnung	Herk.Grp.	Bezeichnung	Kostentyp	Bezeichnung
MM01	620100	GK-Zuschlag Material				
MM01	620200	GK-Zuschlag Fertig.				
MM01	620300	GK-Zuschlag Verwalt.				
MM01	620400	GK-Zuschlag Vertrieb				

Abbildung 5.30 Ausnahmekostenarten eintragen

Damit haben Sie alle Customizing-Einstellungen zur Budgetverwaltung und Verfügbarkeitskontrolle kennengelernt. Als Nächstes wenden wir uns dem Obligo und der Mittelbindung zu.

5.6 Obligo und Mittelbindung

Was ist Obligo?

Wenn Sie zu einem Auftrag eine Bestellanforderung oder eine Bestellung erfassen, können Sie erwarten, dass Ihnen daraus zu einem späteren Zeitpunkt Istkosten entstehen werden. Derartige, sicher zu erwartende Kosten nennt man *Obligo*. Im SAP-System können Sie Obligo dazu nutzen, den aktuellen Ausschöpfungsgrad Ihrer Plankosten bzw. Ihres Budgets zu überwachen. Eine Mittelbindung können Sie manuell erfassen, um ein Obligo zu dokumentieren, dem keine Bestellung gegenübersteht.

Einstellungen für Obligo und Mittelbindung

Alle Systemeinstellungen, die zu den Themen Obligo und Mittelbindung notwendig sind, sind für Innenaufträge dieselben wie für die Kostenstellenrechnung. In Abschnitt 4.5 haben wir diese Einstellungen ausführlich dokumentiert. Aus dem Einstellungsmenü der Innenaufträge heraus erreichen Sie die entsprechenden Einstellungen über Controlling • Innenaufträge • Obligo und Mittelbindung.

Damit wenden wir uns nun den Customizing-Einstellungen für Istbuchungen zu Innenaufträgen zu.

5.7 Istbuchungen

In diesem Abschnitt zeigen wir Ihnen, welche unterschiedlichen Formen von Istbuchungen Sie im Zusammenhang mit Innenaufträgen vornehmen können und welche Einstellungen dafür notwendig sind. Am Anfang müssen Sie zunächst einige Grundeinstellungen wie Nummernkreise und die automatische Kontierung festlegen. Wir gehen dann auf die verschiedenen Möglichkeiten zur periodischen Verrechnung ein, um uns im Anschluss ausführlich mit den Funktionalitäten Verzinsung, Ergebnisermittlung und Abrechnung zu beschäftigen.

5.7.1 Allgemeine Einstellungen

Nummernkreise festlegen

Um Istbuchungen durchführen zu können, müssen Sie zunächst alle relevanten Controlling-Vorgänge Nummernkreisen zugeordnet haben. Die dafür notwendigen Einstellungen haben wir bereits in Abschnitt 2.2.1 beschrieben; über Controlling • Innenaufträge • Istbuchungen • Istvorgänge den Nummernkreisen zuordnen (Transaktion KANK) können Sie diese noch einmal überprüfen.

Automatische Kontierung festlegen

Über Controlling • Innenaufträge • Istbuchungen • Automatische Kontierungsfindung pflegen (Transaktion OKB9) können Sie festlegen, dass bestimmte Kostenarten stets einen bestimmten Innenauftrag als Vorschlagskontierung erhalten sollen. Wie Sie diese Einstellung vornehmen, haben wir in Abschnitt 4.6.1, »Manuelle Istbuchungen«, erläutert.

Anzahlungsfortschreibung einstellen

Falls Sie mit erlösführenden Innenaufträgen arbeiten, um z.B. Kundenprojekte abzuwickeln, kann es vorkommen, dass Sie mit dem Kunden vereinbaren, dass er zu Beginn des Projekts eine Anzahlung leistet. Bei Anzahlungen handelt es sich um Buchungen, die ausschließlich in der Finanzbuchhaltung vorgenommen werden und im Prinzip im Controlling nicht sichtbar sind, da sie nicht auf Kostenarten gebucht werden. Um Anzahlungen jedoch in Report-Painter-Berichten sichtbar machen zu können, hat SAP einen kleinen Kunstgriff eingebaut. Über Controlling • Innenaufträge • Istbuchungen • Defaultkostenarten für Anzahlungen definieren (Transaktion OKEP) müssen Sie je eine Kostenart für kreditorische und eine für debitorische Anzahlungen eintragen, auf denen die Anzahlungen fortgeschrieben werden und somit in Berichten sichtbar sind (siehe Abbildung 5.31). Die Kostenart für debitorische Anzahlungen muss vom Typ 11 (Erlöse) sein, die für kreditorische vom Typ 1 (Primärkosten).

Abbildung 5.31 Anzahlungsfortschreibung einstellen

Erfassungsvarianten definieren

Wenn Sie manuelle Buchungen im Controlling erfassen, um Kosten von einem Controlling-Objekt an ein anderes zu verrechnen, benötigen Sie dafür Erfassungsvarianten. Diese steuern, von welchem Objekt an welches Sie verrechnen können, ob Sie dies als Sammel- oder Einzelerfassung tun können etc. Wir haben dieses Konzept und die dafür notwendigen Einstellungen in Abschnitt 4.6.1, »Manuelle Istbuchungen«, bereits behandelt. Das entsprechende Customizing für Innenaufträge rufen Sie über Controlling • Innenaufträge • Ist-

BUCHUNGEN • EIGENE ERFASSUNGSVARIANTEN FÜR BUCHUNGEN IM CONTROLLING DEFINIEREN auf.

5.7.2 Periodische Verrechnungen

Zum Periodenabschluss stehen Ihnen verschiedene Funktionalitäten zur automatischen Weiterverrechnung von Kosten zur Verfügung; im Einzelnen sind dies Gemeinkostenzuschläge, periodische Umbuchungen und Templates.

Gemeinkostenzuschläge einstellen

Zu Gemeinkostenzuschlägen für Innenaufträge haben Sie bereits einen Überblick in Abschnitt 5.4.3, »Easy Cost Planning und Execution Services«, erhalten. Im Detail finden Sie weitere Informationen zu diesem Thema in Abschnitt 7.3.2, »Grundeinstellungen für die Materialkalkulation«, und eine ausführliche Beschreibung der Einstellungen im Customizing in Abschnitt 4.6.3, »Periodenabschluss«. Für Innenaufträge erstellen Sie die Gemeinkostenzuschläge im Ist im Menübaum CONTROLLING • INNENAUFTRÄGE • ISTBUCHUNGEN • GEMEINKOSTENZUSCHLÄGE. Dort definieren Sie das Kalkulationsschema und die einzelnen Bestandteile (Berechnungsbasen, Zuschlagssätze und Entlastungen). Sie können außerdem Zuschlagsschlüssel definieren, um die Bezuschlagung detaillierter zu gestalten (siehe dazu auch Abschnitt 7.3.2, »Grundeinstellungen für die Materialkalkulation«). Um ein Kalkulationsschema und gegebenenfalls einen Zuschlagsschlüssel mit einem Innenauftrag zu verknüpfen, können Sie diese Elemente entweder direkt in den Stammdaten im Abschnitt PERIODENABSCHLUSS eingeben oder im Musterauftrag der entsprechenden Auftragsart als Voreinstellung eintragen. Diese Einstellung können Sie über CONTROLLING • INNENAUFTRÄGE • ISTBUCHUNGEN • GEMEINKOSTENZUSCHLÄGE • KALK.SCHEMA UND ZUSCHL. SCHLÜSSEL IN MUSTERAUFTRÄGEN PFLEGEN vornehmen.

Periodische Umbuchung definieren

Periodische Umbuchungen im Ist für Innenaufträge pflegen Sie über CONTROLLING • INNENAUFTRÄGE • ISTBUCHUNGEN • PERIODISCHE UMBUCHUNGEN DEFINIEREN (Transaktion KSW1). Ausführliche Informationen zu dieser Funktionalität finden Sie in Abschnitt 4.6.3, »Periodenabschluss«.

Um Templates für Innenaufträge im Ist anzulegen, wechseln Sie zum Menübaum CONTROLLING • INNENAUFTRÄGE • ISTBUCHUNGEN • TEMPLATE-VERRECHNUNG. Diese Funktionalität behandeln wir ausführlich in Abschnitt 6.4, »Templates«.

5.7.3 Verzinsung

Was ist Verzinsung?

Bei Innenaufträgen, die eine längere Laufzeit haben und gegebenenfalls eine hohe Kostenbelastung aufweisen, können Sie Zinsen berechnen und auf die Aufträge buchen, um z.B. die Kapitalbindung zu bewerten. Es ist auch möglich, Habenzinsen für erlösführende Aufträge zu berechnen. Die *Verzinsung* können Sie sowohl im Plan durchführen, um die Planung zu unterstützen, als auch im Ist. Dabei ist zu beachten, dass die Verzinsung bei Innenaufträgen lediglich auf Basis der Kosten und Erlöse erfolgt und sich nicht auf Ein- und Auszahlungen bezieht. Bei der Verzinsung im Plan werden nur Planwerte herangezogen, die auf Kostenarten geplant sind; Gesamtwerte werden nicht berücksichtigt.

Überblick über die Verzinsung

Im Customizing müssen Sie einige Einstellungen vornehmen, um die Verzinsung durchführen zu können. Zentrales Element dabei ist das Zinsschema (siehe Abbildung 5.32), dem alle weiteren Parameter zugeordnet sind und das über den Musterauftrag die Verknüpfung zum Innenauftrag herstellt. Dem Zinsschema ordnen Sie ein Zinskennzeichen zu, über das Sie steuern, welche Zinssätze gelten sollen, ob Sie nach Beträgen staffeln und unter welchen Konten die Verzinsung gebucht werden soll. Darüber hinaus legen Sie anhand von sogenannten *Wertkategorien* fest, welche Kostenarten bei der Verzinsung berücksichtigt werden sollen.

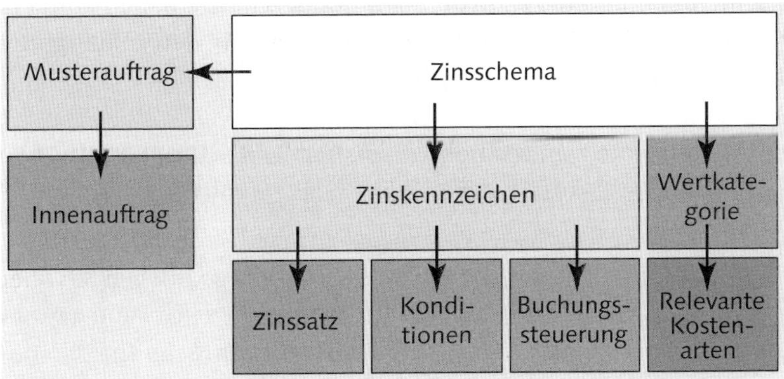

Abbildung 5.32 Übersicht über die Customizing-Elemente der Verzinsung

Wir erläutern Ihnen nun anhand eines Beispiels, wie Sie die Verzinsung für erlösführende Aufträge einstellen können. Dabei gehen wir davon aus, dass für Habenzinsen (also auf Erlöse) ein Zinssatz von 1% gelten soll, für Kosten hingegen ein Satz von 2%.

Zinskennzeichen definieren

Als Erstes legen Sie das Zinskennzeichen über Controlling • Innenaufträge • Istbuchungen • Verzinsung • Zinskennzeichen definieren (Transaktion OPIE) an. Sie geben hier einen Schlüssel und eine Bezeichnung an (siehe Abbildung 5.33); außerdem ordnen Sie eine Verzinsungsart zu. Für Innenaufträge können Sie ausschließlich die Saldenverzinsung verwenden, bei der die Zinsen auf der Grundlage des gesamten Saldos des Auftrags ermittelt werden.

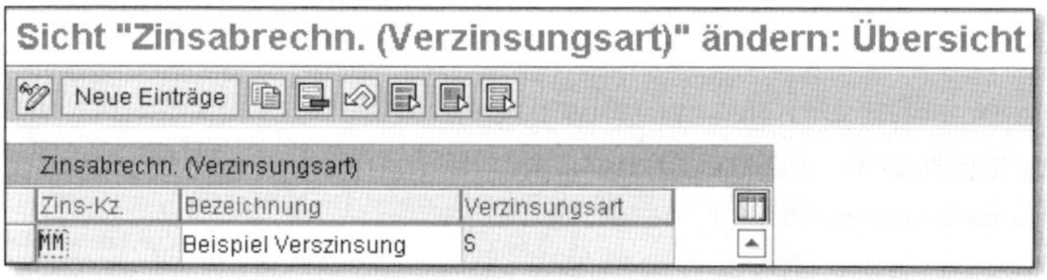

Abbildung 5.33 Zinskennzeichen erstellen

Zu Ihrem Zinskennzeichen legen Sie über Controlling • Innenaufträge • Istbuchungen • Verzinsung • Konditionen zum Zinskennzeichen • Allgemeine Konditionen festlegen (Transaktion OPIH) verschiedene Einstellungen fest (siehe Abbildung 5.34). Über die Kalenderart bestimmen Sie, ob Sie je Geschäftsjahr 360 oder 365 Tage berücksichtigen wollen und ob alle Monate mit 30 Tagen angesetzt werden sollen oder mit der tatsächlichen Anzahl Tage je Monat. Der Eintrag G im Beispiel bedeutet, dass wir 365 Tage pro Geschäftsjahr annehmen und die Monate 28, 30 oder 31 Tage haben können. Der Grenzbetrag setzt eine Schwelle, unterhalb derer überhaupt keine Zinsen berechnet werden sollen.

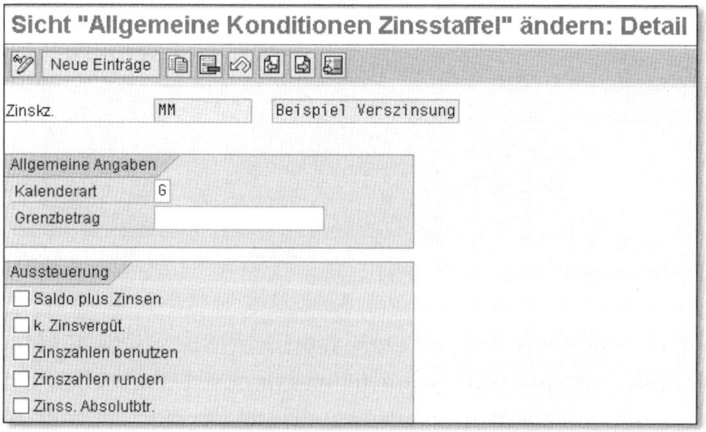

Abbildung 5.34 Allgemeine Konditionen zum Zinskennzeichen

Schließlich stehen noch einige Parameter im Bereich AUSSTEUERUNG zur Verfügung. SALDO PLUS ZINSEN bedeutet, dass beim Ausdrucken der Saldo plus Zinsen angegeben wird. Aktivieren Sie K. ZINSVERGÜT., werden Zinsen lediglich auf Kosten, aber nicht auf Erlöse berechnet. Wenn Sie ZINSZAHLEN BENUTZEN einschalten, rechnet das System anhand von Zinszahlen; andernfalls werden die Zinsen direkt ermittelt. Über ZINSZAHLEN RUNDEN können Sie diese Zinszahlen zusätzlich auch noch runden. Der Parameter ZINSS. ABSOLUTBETR. schließlich steuert, ob Sie bei gestaffelten Zinsätzen den Absolutbetrag für die Ermittlung des Staffelsatzes heranziehen oder ob Sie die Beträge aufteilen.

Gesamtbetragsabhängige Zinssätze [zB]

Sie haben die folgenden Zinsstaffeln definiert:

- für Beträge von 0 bis 1.000 EUR: 5%
- für Beträge von 1.001 bis 2.000 EUR: 6%
- für Beträge ab 2.001 EUR: 7%

Nehmen wir nun an, die Gesamtkosten auf dem Auftrag betragen 2.500 EUR. Ist die Option ZINSS. ABSOLUTBETR. aktiviert, wird der Gesamtbetrag zu 7% verzinst. Ist sie jedoch nicht aktiviert, werden die Zinsen wie folgt ermittelt: 5% auf 1.000 EUR, 6% auf 1.000 EUR und 7% auf 500 EUR.

Zinssätze festlegen

Nun definieren Sie über CONTROLLING • INNENAUFTRÄGE • ISTBUCHUNGEN • VERZINSUNG • KONDITIONEN ZUM ZINSKENNZEICHEN • ZINSSÄTZE FESTLEGEN die Zinssätze. Wählen Sie zuerst über die sogenannte BEWEGUNGSART (unter KONDITION) aus, ob Sie sich auf Soll- oder Habenzinsen für die Saldenverzinsung beziehen (siehe Abbildung 5.35). Es werden hier auch Bewegungsarten für die Überfälligkeitsverzinsung angeboten, diese sind aber für die Verzinsung von Innenaufträgen nicht relevant. Unter ZINSSÄTZE können Sie einen im System hinterlegten REFERENZZINSSATZ angeben (z.B. den Diskontsatz); dazu können Sie zusätzlich einen ZUSCHLAG erheben. Wäre der Referenzzinssatz aktuell z.B. 1% und Sie tragen einen Zuschlag von 3% ein, ergibt sich insgesamt ein Zinssatz von 4%. Lassen Sie den Referenzzinssatz weg, gilt allein der Zuschlag als Zinssatz. Im Beispiel haben wir so einen Zinssatz von 2% für die Sollzinsen eingetragen. Mit BETRAG AB legen Sie fest, ab welchem Betrag der Zinssatz gelten soll, um Zinsstaffeln abzubilden, wie im obigen Beispiel dargestellt.

Beachten Sie, dass Sie je Zinskennzeichen mindestens einen Zinssatz für Haben- und einen für Sollzinsen anlegen müssen.

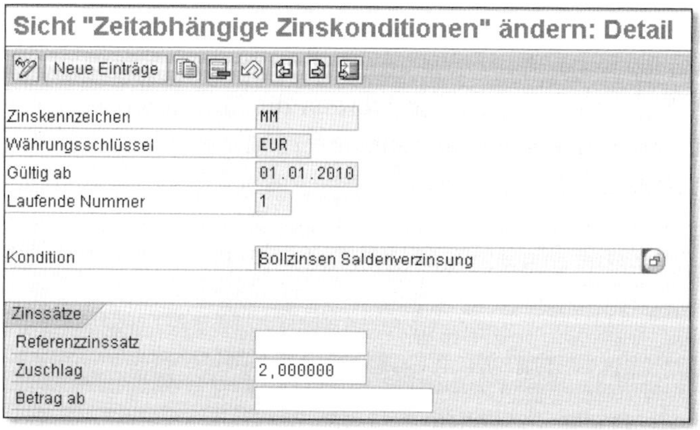

Abbildung 5.35 Zinssätze festlegen

Zinsschema anlegen

Wir kommen nun zum Zinsschema, das Sie über CONTROLLING • INNENAUFTRÄGE • ISTBUCHUNGEN • VERZINSUNG • ZINSSCHEMATA • ZINSSCHEMATA ANLEGEN erstellen. Im Abschnitt VERARBEITUNG sind die Optionen AUTOM. ABLEITEN und SEPARAT VERZINSEN nur für Projekte relevant (siehe Abbildung 5.36); für Innenaufträge ist es unerheblich, welchen von beiden Sie auswählen. Aktivieren Sie jedoch NICHT VERZINSEN, werden Aufträge mit diesem Zinsschema nicht verzinst. Unter BASISWERTE bestimmen Sie, ob die Verzinsung das Buchungsdatum der einzelnen Belege berücksichtigen soll (Einzelposten) oder sich auf Summensätze beziehen soll, wobei dann je Periode alle Belege auf die Periodenmitte datiert werden.

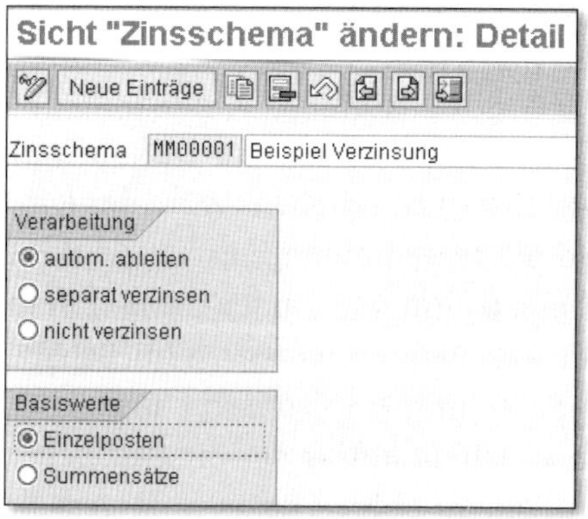

Abbildung 5.36 Zinsschema anlegen

[zB]

Einzelposten vs. Summenwerte

Sie haben auf Ihrem Auftrag am 1.11. Kosten in Höhe von 1.000 EUR gebucht und am 10.11. noch einmal 2.000 EUR. Bei einem Sollzinssatz von 2% ergibt sich mit der Berücksichtigung von Einzelposten die folgende Verzinsung:

Vom 1. bis 9.11. (9 Tage): Saldo 1.000 EUR; Zinsbetrag: 0,49 EUR

Vom 10. bis 30.11. (21 Tage): Saldo 3.000 EUR; Zinsbetrag: 3,45 EUR

Betrachten Sie Summenwerte, errechnet sich der Zinsbetrag wie folgt:

Saldo 3.000 EUR über 15 Tage; Zinsbetrag: 2,63 EUR

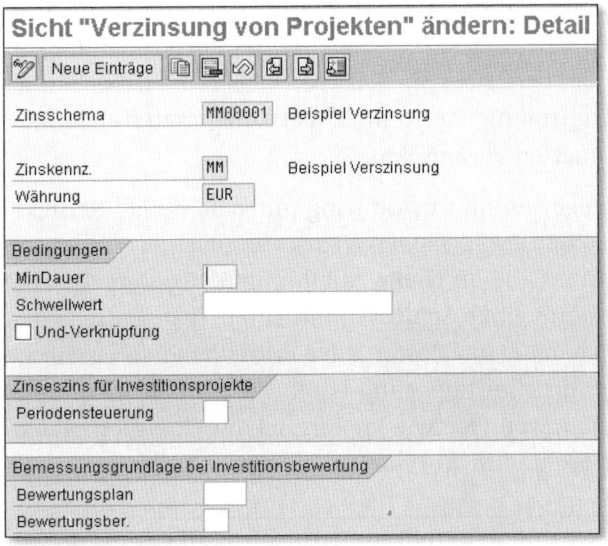

Abbildung 5.37 Detaileinstellungen zum Zinsschema

Wenn Sie das Zinsschema angelegt haben, stellen Sie über Controlling • Innenaufträge • Istbuchungen • Verzinsung • Zinsschemata • Detaileinstellungen zum Zinsschema vornehmen (Transaktion OPIB) weitere Details ein. Sie können festlegen, ob für Aufträge mit dem jeweiligen Zinsschema Zinsen erst ab einer bestimmten Laufzeit berechnet werden sollen. Anhand des Parameters MinDauer geben Sie an, wie viele Tage seit der ersten Buchung auf dem Innenauftrag vergangen sein müssen, bevor Zinsen ermittelt werden (siehe Abbildung 5.37). Der Schwellwert bestimmt, dass Zinsen nur dann ermittelt werden, wenn auf dem betroffenen Auftrag ein Mindestbetrag an Kosten aufgelaufen sein muss, bevor das System Zinsen berechnet. Aktivieren Sie den Parameter Und-Verknüpfung, prüft das System bei der Verzinsung sowohl gegen die Mindestlaufzeit als auch gegen den Schwellwert; nur wenn beide Bedingungen erfüllt sind, werden Zinsen berechnet. Die weiteren Parameter sind nur für Investitionsaufträge relevant.

Wie bereits weiter vorne in diesem Abschnitt erwähnt, steuern Sie anhand von Wertkategorien, welche Kostenarten bei der Ermittlung der Zinsen überhaupt berücksichtigt werden. Bei Wertkategorien handelt es sich um ein Konzept zur Verdichtung von Kostenarten, das in Berichten in der Instandhaltung (Komponente PM) und im Projektsystem (Komponente PS) verwendet wird; im Controlling findet es keine weitere Anwendung. Da SAP die Verzinsung ursprünglich für das Projektsystem entwickelt und erst später auch für Innenaufträge ermöglicht hat, begegnen Sie den Wertkategorien daher nur an dieser Stelle im Controlling. Sie können Wertkategorien frei definieren und mit Kostenarten verknüpfen.

Wertkategorien definieren

Sie legen Wertkategorien im Customizing unter dem Pfad PROJEKTSYSTEM • KOSTEN • WERTKATEGORIEN • WERTKATEGORIEN PFLEGEN bzw. über die Transaktion OPI1 an (siehe Abbildung 5.38). Vergeben Sie für jede Wertkategorie einen Schlüssel und einen Text. Entscheiden Sie dann, ob es sich dabei um Kosten oder Erlöse handelt. Da Sie sie für Innenaufträge nicht im Reporting benutzen können, wird es in der Regel ausreichen, wenn Sie wie im Beispiel nur eine Wertkategorie für Kosten, Erlöse und nicht relevante Kosten erstellen.

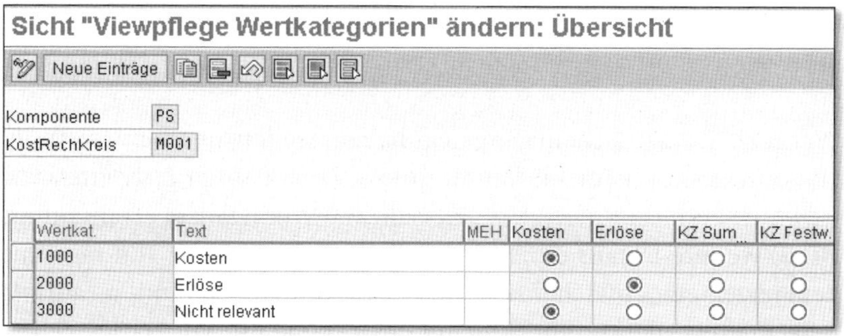

Abbildung 5.38 Wertkategorien anlegen

Unter PROJEKTSYSTEM • KOSTEN • WERTKATEGORIEN • KOSTENARTEN WERTKATEGORIEN ZUORDNEN (Transaktion OPI2) verknüpfen Sie die Wertkategorien mit Kostenarten (siehe Abbildung 5.39). Sie können dabei Einzelwerte, Intervalle oder Kostenartengruppen angeben.

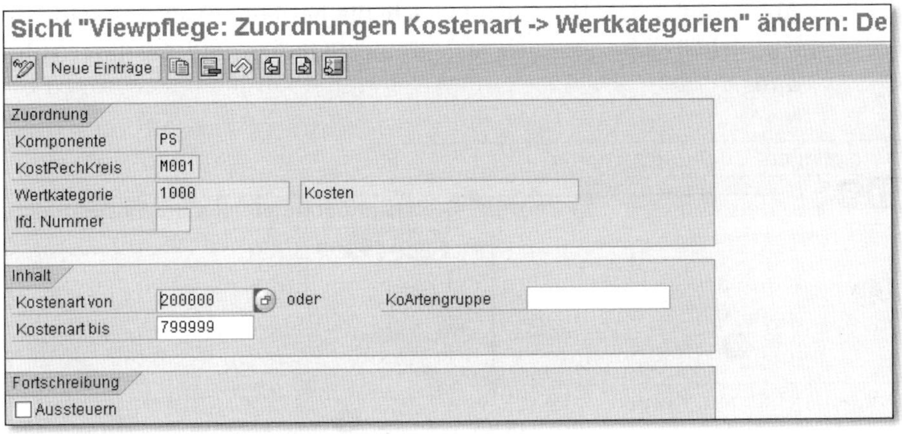

Abbildung 5.39 Kostenarten Wertkategorien zuordnen

Zinsrelevanz festlegen

Zurück im Einstellungsmenü für Innenaufträge, entscheiden Sie unter dem Customizing-Punkt CONTROLLING • INNENAUFTRÄGE • ISTBUCHUNGEN • VERZINSUNG • ZINSSCHEMATA • ZINSRELEVANZ FÜR WERTKATEGORIEN FESTLEGEN (Transaktion OPIC), welche Wertkategorien bei der Verzinsung berücksichtigt werden sollen. Sie definieren dabei je ZINSSCHEMA und ZINSKENNZEICHEN, welche Wertkategorien als Kosten bzw. Erlöse betrachtet (Spalte KOSTEN & ERLÖSE) und welche nicht berücksichtigt werden sollen (Spalte KEINE). Die Spalte ZAHLUNGEN hat für Innenaufträge keine Bedeutung.

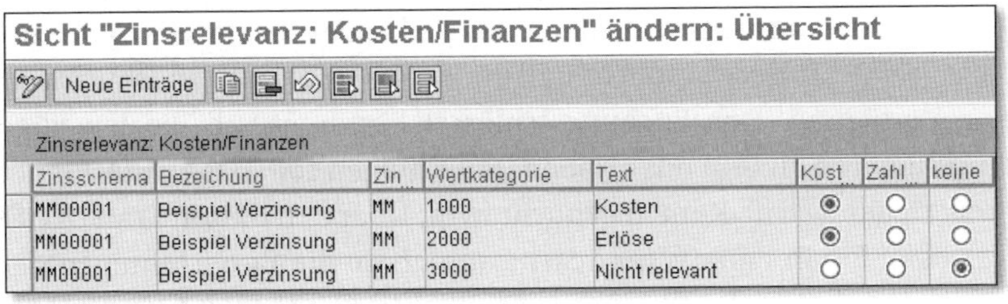

Abbildung 5.40 Zinsrelevanz der Wertkategorien einstellen

Um ein Zinsschema Aufträgen zuzuordnen, hinterlegen Sie es in einem Musterauftrag und ordnen diesem den entsprechenden Auftrag zu (siehe Abschnitt 5.3.1, »Auftragsarten«).

Buchungsschema anlegen

Zum Schluss hinterlegen Sie unter CONTROLLING • INNENAUFTRÄGE • ISTBUCHUNGEN • VERZINSUNG • VERBUCHUNGSSTEUERUNG • BUCHUNGSSCHEMA FÜR BUCHHALTUNG DEFINIEREN (Transaktion OPID) die Konten, auf denen das System die Verzinsung verbuchen soll (siehe

Abbildung 5.41). Das Buchungsschema besteht aus drei Bestandteilen: dem Schema an sich, den Kontosymbolen und der Kontenfindung.

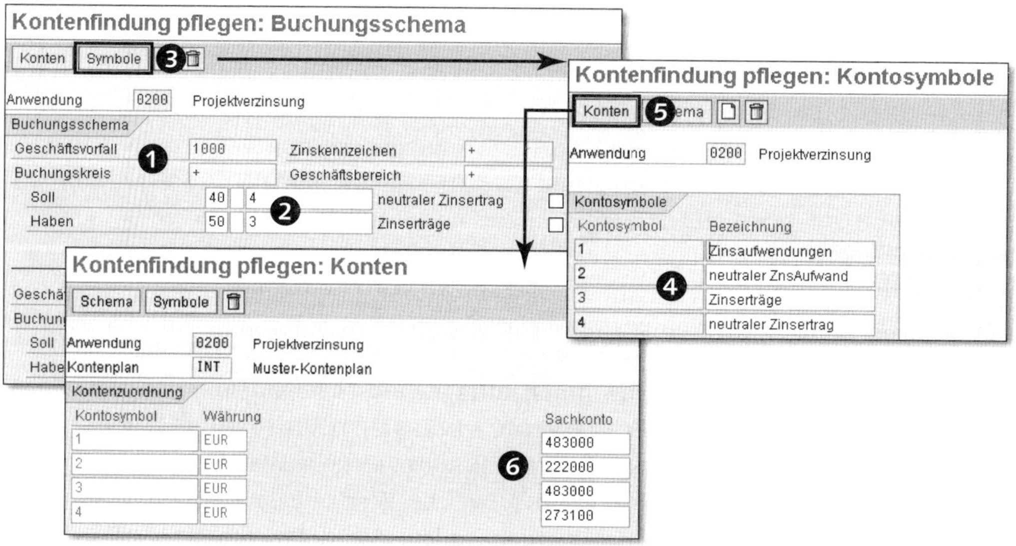

Abbildung 5.41 Buchungsschema für Verzinsung einstellen

Im Buchungsschema hinterlegen Sie je Geschäftsvorfall ❶, mit welchen Buchungsschlüsseln und anhand welcher Kontosymbole gebucht werden soll ❷. Der Geschäftsvorfall ist fest im System vorgegeben und hängt vom Szenario ab; in diesem Fall haben Sie die Geschäftsvorfälle 1000 (Zinsertragsbuchung) und 2000 (Zinsaufwandsbuchung) zur Verfügung. Der Buchungsschlüssel bestimmt, ob die jeweilige Buchung im Soll (40) oder Haben (50) erfolgen soll; das Kontosymbol steuert, auf welche Konten gebucht wird. Über den Button Symbole ❸ gelangen Sie in eine weitere Sicht, in der Sie die Bezeichnungen der Kontensymbole pflegen können ❹. Klicken Sie dann auf Konten ❺, kommen Sie zur Kontenfindung, in der Sie pro Kontensymbol ein Konto hinterlegen ❻.

In der Regel wird es nicht erforderlich sein, dass Sie Veränderungen am Buchungsschema oder an den Kontoschlüsseln vornehmen; Sie sollten lediglich die Sachkonten hinterlegen. Dabei müssen die Konten für Zinserträge und Zinsaufwendungen im System als Kostenarten definiert sein, da sie auf die betroffenen Aufträge gebucht werden. SAP empfiehlt, die jeweiligen Gegenkonten hingegen nicht als Kostenarten anzulegen, sondern sie nur in FI zu buchen. Damit gleichen sich beide Buchungen in FI ergebnisneutral aus, während die Zinsaufwendungen und Zinserträge im Controlling ausgewiesen werden.

Wir wollen dies an einem kleinen Beispiel verdeutlichen (siehe Abbildung 5.42). Nehmen wir hier an, auf dem Auftrag 12345 wurde Materialverbrauch in Höhe von 1.000 EUR gebucht; die Gegenbuchung erfolgte gegen das Materialbestandskonto. Der Saldo des Auftrags beträgt somit 1.000 EUR. Nun wird die Verzinsung durchgeführt; es werden 20 EUR Sollzinsen ermittelt und zwischen dem Konto NEUTRALER ZINSAUFWAND (nur in FI) und dem Zinsaufwand auf dem Auftrag verbucht. Der Saldo auf dem Auftrag beträgt nun 1.020 EUR. Die gesamten kalkulatorischen Zinsaufwendungen in der Komponente CO betragen damit 20 EUR; in FI gleicht sich das Zinsaufwandskonto mit dem neutralen Zinsaufwandskonto aus, die kalkulatorischen Zinsen sind damit nicht ergebniswirksam. Hätten Sie den Betrag auf dem Konto für neutralen Zinsaufwand auch in CO gebucht, wären die kalkulatorischen Zinsen in CO in der Summe ebenfalls null.

Abbildung 5.42 Beispielbuchung für Verzinsung

Erweiterungen für die Verzinsung

Damit haben Sie die Customizing-Einstellungen für die Verzinsung kennengelernt. Wir weisen noch darauf hin, dass Ihnen diverse Erweiterungen zur Verfügung stehen, um diese Funktionalität gegebenenfalls weiter an Ihre Anforderungen anzupassen:

- KPSHZIN1 für die Modifikation der Einzelpostentabelle
- KPSHZIN2 für Prüfungen der Einzelpostenrelevanz im Ist
- KPSHZIN4 für das Zinsergebnis

- KPSPZIN1 für das Lesen der zinsrelevanten Sätze bei der Planverzinsung
- KPSPZIN2 für Prüfungen der Einzelpostenrelevanz im Plan
- KPSPZIN4 für kundeneigene Verbuchungen im Plan
- KPSPZIN3 für das Bestimmen des Verzinsungs-Endedatums im Plan

Alle genannten Erweiterungen können Sie über die Transaktion CMOD implementieren. Wir schließen damit diesen Abschnitt ab und wenden uns der Ergebnisermittlung zu.

5.7.4 Ergebnisermittlung

Was ist die Ergebnisermittlung?

Bei erlösführenden Aufträgen, die länger als eine Buchungsperiode laufen und bei denen die Faktura an den Kunden erst gegen Ende des Auftragsdurchlaufs erstellt wird, müssen Sie jeweils zum Periodenende die Ware in Arbeit bzw. die unverrechneten Lieferungen und Leistungen ermitteln und in der Bilanz im Bestand aktivieren. Wenn Sie z.B. nach IAS oder US-GAAP berichten, können Sie auch die Percentage-of-Completion-Methode verwenden, um sich sogar einen kalkulatorischen Umsatz proportional zu den bisher angefallenen Kosten gutzuschreiben. Beide Methoden dienen dazu, Ihr Ergebnis realistischer darzustellen, denn ansonsten würden alle erlösführenden Aufträge für den Großteil ihrer Laufzeit Verluste ausweisen. Die Funktionalität in SAP ERP zum Ermitteln der genannten Kennzahlen heißt *Ergebnisermittlung*, die wie die Verzinsung ursprünglich nur für Projekte in der Komponente PS entwickelt und nachträglich auch auf Innenaufträge erweitert wurde. Grundsätzlich ist es untypisch, Kundenprojekte über eine längere Laufzeit mit Innenaufträgen anstelle von Projekten abzubilden, da Projekte eine wesentlich mächtigere Funktionalität anbieten (siehe dazu auch die Einleitung zu diesem Kapitel); gleichwohl ist es möglich, und von der kaufmännischen Seite her bietet SAP nahezu identische Funktionalitäten für beide Konzepte an.

Überblick über die Ergebnisermittlung

Die Ergebnisermittlung für Innenaufträge können Sie im Anwendungsmenü über die Transaktion KKA1 aufrufen; Sie finden jedoch die dazugehörigen Customizing-Einstellungen nicht im Einstellungsmenü zu den Innenaufträgen, sondern nur im Projektsystem. Wir erläutern Ihnen nun zunächst die Funktionsweise der Ermittlung von Ware in Arbeit anhand eines Beispiels und erläutern dann die dazu notwendigen Customizing-Einstellungen.

Methoden der Ergebnisermittlung

Bei der Ermittlung von Ware in Arbeit können Sie in SAP ERP unterschiedliche Methoden einsetzen; die gängigste ist die erlösproportionale Methode, die wir an dieser Stelle anhand eines Beispiels vorstellen. Beachten Sie, dass es noch weitere Möglichkeiten zur periodischen Bewertung von Kundenprojekten gibt, wie z.B. die Percentage-of-Completion-Methode (POC). Diese wird in US-GAAP oder IAS typischerweise nur in größeren Projekten eingesetzt, und wir empfehlen Ihnen dringend, für solche Projekte das Projektsystem (PS) und keine Innenaufträge zu nutzen. Eine detaillierte Erläuterung der POC-Methode finden Sie in unserem Buch *Projektcontrolling mit SAP*, das auch bei SAP PRESS erschienen ist.

Die erlösproportionale Methode setzt zunächst voraus, dass Sie auf Ihrem Auftrag die Kosten und Erlöse korrekt geplant haben. Zum Periodenende ermittelt das System dann anhand der aufgelaufenen Istwerte und der Planzahlen den Wert der Ware in Arbeit, der Kosten des Umsatzes und eventuell anfallender Rückstellungen für drohende Verluste.

Errechnete Kosten

Um die genannten Werte zu ermitteln, benutzt das System zunächst die Hilfsgröße der *errechneten Kosten*. Die errechneten Kosten entsprechen den Kosten, die bei einem gegebenen Istumsatz laut Plan angefallen sein müssten:

Errechnete Kosten = Plankosten × Istumsatz / Planumsatz

Kosten des Umsatzes

Die Kosten des Umsatzes entsprechen den errechneten Kosten, denn es handelt sich ja hierbei um die Kosten, die zur Realisierung des erbrachten Umsatzes angefallen sind:

Kosten des Umsatzes = Errechnete Kosten

Ware in Arbeit

Sind nun die Istkosten größer als die errechneten Kosten, ergibt sich die Ware in Arbeit als die Differenz aus beiden:

Wenn Istkosten > errechnete Kosten:
Ware in Arbeit = Istkosten – Errechnete Kosten

Die Ware in Arbeit entspricht somit dem Teil der Istkosten, dem kein Istumsatz gegenübersteht.

Rückstellungen für fehlende Kosten

Für den Fall, dass die Istkosten geringer sind als die errechneten Kosten, wurde bereits mehr fakturiert, als laut Plan bei den gegebenen Istkosten möglich gewesen wäre. Es ist daher damit zu rechnen, dass noch weitere Kosten anfallen. Das System bildet deshalb Rückstellungen für fehlende Kosten in Höhe der Differenz aus den Istkosten und den errechneten Kosten:

Wenn Istkosten < errechnete Kosten:
Rückstellungen für fehlende Kosten = Istkosten – Errechnete Kosten

Die Kosten des Umsatzes bleiben davon unberührt; sie entsprechen in diesem Fall der Summe aus den Istkosten und den Rückstellungen.

Sollten die Istkosten die Plankosten übersteigen, setzt das System die Istkosten anstelle der Plankosten in den Berechnungen. Sobald der Auftrag den Status TECHNISCH ABGESCHLOSSEN hat, werden alle Kosten als Kosten des Umsatzes gezeigt; bestehende Ware in Arbeit oder Rückstellungen werden aufgelöst.

Wir verdeutlichen dies nun an einem konkreten Beispiel. Nehmen wir an, Sie haben 100.000 EUR Erlöse und 80.000 EUR Kosten geplant:

In Periode 1 fallen Istkosten in Höhe von 30.000 EUR an (siehe Tabelle 5.1). Die errechneten Kosten sind 0, da auch der Istumsatz noch 0 beträgt. Die Ware in Arbeit beträgt 30.000 EUR.

Periode	Istkosten der Periode	Kumulierte Istkosten	Umsatz der Periode	Kumulierter Umsatz	Errechnete Kosten = Kosten des Umsatzes	Ware in Arbeit	Rückstellungen
1	30.000	30.000	0	0	0	30.000	0
2	0	30.000	25.000	25.000	20.000	10.000	0
3	0	30.000	25.000	50.000	40.000	0	10.000
4	60.000	90.000	50.000	100.000	90.000	0	0

Tabelle 5.1 Beispiel für Ware in Arbeit (alle Werte in EUR)

In Periode 2 wird eine Teilfaktura über 25.000 EUR gebucht. Dadurch ergeben sich errechnete Kosten von 20.000 EUR (80.000 × 25.000 / 100.000 = 20.000). Entsprechend reduziert sich die Ware in Arbeit von 30.000 auf 10.000 (Istkosten – errechnete Kosten).

In Periode 3 wird eine weitere Teilfaktura über 25.000 EUR gebucht. Der kumulierte Istumsatz ist damit im Verhältnis zu den kumulierten Istkosten höher als geplant, bzw. die kumulierten Istkosten sind niedriger als erwartet (errechnete Kosten = 80.000 × 50.000 / 100.000 = 40.000). Das System bildet damit eine Rückstellung für fehlende Kosten in Höhe der Differenz zwischen den errechneten Kosten und den kumulierten Istkosten (40.000 – 30.000 = 10.000).

In Periode 4 schließlich werden die restlichen noch erwarteten Kosten in Höhe von 60.000 EUR gebucht, und es wird eine Schlussrechnung über 50.000 EUR erstellt. Der Auftrag wird damit technisch abgeschlossen, und zum Periodenende werden eventuell noch bestehende Ware in Arbeit oder Rückstellungen aufgelöst. Es wird nun das tatsächliche Ergebnis des Auftrags in der GuV gezeigt.

Wir erläutern nun das Customizing zur Ergebnisermittlung. Die dazu notwendigen Einstellungen sind jenen zur Ermittlung der Ware in Arbeit zu Fertigungsaufträgen (siehe Abschnitt 7.4.3, »Auftragsbezogenes Produkt-Controlling«) sehr ähnlich. Alle Customizing-Einstellungen zur Ergebnisermittlung nehmen Sie in Abhängigkeit vom Kostenrechnungskreis, von einer Abgrenzungsversion und einem Abgrenzungsschlüssel vor (siehe Tabelle 5.2). Zu jeder dieser Kombinationen stellen Sie zunächst ein, welche auf erlösführenden Innenaufträgen gebuchten Kostenarten überhaupt aktiviert werden sollen, und ordnen sie einem sogenannten *Zeilenidentifikator* (Zeilen-ID) zu, um diese Kosten zu klassifizieren. Je Zeilen-ID müssen Sie dann eine sekundäre Abgrenzungskostenart angeben, unter der die ermittelten Werte fortgeschrieben werden. Zum Schluss legen Sie dann unter den Buchungsregeln fest, auf welche Konten in der Finanzbuchhaltung die Ware in Arbeit gebucht werden soll.

Wir zeigen Ihnen nun anhand des in Tabelle 5.2 dargestellten Beispiels die notwendigen Einstellungen, um die Ware in Arbeit getrennt nach Material- und Personalkosten darzustellen und Versandkosten von der Aktivierung auszuschließen.

Je: Kostenrechnungskreis, Abgrenzungsversion, Abgrenzungsschlüssel			
Zuordnung zu Zeilen-IDs	**Fortschreibung der Zeilen-IDs**		**Buchungsregeln je Zeilen-ID**
400000 – 409999 Verbrauch Rohstoffe	Zeilen-ID MAT Materialkosten	752000 Fortschreibung Materialkosten	791000 Bestand WIP Materialkosten 891000 Bestandsänderungen WIP Materialkosten
790000 – 790999 Montagestunden	Zeilen-ID PER Personalkosten	753999 Fortschreibung Personalkosten	792000 Bestand WIP Personal 892000 Bestandsänderungen WIP Personal
480000 – 489999 Versandkosten	Zeilen-ID NR Nicht zu aktivieren	–	–
800000 – 899999 Erlöse	Zeilen-ID ERL Erlöse	754000 Fortschreibung Erlöse	–

Tabelle 5.2 Übersicht über die Customizing-Einstellungen zur Ergebnisermittlung

Abgrenzungsschlüssel

Abgrenzungsschlüssel definieren

Sie legen im Customizing unter PROJEKTSYSTEM • ERLÖSE UND ERGEBNIS • AUTOMATISCHE UND PERIODISCHE VERRECHNUNGEN • ERGEBNISERMITTLUNG • ABGRENZUNGSSCHLÜSSEL UND -VERSIONEN • ABGRENZUNGSSCHLÜSSEL FÜR ERGEBNISERMITTLUNG PFLEGEN (Transaktion OKG1) zunächst die Abgrenzungsschlüssel an (siehe Abbildung 5.43). Wie bereits erwähnt, verwenden Sie hier dieselbe Funktionalität wie für die Ermittlung der Ware in Arbeit für Fertigungsaufträge, sodass Sie an dieser Stelle auch Einstellungen finden, die Sie im Zusammenhang mit Fertigungsaufträgen vorgenommen haben.

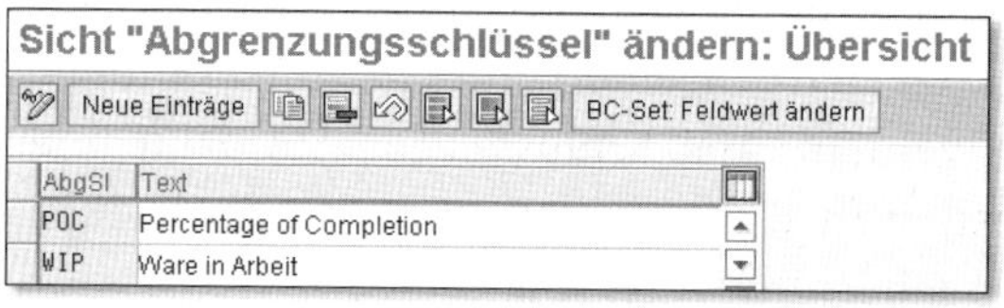

Abbildung 5.43 Abgrenzungsschlüssel pflegen

Ein Abgrenzungsschlüssel ist kostenrechnungskreisunabhängig, d.h., Sie können dieselben Schlüssel in unterschiedlichen Kostenrechnungskreisen für verschiedene Zwecke nutzen. Der Abgrenzungsschlüssel stellt die Verbindung Ihrer Customizing-Einstellungen zur Ergebnisermittlung zu den Innenauftragsarten (siehe Abschnitt 5.3.1, »Auftragsarten«) her. Sie können im selben Kostenrechnungskreis und zur selben Abgrenzungsversion unterschiedliche Abgrenzungsschlüssel einsetzen, um z.B. für verschiedene Auftragsarten unterschiedliche Einstellungen zur Ergebnisermittlung vorzunehmen, etwa um unterschiedliche Methoden zur Ermittlung der Ware in Arbeit einzusetzen.

Abgrenzungsversion

Abgrenzungsversion anlegen

Im nächsten Schritt legen Sie die Abgrenzungsversion an. Als Voraussetzung müssen Sie mindestens eine Version definiert haben, die das Führen von WIP bzw. Ergebnisermittlung zulässt (Parameter WIP/ErgErm, siehe Abschnitt 2.2.2, »Versionen«) Die Abgrenzungsversion erstellen Sie über Projektsystem • Erlöse und Ergebnis • Automatische und periodische Verrechnungen • Ergebnisermittlung • Abgrenzungsschlüssel und -versionen • Abgrenzungsversionen definieren (Transaktion OKG2, siehe Abbildung 5.44). Sie können dann zunächst die Beschreibung der Version angeben.

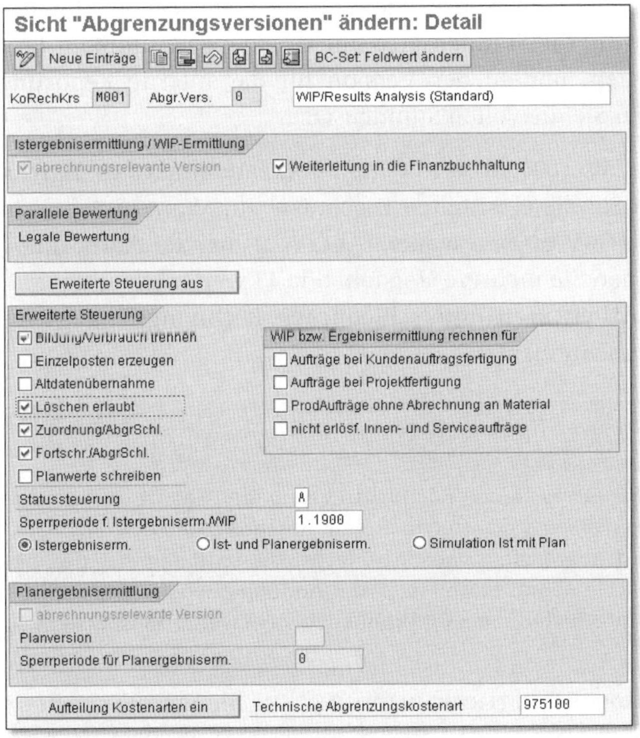

Abbildung 5.44 Abgrenzungsversion definieren

Weiterleitung in die Finanzbuchhaltung

Im Block ISTERGEBNISERMITTLUNG/WIP-ERMITTLUNG legen Sie fest, ob es sich um eine ABRECHNUNGSRELEVANTE VERSION handelt. Das bedeutet, dass die errechneten Werte in CO-PA übergeben werden können (siehe Abschnitt 8.6.4, »Aufträge/Projekte abrechnen«). Für diesen Zweck ist standardmäßig die Version 0 vorgesehen. Sie können diese Einstellung nicht ändern und auch keine zusätzlichen Versionen als abrechnungsrelevant kennzeichnen – in CO-PA darf nur eine Version abgerechnet werden, um doppelte Werte zu vermeiden. Eine Ausnahme stellt die parallele Bewertung dar, in der Sie zusätzlich zur operativen Version noch weitere Versionen abrechnen können. Mit unterschiedlichen Versionen können Sie zum selben Auftrag verschiedene Bewertungsmethoden gleichzeitig anwenden – z.B. wenn Sie für dieselbe Bewertungsmethode (etwa WARE IN ARBEIT NACH HGB) verschiedene Wertansätze benutzen wollen. Dies kann dann sinnvoll sein, wenn an den Auftrag verrechnete Tarife für interne Leistungsverrechnungen so ermittelt wurden, dass sie nicht kostendeckend sind, sondern eine interne Wertschöpfung enthalten. Diese Wertschöpfung darf nach HGB jedoch nicht mit in die Ware in Arbeit aktiviert werden, sodass Sie dann in einer Version für das externe Reporting die Stundensätze nur zu einem bestimmten Prozentsatz ansetzen, und in der Version für das interne Reporting berücksichtigen Sie die vollen Stundensätze.

Den Parameter WEITERLEITUNG IN DIE FINANZBUCHHALTUNG aktivieren Sie, wenn Sie die ermittelten Ergebnisse zur Ware in Arbeit in der Bilanz und GuV buchen wollen. Anders als bei der Abrechnung in CO-PA können Sie mehrere Versionen in FI weiterleiten, um z.B. die Ware in Arbeit nach unterschiedlichen Rechnungslegungsvorschriften fortzuschreiben.

[+]

Abhängigkeiten des Parameters »Weiterleitung in die Finanzbuchhaltung«

Wann immer Sie etwas an den Buchungsregeln in der Finanzbuchhaltung ändern wollen (siehe weiter unten in diesem Abschnitt), müssen Sie in der entsprechenden Abgrenzungsversion zunächst diesen Parameter deaktivieren. Denken Sie daran, diesen nach der Änderung wieder einzuschalten, bevor Sie Ihre Änderungen ins Produktivsystem weitertransportieren!

Erweiterte Steuerung

Über den Button ERWEITERTE STEUERUNG EIN blenden Sie weitere Parameter ein, die Sie in den Blocks ERWEITERTE STEUERUNG bzw. PLANERGEBNISERMITTLUNG pflegen können:

BILDUNG/VERBRAUCH TRENNEN bewirkt, dass Sie eine Erhöhung der Ware in Arbeit auf unterschiedlichen sekundären Kostenarten fortschreiben (und gegebenenfalls auch auf getrennten Konten in der Finanzbuchhaltung buchen).

Wir empfehlen Ihnen, den Parameter EINZELPOSTEN ERZEUGEN zu aktivieren, auch wenn dies zu einem erhöhten Belegaufkommen führt. Sie erzeugen dann mit der Ergebnisermittlung Einzelposten, die Ihnen helfen, die Zahlen zurückliegender Perioden nachzuvollziehen und gegebenenfalls Fehler zu finden.

Wenn Sie ALTDATENÜBERNAHME aktivieren, können Sie bei der Ermittlung der Ware in Arbeit die Werte manuell ändern, um beim Produktivstart laufende Aufträge zu übernehmen. Wenn möglich, sollten Sie jedoch stattdessen vor der Datenübernahme alle Aufträge schließen und im SAP-System neu anlegen. Dies ist später einfacher nachzuvollziehen.

LÖSCHEN ERLAUBT bedeutet, dass Sie bereits ermittelte Werte zur Ware in Arbeit wieder löschen können. Dies kann zur Fehlerkorrektur im Produktivbetrieb manchmal hilfreich sein, weshalb wir Ihnen raten, diesen Parameter zu aktivieren.

Zuordnung je Abgrenzungsschlüssel

Wenn Sie den Parameter ZUORDNUNG/ABGRSCHL. einschalten, müssen Sie bei der Zuordnung der Kostenarten zu den Zeilen-IDs (siehe weiter unten) alle Einstellungen für jeden Abgrenzungsschlüssel einzeln vornehmen. Lassen Sie diesen Parameter aus, nehmen Sie die Zuordnung lediglich je Kostenrechnungskreis und Version vor und können dieselben Einstellungen dann für alle Abgrenzungsschlüssel verwenden. Sie sollten dieses Kennzeichen also nur setzen, wenn Sie für unterschiedliche Abgrenzungsschlüssel auch verschiedene Zuordnungen treffen wollen.

Entsprechend können Sie auch die Fortschreibung der Zeilen-IDs auf sekundäre Kostenarten vom Abgrenzungsschlüssel abhängig machen oder nicht (Parameter FORTSCHR./ABGRSCHL.).

Wenn Sie den Parameter PLANWERTE SCHREIBEN aktivieren, schreibt das System neben den errechneten Kosten, der Ware in Arbeit etc. auch die ermittelten Plankosten als Einzelposten fort. Diese stehen dann ebenfalls für nachträgliche Überprüfungen zur Verfügung.

Mittels der STATUSSTEUERUNG können Sie beeinflussen, zu welchem Zeitpunkt eventuell aufgebaute Ware in Arbeit wieder abgebaut werden soll. Dazu zieht das System den Status des Objekts heran, für das die Ware in Arbeit ermittelt wurde. Für Fertigungsaufträge ist dieser Parameter nicht relevant, es gelten dabei immer die Status ENDFAKTURIERT und GELIEFERT; ist einer dieser beiden Status aktiv, wird vorhandene Ware in Arbeit aufgelöst und keine neue mehr gebildet. Für Kundenaufträge können Sie hier jedoch entscheiden, ob Sie den Status automatisch anhand des Belegflusses ermitteln lassen oder manuell setzen wollen.

Der Block WIP BZW. ERGEBNISERMITTLUNG RECHNEN FÜR ist nur relevant, wenn Sie bei Kundenauftrags- oder Projektfertigung mit unbewertetem Kundenauftragsbestand bzw. unbewertetem Projektbestand arbeiten. Sie stellen hier ein, wie mit nicht erlösführenden Innenaufträgen verfahren werden soll, die Kundenauftragspositionen oder Projekten zugeordnet sind. Sie können dabei entscheiden, ob Sie die Ware in Arbeit jeweils für die Aufträge selbst ermitteln wollen, also getrennt von eventuell übergeordneten Objekten, oder ob Sie die Ergebnisermittlung für die Kundenauftragspositionen bzw. Projekte durchführen und die auf den untergeordneten Aufträgen aufgelaufenen Kosten dabei mit einbeziehen wollen.

Wenn Sie in den übergeordneten Kundenauftragspositionen oder Projekten keinen Abgrenzungsschlüssel eingetragen haben (also ohnehin keine Ergebnisermittlung auf der übergeordneten Ebene durchführen), brauchen Sie die Parameter in diesem Block nicht zu setzen. Sind jedoch Abgrenzungsschlüssel auf einer übergeordneten Kundenauftragsposition oder einem Projekt vorhanden, aktivieren Sie den Parameter AUFTRÄGE BEI KUNDENAUFTRAGSFERTIGUNG bzw. AUFTRÄGE BEI PROJEKTFERTIGUNG und tragen in den untergeordneten Fertigungsaufträgen einen Abgrenzungsschlüssel ein, um die Ergebnisermittlung zu den Fertigungsaufträgen separat zu ermitteln.

Falls Sie nicht erlösführende Innen- bzw. Serviceaufträge einsetzen, die wiederum Kundenauftragspositionen oder Projekten zugeordnet sind, müssen Sie zusätzlich noch den Parameter NICHT ERLÖSF. INNEN- UND SERVICEAUFTRÄGE aktivieren, um Ware in Arbeit auf diesen Aufträgen separat zu ermitteln.

Der Parameter PRODAUFTRÄGE OHNE ABRECHNUNG AN MATERIAL ist nur für die veraltete Abwicklung von Fertigungsnetzen ohne Warenbewegung relevant.

Die Sperrperiode bedeutet, dass Abgrenzungsdaten, die vor oder in der Sperrperiode ermittelt wurden, nicht mehr nachträglich durch spätere Ermittlungen von Ware in Arbeit geändert werden dürfen. Die Sperrperiode wird im Produktivbetrieb jedes Mal, wenn Sie die Ware in Arbeit ermitteln, aktualisiert und auf die jeweilige Vorperiode gesetzt. Sie können den Parameter SPERRPERIODE F. ISTERGEBNISERM./WIP somit in aller Regel auf dem Vorschlagswert stehen lassen.

Die Parameter ISTERGEBNISERM., IST- UND PLANERGEBNISERM., SIMULATION IST MIT PLAN und der gesamte Block PLANERGEBNISERMITTLUNG sind nur für die Ergebnisermittlung für Projekte relevant, die Sie auch im Plan ausführen können. Für Innenaufträge steht nur die Ergebnisermittlung im Ist zur Verfügung.

Technische Kostenart eintragen

Zum Schluss müssen Sie noch eine sogenannte TECHNISCHE KOSTENART angeben; diese dient dazu, die Rechenergebnisse der Ergebnisermittlung zwischenzuspeichern. Eine Kostenart, die Sie hier eintragen, muss vom Typ 31 (Auftrags-/Projektabgrenzung) sein; sie wird auch als *Abgrenzungskostenart* bezeichnet. Wenn Sie den Button AUFTEILUNG KOSTENARTEN EIN anklicken, können Sie für die jeweiligen einzelnen Zwischenergebnisse getrennte Kostenarten angeben. Sie können diese Zwischenergebnisse dann im Informationssystem auswerten; eine Trennung in unterschiedliche Kostenarten ist in aller Regel nicht notwendig, da Sie die einzelnen Ergebnisse auch anhand der sogenannten *Abgrenzungskategorie* auseinanderhalten können.

Bewertungsmethode

Bewertungsmethode definieren

Wenn Sie die Abgrenzungsversion angelegt haben, erstellen Sie als Nächstes über PROJEKTSYSTEM • ERLÖSE UND ERGEBNIS • AUTOMATISCHE UND PERIODISCHE VERRECHNUNGEN • ERGEBNISERMITTLUNG • ABGRENZUNGSSCHLÜSSEL UND -VERSIONEN • BEWERTUNGSMETHODEN FÜR ERGEBNISERMITTLUNG FESTLEGEN eine sogenannte *Bewertungsmethode* (Transaktion OKG3). Um eine neue Bewertungsmethode zu erstellen, geben Sie den Kostenrechnungskreis, eine Abgrenzungsversion und einen Abgrenzungsschlüssel an. Über die ERGEBNISERMITTLUNGSMETHODE definieren Sie, auf welche Weise Sie die Ergebnisermittlung durchführen wollen – zur Bestimmung der Ware in Arbeit etc. (siehe Abbildung 5.45). Die grundlegende Methode ist die Erlösproportionale Methode – mit Gewinnrealisierung (01), die der Logik entspricht, die wir weiter vorne in diesem Abschnitt dargestellt haben. SAP stellt dazu noch einige Varianten zur Verfügung, wie z.B. eine Methode ohne Gewinnrealisierung, eine mengenproportionale Methode etc.

Im Block Statussteuerung stellen Sie ein, ab welchem Auftragsstatus die Ergebnisermittlung überhaupt durchgeführt werden kann (Voreinstellung: Status Freigegeben) und ab wann eventuell noch offene Bestände und Rückstellungen wieder aufgelöst werden sollen (in der Regel Technisch abgeschlossen).

Über die Parameter unter Gewinnbasis steuern Sie, welche Zahlen als Planzahlen herangezogen werden sollen. Für Innenaufträge benötigen Sie den voreingestellten Wert Planwert Objekte und abhängige Objekte.

Bei der Bewertungsebene haben Sie die Auswahl, ob Sie alle Kosten als Gesamtheit betrachten und aktivieren wollen (Bewertung auf der Summenebene) oder ob Sie in den folgenden Einstellungen Ihre Kosten weiter aufsplitten (z.B. nach fixen und variablen Kosten) wollen (Bewertung auf der Ebene der Zeilen-ID). Damit können Sie z.B. Ihre Kosten entsprechend in Projektreports getrennt darstellen oder auch die Ware in Arbeit auf separate Konten buchen.

Schwellenwerte setzen

Unter Mindestwerte können Sie Schwellen setzen, ab denen bestimmte Rückstellungen oder Bestände überhaupt aufgebaut werden sollen. Tragen Sie hier einen sehr hohen Wert ein, verhindern Sie damit, dass z.B. Rückstellungen für drohende Verluste oder für Provisionen/Reklamationen überhaupt gebildet werden.

Über den Button Expertenmodus haben Sie die Möglichkeit, die Ergebnisermittlung noch wesentlich detaillierter einzustellen. Insbesondere über die Kombination aus Abgrenzungsart und Gewinnkennzeichen stehen Ihnen weitaus mehr Differenzierungen zur Verfügung als in der vereinfachten Darstellung.

Beachten Sie, dass Sie nicht mehr zur vereinfachten Darstellung zurückkehren können, wenn Sie im Expertenmodus eine Einstellung verändert haben.

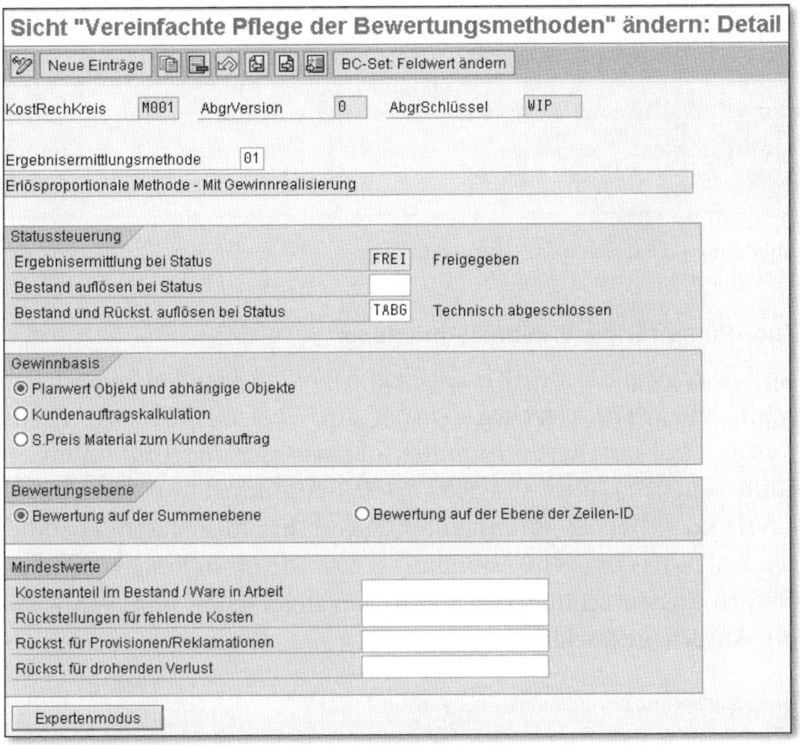

Abbildung 5.45 Bewertungsmethode festlegen

Zeilenidentifikationen

Zeilen-IDs definieren

Damit die Ergebnisermittlung erkennen kann, bei welchen Buchungen auf Ihren Aufträgen es sich um aktivierungspflichtige Kosten, nicht zu berücksichtigende Kosten oder Erlöse handelt, müssen Sie Ihre Kostenarten klassifizieren. Die Klassifikation erfolgt anhand sogenannter *Zeilenidentifikationen* (kurz Zeilen-IDs), die Sie unter Projektsystem • Erlöse und Ergebnis • Automatische und periodische Verrechnungen • Ergebnisermittlung • Abgrenzungsschlüssel und -versionen • Zeilenidentifikationen definieren anlegen (siehe Abbildung 5.46). Sie definieren je Kostenrechnungskreis die benötigten Klassifikationen. Im Beispiel haben wir die Zeilen-IDs so definiert, dass wir, wie weiter oben erwähnt, die Materialkosten von den Personalkosten trennen können (Zeilen-IDs MAT und PERS); wir benötigen außerdem je eine Zeilen-ID für nicht zu aktivierende Kosten (NR) (um die Versandkosten auszuschließen) und für die Erlöse (ERL).

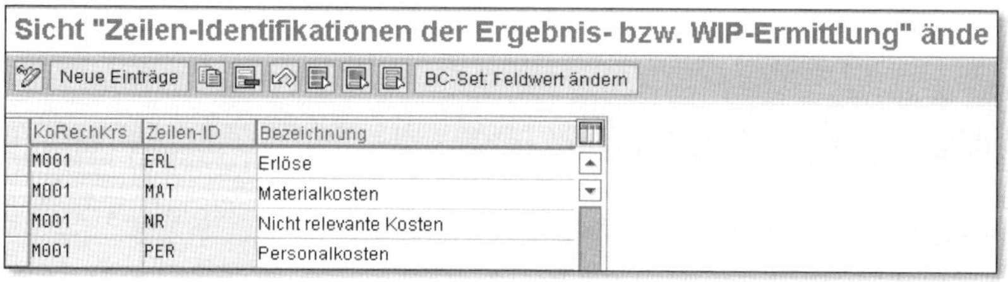

Abbildung 5.46 Zeilenidentifikatoren festlegen

Zuordnung für die Ergebnisermittlung

Kostenarten zu Zeilen-IDs zuordnen

Nachdem Sie die Zeilen-IDs angelegt haben, ordnen Sie im nächsten Schritt über Projektsystem • Erlöse und Ergebnis • Automatische und periodische Verrechnungen • Ergebnisermittlung • Abgrenzungsschlüssel und -versionen • Zuordnungen für Ergebnisermittlung festlegen (Transaktion OKG5) Ihre Kostenarten ebendiesen Zeilen-IDs zu (siehe Abbildung 5.47). Die Einstellungen nehmen Sie pro Kostenrechnungskreis, Abgrenzungsversion und wahlweise pro Abgrenzungsschlüssel vor.

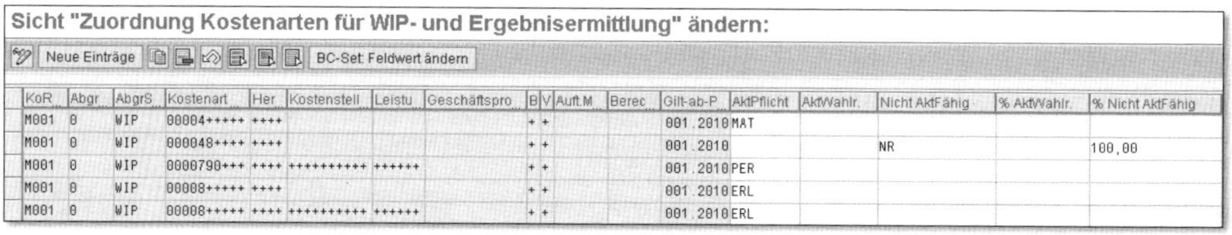

Abbildung 5.47 Zuordnung der Kostenarten zu Zeilen-IDs

Für jede Kostenart bzw. Gruppe von Kostenarten entscheiden Sie, ob diese aktivierungspflichtig sind (also in den Bestand an Ware in Arbeit mit einfließen müssen), nur teilweise aktivierungspflichtig (womit nur ein Teil in die Ware in Arbeit eingeht, der andere Teil direkt in die Kosten des Umsatzes oder nicht aktivierungsfähig sind (also komplett direkt in die Kosten des Umsatzes gehen). Dazu tragen Sie in die entsprechende Spalte eine Zeilen-ID ein, unter der die Kostenart fortgeschrieben wird (in der nächsten Einstellung entscheiden Sie dann, was mit den Zeilen-IDs weiter passiert). Sofern eine Kostenart nur teilweise aktivierungspflichtig ist, tragen Sie daneben einen Prozentsatz ein, zu dem die Kostenart aktiviert werden soll. Entsprechend verfahren Sie mit teilweise nicht aktivierungsfähigen Kostenarten. Im Beispiel werden die Kostenarten für Materialkosten von

400000 bis 499999 unter der Zeilen-ID MAT aktiviert, die Sekundärkostenarten für interne Leistungsverrechnung (790000 bis 799999) unter der Zeilen-ID PER, und die Erlöse (800000 bis 899999) sind mit der Zeilen-ID ERL verknüpft. Die Versandkosten (Kostenarten 480000 bis 489999) sind unter der Zeilen-ID NR als zu 100% nicht aktivierungsfähig gekennzeichnet.

Die Kostenarten müssen Sie rechtsbündig eintragen und gegebenenfalls links mit Nullen auffüllen. Sie können ganze Bereiche abdecken, indem Sie sie mit dem +-Zeichen maskieren. Dabei haben detaillierte Einträge Vorrang vor allgemeineren.

Maskierte Einträge [zB]

In Abbildung 5.47 sollen alle Kostenarten, die mit 4 beginnen, zur Zeilen-ID MAT zugeordnet werden, mit Ausnahme der Untergruppe 480000 bis 489999 für die Versandkosten, die mit NR verknüpft werden sollen. Dazu wurden die Einträge 00004+++++ und 000048++++ vorgenommen. Wird z.B. das Konto 4821000 gebucht, gilt der detailliertere der beiden Einträge, also 000048++++, und das Konto wird der Zeilen-ID NR zugeordnet.

Sie können anhand der weiteren Spalten auch noch genauer spezifizieren und die Zuordnung z.B. abhängig von der Materialherkunft, der sendenden Kostenstelle oder Leistungsart oder dem Soll/Haben-Kennzeichen machen.

Fortschreibung der Zeilen-IDs

Zeilen-IDs Abgrenzungskostenarten zuordnen

Nachdem Sie Ihre Kostenarten mit den Zeilen-IDs verknüpft haben, entscheiden Sie im Punkt Projektsystem • Erlöse und Ergebnis • Automatische und periodische Verrechnungen • Ergebnisermittlung • Abgrenzungsschlüssel und -versionen • Fortschreibung für Ergebnisermittlung festlegen (Transaktion OKG4), wie diese behandelt werden sollen (siehe Abbildung 5.48).

Sie tragen hier, abhängig vom Kostenrechnungskreis, der Abgrenzungsversion und wahlweise dem Abgrenzungsschlüssel ein, wie die Zeilen-IDs klassifiziert sind. Für die Ergebnisermittlung zu Innenaufträgen sind die Einträge N (nicht relevant), K (Kosten) und E (Erlöse) entscheidend.

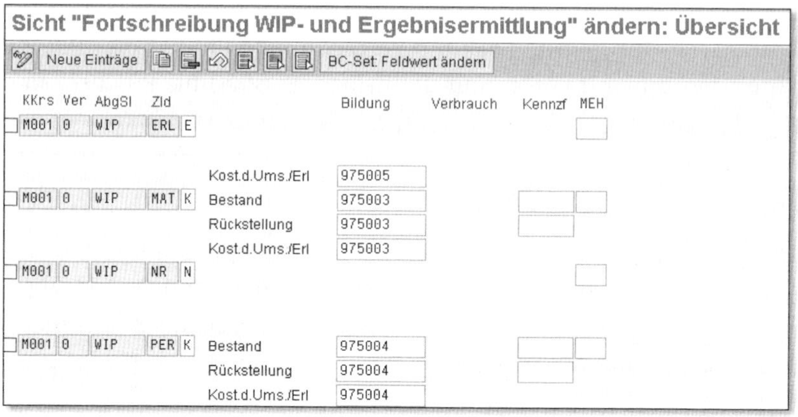

Abbildung 5.48 Fortschreibung der Zeilen-IDs

Nicht relevante Zeilen-IDs werden von der Ergebnisermittlung nicht berücksichtigt, d.h., sie werden grundsätzlich nicht als Ware in Arbeit aktiviert, sondern stets direkt in den Kosten des Umsatzes ausgewiesen.

Für Zeilen-IDs, die Sie als Kosten deklarieren, legen Sie fest, unter welcher Abgrenzungskostenart die ermittelten Werte für die Ware in Arbeit, Rückstellungen für fehlende Kosten und Kosten des Umsatzes gespeichert werden sollen. Wie in Bezug auf die Abgrenzungsversion bereits erwähnt, können Sie dieselbe Kostenart für alle drei Einträge verwenden, da Sie sie in Berichten anhand der Abgrenzungskategorie auseinandersteuern können. Nur falls Sie die Werte getrennt voneinander in CO-PA abrechnen wollen, sollten Sie hier jeweils eine unterschiedliche Kostenart eintragen (siehe dazu auch Abschnitt 5.7.5, »Abrechnung«. Für Erlös-Zeilen-IDs müssen Sie nur eine Abgrenzungskostenart eintragen.

Buchungsregeln

Buchungskonten für Bilanz und GuV festlegen

Zum Schluss bestimmen Sie noch, auf welche Konten in der Bilanz und GuV Sie die ermittelten Werte für Ware in Arbeit, Rückstellungen, erlösfähigen Bestand etc. verbuchen wollen. Dies erledigen Sie unter dem Punkt Buchungsregeln für Abrechnung an die Buchhaltung festlegen (Transaktion OKG8). Sie legen die Regeln je Kostenrechnungskreis, Buchungskreis und Abgrenzungsversion fest (siehe Abbildung 5.49).

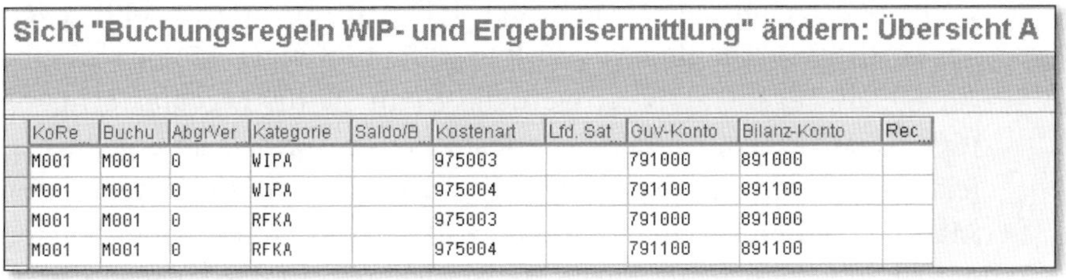

Sicht "Buchungsregeln WIP- und Ergebnisermittlung" ändern: Übersicht A

KoRe	Buchu	AbgrVer	Kategorie	Saldo/B	Kostenart	Lfd. Sat	GuV-Konto	Bilanz-Konto	Rec
M001	M001	0	WIPA		975003		791000	891000	
M001	M001	0	WIPA		975004		791100	891100	
M001	M001	0	RFKA		975003		791000	891000	
M001	M001	0	RFKA		975004		791100	891100	

Abbildung 5.49 Buchungsregeln für Ergebnisermittlung eintragen

Sie können dann je Regel entweder die Abgrenzungskostenart angeben, unter der Sie die Werte im vorherigen Punkt fortgeschrieben haben, oder die Abgrenzungskategorie (wie im Beispiel). Geben Sie dann jeweils an, auf welches Bilanz- und GuV-Konto die Werte gebucht werden sollen. Im Beispiel aus Abbildung 5.49 haben wir die Werte für Ware in Arbeit (WIPA), Rückstellungen für fehlende Kosten (RFKA), erlösfähigen Bestand (POCB) und Erlösüberschuss (POCU) eingestellt.

Beachten Sie, dass die GuV-Konten nicht als Kostenart angelegt sein dürfen. Darüber hinaus sollten Sie daran denken, dass Sie in dieser Transaktion nur Einstellungen ändern dürfen, wenn Sie zuvor in der Abgrenzungsversion das Häkchen WEITERLEITUNG IN DIE FINANZBUCHHALTUNG deaktiviert haben (siehe auch den entsprechenden Hinweis bei der Abgrenzungsversion).

Die Verbuchung findet nicht bei der Ergebnisermittlung, sondern erst bei der Abrechnung statt (siehe dazu den nächsten Abschnitt 5.7.5).

Sie haben damit alle Customizing-Einstellungen zur Ergebnisermittlung kennengelernt. Wenn Sie diese Funktionalität nutzen, werden die Ergebnisse anhand Ihrer Einstellungen auf den Abgrenzungskostenarten fortgeschrieben. Erst mit der Abrechnung werden auch tatsächlich Werte in der Finanzbuchhaltung und im Controlling gebucht. Die dafür notwendigen Einstellungen zeigen wir Ihnen im folgenden Abschnitt.

5.7.5 Abrechnung

Wozu dient die Abrechnung?

Die Abrechnung kombiniert mehrere Funktionen. Zum einen dient sie dazu, die aufgelaufenen Kosten und Erlöse eines Auftrags an sogenannte *Abrechnungsempfänger* weiterzubelasten. Dies kann z.B. bei

Gemeinkostenaufträgen eine Kostenstelle sein, die für den Auftrag verantwortlich ist. Die Kosten von Investitionsaufträgen können an eine Anlage als Zugang aktiviert werden. Wenn Sie die Ergebnisrechnung (CO-PA) einsetzen, werden Sie erlösführende Aufträge an Ergebnisobjekte abrechnen, um deren Ergebnis im Kontext mit Ihren definierten Marksegmenten auszuwerten, wie z.B. nach Kunde, Produkt, Region etc. Darüber hinaus verbucht die Abrechnung in der Finanzbuchhaltung zuvor ermittelte Abgrenzungsdaten aus der Ergebnisermittlung.

Durch die Abrechnung können Sie dafür sorgen, dass der Saldo des betroffenen Auftrags anschließend null beträgt, sodass sichergestellt ist, dass alle aufgelaufenen Beträge an die entsprechenden Abrechnungsempfänger weiterbelastet wurden. Ein Nullsaldo ist in der Regel auch eine Voraussetzung dafür, dass ein Auftrag archiviert werden kann. Über die Einstellungen im sogenannten *Abrechnungsprofil* können Sie festlegen, dass ein Auftrag nicht abgeschlossen werden darf, wenn er noch einen Saldo ungleich null aufweist.

Was ist eine Abrechnungsvorschrift?

Den Abrechnungsempfänger bestimmen Sie anhand einer sogenannten *Abrechnungsvorschrift*. Eine Abrechnungsvorschrift tragen Sie im abzurechnenden Objekt ein, um festzulegen, an welche Abrechnungsempfänger (z.B. eine Kostenstelle, ein Material, eine Anlage oder ein Ergebnisobjekt) es abgerechnet werden soll und wie die Aufteilung auf die einzelnen Objekte erfolgen soll (siehe Abbildung 5.50). Jeder Eintrag in der Abrechnungsvorschrift heißt *Aufteilungsregel*. Sie können Abrechnungsvorschriften entweder manuell erstellen oder anhand einer Strategie automatisch generieren.

Abbildung 5.50 Beispiel für eine Abrechnungsvorschrift

Abrechnung über Äquivalenzziffern

Abhängig von den Customizing-Einstellungen im Abrechnungsprofil können Sie die Anteile je Aufteilungsregel *prozentual*, als *Äquivalenzziffern* oder als *Betrag* angeben. Äquivalenzziffern bedeuten, dass Sie für jede Regel einen beliebigen Wert eintragen; das System ermittelt dann anhand dieser Werte die Proportionen zueinander und verteilt die Abrechnungsbeträge anhand der Werte.

Abrechnung anhand von Äquivalenzziffern [zB]

Sie teilen die Abrechnungsbeträge anhand von Äquivalenzziffern auf mehrere Kostenstellen auf. Als Aufteilungskriterium tragen Sie das jeweilige Budget der Kostenstelle ein:

- Kostenstelle 500: Budget 50.000 EUR
- Kostenstelle 700: Budget 60.000 EUR
- Kostenstelle 800: Budget 90.000 EUR

Der Gesamtwert der Budgets beträgt 200.000 EUR. Der prozentuale Anteil der jeweiligen Kostenstelle errechnet sich wie folgt:

Kostenstellenbudget / Gesamtwert × 100

Damit wird der Auftrag zu folgenden Anteilen an die Kostenstellen abgerechnet:

- Kostenstelle 500: 25%
- Kostenstelle 700: 30%
- Kostenstelle 900: 45%

Geben Sie einen Betrag an, wird an den entsprechenden Abrechnungsempfänger genau dieser Betrag abgerechnet. Beachten Sie, dass dies möglicherweise unerwartete Ergebnisse hervorruft:

- Haben Sie Kosten unter mehreren Kostenarten auf dem Auftrag gebucht, wird der feste Betrag auch unter ebendiesen Kostenarten abgerechnet. Der Anteil jeder Kostenart entspricht dabei ihrem Anteil an den Gesamtkosten des Auftrags.
- Sie gewährleisten durch eine Betragsabrechnung nicht, dass der Saldo des Auftrags anschließend null ist.
- Sind die Gesamtkosten niedriger als der angegebene Betrag, hat der Auftrag nach der Abrechnung sogar einen negativen Saldo.

Kostenartengerechte Abrechnung vs. Abrechnungskostenart

Die Abrechnung selbst kann entweder kostenartengerecht erfolgen oder über eine sekundäre Abrechnungskostenart (siehe Tabelle 5.3). Bei der kostenartengerechten Abrechnung erfolgt die Entlastung des Auftrags unter genau denselben Kostenarten, die auch ursprünglich gebucht waren. Es wird dabei je ein Buchungssatz je Kostenart geschrieben und mit umgekehrtem Vorzeichen auf dem Abrechnungsempfänger verbucht. Damit haben Sie auf dem Empfänger die gleiche Detaillierung Ihrer Kosten wie auf dem Auftrag. Auf dem Auftrag selbst ist nach der Abrechnung der Saldo je Kostenart null. Beachten Sie, dass Sie Sekundärkostenarten (z.B. aus der internen Leistungsverrechnung oder von Gemeinkostenzuschlägen) nicht kostenartengerecht abrechnen können.

Abrechnungsart/ Buchungsschritt	Kostenartengerecht		Abrechnung über Abrechnungskostenart	
Primärkosten	1.500 EUR	Materialkosten	1.500 EUR	Materialkosten
	2.000 EUR	Ext. Dienstleistungen	2.000 EUR	Ext. Dienstleistungen
Interne Verrechnungen	Kostenartengerechte Abrechnung von Sekundärkosten nicht möglich		**1.200 EUR**	**Interne Leistungen**
			500 EUR	Gemeinkostenzuschläge
Abrechnung	– 1.500 EUR	Materialkosten	**– 5.200 EUR**	**Auftragsabrechnung**
	– 2.000 EUR	**Ext. Dienstleistungen**		
Ergebnis	0 EUR	Materialkosten	1.500 EUR	Materialkosten
	0 EUR	Ext. Dienstleistungen	**2.000 EUR**	**Ext. Dienstleistungen**
	0 EUR		**1.200 EUR**	**Interne Leistungen**
			500 EUR	Gemeinkostenzuschläge
			– 5.200 EUR	Auftragsabrechnung
			0 EUR	

Tabelle 5.3 Vergleich der kostenartengerechten Abrechnung mit der Abrechnung über Abrechnungskostenart

[+]

Darstellung von kostenartengerechter Abrechnung

Wenn Sie kostenartengerecht abrechnen, werden die meisten Berichte im Controlling zu den entsprechenden Kostenarten nichts bzw. einen Saldo von null anzeigen. Es ist jedoch möglich, nachzuvollziehen, wie hoch die Auftragskosten sind und was abgerechnet wurde. Dazu müssen Sie im entsprechenden Report oder im Einzelpostennachweis nach dem Merkmal VORGANG trennen. Die Abrechnung hat den Vorgang KOAO. Weitere Informationen zum Thema Berichte erhalten Sie in Kapitel 10, »Berichtswesen«.

Bei der Abrechnung über eine Abrechnungskostenart verbuchen Sie auf dem Sender wie dem Empfänger unter einer oder mehreren Sekundärkostenarten vom Typ 21. Dadurch bleiben die Salden der ursprünglich gebuchten Kostenarten unverändert, und es ist mit dieser Methode auch möglich, auf dem Auftrag gebuchte Sekundärkostenarten abzurechnen. Im sogenannten *Verrechnungsschema* legen Sie fest, welche ursprünglich gebuchten Kostenarten unter welcher

Abrechnungskostenart abgerechnet werden sollen. So können Sie z.B. jeweils alle Kosten und alle Erlöse unter je einer Abrechnungskostenart zusammenfassen oder aber genauer aufteilen, z.B. nach fixen/variablen Kosten oder nach Material- oder Personalkosten.

Abrechnung nach CO-PA [«]

Wenn Sie die Ergebnisermittlung einsetzen und Ihre Auftragsergebnisse nach CO-PA abrechnen wollen, müssen Sie die Abgrenzungskostenarten abrechnen, unter denen die Ergebnisermittlung ihre Werte zwischenspeichert. Sie rechnen die Kosten des Umsatzes und den Umsatz entsprechend Ihren Zuordnungen ab (siehe Abschnitt 5.7.4, »Ergebnisermittlung«). Wenn Sie durch die Ergebnisermittlung abgegrenzte Beträge abrechnen, können Sie folglich nur über Abrechnungskostenarten abrechnen und nicht kostenartengerecht.

Sie haben außerdem die Wahl zwischen *periodischer Abrechnung* (PER) und *Gesamtabrechnung* (GES) (dies legen Sie in der Abrechnungsvorschrift in der Spalte ABR (Abrechnungsart) fest). Mit der periodischen Abrechnung rechnen Sie jeweils nur die in der Abrechnungsperiode gebuchten Belege ab, Gesamtabrechnung bedeutet, dass Sie auch alle davor gebuchten, noch nicht abgerechneten Belege mit selektieren.

Wie die Abrechnung ablaufen soll, legen Sie über einige Parameter fest, die Sie in der Auftragsart hinterlegen (siehe Abschnitt 5.3.1). Aus der Pflege der Abrechnungsvorschrift im Auftrag heraus können Sie diese über SPRINGEN • ABRECHNUNGSPARAMETER überprüfen (siehe Abbildung 5.51).

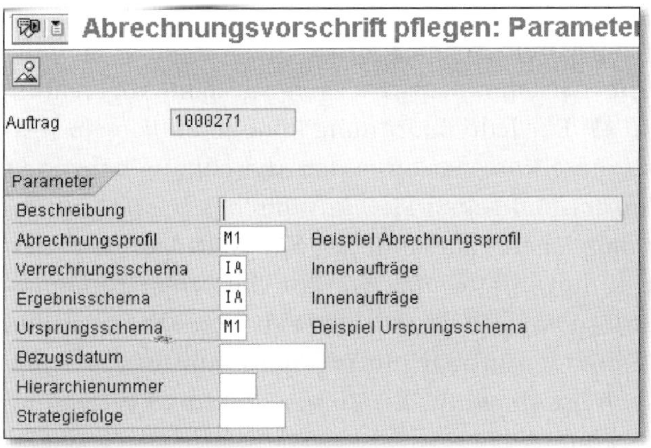

Abbildung 5.51 Abrechnungsparameter in der Abrechnungsvorschrift

Im Customizing sind für die Abrechnung die folgenden Einstellungen notwendig, die wir im Folgenden weiter erläutern werden:

- ein Verrechnungsschema für die Verknüpfung von zu verrechnenden Kostenarten mit Abrechnungskostenarten
- ein Ursprungsschema, um innerhalb einer Abrechnungsvorschrift verschiedene Kostenarten unterschiedlich zu behandeln; wird auch benötigt für die Abrechnung von Fertigungsaufträgen der Kuppelproduktion
- ein Ergebnisschema für die Abrechnung an die Ergebnisrechnung (CO-PA)
- ein Abrechnungsprofil, das die genannten Parameter zusammenfasst und weitere Voreinstellungen enthält
- Selektionsvarianten für abzurechnende Innenaufträge
- Nummernkreise für Abrechnungsbelege
- Strategien für die automatische Ermittlung von Abrechnungsvorschriften

Verrechnungsschema

Verrechnungsschema definieren

In Abschnitt 4.6.3, »Periodenabschluss«, haben Sie Verrechnungsschemata bereits kennengelernt, dort allerdings im Zusammenhang mit Kostenstellenumlagen. Dasselbe Objekt kommt auch bei der Abrechnung zur Anwendung, allerdings müssen Sie etwas andere Einstellungen vornehmen. Sie pflegen ein Verrechnungsschema unter Innenaufträge • Istbuchungen • Abrechnung • Verrechnungsschema definieren (siehe Abbildung 5.52).

Legen Sie dort zunächst ein Schema an ❶, und vergeben Sie eine Bezeichnung ❷. Im nächsten Schritt tragen Sie dann sogenannte Zuordnungen ein ❸. Für jede Zuordnung können Sie Regeln festlegen ❹, wie bestimmte Kostenarten in der Abrechnung behandelt werden sollen. Im Beispiel sehen Sie ein typisches Verrechnungsschema, das alle möglichen Fälle abdeckt: Für Aufträge, zu denen keine Ergebnisermittlung stattfindet, werden die originär gebuchten Kosten und Erlöse weiterbelastet, daher die Zuordnungszeilen 10 und 20. Erlösführende Aufträge mit Ergebnisermittlung rechnen die Abgrenzungsbeträge ab, wofür die Zeilen 30 und 40 verwendet werden.

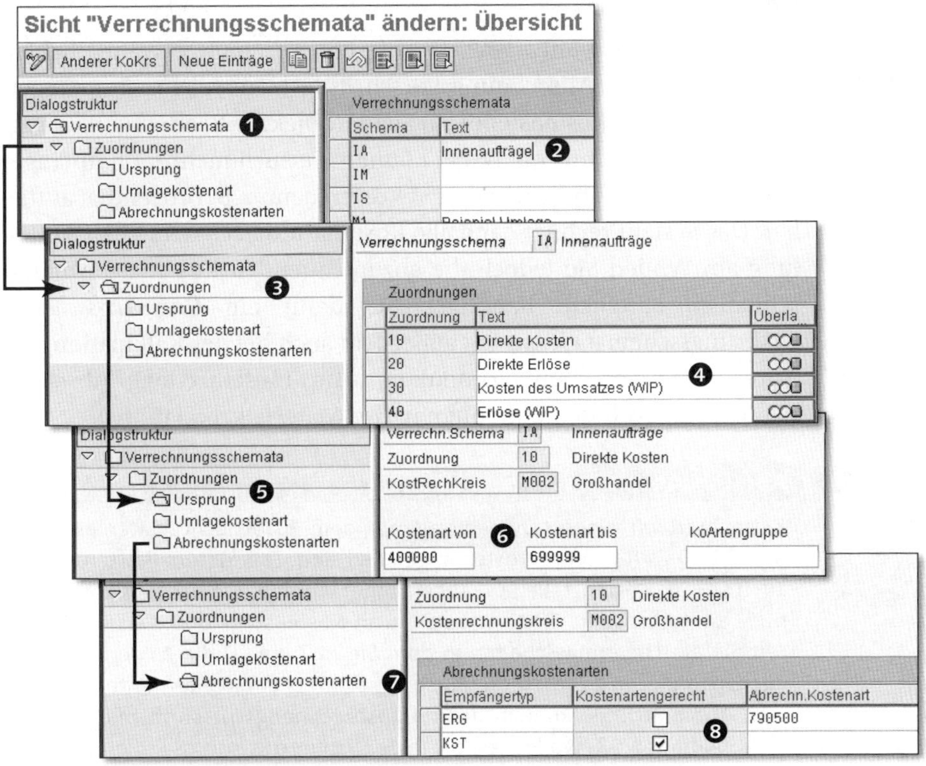

Abbildung 5.52 Verrechnungsschema anlegen

Je Zeile tragen Sie dann unter dem Punkt URSPRUNG ❺ ein, welche Kostenarten jeweils berücksichtigt werden sollen ❻. In den Zeilen 10 und 20 wurden hier für die Kosten alle Kostenarten eingetragen, die auf Innenaufträgen anfallen können (also alle Primärkostenarten sowie die Sekundärkostenarten für die interne Leistungsverrechnung und Gemeinkostenzuschläge), für die Erlöse alle Erlösarten. In den Zeilen 30 und 40 stehen die Abgrenzungskostenarten, die unter der Fortschreibung für die Ergebnisermittlung eingetragen wurden (siehe Abschnitt 5.7.4, »Ergebnisermittlung«).

Unter ABRECHNUNGSKOSTENARTEN ❼ tragen Sie ein, an welche Empfängertypen (z.B. Kostenstelle, Ergebnisobjekt etc.) die entsprechende Zeile abgerechnet werden darf ❽. Je Eintrag entscheiden Sie, ob die Zeile KOSTENARTENGERECHT abgerechnet werden soll und, falls nicht, unter welcher ABRECHNUNGSKOSTENART. Abrechnungskostenarten müssen vom Kostenartentyp 21 sein.

Ursprungsschema

Ursprungsschema anlegen

Wie wir bereits weiter vorne in diesem Abschnitt erwähnt haben, legen Sie in einer Abrechnungsvorschrift fest, an welches Empfängerobjekt (z.B. eine Kostenstelle) ein Senderobjekt (z.B. ein Innenauftrag) abgerechnet werden soll. Dabei können Sie auch mehrere Empfänger angeben und die abzurechnenden Kosten dann z.B. prozentual aufteilen. Das System rechnet dann alle Kostenarten nach derselben Aufteilung ab. Wollen Sie jedoch die abzurechnenden Kostenarten unterschiedlich aufteilen, benötigen Sie dafür ein *Ursprungsschema*. Ursprungsschemata kommen außerdem auch bei der Kalkulation und Abrechnung von Kuppelprodukten zum Einsatz (siehe Abschnitt 7.3.5, »Ausgewählte Funktionen in der Materialkalkulation«).

[zB]

Abrechnung mit Ursprungsschema

Betrachten wir einen Innenauftrag, auf dem 1.000 EUR Materialkosten und 2.000 EUR Personalkosten angefallen sind. Die Materialkosten sollen zu 100% an Kostenstelle 500 abgerechnet werden, die Personalkosten zu 50% an Kostenstelle 500 und zu 50% an Kostenstelle 600. Dazu definieren Sie ein Ursprungsschema, in dem Sie in Zeile 10 die Materialkosten zuordnen und in Zeile 20 die Personalkosten (siehe weiter hinten in diesem Abschnitt). Sie können dann die Abrechnungsvorschrift pflegen wie in Abbildung 5.53, wo Sie jeweils in der Spalte URSPRUNGSZ. die Zeile des Ursprungsschemas angeben.

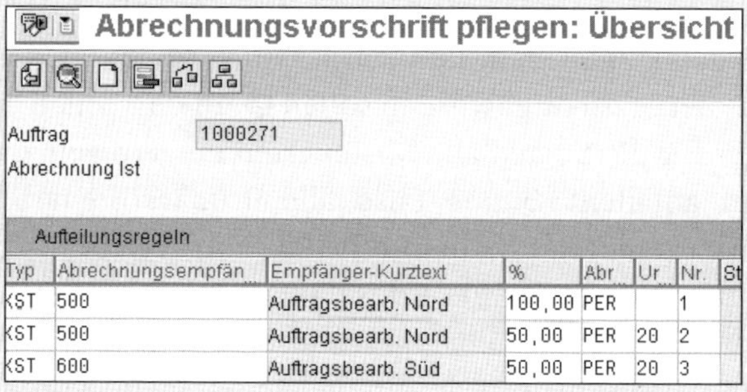

Abbildung 5.53 Beispiel für Abrechnungsvorschrift mit Ursprungsschema

Um ein Ursprungsschema zu erstellen, navigieren Sie zum Customizing-Punkt INNENAUFTRÄGE • ISTBUCHUNGEN • ABRECHNUNG • URSPRUNGSSCHEMATA PFLEGEN. Legen Sie unter URSPRUNGSSCHEMATA (❶ in Abbildung 5.54) ein neues Schema an, und vergeben Sie eine Bezeichnung ❷. Navigieren Sie dann zum Eintrag ZUORDNUNGEN ❸, und pflegen Sie für jede Gruppe von Kostenarten, die Sie getrennt abrechnen wollen, eine Zuordnung ❹. Im Beispiel haben wir entsprechend je eine Zuordnung für die Materialkosten und eine für die Personalkosten erstellt. Unter URSPRUNG ❺ legen Sie dann Kostenarten fest, die unter der entsprechenden Zuordnung abgerechnet werden sollen ❻.

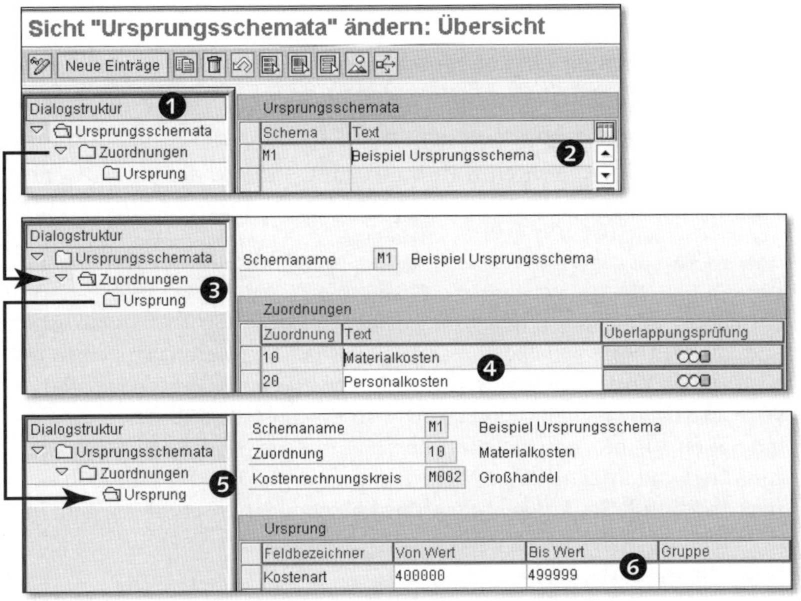

Abbildung 5.54 Ursprungsschema anlegen

Ergebnisschema

Ergebnisschema einstellen

Wenn Sie die CO-PA-Komponente einsetzen und Innenaufträge (oder auch Kundenaufträge oder Projekte) an Ergebnisobjekte abrechnen wollen, benötigen Sie zunächst ein Verrechnungsschema (siehe weiter vorne in diesem Abschnitt). Darin legen Sie fest, dass eine Abrechnung an Ergebnisobjekte überhaupt erlaubt ist und unter welcher Abrechnungskostenart dies geschehen soll. Für CO-PA müssen Sie aber auch noch bestimmen, welche Kostenarten an welches Wertfeld abgerechnet werden sollen. Darüber hinaus haben Sie auch die Möglichkeit, Abweichungen von Produktionsaufträgen (siehe Abschnitt 7.4.3, »Auftragsbezogenes Produkt-Controlling«) an Ergebnisobjekte abzurechnen. Sie erstellen ein Ergebnisschema über INNENAUFTRÄGE • ISTBUCHUNGEN • ABRECHNUNG • ERGEBNISSCHEMATA PFLEGEN (Transaktion KEI1). Wir erläutern die notwendigen Einstellungen ausführlich in Abschnitt 8.6.4, »Aufträge/Projekte abrechnen«.

Abrechnungsprofil

Abrechnungsprofil definieren

Schließlich erstellen Sie über INNENAUFTRÄGE • ISTBUCHUNGEN • ABRECHNUNG • ABRECHNUNGSPROFILE PFLEGEN ein Abrechnungsprofil. Im Block ISTKOSTEN/KOSTEN DES UMSATZES (siehe Abbildung 5.55) entscheiden Sie, ob der entsprechende Auftrag vollständig abzurechnen ist, abgerechnet werden kann oder nicht abzurechnen ist.

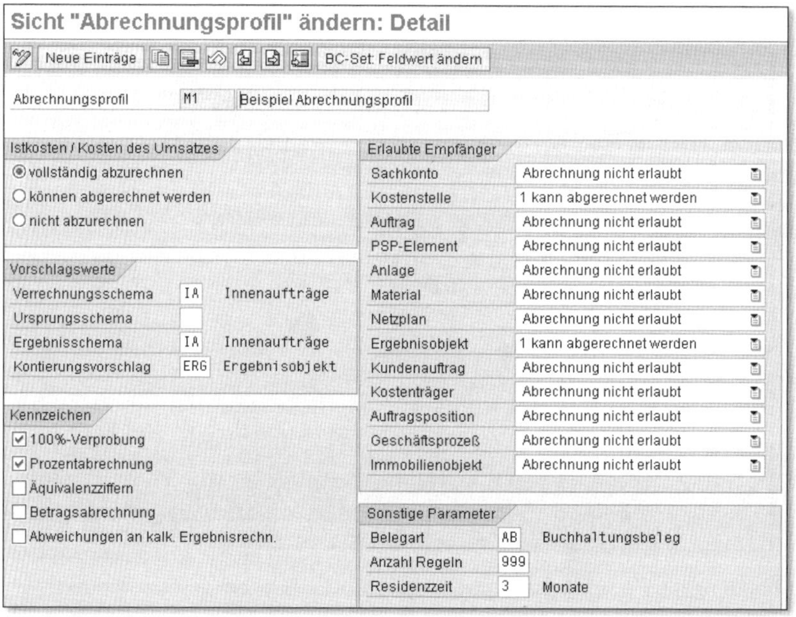

Abbildung 5.55 Abrechnungsprofil pflegen

Damit steuern Sie, ob der Auftrag abgeschlossen werden darf, wenn er noch einen Nullsaldo aufweist – mit VOLLSTÄNDIG ABZURECHNEN weist das System eine Fehlermeldung auf, bei KÖNNEN ABGERECHNET WERDEN eine Warnmeldung, und wenn der Auftrag NICHT ABZURECHNEN ist, können Sie ihn auch mit Saldo ganz einfach abschließen. Im letzteren Fall ist es nicht möglich, den Auftrag abzurechnen, auch wenn Sie eine Abrechnungsvorschrift eingetragen haben und die Abrechnung starten. Die Buchungen in die Finanzbuchhaltung aus der Ergebnisrechnung können jedoch trotzdem mit der Abrechnung verbucht werden.

Unter ERLAUBTE EMPFÄNGER tragen Sie ein, welche Abrechnungsempfängertypen für Aufträge mit diesem Abrechnungsprofil zugelassen sind. Sie können die einzelnen Objekte verbieten (ABRECHNUNG

NICHT ERLAUBT), optional erlauben (KANN ABGERECHNET WERDEN) oder erzwingen (MUSS ABGERECHNET WERDEN). Im Block VORSCHLAGSWERTE können Sie Einstellungen vorbelegen, die dann in die Abrechnungsparameter von Aufträgen übernommen werden. Sie können z.B. ein Verrechnungsschema oder ein Ergebnisschema eintragen und auch unter KONTIERUNGSVORSCHLAG einen Abrechnungsempfängertyp vorschlagen. Unter KENNZEICHEN entscheiden Sie, wie Sie die Aufteilung bei mehreren Abrechnungsregeln einstellen können – prozentual, mit Äquivalenzziffern oder als explizite Beträge. Bei den SONSTIGEN PARAMETERN legen Sie fest, unter welcher BELEGART Buchungen in der Finanzbuchhaltung gebucht werden sollen. ANZAHL REGELN bestimmt, wie viele Abrechnungsregeln pro Abrechnungsvorschrift Sie erfassen dürfen. Die RESIDENZZEIT gibt an, wie viele Monate die Abrechnungsbelege im System bestehen bleiben, bevor sie gelöscht werden.

Selektionsvarianten für Abrechnung

Selektionsvariante einstellen

Sie können die Abrechnung – wie auch die automatische Generierung von Abrechnungsvorschriften – in der Sammelbearbeitung starten. Dafür benötigen Sie eine Selektionsvariante, die Sie im Customizing über INNENAUFTRÄGE • ISTBUCHUNGEN • ABRECHNUNG • SELEKTIONSVARIANTEN FÜR ABRECHNUNG DEFINIEREN (Transaktion OKOV) erstellen können. Ausführliche Erläuterungen zu Selektionsvarianten finden Sie in Abschnitt 4.3.5, »Kostenstellen«.

Nummernkreise

Nummernkreise definieren

Für Abrechnungsbelege benötigen Sie eigene Nummernkreise. Die Pflegetransaktion dafür finden Sie unter INNENAUFTRÄGE • ISTBUCHUNGEN • ABRECHNUNG • NUMMERNKREISE FÜR ABRECHNUNG PFLEGEN (Transaktion SNUM). Weitere Informationen zu Nummernkreisen erhalten Sie in Abschnitt 2.2.1.

Automatische Generierung von Abrechnungsvorschriften

Automatische Abrechnungsvorschriften

Bei einer großen Anzahl von Innenaufträgen kann es sehr zeitaufwendig sein, manuell für jeden Auftrag eine Abrechnungsvorschrift zu pflegen. Wenn Sie erlösführende Aufträge an CO-PA abrechnen wollen, käme hinzu, dass Sie im Auftrag gar nicht alle Informationen zur Verfügung haben, um ein Ergebnisobjekt auszufüllen. In der

Regel werden Sie hier Angaben zu Kunden, Verkaufsorganisation, Material etc. machen – allesamt Informationen, die im zugeordneten Kundenauftrag bereits vorhanden sind. Der Kundenauftrag selbst hingegen ist auf den Auftrag kontiert und kann somit nicht selbst in CO-PA abgerechnet werden. Die Funktionalität zum automatischen Generieren der Abrechnungsvorschrift schließt diese Lücke, indem sie es Ihnen ermöglicht, für die Abrechnung des Auftrags ein Ergebnisobjekt zu generieren, das sich aus den Stammdaten des Kundenauftrags herleitet.

Strategien zur Ermittlung der Abrechnungsvorschrift

SAP bietet eine Anzahl von vordefinierten Strategien an, um für Aufträge Abrechnungsvorschriften zu erstellen. Sie können diese über Innenaufträge • Istbuchungen • Abrechnung • Automatische Generierung von Abrechnungsvorschriften • Strategien für automatische Abrechnungsvorschriftsermittlung anzeigen (Transaktion KSR1_ORC) aufrufen (siehe Abbildung 5.56). Sie können diese Einträge nicht ändern; es ist jedoch möglich, eigene Strategien zu entwickeln. Dazu steht Ihnen die Erweiterung COOM0003 zur Verfügung, die Sie über die Transaktion CMOD implementieren können. Weitere Informationen dazu finden Sie im Customizing unter Innenaufträge • Istbuchungen • Abrechnung • Automatische Generierung von Abrechnungsvorschriften • Eigene Strategien zur automatischen Abrechnungsvorschriftsgenerierung.

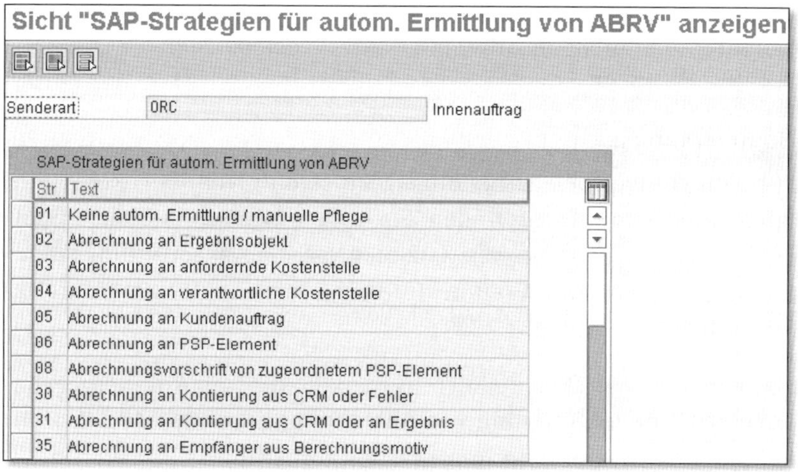

Abbildung 5.56 SAP-Strategien für die Ermittlung von Abrechnungsvorschriften

Über Innenaufträge • Istbuchungen • Abrechnung • Automatische Generierung von Abrechnungsvorschriften • Strategiefolgen

FÜR AUTOMATISCHE ABRECHNUNGSVORSCHRIFTSERMITTLUNG (Transaktion KSR2_ORC) bestimmen Sie dann, welche der dargestellten Strategien Sie für Ihre Aufträge anwenden wollen und in welcher Reihenfolge dies geschehen soll. SAP hat auch hier bereits eine Reihe von Strategiefolgen vorgegeben, die in der Regel für Ihre Anforderungen passen sollten. Zu einer Strategiefolge geben Sie unter STRATEGIEFOLGEN ❶ zunächst einen Schlüssel und eine Bezeichnung an ❷ (siehe Abbildung 5.58). Sie können in der Spalte ABRPROF ❸ auch ein Abrechnungsprofil vorgeben; tun Sie dies, wird dieses bei der automatischen Generierung der Abrechnungsvorschriften in die Abrechnungsparameter der betroffenen Innenaufträge übernommen und übersteuert damit auch Ihre Einstellungen zur Auftragsart. Lassen Sie das Feld hier leer, wird das Abrechnungsprofil aus der Auftragsart übernommen.

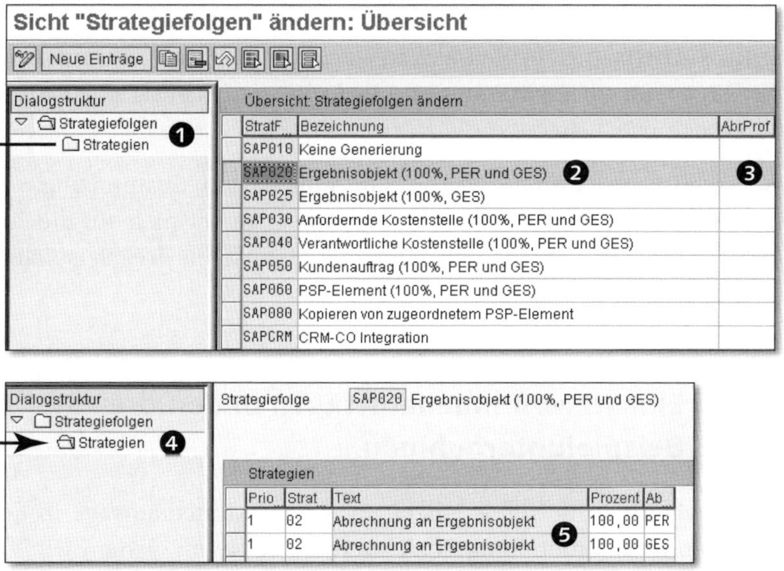

Abbildung 5.57 Strategiefolgen zur Ermittlung der Abrechnungsvorschriften

Unter STRATEGIEN ❹ schließlich ordnen Sie die von SAP vorgegebenen Strategien zu ❺. Sie können dabei festlegen, zu wie viel Prozent der Senderauftrag abgerechnet werden soll und ob die Abrechnung periodisch oder gesamt erfolgen soll. Sie finden in dieser Sicht außerdem einen Button EXPERTENMODUS AN, der noch weitere Einstellungsmöglichkeiten einblendet (siehe Abbildung 5.57). Im Expertenmodus haben Sie zusätzlich die Möglichkeit, anstelle von

Prozentsätzen Äquivalenzziffern und eine Ursprungszeile anzugeben. Letzteres setzt voraus, dass Sie im verwendeten Abrechnungsprofil ein Ursprungsschema eingetragen haben (siehe weiter vorne in diesem Abschnitt).

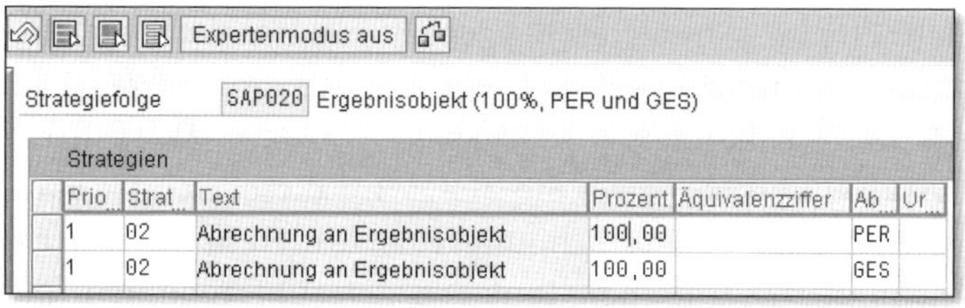

Abbildung 5.58 Pflege von Äquivalenzziffern und Ursprungszeilen

Sie hinterlegen anschließend die gewünschte Strategie zur Ermittlung von Abrechnungsvorschriften in der Auftragsart (siehe Abschnitt 5.3.1) oder tragen sie über INNENAUFTRÄGE • ISTBUCHUNGEN • ABRECHNUNG • AUTOMATISCHE GENERIERUNG VON ABRECHNUNGSVORSCHRIFTEN • ZUORDNUNG STRATEGIEFOLGE ZU AUFTRAGSART TREFFEN (Transaktion KSR3_ORC) ein.

Wir schließen damit unsere Erläuterungen zum Customizing von Innenaufträgen ab und zeigen Ihnen nun einige Beispiele für die Einsatzmöglichkeiten dieser Funktionalität in unseren drei Beispielunternehmen.

5.8 Einsatz von Innenaufträgen in den drei Beispielunternehmen

Bevor wir Ihnen Beispiele aufzeigen, wie die Innenaufträge in den Beispielunternehmen umgesetzt werden könnten, gehen wir zunächst auf einige Grundüberlegungen ein.

5.8.1 Grundüberlegungen

Die folgenden Überlegungen wurden in den Beispielunternehmen zur Abbildung der Innenaufträge in SAP angestellt:

Welche Auftragsarten werden benötigt, und für welche Zwecke sollen diese eingesetzt werden? Welche davon sollen statistisch sein oder erlösführend? Haben Sie Szenarien, in denen sich statistische Aufträge anbieten (wie z. B. die genannten Beispiele im Fuhrpark oder der Entwicklung)? Benötigen Sie erlösführende Aufträge, um kleinere Kundenprojekte abzubilden?

Welche Formen der Planung sollen genutzt werden? Das Easy Cost Planning ist wesentlich komfortabler als die manuelle Planung, erfordert dafür aber aufwendigere Einstellungen im Customizing. Die manuelle Planung ist daher für einfachere Szenarien besser geeignet, während das Easy Cost Planning bei komplexeren Vorhaben seine Vorteile ausspielen kann. Die Ressourcenplanung ist ein sehr spezialisiertes Werkzeug, das nur in wenigen Szenarien einsetzbar ist. Auch hier gilt unsere Empfehlung, die wir Ihnen bereits im Zusammenhang mit den Kostenstellen gegeben haben, dass Sie zu Beginn erst einmal mit einfacheren Werkzeugen arbeiten sollten.

Werden Budgetierung und Verfügbarkeitskontrolle benötigt? Die Budgetierung dient dazu, eine strikte Kostenüberwachung durchzuführen und Überschreitungen zu verhindern. Eine solche Vorgehensweise ist nur dann sinnvoll, wenn Ihre betriebswirtschaftlichen Abläufe nicht davon betroffen sind, wenn eine Initiative, die über einen Innenauftrag abgebildet wird, durch eine Budgetüberschreitung gestoppt wird. Dies wird bei einem Kundenprojekt sicher nicht wünschenswert sein, und auch bei Forschungsprojekten wird es nicht immer sinnvoll sein, wenn ein Projekt wegen Kostenüberschreitung nicht zu Ende geführt werden kann. Bedenken Sie außerdem, dass die Verfügbarkeitskontrolle sich negativ auf die Systemperformance auswirkt.

Soll die Obligofortschreibung aktiviert werden? Informationen über Obligo können vor allem bei Kundenprojekten hilfreich sein, wenn es darum geht, die noch zu erwartenden Kosten abzuschätzen.

Welche Formen der Verrechnung sollen eingesetzt werden? Die Abrechnung ist in der Regel die zu bevorzugende Verrechnungsmethode für Innenaufträge, da sie einfacher zu konfigurieren ist als z. B. eine periodische Umbuchung. Letztere bietet sich nur in komplexen Szenarien an. Insbesondere wenn Sie die Ergebnisermittlung einsetzen, müssen Sie auch abrechnen.

Wird die Verzinsung benötigt? Diese Funktionalität ist sinnvoll bei Aufträgen, die eine lange Laufzeit und/oder eine hohe Kapitalbindung aufweisen, um den Kapitalbedarf zu verdeutlichen. Auch im

Zusammenhang mit Kundenprojekten können Sie überlegen, Aufträge zu verzinsen und diese dem Kunden in Rechnung zu stellen.

Soll die Ergebnisermittlung eingesetzt werden? Die Möglichkeit, Ware in Arbeit zu ermitteln, benötigen Sie nur bei Kundenprojekten, die über eine längere Zeit laufen und bei denen zwischen der Entstehung von Kosten und der Faktura in der Regel ein Monatsabschluss liegt.

5.8.2 Einsatz der Innenaufträge bei einem Produktionsunternehmen

Beim Spielzeughersteller *Kinderspiel* werden Innenaufträge für Messestände und in der Forschung und Entwicklung eingesetzt.

In beiden Fällen wird lediglich die manuelle Planung genutzt, da keine komplexen Anforderungen bestehen. Die Messeaufträge rechnet man periodisch an die beteiligten Kostenstellen im Vertrieb und Marketing ab, während die Aufträge in der F&E per periodischer Umbuchung in CO-PA verrechnet werden.

Die Funktionalitäten Budget, Obligo, Verzinsung und Ergebnisermittlung werden nicht eingesetzt.

5.8.3 Einsatz der Innenaufträge bei einem Großhändler

Unser Beispielunternehmen *Hightech-Handel* verwendet Innenaufträge zum einen dazu, Marketingbudgets zu verwalten, für die es von den Herstellern seiner vertriebenen Produkte Zuschüsse bekommt. Da diese Zuschüsse und Budgets knapp bemessen sind, wird die Budgetierung eingesetzt, um zu gewährleisten, dass die Budgets nicht überschritten werden. Mittels der Verfügbarkeitskontrolle bekommen die Verantwortlichen stets einen genauen Überblick über die bereits verwendeten Mittel. Die Marketing-Innenaufträge werden an die Ergebnisrechnung abgerechnet.

Der zweite Anwendungsfall in diesem Unternehmen besteht in der IT. Die internen IT-Berater verrechnen ihre Leistungen über Tarife weiter an die Abteilungen, die ihre Dienste in Anspruch nehmen. Neben den Leistungen werden auf die IT-Aufträge auch Primärkosten für Dienstreisen oder externe Berater verbucht. Die IT-Aufträge belastet das Unternehmen mittels einer Abrechnungsvorschrift an diejenigen Kostenstellen weiter, die den Auftrag veranlasst haben.

Für beide Auftragsarten wird das Easy Cost Planning zur Planung verwendet. Budgetierung, Verfügbarkeitskontrolle, Obligo, Verzinsung und Ergebnisermittlung werden nicht verwendet.

5.8.4 Einsatz der Innenaufträge bei einem Dienstleistungsunternehmen

Bei *RM Consulting* werden Innenaufträge für den Fuhrpark und für Kundenprojekte eingesetzt. Da das Unternehmen eine große Anzahl an Leasingfahrzeugen unterhält, nutzt man statistische Innenaufträge, um je Fahrzeug die aufgelaufenen Kosten zu überwachen. Die statistischen Innenaufträge sind der Kostenstelle des Fuhrparks zugeordnet, sodass die Kosten im Ist ebendort verbucht werden. Für die Fuhrpark-Aufträge erfolgt keine Kostenplanung.

Für das Kerngeschäft des Unternehmens, die Durchführung von Beratungsprojekten bei externen Kunden, verwendet man erlösführende Innenaufträge, um die aufgelaufenen Kosten und die fakturierten Erlöse gegenüberzustellen und somit den Erfolg der Projekte zu ermitteln. Kosten fallen sowohl über interne Leistungsverrechnung an, wenn die Berater ihre Stunden verschreiben, als auch über Primärkosten für Reisekosten oder Unterlieferanten. Die Innenaufträge werden mit Kundenaufträgen verknüpft, sodass die Erlöse aus Rechnungen an die Kunden direkt auf den Innenaufträgen fortgeschrieben werden.

Die Kostenplanung für die Kundenprojekte wird über das Easy Cost Planning durchgeführt. Budgetierung und Verfügbarkeitskontrolle werden nicht benutzt, wohl aber die Obligoverwaltung. Da häufig ein längerer Zeitraum zwischen der Entstehung von Kosten und Erlösen liegt, wird die Ergebnisermittlung eingesetzt, um monatlich die Ware in Arbeit zu ermitteln. Die Aufträge werden anschließend an die Ergebnisrechnung abgerechnet.

5.9 Zusammenfassung

Wir haben Ihnen in diesem Kapitel gezeigt, wofür Innenaufträge verwendet werden können und wie Sie Auftragsarten für verschiedene Anforderungen einrichten. Sie haben die unterschiedlichen Planungswerkzeuge für Innenaufträge kennengelernt und wissen, wie

Sie die Budgetierung und Verfügbarkeitskontrolle sowie die Obligoverwaltung aktivieren. Im Rahmen der Istbuchungen haben wir Ihnen die verschiedenen Verrechnungsmöglichkeiten zum Periodenabschluss vorgestellt, die Ihnen für Innenaufträge zur Verfügung stehen. Mit dem Thema Verzinsung haben wir einen kleinen Ausflug in das Customizing des Projektsystems unternommen, denn einige Einstellungen können nur dort vorgenommen werden. Schließlich haben wir noch die Ergebnisermittlung und die Abrechnung im Detail erläutert. Wie gewohnt haben wir Ihnen dann am Ende noch einige praktische Anwendungsmöglichkeiten in unseren Beispielunternehmen vorgestellt.

Wir schließen damit das Kapitel zu den Innenaufträgen ab. Als Nächstes beschäftigen wir uns mit der Prozesskostenrechnung.

Die Prozesskostenrechnung konzentriert sich im Gegensatz zur Kostenstellenrechnung auf die Verwendung von Gemeinkosten, nicht auf deren Verantwortung. Sie hilft dabei, die Einflussfaktoren auf die Gemeinkosten zu identifizieren und zu bewerten.

6 Prozesskostenrechnung

Die Prozesskostenrechnung gehört wie die Kostenstellenrechnung und die Innenaufträge zum Gemeinkosten-Controlling und dient somit wie diese beiden anderen Komponenten auch zum Planen, Verrechnen und Auswerten von Gemeinkosten. Geschäftsprozesse erlauben dabei eine zusätzliche und detailliertere Sicht auf den Wertefluss von Gemeinkosten im Unternehmen.

Zu Beginn dieses Kapitels erläutern wir wie gewohnt im Überblick das Konzept und die Einsatzmöglichkeiten der Prozesskostenrechnung. Im Anschluss zeigen wir Ihnen, welche Voraussetzungen und Grundeinstellungen für den Einsatz dieser Komponente notwendig sind. Der nächste Abschnitt behandelt die Stammdaten. Sie lernen hier die Einstellungen und Stammdatenfelder für die Geschäftsprozesse kennen. Ein weiteres Thema sind Templates, die ein sehr flexibles Werkzeug für die Verrechnung sind und weit über die bereits bekannten Methoden wie Umlage und Verteilung hinausgehen. Wir zeigen Ihnen anhand eines Beispiels, wie Sie ein Template zur Kostenverrechnung von Kostenstellen an einen Geschäftsprozess anlegen können. Die Abschnitte zu den Themen Planung und Istbuchungen fallen in diesem Kapitel recht kurz aus, da hier in der Prozesskostenrechnung dieselben Werkzeuge zum Einsatz kommen wie bei der Kostenstellenrechnung. Wir verweisen Sie dann jeweils auf die Stellen im Buch, an denen die Funktionalität ausführlich beschrieben wird.

6.1 Überblick

Was ist ein Geschäftsprozess?

Geschäftsprozesse erlauben es Ihnen, Ihre Gemeinkosten im Hinblick auf deren Verwendung zu analysieren, und bieten Ihnen damit detailliertere Informationen über Ihren Wertefluss als die Kostenstellenrechnung, die darauf fokussiert ist, die Verantwortlichkeit für die Entstehung von Kosten aufzuzeigen. Ein Geschäftsprozess stellt einen Ablauf im Unternehmen dar, bei dem Kosten durch die Inanspruchnahme von Leistungen entstehen – in der Regel von Kostenstellen oder anderen Geschäftsprozessen. Ein Prozess selbst erbringt wiederum eine Leistung, die von Leistungsempfängern verbraucht werden kann. Prozesse können abteilungsübergreifend sein, d.h., es können mehrere Kostenstellen aus unterschiedlichen Bereichen der Unternehmenshierarchie an einem Prozess beteiligt sein.

[zB]

Geschäftsprozess

Ein Geschäftsprozess kann die unterschiedlichsten organisatorischen Abläufe in Ihrem Unternehmen repräsentieren, wie z.B.:

- Bearbeitung von Kundenaufträgen im Vertrieb
- Erfassen von Kreditorenrechnungen in der Buchhaltung

Kostentreiber identifizieren

Sie analysieren zunächst, welche Kosten in Ihrem Unternehmen dafür anfallen, die entsprechenden Prozesse durchzuführen. Dazu identifizieren Sie sogenannte *Kostentreiber*, also Faktoren, die die Kosten der Prozesse beeinflussen. In den genannten Beispielen wird der Haupteinflussfaktor der Arbeitsaufwand der Mitarbeiter sein, die am Prozess beteiligt sind.

[zB]

Kostentreiber

Auf unsere oben genannten Beispiele angewandt, könnten Sie folgende Kostentreiber identifizieren:

- Bearbeitung von Kundenaufträgen im Vertrieb: Anzahl der Kundenaufträge
- Erfassen von Kreditorenrechnungen in der Buchhaltung: Anzahl der eingegangenen Kreditorenrechnungen

Verwendungsseite belasten

Wenn die Kostentreiber feststehen, betrachten Sie die Verwendungsseite – wofür sind die Prozesse in Anspruch genommen worden, welchen Kostenträgern (z.B. Produkte oder Marktsegmente in CO-PA) sollen die Prozesskosten zugerechnet werden, und nach welchen Kriterien sollen die Kostenträger belastet werden?

[zB]

Verwendungsseite

In unseren Beispielen könnten Sie die Prozesskosten wie folgt weiterbelasten:

- Bearbeitung von Kundenaufträgen im Vertrieb: Weiterbelastung in CO-PA zum Merkmal KUNDE, abhängig von der Zahl der Aufträge, die je Kunde angelegt wurden. Sie haben damit die Möglichkeit, diese Kosten mit dem Umsatz je Kunde zu vergleichen, und könnten z.B. Rückschlüsse darüber ziehen, ob Sie kleineren Kunden mit relativ hohem Auftragsaufkommen Anreize dazu schaffen sollten, bei Ihnen über das Internet zu bestellen.
- Erfassen von Kreditorenrechnungen in der Buchhaltung: Weiterbelastung in CO-PA zum Merkmal MATERIAL in Abhängigkeit von der Zahl der erhaltenen Kreditorenrechnungen. Eine hohe Zahl von Kreditorenrechnungen bedeutet, dass Sie entsprechend viele Bestellungen erfasst haben – falls die Prozesskosten für die Kreditorenrechnungen für bestimmte Materialien besonders hoch sind, könnten Sie prüfen, ob Sie diese vielleicht in größeren Mengen bestellen sollten, um weniger Bestellungen und somit weniger Kreditorenrechnungen bearbeiten zu müssen.

Bei der Verrechnung von Prozesskosten sowohl auf der Entstehungs- als auch auf der Empfängerseite haben Sie grundsätzlich die Wahl zwischen einer reinen Kostenverteilung (*Push-Ansatz*) oder einer Kostenzuordnung anhand der tatsächlichen Mengenaufnahme (*Pull-Ansatz*).

Kostenverteilung (Push-Ansatz)

Setzen Sie die *Kostenverteilung* ein, belasten Sie die Gemeinkosten von Kostenstellen an die Geschäftsprozesse anhand von Umlagen oder Verteilungen weiter (genauere Erläuterungen zu diesen Konzepten finden Sie in Abschnitt 4.6.3, »Periodenabschluss«). Bei diesen Methoden verrechnen Sie die gesamten Kosten auf dem Sender, unabhängig davon, wie viel Leistung tatsächlich in Anspruch genommen wurde. Im Beispiel aus Abbildung 5.58 wurden so z.B. die gesamten Kosten der Kostenstellen 100 und 200 anhand von bestimmten Schlüsseln an den Geschäftsprozess 100 umgelegt. Ausgehend von diesem Geschäftsprozess, werden dann die gesamten von den Kostenstellen belasteten Kosten an Ergebnisobjekte mit dem Merkmal KUNDE weiterverrechnet. Als Berechnungsgrundlage dient hier die Zahl der pro Kunde erfassten Kundenaufträge.

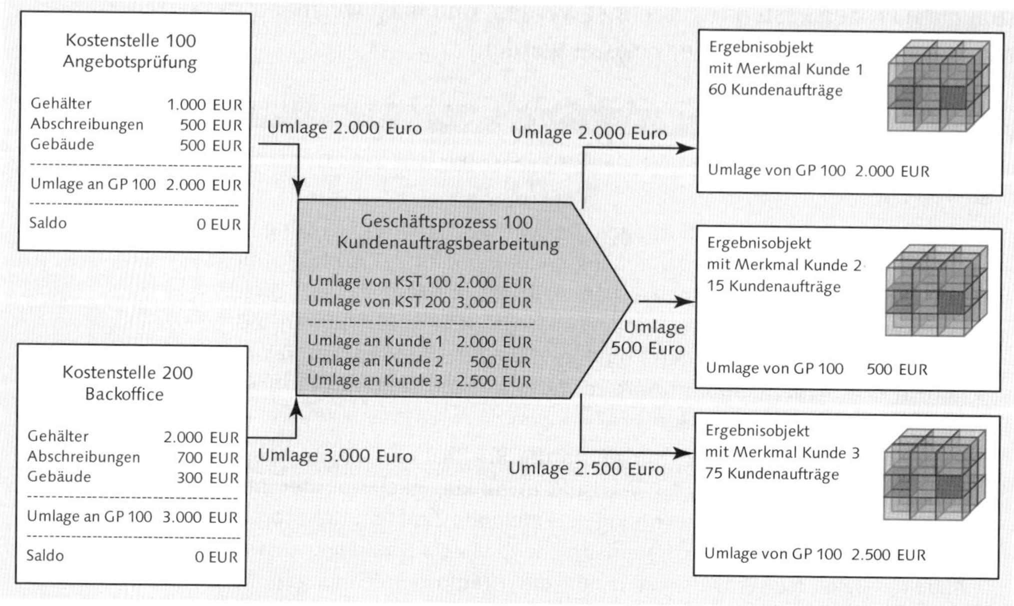

Abbildung 6.1 Push-Ansatz (Kostenverteilung)

Tatsächliche Mengenaufnahme (Pull-Ansatz)

Ordnen Sie jedoch die Kosten anhand der *tatsächlichen Mengenaufnahme* zu, müssen Sie zunächst für den Geschäftsprozess wie auch für die beteiligten Kostenstellen eine Leistungsplanung durchführen und Tarife festlegen. Im Beispiel aus Tabelle 5.1 haben wir geplant, dass über den Geschäftsprozess 100 eine Menge von 200 Kundenaufträgen abgewickelt werden soll. Um diese Leistung zu erbringen, ist die Inanspruchnahme von Leistungen der bereits genannten Kostenstellen notwendig. Wir gehen davon aus, dass für die Fertigstellung eines Kundenauftrags 30 Minuten der Leistung von Kostenstelle 100 zum Tarif von 20 EUR/h benötigt werden und eine Stunde von Kostenstelle 200 bei einem Tarif von 15 EUR/h. Auf dem Geschäftsprozess ergeben sich damit Plankosten von 5.000 EUR aufgrund der Leistungen der beiden Kostenstellen, um die geplanten 200 Kundenaufträge zu bearbeiten. Es ergibt sich daraus für den Geschäftsprozess ein Tarif von 25 EUR pro Stück (also pro Kundenauftrag).

In unserem Beispiel sind in der betrachteten Periode anstelle der geplanten 200 Kundenaufträge nur 150 bearbeitet worden (60 für Kunde 1, 15 für Kunde 2 und 75 für Kunde 3). Die Verrechnung der Istkosten starten wir nun ausgehend von der Empfängerseite:

Zunächst führen wir eine Verrechnung der Kosten vom Geschäftsprozess an die Ergebnisobjekte aufgrund der erbrachten Istleistung durch. An Kunde 1 verrechnen wir somit 1.600 EUR, Kunde 2 bekommt 375 EUR weiterbelastet, und Kunde 3 erhält eine Belastung von 1.875 EUR. Der Geschäftsprozess weist damit eine Entlastung von insgesamt 3.750 EUR bei einer Menge von 150 Stück aus. Um die Menge von 150 Kundenaufträgen zu erbringen, sind 75 Stunden Leistung von Kostenstelle 100 notwendig und 150 Stunden von Kostenstelle 200. Diese Mengen werden dann im zweiten Schritt an den Geschäftsprozess verrechnet.

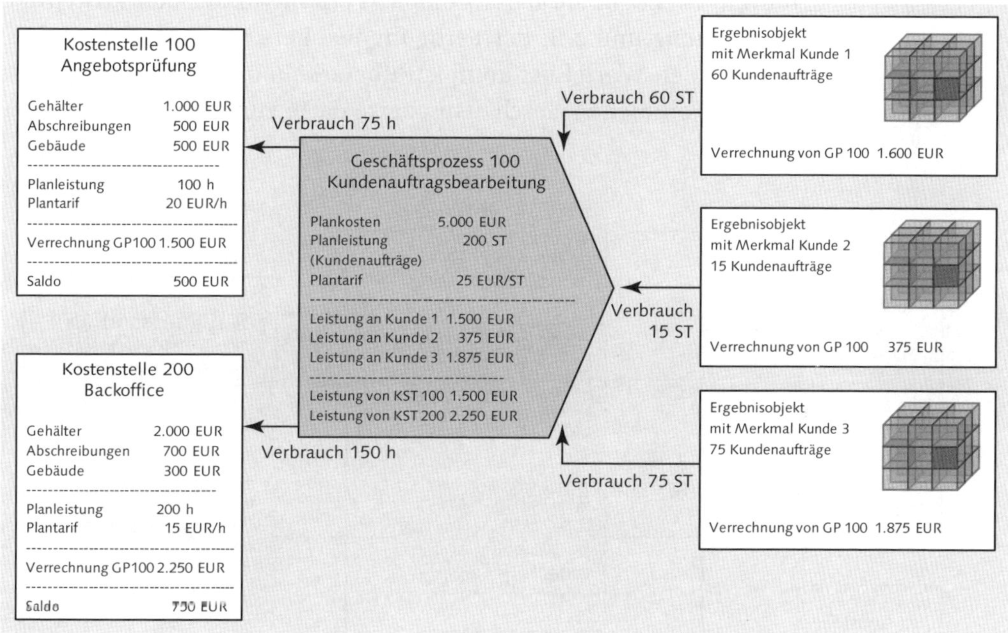

Abbildung 6.2 Pull-Ansatz (Kostenzuordnung anhand der Mengenaufnahme)

Unterschiede zwischen Push- und Pull-Ansatz

Sie können nun die Unterschiede zwischen beiden Ansätzen auf den Senderkostenstellen und bei den Empfängern in CO-PA deutlich erkennen: Setzen Sie den Push-Ansatz ein, entlasten Sie in jeder Periode Ihre Gemeinkostenstellen komplett und ordnen die gesamten Gemeinkosten den jeweiligen Abrechnungsempfängern zu. Sie können dann jedoch auf den Senderkostenstellen nicht erkennen, wie hoch die Auslastung war und ob gegebenenfalls Leerkosten entstanden sind.

Beim Pull-Ansatz belasten Sie die Empfänger verursachungsgerecht und können die Auslastung der Senderkostenstellen erkennen. Auf diesen bleibt jedoch in aller Regel ein Saldo stehen, sodass nicht alle Ihre Gemeinkosten Empfängern zugeordnet sind.

Integrative Prozesskostenrechnung

Sie können die Prozesskostenrechnung entweder *integrativ* oder *parallel* oder aber auch eine Kombination von beidem einsetzen. Integrativ bedeutet, dass Sie alle Verrechnungen an und von Geschäftsprozessen im Ist durchführen, die beteiligten Controlling-Objekte also echt be- und entlastet werden (siehe Beispiel in Tabelle 5.2). Sofern Sie die *integrative Prozesskostenrechnung* erst nachträglich einführen, nachdem Sie bereits einen Wertefluss zwischen Kostenstellenrechnung und z.B. der Fertigung etabliert haben, bedeutet dies, dass Sie den Wertefluss komplett überarbeiten müssen, um die neu hinzugekommenen Geschäftsprozesse darin zu integrieren.

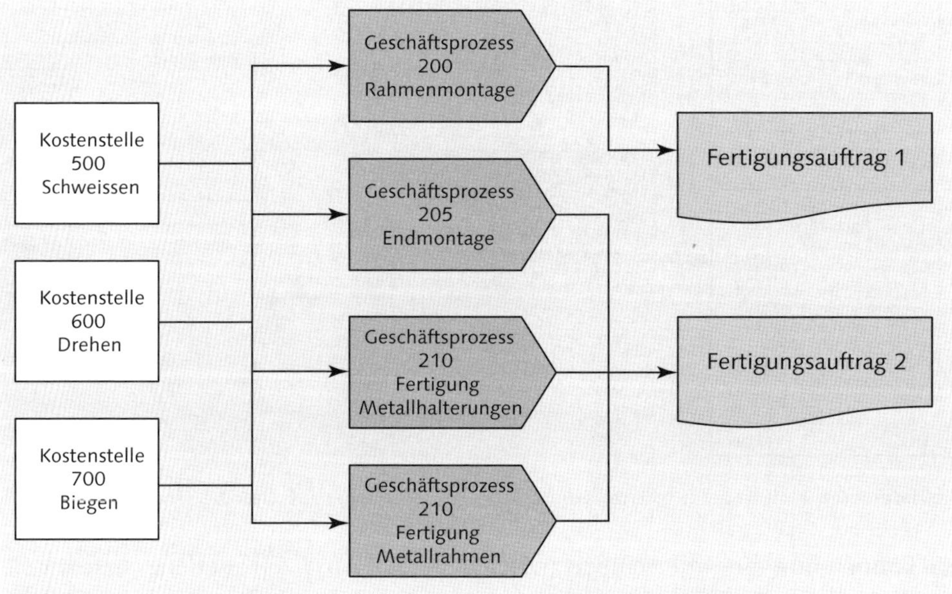

Abbildung 6.3 Integrative Prozesskostenrechnung

Parallele Prozesskostenrechnung

In einer *parallelen Prozesskostenrechnung* hingegen finden alle Buchungen nur statistisch statt. Insbesondere bei einer nachträglichen Aktivierung der Geschäftsprozesse können Sie Ihren bestehenden Wertefluss unangetastet lassen und sämtliche Verrechnungen in Bezug auf die Geschäftsprozesse parallel auswerten. Dabei müssen Sie sich nicht auf eine zusätzliche Sichtweise beschränken, sondern können beliebig viele sogenannte *Delta-Versionen* anlegen. In eine Delta-Version können Sie bestimmte Vorgänge aus einer anderen, sogenannten *Referenzversion*, übernehmen und dort dann zusätzliche Buchungen vornehmen, die nicht in den anderen Versionen sichtbar sind. Auf diese Weise haben Sie die Möglichkeit, unterschiedliche Szenarien zu veranschaulichen und auszuwerten. Im Beispiel aus Tabelle 5.3 werden Primärkosten auf die Kostenstellen verbucht, und es findet im Ist (Version 0) eine direkte Verrechnung der Leistungen von den Kostenstellen an die Fertigungsaufträge statt. In die Delta-Version 1 übernehmen Sie lediglich die Primärkostenbuchungen aus der Referenzversion 0 und verrechnen die Leistungen anhand von Geschäftsprozessen. Auch für Delta-Version 2 ist hier Version 0 die Referenzversion, und auch hierhin werden nur die Primärkostenbuchungen übernommen. In Version 2 verrechnen Sie die Kosten dann anhand von Umlagen. Eine detaillierte Beschreibung der Konzepte Leistungsverrechnung und Umlage finden Sie in Abschnitt 4.6.3, »Periodenabschluss«.

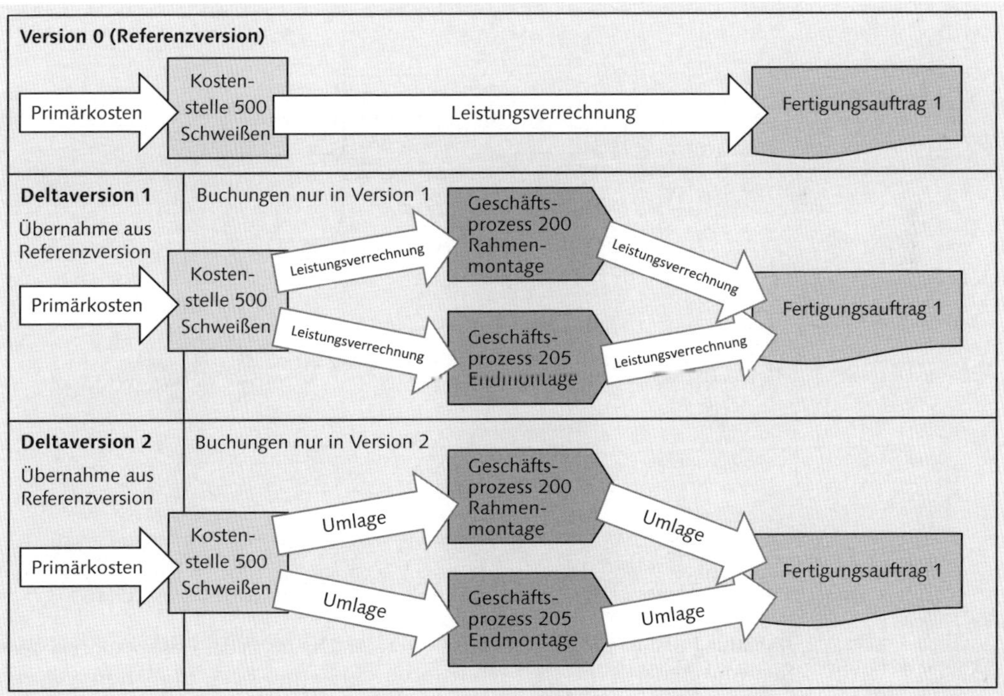

Abbildung 6.4 Beispiel für parallele Prozesskostenrechnung

Es ist auch möglich, beide Formen der Prozesskostenrechnung gleichzeitig einzusetzen. Sie erfassen dann alle Buchungen zu Geschäftsprozessen im Ist, können aber zusätzlich beliebig viele Delta-Versionen im Einsatz haben, um zusätzliche Auswertungen zu fahren.

Schnittstellen der Prozesskostenrechnung

Da die Prozesskostenrechnung wie die Kostenstellenrechnung zum Gemeinkosten-Controlling gehört, hat diese Komponente naturgemäß die meisten Schnittstellen mit der Kostenstellenrechnung. Wie wir bereits skizziert haben, handelt es sich dabei in der Regel um Leistungsverrechnungen oder andere Verrechnungen wie z.B. Umlagen oder Verteilungen. Verknüpfungen mit Innenaufträgen sind zwar möglich, aber eher untypisch, daher haben wir in Abbildung 6.5 eine solche Schnittstelle nicht mit vermerkt. Wie wir auch schon in unseren vorangegangenen Beispielen erläutert haben, erfolgt die Weiterverrechnung von Kosten von den Geschäftsprozessen aus ebenfalls über Leistungsverrechnungen oder andere Formen der Verrechnung, typischerweise an Fertigungsaufträge im Produktkosten-Controlling oder an Ergebnisobjekte in CO-PA. Falls Sie die Profit-Center-Rechnung einsetzen, ist auch hier zu beachten, dass Sie jeden Geschäftsprozess einem Profit-Center zuordnen müssen.

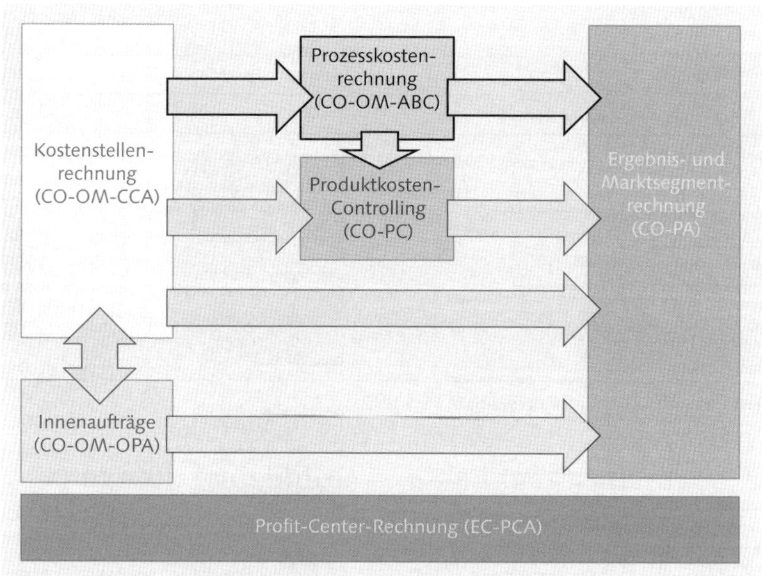

Abbildung 6.5 Einordnung der Prozesskostenrechnung in das Gesamtkonzept der Komponente CO

Von der zeitlich-logischen Reihenfolge her sollten Sie mit der Einführung der Prozesskostenrechnung erst beginnen, wenn Sie Ihre Kostenstellenrechnung zumindest konzeptionell fertiggestellt haben, da Sie nur dann Leistungsbeziehungen mit Geschäftsprozessen aufbauen können. Typischerweise werden Sie die Prozesskostenrechnung – wenn überhaupt – aber erst nachträglich aktivieren, wenn der Rest Ihres Werteflusses bereits produktiv ist. Wie Sie in Abbildung 6.6 sehen können, gehen die meisten Unternehmen im deutschsprachigen Raum diesen Schritt nicht, denn die Prozesskostenrechnung ist hier nicht weit verbreitet.

Wenn Sie vorhaben, die Prozesskostenrechnung zu aktivieren, sollten Sie sorgfältig abwägen, ob Sie Ihr gesamtes Controlling noch einmal neu aufbauen, um die Geschäftsprozesse integrativ einzubeziehen, oder ob Sie eine parallele Prozesskostenrechnung aufbauen, die weniger Einführungsaufwand bedeutet.

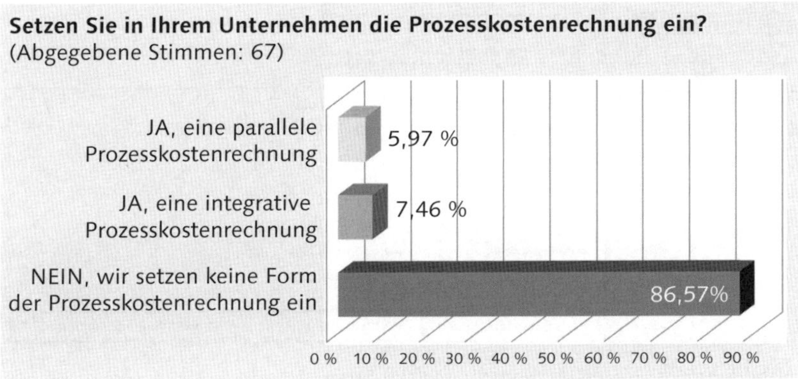

Abbildung 6.6 Umfrage zur Verbreitung der Prozesskostenrechnung (Quelle: *www.fico-forum.de*)

Wir wenden uns nach dieser Einleitung dem Customizing der Prozesskostenrechnung zu und beginnen mit den Grundeinstellungen.

6.2 Voraussetzungen und Grundeinstellungen

Notwendige Organisationseinheiten

In Ihrem System müssen Sie die folgenden Organisationseinheiten angelegt haben, bevor Sie die Prozesskostenrechnung im Controlling aktivieren und einsetzen können:

- Buchungskreis anlegen (inklusive Geschäftsjahresvariante und Kontenplan) (siehe Abschnitt 2.1.1)
- Kostenrechnungskreis anlegen und dem Buchungskreis zuordnen (siehe Abschnitt 2.1.5)

Wenn diese Voraussetzungen erfüllt sind, aktivieren Sie die Prozesskostenrechnung im Kostenrechnungskreis im Customizing über CONTROLLING • PROZESSKOSTENRECHNUNG • PROZESSKOSTENRECHNUNG IM KOSTENRECHNUNGSKREIS AKTIVIEREN (Transaktion OKKP). Wählen Sie zunächst Ihren Kostenrechnungskreis aus, und wechseln Sie dann zur Option KOMPONENTEN AKTIVIEREN/STEUERUNGSKENNZEICHEN (siehe Abbildung 6.7). Wählen Sie dann aus, ob Sie die Prozesskostenrechnung nur parallel oder sowohl parallel als auch integriert einsetzen wollen.

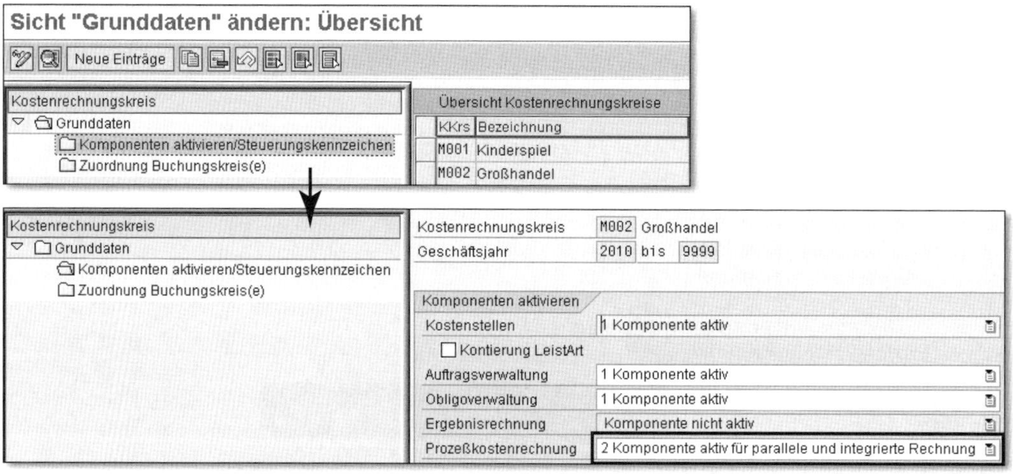

Abbildung 6.7 Prozesskostenrechnung aktivieren

Delta-Version definieren

Falls Sie den parallelen Ansatz wählen und Delta-Versionen einsetzen wollen, müssen Sie noch einige Einstellungen zu den Versionen vornehmen (über CONTROLLING • CONTROLLING ALLGEMEIN • ORGANISATION • VERSIONEN PFLEGEN). Wie Sie Versionen anlegen, haben wir bereits in Abschnitt 2.2.2 beschrieben. Um eine Version als Delta-Version einzusetzen, entscheiden Sie zunächst, ob Sie Plan- und/oder Istwerte zu dieser führen wollen. Wechseln Sie dann, wie in Abbildung 6.8 dargestellt, zum Punkt EINSTELLUNGEN im Kostenrechnungskreis ❶, und übernehmen Sie gegebenenfalls die Version in den Kostenrechnungskreis. Wählen Sie sie dann aus, und geben Sie eine Referenzversion an ❷. Wie bereits weiter oben erwähnt, können Daten aus einer Referenzversion in eine Delta-Version übernommen werden, um dann in der Delta-Version weitere Buchungen vorzunehmen, die dann aber nicht in der Referenzversion sichtbar sein sollen. Wechseln Sie dann zu DELTAVERSION: VORGÄNGE UND REFE-

RENZVERSION ❸, um auszuwählen, welche Daten genau Sie von der Referenzversion übernehmen wollen.

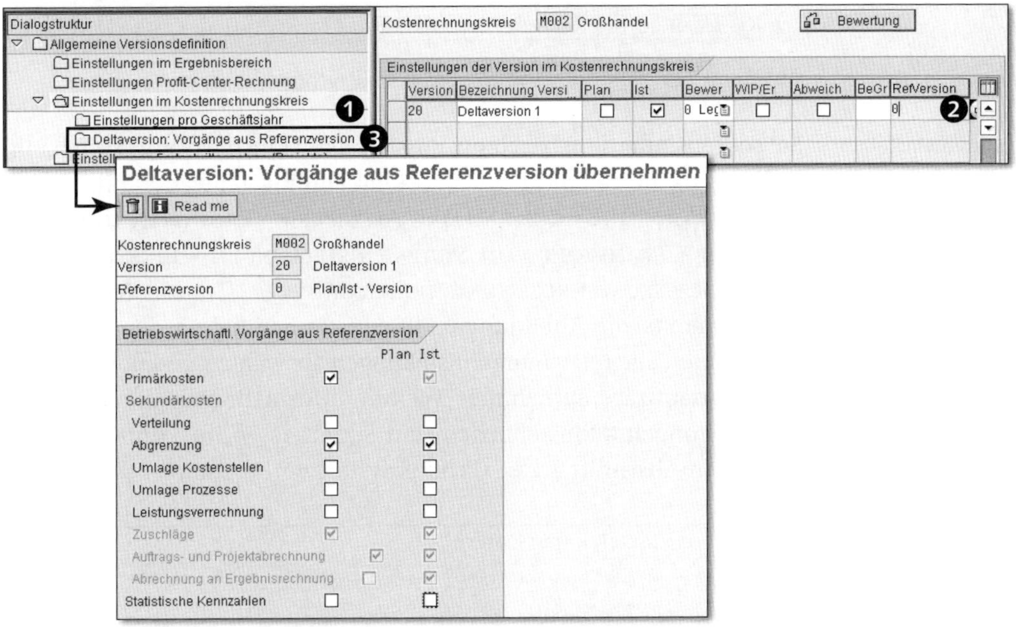

Abbildung 6.8 Delta-Version anlegen

Sie entscheiden je Geschäftsvorgang, ob dieser im Plan und/oder im Ist von der Referenzversion in die Delta-Version fortgeschrieben werden soll. Einige Vorgänge sind dabei fest vorgegeben, z.B. Primärkosten im Ist, Zuschläge und Abrechnungen. SAP empfiehlt, wie im Beispiel dargestellt, die Istzahlen und die Abgrenzung aus der Referenzversion zu übernehmen. Alle Verteilungen, Umlagen, Leistungsverrechnungen etc., die in diesem Szenario durchgeführt werden, erfolgen nun in jeder Version getrennt. Dabei geben Sie beim Anlegen eines Verrechnungszyklus jeweils an, für welche Version er gelten soll.

Standardhierarchie anlegen

Wie die Kostenstellen (siehe Abschnitt 4.2, »Voraussetzungen und Grundeinstellungen«) ordnen Sie auch die Geschäftsprozesse hierarchisch in Gruppen an, die allesamt einer Standardhierarchie zugeordnet sind. Dazu stellen Sie im Customizing unter CONTROLLING • PROZESSKOSTENRECHNUNG • STANDARDHIERARCHIE ZUM KOSTENRECHNUNGSKREIS PFLEGEN (Transaktion OKW1) zunächst für Ihren Kostenrechnungskreis eine Standardhierarchie ein (siehe Abbildung 6.9).

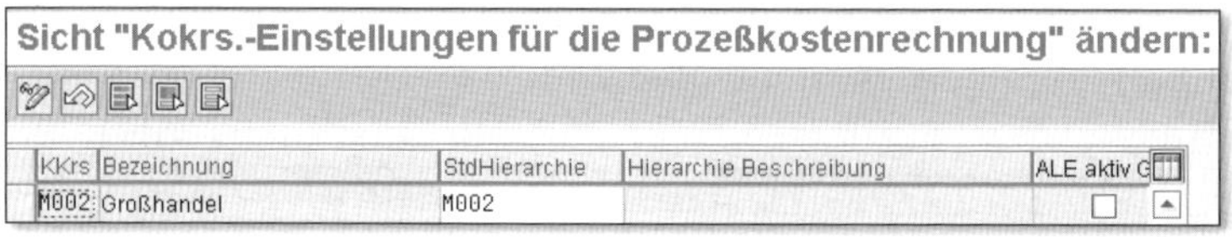

Abbildung 6.9 Standardhierarchie für Geschäftsprozesse pflegen

Systemeinstellungen transportieren

Sie sollten außerdem beachten, dass Sie alle Transporte von Systemeinstellungen, die für die Prozesskostenrechnung relevant sind, zentral über Controlling • Controlling Allgemein • Produktivstart vorbereiten • Transport von Systemeinstellungen • Einstellungen zur Prozesskostenrechnung transportieren (Transaktion OKWT) vornehmen (siehe Abbildung 6.10). Sie können hier in den einzelnen Abschnitten alle relevanten Einstellungen auswählen und bei Bedarf in Transportaufträge aufnehmen. Weitere Informationen zum Transport von Customizing-Einstellungen und Stammdaten im Controlling finden Sie in Abschnitt 2.2.6, »Produktivstart vorbereiten«.

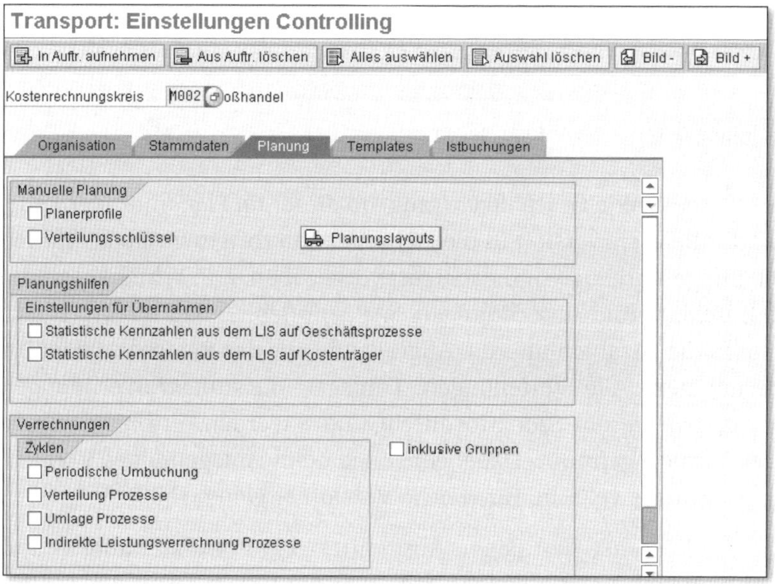

Abbildung 6.10 Customizing-Einstellungen zur Prozesskostenrechnung transportieren

6.3 Stammdaten

Wenn Sie die Standardhierarchie zu Ihrem Kostenrechnungskreis angelegt haben, können Sie diese weiter untergliedern. Ebenso wie die

Kostenstellen bietet Ihnen auch die Standardhierarchie die Möglichkeit, Geschäftsprozesse anhand von Gruppen logisch zu ordnen und zu untergliedern. Geschäftsprozessgruppen können auch bei Verrechnungen eingesetzt werden, um mehrere Prozesse gleichzeitig zu verarbeiten. Sie benötigen außerdem statistische Kennzahlen für Verrechnungen, die Sie bereits aus der Kostenstellenrechnung kennen. Wie wir Ihnen in diesem Abschnitt zeigen werden, erstellen Sie zunächst Geschäftsprozessgruppen und weisen sie dann in der Standardhierarchie einer übergeordneten Gruppe zu. Geschäftsprozesse wiederum legen Sie an und ordnen sie einer Geschäftsprozessgruppe zu.

6.3.1 Standardhierarchie

Standardhierarchie pflegen

Sie bearbeiten die Standardhierarchie für Geschäftsprozesse im Customizing über Controlling • Prozesskostenrechnung • Stammdaten • Geschäftsprozesse • Standardhierarchie der Geschäftsprozesse pflegen (Transaktion CPH4N). Die Funktionalität ist identisch mit der Kostenstellenstandardhierarchie, die wir in Abschnitt 4.3.2, »Standardhierarchie«, ausführlich beschrieben haben. Ein Beispiel für eine Geschäftsprozessstandardhierarchie sehen Sie in Abbildung 6.11.

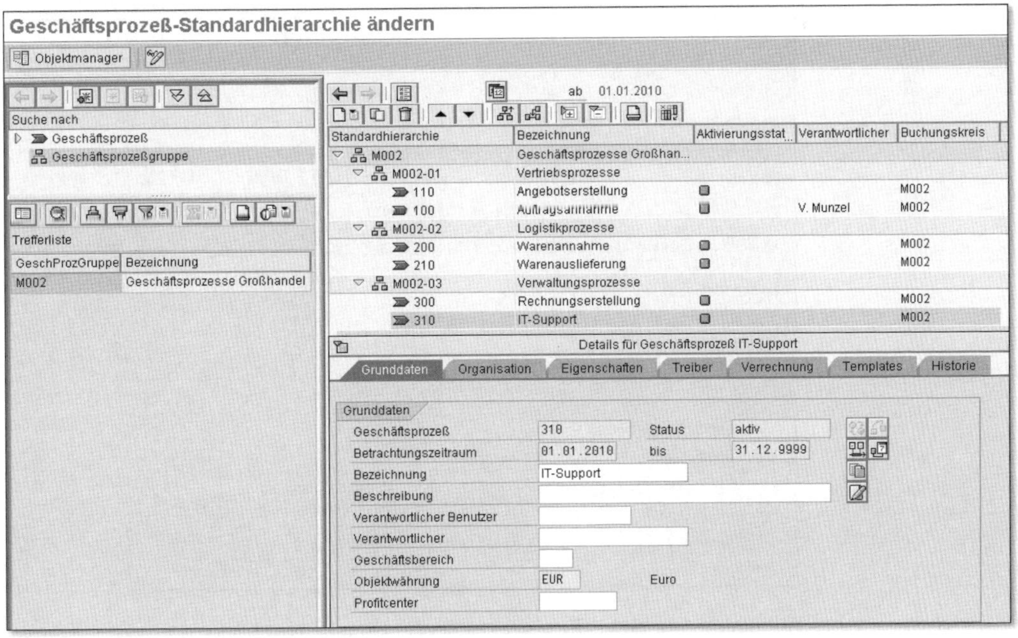

Abbildung 6.11 Standardhierarchie für Geschäftsprozesse

6.3.2 Geschäftsprozessgruppen

Geschäftsprozessgruppen anlegen

Sie können Geschäftsprozessgruppen entweder über die Pflege der Standardhierarchie bearbeiten oder auch individuell über CONTROLLING • PROZESSKOSTENRECHNUNG • STAMMDATEN • GESCHÄFTSPROZESSE • GESCHÄFTSPROZESSGRUPPEN PFLEGEN (Transaktion CPH1). Hier steht Ihnen wieder eine Funktionalität zur Verfügung, die identisch mit den Kostenstellen ist (siehe Abschnitt 4.3.4, »Kostenstellengruppen«).

6.3.3 Geschäftsprozesse

Geschäftsprozesse pflegen

Neben der Pflege über die Standardhierarchie bietet SAP Ihnen auch die Möglichkeit, Geschäftsprozesse individuell oder über eine Sammelerfassung zu pflegen. Um einzelne Geschäftsprozesse anzulegen, navigieren Sie im Customizing zum Punkt CONTROLLING • PROZESSKOSTENRECHNUNG • STAMMDATEN • GESCHÄFTSPROZESSE • GESCHÄFTSPROZESSE PFLEGEN (Transaktion CP01). In den GRUNDDATEN tragen Sie eine Bezeichnung und eine Beschreibung ein (siehe Abbildung 6.12). Darüber hinaus haben Sie die Möglichkeit, einen Verantwortlichen anzugeben und einen verantwortlichen SAP-Benutzer. Im Feld HIERARCHIEBEREICH ordnen Sie den Geschäftsprozess einer Geschäftsprozessgruppe zu, um ihn in die Standardhierarchie einzugliedern.

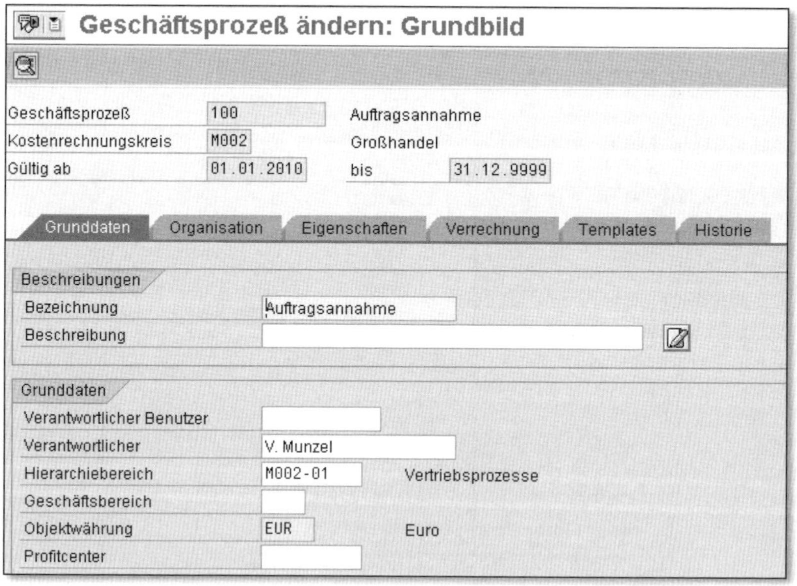

Abbildung 6.12 Geschäftsprozess anlegen: Grunddaten

Falls Sie mit Geschäftsbereichen bzw. mit Profit-Centern arbeiten, können Sie den Geschäftsprozess an dieser Stelle entsprechend zuordnen.

Unter OBJEKTWÄHRUNG können Sie eine Währung angeben, unter der alle Buchungen auf dem Geschäftsprozess fortgeschrieben werden sollen. Beachten Sie, dass andere Währungen als die Kostenrechnungskreiswährung nur dann fortgeschrieben werden können, wenn Sie in den Grundeinstellungen im Kostenrechnungskreis (siehe Abschnitt 2.1.5) den Parameter ALLE WÄHRUNGEN aktiviert haben.

Organisationsdaten zum Geschäftsprozess

Im Abschnitt ORGANISATION können Sie den Geschäftsprozess verschiedenen Organisationseinheiten aus der Logistik (WERK, VERKAUFSORGANISATION, VERTRIEBSWEG, SPARTE) und der Kostenstellenrechnung (KOSTENSTELLENGRUPPE, KOSTENSTELLE) zuordnen. Auf diese Zuordnungen können Sie bei der Definition von Templates zurückgreifen, um z. B. alle Geschäftsbereiche zu selektieren, die zu einem bestimmten Vertriebsweg gehören. Falls Sie die Komponente Workflow im Einsatz haben, können Sie an dieser Stelle einen AUFGABENTYP und eine AUFGABE für den Workflow hinterlegen.

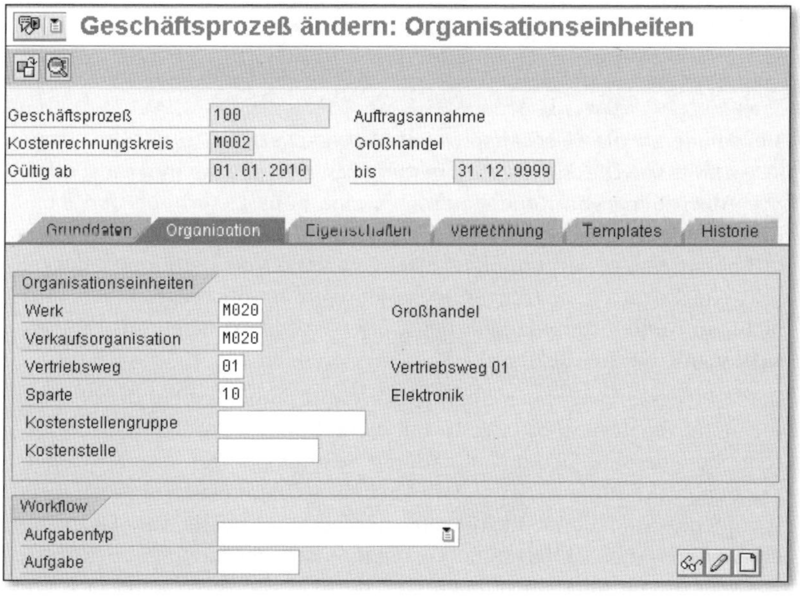

Abbildung 6.13 Geschäftsprozess anlegen: Organisation

Analog zu den Kostenstellen sind auch die Stammsätze für Geschäftsprozesse zeitabhängig; der Großteil der Einstellungen, die Sie hier vornehmen, gilt somit für einen bestimmten Zeitraum. In der Stammdatenpflege können Sie im Menü über den Eintrag BEARBEITEN • BETRACHT.ZEITRAUM den Betrachtungszeitraum ändern, auf den Sie sich beziehen. Wollen Sie z.B. den Prozess mit einer anderen Verkaufsorganisation verknüpfen, können Sie für den entsprechenden Betrachtungszeitraum eine andere Zuordnung eintragen. Weiter hinten in diesem Abschnitt zeigen wir Ihnen, wie Sie die Zeitabhängigkeit für einzelne Felder aufheben können.

Prozesseigenschaften zuordnen

Im nächsten Abschnitt können Sie dem Geschäftsprozess Eigenschaften zuordnen (siehe Abbildung 6.14). Anhand der Eigenschaften kennzeichnen Sie einen Prozess näher, indem Sie z.B. festlegen, dass er aus Kundensicht besonders wertschöpfend ist, während er dies aus unternehmensinterner Sicht nur in eingeschränktem Maße ist. Die Eigenschaften von Prozessen werden bei Verrechnungen an die Empfänger fortgeschrieben und sind dort auswertbar. So können Sie auf einem Empfänger, der von mehreren Vertriebsprozessen belastet wurde, erkennen, wie hoch die Belastung durch wertschöpfende bzw. nicht wertschöpfende Prozesse war oder von welcher Prozesskategorie die höchste Belastung entstanden ist. SAP nennt diese Art der Weitergabe von Eigenschaften *Vererbung*.

[zB]

Prozesseigenschaften

Sie definieren die Geschäftsprozesse AUFTRAGSBEARBEITUNG und RETOUREN-ANNAHME. Die Auftragsbearbeitung kann durch eine möglichst effektive Abwicklung von Kundenaufträgen eine hohe Liefertreue und damit Kundenzufriedenheit erreichen; dieser Prozess ist damit aus Kundensicht in hohem Maße wertschöpfend. Die Annahme von Retouren hingegen sollte im Regelfall gar nicht durchlaufen werden und trägt an sich auch nicht zur Kundenzufriedenheit bei. Dieser Prozess ist damit aus Kundensicht wenig wertschöpfend.

Beide Prozesse verrechnen Sie in CO-PA an Kunden, wobei bei der Verrechnung die Eigenschaftswerte für die externe Wertschöpfung fortgeschrieben werden. Sie können dadurch beim Empfänger, also z.B. einem Kunden in CO-PA, auswerten, wie hoch die Kostenbelastung durch wertschöpfende und durch nicht wertschöpfende Prozesse war. Fallen bei einem Kunden besonders hohe Kosten für nicht wertschöpfende Prozesse wie z.B. die Retourenannahme an, ist dies ein Hinweis darauf, dass hier Optimierungspotenzial besteht.

Die Eigenschaften externe bzw. interne Wertschöpfung (Wertschöpfung ext., Wertschöpfung int.), Kategorie, Kostenverhalten und Zusatzeigenschaft sind von SAP fest vorgegeben; Sie können die Ausprägungen jedoch beliebig definieren (siehe weiter hinten in diesem Abschnitt).

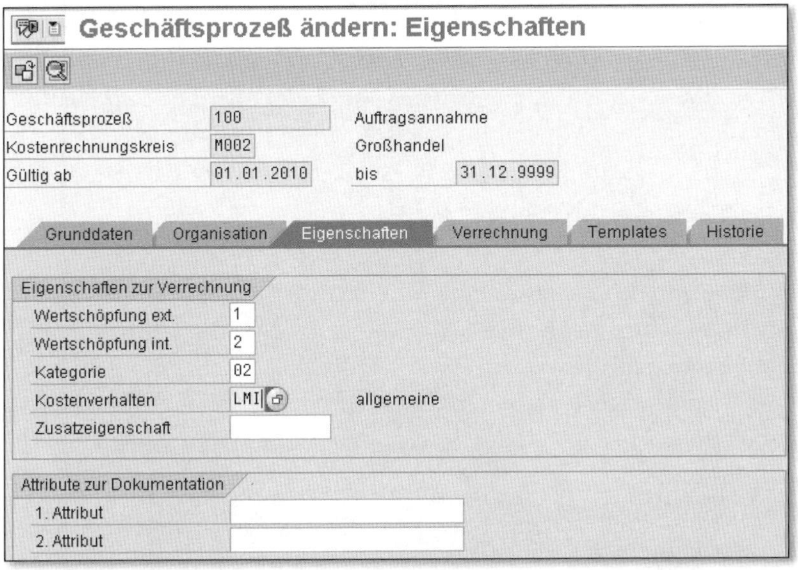

Abbildung 6.14 Geschäftsprozess anlegen: Eigenschaften

Die beiden Attribute zur Dokumentation sind frei verwendbar, werden aber bei Verrechnungen nicht weitergegeben. Sie können sie lediglich in Stammdatenberichten auswerten.

Verrechnung des Geschäftsprozesses

Im Abschnitt Verrechnungen nehmen Sie Einstellungen vor, die die Verrechnung des Geschäftsprozesses an Leistungsempfänger festlegen (siehe Abbildung 6.15). Unter Prozesstreiber geben Sie eine Einheit an, in der die Ausbringung des Prozesses gemessen wird, d.h., wovon die Belastung des Empfängers abhängt. Über die Beschreibung können Sie diese noch näher erläutern. Im Beispiel definieren wir einen Geschäftsprozess Auftragsannahme. Wie hoch die Belastung bei den Empfängern ist, die diesen Prozess in Anspruch nehmen, hängt in diesem Fall von der Zahl der Kundenaufträge ab, die für den Empfänger angenommen wurden. Alle weiteren Parameter sind identisch mit den Stammdaten für Leistungsarten (siehe Abschnitt 4.3.6, »Leistungsarten«; beachten Sie, dass der Leistungsartentyp, von dem dort die Rede ist, hier dem Verrechnungstyp entspricht).

Abbildung 6.15 Geschäftsprozess anlegen: Verrechnung

Unter Templates schließlich geben Sie an, ob Sie Templates zur Planung (Parameter Formelplan: Template) und/oder zur Verrechnung (Verrechnungstemplate) verwenden wollen (siehe Abbildung 6.16). Falls Sie vorhaben, Gemeinkostenzuschläge an diesen Geschäftsprozess zu verrechnen, hinterlegen Sie im Block Zuschläge ein Kalkulationsschema. Weitere Informationen zur Planung mit Templates finden Sie in Abschnitt 6.5, »Planung«, die Verrechnung über Templates behandeln wir in Abschnitt 6.4., »Templates«, und Gemeinkostenzuschläge beschreiben wir ausführlich in Abschnitt 7.3.2, »Grundeinstellungen für die Materialkalkulation«.

Im Abschnitt Historie schließlich finden Sie Änderungsbelege zum Geschäftsprozess.

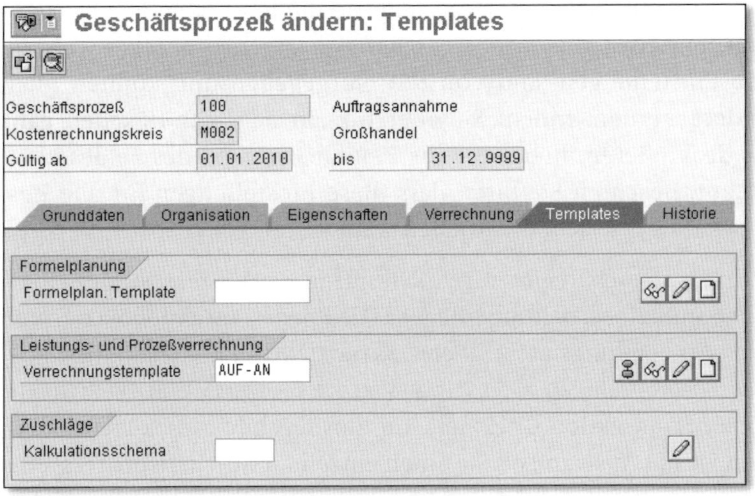

Abbildung 6.16 Geschäftsprozess anlegen: Templates

Zeitabhängigkeit der Stammdaten

Wie bereits weiter vorne in diesem Abschnitt erwähnt, sind einige Stammdatenfelder von Geschäftsprozessen zeitabhängig, d.h., sie gelten immer für einen bestimmten Zeitraum. Über die Customizing-Transaktion CONTROLLING • PROZESSKOSTENRECHNUNG • STAMMDATEN • GESCHÄFTSPROZESSE • ZEITABHÄNGIGE FELDER FÜR GESCHÄFTSPROZESSE FESTLEGEN (Transaktion OKEZ) können Sie die Zeitabhängigkeit für Stammdatenfelder deaktivieren (siehe Abbildung 6.17).

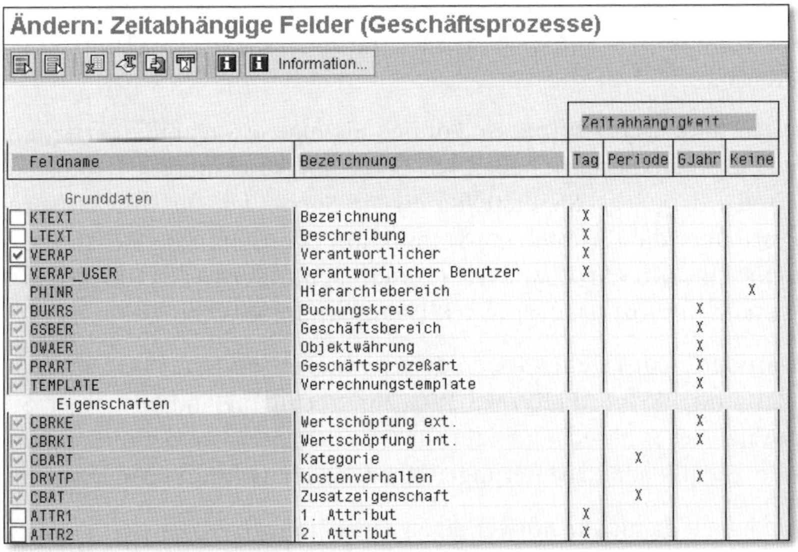

Abbildung 6.17 Zeitabhängige Felder für Geschäftsprozesse pflegen

Auf der rechten Seite ist dargestellt, ob die jeweiligen Felder tagesgenau, periodengenau oder geschäftsjahresgenau geführt werden. Diese Einstellungen sind von SAP vorgegeben und können nicht geändert werden. Indem Sie aber für ein Feld das Häkchen ganz links deaktivieren, heben Sie die Zeitabhängigkeit des Feldes komplett auf. Beachten Sie bitte, dass diese Einstellungen für alle Kostenrechnungskreise des aktuellen Mandanten gelten.

Sammelbearbeitung für Geschäftsprozesse

Sie können Geschäftsprozesse nicht nur in der Einzel-, sondern auch in der Sammelbearbeitung pflegen. Die Pflegetransaktion dazu rufen Sie im Anwendungsmenü über CONTROLLING • PROZESSKOSTENRECHNUNG • STAMMDATEN • GESCHÄFTSPROZESS • SAMMELBEARBEITUNG • ÄNDERN (Transaktion CP12) auf. Im Einstiegsbild dieser Transaktion haben Sie die Auswahl, ob Sie einen einzelnen Geschäftsprozess, eine Gruppe oder alle Geschäftsprozesse bearbeiten möchten. Sie können dabei auch eine Selektionsvariante einsetzen, um die Auswahl noch flexibler vorzunehmen. Sie legen Selektionsvarianten im Customizing unter CONTROLLING • PROZESSKOSTENRECHNUNG • STAMMDATEN • GESCHÄFTSPROZESSE • SELEKTIONSVARIANTEN GESCHÄFTSPROZESSE DEFINIEREN (Transaktion KM3V) an. Die Vorgehensweise ist dabei analog zu den Kostenstellenstammdaten; in Abschnitt 4.3.5, »Kostenstellen«, haben wir die Funktionalität von Selektionsvarianten ausführlich erläutert. Dort werden auch Listvarianten erwähnt; für Geschäftsprozesse erstellen Sie diese im Customizing unter CONTROLLING • PROZESSKOSTENRECHNUNG • STAMMDATEN • GESCHÄFTSPROZESSE • LISTVARIANTEN FÜR SAMMELBEARBEITUNG DEFINIEREN (Transaktion OKW3).

Suchhilfen definieren

Auch für Geschäftsprozesse können Sie eigene Suchhilfen erstellen; wie dies funktioniert, haben wir bereits in Abschnitt 3.3.1, »Kostenarten«, dargelegt. Sie erstellen eigene Suchhilfen für Geschäftsprozesse über die Customizing-Transaktion CONTROLLING • PROZESSKOSTENRECHNUNG • STAMMDATEN • GESCHÄFTSPROZESSE • SUCHHILFEN FÜR GESCHÄFTSPROZESSE DEFINIEREN (Transaktion OKWO).

Erweiterungen für Geschäftsprozesse

Darüber hinaus stehen Ihnen die Erweiterungen EXIT_SAPLKWM3_001 und EXIT_SAPLKWM3_002 zur Verfügung, mittels derer Sie zusätzliche Stammdatenfelder für Geschäftsprozesse definieren können. Sie pflegen Erweiterungen über die Transaktion CMOD.

Sie haben damit alle notwendigen Einstellungen zu den Stammdaten von Geschäftsprozessen kennengelernt. Für die Stammdatenpflege von statistischen Kennzahlen möchten wir Sie an Abschnitt 4.3.7, »Statistische Kennzahlen«, verweisen, in dem wir das Thema bereits ausführlich behandelt haben. Wir wenden uns nun dem Thema Templates zu.

6.4 Templates

Was ist ein Template?

Templates sind ein flexibel einsetzbares Werkzeug im SAP ERP-Controlling, um Kosten zu planen oder zu verrechnen. Im Bereich der Planung werden Templates bei der Formelplanung (siehe Abschnitt 4.4.5) und beim Easy Cost Planning (siehe Abschnitt 5.4.3) verwendet. Bei der Verrechnung können Sie als Sender Kostenstellen in Kombination mit Leistungsarten oder Geschäftsprozessen einsetzen, als Empfänger kommen alle Controlling-Objekte in Betracht, wie etwa Kostenstellen, Geschäftsprozesse, Innenaufträge, Fertigungsaufträge, Ergebnisobjekte etc. Die Templates dienen dann zur Ermittlung einer Menge, anhand derer Leistung vom Sender an den Empfänger verrechnet wird. Die Leistung wird dabei anhand eines zum Sender gültigen Tarifs bewertet.

[zB]

Template-Verrechnung von Kostenstelle/Leistungsart an Geschäftsprozess

In der Prozesskostenrechnung hat eine Handelsfirma den Prozess KUNDENAUFTRAGSBEARBEITUNG definiert, dessen Kostentreiber die Anzahl der angelegten Kundenaufträge ist. Am Prozess beteiligt sind die Kostenstellen AUFTRAGSBEARBEITUNG REGION NORD und AUFTRAGSBEARBEITUNG REGION SÜD, die jeweils Aufträge für die gleichnamigen Verkaufsbüros bearbeiten. Auf jeder Kostenstelle ist zur Leistungsart AUFTRAGSBEARBEITUNG ein Tarif hinterlegt. Beide Kostenstellen verrechnen unter dieser Leistungsart Kosten an den Prozess KUNDENAUFTRAGSBEARBEITUNG in Abhängigkeit von der Zahl der Kundenaufträge, die in dem jeweiligen Verkaufsbüro erfasst wurden.

Verrechnungstechnik von Templates

Wie bei einer direkten bzw. indirekten Leistungsverrechnung (siehe Abschnitt 4.6.3, »Periodenabschluss«) werden auch bei einer Template-Verrechnung nicht die gesamten Kosten des Senders verrechnet, sondern nur die ermittelte Menge multipliziert mit dem Tarif. Während die indirekte Leistungsverrechnung als Bezugsbasis für die Leistungsmenge jedoch nur statistische Kennzahlen und gebuchte Mengen kennt, bietet ein Template eine Fülle von Funktionen und

Rechenoperationen, um die Leistungsmenge zu ermitteln. Wie dies funktioniert, werden wir Ihnen nun im Detail erläutern und anhand des oben skizzierten Beispiels illustrieren.

6.4.1 Templates pflegen

Template anlegen

Wir stellen Ihnen die notwendigen Schritte vor, um ein Template zu erstellen, mit dem Sie anhand des oben aufgeführten Beispiels Kosten von Kostenstellen an einen Geschäftsprozess verrechnen können. Sie erstellen ein Template im Customizing über Controlling • Prozesskostenrechnung • Templates • Templates pflegen • Template anlegen (Transaktion CPT1). Dabei geben Sie einen Namen für das Template an (siehe Abbildung 6.18) und wählen die Umgebung aus. Die Umgebung klassifiziert, für welches Anwendungsgebiet im Controlling Sie ein Template erstellen wollen (siehe auch den nächsten Abschnitt 6.4.2, »Umgebungen und Funktionsbäume«). Für Geschäftsprozesse wählen Sie die Umgebung SBP. Über Eintragungen im Block Referenz können Sie auch ein bestehendes Template kopieren.

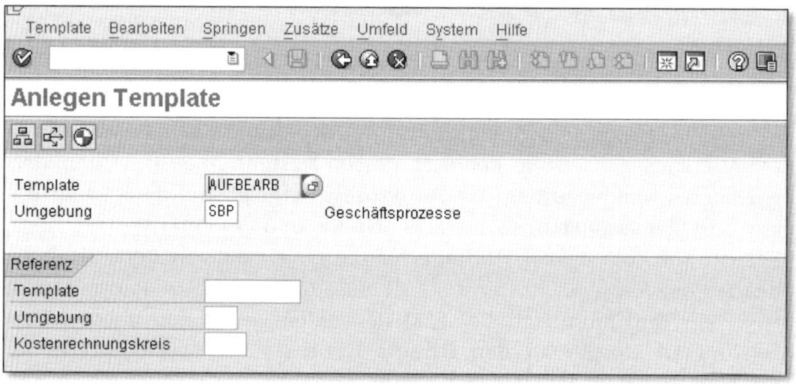

Abbildung 6.18 Template anlegen: Grunddaten

Detaileinstellungen für Templates pflegen

Sie gelangen dann zur Pflege des Templates (siehe Abbildung 6.19). Hier können Sie zunächst eine Beschreibung hinterlegen ❶. Das eigentliche Template besteht aus einer fest vorgegebenen Zahl von Spalten (in Abhängigkeit von der Umgebung) und einer von Ihnen definierten Zahl von Zeilen.

Beachten Sie, dass Sie ein Template immer aus Sicht des Empfängers definieren, in unserem Falle also eines Geschäftsprozesses. Wie bereits weiter vorne in diesem Abschnitt erwähnt, dient das Template dazu, eine Menge zu ermitteln, die für die Verrechnung von einem Sender an den Empfänger genutzt wird (z.B. über eine Leistungsart). In den Zeilen können Sie nun Angaben über den Sender der Leistung machen und festlegen, wie die Menge ermittelt werden soll; Sie haben außerdem auch die Möglichkeit, Rechenzeilen zu definieren, um komplexere Kalkulationen vorzunehmen. Von welcher Art eine Zeile ist, bestimmen Sie über den Zeilentyp, den Sie in der Spalte Typ festlegen ❷. Zur genaueren Erläuterung der Zeile steht Ihnen außerdem eine Spalte für die Bezeichnung ❸ zur Verfügung. Im Beispiel wollen wir u.a. festlegen, dass die Kostenstelle 500 (Auftragsbearbeitung Nord) anhand der Leistungsart LA-01 Leistung verrechnen soll. Wir haben deshalb eine Zeile vom Typ Kostenstelle/Leistungsart erstellt, um Angaben über den Sender zu machen.

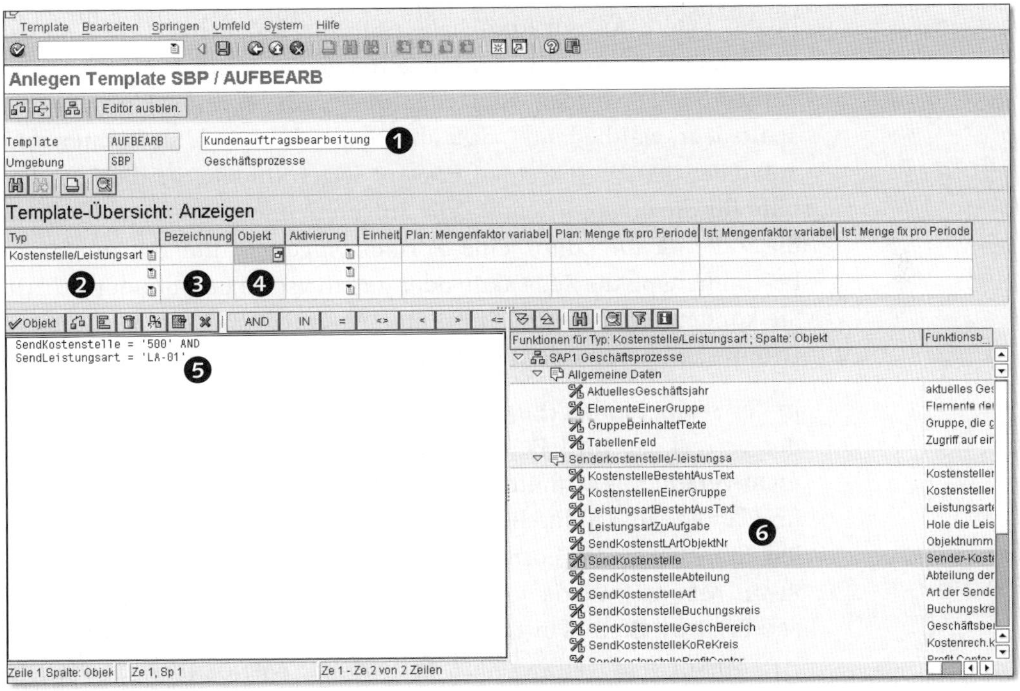

Abbildung 6.19 Template anlegen: Typ und Objekt pflegen

Angaben über das Senderobjekt machen wir in der Spalte Objekt. Indem wir auf das Feld unserer Zeile in dieser Spalte doppelklicken ❹, öffnen wir den Editor ❺, in dem wir den Sender spezifizieren. Sie wählen hier eine der vielfältigen Funktionen ❻ aus, die Ihnen zur Verfügung stehen. Die einzelnen Funktionen verknüpfen Sie mit logischen Operatoren (=, AND, OR etc.) Im Beispiel haben wir einen einfachen Fall gewählt und die Kostenstelle über die Formel SENDKOSTENSTELLE und die direkte Eingabe der entsprechenden Kostenstelle direkt bestimmt. Sie haben hier aber auch die Möglichkeit, die Senderkostenstelle dynamisch zu ermitteln, z.B. anhand der Kostenstellengruppe, -art oder der Abteilung. Analog zur Bestimmung der Senderkostenstelle machen Sie hier auch Angaben zur Senderleistungsart.

[zB]

Dynamische Ermittlung der Senderkostenstelle

Um als Sender alle Logistikkostenstellen (Typ G) der Kostenstellengruppe 500-10 auszuwählen, geben Sie die folgende Formel an:

SendKostenstelle IN KostenstellenEinerGruppe(Gruppenname = '500-10') AND SendKostenstelleArt = 'G'

In der Spalte AKTIVIERUNG haben Sie die Möglichkeit, je Zeile zu bestimmen, ob sie aktiv sein soll (also bei der Template-Verrechnung berücksichtigt werden soll) oder nicht. Als Voreinstellung ist die Spalte leer, was bedeutet, dass alle Zeilen aktiv sind. Sie können nun entweder den Wert fest auf INAKTIV setzen (indem Sie die Eingabehilfe für die entsprechende Zelle aufrufen) oder per Doppelklick auf die Zelle ❶ im Editor eine Formel eingeben, um dynamisch zu bestimmen, ob die Zeile aktiv oder inaktiv ist (siehe Abbildung 6.20). Sie können z.B. eine Zeile für Empfängerprozesse einer bestimmten Gruppe aktivieren oder deaktivieren.

In der Spalte Einheit (EINH.) sehen Sie die Einheit, unter der der Sender verrechnet wird ❷. Sie können diese Einstellung im Template nicht verändern. Mithilfe von Templates können Sie Verrechnungen im Plan wie im Ist durchführen; falls Sie Planwerte verrechnen wollen, tragen Sie die Formel zur Mengenermittlung in den Spalten PLAN: MENGENFAKTOR VARIABEL ❸ bzw. PLAN: MENGENFAKTOR FIX PRO PERIODE ❹ ein. Für Istwerte nutzen Sie entsprechend die Spalten IST: MENGENFAKTOR VARIABEL ❺ und IST: MENGENFAKTOR FIX PRO PERIODE ❻. Diese Mengen korrespondieren mit dem fixen und variablen Anteil der Leistungsartentarife (siehe Abschnitt 4.3.6). Im Beispiel haben wir fixe Tarife auf unseren Kostenstellen geplant und nutzen somit die Spalte für fixe Werte.

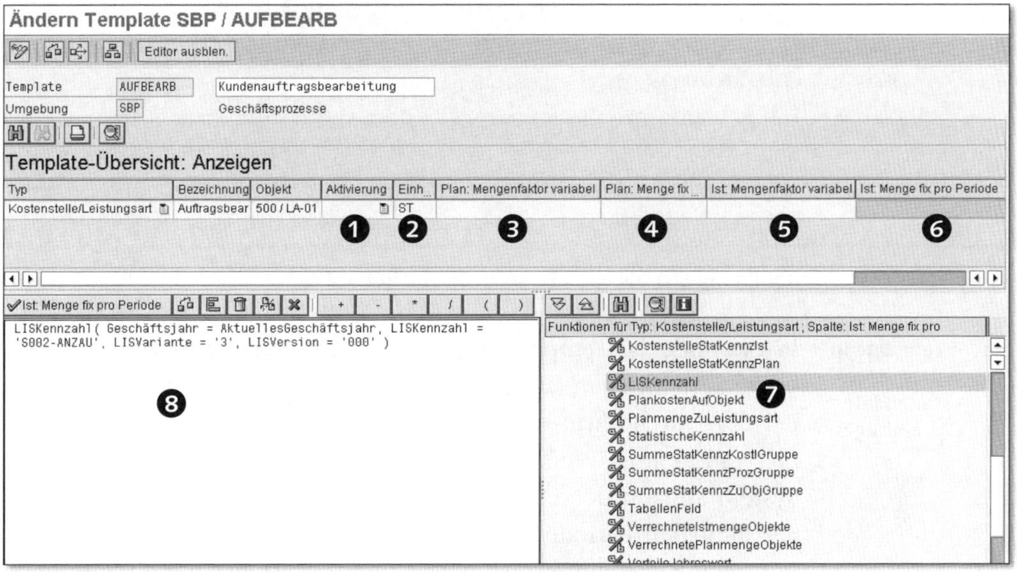

Abbildung 6.20 Template anlegen: Ermittlung der Empfängermenge

In unserem Beispiel soll die Verrechnung der Leistung von den Kostenstellen an den Geschäftsprozess in Abhängigkeit von der Zahl der Kundenaufträge zum jeweiligen Verkaufsbüro erfolgen. Diese Zahl können wir über eine LIS-Kennzahl ermitteln. Dazu haben wir die Funktion LISKENNZAHL ausgewählt ❼ und die benötigten Parameter im Editor spezifiziert ❽, um die Zahl der Kundenaufträge zum Verkaufsbüro Nord zu bestimmen. Bitte beachten Sie, dass eine Reihe von Voreinstellungen im Customizing der Vertriebskomponente SD notwendig ist, um LIS-Kennzahlen überhaupt einsetzen zu können. Alternativ hätten wir auch eine eigene Funktion erstellen können, die die Zahl der Kundenaufträge über einen eigens programmierten Funktionsbaustein ermittelt (siehe nächster Abschnitt). Wir möchten an dieser Stelle vor allem demonstrieren, um wie viel flexibler und mächtiger die Template-Technik im Vergleich zu den anderen Verrechnungsmethoden (Umlage, Verteilung, Leistungsverrechnung) ist.

Mit der ersten Zeile haben wir nun festgelegt, dass der Prozess KUNDENAUFTRAGSBEARBEITUNG von der Kostenstelle 500 (KUNDENAUFTRAGSBEARB. NORD) in Abhängigkeit von der Zahl der Kundenaufträge, die im Verkaufsbüro Nord erstellt wurden, belastet wird. Analog haben wir eine zweite Zeile für die Kundenauftragsbearbeitung Süd erstellt (siehe Abbildung 6.21).

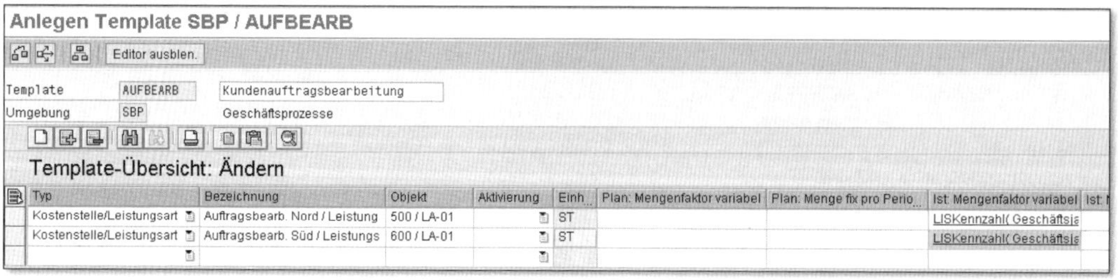

Abbildung 6.21 Anlegen Template: Gesamtübersicht

Template in Geschäftsprozess-stammdaten eintragen

Wir können das Template nun in den Stammdaten unseres Geschäftsprozesses eintragen (siehe Abschnitt 6.3.3, »Geschäftsprozesse«) und bei der Durchführung der Template-Verrechnung verwenden (über die Transaktion CPAS). Führen wir die Verrechnung aus, ermittelt das System anhand der LIS-Kennzahlen die Zahl der Kundenaufträge in der aktuellen Periode zum Verkaufsbüro Nord und Süd. Daraufhin wird eine Leistungsverrechnung von den Kostenstellen 500 und 600 mit den ermittelten Mengen durchgeführt (siehe Abbildung 6.22). Dabei wurden folgende Beispieldaten zugrunde gelegt:

In Periode 9 wurden für das Verkaufsbüro Nord 450 Kundenaufträge erfasst, für das Verkaufsbüro Süd 120. Der Tarif für einen Kundenauftrag beträgt auf der Kostenstelle 500 (Nord) 6 USD, auf der Kostenstelle 600 (Süd) 4 USD. Somit verrechnet Kostenstelle 500 an Geschäftsprozess 100 einen Betrag von 2.700,00 USD, während Kostenstelle 600 denselben Geschäftsprozess mit 480,00 USD belastet.

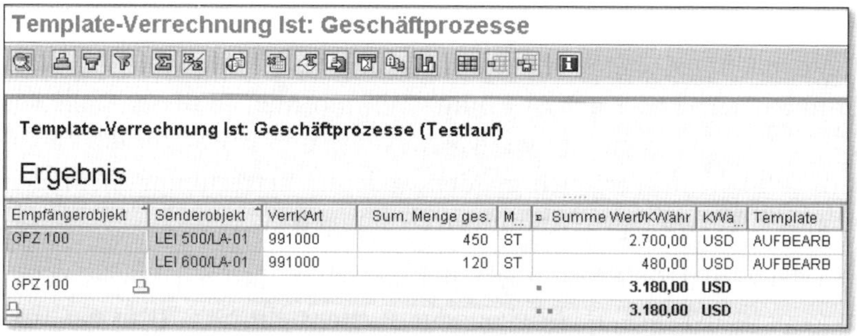

Abbildung 6.22 Durchführen der Template-Verrechnung

Im Anschluss zeigen wir Ihnen nun die Einstellungen, die Sie für Umgebungen und Funktionsbäume vornehmen können.

6.4.2 Umgebungen und Funktionsbäume

Was sind Umgebungen?

Wie bereits erwähnt, können Templates in unterschiedlichen Szenarien eingesetzt werden; abhängig von ihrer Verwendung können Sie dann auch jeweils unterschiedliche Funktionen nutzen. SAP hat die verfügbaren Funktionen in sogenannte *Umgebungen* klassifiziert. Jede Funktion ist darüber hinaus einer *Sub-Umgebung* zugeordnet. Sub-Umgebungen können mehreren Umgebungen angehören, und alle Funktionen einer Sub-Umgebung sind damit auch automatisch in allen Umgebungen verfügbar, denen die jeweilige Sub-Umgebung angehört.

[zB]

Umgebung, Sub-Umgebung und Funktion

Die Funktion ProzessIstMenge dient dazu, die Ausbringungsmenge eines Geschäftsprozesses zu ermitteln. Sie ist der Sub-Umgebung 101 zugeordnet. Die Sub-Umgebung 101 wiederum gehört sowohl zur Umgebung SBP (Geschäftsprozesse) als auch zu SCD (Kostenstellen/Leistungsarten). Die Funktion ist damit in beiden Umgebungen verfügbar.

Was ist ein Funktionsbaum?

Innerhalb einer Umgebung können Sie die Funktionen anhand von *Funktionsbäumen* und *Gliederungsknoten* nach Ihren Anforderungen anordnen. Im Standard ist in jeder Umgebung der Funktionsbaum SAP1 enthalten, der nicht verändert werden darf. Sie pflegen Umgebungen, Funktionsbäume und Funktionen im Customizing über Controlling • Prozesskostenrechnung • Templates • Umgebungen und Funktionsbäume definieren (Transaktion CTU6). In Abbildung 6.23 sehen Sie in der Umgebung SBP ❶ im Funktionsbaum SAP1 ❷ und der Sub-Umgebung 128 ❸ die Funktion EmpfProzesslstMenge ❹; auf der rechten Seite sehen Sie die Details zu dieser Funktion ❺.

Im Abschnitt Realisierung können Sie erkennen, auf welche Weise das Ergebnis der Funktion ermittelt wird – entweder als Feld einer Tabelle oder über einen Funktionsbaustein. Sofern Sie weitere Funktionen benötigen, die noch nicht im Standard enthalten sind, können Sie sich an dieser Stelle eigene definieren und gegebenenfalls einen eigenen Funktionsbaustein programmieren, um die Werte zu ermitteln.

[zB] **Funktion zur Ermittlung des Kostenverhaltens**

Sie benötigen eine Funktion, die das Kostenverhalten des Empfängerprozesses ermittelt. Diese Information finden Sie in der Tabelle RCBR (Empfängerprozess) im Feld DRVTP.

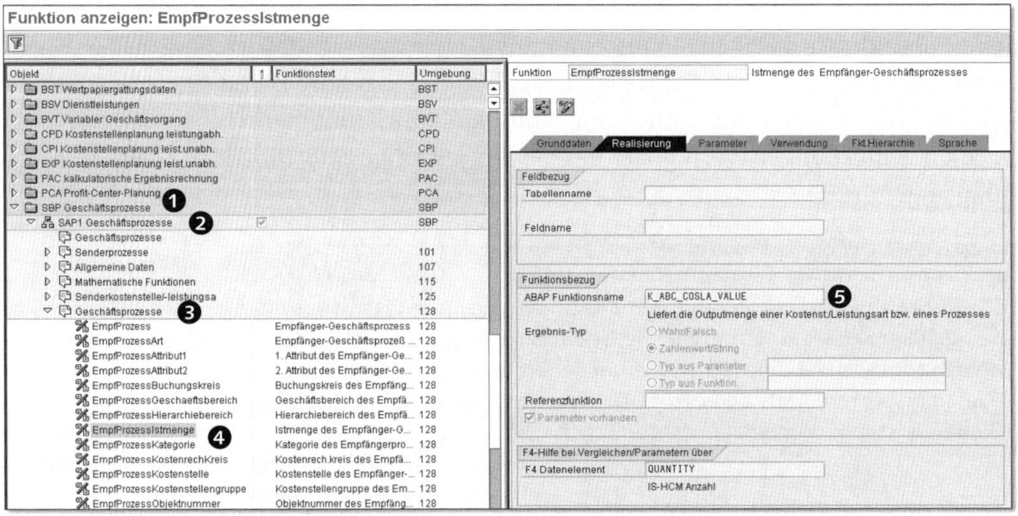

Abbildung 6.23 Umgebungen und Funktionsbäume pflegen

Funktion anlegen

Wir zeigen Ihnen nun exemplarisch, wie Sie die im Beispiel skizzierte Funktion erstellen können (siehe Abbildung 6.24). Wählen Sie dazu einen Funktionsbaum bzw. Gliederungsknoten aus ❶, und wählen Sie anschließend im Menü BEARBEITEN • FUNKTION • ANLEGEN ❷. Vergeben Sie dann einen Namen ❸.

Zu der neuen Funktion pflegen Sie nun einige Daten (siehe Abbildung 6.25). Im Abschnitt GRUNDDATEN tragen Sie eine BEZEICHNUNG ❶ und einen LOGISCHEN FUNKTIONSNAMEN ❷ ein. Beide dienen zur näheren Erläuterung der Funktion; der Funktionsname ist dabei sprachunabhängig, während die Bezeichnung in unterschiedlichen Sprachen gepflegt werden kann.

Unter REALISIERUNG legen Sie fest, woher die Funktion die Daten beziehen soll. Hier geben Sie die Tabelle RCBR ❸ und das Feld DRVTP ❹ an.

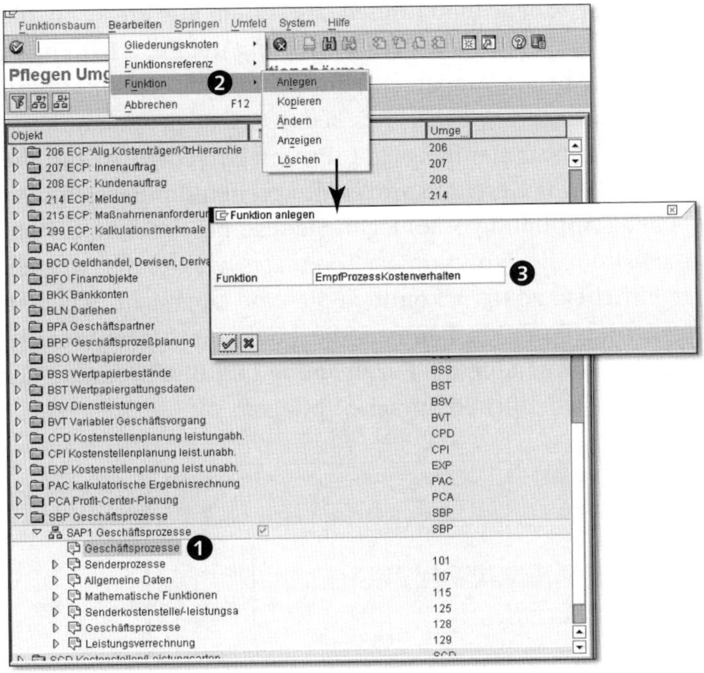

Abbildung 6.24 Funktion anlegen

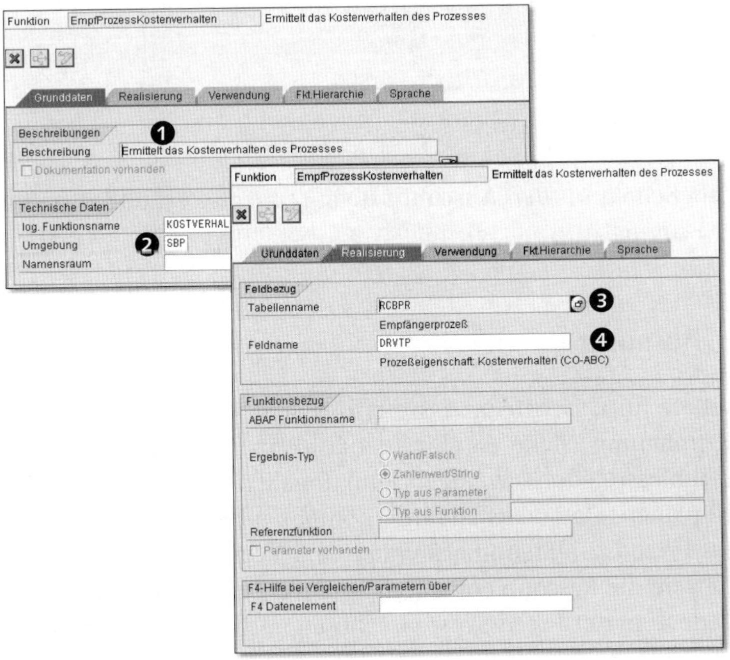

Abbildung 6.25 Funktionsdaten pflegen

Bei der Wahl einer Tabelle bietet Ihnen das System nur Werte an, die in der jeweiligen Umgebung auch zur Verfügung stehen; z. B. können Bei komplexeren Anforderungen ist es auch möglich, einen Funktionsbaustein einzutragen, den Sie bei Bedarf selbst programmieren können. Sie im Zusammenhang mit Prozessen lediglich auf die Stammdatentabelle für Geschäftsprozesse zugreifen. Im Bereich VERWENDUNG (siehe Abbildung 6.26) legen Sie fest, bei welchen Zeilentypen und Spalten die Funktion in Templates verwendet werden darf. Unter FKT.HIERARCHIE bekommen Sie eine Übersicht, welchen Umgebungen und Funktionsbäumen die Funktion zugeordnet ist, und bei SPRACHE können Sie die Bezeichnung und Beschreibung der Funktion in unterschiedlichen Sprachen pflegen.

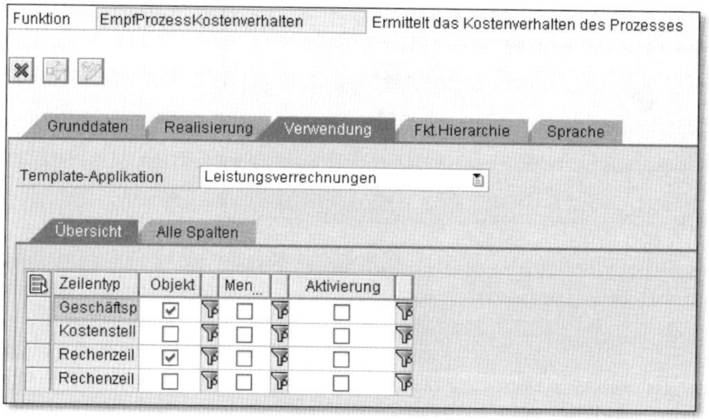

Abbildung 6.26 Template-Verwendung

Wir schließen damit den Abschnitt über Templates ab und wenden uns der Planung zu.

6.5 Planung

Die Planung für Geschäftsprozesse erfolgt sehr ähnlich wie die Kostenstellenplanung (siehe Abschnitt 4.4, »Planung und Etatverwaltung«), umfasst jedoch weniger Funktionalitäten. So können Sie manuell planen, Daten aus anderen Komponenten des SAP-Systems bzw. aus Fremdsystemen übernehmen und Verrechnungen im Plan durchführen; die Ressourcenplanung und die Formelplanung stehen Ihnen jedoch in der Prozesskostenrechnung nicht zur Verfügung.

6.5.1 Manuelle Planung

Manuelle Planung einstellen

Die *manuelle Kostenplanung* für Geschäftsprozesse rufen Sie im Anwendungsmenü über die Transaktion CP06 auf. Um Kosten planen zu können, benötigen Sie wie bei der Planung auf Kostenstellen ein für den Planungszweck geeignetes Planungslayout. Sie erstellen eigene Planungslayouts für Geschäftsprozesse im Customizing über CONTROLLING • PROZESSKOSTENRECHNUNG • PLANUNG • MANUELLE PLANUNG • EIGENE PLANUNGSLAYOUTS. Die Vorgehensweise dabei entspricht der der Kostenstellenrechnung (siehe Abschnitt 4.4.2, »Manuelle Planung«. Dort haben wir auch erläutert, wie Sie eigene Planerprofile anlegen, um die Planungslayouts zu verwalten. Planerprofile für Geschäftsprozesse legen Sie über CONTROLLING • PROZESSKOSTENRECHNUNG • PLANUNG • MANUELLE PLANUNG • EIGENE PLANUNGSLAYOUTS • EIGENE PLANERPROFILE PFLEGEN (Transaktion KP34) an. Die in Abschnitt 4.4.2 ebenfalls erwähnten Verteilungsschlüssel pflegen Sie für die Prozesskostenrechnung im Menüpunkt PROZESSKOSTENRECHNUNG • PLANUNG • MANUELLE PLANUNG • EIGENE PLANUNGSLAYOUTS • EIGENE VERTEILUNGSSCHLÜSSEL PFLEGEN (Transaktion KP80).

6.5.2 Plandatenübernahme

Plandatenübernahme aus anderen Komponenten

Wie bei der Kostenstellenrechnung haben Sie auch in der Prozesskostenrechnung die Möglichkeit, Plandaten aus anderen SAP-Komponenten zu übernehmen. Die dafür notwendigen Einstellungen sind in der Prozesskostenrechnung ebenfalls dieselben, wie wir sie bereits in Abschnitt 4.4.7, »Plandatenübernahme«, erläutert haben. Der entsprechende Menüpfad in der Prozesskostenrechnung lautet CONTROLLING • PROZESSKOSTENRECHNUNG • PLANUNG • MANUELLE PLANUNG • PLANDATENÜBERNAHME.

6.5.3 Verrechnungen im Plan

Planverrechnungen definieren

In der Prozesskostenrechnung stehen Ihnen dieselben Werkzeuge wie in der Kostenstellenrechnung zur Verfügung, um unterschiedliche Verrechnungen im Plan durchzuführen: Verteilungen, Umlagen, indirekte Leistungsverrechnungen und die Tarifermittlung. Verteilungen im Plan finden Sie unter CONTROLLING • PROZESSKOSTENRECHNUNG • PLANUNG • VERRECHNUNGEN • VERTEILUNG, Umlagen unter CONTROLLING • PROZESSKOSTENRECHNUNG • PLANUNG • VERRECHNUNGEN • UMLAGEN und indirekte Leistungsverrechnungen unter CON-

TROLLING • KOSTENSTELLENRECHNUNG • PLANUNG • VERRECHNUNGEN • INDIREKTE LEISTUNGSVERRECHNUNG. Die Tarifermittlung im Plan definieren Sie unter CONTROLLING • PROZESSKOSTENRECHNUNG • PLANUNG • VERRECHNUNGEN • TARIFERMITTLUNG. Die Customizing-Einstellungen für Verteilungen, Umlagen und die indirekte Leistungsverrechnung sind analog zu den entsprechenden Einstellungen für Verrechnungen im Ist für Kostenstellen, die wir im Detail in Abschnitt 4.6.3, »Periodenabschluss«, erläutert haben. Die Einstellungen für die Tarifermittlung erläutern wir in Abschnitt 6.6.3. Zuvor gehen wir noch auf das Customizing zu den weiteren Aspekten der Istbuchungen ein.

6.6 Istbuchungen

Wir wenden uns nun den Istbuchungen für Geschäftsprozesse zu. Wie bereits bei der Planung sind auch hier viele Customizing-Einstellungen nahezu identisch mit denen in der Kostenstellenrechnung. Wir verweisen in diesen Fällen auf die entsprechenden Abschnitte in Kapitel 4, »Kostenstellenrechnung«. Wir befassen uns jedoch noch genauer mit den Themen Tarifermittlung und Abweichungen, die in Kapitel 4 nicht näher erläutert wurden.

6.6.1 Manuelle Istbuchungen

Erfassungsvarianten für Istbuchungen

Sie können manuelle Buchungen im Controlling erfassen und dabei Geschäftsprozesse kontieren. Dazu benötigen Sie – wie in der Kostenstellenrechnung – *Erfassungsvarianten*. Sie definieren diese unter CONTROLLING • PROZESSKOSTENRECHNUNG • ISTBUCHUNGEN • MANUELLE ISTBUCHUNGEN • EIGENE ERFASSUNGSVARIANTEN FÜR BUCHUNGEN IM CONTROLLING DEFINIEREN. Die dazu notwendigen Einstellungen haben wir ausführlich in Abschnitt 4.6.1, »Manuelle Istbuchungen«, dargestellt.

6.6.2 Istdatenübernahme

Istdaten aus anderen Komponenten übernehmen

Auch die Übernahme von Istdaten aus anderen Komponenten des SAP-Systems läuft analog zu der Funktionalität im Plan ab; Sie finden die detaillierte Erläuterung der dafür notwendigen Einstellungen in Abschnitt 4.4.7, »Plandatenübernahme«. In der Prozesskostenrechnung konfigurieren Sie die Übernahme unter CONTROLLING • PROZESSKOSTENRECHNUNG • ISTBUCHUNGEN • ISTDATENÜBERNAHME.

6.6.3 Periodenabschluss

Verrechnungsmethoden zum Periodenabschluss

Zum Periodenabschluss stehen Ihnen in der Prozesskostenrechnung u.a. die Funktionalitäten Verteilung, Umlage, indirekte Leistungsverrechnung und Tarifermittlung zur Verfügung, die Sie analog zu den korrespondierenden Konzepten in der Kostenstellenrechnung konfigurieren. Wir haben diese ausführlich in Abschnitt 4.6.3, »Periodenabschluss«, dargestellt. Bei Verteilungen und Umlagen verhält sich ein Geschäftsprozess analog zu einer Kostenstelle in dem Sinne, dass er als Sender und Empfänger eingesetzt werden kann. Für die indirekte Leistungsverrechnung und Tarifermittlung können Sie Geschäftsprozesse einsetzen wie eine Kostenstelle mit Leistungsart; auch hier verrechnen Sie Mengen über einen Tarif. Die entsprechenden Einstellungen für die Prozesskostenrechnung finden Sie unter Controlling • Prozesskostenrechnung • Istbuchungen • Periodenabschluss in den Untermenüs Verteilung, Umlage, Indirekte Leistungsverrechnung und Tarifermittlung.

6.6.4 Abweichungen

Abweichungsermittlung für Geschäftsprozesse

Die Ermittlung von Abweichungen funktioniert für Geschäftsprozesse ebenfalls genauso wie für Kostenstellen mit Leistungsarten. Die Einstellungen für diese Funktionalität finden Sie im Menübaum Controlling • Prozesskostenrechnung • Istbuchungen • Abweichungen. Die Funktionalität hierfür haben wir ausführlich in Abschnitt 4.6.4 beschrieben.

Wir sind damit auf alle Customizing-Einstellungen zu den Istbuchungen wie auch zur gesamten Prozesskostenrechnung eingegangen. Wir schließen das Kapitel wie gewohnt mit einigen Beispielen zur Anwendung dieser Funktionalität ab.

6.7 Aufbau der Prozesskostenrechnung in den drei Beispielunternehmen

Ebenso wie in den vorangegangenen Kapiteln zeigen wir Ihnen zum Abschluss exemplarisch, wie die Prozesskostenrechnung in unseren Beispielunternehmen eingesetzt werden könnte. Dazu gehen wir zunächst auf die dabei anzustellenden Grundüberlegungen ein.

6.7.1 Grundüberlegungen

Parallele oder integrative Prozesskostenrechnung? Die Frage, ob Sie Geschäftsprozesse im Ist oder nur statistisch bebuchen, hängt zum einen von Ihren Reportinganforderungen ab und zum anderen davon, ob Sie die Prozesskostenrechnung gleichzeitig mit den anderen CO-Komponenten einführen oder erst nachträglich. Der integrative Ansatz bietet sich dann an, wenn Ihr Reporting auch tatsächlich anhand der Prozesse erfolgen soll, die Prozesssicht also die führende in Ihrem Unternehmen ist. Führen Sie die Prozesskostenrechnung gleichzeitig mit den anderen Bestandteilen des SAP-Controllings ein, können Sie ein Reporting »aus einem Guss« etablieren und dabei auch die Prozesskostenrechnung in ihrer integrativen Form berücksichtigen. Implementieren Sie CO-ABC jedoch erst im Nachhinein, bietet sich eher der parallele Ansatz an, da Sie ansonsten größere Änderungen an Ihrem gesamten Wertefluss vornehmen müssten.

Welche Prozesse gibt es im Unternehmen? Welche Prozesse Sie identifizieren, hängt vollkommen von der Branche ab, in der Sie tätig sind, und von Ihren internen Abläufen. Die Kunst bei der Prozesskostenrechnung besteht darin, die »richtigen« Prozesse zu identifizieren, die entscheidende Bedeutung für Ihre Wertschöpfung haben.

Welche Kostentreiber wirken sich auf die Prozesse aus? Haben Sie erst einmal die Prozesse festgelegt, wird es relativ einfach sein, zu identifizieren, welche Faktoren die Kosten dieser Prozesse beeinflussen. Schwieriger wird es jedoch, herauszufinden, in welchem Maße die Kostentreiber sich auswirken. Haben Sie z.B. festgestellt, dass Sie einen Prozess KUNDENAUFTRAGSBEARBEITUNG haben und dass der entscheidende Kostentreiber dafür die Anzahl der erfassten Kundenaufträge ist, müssen Sie noch messen, wie hoch die Kosten tatsächlich sind, die ein Kundenauftrag in Anspruch nimmt. Möglicherweise müssen Sie die Zeiten sogar messen, die ein Sachbearbeiter für die Abwicklung benötigt.

An welche Empfänger sollen die Prozesse verrechnet werden? Die Verrechnungsempfänger werden in der Regel Ihre Marktsegmente sein, also Kunden, Produkte etc. Wie bei den Kostentreibern wird es Ihnen leichter fallen, die Empfänger zu identifizieren, wenn Sie erst die Geschäftsprozesse festgelegt haben.

Push- oder Pull-Ansatz? Diese Frage hängt stark von Ihrer Philosophie ab, wie Sie mit Leerkosten auf Kostenstellen verfahren. Wenn Sie sämtliche Gemeinkosten verrechnen wollen, sollten Sie den Push-Ansatz wählen; wollen Sie jedoch Aussagen darüber treffen, wie stark ein Prozess tatsächlich in Anspruch genommen wird und ob Ihre bereitgestellten Kapazitäten optimal ausgelastet sind, sollten Sie sich auf den Pull-Ansatz konzentrieren.

Wie soll geplant werden? Ob und wie Sie planen, hängt davon ab, ob Sie sich für den Push- oder Pull-Ansatz entschieden haben. Beim Pull-Ansatz ist es unbedingt erforderlich, die Kosten je Geschäftsprozess zu planen, da Sie Tarife für die Leistungen der Prozesse benötigen. Der Push-Ansatz erfordert nicht notwendigerweise eine Planung, da Sie die Gewichtungsfaktoren für die Verrechnung auch über andere Größen wie z.B. statistische Kennzahlen steuern können. Wenn Sie planen, gelten dieselben Empfehlungen wie für die Kostenstellenrechnung: Die Grundlage bildet die manuelle Planung, alle weiteren Planungshilfen passen nicht für jedes Geschäftsmodell und erhöhen die Komplexität.

Auf welche Weise sollen die Istwerte verrechnet werden? Wie Sie im Ist verrechnen, hängt zum einen davon ab, ob Sie den Push- oder Pull-Ansatz gewählt haben. Beim Push-Ansatz kommen eher Verrechnungsmethoden wie Umlage, Verteilung oder indirekte Leistungsverrechnung infrage, während das Pull-Verfahren oft so komplizierte Berechnungsgrundlagen erfordert, dass Sie ohne Templates nicht auskommen.

6.7.2 Einsatz der Prozesskostenrechnung bei einem Produktionsunternehmen

Bei der Firma *Kinderspiel* kommt die Prozesskostenrechnung nicht zum Einsatz. Die Kernprozesse des Unternehmens liegen in der Produktion, und hier erfolgt die Verrechnung von Gemeinkosten an Fertigungsaufträge über die direkte Leistungsverrechnung bzw. Rückmeldungen sowie Gemeinkostenzuschläge.

6.7.3 Einsatz der Prozesskostenrechnung bei einem Großhändler

Beim Großhändler *Hightech-Handel* erfolgt eine integrative Prozesskostenrechnung nach dem Push-Prinzip. Die Kosten der Vertriebskostenstellen werden dabei zunächst an den Geschäftsprozess KUNDENAUFTRAGSBEARBEITUNG umgelegt. Von dort erfolgt eine Template-Verrechnung in CO-PA an das Merkmal KUNDE, abhängig von den

Kundenaufträgen je Kunde. Es ist damit keine Planung erforderlich, da der eingesetzte Geschäftsprozess keinen Tarif benötigt.

6.7.4 Einsatz der Prozesskostenrechnung bei einem Dienstleistungsunternehmen

Auch unsere Beispielfirma *RM Consulting* hat die Prozesskostenrechnung nicht im Einsatz. Das Kerngeschäft, die Beratung, ist sehr wechselhaft und lässt sich nur schwer planen. Der Erfolg von Vertriebsaktivitäten wie auch das Volumen von Kundenprojekten hängen in hohem Maße von Faktoren ab, die das Unternehmen selbst kaum beeinflussen kann, und richten sich eher nach den Gegebenheiten der Kunden. Es existiert bei »RM Consulting« außerdem kein geregelter logistischer Ablauf, den es zu optimieren gilt. Die wichtigste Kenngröße für das Unternehmen ist die Auslastung seiner Berater; um diese zu messen, benötigt man keine Prozesskostenrechnung, sondern kann die Zahlen der Kostenstellenrechnung verwenden.

6.8 Zusammenfassung

Sie haben nun einen Überblick über die Komponente CO-ABC (Prozesskostenrechnung) erhalten und die wesentlichen Konzepte wie Pull- bzw. Push-Prinzip sowie parallele und integrative Prozesskostenrechnung kennengelernt. Sie wissen nun außerdem, welche Arten von Stammdaten Ihnen in dieser Komponente zur Verfügung stehen und wie Sie diese in der Standardhierarchie anordnen. Den größten Teil dieses Kapitels nimmt der Einstieg in die Templates ein, die vor allem in der Prozesskostenrechnung aufgrund ihrer Flexibilität zur Geltung kommen. Wir sind auf die Planung und Istbuchungen nur kurz eingegangen, da in der Prozesskostenrechnung in dieser Hinsicht dieselben Konzepte verwendet werden wie in der Kostenstellenrechnung. Schließlich haben wir noch beispielhaft dargestellt, wie die Prozesskostenrechnung in unterschiedlichen Unternehmen eingesetzt werden kann.

Damit sind wir am Ende dieses Kapitels angelangt. Wir schließen nun das Thema Geschäftsprozesse ab und gehen über zum Produktkosten-Controlling.

Das Produktkosten-Controlling hat den Zweck, den Wert von Materialien zu bestimmen und die Kosten zu analysieren, die im Produktionsprozess entstehen. Auf Basis verschiedener Arten von Kostenträgern vergleichen Sie Plan-, Ist- und Sollkosten und ermitteln Abweichungen zwischen diesen.

7 Produktkosten-Controlling

In diesem Kapitel werden wir Ihnen zunächst einen Überblick darüber geben, welche Voraussetzungen Sie schaffen müssen, um das Produktkosten-Controlling überhaupt einsetzen zu können. Dabei klären wir auch die grundlegenden Begriffe, die im weiteren Verlauf des Kapitels immer wieder aufgegriffen werden.

Im Rahmen der Produktkostenplanung zeigen wir Ihnen, welche Grundeinstellungen Sie vornehmen müssen, die für das gesamte Produktkosten-Controlling von Relevanz sind, wie z.B. ein Elementeschema aufgebaut ist, welche Bestandteile eine Kalkulationsvariante enthält oder welche Besonderheiten bei Mischkalkulationen oder bei der Kuppelproduktion bestehen.

Die Kostenträgerrechnung umfasst vier Teilabschnitte, die sich jeweils auf unterschiedliche Fertigungsszenarien konzentrieren. Beim periodischen Produktkosten-Controlling betrachten Sie aus der Sicht eines Massenfertigers die Kosten und Abweichungen anhand von Produktkostensammlern und Kostenträgerhierarchien. Das auftragsbezogene Produktkosten-Controlling wiederum unterstützt Sie im Rahmen einer Werkstatt- oder Einzelfertigung dabei, individuelle Fertigungsaufträge auszuwerten. Das Kundenauftrags-Controlling setzen Sie in der Regel in Kombination mit periodischem oder auftragsbezogenem Produktkosten-Controlling ein, um den Erfolg von einzelnen Kundenaufträgen zu ermitteln. Das Controlling für immaterielle Güter und Dienstleistungen schließlich stellt Ihnen als Auswertungsobjekt den sogenannten Kostenträger-allgemein zur Verfügung, auf dem Sie ohne Mengengerüst Plankosten erfassen und Istbuchungen vornehmen können.

Zum Thema Material-Ledger und Istkalkulation erläutern wir ausführlich, welche Einstellungen Sie vornehmen müssen, um mit parallelen Währungen arbeiten zu können, und was beim Produktivstart zu beachten ist. Wir stellen außerdem alle notwendigen Customizing-Einstellungen vor, anhand derer Sie die Istkalkulation konfigurieren.

Zum Schluss des Kapitels zeigen wir wie gewohnt einige Beispiele, wie das Produktkosten-Controlling in unseren Beispielunternehmen umgesetzt werden könnte.

7.1 Überblick

In diesem Abschnitt erläutern wir zunächst alle notwendigen Begriffe, die für das Produktkosten-Controlling spezifisch sind, und stellen die wesentlichen Konzepte vor. Wir zeigen Ihnen außerdem, welche Voraussetzungen Sie im Customizing schaffen müssen, um diese Teilkomponente einsetzen zu können.

Das Produktkosten-Controlling dient dazu, Güter und Dienstleistungen zu bewerten, die im Rahmen Ihrer Wertschöpfung eingekauft und/oder hergestellt werden. Darüber hinaus können Sie diese Komponente dazu nutzen, zu überwachen, ob Sie eben jene Güter und Dienstleistungen auch tatsächlich zum zuvor ermittelten Wert bereitstellen können oder ob Ihre tatsächlichen Kosten davon abweichen. Auf dieser Basis können Sie z.B. darüber entscheiden, welche Produkte Sie selbst herstellen oder einkaufen. Die Komponente gliedert sich in drei Komponenten, die eng miteinander verknüpft sind, sich aber auf unterschiedliche Teilaspekte des Produktkosten-Controllings konzentrieren.

Überblick Produktkostenplanung

Die Produktkostenplanung setzen Sie dazu ein, den Preis für Güter zu ermitteln und unter verschiedenen Gesichtspunkten (Inventur, Handelsrecht, Steuerrecht) zu bewerten. In der Regel ziehen Sie bei der Bewertung das Mengengerüst (Stückliste, Arbeitsplan) der Materialien heran, es ist jedoch auch möglich, Produktkosten ohne Mengengerüst zu planen. Bei der Bewertung analysieren Sie auch die Zusammensetzung der anfallenden Kosten, z.B. die Aufteilung in fixe und variable Kosten, den Anteil von Lohn-, Material- und Gemeinkosten oder den Beitrag von einzelnen Unternehmensteilen.

Überblick Kostenträgerrechnung

In der Kostenträgerrechnung betrachten Sie Ihren Wertschöpfungsprozess an sich und ermitteln, welche Abweichungen sich zwischen den in der Produktkostenplanung ermittelten Preisen und den tatsächlichen Kosten ergeben. In Abhängigkeit von den eingesetzten Werkzeugen dieser Teilkomponente analysieren Sie Abweichungen auf der Ebene von einzelnen Fertigungsaufträgen, eines Materials im Verlauf einer Periode oder von hierarchisch angeordneten Produktfamilien. Sie können darüber hinaus die Marge von individuellen Kundenaufträgen ermitteln oder den Deckungsbeitrag von immateriellen Gütern (z.B. Patente, Lizenzen) und Dienstleistungen berechnen.

Überblick Istkalkulation/Material-Ledger

Die Teilkomponente Istkalkulation/Material-Ledger verfolgt zwei unterschiedliche Ziele. Zum einen dient das Material-Ledger dazu, die Preise von Materialien in parallelen Währungen und/oder Wertansätzen zu führen. Sie können damit zu jedem Zeitpunkt den Wert eines Materials in der Buchungskreiswährung, in einer davon abweichenden Kostenrechnungskreiswährung und z.B. in einer dritten Konzernwährung ermitteln. Die Istkalkulation hingegen ist dafür vorgesehen, die tatsächlich für die Bereitstellung von Gütern angefallenen Kosten zu ermitteln. Sie schließt damit die Lücke, die die Produktkostenplanung dadurch hinterlässt, dass sie von geplanten Preisen für interne Dienstleistungen und erwarteten Kosten für Einkaufsmaterialien ausgeht, die ständigen Änderungen unterworfen sein können.

Was ist ein Mengengerüst?

Das Herzstück des Produktkosten-Controllings sind die Kalkulation und Ermittlung der Kostenstruktur von Materialien, die als *Materialstammsätze* in der Komponente Materialwirtschaft (MM) angelegt sind. Die Kalkulation selbst verarbeitet *Mengengerüste*, die in aller Regel auf *Stücklisten* und *Arbeitsplänen* basieren. Dabei handelt es sich um Stammdaten, die in der Produktionsplanung (SAP-Komponente PP) erstellt werden. Eine Stückliste dient der Fertigung dazu, zu bestimmen, welche Bauteile für die Herstellung eines Halb- oder Fertigprodukts benötigt werden, und ein Arbeitsplan enthält alle notwendigen Arbeitsschritte zur Montage des Produkts. Um mit Materialstammsätzen, Stücklisten und Arbeitsplänen arbeiten zu können, müssen Sie das Customizing der Komponenten MM und PP abgeschlossen haben; u.a. benötigen Sie ein Werk (siehe Abschnitt 2.1.7, »Werk«), Lagerorte und Arbeitsplätze in der Fertigung.

[+]

Produktkosten-Controlling ohne MM und PP

Ohne Verwendung der Komponenten MM und PP stehen Ihnen im Produktkosten-Controlling nur sehr wenige eingeschränkte Funktionen zur Verfügung wie z.B. CO-Fertigungsaufträge oder Kostenträger-allgemein, die ohne Mengengerüste auskommen und eine manuelle Erfassung von Plan- und Istzahlen erlauben.

Ein Materialstamm umfasst alle Stammdaten, die zur Verwaltung eines Materials in den unterschiedlichen Unternehmensbereichen und SAP-Komponenten notwendig sind, wie etwa in der Lagerverwaltung, der Disposition, im Vertrieb, im Einkauf und nicht zuletzt in der Finanzbuchhaltung und im Controlling. All diese Stammdaten sind anhand sogenannter *Sichten* organisiert, wobei jede Sicht jeweils einem bestimmten Interessentenkreis entspricht, wie z.B. GRUNDDATEN, LAGERVERWALTUNG oder BUCHHALTUNG. Der Stamm besteht aus einem allgemeinen Teil, der unternehmensweit gültig ist und Daten wie Nummer, Name und Bezeichnung, Mengeneinheiten und Abmessungen enthält. Alle weiteren Sichten sind jeweils abhängig von den jeweiligen Organisationseinheiten, wie etwa die Verkaufsorganisation im Vertrieb oder das Werk in der Materialwirtschaft. Für das Finanzwesen ist die relevante Organisationseinheit der *Bewertungskreis*; dies kann, je nach Einstellung, ein Buchungskreis oder ein Werk sein. Nicht jedes Material umfasst alle Sichten, ein Rohstoff enthält z.B. in der Regel keine Vertriebssicht, da er nicht verkauft wird.

Sichten im Materialstamm

Im Rahmen des Produktkosten-Controllings sind die Sichten BUCHHALTUNG 1 (siehe Abbildung 7.1), BUCHHALTUNG 2, KALKULATION 1 und KALKULATION 2 relevant. Hier klassifizieren Sie z.B. anhand der Bewertungsklasse ❶, auf welchen Bestands- und Verbrauchskonten Bewegungen zu dem jeweiligen Material gebucht werden sollen (die Konten hinterlegen Sie in der Kontenfindung in der Materialwirtschaft). Darüber hinaus legen Sie in der Sicht BUCHHALTUNG 1 die *Preissteuerung* ❷ fest, also ob das Material über einen *Standardpreis* (S) oder einen *gleitenden Durchschnittspreis* (V) bzw. *periodischen Verrechnungspreis*, falls Sie das Material-Ledger einsetzen, bewertet werden soll. Je nach Preissteuerung steht der gültige Preis für das Material dann im entsprechenden Feld GLEITENDER PREIS oder STANDARDPREIS; der jeweils nicht gültige Preis wird statistisch mitgeführt.

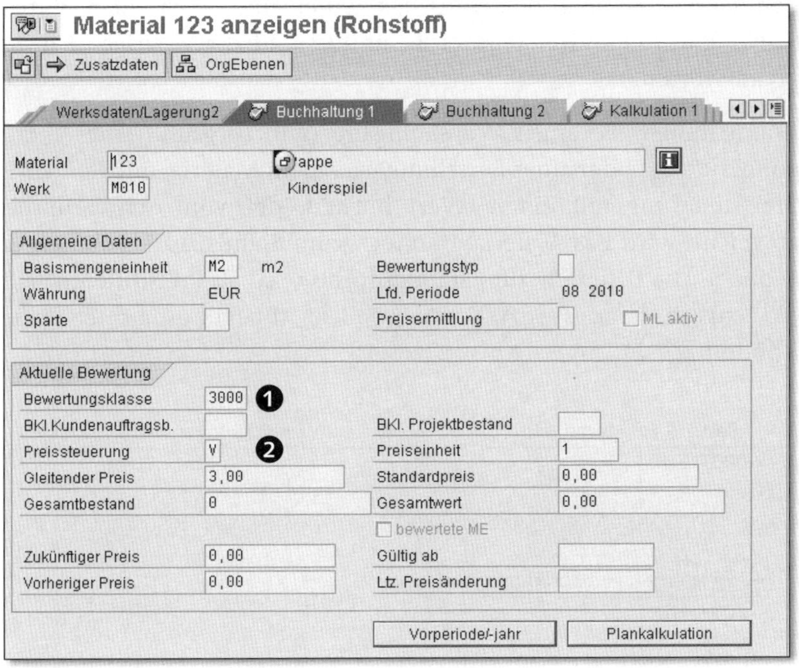

Abbildung 7.1 Buchhaltungssicht im Materialstamm

Preissteuerung zum Standardpreis

Wenn Sie ein Material zum Standardpreis führen, tragen Sie diesen Wert entweder manuell im Materialstamm ein oder ermitteln ihn über die Produktkalkulation automatisch anhand des Mengengerüsts. Der Standardpreis bleibt dann konstant, bis Sie ihn erneut ändern; in der Regel werden Sie ihn über einen längeren Zeitraum, z.B. ein Geschäftsjahr, beibehalten.

[+]

Preissteuerung nach Standardpreis

Eine Preissteuerung nach Standardpreis ist für Materialien sinnvoll, die Sie selbst fertigen und verkaufen.

In der Fertigung dient der Standardpreis als Vergleichswert bei der Abweichungsermittlung (siehe Abschnitt 7.4.3, »Auftragsbezogenes Produkt-Controlling«), um zu analysieren, an welchen Stellen im Wertschöpfungsprozess die Kosten vom Plan abweichen. Für den Vertrieb ist der Standardpreis notwendig als Grundlage für die Margenermittlung. Indem der Herstellpreis für ein Produkt über den Geschäftszeitraum hinweg konstant bleibt, wird die Vertriebsmarge ausschließlich vom erzielten Verkaufserlös beeinflusst. Sie spiegelt so den Geschäftserfolg des Vertriebs wider und wird nicht durch Schwankungen im Herstellpreis beeinflusst, die der Vertrieb nicht zu verantworten hat.

Wann immer Sie einen Wareneingang (z.B. aufgrund eines Fertigungsauftrags oder einer Bestellung) zu einem Material mit Standardpreissteuerung mit einem Wert buchen, der vom Standardpreis abweicht, wird das Material dennoch zum Standardpreis ans Lager gebucht. Die Differenz zum Standardpreis wird als Preisdifferenz auf ein entsprechendes GuV-Konto gebucht (Buchungsbeispiel siehe Abbildung 7.2).

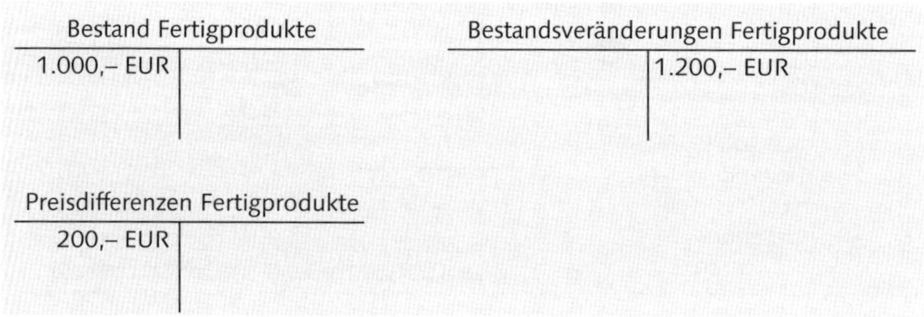

Abbildung 7.2 Wareneingangsbuchung bei Standardpreissteuerung

Preissteuerung zum gleitenden Durchschnittspreis

Wählen Sie für ein Material hingegen eine Bewertung zum gleitenden Durchschnittspreis, passt das System den Preis des Materials automatisch an, wann immer eine Wareneingangsbuchung zu einem abweichenden Preis erfolgt. In Abbildung 7.3 haben wir dies an einem Beispiel dargestellt: Nehmen wir an, der Anfangsbestand eines Materials sei 100 Stück bei einem gleitenden Durchschnittspreis von 10 EUR; der Gesamtwert des Bestands beträgt damit 1.000 EUR. Werden nun zehn Stück desselben Materials mit einem Wert von 12 EUR pro Stück hinzugebucht, fügt das System zunächst den Bestandszugang von 120 EUR dem bisherigen Bestand hinzu, sodass der neue Gesamtwert des Bestands 1.000 + 120 = 1.120 beträgt. Der neue gleitende Durchschnittspreis ergibt sich dann aus dem Quotienten des Gesamtwertes durch die Gesamtmenge: 1.120 / 110 = 10,18.

Der Vorteil der Bewertung zum gleitenden Durchschnittspreis liegt darin, dass die betroffenen Materialien zu jedem Zeitpunkt zu einem aktuellen Marktpreis bewertet sind. In der Regel ist es empfehlenswert, Kaufteile (also Rohstoffe und Handelswaren) zum gleitenden Durchschnittspreis zu führen. Bei Handelswaren können Sie dann zeitnah den Deckungsbeitrag ermitteln, den Sie mit dem Wiederverkauf der Ware erzielen, während Preisschwankungen bei Rohstoffen zu Abweichungen in der Fertigung führen, die Sie über die Abweichungsermittlung analysieren können (siehe dazu Abschnitt 7.4.3). Die Bewertung von Kaufteilen zum Standardpreis empfiehlt sich nur dann, wenn Sie den Erfolg Ihrer Einkaufsabteilung daran messen wollen, ob sie in der Lage ist, benötigte Teile zu einem bestimmten vorgegebenen Preis zu beschaffen. Gleitende Durchschnittspreise sollten Sie jedoch nicht für eigengefertigte Produkte einsetzen, da Sie dann keine Abweichungen in der Produktion ermitteln können.

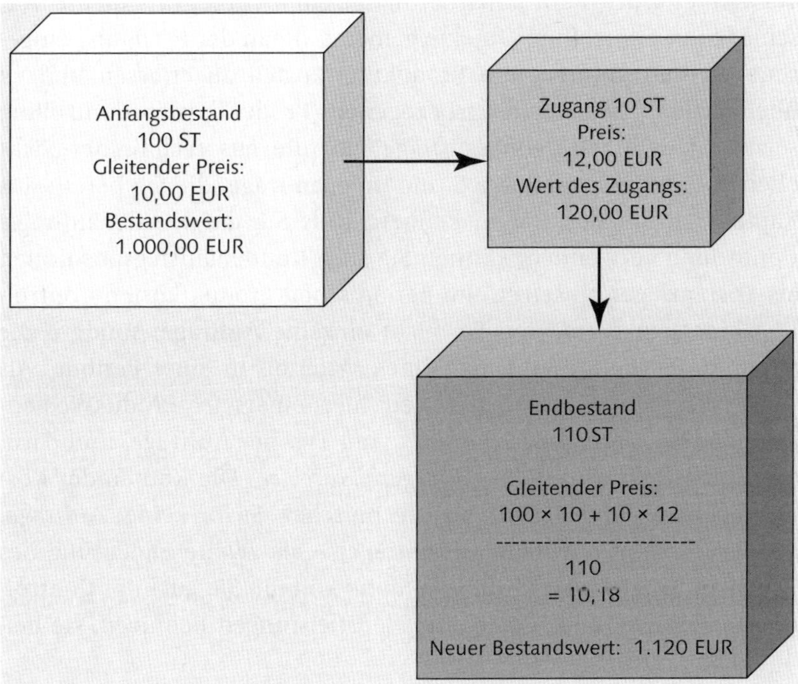

Abbildung 7.3 Ermittlung des gleitenden Durchschnittspreises

Preisermittlung mittels Produktkostenplanung

Wie bereits erwähnt, setzen Sie zum Ermitteln des Standardpreises die Produktkostenplanung ein, die wir in Abschnitt 7.3, »Produktkostenplanung«, ausführlich darstellen. Sie können diese Funktionalität aber auch dazu nutzen, den steuer- oder handelsrechtlichen Preis von Materialien zu bestimmen, falls diese vom Standardpreis abweichen (das kann z.B. der Fall sein, wenn Sie Vertriebs- oder Verwaltungskosten mit in den Standardpreis einfließen lassen, die aber laut Steuerrecht nicht aktivierbar sind, also nicht mit im Bestand ausgewiesen werden dürfen). Den steuer- und handelsrechtlichen Preis können Sie im Materialstamm in der Sicht BUCHHALTUNG 2 fortschreiben und für Auswertungen nutzen. Standardpreise ermitteln Sie jeweils für die Zukunft und schreiben sie als zukünftigen Standardpreis in der Materialstammsicht KALKULATION 2 fort.

Die Preise im Materialstamm sind die Voraussetzung für das Ermitteln von Plankosten in der Kostenträgerrechnung (siehe Abschnitt 7.4, »Kostenträgerrechnung«). Es steht Ihnen hier – abhängig von der Art Ihrer Fertigung – eine Reihe von sogenannten *Kostenträgern* zur Verfügung. Kostenträger ist ein Terminus, der von SAP doppeldeutig verwendet wird. Zum einen ist damit ein Oberbegriff für die verschiedenen Controlling-Objekte gemeint, die in der Fertigung eingesetzt werden können, um Produktionskosten zu erfassen und zu überwachen. Beim auftragsbezogenen Produktkosten-Controlling setzen Sie z.B. Fertigungsaufträge ein, die aus technischer Sicht ebenso Aufträge sind wie z.B. die Innenaufträge, die Sie bereits aus Kapitel 5, »Innenaufträge«, kennen. Falls Sie das Kundenauftrags-Controlling verwenden, können Sie auch Kundenauftragspositionen als Kostenträger einsetzen. Im periodischen Produktkosten-Controlling hingegen betrachten Sie nicht einzelne Aufträge, sondern die gesamten Fertigungsvorgänge eines Materials in einer Periode. Als Controlling-Objekte stehen Ihnen hier einerseits Produktkostensammler zur Verfügung, ebenfalls vom Typ her Aufträge, und darüber hinaus sogenannte *Kostenträgerhierarchien*. Die Knoten der Kostenträgerhierarchien sind aus technischer Sicht keine Aufträge, sondern heißen ebenfalls Kostenträger – als zweite Bedeutung des Begriffs. Kostenträger in diesem Sinne können Sie auch im Controlling für immaterielle Güter und Dienstleistungen benutzen, sie heißen dort *Kostenträger-allgemein*.

Nachteile Standardpreis, gleitender Preis

Standardpreise wie auch gleitende Durchschnittspreise haben unter bestimmten Bedingungen gewisse Nachteile – u.a. spiegelt der Standardpreis nicht immer einen realistischen Wert wider, während der gleitende Durchschnittspreis in bestimmten Fällen nicht korrekt ist, wenn der Bestand null ist. Wir erläutern diese Nachteile ausführlicher in Abschnitt 7.5, »Istkalkulation/Material-Ledger«, und stellen Ihnen an der gleichen Stelle auch vor, wie Sie die Vorteile von Standardpreisen mit denen von gleitenden Durchschnittspreisen kombinieren können. Dies ist möglich, indem Sie das Material-Ledger einsetzen und die Istkalkulation benutzen, um den sogenannten *periodischen Verrechnungspreis* zu ermitteln. Dabei ermitteln Sie rückwirkend je Periode den Preis eines Materials anhand sämtlicher in der Periode gebuchten Zugänge.

Innerhalb des Controllings ist das Produktkosten-Controlling am engsten mit der Kostenstellenrechnung und der Prozesskostenrechnung verknüpft, da von dort innerbetriebliche Leistungen (z. B. Fertigungsstunden) an die Controlling-Objekte in der Kostenträgerrechnung (z. B. Fertigungsaufträge, Produktkostensammler) verrechnet werden (siehe Abbildung 7.4). Von der Kostenträgerrechnung aus können Sie die Ergebnisse von Kundenaufträgen und Abweichungen von Produktkostensammlern sowie Fertigungsaufträgen an CO-PA abrechnen. Sie haben außerdem die Möglichkeit, Istkostenschichtungen aus der Istkalkulation in CO-PA zu übernehmen.

Wenn Sie die Profit-Center-Rechnung einsetzen, müssen Sie – wie alle anderen Controlling-Objekte auch – sämtliche Kostenträger einem Profit-Center zuordnen.

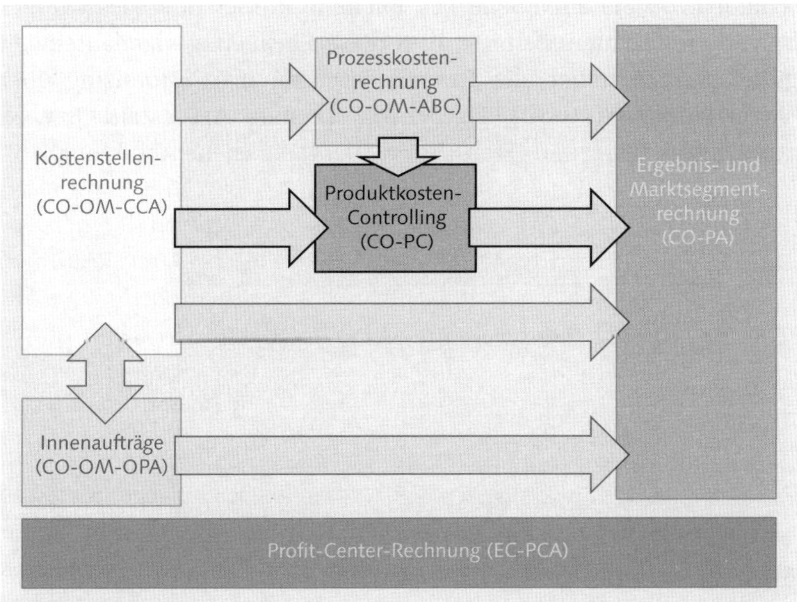

Abbildung 7.4 Einordnung des Produktkosten-Controllings in das CO-Gesamtkonzept

Nach diesem Überblick zeigen wir Ihnen nun, welche Voraussetzungen Sie im Customizing schaffen müssen, um das Produktkosten-Controlling überhaupt einsetzen zu können.

7.2 Voraussetzungen und Grundeinstellungen

Um Einstellungen für das Produktkosten-Controlling vornehmen zu können, müssen Sie zunächst folgende Punkte im Customizing eingestellt haben:

- Buchungskreis anlegen (inklusive Geschäftsjahresvariante und Kontenplan) (siehe Abschnitt 2.1.1)
- Werk anlegen und dem Buchungskreis zuordnen (siehe Abschnitt 2.1.7)
- Kostenrechnungskreis anlegen und dem Buchungskreis zuordnen (siehe Abschnitt 2.1.5)
- Bewertungsklassen definieren (im Customizing über Materialwirtschaft • Bewertung und Kontierung • Kontenfindung • Kontenfindung ohne Assistent • Bewertungsklassen festlegen (Transaktion OMSK).

Bewertungsebene festlegen

Sie müssen außerdem die Bewertungsebene festlegen und somit entscheiden, ob Sie auf Ebene des Buchungskreises oder des Werkes bewerten. Beachten Sie bitte, dass diese Einstellung mandantenweit gültig ist. Sie stellen die Bewertungsebene im Customizing über Unternehmensstruktur • Definition • Logistik Allgemein • Bewertungsebene festlegen (Transaktion OX14) ein (siehe Abbildung 7.5).

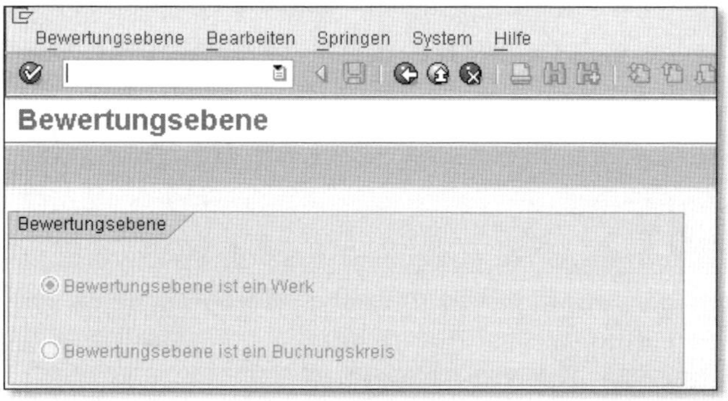

Abbildung 7.5 Bewertungsebene festlegen

Buchungskreis für MM freischalten

In einem weiteren Schritt müssen Sie den Buchungskreis für die Materialwirtschaft freischalten (über Logistik Allgemein • Materialstamm • Grundeinstellungen • Buchungskreise für die Materialwirtschaft pflegen, Transaktion OMSY). Erst dadurch können Sie in Ihrem Buchungskreis überhaupt Materialbewegungen buchen.

Insbesondere wenn Sie mit dem Material-Ledger produktiv gehen wollen, sollten Sie überprüfen, welche Materialarten in Ihrem Werk mengen- und wertmäßig fortgeschrieben werden. Dazu navigieren Sie im Customizing zu LOGISTIK ALLGEMEIN • MATERIALSTAMM • GRUNDEINSTELLUNGEN • MATERIALARTEN • EIGENSCHAFTEN DER MATERIALART FESTLEGEN.

Fortschreibung von Materialarten

Falls Sie mit Kostenträgern arbeiten wollen (also mit den technischen Typen Kostenträger, Kostenträgerhierarchien und Kostenträger-allgemein), müssen Sie diese im Kostenrechnungskreis aktivieren (siehe Abschnitt 2.1.5, »Kostenrechnungskreis«).

Aktivieren von Kostenträgern

7.3 Produktkostenplanung

Wir stellen Ihnen nun die Funktionalität der Produktkostenplanung vor. In diesem Abschnitt lernen Sie dabei zunächst die Grundeinstellungen kennen, die nicht nur für die Produktkostenplanung relevant sind, sondern für das gesamte Produktkosten-Controlling: Herkunftsgruppen, Gemeinkostenzuschläge, Elementeschemata und die Fehlersteuerung. Im Anschluss gehen wir ausführlich auf die notwendigen Customizing-Einstellungen für die Materialkalkulation mit Mengengerüst ein und zeigen Ihnen, wie Sie Kalkulationsvarianten und deren Bestandteile einstellen können. Im nächsten Abschnitt beschreiben wir einige Einstellungen für Spezialfälle wie Mischkalkulationen, Kuppelproduktion oder Produktionsloskalkulation. Zum Abschluss gehen wir noch kurz auf die Muster- und Simulationskalkulation ein.

7.3.1 Überblick

Wie wir bereits weiter oben erläutert haben, dient die Produktkostenplanung dazu, die Herstellpreise (im Falle von selbst gefertigten Produkten) oder Beschaffungspreise (für Kaufteile) für Materialien zu errechnen und als Standardpreis im Materialstamm fortzuschreiben. Dabei können Sie die Zusammensetzung der Kosten in die verschiedenen Bestandteile wie Personalkosten, Materialkosten und Gemeinkosten analysieren oder variable und fixe Kosten im Vergleich betrachten.

Die Kalkulation können Sie entweder manuell in Form einer Einzelkalkulation erstellen oder aber automatisch anhand einer Kalkulation mit Mengengerüst, bei der Sie auf die Stückliste und den Arbeitsplan

Was ist eine Einzelkalkulation?

des entsprechenden Materials zurückgreifen können. Alle notwendigen Steuerungsparameter dafür hinterlegen Sie in einer Kalkulationsvariante, wie z.B. auch die Kalkulationsart, die bestimmt, welchen Preis im Materialstamm Sie fortschreiben wollen – den Preis für die Bestandsbewertung (also den Standardpreis), den steuerrechtlichen oder den handelsrechtlichen Preis.

Freigeben von Planpreisen

Wenn Sie die Materialkalkulation durchführen, werden die neu ermittelten Preise dadurch nicht automatisch sofort aktiv, da sonst z.B. dasselbe Material innerhalb derselben Periode zu unterschiedlichen Preisen bewertet sein könnte. Stattdessen geben Sie bei der Kalkulation an, auf welchen zukünftigen Zeitraum (z.B. das folgende Geschäftsjahr) Sie sich beziehen. Das System merkt diesen Preis dann vor, d.h., es schreibt das Ergebnis der Kalkulation als zukünftigen Standardpreis im Materialstamm in der Sicht KALKULATION 2 fort. Ist der entsprechende Zeitraum angebrochen, können Sie den Preis freigeben – erst dann wird er aktiv und als gültiger Standardpreis im Materialstamm eingetragen. Sofern das Material im Bestand vorhanden ist und der neue Preis vom alten abweicht, bucht das System dabei automatisch eine Preisänderung in der Bilanz und GuV.

Was ist ein Elementeschema?

Die Aufteilung der kalkulierten Kosten in ihre Bestandteile wie Personalkosten, Materialkosten etc. steuern Sie über das *Elementeschema*. Dieses sollten Sie, zusammen mit den Herkunftsgruppen, die zur weiteren Differenzierung der Materialkosten dienen, als Erstes in den Grundeistellungen für die Materialkalkulation definieren. Wie Sie dies tun, zeigen wir Ihnen im folgenden Abschnitt.

7.3.2 Grundeinstellungen für die Materialkalkulation

In den Grundeinstellungen für die Materialkalkulation treffen Sie eine Reihe von Vorbereitungen, die Auswirkungen auf alle weiteren Funktionalitäten im Produktkosten-Controlling haben. Bevor Sie damit beginnen können, die Grundkonzepte zur Produktkostenplanung wie z.B. eine Kalkulationsvariante im Customizing zu pflegen, sollten Sie diese Einstellungen abgeschlossen haben.

Herkunftsgruppen

Was ist eine Herkunftsgruppe?

Ein wichtiges Element bei der Analyse von Materialkosten ist die *Herkunftsgruppe*. Normalerweise ist im Controlling die Kostenart die niedrigste Detailstufe, anhand derer Sie Kosten zuordnen und auswerten können. Unter welcher Kostenart der Verbrauch eines Materials gebucht wird, hängt von der Bewertungsklasse ab, die im Materialstamm in der Sicht BUCHHALTUNG 1 eingetragen wird (siehe Abbildung 7.6; einen Materialstamm können Sie sich über die Transaktion MM03 anzeigen lassen). Sie stellen die Kontenfindung für Bewertungsklassen im Customizing im Menübaum MATERIALWIRTSCHAFT • BEWERTUNG UND KONTIERUNG • KONTENFINDUNG ein.

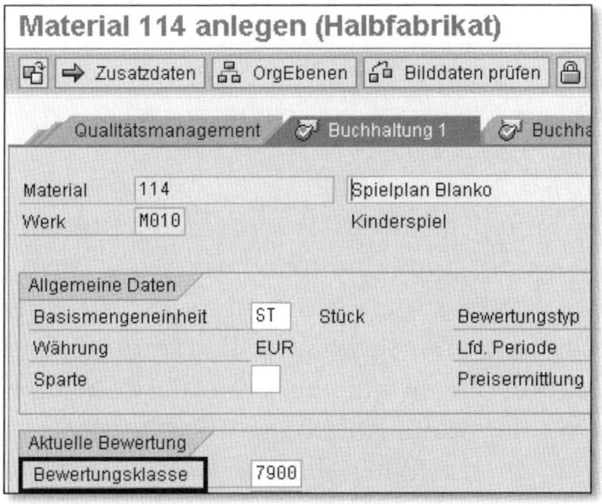

Abbildung 7.6 Bewertungsklasse im Materialstamm

Was ist eine Bewertungsklasse?

Welche Bewertungsklassen Sie einstellen und wie diese zu kontieren sind, folgt in aller Regel Ihren Anforderungen zur bilanziellen Bewertung Ihrer Materialbestände gemäß §266 HGB; aus Sicht des Controllings sind diese daher extern vorgegeben. Um Kosten für Materialverbrauch differenzierter betrachten zu können als die Unterteilung in Bewertungsklassen wie z.B. Rohstoffe, Halbfabrikate oder Fertigprodukte, bietet SAP zwei Möglichkeiten an: Zum einen können Sie beim Buchen von Materialverbrauch im Controlling-Beleg die Materialnummer fortschreiben lassen, indem Sie im Materialstamm in der Sicht KALKULATION 1 den Parameter HERKUNFT MATERIAL aktivieren (siehe Abbildung 7.7). Des Weiteren können Sie an gleicher Stelle eine sogenannte HERKUNFTSGRUPPE angeben, um das Material nach frei definierbaren Kriterien zu klassifizieren. Beim Buchen von materialbezogenen Belegen wird die Herkunftsgruppe darüber hinaus in den Einzelposten fortgeschrieben und ist dort auswertbar.

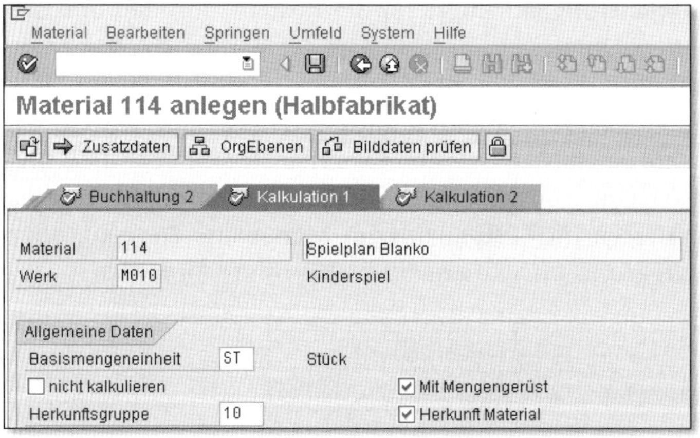

Abbildung 7.7 Einstellungen zur Herkunftsgruppe im Materialstamm

Herkunftsgruppen anlegen

Sie definieren Herkunftsgruppen im Customizing unter CONTROLLING • PRODUKTKOSTEN-CONTROLLING • GRUNDEINSTELLUNGEN FÜR DIE MATERIALKALKULATION • HERKUNFTSGRUPPEN DEFINIEREN (Transaktion OKZ1; siehe Abbildung 7.8). Sie können die Herkunftsgruppen frei nach Ihren Anforderungen nummerieren und benennen. Anschließend können Sie sie, wie in Abbildung 7.7 dargestellt, im Materialstamm eintragen, um das Material dieser Herkunftsgruppe zuzuordnen.

Abbildung 7.8 Herkunftsgruppen anlegen

Gemeinkostenzuschläge

Was sind Gemeinkostenzuschläge?

Eine weitere wichtige Grundeinstellung für die Produktkostenplanung sind die *Gemeinkostenzuschläge*, die Sie sowohl für die Produktkalkulation als auch in der Kostenträgerrechnung für alle Arten von Controlling-Objekten (z. B. Fertigungsaufträge, Kundenaufträge oder Kostenträger) einsetzen können. Auch in der Kostenstellenrechnung kommt diese Funktionalität zum Einsatz (siehe auch Abschnitt 4.6.3, »Periodenabschluss«).

Gemeinkostenzuschläge dienen dazu, Gemeinkosten von einem Controlling-Objekt im Gemeinkosten-Controlling (Kostenstelle, Innenauftrag oder Geschäftsprozess) in Abhängigkeit von bestimmten Kostenarten an andere Controlling-Objekte zu verrechnen. Als Anwendungsbeispiel haben wir bereits in Abschnitt 4.6.3 das Warenlager aufgeführt. Nehmen wir an, dass auf der Kostenstelle im Laufe des Monats Gemeinkosten wie Abschreibungen, Miete, Gebäudekosten oder Personalkosten verbucht werden. Jedem Controlling-Objekt wie z. B. Fertigungsaufträge, Kundenaufträge, Projekte oder auch Kostenstellen, für das Waren vom Lager entnommen werden, können Sie einen gewissen Betrag für die Inanspruchnahme des Lagers belasten. Der Zuschlagsbetrag errechnet sich in Abhängigkeit von einer oder mehreren bestimmten Kostenarten (in diesem Fall Materialverbrauch) und anhand eines im Gemeinkostenzuschlag hinterlegten Zuschlagsprozentsatzes. Die Kostenstelle, die den Zuschlag erhebt, wird im Gegenzug um den Zuschlagsbetrag entlastet.

Zum Beispiel könnten Sie für die Lagerkostenstelle einen Gemeinkostenzuschlag in Höhe von 1,5 % auf den Verbrauch von Halbfertigprodukten erheben. Werden nun solche Produkte im Wert von 100 EUR für einen Fertigungsauftrag vom Lager entnommen, können Sie mittels eines Gemeinkostenzuschlags 1,50 EUR von der Lagerkostenstelle an den Fertigungsauftrag weiterbelasten. Wir zeigen Ihnen im Folgenden anhand dieses Beispiels, wie Sie einen entsprechenden Gemeinkostenzuschlag erstellen können. Gemeinkostenzuschläge werden unter sekundären Zuschlagskostenarten (Kostenartentyp 41) gebucht, die Sie zunächst anlegen müssen.

Was ist ein Kalkulationsschema?

Grundlage für die Berechnung von Gemeinkostenzuschlägen ist ein *Kalkulationsschema*, das Sie im Customizing unter CONTROLLING • PRODUKTKOSTEN-CONTROLLING • PRODUKTKOSTENPLANUNG • GRUND-

EINSTELLUNGEN FÜR DIE MATERIALKALKULATION • GEMEINKOSTENZUSCHLÄGE • KALKULATIONSSCHEMATA DEFINIEREN erstellen können.

Struktur des Kalkulationsschemas

Das Kalkulationsschema ist sehr ähnlich aufgebaut wie ein Zuschlagsschema (siehe Abschnitt 4.6.3) und basiert ebenfalls auf der Konditionstechnik. Es besteht aus frei definierbaren Zeilen, die entweder rein zur Kommentierung dienen oder die Elemente BASIS, ZUSCHLAG bzw. ENTLASTUNG enthalten (siehe Abbildung 7.9).

Abbildung 7.9 Kalkulationsschema für Gemeinkostenzuschläge

Zeile 10 ❶ ist eine Kommentarzeile, um zu kennzeichnen, welchen betriebswirtschaftlichen Hintergrund die folgenden Zeilen haben, und hat keine weitere Funktion.

Was ist eine Zuschlagsbasis?

Über die Basis geben Sie an, aufgrund welcher Bezugsgröße der Zuschlag erhoben werden soll (also im Beispiel der Verbrauch von Halbfabrikaten). In Zeile 20 haben wir die Basis »HB01« eingetragen ❷, die sich auf die entsprechende Kostenart bezieht.

Was ist ein Zuschlag?

Der Zuschlag »HALB« ❸ in Zeile 30 bestimmt die Höhe des Zuschlags in Bezug auf die Basis; in den Spalten VON und BIS ZEILE haben wir eingetragen, dass der Zuschlag sich auf Zeile 20 bezieht, die die Basis enthält, auf die wir uns beziehen.

Was ist eine Entlastung?

Die Entlastung schließlich steuert, unter welcher Kostenart der Zuschlag verbucht und welches Controlling-Objekt entlastet werden soll ❹. Sie haben hier die Wahl zwischen einer Kostenstelle, einem Innenauftrag oder einem Geschäftsprozess.

Definition einer Summenzeile

Geben Sie in einer Zeile weder eine Basis noch eine Entlastung ein, interpretiert das System diese als Summenzeile. In den Spalten VON und BIS ZEILE geben Sie dann an, welche Zeilen Sie summieren möchten. Entlastungen können sich auch auf Summenzeilen beziehen und ermöglichen es damit, beliebig komplexe Szenarien aufzubauen.

Die Bestandteile des Zuschlagsschemas – Basis, Zuschlag und Entlastung – pflegen Sie, indem Sie die entsprechende Zeile auswählen und dann in der Dialogstruktur links das entsprechende Element auswählen. Wenn Sie in den Schemazeilen ein Element eintragen, das noch nicht existiert, können Sie es auf diese Weise direkt erstellen. Alternativ können Sie die einzelnen Elemente auch über den Menüpfad CONTROLLING • PRODUKTKOSTEN-CONTROLLING • PRODUKTKOSTENPLANUNG • GRUNDEINSTELLUNGEN FÜR DIE MATERIALKALKULATION • GEMEINKOSTENZUSCHLÄGE • KALKULATIONSSCHEMA: BESTANDTEILE definieren.

Zuschlagsbasis anlegen

Wenn Sie eine Basis anlegen, fordert das System Sie auf, einen Namen und eine Bezeichnung anzugeben. Außerdem müssen Sie auswählen, ob Sie sich auf eine Kostenart und Herkunftsgruppe beziehen wollen oder auf eine Kostenstelle mit Leistungsart. Im Beispiel wählen wir die erste Variante, da wir ja als Bezug den Verbrauch von Halbfabrikaten einstellen wollen.

Sie tragen dann ein Kostenartenintervall oder eine Kostenartengruppe ein, um festzulegen, anhand welcher Bezugsgröße der Zuschlag erhoben werden soll (siehe Abbildung 7.10).

Wenn Sie sich bei Ihrer Basis – wie in unserem Beispiel – auf Materialkosten beziehen, können Sie diese auch weiter nach Herkunftsgruppe einschränken – in unserem Beispiel haben wir in den Spalten VON HRKT und BIS HRKT die Herkunftsgruppe 10 eingetragen. Damit werden nur Kosten berücksichtigt, die durch den Verbrauch von Materialien der Herkunftsgruppe 10 angefallen sind (falls Sie diesen Parameter initial lassen, werden alle Herkunftsgruppen bei der Berechnung des Zuschlags berücksichtigt).

Für den Fall, dass Sie sich bei Ihrer Basis auf Fertigungsstunden beziehen, die über die Leistungsverrechnung auf dem Sender verbucht werden, können Sie die Bezugsbasis über den Parameter KOSTENANTEIL weiter einschränken – Sie haben hier die Wahl, ob Sie lediglich den variablen Teil des Tarifs bezuschlagen wollen, nur den fixen oder die gesamten Kosten. Beachten Sie, dass diese Parameter nur eingabebereit sind, wenn Sie weiter unten keine Herkunftsgruppe eingegeben haben, da die Herkunftsgruppe sich nur auf Materialien bezieht.

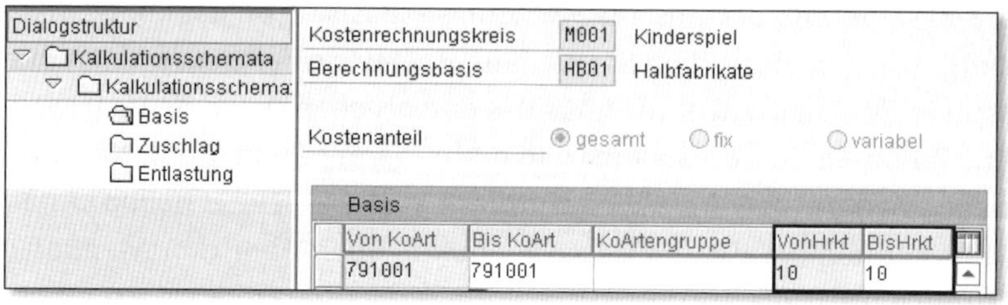

Abbildung 7.10 Bezugsdaten für Basis einstellen

Als Nächstes legen wir den Zuschlag an (siehe Abbildung 7.11). Wieder vergeben Sie hier einen Namen und eine Bezeichnung ❶. Sie haben nun zwei Möglichkeiten zur Auswahl, wie der Zuschlag erhoben werden soll:

- *Mengenbezogen* bedeutet, dass Sie den Zuschlag in Abhängigkeit von der verbrauchten Menge erheben, z.B. 1 EUR pro Stück.
- Bei einem *prozentualen* Zuschlag beziehen Sie sich hingegen auf den Wert des verbrauchten Materials und geben einen Prozentsatz in Abhängigkeit vom Verbrauchswert an (wie in unserem Beispiel 1,5% vom Materialverbrauch).

Zuschlag definieren

Schließlich stellen Sie noch ein, wovon die Höhe des Zuschlags abhängig sein soll. Sie haben hier unterschiedliche Möglichkeiten; die einfachste ist der Kostenrechnungskreis: Damit gilt für alle Controlling-Objekte des betroffenen Kostenrechnungskreises, die dieses Kalkulationsschema einsetzen, derselbe Zuschlagssatz. Sie können den Zuschlagssatz aber auch in Abhängigkeit z.B. vom Werk, Buchungskreis, Profit-Center etc. festlegen. Damit legen Sie dann z.B. für jedes Werk einen eigenen Zuschlag an.

Im Beispiel haben wir eine Abhängigkeit vom *Zuschlagsschlüssel* gewählt ❷. Über einen Zuschlagsschlüssel können Sie (mittels einer *Gemeinkostengruppe*, siehe weiter unten in diesem Abschnitt) einen Bezug zu einzelnen Materialien herstellen. Wann immer dann ein Material mit einem Bezug zu einem Zuschlagsschlüssel gefertigt wird, wird der entsprechende Zuschlag herangezogen.

Der Zuschlag selbst hat einen Gültigkeitszeitraum ❸, sodass Sie die Prozentsätze jedes Geschäftsjahrs neu einstellen können, ohne die Struktur des Kalkulationsschemas zu ändern. Über die Zuschlagsart

(ZuschlArt) ❹ legen Sie fest, ob der Zuschlag für Plan-, Ist- oder Obligodaten gelten soll. Im Beispiel haben wir Plandaten (Parameter 1) und Istdaten (Parameter 2) ausgewählt. Den Zuschlagsschlüssel haben wir in der Spalte ZSchl eingetragen ❺. Schließlich pflegen wir in der Spalte Prozent den Zuschlagsprozentsatz ❻; bei einem mengenbezogenen Zuschlag würden wir hier einen Betrag in EUR in Bezug auf eine Menge angeben.

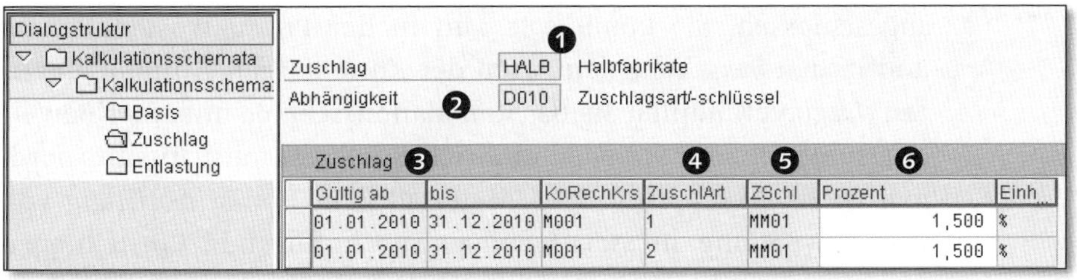

Abbildung 7.11 Parameter für Zuschlag einstellen

Entlastung definieren

Zum Schluss erstellen wir eine Entlastung. Dazu geben wir zunächst ein Datum an, bis zu dem diese gültig sein soll (siehe Abbildung 7.12). Als Nächstes tragen wir eine Sekundärkostenart vom Typ 41 ein, unter der die Gemeinkosten verrechnet werden sollen. Als Entlastungsobjekt geben wir unsere Lagerkostenstelle 550 an (wie Sie sehen, können Sie an dieser Stelle auch einen Innenauftrag oder einen Geschäftsprozess angeben).

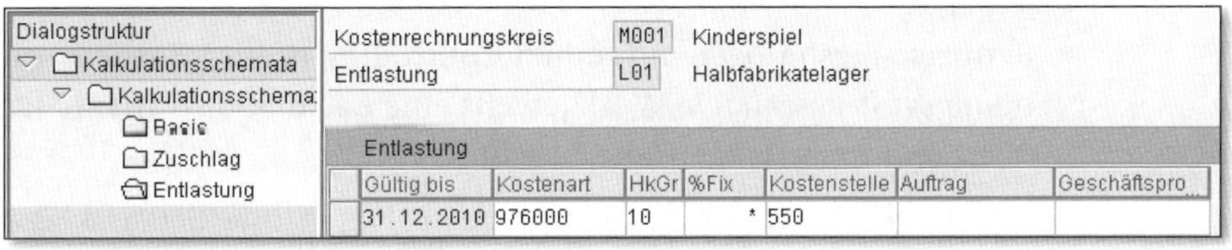

Abbildung 7.12 Entlastung für Gemeinkostenzuschlag anlegen

Herkunftsgruppe fortschreiben

Tragen wir in der Spalte HkGr eine Herkunftsgruppe ein, wird diese beim Buchen des Zuschlags im Beleg fortgeschrieben.

Schließlich können Sie in der Spalte %Fix angeben, wie hoch der Fixkostenanteil des Gemeinkostenzuschlags ist; im Beispiel haben wir den Wert »*« (entspricht 0) eingetragen, wodurch 100% des Zuschlags als variable Kosten verbucht werden.

[+]

Erweiterungen zur Zuschlagsermittlung

Sofern Ihnen die Möglichkeiten zur Definition der Zuschlagsermittlung bis hierher nicht ausreichen, steht Ihnen die Erweiterung COOM0001 zur Verfügung. Hier können Sie zur Berechnungsbasis (EXIT_SAPLKASC_001), zum Zuschlag (EXIT_SAPLKASC_002) und zur Entlastung (EXIT_SAPLKASC_003) eine eigene Logik programmieren.

Kalkulationsschema verwenden

Wir haben damit das Customizing für das Kalkulationsschema abgeschlossen. Sie können es nun in der Produktkostenplanung und in den verschiedenen Arten der Kostenträgerrechnung einsetzen. Dazu verknüpfen Sie das Kalkulationsschema mit einer Bewertungsvariante, die Sie wiederum einer Kalkulationsvariante zuordnen (siehe Abschnitt 7.3.3, »Materialkalkulation«). Abhängig von der Anwendung müssen Sie dann noch folgende Einstellungen vornehmen:

- In der Produktkostenplanung wählen Sie bei der Kalkulation aus, mit welcher Kalkulationsvariante Sie arbeiten wollen.
- Im periodischen Produkt-Controlling legen Sie je Produktkostensammler-Auftragsart in Abhängigkeit vom Werk fest, welche Kalkulationsvariante für Plan- und welche für Istwerte herangezogen werden soll (siehe Abschnitt 7.4.2, »Periodisches Produkt-Controlling«). Falls Sie Kostenträgerhierarchien einsetzen, ordnen Sie das Kalkulationsschema jedoch direkt dem Kostenträgerprofil der gewünschten Kostenträgerhierarchie zu (siehe ebendort).
- Beim auftragsbezogenen Produkt-Controlling ordnen Sie den Fertigungsauftragsarten je Werk jeweils eine Kalkulationsvariante für Plan- und Istwerte zu (siehe Abschnitt 7.4.3).
- Für das Kundenauftrags-Controlling wählen Sie je Bedarfsklasse aus, welche Kalkulationsvariante bzw. welches Kalkulationsschema verwendet werden soll (siehe Abschnitt 7.4.4).
- Beim Controlling für immaterielle Güter und Dienstleistungen stellen Sie den Bezug zu einer Kalkulationsvariante bzw. einem Kalkulationsschema über das Kostenträgerprofil her (siehe Abschnitt 7.4.5).

[«]

Transport von Kalkulationsschemata

Wenn Sie Kalkulationsschemata für Gemeinkostenzuschläge oder deren Bestandteile von Ihrem Entwicklungssystem in Ihr Produktivsystem transportieren, sind die Einstellungen nach dem Import nicht sofort aktiv. Sie müssen zunächst noch den Report RKAZUTR1 ausführen und den soeben importierten Transportauftrag angeben, um den Import fertigzustellen.

Wie wir bereits im Zusammenhang mit dem Zuschlag erwähnt haben, können Sie die Ermittlung des Gemeinkostenzuschlags auch in Abhängigkeit von einem Zuschlagsschlüssel vornehmen. Diesen erstellen Sie im Customizing unter CONTROLLING • PRODUKTKOSTEN-CONTROLLING • PRODUKTKOSTENPLANUNG • GRUNDEINSTELLUNGEN FÜR DIE MATERIALKALKULATION • GEMEINKOSTENZUSCHLÄGE • ZUSCHLAGSSCHLÜSSEL DEFINIEREN (siehe Abbildung 7.13). Sie müssen dazu lediglich einen Namen und eine Bezeichnung angeben.

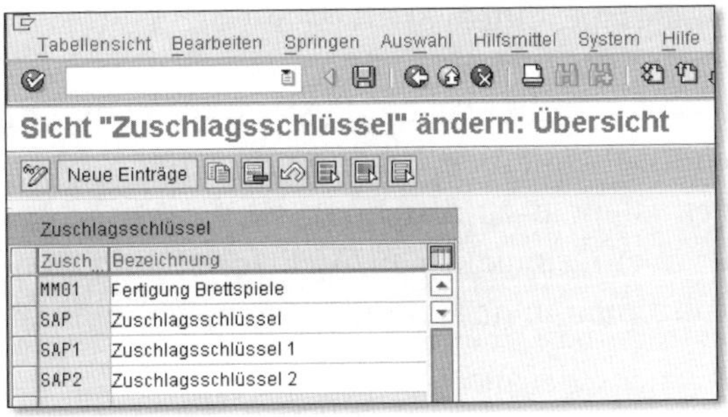

Abbildung 7.13 Zuschlagsschlüssel definieren

Zuschlagsschlüssel zum Materialstamm zuordnen

Um einen Zuschlagsschlüssel mit einem Materialstamm verknüpfen zu können, benötigen Sie außerdem eine Gemeinkostengruppe. Diese erstellen Sie unter CONTROLLING • PRODUKTKOSTEN-CONTROLLING • PRODUKTKOSTENPLANUNG • GRUNDEINSTELLUNGEN FÜR DIE MATERIALKALKULATION • GEMEINKOSTENZUSCHLÄGE • GEMEINKOSTENGRUPPEN DEFINIEREN (Transaktion OKZ2, siehe Abbildung 7.14).

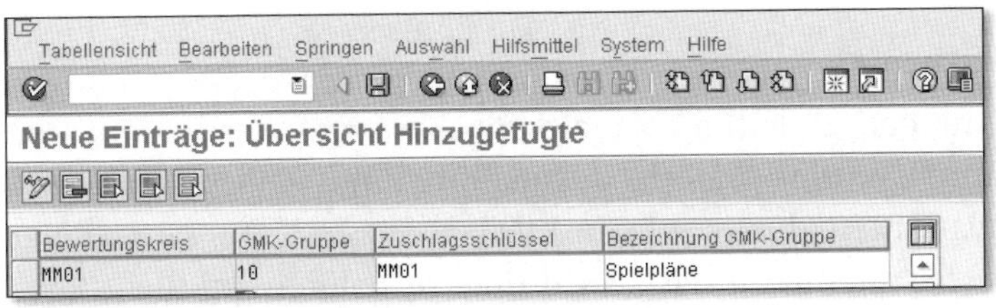

Abbildung 7.14 Gemeinkostengruppe anlegen

Im Materialstamm tragen Sie die Gemeinkostengruppe dann schließlich in der Sicht KALKULATION 1 ein (siehe Abbildung 7.15).

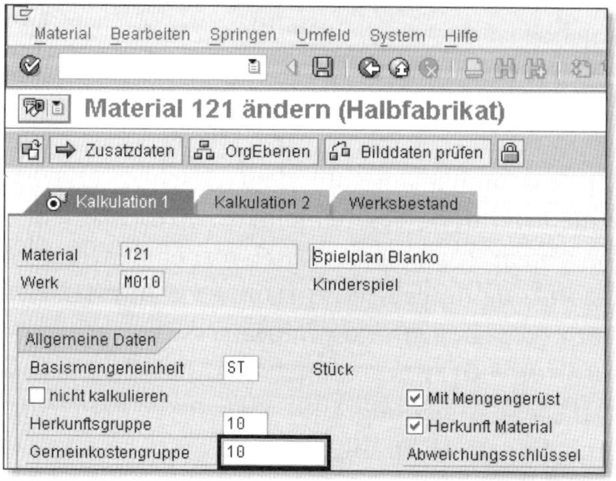

Abbildung 7.15 Gemeinkostengruppe im Materialstamm eintragen

Beim periodischen Produkt-Controlling in der Kostenträgerrechnung können Sie Zuschlagsschlüssel außerdem auch direkt einer Kostenträgerhierarchie zuordnen (siehe dazu Abschnitt 7.4.2). Wir schließen damit den Abschnitt über Gemeinkostenzuschläge ab und wenden uns den weiteren Konzepten in der Produktkostenplanung zu.

Templates

Die Template-Technik ist ein sehr flexibles Werkzeug, das in unterschiedlichen Szenarien eingesetzt werden kann. Wir beschreiben diese Funktionalität ausführlich in Abschnitt 6.4, »Templates«. Sie legen Templates für die Produktkostenplanung im Customizing an über CONTROLLING • PRODUKTKOSTEN-CONTROLLING • PRODUKTKOSTENPLANUNG • GRUNDEINSTELLUNGEN FÜR DIE MATERIALKALKULATION • TEMPLATES • TEMPLATES PFLEGEN (Transaktion CPT1).

Elementeschema

Was ist ein Elementeschema?

Wie wir in der Einleitung zu diesem Abschnitt bereits erläutert haben, führen Sie eine Materialkalkulation mittels verschiedener Kalkulationsvarianten durch, um im Materialstamm des betroffenen Materials den Standardpreis sowie diverse handelsrechtliche bzw. steuerrechtliche Preise fortzuschreiben. Ein *Elementeschema* dient dazu, die unterschiedlichen Kostenarten, die in die Kalkulation eines Materials einfließen, für Auswertungszwecke zu gruppieren und festzulegen, welche Kosten überhaupt in die unterschiedlichen zu kalkulierenden Preise eingehen sollen.

Sie führen eine Materialkalkulation mit Mengengerüst im Anwendungsmenü über CONTROLLING • PRODUKTKOSTEN-CONTROLLING • PRODUKTKOSTENPLANUNG • MATERIALKALKULATION • KALKULATION MIT MENGENGERÜST • ANLEGEN (Transaktion CK11N) durch. Dabei stehen Ihnen verschiedene Kalkulationsvarianten zur Verfügung, die wiederum über die *Kalkulationsart* steuern, welcher Preis im Materialstamm durch diese Kalkulation fortgeschrieben werden soll. Die ermittelten Kosten können Sie dann in sogenannte *Elementesichten* nach Kostenelementen aufgeteilt auswerten (siehe Abbildung 7.16).

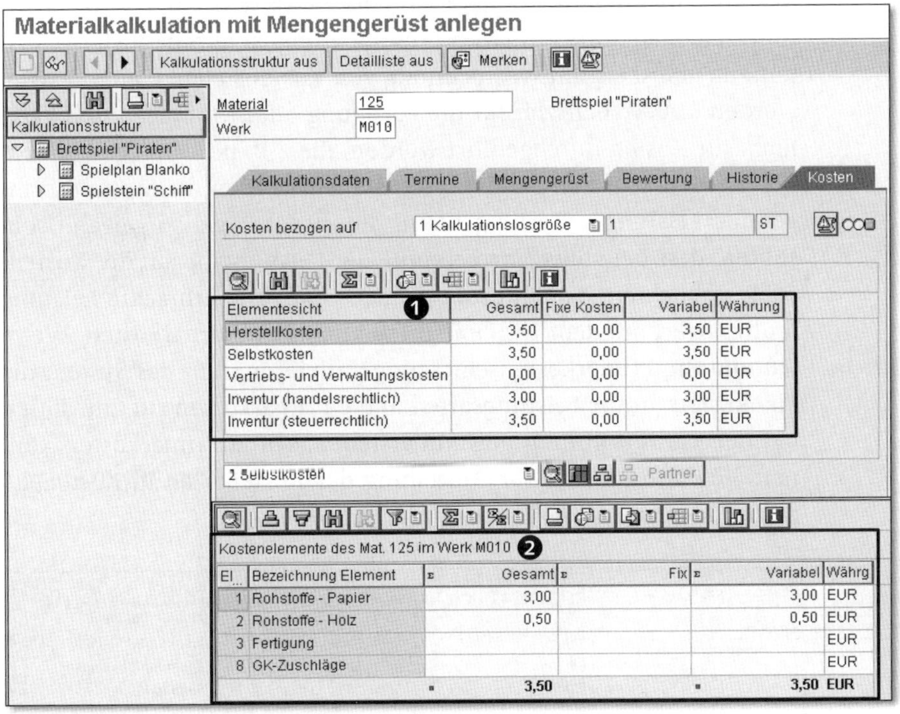

Abbildung 7.16 Kostenschichtung in der Materialkalkulation

Was sind Elementesichten und Kostenelemente?

Die *Elementesichten* ❶ haben eine Filterfunktion und steuern, welche Kosten für welche Zwecke berücksichtigt werden sollen. Sie können diese Sichten frei benennen und unterschiedliche Filterkriterien heranziehen.

Die *Kostenelemente* ❷ sind mit Kostenarten und/oder Herkunftsgruppen verknüpft und können in den einzelnen Elementesichten ein- oder ausgeblendet werden.

Elementeschema anlegen

Sie erstellen ein Elementeschema im Customizing über CONTROLLING • PRODUKTKOSTEN-CONTROLLING • PRODUKTKOSTENPLANUNG • GRUNDEINSTELLUNGEN FÜR DIE MATERIALKALKULATION • ELEMENTESCHEMA DEFINIEREN (Transaktion OKTZ). Zu einem Elementeschema definieren Sie die Kostenelemente mit ihren Eigenschaften sowie die Elementesichten; Sie treffen außerdem eine organisatorische Zuordnung und erstellen bei Bedarf Elementegruppen.

Um ein neues Elementeschema anzulegen, vergeben Sie zunächst einen zweistelligen Schlüssel und eine Bezeichnung (siehe Abbildung 7.17). Außerdem legen Sie fest, ob Sie zusätzlich zur Aufteilung nach Kostenelementen auch noch eine PRIMÄRKOSTENSCHICHTUNG durchführen wollen. Eine Primärkostenschichtung ist nur möglich für Kosten, die über Leistungsverrechnung von Kostenstellen weiterbelastet werden (z.B. Arbeitszeit für die Fertigung oder Montage), und kann nicht für Kosten durchgeführt werden, die z.B. per Umlage verrechnet werden. Auf den Senderkostenstellen werden für die zu erbringenden Leistungen Tarife geplant, die in der Regel so gewählt sein sollten, dass bei voller Verrechnung der Leistung die auf der Kostenstelle gebuchten Primärkosten gedeckt sind. Die erbrachte Leistung multipliziert mit dem Tarif entspricht dann den Primärkosten. Wenn Sie nun die Primärkostenschichtung aktivieren, teilt das System die Plankosten für die Leistungsarten in die Primärkosten auf, die diesen bei der Tarifermittlung gegenüberstehen. Diese Primärkosten können Sie dann parallel zur Aufteilung der Kostenarten in Kostenelemente auswerten.

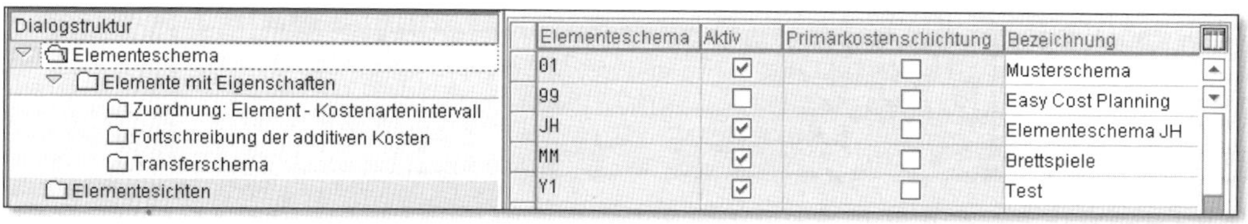

Abbildung 7.17 Elementeschema definieren

Um das Elementeschema benutzen zu können, müssen Sie es über das Kennzeichen AKTIV aktivieren.

[«]

Aktivieren und Deaktivieren eines Elementeschemas

Wann immer Sie eine Änderung an einem Elementeschema vornehmen wollen, müssen Sie es zuerst deaktivieren. Haben Sie Ihre Änderungen fertiggestellt, denken Sie daran, es danach erneut zu aktivieren.

Filter festlegen

Wir zeigen Ihnen zunächst, welche Einstellungen Sie für die Elementesichten vornehmen. Wählen Sie dazu den entsprechenden Eintrag in der Dialogstruktur aus ❶. Sie können dann die Sichten beliebig nummerieren und benennen. Welche Kostenelemente in die Sicht einfließen sollen, legen Sie über einen Filter fest, den Sie über einen Doppelklick auf die Elementesicht pflegen können ❷ (siehe Abbildung 7.18).

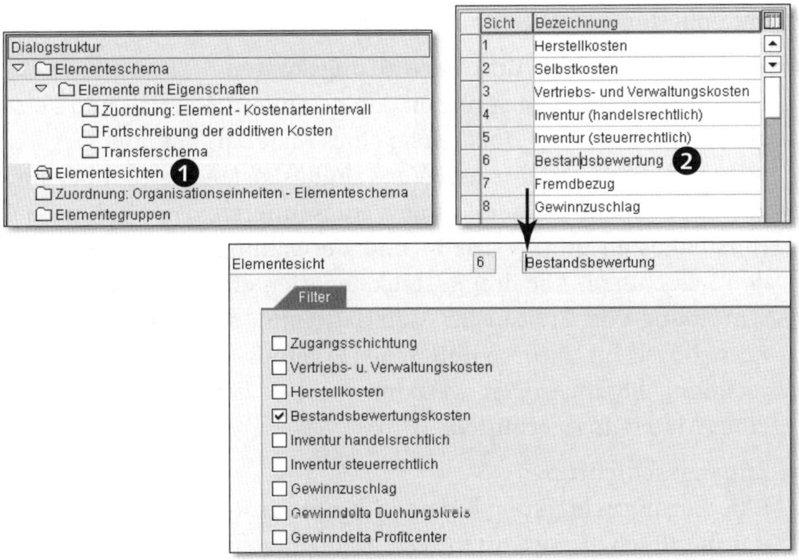

Abbildung 7.18 Elementesicht definieren

Die Filter sind vom System fest vorgegeben; Sie können in einer Sicht mehrere Filter verwenden, die Filter selbst aber nicht verändern. Hinter den einzelnen Filtern steckt folgende Bedeutung:

- **Bestandsbewertungskosten**
  Bestandsbewertungskosten sind alle Kosten, die bei der Berechnung des Standardpreises berücksichtigt werden sollen. Wenn Sie bei der Kalkulation eine Kalkulationsvariante mit der Kalkulationsart STANDARDPREIS verwenden, ermittelt das System den Standard-

preis anhand aller Kosten, die in der Elementesicht den Bestandsbewertungskosten zugeordnet sind.

- **Inventur handelsrechtlich**
  Kosten, die dem Filter INVENTUR HANDELSRECHTLICH zugeordnet sind, können im Feld HANDELSRECHTLICHER PREIS in der Sicht BUCHHALTUNG 2 im Materialstamm fortgeschrieben werden. Um eine entsprechende Fortschreibung durchzuführen, müssen Sie bei der Kalkulation eine Kalkulationsvariante mit der Kalkulationsart HANDELSRECHTLICHER PREIS verwenden.
- **Inventur steuerrechtlich**
  Der Filter INVENTUR STEUERRECHTLICH schreibt analog zu INVENTUR HANDELSRECHTLICH das Feld STEUERRECHTLICHER PREIS im Materialstamm fort. Für diesen Zweck benötigen Sie eine Kalkulationsvariante mit der Kalkulationsart STEUERRECHTLICHER PREIS.
- **Herstell, Vertriebs- und Verwaltungskosten**
  Die Herstellkosten entsprechen den gesamten Material- und Fertigungskosten, die zur Herstellung eines Materials benötigt werden, während die Vertriebs- und Verwaltungskosten die darüber hinaus anfallenden Gemeinkosten repräsentieren. Die Summe aus Herstellkosten und Vertriebs- und Verwaltungskosten entspricht den *Selbstkosten*. Alle drei Kostenkategorien dienen nicht der Fortschreibung von Preisen im Materialstamm, sondern können als Rechenbasis im Vertrieb und in der Ergebnis- und Marktsegmentrechnung herangezogen werden, um z.B. den Deckungsbeitrag eines Materials zu ermitteln.
- **Zugangsschichtung**
  Eine Zugangsschichtung können Sie nur für Rohstoffe anwenden, um die Beschaffungskosten weiter aufzuteilen – z.B. in Einkaufspreis, Frachten, Zölle, Versicherungsbeiträge etc.
- **Gewinnzuschlag**
  Der Filter GEWINNZUSCHLAG ist frei verwendbar und dient ausschließlich Auswertungszwecken.
- **Gewinndelta**
  Falls Sie die parallele Bewertung im Rahmen der Konzernkalkulation benutzen, können Sie unter GEWINNDELTA KOSTENRECHNUNGSKREIS und GEWINNDELTA PROFITCENTER die Kosten fortschreiben, die durch Zwischengewinne zwischen Kostenrechnungskreisen bzw. Profit-Centern entstehen (siehe Abschnitt 9.6.2, »Einstellungen für interne Warenbewegungen«).

[«]

Handelsrechtlicher Preis, steuerrechtlicher Preis

Die Felder HANDELSRECHTLICHER PREIS und STEUERRECHTLICHER PREIS dienen ausschließlich der Vorbereitung von Bewertungsbuchungen zum Bilanzstichtag. Sie haben keine weiterführende Bedeutung im System, als dass Sie sie zum Zwischenspeichern von Werten benutzen können. Neben der Materialkalkulation schreibt z.B. auch die Niederstwertermittlung in der Komponente MM Werte in diesen Feldern fort.

Elemente anlegen

Wenn Sie die Elementesichten festgelegt haben, können Sie die Elemente erstellen. Wählen Sie dazu in der Dialogstruktur den Punkt ELEMENTE MIT EIGENSCHAFTEN. Sie können dann je Elementeschema bis zu 40 Elemente mit einer Bezeichnung anlegen (siehe Abbildung 7.19).

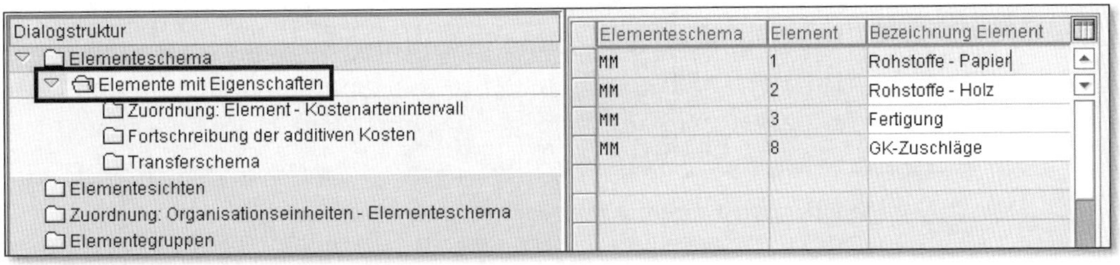

Abbildung 7.19 Elemente definieren

Indem Sie einen Doppelklick auf ein Kostenelement ausführen, können Sie die Detaileinstellungen pflegen (siehe Abbildung 7.20). Dabei legen Sie im Block STEUERUNG zunächst fest, ob es sich bei den Kosten dieses Elements um variable Kosten oder eine Kombination von variablen und fixen Kosten handelt ❶.

Der Parameter ELEMENT WÄLZEN ❷ steuert, ob bei einer mehrstufigen Stückliste die Kosten dieses Elements an die nächsthöhere Kalkulationsstufe weitergegeben und dort berücksichtigt werden. Im Block KOSTENVERDICHTUNG ❸ können Sie ELEMENTEGRUPPEN angeben, die Sie u.a. im Informationssystem oder in selbst programmierten Berichten auswerten können. Wie Sie Elementegruppen anlegen, erläutern wir weiter unten in diesem Abschnitt. Bei den FILTERKRITERIEN FÜR ELEMENTESICHTEN AUF EINZELNACHWEIS ❹ steuern Sie, für welche der oben erläuterten Filter für die Elementesichten das jeweilige Element relevant ist. So können Sie z.B. festlegen, dass das betroffene Element in der Bestandsbewertung als variable Kosten zu betrachten ist, für den Gewinnzuschlag jedoch nicht relevant ist.

Über diese Einstellung steuern Sie somit, welche Kosten bei der Produktkalkulation in einer Elementesicht angezeigt werden.

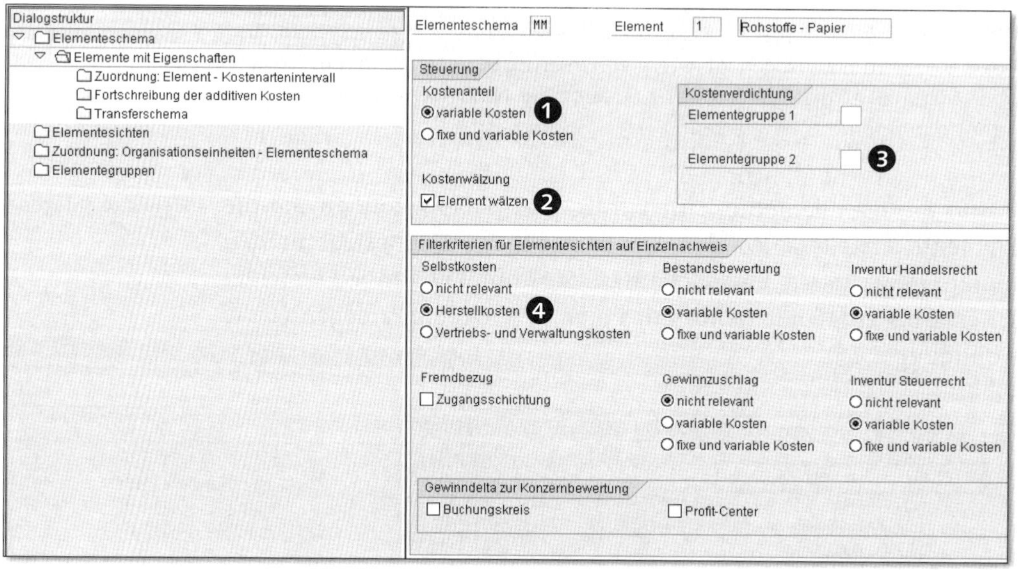

Abbildung 7.20 Eigenschaften der Kostenelemente festlegen

Kostenarten zuordnen

In der Dialogstruktur wählen Sie dann Zuordnung: Element – Kostenartenintervall, um dem Element Kostenarten zuzuordnen (siehe Abbildung 7.21). Sie können hier einzelne Kostenarten oder -intervalle eintragen und auch weiter nach Herkunftsgruppe einschränken. Im Beispiel wurde so der Materialverbrauch von Halbfabrikaten für alle Herkunftsgruppen eingestellt, die sich auf Papier beziehen.

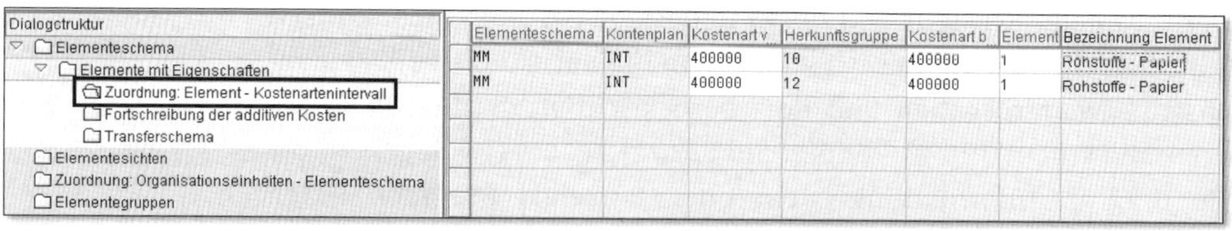

Abbildung 7.21 Zuordnung von Kostenarten zu Elementen

Bei einer automatischen Kalkulation mit Mengengerüst können Sie nachträglich noch manuelle, sogenannte *additive Kosten* hinzufügen (in der Transaktion CK11 über den Menüeintrag Kosten • Additive Kosten). Um additive Kosten fortschreiben zu können, müssen Sie im Elementeschema dafür eigens eine Kostenart angeben. In der Dialogstruktur wählen Sie dazu FORTSCHREIBUNG DER ADDITIVEN KOSTEN. Sie können dann je Element eine Kostenart und gegebenenfalls eine Herkunftsgruppe angeben, unter der die additiven Kosten gesichert werden.

Ein sogenanntes TRANSFERSCHEMA geben Sie im entsprechenden Eintrag der Dialogstruktur an, falls Sie Elemente einer Kostenschichtung in Elemente einer anderen Kostenschichtung überführen müssen.

Verwendung eines Transferschemas [zB]

Nehmen wir an, Sie arbeiten in der Prozesskostenrechnung mit einer Primärkostenschichtung, in der Sie also alle zu verrechnenden Leistungen in die zugrunde liegenden Primärkosten aufschlüsseln. Die Primärkostenschichtung enthält damit ganz andere Kostenelemente als Ihr Elementeschema, das Sie im Produktkosten-Controlling definieren.

Wollen Sie nun Leistungen aus Prozessen an einen Kostenträger verrechnen bzw. in eine Produktkalkulation mit einbeziehen, müssen Sie die Elemente der Primärkostenschichtung in die Elemente Ihres Elementeschemas im Produktkosten-Controlling übersetzen.

Schließlich müssen Sie das neu erstellte Elementeschema noch einem oder mehreren Buchungskreisen und/oder Werken zuordnen (in der Dialogstruktur über ZUORDNUNG: ORGANISATIONSEINHEITEN – ELEMENTESCHEMA). Dazu geben Sie einen Buchungskreis an und haben außerdem die Möglichkeit, weiter nach Werk oder Kalkulationsvariante einzuschränken (siehe Abbildung 7.22). Mit + können Sie die Einträge maskieren; M+++ wäre damit für alle Werke gültig, die mit M beginnen, ++++ für alle Werke. Darüber hinaus geben Sie ein Datum an, ab dem die Zuordnung gelten soll, und tragen das Elementeschema ein. In der Spalte ELEMENTESCHEMA (NEBENSCHICHTUNG) können Sie ein weiteres Elementeschema angeben, das über eine sogenannte *Nebenschichtung* bei der Kalkulation parallel herangezogen wird.

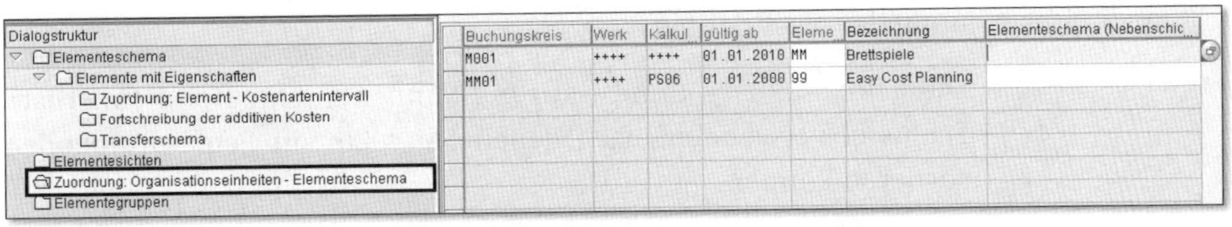

Abbildung 7.22 Zuordnung des Elementeschemas zu Organisationseinheiten

Elementegruppen definieren

Zum Schluss können Sie, wie bereits weiter vorne in diesem Abschnitt erwähnt, Elementegruppen erstellen. Diese dienen ausschließlich zu Auswertungszwecken. Sie legen eine Elementegruppe an, indem Sie in der Dialogstruktur zum Punkt ELEMENTEGRUPPEN verzweigen und dann einen Schlüssel sowie eine Bezeichnung eintragen. Diese können Sie in den Elementen eintragen.

Mit den Herkunftsgruppen, Gemeinkostenzuschlägen und Elementeschemata haben Sie nun die wichtigsten Grundeinstellungen für die Materialkalkulation kennengelernt. Zum Schluss zeigen wir Ihnen noch die Funktionalität der Fehlersteuerung.

Fehlersteuerung

Die Fehlersteuerung dient dazu, im Falle von Fehlermeldungen bei der Produktkalkulation automatisch vom System diejenigen Personen informieren zu lassen, die den Fehler beheben sollten. Dazu ordnen Sie die Fehlermeldungen zur Kalkulation zunächst Aufgabengebieten zu, klassifizieren die Meldungen und richten dann die automatische Kommunikation an die Bearbeiter ein. Zum Schluss stellt Ihnen das System noch eine Unterstützung bei der technischen Fehlersuche zur Verfügung.

Fehlersteuerung einstellen

Alle Einstellungen zur Fehlersteuerung der Materialkalkulation nehmen Sie im Menü CONTROLLING • PRODUKTKOSTEN-CONTROLLING • PRODUKTKOSTENPLANUNG • GRUNDEINSTELLUNGEN FÜR DIE MATERIALKALKULATION • FEHLERSTEUERUNG vor.

Unter dem Punkt MELDUNGEN ZUORDNEN verknüpfen Sie die einzelnen Fehlermeldungen mit Verantwortungsbereichen (siehe Abbildung 7.23). Sie geben dazu das ARBEITSGEBIET (an dieser Stelle stets CK, das Arbeitsgebiet der Produktkalkulation) und die Nachrichtennummer (MESSAGE) an und ordnen dann den VERANTWORTUNGSBEREICH zu. Die Verantwortungsbereiche sind vom System bereits vorgegeben, ebenso wie eine voreingestellte Zuordnung der Nachrichten.

Die Felder GRUPPE 1 und GRUPPE 2 können Sie für frei definierbare Schlüssel verwenden, nach denen Sie später in Fehlerprotokollen sortieren können.

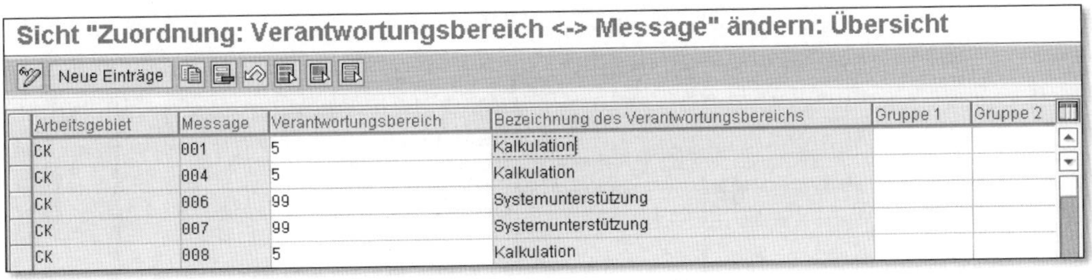
Sicht "Zuordnung: Verantwortungsbereich <-> Message" ändern: Übersicht

Neue Einträge

Arbeitsgebiet	Message	Verantwortungsbereich	Bezeichnung des Verantwortungsbereichs	Gruppe 1	Gruppe 2
CK	001	5	Kalkulation		
CK	004	5	Kalkulation		
CK	006	99	Systemunterstützung		
CK	007	99	Systemunterstützung		
CK	008	5	Kalkulation		

Abbildung 7.23 Meldungen zu Verantwortungsbereichen zuordnen

Im nächsten Menüpunkt FLEXIBLE MELDUNGSTYPEN DEFINIEREN (Transaktion OPR4_CK) können Sie für alle Meldungsnummern den *Meldungstyp* festlegen (siehe Abbildung 7.24). Der Meldungstyp steuert, ob eine Meldung gar nicht angezeigt wird (*), eine Informationsmeldung ist (I), eine Warnmeldung (W), eine Fehlermeldung (E) oder gar zu einem Abbruch führen soll (A).

Flexible Meldungstypen einstellen

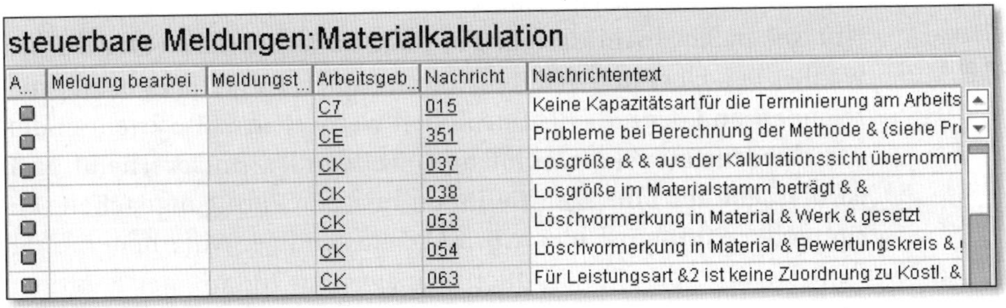
steuerbare Meldungen:Materialkalkulation

A...	Meldung bearbei...	Meldungst...	Arbeitsgeb...	Nachricht	Nachrichtentext
			C7	015	Keine Kapazitätsart für die Terminierung am Arbeits
			CE	351	Probleme bei Berechnung der Methode & (siehe Pr
			CK	037	Losgröße & & aus der Kalkulationssicht übernomm
			CK	038	Losgröße im Materialstamm beträgt & &
			CK	053	Löschvormerkung in Material & Werk & gesetzt
			CK	054	Löschvormerkung in Material & Bewertungskreis &
			CK	063	Für Leistungsart &2 ist keine Zuordnung zu Kostl. &

Abbildung 7.24 Meldungstypen festlegen

Anschließend legen Sie über den Menüpunkt NACHRICHTENSTEUERUNG DEFINIEREN (Transaktion CCF1) fest, an welche Empfänger im Falle von Fehlermeldungen Nachrichten verschickt werden sollen und über welches Medium dies geschehen soll (siehe Abbildung 7.25). Wählen Sie dazu zunächst die fest vorgegebene Nachrichtenart MSG ❶ und dann eine Schlüsselkombination ❷ aus. Die Schlüsselkombination bestimmt, nach welchem Kriterium der Empfänger ermittelt werden soll, wie z. B. aufgrund des Arbeitsgebiets in Kombination mit der Nachrichtennummer und dem Verantwortungsbereich. Im Beispiel haben wir als Schlüsselkombination ausschließlich den Verantwortungsbereich gewählt.

Nachrichtensteuerung festlegen

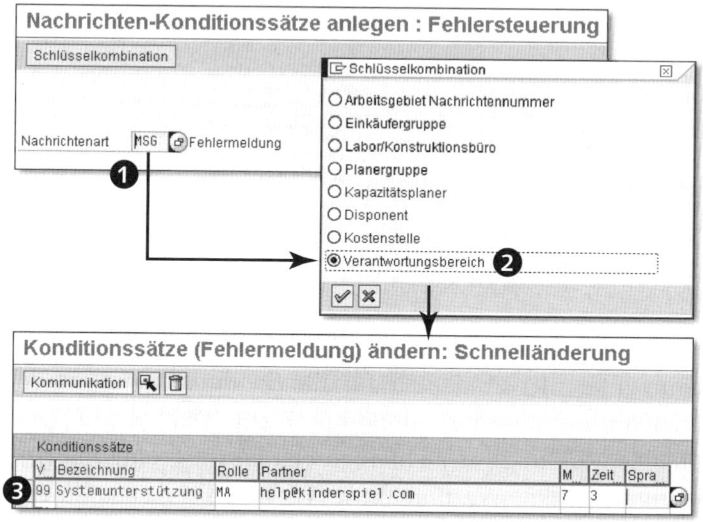

Abbildung 7.25 Kommunikationsart und -empfänger zuordnen

Kommunikationsdaten pflegen

Nun geben Sie je Schlüssel die Kommunikationsdaten an ❸. Zunächst wählen Sie dabei den Schlüssel (im Beispiel der Verantwortungsbereich 99) und dann die ROLLE. Rollen werden im SAP-System in den verschiedensten Zusammenhängen verwendet, entsprechend groß ist die Zahl der Einträge, die Ihnen hier zur Verfügung stehen. Ein sinnvoller Eintrag ist hier z.B. ZM (»Zuständiger Mitarbeiter«), mit dem Sie über das Organisationsmanagement Mitarbeiter zuordnen können, die im System bereits angelegt sind. Über die Rolle MA (»Mail-Partneradresse«) können Sie auch externe E-Mail-Adressen angeben. Das Medium (Spalte M) bestimmt die Art der Kommunikation (z.B. 7 für E-Mail, 2 für Fax etc.); der Zeitpunkt (Spalte ZEIT) gibt an, wann die Kommunikation erfolgen soll (z.B. sofort (4), periodisch über einen Batch-Job (1) oder für eine anwendungseigene Transaktion (3)). Zum Schluss können Sie noch einstellen, in welcher Sprache die Kommunikation gesendet werden soll.

Fehlersuchen festlegen

Sollten Sie mit unerklärlichen Programmabbrüchen konfrontiert sein, die auf einen Systemfehler hindeuten, erleichtert SAP Ihnen die Fehleranalyse über den Menüpunkt CONTROLLING • PRODUKTKOSTEN-CONTROLLING • PRODUKTKOSTENPLANUNG • GRUNDEINSTELLUNGEN FÜR DIE MATERIALKALKULATION • FEHLERSTEUERUNG • FEHLERSUCHE FESTLEGEN. Ordnen Sie hier einem SAP-Benutzer ein Arbeitsgebiet und eine Fehlermeldungsnummer zu; wenn dieser die Transaktion, in der der Fehler auftrat, erneut durchführt, hält das System genau an der Stelle an, an der die Meldung ausgegeben wurde. Der Benutzer kann dann über die diversen Systemanalysewerkzeuge wie z.B. den Debugger den Fehler analysieren. Ist der Fehler behoben, löschen Sie diesen Eintrag wieder.

Wir haben Ihnen nun die Grundeinstellungen für die Materialkalkulation erläutert. Wenn Sie diese Einstellungen vorgenommen haben, können Sie sich der eigentlichen Kalkulation zuwenden, mit der wir uns nun beschäftigen.

7.3.3 Materialkalkulation

Grundsätzlich haben Sie die Möglichkeit, Materialkalkulationen mit Mengengerüst (also anhand einer Stückliste und/oder eines Arbeitsplans) durchzuführen oder ohne (mittels einer manuell zu erstellenden Einzelkalkulation). In beiden Fällen gibt es eine große Anzahl an Parametern, die dabei zu berücksichtigen sind – welcher Preis aus dem Materialstamm soll z.B. für die Einsatzmaterialien herangezogen werden, welcher Tarif soll für die Leistungsarten gelten, für welchen Gültigkeitszeitraum soll kalkuliert werden etc. (siehe auch die Übersicht in Abbildung 7.26. Alle diese Parameter fassen Sie in einer Kalkulationsvariante zusammen. Sie ersparen dem Endanwender dadurch die Arbeit, alle Parameter selbst einstellen zu müssen, und ermöglichen andererseits eine Standardisierung. Indem Sie für jedes Anwendungsszenario in Ihrem Unternehmen eine Kalkulationsvariante vorgeben, gewährleisten Sie, dass alle Kalkulationen anhand derselben Parameter erfolgen und somit vergleichbar sind.

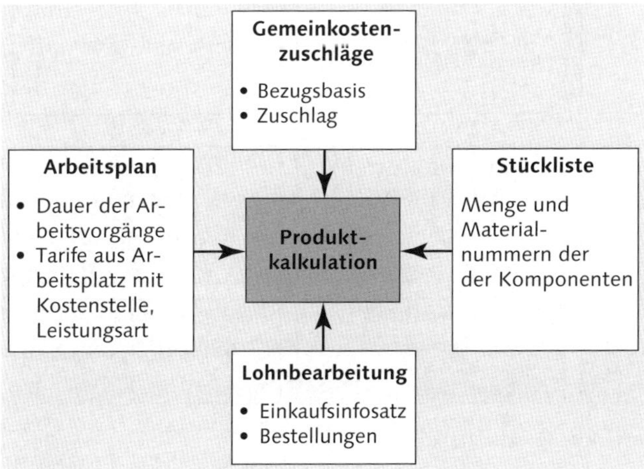

Abbildung 7.26 Einflussfaktoren auf die Produktkalkulation

Was ist eine Kalkulationsvariante?

Eine *Kalkulationsvariante* besteht aus einem Steuerungsteil, der wiederum auf weitere Customizing-Einstellungen wie die Kalkulationsart und die Bewertungsvariante verweist (siehe Abbildung 7.27). Darüber hinaus pflegen Sie Parameter zum Mengengerüst, zur Verbuchung etc.

Sie erstellen eine Kalkulationsvariante für die Produktkalkulation im Customizing über Controlling • Produktkosten-Controlling • Produktkostenplanung • Materialkalkulation mit Mengengerüst • Kalkulationsvarianten definieren (Transaktion OKKN) bzw. über Controlling • Produktkosten-Controlling • Produktkostenplanung • Materialkalkulation ohne Mengengerüst • Kalkulationsvarianten definieren (Transaktion OKKN). Es handelt sich in beiden Fällen um dieselbe Transaktion; an dieser Stelle wird das Customizing der Kalkulationsvarianten und ihrer Bestandteile daher nur am Beispiel der Materialkalkulation mit Mengengerüst erläutert.

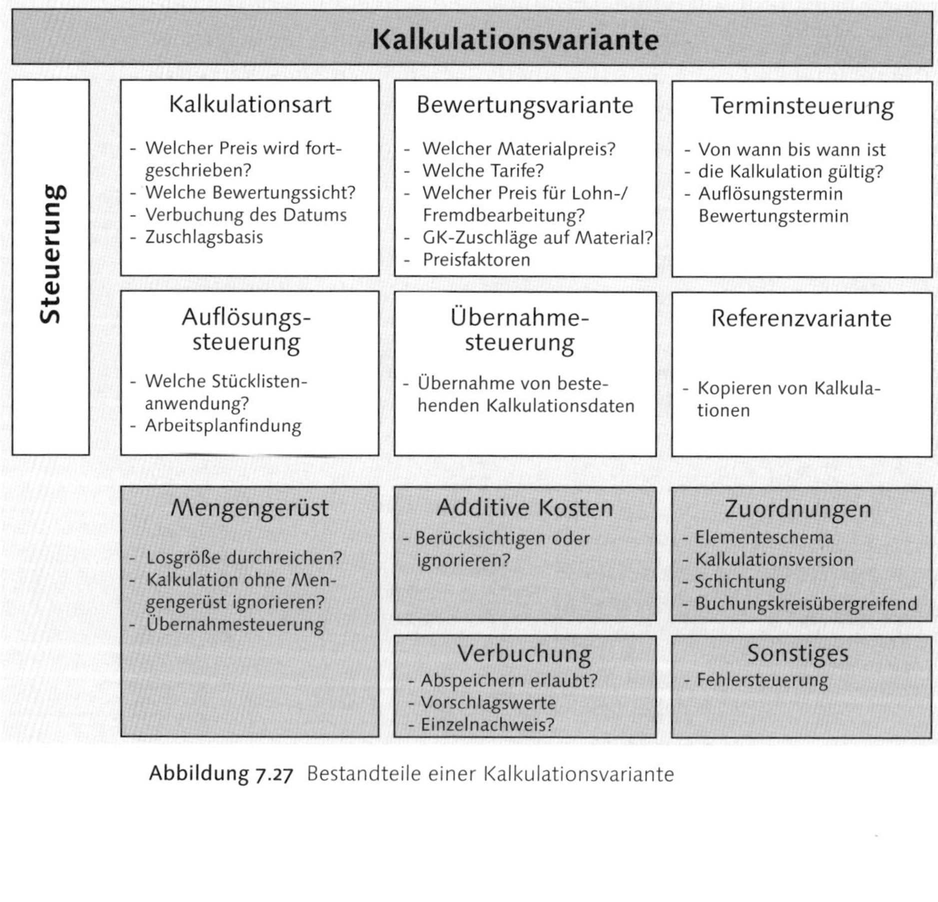

Abbildung 7.27 Bestandteile einer Kalkulationsvariante

Wenn Sie eine Kalkulationsvariante pflegen (siehe Abbildung 7.28), hinterlegen Sie im Bereich Steuerung Verweise auf weitere Einstellungen, nämlich die Kalkulationsart, die Bewertungsvariante, die Terminsteuerung, die Auflösungssteuerung, die Übernahmesteuerung und die Referenzvariante. In den weiteren Bereichen pflegen Sie die Einstellungen zum Mengengerüst, zu den additiven Kosten, zur Verbuchung, zu den Zuordnungen und sonstige Parameter (Sonstiges). Wir werden nun im Detail auf alle diese Einstellungen eingehen.

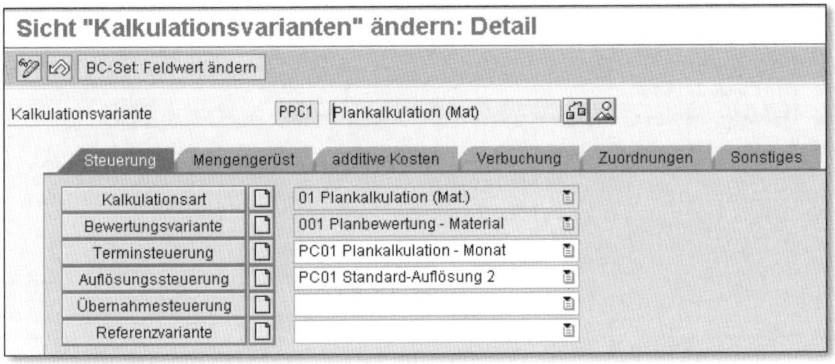

Abbildung 7.28 Kalkulationsvariante definieren

Kalkulationsart

Was ist eine Kalkulationsart?

Die *Kalkulationsart* bestimmt die Fortschreibung der Kalkulation, Regeln für die Verbuchung sowie die Zuschlagsbasis und eine eventuelle Partnerversion (siehe Abbildung 7.29). Sie erstellen eine Kalkulationsart unter Controlling • Produktkosten-Controlling • Produktkostenplanung • Materialkalkulation mit Mengengerüst • Kalkulationsart definieren (Transaktion OKKI).

Im Bereich Fortschreibung ❶ geben Sie unter Preisfortschreibung ❷ an, welcher Preis im Materialstamm mittels der zugehörigen Kalkulationsvariante fortgeschrieben werden soll (z. B. der Standardpreis, der handelsrechtliche Preis oder der steuerrechtliche Preis). Welche Bestandteile der Kalkulation in die jeweiligen Preise fortgeschrieben werden, steuern Sie über das Elementeschema (siehe Abschnitt 7.3.2, »Grundeinstellungen für die Materialkalkulation«).

Falls Sie die parallele Bewertung einsetzen (Abschnitt 2.2.5, »Parallele Wertansätze«), steuern Sie über den Parameter Bewertungs-

SICHT ❸, auf welche Sicht Sie sich mit der Kalkulationsvariante beziehen.

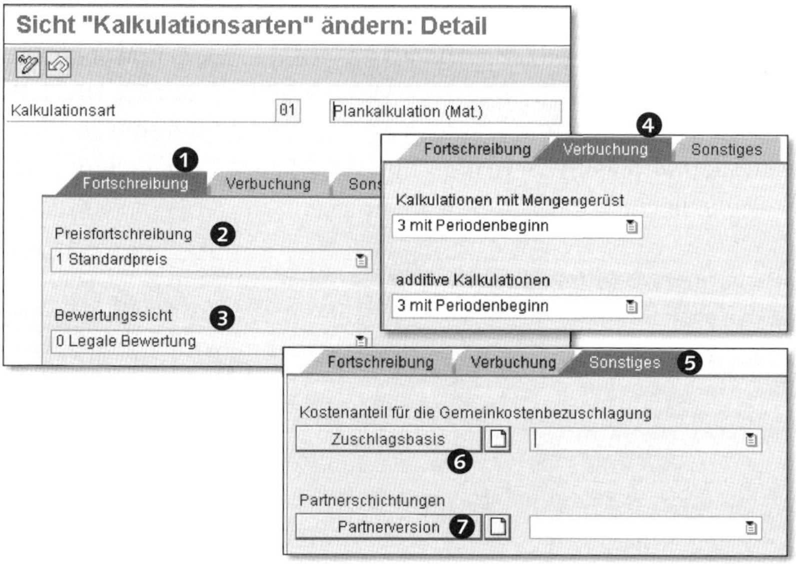

Abbildung 7.29 Kalkulationsart definieren

Im Bereich VERBUCHUNG ❹ können Sie festlegen, ob beim Speichern der Kalkulation Datumsangaben in den Schlüssel der Kalkulation übernommen werden sollen – Sie haben die Wahl zwischen dem Stichtag oder dem Periodenbeginn. Die gleiche Einstellung können Sie für das Fortschreiben von additiven Kalkulationen vornehmen.

Unter SONSTIGES ❺ geben Sie anhand des Parameters ZUSCHLAGSBASIS ❻ an, auf welchen Bestandteil der ermittelten Kosten Gemeinkostenzuschläge erhoben werden sollen. Zur Auswahl stehen Ihnen hier die Elementesichten, die Sie im Elementeschema definiert haben (siehe Abschnitt 7.3.2, »Grundeinstellungen für die Materialkalkulation«). Wenn Sie hier nichts angeben, wird diejenige Elementesicht bezuschlagt, die der Preisfortschreibung entspricht (beim Standardpreis also z.B. die Bestandsbewertung).

Unter PARTNERSCHICHTUNGEN ❼ geben Sie eine PARTNERVERSION an, über die Sie definieren, welche Organisationseinheiten (wie z.B. Werk, Buchungskreis, Profit-Center etc.) als Partner in der Wertschöpfung betrachtet werden. Die Partnerschichtung erlaubt Ihnen dann eine Auswertung über sämtliche am Wertschöpfungsprozess des Materials beteiligten Partner. Wie Sie eine Partnerversion anlegen, beschreiben wir in Abschnitt 7.3.5, »Ausgewählte Funktionen in der Materialkalkulation«.

Bewertungsvariante

Was ist eine Bewertungsvariante?

Über die *Bewertungsvariante* legen Sie fest, welche Preise für die einzelnen Kostenanteile herangezogen werden sollen. Sie erstellen eine neue Bewertungsart über Controlling • Produktkosten-Controlling • Produktkostenplanung • Materialkalkulation mit Mengengerüst • Bewertungsvarianten definieren (Transaktion OKK4). Für die Bewertung der Einsatzmaterialien, Leistungsarten bzw. Prozesse, die Lohnbearbeitung und die Fremdbearbeitung arbeiten Sie dabei mit sogenannten *Strategiefolgen* (siehe Abbildung 7.30). Eine Strategiefolge besteht aus drei bis fünf Einzelschritten, die der Reihe nach durchlaufen werden. Für jeden Schritt geben Sie einen Preis an, der für die Bewertung herangezogen werden soll (z.B. den Planpreis 1). Ist dieser im betrachteten Einsatzmaterial vorhanden, wird er für die Kalkulation angewendet. Kann das System diesen Preis jedoch nicht ermitteln, geht es weiter zum nächsten Schritt und prüft, ob der dort hinterlegte Preis vorhanden ist etc. Kann das System bei der Kalkulation keinen Preis ermitteln, erhalten Sie eine entsprechende Meldung. Wenn Sie den Parameter Additive Kosten aktivieren, erlauben Sie damit, dass additive Kosten zum entsprechenden Preis hinzuaddiert werden dürfen.

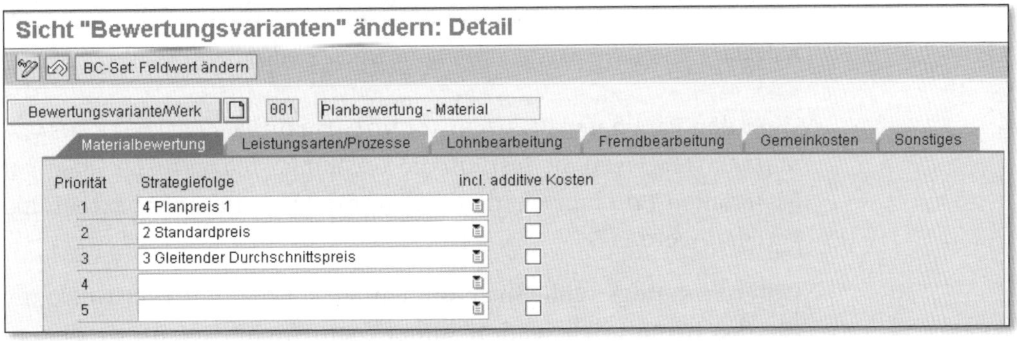

Abbildung 7.30 Bewertungsvariante definieren

Für die Leistungsarten und Prozesse geben Sie im Abschnitt Leistungsarten/Prozesse analog an, welcher Tarif verwendet werden soll und auf welche Planversion sich der Tarif bezieht. Bei der Lohn- und Fremdbearbeitung stehen Ihnen in den entsprechenden Abschnitten Preisinformationen aus dem Einkauf zur Verfügung, wie z.B. Angebotspreise oder Bestellpreise. Für die Lohnbearbeitung können Sie außerdem entscheiden, ob Sie sich auf die Ist- oder Planquotierung im Einkauf beziehen wollen. Über die Quotierung ermittelt die Beschaffung automatisch Bezugsquellen für bestimmte Materialien.

Im Abschnitt GEMEINKOSTEN können Sie ein oder zwei Kalkulationsschemata für die Ermittlung der Gemeinkostenzuschläge hinterlegen (siehe Abbildung 7.31). Wie Sie ein Kalkulationsschema pflegen, haben wir in Abschnitt 7.3.2, »Grundeinstellungen für die Materialkalkulation«, im Detail erläutert. Wenn Sie jeweils ein eigenes Kalkulationsschema für Halb- und Fertigmaterialien bzw. Rohstoffe hinterlegen wollen, müssen Sie in der Definition der Gemeinkostenzuschläge über getrennte Verbrauchskonten und/oder Herkunftsgruppen sicherstellen, dass das jeweilige Kalkulationsschema sich auch auf die entsprechenden Materialarten bezieht.

Abbildung 7.31 Gemeinkostenzuschläge in der Bewertungsvariante

Über den Parameter BEZUSCHLAGUNG AUF LOHNBEARBEITETE EINSATZMATERIALIEN legen Sie fest, ob die Gemeinkostenzuschläge auch auf Materialien erhoben werden sollen, die über die Lohnbearbeitung veredelt werden.

Unter SONSTIGES schließlich können Sie sogenannte PREISFAKTOREN für die Inventurkalkulation hinterlegen. Mehr Details zu diesem Thema finden Sie in Abschnitt 7.3.4, »Preisfortschreibung«.

Für den Fall, dass Sie einem Buchungskreis mehrere Werke zugeordnet haben, können Sie Bewertungsvarianten auch im Bezug zum Werk definieren und auf diese Weise z.B. je Werk unterschiedliche

Gemeinkostenzuschläge berechnen. Als Voreinstellung sind die Bewertungsvarianten stets werksübergreifend.

[«]

Bewertungsvarianten nicht doppelt verwenden

Sie dürfen in unterschiedlichen Kalkulationsvarianten niemals dieselbe Bewertungsvariante verwenden, da sonst die Gefahr besteht, dass Sie Ihre Kalkulationsergebnisse jeweils überschreiben. Der Grund dafür ist, dass die Kalkulationen nicht unter dem Schlüssel der Kalkulationsvariante fortgeschrieben werden, sondern unter der Kombination aus Kalkulationsart und Bewertungsvariante.

Terminsteuerung

Was ist eine Terminsteuerung?

Die *Terminsteuerung* enthält Einstellungen zur Gültigkeit und zu den Bewertungsterminen der Kalkulation (siehe Abbildung 7.32). Sie definieren die Terminsteuerung über Controlling • Produktkosten-Controlling • Produktkostenplanung • Materialkalkulation mit Mengengerüst • Terminsteuerung definieren (Transaktion OKK6). Die Parameter Kalkulationsdatum ab und Kalkulationsdatum bis liefern Vorschlagswerte darüber, von und bis wann die Kalkulation gültig sein soll. Als Vorschlagswerte können Sie aus einer Liste z.B. den Anfang bzw. das Ende des nächsten Monats oder Geschäftsjahres auswählen. Wenn Sie die Option Manuelle Eingabe aktivieren, darf der Benutzer beim Durchführen der Kalkulation diese Vorgaben überschreiben.

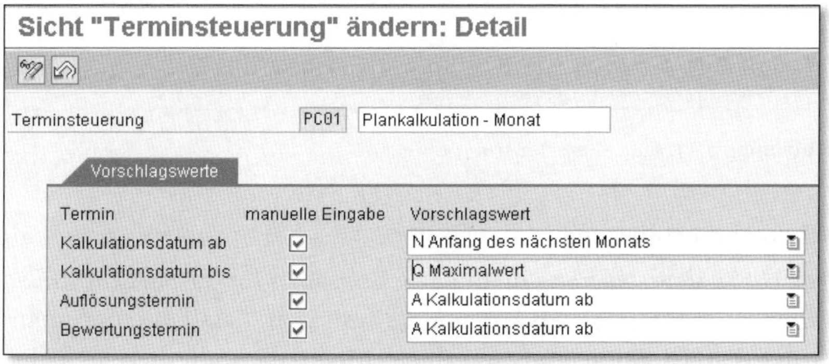

Abbildung 7.32 Terminsteuerung definieren

Der Auflösungstermin gibt den Termin an, zu dem das Mengengerüst ermittelt werden soll (also zu welchem Stichtag die dann gültige

Stückliste bzw. der dann gültige Arbeitsplan herangezogen werden sollen), und der Bewertungstermin den Termin, zu dem das Mengengerüst bewertet werden soll (also welche Gültigkeit für die Materialpreise und Tarife im Arbeitsplan gelten soll).

Auflösungssteuerung

Was ist eine Auflösungssteuerung?

In der *Auflösungssteuerung* bestimmen Sie die Vorgehensweise, anhand derer das System für die durchzuführende Kalkulation die aktuell gültige Stücklistenalternative und Arbeitsplanalternative ermittelt. Sie legen die Einstellungen zur Auflösungssteuerung über Controlling • Produktkosten-Controlling • Produktkostenplanung • Materialkalkulation mit Mengengerüst • Auflösungssteuerung definieren (Transaktion OKK5) fest. Im Wesentlichen hinterlegen Sie dabei eine Stücklistenanwendung (siehe Abbildung 7.33) und eine Arbeitsplanselektion. Dabei handelt es sich um Einstellungen in der Logistik, die im Detail bestimmen, nach welchen Kriterien eine Stückliste bzw. ein Arbeitsplan ausgewählt wird. Zur Stücklistenfindung legen Sie außerdem fest, ob Komponentenmengen gerundet werden sollen.

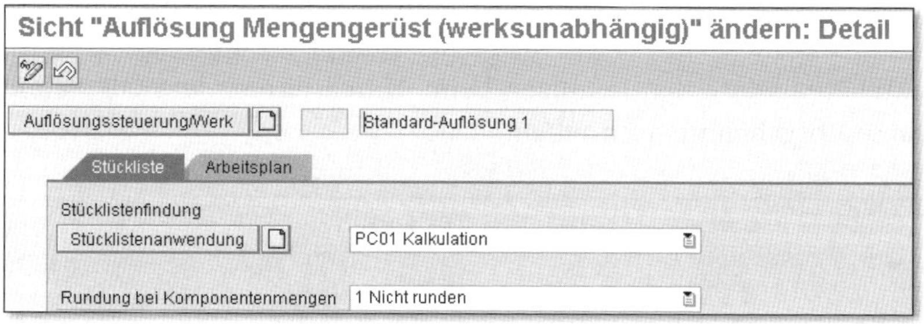

Abbildung 7.33 Auflösungssteuerung erstellen

Übernahmesteuerung

Was ist eine Übernahmesteuerung?

Die *Übernahmesteuerung* dient dazu, Vorgaben für die *partielle Kalkulation* zu machen. Dabei können Sie festlegen, dass bei einer mehrstufigen Kalkulation untergeordnete Materialien, die bereits kalkuliert sind, nicht erneut kalkuliert werden, sondern dass deren Kalkulationswert in die nächsthöhere Stufe übernommen werden kann. Dadurch können Sie die Performance des Systems verbessern. Sie nehmen die Einstellungen zur Übernahmesteuerung über Controlling • Produktkosten-Controlling • Produktkostenplanung • Materialkalkulation mit Mengengerüst • Übernahmesteuerung definieren (Transaktion OKKM) vor.

Sie können in den entsprechenden Abschnitten eine werksbezogene und eine werksübergreifende Strategie zur Übernahmesteuerung definieren (siehe Abbildung 7.34); die einzustellenden Parameter sind jeweils dieselben. Wie bei der Bewertungsvariante (siehe weiter oben in diesem Abschnitt) gehen Sie anhand einer Strategiefolge vor: Sie definieren bis zu drei Materialpreise, die das System heranziehen soll. Je Schritt in der Strategiefolge ermittelt das System zunächst, ob der angegebene Preis existiert; ist dies der Fall, wird er für die Übernahme verwendet. Wird der Preis nicht gefunden, geht das System weiter zum nächsten Schritt in der Strategiefolge.

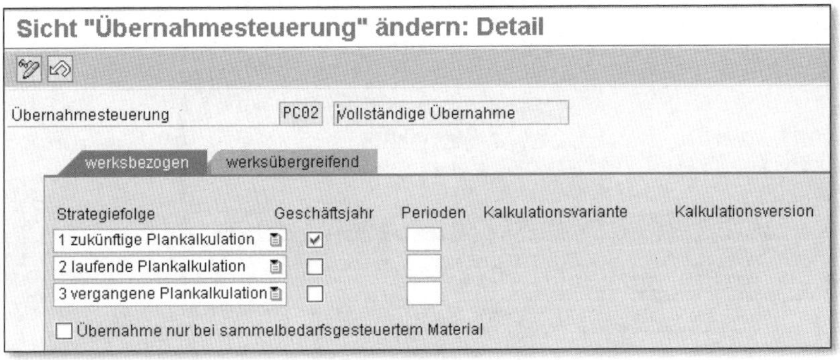

Abbildung 7.34 Übernahmesteuerung festlegen

Wenn Sie den Parameter Geschäftsjahr aktivieren, sucht das System nur nach Kalkulationen, die im laufenden Geschäftsjahr gültig sind. Über Perioden können Sie vorgeben, wie viele Perioden in der Vergangenheit die Kalkulationsdaten maximal zurückliegen dürfen, um übernommen zu werden. Haben Sie auch den Parameter Geschäftsjahr gesetzt, geht das System höchstens bis zum Beginn des laufenden Geschäftsjahres zurück.

Anhand der Option Übernahme nur bei sammelbedarfsgesteuertem Material können Sie festlegen, dass Kalkulationsdaten nur für Materialien übernommen werden, die in ihrer Dispositionssicht als Sammelbedarf deklariert sind. Materialien mit Einzelbedarf werden dann jeweils neu kalkuliert.

Referenzvarianten

Referenzvariante einstellen

Referenzvarianten können Sie einsetzen, um bei einer Kalkulation das Mengengerüst bereits bestehender Kalkulationsdaten zu übernehmen und gegebenenfalls in Teilen neu zu berechnen. Sie erstellen eine Referenzvariante über Controlling • Produktkosten-Controlling • Produktkostenplanung • Materialkalkulation mit Mengengerüst • Referenzvarianten definieren (Transaktion OKYC). Anhand einer Übernahmesteuerung (siehe oben) legen Sie im Abschnitt Kalkulationsvorlage fest, welche Daten der bestehenden Kalkulation Sie übernehmen wollen (siehe Abbildung 7.35). Unter Neubewertung wählen Sie dann aus, welche Bestandteile des Mengengerüsts neu kalkuliert werden sollen. Im Abschnitt Sonstiges können Sie außerdem entscheiden, ob additive Kosten mit übernommen werden sollen.

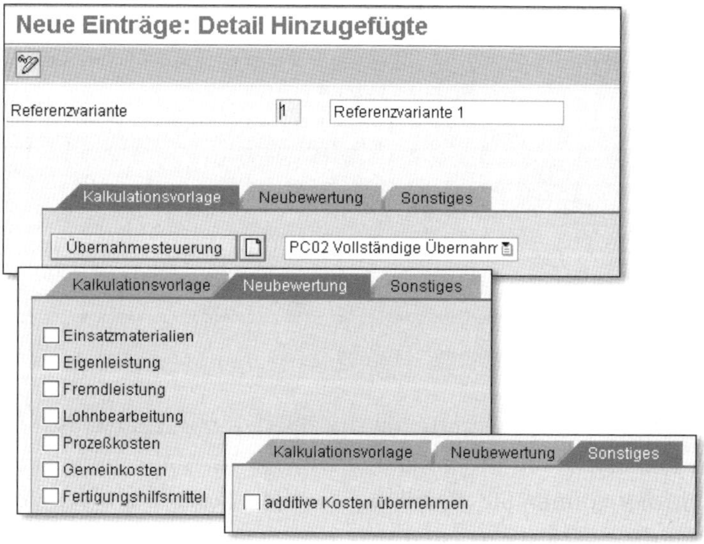

Abbildung 7.35 Referenzvariante anlegen

Wir haben Ihnen damit alle Bestandteile der Kalkulationsvariante vorgestellt und gehen nun noch auf einige Parameter zur Bestimmung des Mengengerüsts ein.

Parameter zur Bestimmung des Mengengerüsts

Sie finden im Menübaum Controlling • Produktkosten-Controlling • Produktkostenplanung • Materialkalkulation mit Men-

Gengerüst • Parameter zur Bestimmung des Mengengerüsts eine Reihe von Einstellungen, die an der Schnittstelle zwischen der Produktkalkulation und den Logistikkomponenten wie Materialwirtschaft und Produktion liegen. Wir werden an dieser Stelle nur diejenigen Punkte vorstellen, die aus Sicht des Controllings wichtig sind und die auch zumindest unter Beteiligung des Controllings eingestellt werden sollten.

Eigenschaften der Materialarten überprüfen

Unter Daten zum Material • Eigenschaften der Materialarten überprüfen legen Sie fest, welche Materialarten je Werk überhaupt mengen- und wertmäßig fortgeschrieben werden sollen. Sie müssen diese Parameter aktivieren, um zu Materialien der entsprechenden Materialart überhaupt Bestände und Verbräuche im Finanzwesen verbuchen zu können. Wählen Sie dazu eine Materialart aus, und klicken Sie in der Dialogstruktur auf Mengen-/Wertfortschreibung (siehe Abbildung 7.36). Aktivieren Sie dann die Parameter Mengenfortschreibung (Mengenfort) und Wertfortschreibung (Wertfortschr).

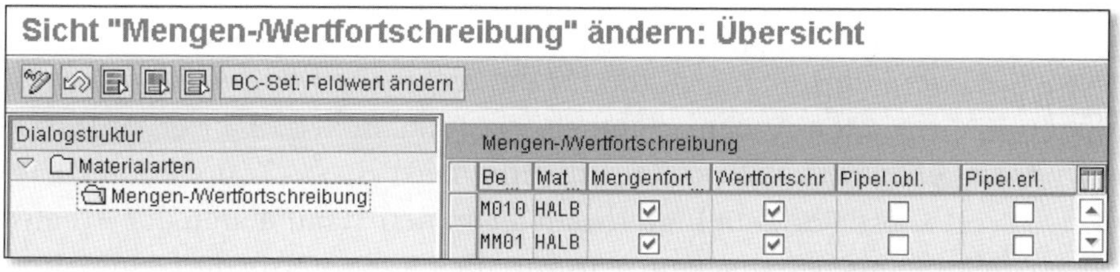

Abbildung 7.36 Eigenschaften der Materialarten überprüfen

Kalkulation mit Mengengerüst erlauben

Unter dem Menüpunkt Daten zum Material • Materialstatus überprüfen verwalten Sie Materialstatus; diese können Sie in einem Materialstamm eintragen, um bestimmte Funktionen zu sperren wie z.B. den Einkauf oder die Verwendung im Arbeitsplan. Aus Sicht des Controllings ist hier insbesondere der Parameter Kalkulation mit Mengengerüst relevant, da Sie damit einstellen können, dass eine Warn- oder Fehlermeldung ausgegeben wird, wenn versucht wird, ein Material mit diesem Status zu kalkulieren.

Unter Auswahl des Arbeitsplanes • Steuerschlüssel für Vorgänge überprüfen (Transaktion OKZ4) definieren Sie sogenannte Steuerschlüssel, die Sie in Vorgängen in Arbeitsplänen hinterlegen. Ein Steuerschlüssel bestimmt, welche Funktionen für den jeweiligen

Vorgang durchgeführt werden können. Für das Produktkosten-Controlling ist hier der Parameter Kalkulieren von Bedeutung (siehe Abbildung 7.37), da nur kalkulierte Vorgänge bei der Kalkulation berücksichtigt werden.

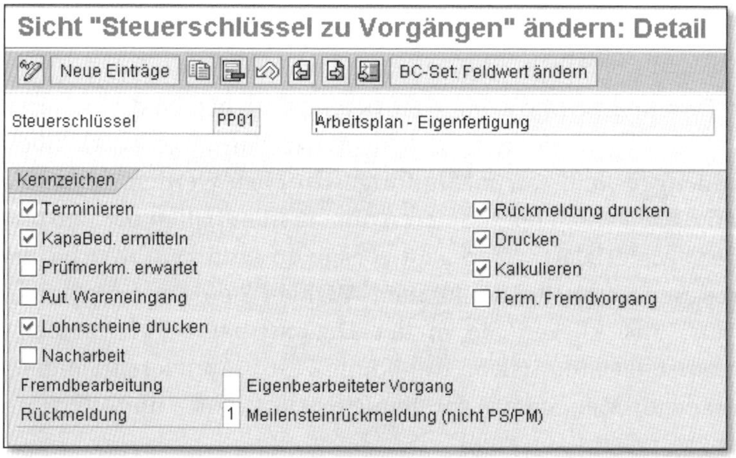

Abbildung 7.37 Steuerschlüssel für Vorgänge

Formeln für die Kalkulation prüfen

Weitere Einstellungen, die für die Kalkulation von Arbeitsplanvorgängen relevant sind, nehmen Sie unter Auswahl des Arbeitsplanes • Formeln für die Kalkulation überprüfen (Transaktion OP54) vor. Diese Formeln hinterlegen Sie in den Stammdaten der Arbeitsplätze, um vorzugeben, wie u.a. der Kapazitätsbedarf eines Vorgangs, seine Dauer sowie seine Kosten ermittelt werden sollen. Dafür geben Sie an dieser Stelle anhand der Kennzeichen vor, ob die Formel z.B. für die Kalkulation überhaupt erlaubt sein soll; in der Formel können Sie anhand von Parametern den Wert für die Kalkulation errechnen (siehe Abbildung 7.38). Diese Parameter definieren Sie im folgenden Schritt im Customizing, Auswahl des Arbeitsplanes • Parameter für die Formeln überprüfen (Transaktion OP51).

In aller Regel sollten die von SAP ausgelieferten Standardeinstellungen Ihren Zwecken genügen, und wir empfehlen Ihnen, diese vor allem dann zu nutzen, wenn Sie gerade mit der Einführung des Produktkosten-Controllings beschäftigt sind und noch nicht viel Erfahrung damit haben.

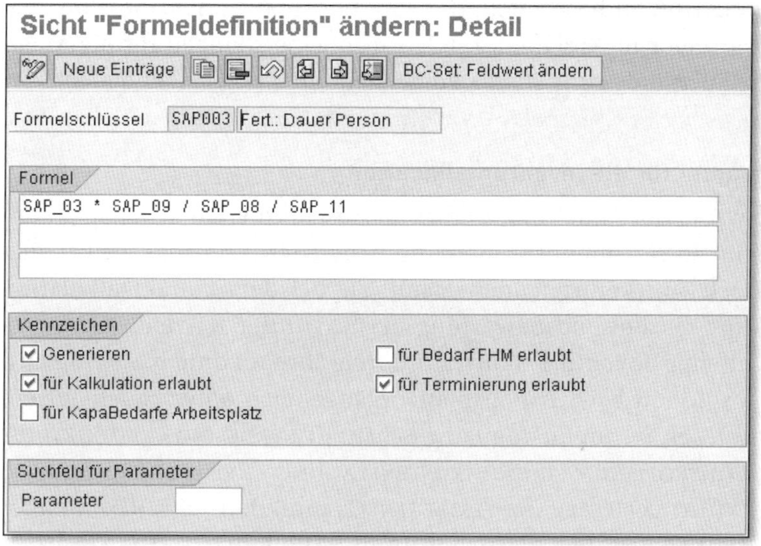

Abbildung 7.38 Formeln für die Kalkulation

7.3.4 Preisfortschreibung

Wir stellen Ihnen nun einige Parameter vor, die für die Fortschreibung der Standardpreise im Materialstamm notwendig sind. Zum einen betrifft dies Einstellungen zu Nachrichtentypen und zum anderen Parameter für die Inventurkalkulation.

Nachrichtentypen

Nachrichtentypen definieren

Im Customizing-Menü Controlling • Produktkosten-Controlling • Produktkostenplanung • Preisfortschreibung • Parameter für die Plankalkulation finden Sie gleich zwei Einträge, die der Steuerung von Nachrichten dienen. Unter Nachrichtentypen für die Plankalkulation definieren (Transaktion OKZZ) können Sie für bestimmte Nachrichten aus dem Arbeitsgebiet Rechnungsprüfung und Bewertung einstellen, ob diese als Information, Warnung, Fehler oder gar nicht ausgegeben werden sollen, gegebenenfalls auch auf einzelne Benutzer eingeschränkt. Die Funktionalität dieser Transaktion ist dieselbe, wie wir sie bereits in Abschnitt 2.2.3, »Nachrichtensteuerung«, erläutert haben.

Unter dem Punkt Flexible Meldungstypen definieren haben Sie die Möglichkeit, einzelne Nachrichten aus dem Arbeitsgebiet Erzeugnis-

Kalkulation zu bearbeiten; die Funktionalität ist hier dieselbe, wie wir sie zuvor in Abschnitt 7.3.2, »Grundeinstellungen für die Materialkalkulation«, zum Thema Fehlersteuerung vorgestellt haben.

Parameter für die Inventurkalkulation

Einstellungen zur Abwertung

Wie wir in der Einleitung zu diesem Abschnitt erläutert haben, können Sie Stücklistenpositionen und Arbeitsplanvorgänge als kalkulationsrelevant kennzeichnen, damit sie bei der Produktkalkulation z.B. für die Bestandsbewertung berücksichtigt werden. Wenn Sie jedoch eine Inventurkalkulation durchführen, können Sie Stücklistenpositionen bzw. Arbeitsplanvorgänge auch teilweise abwerten. Dafür legen Sie im Customizing-Schritt Controlling • Produktkosten-Controlling • Produktkostenplanung • Preisfortschreibung • Kalkulationsrelevanz festlegen (Transaktion OKK9) Parameter für die Kalkulationsrelevanz an (siehe Abbildung 7.39). An dieser Stelle hinterlegen Sie zunächst einen Schlüssel und eine Bezeichnung.

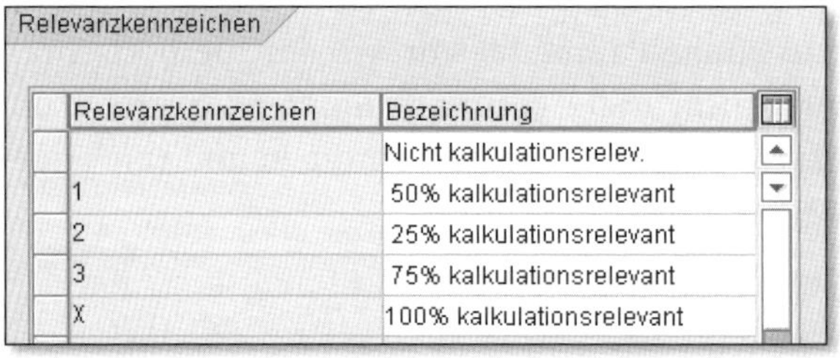
Relevanzkennzeichen

Relevanzkennzeichen	Bezeichnung
	Nicht kalkulationsrelev.
1	50% kalkulationsrelevant
2	25% kalkulationsrelevant
3	75% kalkulationsrelevant
X	100% kalkulationsrelevant

Abbildung 7.39 Parameter für die Kalkulationsrelevanz

Im nächsten Schritt stellen Sie unter Controlling • Produktkosten-Controlling • Produktkostenplanung • Preisfortschreibung • Preisfaktoren definieren (Transaktion OKK7) ein, um welchen Prozentsatz die jeweiligen Positionen abgewertet werden sollen (siehe Abbildung 7.40). Dazu geben Sie zunächst an, für welche Bewertungsvariante der jeweilige Faktor gelten soll, dann das zuvor definierte Relevanzkennzeichen und anschließend einen Faktor, mit dem die fixen bzw. die variablen Kosten der abzuwertenden Position multipliziert werden sollen. Im Beispiel würden also für Positionen, die mit dem Relevanzkennzeichen 1 versehen sind, die fixen und die variablen Kosten nur mit 50% bewertet werden.

Preisfaktoren

	Bewertungsvariante	Relevanzkennzeichen	Preisfaktor fix	Preisfaktor variabel
	+++	1	0,500	0,500
	+++	2	0,250	0,250
	+++	3	0,750	0,750

Abbildung 7.40 Preisfaktoren definieren

7.3.5 Ausgewählte Funktionen in der Materialkalkulation

In diesem Abschnitt erläutern wir eine Reihe von Einstellungen, die SAP im Menü CONTROLLING • PRODUKTKOSTEN-CONTROLLING • PRODUKTKOSTENPLANUNG • AUSGEWÄHLTE FUNKTIONEN IN DER MATERIALKALKULATION zusammengefasst hat, die aber in keinem engen thematischen Kontext zueinander stehen.

Buchungskreisübergreifende Kalkulation

Zunächst können Sie unter CONTROLLING • PRODUKTKOSTEN-CONTROLLING • PRODUKTKOSTENPLANUNG • AUSGEWÄHLTE FUNKTIONEN IN DER MATERIALKALKULATION • BUCHUNGSKREISÜBERGREIFENDE KALKULATION AKTIVIEREN (Transaktion OKYV) zulassen, dass Materialien buchungskreisübergreifend kalkuliert werden können. Diese Einstellung gilt nur für einen Kostenrechnungskreis; es kann dabei also nur über Buchungskreise eines einzelnen Kostenrechnungskreises hinweg kalkuliert werden. Dabei kann auf Informationen aus unterschiedlichen Buchungskreisen zurückgegriffen werden, und Kalkulationen können in allen Buchungskreisen des Kostenrechnungskreises freigegeben werden. Um diese Option zu aktivieren, geben Sie einen Kostenrechnungskreis, eine Kalkulationsart und eine Bewertungsvariante an.

Schichtung in Kostenrechnungskreiswährung

Unter dem Punkt CONTROLLING • PRODUKTKOSTEN-CONTROLLING • PRODUKTKOSTENPLANUNG • AUSGEWÄHLTE FUNKTIONEN IN DER MATERIALKALKULATION • KOSTENSCHICHTUNG IN KOSTENRECHNUNGSKREISWÄHRUNG AKTIVIEREN (Transaktion OKYW) haben Sie die Möglichkeit, die Ergebnisse einer Produktkalkulation nicht nur in der Buchungskreiswährung darzustellen, sondern auch in der Kostenrechnungskreiswährung. Voraussetzung dafür ist, dass Sie im Kostenrechnungskreis den Parameter ALLE WÄHRUNGEN aktiviert haben (siehe Abschnitt 2.1.5, »Kostenrechnungskreis«).

Kalkulationsversion anlegen

In manchen Fällen kann es sinnvoll sein, die Kalkulation zu einem Material bezüglich eines oder weniger Parameter zu variieren, um den Effekt z.B. eines anderen Wechselkurses darzustellen. Normalerweise müssten Sie für solche Zwecke eigens eine neue Kalkulationsvariante erstellen, da diese alle für die Kalkulation erforderlichen Parameter enthält. Daher bietet SAP *Kalkulationsversionen* an, mittels derer Sie bei der Kalkulation einige Parameter abweichend von den Vorgaben der Kalkulationsvariante ändern können. Sie wählen die Kalkulationsversion beim Starten der Produktkalkulation zusammen mit der Kalkulationsvariante aus. Über den Menüpunkt CONTROLLING • PRODUKTKOSTEN-CONTROLLING • PRODUKTKOSTENPLANUNG • AUSGEWÄHLTE FUNKTIONEN IN DER MATERIALKALKULATION • KALKULATIONSVERSIONEN DEFINIEREN (Transaktion OKYD) legen Sie fest, welche Parameter Sie dabei variieren wollen (siehe Abbildung 7.41). Dabei geben Sie die Kalkulationsversion, die Kalkulationsart und die Bewertungsvariante an, auf die Sie sich beziehen.

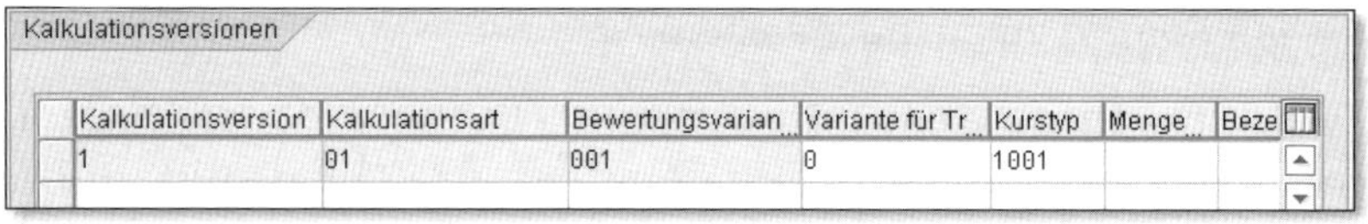
Kalkulationsversionen

Kalkulationsversion	Kalkulationsart	Bewertungsvarian...	Variante für Tr...	Kurstyp	Menge...	Beze
1	01	001	0	1001		

Abbildung 7.41 Kalkulationsversion anlegen

Planvariante für Transferpreise hinterlegen

Wenn Sie mit Transferpreisen arbeiten, zieht das System bei der Kalkulation standardmäßig stets die Istwerte heran; abweichend können Sie über eine Kalkulationsversion jedoch eine Planvariante für Transferpreise eintragen (Parameter VARIANTE FÜR TRANSAKTION). Das Konzept der Transferpreise erläutern wir detaillierter in Abschnitt 9.6. Über den KURSTYP können Sie einstellen, wie der Währungskurs für Währungen ermittelt werden soll. Und schließlich haben Sie noch die Möglichkeit, einen Mengengerüsttyp für die Mischkalkulation (Parameter MENGE...) zuzuordnen (mehr Details zur Mischkalkulation finden Sie weiter unten in diesem Abschnitt).

In Abschnitt 7.3.3, »Materialkalkulation«, hatten wir im Zusammenhang mit der Kalkulationsart bereits auf die Möglichkeit hingewiesen, eine Partnerschichtung zu erstellen. Dabei können Sie im Detail auswerten, welche Kostenbestandteile von anderen Organisationseinheiten im Unternehmen bezogen wurden. Im Menüpunkt CONTROLLING • PRODUKTKOSTEN-CONTROLLING • PRODUKTKOSTENPLANUNG • AUSGEWÄHLTE FUNKTIONEN IN DER MATERIALKALKULATION • PARTNERVERSIONEN DEFINIEREN (Transaktion OKYB) wählen Sie dazu aus, welche Organisationseinheiten Sie dabei als Partner betrachten wollen (siehe Abbildung 7.42). Im Abschnitt DIRECT-PARTNER legen Sie darüber hinaus fest, für welche Organisationseinheiten Sie jeweils nur die unmittelbaren Leistungsbeziehungen zwischen zwei Partnern darstellen wollen; alle weiter vorgelagerten Werteflüsse werden dabei aggregiert dargestellt.

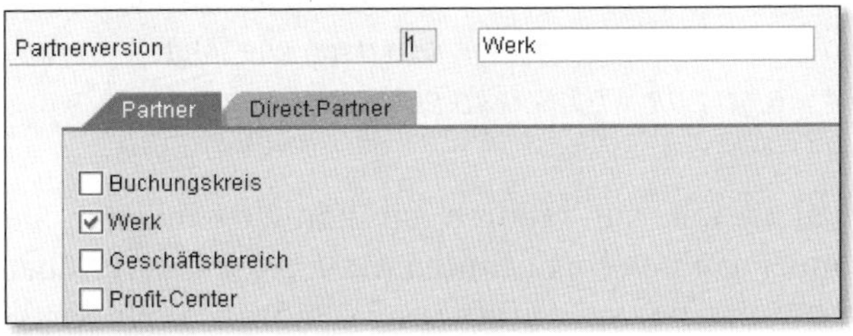

Abbildung 7.42 Partnerversion definieren

Rohstoffkalkulation hinterlegen

Wenn Sie eine Rohstoffkalkulation durchführen, können Sie dabei anhand von im Einkauf hinterlegten Konditionen die Bezugsnebenkosten wie z.B. Frachten oder Zölle explizit ausweisen. Falls Sie die Bezugsnebenkosten Herkunftsgruppen zuordnen wollen, können Sie dies unter dem Customizing-Punkt Controlling • Produktkosten-Controlling • Produktkostenplanung • Ausgewählte Funktionen in der Materialkalkulation • Rohstoffkalkulation • Konditionsarten zu Herkunftsgruppen zuordnen (Transaktion OKYO) erledigen. Sie nehmen die Zuordnung der Konditionsarten anhand der Parameter Bewertungssicht (Bewertung...), Bewertungsvariante (Bewertungsv..), Kostenrechnungskreis (Kostenr.), Buchungskreis (Buchun) und Bewertungskreis (Bewertung) vor (siehe Abbildung 7.43).

Konditionsart	Bewertung	Bewertungsv	Kostenr	Buchun	Bewertun	Herkunftsgruppe
FRB1	0	001	M001	M001	M010	100

Abbildung 7.43 Konditionsarten für die Rohstoffkalkulation zu Herkunftsgruppen zuordnen

Mischkalkulation

Was ist eine Mischkalkulation?

Bei einer *Mischkalkulation* können Sie beim Kalkulieren eines Produkts unterschiedliche Beschaffungsarten betrachten und ein Mischverhältnis hinterlegen. Dabei können Sie z.B. Eigenfertigung mit Fremdbeschaffung mischen oder unterschiedliche Lieferanten bei Fremdbeschaffung betrachten. Das System ermittelt den Standardpreis dann unter Berücksichtigung der jeweiligen Preise je Beschaffungsart, gewichtet zum angegebenen Mischverhältnis.

[zB]

Mischkalkulation

Der Spielplan für ein Brettspiel wird zu 40% aus Deutschland bezogen und zu 60% in China bestellt. Der Bestellpreis in Deutschland beträgt 0,50 EUR pro Stück, in China 0,40 EUR pro Stück inklusive Fracht und Zoll.

Der Standardpreis für das Produkt errechnet sich dann wie folgt:

Standardpreis = 0,4 × 0,50 EUR + 0,6 × 0,40 EUR = 0,44 EUR

Mengengerüsttypen definieren

Um eine Mischkalkulation durchführen zu können, müssen Sie zunächst im Customizing einen sogenannten Mengengerüsttyp über Controlling • Produktkosten-Controlling • Produktkostenplanung • Ausgewählte Funktionen in der Materialkalkulation • Mischkalkulation • Mengengerüsttypen definieren anlegen oder einen vorhandenen auswählen (siehe Abbildung 7.44). Zu einem Mengengerüsttyp vergeben Sie zunächst einen Schlüssel (MgTyp) und eine Bezeichnung. Als Nächstes stellen Sie ein, ob er zeitabhängig sein soll (geschäftsjahres- oder periodenbezogen) oder nicht (Parameter Zeitabhängigk). Sie können außerdem eine Prozentprüfung (ProzentPrf) hinterlegen, mit der Sie sicherstellen, dass das Mischverhältnis der Beschaffungsalternativen insgesamt 100% ergibt.

Abbildung 7.44 Mengengerüsttypen definieren

Um den Mengengerüsttyp bei der Kalkulation nutzen zu können, verknüpfen Sie ihn mit einer Kalkulationsversion (wie Sie eine Kalkulationsversion definieren, haben wir weiter oben in diesem Abschnitt beschrieben).

Sie können dann im Anwendungsmenü zu Ihrem Mischprodukt über die Transaktion CK91N Beschaffungsalternativen erstellen und über CK94 die Mischverhältnisse zur Mischkalkulation festlegen.

Kalkulation von Kuppelprodukten

Ursprungsschema für Kuppelproduktion

Bei der Kalkulation von Kuppelprodukten können Sie im Materialstammsatz ein sogenanntes *Aufteilungsschema* hinterlegen, anhand dessen die Herstellkosten auf die Fertigprodukte verteilt werden.

Wenn Sie die Aufteilung jedoch anhand von Kostenarten vornehmen wollen, benötigen Sie dafür ein Ursprungsschema, das Sie in der Abrechnungsvorschrift des Fertigungsauftrags hinterlegen. Sie können ein Ursprungsschema im Customizing über CONTROLLING • PRODUKTKOSTEN-CONTROLLING • PRODUKTKOSTENPLANUNG • AUSGEWÄHLTE FUNKTIONEN IN DER MATERIALKALKULATION • KALKULATION VON KUPPELPRODUKTEN • URSPRUNGSSCHEMA DEFINIEREN (Transaktion OKEU) anlegen; was genau ein Ursprungsschema ist und wie dieses aufgebaut wird, haben wir bereits in Abschnitt 5.7.5, »Abrechnung«, ausführlich erläutert.

Produktionsloskalkulation

Was ist ein Produktionslos?

Im Rahmen eines kontinuierlichen Verbesserungsprozesses werden häufige Änderungen an Produkten vorgenommen, u.a. können unterschiedliche Einsatzmaterialien zum Einsatz kommen oder verschiedene Fertigungsmethoden angewendet werden. Durch den Einsatz von *Produktionslosen* können Sie mehrere Teile desselben Materials jeweils mit unterschiedlichem Mengengerüst parallel kalkulieren und fertigen. Technisch wird für jedes Los automatisch ein PSP-Element vom System angelegt, das als Kontierungsobjekt für Kosten dient, aber auch den Einsatz von unbewertetem oder bewertetem Bestand unterstützt (mehr zum Thema unbewerteter bzw. bewerteter Bestand finden Sie in Abschnitt 7.4.4, »Kundenauftrags-Controlling«. Ein PSP-Element ist Bestandteil eines Projektes, das in der SAP-Komponente PS (Projektsystem) abgebildet wird. Ausführliche Informationen dazu finden Sie in unserem Buch *Projektcontrolling mit SAP*, das ebenfalls bei SAP PRESS erschienen ist.

Kalkulation für Produktionslose

Um Produktionslose kalkulieren zu können, benötigen Sie eine spezielle Kalkulationsvariante, die Sie im Customizing unter PRODUKTKOSTEN-CONTROLLING • PRODUKTKOSTENPLANUNG • AUSGEWÄHLTE FUNKTIONEN IN DER MATERIALKALKULATION • PRODUKTIONSLOSKALKULATION (SEIBAN) • KALKULATIONSVARIANTEN DEFINIEREN (Transaktion OKYH) einstellen. SAP hat hier im Standard die Variante PPC5 vorgesehen, die wiederum mit der speziellen Kalkulationsart 40 (Produktionsloskalkulation) verknüpft ist. Die Kalkulationsart wie auch die Bewertungsvariante können Sie im selben Menüteilbaum pflegen, unter KALKULATIONSARTEN DEFINIEREN (Transaktion OKYK) bzw. BEWERTUNGSVARIANTEN DEFINIEREN (Transaktion OKYN).

Erweiterungen und BAdIs für die Materialkalkulation

Erweiterungen der Materialkalkulation

Für die Materialkalkulation stehen Ihnen die folgenden Erweiterungen zur Verfügung:

- SAPLXCKA für Kalkulationsberichte
- COPCP003 für die Kalkulation von Fertigungshilfsmitteln
- COPCP001 für die Materialbewertung bei buchungskreisübergreifender Kalkulation
- COPCP004 für die Kalkulation von Schüttgut
- COPCP005 für den Bewertungspreis von Materialien aus User Exit

Alle Erweiterungen können Sie über die Transaktion CMOD aktivieren und spezifizieren.

Über Controlling • Produktkosten-Controlling • Produktkostenplanung • Ausgewählte Funktionen in der Materialkalkulation • Business Add In für flexible Meldungen können Sie den Typ für flexible Meldungen individuell bestimmen. Im selben Menübaum finden Sie außerdem noch den Punkt Business Add In für Selektionsvorrat, anhand dessen Sie eigene Felder zur Materialliste des Selektionsvorrats hinzufügen.

7.3.6 Muster- und Simulationskalkulation

Was ist eine Musterkalkulation?

Eine *Muster- und Simulationskalkulation* dient zur Kalkulation von neuen Produkten. So können Sie ohne einen Bezug auf eine Materialnummer und ohne existierendes Mengengerüst in Tabellenform Plandaten erfassen. Dabei haben Sie Zugriff auf bestehende Materialnummern und Dienstleistungen, Einkaufsinfosätze, Kostenstellen und Leistungsarten etc.

Im Customizing müssen Sie zunächst einige Voraussetzungen schaffen, um eine Muster- und Simulationskalkulation erstellen zu können. Unter Controlling • Produktkosten-Controlling • Produktkostenplanung • Muster- und Simulationskalkulation • Grundeinstellungen für die Muster- und Simulationskalkulation • Gemeinkostenzuschläge können Sie ein Kalkulationsschema zur Berechnung von Gemeinkostenzuschlägen anlegen. Hier nehmen Sie dieselben Einstellungen vor, die wir bereits in Abschnitt 7.3.2, »Grundeinstellungen für die Materialkalkulation«, vorgestellt haben.

Auch für die Übernahme von Prozesskosten (CONTROLLING • PRODUKTKOSTEN-CONTROLLING • PRODUKTKOSTENPLANUNG • MUSTER- UND SIMULATIONSKALKULATION • GRUNDEINSTELLUNGEN FÜR DIE MUSTER- UND SIMULATIONSKALKULATION • PROZESSKOSTEN) und zur Fehlersteuerung (CONTROLLING • PRODUKTKOSTENPLANUNG • MUSTER- UND SIMULATIONSKALKULATION • GRUNDEINSTELLUNGEN FÜR DIE MUSTER- UND SIMULATIONSKALKULATION • FEHLERSTEUERUNG) sind die Einstellungen dieselben, wie in Abschnitt 7.3.2 bereits erläutert.

Musterkalkulationsgruppen erstellen

Unter dem Punkt CONTROLLING • PRODUKTKOSTEN-CONTROLLING • PRODUKTKOSTENPLANUNG • MUSTER- UND SIMULATIONSKALKULATION • GRUNDEINSTELLUNGEN FÜR DIE MUSTER- UND SIMULATIONSKALKULATION • MUSTERKALKULATIONSGRUPPEN ANLEGEN (Transaktion OKZA) können Sie Gruppen für Musterkalkulationen erstellen, um diese besser verwalten zu können.

Kalkulationsvariante für Musterkalkulation

Für die Muster- und Simulationskalkulation benötigen Sie eine spezielle Kalkulationsvariante, die nur einen Teil der Parameter enthält, wie Sie sie z. B. für die Materialkalkulation mit Mengengerüst benötigen (siehe dazu Abschnitt 7.3.3). SAP bietet im Standard die Kalkulationsvariante PG an, die jeweils eine auf die Muster- und Simulationskalkulation angepasste Kalkulationsart und Bewertungsvariante enthält (siehe Abbildung 7.45). Sie pflegen diese Parameter im Menübaum CONTROLLING • PRODUKTKOSTENPLANUNG • MUSTER- UND SIMULATIONSKALKULATION • GRUNDEINSTELLUNGEN FÜR DIE MUSTER- UND SIMULATIONSKALKULATION • KALKULATIONSVARIANTEN UND DEREN BESTANDTEILE • KALKULATIONSVARIANTEN DEFINIEREN (Transaktion OKKO), KALKULATIONSARTEN DEFINIEREN (Transaktion OKYP) und BEWERTUNGSVARIANTEN DEFINIEREN (Transaktion OKKE).

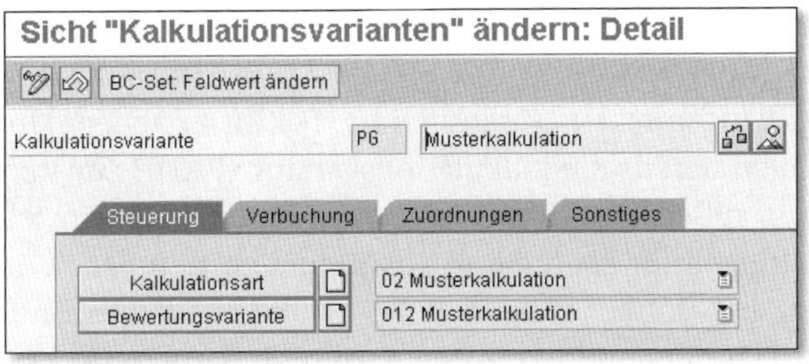

Abbildung 7.45 Kalkulationsvariante für Muster- und Simulationskalkulation

Im Bereich STEUERUNG geben Sie hier lediglich eine Kalkulationsart und eine Bewertungsvariante an. Bei der speziell auf diese Anwendung zugeschnittenen Kalkulationsart 02 MUSTERKALKULATION bestimmen Sie als einzigen Parameter die Bewertungssicht. Die Bewertungsvariante 02 MUSTERKALKULATION ist sehr ähnlich aufgebaut wie die Bewertungsvariante zur Materialkalkulation mit Mengengerüst (siehe Abschnitt 7.3.3). Da Sie an dieser Stelle jedoch keine Preise im Materialstamm fortschreiben, entfallen einige Parameter wie z.B. additive Kosten und Preisfaktoren. Außerdem können Sie hier die Gemeinkostenzuschläge nicht in Halb- und Fertigmaterialien bzw. Einsatzmaterialien untergliedern.

Unter VERBUCHUNG geben Sie lediglich an, ob Sie mit der Musterkalkulation einen Einzelnachweis sichern wollen. Im Abschnitt ZUORDNUNGEN sind keine Parameter einzustellen. Unter SONSTIGES schließlich legen Sie fest, ob bei der Musterkalkulation Kostenarten angegeben werden können oder müssen oder ob deren Eingabe nicht erlaubt sein soll.

Ihnen steht außerdem zur Muster- und Simulationskalkulation die Erweiterung KKEK0001 zur Verfügung, um bei der Kalkulation einen eigenen, benutzerdefinierten Positionstyp einzusetzen. Sie können diese Erweiterung über die Transaktion CMOD aktivieren.

7.3.7 Ad-hoc-Kalkulation

Was ist eine Ad-hoc-Kalkulation?

Bei einer *Ad-hoc-Kalkulation* können Sie im Rahmen eines vorher definierten Modells eine Kostenplanung für ein Material durchführen. Diese Form der Kalkulation ist sehr der Funktionalität *Easy Cost Planning* sehr ähnlich. Eine Ad-hoc-Kalkulation erstellen Sie im Anwendungsmenü über die Transaktion CKECP. Im Customizing benötigen Sie dafür eine Kalkulationsvariante mit der speziellen Kalkulationsart 26 und der Bewertungsvariante 012, die Sie über CONTROLLING • PRODUKTKOSTENPLANUNG • AD-HOC KALKULATION • KALKULATIONSVARIANTEN DEFINIEREN (Transaktion IKKZ) erstellen. Im Standard steht Ihnen bereits die Kalkulationsvariante PADH zur Verfügung. Sie müssen außerdem ein spezielles Elementeschema einstellen sowie Einstellungen für aggregierte Positionen vornehmen. Wie dies funktioniert, haben wir anhand eines Beispiels in Abschnitt 5.4.3, »Easy Cost Planning und Execution Services«, dargestellt.

Sie haben nun alle Einstellungen kennengelernt, die Sie vornehmen können, um Ihre Produkte zu kalkulieren und zu bewerten. Wir beenden damit den Abschnitt zur Produktkostenplanung und wenden uns nun der Kostenträgerrechnung zu, in der Sie die Kosten des tatsächlichen Fertigungsprozesses überwachen.

7.4 Kostenträgerrechnung

Mithilfe der Kostenträgerrechnung analysieren Sie, welche Kosten im Rahmen Ihres Wertschöpfungsprozesses dafür angefallen sind, Güter herzustellen oder Dienstleistungen zu erbringen. Diese Teilkomponente beinhaltet die Komponenten periodisches Produkt-Controlling, auftragsbezogenes Produkt-Controlling, Kundenauftrags-Controlling und Controlling für immaterielle Güter und Dienstleistungen. Welche Komponente bzw. welche Kombination davon Sie einsetzen, hängt im Wesentlichen von Ihren Geschäftsprozessen ab.

Wir geben Ihnen im folgenden Abschnitt zunächst einen Überblick darüber, welche Szenarien von den einzelnen Bestandteilen der Kostenträgerrechnung abgedeckt werden und welche Funktionalitäten sich für welche Fälle eignen. Im Anschluss beschreiben wir dann im Detail die einzelnen genannten Komponenten.

7.4.1 Überblick

Wie Sie das Produktkosten-Controlling einsetzen und das Customizing dazu einstellen, hängt davon ab, wie Ihr Wertschöpfungsprozess aussieht und wo für Sie der Schwerpunkt der zu analysierenden Kosten liegt. Als ein Massenfertiger, der große Mengen identischer Produkte fertigt, werden Sie vermutlich daran interessiert sein, die tatsächlichen Istkosten und deren Abweichungen von den Sollkosten für Ihre einzelnen Produkte insgesamt zu betrachten, wobei Sie ein einzelner Fertigungsauftrag eher weniger interessiert. Bei einer komplexen Kundeneinzelfertigung hingegen werden Sie für jeden Kundenauftrag überwachen wollen, ob ein positiver Deckungsbeitrag erwirtschaftet wird und wie hoch die Marge ist. Wir wollen Ihnen in diesem Überblick ein paar typische Geschäftsszenarien vorstellen und skizzieren, wie diese in der Kostenträgerrechnung in SAP ERP abgebildet werden könnten.

Lagerfertigung vs. Kundeneinzelfertigung

Grundsätzlich lassen sich Fertigungsprozesse unterteilen in *anonyme Lagerfertigung* und *Kundeneinzelfertigung*. Im ersten Fall produzieren Sie identische Güter, die auf Lager gelegt und von dort bei Bedarf verkauft werden. Bei einer Kundeneinzelfertigung stellen Sie speziell für einen bestimmten Kundenauftrag Ware her, die in manchen Fällen auch noch an die besonderen Kundenwünsche angepasst wird.

Szenarien der anonymen Lagerfertigung

Betrachtet man die anonyme Lagerfertigung, lassen sich auch hier noch unterschiedliche Szenarien skizzieren. Abhängig von der Stückzahl, die jeweils hergestellt wird, und vom Sortiment der unterschiedlichen Güter betrachten wir hier die Werkstattfertigung, Kleinserienfertigung und Serienfertigung.

Bei der *Werkstattfertigung* stellen Sie im Rahmen eines Fertigungsauftrags jeweils nur kleine Mengen eines bestimmten Produkts her, gleichzeitig produzieren Sie aber eine große Anzahl unterschiedlicher Produkte mit denselben Fertigungskapazitäten. Dies kann z.B. der Fall sein, wenn Sie im Maschinenbau tätig sind und unterschiedliche Bauteile (diverse Zahnräder, Gehäuse oder Getriebe) für Ihre Endprodukte herstellen. In einem solchen Fall sind Sie daran interessiert, die Kosten bzw. Abweichungen der Kosten von den Sollkosten je Fertigungsauftrag zu analysieren. So können Sie z.B. Rückschlüsse darüber ziehen, dass die Rüstzeiten jeweils sehr hoch sind, und überlegen, ob Sie zusätzliche Werkzeuge anschaffen oder die Anordnung der Arbeitsplätze ändern.

Die *Kleinserienfertigung* ist nicht in jedem Fall eindeutig von der Werkstattfertigung zu unterscheiden; prinzipiell gilt hier jedoch die Annahme, dass Sie eine kleinere Anzahl verschiedener Produkte fertigen und dies jeweils in größerer Stückzahl als bei der Werkstattfertigung. Typischerweise haben Sie Ihre Fertigungsvorrichtungen auch stärker spezialisiert und automatisiert. Ein Beispiel für diese Art der Fertigung ist der Buchdruck, bei dem Sie in jeder Serie eine Auflage eines bestimmten Buches herstellen, möglicherweise auch mehrere Auflagen von verschiedenen Büchern parallel. In diesem Szenario kann es Fälle geben, in denen Sie wie bei der Werkstattfertigung die Kosten und Abweichungen einzelner Fertigungsaufträge interessieren, möglicherweise wollen Sie aber auch eher produktorientiert die Zahlen je Periode auswerten.

Von *Serienfertigung* sprechen wir, wenn Sie ein kleines Portfolio von Produkten in großen Mengen auf identische Weise herstellen, wie z.B. in der Getränkeindustrie oder bei der Herstellung von Zigaretten oder Streichhölzern. Hier richtet sich Ihr Augenmerk nicht mehr auf einzelne Fertigungsaufträge, sondern Sie analysieren auf Produktebene.

Szenarien der Kundeneinzelfertigung

Im Rahmen der Kundeneinzelfertigung unterscheiden wir zwischen der *komplexen Kundenauftragsfertigung* und der *kundenauftragsbezogenen Massenfertigung*. Im Prinzip kommt hier als weiteres Szenario die Projektfertigung hinzu, was aber nicht Bestandteil dieses Buches ist. Das Controlling der Projektfertigung haben wir ausführlich in unserem Buch *Projektcontrolling mit SAP* dargestellt, das ebenfalls bei SAP PRESS erschienen ist.

Bei der *komplexen Kundeneinzelfertigung* stellen Sie für einen konkreten Kundenauftrag ein Produkt her, das nach den Wünschen des Kunden individuell konfiguriert wurde. Typischerweise setzen Sie dabei die Variantenkonfiguration ein, in der Sie je Produkt eine Maximalstückliste und einen Maximalarbeitsplan hinterlegen. Das bedeutet, dass Sie im Vorhinein vorgeben, welche Kombinationsmöglichkeiten für ein bestimmtes Produkt möglich sind und welche nicht. Die Herstellung des Produkts erfordert somit keine weitere Entwicklungsleistung, es muss nur montiert werden. Es sind damit auch nicht alle beliebigen Kundenwünsche erfüllbar; bestellt der Kunde etwas, das in Ihrer Variantenkonfiguration nicht vorgesehen ist, handelt es sich um eine Projektfertigung, die entsprechend anders abgewickelt wird. Ein Beispiel für diese Art der Fertigung ist der Bau von Hochpräzisionswaagen, die mit unterschiedlichen Wägebereichen, Auflagen, Displays oder Netzkabeln hergestellt werden. In diesem Szenario kann es durchaus sein, dass jedes kundenspezifisch gefertigte Produkt ein Unikat ist oder nur selten in derselben Konstellation verkauft wird. Daher liegt Ihr Augenmerk hier weniger auf den Fertigungsaufträgen, da diese sich schlecht miteinander vergleichen lassen. Vielmehr sind Sie daran interessiert, ob Sie auf der Ebene des Kundenauftrags profitabel sind.

Kundenauftragsbezogene Massenfertigung bedeutet, dass Sie nicht auf Lager produzieren, sondern jeder Fertigungsauftrag den Bedarf eines individuellen Kundenauftrags befriedigt. Im Gegensatz zur komplexen Kundeneinzelfertigung stellen Sie aber große Mengen identischer Produkte mit nur wenigen Variationen her. Ein typisches Beispiel für dieses Szenario ist der Automobilbau. Im Mittelpunkt des Interesses der Controller steht hier mehr das Produkt und weniger der Kundenauftrag.

Um diese verschiedenen Beispiele in der Kostenträgerrechnung abzubilden, stehen Ihnen im Wesentlichen die Funktionalitäten des auftragsbezogenen und des periodischen Produkt-Controllings sowie das Kundenauftrags-Controlling zur Verfügung.

Auftragsbezogenes Produkt-Controlling

Im *auftragsbezogenen Produkt-Controlling* steht der individuelle Fertigungsauftrag im Fokus, der wiederum je nach Szenario mit einem Produktkostensammler oder einem Kundenauftrag verknüpft sein kann. Sie setzen Fertigungsaufträge in allen beschriebenen Szenarien ein (siehe Tabelle 7.1) und können je Auftrag die auftragsspezifischen Plankosten ermitteln, die Istkosten buchen und bei Bedarf eine Ermittlung der Abweichungen und der Ware in Arbeit durchführen. Auf welcher Ebene Sie die Kosten und Abweichungen ermitteln, hängt vom Szenario ab: Bei der Werkstattfertigung und Kleinserienfertigung und bei der kundenauftragsbezogenen Massenfertigung werten Sie in der Regel die Fertigungsaufträge aus.

Prozesstyp	Kostenträger in der Fertigung	Kostenträger im Vertrieb
Werkstattfertigung, Kleinserienfertigung	Fertigungsauftrag (Auswertungsebene für Controlling)	Kundenauftrag
Serienfertigung	Produktkostensammler (Auswertungsebene für Controlling)	Kundenauftrag
Komplexe Kundenauftragsfertigung	Fertigungsauftrag	Kundenauftrag kostenführend mit bewertetem Kundeneinzelbestand (Auswertungsebene für Controlling)
Kundenauftragsbezogene Massenfertigung	Fertigungsauftrag (Auswertungsebene für Controlling)	Kundenauftrag mit bewertetem Kundeneinzelbestand

Tabelle 7.1 Überblick über mögliche Szenarien im Produktkosten-Controlling

Periodisches Produktkosten-Controlling

Das *periodische Produktkosten-Controlling* führt als zusätzliche Konzepte den Produktkostensammler und die Kostenträgerhierarchie ein. Produktkostensammler legen Sie je Material und Werk an (bei Bedarf auch noch weiter untergliedert, siehe weiter hinten in diesem Abschnitt) und ordnen alle Fertigungsaufträge zum entsprechenden Material dem Produktkostensammler zu. Im Gegensatz zu Fertigungsaufträgen werten Sie bei Produktkostensammlern periodisch aus, aggregiert auf einem Material. Mit Kostenträgerhierarchien können Sie darüber hinaus noch mehrere Materialien hierarchisch gegliedert darstellen. Typischerweise setzen Sie das periodische Produktkosten-Controlling ein, wenn Sie Serienfertiger sind; auch bei der kundenauftragsbezogenen Massenfertigung könnten Sie statt auf der Ebene von Fertigungsaufträgen auch anhand von Produktkostensammlern auswerten.

Kundenauftrags-Controlling

Im Rahmen des Kundenauftrags-Controllings steuern Sie, auf welche Weise Sie Analysen auf der Ebene von Kundenauftragspositionen durchführen wollen. Sie entscheiden, ob diese kosten- und erlösführend sein sollen und ob Sie einen bewerteten Kundeneinzelbestand je Kundenauftragsposition führen wollen. Ist eine Kundenauftragsposition kosten- und erlösführend, ist sie damit selbst ein Controlling-Objekt, das Sie direkt bebuchen und auf dem Sie Kosten und Erlöse auswerten können. Arbeiten Sie mit dem bewerteten Kundeneinzelbestand, stellen Sie eine direkte Verknüpfung zwischen Fertigungsauftrag und Kundenauftragsposition her. Die fertige Ware wird dann nicht ans anonyme Lager geliefert, sondern in den Bestand des Kundenauftrags. Damit stellen Sie sicher, dass diese kundenspezifische Ware für den entsprechenden Kunden reserviert ist und ohne Weiteres nicht von anderen Kundenaufträgen beansprucht werden kann. Sie können außerdem im Customizing einstellen, wie die Ware bewertet werden soll, da es sich ja im Falle der komplexen Kundeneinzelfertigung um ein Unikat handelt, für das es möglicherweise keinen Standardpreis gibt. Bei der komplexen Kundeneinzelfertigung können Sie Deckungsbeiträge je Kundenauftrag ermitteln, wenn Sie die entsprechenden Kundenauftragspositionen als kosten- und erlösführend kennzeichnen. Tun Sie dies nicht, können Sie wie in der anonymen Fertigung auf Ebene der Fertigungsaufträge auswerten. In einem Szenario der kundenauftragsbezogenen Massenfertigung werden Sie Ihre Analysen eher in Bezug auf Fertigungsaufträge oder auch Produktkostensammler durchführen.

Controlling von immateriellen Gütern

Das *Controlling von immateriellen Gütern und Dienstleistungen* erlaubt es Ihnen, in Bezug auf einen allgemeinen Kostenträger, der in seiner Funktionsweise Innenaufträgen ähnelt, Kosten zu planen und zu verrechnen. Diese Art der Kostenträgerrechnung spielt nur eine untergeordnete Rolle, da sie nicht unmittelbar in die logistischen Komponenten des SAP ERP-Systems integriert ist.

Wie vielfältig und unterschiedlich die Einsatzmöglichkeiten der Kostenträgerrechnung sind, können Sie auch an dem Umfrageergebnis auf *www.fico-forum.de* ablesen, das Sie in Abbildung 7.46 sehen.

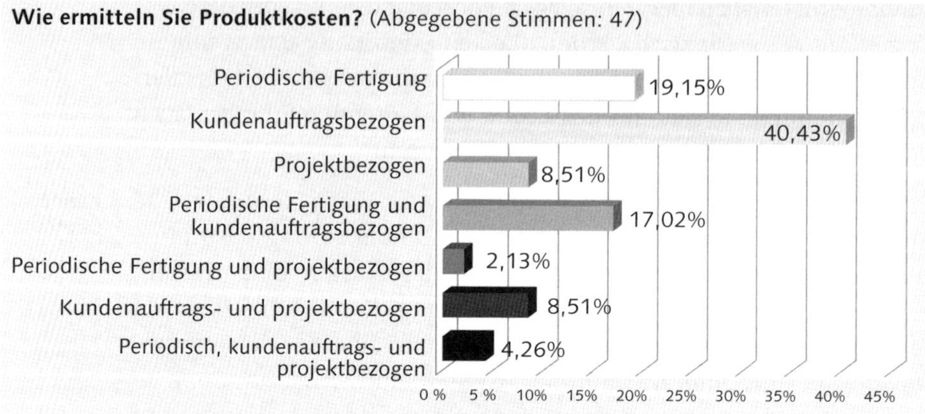

Abbildung 7.46 Umfrage zur Verbreitung der einzelnen Komponenten der Kostenträgerrechnung (Quelle: *www.fico-forum.de*)

Nach diesem Überblick stellen wir Ihnen die einzelnen Komponenten der Kostenträgerrechnung im Detail vor.

7.4.2 Periodisches Produkt-Controlling

Wie bereits oben erläutert, sind die wesentlichen Konzepte des *periodischen Produkt-Controllings* der Produktkostensammler und die Kostenträgerhierarchie, die beide dazu dienen, Produktkosten periodisch auszuwerten. Wir hatten dort auch schon erwähnt, dass Sie diese auf der Ebene MATERIAL/WERK definieren oder bei Bedarf detaillierter. Den Detaillierungsgrad bei der Auswertung nach Material je Periode legen Sie anhand sogenannter *Prozesstypen* und *Controlling-Ebenen* fest.

Was ist ein Prozesstyp?

Prozesstypen sind von SAP fest vorgegeben und klassifizieren die unterschiedlichen Arten von Beschaffung und Verbrauch von Materialien. Auf der Beschaffungsseite existieren z.B. die Prozesstypen BESTELLUNG, UMBUCHUNG MATERIAL, FERTIGUNG, LOHNBEARBEITUNG, UMBUCHUNG SONDERBESTAND und UMLAGERUNG. Im Rahmen des periodischen Produkt-Controllings betrachten wir ausschließlich den Prozesstyp FERTIGUNG.

Was ist eine Controlling-Ebene?

Für Ihre Produktkostensammler müssen Sie nun entscheiden, auf welcher Detaillierungsebene Sie die Herstellkosten und Abweichungen von Materialien auswerten wollen. Diese Detaillierungsebene heißt im Produktkosten-Controlling *Controlling-Ebene*. Die gröbste

Controlling-Ebene (und dies ist auch der Vorschlagswert) basiert auf den Merkmalen WERK/MATERIAL, d.h., Sie werten jedes Material je Werk aus. Sie können diese Darstellung verfeinern, indem Sie der Controlling-Ebene weitere Merkmale wie z.B. STÜCKLISTE/ARBEITSPLAN oder FERTIGUNGSVERSION hinzufügen. Wenn Sie für ein Material das erste Mal einen Produktkostensammler anlegen, wählen Sie die Controlling-Ebene manuell aus. Legen Sie danach einen weiteren Produktkostensammler zum selben Material an, ordnet das System automatisch dieselbe Controlling-Ebene zu, die Sie bereits vorher ausgewählt haben, sodass alle Produktkostensammler sich auf derselben Controlling-Ebene befinden.

Wir erläutern Ihnen nun im Detail die Einstellungsmöglichkeiten im Customizing des periodischen Produkt-Controllings.

Grundeinstellungen für das periodische Produkt-Controlling

Um das periodische Produkt-Controlling einsetzen zu können, müssen Sie dieselben Grundeinstellungen vornehmen, die wir bereits in der Produktkostenplanung vorgestellt haben: Herkunftsgruppen, Gemeinkostenzuschläge, Templates und die Fehlersteuerung. In Abschnitt 7.3.2, »Grundeinstellungen für die Materialkalkulation«, haben wir diese Funktionalitäten im Detail beschrieben. Sie finden dieselben Transaktionen auch im Menübaum CONTROLLING • KOSTENTRÄGERRECHNUNG • PERIODISCHES PRODUKT-CONTROLLING • GRUNDEINSTELLUNGEN FÜR DAS PERIODISCHE PRODUKT-CONTROLLING.

Produktkostensammler

Was ist ein Produktkostensammler?

Produktkostensammler dienen dazu, periodisch zu einem Material alle angefallenen Kosten zu sammeln und zu analysieren. Wenn Sie die notwendigen Customizing-Einstellungen vorgenommen haben, die wir gleich erläutern werden, legen Sie dazu zunächst über die Transaktion KKF6N einen Produktkostensammler für ein Material an. Sie können das betreffende Material dann in unterschiedlichen Szenarien fertigen – Werkstattfertigung über Fertigungsaufträge, Prozessfertigung über Prozessaufträge oder Serienfertigung über direkte Rückmeldungen zum Produktkostensammler.

Produktkostensammler aktivieren

Um Fertigungsaufträge mit Produktkostensammlern oder Kostenträgerhierarchien verknüpfen zu können, wechseln Sie im Customizing zum Punkt Produktion • Fertigungssteuerung • Stammdaten • Auftrag • Auftragsabhängige Parameter definieren (Transaktion OPL8). Im Abschnitt Kostenrechnung wählen Sie für den Parameter Defaultregel den Wert PP2 für periodische Abrechnung aus. Aktivieren Sie dann den Parameter Kostensammler (siehe Abbildung 7.47).

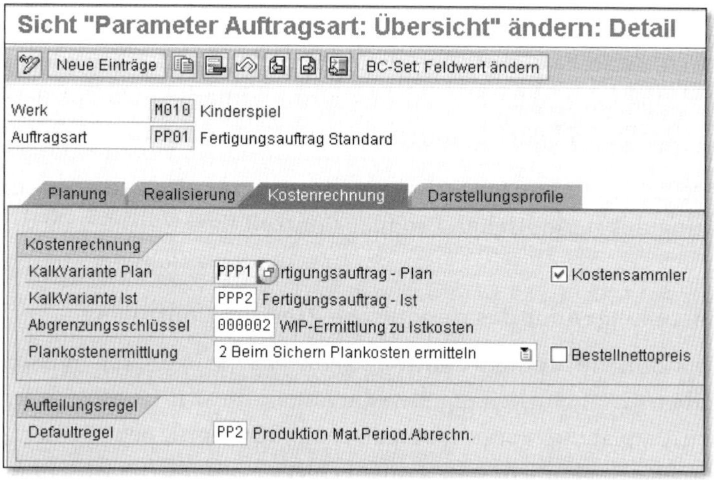

Abbildung 7.47 Fertigungsaufträge für Kostensammler zulassen

Es ist auch möglich, kundenauftragsbezogen mit Bezug auf einen Produktkostensammler zu fertigen (sogenannte *kundenauftragsbezogene Massenfertigung*; weitere Informationen dazu finden Sie in Abschnitt 7.4.4, »Kundenauftrags-Controlling«).

Sie können Istkosten zu einem Produktkostensammler zum einen über logistische Warenbewegungen und Leistungsverrechnungen – direkt auf dem Produktkostensammler oder indirekt über Fertigungsaufträge – erfassen, zum anderen aber auch manuell in der Finanzbuchhaltung. Der Produktkostensammler verhält sich in dem Fall wie ein normales Controlling-Objekt.

Beim Erstellen eines Kostensammlers können Sie eine Vorkalkulation durchführen, sofern Sie die Controlling-Ebene Werk/Material verwenden (bei der Controlling-Ebene Produktionswerk/Planungswerk steht Ihnen kein Mengengerüst für die Kalkulation zur Verfügung). Die Vorkalkulation liefert Vorschlagswerte für die Rückmeldemengen und liefert die Sollkosten für die Berechnung der

Ware in Arbeit und die Abweichungsermittlung (weitere Informationen zu diesen Themen finden Sie weiter unten in diesem Abschnitt). Sie führen die Vorkalkulation entweder aus der Pflegetransaktion des Produktkostensammlers heraus durch (KKF6N) oder über die Transaktion MF30. Neben der Vorkalkulation führt das System automatisch auch eine mitlaufende Kalkulation und eine Nachkalkulation über die bereits angefallenen Istkosten durch.

Kalkulationsvariante für Produktkostensammler

Sie bestimmen über Kalkulationsvarianten, wie die Vor- und mitlaufende Kalkulation durchgeführt werden sollen. Im Customizing stellen Sie beide unter Controlling • Kostenträgerrechnung • Periodisches Produkt-Controlling • Produktkostensammler • Kalkulationsvarianten für Produktkostensammler überprüfen ein. Sie haben dort die beiden Auswahlmöglichkeiten Kalkulationsvarianten zur Ermittlung der Leistungsmengen (Transaktion OKKN, zuständig für die Vorkalkulation) und Kalkulationsvarianten zur Bewertung der Eigenleistungen (Transaktion OPL1, für die mitlaufende und Nachkalkulation). Für die Vorkalkulation liefert SAP im Standard die Kalkulationsvariante PREM aus, bei der die speziell für Produktkostensammler vorgesehene Kalkulationsart 19 Produktkostensammler voreingestellt ist (siehe Abbildung 7.48).

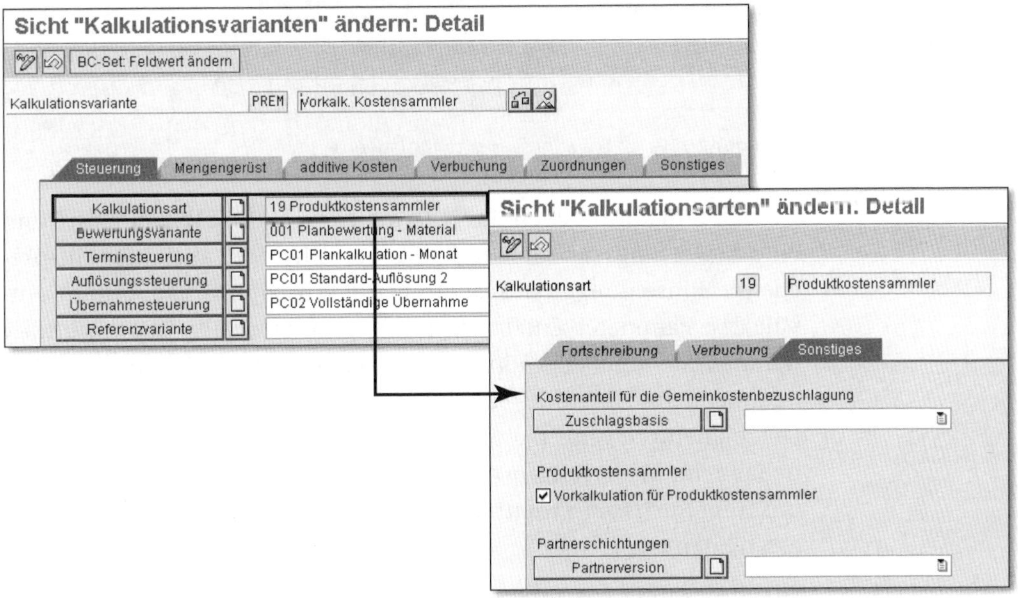

Abbildung 7.48 Kalkulationsversion und Kalkulationsart zur Produktkostensammler-Vorkalkulation

Die Kalkulationsart unterscheidet sich von anderen Kalkulationsarten lediglich in dem Parameter VORKALKULATION FÜR PRODUKTKOSTENSAMMLER. Ansonsten haben Sie an dieser Stelle dieselben Einstellungsmöglichkeiten, die wir bereits ausführlich in Abschnitt 7.3.3, »Materialkalkulation«, beschrieben haben.

Die Kalkulationsvariante für die Istwerte wird immer im Zusammenhang mit einem Produktkostensammler (also für die mitlaufende Kalkulation und die Nachkalkulation) eingesetzt und bezieht sich dadurch auf einen konkreten Fertigungsauftrag bzw. Produktkostensammler. Damit steht im Vergleich zu einer Plankalkulation schon eine Reihe von Parametern wie z.B. das Mengengerüst oder die Losgröße fest, während Aspekte wie der Zeitbezug oder additive Kosten nicht berücksichtigt werden müssen. Daher sind in Kalkulationsvarianten für Istwerte wesentlich weniger Einstellungen vonnöten als für solche für die Plankalkulation (siehe Abbildung 7.49).

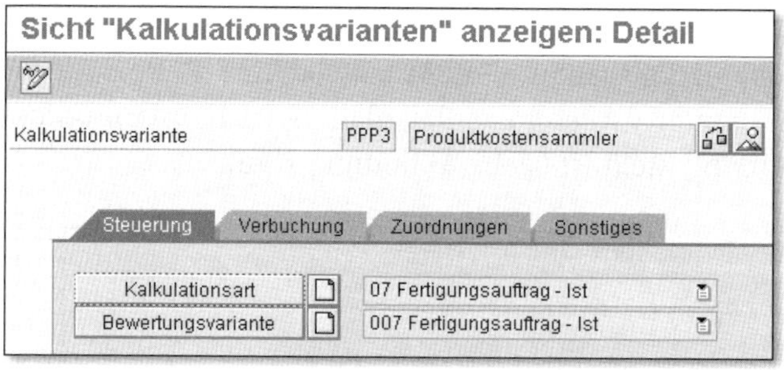

Abbildung 7.49 Kalkulationsvariante für Istwerte

Unter STEUERUNG geben Sie hier lediglich eine Kalkulationsart und eine Bewertungsvariante an; im Standard hat SAP auch hier entsprechende Einstellungen ausgeliefert. Der Abschnitt VERBUCHUNG enthält den Parameter EINZELNACHWEIS, und unter den ZUORDNUNGEN nehmen Sie eine Verknüpfung zu einem Elementeschema vor. Die Parameter im Abschnitt SONSTIGES sind nur für die Kalkulation von Netzplänen relevant, die wir im Rahmen dieses Buches nicht weiter behandeln. Weitere Informationen zu Netzplänen finden Sie z.B. in unserem Buch *Projektcontrolling mit SAP*, das ebenfalls bei SAP PRESS erschienen ist.

Die Bewertungsvariante ist einer der wichtigsten Bestandteile der Kalkulationsvariante (eine genaue Beschreibung dazu finden Sie in

Abschnitt 7.3.3, »Materialkalkulation«). Sie können über CONTROLLING • KOSTENTRÄGERRECHNUNG • PERIODISCHES PRODUKT-CONTROLLING • PRODUKTKOSTENSAMMLER • BEWERTUNGSVARIANTEN FÜR PRODUKTKOSTENSAMMLER ÜBERPRÜFEN (Transaktion OPN2) die bestehenden Bewertungsvarianten bearbeiten.

Produktkostensammler-Auftragsarten definieren

Nachdem Sie die notwendigen Einstellungen zur Kalkulation vorgenommen haben, definieren Sie über CONTROLLING • KOSTENTRÄGERRECHNUNG • PERIODISCHES PRODUKT-CONTROLLING • PRODUKTKOSTENSAMMLER • AUFTRAGSARTEN ÜBERPRÜFEN (Transaktion KOT2_PKOSA) Auftragsarten für die Produktkostensammler. Produktkostensammler sind Aufträge vom Auftragstyp 5 und enthalten eine Teilmenge der Parameter, die Sie auch für Innenaufträge einstellen können (siehe Abbildung 7.50).

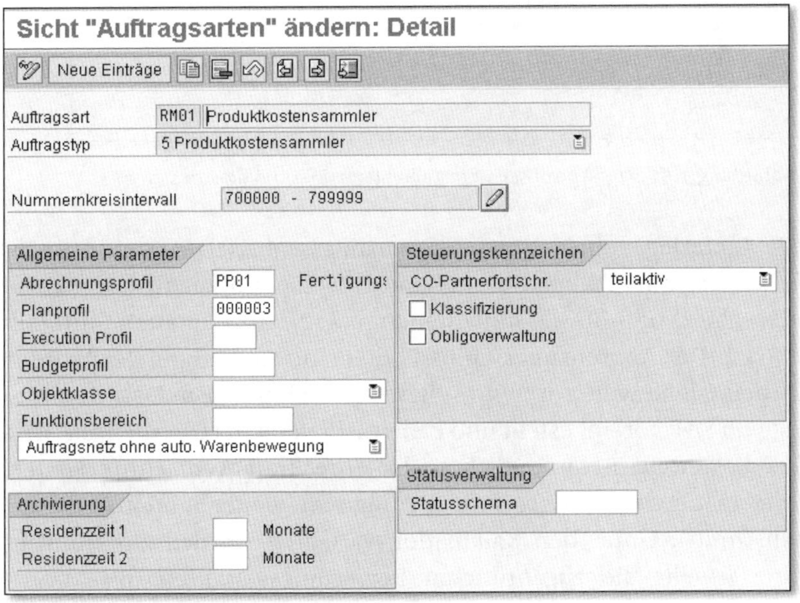

Abbildung 7.50 Auftragsart für Produktkostensammler

Wir möchten an dieser Stelle die Parameter NUMMERNKREIS und ABRECHNUNGSPROFIL hervorheben, die Sie unbedingt pflegen müssen. Ausführliche Informationen zu diesen beiden und den anderen Parametern finden Sie in Abschnitt 5.7.5, »Abrechnung«).

Vorschlagswerte für Auftragsarten

Die Auftragsarten sind unabhängig von den Organisationseinheiten und können in jedem Werk bzw. Kostenrechnungskreis eingesetzt werden. Je Werk können Sie dann aber noch genauere Einstellungen zur Kalkulation und zum Periodenabschluss vornehmen. Dazu navigieren Sie im Customizing zum Punkt Controlling • Kostenträgerrechnung • Periodisches Produkt-Controlling • Produktkostensammler • Kostenrechnungsrelevante Vorschlagswerte je Auftragsart/Werk pflegen (siehe Abbildung 7.51).

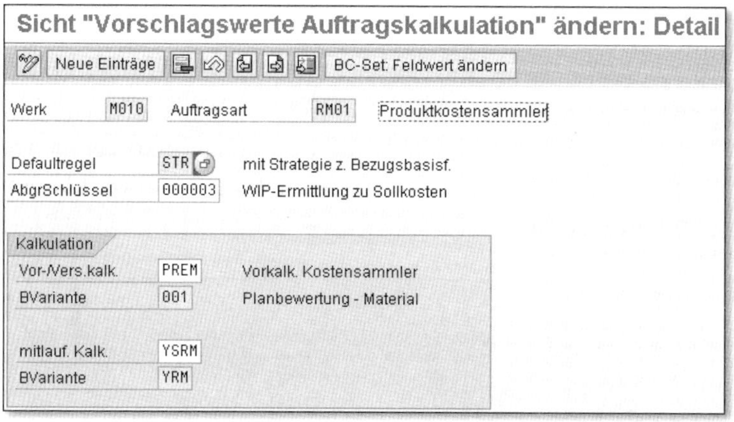

Abbildung 7.51 Werkspezifische Einstellungen zu Produktkostensammlern

Sie hinterlegen hier einen Abgrenzungsschlüssel (AbgrSchlüssel) sowie je eine Kalkulationsvariante für die Vorkalkulation (Vor-/Vers.kalk) und für die mitlaufende bzw. Nachkalkulation (mitlauf. Kalk.). Der Abgrenzungsschlüssel dient zur Ermittlung der Ware in Arbeit (siehe weiter unten in diesem Abschnitt). Die Defaultregel ist von SAP voreingestellt und kann nicht verändert werden; sie steuert die automatische Ermittlung der Abrechnungsvorschrift (weitere Informationen zur Abrechnung finden Sie weiter hinten in diesem Abschnitt). Unter den Kalkulationsvarianten werden zur Information jeweils die zugeordneten Bewertungsvarianten (BVariante) angezeigt.

Fehlersteuerung für Produktkostensammler

Wir haben Ihnen damit bereits fast alle Einstellungen zu Produktkostensammlern gezeigt. Im Untermenü Controlling • Kostenträgerrechnung • Periodisches Produkt-Controlling • Produktkostensammler • Flexible Fehlersteuerung haben Sie außerdem noch die Möglichkeit, Meldungstypen zu definieren und einem Verantwortungsbereich zuzuordnen. Diese Funktionalität haben wir bereits ausführlich in Abschnitt 7.3.2, »Grundeinstellungen für die Materialkalkulation«, erläutert.

Kostenträgerhierarchien

Was ist eine Kostenträgerhierarchie?

Mit einer *Kostenträgerhierarchie* können Sie – ergänzend zu bereits eingesetzten Produktkostensammlern – Kosten erfassen und verwalten, die Sie nicht direkt einzelnen Produktkostensammlern bzw. Fertigungsaufträgen zuordnen können oder wollen. Aus technischer Sicht handelt es sich bei den Knoten einer Kostenträgerhierarchie um Kostenträgeridentnummern, die Sie im Customizing des Kostenrechnungskreises extra aktivieren müssen (siehe dazu Abschnitt 7.4.1, »Überblick«). Um Fertigungsaufträge einer Kostenträgerhierarchie zuordnen zu können, müssen diese so eingestellt sein, dass sie periodisch abgerechnet werden (mehr dazu weiter oben in diesem Abschnitt).

Beispiele für Kosten, die Sie auf den Knoten einer Kostenträgerhierarchie erfassen, sind der Verbrauch von Hilfs- und Betriebsstoffen, Preisdifferenzen oder interne Leistungen wie Wartungsarbeiten. Sie erstellen eine Kostenträgerhierarchie im Anwendungsmenü über die Transaktion KKPHIE. Dort legen Sie für jede Ebene, auf der Sie Kosten erfassen wollen, einen Hierarchieknoten an und ordnen den einzelnen Knoten Materialien oder Fertigungsprozesse zu. Damit verknüpft das System Kostenträger mit den Knoten, die demselben Material bzw. Fertigungsprozess zugeordnet sind. Dies können Fertigungsaufträge, CO-Fertigungsaufträge, Produktkostensammler oder Prozessaufträge sein.

Kostenverteilung bei Kostenträgerhierarchie

Die direkt auf den Kostenträgerhierarchieknoten gebuchten Kosten können Sie zum Monatsabschluss auf die zugeordneten Kostenträger (also Produktkostensammler bzw. Fertigungsaufträge) verteilen. Die Kosten werden dabei im Verhältnis zu den Sollkosten auf den zugeordneten Kostenträgern verteilt, d.h., der Anteil der Kosten, die ein Kostenträger erhält, hängt von der in der Periode zurückgemeldeten Istmenge ab. Wenn Sie die Verteilung durchführen, ermitteln Sie dann im Anschluss die Abweichungen auf der Ebene der zugeordneten Kostenträger.

Entscheiden Sie sich dafür, die Kosten nicht zu verteilen, ermitteln Sie die Abweichungen direkt auf den Knoten der Kostenträgerhierarchie und führen von dort aus auch die Abrechnung durch. Bei der Abrechnung können Sie die Abrechnungskonten manuell zuordnen oder automatisch das Preisdifferenzkonto aus der Kontenfindung in der Materialwirtschaft verwenden.

Kostenträgerprofile für Kostenträgerhierarchie

Um mit Kostenträgerhierarchien arbeiten zu können, benötigen Sie zunächst ein Kostenträgerprofil, das Sie im Customizing über Controlling • Kostenträgerrechnung • Periodisches Produkt-Controlling • Kostenträgerhierarchien • Kostenträgerprofile für Kostenträgerhierarchien definieren (Transaktion OKZ6) erstellen können. Wie Sie in Abbildung 7.52 sehen, stellen Sie hier Vorschlagswerte zum Abweichungsschlüssel, Kalkulationsschema und Zuschlagsschlüssel für Gemeinkostenzuschläge sowie zum Abrechnungsprofil ein. Weitere Informationen zur Abweichungsermittlung und zur Abrechnung finden Sie in Abschnitt 7.4.3, »Auftragsbezogenes Produkt-Controlling«, Gemeinkostenzuschläge haben wir in Abschnitt 7.3.2, »Grundeinstellungen für die Materialkalkulation«, ausführlich erläutert.

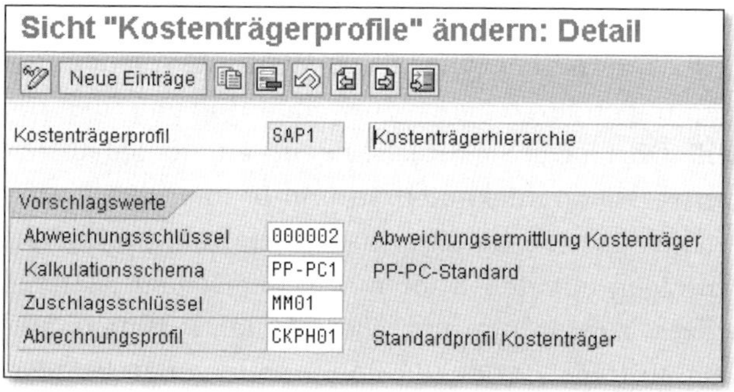

Abbildung 7.52 Kostenträgerprofil für Kostenträgerhierarchie definieren

Kostenträgerarten für Kostenträgerhierarchie

Im nächsten Schritt legen Sie über Controlling • Kostenträgerrechnung • Periodisches Produkt-Controlling • Kostenträgerhierarchien • Kostenträgerarten für Kostenträgerhierarchien definieren (Transaktion OKZ5) Kostenträgerarten an. Dazu vergeben Sie zunächst einen Schlüssel und eine Bezeichnung (siehe Abbildung 7.53) und ordnen ein Kostenträgerprofil zu.

Im Block Steuerungskennzeichen ist der Parameter Hierarchie bereits vorbelegt; dies bedeutet, dass die Kostenträgerart hierarchisch gegliedert wird. Mit Verteilung legen Sie fest, dass Kosten von Kostenträgerhierarchieknoten auf untergeordnete Kostenträger (z.B. Fertigungsaufträge) verteilt werden dürfen. Abweichungen bedeutet, dass Sie für diese Kostenträgerart eine Abweichungsermittlung durchführen können (weitere Informationen zur Abweichungsermittlung finden Sie weiter unten in diesem Abschnitt). Wenn Sie

GMK-ZUSCHLÄGE aktivieren, lassen Sie zu, dass zu der Kostenträgerhierarchie Gemeinkostenzuschläge ermittelt werden können. Deaktivieren Sie diesen Parameter, sind die Felder KALKULATIONSSCHEMA und ZUSCHLAGSSCHLÜSSEL in den Kostenträgerstammdaten zu dieser Kostenträgerart nicht eingabebereit.

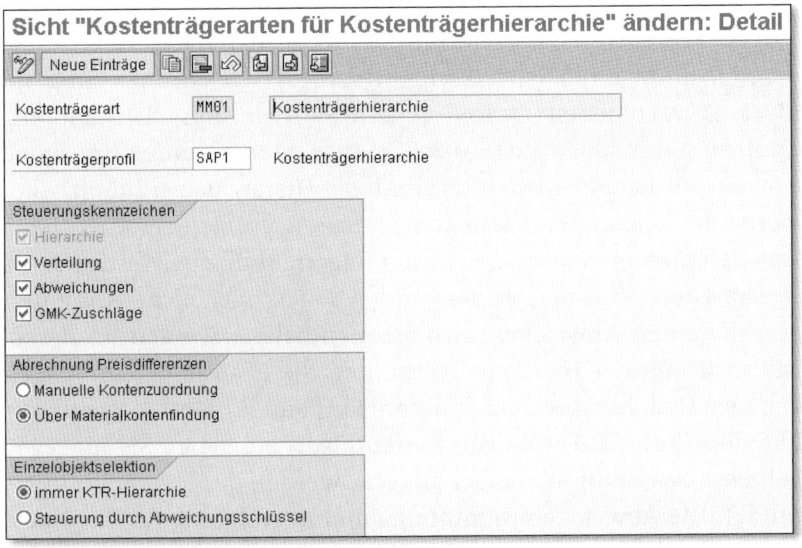

Abbildung 7.53 Kostenträgerarten für Kostenträgerhierarchie pflegen

Wenn Sie die auf den Kostenträgerhierarchieknoten gebuchten Kosten nicht verteilen wollen, führen Sie die Abweichungsermittlung direkt auf der Ebene der Kostenträgerhierarchieknoten durch und rechnen von dort aus ab. Wie bereits weiter oben erwähnt, können Sie dabei das Preisdifferenzenkonto laut der Kontensteuerung in der Materialwirtschaft einsetzen. Wählen Sie dazu im Block ABRECHNUNG PREISDIFFERENZEN den Parameter ÜBER MATERIALKONTENFINDUNG. Dabei verdichtet das System sämtliche Abweichungen nach oben auf den obersten Hierarchieknoten und legt zu diesem automatisch eine Abrechnungsvorschrift auf das ermittelte Preisdifferenzenkonto an.

Entscheiden Sie sich, das Abrechnungskonto manuell anzugeben, wählen Sie im Block ABRECHNUNG PREISDIFFERENZEN den Parameter MANUELLE KONTENZUORDNUNG aus. Sie rechnen die Abweichungen dann von jedem Kostenträgerhierarchieknoten aus einzeln ab. Sie müssen in diesem Fall für jeden Knoten manuell eine Abrechnungsvorschrift erstellen und das entsprechende Konto angeben. Sie sind bei dieser Vorgehensweise zwar sehr flexibel in der Zuordnung der Kosten, haben aber einen vergleichsweise hohen manuellen Aufwand. SAP empfiehlt daher ganz deutlich, die Abrechnung über die Materialkontenfindung einzusetzen.

Wie weiter vorne in diesem Abschnitt bereits erwähnt, verknüpft das System Kostenträger mit einer Kostenträgerhierarchie, wenn diese demselben Material bzw. Fertigungsprozess zugeordnet sind. Im Block EINZELOBJEKTSELEKTION steuern Sie, wie diese Verknüpfung erfolgen soll. Wählen Sie IMMER KTR-HIERARCHIE, werden prinzipiell alle entsprechenden Kostenträger mit der Hierarchie verknüpft. Aktivieren Sie jedoch den Parameter STEUERUNG DURCH ABWEICHUNGSSCHLÜSSEL, können Sie in den Kostenträgern individuell festlegen, ob sie der Hierarchie zugeordnet werden sollen oder nicht. Kostenträger, die einen Abweichungsschlüssel enthalten, werden in diesem Fall nicht mit der Hierarchie verknüpft; die Ermittlung der Abweichungen und die Abrechnung führen Sie dann für diese Kostenträger individuell durch. Diejenigen Kostenträger, bei denen Sie hingegen keinen Abweichungsschlüssel pflegen, werden der Hierarchie zugeordnet. Die Abweichungsermittlung und Abrechnung für diese Kostenträger führen Sie dann auf der Ebene der Kostenträgerhierarchie durch (entsprechend den Einstellungen zur Abrechnung der Preisdifferenzen, die wir weiter oben erläutert haben).

Preisdifferenzen für Kostenträgerhierarchie

Wenn Sie die Kostenträgerart für die Kostenträgerhierarchie angelegt haben, legen Sie unter dem Customizing-Punkt CONTROLLING • KOSTENTRÄGERRECHNUNG • PERIODISCHES PRODUKT-CONTROLLING • KOSTENTRÄGERHIERARCHIEN • MATERIALKONTEN FÜR ABRECHNUNG ÜBERPRÜFEN (Transaktion OBYC) fest, auf welche Konten bei der Abrechnung der Preisdifferenzen gebucht werden soll. Bei dieser Transaktion handelt es sich um die zentrale Pflege der Kontenfindung in der Materialwirtschaft, über die Sie für alle automatischen Buchungen die zu bebuchenden Konten festlegen. Die Kontenfindung ist nach Vorgängen gegliedert. Welche Vorgänge für Sie relevant sind, hängt von den Einstellungen zur Kostenträgerart ab, die sie zuvor vorgenommen haben. Haben Sie dort festgelegt, dass die Abrechnung der Preisdifferenzen über die Materialkontenfindung erfolgen soll, müssen Sie an dieser Stelle für den Vorgang PRK (Preisdifferenzen Kostenträgerhierarchie) Sachkonten für die Preisdifferenzen hinterlegen (siehe Abbildung 7.54). Sie haben hier die Möglichkeit, Soll- und Habenbuchungen auf getrennten Konten zu buchen, können aber auch beide auf dasselbe Konto steuern.

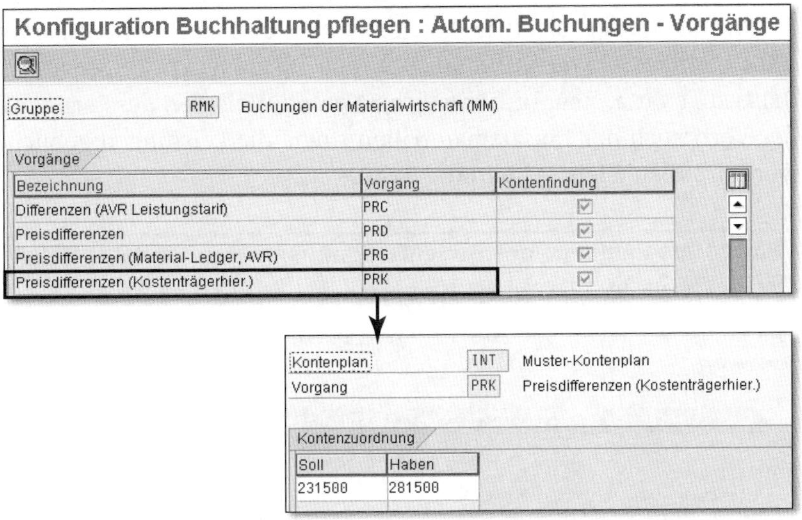

Abbildung 7.54 Materialkonten für Abrechnung überprüfen

Haben Sie eine manuelle Kontenzuordnung festgelegt, müssen Sie zum Schlüssel PRD entsprechend ein Preisdifferenzenkonto angeben. In den Abrechnungsvorschriften zu den Kostenträgerhierarchieknoten legen Sie dann jeweils Abrechnungsvorschriften zu diesem Sachkonto an. Zusätzlich benötigen Sie ein Verrechnungsschema, in dem Sie eine Abrechnungskostenart hinterlegen. Weitere Informationen zu Verrechnungsschemata im Zusammenhang mit der Abrechnung finden Sie in Abschnitt 5.7.5

Fehlersteuerung für Kostenträgerhierarchien

Auch für Kostenträgerhierarchien können Sie über das Untermenü Controlling • Kostenträgerrechnung • Periodisches Produkt-Controlling • Kostenträgerhierarchien • Flexible Fehlersteuerung eine flexible Fehlersteuerung einstellen. Ausführliche Informationen zu dieser Funktionalität finden Sie in Abschnitt 7.3.2, »Grundeinstellungen für die Materialkalkulation«.

Sie haben nun die wesentlichen Einstellungen für die Kostenträger im periodischen Produktkosten-Controlling kennengelernt – Produktkostensammler und Kostenträgerhierarchien. Wir zeigen Ihnen nun, welche Einstellungen Sie für die mitlaufende Kalkulation vornehmen können.

Mitlaufende Kalkulation

Serienfertigungsprofile überprüfen

Wenn Sie die Serienfertigung einsetzen, können Sie über ein Serienfertigungsprofil im Customizing unter CONTROLLING • KOSTENTRÄGERRECHNUNG • PERIODISCHES PRODUKT-CONTROLLING • MITLAUFENDE KALKULATION • STEUERUNGSDATEN FÜR SERIENFERTIGUNGSPROFILE ÜBERPRÜFEN u.a. steuern, auf welche Art und Weise bei der Fertigung der Verbrauch der Einsatzmaterialien sowie die Leistungen gebucht werden sollen (siehe Abbildung 7.55).

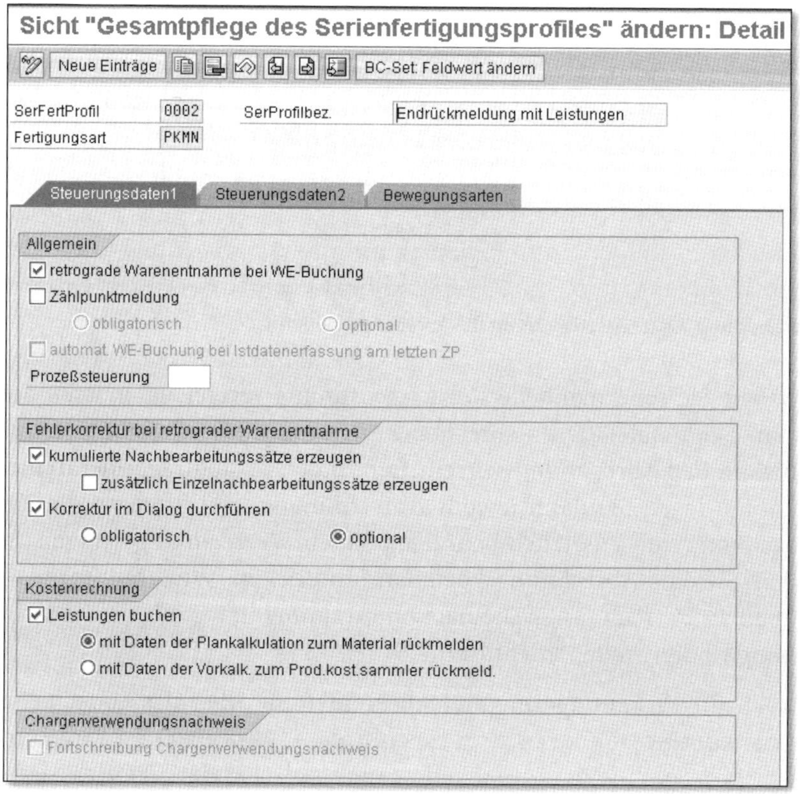

Abbildung 7.55 Einstellungen zum Serienfertigungsprofil

Im Profil beziehen Sie sich auf die FERTIGUNGSART PKMN (Serienfertigung mit Produktkostensammler). Das bedeutet, dass Sie dieses Serienfertigungsprofil im Materialstammsatz (Sicht DISPOSITION 4) derjenigen Materialien hinterlegen, die Sie in Serienfertigung herstellen wollen. Sie legen dann einen Produktkostensammler zu ebendiesen Materialien an, und wann immer Sie darauf Istdaten erfassen, werden die Einstellungen aus dem Serienfertigungsprofil berücksichtigt.

Im Block ALLGEMEIN legen Sie fest, ob bei der Wareneingangsbuchung eine retrograde Entnahme der Einsatzmaterialien erfolgen soll (Parameter RETROGRADE WARENENTNAHME BEI WE-BUCHUNG). Das bedeutet, dass der Warenausgang der Rohstoffe und Halbfabrikate nicht direkt dann gebucht wird, wenn diese tatsächlich verbraucht wurden, sondern erst dann, wenn das Fertigprodukt in den Bestand übernommen wird. Dadurch erreichen Sie, dass die Buchungen zum Warenein- und -ausgang zeitlich eng beisammenliegen und damit die Kosten und Bestandsveränderungen einander leichter zugeordnet werden können.

ZÄHLPUNKTMELDUNG bedeutet, dass Rückmeldungen zum Produktkostensammler zu bestimmten Zählpunkten durchgeführt werden können (Zählpunkte können alle Arbeitsplanvorgänge sein, die als Meilensteine gekennzeichnet sind). Bei längeren Produktionsläufen können Sie so die angefallenen Warenbewegungen zeitnah zum Ablauf erfassen und zum Periodenende die Ware in Arbeit ermitteln. Sie können steuern, ob Zählpunktmeldungen OBLIGATORISCH oder OPTIONAL sein sollen. Wenn Sie obligatorische Zählpunktmeldungen verwenden, können Sie über den Parameter AUTOMAT. WE-BUCHUNGEN BEI ISTDATENERFASSUNG AM LETZTEN ZP festlegen, dass bei einer Rückmeldung am letzten Zählpunkt automatisch der Wareneingang für die Baugruppe gebucht wird.

Unter PROZESSSTEUERUNG können Sie einen Prozesssteuerschlüssel eingeben, über den Sie bei Bedarf die Systemperformance verbessern können. Über den Prozesssteuerschlüssel steuern Sie, ob die Verbuchung der Warenbewegungen und der Leistungsverrechnung sofort im Dialog oder später im Hintergrund starten soll. Darüber hinaus haben Sie die Möglichkeit, die Buchungen der Materialbewegungen in der Logistik zeitlich von den Verbuchungen der Kosten im Finanzwesen zu trennen. Sie pflegen Prozesssteuerschlüssel über die Transaktion OPKC.

Im Block FEHLERKORREKTUR BEI RETROGRADER WARENENTNAHME legen Sie fest, wie Korrekturen bei der retrograden Warenentnahme erfasst werden sollen. Sie haben zum einen die Möglichkeit, diese unmittelbar im Dialog zu bearbeiten, indem Sie den Parameter KORREKTUR IM DIALOG DURCHFÜHREN aktivieren. Sie können dann entscheiden, ob die Korrekturen OBLIGATORISCH oder OPTIONAL durchgeführt werden sollen. Alternativ kann das System auch Nachbearbeitungssätze erzeugen, die Sie nachträglich bearbeiten können. Wählen Sie KUMULIERTE NACHBEARBEITUNGSSÄTZE, fasst das System mehrere Sätze zum selben Vorgang zusammen; aktivieren Sie den Parameter ZUSÄTZLICH EINZELNACHBEARBEITUNGSSÄTZE ERZEUGEN, werden die Sätze nicht zusammengefasst.

Sie können die internen Leistungen entweder getrennt vom Wareneingang erfassen oder direkt mit dem Wareneingang zusammen buchen lassen; dazu aktivieren Sie die Option LEISTUNGEN BUCHEN. Dabei haben Sie die Wahl, die Leistungen entweder auf Basis der Vorkalkulation zum Produktkostensammler zu erfassen oder aufgrund der Plankalkulation zum Material.

Die Parameter zur Chargenverwendung sowie die Abschnitte STEUERUNGSDATEN 2 und BEWEGUNGSARTEN sind für das Produktkosten-Controlling nicht von Bedeutung, daher gehen wir an dieser Stelle nicht näher darauf ein.

Unter dem Customizing-Punkt CONTROLLING • KOSTENTRÄGERRECHNUNG • PERIODISCHES PRODUKT-CONTROLLING • MITLAUFENDE KALKULATION • GENERIEREN KOSTENPROTOKOLL BEI SERIENFERTIGUNG AKTIVIEREN können Sie je Werk festlegen, ob beim Rückmelden von Leistungen in der Serienfertigung ein Kostenprotokoll erstellt werden soll (siehe Abbildung 7.56). Dieses hilft beim Überwachen des Prozesses und gegebenenfalls bei der Fehlersuche.

Abbildung 7.56 Kostenprotokoll für die Serienfertigung aktivieren

Bewertungsvariante für Auftragsablieferung

Für den Fall, dass Sie Halbfabrikate oder Fertigprodukte mit einem gleitenden Durchschnittspreis bewerten, müssen Sie über CONTROLLING • KOSTENTRÄGERRECHNUNG • PERIODISCHES PRODUKT-CONTROLLING • MITLAUFENDE KALKULATION • ZUGANGSBEWERTUNG FÜR AUFTRAGSABLIEFERUNG FESTLEGEN eine Bewertungsvariante angeben, mittels derer der Wareneingang der fertigen Waren bewertet werden soll (siehe Abbildung 7.57; weitere Informationen zu Bewertungsvarianten finden Sie in Abschnitt 7.3.3, »Materialkalkulation«). Materialien mit Standardpreissteuerung werden beim Wareneingang grundsätzlich zum Standardpreis bewertet und benötigen an dieser Stelle keine weiteren Einstellungen.

Abbildung 7.57 Zugangsbewertung für Auftragsablieferung festlegen

Wir beenden damit unsere Erläuterungen zur mitlaufenden Kalkulation. Im Folgenden beschäftigen wir uns nun mit dem Periodenabschluss.

Periodenabschluss

Der Periodenabschluss für das periodische Produkt-Controlling besteht aus den drei Themen Ware in Arbeit, Abweichungsermittlung und Abrechnung. Die Einstellungen dazu sind dieselben wie im auftragsbezogenen Produkt-Controlling, und wir erläutern diese im Detail in Abschnitt 7.4.3, »Auftragsbezogenes Produkt-Controlling«.

Wir haben Ihnen damit alle wesentlichen Einstellungen zum periodischen Produkt-Controlling vorgestellt. Wir widmen uns nun dem auftragsbezogenen Produkt-Controlling.

7.4.3 Auftragsbezogenes Produkt-Controlling

Was ist ein Fertigungsauftrag?

Wie bereits in der Einleitung zur Kostenträgerrechnung dargestellt, konzentrieren Sie sich im auftragsbezogenen Produkt-Controlling auf Fertigungsaufträge. Dabei stellt SAP zwei verschiedene Typen von Fertigungsaufträgen zur Verfügung: *CO-Fertigungsaufträge* und *PP-Fertigungsaufträge*. Beide haben gemeinsam, dass sie Controlling-Objekte sind und mit Bezug zu einem Material angelegt werden. Sie können auch für beide Typen einen Wareneingang von Fertigmaterial buchen. Der PP-Fertigungsauftrag ist dabei voll in die Produktionsplanung in SAP ERP (Komponente PP) integriert und basiert auf einem Mengengerüst, also einer Stückliste und einem Arbeitsplan, die detaillierte Informationen zur Herstellung des Produkts liefern. Anhand der Stückliste werden die Materialkosten für den Auftrag und Bedarfe für die einzelnen Komponenten an die Bedarfsplanung übergeben, die deren Bereitstellung sicherstellt. Der Arbeitsplan dient neben der Ermittlung der Kosten für innerbetriebliche Leistungen auch zur Ermittlung der benötigten Kapazitäten von Personen und Maschinen. CO-Fertigungsaufträge verfügen über kein Mengengerüst und sind damit nicht mit den Logistikkomponenten des SAP ERP-Systems integriert. Sie können CO-Fertigungsaufträge z. B. dann einsetzen, wenn in Ihrem System die Produktionsplanung nicht aktiv ist, Sie aber trotzdem die Möglichkeit benötigen, Kosten in den Materialbestand umzubuchen.

Neben den Einstellungen, die Sie zur Kalkulation von Fertigungsaufträgen vornehmen, stellen wir Ihnen auch das Customizing zur Ermittlung der Ware in Arbeit und die Abweichungsermittlung vor. Wir beginnen mit den Grundeinstellungen, die zuvor notwendig sind.

Grundeinstellungen für das auftragsbezogene Produkt-Controlling

Um das auftragsbezogene Produkt-Controlling einsetzen zu können, müssen Sie dieselben Grundeinstellungen vornehmen, die wir bereits in der Produktkostenplanung vorgestellt haben: Herkunftsgruppen, Gemeinkostenzuschläge, Templates und die Fehlersteuerung. In Abschnitt 7.3.2, »Grundeinstellungen für die Materialkalkulation«, haben wir diese Funktionalitäten im Detail beschrieben. Sie finden dieselben Transaktionen auch im Menübaum CONTROLLING • KOSTENTRÄGERRECHNUNG • PERIODISCHES PRODUKT-CONTROLLING • GRUNDEINSTELLUNGEN FÜR DAS AUFTRAGSBEZ. PRODUKT-CONTROLLING.

Produktionsaufträge

Auf der Basis von Fertigungsaufträgen können Sie Plan- und Istkosten ermitteln, um diese miteinander vergleichen zu können. Dazu benötigen Sie je eine Kalkulationsvariante, über die Sie steuern, wie die Kosten ermittelt werden sollen.

Kalkulationsvarianten für Fertigungsaufträge

Sie definieren Kalkulationsvarianten im Customizing über CONTROLLING • KOSTENTRÄGERRECHNUNG • AUFTRAGSBEZOGENES PRODUKT-CONTROLLING • PRODUKTIONSAUFTRÄGE • KALKULATIONSVARIANTEN FÜR PRODUKTIONSAUFTRÄGE (PP) ÜBERPRÜFEN (Transaktion OPL1). Den Aufbau und die Funktionalität von Kalkulationsvarianten im Allgemeinen haben wir in Abschnitt 7.3.3, »Materialkalkulation«, bereits erläutert. Kalkulationsvarianten für PP-Fertigungsaufträge besitzen dieselbe Struktur wie solche für Produktkostensammler. In Abschnitt 7.4.2, »Periodisches Produkt-Controlling«, finden Sie weitere Erläuterungen inklusive Abbildung zu diesem Thema.

Im Standard liefert SAP für Planwerte die Kalkulationsvariante PPP1 FERTIGUNGSAUFTRAG – PLAN mit der Kalkulationsart 06 und der Bewertungsvariante 006 aus. Für Istwerte können Sie die Kalkulationsvariante PPP2 FERTIGUNGSAUFTRAG – IST mit der Kalkulationsart 07 und der Bewertungsvariante 007 verwenden.

Unter CONTROLLING • KOSTENTRÄGERRECHNUNG • AUFTRAGSBEZOGENES PRODUKT-CONTROLLING • PRODUKTIONSAUFTRÄGE • BEWERTUNGSVARIANTEN FÜR PRODUKTIONSAUFTRÄGE (PP) ÜBERPRÜFEN (Transaktion OPN2) stellen Sie entsprechend die Bewertungsvarianten ein.

Kalkulationsvarianten für CO-Fertigungsaufträge unterscheiden sich von denen für PP-Fertigungsaufträge zum einen darin, dass sie noch weniger Parameter enthalten (nämlich nur die Kalkulationsart, die Bewertungsvariante und den Parameter für den Einzelnachweis im Abschnitt VERBUCHUNG). Zum anderen benötigen Sie nur eine Kalkulationsvariante für Planwerte, da für die Istwerte bereits festgelegt ist, dass Leistungsarten und Geschäftsprozesse zum Plantarif der Periode bewertet werden.

SAP bietet im Standard die Kalkulationsvariante PC01 CO-FERTIGUNGSAUFTRAG mit der Kalkulationsart 09 und der Bewertungsvariante 006, die Sie über CONTROLLING • KOSTENTRÄGERRECHNUNG • AUFTRAGSBEZOGENES PRODUKT-CONTROLLING • PRODUKTIONSAUFTRÄGE • KALKULATIONSVARIANTEN FÜR CO-FERTIGUNGSAUFTRÄGE ÜBERPRÜFEN (Transaktion OKY2) bearbeiten können (siehe Abbildung 7.58).

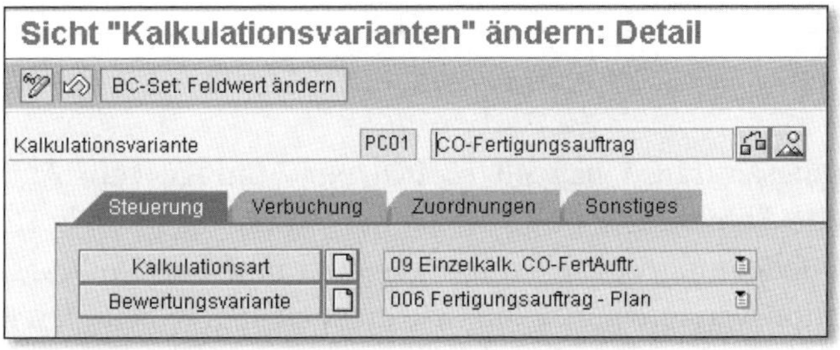

Abbildung 7.58 Kalkulationsvariante für CO-Fertigungsaufträge

Die Bewertungsvarianten für CO-Fertigungsaufträge pflegen Sie über Controlling • Kostenträgerrechnung • Auftragsbezogenes Produkt-Controlling • Produktionsaufträge • Bewertungsvarianten für CO-Fertigungsaufträge überprüfen (Transaktion OKY5).

Fertigungsauftragsarten überprüfen

Nachdem Sie die notwendigen Einstellungen zur Kalkulation vorgenommen haben, definieren Sie über Controlling • Kostenträgerrechnung • Auftragsbezogenes Produkt-Controlling • Produktionsaufträge • Auftragsarten überprüfen (Transaktion KOT2) Auftragsarten für Fertigungsaufträge. PP-Fertigungsaufträge sind Aufträge vom Typ 10 (siehe Abbildung 7.59). Für die Auftragsarten beider Typen können Sie einen Teil der Parameter pflegen, die Sie auch für Innenaufträge einstellen können. Wir möchten an dieser Stelle die Parameter Nummernkreis und Abrechnungsprofil hervorheben, die unbedingt gepflegt werden müssen. Ausführliche Informationen zu diesen beiden und den anderen Parametern finden Sie in den Abschnitten 5.3.2, »Nummernkreise«, und 5.7.5, »Abrechnung«).

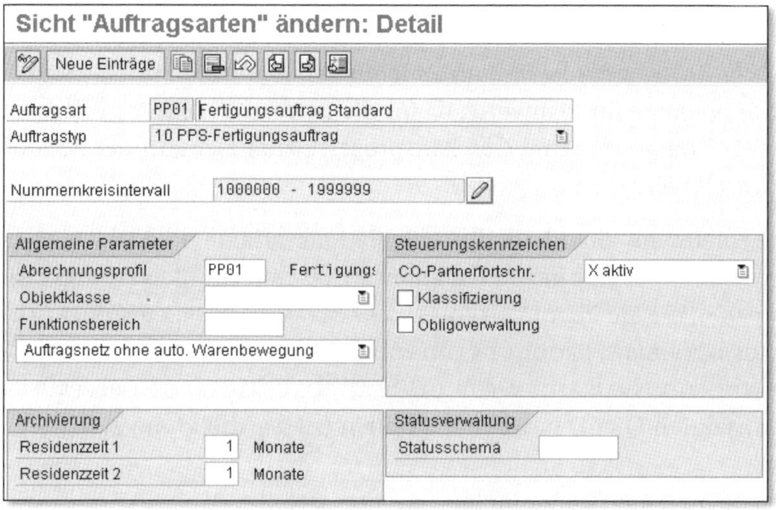

Abbildung 7.59 PP-Fertigungsauftragsarten überprüfen

Bei CO-Fertigungsaufträgen handelt es sich um Aufträge vom Auftragstyp 4 (siehe Abbildung 7.60). Hier ist der Parameter Planprofil zusätzlich von Bedeutung, da Sie darüber die Zuordnung der Auftragsart zur Kalkulationsvariante herstellen (wie dies genau geschieht, lesen Sie weiter unten in diesem Abschnitt).

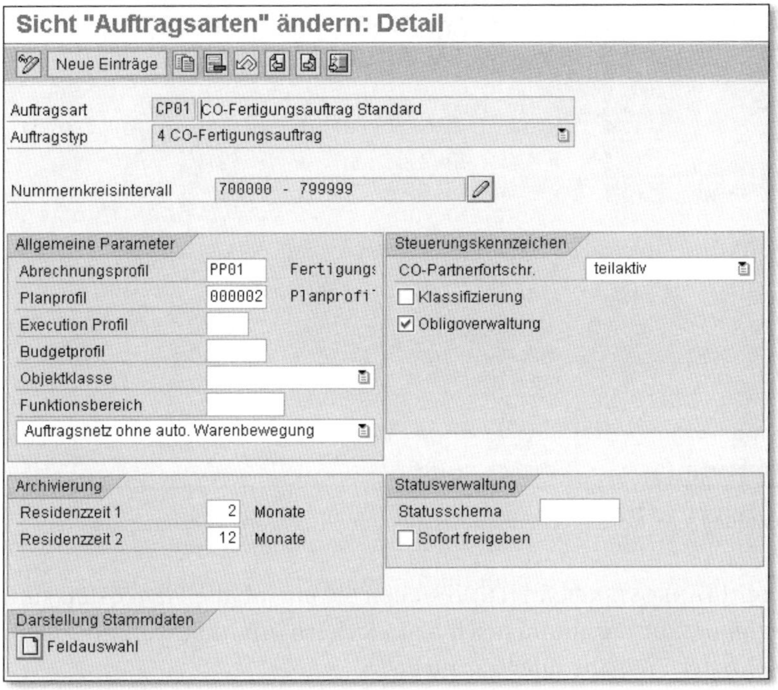

Abbildung 7.60 CO-Fertigungsauftragsarten überprüfen

Vorschlagswerte für Fertigungsaufträge

Nachdem Sie die Auftragsarten im Allgemeinen festgelegt haben, legen Sie für die PP-Aufträge Parameter zur Kalkulation und zum Periodenabschluss je Auftragsart und Kostenrechnungskreis fest. Dazu navigieren Sie zum Punkt Controlling • Kostenträgerrechnung • Auftragsbezogenes Produkt-Controlling • Produktionsaufträge • Kostenrechnungsrelevante Vorschlagswerte je Auftragsart/Werk pflegen (siehe Abbildung 7.61).

Sie hinterlegen hier einen Abgrenzungsschlüssel (AbgrSchlüssel) sowie je eine Kalkulationsvariante für die Vorkalkulation (Vor-/Vers.kalk) und für die mitlaufende bzw. Nachkalkulation (mitlauf. Kalk.). Der Abgrenzungsschlüssel dient zur Ermittlung der Ware in Arbeit (siehe weiter unten in diesem Abschnitt). Die Defaultregel ist von SAP voreingestellt und kann nicht verändert werden; sie steuert die automatische Ermittlung der Abrechnungsvorschrift (weitere Informationen zur Abrechnung finden Sie ebenfalls weiter unten in diesem Abschnitt). Unter den Kalkulationsvarianten werden zur Information jeweils die zugeordneten Bewertungsvarianten (BVariante) angezeigt.

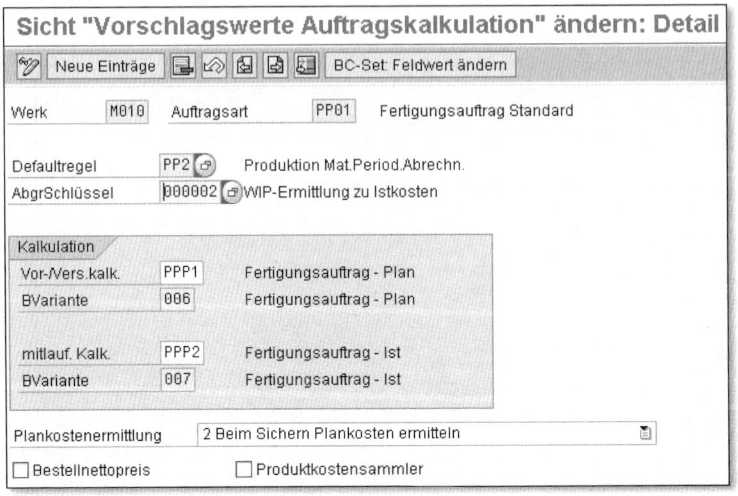

Abbildung 7.61 Kostenrechnungsrelevante Vorschlagswerte je Auftragsart/Werk

Unter Plankostenermittlung stellen Sie ein, ob die Plankosten zum Fertigungsauftrag automatisch beim Sichern ermittelt werden sollen, erst ab der Freigabe oder gar nicht.

Der Parameter Bestellnettopreis steuert, dass bei Bestellungen zu Aufträgen dieses Typs der Bestellpreis aus der Bestellanforderung in die Bestellung übernommen werden muss.

Über Produktkostensammler legen Sie fest, dass Sie für diese Auftragsart kein auftragsbezogenes Controlling durchführen, sondern über die Verknüpfung zu einem Produktkostensammler die Kosten periodisch überwachen wollen. Weitere Informationen zum periodischen Produkt-Controlling und zu Produktkostensammlern finden Sie in Abschnitt 7.4.2, »Periodisches Produkt-Controlling«.

Planprofil für CO-Fertigungsaufträge

Für CO-Fertigungsaufträge ordnen Sie, wie wir weiter oben erwähnt haben, die Kalkulationsvariante den Auftragsarten über ein Planprofil zu, das Sie zuvor in der Auftragsart hinterlegt haben. Dazu wechseln Sie im Customizing zu Controlling • Kostenträgerrechnung • Auftragsbezogenes Produkt-Controlling • Produktionsaufträge • Planprofile für CO-Fertigungsaufträge definieren (Transaktion OKOS). Der überwiegende Teil der Einstellungen, die Sie hier vornehmen können, ist für die manuelle Planung zu Innenaufträgen gedacht. Für einen CO-Fertigungsauftrag werden Sie jedoch in der Regel keine manuelle Planung durchführen, deshalb ist an dieser Stelle nur die Zuordnung der KALKULATIONSVARIANTE von Bedeutung (siehe Abbildung 7.62). Weitere Informationen zu Planprofilen im Zusammenhang mit der manuellen Planung zu Innenaufträgen finden Sie in Abschnitt 5.4.2.

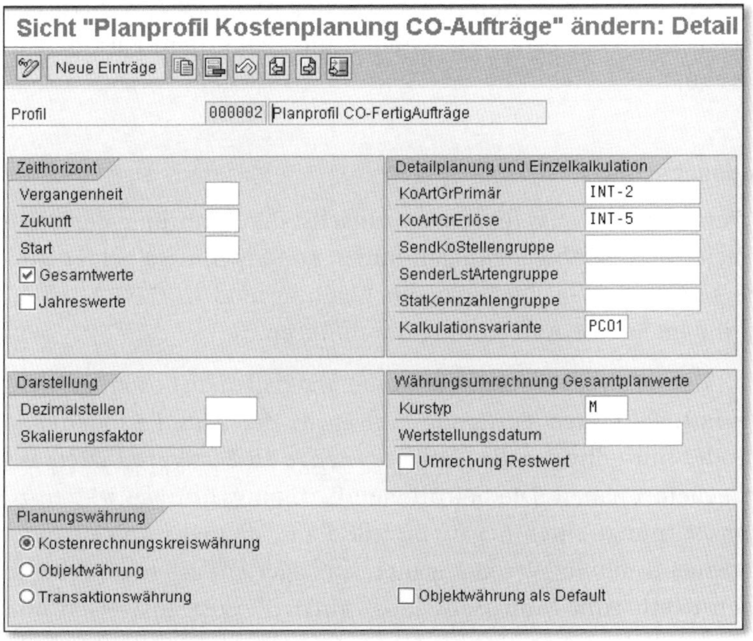

Abbildung 7.62 Planprofil für CO-Fertigungsaufträge pflegen

Fehlersteuerung für Fertigungsaufträge

Wir haben Ihnen damit bereits fast alle Einstellungen zu Fertigungsaufträgen gezeigt. Im Untermenü CONTROLLING • KOSTENTRÄGERRECHNUNG • AUFTRAGSBEZOGENES PRODUKT-CONTROLLING • PRODUKTIONSAUFTRÄGE • FLEXIBLE FEHLERSTEUERUNG haben Sie außerdem noch die Möglichkeit, Meldungstypen zu definieren und einem Verantwortlichkeitsbereich zuzuordnen. Diese Funktionalität haben wir bereits ausführlich in Abschnitt 7.3.2, »Grundeinstellungen für die Materialkalkulation«, erläutert.

Für den Fall, dass Sie Halbfabrikate oder Fertigprodukte mit einem gleitenden Durchschnittspreis bewerten, müssen Sie über CONTROLLING • KOSTENTRÄGERRECHNUNG • AUFTRAGSBEZOGENES PRODUKT-CONTROLLING • ZUGANGSBEWERTUNG FÜR AUFTRAGSABLIEFERUNG FESTLEGEN eine Bewertungsvariante angeben, mittels derer der Wareneingang der fertigen Waren bewertet werden soll (eine Abbildung dazu finden Sie auch in Abschnitt 7.4.2, »Periodisches Produkt-Controlling«; weitere Informationen zu Bewertungsvarianten erhalten Sie in Abschnitt 7.3.3, »Materialkalkulation«). Materialien mit Standardpreis werden beim Wareneingang grundsätzlich zum Standardpreis bewertet.

Sie haben nun alle wesentlichen Einstellungen zu Produktionsaufträgen kennengelernt. Wir wenden uns damit dem Periodenabschluss zu.

Periodenabschluss

Zum Periodenabschluss führen Sie zunächst die Ermittlung der Ware in Arbeit und der Abweichungen durch. Die Ergebnisse beider Vorgänge können Sie in der Finanzbuchhaltung und in CO-PA verbuchen, indem Sie die Abrechnung durchführen.

Was ist Ware in Arbeit?

Unter *Ware in Arbeit* versteht man die angefallenen Kosten auf teilweise fertiggestellten Fertigungsaufträgen, die zum Periodenende nicht oder nur teilweise die geplante Menge an Fertigprodukten ans Lager geliefert haben. Die betroffenen Fertigungsaufträge weisen zu diesem Zeitpunkt einen negativen Saldo aus, da mehr Kosten angefallen sind, als durch Wareneingänge am Lager entlastet wurden. Sie würden damit zum Monatsabschluss einen Verlust ausweisen und hätten damit einen negativen Effekt auf das Ergebnis des Unternehmens. Da Sie jedoch davon ausgehen dürfen, dass der angefallene Aufwand dazu dient, Fertigprodukte herzustellen, die Sie in den Bestand übernehmen können, haben Sie die Möglichkeit, den Aufwand zum Periodenende als Ware in Arbeit auszuweisen und damit zu aktivieren, also im Bestand zu verbuchen.

Für den Fall, dass ein Fertigungsauftrag einen Habensaldo ausweist, falls also der Wert der Wareneingänge größer ist als der der Kosten, ist davon auszugehen, dass noch weitere Kosten anfallen werden, die noch nicht gebucht wurden (z.B. weil sie retrograd entnommen werden). In diesem Fall bildet das System automatisch sogenannte *Rückstellungen* für fehlende Kosten.

Das Prinzip der Ermittlung der Ware in Arbeit ist für Produktkostensammler dasselbe, es werden hier jedoch zum Periodenende nicht die angefallenen Istkosten betrachtet, sondern die auf der gemeldeten Istmenge basierenden Sollkosten.

Einstellungen für Ware in Arbeit

Technisch gesehen, basiert die Ermittlung der Ware in Arbeit zu Fertigungsaufträgen auf derselben Funktionalität wie die Ergebnisermittlung, die wir Ihnen in Abschnitt 5.7.4 vorgestellt haben. Alle Customizing-Einstellungen zur Ermittlung der Ware in Arbeit nehmen Sie in Abhängigkeit vom Kostenrechnungskreis, von einer Abgrenzungsversion und einem Abgrenzungsschlüssel vor (siehe Tabelle 7.2). Zu jeder dieser Kombinationen stellen Sie zunächst ein, welche auf Fertigungsaufträgen gebuchten Kostenarten überhaupt aktiviert werden sollen, und ordnen sie einem sogenannten *Zeilenidentifikator* (Zeilen-ID) zu, um diese Kosten zu klassifizieren. Je Zeilen-ID müssen Sie dann eine sekundäre Kostenart angeben, unter der die ermittelten Werte zur Ware in Arbeit fortgeschrieben werden. Zum Schluss legen Sie dann unter den Buchungsregeln fest, auf welche Konten in der Finanzbuchhaltung die Ware in Arbeit gebucht werden soll.

Je: Kostenrechnungskreis, Abgrenzungsversion, Abgrenzungsschlüssel			
Zuordnung zu Zeilen-IDs	**Fortschreibung der Zeilen-IDs**		**Buchungsregeln je Zeilen-ID**
400000 – 409999 Verbrauch Rohstoffe	Zeilen-ID 01 Variable Kosten	752000 Fortschreibung variable Kosten	791000 Bestand WIP variabel 891000 Bestandsänderungen WIP variabel
790000 – 790999 Fertigungsstunden	Zeilen-ID 02 Fixe Kosten	753000 Fortschreibung fixe Kosten	792000 Bestand WIP fix 892000 Bestandsänderungen WIP fix
470000 – 479999 Verwaltungskosten	Zeilen-ID 03 Nicht zu aktivieren	–	–
430000 – 439999 Bestandsänderung Fertigprodukte	Zeilen-ID 04 Zugang zum Lager	754000 Fortschreibung Zugang zum Lager	–

Tabelle 7.2 Übersicht über die Customizing-Einstellungen zur Ermittlung der Ware in Arbeit

Wir zeigen Ihnen die notwendigen Einstellungen, um die Ware in Arbeit von fixen Kosten getrennt von den variablen darzustellen und Verwaltungskosten von der Aktivierung auszuschließen.

Abgrenzungsschlüssel definieren

Sie legen im Customizing unter CONTROLLING • KOSTENTRÄGERRECHNUNG • AUFTRAGSBEZOGENES PRODUKT-CONTROLLING • PERIODENABSCHLUSS • WARE IN ARBEIT • ABGRENZUNGSSCHLÜSSEL DEFINIEREN (Transaktion OKG1) zunächst die Abgrenzungsschlüssel an (siehe Abbildung 7.63). Wie bereits erwähnt, verwenden Sie hier dieselbe Funktionalität wie für die Ergebnisermittlung, sodass Sie an dieser Stelle auch Einstellungen finden, die Sie im Zusammenhang mit Innenaufträgen oder Projekten vorgenommen haben.

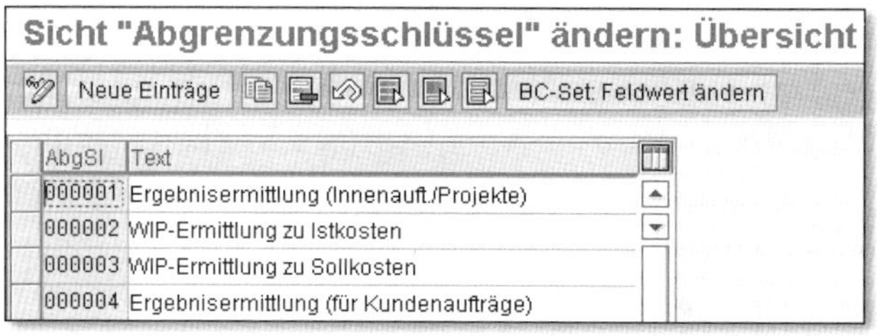

Abbildung 7.63 Abgrenzungsschlüssel erstellen

Ein Abgrenzungsschlüssel ist kostenrechnungskreisunabhängig, d.h., Sie können dieselben Schlüssel in unterschiedlichen Kostenrechnungskreisen für verschiedene Zwecke nutzen. Der Abgrenzungsschlüssel stellt die Verbindung Ihrer Customizing-Einstellungen zur Ware in Arbeit zu den Fertigungsauftragsarten (siehe weiter oben in diesem Abschnitt) und den Produktkostensammlern (siehe Abschnitt 7.4.2, »Periodisches Produkt-Controlling«) her. Sie können im selben Kostenrechnungskreis und zur selben Abgrenzungsversion unterschiedliche Abgrenzungsschlüssel einsetzen, um z.B. für verschiedene Auftragsarten unterschiedliche Einstellungen zur Ermittlung der Ware in Arbeit vorzunehmen. Zum Beispiel können Sie über den Abgrenzungsschlüssel steuern, dass die Ware in Arbeit für Fertigungsaufträge zu Istkosten ermittelt werden soll und für Produktkostensammler zu Sollkosten. In unserem Beispiel werden wir den Schlüssel 000002 (WIP-ERMITTLUNG ZU ISTKOSTEN) verwenden.

Abgrenzungsversion einstellen

Im nächsten Schritt legen Sie die *Abgrenzungsversion* an. Als Voraussetzung müssen Sie mindestens eine Version definiert haben, die das Führen von WIP bzw. Ergebnisermittlung zulässt (Parameter WIP/ERGERM, siehe Abschnitt 2.2.2, »Versionen«). Die Abgrenzungsversion erstellen Sie über CONTROLLING • KOSTENTRÄGERRECHNUNG • AUFTRAGSBEZOGENES PRODUKT-CONTROLLING • PERIODENABSCHLUSS •

Ware in Arbeit • Abgrenzungsversionen definieren (Transaktion OKG9, siehe Abbildung 7.64). Sie können dann zunächst die Beschreibung der Version angeben.

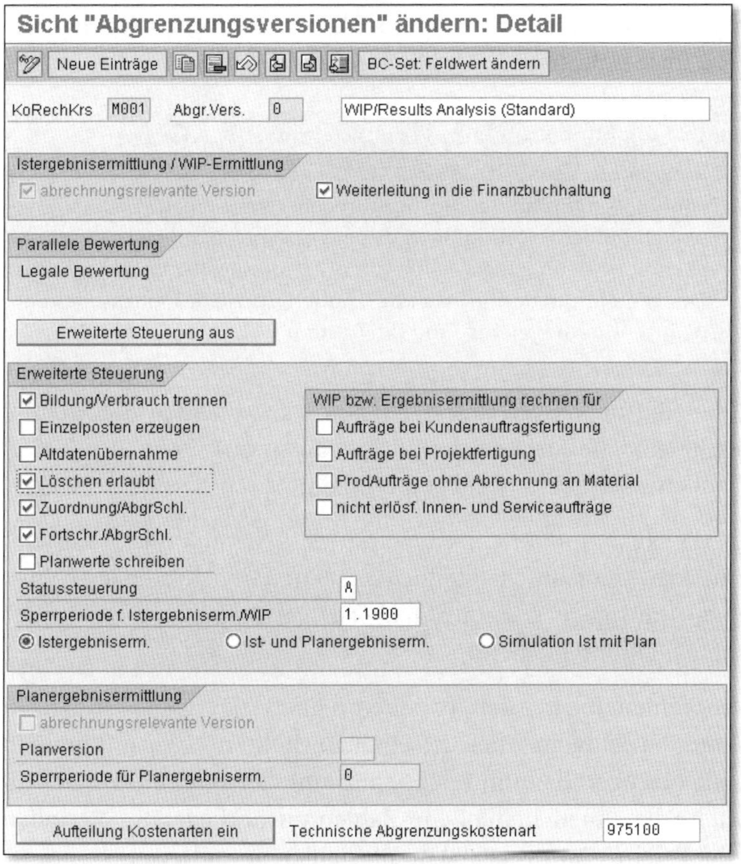

Abbildung 7.64 Abgrenzungsversion definieren

Im Block Istergebnisermittlung/WIP-Ermittlung legen Sie fest, ob es sich um eine abrechnungsrelevante Version handelt. Das bedeutet, dass die errechneten Werte in CO-PA übergeben werden können (siehe Abschnitt 8.6.4, »Aufträge/Projekte abrechnen«). Für diesen Zweck ist standardmäßig die Version 0 vorgesehen. Sie können diese Einstellung nicht ändern und auch keine zusätzlichen Versionen als abrechnungsrelevant kennzeichnen – in CO-PA darf nur eine Version abgerechnet werden, um doppelte Werte zu vermeiden. Eine Ausnahme stellt die parallele Bewertung dar, bei der Sie zusätzlich zur operativen Version noch weitere Versionen abrechnen können. Den Parameter WEITERLEITUNG IN DIE FINANZBUCHHALTUNG aktivieren Sie, wenn Sie die ermittelten Ergebnisse zur Ware in Arbeit in der Bilanz und GuV buchen wollen. Anders als bei der Abrechnung in CO-PA können Sie mehrere Versionen in FI weiterleiten, um z.B. die Ware in Arbeit nach unterschiedlichen Rechnungslegungsvorschriften fortzuschreiben.

[+]

Abhängigkeiten des Parameters »Weiterleitung in die Finanzbuchhaltung«

Wann immer Sie etwas an den Buchungsregeln in der Finanzbuchhaltung ändern wollen (siehe weiter unten in diesem Abschnitt), müssen Sie in der entsprechenden Abgrenzungsversion zunächst diesen Parameter deaktivieren. Denken Sie daran, ihn nach der Änderung wieder einzuschalten, bevor Sie Ihre Änderungen ins Produktivsystem weitertransportieren!

Über den Button ERWEITERTE STEUERUNG EIN blenden Sie weitere Parameter ein, die Sie in den Blocks ERWEITERTE STEUERUNG bzw. PLANERGEBNISERMITTLUNG pflegen können:

BILDUNG/VERBRAUCH TRENNEN bewirkt, dass Sie eine Erhöhung der Ware in Arbeit auf unterschiedlichen sekundären Kostenarten fortschreiben (und gegebenenfalls auch auf getrennten Konten in der Finanzbuchhaltung buchen).

Wir empfehlen Ihnen, den Parameter EINZELPOSTEN ERZEUGEN zu aktivieren, auch wenn dies zu einem erhöhten Belegaufkommen führt. Sie erzeugen dann mit der Ermittlung der Ware in Arbeit Einzelposten, die Ihnen helfen, die Zahlen zurückliegender Perioden nachzuvollziehen und gegebenenfalls Fehler zu finden.

Wenn Sie ALTDATENÜBERNAHME aktivieren, können Sie bei der Ermittlung der Ware in Arbeit die Werte manuell ändern, um beim Produktivstart noch nicht abgeschlossene Fertigungsaufträge zu übernehmen. Wenn möglich, sollten Sie jedoch stattdessen vor der Datenübernahme alle Fertigungsaufträge schließen und im SAP-System neu anlegen. Dies ist später einfacher nachzuvollziehen.

LÖSCHEN ERLAUBT bedeutet, dass Sie bereits ermittelte Werte zur Ware in Arbeit wieder löschen können. Dies kann zur Fehlerkorrektur im Produktivbetrieb manchmal hilfreich sein, weshalb wir Ihnen raten, diesen Parameter zu aktivieren.

Wenn Sie den Parameter ZUORDNUNG/ABGRSCHL. einschalten, müssen Sie bei der Zuordnung der Kostenarten zu den Zeilen-IDs alle Einstellungen für jeden Abgrenzungsschlüssel einzeln vornehmen. Lassen Sie diesen Parameter aus, nehmen Sie die Zuordnung lediglich je Kostenrechnungskreis und Version vor und können dieselben Einstellungen dann für alle Abgrenzungsschlüssel verwenden. Sie sollten dieses Kennzeichen also nur setzen, wenn Sie für unterschiedliche Abgrenzungsschlüssel auch verschiedene Zuordnungen treffen wollen.

Entsprechend können Sie auch die Fortschreibung der Zeilen-IDs auf sekundäre Kostenarten vom Abgrenzungsschlüssel abhängig machen oder nicht (Parameter FORTSCHR./ABGRSCHL.).

Der Parameter PLANWERTE SCHREIBEN ist für die Ermittlung der Ware in Arbeit nicht relevant, sondern nur für die Ergebnisermittlung.

Mittels der STATUSSTEUERUNG können Sie beeinflussen, zu welchem Zeitpunkt eventuell aufgebaute Ware in Arbeit wieder abgebaut werden soll. Dazu zieht das System den Status des Objekts heran, für das die Ware in Arbeit ermittelt wurde. Für Fertigungsaufträge ist dieser Parameter nicht relevant, es gelten dabei immer die Status ENDFAKTURIERT und GELIEFERT; ist einer dieser beiden Status aktiv, wird vorhandene Ware in Arbeit aufgelöst und keine neue mehr gebildet. Für Kundenaufträge können Sie hier jedoch entscheiden, ob Sie den Status automatisch anhand des Belegflusses ermitteln lassen oder manuell setzen wollen.

Der Block WIP BZW. ERGEBNISERMITTLUNG RECHNEN FÜR ist nur relevant, wenn Sie bei Kundenauftrags- oder Projektfertigung mit unbewertetem Kundenauftragsbestand bzw. unbewertetem Projektbestand arbeiten. Sie stellen hier ein, wie mit Aufträgen verfahren werden soll, die Kundenauftragspositionen oder Projekten zugeordnet sind. Sie können dabei entscheiden, ob Sie die Ware in Arbeit jeweils für die Aufträge selbst ermitteln wollen, also getrennt von eventuell übergeordneten Objekten, oder ob Sie Ware in Arbeit für die Kundenauftragspositionen bzw. Projekte ermitteln und die auf den untergeordneten Aufträgen aufgelaufenen Kosten dabei mit einbeziehen wollen.

Wenn Sie in den übergeordneten Kundenauftragspositionen oder Projekten keinen Abgrenzungsschlüssel eingetragen haben (also ohnehin keine Ermittlung von Ware in Arbeit auf der übergeordneten Ebene durchführen), brauchen Sie die Parameter in diesem Block nicht zu setzen. Sind jedoch Abgrenzungsschlüssel auf einer übergeordneten Kundenauftragsposition oder einem Projekt vorhanden, aktivieren Sie den Parameter AUFTRÄGE BEI KUNDENAUFTRAGSFERTIGUNG bzw. AUFTRÄGE BEI PROJEKTFERTIGUNG und tragen in den untergeordneten Fertigungsaufträgen einen Abgrenzungsschlüssel ein, um die Ware in Arbeit zu den Fertigungsaufträgen separat zu ermitteln.

Falls Sie nicht erlösführende Innen- bzw. Serviceaufträge einsetzen, die wiederum Kundenauftragspositionen oder Projekten zugeordnet sind, müssen Sie zusätzlich noch den Parameter NICHT ERLÖSF. INNEN- UND SERVICEAUFTRÄGE aktivieren, um Ware in Arbeit auf diesen Aufträgen separat zu ermitteln.

Der Parameter PRODAUFTRÄGE OHNE ABRECHNUNG AN MATERIAL ist nur für die veraltete Abwicklung von Fertigungsnetzen ohne Warenbewegung relevant.

Die SPERRPERIODE bedeutet, dass Abgrenzungsdaten, die vor oder in der Sperrperiode ermittelt wurden, nicht mehr nachträglich durch spätere Ermittlungen von Ware in Arbeit geändert werden dürfen. Die Sperrperiode wird im Produktivbetrieb jedes Mal, wenn Sie die Ware in Arbeit ermitteln, aktualisiert und auf die jeweilige Vorperiode gesetzt. Sie können den Parameter SPERRPERIODE F. ISTERGEBNISERM./WIP somit in aller Regel auf dem Vorschlagswert stehen lassen.

Die Parameter ISTERGEBNISERM., IST- UND PLANERGEBNISERM., SIMULATION IST MIT PLAN und der gesamte Block PLANERGEBNISERMITTLUNG sind für die Ermittlung der Ware in Arbeit nicht relevant.

Zum Schluss müssen Sie noch eine sogenannte TECHNISCHE KOSTENART angeben; diese dient dazu, die Rechenergebnisse der Ermittlung der Ware in Arbeit zwischenzuspeichern. Eine Kostenart, die Sie hier eintragen, muss vom Typ 31 (Auftrags-/Projektabgrenzung) sein; sie wird auch als *Abgrenzungskostenart* bezeichnet. Wenn Sie den Button AUFTEILUNG KOSTENARTEN EIN anklicken, können Sie für die jeweiligen einzelnen Zwischenergebnisse getrennte Kostenarten angeben. Sie können diese Zwischenergebnisse dann im Informationssystem auswerten; eine Trennung in unterschiedliche Kostenarten ist in aller Regel nicht notwendig, da Sie die einzelnen Ergebnisse auch anhand der sogenannten *Abgrenzungskategorie* auseinanderhalten können.

Bewertungsmethoden definieren

Wenn Sie die Abgrenzungsversion angelegt haben, erstellen Sie als Nächstes über CONTROLLING • KOSTENTRÄGERRECHNUNG • AUFTRAGSBEZOGENES PRODUKT-CONTROLLING • PERIODENABSCHLUSS • WARE IN ARBEIT • BEWERTUNGSMETHODE DEFINIEREN (ISTKOSTEN) eine sogenannte *Bewertungsmethode* (Transaktion OKGC). Die Beschreibung der Transaktion ist dabei irreführend, denn Sie können hier auch eine Bewertungsmethode für Sollkosten pflegen. Wenn Sie einen neuen Eintrag erstellen, fragt das System nach, ob Sie eine Bewertungsmethode nach Sollkosten (für das periodische Produkt-Controlling) oder nach Istkosten (für das auftragsbezogene Produkt-Controlling) benötigen. Sie geben dann den Kostenrechnungskreis, eine Abgrenzungsversion und einen Abgrenzungsschlüssel an. Falls Sie die Ware in Arbeit sowohl nach Ist- als auch nach Sollkosten ermitteln wollen, können Sie hier auch zwei Bewertungsmethoden mit jeweils einem anderen Abgrenzungsschlüssel anlegen.

Das System erzeugt dann automatisch vier Einträge mit unterschiedlichen sogenannten *Abgrenzungsarten*: Für Aufträge mit den Status FREIGEGEBEN (FREI) und TEILFREIGEGEBEN (TFRE) wird Ware in Arbeit gebildet, für gelieferte (GLFT) oder technisch abgeschlossene (TABG) löst das System eventuell vorhandene Ware in Arbeit wieder auf (siehe Abbildung 7.65). Beachten Sie dabei, dass der Status GELIEFERT vom System automatisch gesetzt wird, wenn die Planmenge eines Auftrags geliefert wurde, während Sie den Status TECHNISCH ABGESCHLOSSEN manuell setzen können. In unserem Beispiel haben wir eine Bewertungsmethode für Istkosten erstellt.

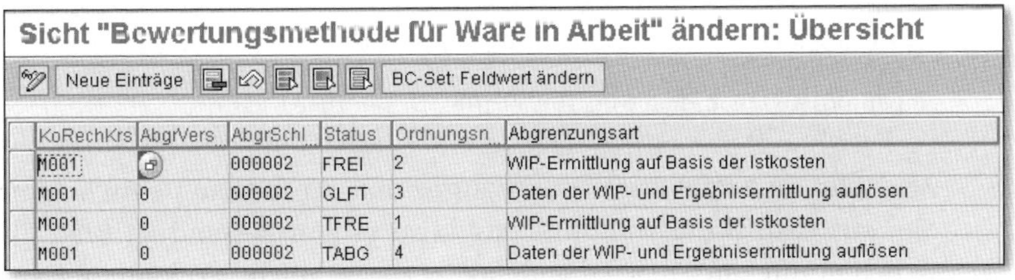

KoRechKrs	AbgrVers	AbgrSchl	Status	Ordnungsn	Abgrenzungsart
M001	0	000002	FREI	2	WIP-Ermittlung auf Basis der Istkosten
M001	0	000002	GLFT	3	Daten der WIP- und Ergebnisermittlung auflösen
M001	0	000002	TFRE	1	WIP-Ermittlung auf Basis der Istkosten
M001	0	000002	TABG	4	Daten der WIP- und Ergebnisermittlung auflösen

Abbildung 7.65 Bewertungsmethode für Ware in Arbeit

Zeilen-IDs anlegen

Wie bereits weiter oben erwähnt, klassifizieren Sie die auf Fertigungsaufträgen anfallenden Kosten anhand von Zeilenidentifikatoren (kurz Zeilen-IDs). Diese legen Sie unter CONTROLLING • KOSTENTRÄGERRECHNUNG • AUFTRAGSBEZOGENES PRODUKT-CONTROLLING • PERIODENAB-

SCHLUSS • WARE IN ARBEIT • ZEILENIDENTIFIKATOREN DEFINIEREN an. Dazu legen Sie je Kostenrechnungskreis die benötigten Zeilen-IDs an und hinterlegen eine Beschreibung (siehe Abbildung 7.66).

Neue Einträge: Übersicht Hinzugefügte

KoRechKrs	Zeilen-ID	Bezeichnung
M001	01	Variable Kosten
M001	02	Fixe Kosten
M001	03	Nicht zu aktivieren
M001	04	Zugang zum Lager

Abbildung 7.66 Zeilenidentifikatoren für die Klassifikation der Kosten

Kostenarten mit Zeilen-IDs verknüpfen

In einem nächsten Schritt ordnen Sie unter dem Customizing-Punkt CONTROLLING • KOSTENTRÄGERRECHNUNG • AUFTRAGSBEZOGENES PRODUKT-CONTROLLING • PERIODENABSCHLUSS • WARE IN ARBEIT • ZUORDNUNG DEFINIEREN (Transaktion OKGB) Ihre Kostenarten eben diesen Zeilen-IDs zu (siehe Abbildung 7.67). Die Einstellungen nehmen Sie pro Kostenrechnungskreis (Spalte KOR), Abgrenzungsversion (ABGR) und gegebenenfalls je Abgrenzungsschlüssel (ABGRS) vor (falls Sie den Parameter ZUORDNUNG/ABGRSCHL. in der Abgrenzungsversion aktiviert haben, müssen Sie die Einstellungen für jeden Abgrenzungsschlüssel vornehmen).

Sicht "Zuordnung Kostenarten für WIP- und Ergebnisermittlung" ändern:

Neue Einträge | BC-Set: Feldwert ändern

KoR	Abgr	AbgrS	Kostenart	Her	Kostenstell	Leistu	Geschäftspro	B	V	Auft.M	Berec	Gilt-ab-P	AktPflicht	AktWahlr.	Nicht AktFähig	% AktWahlr.	% Nicht AktFähig
M001	0	000002	00004+++++	++++				+	+			001.2010	01				
M001	0	000002	000043++++	++++				+	+			001.2010	04				
M001	0	000002	000047++++	++++				+	+			001.2010			03		100,00
M001	0	000002	000079++++	++++	++++++++++	++++++		+	+			001.2010	02				

Abbildung 7.67 Zuordnung der Kostenarten zu den Zeilen-IDs

Je Kostenart beziehungsweise Gruppe von Kostenarten entscheiden Sie, ob diese aktivierungspflichtig (also in den Bestand an Ware in Arbeit einfließen), nur teilweise aktivierungspflichtig (womit nur ein Teil in die Ware in Arbeit eingeht) oder nicht aktivierungsfähig sein sollen (also überhaupt nicht in die Ware in Arbeit mit eingehen). Die Kostenarten müssen Sie rechtsbündig eintragen und gegebenenfalls links mit Nullen auffüllen. Sie können ganze Bereiche abdecken, indem Sie sie mit dem +-Zeichen maskieren. Dabei haben detaillierte Einträge Vorrang vor den allgemeinen.

[zB]

Maskierte Einträge

In Abbildung 7.67 sollen alle Kostenarten, die mit der Ziffer 4 beginnen, der Zeilen-ID 01 zugeordnet werden, mit Ausnahme der Untergruppen 430000 bis 439999 und 470000 bis 479999, die mit den Zeilen-IDs 04 bzw. 03 verknüpft werden sollen. Hierzu wurden die Einträge 00004+++++, 000043++++ und 000047++++ vorgenommen. Wird das Konto 4710000 gebucht, gilt der detailliertere Eintrag, also 47++++, und das Konto wird der Zeilen-ID 03 zugeordnet.

Sie können Ihre Einträge noch detaillierter aufteilen als nur über die Kostenart; z.B. können Sie auch Herkunftsgruppen getrennt ausweisen oder Kosten, die von bestimmten Kostenstellen, Leistungsarten oder Geschäftsprozessen stammen. Wollen Sie hier nicht weiter einschränken, maskieren Sie die entsprechenden Spalten mit dem +-Zeichen. Für jede Zeile geben Sie in der Spalte GILT-AB-P. an, ab welcher Geschäftsperiode sie gültig sein soll.

Für Kostenarten, die voll aktivierungspflichtig sind, tragen Sie die zuzuordnende Zeilen-ID in der Spalte AKTPFLICHT ein (wie im Beispiel für die Zeilen-IDs 01, 04 und 02 geschehen). Sollen Kostenarten nicht aktiviert werden (wie im Beispiel die Verwaltungskosten (Kostenarten 470000 bis 479999), wird die Zeilen-ID in der Spalte NICHT AKTFÄHIG zugeordnet; zusätzlich müssen Sie in der Spalte % NICHT AKTFÄHIG angeben, zu wie viel Prozent die Kostenarten nicht aktivierbar sind. Sollen Kostenarten zum Teil aktiviert werden, sind zusätzlich noch Einträge in den Spalten AKTWAHLR. (für die Zeilen-ID des aktivierbaren Anteils) und % WAHLR. (für den Prozentsatz, zu dem die Kosten aktiviert werden sollen) notwendig.

Im Beispiel haben wir die Verwaltungskostenarten unter der Zeilen-ID 03 als nicht aktivierbar gekennzeichnet. Die Sekundärkostenarten (Bereich 790000 bis 79999), die für die Leistungsverrechnung verwendet werden (also die Fertigungsstunden), sind mit der Zeilen-ID 02 (fixe Kosten) verknüpft. Die Kostenarten für die Bestandsveränderung der Fertigprodukte (also für den Wareneingang) sind der Zeilen-ID 04 zugeordnet. Alle anderen Kostenarten in der Klasse 4 werden anhand der Zeilen-ID 01 als variable Kosten betrachtet.

Zeilen-IDs fortschreiben

Nachdem Sie Ihre Kostenarten mit den Zeilen-IDs verknüpft haben, entscheiden Sie unter dem Punkt CONTROLLING • KOSTENTRÄGERRECHNUNG • AUFTRAGSBEZOGENES PRODUKT-CONTROLLING • PERIODENAB-

SCHLUSS • WARE IN ARBEIT • FORTSCHREIBUNG DEFINIEREN (Transaktion OKGA), wie diese Zeilen-IDs behandelt werden sollen (siehe Abbildung 7.68).

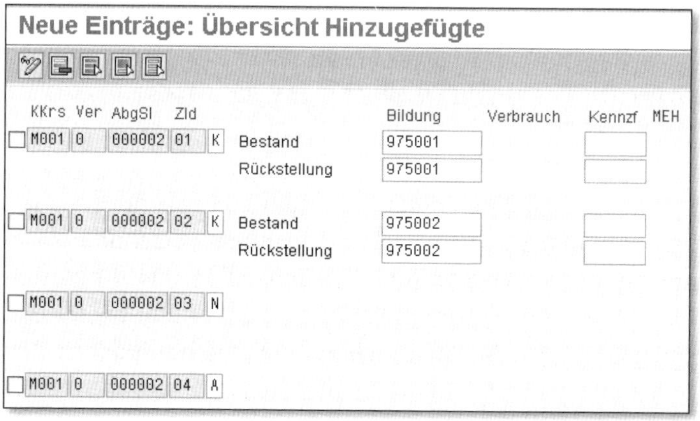

Abbildung 7.68 Fortschreibung der Zeilen-IDs

Sie tragen hier in Abhängigkeit vom Kostenrechnungskreis, der Abgrenzungsversion und eventuell dem Abgrenzungsschlüssel (falls Sie in der Abgrenzungsversion den Parameter FORTSCHR./ABGRSCHL gesetzt haben) ein, wie die Zeilen-IDs klassifiziert werden sollen. Für die Ermittlung der Ware in Arbeit sind die Kategorien N (nicht relevant), K (Kosten) und A (Abgerechnete Kosten, entspricht Zugang zum Lager) relevant.

Nicht relevante Zeilen-IDs werden von der Ermittlung der Ware in Arbeit nicht berücksichtigt, das heißt, dass sie grundsätzlich nicht als Ware in Arbeit aktiviert werden. Im Beispiel haben wir diese Zuordnung für die Zeilen-ID 03 vorgenommen, die wir im vorangegangenen Schritt mit den Verwaltungskosten verknüpft hatten.

Für Zeilen-IDs, die Sie als Kosten deklarieren, legen Sie fest, unter welcher Abgrenzungskostenart die ermittelten Werte für die Ware in Arbeit sowie für Rückstellungen für fehlende Kosten fortgeschrieben werden sollen. Wie im Zusammenhang mit der Abgrenzungsversion bereits erwähnt, können Sie für beide Einträge dieselbe Kostenart verwenden, da Sie sie in Berichten anhand der Abgrenzungskategorie auseinandersteuern können. Nur falls Sie die Werte getrennt voneinander an CO-PA abrechnen wollen, sollten Sie hier jeweils unterschiedliche Kostenarten eintragen (die Abrechnung erläutern wir weiter unten in diesem Abschnitt). Im Beispiel haben wir die Zeilen-IDs für fixe und variable Kosten auf unterschiedlichen Abgrenzungskostenarten fortgeschrieben.

Die Kostenarten für den Wareneingang schließlich müssen Sie der Kategorie A zuordnen, um sie als Entlastungsbuchungen zu kennzeichnen. Anhand dieser Einstellung kann das System erkennen, wie hoch der Wert der bereits fertiggestellten Ware ist, und reduziert den Bestand an Ware in Arbeit. Entsprechend haben wir in unserem Beispiel die Zeilen-ID 04 zugeordnet.

Buchungsregeln festlegen

Zum Schluss bestimmen Sie noch, auf welche Konten in der Bilanz und in der GuV Sie die ermittelten Werte für Ware in Arbeit und Rückstellungen für fehlende Kosten verbuchen möchten. Dies tun Sie unter dem Punkt CONTROLLING • KOSTENTRÄGERRECHNUNG • AUFTRAGSBEZOGENES PRODUKT-CONTROLLING • PERIODENABSCHLUSS • WARE IN ARBEIT • BUCHUNGSREGELN FÜR ABRECHNUNG DER WARE IN ARBEIT DEFINIEREN (Transaktion OKG8). Sie legen die Regeln je Kostenrechnungskreis (KORE...), Buchungskreis (BUCHU...) und Abgrenzungsversion (ABGRVER...) fest (siehe Abbildung 7.69).

Neue Einträge: Übersicht Hinzugefügte

KoRe	Buchu	AbgrVer	Kategorie	Saldo/B	Kostenart	Lfd. Sat	GuV-Konto	Bilanz-Konto	Rechnung
M001	M001	0	WIPA		975001	0	791000	891000	
M001	M001	0	WIPA		975002	0	791100	891100	
M001	M001	0	RFKA		975001	0	791000	891000	
M001	M001	0	RFKA		975002	0	791100	891100	

Abbildung 7.69 Buchungsregeln für die Ware in Arbeit

Sie können nun je Regel die Abgrenzungskategorie (Kategorie) angeben oder aber zusätzlich noch die Abgrenzungskostenart, unter der Sie die Zeilen-IDs fortgeschrieben haben. Anhand der Abgrenzungskategorie unterscheiden Sie zwischen Ware in Arbeit und Rückstellungen für fehlende Kosten; in unserem Beispiel wollen wir zusätzlich auch die Ware in Arbeit für fixe Kosten von denen für variable Kosten trennen und haben daher die Buchungsregeln pro Abgrenzungskostenart festgelegt. Für jede Buchungsregel geben Sie an, auf welches Bilanz- und GuV-Konto die Werte gebucht werden sollen.

In der Spalte RECHNUNG... können Sie zusätzlich noch eine Rechnungslegungsvorschrift (z.B. HGB, US-GAAP etc.) hinterlegen. Dies benötigen Sie nur, falls Sie in der Finanzbuchhaltung eine parallele Rechnungslegung mit verschiedenen Ledgern eingestellt haben. Geben Sie dann in dieser Spalte eine Rechnungslegungsvorschrift an, werden die entsprechenden Werte nur in dem zugehörigen Ledger gebucht; tragen Sie hier nichts ein, bucht das System die Ware in Arbeit in alle Ledger. Weitere Informationen zur parallelen Rechnungslegung mittels Ledgern finden Sie in unserem Buch *SAP-Finanzwesen – Customizing*, das ebenfalls bei SAP PRESS erschienen ist.

Beachten Sie, dass die GuV-Konten nicht als Kostenart angelegt sein dürfen. Darüber hinaus sollten Sie daran denken, dass Sie in dieser Transaktion nur Einstellungen ändern dürfen, wenn Sie zuvor in der Abgrenzungsversion das Häkchen WEITERLEITUNG IN DIE FINANZBUCHHALTUNG deaktiviert haben (siehe den entsprechenden Hinweis bei der Abgrenzungsversion).

Fehlersteuerung für Ware in Arbeit

Sie haben nun die wesentlichen Einstellungen zur Ermittlung der Ware in Arbeit kennengelernt. Im Untermenü CONTROLLING • KOSTENTRÄGERRECHNUNG • AUFTRAGSBEZOGENES PRODUKT-CONTROLLING • PERIODENABSCHLUSS • WARE IN ARBEIT • FLEXIBLE FEHLERSTEUERUNG haben Sie außerdem noch die Möglichkeit, Meldungstypen zu definieren und einem Verantwortlichkeitsbereich zuzuordnen. Diese Funktionalität haben wir bereits ausführlich in Abschnitt 7.3.2, »Grundeinstellungen für die Materialkalkulation«, erläutert.

Wir wenden uns nun dem nächsten Thema innerhalb des Bereichs Periodenabschluss, der Abweichungsermittlung, zu.

Abweichungsermittlung

Was ist die Abweichungsermittlung?

Die *Abweichungsermittlung* dient dazu, im Detail zu analysieren, welche Abweichungen im Produktionsprozess angefallen sind und auf welche Einflussfaktoren diese zurückzuführen sind.

Beim periodischen Produktkosten-Controlling können Sie somit je Produkt die periodischen Abweichungen auf Basis von Produktkostensammlern oder Kostenträgerhierarchien auswerten, im Rahmen des auftragsbezogenen Produktkosten-Controllings führen Sie die Auswertungen bezogen auf Fertigungsaufträge durch. Ob für eine bestimmte Kostenträgerart Abweichungen periodisch oder auftragsbezogen ermittelt werden, hängt von der Defaultregel (STR für periodisch, PP2 für auftragsbezogen) ab, die Sie in den kostenrechnungsrelevanten Vorschlagswerten je Werk festlegen (weitere Informationen dazu finden Sie in den Abschnitten 7.4.2, »Periodisches Produkt-Controlling«, bzw. weiter oben in diesem Abschnitt).

Die Ermittlung der Abweichungen erfolgt grundsätzlich immer anhand der Differenz zwischen den *Soll-* und *Kontrollkosten*. Beide Kenngrößen werden in Abhängigkeit von der Art des zugrunde liegenden Produktkosten-Controllings (periodisch oder auftragsbezogen) und der jeweils betrachteten *Sollversion* unterschiedlich ermittelt.

Was ist eine Sollversion?

Die Sollversion bestimmt, auf welche Art die Abweichungsermittlung durchgeführt werden soll und welche *Abweichungskategorien* (siehe weiter unten) dabei ermittelt werden. Im Standard stellt SAP die folgenden Arten der Abweichungsermittlung zur Verfügung:

Welche Abweichungsarten gibt es?

Die *Gesamtabweichung* (Sollversion 0) ist die einzige Sollversion, die Sie an die Finanzbuchhaltung und/oder CO-PA abrechnen können. Bei der Gesamtabweichung ermitteln sich die Sollkosten als die Menge des ans Lager gelieferten Materials, bewertet zur Plankalkulation (bei anonymer Lagerfertigung der Planpreis des Materials, bei Einzelfertigung die Plankalkulation der zugrunde liegenden Kalkulation zum Fertigungsauftrag bzw. Kundenauftrag). Die Kontrollkosten ergeben sich aus den sogenannten *bereinigten Istkosten*, also den Istkosten abzüglich des Ausschusses (bzw. zusätzlich abzüglich der Ware in Arbeit bei periodischem Produktkosten-Controlling). Im Prinzip entspricht die Gesamtabweichung der Differenz aus den Istkosten und den Entlastungen durch Wareneingangsbuchungen für das Fertigmaterial.

Die *Produktionsabweichung* (Sollversion 1) weist die Abweichungen zwischen dem Erstellen des Fertigungsauftrags und dessen Abschluss aus. Dabei ergeben sich die Sollkosten anhand der ans Lager gelieferten Menge, bewertet aufgrund der Vorkalkulation des Fertigungsauftrags bzw. des Produktkostensammlers. Als Kontrollkosten werden wie bei der Gesamtabweichung die bereinigten Istkosten angesetzt.

Bei der *Produktionsabweichung zum Planpreis der Periode* (Sollversion 3) ziehen Sie zur Bestimmung der Sollkosten ebenfalls die gelieferte Menge heran, bewerten diese aber zu einer Sollkalkulation zur Periode. Die Kontrollkosten ermitteln Sie auch hier wieder über die bereinigten Istkosten. Mit dieser Abweichungsart stellen Sie somit fest, welche Abweichungen es zwischen der Sollkalkulation des Materials und den tatsächlichen Fertigungskosten gegeben hat.

Über eine *Ermittlung der Dispositionsabweichung* (Sollversion 2) stellen Sie schließlich fest, welche Abweichungen es zwischen der Plankalkulation des Materials und der Vorkalkulation des Fertigungsauftrags gegeben hat. Sie setzen dabei die Plankalkulation des Materials als Sollkosten an und betrachten die Vorkalkulation des Auftrags als Kontrollkosten.

Über die vier genannten Arten der Abweichungsermittlung bestimmen Sie eine Reihe von Abweichungskategorien, die wiederum auf die sogenannte *Einsatzseite* (also die eingesetzten Ressourcen) und die *Verrechnungsseite* (entspricht dem fertiggestellten Material) aufgeteilt sind.

Auf der Einsatzseite ermitteln Sie bei allen Sollversionen die folgenden Abweichungskategorien:

Anhand von Einsatzpreisabweichungen stellen Sie fest, ob sich die Preise von Einsatzmaterialien und -dienstleistungen zwischen dem Zeitpunkt der Planung und der tatsächlichen Buchung verändert haben. Voraussetzung dafür ist, dass Sie bei den entsprechenden Materialien im Materialstamm das Merkmal HERKUNFT MATERIAL gesetzt haben (siehe dazu Abschnitt 7.3.2, »Grundeinstellungen für die Materialkalkulation«); für den Fall, dass Sie die Abweichungen nicht nur nach Kostenarten, sondern auch nach Herkunftsgruppen differenzieren wollen, sollten Sie im Materialstamm außerdem auch eine Herkunftsgruppe eintragen (siehe ebenfalls Abschnitt 7.3.2). Achten Sie darüber hinaus darauf, dass Sie bei allen auszuwertenden Kostenarten das Kennzeichen MENGE FÜHREN setzen (mehr Informationen dazu finden Sie in Abschnitt 3.3.1, »Kostenarten«).

Strukturabweichungen bedeuten, dass bei der Fertigung andere Materialien eingesetzt wurden bzw. andere Leistungen in Anspruch genommen wurden als geplant. Sie erhalten dadurch im Ist Kosten auf Kostenarten, zu denen Sie keine Planwerte haben bzw. keine Istkosten zu geplanten Kostenarten.

Einsatzmengenabweichungen ergeben sich, wenn von den geplanten Einsatzmaterialien und -leistungen mehr oder weniger verbraucht wurden als geplant. Um hier Informationen auf Materialebene zu erhalten, sollten Sie auch hier in den betroffenen Materialien das Merkmal HERKUNFT MATERIAL im Materialstamm setzen. Gleichfalls gilt auch hier wie bei den Einsatzpreisabweichungen, dass Sie in den beteiligten Kostenarten das Kennzeichen MENGE FÜHREN aktivieren sollten.

Alle Abweichungen, die das System keiner der oben genannten Kategorien zuordnen kann, werden unter den Einsatzrestabweichungen zusammengefasst. In der Regel wird dies Kosten betreffen, die ohne Menge gebucht wurden, oder Änderungen an Gemeinkostenzuschlägen.

Wenn Sie im Arbeitsplan Ausschuss planen und Ausschüsse auswerten, wird die Differenz aus geplantem und tatsächlichem Ausschuss als ungeplanter Ausschuss unter den Ausschussabweichungen dargestellt.

Wir kommen nun zur Verrechnungsseite, auf der Ihnen bei der Ermittlung der Gesamtabweichung und der Produktionsabweichung zum Planpreis der Periode die folgenden Abweichungskategorien zur Verfügung stehen:

Mischpreisabweichungen fallen an, wenn das Fertigmaterial zu Mischpreisen bewertet wird (weitere Informationen zur Mischkalkulation finden Sie in Abschnitt 7.3.5, »Ausgewählte Funktionen in der Materialkalkulation«). Die Sollkosten ermittelt das System dabei als die Istmenge, bewertet zum Standardpreis der entsprechenden Beschaffungsalternative, während die Entlastung für das ans Lager gelieferte Fertigmaterial über den Standardpreis (= Mischpreis) des Materials bewertet wird.

Eine Verrechnungspreisabweichung entsteht, wenn die Sollentlastung des Fertigungsauftrags von der Istentlastung abweicht. Dies kann z.B. auftreten, wenn sich der Standardpreis des Fertigmaterials zwischen der Lieferung ans Lager und der Abweichungsermittlung verändert hat. Ein anderes Szenario, bei dem dieser Sachverhalt auftreten kann, sind Materialien, die mit einem gleitenden Durchschnittspreis bewertet sind und bei Fertigstellung zu einem anderen Preis als dem Standardpreis ans Lager geliefert werden (zu welchem Preis in diesem Fall geliefert wird, stellen Sie im Customizing ein, siehe dazu die Abschnitte 7.4.2, »Periodisches Produkt-Controlling«, und 7.4.3, »Auftragsbezogenes Produkt-Controlling«).

Für den Fall, dass Sie Mischpreisabweichungen als Abweichungskategorie nicht aktiviert haben, diese aber trotzdem anfallen, werden die entsprechenden Abweichungen unter den Verrechnungspreisabweichungen dargestellt.

Sie können Losgrößenabweichungen ermitteln, falls Sie losfixe Kosten geplant haben und die losfixen Istkosten von diesen abweichen. Bei einer Änderung der Ausbringungsmenge bleibt ein Teil der losfixen Kosten gleich. Die Losgrößenabweichung wird nur berechnet, wenn die Istmenge von der Planmenge abweicht, und ermittelt sich anhand der folgenden Formel:

Losgrößenabweichung = losfixe Sollkosten ×
(1 – Kontrollmenge / Planmenge)

Unter den Restabweichungen werden alle Differenzen zwischen den Sollkosten und den Istkosten ausgewiesen, die zu keiner der zuvor genannten Abweichungskategorien gehören.

Wir zeigen Ihnen nun, welche Customizing-Einstellungen Sie vornehmen müssen, um die Abweichungsermittlung durchzuführen.

Abweichungsschlüssel definieren

Als Erstes erstellen Sie unter CONTROLLING • KOSTENTRÄGERRECHNUNG • AUFTRAGSBEZOGENES PRODUKT-CONTROLLING • PERIODENABSCHLUSS • ABWEICHUNGSERMITTLUNG • ABWEICHUNGSSCHLÜSSEL DEFINIEREN (Transaktion OKV1) einen Abweichungsschlüssel (siehe Abbildung 7.70).

Abbildung 7.70 Abweichungsschlüssel definieren

Sie legen hier über den Parameter AUSSCHUSS fest, ob Sie den Wert des Ausschusses ermitteln lassen wollen. Die Ausschussmenge können Sie bei Rückmeldungen und Zählpunktmeldungen eingeben; im Arbeitsplan geplanter Ausschuss wird ebenfalls berücksichtigt. Lassen Sie diesen Parameter inaktiv, wird Ausschuss über die anderen Abweichungskategorien ausgewiesen.

Im Block FORTSCHREIBUNG können Sie sich entscheiden, ob Sie bei der Abweichungsermittlung Einzelposten schreiben lassen wollen. Dies hilft im laufenden Betrieb dabei, die gebuchten Werte im Nachhinein nachzuvollziehen, beeinträchtigt jedoch die Systemperformance.

Abweichungsschlüssel je Werk vorschlagen

Als Nächstes müssen Sie festlegen, in welchen Fällen Ihr Abgrenzungsschlüssel überhaupt herangezogen werden soll. Über CONTROLLING • KOSTENTRÄGERRECHNUNG • AUFTRAGSBEZOGENES PRODUKT-CONTROLLING • PERIODENABSCHLUSS • ABWEICHUNGSERMITTLUNG • ABWEICHUNGSSCHLÜSSEL JE WERK VORSCHLAGEN (Transaktion OKVW) hinterlegen Sie dafür zunächst für jedes Werk einen Vorschlagswert. Bei jedem Materialstamm, den Sie anlegen, wird dieser Wert dann als Vorschlag übernommen. Diesen Wert im Materialstamm wiederum kopiert das System als Vorgabe in jeden Fertigungsauftrag, der zu einem entsprechenden Material angelegt wird. Bei Kostenträgerhierarchien hinterlegen Sie den Abweichungsschlüssel im Kostenträgerprofil (siehe Abschnitt 7.4.2, »Periodisches Produkt-Controlling«).

Abweichungsvariante überprüfen

In einer *Abweichungsvariante* stellen Sie im nächsten Schritt über CONTROLLING • KOSTENTRÄGERRECHNUNG • AUFTRAGSBEZOGENES PRODUKT-CONTROLLING • PERIODENABSCHLUSS • ABWEICHUNGSERMITTLUNG • ABWEICHUNGSVARIANTEN ÜBERPRÜFEN (Transaktion OKVG) ein, welche Abweichungskategorien berücksichtigt werden sollen (siehe Abbildung 7.71).

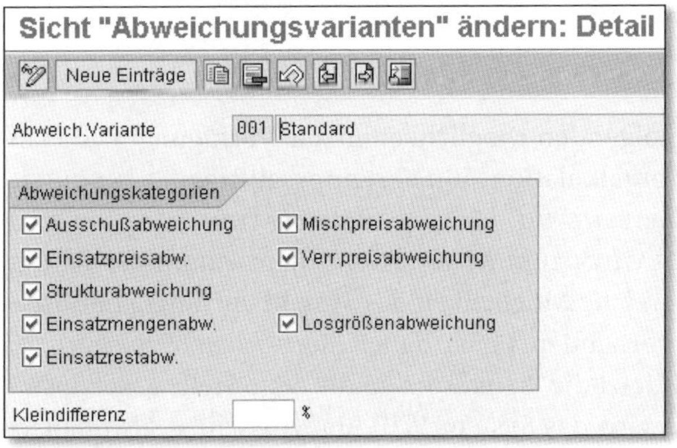

Abbildung 7.71 Abweichungsvariante festlegen

Sie aktivieren hier die gewünschten Abweichungskategorien. Außerdem können Sie über den Parameter Kleindifferenz festlegen, dass Abweichungen, die weniger als einen bestimmten Prozentsatz der Differenz aus Sollkosten und Kontrollkosten betragen, pauschal unter der Restabweichung ausgewiesen werden.

Bewertungsvariante für WIP und Ausschuss

Für den Fall, dass Sie bei der Abweichungsermittlung die Ware in Arbeit und den Ausschuss nicht aufgrund der Plankalkulation zum Material, sondern zu Sollkosten bewerten wollen, können Sie eine Bewertungsvariante für WIP und Ausschuss anlegen. Dazu wechseln Sie im Customizing zur Einstellung Controlling • Kostenträgerrechnung • Auftragsbezogenes Produkt-Controlling • Periodenabschluss • Abweichungsermittlung • Bewertungsvariante WIP und Ausschuss (Sollkosten) definieren. Sie legen dort eine Strategie fest, wie WIP und Ausschuss bewertet werden sollen (siehe Abbildung 7.72).

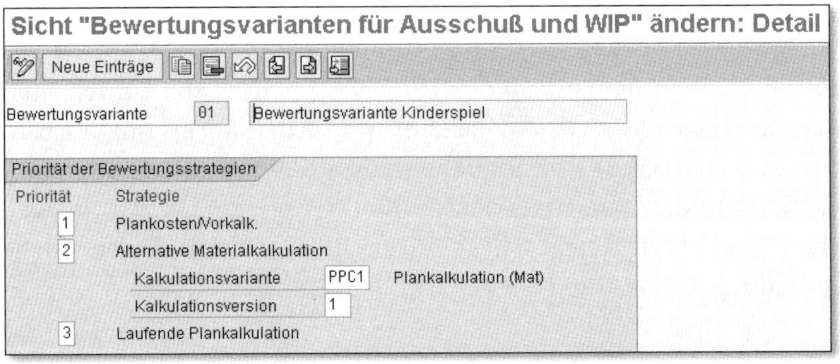

Abbildung 7.72 Bewertungsvariante für Ausschuss und WIP

Ihnen stehen die folgenden Möglichkeiten zur Verfügung: Die Plankosten bzw. die Vorkalkulation zum Fertigungsauftrag (Plankosten/Vorkalk.), eine alternative Materialkalkulation oder die Laufende Plankalkulation zum Material. Mit dem Parameter Priorität geben Sie an, welche Möglichkeit das System vorrangig heranziehen soll, sofern vorhanden (1 ist dabei die höchste Priorität). Im Beispiel haben wir jetzt die Plankosten an die erste Stelle gesetzt; sind diese vorhanden, wird das System WIP und Ausschuss also danach bewerten. Liegen im Fertigungsauftrag keine Plankosten vor, zieht es eine alternative Materialkalkulation heran (hierbei müssen wir auch eine Kalkulationsvariante und -version angeben) etc.

Bewertung von WIP und Ausschuss anhand der Plankalkulation [«]

Wenn Sie die Ware in Arbeit und den Ausschuss anhand der Plankalkulation im Material bewerten wollen, brauchen Sie diese Einstellung nicht vorzunehmen.

Sollversionen definieren

Wir kommen nun zur wichtigsten Einstellung, der Definition der Sollversionen. Über Controlling • Kostenträgerrechnung • Auftragsbezogenes Produkt-Controlling • Periodenabschluss • Abweichungsermittlung • Sollversionen festlegen (Transaktion OKV6) stellen Sie die Sollversionen ein, die Sie verwenden wollen. Zunächst geben Sie einen Kostenrechnungskreis und die Versionsnummer an (siehe Abbildung 7.73). Die Bedeutung der einzelnen Sollversionen haben wir weiter oben erläutert; bedenken Sie an dieser Stelle, dass nur die Gesamtabweichung unter Version 0 abgerechnet und somit für übergreifende Auswertungen in der Finanzbuchhaltung oder in CO-PA verwendet werden kann.

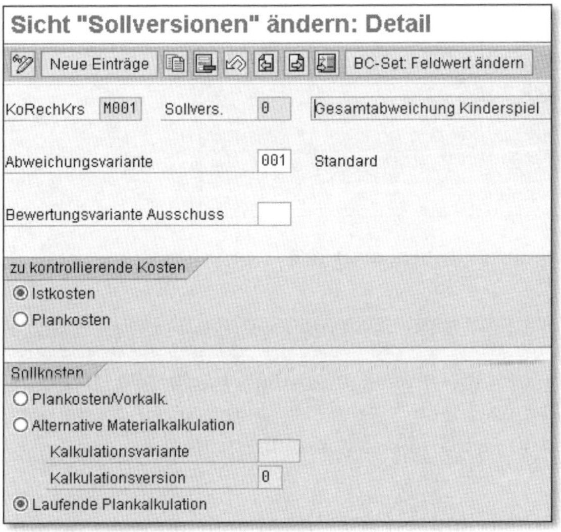

Abbildung 7.73 Sollversion definieren

Sie ordnen dann eine Abweichungsvariante und bei Bedarf eine Bewertungsvariante für den Ausschuss zu. Im Block zu kontrollierende Kosten geben Sie an, ob Sie als Kontrollkosten die Istkosten oder Plankosten heranziehen wollen. Wie in der Einleitung erwähnt, können Sie nur bei der Dispositionsabweichung Plankosten als Kontrollkosten betrachten, bei allen anderen Arten der Abweichungsermittlung müssen Sie hier ISTKOSTEN auswählen. Entsprechend wählen Sie aus, wie Sie die SOLLKOSTEN ermitteln wollen; auch hier sind die Voreinstellungen zu berücksichtigen, die für jede Sollversion gelten. Bei der Gesamtabweichung müssen Sie an dieser Stelle die LAUFENDE PLANKALKULATION heranziehen.

Abweichung pauschal vorgeben

Über die Einstellung CONTROLLING • KOSTENTRÄGERRECHNUNG • AUFTRAGSBEZOGENES PRODUKT-CONTROLLING • PERIODENABSCHLUSS • ABWEICHUNGSERMITTLUNG • EINSATZPREISABWEICHUNGEN PRIMÄRDATEN FESTLEGEN (Transaktion OKA8) haben Sie zusätzlich noch die Möglichkeit, für bestimmte Kostenarten pauschal eine Abweichung vorzugeben. Sie tragen dafür den Kostenrechnungskreis (KOSTRECHKREIS), das Geschäftsjahr (GESCHJAHR) und die KOSTENART ein (siehe Abbildung 7.74). In den Spalten VON und BIS geben Sie an, in welchen Perioden des entsprechenden Geschäftsjahrs die Einstellung gelten soll. Unter %-SATZ stellen Sie ein, welcher Prozentsatz der unter dieser Kostenart gebuchten Kosten pauschal als Einsatzpreisabweichung betrachtet werden soll.

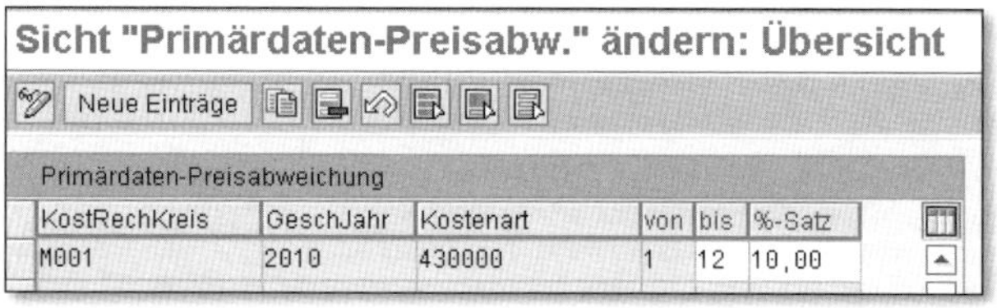

KostRechKreis	GeschJahr	Kostenart	von	bis	%-Satz
M001	2010	430000	1	12	10,00

Abbildung 7.74 Einsatzpreisabweichungen für Primärdaten festlegen

[zB]

Primärdaten-Preisabweichung

Sie haben für die Kostenart 430000 (Gehaltskosten) eine Abweichung von 10% eingestellt. Buchen Sie dann 1.100 EUR unter dieser Kostenart, betrachtet das System 100 EUR als Einsatzpreisabweichung.

Fehlersteuerung für Abweichungsermittlung

Sie haben damit alle Einstellungen für die Abweichungsermittlung kennengelernt. Sie können – wie auch bei den meisten anderen Funktionalitäten des Produktkosten-Controllings – die flexible Fehlersteuerung im Untermenü CONTROLLING • KOSTENTRÄGERRECHNUNG • AUFTRAGSBEZOGENES PRODUKT-CONTROLLING • PERIODENABSCHLUSS • ABWEICHUNGSERMITTLUNG • FLEXIBLE FEHLERSTEUERUNG einstellen. Sie finden zu diesem Thema eine ausführliche Beschreibung in Abschnitt 7.3.2, »Grundeinstellungen für die Materialkalkulation«.

Wir erläutern Ihnen nun das Thema Abrechnung.

Abrechnung

Was ist die Abrechnung?

Im Produktkosten-Controlling setzen Sie die *Abrechnung* ein, um den Saldo von Fertigungsaufträgen auszugleichen und Ware in Arbeit bzw. die Abweichungen zu verbuchen. Die wesentlichen Konzepte der Abrechnung wie z.B. das Abrechnungsprofil und das Verrechnungsschema haben Sie bereits in Abschnitt 5.7.5, »Abrechnung«, kennengelernt; an dieser Stelle gehen wir nur auf Besonderheiten bei der Abrechnung ein, die für das Produktkosten-Controlling relevant sind.

Sie müssen den Restsaldo auf einem Auftrag ausgleichen, um diesen abzuschließen und später archivieren zu können. Sie verrechnen dabei die Differenz aus Istkosten und Wareneingangsbuchungen als Preisdifferenzen in der Finanzbuchhaltung. Falls Sie die Profit-Center-Rechnung einsetzen und das Preisdifferenzenkonto als mitzubuchendes Bilanzkonto ausgewählt haben, werden die Preisdifferenzen auch in der Profit-Center-Rechnung fortgeschrieben. Auf welches Konto die Preisdifferenzen in der Finanzbuchhaltung verbucht werden, tragen Sie in der Kontenfindung der Materialwirtschaft unter MATERIALWIRTSCHAFT • BEWERTUNG UND KONTIERUNG • KONTENFINDUNG • KONTENFINDUNG OHNE ASSISTENT • AUTOMATISCHE BUCHUNGEN EINSTELLEN unter VORGANG PRD ein. Wie genau die Buchung vor sich geht, hängt von der Preissteuerung im Materialstamm des gefertigten Materials ab: Bei einem Material mit Standardpreis werden die Preisdifferenzen direkt auf das Preisdifferenzenkonto gebucht. Bewerten Sie das Material jedoch mit einem gleitenden Durchschnittspreis, wird der Preis des Materials unter Berücksichtigung der Preisdifferenzen neu ermittelt und fortgeschrieben. Ist das betroffene Material jedoch nicht mehr im Bestand und kann somit nicht neu bewertet werden, wird die Differenz auf das Preisdifferenzenkonto gebucht.

Kontenfindung für Preisdifferenzen

Um die ermittelte Ware in Arbeit an die Finanzbuchhaltung abzurechnen, muss der entsprechende Parameter in der Abgrenzungsversion gesetzt sein, und Sie müssen die Buchungsregeln gepflegt haben (siehe weiter oben in diesem Abschnitt). Die Gesamtabweichung (Sollversion 0) können Sie an CO-PA abrechnen, um sie mit in die Deckungsbeitragsrechnung einfließen zu lassen.

Erzeugung der Abrechnungsvorschrift

Das System erzeugt für Fertigungsaufträge, Produktkostensammler und Kostenträgerhierarchien automatisch eine Abrechnungsvorschrift an das entsprechende Material. Wenn Sie CO-PA im Einsatz haben und Abweichungen ermitteln, wird außerdem auch automatisch eine Abrechnungsvorschrift an ein Ergebnisobjekt angelegt. Bei der Kundenauftragsfertigung hingegen wird ein Fertigungsauftrag direkt mit einer Kundenauftragsposition verknüpft und erhält auch automatisch eine Abrechnungsvorschrift an diese. Die Preisabweichungen werden dann bei der Abrechnung direkt an die Kundenauftragsposition verrechnet.

Was ist ein Abrechnungsprofil?

Sie steuern über das *Abrechnungsprofil*, wie die Abrechnung durchgeführt werden soll. Dabei müssen Sie unbedingt darauf achten, dass Sie dort die Abrechnung an Material und gegebenenfalls an Ergebnisobjekte zulassen. Wie Sie Abrechnungsprofile Fertigungsaufträgen, Produktkostensammlern und Kostenträgerhierarchien zuordnen, haben wir in Abschnitt 7.4.2, »Periodisches Produkt-Controlling«, bzw. weiter oben in diesem Abschnitt erläutert. Für die Abrechnung der Abweichungen an CO-PA benötigen Sie außerdem ein Ergebnisschema, in dem Sie Abweichungskategorien mit Wertfeldern verknüpfen (siehe dazu Abschnitt 8.6.6, »Produktionsabweichungen abrechnen«).

Wir schließen damit den Abschnitt über das auftragsbezogene Produktkosten-Controlling ab und beschäftigen uns nun mit dem Kundenauftrags-Controlling.

7.4.4 Kundenauftrags-Controlling

Besonderheit von Kundenauftragspositionen

Wie wir in der Übersicht zur Kostenträgerrechnung bereits ausgeführt haben, richtet sich das Augenmerk beim Kundenauftrags-Controlling auf die Szenarien der Kundeneinzelfertigung. Kundenauftragspositionen haben die Besonderheit, dass sie je nach Customizing-Einstellung in bestimmten Fällen Controlling-Objekte sein können und in anderen wiederum nicht. Als Voreinstellung sind sie keine Controlling-Objekte – das bedeutet, Sie können nicht direkt Kosten oder Erlöse darauf buchen, sondern Sie müssen stets ein Controlling-Objekt zuordnen, auf das die im Kundenauftrag anfallenden Kosten und Erlöse gebucht werden. Üblicherweise ist dies ein Ergebnisobjekt in CO-PA, Sie können aber z.B. auch Projekte oder Innenaufträge zuordnen. Ordnen Sie jedoch einer Kundenauftragsposition eine Bedarfsklasse zu, deren Kontierungstyp bestimmt, dass sie kosten- und erlösführend ist, verwandelt sich die Kundenauftragsposition in ein Controlling-Objekt, auf das Sie direkt buchen können. Wollen Sie sie dann an ein anderes Controlling-Objekt wie z.B. ein Ergebnisobjekt weiterverrechnen, müssen Sie eine Abrechnungsvorschrift hinterlegen und die Abrechnung durchführen. Weitere Informationen zu einem solchen Szenario finden Sie in Abschnitt 8.6.4, »Aufträge/Projekte abrechnen«.

Was ist Kundeneinzelbestand?

Wenn Sie eine Kundeneinzelfertigung durchführen, wird ein Fertigungsauftrag direkt mit einer Kundenauftragsposition verknüpft. Typischerweise wollen Sie damit erreichen, dass die hergestellte Ware für den speziellen Kunden reserviert wird und für andere Kundenaufträge nicht verfügbar ist. Dazu können Sie zur Kundenauftragsposition einen eigenen *Kundeneinzelbestand* führen, der entweder bewertet oder unbewertet sein kann.

Unbewerteter Kundeneinzelbestand

Setzen Sie *unbewerteten Kundeneinzelbestand* ein, bewirken Sie, dass sämtliche Wareneingänge zur Kundenauftragsposition mengenmäßig fortgeschrieben werden, d.h., Sie können die entsprechenden Materialien im Bestand sehen. Jedoch erfolgt die Buchung im Finanzwesen wie ein Verbrauch. Aus finanzbuchhalterischer Sicht ist das Material damit nicht mehr vorhanden, und daher erfolgt die spätere Warenausgangsbuchung für die Lieferung an den Kunden rein mengenmäßig. Zum Warenausgang erfolgt keine Buchung im Finanzwesen mehr. Der unbewertete Projektbestand ist schwierig nachzuvollziehen, da hier der Wert- und Mengenfluss getrennt erfolgen. Es handelt sich hier um eine Zwischenlösung, die ihre Berechtigung hatte, solange SAP noch nicht die Funktionalität des bewerteten Kundeneinzelbestands bereitgestellt hatte.

Bewerteter Kundeneinzelbestand

Bewerteter Kundeneinzelbestand bedeutet, dass der Werte- und Mengenfluss parallel verläuft. Zum Wareneingang wird das Material in den Bestand der Kundenauftragsposition gebucht. Es ist aus logistischer Sicht damit in einem speziellen Bestand, der nur für die zugeordnete Kundenauftragsposition verfügbar ist. Aus buchhalterischer Sicht befindet sich das Material in der Bilanz im Materialbestand; es ist damit noch nicht verbraucht und taucht auch noch nicht in den Kosten auf. Erst mit dem Warenausgang durch die Lieferung an den Kunden wird das Material mengen- und wertmäßig verbraucht.

Für kosten- und erlösführende Kundenauftragspositionen können Sie zum Periodenende eine WIP-Ermittlung durchführen, sofern den gebuchten Kosten keine entsprechenden Erlöse gegenüberstehen.

Sie können Kundenauftragspositionen auf zwei verschiedene Arten kalkulieren; zum einen anhand einer Kundenauftragskalkulation und zum anderen als Auftragsstücklistenkalkulation Beide Möglichkeiten erläutern wir weiter unten; zunächst beginnen wir diesen Abschnitt aber mit den Grundeinstellungen.

Grundeinstellungen für das Kundenauftrags-Controlling

Um das Kundenauftrags-Controlling einsetzen zu können, müssen Sie dieselben Grundeinstellungen vornehmen, die wir bereits in der Produktkostenplanung vorgestellt haben: Herkunftsgruppen, Gemeinkostenzuschläge, Templates und die Fehlersteuerung. In Abschnitt 7.3.2, »Grundeinstellungen für die Materialkalkulation«, haben wir diese Funktionalitäten im Detail beschrieben. Sie finden dieselben Transaktionen auch im Menübaum CONTROLLING • KOSTENTRÄGERRECHNUNG • PERIODISCHES PRODUKT-CONTROLLING • GRUNDEINSTELLUNGEN FÜR DAS KUNDENAUFTRAGS-CONTROLLING.

Steuerung Kundenauftragsfertigung/Kundenauftrags-Controlling

Was sind Bedarfsarten und Bedarfsklassen?

Wie bereits eingangs erwähnt, können Sie Kundenauftragspositionen als kosten- und erlösführend einstellen. Dies steuern Sie über die Einstellungen in der zugeordneten *Bedarfsklasse*. Die Bedarfsklasse dient u.a. dazu, die Bedarfsübergabe, die Verfügbarkeitsprüfung, die Dispositionsrelevanz und weitere logistische Einstellungen zu steuern. Welche Bedarfsklasse einer Kundenauftragsposition zugeordnet wird, ermittelt das System wiederum über die *Bedarfsart*. Über die Bedarfsart klassifiziert die Logistik die Art des Bedarfs (z.B. Lieferbedarf, Auftragsbedarf, Kundeneinzelbedarf) und definiert damit die Art des zugrunde liegenden Geschäftsprozesses. In einer Kundenauftragsposition ermittelt das System die Bedarfsart über eine vordefinierte Strategie anhand der Strategiegruppe im Materialstamm des zugeordneten Materials (in der Sicht DISPOSITION 3), über die Dispositionsgruppe im Materialstamm (Sicht DISPOSITION 1) oder über den Positionstyp in der Kundenauftragsposition. Die Definition der Bedarfsarten und Bedarfsklassen, die Zuordnung untereinander sowie die Ermittlung der Bedarfsart liegen in der Aufgabenhoheit der Logistik, und die dafür notwendigen Einstellungen sollten auch von den zuständigen Systemverwaltern vorgenommen werden. Wir gehen daher an dieser Stelle nur auf die für das Controlling relevanten Einstellungen für diese Konzepte ein.

Unter dem Customizing-Punkt CONTROLLING • KOSTENTRÄGERRECHNUNG • KUNDENAUFTRAGS-CONTROLLING • STEUERUNG KUNDENAUF-

TRAGSFERTIGUNG/KUNDENAUFTRAGS-CONTROLLING • BEDARFSARTEN ÜBERPRÜFEN (Transaktion OVZH) können Sie sich alle vorhandenen Bedarfsarten und deren Zuordnung zu den Bedarfsklassen ansehen (siehe Abbildung 7.75).

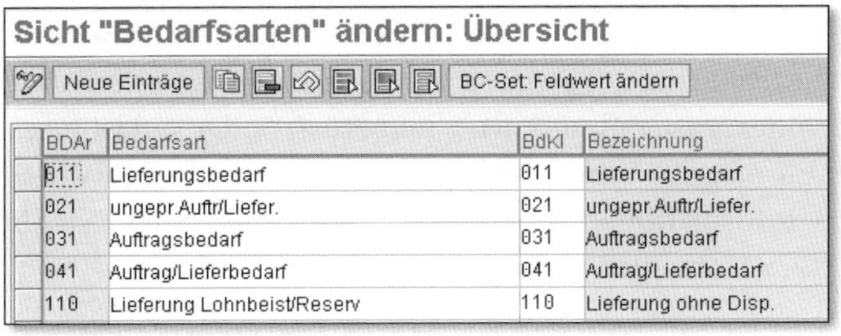

Abbildung 7.75 Zuordnung der Bedarfsarten zu Bedarfsklassen überprüfen

Die Bedarfsklassen selbst sehen Sie sich unter CONTROLLING • KOSTENTRÄGERRECHNUNG • KUNDENAUFTRAGS-CONTROLLING • STEUERUNG KUNDENAUFTRAGSFERTIGUNG/KUNDENAUFTRAGS-CONTROLLING • BEDARFSKLASSEN ÜBERPRÜFEN an. Sie stellen hier im Einzelnen ein, wie Kundenauftragspositionen mit dieser Bedarfsklasse kalkuliert und kontiert werden und welche Art von Montageabwicklung sie anstoßen (siehe Abbildung 7.76). Im Beispiel ist eine Bedarfsklasse für Kundeneinzelfertigung ohne Verbuchung von Kosten und Erlösen auf der Kundenauftragsposition dargestellt.

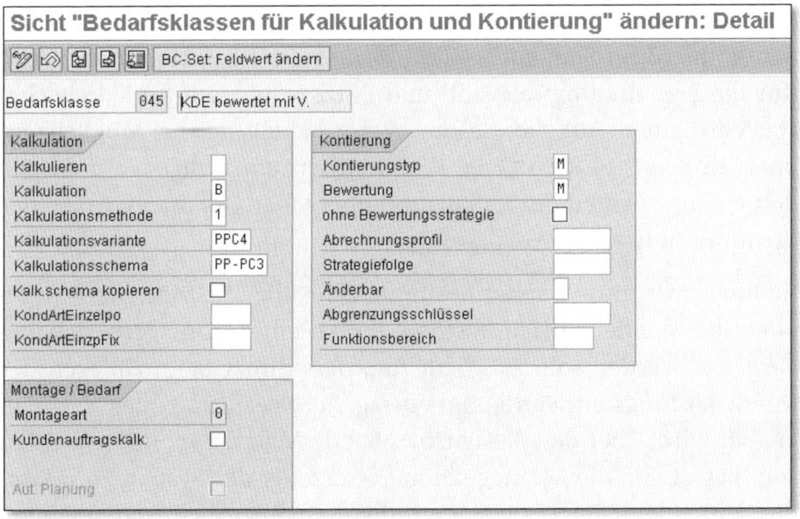

Abbildung 7.76 Bedarfsklassen einstellen

Im Block KALKULATION bestimmen Sie, ob und wie die Kundenauftragskalkulation kalkuliert werden soll. Das Kennzeichen KALKULIEREN legt fest, ob eine Kalkulation durchgeführt werden kann, darf oder soll; ergänzend dazu stellen Sie über den Parameter KALKULATION ein, ob Sie die Kundenauftragsposition automatisch beim Sichern kalkulieren und/oder auch gleich vormerken lassen wollen. Die KALKULATIONSMETHODE bestimmt, ob eine Erzeugniskalkulation (also anhand eines vorhandenen Mengengerüsts) oder eine Einzelkalkulation (also manuell ohne Mengengerüst) durchgeführt werden soll. Weitere Informationen zur Einzelkalkulation finden Sie in Abschnitt 5.4.2, »Manuelle Planung«.

Über die KALKULATIONSVARIANTE steuern Sie, wie die Kalkulation erfolgen soll (Kalkulationsvarianten haben wir in Abschnitt 7.3.3, »Materialkalkulation«, ausführlich erläutert); das KALKULATIONSSCHEMA dient zur Verbuchung von Gemeinkostenzuschlägen (eine ausführliche Erläuterung dieses Themas finden Sie in Abschnitt 7.3.2, »Grundeinstellungen für die Materialkalkulation«). Wenn Sie den Parameter KALK.SCHEMA KOPIEREN aktivieren, kopiert das System die hier hinterlegte Kalkulationsvariante in alle untergeordneten Objekte (Fertigungsaufträge). Damit erreichen Sie, dass etwaige einzelbedarfsgesteuerte Halbfabrikate nach derselben Logik mit Gemeinkosten bezuschlagt werden wie das Fertigprodukt.

Unter KONDARTEINZELP können Sie eine Konditionsart eintragen, über die Sie das Ergebnis der Kundenauftragskalkulation fortschreiben können. Im Standard stellt SAP hier die Konditionsarten EK01 (für die Preisfindung relevant) und EK02 (statistisch für Vergleiche) zur Verfügung. Auf die gleiche Weise haben Sie die Möglichkeit, unter KONDARTEINZPFIX eine Konditionsart einzutragen, auf der Sie den Fixkostenanteil der Kalkulation übergeben (im Standard ist hier die Konditionsart EK03 vorgesehen).

Im Block MONTAGE/BEDARF bestimmen Sie über die MONTAGEART, ob über die Kundenauftragsposition direkt eine Montageabwicklung ausgelöst werden soll. Das bedeutet, dass direkt beim Anlegen des Kundenauftrags ein Fertigungsauftrag, Serviceauftrag oder Netzplan erstellt wird, über den das entsprechende Material montiert werden soll. Lassen Sie die Montageart auf 0, erzeugt das System zum Kundenauftrag lediglich einen Bedarf, der dann über die Bedarfsplanung bedient wird. Falls Sie die Montageart 2 (statische Abwicklung über

Fertigungsauftrag, Serviceauftrag oder Netzplan) ausgewählt haben, können Sie sich entscheiden, ob Sie die Vorkalkulation des abhängigen Montageauftrags als Plankosten in die SD-Konditionen übernehmen (indem Sie den Parameter KUNDENAUFTRAGSKALK. leer lassen) oder die Kundenauftragskalkulation in die Konditionen fortschreiben (in dem Fall aktivieren Sie KUNDENAUFTRAGSKALK.). Wenn Sie eine Kundeneinzelfertigung durchführen, können Sie über den Parameter AUT. PLANUNG automatisch eine mehrstufige Kundeneinzelplanung anstoßen.

Aus Sicht des Controllings sind die Einstellungen im Block KONTIERUNG die entscheidenden. Über den KONTIERUNGSTYP entscheiden Sie, ob die Kundenauftragspositionen zu dieser Bedarfsklasse kosten- und erlösführend sind oder nicht. Die Kontierungstypen, die Sie hier zur Auswahl haben, können Sie im Customizing Ihren Bedürfnissen anpassen (siehe dazu weiter unten in diesem Abschnitt). Im Standard bedeutet der Typ E, dass die Kundenauftragsposition kosten- und erlösführend ist, mit M ist sie es nicht. Der Parameter BEWERTUNG steuert, ob Sie einen bewerteten Kundeneinzelbestand führen wollen. Wählen Sie hier den Eintrag M, wird das Material im Einzelbestand der Kundenauftragsposition getrennt vom restlichen Bestand bewertet. Über den Eintrag A bewerten Sie es gemeinsam mit dem anonymen Bestand.

Mit dem Kennzeichen OHNE BEWERTUNGSSTRATEGIE legen Sie fest, wie der Kundenauftragsbestand bewertet werden soll. Setzen Sie das Kennzeichen, zieht das System den Standardpreis des anonymen Lagerbestands heran. Aktivieren Sie es nicht, geht das System nach einer fest vorgegebenen Strategie der Reihe nach vor. Es prüft dabei für jeden Schritt, ob es einen Wert ermitteln kann, und übernimmt diesen, falls vorhanden. Findet es keinen Wert, geht es zum nächsten Schritt weiter. Die Schritte im Einzelnen:

1. Falls Sie den User-Exit COPC002 im Einsatz haben, wird der Preis hierüber ermittelt.
2. Standardpreis laut Kundenauftragskalkulation
3. Standardpreis laut Vorkalkulation eines untergeordneten Objekts wie z.B. Fertigungsauftrag
4. Wenn das Material über Sammelbedarf gesteuert wird, Standardpreis laut Materialstamm.

Wenn Sie die Kundenauftragsposition als kosten- und erlösführend gekennzeichnet haben, sind die folgenden Parameter von Bedeutung: Haben Sie CO-PA im Einsatz, müssen Sie die Kundenauftragsposition abrechnen; dafür hinterlegen Sie ein ABRECHNUNGSPROFIL (weitere Informationen dazu finden Sie in Abschnitt 5.7.5, »Abrechnung«) und eine STRATEGIEFOLGE, die bestimmt, wie ein Ergebnisobjekt ermittelt werden soll. Tragen Sie hier »SAP10« ein, wird keine Abrechnungsvorschrift generiert; bei »SAP20« erzeugen Sie je eine Abrechnungsvorschrift für die Gesamtabrechnung und eine für die periodische Abrechnung, mit »SAP25« nur eine für die Gesamtabrechnung. Den Unterschied zwischen periodischer Abrechnung und Gesamtabrechnung haben wir ebenfalls in Abschnitt 5.7.5 erläutert. Über den Parameter ÄNDERBAR legen Sie fest, ob diese automatisch generierten Abrechnungsvorschriften nachträglich noch geändert werden dürfen. Für den Fall, dass Sie Ware in Arbeit für die Kundenauftragsposition ermitteln wollen, hinterlegen Sie einen ABGRENZUNGSSCHLÜSSEL (mehr zu diesem Thema erfahren Sie weiter unten in diesem Abschnitt). Sie müssen außerdem einen Funktionsbereich angeben, falls Sie mit dem Umsatzkosten-Ledger arbeiten (weitere Erläuterungen dazu finden Sie in Abschnitt 2.1.4, »Funktionsbereich«.)

Kontierungstypen definieren

Wie soeben erwähnt, steuern Sie über den Kontierungstyp, ob eine Kundenauftragsposition kosten- und erlösführend ist. Darüber hinaus hat der Kontierungstyp aber noch weitere Auswirkungen, die wir Ihnen nun zeigen wollen. Sie definieren die Kontierungstypen im Customizing unter CONTROLLING • KOSTENTRÄGERRECHNUNG • KUNDENAUFTRAGS-CONTROLLING • STEUERUNG KUNDENAUFTRAGSFERTIGUNG/KUNDENAUFTRAGS-CONTROLLING • KONTIERUNGSTYPEN ÜBERPRÜFEN. Kontierungstypen werden nicht nur im Vertrieb, sondern auch in der Materialwirtschaft verwendet, um zu steuern, auf welche Weise Bestellpositionen gebucht werden sollen. Deshalb finden Sie an dieser Stelle auch Kontierungstypen, die keine Relevanz für Kundenaufträge haben. Wir erläutern die notwendigen Einstellungen anhand des Kontierungstyps M (siehe Abbildung 7.77), den Sie bereits in der Bedarfsklasse gesehen haben.

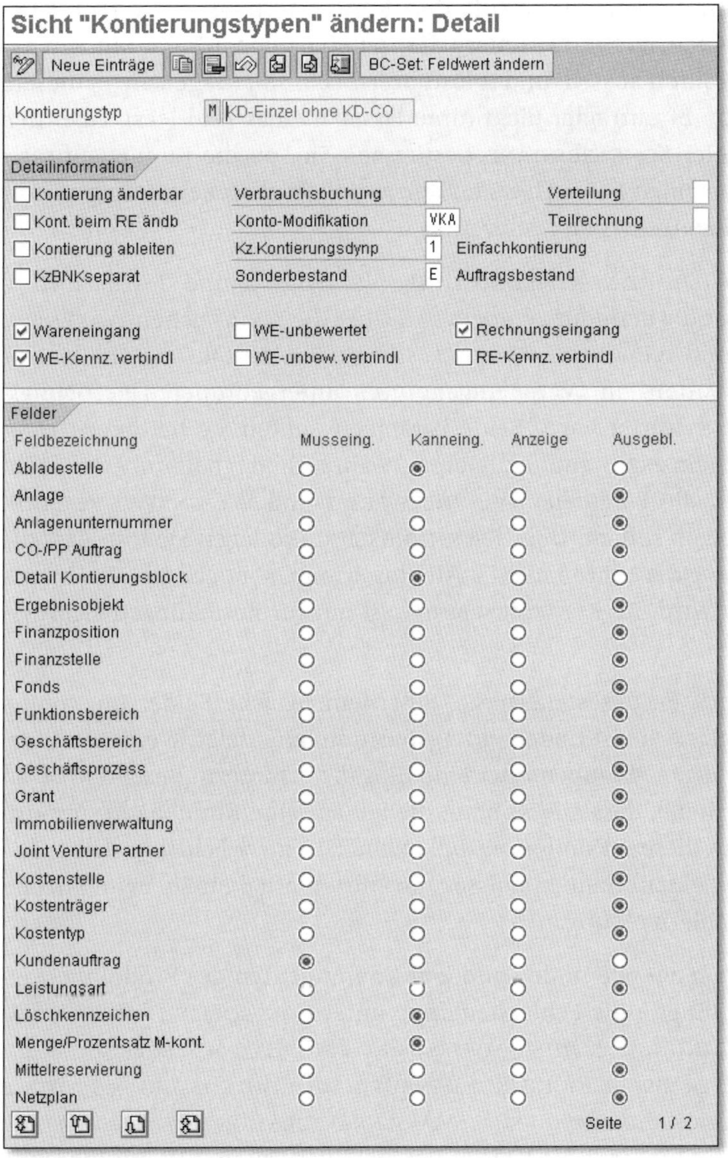

Abbildung 7.77 Kontierungstypen einstellen

Die vier Parameter oben links (KONTIERUNG ÄNDERBAR bis KZBNKSEPARAT) betreffen nur Bestellvorgänge und werden daher an dieser Stelle nicht näher erläutert. Die KONTO-MODIFIKATION bestimmt, in welchen Szenarien der Kontierungstyp überhaupt verwendet werden kann (in diesem Fall betrifft VKA Kundenauftragspositionen). Über VERBRAUCHSBUCHUNG steuern Sie, ob eine zugeordnete Kundenauftragsposition kosten- und erlösführend sein soll (tragen Sie in diesem Fall ein »E« ein) oder nicht (dazu lassen Sie das Feld leer). Über den Parameter SONDERBESTAND bestimmen Sie, ob die Kundenauftragsposition einen Sonderbestand führen soll (hier ist der Eintrag »E« für Kundeneinzelbestand relevant).

Die Felder KZ.KONTIERUNGSDYNP, VERTEILUNG und TEILRECHNUNG sind nur für Bestellungen relevant. Über die Kennzeichen WARENEINGANG und WE-KENNZ. VERBINDL. steuern Sie, dass für die Kundenauftragsposition ein Wareneingang vom untergeordneten Fertigungsauftrag erwartet wird. Beide Parameter sollten Sie bei bewertetem Kundeneinzelbestand aktivieren, während Sie bei unbewertetem Bestand die Parameter WE-UNBEWERTET und WE-UNBEW. VERBINDLICH setzen sollten. Über RECHNUNGSEINGANG legen Sie fest, dass die Lieferung der Waren nicht kostenlos erfolgt, sondern eine Rechnung erstellt wird. RE-KENNZ. VERBINDL. ist nur für Bestellungen erforderlich.

Im Block FELDER steuern Sie außerdem, welche Felder im Kontierungsblock der Kundenauftragsposition angezeigt werden sollen, eine Eingabe erlauben oder eine Eingabe erfordern. Beachten Sie an dieser Stelle, dass alle Konten, die Sie auf eine Kundenauftragsposition mit diesem Kontierungstyp buchen, in ihrer Feldstatusleiste dieselben Felder erlauben müssen, ansonsten erhalten Sie beim Buchen eine Fehlermeldung.

Sie können – wie in den anderen Komponenten des Produktkosten-Controllings – die Fehlersteuerung unter CONTROLLING • KOSTENTRÄGERRECHNUNG • KUNDENAUFTRAGS-CONTROLLING • STEUERUNG KUNDENAUFTRAGSFERTIGUNG/KUNDENAUFTRAGS-CONTROLLING • FLEXIBLE MELDUNGSSTEUERUNG FÜR MASSENKALKULATION VERKAUFSBELEGE (Transaktion OPR4_CKMC) flexibel verwalten. Weiterführende Informationen zur Fehlersteuerung finden Sie in Abschnitt 7.3.2, »Grundeinstellungen für die Materialkalkulation«.

Zur Massenkalkulation der Kundenaufträge steht Ihnen außerdem als Erweiterung das BAdI COPC_CK_MCSO zur Verfügung.

Wir gehen nun auf die Einstellungen zur Kalkulation von Kundenaufträgen ein.

Vorkalkulation und Auftragsstücklistenkalkulation

Im Kundenauftrags-Controlling stehen Ihnen grundsätzlich zwei Arten der Kalkulation zur Verfügung: Die Kundenauftragskalkulation und die Auftragsstücklistenkalkulation.

Was ist eine Kundenauftragskalkulation?

Die *Kundenauftragskalkulation* wird innerhalb des Kundenauftrags durchgeführt; ihre Ergebnisse werden zur Kundenauftragsposition fortgeschrieben, können dort ausgewertet und gegebenenfalls zur Bewertung des Kundeneinzelbestands herangezogen werden. Sie können diese Ergebnisse darüber hinaus auch als Konditionswerte an SD übergeben und so zur Preisfindung einsetzen. Die Kundenauftragskalkulation können Sie entweder als Erzeugniskalkulation durchführen (also automatisch über eine Kalkulationsvariante) oder manuell als Einzelkalkulation. Ob eine Kundenauftragsposition kalkuliert werden soll und auf welche Weise, stellen Sie in der Bedarfsklasse ein.

Was ist eine Auftragsstücklisten kalkulation?

Eine *Auftragsstücklistenkalkulation* führen Sie außerhalb des Kundenauftrags wie eine Produktkalkulation durch (über die Transaktion CK51N). Sie können diese Kalkulation auch für einzelne Teile oder Baugruppen des Gesamtprodukts vornehmen und haben wie bei der Produktkalkulation die Möglichkeit, anhand von unterschiedlichen Kalkulationsvarianten unterschiedliche Bewertungsansätze abzubilden.

Um die beiden Formen der Kundenauftragskalkulation einsetzen zu können, müssen Sie dieselben Voraussetzungen schaffen wie für die Produktkostenplanung sowie das periodische und auftragsbezogene Produkt-Controlling: Sie müssen ein Elementeschema definieren (siehe Abschnitt 7.3.2, »Grundeinstellungen für die Materialkalkulation«) und können bei Bedarf die Kostenschichtung in Kostenrechnungskreiswährung aktivieren (siehe Abschnitt 7.3.5, »Ausgewählte Funktionen in der Materialkalkulation«).

Kalkulationsvariante für Kundenauftragskalkulation

Für die Kundenauftragskalkulation selbst benötigen Sie eine Kalkulationsvariante, die alle benötigten Parameter umfasst. Den Aufbau und die Funktionalität von Kalkulationsvarianten im Allgemeinen haben wir in Abschnitt 7.3.3, »Materialkalkulation«, bereits erläutert. Sie definieren Kalkulationsvarianten für die Kundenauftragskalkulation im Customizing über CONTROLLING • KOSTENTRÄGERRECHNUNG • KUNDENAUFTRAGS-CONTROLLING • VORKALKULATION UND AUFTRAGSSTÜCKLISTENKALKULATION • ERZEUGNISKALKULATION ZU KUNDENAUFTRAGSPOS/AUFTRAGSSTÜCKLISTE • KALKULATIONSVARI-

ANTEN FÜR DIE ERZEUGNISKALKULATION ÜBERPRÜFEN (Transaktion OKY9). Im Standard liefert SAP die Kalkulationsvariante PPC4 KUNDENAUFTRAGSKALKULATION mit der Kalkulationsart 18 und der Bewertungsvariante 001 aus. Die übrigen Bestandteile der Kalkulationsvariante stellen Sie im selben Menübaum ein.

Kalkulationsvariante für Auftragsstücklistenkalkulation

Falls Sie eine manuelle Einzelkalkulation als Auftragsstücklistenkalkulation erstellen wollen, benötigen Sie dafür eine eigene Kalkulationsvariante, die Sie über CONTROLLING • KOSTENTRÄGERRECHNUNG • KUNDENAUFTRAGS-CONTROLLING • VORKALKULATION UND AUFTRAGSSTÜCKLISTENKALKULATION • EINZELKALKULATION ZU KUNDENAUFTRAGSPOSITION • KALKULATIONSVARIANTEN FÜR DIE EINZELKALKULATION ÜBERPRÜFEN (Transaktion OKY1) einstellen. Im Standard steht Ihnen hier die Kalkulationsvariante PC04 VERKAUFSBELEG mit der Kalkulationsart 15 und der Bewertungsvariante 008 zur Verfügung, die Sie allesamt im selben Menübaum einstellen können. Detailliertere Informationen zur Einzelkalkulation finden Sie in Abschnitt 5.4.2, »Manuelle Planung«. Die Kalkulationsvariante für die Einzelkalkulation tragen Sie außerdem in die Kalkulationsvariante für die Erzeugniskalkulation (siehe oben) auf der Registerkarte SONSTIGES ein, falls Sie zur Erzeugniskalkulation eine Einzelkalkulation manuell hinzufügen wollen.

Im Menübaum CONTROLLING • KOSTENTRÄGERRECHNUNG • KUNDENAUFTRAGS-CONTROLLING • VORKALKULATION UND AUFTRAGSSTÜCKLISTENKALKULATION • FLEXIBLE FEHLERSTEUERUNG haben Sie die Möglichkeit, die Systemmeldungen individuell zu gestalten. Ausführliche Informationen dazu finden Sie in Abschnitt 7.3.2, »Grundeinstellungen für die Materialkalkulation«.

Ergebnisermittlung für Kundenauftragspositionen

Während des Periodenabschlusses im Kundenauftrags-Controlling können Sie eine Ergebnisermittlung für kosten- und erlösführende Kundenauftragspositionen durchführen; dabei handelt es sich um eine Variante der Ermittlung der Ware in Arbeit (siehe Abschnitt 7.4.3, »Auftragsbezogenes Produkt-Controlling«), bei der auch Erlöse mit berücksichtigt werden. Die Ergebnisermittlung haben wir ausführlich in Abschnitt 5.7.4 beschrieben. Im Nachgang zur Ergebnisermittlung führen Sie eine Abrechnung für die entsprechenden Kundenauftragspositionen durch; weitere Informationen hierzu finden Sie in Abschnitt 5.7.5. Wir schließen damit den Abschnitt zum Kundenauftrags-Controlling ab und werfen einen Blick auf das Controlling für immaterielle Güter und Dienstleistungen.

7.4.5 Controlling für immaterielle Güter und Dienstleistungen

Das Controlling für immaterielle Güter und Dienstleistungen bietet Ihnen die Möglichkeit, Kosten und gegebenenfalls Erlöse für allgemein gefasste Konzepte wie eine Dienstleistung beim Kunden, einen Messestand oder ein Musikstück zu analysieren. Typischerweise verfügen Sie hier über kein Mengengerüst, anhand dessen Sie eine automatische Kalkulation durchführen können.

Was ist ein Kostenträger-allgemein?

Prinzipiell können Sie für diese Art des Controllings auch Innenaufträge verwenden, die wir ausführlich in Kapitel 5, »Innenaufträge«, beschrieben haben. SAP stellt darüber hinaus jedoch noch das Datenelement *Kostenträger-allgemein* zur Verfügung, das im Vergleich zu Innenaufträgen über eine noch weiter eingeschränkte Funktionalität verfügt. Bei einem Kostenträger-allgemein handelt es sich um eine Auftragsart, die mit keiner SAP-Komponente wie CO, CS oder PP verknüpft ist und daher keine anwendungsspezifischen Funktionen bietet. Sie können beliebig viele Arten von Kostenträgern-allgemein definieren, diese manuell beplanen, Istkosten darauf verbuchen und sie am Ende abrechnen. Kostenträger-allgemein verfügen über keine Statusverwaltung, können keine Erlöse führen und erlauben keine Ermittlung von Ware in Arbeit oder Abweichungen.

Grundeinstellungen

Kostenträgerprofile für Kostenträger-allgemein

Um Kostenträgerarten zu definieren, legen Sie zunächst über Controlling • Kostenträgerrechnung • Controlling für immaterielle Güter und Dienstleistungen • Grundeinstellungen für das Controlling immaterieller Güter • Kostenträgerprofile definieren (Transaktion OKZB) ein Kostenträgerprofil an (siehe Abbildung 7.78). Sie hinterlegen hier Vorschlagswerte für eine Kalkulationsvariante für die manuelle Planung über eine Einzelkalkulation (weitere Einzelheiten dazu siehe Abschnitt 5.4.2, »Manuelle Planung«), ein Kalkulationsschema und einen Zuschlagsschlüssel für Gemeinkostenzuschläge (siehe Abschnitt 7.3.2, »Grundeinstellungen für die Materialkalkulation«) sowie ein Abrechnungsprofil (siehe Abschnitt 5.7.5).

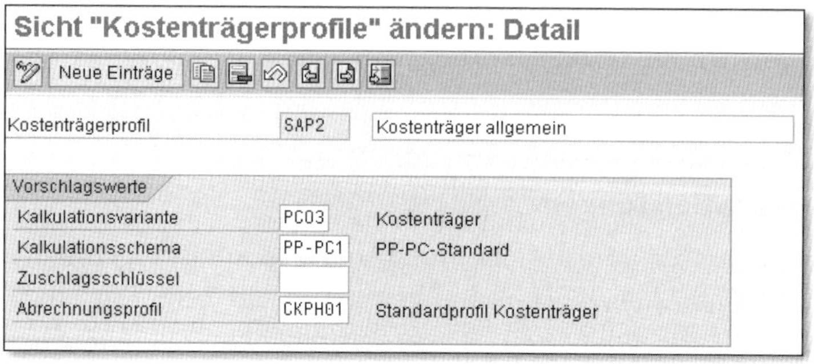

Abbildung 7.78 Kostenträgerprofil für Kostenträger-allgemein anlegen

Kostenträgerart definieren

Im nächsten Schritt wechseln Sie zum Customizing-Punkt CONTROLLING • KOSTENTRÄGERRECHNUNG • CONTROLLING FÜR IMMATERIELLE GÜTER UND DIENSTLEISTUNGEN • GRUNDEINSTELLUNGEN FÜR DAS CONTROLLING IMMATERIELLER GÜTER • KOSTENTRÄGERARTEN DEFINIEREN (Transaktion OKZ7). Hier ordnen Sie das soeben erstellte Kostenträgerprofil zu und setzen einige Steuerungskennzeichen (siehe Abbildung 7.79).

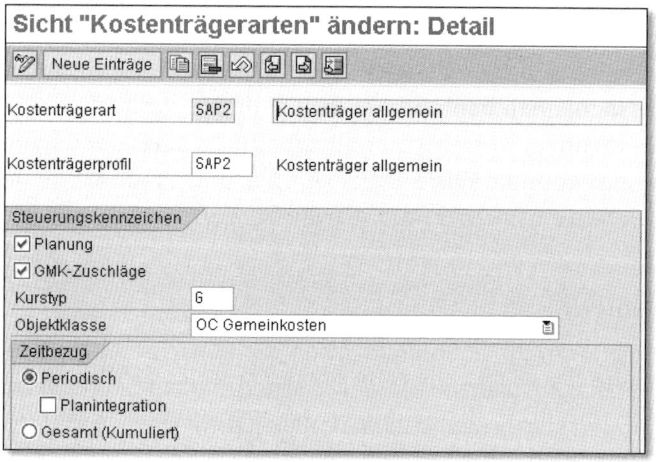

Abbildung 7.79 Kostenträgerart für Kostenträger-allgemein definieren

Wenn Sie den Parameter PLANUNG aktivieren, erlauben Sie das Erfassen von Planwerten zu dieser Kostenträgerart; setzen Sie ein Häkchen bei GMK-ZUSCHLÄGE, ist es möglich, Gemeinkostenzuschläge auf Kostenträger dieser Art zu verbuchen. Über den KURSTYP bestimmen Sie, zu welchem Wechselkurs Fremdwährungsbeträge umgerechnet werden sollen. Die OBJEKTKLASSE dient zur Klassifizierung des Kostenträgers (weitere Informationen dazu finden Sie in Abschnitt 5.3.1, »Auftragsarten«). Im Block ZEITBEZUG entscheiden Sie, ob Sie die Kostenplanung und die Abrechnung PERIODISCH (und gegebenenfalls planintegriert) oder GESAMT durchführen wollen. Damit entscheiden Sie, ob Sie bei der manuellen Planung jeweils eine Buchungsperiode mit angeben müssen oder nicht und ob Sie periodische oder Gesamt-Abrechnungsvorschriften anlegen müssen.

Sie können darüber hinaus im selben Menübaum Einstellungen zu Herkunftsgruppen, Gemeinkostenzuschlägen und Templates vornehmen (siehe Abschnitt 7.3.2, »Grundeinstellungen für die Materialkalkulation«).

Planung

Wie bereits erwähnt, können Sie zu einem Kostenträger-allgemein die Planung entweder periodisch oder als Gesamtplanung ausführen. Der Unterschied zwischen beiden Methoden ist nicht nur die Art der eventuell später folgenden Abrechnung, sondern Sie verwenden auch unterschiedliche Planungswerkzeuge für die Planungsarten. Bei der Gesamtplanung führen Sie eine Einzelkalkulation durch, die wir detailliert in Abschnitt 5.4.2, »Manuelle Planung«, beschrieben haben. Planen Sie hingegen periodisch, benutzen Sie dafür Planungslayouts, die Sie bereits aus der Kostenstellenrechnung kennen (siehe Abschnitt 4.4.2, »Manuelle Planung«).

Kalkulationsvariante für Gesamtplanung

Für die Gesamtplanung benötigen Sie eine Kalkulationsvariante, die Sie über CONTROLLING • KOSTENTRÄGERRECHNUNG • CONTROLLING FÜR IMMATERIELLE GÜTER UND DIENSTLEISTUNGEN • PLANUNG • GESAMTPLANUNG • KALKULATIONSVARIANTEN FÜR DIE KOSTENTRÄGER-ID ÜBERPRÜFEN (Transaktion OKY3) einstellen. Im Standard schlägt SAP hier die Kalkulationsvariante PC03 (Kostenträger) mit der Kalkulationsart 14 (Einzelkalkulation Kostenträger) und der Bewertungsvariante 008 (Planbewertung – Aufträge) vor (ausführliche Informationen zu Kalkulationsvarianten finden Sie in Abschnitt 7.3.3, »Materialkalkulation«. Die Bewertungsvariante bearbeiten Sie über CONTROLLING • KOSTENTRÄGERRECHNUNG • CONTROLLING FÜR IMMATERIELLE GÜTER UND DIENSTLEISTUNGEN • PLANUNG • GESAMTPLANUNG • BEWERTUNGSVARIANTEN FÜR DIE KOSTENTRÄGER-ID ÜBERPRÜFEN (Transaktion OKY6).

Planungslayouts und Planerprofile

Zum Einstellen der periodischen Planung benötigen Sie Planungslayouts und Planerprofile, die Sie über CONTROLLING • KOSTENTRÄGER-

RECHNUNG • CONTROLLING FÜR IMMATERIELLE GÜTER UND DIENSTLEISTUNGEN • PLANUNG • PERIODISCHE PLANUNG • LAYOUTS FÜR KOSTENARTEN- UND LEISTUNGSARTENPLANUNG DEFINIEREN (Transaktion KK65) bzw. LAYOUTS FÜR PLANUNG STATISTISCHER KENNZAHLEN DEFINIEREN (Transaktion KK95) erstellen können. In Abschnitt 4.4.2, »Manuelle Planung«, finden Sie ausführliche Informationen, wie Sie dabei vorgehen sollten.

Datenübernahme aus LIS

Sie können außerdem statistische Kennzahlen aus dem Logistik-Informationssystem zur Planung auf einen Kostenträger-allgemein übernehmen. Die dafür notwendigen Einstellungen nehmen Sie unter CONTROLLING • KOSTENTRÄGERRECHNUNG • CONTROLLING FÜR IMMATERIELLE GÜTER UND DIENSTLEISTUNGEN • PLANUNG • PERIODISCHE PLANUNG • ÜBERNAHME STATISTISCHER KENNZAHLEN AUS LIS • ZUORDNUNG KOSTENTRÄGER-KENNZAHL (Transaktion KVC0) vor. In Abschnitt 4.4.7, »Plandatenübernahme«, haben wir diese Einstellungen im Detail beschrieben.

Periodenabschluss

Zum Periodenabschluss im Controlling immaterieller Güter und Dienstleistungen können Sie statistische Kennzahlen im Ist aus dem LIS übernehmen; die Einstellungen dazu sind dieselben wie für die Planung (siehe oben). Falls Sie vorhaben, Kostenträger allgemein abzurechnen, benötigen Sie einige Einstellungen zum Abrechnungsprofil, Verrechnungsschema (beide Punkte beschreiben wir ausführlich in Abschnitt 5.7.5, »Abrechnung«) sowie zum Ergebnisschema (siehe Abschnitt 8.6.4, »Aufträge/Projekte abrechnen«).

Wir schließen damit den Abschnitt zum Controlling immaterieller Güter und Dienstleistungen ab und sind auch am Ende des Abschnitts zur Kostenträgerrechnung angekommen. Im letzten Abschnitt dieses Kapitels beschäftigen wir uns nun mit der Istkalkulation und dem Material-Ledger.

7.5 Istkalkulation/Material-Ledger

Die Komponente Istkalkulation/Material-Ledger dient dazu, Materialien zu parallelen Währungen bzw. Bewertungen zu führen und über die Istkostenrechnung einen periodischen Verrechnungspreis zu errechnen.

Wenn Sie das Material-Ledger nicht im Einsatz haben, werden alle Materialien in der Währung des Buchungskreises geführt. Aktivieren Sie diese Funktionalität, können Sie jedes Material parallel in bis zu drei verschiedenen Währungen und bei Bedarf auch zu verschiedenen Wertansätzen (z.B. Konzernbewertung oder Profit-Center-Bewertung) führen. Parallele Währungen helfen Ihnen z.B. dabei, Ihre Materialbestände konzernweit in der Konzernwährung vergleichen zu können oder in Hochinflationsländern eine Hartwährung zu hinterlegen. Parallele Wertansätze sind die Grundlage für Transferpreise, die wir in Abschnitt 9.6 ausführlich behandeln. Wenn Sie Transferpreise verwenden wollen, müssen Sie das Material-Ledger aktivieren.

Was ist der periodische Verrechnungspreis?

Die Istkalkulation können Sie nutzen, um jeweils rückwirkend für eine Periode je Material einen Istpreis zu errechnen, der auf den tatsächlichen Warenbewegungen der Periode basiert. Dieser Istpreis wird *periodischer Verrechnungspreis* genannt und vereint die Vorteile von Standardpreis und gleitendem Durchschnittspreis:

- Er ist für eine Periode konstant und erlaubt so wie der Standardpreis eine Deckungsbeitragsrechnung für den Vertrieb ohne Einflüsse aus der Fertigung.
- Gleichzeitig reagiert er ähnlich schnell wie der gleitende Verrechnungspreis auf Preisänderungen bei Kaufteilen.
- Abweichungen in der Produktion werden wie beim Standardpreis sichtbar.
- Preisänderungen sind wie beim Standardpreis nachvollziehbar und werden protokolliert.

Einstellungen im Materialstamm

Um die Istkalkulation bei aktivem Material-Ledger zu nutzen, müssen Sie für alle betroffenen Materialien in der Sicht BUCHHALTUNG 1 im Materialstamm die PREISSTEUERUNG nach Standardpreis einstellen. Wenn das Material-Ledger aktiv ist, steht Ihnen in derselben Materialsicht zusätzlich der Parameter PREISERMITTLUNG zur Verfügung; diesen müssen Sie auf den Wert 3 (EIN-/MEHRSTUFIG) setzen. Wollen Sie Materialien bei aktivem Material-Ledger weiterhin zum gleitenden Durchschnittspreis bewerten (dies können Sie dann immerhin in drei verschiedenen Währungen), stellen Sie die PREISSTEUERUNG auf gleitenden Durchschnittspreis und die PREISERMITTLUNG auf den Wert 2 (VORGANGSBEZOGEN).

Ein-/mehrstufige Materialpreisermittlung

Für Materialien, die Sie zum Standardpreis bewerten und für die Sie die Preisermittlung ein- bzw. mehrstufig durchführen wollen, können Sie dann zum Periodenende eine einstufige und eine mehrstufige Materialpreisermittlung durchführen. Bei der einstufigen Ermittlung berechnet das System je Material den periodischen Verrechnungspreis der Vorperiode anhand aller in der Periode angefallen Preisdifferenzen, Kursdifferenzen und Umbewertungen. Die mehrstufige Materialpreisermittlung berücksichtigt für eigengefertigte Produkte zusätzlich noch alle Differenzen der in die Produkte eingegangenen Einsatzmaterialien. Die Istkalkulation führen Sie im Anwendungsmenü über die Transaktion CKMLP durch; Handhabung und Vorgehensweise sind sehr ähnlich wie bei der Produktkalkulation.

[»]

Auswirkungen des Material-Ledgers

Denken Sie daran, dass Sie die grundlegenden Einstellungen für das Material-Ledger wie die verwendeten Währungen und Wertansätze nachträglich nicht mehr ändern können, wenn Sie das Material-Ledger einmal aktiviert haben. Sie können das Material-Ledger nur dann wieder deaktivieren, wenn Sie in dem betroffenen Bewertungskreis noch keine Daten gebucht haben.

7.5.1 Vorbereitungen und Aktivierung des Material-Ledgers

Parallele Wertansätze aktivieren

Um mit dem Material-Ledger arbeiten zu können, müssen Sie im betroffenen Kostenrechnungskreis und Buchungskreis das Führen von parallelen Wertansätzen aktivieren. Dazu müssen Sie die folgenden Schritte durchführen, die wir in Abschnitt 2.2.5, »Parallele Wertansätze«, ausführlich beschrieben haben:

- gegebenenfalls Bezeichnungen für Wertansätze pflegen
- ein Währungs- und Bewertungsprofil anlegen
- das Währungs- und Bewertungsprofil dem Kostenrechnungskreis zuordnen
- Versionen für Bewertungen anlegen

Material-Ledger aktivieren

Wenn die oben genannten Voraussetzungen erfüllt sind, können Sie das Material-Ledger einstellen und aktivieren. Dazu wechseln Sie im Customizing zur Transaktion Controlling • Produktkosten-Controlling • Istkalkulation/Material-Ledger • Bewertungskreise für das Material-Ledger aktivieren. Sie haben hier noch die Möglichkeit, alle Einstellungen im Zusammenhang mit dem Führen paralleler Wertansätze zu überprüfen. Wenn alles in Ordnung ist, aktivieren Sie das Material-Ledger (siehe Abbildung 7.80).

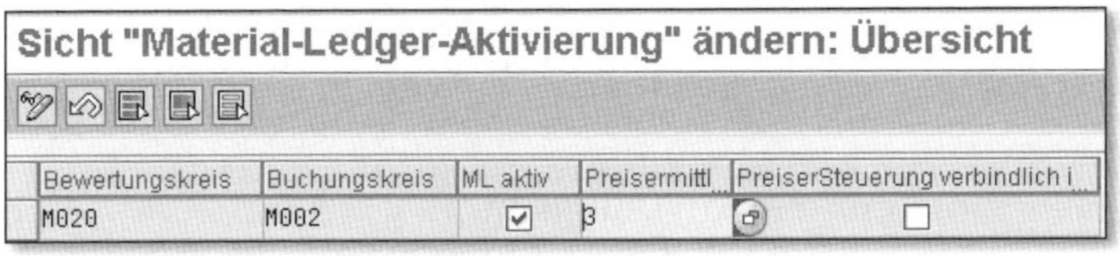

Abbildung 7.80 Material-Ledger aktivieren

Sie kreuzen hier das Kennzeichen ML AKTIV für die gewünschte Kombination aus Bewertungskreis und Buchungskreis an. Beachten Sie, dass damit das Material-Ledger noch nicht produktiv ist. Erst wenn Sie alle Einstellungen im Customizing vorgenommen haben, bereiten Sie im Anwendungsmenü den Produktivstart vor (siehe weiter unten), und erst dann werden Materialien tatsächlich parallel bewertet und Buchungen im Material-Ledger vorgenommen.

Der Parameter Preisermittlung (PREISERMITTL...) gibt einen Vorschlagswert bezüglich der Preisermittlung für alle zukünftig angelegten Materialstammsätze an. Aktivieren Sie auch den Parameter PREISERSTEUERUNG VERBINDLICH I..., legen Sie damit fest, dass der Vorschlagswert für die Preisermittlung verbindlich für alle Materialstämme ist, die nach der Aktivierung des Material-Ledgers angelegt werden.

Auswirkung auf bestehende Materialstammsätze [«]

Falls Sie das Material-Ledger in einem bereits produktiven Werk nachträglich aktivieren, setzt das System als Vorschlagswert für alle bestehenden Materialstammsätze den Wert 2 für die Preisermittlung. Die hier angegebenen Parameter betreffen nur Materialien, die *nach* der Aktivierung des Material-Ledgers erstellt werden.

Wenn Sie das Material-Ledger auf diese Weise aktiviert haben, aktivieren Sie als Nächstes das Führen von parallelen Wertansätzen im Kostenrechnungskreis (siehe Abschnitt 2.2.5, »Parallele Wertansätze«). Wenn Sie damit fertig sind, stellen Sie im Buchungskreis als weitere Hauswährungen diejenigen Währungstypen ein, die Sie auch im Währungs- und Bewertungsprofil eingetragen haben (siehe Abschnitt 2.2.5, »Parallele Wertansätze«).

Währungstypen festlegen

Als Nächstes entscheiden Sie, welche Währungstypen Sie im Material-Ledger führen wollen. Dazu definieren Sie über CONTROLLING • PRODUKTKOSTEN-CONTROLLING • ISTKALKULATION/MATERIAL-LEDGER • WÄHRUNGSTYPEN EINEM MATERIAL-LEDGER-TYP ZUORDNEN (Transaktion OMX2) einen sogenannten *Material-Ledger-Typ* (siehe Abbildung 7.81).

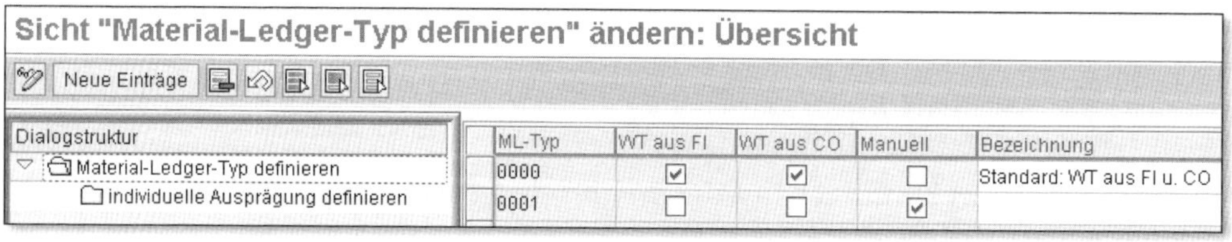

Abbildung 7.81 Material-Ledger-Typ definieren

Wählen Sie hier Währungstypen aus FI (WT AUS FI), werden im Material-Ledger dieselben Währungen fortgeschrieben, die Sie in der Finanzbuchhaltung als Währungen des führenden Ledgers festgelegt haben (siehe Abschnitt 2.2.5). Entsprechend steuern Sie über den Parameter WT aus CO, dass die Währungen aus dem Währungs- und Bewertungs-Profil im Controlling übernommen werden (siehe ebenfalls Abschnitt 2.2.5). Aktivieren Sie beide Parameter, übernehmen Sie eine Kombination aus beiden. Sie haben außerdem die Möglichkeit, neben der Buchungskreiswährung weitere Währungen manuell auszuwählen. Setzen Sie dafür den Parameter MANUELL, und stellen Sie die Währungen dann über INDIVIDUELLE AUSPRÄGUNG DEFINIEREN ein.

Material-Ledger-Typen Bewertungskreis zuordnen

Wenn Sie passende Material-Ledger-Typen angelegt haben, verknüpfen Sie sie über CONTROLLING • PRODUKTKOSTEN-CONTROLLING • ISTKALKULATION/MATERIAL-LEDGER • MATERIAL-LEDGER-TYPEN EINEM BEWERTUNGSKREIS ZUORDNEN (Transaktion OMX3) mit einem Bewertungskreis (siehe Abbildung 7.82).

Abbildung 7.82 Material-Ledger-Typ zum Bewertungskreis zuordnen

Nummernkreise für Material-Ledger

Für das Material-Ledger benötigen Sie eigene Nummernkreise für die entsprechenden spezifischen Buchungsvorgänge. Sie legen die Nummernkreise unter dem Customizing-Punkt Controlling • Produktkosten-Controlling • Istkalkulation/Material-Ledger • Nummernkreise für Material-Ledger-Belege pflegen (Transaktion OMX4) an.

Dynamische Preisänderung einstellen

In der Customizing-Transaktion Controlling • Produktkosten-Controlling • Istkalkulation/Material-Ledger • Dynamische Preisänderung einstellen entscheiden Sie, ob geplante Preise automatisch freigegeben werden sollen (weitere Informationen zur Freigabe von Preisen finden Sie in Abschnitt 7.3.1, »Überblick«. Wenn Sie die dynamische Preisänderung aktivieren, passt das System die Bestände zu einem Material automatisch an den neuen Preis an, sobald die erste Materialbuchung in der neuen Periode erfolgt. Vorgemerkte Plankalkulationen haben dabei Vorrang vor manuell festgelegten zukünftigen Bewertungspreisen.

Die dynamische Preisänderung können Sie auch einsetzen, wenn das Material-Ledger nicht aktiv ist. Wie bereits weiter oben erwähnt, können Sie jedoch bei aktivem Material-Ledger die Preise von Materialien nur am Anfang der Periode ändern, bevor die erste Buchung erfolgt. Diese Funktionalität ist dann hilfreich, wenn Sie organisatorisch nicht sicherstellen können, dass zwischen dem Verschieben der Periode in der Materialwirtschaft und der Freigabe der geplanten Preise niemand im System bucht.

Gründe für Preisänderungen hinterlegen

Unter Controlling • Produktkosten-Controlling • Istkalkulation/Material-Ledger • Gründe für Preisänderungen können Sie für die unterschiedlichen Transaktionen zum Ändern von Preisen (z.B. MR21 für manuelle Änderung) Gründe hinterlegen, die beim Buchen angegeben werden müssen (siehe Abbildung 7.83).

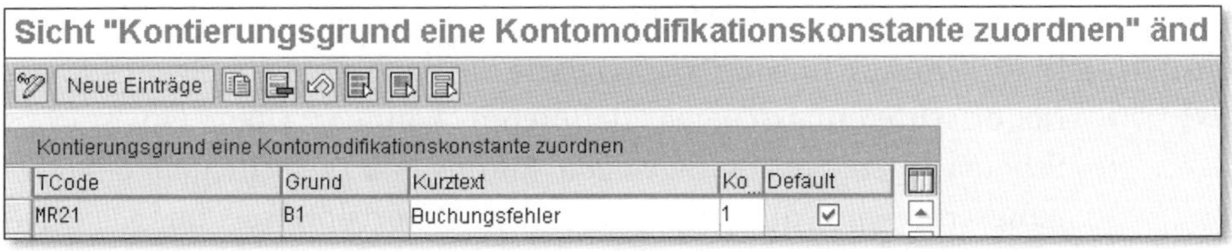

Abbildung 7.83 Gründe für Preisänderungen festlegen

Diese Gründe können Sie im Informationssystem auswerten (z.B. über Einzelposten). Darüber hinaus können Sie auch Kontomodifikationen zuordnen. Damit können Sie in der Kontenfindung der Materialwirtschaft (Vorgang UMB) einstellen, dass in Abhängigkeit von der Kontomodifikation eine Umbuchung auf ein spezielles Konto gebucht wird.

[zB]

Kontenfindung über Kontomodifikationskonstante

Standardmäßig buchen Sie den Aufwand bzw. den Ertrag von Preisänderungen auf Konto 795000. Für Preisänderungen, die jedoch aufgrund von vorangegangenen Fehlbuchungen vorgenommen werden müssen, wollen Sie das Konto 795010 bebuchen. In diesem Fall stellen Sie für den entsprechenden Grund für eine Preisänderung eine Kontomodifikationskonstante ein. In der Kontenfindung der Materialwirtschaft ordnen Sie ebendieser Konstante das Konto 795010 zu.

Falls Sie mit verteilten Systemen arbeiten, können Sie Materialpreise über CONTROLLING • PRODUKTKOSTEN-CONTROLLING • ISTKALKULATION/MATERIAL-LEDGER • MATERIALPREISVERSAND EINSTELLEN versenden. Im Rahmen dieses Buches beschäftigen wir uns aus Platzgründen jedoch nicht weiter mit verteilten Systemen.

Unter dem Customizing-Punkt CONTROLLING • PRODUKTKOSTEN-CONTROLLING • ISTKALKULATION/MATERIAL-LEDGER • FLEXIBLE MELDUNGSTYPEN DEFINIEREN (Transaktion OPR4_ACT) stellen Sie die Meldungen zum Material-Ledger ein. Wie Sie dabei generell vorgehen, haben wir in Abschnitt 7.3.2, »Grundeinstellungen für die Materialkalkulation«, erläutert.

Sie haben damit die grundlegenden Einstellungen für das Material-Ledger kennengelernt. Wir erläutern nun, welche Möglichkeiten das System Ihnen für die Materialfortschreibung bietet.

7.5.2 Materialfortschreibung

Materialfortschreibung einstellen

In diesem Abschnitt zeigen wir, wie Sie bei Bedarf ein eigenes Materialfortschreibungsschema definieren können. Über ein solches Schema legen Sie fest, welchen Einfluss die verschiedenen Bewegungsarten auf die Ermittlung des Materialpreises im Material-Ledger haben. Im Standard (Fortschreibungsschema 0001) wird der Bewertungspreis anhand des Anfangsbestands und aller Zugänge in einer Periode ermittelt. Falls diese Vorgehensweise Ihren Anforderungen entspricht, brauchen Sie an dieser Stelle keine weiteren Einstellungen vorzunehmen (das Fortschreibungsschema 0001 ist automatisch denjenigen Bewertungskreisen zugeordnet, für die das

Material-Ledger aktiv ist). Sollen in Ihrem Szenario jedoch bestimmte Verbräuche auch den Materialpreis beeinflussen, können Sie diesen Sachverhalt mittels eines Fortschreibungsschemas einstellen.

Im Material-Ledger werden die materialbezogenen Buchungen einer Periode in verschiedene Kategorien aufgeteilt. Einige davon sind preisbildend, d.h., sie beeinflussen den Materialpreis:

- Anfangsbestand (preisbildend)
- Preisänderungen (preisbildend)
- Zugänge (preisbildend)
- Sonstige Zugänge und Verbräuche (preisbildend)
- Kumulierter Bestand (nicht preisbildend)
- Verbrauch (nicht preisbildend)
- Endbestand (nicht preisbildend)

Welche Prozesstypen gibt es?

Die verschiedenen Geschäftsvorfälle, die zu Materialbuchungen führen können, sind in SAP ERP fest sogenannten *Prozesstypen* wie z.B. BESTELLUNG, BESCHAFFUNG AUS FERTIGUNG, VERBRAUCH AUF KOSTENSTELLE etc. zugeordnet. Die Prozesstypen wiederum besitzen eine voreingestellte Verknüpfung zu den oben genannten Kategorien – die Prozesstypen BESTELLUNG und BESCHAFFUNG AUS FERTIGUNG stellen z.B. Zugänge dar und sind somit preisbildend, während VERBRAUCH AUF KOSTENSTELLE ein Verbrauch und folglich nicht preisbildend ist.

Was ist ein Fortschreibungsschema?

Über ein *Fortschreibungsschema* können Sie nun zwei Dinge tun: Zum einen können Sie die Prozesstypen in Auswertungen noch detaillierter darstellen, indem Sie einzelne Bewegungsarten aus der Materialwirtschaft zu selbst definierten Gruppen zusammenfassen. Diese Gruppen können Sie sich in Einzelposten und Berichten anzeigen lassen.

Preisbildende/nicht-preisbildende Prozesstypen

Zum anderen können Sie für bestimmte Prozesstypen – bzw. noch detaillierter für Bewegungsartengruppen – die Kategorie ändern und somit einstellen, ob diese preisbildend sein sollen oder nicht bzw. wie diese in Auswertungen dargestellt werden sollen. Bei den Zugängen haben Sie dabei lediglich die Möglichkeit, die Kategorie von ZUGANG in SONSTIGE ZUGÄNGE UND VERBRÄUCHE zu ändern; sie bleiben damit immer preisbildend. Einige Verbrauchs-Prozesstypen können Sie jedoch auch der Kategorie SONSTIGE ZUGÄNGE UND VERBRÄU-

CHE zuordnen und sie somit als preisbildend klassifizieren. Dies dürfen Sie grundsätzlich nur für sogenannte *einstufige Prozesstypen*, also für solche, in denen ausschließlich entweder ein Zugang oder ein Verbrauch gebucht wird.

[zB]

Einstufige vs. mehrstufige Prozesstypen

Eine Bestellung ist ein einstufiger Prozess, da dabei ausschließlich ein Zugang zum Lager gebucht wird. Die Fertigung hingegen ist mehrstufig, weil dabei sowohl Materialverbrauch (die Einsatzmaterialien) als auch -zugang gebucht wird.

Wir erläutern Ihnen die Customizing-Einstellungen zur Materialfortschreibung nun anhand eines Beispiels. Dabei nehmen wir an, dass Sie für die Bewegungsart 231 (Warenausgang für Kundenauftrag), die zum Prozesstyp KUNDENAUFTRAG gehört, die Kategorie in SONSTIGE ZUGÄNGE UND VERBRÄUCHE ändern wollen.

Bewegungsarten-gruppen definieren

Sie definieren zunächst über CONTROLLING • PRODUKTKOSTEN-CONTROLLING • ISTKALKULATION/MATERIAL-LEDGER • MATERIALFORTSCHREIBUNG • BEWEGUNGSARTENGRUPPEN DES MATERIAL-LEDGERS DEFINIEREN die Bewegungsartengruppe. Sie geben dabei einen Schlüssel und eine Bezeichnung an (siehe Abbildung 7.84). Über den Parameter VERBR-NACHBEW. können Sie steuern, ob Verbräuche, die unter dieser Bewegungsartengruppe gebucht werden, auf dem Sachkonto oder dem Controlling-Objekt nachbewertet werden sollen.

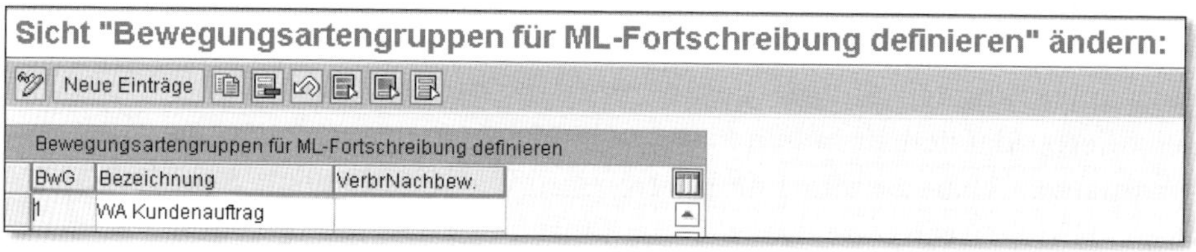

Abbildung 7.84 Bewegungsartengruppe für Material-Ledger definieren

Bewegungsarten-gruppen zuordnen

Im nächsten Schritt verknüpfen Sie über CONTROLLING • PRODUKTKOSTEN-CONTROLLING • ISTKALKULATION/MATERIAL-LEDGER • MATERIALFORTSCHREIBUNG • BEWEGUNGSARTENGRUPPEN DES MATERIAL-LEDGERS ZUORDNEN die Bewegungsartengruppe mit allen gewünschten Bewegungsarten. Im Beispiel haben wir die Bewegungsart 231 unserer Gruppe 1 zugeordnet (siehe Abbildung 7.85).

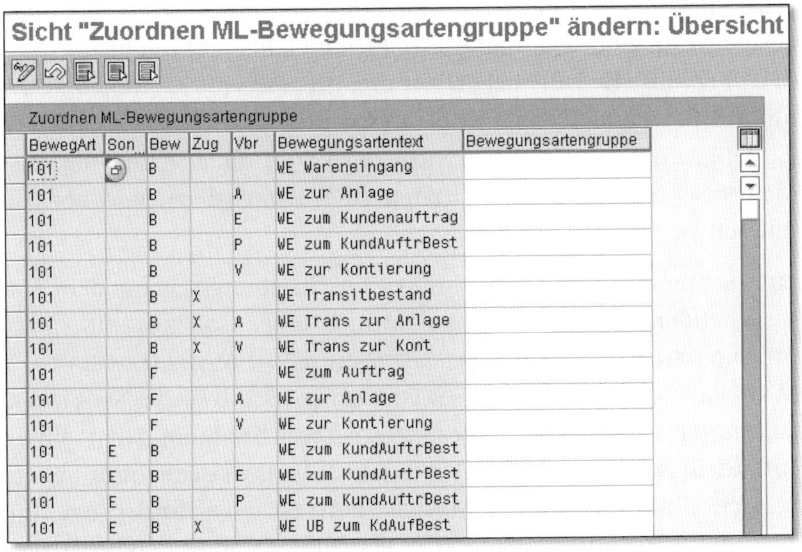
Sicht "Zuordnen ML-Bewegungsartengruppe" ändern: Übersicht

Zuordnen ML-Bewegungsartengruppe

BewegArt	Son	Bew	Zug	Vbr	Bewegungsartentext	Bewegungsartengruppe
101		B			WE Wareneingang	
101		B		A	WE zur Anlage	
101		B		E	WE zum Kundenauftrag	
101		B		P	WE zum KundAuftrBest	
101		B		V	WE zur Kontierung	
101		B	X		WE Transitbestand	
101		B	X	A	WE Trans zur Anlage	
101		B	X	V	WE Trans zur Kont	
101		F			WE zum Auftrag	
101		F		A	WE zur Anlage	
101		F		V	WE zur Kontierung	
101	E	B			WE zum KundAuftrBest	
101	E	B		E	WE zum KundAuftrBest	
101	E	B		P	WE zum KundAuftrBest	
101	E	B	X		WE UB zum KdAufBest	

Abbildung 7.85 Bewegungsarten zur Bewegungsartengruppe zuordnen

Fortschreibungsschema definieren

Unter dem Customizing-Punkt CONTROLLING • PRODUKTKOSTEN-CONTROLLING • ISTKALKULATION/MATERIAL-LEDGER • MATERIALFORTSCHREIBUNG • FORTSCHREIBUNGSSCHEMA DEFINIEREN erstellen Sie dann ein Fortschreibungsschema. Wie bereits erwähnt, liefert SAP im Standard das Schema 0001 aus; dieses sollten Sie auf keinen Fall ändern. Im Beispiel haben wir das Schema Z01 erstellt (siehe Abbildung 7.86).

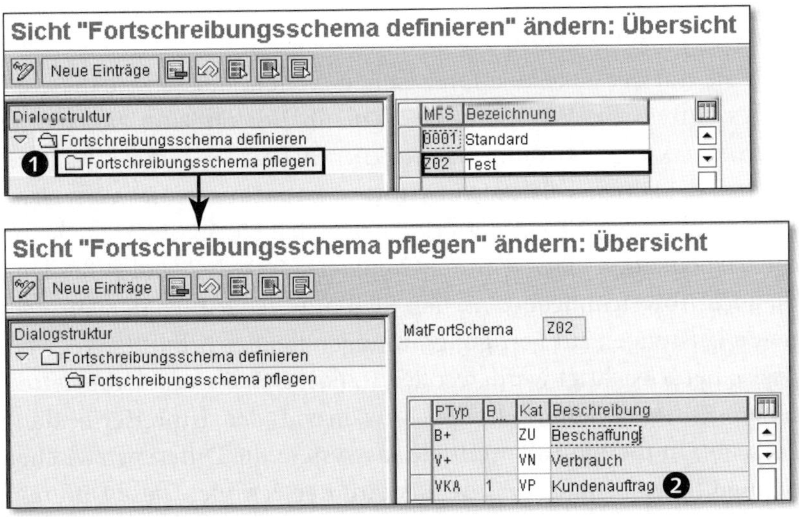

Abbildung 7.86 Fortschreibungsschema definieren

Dabei haben wir zunächst einen Schlüssel und eine Bezeichnung vergeben und sind dann in die Sicht FORTSCHREIBUNGSSCHEMA PFLEGEN verzweigt ❶. Dort haben wir den Prozesstyp VKA (Spalte PTYP) mit der Bewegungsartengruppe 1 (Spalte B) der Kategorie (KAT) VP (Sonstige Zugänge und Verbräuche) verknüpft ❷. Beachten Sie, dass die Prozesstypen B+ und V+ immer einer Kategorie zugeordnet sein müssen.

Fortschreibungsschema zuordnen

Zum Schluss müssen Sie noch das Fortschreibungsschema dem entsprechenden Bewertungskreis zuordnen (über CONTROLLING • PRODUKTKOSTEN-CONTROLLING • ISTKALKULATION/MATERIAL-LEDGER • MATERIALFORTSCHREIBUNG • FORTSCHREIBUNGSSCHEMA EINEM BEWERTUNGSKREIS ZUORDNEN). Zur Materialfortschreibung steht Ihnen außerdem noch ein BAdI zur Verfügung, um die Istschichtung bei der Fortschreibung im Material-Ledger nach Ihren Anforderungen zu verändern. Sie pflegen das BAdI GET_DEFCCS über CONTROLLING • PRODUKTKOSTEN-CONTROLLING • ISTKALKULATION/MATERIAL-LEDGER • MATERIALFORTSCHREIBUNG • BADI: MODIFIZIERUNG DER ISTSCHICHTUNG BEI DER FORTSCHREIBUNG IM ML.

Sie haben damit alle Customizing-Einstellungen zur Materialfortschreibung kennengelernt. Im folgenden Abschnitt zeigen wir Ihnen nun, welche Aktivitäten notwendig sind, um die Istkalkulation einsetzen zu können.

7.5.3 Istkalkulation

Istkalkulation aktivieren

Falls Sie mit der Istkalkulation arbeiten wollen, müssen Sie diese als Erstes aktivieren. Wechseln Sie dazu im Customizing zum Punkt CONTROLLING • PRODUKTKOSTEN-CONTROLLING • ISTKALKULATION/MATERIAL-LEDGER • ISTKALKULATION • ISTKALKULATION AKTIVIEREN (siehe Abbildung 7.87). Je Werk entscheiden Sie an dieser Stelle, ob die Istkalkulation aktiv sein soll (Parameter ISTKALK.) und außerdem, ob auch Abweichungen zwischen Plan- und Isttarif bei den verrechneten Leistungen auf Fertigungsaufträgen bei der Ermittlung der Istpreise berücksichtigt werden sollen (L-IST). Dabei werden die betroffenen Kostenstellen nachträglich während der Istpreisermittlung entlastet. In diesem Fall ermittelt das System die Differenz zwischen dem gültigen Plantarif und dem Isttarif der Periode. Diese Differenz wird den Fertigungsaufträgen be- und den verrechnenden Kostenstellen bzw. Prozessen entlastet. Der Parameter KST.ENTL. steuert, ob diese Entlastung über einen periodischen oder einen alternativen Bewertungslauf erfolgen soll.

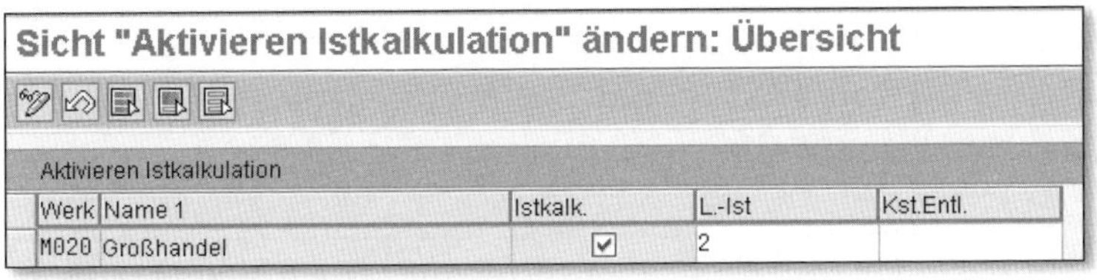

Abbildung 7.87 Istkalkulation aktivieren

[«]

Nachbewertung der Isttarife

Falls Sie die Tarifabweichungen in die Istkalkulation mit einfließen lassen, dürfen Sie zum Periodenende nicht auch noch zusätzlich die Ermittlung der Isttarife zu den Kostenstellen bzw. Prozessen durchführen, da diese dann doppelt verrechnet würden!

Kontenfindung für Isttarife

Um die Isttarife nachbelasten zu können, müssen Sie in der Kontenfindung in der Materialwirtschaft zum Vorgang GBB mit der Kontomodifikationskonstanten AUI eine primäre Kostenart hinterlegen, unter der die Entlastung auf den Kostenstellen bzw. Prozessen gebucht werden soll.

In der Anzeige der Material-Ledger-Daten können Sie auswerten, welche Vorgänge jeweils gebucht wurden; diese sind anhand ihrer Zuordnung zu Prozesstypen (siehe vorangegangener Abschnitt) mit Controlling-Ebenen verknüpft (siehe Abschnitt 7.4.2, »Periodisches Produkt-Controlling«).

Für den Fall, dass die Standardvorgaben von SAP für Ihre Reportinganforderungen nicht ausreichen, haben Sie auch bei der Istkalkulation die Möglichkeit, zusätzliche Auswertungskriterien hinzuzufügen. Dazu definieren Sie eigene Controlling-Ebenen und ordnen diesen die Prozesstypen in Kombination mit Bewegungsarten zu.

Controlling-Ebenen definieren

Im Customizing-Schritt CONTROLLING • PRODUKTKOSTEN-CONTROLLING • ISTKALKULATION/MATERIAL-LEDGER • ISTKALKULATION • EIGENDEFINIERTE NAMEN FÜR ZUGÄNGE/VERBRÄUCHE ANLEGEN definieren Sie eigene Controlling-Ebenen. Sie können hier entscheiden, ob Sie neue Elemente für Zugänge oder Verbräuche erstellen wollen, und sich auch die bereits bestehenden Controlling-Ebenen anzeigen lassen. Um eine neue Controlling-Ebene anzulegen, tragen Sie einen Schlüssel (CO-EBENE), einen Namen (EIGENDEFINIERTER NAME) und einen TEXT ein (siehe Abbildung 7.88). Im Beispiel haben wir eine Controlling-Ebene für Verbräuche definiert, um Verbräuche auf Kostenstellen differenziert von den Verbräuchen für Kundenaufträge und Projekte zu betrachten.

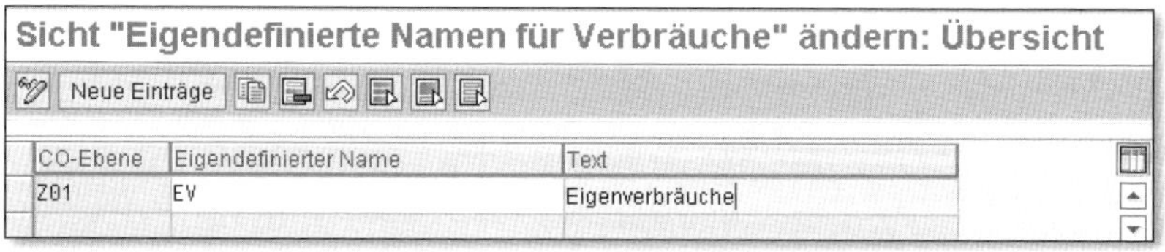

Abbildung 7.88 Controlling-Ebene für Istkalkulation anlegen

Namen für Zugänge/Verbräuche definieren

Im nächsten Schritt, CONTROLLING • PRODUKTKOSTEN-CONTROLLING • ISTKALKULATION/MATERIAL-LEDGER • ISTKALKULATION • EIGENDEFINIERTE NAMEN FÜR ZUGÄNGE/VERBRÄUCHE ZUORDNEN, verknüpfen Sie Ihre eigendefinierte Controlling-Ebene mit einem Prozesstyp (siehe Abbildung 7.89). In der Spalte PTYP tragen Sie dabei den Prozesstyp ein; unter Spalte B... können Sie noch weiter nach Bewegungsartengruppen (siehe vorangegangener Abschnitt) differenzieren.

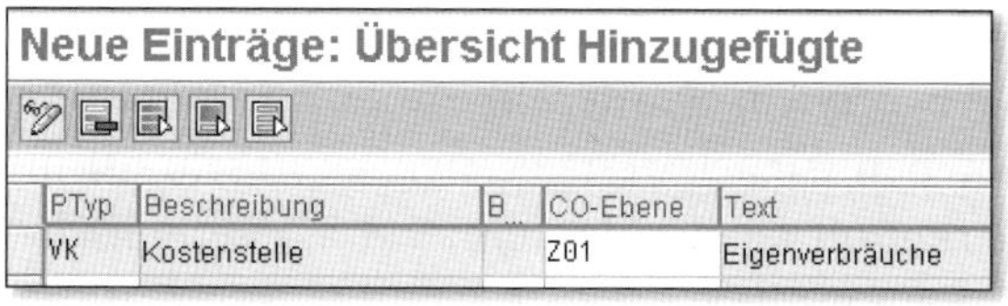

Abbildung 7.89 Prozesstypen zur Controlling-Ebene zuordnen

Istschichtung aktivieren

Wenn Sie die Istkalkulation im Einsatz haben, können Sie mittels der *Istschichtung* die Ergebnisse des Istkalkulationslaufs nach Kostenelementen differenziert darstellen. Dazu müssen Sie zunächst ein Elementeschema definieren (siehe Abschnitt 7.3.2, »Grundeinstellungen für die Materialkalkulation«). Falls Sie das Material-Ledger gerade neu einführen, genügt es, wenn Sie die Istschichtung über CONTROLLING • PRODUKTKOSTEN-CONTROLLING • ISTKALKULATION/MATERIAL-LEDGER • ISTKALKULATION • ISTSCHICHTUNG AKTIVIEREN einschalten. Falls Sie jedoch bereits mit dem Material-Ledger produktiv gearbeitet haben und die Istschichtung nachträglich aktivieren wollen, müssen Sie zusätzlich noch den Report MLCCS_STARTUP ausführen, um die Daten für die Istschichtung zu generieren.

[«]

Aktivieren der Istschichtung

Sie dürfen die Istschichtung nur zu Beginn einer Buchungsperiode (oder am besten noch davor, um auch die Daten der Istkalkulation der Vorperiode zu schichten) aktivieren, da nur Belege geschichtet werden, die danach gebucht werden. Davor erfasste Materialbewegungen werden von der Istschichtung nicht berücksichtigt.

Verteilung von Verbrauchsdifferenzen

Für den Fall, dass Sie Materialverbräuche in der Fertigung retrograd entnehmen, verbuchen Sie auf den Fertigungsaufträgen stets die Planmengen als Verbrauch. Führen Sie dann später eine Inventur durch, ergeben sich gegebenenfalls Abweichungen zwischen dem Sollbestand aufgrund der retrograden Entnahme und dem tatsächlichen Bestand. Diese Abweichungen können Sie im Material-Ledger nachträglich auf die Kostenträger in der Fertigung (Fertigungsaufträge, Produktkostensammler) sowie das Fertigprodukt verteilen. Sie aktivieren die Verteilung je Werk, Lagerort und gegebenenfalls je Sonderbestandskennzeichen (siehe Abbildung 7.90). In der Spalte VORSCHLAG VT.KZ legen Sie fest, dass bei Inventurbelegen vorgeschlagen werden soll, die Verbrauchsdifferenzen zu verteilen. Setzen Sie den Parameter VERTEILUNGSKZ. VERB., ist der Vorschlag verbindlich; diese Einstellung ist notwendig, um bei BAdIs, die Inventurbelege buchen, das Kennzeichen fest vorzugeben.

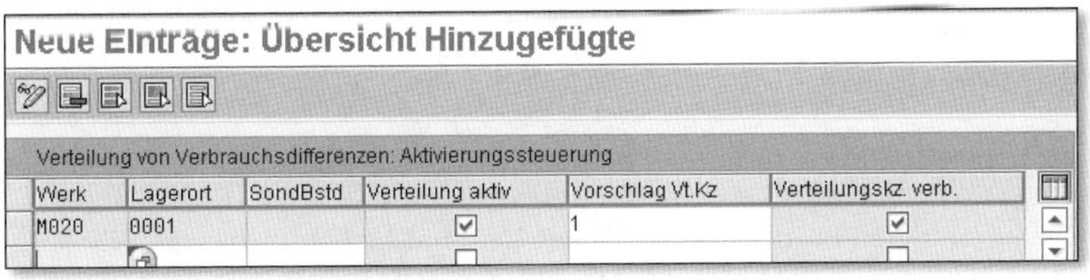

Abbildung 7.90 Verteilung von Verbrauchsdifferenzen einstellen

Schichtungsübernahme in CO-PA

Wenn Sie die Ergebnisrechnung (CO-PA) einsetzen, haben Sie die Möglichkeit, die Kosten der abgesetzten Materialien anhand der Istschichtung aus dem Material-Ledger zu bewerten. Dazu legen Sie in CO-PA eine sogenannte *Kalkulationsauswahl* an (siehe Abschnitt 8.4.4,

»Bewertung«.). Im Customizing-Schritt CONTROLLING • PRODUKTKOSTEN-CONTROLLING • ISTKALKULATION/MATERIAL-LEDGER • ISTKALKULATION • SCHICHTUNGSÜBERNAHME INS CO-PA EINSTELLEN ordnen Sie dieser Kalkulationsauswahl einen Kalkulationslauf zu, um zu bestimmen, welche Daten übernommen werden sollen.

Im Rahmen der Istkalkulation stehen Ihnen drei BAdIs zur Verfügung, die Sie bei Bedarf einsetzen können. Diese bieten Ihnen die Möglichkeit, die automatische Empfängersuche bei der Verteilung von Verbrauchsdifferenzen zu beeinflussen (CONTROLLING • PRODUKTKOSTEN-CONTROLLING • ISTKALKULATION/MATERIAL-LEDGER • ISTKALKULATION • BADI: EMPFÄNGERSUCHE BEI DER VERBRAUCHSMENGENNACHBEWERTUNG), bei Kuppelprodukten ein externes Aufteilungsschema zu verwenden (CONTROLLING • PRODUKTKOSTEN-CONTROLLING • ISTKALKULATION/MATERIAL-LEDGER • ISTKALKULATION • BADI: EXTERNES AUFTEILUNGSSCHEMA BEI KUPPELPRODUKTION) oder den Endbestand nach Ihren Anforderungen zu bewerten (CONTROLLING • PRODUKTKOSTEN-CONTROLLING • ISTKALKULATION/MATERIAL-LEDGER • ISTKALKULATION • BADI: ENDBESTANDSBEWERTUNG).

Sie haben nun alle Customizing-Einstellungen zum Material-Ledger kennengelernt. Zum Schluss zeigen wir Ihnen noch, wie Sie den Produktivstart für diese Funktionalität vornehmen.

7.5.4 Produktivstart für das Material-Ledger

Wenn Sie das Customizing für das Material-Ledger fertiggestellt und es für ein oder mehrere Werke bzw. Buchungskreise aktiv geschaltet haben, müssen Sie über das Anwendungsmenü noch den Produktivstart durchführen.

[»]

Produktivstart des Material-Ledgers

Sie können den Produktivstart für das Material-Ledger nicht wiederholen, d.h., Sie müssen sichergehen, dass alle Einstellungen korrekt sind, bevor Sie den Produktivstart durchführen.

Denken Sie außerdem daran, dass Sie das Material-Ledger nicht mehr deaktivieren können, sobald der erste Material-Ledger-Beleg gebucht ist.

Customizing-Einstellungen überprüfen

Um sicherzustellen, dass alle Einstellungen korrekt sind, sollten Sie zunächst im Anwendungsmenü über RECHNUNGSWESEN • CONTROLLING • PRODUKTKOSTEN-CONTROLLING • ISTKALKULATION/MATERIAL-LEDGER • UMFELD • CUSTOMIZING-EINSTELLUNGEN PRÜFEN (Transaktion CKM9) überprüfen, ob alle Einstellungen richtig sind. Achten Sie insbesondere auf Folgendes:

- Die Währungseinstellungen im Finanzwesen und im Material-Ledger sollten Ihren Anforderungen entsprechen; Sie können sie nach dem Produktivstart nicht mehr ändern.
- Die Eigenschaften der Materialarten hinsichtlich des Führens von Mengen und Werten müssen vor dem Produktivstart korrekt eingestellt sein. Materialien, die zu Materialarten gehören, für die keine Wertfortschreibung eingestellt ist, werden beim Produktivstart nicht umgesetzt, d.h., die Material-Ledger-Daten in der Buchhaltungssicht werden nicht angezeigt.
- Für alle Materialien, die Sie umsetzen sollen, muss die Buchhaltungssicht gepflegt sein.

Beachten Sie außerdem, dass Sie in Werken, für die Sie das Material-Ledger aktiviert haben, bis zum Ende des Produktivstarts keine Materialbuchungen durchführen können.

Material-Ledger aktiv setzen

Den Produktivstart führen Sie dann über RECHNUNGSWESEN • CONTROLLING • PRODUKTKOSTEN-CONTROLLING • ISTKALKULATION/MATERIAL-LEDGER • UMFELD • PRODUKTIVSTART • BEWERTUNGSKREISE PRODUKTIV SETZEN (Transaktion CKMSTART) durch. Geben Sie dabei das bzw. die betroffenen Werk(e) an. Falls Sie parallele Bewertungen in anderen Währungen verwenden wollen, können Sie zu diesem Zeitpunkt entscheiden, zu welchem Wechselkurs die aktuellen Bestände umgerechnet werden sollen. Geben Sie im Feld WERTTYP nichts an, rechnet das System zu dem Kurstyp um, den Sie im Customizing bei den zusätzlichen Hauswährungen im Buchungskreis hinterlegt haben (siehe oben). Setzen Sie im Material-Ledger andere Währungen ein als diejenigen, die für den Buchungskreis eingestellt sind, zieht das System den Mittelkurs heran. Sie können den Kurs auch selbst bestimmen, indem Sie in dieser Transaktion einen Werttyp angeben (siehe Abbildung 7.91). Beachten Sie, dass diese Einstellung ausschließlich zum Produktivstart relevant ist; danach gelten die Kurstypen wie oben beschrieben.

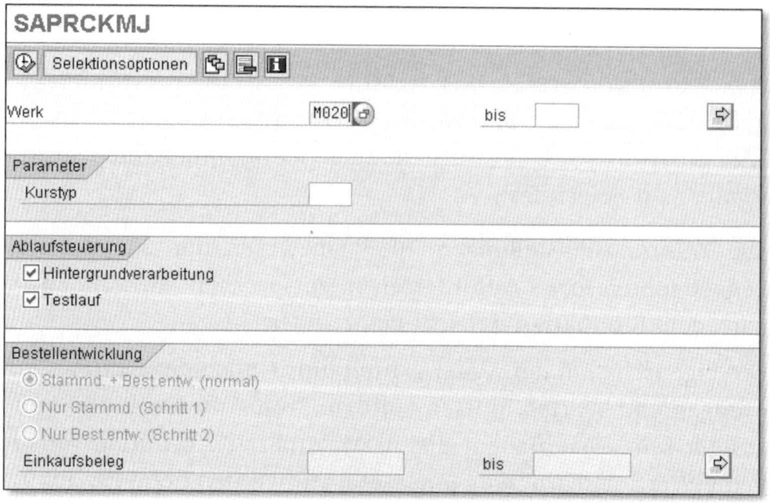

Abbildung 7.91 Produktivstart für das Material-Ledger vorbereiten

Wenn Sie den Produktivstart durchführen, setzt das System das Kennzeichen Material-Ledger aktiv in allen Materialien, die wertmäßig geführt werden und eine Buchhaltungssicht haben. Das Kennzeichen Preisermittlung wird bei dieser Umstellung standardmäßig zunächst auf 2 gesetzt. Bei Bedarf können Sie dies nachträglich ändern. Alle Materialien, die Sie nach dem Produktivstart anlegen, erhalten als Voreinstellung diejenige Preisermittlung, die Sie in der Transaktion Bewertungskreise für das Material-Ledger aktivieren eingestellt haben (siehe weiter vorne in diesem Abschnitt). Das System erzeugt mit dem Produktivstart außerdem alle notwendigen Stammdaten für die existierenden Materialien und Preise in den weiteren Währungen des Material-Ledgers.

Abstimmung mit FI-Bestandskonten

Wenn Sie mit mehr als einem Währungs- oder Bewertungstyp arbeiten und das Material-Ledger für mindestens einen kompletten Buchungskreis aktiviert haben (wenn also entweder der Buchungskreis der Bewertungskreis ist oder alle Werke eines Buchungskreises für das Material-Leger aktiviert wurden), müssen Sie zusätzlich noch im Anwendungsmenü den Schritt Rechnungswesen • Controlling • Produktkosten-Controlling • Istkalkulation/Material-Ledger • Umfeld • Produktivstart • Abstimmung mit Bestandskonten im FI (Transaktion CKMADJUST) durchführen. Geben Sie hier den betreffenden Buchungskreis an, und tragen Sie zum Parameter Konto BstdKorrektur ein GuV-Konto ein (siehe Abbildung 7.92).

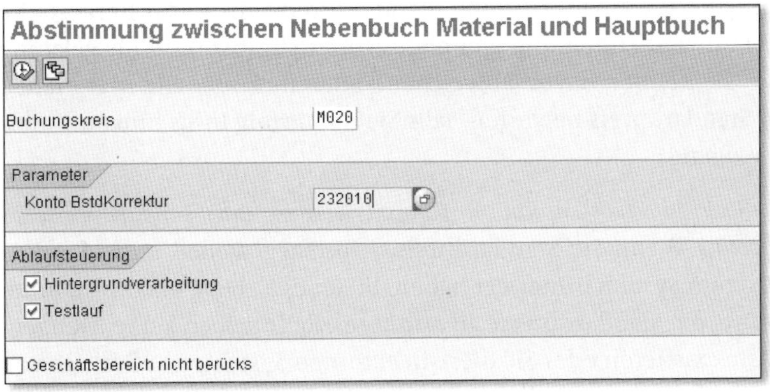

Abbildung 7.92 Abstimmung der Materialbestände mit den Bestandskonten

Wenn Sie diese Transaktion durchführen, vergleicht das System die Bestände in der Materialwirtschaft mit den entsprechenden Werten auf den Bestandskonten in der Finanzbuchhaltung. Für die weiteren Währungen des Material-Ledgers passt das System die Werte auf den Konten an die aus der Materialwirtschaft an. Dabei entstehende Differenzen werden auf das GuV-Konto gebucht, das Sie beim Start der Transaktion hinterlegt haben. Zwischen den Beständen der Materialwirtschaft und den Bestandswerten der Materialkonten in Hauswährung sollten in aller Regel keine Differenzen bestehen; falls dies bei Ihnen der Fall ist, sollten Sie SAP zu Rate ziehen, um dieses Problem zu beheben.

7.6 Einsatz des Produktkosten-Controllings in den drei Beispielunternehmen

Wir illustrieren nun exemplarisch, wie die verschiedenen Bestandteile des Produktkosten-Controllings in unseren drei Beispielunternehmen eingesetzt werden könnten. Zunächst gehen wir darauf ein, welche Grundüberlegungen wir vorher angestellt haben, um zu den Entscheidungen zu gelangen.

7.6.1 Grundsätzliche Überlegungen

Wie soll die Preissteuerung Ihrer Materialien eingestellt werden? Sie müssen festlegen, welche Materialarten zum gleitenden Durchschnittspreis bewertet werden sollen und welche zum Standardpreis.

Generell gilt die Empfehlung, Standardpreise für selbst hergestellte Güter zu verwenden und gleitende Durchschnittspreise für gekaufte Teile. Sie können davon abweichend aber auch z.B. alle Materialien zum Standardpreis bewerten, falls Sie den Erfolg Ihres Einkaufs messen wollen.

Soll die Produktkostenplanung genutzt werden, um Standardpreise zu ermitteln? Wenn Sie Standardpreise einsetzen wollen und Mengengerüste im System hinterlegt haben, bietet es sich an, auch systemunterstützt die Standardpreise zu ermitteln. Falls jedoch keine Mengengerüste existieren oder Sie diese in externen Systemen außerhalb von SAP ERP führen, bleibt Ihnen nur die Möglichkeit, die Preise manuell vorzugeben.

Welche Auswertungen zur Kostenschichtung werden benötigt? Diese Fragestellung liegt bei der Definition des Elementeschemas zugrunde. Welche Kostenstruktur Sie hier vorgeben, spielt nicht nur in die Auswertungen zur Produktkalkulation oder die Auftragskalkulation hinein, sondern Sie können die Kostenschichtung auch in die Ergebnisrechnung übernehmen, um dort Ihre Kosten des Umsatzes anhand der Kostenschichtung aufzuteilen.

Welche Kosten sollen bei der Produktkostenplanung berücksichtigt werden? Bei der Konfiguration der Kalkulationsvariante müssen Sie überlegen, zu welchen Preisen z.B. Kaufteile bewertet werden sollen oder welche Planversion für Tarife Sie berücksichtigen wollen.

Welche Fertigungsszenarien bestehen in Ihrem Unternehmen, und welche Arten der Kostenträgerrechnung sollen eingesetzt werden, um die dabei entstehenden Kosten zu analysieren? Stellen Sie Ihre Güter in Lagerfertigung oder Kundeneinzelfertigung her? Welchen der in Abschnitt 7.4.1, »Überblick«, skizzierten Szenarien sind Ihre Fertigungsprozesse am ehesten zuzuordnen? Wie sollen entsprechend die Werkzeuge periodisches bzw. auftragsbezogenes Produkt-Controlling, Kundenauftrags-Controlling oder Controlling für immaterielle Güter und Dienstleistungen eingesetzt werden? Auf welchen Controlling-Objekten wollen Sie Ihren Kostenfluss auswerten?

Wie soll die Ermittlung von Ware in Arbeit konfiguriert werden? Zunächst müssen Sie entscheiden, für welche Fertigungsszenarien es notwendig ist, Ware in Arbeit zu ermitteln. Dann legen Sie fest, welche Kostenarten aktiviert werden sollen. Schließlich stellen Sie die

Bilanz- und GuV-Konten ein, auf die die Ware in Arbeit gebucht werden soll.

Welche Arten der Abweichungsermittlung wollen Sie einsetzen? Wenn Sie Abweichungen ermitteln wollen, benötigen Sie mindestens die Sollversion 0, die Sie auch in die Ergebnisrechnung weiterleiten können. Falls Sie darüber hinausgehende Reporting-Anforderungen haben, können Sie auch weitere Sollversionen einsetzen.

Besteht die Anforderung, Ihre Materialbestände in parallelen Wertansätzen zu führen? Die Frage nach parallelen Wertansätzen stellt sich in der Regel nur dann, wenn es sich bei Ihrem Unternehmen um einen multinationalen Konzern handelt, der in Ländern mit unterschiedlichen Währungen aktiv ist. Findet dann auch noch in erheblichem Maße Wertschöpfung zwischen verschiedenen Tochterfirmen statt, dann sollten Sie überlegen, ob Sie das Material-Ledger einsetzen.

Benötigen Sie die Istkalkulation, um den periodischen Verrechnungspreis für Ihre Materialien zu ermitteln? Die Istkalkulation bietet sich dann an, wenn die Nachteile der Bewertung zu Standardpreisen bzw. zu gleitenden Durchschnittspreisen für Sie gravierend sind. Sollten Sie also mit den herkömmlichen Mitteln der Kostenträgerrechnung nicht in der Lage sein, verlässliche und aktuelle Aussagen über den Deckungsbeitrag Ihrer Produkte bzw. Aufträge zu treffen, dann könnte Ihnen die Istkalkulation möglicherweise helfen.

Wir zeigen Ihnen nun exemplarisch, wie das Produktkosten-Controlling in unseren drei Beispielfirmen eingesetzt werden könnte.

7.6.2 Einsatz des Produktkosten-Controllings bei einem Produktionsunternehmen

Das Industrieunternehmen *Kinderspiel* bewertet seine Einkaufsteile zum gleitenden Durchschnittspreis und seine selbst gefertigten Produkte zum Standardpreis. Dabei setzt es die Produktkalkulation ein.

Die Kostenschichtung ist so eingeteilt, dass neben einer Aufteilung in fixe und variable Kosten auch berücksichtigt wird, welche Kosten durch Holzteile bzw. durch Kunststoffteile anfallen. Diese Informationen werden benötigt, da sich die Rohstoffpreise für Holz und Kunststoff häufig ändern und beide Stoffe bei der Herstellung von Brettspielen in gewissem Maße gegeneinander ausgetauscht werden können. Aufgrund des Kostenanteils von Holz bzw. Plastik entscheidet das Unternehmen, ob für neue Produkte oder Neuauflagen bestehender Brettspiele verstärkt auf den jeweils günstigeren Rohstoff gesetzt werden soll. Die Kaufteile werden in der Kalkulationsvariante zum Bestellpreis bewertet, um die jeweils aktuellsten Preisinformationen zu erhalten.

Das Unternehmen *Kinderspiel* entspricht dem Typ eines Kleinserienfertigers. Die hergestellten Produkte werden grundsätzlich auf Lager gefertigt. Dabei wird das auftragsbezogene Produktkosten-Controlling eingesetzt, um je Fertigungsauftrag Abweichungen zu ermitteln. Das Unternehmen setzt nur die Sollversion 0 ein, da keine komplexen Anforderungen an die Abweichungsermittlung bestehen. Für die Ermittlung von Ware in Arbeit sollen alle Material- und Personalkosten aktiviert werden, die in der Fertigung auf Fertigungsaufträge belastet werden.

Da *Kinderspiel* nur Produktionsstätten und Vertriebsniederlassungen im deutschsprachigen Raum unterhält, besteht keine Anforderung nach paralleler Rechnungslegung. Zwischen zwei Fertigungsläufen für Brettspiele können mitunter mehrere Monate liegen, da erst nachproduziert wird, wenn die letzte Auflage nahezu ausverkauft ist. Das Unternehmen benötigt daher keine hochaktuelle Produktkalkulation und somit auch keine Istkalkulation.

7.6.3 Einsatz des Produktkosten-Controllings bei einem Großhändler

Unser Großhändler *Hightech-Handel* handelt ausschließlich mit Handelsware und führt für alle Produkte einen gleitenden Durchschnittspreis. Es werden keine Produktkalkulation und keine Kostenträgerrechnung verwendet. Das Unternehmen ist zwar in mehreren Ländern mit unterschiedlicher Währung tätig, führt aber an den ausländischen Standorten keine nennenswerten Lagerbestände. Es ist daher keine parallele Bewertung notwendig.

7.6.4 Einsatz des Produktkosten-Controllings bei einem Dienstleistungsunternehmen

Das Beratungshaus *RM Consulting* verwendet die Komponente Materialwirtschaft gar nicht, hat demnach keine Materialstämme im Einsatz und führt überhaupt kein Produktkosten-Controlling durch. Wie bereits in Kapitel 5, »Innenaufträge«, dargestellt, werden hier Innenaufträge eingesetzt, um Kundenprojekte abzubilden. Das Projekt-Controlling erfolgt somit auf Basis der Innenaufträge.

7.7 Zusammenfassung

Damit haben Sie nun die Konzepte und Customizing-Einstellungen des Produktkosten-Controllings kennengelernt. Wir haben im ersten Teil dieses Kapitels mit einem Einstieg in die Produktkostenplanung begonnen, in dem Sie die grundlegenden Konzepte wie Preissteuerung, Herkunftsgruppen, Elementeschemata, Gemeinkostenzuschläge und Kalkulationsvarianten kennengelernt haben.

Im zweiten Teil des Kapitels haben wir Ihnen zunächst die unterschiedlichen Szenarien der Lager- und Kundeneinzelfertigung vorgestellt, bevor wir dann auf die verschiedenen Funktionalitäten in der Komponente CO-PC eingegangen sind – periodisches Produkt-Controlling, auftragsbezogenes Produkt-Controlling, Kundenauftrags-Controlling und das Controlling für immaterielle Güter und Dienstleistungen. Im Detail haben wir uns dabei u.a. mit Kostensammlern, Kostenträgerhierarchien, Fertigungsaufträgen, Bedarfsarten und Bedarfsklassen sowie Kostenträgern-allgemein befasst. Ein weiterer Teil des Abschnitts umfasste die Abschlusstätigkeiten zur Ermittlung von Ware in Arbeit, Abweichungsermittlung und Abrechnung.

Der dritte Teil des Kapitels hatte die Themen Material-Ledger und Istkalkulation zum Schwerpunkt. Wir haben Ihnen gezeigt, wie Sie das Material Ledger konfigurieren und aktiv setzen und welche Einstellungen Sie für die Istkalkulation benötigen.

Am Ende des Kapitels haben wir anhand einiger Beispiele erläutert, wie das Produktkosten-Controlling eingesetzt werden kann.

Wir schließen damit das Kapitel zum Produktkosten-Controlling ab. Als Nächstes stellen wir Ihnen die Ergebnis- und Marktsegmentrechnung vor.

Die Ergebnis- und Marktsegmentrechnung ermöglicht eine Erfolgsbetrachtung aus der Sicht des Marktes. Sie können Kosten und Umsätze mittels frei definierbarer Merkmale und Wertfelder betrachten.

8 Ergebnis- und Marktsegmentrechnung

Die Ergebnis- und Marktsegmentrechnung (Komponentenname CO-PA, wobei *PA* für *Profitability Analysis* steht) ist ein sehr flexibles Werkzeug, das zur Deckungsbeitragsrechnung und zum Vertriebs-Controlling verwendet werden kann.

In diesem Kapitel geben wir Ihnen zunächst einen Überblick über die grundlegenden Konzepte der Komponente und erläutern die wichtigsten Grundbegriffe. Im Anschluss klären wir die Grundvoraussetzungen, die erfüllt sein müssen, um CO-PA einsetzen zu können.

Im anschließenden Abschnitt beschäftigen wir uns mit den Strukturen. Sie lernen, wie Sie Merkmale und Wertfelder anlegen und einem Ergebnisbereich zuordnen. Wir zeigen Ihnen außerdem, wie Sie mittels der Merkmalsverwendung Belege verdichten können.

Im Rahmen des Abschnitts über die Stammdaten steigen wir tiefer in die Handhabung von Merkmalen und Wertfeldern ein. Zunächst zeigen wir Ihnen, wie Sie Werte für Merkmale pflegen oder eine Hierarchie erstellen. Mittels der Merkmalsableitung stehen Ihnen verschiedene Methoden zur Verfügung, wie Sie Merkmale aus anderen ableiten können, wie z.B. Ableitungen, Tabellenzugriffe oder Zuweisungen. Die Bewertung wiederum dient dazu, Wertfelder mit kalkulatorischen Werten zu versorgen. Sie können diese einerseits mittels selbst definierter Kalkulationsschemata vornehmen und andererseits auf die Ergebnisse der Materialkalkulation aus dem Produktkosten-Controlling zurückgreifen.

Im Mittelpunkt der Planung steht der Planungseinstieg, der Ihnen eine Plattform bietet, um die Planung unternehmensweit zu strukturieren. Sie bestimmen, welche Merkmale und Wertfelder für die Planung verwendet werden sollen, und definieren Planpakete, mittels derer die Planer genau definierte Bereiche zugewiesen bekommen. Darüber hinaus stellen wir Ihnen zahlreiche Planungshilfen vor, die SAP zur Verfügung stellt.

Die Werteflüsse im Ist behandeln wir im anschließenden Abschnitt. Nach einigen Vorbereitungen wie Nummernkreisen und Merkmals- bzw. Wertfeldgruppen zeigen wir Ihnen, wie Sie Kundenauftragseingänge und Fakturen mittels SD-Konditionen in CO-PA fortschreiben. Weitere Möglichkeiten zur Istdatenübernahme sind die Abrechnung von Aufträgen und Projekten und Produktionsabweichungen sowie Gemeinkosten von Kostenstellen und Geschäftsprozessen. Wir zeigen Ihnen außerdem, wie Sie die automatische Kontierung einstellen, um direkte Buchungen aus FI und MM in der Ergebnisrechnung fortschreiben zu können.

Im nächsten Abschnitt behandeln wir einige Werkzeuge, die Sie im Produktivbetrieb einsetzen können, wie z.B. Verdichtungsebenen, Analysewerkzeuge oder Hilfsmittel zur Übersetzung von Texten.

Die buchhalterische Ergebnisrechnung spielt nur eine untergeordnete Rolle in den meisten Unternehmen; da hierfür einige Einstellungen vorgenommen werden müssen, die sich von der kalkulatorischen Ergebnisrechnung unterscheiden, widmen wir diesem Thema einen eigenen Abschnitt, um auf die Unterschiede einzugehen.

Zum Schluss zeigen wir anhand unserer Beispielunternehmen, wie die Ergebnisrechnung exemplarisch eingesetzt werden kann.

8.1 Überblick

Was ist ein Merkmal?

Die Ergebnis- und Marktsegmentrechnung dient dazu, Kosten und Erlöse aus der Sicht von Marktsegmenten zu analysieren. Im Gegensatz zu allen anderen Teilkomponenten im Controlling steht hier nicht der Aspekt im Mittelpunkt, in welchen Teilen des Unternehmens Kosten angefallen sind, sondern eine Erfolgsbetrachtung nach frei wählbaren sogenannten *Merkmalen*. Ein Merkmal kann dabei ein Kunde sein bzw. kundenbezogene Merkmale wie LAND, REGION oder KUNDENGRUPPE oder aber ein Produkt bzw. eine Produktgruppe oder ein Werk, außerdem ein Kundenauftrag, Innenauftrag oder Projekt etc.

Was ist ein Ergebnisbereich?

Welche Merkmale Sie verwenden, definieren Sie im sogenannten *Ergebnisbereich*. Wie bereits in Abschnitt 2.1.6 erwähnt, ist der Ergebnisbereich die grundlegende Organisationseinheit in der Ergebnis- und Marktsegmentrechnung, die Sie mit einem oder mehreren Kostenrechnungskreisen verknüpfen können.

[«]

Nur ein Ergebnisbereich!

Wir haben es in Abschnitt 2.1.6 bereits angesprochen, möchten Sie aber an dieser Stelle auch noch einmal darauf hinweisen, dass Sie Ihre konzernweite Ergebnisrechnung unbedingt in einem einzigen Ergebnisbereich zusammenfassen sollten. Ein Reporting über mehrere Ergebnisbereiche hinweg wird in SAP ERP nicht unterstützt.

Was ist ein Ergebnisobjekt?

In der Ergebnisrechnung wird als Controlling-Objekt das *Ergebnisobjekt* verwendet. Bei einem Ergebnisobjekt handelt es sich um ein mehrdimensionales Objekt, dessen Dimensionen den im Ergebnisbereich definierten Merkmalen entsprechen. Ein individuelles Ergebnisobjekt repräsentiert dabei eine eindeutige Kombination aus je einer Ausprägung für jedes Merkmal.

Automatische Ermittlung von Ergebnisobjekten

Wenn Sie die Ergebnisrechnung aktiviert haben, wird jede Kundenauftragsposition, die nicht kosten- und erlösführend ist, automatisch auf ein Ergebnisobjekt kontiert. Die Merkmalswerte zu den entsprechenden Merkmalen werden dabei automatisch ermittelt, z.B. anhand des Kunden, der Verkaufsorganisation oder des Materials. Kosten- und erlösführende Kundenauftragspositionen erhalten automatisch eine Abrechnungsvorschrift an ein Ergebnisobjekt.

Wir veranschaulichen dies an dem Beispiel, das in Abbildung 8.1 dargestellt ist: Im Ergebnisbereich stellt jedes Merkmal eine Reportingdimension dar (z.B. KUNDE, LAND, PRODUKT). Ein Ergebnisobjekt repräsentiert dann einen Satz individueller Ausprägungen für jede Dimension (also z.B. Kunde »Müller«, Produkt »Brettspiel Piraten«, Land »Deutschland«). Verkaufen Sie also in einem Kundenauftrag ein Brettspiel »Piraten« an den Kunden »Müller« in Deutschland, dann buchen Sie die dabei anfallenden Kosten und Erlöse auf ebendieses Ergebnisobjekt.

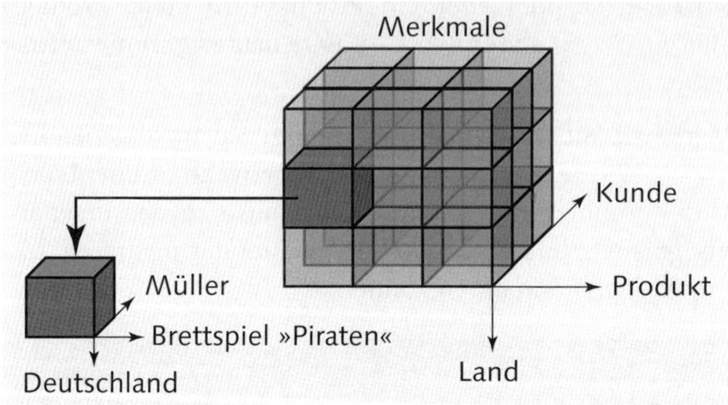

Abbildung 8.1 Zusammenhang zwischen Merkmalen und Ergebnisobjekt

Buchhalterische vs. kalkulatorische Ergebnisrechnung

SAP stellt die Ergebnisrechnung in zwei unterschiedlichen Spielarten zur Verfügung: Die *kalkulatorische* Ergebnisrechnung und die *buchhalterische*. Bei der buchhalterischen Ergebnisrechnung buchen Sie wie in den anderen Controlling-Komponenten anhand von Kostenarten, die Sie auf ein Ergebnisobjekt kontieren.

Was ist ein Wertfeld?

Verwenden Sie hingegen die kalkulatorische Ergebnisrechnung, können Sie zusätzlich zu den Merkmalen noch *Wertfelder* frei definieren, auf die Sie Werte fortschreiben. Dabei können Sie nicht nur Istwerte aus z.B. Fakturen oder Lieferscheinen übernehmen, sondern auch statistische Wertansätze, wie z.B.:

- den Auftragseingang von Kundenaufträgen
- Zuschläge oder Abschläge zum Kundenauftrag, wie z.B. Boni, Frachtkosten oder Skonto
- die Plankalkulation eines verkauften Materials inklusive der Kostenschichtung

Wie die Wertfelder im Einzelnen angesteuert werden, stellen Sie im Customizing ein. Sie können SD-Konditionen aus Kundenaufträgen übernehmen, eigene Konditionen in CO-PA definieren oder auch Werte aus der Produktkalkulation.

Planungsmöglichkeiten

Neben dem Fortschreiben von Istzahlen bietet CO-PA eine leistungsstarke Planungsfunktionalität, die Sie dabei unterstützt, eine unternehmensweite Planung von Absatzzahlen, Umsatz, Margen etc. umzusetzen. Sie können detailliert festlegen, welche Merkmale und Wertfelder zur Planung benutzt werden dürfen, und den Anwendern umfangreiche Planungshilfen zur Verfügung stellen – z.B. Umwertungen, saisonale Effekte oder Prognosen.

Auswertungen

Durch die Mehrdimensionalität bietet die Ergebnisrechnung Ihnen vielfältige Möglichkeiten zur Auswertung. Betrachten wir dazu die Beispielbuchungen, die in Tabelle 8.1 dargestellt sind. Jede Zeile repräsentiert dabei ein Ergebnisobjekt, die verwendeten Wertfelder lauten UMSATZ und KOSTEN DES UMSATZES. Sie können aus den dargestellten Belegen eine Vielzahl von Informationen ableiten:

- Welches ist mein umsatzstärkster Kunde? (Müller mit 1.700 EUR)
- Welches ist mein größter Absatzmarkt? (Deutschland mit 2.900 EUR)
- Welches Produkt erwirtschaftet den höchsten Deckungsbeitrag 1? (Rennspiel mit 900 EUR)

Kunde	Produkt	Land	Umsatz	Kosten des Umsatzes
Müller	Piraten	Deutschland	1.000 EUR	600 EUR
Müller	Rennspiel	Deutschland	700 EUR	200 EUR
Meier	Rennspiel	Österreich	500 EUR	100 EUR
Schulz	Piraten	Deutschland	1.200 EUR	800 EUR

Tabelle 8.1 Beispielbuchungen in der Ergebnisrechnung

Indem Sie die Erlöse und Kosten von Kundenaufträgen direkt in CO-PA übernehmen, können Sie in Kombination mit den erfassten Planzahlen in der Ergebnisrechnung ein hochaktuelles Vertriebs-Controlling realisieren. Sie haben außerdem die Möglichkeit, mittels Verrechnungen auch Gemeinkosten aus der Kostenstellenrechnung und der Prozesskostenrechnung in der Ergebnisrechnung fortzuschreiben. Innenaufträge, Projekte und kosten- und erlösführende Kundenauftragspositionen rechnen Sie an Ergebnisobjekte ab. Damit sind Sie in der Lage, eine Deckungsbeitragsrechnung für jedes gewünschte Merkmal in beliebiger Tiefe bis zum EBIT aufzubauen. Um Ihre Kosten gemäß dem Umsatzkostenverfahren den verschiedenen Funktionen zuzuordnen, müssen Sie Ihre Wertfelder entsprechend an den Funktionen ausrichten.

Schnittstellen der Ergebnisrechnung

Die Ergebnisrechnung ist somit das Ziel aller Werteflüsse im Controlling (siehe Abbildung 8.2). Sie weist Schnittstellen zu allen anderen Teilkomponenten der CO-Komponente auf und ist dabei immer der Empfänger.

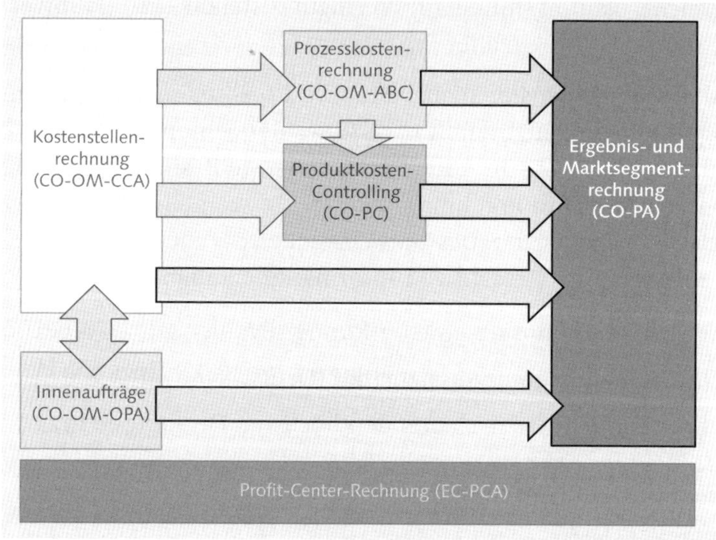

Abbildung 8.2 Einordnung der Ergebnisrechnung in das Gesamtkonzept der Komponente CO

Die Ergebnis- und Marktsegmentrechnung basiert grundsätzlich auf dem Umsatzkostenverfahren; darin liegt einer der wesentlichen Unterschiede zur Profit-Center-Rechnung (siehe Kapitel 9), die sowohl das Umsatz- wie auch das Gesamtkostenverfahren abbilden kann. Ein weiteres wichtiges Unterscheidungsmerkmal ist die Darstellung der Werte anhand von Wertfeldern im kalkulatorischen CO-PA, während die Profit-Center-Rechnung auf Konten basiert (siehe Tabelle 8.2).

	CO-PA kalkulatorisch	CO-PA buchhalterisch	EC-PCA
Ziele	Vertriebs-Controlling	Vertriebs-Controlling	Unternehmens-Controlling
Verfahren	Umsatzkostenverfahren	Umsatzkostenverfahren	Umsatz- u. Gesamtkostenverfahren
Auswertungsobjekte	Ergebnisobjekte	Ergebnisobjekte	Profit-Center
Kennzahlen	Erfolgskennzahlen auf Basis von Wertfeldern	Erfolgskennzahlen auf Basis von Konten	Erfolgs- und Bilanzkennzahlen auf Basis von Konten

Tabelle 8.2 Gegenüberstellung CO-PA vs. EC-PCA

In Tabelle 8.3 sehen Sie beispielhaft, wie eine Deckungsbeitragsrechnung anhand des Umsatzkostenverfahrens in der Ergebnisrechnung aussehen könnte im Vergleich zu einer Profitabilitätsbetrachtung des Gesamtunternehmens aufgrund des Gesamtkostenverfahrens in der Profit-Center-Rechnung.

CO-PA	EC-PCA		
Wertfelder	**Kosten- und Erlösarten**		
Erlöse	1.000.000	800000 Erlöse	1.000.000
Erlösschmälerungen	100.000	808000 Erlösschmälerungen	100.000
Nettoerlöse	900.000	Nettoerlöse	900.000
Var. Materialkosten	400.000	890000 Bestandsveränderungen	390.000
Var. Produktionskosten	190.000	231000 Preisdifferenzen	10.000
Prod. Abweichungen	10.000	–	–
Deckungsbeitrag 1	300.000	620000 Personalaufwand	300.000
Materialgemeinkosten	50.000	623000 Abschreibungen	100.000
Produktionsgemeink.	50.000	–	–
Deckungsbeitrag 2	200.000	Gewinn	100.000
Forschung & Entwicklung	10.000	157000 Verbindlichkeiten	800.000
Marketing	50.000	140000 Forderungen	1.200.000
Vertrieb u. Verwaltung	40.000	300000 Bestand	450.000
Deckungsbeitrag 3	100.000	Kapitalkosten (11 %)	82.000
–	–	Economic Profit	18.000

Tabelle 8.3 Schema für Auswertungen im CO-PA und EC-PCA

Wie Sie anhand einer Umfrage auf *www.fico-forum.de* sehen können (siehe Abbildung 8.3), ist die Ergebnisrechnung bei Unternehmen im deutschsprachigen Raum weit verbreitet. Über 90% der Umfrageteilnehmer setzen eine oder beide Formen von CO-PA ein.

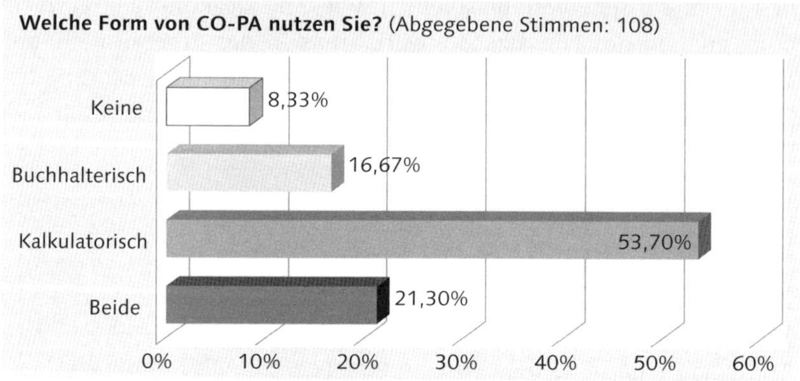

Abbildung 8.3 Umfrage zur Nutzung der Ergebnisrechnung (Quelle: *www.fico-forum.de*)

Wir beginnen nun damit, das Customizing der Ergebnisrechnung vorzustellen. Da die kalkulatorische Ergebnisrechnung wesentlich weiter verbreitet ist und für die meisten Anforderungen auch die geeignetere Variante ist, stellen wir Ihnen zunächst alle Einstellungen vor, die Sie für das kalkulatorische CO-PA benötigen. Die meisten Einstellungen gelten auch für das buchhalterische CO-PA; da bei dieser Variante jedoch Kostenarten anstelle von Wertfeldern eingesetzt werden, sind einige Einstellungen für die buchhalterische Ergebnisrechnung nicht relevant. Wir gehen in Abschnitt 8.8, »Buchhalterische Ergebnisrechnung«, explizit auf die Besonderheiten dieser Variante ein.

8.2 Voraussetzungen und Grundeinstellungen

Notwendige Organisationseinheiten

Um das Customizing der Ergebnisrechnung einstellen zu können, müssen Sie zunächst die folgenden Organisationseinheiten angelegt haben:

- einen oder mehrere Buchungskreise anlegen (inklusive Geschäftsjahresvariante und Kontenplan) – siehe Abschnitt 2.1.1
- einen oder mehrere Kostenrechnungskreise anlegen und mit dem oder den Buchungskreisen verknüpfen (siehe Abschnitt 2.1.5)

Die zentrale Organisationseinheit in der Ergebnis- und Marktsegmentrechnung ist der Ergebnisbereich. Es gibt zwei Möglichkeiten, einen Ergebnisbereich anzulegen – zum einen im Einstellungsmenü zur Unternehmensstruktur (siehe Abschnitt 2.1.6), wo Sie jedoch lediglich einen Namen und eine Bezeichnung hinterlegen können. Die andere Möglichkeit stellen wir Ihnen im folgenden Abschnitt 8.3, »Strukturen«, vor. Legen Sie dort einen Ergebnisbereich an, ist er auch im Einstellungsmenü der Unternehmensstruktur sichtbar.

Kostenrechnungskreis zum Ergebnisbereich zuordnen

Schließlich müssen Sie Ihrem Ergebnisbereich noch mindestens einen Kostenrechnungskreis zuordnen (siehe Abschnitt 2.1.6). Wir zeigen Ihnen nun, wie Sie die grundlegenden Strukturen der Ergebnisrechnung – Merkmale, Wertfelder und deren Zuordnung zum Ergebnisbereich – pflegen.

8.3 Strukturen

Wir stellen Ihnen in diesem Abschnitt vor, wie Sie Merkmale und Wertfelder anlegen und wie Sie diese Ihrem Ergebnisbereich zuordnen. Wir erläutern außerdem weitere Einstellungen, die Sie zum Erstellen eines Ergebnisbereichs vornehmen müssen, und welche Rolle dabei Ergebnisbereichsvorlagen spielen. Zum Abschluss des Abschnitts gehen wir noch auf die Merkmalsverwendung ein, über die Sie festlegen, welche Merkmale Ihres Ergebnisbereichs überhaupt mit Daten gefüllt bzw. verdichtet werden sollen.

8.3.1 Merkmale

Wie wir bereits in Abschnitt 8.1, »Überblick«, erläutert haben, sind Merkmale die Kriterien, nach denen Sie Ihre Geschäftszahlen (Umsatz, Kosten, Absatz) gliedern und strukturieren.

Feste Merkmale

In SAP ERP sind einige Merkmale bereits von SAP ausgeliefert. Dabei handelt es sich zum einen um feste Merkmale, die automatisch in jedem Ergebnisbereich enthalten sind, wie z.B. Buchungskreis, Kostenrechnungskreis, Kunde, Artikel etc. Sie können sich die vollständige Liste der festen Merkmale über den Menüpfad Controlling • Ergebnis- und Marktsegmentrechnung • Strukturen • Ergebnisbereich definieren • Merkmale pflegen (Transaktion KEA5) ansehen. Wählen Sie dann Alle Merkmale • Anzeigen und dort Zusätze • Feste Felder (siehe Abbildung 8.4).

Feste Felder

Feste Felder der Datenstruktur

Merkmale | Techn. Felder | Buchhalt. Beträge

Feldname	Bedeutung	Vwd	DTyp	Länge	HKTabelle	Datenelemen
ARTNR	Artikel	F	CHAR	18	MARA	ARTNR
BUKRS	Buchungskreis	F	CHAR	4		BUKRS
FKART	Fakturaart	F	CHAR	4		FKART
GSBER	GeschBereich	F	CHAR	4		GSBER
KAUFN	Kundenauftrag	F	CHAR	10		KDAUF
KDPOS	KundAuft-Pos	F	NUMC	6		KDPOS
KNDNR	Kunde	F	CHAR	10	KNA1	KUNDE_PA
KOKRS	KostRechKreis	F	CHAR	4		KOKRS
KSTRG	Kostenträger	F	CHAR	12		KSTRG
PPRCTR	PartnerPrctr	F	CHAR	10		PPRCTR
PRCTR	Profitcenter	F	CHAR	10	MARC	PRCTR
PSPNR	PSP-Element	F	NUMC	8		PS_PSP_PNR
RKAUFNR	Auftrag	F	CHAR	12		AUFNR
SPART	Sparte	F	CHAR	2	MARA	SPART
VERSI	Version	F	CHAR	3		RKEVERSI
VKORG	Verkaufsorg.	F	CHAR	4	MVKE	VKORG
VRGAR	Vorgangsart	F	CHAR	1		RKE_VRGAR
VTWEG	Vertriebsweg	F	CHAR	2	MVKE	VTWEG

Abbildung 8.4 Feste Merkmale in CO-PA

Vordefinierte Merkmale Darüber hinaus gibt es sogenannte *vordefinierte Merkmale*. Diese sind bereits im System angelegt, und Sie können entscheiden, ob Sie sie in Ihren Ergebnisbereich aufnehmen oder nicht.

Kundeneigene Merkmale Sollten die von SAP ausgelieferten Merkmale nicht Ihren Anforderungen genügen, können Sie auch eigene Merkmale anlegen. Dabei haben Sie die Wahl, entweder auf Felder aus Systemtabellen inklusive der Datenstruktur und bestehender Werte zurückzugreifen oder Merkmale frei zu definieren.

Merkmal anlegen Wir zeigen Ihnen nun zunächst, wie Sie ein neues Merkmal auf Basis eines bereits vorhandenen Feldes erstellen, zum Beispiel das Merkmal VERKÄUFERGRUPPE aus dem Debitorenstammsatz (Tabelle KNVV). Um ein neues Merkmal anzulegen, navigieren Sie im Customizing zum Punkt CONTROLLING • ERGEBNIS- UND MARKTSEGMENTRECHNUNG • STRUKTUREN • ERGEBNISBEREICH PFLEGEN • MERKMALE PFLEGEN (Transaktion KEA5). Lassen Sie das Feld für das Merkmal frei (siehe Abbildung 8.5), und klicken Sie auf ANLEGEN/ÄNDERN ❶. Wählen Sie dann AUS VORLAGETABELLE ÜBERNEHMEN, und geben Sie die entsprechende Tabelle an ❷. Sie sehen dann alle Felder der gewählten Tabelle und wählen das gewünschte Feld aus ❸. Das neue Merkmal übernimmt automatisch Namen, Bezeichnung und Datenstruktur aus dem gewählten Tabellenfeld (im Beispiel also VKGRP). Sie können es nun in Ihren Ergebnisbereich aufnehmen (siehe weiter hinten in diesem Abschnitt) und müssen später festlegen, wie es mit Daten gefüllt werden soll. Da das Merkmal aus einer SAP-Tabelle kopiert wurde, kann es nur Werte aus dieser Tabelle annehmen.

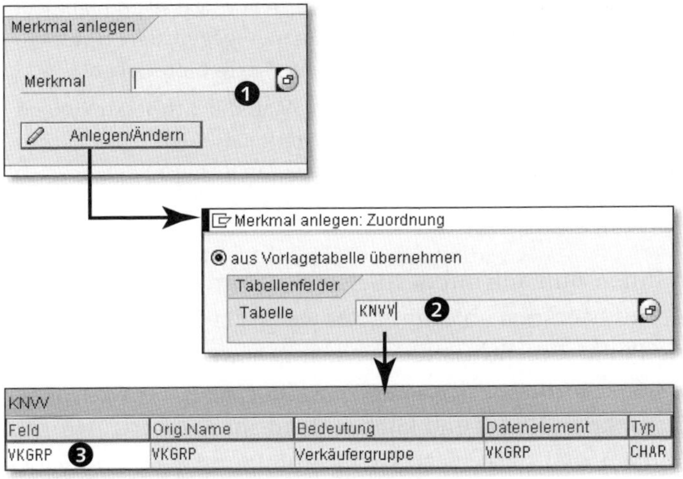

Abbildung 8.5 Merkmal aus einer Tabelle anlegen

Legen Sie hingegen ein eigendefiniertes Merkmal an, sind Sie weitgehend frei bei der Wahl der Datenstruktur, und Sie können auch selbst Werte für das Merkmal pflegen. Eigendefinierte Merkmale sind typischerweise spezielle Reportinganforderungen Ihres Unternehmens, die sich in dieser Form in keiner SAP-Tabelle wiederfinden. Das können z.B. strategische Unternehmenseinheiten, Geschäftstypen oder regionale Zuordnungen sein. Wenn Sie ein eigendefiniertes Merkmal anlegen, können Sie eine Prüfung hinterlegen, welche Werte für das Merkmal erlaubt sein sollen. Dabei können Sie eine eigene Prüftabelle verwenden, sodass Sie dann die zulässigen Werte selbst anlegen. Sie können auch auf die Prüfung verzichten, indem Sie einfach alle Werte zulassen; schließlich haben Sie noch die Wahl, auf die Werte eines bereits bestehenden SAP-Elements zuzugreifen, ohne jedoch dessen Bezeichnung zu übernehmen.

[zB]

Werteprüfung bei Merkmalen

Wir verdeutlichen die Unterschiede bei der Werteprüfung anhand der folgenden Beispiele:

Merkmal KONTINENT: Sie legen ein Merkmal an, um den Umsatz nach Kontinent auszuwählen. Dazu hinterlegen Sie eine Prüftabelle, in der Sie die erlaubten Werte für KONTINENT eintragen (z. B. »1« für Europa, »2« für Asien, »3« für Nordamerika etc.).

Merkmal BESTELLNUMMER DES KUNDEN: Sie wollen aus Kundenaufträgen die Bestellnummer des Kunden übernehmen. Da diese je Kunde völlig unterschiedlich sein kann, geben Sie keine Werte vor. Das Merkmal kann beliebige Werte annehmen, das System prüft nur gegen den Datentyp und die Länge. Sie können nur Werte und keine Texte hinterlegen.

Merkmal HERSTELLERLAND: Sie wollen aus dem Material das Herstellerland ableiten. Im SAP-System gibt es bereits ein Merkmal LAND1, das bereits alle benötigten Werte enthält. Also stellen Sie einen Bezug zu den Werten dieses Merkmals her.

Wir zeigen Ihnen nun anhand des Beispiels KONTINENT, wie Sie ein eigendefiniertes Merkmal anlegen. Dazu wechseln Sie ebenfalls zum Customizing-Punkt CONTROLLING • ERGEBNIS- UND MARKTSEGMENTRECHNUNG • STRUKTUREN • ERGEBNISBEREICH PFLEGEN • MERKMALE PFLEGEN (Transaktion KEA5) und klicken dann auf ANLEGEN/ÄNDERN. Wählen Sie dann NEU DEFINIEREN (siehe Abbildung 8.6), und geben Sie einen Namen und eine Bezeichnung an ❶; eigendefinierte Merkmale müssen mit WW beginnen und dürfen vier- bzw. fünfstellig sein. Geben Sie dann an, wie Sie die Werte pflegen wollen ❷. Sie haben die Wahl, die Werte selbst in CO-PA zu erfassen (siehe Abschnitt 8.4, »Stammdaten«), keine Werte zu erfassen oder sich auf ein bestehendes Datenelement zu beziehen. Im Beispiel wollen wir die Werte selbst pflegen. Im nächsten Schritt pflegen Sie dann den Text für das Merkmal ❸ und wählen den Datentyp und die Länge aus ❹. Beim Datentyp haben Sie die Wahl, ob die Werte des Merkmals rein numerisch oder alphanumerisch (also eine Kombination aus Zahlen und Buchstaben) sein sollen und wie viele Stellen ein Wert haben darf. Für unser Beispiel KONTINENT benötigen wir nur maximal sieben Werte und wählen daher ein numerisches Format mit einer Stelle. Da wir ein Merkmal mit eigener Wertpflege erstellen, ist im Bereich VERPROBUNG bereits voreingestellt, dass die Werte des Merkmals über eine Prüftabelle verprobt werden ❺. Zum Schluss aktivieren Sie das Merkmal ❻, um es in Ihrem Ergebnisbereich verwenden zu können.

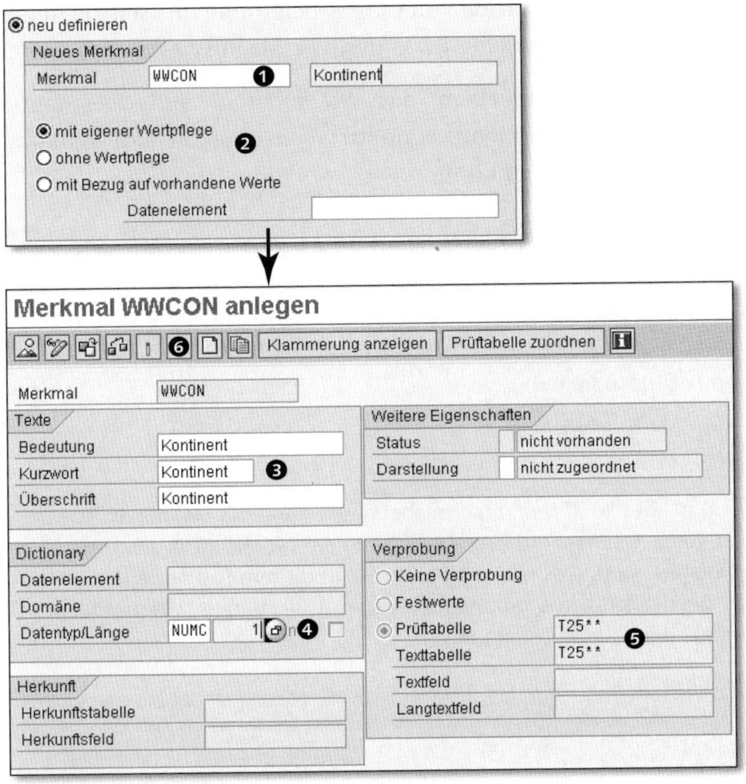

Abbildung 8.6 Merkmalsdefinition mit eigener Wertpflege

Sie müssen dann noch entscheiden, ob die Prüftabellen automatisch oder manuell angelegt werden sollen; in der Regel ist es empfehlenswert, die Tabellen automatisch erstellen zu lassen. Nur falls Sie eine eigene Logik in die Werteprüfung einbauen wollen, sollten Sie die Tabellen selbst erstellen.

Wir zeigen Ihnen nun, wie Sie Wertfelder anlegen.

8.3.2 Wertfelder

Wozu dienen Wertfelder?

Die *Wertfelder* stellen in der kalkulatorischen Ergebnisrechnung die tiefste Ebene dar, auf der sich innerhalb einer Ergebnis- oder Deckungsbeitragsrechnung Mengen, Erlöse, Erlösschmälerungen und Kosten pro Ergebnisobjekt darstellen lassen. Die Wertfelder sind nicht dazu da, um die Kostenarten im Einzelnen abzubilden, sondern um eine sinnvolle Verdichtung zu bilden, die für Analysen geeignet ist.

Wenn Sie mit der Einführung von CO-PA beginnen, müssen Sie in der Konzeptphase genau festlegen, was und wie Sie auswerten möchten.

Beachten Sie dabei außerdem, dass Sie nicht für jede Detailstufe eigene Wertfelder benötigen, sondern auch über die Kombination mit Merkmalen herleiten können.

[zB]

Kombination von Wertfeldern und Merkmalen

Sie möchten in der Ergebnisrechnung eine Aussage über Umsatz mit ausländischen, inländischen und verbundenen Unternehmen bekommen. Dazu überlegen Sie sich, drei Wertfelder anzulegen:

1. VV001 (Erlöse Inland)
2. VV002 (Erlöse Ausland)
3. VV003 (Erlöse Verbund)

Sie haben aber in Ihrem Ergebnisbereich schon das Merkmal KONTIERUNGSGRUPPE DEBITOR mit den Ausprägungen: INLAND (01), AUSLAND (02) und VERBUND (03). Deshalb benötigen Sie in diesem Fall nur ein Wertfeld VV001 ERLÖSE und kombinieren in den Auswertungen Wertfelder und Merkmale wie folgt miteinander.

Ausgabe	Wertfeld	Kontierungsgruppe Debitor
Erlöse Inland	VV001	01 (Inland)
Erlöse Ausland	VV001	02 (Ausland)
Erlöse Verbund	VV001	03 (Verbund)

Tabelle 8.4 Kombination von Wertfeldern und Merkmalen

Wertfeld anlegen

Über den Menüpfad CONTROLLING • ERGEBNIS- UND MARKTSEGMENTRECHNUNG • STRUKTUREN • ERGEBNISBEREICH DEFINIEREN • WERTFELDER PFLEGEN (Transaktion KEA6) legen Sie ein neues Wertfeld an bzw. ändern ein vorhandenes. Der Name muss mit VV anfangen und darf vierstellig oder fünfstellig sein (siehe Abbildung 8.7).

[+]

Benennung von Wertfeldern

Wir empfehlen Ihnen, die Wertfelder generisch zu benennen (z.B. VV01, VV02 etc.) und nicht »sprechend« (z.B. VVUMS, VVCOS), da sich immer Änderungen ergeben, die bei nicht sprechender Bezeichnungsvergabe einfacher umzusetzen sind. Denken Sie daran, dass Sie nachträglich immer Wertfelder hinzufügen, aber ohne Datenverlust nicht mehr entfernen können.

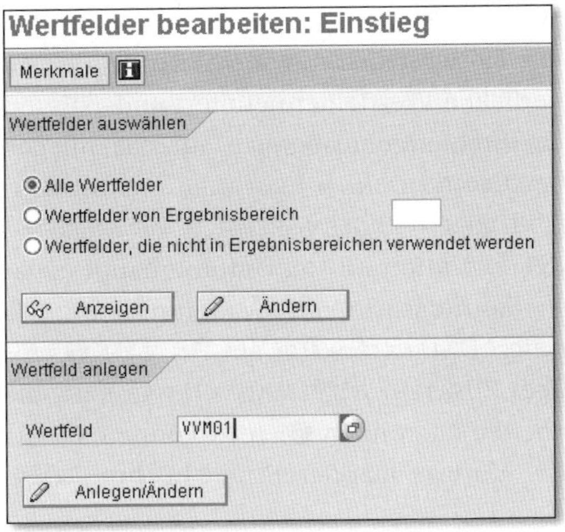

Abbildung 8.7 Wertfeld definieren – Einstieg

Klicken Sie dann auf ANLEGEN/ÄNDERN, und Sie können die Details zu Ihrem neuen Wertfeld pflegen (siehe Abbildung 8.8) Dort pflegen Sie die Texte ❶ und entscheiden, ob Sie den Durchschnittswert, die Summe aller Werte oder nur den letzten Wert sehen wollen ❷. Um die Definition abzuschließen, geben Sie an, ob das Wertfeld einen Betrag (z. B. Umsatz) oder eine Menge (z. B. die Absatzmenge) darstellen soll ❸. Zum Schluss aktivieren Sie das Wertfeld ❹.

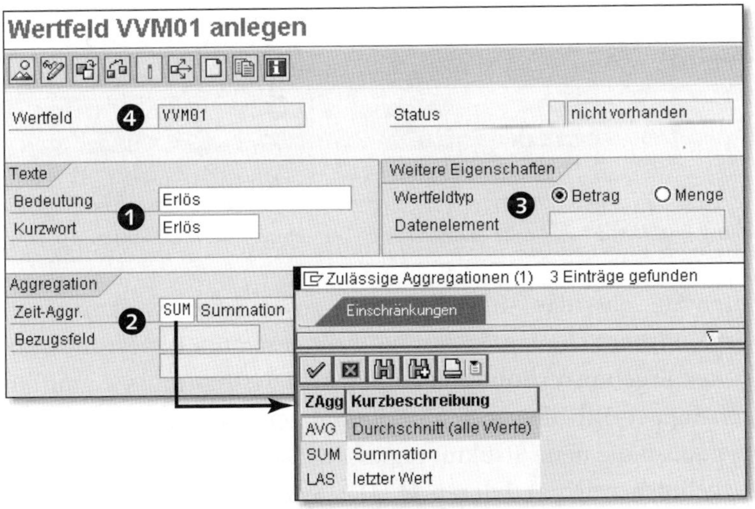

Abbildung 8.8 Wertfeld definieren – Details

8.3.3 Ergebnisbereich pflegen

Datenstruktur des Ergebnisbereichs anlegen

Wenn Sie alle Merkmale, die Sie zusätzlich zu von SAP ausgelieferten benötigen, und alle erforderlichen Wertfelder definiert und aktiviert haben, nehmen Sie sie in Ihren Ergebnisbereich auf. Sie pflegen Ihren Ergebnisbereich über CONTROLLING • ERGEBNIS- UND MARKTSEGMENTRECHNUNG • STRUKTUREN • ERGEBNISBEREICH DEFINIEREN • ERGEBNISBEREICH PFLEGEN (Transaktion KEA0). Um überhaupt etwas ändern zu können, schalten Sie zunächst in den Änderungsmodus ❶ und klicken dann im Bereich DATENSTRUKTUR auf ÄNDERN ❷. Als Nächstes entsperren Sie über ZUSÄTZE • MERKMALE • ENTSPERREN die Merkmale, um diese bearbeiten zu können ❸. Jetzt können Sie die fehlenden Merkmale in der Vorlage markieren und in Ihre Datenstruktur übernehmen ❹.

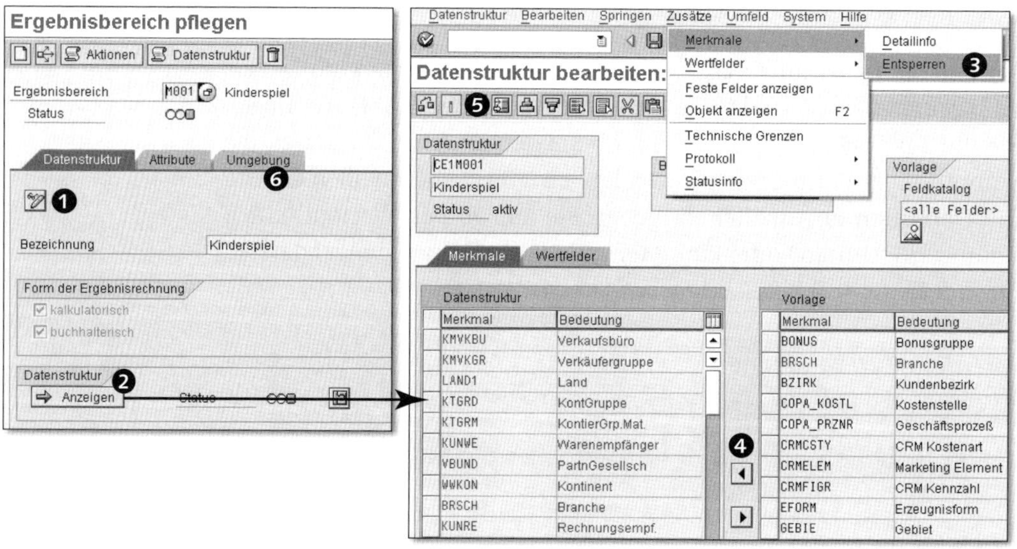

Abbildung 8.9 Merkmale in die Datenstruktur aufnehmen bzw. entfernen

Beachten Sie, dass das Aufnehmen von zusätzlichen Merkmalen in den Ergebnisbereich eine Änderung Ihrer gesamten Reportingstruktur in der Ergebnisrechnung bedeutet. Das System muss daraufhin alle abhängigen Tabellen, z.B. die Stammdatentabellen für die Ergebnisobjekte, an die neue Struktur anpassen. Dazu müssen Sie zunächst den Ergebnisbereich aktivieren ❺. Das System wird Sie außerdem fragen, ob es automatisch die Umgebung des Ergebnisbereichs generieren soll (dabei werden alle vom Ergebnisbereich abhängigen

Tabellen angepasst). Den Aktivierungszustand können Sie sich auch selbst im Bereich UMGEBUNG ❻ ansehen und von dort manuell die Generierung anstoßen.

Merkmale oder Wertfelder aus dem Ergebnisbereich entfernen [«]

Sie können Merkmale und Wertfelder nachträglich noch zu Ihrem Ergebnisbereich hinzufügen. Es ist jedoch im Produktivbetrieb nicht mehr möglich, nachträglich Merkmale oder Wertfelder zu entfernen. Das Entfernen ist nur dann möglich, wenn das Element, das entfernt werden soll, noch nicht bebucht wurde und in keiner anderen Transaktion im Customizing oder Report verwendet wird. Über CONTROLLING • ERGEBNIS- UND MARKTSEGMENTRECHNUNG • WERKZEUGE • ANALYSE • CUSTOMIZING-EINSTELLUNGEN PRÜFEN (Transaktion KECM) können Sie prüfen, ob und wo ein Merkmal oder Wertfeld verwendet wird.

Um neue Wertfelder in den Ergebnisbereich aufzunehmen, gehen Sie analog vor und entsperren anstelle der Merkmale entsprechend die Wertfelder (siehe Abbildung 8.10).

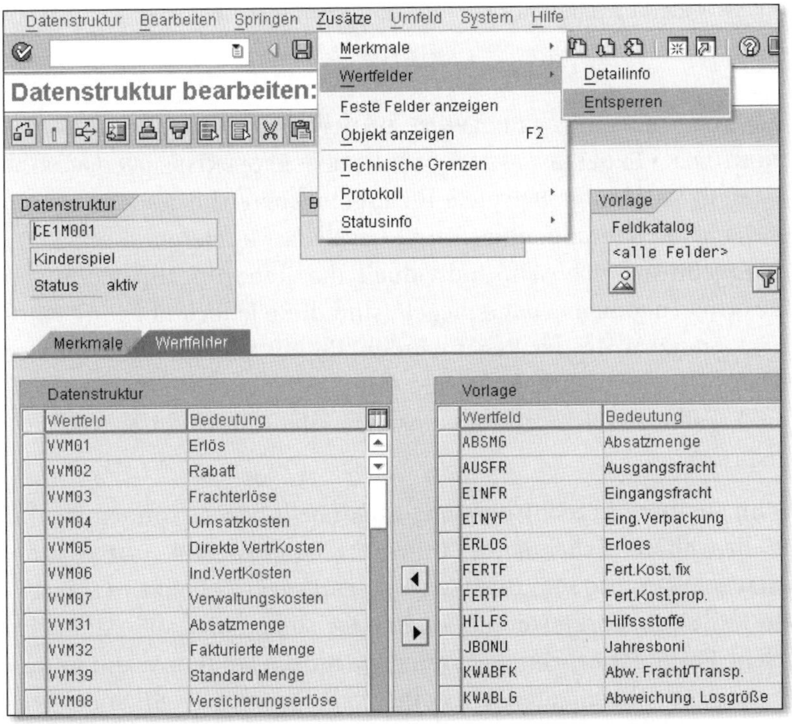

Abbildung 8.10 Wertfelder in die Datenstruktur aufnehmen bzw. entfernen

[»]

Generierung und Transport des Ergebnisbereichs und dessen Umgebung

Das Anpassen der Datenstruktur des Ergebnisbereichs ist eine kritische Änderung, falls Sie mit der Ergebnisrechnung bereits produktiv sind. Wenn Sie diese Änderung in Ihrem Entwicklungssystem durchgeführt und die Umgebung dort generiert haben, müssen Sie Ihre Änderungen noch weiter in Ihr Integrationssystem und Ihr Produktivsystem transportieren.

Um den Ergebnisbereich zu transportieren, müssen Sie über die Transportwerkzeuge in CO-PA (siehe Abschnitt 8.7.3, »Produktivstart«) explizit zwei Transportaufträge erzeugen.

Der Ergebnisbereich und dessen Umgebung werden in den Zielsystemen nach dem Import der Änderungen nicht automatisch generiert; vielmehr wird der Ergebnisbereich in einen inaktiven Zustand versetzt. Sie müssen den Ergebnisbereich dann manuell aktivieren und seine Umgebung generieren.

Dies hat weitreichende Auswirkungen auf andere Bereiche des SAP-Systems, denn es können keine Transaktionen durchgeführt werden, die Auswirkungen auf CO-PA haben – wie z. B. das Anlegen von Kundenaufträgen und Fakturen. Um den laufenden Betrieb nicht zu stören, sollten Sie eine solche Änderung daher nur dann durchführen, wenn niemand im System arbeitet.

Ergebnisbereichsvorlagen

Unter Controlling • Ergebnis- und Marktsegmentrechnung • Strukturen • Ergebnisbereich definieren • Ergebnisbereichsvorlagen stellt SAP einige Beispiele für Ergebnisbereiche zur Verfügung, die Sie als Referenz benutzen und bei Bedarf kopieren können. Da ein Ergebnisbereich sehr individuell die Reportinganforderungen eines Unternehmens widerspiegelt, sind diese jedoch nur für Demozwecke nutzbar. In der Regel werden Sie nur wenige Elemente der Vorlagen verwenden können und sollten sich unbedingt einen eigenen Ergebnisbereich zusammenstellen, der Ihren Anforderungen entspricht.

Ergebnisbereich voreinstellen

Wenn Sie Ihren Ergebnisbereich fertiggestellt haben, können Sie ihn für alle weiteren Schritte über Controlling • Ergebnis- und Marktsegmentrechnung • Strukturen • Ergebnisbereich setzen (Transaktion KEBC) als Voreinstellung setzen. Sie stellen hier außerdem ein, welche Form der Ergebnisrechnung Sie nutzen wollen. Wann immer Sie zwischen buchhalterischer und kalkulatorischer Ergebnisrechnung wechseln wollen, müssen Sie dies hier festlegen.

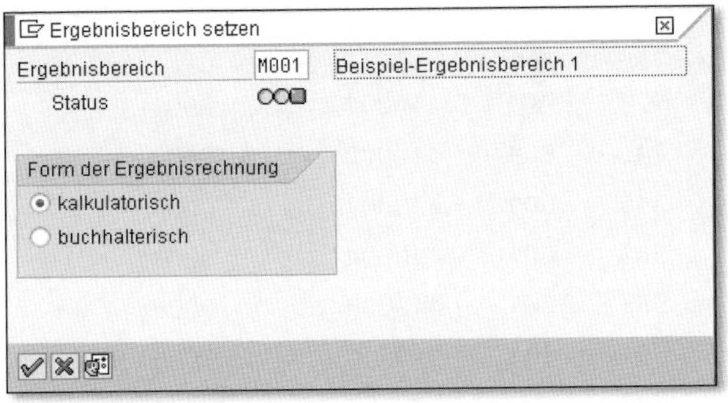

Abbildung 8.11 Ergebnisbereich und Form der Ergebnisrechnung setzen

8.3.4 Merkmalsverwendung

Was sind Summentabellen?

Beim Buchen von Belegen in CO-PA erfolgt, wie in den anderen CO-Teilkomponenten auch, eine Buchung in jeweils einer Summen- und einer Einzelpostentabelle. Ein *Einzelposten* enthält alle Informationen, die zu einem Beleg zur Verfügung stehen, z.B. alle Merkmale und Wertfelder des Ergebnisbereichs. In der *Summentabelle* hingegen werden nur die Informationen fortgeschrieben, die für verdichtete Auswertungen, etwa eine GuV, notwendig sind – z.B. nur die Merkmale KOSTENRECHNUNGSKREIS, BUCHUNGSKREIS, PROFIT-CENTER sowie alle Wertfelder. Ergebnisobjekte setzen sich ausschließlich aus den Merkmalen zusammen, die in der Summentabelle geführt werden.

Was bedeutet Verdichtung?

Je weniger Merkmale in der Summentabelle enthalten sind, umso mehr können die Daten dieser Tabelle verdichtet werden, wodurch sich das Datenvolumen verringert und somit darauf zugreifende Berichte schneller laufen. *Verdichten* bedeutet, dass für die Merkmale, die nicht in der Summentabelle stehen, keine Werte fortgeschrieben werden und damit gleiche Datensätze zusammengefasst werden können. Ergebnisobjekte werden ausschließlich auf Basis der Summentabellen gebildet; ein Ergebnisobjekt repräsentiert damit eine individuelle Ausprägung der Merkmale in der Summentabelle.

Als Beispiel nehmen wir an, unsere Summentabelle bestünde aus den Merkmalen KOSTENRECHNUNGSKREIS, KUNDE, ARTIKEL und KUNDENAUFTRAG (siehe Tabelle 8.5). Für jede eindeutige Kombination der genannten Merkmale erhalten wir ein eigenes Ergebnisobjekt, in diesem Fall sieben Stück.

Kostenrechnungs-kreis	Kunde	Artikel	Kundenauftrag	Ergebnisobjekt
M001	123	A01	410001	0001
M001	345	B01	410002	0002
M001	345	B01	410003	0003
M001	567	C01	410004	0004
M001	567	C01	410005	0005
M001	789	B01	410006	0006
M001	789	C01	410007	0007

Tabelle 8.5 Summentabelle mit Kundenauftrag

Entfernen wir nun das Merkmal KUNDENAUFTRAG aus der Summentabelle (verdichten also über den Kundenauftrag), können wir alle Datensätze zu einem Ergebnisobjekt zusammenfassen, die denselben Kostenrechnungskreis, Kunden und Artikel enthalten (siehe Tabelle 8.6). Wir haben damit die Zahl der Ergebnisobjekte von sieben auf fünf reduziert.

Kostenrechnungskreis	Kunde	Artikel	Ergebnisobjekt
M001	123	A01	0001
M001	345	B01	0002
M001	345	B01	
M001	567	C01	0003
M001	567	C01	
M001	789	B01	0004
M001	789	C01	0005

Tabelle 8.6 Summentabelle ohne Kundenauftrag

Merkmalsverwendung festlegen

Über CONTROLLING • ERGEBNIS- UND MARKTSEGMENTRECHNUNG • STRUKTUREN • MERKMALE DER ERGEBNISOBJEKTE FESTLEGEN (MERKMALSVERWENDUNG) (Transaktion KEQ3) legen Sie fest, welche Merkmale zur Bildung von Ergebnisobjekten verwendet werden sollen (siehe Abbildung 8.12). Je Merkmal entscheiden Sie, ob es nur in der kalkulatorischen Ergebnisrechnung, sowohl in der buchhalterischen als auch in der kalkulatorischen oder gar nicht verwendet werden soll.

Ausnahmen definieren

Darüber hinaus haben Sie die Möglichkeit, Ausnahmen festzulegen. Für ein Merkmal, das generell verwendet werden soll, können Sie definieren, unter welchen Umständen es ausgeblendet werden soll (in Abbildung 8.12 soll z.B. das Merkmal KUNDE ausgeblendet werden, wenn das Merkmal VERBUND nicht initial ist).

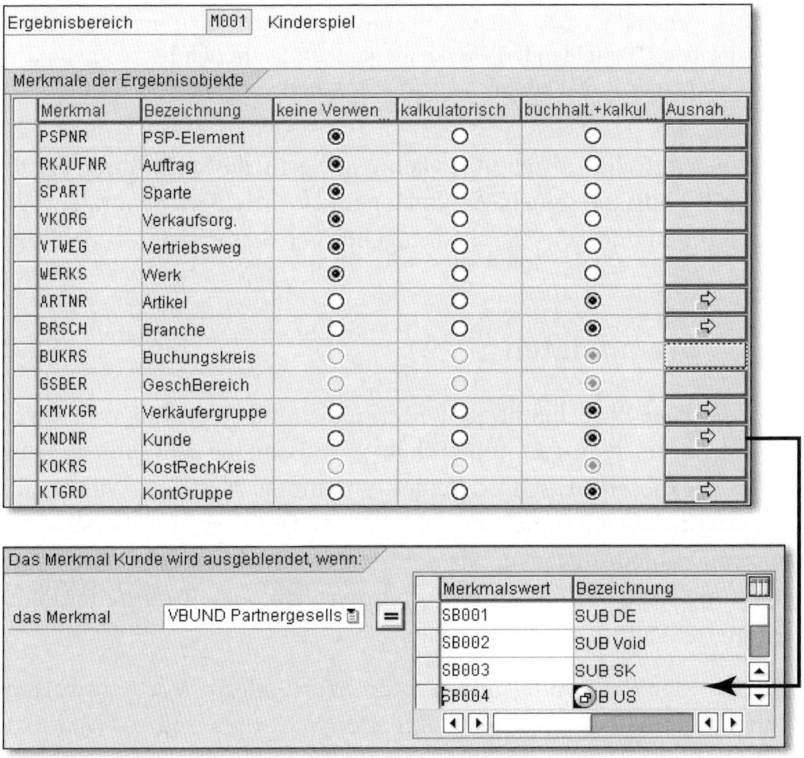

Abbildung 8.12 Merkmalsverwendung

Voreinstellungen

Als Voreinstellung sind für Ihren Ergebnisbereich die folgenden Merkmale ausgeblendet:

- Kostenträger
- PSP-Element
- Auftrag
- Kundenauftrag
- Kundenauftragsposition

Falls Sie diese Merkmale für Auswertungen benötigen, sollten Sie sie vor dem Produktivstart einblenden.

[»]

Nachträgliche Änderungen bei der Merkmalsverwendung

Sie können nach dem Produktivstart Merkmale problemlos nachträglich ausblenden, wenn Sie feststellen, dass Sie sie nicht mehr benötigen (insbesondere, da es kaum möglich ist, nachträglich Merkmale aus dem Ergebnisbereich zu entfernen, wie wir im vorangegangenen Abschnitt erläutert haben).

Stellen Sie jedoch nach dem Produktivstart fest, dass ein benötigtes Merkmal ausgeblendet ist, können Sie dieses Versäumnis nicht mehr rückgängig machen. Die fehlenden Merkmale können Sie in den bereits gebuchten Belegen nicht nachträglich sichtbar machen.

Sie haben nun alle Einstellungen kennengelernt, die Sie für Ihren Ergebnisbereich mitsamt seinen Merkmalen und Wertfeldern benötigen. Wir zeigen Ihnen nun, wie Sie die dazugehörigen Stammdaten verwalten.

8.4 Stammdaten

Nachdem Sie Ihre benötigten Merkmale und Wertfelder in Ihren Ergebnisbereich aufgenommen haben, müssen Sie diese mit Werten füllen. In diesem Abschnitt zeigen wir Ihnen zunächst, wie Sie für eigendefinierte Merkmale erlaubte Werte festlegen. Im Rahmen der Merkmalsableitung lernen Sie dann unterschiedliche Methoden kennen, um Werte sowohl für eigendefinierte als auch für feste und vordefinierte Merkmale zu ermitteln.

Mithilfe der Bewertung können Sie Wertfeldern Werte zuweisen. Dabei haben Sie Zugriff auf Kalkulationsschemata und auf Materialkalkulationen aus der Produktkostenrechnung.

8.4.1 Merkmalswerte pflegen

Merkmalswerte erstellen

In Abschnitt 8.3.1, »Merkmale«, haben wir ein Merkmal WWKON Kontinent mit eigener Wertpflege definiert. Über den Menüpfad Controlling • Ergebnis- und Marktsegmentrechnung • Stammdaten • Merkmalswerte • Merkmalswerte pflegen (Transaktion KES1) können Sie festlegen, welche Werte für dieses Merkmal erlaubt sein sollen. Mit einem Doppelklick auf das Merkmal können Sie die Einträge pflegen (siehe Abbildung 8.13). Tragen Sie jeweils einen Wert und eine Bezeichnung ein. Wann immer im Rahmen der Merkmalsableitung ein Wert für das Merkmal Kontinent ermittelt werden soll, prüft das System, ob der jeweilige Wert an dieser Stelle vorgegeben wurde.

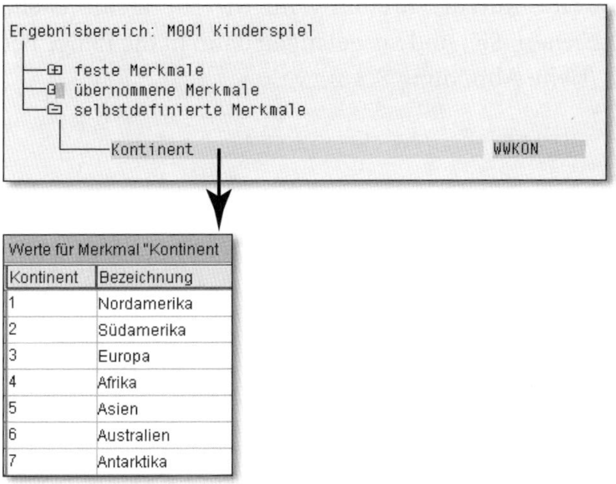

Abbildung 8.13 Wertpflege für Merkmale

8.4.2 Merkmalshierarchie definieren

Merkmalshierarchie anlegen

Es ist auch möglich, Merkmale hierarchisch miteinander zu verknüpfen. Nehmen wir an, in unserem Beispiel mit dem Merkmal KONTINENT wollen Sie eine Auswertung Ihrer Umsätze je Land, gruppiert nach Kontinent, sehen. Dazu benötigen Sie neben dem Merkmal für den Kontinent zusätzlich noch als Merkmal das Land des Auftraggebers (LAND1). Über den Menüpfad CONTROLLING • ERGEBNIS- UND MARKTSEGMENTRECHNUNG • STAMMDATEN • MERKMALSWERTE • MERKMALSHIERARCHIE DEFINIEREN (Transaktion KES3) definieren Sie Ihre Länderhierarchie. Wählen Sie zunächst das untergeordnete Merkmal (hier: LAND) aus; tragen Sie dann unter VARIANTE eine Nummer ein, und klicken Sie auf ANLEGEN/ÄNDERN (siehe Abbildung 8.14).

Abbildung 8.14 Merkmalshierarchie definieren

Pflegen Sie dann eine Kurzbeschreibung für die Hierarchie (siehe Abbildung 8.15). Sichern Sie, und Sie gelangen dann in die Pflege der Hierarchie selbst (siehe Abbildung 8.16).

Abbildung 8.15 Merkmalshierarchie pflegen 1

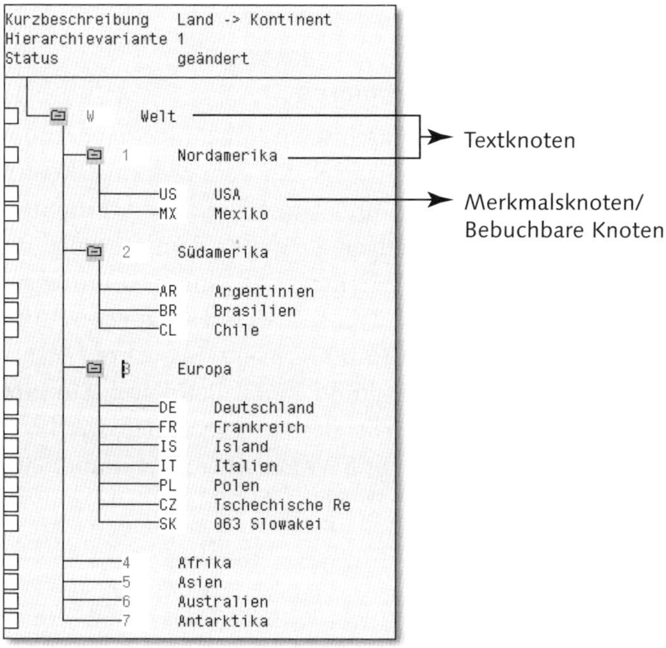

Abbildung 8.16 Merkmalshierarchie pflegen 2

Hierarchieknoten vs. Textknoten

Das ausgewählte Merkmal ist immer die tiefste Ebene in der Hierarchie; Sie können beliebig viele weitere Ebenen definieren. Beachten Sie dabei, dass es sich bei den Hierarchieknoten um reine Textknoten handelt. Diese können Sie zwar benutzen, um in Berichten Summen zu bilden, es ist jedoch nicht möglich, darauf zu buchen. Buchungen finden grundsätzlich nur auf Merkmalswerten statt.

Für die Merkmalsknoten wird die Standardbezeichnung aus dem SAP-System übernommen (wenn Sie z.B. das Land »DE« eintragen und mit [↵] bestätigen, wird die Bezeichnung DEUTSCHLAND übernommen). Dieser Text kann in der Hierarchie nicht geändert werden. Für die Hierarchieknoten, die Sie selbst erstellt haben, vergeben Sie die Bezeichnung selbst. Falls Sie die Bedeutung für die Textknoten verändern möchten, wählen Sie im Menü SPRINGEN • UNBEBUCHBARE KNOTEN (siehe Abbildung 8.17).

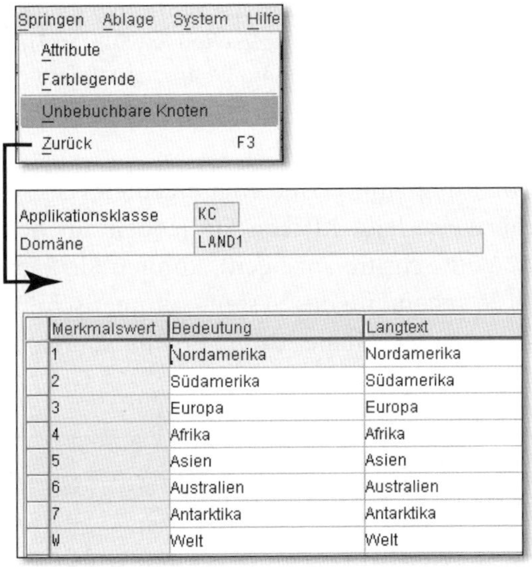

Abbildung 8.17 Bezeichnung für unbebuchbare Knoten verändern

Beachten Sie, dass Sie Merkmalshierarchien nur in bestimmten Berichten verwenden können (z.B. Report Painter und Rechercheberichte). Sie können keine Hierarchien in Einzelpostenberichten darstellen.

8.4.3 Merkmalsableitung definieren

Sie haben in den vorangegangenen Schritten erlaubte Werte für Merkmale hinterlegt und diese für eine hierarchische Darstellung strukturiert. Über die Merkmalsableitung legen Sie nun fest, wie Ihre Merkmale bei Istbuchungen mit den vorhandenen Werten gefüllt werden sollen.

Merkmale ableiten

Wechseln Sie dazu zum Menüpfad CONTROLLING • ERGEBNIS- UND MARKTSEGMENTRECHNUNG • STAMMDATEN • MERKMALSABLEITUNG DEFINIEREN (Transaktion KEDR). Die Merkmalsableitung ist eine

Abfolge von Einzelschritten, die beim Anlegen eines Ergebnisobjekts der Reihe nach durchlaufen werden. Beachten Sie dabei, dass die Reihenfolge wichtig ist, da spätere Ableitungsschritte auf die Resultate der früheren zurückgreifen können.

[zB]

Abhängigkeiten der Merkmalsableitung

Der Wert des Merkmals VBUND ist vor dem ersten Ableitungsschritt initial. Im ersten Schritt leiten Sie dieses Merkmal aus der Tabelle KNA1 ab und füllen es so mit einem Wert (siehe unten). Im zweiten Schritt füllen Sie das Merkmal für die Kontierungsgruppe des Debitors mit einem Wert, falls das Merkmal VBUND mit einem Wert versehen ist. Führen Sie die beiden Schritte jedoch in umgekehrter Reihenfolge aus, erhalten Sie andere Resultate.

Wenn Sie die Merkmalsableitung zum ersten Mal aufrufen, ist die Liste der Schritte möglicherweise leer. Klicken Sie jedoch auf den Button Alle Schritte anz. (Alle Schritte anzeigen), können Sie auch diejenigen Ableitungsschritte sehen, die das System automatisch für die festen und vordefinierten Merkmale Ihres Ergebnisbereichs generiert hat (siehe Abbildung 8.18).

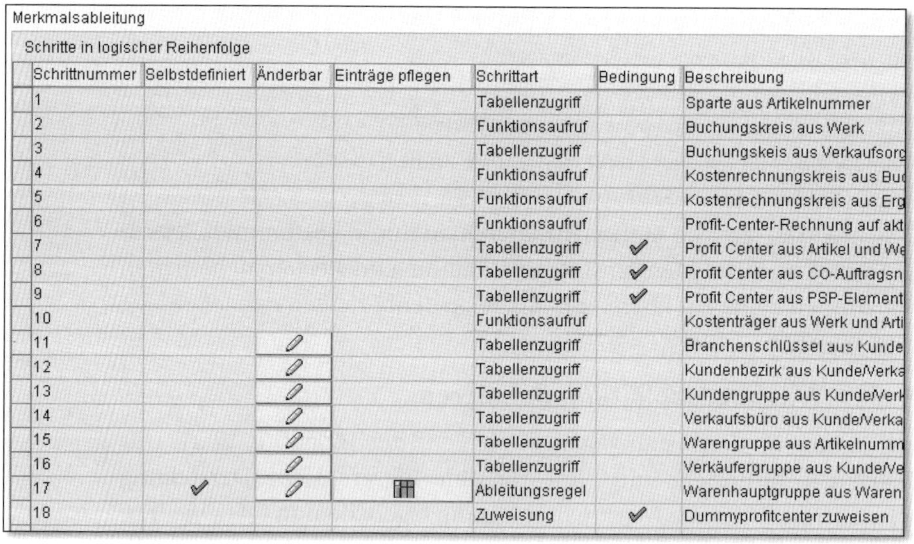
Merkmalsableitung

Schritte in logischer Reihenfolge

Schrittnummer	Selbstdefiniert	Änderbar	Einträge pflegen	Schrittart	Bedingung	Beschreibung
1				Tabellenzugriff		Sparte aus Artikelnummer
2				Funktionsaufruf		Buchungskreis aus Werk
3				Tabellenzugriff		Buchungskeis aus Verkaufsorg
4				Funktionsaufruf		Kostenrechnungskreis aus Bu
5				Funktionsaufruf		Kostenrechnungskreis aus Erg
6				Funktionsaufruf		Profit-Center-Rechnung auf akt
7				Tabellenzugriff	✓	Profit Center aus Artikel und We
8				Tabellenzugriff	✓	Profit Center aus CO-Auftragsn
9				Tabellenzugriff	✓	Profit Center aus PSP-Element
10				Funktionsaufruf		Kostenträger aus Werk und Arti
11		✎		Tabellenzugriff		Branchenschlüssel aus Kunde
12		✎		Tabellenzugriff		Kundenbezirk aus Kunde/Verka
13		✎		Tabellenzugriff		Kundengruppe aus Kunde/Verk
14		✎		Tabellenzugriff		Verkaufsbüro aus Kunde/Verka
15		✎		Tabellenzugriff		Warengruppe aus Artikelnumm
16		✎		Tabellenzugriff		Verkäufergruppe aus Kunde/Ve
17	✓	✎	▦	Ableitungsregel		Warenhauptgruppe aus Waren
18				Zuweisung	✓	Dummyprofitcenter zuweisen

Abbildung 8.18 Übersicht über die Merkmalsableitung

Welche Ableitungsmethoden gibt es?

Um einen neuen Schritt anzulegen, wechseln Sie in der Übersicht zunächst in den Änderungsmodus (über den Button Anzeigen ↔ Ändern). Über Schritt anlegen erstellen Sie dann einen neuen

Ableitungsschritt. Je Schritt wählen Sie eine der folgenden grundlegenden Methoden aus:

- Ableitungsregel
- Tabellenzugriff
- Zuweisung
- Initialisierung
- Erweiterung

Die Bedeutung der einzelnen Regeln erläutern wir Ihnen im Folgenden.

Ableitungsregel

Was ist eine Ableitungsregel?

Bei einer *Ableitungsregel* ermitteln Sie einen Merkmalswert in Abhängigkeit von einem anderen Merkmal. Wir demonstrieren dies anhand unseres Beispiels mit dem Merkmal KONTINENT. Wir pflegen zunächst den Ableitungstext ❶ (siehe Abbildung 8.19). Dann bestimmen wir die Quellfelder ❷ (das oder die Merkmale, aus denen abgeleitet werden soll) und die Zielfelder ❸ (das oder die Merkmale, deren Werte gefüllt werden sollen). Im Beispiel wollen wir also die Werte für das Merkmal KONTINENT aus dem Merkmal LÄNDERSCHLÜSSEL ableiten. Haben wir die Ableitung festgelegt, können wir über den Button REGELEINTRÄGE PFLEGEN ❹ eintragen, aus welchen Ländern welche Kontinente abgeleitet werden sollen ❺.

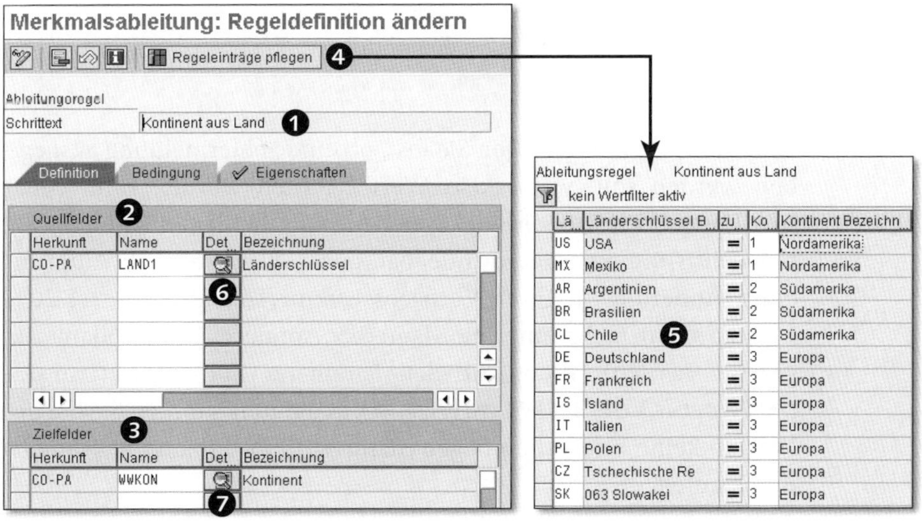

Abbildung 8.19 Ableitungsregel definieren

Als Zielfeld können Sie nicht nur Merkmale aus CO-PA eintragen, sondern auch eines von acht Hilfsfeldern (mit der Bezeichnung USERTEMP1 bis USERTEMP8). Diese Felder können Sie mit beliebigen Werten füllen – sie unterliegen keiner Prüfung. Die Felder behalten nach Ausführung eines Ableitungsschritts ihren Wert, sodass Sie in späteren Ableitungsschritten wieder darauf zugreifen können. Für die Quell- und Zielfelder steht Ihnen außerdem noch der Button Det (Detail) zur Verfügung (❻ und ❼). Für die Quellfelder können Sie darüber steuern, ob initiale Werte erlaubt sein sollen oder nicht; das bedeutet, dass die Ableitung nicht durchgeführt wird, wenn der Wert des Quellfeldes leer ist. Bei den Zielfeldern können Sie in den Detaileinstellungen festlegen, ob der Wert des Zielfeldes auch überschrieben werden soll, wenn er bereits gefüllt ist.

Auf der Registerkarte Bedingung entscheiden Sie, ob diese Regel immer gelten soll oder nur mit Einschränkung. Im Beispiel haben wir festgelegt, dass der Kontinent aus dem Land nur für die Verkaufsorganisation M001 abgeleitet werden soll (siehe Abbildung 8.20).

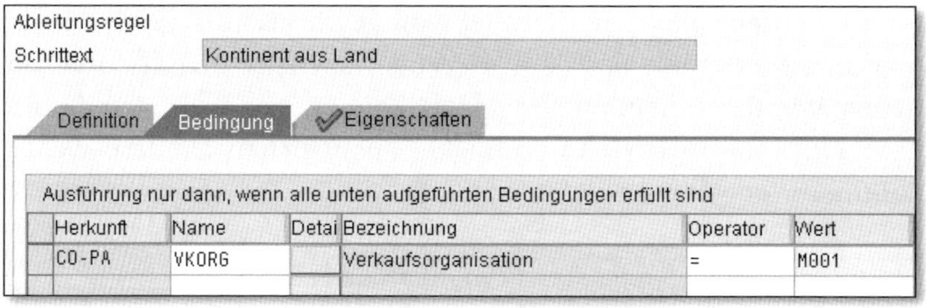

Abbildung 8.20 Bedingung pflegen

Unter Eigenschaften legen Sie fest, ob eine Fehlermeldung ausgegeben werden soll, wenn kein Wert ermittelt werden kann (siehe Abbildung 8.21). Außerdem können Sie entscheiden, ob die Einträge mit dem Gültigkeitsdatum pflegbar sein sollen (Beispiel: Aufgrund einer Änderung in Ihrer Vertriebsstruktur soll ab dem 1.1.2012 Mexiko nicht mehr unter Nordamerika, sondern unter Südamerika gezeigt werden). Wenn Sie den Parameter Zugriff optimieren, dafür keine Von-Bis-Werte pflegbar aktivieren, können Sie bei den Werten keine Intervalle pflegen; dafür wird die Ableitung schneller durchlaufen.

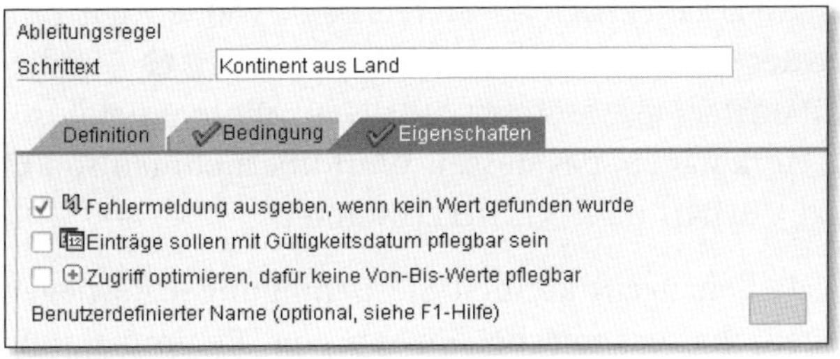

Abbildung 8.21 Eigenschaften festlegen

Tabellenzugriff

Was ist ein Tabellenzugriff?

Bei einem *Tabellenzugriff* leiten Sie einen Merkmalswert aus einer Standardtabelle ab. Wir illustrieren dies am Beispiel des Merkmals PARTNERGESELLSCHAFT, das über das Merkmal KUNDE ermittelt werden soll. Im Kundenstammsatz (Tabelle KNA1) ist bei verbundenen Unternehmen die Partnergesellschaft eingetragen.

Wir erstellen also einen Tabellenzugriff (siehe Abbildung 8.22) und geben dabei die Tabelle KNA1 an ❶. Das Schlüsselfeld dieser Tabelle ist das Feld Kunde (KUNNR); im Bereich TABELLENZUGRIFF ÜBER QUELLFELDER teilen wir dem System mit, aus welchem Merkmal wir den Kunden ermitteln wollen, für den wir aus der Tabelle KNA1 ein Feld ableiten. Das System hat hier bereits das Merkmal KUNDE (KNDNR) vorgeschlagen ❷.

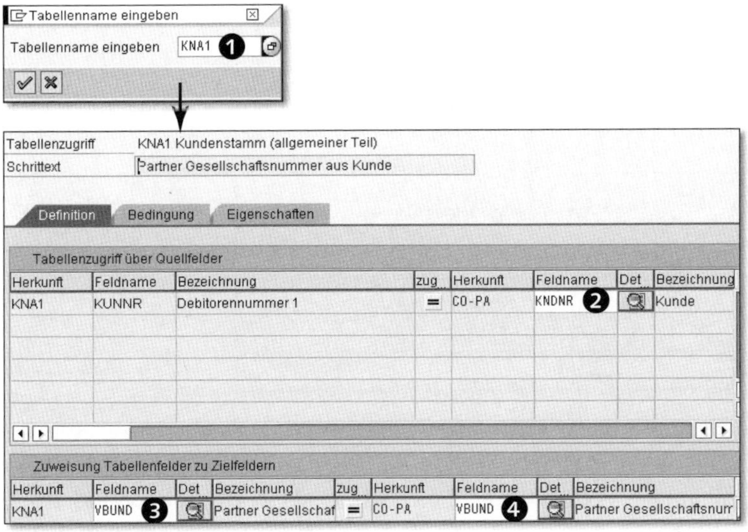

Abbildung 8.22 Tabellenzugriff definieren

Unter Zuweisung Tabellenfelder zu Zielfeldern wählen wir nun aus, welche Felder der Tabelle KNA1 wir ableiten wollen ❸ – in diesem Fall das Feld Partnergesellschaft (VBUND). Diesem Feld ordnen wir dann ein Merkmal zu, das dessen Wert übernehmen soll ❹ – hier das Merkmal VBUND (Partnergesellschaft).

Auch bei einem Tabellenzugriff können Sie Bedingungen festlegen und unter den Eigenschaften entscheiden, ob eine Fehlermeldung ausgegeben werden soll, falls kein Wert ermittelt werden konnte (weitere Details siehe weiter oben bei der Ableitungsregel).

Zuweisung

Was ist eine Zuweisung?

Über eine *Zuweisung* können Sie einem beliebigen Zielfeld den Inhalt eines Quellfeldes oder eine Konstante zuordnen. Als Beispiel zeigen wir Ihnen, wie Sie das Merkmal Geschäftsbereich mit dem festen Wert 0001 versehen. Auch eine Zuweisung können Sie über eine Bedingung so steuern, dass sie nur in bestimmten Fällen ausgeführt wird. Im Beispiel aus Abbildung 8.23 soll die Zuweisung nur aktiv werden, wenn das Merkmal Werk den Wert M010 hat.

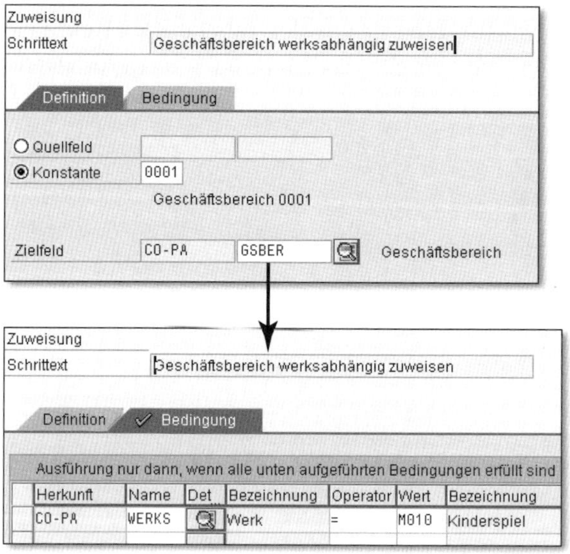

Abbildung 8.23 Zuweisung definieren

Die Hilfsfelder USERTEMP1 bis USERTEMP8, die wir weiter oben erwähnt haben, können Sie durch eine Zuweisung mit beliebigen

Werten füllen, die auch den Charakter von Kommentaren haben können und nicht als Merkmal in CO-PA hinterlegt sind (siehe Beispiel weiter unten).

Initialisierung

Mit einer *Initialisierung* können Sie den Inhalt eines Merkmals oder eines Hilfsfeldes löschen. Insbesondere bei Hilfsfeldern ist es empfehlenswert, diese zu Beginn der gesamten Ableitung zu initialisieren. Wir verdeutlichen das Zusammenspiel der einzelnen Methoden nun an einem Beispiel.

Was ist eine Initialisierung?

Szenario mit unterschiedlichen Ableitungsmethoden

[zB]

Nehmen wir an, Sie haben folgende Anforderung:

Falls es sich um ein Verbundgeschäft handelt (also das Merkmal PARTNERGESELLSCHAFT gefüllt ist), soll das Merkmal PROFIT-CENTER mit dem festen Wert 2400 gefüllt werden. Das Merkmal VERKÄUFER wird normalerweise aus der Partnerrolle VERTRETER im Kundenauftrag abgeleitet; handelt es sich jedoch um ein Verbundgeschäft, soll der Produktmanager aus dem Materialstamm in das Merkmal VERKÄUFER übernommen werden.

Diese Anforderung können Sie z.B. wie folgt umsetzen:

1. Initialisierung: Der Wert des Hilfsfeldes USERTEMP1 wird gelöscht für den Fall, dass es aus dem letzten Datensatz noch mit einem Wert versehen war.
2. Tabellenzugriff: Das Merkmal PARTNERGESELLSCHAFT wird aus Tabelle KNA1 abgeleitet, wie oben beschrieben.
3. Zuweisung: Unter der Bedingung, dass das Merkmal VBUND nicht initial ist, wird dem Hilfsfeld USERTEMP1 der Wert VERBUNDGESCHÄFT zugewiesen und dem Merkmal PROFIT-CENTER der Wert 2400.
4. Ableitung: Unter der Bedingung, dass das Hilfsfeld USERTEMP1 den Wert VERBUNDGESCHÄFT hat, wird das Merkmal VERKÄUFER aus dem Feld PRODUKTMANAGER im Materialstamm abgeleitet.
5. Ableitung: Unter der Bedingung, dass das Hilfsfeld USERTEMP1 nicht den Wert VERBUNDGESCHÄFT hat, wird das Merkmal VERKÄUFER aus der Partnerrolle VERTRETER im Kundenauftrag abgeleitet.

Erweiterung

Zusätzlich zu den bereits vorgestellten Methoden haben Sie auch die Möglichkeit, Ableitungsschritte selbst zu programmieren. Dazu entwickeln Sie zunächst über die Transaktion CMOD im Rahmen

Welche Erweiterungen gibt es?

der Erweiterung COPA0001 im Include ZXKKEU11 Ihre spezifische Ableitungslogik. Dann legen Sie einen Ableitungsschritt vom Typ ERWEITERUNG an und pflegen dann die Quell- und Zielfelder (siehe Abbildung 8.24).

Abbildung 8.24 Pflege einer Erweiterung

Sie haben damit die verschiedenen Methoden kennengelernt, um Merkmale herzuleiten. Im nächsten Abschnitt wenden wir uns nun den Wertfeldern zu.

8.4.4 Bewertung

Anhand der Bewertung können Sie zu unterschiedlichen Zeitpunkten – wie etwa bei der Planung, bei Istbuchungen oder bei der Nachbewertung – Ihre Wertfelder mit Werten befüllen. Die Bewertung erfolgt mithilfe einer *Bewertungsstrategie*. Im Rahmen einer solchen Strategie

Was ist eine Bewertungsstrategie?

geben Sie eine Reihe von Schritten an, anhand derer ein Ergebnisobjekt bewertet werden soll. Es gibt vier verschiedene Typen von Bewertungsschritten:

- Bewertung über eine Materialkalkulation: Sie haben an dieser Stelle die Möglichkeit, auf eine Materialkalkulation aus der Produktkostenplanung zurückzugreifen

- Bewertung anhand eines Kalkulationsschemas, mittels dessen Sie kalkulatorische Werte wie z.B. Frachten, Skonti oder Zollgebühren ermitteln können
- Bewertung mittels einer Transferpreisvariante, falls sie Transferpreise für Verkäufe zwischen Profit-Centern verwenden
- Bewertung mithilfe einer selbst programmierten Erweiterung

Sie können Bewertungsstrategien zu unterschiedlichen Bewertungszeitpunkten (z.B. bei der vorgangsbezogenen Übernahme von Istdaten) und Vorgangsarten (z.B. Kundenauftragseingang oder Fakturierung aufrufen (siehe Abbildung 8.25). Wird eine Bewertungsstrategie aufgerufen, so werden zunächst alle Schritte der Strategie durchlaufen, bevor das System zur nächsten Bewertungsstrategie bzw. zum nächsten Bewertungszeitpunkt oder Vorgang übergeht.

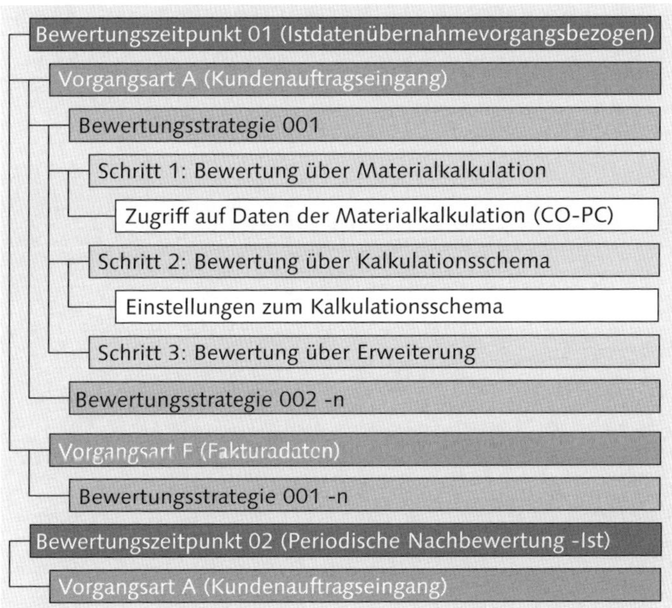

Abbildung 8.25 Übersicht über den Ablauf der Bewertung

Bewertungsstrategien

Bewertungsstrategie definieren

Sie legen eine Bewertungsstrategie im Customizing über Controlling • Ergebnis- und Marktsegmentrechnung • Stammdaten • Bewertung • Bewertungsstrategien • Bewertungsstrategie definieren und zuordnen (Transaktion KE4U) an (siehe Abbildung 8.26).

Zunächst vergeben Sie einen Namen und eine Bezeichnung für die Bewertungsstrategie ❶. Über Detail ❷ legen Sie dann die einzelnen Schritte an ❸.

In der Spalte Rei (Reihenfolge) ordnen Sie jedem Schritt eine Nummer zu; die Schritte werden in der Reihenfolge der Nummern durchlaufen. Wie Sie die weiteren Parameter pflegen, hängt davon ab, welchen Typ der Bewertungsschritt haben soll:

Bei einer Bewertung mit Materialkalkulation aktivieren Sie den Parameter Mat.kalk. (Materialkalkulation) und geben unter Mengenfeld ein Mengenfeld an, aus dem das System ermitteln kann, für welche Menge des entsprechenden Materials die Plankosten herangezogen werden sollen. Wie wir Ihnen in Abschnitt 8.6.3, »Fakturen übernehmen«, zeigen werden, können Sie die fakturierte Menge aus SD direkt in ein Wertfeld fortschreiben. Falls Sie diese Einstellung schon vorgenommen haben, sollten Sie das entsprechende Wertfeld auch hier eintragen.

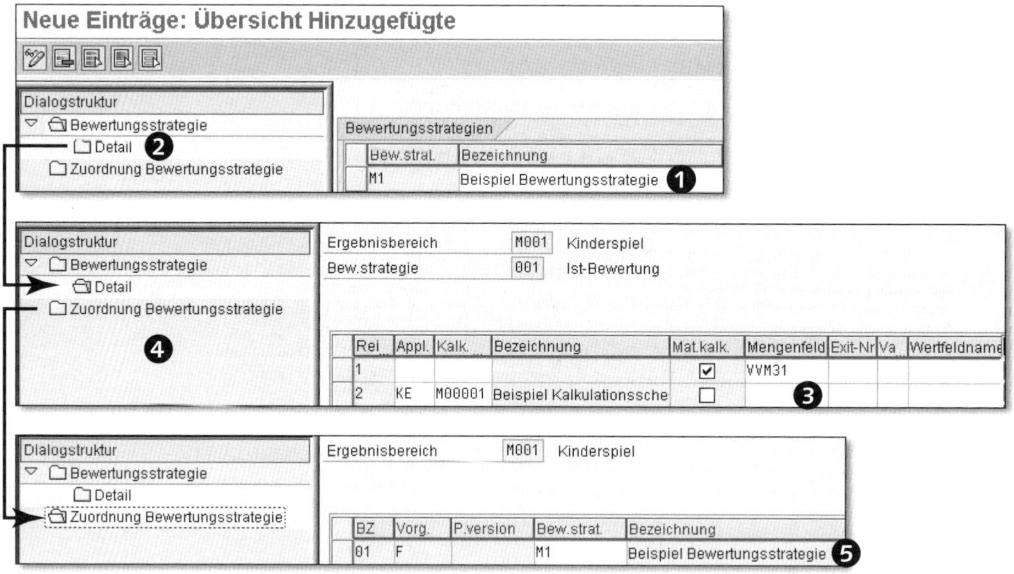

Abbildung 8.26 Bewertungsstrategie einrichten

Wenn Sie eine Bewertung über ein Kalkulationsschema einrichten möchten, wählen Sie zunächst in der Spalte Appl. aus, ob Sie sich auf ein Kalkulationsschema aus der Komponente SD oder CO-PA beziehen möchten. Beachten Sie dabei, dass Sie Kalkulationsschemata aus

SD nur bei der Planung, nicht aber im Rahmen von Istbuchungen einsetzen können. Unter KALK. tragen Sie dann das gewünschte Kalkulationsschema ein und stellen bei MENGENFELD, wie bereits oben erläutert, den Bezug zur zu bewertenden Menge her.

Für eine Bewertung zu Transferpreisen tragen Sie die entsprechende Transferpreisvariante in der Spalte VA. (Variante) ein und geben unter WERTFELDNAME das Wertfeld an, in dem der Transferpreis fortgeschrieben werden soll. Beachten Sie, dass Sie Transferpreise nur für Planungsvorgänge zur Bewertung heranziehen können. Weitere Informationen zu Transferpreisen und Transferpreisvarianten finden Sie in Abschnitt 9.6, »Transferpreise«.

Um eine Erweiterung zu verwenden, programmieren Sie Ihre eigene Bewertungslogik über die Erweiterung COPA0002 über die Transaktion CMOD. Ihren Programmcode teilen Sie u.a. in sogenannte *Exits* ein. Jeder dieser Exits erhält einen zweistelligen Code und markiert einen bestimmten Programmabschnitt. Wie dies im Detail erfolgt, entnehmen Sie der Dokumentation der Erweiterung COPA0002. Dieses Vorgehen erfordert Kenntnisse in der Programmiersprache ABAP, weshalb wir es an dieser Stelle nicht weiter vertiefen.

Wenn Sie alle Schritte Ihrer Bewertungsstrategie eingetragen haben, legen Sie unter ZUORDNUNG BEWERTUNGSSTRATEGIE ❹ fest, wann welche Bewertungsstrategie aufgerufen werden soll ❺. Der Bewertungszeitpunkt (Spalte BZ) bestimmt die betriebswirtschaftliche Aktivität, wie z.B. die Istdatenübernahme. Ordnen Sie eine Bewertungsstrategie z.B. dem Bewertungszeitpunkt ISTDATENÜBERNAHME zu, wird diese jedes Mal durchlaufen, wenn ein Vorgang im Ist in CO-PA gebucht wird. Sie können so unterschiedliche Bewertungsstrategien für Plan- und Istdaten sowie für manuell erfasste und maschinell erzeugte Buchungen festlegen. Die folgenden Bewertungszeitpunkte stehen konkret zur Auswahl:

- ISTDATENÜBERNAHME – VORGANGSBEZOGEN: Dies betrifft Istbuchungen, die online im System durchgeführt werden, z.B. das Erfassen einer Faktura in SD, bei der Daten in CO-PA fortgeschrieben werden.
- PERIODISCHE NACHBEWERTUNG – IST: Dieser Bewertungszeitpunkt bezieht sich auf die Nachbewertung im Ist, die Sie periodisch anstoßen können, um bereits gebuchte Belege nachträglich neu zu bewerten. Diese Funktionalität steht nur für die Vorgangsarten A

(Kundenauftragseingang) und F (Fakturadaten) zur Verfügung. Eine nachträgliche Bewertung ist sinnvoll, falls Sie das Material-Ledger einsetzen und damit eine nachträgliche Istkalkulation durchführen (weitere Informationen dazu finden Sie in Abschnitt 7.5, »Istkalkulation/Material-Ledger«).

- Manuelle Planung: Umfasst alle Planungsvorgänge, die Sie manuell erfassen (siehe Abschnitt 8.5, »Planung«).
- Maschinelle Planung: Gültig für Planungsvorgänge wie z.B. Kopieren, Top-down-Verteilung, Quoten etc. (siehe ebenfalls Abschnitt 8.5).

Über Vorg. (Vorgangsart) schränken Sie auf bestimmte Vorgangsarten ein; d.h., die jeweilige Bewertungsstrategie wird nur für die ausgewählten Vorgangsarten aufgerufen. Falls Sie sich auf einen Planungs-Bewertungszeitpunkt beziehen, müssen Sie unter P.Version (Planversion) die relevante Planversion eintragen.

Sie haben nun gesehen, wie Sie eine Bewertungsstrategie anlegen und den Bewertungszeitpunkten zuordnen. Wir zeigen Ihnen im Folgenden, welche Einstellungen Sie für die Bewertung mit Materialkalkulation vornehmen müssen.

Bewertung mit Materialkalkulation einrichten

Bisher haben wir Ihnen gezeigt, dass Sie lediglich in der Bewertungsstrategie den Parameter Materialkalkulation aktivieren müssen, um Kalkulationsdaten bei der Bewertung verarbeiten zu können. Für das weitere Verständnis dieses Abschnitts sollten Sie mit Abschnitt 7.3, »Produktkostenplanung«, vertraut sein, denn viele der dort erklärten Begriffe und Konzepte tauchen an dieser Stelle wieder auf.

Was ist eine Kalkulationsauswahl?

Für die Bewertung mit Materialkalkulation müssen Sie dem System folgende Einstellungen vorgeben:

- In der Kalkulationsauswahl legen Sie fest, auf welche Kalkulationsdaten Sie überhaupt zurückgreifen wollen (welche Kalkulationsvariante, welche Periode, Nebenschichtung etc.).
- Falls Sie das Material-Ledger einsetzen, steht Ihnen eine zusätzliche Kalkulationsauswahl für die Istkalkulation zur Verfügung.
- Die Kalkulationsauswahl(en), die Sie definiert haben, ordnen Sie dann Ihren zu bewertenden Materialien zu. Diese Zuordnung kön-

nen Sie auf der Ebene der Materialnummer oder der Materialart einstellen oder flexibel über eine Ableitung vornehmen.

- In der Produktkostenplanung definieren Sie eine Kostenschichtung, indem Sie über ein Elementeschema die Herstellkostenarten in sogenannte *Kostenelemente* klassifizieren (z.B. Materialkosten, Personalkosten, Gemeinkosten etc.). Um eine Kostenschichtung in CO-PA zu übernehmen, ordnen Sie jedes Kostenelement einem Wertfeld zu.

Kalkulationsauswahl anlegen

Sie stellen eine Kalkulationsauswahl über Controlling • Ergebnis- und Marktsegmentrechnung • Stammdaten • Bewertung • Bewertung mit Materialkalkulation einrichten • Zugriff auf Plankalkulation definieren ein. Dazu geben Sie zunächst einen Namen und eine Bezeichnung an (siehe Abbildung 8.27).

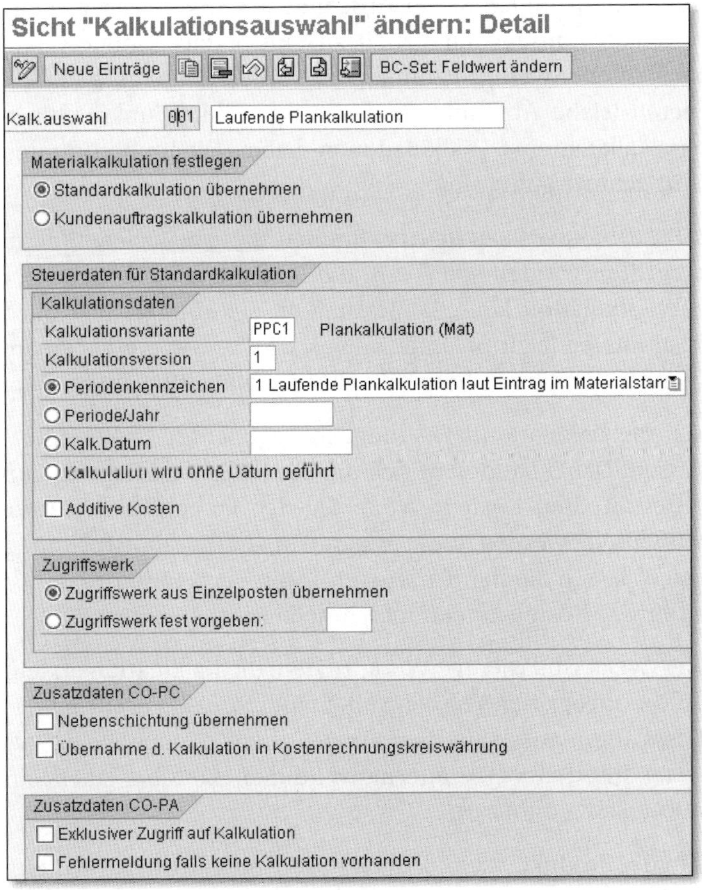

Abbildung 8.27 Kalkulationsauswahl

Im Block MATERIALKALKULATION FESTLEGEN entscheiden Sie grundsätzlich, ob Sie die Standardkalkulation übernehmen wollen oder die Kundenauftragskalkulation. Die Standardkalkulation ist diejenige Kalkulation, die zur Ermittlung des gültigen Standardpreises durchgeführt wurde, während eine Kundenauftragskalkulation eine Kalkulation ist, die nur für den individuellen Kundenauftrag gilt. Welches Szenario Sie wählen, hängt vom Geschäftsvorfall ab. Die Standardkalkulation werden Sie für Serien- und Massenprodukte heranziehen, während Sie die Kundenauftragskalkulation eher in der komplexen Kundeneinzelfertigung einsetzen werden.

Unter den STEUERDATEN wählen Sie die KALKULATIONSVARIANTE und KALKULATIONSVERSION aus, auf die Sie sich beziehen wollen. Eine Kalkulationsvariante ist eine Zusammenstellung aller Parameter, die für die Durchführung der Kalkulation notwendig sind. Ausführliche Informationen dazu finden Sie in Abschnitt 7.3.3, »Materialkalkulation«. Eine Kalkulationsversion dient dazu, eine bereits erfolgte Kalkulation um einen oder wenige Parameter zu variieren, um deren Effekt zu analysieren (siehe Abschnitt 7.3.5, »Ausgewählte Funktionen in der Materialkalkulation«). Kalkulationen haben einen bestimmten Zeitraum, in dem sie gültig sind.

Über das PERIODENKENNZEICHEN bestimmen Sie, auf welche Kalkulation zugegriffen werden soll – z. B. die laufende, zukünftige oder vergangene Kalkulation laut Materialstamm. Sie können aber auch über die Parameter PERIODE/JAHR oder KALK.DATUM die zu einem bestimmten Zeitraum bzw. Zeitpunkt gültige Kalkulation auswählen.

Bei der Materialkalkulation ist es möglich, sogenannte additive Kosten zu erfassen. Dabei handelt es sich um manuelle Zuschläge zu den maschinell ermittelten Kosten. Wenn Sie den Parameter ADDITIVE KOSTEN aktivieren, werden diese separat in die Ergebnisrechnung übernommen; lassen Sie den Parameter deaktiviert, addiert das System die additiven Kosten zu den maschinell ermittelten dazu.

Das ZUGRIFFSWERK ist dasjenige Werk, zu dem die Kalkulation erstellt wurde, auf die zugegriffen werden soll. Standardmäßig ermittelt das System dieses automatisch aus dem Einzelposten (ZUGRIFFSWERK AUS EINZELPOSTEN ÜBERNEHMEN), alternativ können Sie aber auch ein ZUGRIFFSWERK FEST VORGEBEN.

Sie haben in der Produktkostenplanung neben einer Kostenschichtung die Möglichkeit, noch eine Nebenschichtung festzulegen, die eine alternative Strukturierung der Herstellkosten darstellt. Weitere Informationen zu diesem Thema finden Sie in Abschnitt 7.3.2, »Grundeinstellungen für die Materialkalkulation«. Im Abschnitt ZUSATZDATEN CO-PC entscheiden Sie, ob Sie eine eventuell vorhandene NEBENSCHICHTUNG ÜBERNEHMEN wollen. Entsprechend müssen Sie dann auch die Kostenelemente der Nebenschichtung mit Wertfeldern verknüpfen (siehe weiter unten). Für den Fall, dass Sie Ihre Kostenschichtung nicht nur in Buchungskreiswährung, sondern auch in Kostenrechnungskreiswährung fortschreiben, steuern Sie über den Parameter ÜBERNAHME D. KALKULATION IN KOSTENRECHNUNGSKREISWÄHRUNG, dass die Schichtung in Kostenrechnungskreiswährung übernommen wird.

Wie wir Ihnen weiter unten im Detail zeigen werden, können Sie einem Artikel mehrere Kalkulationsauswahlen zuordnen, die dann bei der Bewertung der Reihe nach durchlaufen werden. Das zu bewertende Wertfeld wird dabei jedoch nur einmal mit einem Wert gefüllt. Sobald eine der zu durchlaufenden Kalkulationsauswahlen einen gültigen Wert ermittelt hat, wird dieser in das Wertfeld übernommen. Die noch übrigen Kalkulationsauswahlen werden zwar weiter abgearbeitet, einmal gefüllte Wertfelder werden danach aber nicht mehr überschrieben. Wenn Sie in der Kalkulationsauswahl nun den Parameter EXKLUSIVER ZUGRIFF AUF KALKULATION setzen, endet die Bewertung, sobald ein gültiger Wert gefunden wurde. Es werden dann keine weiteren Kalkulationen mehr durchlaufen.

Ablauf der Bewertung mit Materialkalkulation [zB]

Nehmen wir an, Sie haben einem Artikel die drei Kalkulationsauswahlen 001, 002 und 003 zugeordnet.

Wenn Sie den exklusiven Zugriff auf die Kalkulation nicht aktiviert haben, läuft die Bewertung wie folgt ab: Über die Auswahl 001 wird kein gültiger Wert gefunden, die Auswahl 002 ist jedoch erfolgreich und gibt einen Wert zurück. Die Auswahl 003 wird auch noch durchlaufen und liefert einen gültigen Wert zurück, dieser wird aber nicht übernommen, da das Wertfeld bereits mit dem Wert von Auswahl 002 gefüllt ist.

Haben Sie den exklusiven Zugriff hingegen aktiviert, endet die Bewertung nach Auswahl 002. Auswahl 003 wird nicht mehr durchlaufen.

Wenn die Bewertung durchlaufen wird und in sämtlichen bearbeiteten Kalkulationsauswahlen kein gültiger Wert gefunden wird, reagiert das System mit einer Fehlermeldung; der betroffene Vorgang kann dann nicht zu Ende durchgeführt werden. Wenn Sie an dieser Stelle den Parameter FEHLERMELDUNG FALLS KEINE KALKULATION vorhanden setzen, gibt das System eine Fehlermeldung aus, falls für diese konkrete Kalkulationsauswahl kein Wert gefunden wurde.

Kalkulationsauswahl für Istkalkulation anlegen

Wenn Sie die Komponenten Material-Ledger und Istkalkulation einsetzen, haben Sie die Möglichkeit, zu jedem Material bis zu drei parallele Wertansätze zu führen und periodisch nachträglich einen periodischen Verrechnungspreis zu ermitteln; weitere Details dazu entnehmen Sie Abschnitt 7.5, »Istkalkulation/Material-Ledger«. Für die Übernahme der Bewertung in CO-PA sind daher andere Einstellungen notwendig als in einem Szenario ohne das Material-Ledger. Sie legen eine Kalkulationsauswahl für die Istkalkulation über Controlling • Ergebnis- und Marktsegmentrechnung • Stammdaten • Bewertung • Bewertung mit Materialkalkulation einrichten • Zugriff auf Istkalkulation/Material-Ledger definieren an. Hier definieren Sie zunächst einen Schlüssel für die Kalkulationsauswahl (siehe Abbildung 8.28). Sie wählen dann die Bewertungssicht aus, auf die Sie sich beziehen wollen (Legale Bewertung, Konzernbewertung oder Profit-Center-Bewertung), und legen die Art der Bewertung fest. Dieser Parameter bestimmt, ob Sie ausschließlich den periodischen Verrechnungspreis übernehmen wollen, sowohl den periodischen Verrechnungspreis als auch die Kostenschichtung oder eins von beiden. Wenn Sie die Kostenschichtung übernehmen, müssen Sie deren Kostenelemente mit Wertfeldern verknüpfen (siehe weiter hinten in diesem Abschnitt); um den periodischen Verrechnungspreis in CO-PA fortzuschreiben, müssen Sie auch diesen einem Wertfeld zuordnen (siehe ebenfalls weiter hinten in diesem Abschnitt).

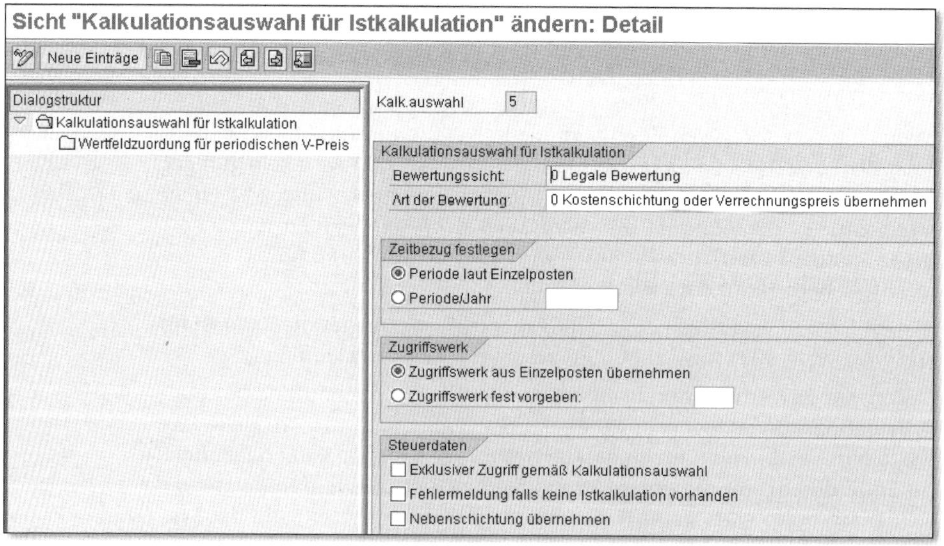

Abbildung 8.28 Kalkulationsauswahl für Istkalkulation/Material-Ledger

Für den Zeitbezug und das Zugriffswerk haben Sie dieselben Entscheidungsmöglichkeiten wie für die Kalkulationsauswahl ohne Istkalkulation (siehe weiter oben in diesem Abschnitt). Auch die Parameter unter Steuerdaten – Exklusiver Zugriff gemäß Kalkulationsauswahl, Fehlermeldung falls keine Istkalkulation vorhanden und Nebenschichtung übernehmen – haben dieselbe Funktion, wie bereits weiter oben im Zusammenhang mit der Kalkulationsauswahl ohne Istkalkulation erläutert.

Wertfeldzuordnung für periodischen V-Preis

Falls Sie unter Art der Bewertung festgelegt haben, dass Sie den periodischen Verrechnungspreis übernehmen wollen, müssen Sie diesem über Wertfeldzuordnung für periodischen V-Preis ein Wertfeld zuordnen (siehe Abbildung 8.29). Sie geben hier je Ergebnisbereich (Spalte Erg.ber) unter Istkosten das Wertfeld an, in das der periodische Verrechnungspreis fortgeschrieben werden soll.

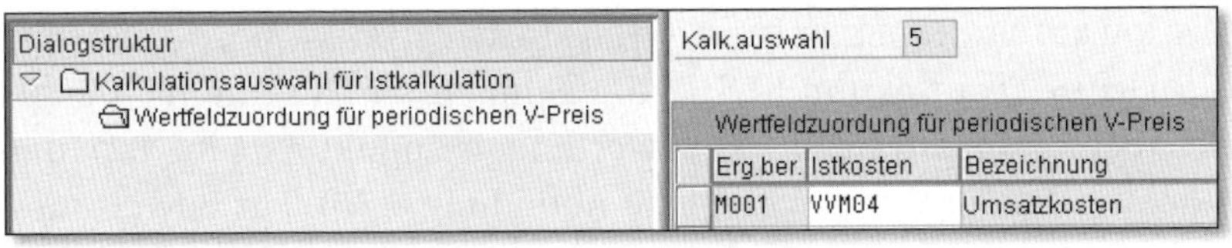

Abbildung 8.29 Wertfeld für periodischen Verrechnungspreis zuordnen

Sie haben nun die zwei unterschiedlichen Formen der Kalkulationsauswahl kennengelernt. Ihnen stehen nun drei Möglichkeiten zur Verfügung, diese mit Materialien zu verknüpfen:

- direkte Zuordnung von ein bis drei Kalkulationsauswahlen zur Materialnummer
- direkte Zuordnung von ein bis drei Kalkulationsauswahlen zur Materialart
- flexible Zuordnung von ein bis sechs Kalkulationsauswahlen über eine Ableitung

Ermittlung der Kalkulationsauswahl

Falls Sie einem Material Kalkulationsauswahlen über mehrere der genannten Möglichkeiten zugeordnet haben, geht das System bei der Bewertung wie folgt vor:

Zunächst wird ermittelt, ob eine direkte Zuordnung einer Kalkulationsauswahl zur Materialnummer vorliegt. Ist dies der Fall, werden die entsprechenden Kalkulationsauswahlen in der vorgegebenen Reihe durchlaufen. Es werden in diesem Fall keine Kalkulationsauswahlen berücksichtigt, die über die Materialart oder eine flexible Zuordnung verknüpft wurden.

Ist keine Zuordnung zur Materialnummer gepflegt, wird geprüft, ob eine Zuordnung zur Materialart eingetragen ist. Wird eine gefunden, wird auch in diesem Fall ausschließlich über die vorhandenen Kalkulationsauswahlen zur Materialart bewertet; die flexible Zuordnung wird nicht berücksichtigt.

Nur wenn keine direkte Zuordnung zum Material oder zur Materialnummer vorliegt, wird die flexible Zuordnung durchlaufen. Kann auch hier keine Kalkulation gefunden werden, findet keine Bewertung statt.

Kalkulationsauswahl Artikel zuordnen

Um eine Kalkulationsauswahl einem Artikel zuzuordnen, wechseln Sie im Customizing zu Controlling • Ergebnis- und Marktsegmentrechnung • Stammdaten • Bewertung • Bewertung mit Materialkalkulation einrichten • Kalkulationsauswahl → Artikel zuordnen (Transaktion KE4H). Sie nehmen die Zuordnung wie bei der Bewertungsstrategie je Bewertungszeitpunkt (Spalte BZ) und Vorgang (Spalte Vorg.) vor (siehe Abbildung 8.30). Für Bewertungszeitpunkte, die sich auf die Planung beziehen, geben Sie unter P.version außerdem eine Planversion an. Tragen Sie dann das gewünschte Material ein, und geben Sie ein Datum an, bis zu dem diese Einstellung gültig sein soll. In den Spalten Kalk.1 bis Kalk.3 bestimmen Sie dann die Kalkulationsauswahlen, die für das entsprechende Material zum gewünschten Bewertungszeitpunkt und Vorgang in der angegebenen Reihenfolge durchlaufen werden sollen.

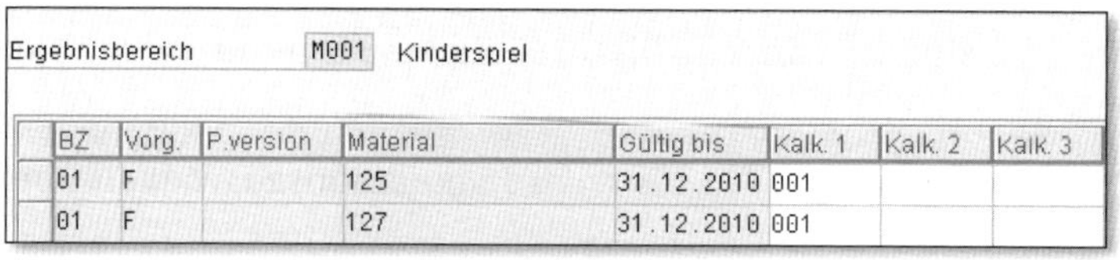
Ergebnisbereich M001 Kinderspiel

BZ	Vorg.	P.version	Material	Gültig bis	Kalk. 1	Kalk. 2	Kalk. 3
01	F		125	31.12.2010	001		
01	F		127	31.12.2010	001		

Abbildung 8.30 Kalkulationsauswahl zum Material zuordnen

Kalkulationsauswahl Materialart zuordnen

Die Zuordnung zur Materialart nehmen Sie über Controlling • Ergebnis- und Marktsegmentrechnung • Stammdaten • Bewertung • Bewertung mit Materialkalkulation einrichten • Kalkulationsauswahl → Materialarten zuordnen (Transaktion KE4J) vor. Die Einstellungen, die Sie hier eintragen, sind dieselben wie bei der

Zuordnung zur Materialart, mit dem Unterschied, dass Sie anstelle der Materialnummern Materialarten verwenden.

Kalkulationsauswahl flexibel zuordnen

Um eine flexible Zuordnung der Kalkulationsauswahl einzustellen, navigieren Sie zum Menüpunkt CONTROLLING • ERGEBNIS- UND MARKTSEGMENTRECHNUNG • STAMMDATEN • BEWERTUNG • BEWERTUNG MIT MATERIALKALKULATION EINRICHTEN • FLEXIBLE ZUORDNUNG DER KALKULATIONSAUSWAHL (Transaktion KEPC). Sie erstellen hier eine Strategie mit mehreren Einzelschritten, die jeweils aus einer Zuordnungsregel, einem Tabellenzugriff oder einer Erweiterung bestehen können (siehe Abbildung 8.31). Logik und Vorgehensweise sind hier dieselben wie bei der Ableitung der Merkmale, die wir in Abschnitt 8.4.3 ausführlich erläutert haben. Wir beschreiben daher an dieser Stelle nicht die Vorgehensweise, wie Sie einzelne Schritte erstellen, sondern gehen nur auf die Unterschiede und Besonderheiten bei der Zuordnung der Kalkulationsauswahl ein.

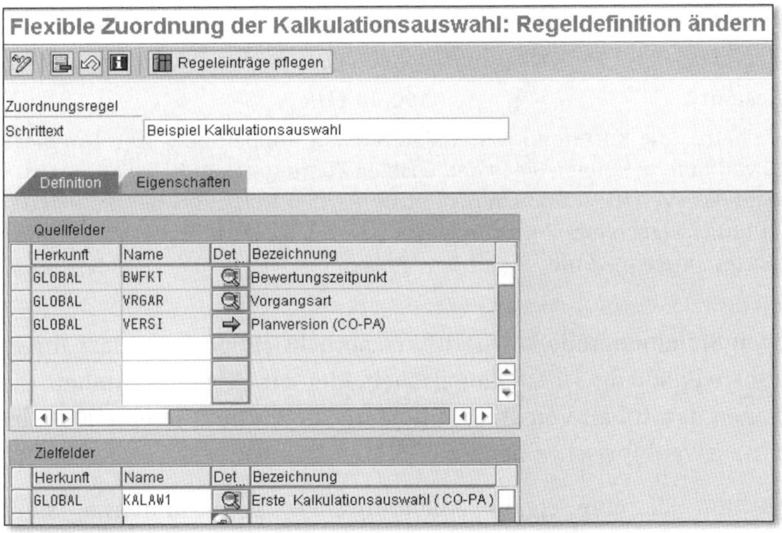

Abbildung 8.31 Flexible Zuordnung der Kalkulationsauswahl

Bei einer Zuordnungsregel sind die Quellfelder BEWERTUNGSZEITPUNKT, VORGANGSART und PLANVERSION (CO-PA) bereits fest vorgegeben; Sie können jedoch noch weitere Quellfelder hinzufügen. Dabei können Sie aus allen vorhandenen Merkmalen des Ergebnisbereichs auswählen, auf die Materialart, die Bewertungssicht sowie einige Hilfsfelder; letztere kennen Sie auch bereits von der Funktionalität der Merkmalsableitung her.

Als Zielfelder stehen Ihnen sechs Plätze für Kalkulationsauswahlen zur Verfügung, die Hilfsfelder und das Zugriffswerk für die Kalkulation. Darüber hinaus bietet SAP Ihnen das Zielfeld CO-PA-WERTFELD, DAS ZURÜCKGESETZT WIRD an. Damit können Sie Wertfelder, die bei der Übernahme von Istdaten aus SD mit Werten gefüllt werden, wieder löschen, um zu verhindern, dass der Wert des betroffenen Materials doppelt fortgeschrieben wird.

[zB]

Wertfeld zurücksetzen

Nehmen wir an, Sie schreiben die Herstellkosten des Materials 123 in SD über die Konditionsart VPRS (Preis laut Preissteuerung im Materialstamm) auf dem Wertfeld VV003 (Herstellkosten) fort. Über die Bewertung über eine Materialkalkulation wollen Sie aber gleichzeitig die Kostenschichtung des Materials in die Wertfelder VV004 (Fixe Herstellkosten) und VV005 (Variable Herstellkosten) übernehmen. Dann sähen Ihre Herstellkosten für Material 123 wie folgt aus:

VV003 (Herstellkosten)	50,00 EUR
VV004 (Fixe Herstellkosten)	30,00 EUR
VV005 (Variable Herstellkosten)	20,00 EUR
Gesamt	**100,00 EUR**

Sie hätten die Kosten für Material 123 damit doppelt bewertet. Um dies zu verhindern, können Sie in der flexiblen Zuordnung der Kalkulationsauswahl das Wertfeld VV003 zurücksetzen für den Fall, dass über die Kalkulationsauswahl eine Bewertung laut Materialkalkulation ermittelt und fortgeschrieben wurde.

Legen Sie einen Tabellenzugriff an, berücksichtigen Sie, dass Ihnen dabei lediglich die Hilfsfelder als Zielfelder zur Verfügung stehen. Sie können den Inhalt von Tabellenfeldern nicht direkt in eine Kalkulationsauswahl fortschreiben.

Möchten Sie eine eigene Ableitungslogik programmieren, steht Ihnen die Erweiterung COPA0002 (Komponente 004) zur Verfügung. Die Vorgehensweise ist hier dieselbe, die wir Ihnen schon bei der Ableitung der Merkmale beschrieben haben.

Wertfelder Kalkulationsauswahl zuordnen

Haben Sie die Kalkulationsauswahlen über eine oder mehrere der vorhandenen Möglichkeiten mit den Materialnummern verknüpft, müssen Sie noch festlegen, wie Sie die Kostenschichtung aus der Produktkalkulation übernehmen wollen. Dazu wechseln Sie im Customizing zum Schritt CONTROLLING • ERGEBNIS- UND MARKTSEGMENTRECHNUNG • STAMMDATEN • BEWERTUNG • BEWERTUNG MIT MATERIALKALKULATION einrichten • Wertfelder zuordnen (Transaktion KE4R). Wie in Abbildung 8.32 dargestellt, wählen Sie zunächst einen Ergebnisbereich und ein Elementeschema aus ❶. Ordnen Sie dann je Bewertungszeitpunkt (Spalte BZ) den einzelnen Elementen (Spalte Ele) ein bis sechs Wertfelder zu (Spalten Feldname 1 ❷ bis Feldname 6). In der Spalte FVKZ (Fix-Variabel-Kennzeichen) schränken Sie außerdem ein, ob Sie nur die fixen bzw. nur die variablen oder die Summe aus fixen und variablen Kosten zuordnen wollen.

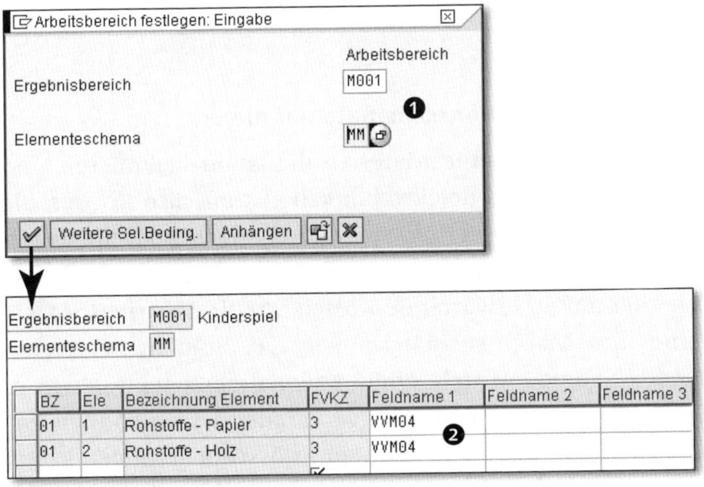

Abbildung 8.32 Wertfelder zuordnen

Dass Sie sechs Spalten zur Verfügung haben, um Wertfelder zuzuordnen, liegt daran, dass Sie je Material auch bis zu sechs Kalkulationsauswahlen zuweisen können (siehe weiter oben). Die Nummerierung der Wertfelder entspricht dabei der der Kalkulationsauswahlen, sodass eine Kalkulationsauswahl, die in der Zuordnung unter Kalk.1 steht, an dieser Stelle in das Wertfeld in Spalte Feldname 1 übertragen wird etc.

[zB]

Verknüpfung der Kalkulationsauswahlen mit Wertfeldern

Sie haben für das Material 123 in der Spalte Kalk.1 die Kalkulationsauswahl »001« eingetragen, in der Spalte Kalk.2 die »002« und in Kalk.3 die Auswahl »003«. Bei der Zuordnung der Wertfelder tragen Sie für Element 1 Ihres Elementeschemas in der Spalte Feldname 1 das Wertfeld »VV003« ein, unter Feldname 2 »VV004« und unter Feldname 3 »VV005«. Bei der Bewertung wird das Element 1 wie folgt auf die Wertfelder fortgeschrieben:

- Falls eine Kalkulation über die Kalkulationsauswahl 001 einen Wert ermittelt hat, wird dieser in Wertfeld VV003 fortgeschrieben.
- Ermittelt die Kalkulationsauswahl 002 einen gültigen Wert, übernimmt das System diesen in Wertfeld VV004.
- Und schließlich werden Werte, die über die Kalkulationsauswahl 003 bestimmt wurden, auf dem Wertfeld VV005 fortgeschrieben.

Sie haben damit alle Customizing-Einstellungen zur Übernahme von Materialkalkulationen in CO-PA kennengelernt. Wir wenden uns nun der Bewertung mit Kalkulationsschemata zu.

Konditionen und Kalkulationsschemata definieren

Bei der Bewertung über eine Materialkalkulation kalkulieren und analysieren Sie Kosten aus der Produktkalkulation, also Kosten, die im Produktionsprozess entstehen. Stellen Sie jedoch gar keine Güter her, sondern betreiben vorwiegend Handel, richtet sich Ihr Fokus womöglich eher auf zu erwartende Kosten, die im Vertriebsprozess anfallen und Ihre Marge schmälern, wie z.B. Boni für Vertreter, Frachten oder Skonto. Mittels eines Kalkulationsschemas, wie es auch im Vertriebskomponente SD verwendet wird, können Sie Zuschläge berechnen, um die genannten Erlösschmälerungen kalkulatorisch zu ermitteln.

Wie wir Ihnen weiter oben in diesem Abschnitt gezeigt haben, ist der Ausgangspunkt für die Einstellungen der Bewertung die Bewertungsstrategie. Um mithilfe eines Kalkulationsschemas eine Bewertung durchzuführen, tragen Sie es als Schritt in einer Bewertungsstrategie ein.

Was ist ein Kalkulationsschema?

Kalkulationsschemata haben wir Ihnen bereits in Abschnitt 4.4.4, »Ressourcenplanung«, vorgestellt. Ein Kalkulationsschema besteht aus Rechenzeilen und Konditionsarten, die nach bestimmten Regeln mit Werten gefüllt werden können. Sie können z.B. Preise aus dem Materialstamm ableiten oder feste Werte vorgeben; darüber hinaus ist es aber auch möglich, prozentuale Zuschläge auf Preise zu erheben.

Was ist eine Zugriffsfolge?

Je Konditionsart bestimmen Sie anhand von *Zugriffsfolgen*, über welche Merkmalskombinationen Werte erfasst werden können (z.B. abhängig von Material und Verkaufsorganisation oder nur vom Material). Je Zugriffsfolge bestimmen Sie, welche Felder beim Erfassen von Werten gefüllt sein müssen (z.B. benötigen Sie für ein Material stets auch den Kontext eines Werkes).

Was ist ein Konditionssatz?

Wenn Sie mit diesen Einstellungen fertig sind, können Sie je Konditionsart als Stammdaten *Konditionssätze* erstellen, über die Sie dann zum Beispiel vorgeben, dass für Material 125 ein kalkulatorischer Frachtzuschlag von 50 EUR gelten soll und für Material 123 in Verkaufsorganisation M001 ein kalkulatorischer Zuschlag für Verkäuferboni von 10%. Wir stellen Ihnen die notwendigen Customizing-Einstellungen nun im Detail vor. Dabei richten wir exemplarisch einen Frachtzuschlag von 3% auf den Materialpreis von Material 125 ein.

Konditionsart anlegen

Über Controlling • Ergebnis- und Marktsegmentrechnung • Stammdaten • Bewertung • Konditionen und Kalkulationsschemata definieren • Konditionsarten und Kalkulationsschemata anlegen (Transaktion 8KEV) legen Sie die grundlegenden Einstellungen für Kalkulationsschemata und Konditionsarten fest (siehe Abbildung 8.33).

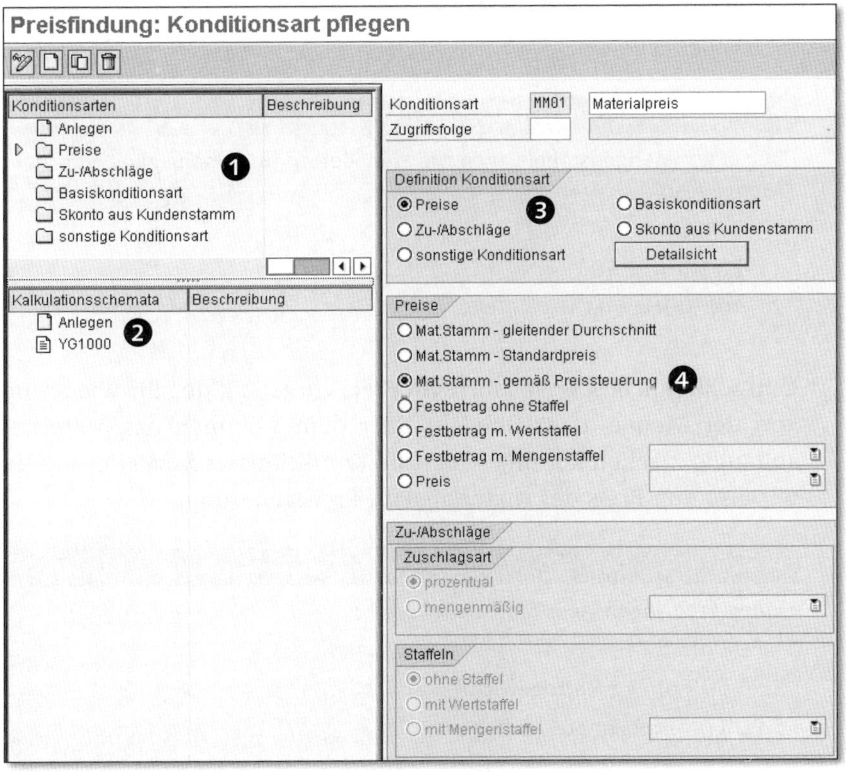

Abbildung 8.33 Konditionsart anlegen für Preis aus dem Materialstamm

Sie können sich hier unter KONDITIONSARTEN die bestehenden Konditionsarten anschauen oder neue anlegen ❶. Im Bereich KALKULATIONSSCHEMATA haben Sie analog die Möglichkeit, die existierenden Kalkulationsschemata anzuzeigen oder neue anzulegen ❷. Sie sehen außerdem auf der rechten Seite, dass wir die neue Konditionsart MM01 angelegt haben, um den Materialpreis darzustellen. Im Block DEFINITION KONDITIONSART müssen Sie festlegen, von welchem Typ die Konditionsart sein soll – wir haben hier festgelegt, dass es sich um eine Konditionsart für Preise handelt ❸. Die übrigen Bereiche sind abhängig von der Konditionsart eingabebereit oder nicht – in diesem Fall, da wir eine Preis-Konditionsart bearbeiten, stellen wir im Block PREISE ein, wie der Preis für diese ermittelt werden soll ❹. Dabei haben wir zunächst die Möglichkeit, den gleitenden Preis, den Standardpreis oder allgemein den Preis laut Preissteuerung aus dem Materialstamm zu übernehmen. Alternativ können wir Festbeträge vorgeben, gegebenenfalls auch mit Wert- oder Mengenstaffel. Bei einer Staffel können Sie den Betrag für einzelne Wert- bzw. Mengenintervalle festlegen.

[zB]

Betrag mit Mengenstaffel

Bei einer Mengenstaffel legen Sie den Betrag in Abhängigkeit von der Menge fest:

1–10 Stück: 1 EUR

11–20 Stück: 2 EUR

21–100 Stück: 5 EUR

Und schließlich können Sie einen Preis vorgeben, den Sie wiederum von der Menge, dem Gewicht oder dem Volumen des Materials abhängig machen können. Über die Konditionsart MM01 ermitteln wir also den Preis des Materials laut Preissteuerung.

[zB]

Preis

Einen Preis legen Sie z. B. fest wie folgt:

1 EUR pro Stück

3,50 EUR pro kg Nettogewicht

5 EUR pro Kubikmeter Volumen

Die ZUGRIFFSFOLGE steuert, über welche Preistabellen Konditionssätze erfasst werden können und von welchen Feldern diese abhängig sein sollen. Dies ist nicht relevant für Konditionsarten, die einen fest definierten Wert liefern wie z.B. unsere gerade erstellte Kondition MM01. Wir erläutern die Funktionsweise der Zugriffsfolge nun anhand der zweiten Kondition, die wir für den Frachtzuschlag anlegen.

Bei der Konditionsart MM02 haben wir in der Definition festgelegt, dass es sich um einen Zuschlag handelt ❶ (siehe Abbildung 8.34). Da wir den Frachtzuschlag prozentual erheben wollen, haben wir Entsprechendes bei der Zuschlagsart eingestellt ❷. Wir haben außerdem noch die Wahl, ob wir den Zuschlag mit oder ohne Staffeln erheben wollen ❸.

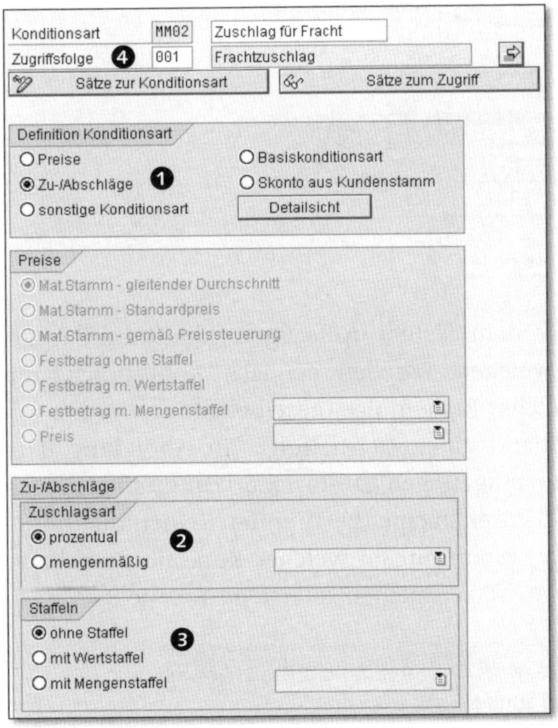

Abbildung 8.34 Konditionsart für Zuschlag mit Zugriffsfolge

Was ist eine Konditionstabelle?

Wir haben nun eine Konditionsart für einen prozentualen Zuschlag erstellt; nun müssen wir noch festlegen, wie hoch dieser Zuschlag sein soll und worauf er sich bezieht. Dazu benötigen wir zunächst eine *Konditionstabelle*. Je Tabelle legen Sie Merkmalskombinationen an, auf die Sie sich bei der Erfassung der Zuschläge beziehen wollen. Beim Beispiel Material wollen Sie z.B. allgemein pro Material einen Zuschlag erheben. Sie legen dann eine Konditionstabelle an, die als einziges Merkmal das Merkmal MATERIAL enthält (siehe Abbildung 8.35). Zu dieser Tabelle erfassen Sie dann sogenannte *Konditionssätze*, über die Sie einem konkreten Material einen bestimmten Zuschlagswert zuweisen. In manchen Fällen wollen Sie aber das Material noch weiter differenzieren – wird z.B. ein Material aus einem Werk in Asien geliefert, wollen Sie einen höheren Frachtzuschlag erheben. Entsprechend legen Sie eine weitere Tabelle an, in die Sie neben dem Merkmal MATERIAL auch noch das Merkmal WERK aufnehmen.

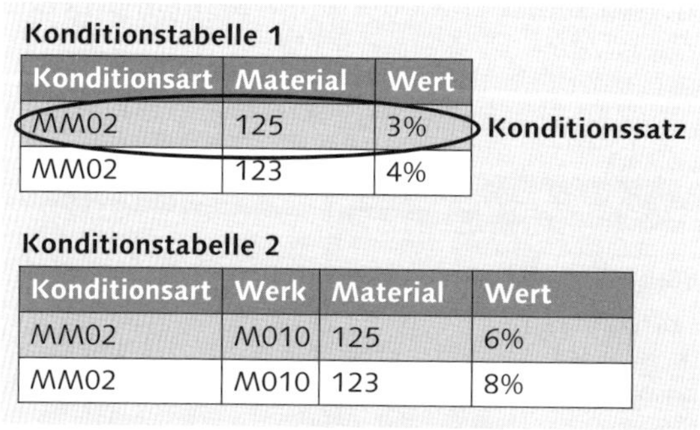
Konditionstabelle 1

Konditionsart	Material	Wert
MM02	125	3%
MM02	123	4%

Konditionstabelle 2

Konditionsart	Werk	Material	Wert
MM02	M010	125	6%
MM02	M010	123	8%

Abbildung 8.35 Konditionstabelle

Schließlich müssen Sie dem System in Bezug auf die Konditionsart noch mitteilen, in welchen Tabellen es nach Konditionssätzen suchen soll und in welcher Reihenfolge diese behandelt werden sollen. Dies tun Sie anhand einer Zugriffsfolge (in Abbildung 8.34 haben wir bereits eine eingetragen ❹). In einer Zugriffsfolge legen Sie eine Anzahl von Schritten in einer bestimmten Reihenfolge an. Je Schritt teilen Sie dem System mit, in welcher Konditionstabelle es nach gültigen Konditionssätzen suchen soll (siehe Tabelle 8.7).

Zugriffsfolge »ABC«			
Zugriff	Tabelle		
10	1		
	Felder:	Werk	Material
20	2		
	Felder:	Material	

Tabelle 8.7 Zugriffsfolge

Die Schritte werden dann in der angegebenen Reihenfolge abgearbeitet. Hat das System einen gültigen Wert übernommen, wird dieser von nachfolgenden Schritten nicht mehr überschrieben. Wir zeigen Ihnen nun anhand eines Beispiels (Frachtzuschlag in Abhängigkeit vom Material), wie Sie Konditionstabellen und Zugriffsfolgen in CO-PA definieren.

Konditionstabelle anlegen

Sie erstellen Konditionstabellen über CONTROLLING • ERGEBNIS- UND MARKTSEGMENTRECHNUNG • STAMMDATEN • BEWERTUNG • KONDITIONEN UND KONDITIONSSCHEMATA DEFINIEREN • KONDITIONSTABELLEN PFLEGEN (Transaktion KE4A). Geben Sie der Tabelle zunächst eine Nummer und eine Bezeichnung (siehe Abbildung 8.36). Dann nehmen Sie in die linke Spalte AUSGEWÄHLTE FELDER alle Felder aus dem FELDKATALOG auf, in deren Zusammenhang Sie Konditionssätze erfassen wollen – in unserem Beispiel legen wir die Konditionstabelle für den Zugriff nur über das Merkmal MATERIAL an und benötigen daher als einziges Merkmal das Material.

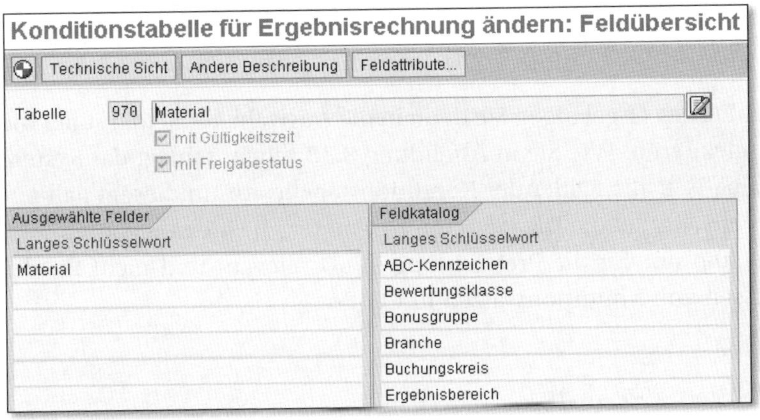

Abbildung 8.36 Konditionstabelle pflegen

Zugriffsfolge definieren

Eine Zugriffsfolge definieren Sie über CONTROLLING • ERGEBNIS- UND MARKTSEGMENTRECHNUNG • STAMMDATEN • BEWERTUNG • KONDITIONEN UND KONDITIONSSCHEMATA DEFINIEREN • ZUGRIFFSFOLGEN FESTLEGEN (siehe Abbildung 8.37). Erstellen Sie zunächst eine Zugriffsfolge ❶, und wechseln Sie dann über die Dialogstruktur zum Punkt ZUGRIFFE ❷. Dort sehen Sie, wie wir einen Zugriff angelegt haben ❸. Sie können hier noch eine BEDINGUNG eintragen, um den Zugriff nur in bestimmten Fällen ausführen zu lassen. Bedingungen werden an dieser Stelle direkt in ABAP-Code erstellt; das System liefert einige im Standard aus, es ist jedoch auch möglich, eigene Bedingungen zu programmieren. Der Parameter Exklusiv bedeutet, dass das System den Zugriff abbrechen soll, sobald es einen gültigen Konditionssatz gefunden hat.

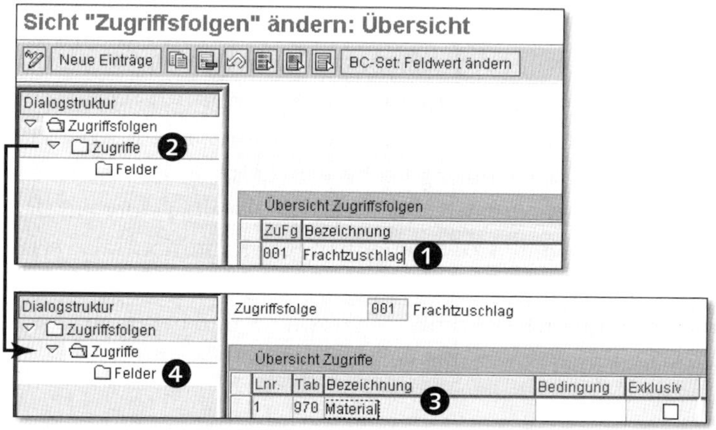

Abbildung 8.37 Zugriffsfolge festlegen

Konditionssätze zur Konditionsart erfassen

Über Felder ❹ gelangen Sie dann in die Auswahl der Felder, über die Sie selektieren. Wie Sie in Abbildung 8.38 sehen, schlägt das System automatisch alle Felder der Konditionstabelle vor (in diesem Fall nur das Feld Material). Die weiteren Parameter, die hier angeboten werden, sind nur für die Preisfindung in SD relevant und nicht für das Erfassen von Konditionssätzen in CO-PA.

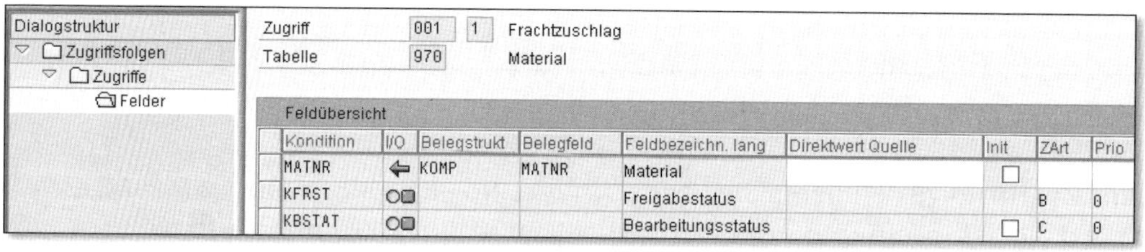

Abbildung 8.38 Felder für Zugriffsfolge bearbeiten

Wir haben damit für unser Beispiel die notwendigen Konditionsarten (Preis aus Materialstamm) und die Konditionstabelle sowie Zugriffsfolge angelegt. Als Nächstes legen wir im Anwendungsmenü über die Transaktion VK11 Konditionssätze zu unserer Konditionsart MM02 für den Frachtzuschlag an (siehe Abbildung 8.39).

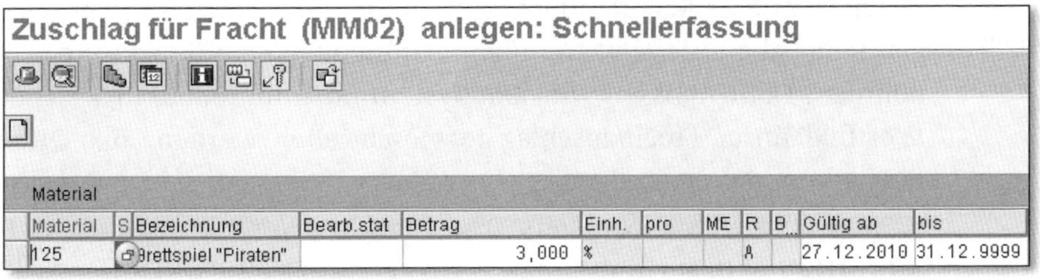

Material	S	Bezeichnung	Bearb.stat	Betrag	Einh.	pro	ME	R	B	Gültig ab	bis
125		Brettspiel "Piraten"		3,000	%			A		27.12.2010	31.12.9999

Abbildung 8.39 Konditionssätze erfassen

Kalkulationsschema anlegen

Nun benötigen wir noch ein Kalkulationsschema, um den Frachtzuschlag auf den Materialpreis zu erheben und somit eine Bewertung durchführen zu können. Dazu gehen wir wieder zurück zu Controlling • Ergebnis- und Marktsegmentrechnung • Stammdaten • Bewertung • Konditionen und Kalkulationsschemata definieren • Konditionsarten und Kalkulationsschemata anlegen (Transaktion 8KEV) und klicken diesmal im Bereich Kalkulationsschemata auf den Button Anlegen. Wir erstellen nun das Kalkulationsschema, das Sie in Abbildung 8.40 sehen.

Ein Kalkulationsschema besteht aus einer oder mehreren Zeilen. Je Zeile geben Sie zunächst eine Stufe an; dies dient zur Kennzeichnung für Zeilen, die sich auf die Werte anderer Zeilen beziehen. Sie können mehrere Zeilen derselben Stufe zuordnen; zur eindeutigen Kennzeichnung geben Sie dann in der Spalte Zähl noch einen Zähler an. Unter KArt tragen Sie eine Konditionsart ein; falls diese sich auf andere Zeilen bezieht, geben Sie in den Spalten VonStu und BisStu an, welche Stufen dabei herangezogen werden sollen. Im Beispiel haben wir zunächst unsere Konditionsart MM01 für die Ermittlung des Materialpreises laut Materialstamm in Stufe 001 eingetragen. In Stufe 002 steht unsere Konditionsart MM02 für den prozentualen Frachtzuschlag. Sie verwendet das Ergebnis der Stufe 001 als Basis für den prozentualen Frachtzuschlag.

Stufe	Zähl	KArt	VonStu	BisStu	Bezeichnung
001	00	MM01	000	000	Materialpreis
002	00	MM02	001	001	Zuschlag für Fracht

Abbildung 8.40 Kalkulationsschema

Wertfelder Konditionsart zuordnen

Wenn wir unser Kalkulationsschema in der Bewertungsstrategie eingetragen haben (siehe weiter oben), können wir eine Bewertung vornehmen. Dafür müssen wir dem System noch mitteilen, in welches Wertfeld unser Frachtzuschlag fortgeschrieben werden soll. Diese Einstellung nehmen wir über Controlling • Ergebnis- und Marktsegmentrechnung • Stammdaten • Bewertung • Konditionen und Konditionsschemata definieren • Wertfelder zuordnen (Transaktion KE45) vor. Wir verknüpfen hier unsere Konditionsart MM02 mit dem entsprechenden Wertfeld (siehe Abbildung 8.41).

Ergebnisbereich M001 Kinderspiel

KArt	Bezeichnung	Wertfeld	Kurzbeschreibung
MM02	Zuschlag für Fracht	VVM09	Frachtkosten

Abbildung 8.41 Wertfeld zuordnen

Konditionsliste erstellen

Über Controlling • Ergebnis- und Marktsegmentrechnung • Stammdaten • Bewertung • Konditionen und Konditionsschemata definieren • Konditionslisten definieren (Transaktion KE4L) können Sie eine Auswertung über Ihre erfassten Konditionssätze erstellen. Wie Sie eine solche Konditionsliste anlegen, zeigen wir Ihnen in Abschnitt 9.6.1, »Detailsteuerung der Preisfindung«.

Wir schließen damit den Abschnitt zu den Stammdaten ab. Als Nächstes stellen wir Ihnen die Customizing-Einstellungen zur Planung vor.

8.5 Planung

Mittels der Planung in CO PA haben Sie die Möglichkeit, auf beliebigen Merkmalen und Wertfeldern zu planen. Anhand des *Planungseinstiegs* können Sie dabei eine unternehmensweite Planungsstruktur z.B. für die Absatz- und Umsatzplanung festlegen, indem Sie die Merkmale und Wertfelder bestimmen, die zur Planung verwendet werden sollen. Darüber hinaus vergeben Sie Planungspakete an die Planer, wobei Sie für jedes Paket explizit Merkmalswerte zur Planung vorgeben. Die Anwender planen dabei anhand strukturierter Layouts und werden durch diverse Planungshilfen unterstützt, wie etwa Kopier- und Umwertungsfunktionen.

In diesem Abschnitt zeigen wir Ihnen zunächst, welche Voreinstellungen zur Planung notwendig sind. Den Hauptteil des Abschnitts macht dann die Beschreibung des Planungseinstiegs selbst aus, den wir inklusive der diversen Planungshilfen ausführlich erläutern. Zum Schluss zeigen wir Ihnen noch einige Möglichkeiten zur Übernahme von Plandaten aus anderen SAP-Komponenten.

8.5.1 Vorbereitungen

Bevor Sie damit beginnen können, den Planungseinstieg und die damit verbundenen Werkzeuge zu konfigurieren, müssen Sie zunächst einige Voreinstellungen vornehmen.

Nummernkreise für Planbelege

Über CONTROLLING • ERGEBNIS- UND MARKTSEGMENTRECHNUNG • PLANUNG • VORBEREITUNGEN • NUMMERNVERGABE FÜR PLANUNG EINRICHTEN (Transaktion KEN2) legen Sie für Ihren Ergebnisbereich Nummernkreise fest. Wie Sie Nummernkreise definieren, haben wir in Abschnitt 2.2.1 erläutert.

Planversionen pflegen

Darüber hinaus müssen Sie eine oder mehrere Planversionen anlegen und in den Ergebnisbereich übernehmen. Wie Sie eine Planversion definieren, lesen Sie in Abschnitt 2.2.2, »Versionen«. Die notwendigen Einstellungen für CO-PA nehmen Sie über CONTROLLING • ERGEBNIS- UND MARKTSEGMENTRECHNUNG • PLANUNG • VORBEREITUNGEN • VERSIONEN PFLEGEN vor. Markieren Sie dazu zunächst eine Version, die Sie in CO-PA übernehmen wollen, und klicken Sie dann auf EINSTELLUNGEN im Ergebnisbereich (siehe Abbildung 8.42). Sie können hier festlegen, ob die Version gesperrt werden soll (um nachfolgende Änderungen an Planzahlen zu verhindern), und einen Währungs- und Kurstyp hinterlegen. Der WÄHRUNGSTYP kennzeichnet, in welcher Währung bzw. in welchem Wertansatz Sie Ihre Werte in CO-PA darstellen wollen (siehe dazu auch Abschnitt 2.2.5, »Parallele Wertansätze«). Der KURSTYP steuert den Wechselkurs, zu dem Belege in Fremdwährung konvertiert werden. Weitere Details dazu können Sie in Abschnitt 2.2.2 nachlesen.

Über den Parameter PRÜFUNG ABLEITUNG in Kombination mit dem ABLEITUNGSDATUM können Sie festlegen, dass bei der Planung nur Merkmalskombinationen erlaubt sein sollen, die durch die Merkmalsableitung ermittelt werden können.

[zB] **Prüfung der Ableitung**

Sie leiten vom Kunden 123 den Vertreter 567 ab. Wenn Sie die Prüfung der Ableitung aktivieren, können Sie bei der Planung nicht den Kunden 123 mit einem anderen Vertreter kombinieren.

Die Merkmalsgruppe benötigen Sie für die Übernahme von Plandaten aus dem SOP (siehe Abschnitt 8.5.4, »Planungsintegration«).

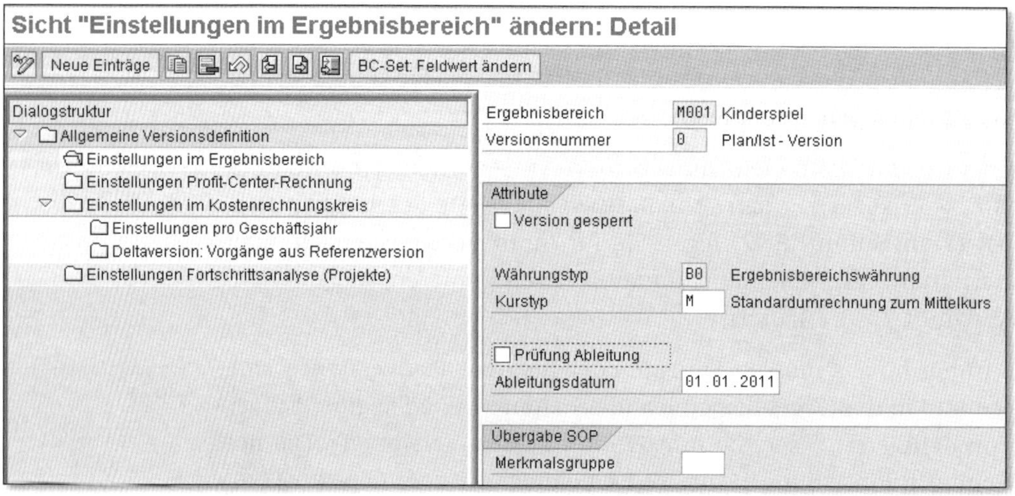

Abbildung 8.42 Version im Ergebnisbereich pflegen

Mengenfelder zuordnen

Über Controlling • Ergebnis- und Marktsegmentrechnung • Planung • Vorbereitungen • Mengenfelder zuordnen (Transaktion KE4M) verknüpfen Sie Mengenfelder aus SD mit Mengenfeldern aus CO-PA (siehe Abbildung 8.43). Für die Planung ist diese Einstellung für die automatische Übernahme von Planzahlen aus SD notwendig.

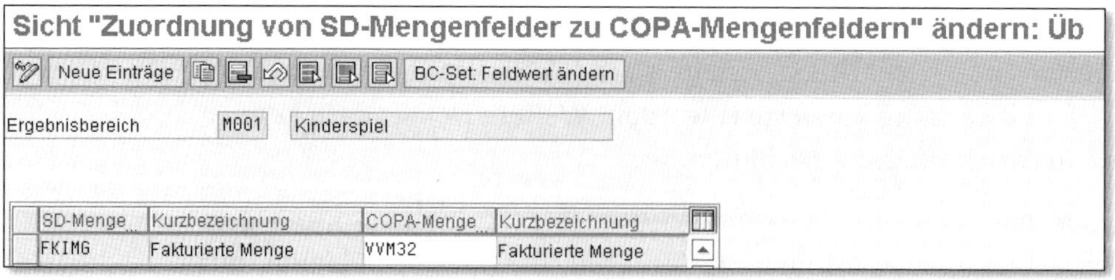

Abbildung 8.43 Mengenfelder zuordnen

Nachdem wir Ihnen die Grundeinstellungen vorgestellt haben, befassen wir uns nun mit dem Planungseinstieg für die manuelle Planung.

8.5.2 Planungseinstieg

Was ist der Planungseinstieg?

Der *Planungseinstieg* ist eine umfangreiche Funktionalität, die es Ihnen ermöglicht, Ihre unternehmensweite Planung von Marktsegmenten zu standardisieren, zu lenken und zu überwachen. Sie geben dabei anhand einer sogenannten *Planungsebene* eine Struktur vor, innerhalb derer alle Beteiligten planen. In der Planungsebene legen Sie fest, welche Merkmale überhaupt beplant werden dürfen. Damit schaffen Sie einen einheitlichen Standard, von dem kein Planer abweichen kann. Je Planer definieren Sie dann *Planungspakete*, in denen Sie die Merkmale auf bestimmte Werte einschränken. So erhält jeder Planende genau die Aufgaben zugewiesen, für die er zuständig ist. Planungsmethoden unterstützen die Planer bei ihrer Tätigkeit, indem sie es ihnen erlauben, z.B. Umwertungen vorzunehmen, Prognosen zu erstellen oder bestimmte Ereignisse mit zu berücksichtigen. Anhand einer Parametergruppe schließlich legen Sie die für die Planung relevanten *Wertfelder* fest und ordnen diese in einem Planungslayout nach Ihren Anforderungen an. Wir erläutern das Customizing des Planungseinstiegs nun anhand des folgenden Beispiels:

[zB]

Planungsszenario

Sie wollen in CO-PA eine Planung der Absatzmenge je Kontinent und Profit-Center erstellen. Es gibt je einen verantwortlichen Planer für Nordamerika, Europa und Asien.

Planungseinstieg einrichten

Sie rufen den Planungseinstieg über CONTROLLING • ERGEBNIS- UND MARKTSEGMENTRECHNUNG • PLANUNG • PLANUNGSEINSTIEG • PLANUNGSEINSTIEG EINRICHTEN (Transaktion KEPM) auf. Klicken Sie auf PLANUNGSEBENEN, und rufen Sie über die rechte Maustaste das Kontextmenü auf. Wählen Sie dann PLANUNGSEBENE ANL., um eine Planungsebene anzulegen. Hier definieren Sie zunächst den Namen der Planungsebene ❶ und versehen sie mit einer Bezeichnung. Dann wählen Sie aus dem Merkmalsvorrat ❷ alle Merkmale aus, die Sie zur Planung in Ihrer Planungsebene zulassen wollen ❸ (siehe Abbildung 8.44). In unserem Beispiel haben wir somit neben Pflichtmerkmalen wie Kostenrechnungskreis, Version und Vorgangsart den Kontinent und das Profit-Center ausgewählt.

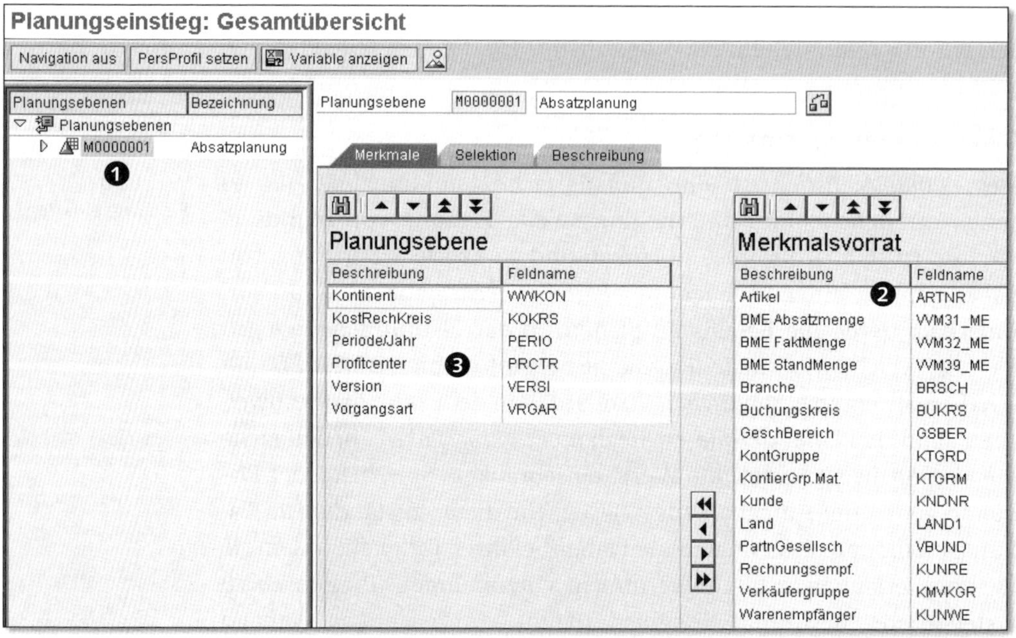

Abbildung 8.44 Planungsebene anlegen

Planungspaket anlegen

Wenn Sie Ihre neue Planungsebene gesichert haben, klicken Sie wiederum über das Kontextmenü auf PLANUNGSPAKET ANL., um ein Planungspaket zur Ebene zu erstellen. Wie bereits weiter oben erläutert, definieren Sie über Planungspakete konkrete Aufgabenbereiche innerhalb Ihrer Planungsebene, indem Sie den ausgewählten Merkmalen Werte zuweisen. Damit legen Sie je Planungspaket genau fest, welche Merkmale der Verantwortliche zu beplanen hat. Im Beispiel aus Abbildung 8.45 haben wir ein Planungspaket für den Kontinent Nordamerika definiert.

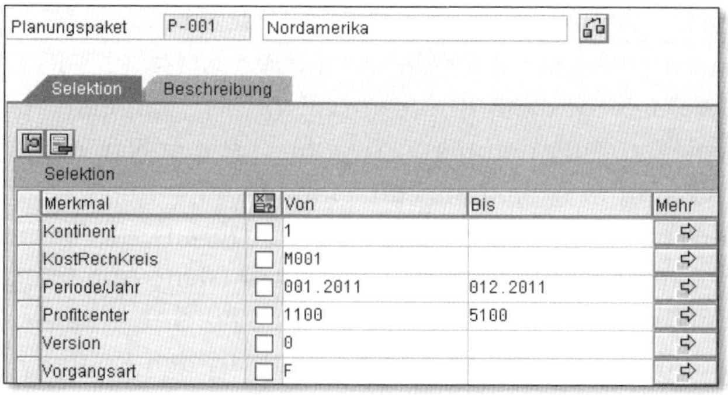

Abbildung 8.45 Planungspaket anlegen

In Abbildung 8.46 sehen Sie eine Übersicht über die drei Planungspakete zu unserer Planungsebene, die wir analog erstellt haben.

Abbildung 8.46 Übersicht über die Planungspakete

Planungsmethoden vorgeben

Sie haben nun anhand der Planungsebene und der Planungspakete den Rahmen vorgegeben, innerhalb dessen die Verantwortlichen planen können (siehe Abbildung 8.47). Nun definieren Sie, welche Planungsaktionen die Planer genau ausführen dürfen. SAP sieht eine Reihe von sogenannten *Planungsmethoden* vor ❶. Die Planungsmethoden werden unterschieden in *manuelle* und *maschinelle* Methoden.

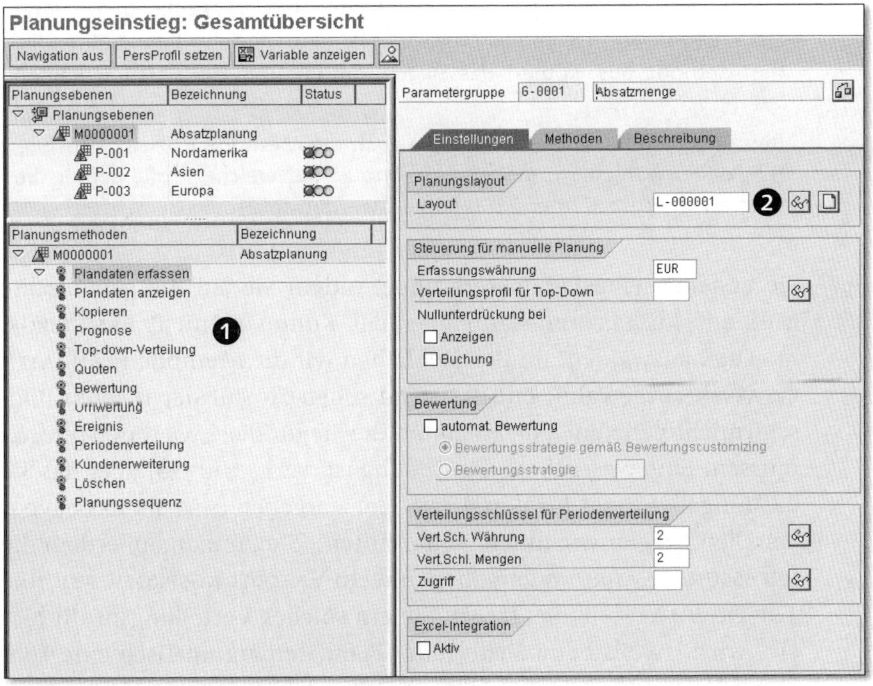

Abbildung 8.47 Parametergruppe anlegen

Die *manuellen Planungsmethoden* (PLANDATEN ERFASSEN und PLANDATEN ANZEIGEN) erlauben es Ihnen, die im Planungspaket vorgesehenen Ergebnisobjekte einzeln aufzurufen und zu bearbeiten.

Mittels der *maschinellen Planungsmethoden* (KOPIEREN, PROGNOSE, TOP-DOWN-VERTEILUNG etc.) können Sie alle Ergebnisobjekte, die im Umfang des betreffenden Planungspakets liegen, gleichzeitig automatisch bearbeiten. Sie geben in der Parametergruppe je Methode vor, welche Aktion auf welche Weise durchgeführt werden soll, und wenn Sie die Methode aufrufen, arbeitet das System diese automatisch ab.

Die maschinellen Methoden können Sie im Rahmen der manuellen Planung auch einzeln aufrufen und dann jeweils auf dasjenige Ergebnisobjekt anwenden, das Sie gerade in Bearbeitung haben.

[zB]

Manuelle und maschinelle Planungsmethoden

Ihr Planungspaket umfasst im Kontinent Nordamerika die Profit-Center 2100 bis 5100. Über die manuelle Methode PLANDATEN ERFASSEN planen Sie über ein Formular je Profit-Center und Periode den Absatz.

Für die maschinelle Methode KOPIEREN erstellen Sie eine Parametergruppe, in der Sie festlegen, dass die Planwerte für das Profit-Center 2100 auf alle Profit-Center im Planungspaket kopiert werden sollen. Führen Sie die Methode aus, kopiert das System automatisch die entsprechenden Werte.

Beim manuellen Planen können Sie auch die Methode KOPIEREN ausführen; dabei wählen Sie jedoch einzeln aus, auf welche Profit-Center die Werte von Profit-Center 2100 kopiert werden sollen.

Parametergruppe anlegen

Sie erstellen eine Parametergruppe, indem Sie auf die gewünschte Methode klicken und dann über das Kontextmenü PARAMETERGR. ANLEGEN auswählen. Im Beispiel haben wir die Methode PLANDATEN ERFASSEN ausgewählt; entsprechend sehen Sie auf der rechten Bildschirmhälfte diejenigen Parameter, die Sie für diese Methode pflegen müssen. Eine wesentliche Einstellung ist das LAYOUT ❷, über das Sie das Eingabeformat für den Anwender vorgeben (wie Sie das Layout erstellen, zeigen wir Ihnen weiter unten). Sie können außerdem die ERFASSUNGSWÄHRUNG vorgeben und ein VERTEILUNGSPROFIL FÜR eine TOP-DOWN-Verteilung. Tragen Sie ein solches Verteilungsprofil hier ein, wird jeweils beim Sichern der Plandaten automatisch eine Top-down-Verteilung durchgeführt, entsprechend den im Verteilungsprofil festgelegten Vorgaben (mehr Details zur Top-down-Verteilung finden Sie in Abschnitt 8.5.3, »Manuelle Plandatenerfassung«).

Wenn Sie NULLUNTERDRÜCKUNG BEI ANZEIGEN auswählen, werden alle Ergebnisobjekte in der Selektion des Planungspakets, für die alle Wertfelder den Wert 0 haben, nicht angezeigt; BUCHUNG bedeutet, dass auch keine Plandatensätze fortgeschrieben werden, bei denen alle Wertfelder den Wert 0 haben.

Falls Sie für Ihre Planwerte eine Bewertung durchführen wollen (siehe Abschnitt 8.4.4, »Bewertung«), aktivieren Sie den Parameter AUTOMAT. BEWERTUNG. Wählen Sie BEWERTUNGSSTRATEGIE GEMÄSS BEWERTUNGSCUSTOMIZING, ermittelt das System die Bewertungsstrategie automatisch anhand Ihrer Einstellungen zur Bewertung; andernfalls können Sie eine BEWERTUNGSSTRATEGIE gesondert eingeben. Im Block VERTEILUNGSSCHLÜSSEL FÜR PERIODENVERTEILUNG können Sie sogenannte *Verteilungsschlüssel* einsetzen, die automatisch Ihre Planwerte nach einer bestimmten Logik auf die Perioden verteilen. Weitere Details zu diesem Konzept finden Sie in Abschnitt 4.4.2, »Manuelle Planung«. Sie können hier Verteilungsschlüssel direkt angeben oder über einen Zugriff dynamisch ermitteln lassen (siehe weiter unten). Wenn Sie die EXCEL-INTEGRATION AKTIV schalten, können Sie entweder Excel als Frontend für die Plandatenerfassung verwenden oder Excel-Dateien hochladen. Für beide Verfahren gilt eine Reihe von Einschränkungen, und es ist eine Reihe von Einstellungen im Excel-Template notwendig, die wir im Rahmen dieses Kapitels nicht weiter erläutern können. Eine genaue Anleitung finden Sie in der Onlinehilfe von SAP zum Thema *Excel-Integration in der Planung*.

Planungslayout anlegen

Um ein Layout anzulegen, geben Sie zunächst, wie in Abbildung 8.47 dargestellt, einen Namen an ❷, und klicken Sie dann auf den Button ANLEGEN. Das System erstellt das Layout dann automatisch; Sie müssen lediglich die Anordnung der Merkmale und die Wertfelder festlegen, die Sie in Ihrem Layout verwenden wollen (siehe Abbildung 8.48). Als Vorschlag sehen Sie alle Merkmale des Planungspakets, und Sie müssen entscheiden, ob diese im KOPF oder in der SCHLÜSSELSPALTE dargestellt werden sollen. Im Kopf des Layouts stehen alle allgemeinen Selektionen, die aus den Festlegungen in der Planungsebene und des Planungspakets resultieren. Für die Merkmale in der Schlüsselspalte hingegen können Sie Planwerte eingeben. Im Beispiel sind KOSTENRECHNUNGSKREIS und KONTINENT bereits vorgegeben und werden daher dem Kopf zugeordnet. Auf dem Merkmal PROFITCENTER wollen wir Planwerte erfassen, deshalb deklarieren wir es als Schlüsselspalte.

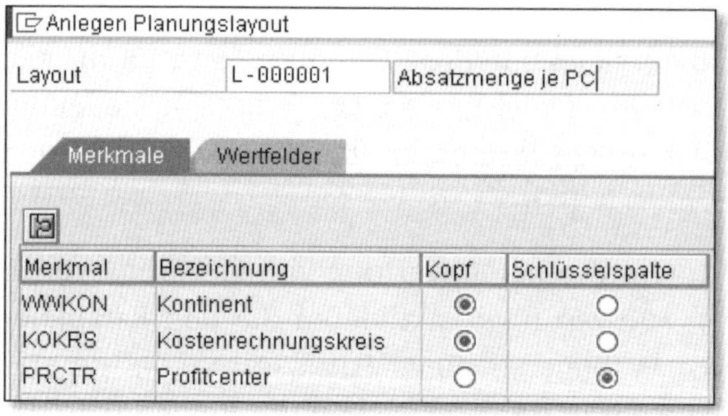

Abbildung 8.48 Planungslayout anlegen: Merkmale

Im Bereich Wertfelder wählen Sie dann alle Wertfelder aus, zu denen Planwerte erfasst werden sollen (siehe Abbildung 8.49). Im Beispiel wollen wir eine Absatzplanung durchführen und selektieren ausschließlich das Wertfeld Absatzmenge.

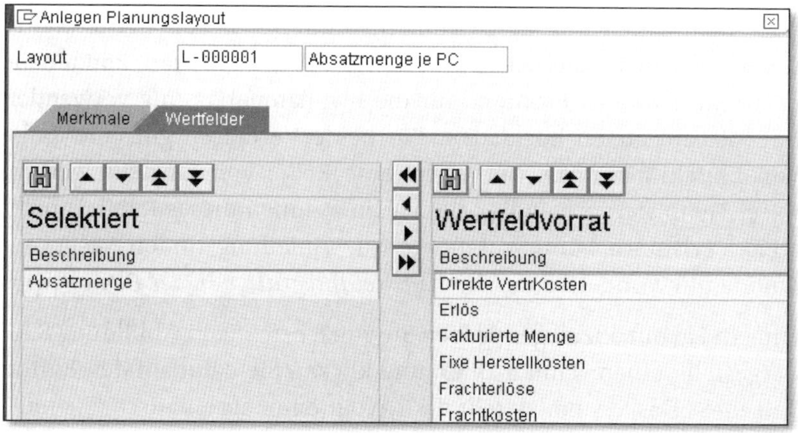

Abbildung 8.49 Planungslayout: Wertfelder auswählen

Planungsmethoden ausschließen

Wie wir bereits weiter oben erwähnt haben, können Sie bei der manuellen Planung auch einige der maschinellen Planungsmethoden ausführen. Auf der Registerkarte Methoden können Sie einzelne Methoden ausschließen, wenn Sie dem Anwender nicht erlauben wollen, diese einzusetzen (siehe Abbildung 8.50).

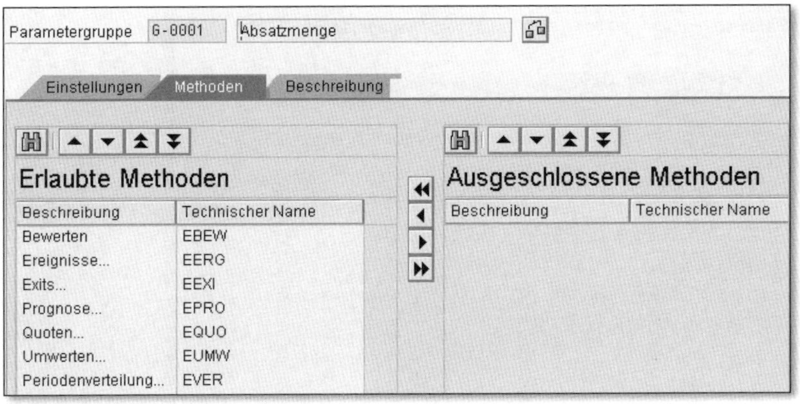

Abbildung 8.50 Parametergruppe: Methoden ausschließen

In Abbildung 8.51 sehen Sie, wie unsere somit fertig definierte manuelle Planungsmethode zum Erfassen von Plandaten mitsamt Formular im produktiven Einsatz aussieht.

Plandaten erfassen

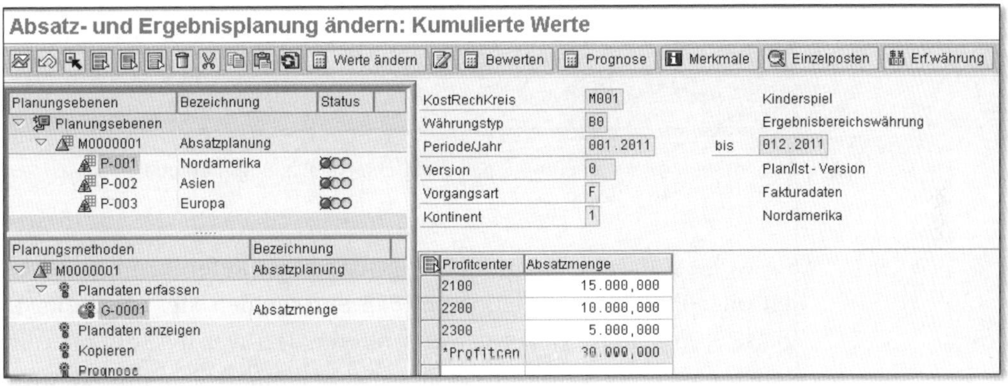

Abbildung 8.51 Planung im Einsatz

Parametergruppe für Planungsmethode

Wir zeigen Ihnen nun exemplarisch am Beispiel der Prognose, wie Sie Parametergruppen für die maschinellen Planungsmethoden erstellen (siehe Abbildung 8.52). Im Bereich REFERENZDATEN wählen Sie zunächst aus, für welchen Zeitraum die Methode durchgeführt werden soll. Sie können unter PERIODE VON... BIS die Perioden direkt eingeben oder mit einer PERIODENVERSCHIEBUNG arbeiten. Dabei stellen Sie ein, wie viele Perioden in der Vergangenheit das System die Referenzdaten auswählen soll. Geben Sie wie im Beispiel eine 12 an, und Ihre Geschäftsjahresvariante umfasst zwölf Perioden, gehen Sie genau ein Jahr zurück und selektieren somit die Vorjahresdaten.

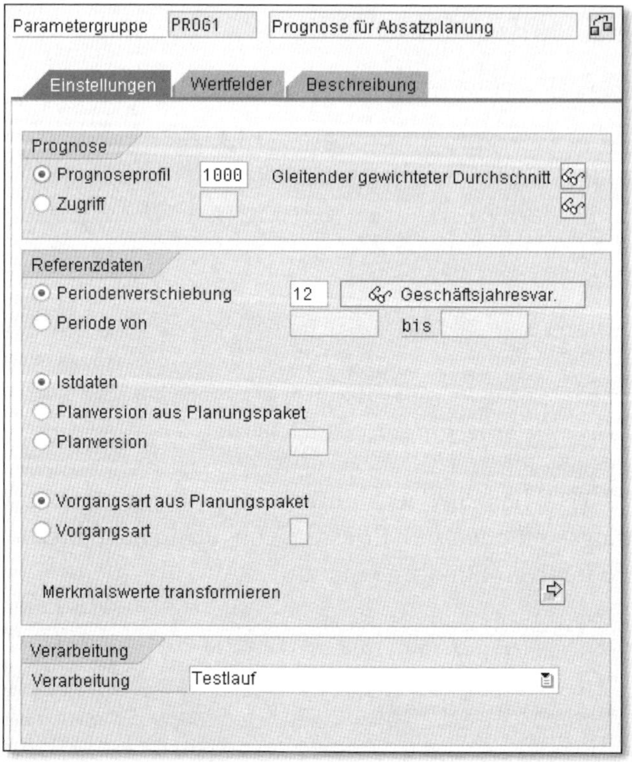

Abbildung 8.52 Parametergruppe für maschinelle Planungsmethode (hier: Prognose) anlegen

Sie wählen außerdem aus, ob Sie ISTDATEN als Referenz nutzen wollen oder Plandaten; in letzterem Fall entscheiden Sie, ob die PLANVERSION AUS dem PLANUNGSPAKET referenziert werden soll, oder Sie geben die PLANVERSION direkt an. Analog können Sie die VORGANGSART aus dem Planungspaket übernehmen oder direkt angeben.

Über MERKMALE TRANSFORMIEREN haben Sie die Möglichkeit, bei der Verarbeitung Merkmalswerte umzuschlüsseln. Sie können dabei z.B. festlegen, dass aus dem Merkmalswert 2100 für das Profit-Center bei der Prognose der Wert 2300 wird; damit wählen Sie die Planwerte von Profit-Center 2100 aus, führen die Prognose durch und schreiben die somit verarbeiteten Planwerte auf dem Profit-Center 2300 fort.

Das PROGNOSEPROFIL steuert, wie genau die Methode PROGNOSE durchgeführt werden soll; in Abschnitt 8.5.5, »Planungshilfen«, erläutern wir im Detail, was sich dahinter verbirgt.

Die Vorgehensweise bei den anderen maschinellen Planungsmethoden ist sehr ähnlich wie bei der hier vorgestellten Prognose; für jede Methode geben Sie außerdem eine Referenz zu einem speziellen Profil an (z.B. Quotenprofil, Umwertungsprofil oder Ereignisprofil), in der Sie weitere Details zur Steuerung festlegen. Alle diese Einstellungen finden Sie ebenfalls in Abschnitt 8.5.5.

Sie haben damit die wichtigsten Einstellungen zum Planungseinstieg kennengelernt. Unter CONTROLLING • ERGEBNIS- UND MARKTSEGMENTRECHNUNG • PLANUNG • PLANUNGSEINSTIEG • HILFEN ZUR UMSTELLUNG AUF DEN PLANUNGSEINSTIEG finden Sie noch einige Werkzeuge zur Umstellung von Planungslayouts, die vor Release 4.6A erstellt wurden. Wir befassen uns nun mit den weiteren Customizing-Einstellungen zur manuellen Plandatenerfassung.

8.5.3 Manuelle Plandatenerfassung

Planungslayout manuell definieren

Über CONTROLLING • ERGEBNIS- UND MARKTSEGMENTRECHNUNG • PLANUNG • MANUELLE PLANDATENERFASSUNG • PLANUNGSLAYOUT DEFINIEREN (Transaktion KE14) haben Sie die Möglichkeit, komplexe Planungslayouts anzulegen. Diese Funktionalität benötigen Sie nur, falls die Layouts, die Sie automatisch über den Planungseinstieg generieren lassen können, für Ihre Anforderungen nicht ausreichen. Die Vorgehensweise bei der Definition der Layouts ist analog zur Kostenstellenplanung, wie wir sie in Abschnitt 4.4.2, »Manuelle Planung«, detailliert beschrieben haben.

Was ist eine Top-down-Verteilung?

Wie wir im vorangegangenen Abschnitt zum Planungseinstieg bereits erwähnt haben, haben Sie bei der manuellen Planungsmethode zum Erfassen der Plandaten die Möglichkeit, ein Verteilungsprofil für eine *Top-down-Verteilung* zu hinterlegen. Eine Top-down-Verteilung dient dazu, Plandaten, die auf hoher Ebene eingetragen werden, auf niedrigere Ebenen herunterzubrechen, um auf allen Merkmalen auch Planwerte fortschreiben zu können.

[zB]

Top-down-Verteilung

Nehmen wir an, Sie erfassen Plandaten auf der Ebene Profit-Center. Im Ist buchen Sie jedoch auch Werte auf dem Merkmal MATERIAL, das dem Profit-Center untergeordnet ist:

Plan	Ist		
Profit-Center 2100	1.000 EUR	Profit-Center 2100	500 EUR
Material 1	–	Material 1	200 EUR
Material 2	–	Material 1	300 EUR
Profit-Center 2300	2.000 EUR	Profit-Center 2300	800 EUR
Material 3	–	Material 3	300 EUR
Material 4	–	Material 4	500 EUR

Sie können damit einen Plan-/Istvergleich nur auf der Ebene des Profit-Centers durchführen, da Sie keine Planzahlen zum Material haben.

Mit einer Top-down-Verteilung können Sie die Plandaten vom Profit-Center auf das Material verteilen:

Profit-Center 2100	1.000 EUR
Material 1	600 EUR
Material 2	400 EUR
Profit-Center 2300	2.000 EUR
Material 3	1.200 EUR
Material 4	800 EUR

Damit haben Sie erreicht, dass die Plandaten auch auf der untergeordneten Ebene fortgeschrieben sind und Sie somit auf dieser Ebene auch Plan mit Ist vergleichen können.

Wenn Sie in der manuellen Planungsmethode ein Verteilungsprofil hinterlegen, wird die Top-down-Verteilung jedes Mal angestoßen, wenn Sie die Plandaten sichern. Beachten Sie, dass dies zu langen Laufzeiten führen kann.

Wertfelder für Top-down-Verteilung definieren

Um die Top-down-Verteilung einzustellen, legen Sie zunächst über Controlling • Ergebnis- und Marktsegmentrechnung • Planung • Manuelle Plandatenerfassung • Vorgangsbezogene Top-Down-Verteilung einrichten • Wertfeldzuordnung definieren (Transaktion KEVF) eine Wertfeldzuordnung an (siehe Abbildung 8.53). Geben Sie zunächst einen Namen und einen Text an ❶. Verzweigen Sie dann über die Dialogstruktur zum Punkt Wertfelder ❷. Hier definieren Sie für jedes Wertfeld, das verteilt werden soll, auf welcher Bezugsbasis dies geschehen soll ❸. Die Bezugsbasis bestimmt das Verhältnis, in dem die zu verteilenden Werte auf die Merkmale verteilt werden sollen. Sie können als Bezugsbasis ein Wertfeld sich selbst zuordnen (wie in der ersten Zeile), einen gerechneten Wert (siehe zweite Zeile) oder ein anderes Wertfeld (analog zur dritten Zeile).

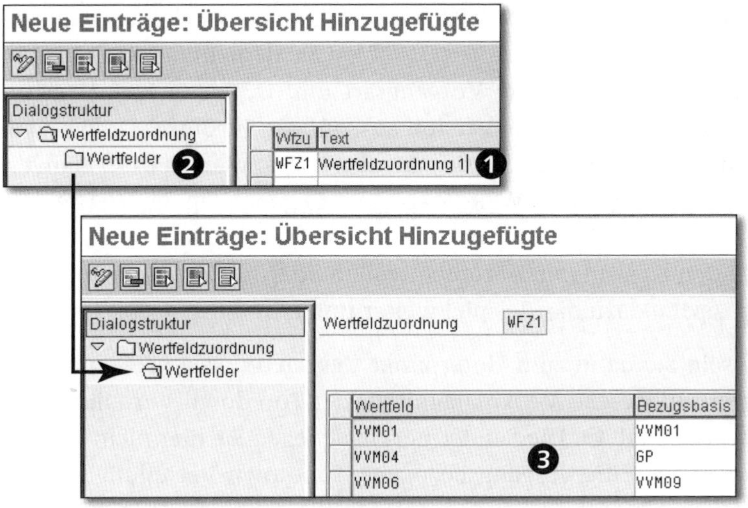

Abbildung 8.53 Wertfeldzuordnung anlegen

Ein gerechneter Wert kann eine beliebige Formel aus mehreren Wertfeldern sein; wie Sie einen solchen definieren, erläutern wir in Abschnitt 8.6.7, »Gemeinkosten übernehmen«, genauer.

Bezugsbasis bei Top-down-Verteilung [zB]

Nehmen wir an, der Planwert von 1.000 EUR zum Wertfeld WF1 (Umsatz) soll vom Merkmal PROFIT-CENTER auf drei Materialnummern verteilt werden. Als Bezugsbasis wählen wir den Istwert zu WF1 vom Vorjahr:

- WF1 Vorjahr Material 1: 4.000 EUR
- WF1 Vorjahr Material 2: 1.000 EUR
- WF1 Vorjahr Material 3: 3.000 EUR

Der zu verteilende Anteil je Material errechnet sich aus dem Verhältnis des jeweiligen Istwertes zum Gesamtwert von WF1 über alle drei Materialien:

- Planwert Material 1 = 4.000 / 8.000 × 1.000 = 500 EUR
- Planwert Material 2 = 1.000 / 8.000 × 1.000 = 125 EUR
- Planwert Material 3 = 3.000 / 8.000 × 1.000 = 375 EUR

Verteilungsprofil definieren

Wenn Sie eine Wertfeldzuordnung angelegt haben, erstellen Sie über CONTROLLING • ERGEBNIS- UND MARKTSEGMENTRECHNUNG • PLANUNG • MANUELLE PLANDATENERFASSUNG • VORGANGSBEZOGENE TOP-DOWN-VERTEILUNG EINRICHTEN • VERTEILUNGSPROFILE DEFINIEREN (Transaktion KEVP) ein Verteilungsprofil (siehe Abbildung 8.54). Hier legen Sie zunächst in der Spalte VPFL einen Schlüssel für das Verteilungsprofil an und pflegen einen TEXT. Wählen Sie dann in der Spalte RE. V. (Referenzvorgangsart) die Vorgangsart und in Spalte REF. VERSION (Referenzversion) die Planversion aus, auf die Sie einschränken wollen; mit einem * können Sie sich auf alle Vorgangsarten bzw. Planversionen beziehen. Unter WTFZUORDNUNG ❶ geben Sie die Wertfeldzuordnung an, die Sie zuvor erstellt haben. Das VERFAHREN bestimmt, ob Sie den Gesamtwert verteilen wollen oder nur nicht zugeordnete Werte (siehe dazu das Beispiel weiter unten in diesem Abschnitt).

Wechseln Sie dann zum Unterpunkt VERTEILUNGSEBENE ❷, um festzulegen, auf welche Merkmale mittels der Top-down-Verteilung verteilt werden soll ❸. Die Sendermerkmale legen Sie hier nicht statisch fest; wenn Sie die vorgangsbezogene Top-down-Verteilung bei der manuellen Planung anwenden, wählen Sie dabei die Merkmale aus, von denen aus verteilt werden soll.

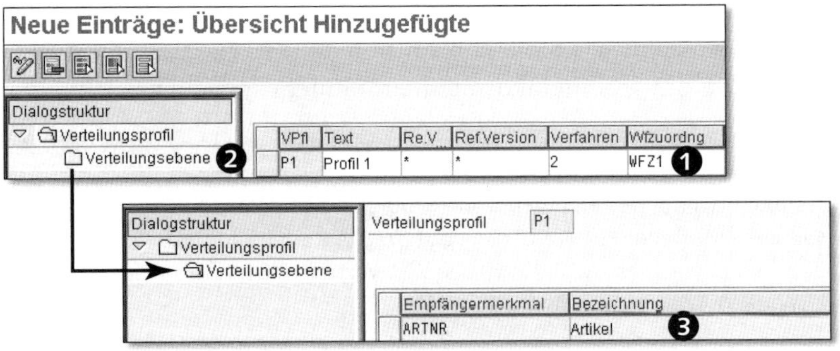

Abbildung 8.54 Verteilungsprofil definieren

[zB]

Gesamtwert verteilen vs. nicht zugeordnete Werte verteilen

Nehmen wir an, wir wollen eine Top-down-Verteilung vom Merkmal PROFIT-CENTER auf das Merkmal MATERIAL durchführen. Dabei sei die Gewichtung der einzelnen Materialien dieselbe wie im vorangegangenen Beispiel. Auf dem übergeordneten Profit-Center seien schon 10.000 EUR als Planwert erfasst.

- Planwert Profit-Center 2100: 10.000 EUR
- Planwert Material 1: 2.000 EUR (Gewichtung: 4.000)
- Planwert Material 2: 5.000 EUR (Gewichtung: 1.000)
- Planwert Material 3: 1.000 EUR (Gewichtung: 3.000)

Wenn Sie den Gesamtwert verteilen, ermittelt das System zunächst die Summe aller erfassten Planwerte (im Beispiel: 18.000 EUR) und verteilt diese auf die Materialien aufgrund der Gewichtung:

- Planwert Material 1 = 4.000 / 8.000 × 18.000 = 9.000 EUR
- Planwert Material 2 = 1.000 / 8.000 × 18.000 = 2.250 EUR
- Planwert Material 3 = 3.000 / 8.000 × 18.000 = 6.750 EUR

Verteilen Sie hingegen nur die nicht verteilten Werte, wird nur die Plansumme verteilt, die auf dem Profit-Center erfasst wurde; die Planwerte, die bereits zum Material eingegeben wurden, bleiben unverändert. Damit ergibt sich folgendes Bild:

- Planwert Material 1 = 4.000 / 8.000 × 10.000 + 2.000 = 7.000 EUR
- Planwert Material 2 = 1.000 / 8.000 × 10.000 + 5.000 = 6.250 EUR
- Planwert Material 3 = 3.000 / 8.000 × 10.000 + 1.000 = 4.750 EUR

Gerechnete Werte als Bezugsbasis

Wie weiter oben erwähnt, können Sie bei der Wertfeldzuordnung gerechnete Werte als Bezugsbasis auswählen. Diese gerechneten Werte können Sie unter Controlling • Ergebnis- und Marktsegmentrechnung • Planung • Manuelle Plandatenerfassung • Vorgangsbezogene Top-Down-Verteilung einrichten • Gerechnete Werte als Bezugsbasis für Top-Down-Verteilung (Transaktion KE2K) anlegen. In Abschnitt 8.6.7, »Gemeinkosten übernehmen«, erläutern wir im Detail, wie Sie dabei vorgehen.

Als Nächstes zeigen wir Ihnen nun, welche Einstellungen für die Nutzung der Planungsintegration notwendig sind.

8.5.4 Planungsintegration

Im Customizing-Untermenü zur Planungsintegration stellen Sie ein, wie Planwerte zwischen der Ergebnisrechnung und anderen Komponenten im Controlling bzw. im SAP-System übernommen werden sollen. So können Sie sowohl Plankosten von Kostenstellen und Geschäftsprozessen in CO-PA fortschreiben, als auch Planwerte von Innenaufträgen und Projekten sowie Daten aus dem Logistik-Informationssystem (LIS). Darüber hinaus ist es möglich, geplante Absatzmengen aus CO-PA in die Produktion zu übergeben und Plandaten in die Profit-Center-Rechnung und das Special Ledger fortzuschreiben.

Kostenstellen-/Prozessplanung übernehmen

Die Übernahme von Plankosten aus der Kostenstellenrechnung und der Prozesskostenrechnung erfolgt mittels Umlagezyklen. Die Vorgehensweise ist dabei exakt dieselbe wie bei der Verrechnung von Istkosten, die wir in Abschnitt 8.6.7 ausführlich beschreiben. Wir gehen daher an dieser Stelle lediglich auf die Menüpfade für die Einstellungen zur Planung ein und weisen Sie auf eventuelle Besonderheiten hin.

Unter Controlling • Ergebnis- und Marktsegmentrechnung • Planung • Planungsintegration • Kostenstellen-/Prozessplanung übernehmen • Vorbereitungen treffen Sie zunächst einige Vorbereitungen, wie etwa Gerechnete Werte als Bezugsbasis definieren (Transaktion KE2K) und Merkmalsgruppen → Planzyklen zuordnen (Transaktion KEVG5). Zu beiden Transaktionen finden Sie eine ausführliche Beschreibung in Abschnitt 8.6.7.

Empfangende CO-PA-Version einstellen

Sie haben hier außerdem die Möglichkeit, die sendende Planversion aus der Kostenstellenrechnung mit einer davon abweichenden empfangenden Planversion in CO-PA zu verknüpfen. Damit können Sie z.B. Kostenstellenplandaten aus Version 0 in Version 1 in der Ergebnisrechnung fortschreiben. Diese Zuordnung nehmen Sie über Empfangende Planversion zuordnen (Transaktion KEPV) vor (siehe Abbildung 8.55).

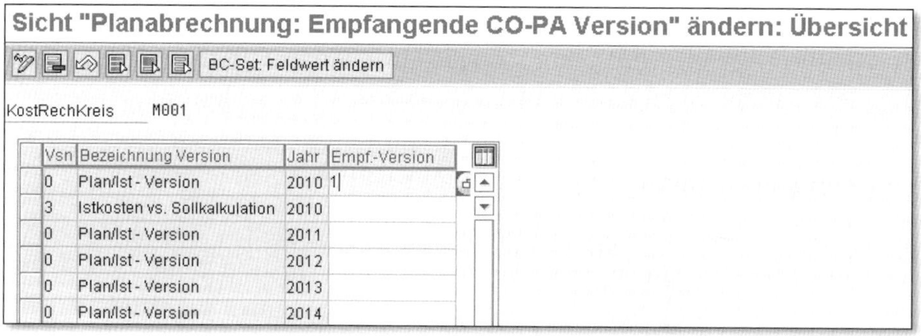

Abbildung 8.55 Empfangende Planversion einstellen

Die Menüpunkte Übernahme Kostenschichtung bei Leistungsverrechnung aktivieren (Transaktion KECO) und Ergebnisschema →

Vorgang zuordnen (Transaktion KEVG7) sind wiederum identisch mit den Einstellungen zu den Istdaten.

Die Definition der Umlagezyklen für die Übernahme von Plankosten aus der Kostenstellenrechnung und der Prozesskostenrechnung nehmen Sie im Menübaum Controlling • Ergebnis- und Marktsegmentrechnung • Planung • Planungsintegration • Kostenstellen-/Prozessplanung übernehmen • Kostenstellen-/Prozesskosten umlegen vor; weitere Details finden Sie in Abschnitt 8.6.7. Dort finden Sie ebenfalls eine Erklärung der Customizing-Einstellungen für die direkte und indirekte Plan-Leistungsverrechnung in CO-PA (Menübaum Leistungen direkt/indirekt verrechnen) und die Template-Verrechnung im Plan (Menübaum Template-Verrechnung einrichten).

Umlage Gemeinkosten

Auftrags-/Projektplanung übernehmen

Zur Übernahme von Plandaten aus Aufträgen und Projekten benötigen Sie ein Ergebnisschema, das Sie über Controlling • Ergebnis- und Marktsegmentrechnung • Planung • Planungsintegration • Auftrags-/Projektplanung übernehmen • Ergebnisschema für Abrechnung definieren (Transaktion KEI1) anlegen. Im selben Menübaum finden Sie außerdem den Eintrag Ergebnisschema → Abrechnungsprofil zuordnen; beide Einstellungen erfolgen analog zum Customizing für die Istdaten (siehe Abschnitt 8.6.4, »Aufträge/Projekte abrechnen«).

Ergebnisschema definieren

Absatzmengen nach SOP übergeben

Im Anwendungsmenü können Sie über die Transaktion KE1E die geplante Absatzmenge aus CO-PA in die Produktionsgrobplanung übernehmen. Die Übernahme erfolgt in der Regel auf Ebene des Materials; wollen Sie jedoch anhand von Produktgruppen übernehmen, müssen Sie bei der Übernahme das entsprechende Merkmal für die Produktgruppe auswählen. Um diese Auswahl einzuschränken, können Sie über Controlling • Ergebnis- und Marktsegmentrechnung • Planung • Planungsintegration • Absatzmengen nach SOP übergeben • Merkmalsgruppen pflegen (Transaktion KEPA) eine Merkmalsgruppe anlegen, in die Sie nur das Merkmal für die Produktgruppe aufnehmen (wie Sie Merkmalsgruppen definieren, erläutern wir ausführlich in Abschnitt 8.6.1, »Vorbereitungen«). Diese

Schnittstelle zu SOP

Merkmalsgruppe ordnen Sie dann in der Planversion unter ÜBERGABE SOP im Feld MERKMALSGRUPPE zu (siehe dazu ebenfalls Abschnitt 8.6.1).

LIS-Schnittstelle einrichten

Daten aus LIS übernehmen

Um Plandaten aus dem Logistik-Informationssystem (LIS) in die Ergebnisrechnung zu übernehmen, müssen Sie zunächst die LIS-Merkmale mit den CO-PA-Merkmalen sowie die LIS-Kennzahlen mit den Wertfeldern in CO-PA verknüpfen. Diese Einstellung nehmen Sie über CONTROLLING • ERGEBNIS- UND MARKTSEGMENTRECHNUNG • PLANUNG • PLANUNGSINTEGRATION • LIS-SCHNITTSTELLE EINRICHTEN vor. Zuerst legen Sie dort über MERKMALSZUORDNUNG PFLEGEN eine Merkmalszuordnung an, in der Sie Merkmale miteinander verbinden (siehe Abbildung 8.56). Analog dazu gehen Sie bei KENNZAHLENZUORDNUNG PFLEGEN vor, wo Sie die LIS-Kennzahlen den Wertfeldern zuordnen. Über ZUORDNUNGSGRUPPE PFLEGEN schließlich ordnen Sie die benötigten LIS-Infostrukturen dem Ergebnisbereich zu und wählen die relevante Vorgangsart und Version aus. Hier hinterlegen Sie dann auch die zuvor erstelle Merkmalszuordnung und Kennzahlenzuordnung.

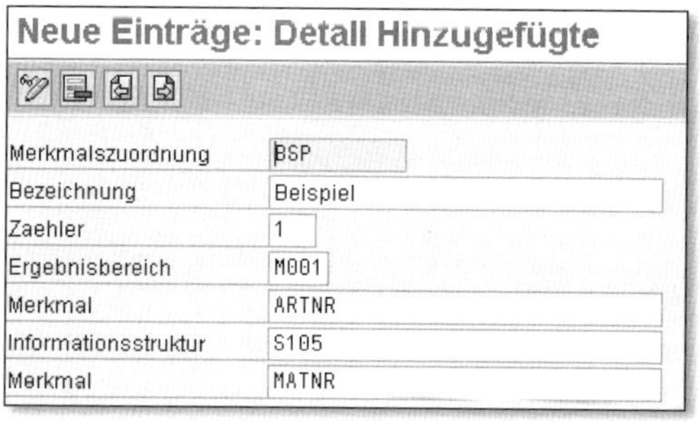

Abbildung 8.56 Merkmalszuordnung für LIS-Schnittstelle

Plandatenübergabe an PCA, SL einrichten

Planwerte an EC-PCA übergeben

Zum Abschluss des Abschnitts über Planungsintegration gehen wir noch einmal auf die Möglichkeit zur Übernahme von Plandaten aus CO-PA in die Profit-Center-Rechnung ein. Die notwendigen Einstellungen dafür nehmen Sie im Untermenü CONTROLLING • ERGEBNIS- UND MARKTSEGMENTRECHNUNG • PLANUNG • PLANUNGSINTEGRATION • PLANDATENÜBERNAHME AN EC-PCA/FI-GL/FI-SL EINRICHTEN vor. Wie

Sie dabei vorgehen, beschreiben wir in Abschnitt 9.7.5, »Plandatenübernahme«.

Als Nächstes machen wir Sie mit den Einstellungen zu Planungshilfen vertraut.

8.5.5 Planungshilfen

Unter den Planungshilfen finden Sie die Einstellungen, um die maschinellen Planungsmethoden zu konfigurieren, die Sie bereits in Abschnitt 8.5.2, »Planungseinstieg«, kennengelernt haben. Wir gehen nun weiter im Detail darauf ein, wozu die einzelnen Methoden geeignet sind und welche Einstellungen dafür notwendig sind.

Verteilungsschlüssel

Verteilungsschlüssel erstellen

Einen *Verteilungsschlüssel* können Sie einsetzen, wenn Sie Ihre Planzahlen auf der Ebene Geschäftsjahr eintragen und sie dann automatisch auf die einzelnen Perioden verteilen wollen. Der Verteilungsschlüssel gibt dann vor, wie die Verteilung erfolgen soll, z.B. gleichmäßig über die Perioden, in Abhängigkeit von der Zahl der Tage in einer Periode etc. Sie definieren Verteilungsschlüssel über CONTROLLING • ERGEBNIS- UND MARKTSEGMENTRECHNUNG • PLANUNG • PLANUNGSHILFEN • VERTEILUNGSSCHLÜSSEL FÜR PERIODENVERTEILUNG • VERTEILUNGSSCHLÜSSEL PFLEGEN (Transaktion KEV0). Die Vorgehensweise dabei ist dieselbe wie die Definition von Verteilungsschlüsseln für die Kostenstellenrechnung, die wir in Abschnitt 4.4.2, »Manuelle Planung«, beschrieben haben.

Sie können Verteilungsschlüssel in den entsprechenden Planungsmethoden im Planungseinstieg entweder fest zuordnen (siehe Abschnitt 8.5.2) oder dynamisch über einen sogenannten *Zugriff* ermitteln lassen. Dazu navigieren Sie zunächst im Customizing zum Punkt CONTROLLING • ERGEBNIS- UND MARKTSEGMENTRECHNUNG • PLANUNG • PLANUNGSHILFEN • VERTEILUNGSSCHLÜSSEL FÜR PERIODENVERTEILUNG • OBJEKTABHÄNGIGE VERTEILUNGSSCHLÜSSEL PFLEGEN und wählen dann mit ZUGRIFF OBJEKTABHÄNGIGE VERTEILUNGSSCHLÜSSEL (Transaktion KEV0) einen Zugriff aus, der lediglich aus einem Namen und einer Bezeichnung besteht. Wenn Sie im selben Menüpunkt dann OBJEKTABHÄNGIGE VERTEILUNGSSCHLÜSSEL (Transaktion KEPF) wählen, können Sie in Abhängigkeit vom Zugriff und vom Merkmal einen Verteilungsschlüssel ableiten. Die Vorgehensweise ist dabei dieselbe wie bei der Merkmalsableitung (siehe Abschnitt 8.4.3, »Merkmalsableitung definieren«). Den Zugriff können Sie dann im Planungseinstieg in den gewünschten Methoden eintragen.

Umwertungsreihen

Umwertungsreihe anlegen

Umwertungsreihen können Sie bei der manuellen Planung oder bei der entsprechenden maschinellen Planungsmethode dazu einsetzen, pauschal die Planwerte von bestimmten Wertfeldern um einen Prozentsatz zu erhöhen oder zu senken. Sie legen dazu im Customizing über CONTROLLING • ERGEBNIS- UND MARKTSEGMENTRECHNUNG • PLANUNG • PLANUNGSHILFEN • UMWERTUNGSREIHE • UMWERTUNGSREIHEN PFLEGEN (Transaktion KEF1) zunächst einen Namen und eine Bezeichnung an ❶ (siehe Abbildung 8.57). Über FAKTOREN ZUORDNEN ❷ geben Sie dann alle Wertfelder an, deren Werte Sie ändern wollen ❸, und den Prozentsatz, um den diese verändert werden sollen. Wenn Sie die Umwertungsreihe fertiggestellt haben, können Sie sie in der Parametergruppe zur maschinellen Planungsmethode UMWERTUNG verwenden oder bei der manuellen Planung aufrufen.

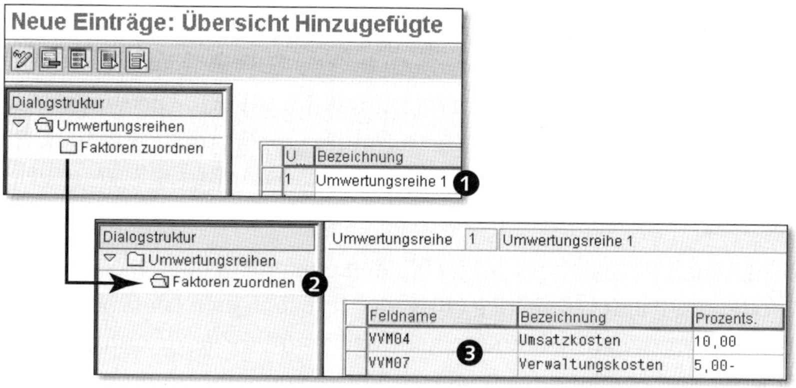

Abbildung 8.57 Umwertungsreihe anlegen

Alternativ können Sie die Zuordnung der Umwertungsreihe auch über einen Zugriff vornehmen, wie wir es weiter oben für die Verteilungsschlüssel erläutert haben. Dazu wechseln Sie im Customizing zum Punkt CONTROLLING • ERGEBNIS- UND MARKTSEGMENTRECHNUNG • PLANUNG • PLANUNGSHILFEN • UMWERTUNGSREIHE • OBJEKTABHÄNGIGE UMWERTUNGSREIHEN PFLEGEN.

Ereignis

Ereignis definieren

Ein *Ereignis* dient wie eine Umwertungsreihe dazu, die Werte von bestimmten Wertfeldern prozentual zu verändern. Allerdings haben Sie an dieser Stelle noch die Möglichkeit, die Änderung periodisch einzugrenzen. Sie können ein Ereignis damit einsetzen, um einen temporären Effekt abzubilden, der sich auf Ihre Planwerte auswirkt. Im Beispiel illustrieren wir dies anhand des Sommerlochs: Die Planwerte für Umsatz und Kosten des Umsatzes sollen für die Sommermonate Mai und Juni reduziert werden. Sie definieren ein Ereignis über CONTROLLING • ERGEBNIS- UND MARKTSEGMENTRECHNUNG • PLANUNG • PLANUNGSHILFEN • EREIGNIS • EREIGNISSE PFLEGEN (Transaktion KEF3). Legen Sie zunächst einen Namen und eine Bezeichnung an ❶ (siehe Abbildung 8.58), und bestimmten Sie in Spalte P, ob Sie die Werte absolut oder prozentual verändern wollen. In den Spalten ANFANGSPERIODE und ENDPERIODE tragen Sie den Zeitraum ein, für den das Ereignis gelten soll. Wechseln Sie dann zum Eintrag WERTFELDER ❷, und tragen Sie die Wertfelder ein, deren Planwerte Sie mit dem Ereignis umbewerten wollen ❸. Über WERTE ❹ pflegen Sie schließlich den Wert, um den Sie den Planwert ändern wollen – abhängig von Ihrem Eintrag in der Spalte P weiter oben behandelt das System diese als absolute oder prozentuale Werte ❺.

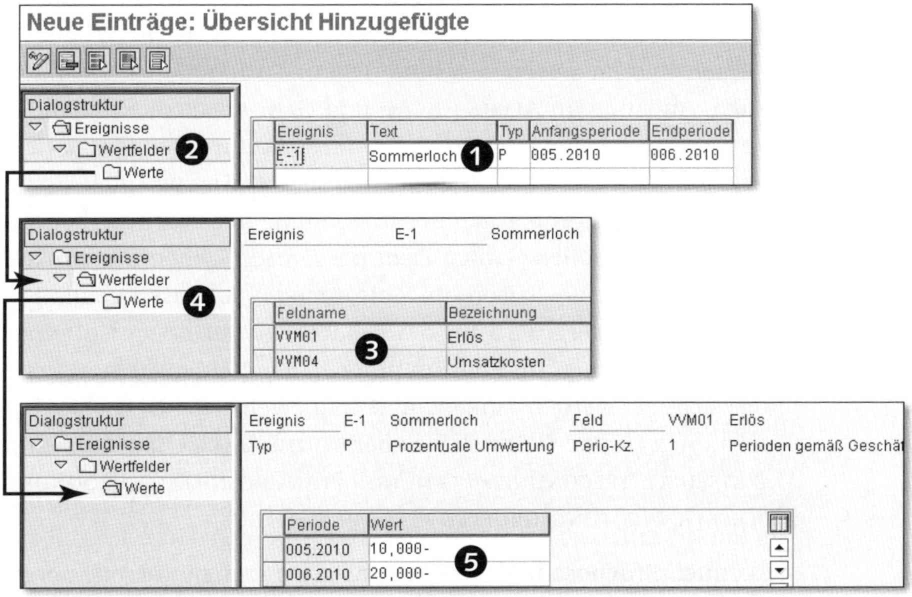

Abbildung 8.58 Ereignis anlegen

Ein Ereignis können Sie im Planungseinstieg in den entsprechenden Planungsmethoden verwenden. Um Ereignisse dynamisch zu ermitteln, können Sie auch hier mit Zugriffen arbeiten, wie wir es weiter oben im Zusammenhang mit den Verteilungsschlüsseln erläutert haben. Den Zugriff pflegen Sie über Controlling • Ergebnis- und Marktsegmentrechnung • Planung • Planungshilfen • Ereignis • Objektabhängige Ereignisse pflegen.

Prognoseprofil

Eine Prognose können Sie einsetzen, um vom System zukünftige Werte aufgrund der vorhandenen Daten ermitteln zu lassen. SAP stellt Ihnen dafür Konstant-, Trend- und Saisonmodelle zur Verfügung, die aus den zugrunde liegenden Daten unterschiedliche Vorausberechnungen erstellen. Eine ausführlichere Erläuterung dieser Konzepte würde einen etwas längeren Ausflug in die Grundlagen von Saisonmodellen erfordern, was den Rahmen dieses Kapitels sprengen würde.

Prognoseprofil erstellen

Sie erstellen ein *Prognoseprofil* über Controlling • Ergebnis- und Marktsegmentrechnung • Planung • Planungshilfen • Prognoseprofil • Prognoseprofile pflegen (Transaktion KE1T). Geben Sie Ihrem Profil einen Namen und eine Bezeichnung (siehe Abbildung 8.59), und wählen Sie dann eine Prognosestrategie. Die Prognosestrategien sind im System fest hinterlegt und können nicht geändert werden. Anhand von Alpha-, Beta- und Gammafaktor können Sie das zugrunde liegende Modell nach Ihren Anforderungen glätten. Über den Parameter VergangPerioden steuern Sie, wie viele Perioden in der Vergangenheit bei der Errechnung der Prognose berücksichtigt werden sollen. Unter Perioden/Saison geben Sie an, wie viele Perioden eine Saison im Saisonmodell umfassen soll. Die Gewichtungsgruppe wird für das Modell gewichteter gleitender Mittelwert benötigt und bestimmt, wie viele Vergangenheitswerte berücksichtigt werden sollen und mit welchem Gewicht. Die Gewichtungsgruppen können Sie über Controlling • Ergebnis- und Marktsegmentrechnung • Planung • Planungshilfen • Prognoseprofil • Gewichtungsgruppen pflegen ändern.

Sie können Prognosemodelle – wie auch die anderen bereits vorgestellten Planungshilfen – im Rahmen der manuellen Planung einsetzen oder als maschinelle Planungsmethode. In letzterem Falle haben Sie auch hier wieder die Möglichkeit, über einen Zugriff dynamisch die Merkmale auszuwählen, auf die Sie die Methode anwenden wollen. Den Zugriff pflegen Sie über CONTROLLING • ERGEBNIS- UND MARKTSEGMENTRECHNUNG • PLANUNG • PLANUNGSHILFEN • PROGNOSEPROFIL • OBJEKTABHÄNGIGE PROGNOSEPROFILE PFLEGEN. Die Vorgehensweise entspricht wiederum der beim Verteilungsschlüssel, die wir weiter oben beschrieben haben.

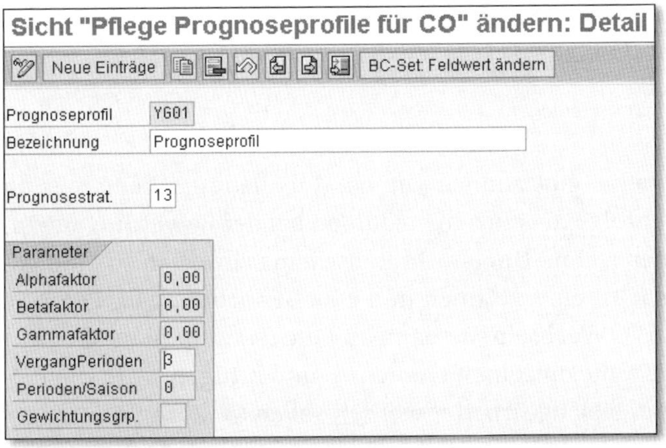

Abbildung 8.59 Prognoseprofil anlegen

Quoten

Quoten definieren

Eine *Quote* ist ein Quotient aus zwei Wertfeldern, um eine Relation darzustellen, wie z.B. Preis = Umsatz / Absatzmenge oder Stückkosten = Herstellkosten / Absatzmenge. Sie können Quoten für zwei verschiedene Zwecke nutzen: Zum einen können Sie sie bei der manuellen Planung wie ein Wertfeld im Planungslayout verwenden, um Veränderungen an den einzelnen Elementen einer Quote zu simulieren. Ändern Sie z.B. die Planung für die Absatzmenge, ermittelt das System über die Quote einen neuen Wert für den Preis. Zum anderen können Sie über ein Quotenschema eine Mengenplanung mittels Preisen aus einer anderen Planversion oder mit Istwerten bewerten.

Sie legen Quoten und Quotenschemata über CONTROLLING • ERGEBNIS- UND MARKTSEGMENTRECHNUNG • PLANUNG • PLANUNGSHILFEN • QUOTEN UND QUOTENSCHEMATA PFLEGEN (Transaktion KE1I) an. Wie in Abbildung 8.60 dargestellt, definieren Sie zunächst eine Quote, indem Sie Name und Bezeichnung angeben und dann den Zähler und Nenner für den Quotienten auswählen. Darüber hinaus legen Sie über die Regel fest, wie sich das System verhalten soll, wenn es nicht eindeutig erkennen kann, welches Wertfeld verändert werden soll.

Abbildung 8.60 Quote anlegen

Ein Quotenschema gibt ähnlich wie ein Kalkulationsschema vor, in welcher Reihenfolge die einzelnen Quoten bei der Bewertung herangezogen werden sollen. Um ein Quotenschema einsetzen zu können, geben Sie zunächst einen Namen und eine Bezeichnung an ❶ (siehe Abbildung 8.61). Wechseln Sie dann zu QUOTEN ZUORDNEN ❷. Dort ordnen Sie dann die einzelnen Quoten zu und bringen sie in die Reihenfolge, in der sie abgearbeitet werden sollen ❸. Zum Schluss verzweigen Sie zum Punkt ZUGRIFFSMERKMALE ZUORDNEN ❹. Hier geben Sie an, für welche Kombination aus Merkmalen der jeweilige Schritt des Quotenschemas angewandt werden soll ❺.

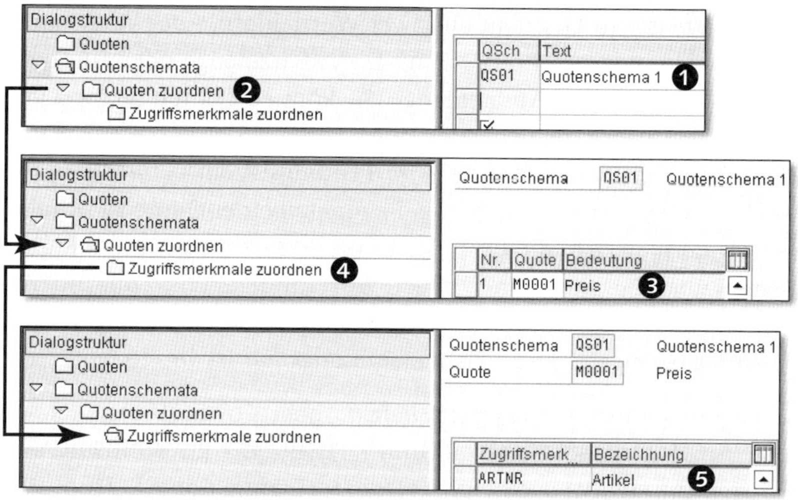

Abbildung 8.61 Quotenschema definieren

Gerechnete Werte als Bezugsbasis für Top-down-Verteilung

Gerechnete Werte für Top-down-Verteilung

Die Funktionsweise der Top-down-Verteilung haben wir in Abschnitt 8.5.3, »Manuelle Plandatenerfassung«, erläutert; wie dort erwähnt, haben Sie die Möglichkeit, gerechnete Werte als Bezugsbasis zu verwenden. Diese können Sie im Menübaum der Planungshilfen über Controlling • Ergebnis- und Marktsegmentrechnung • Planung • Planungshilfen • Gerechnete Werte als Bezugsbasis für Top-Down-Verteilung einstellen. Wie genau Sie dabei vorgehen, erklären wir in Abschnitt 8.6.7, »Gemeinkosten übernehmen«, im Detail.

Exit-Nummer für Kundenerweiterung anlegen

Erweiterungen für Planung

Neben den bereits vorgestellten Planungsmethoden bietet SAP Ihnen außerdem die Erweiterung COPA0006 an, in der Sie eigene Planungsmethoden selbst programmieren können. Innerhalb dieser Erweiterung können Sie mehrere Routinen programmieren, die Sie anhand einer sogenannten *Exit-Nummer* gezielt ansteuern können. Diese Exit-Nummern wiederum hinterlegen Sie unter Controlling • Ergebnis- und Marktsegmentrechnung • Planung • Planungshilfen • Exit-Nr. für Kundenerweiterung anlegen (Transaktion KE1O). Legen Sie hier die benötigten Exit-Nummern an, pflegen Sie eine Bezeichnung (siehe Abbildung 8.62), und wählen Sie den Typ aus. Der Typ steuert, ob Ihnen im Exit nur die Daten eines einzelnen Planungsobjekts zur Verfügung stehen oder zusätzlich auch Referenzdaten aus anderen Versionen.

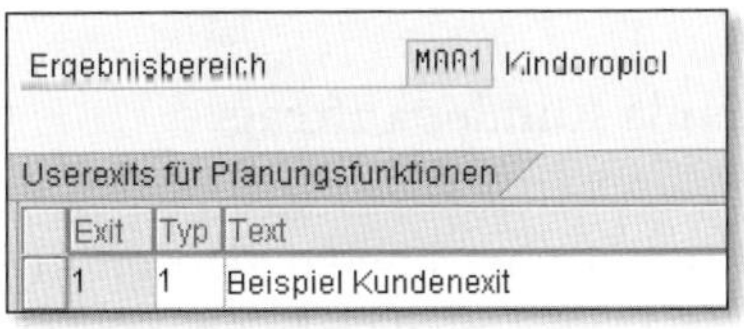

Abbildung 8.62 Exit-Nummer anlegen

Wir schließen den Abschnitt über die Planung mit dem Hinweis, dass Ihnen im Menübaum Controlling • Ergebnis- und Marktsegmentrechnung • Planung • Reorganisation noch zwei Funktionen zur Verfügung stehen, über die Sie nicht mehr benötigte Planungslayouts und Langtexte von Planbelegen löschen können.

Sie haben damit alle Einstellungen zur Planung kennengelernt. Wir schließen damit diesen Abschnitt und wenden uns nun den Istdaten zu.

8.6 Werteflüsse im Ist

In diesem Abschnitt zeigen wir Ihnen alle notwendigen Einstellungen für die Übernahme von Istdaten in die Ergebnisrechnung. In Abschnitt 8.6.1 gehen wir zunächst auf einige Vorbereitungen ein, wie z.B. Nummernkreise und Merkmalsgruppen.

Wie fließen Istdaten in CO-PA?

Wie bereits in Abschnitt 8.1, »Überblick«, erläutert, fließen die Istdaten auf unterschiedlichen Wegen in CO-PA:

- **Kundenauftragseingänge**
  Diese werden unter der Vorgangsart A fortgeschrieben, wenn neue Kundenaufträge angelegt oder bestehende geändert werden. Wir zeigen Ihnen in Abschnitt 8.6.2, »Kundenauftragseingänge aktivieren«, wie Sie diese Werte anhand von SD-Konditionen übernehmen, die Sie Wertfeldern zuordnen.
- **Fakturen**
  Sie übernehmen Fakturen direkt dann, wenn diese in SD gebucht werden. Die Erlöse ermitteln Sie ebenfalls über SD-Konditionen, die Sie bei Bedarf noch über die Bewertung weiter anreichern (siehe Abschnitt 8.4.4). Auch hier verknüpfen Sie die entsprechenden SD-Konditionen mit Wertfeldern (siehe Abschnitt 8.6.3, »Fakturen übernehmen«).
- **Aufträge, kosten- und erlösführende Kundenauftragspositionen und Projekte**
  Diese können Sie an CO-PA abrechnen. Dabei spielen SD-Konditionen keine Rolle mehr, es werden die tatsächlich gebuchten Kosten und Erlöse verrechnet. Die dafür notwendigen Customizing-Einstellungen stellen wir Ihnen in Abschnitt 8.6.4, »Aufträge/Projekte abrechnen«, vor.
- **Buchungen in FI**
  Diese können Sie manuell auf ein Ergebnisobjekt kontieren, während automatische Buchungen in MM über die automatische Kontierung in die Ergebnisrechnung gebucht werden können; wie das geht, erfahren Sie in Abschnitt 8.6.5, »Direktkontierung aus FI/MM«.

- **Abweichungen**
  Wenn Sie die Abweichungsermittlung in der Kostenträgerrechnung einsetzen, erfahren Sie in Abschnitt 8.6.6, »Produktionsabweichungen abrechnen«, wie Sie die Abweichungen von Fertigungsaufträgen ebenfalls in die Ergebnisrechnung übernehmen können.
- **Gemeinkosten**
  In Abschnitt 8.6.7, »Gemeinkosten übernehmen«, zeigen wir Ihnen, welche Möglichkeiten Sie haben, Gemeinkosten aus der Kostenstellenrechnung und der Prozesskostenrechnung mittels Umlagen in CO-PA zu verrechnen.

Außerdem erfahren Sie in diesem Abschnitt noch, wie Sie Kundenabsprachen und Transferpreise in der Ergebnisrechnung handhaben können.

Unterschiede zwischen FI und CO-PA

Bevor wir uns jedoch den Customizing-Einstellungen zuwenden, möchten wir Sie noch darauf aufmerksam machen, was Sie beim Istwertefluss in CO-PA unbedingt beachten müssen. In Tabelle 8.8 sehen Sie schematisch den Durchlauf eines Kundenauftrags: Sobald der Kundenauftrag in SD angelegt ist, wird der Auftragseingang in CO-PA fortgeschrieben. Wird der Auftrag ausgeliefert, wird der Warenausgang in FI, in der buchhalterischen CO-PA-Komponente und in der Profit-Center-Rechnung gebucht, in der kalkulatorischen CO-PA-Komponente bei der Onlineübernahme von SD-Konditionen jedoch noch nicht! Erst mit der Faktura werden in CO-PA sowohl der Umsatz als auch die Kosten des Umsatzes übernommen.

Komponente/ Zeitpunkt	Kundenauftrag anlegen 1.000 EUR	Warenausgang 600 EUR	Faktura
FI Buchhalt. CO-PA EC-PCA		Materialverbrauch 600 EUR	Umsatz 1.000 EUR
Kalkulat. CO-PA	Auftragseingang 1.000 EUR		Umsatz 1.000 EUR Kosten des Umsatzes 600 EUR

Tabelle 8.8 Verschiedene Verbuchungszeitpunkte bei der Kundenauftragsabwicklung

Ursachen für Abweichungen

Dies hat den Vorteil, dass Sie in der kalkulatorischen CO-PA-Komponente nur abgeschlossene Vorgänge sehen und keinen Schiefstand in der Analyse dadurch bekommen, dass für einen Auftrag bereits Kosten angefallen sind, jedoch noch keine Erlöse gebucht sind.

Sie müssen jedoch folgende Dinge beachten:

- **Periodenwechsel**
  Liegt zwischen dem Warenausgang und der Faktura ein Periodenende, haben Sie für die abgeschlossene Periode eine Differenz zwischen FI und PCA einerseits und der kalkulatorischen CO-PA-Komponente andererseits, da der Materialverbrauch in CO-PA noch nicht gebucht ist.
- **Preisänderungen bei gleitendem Durchschnittspreis**
  Die Kosten des Umsatzes ermitteln Sie für CO-PA üblicherweise aus der SD-Konditionsart VPRS (Preis laut Preissteuerung). Verkaufen Sie nun ein Material, das mit dem gleitenden Durchschnittspreis bewertet ist (siehe auch Abschnitt 7.1, »Überblick), wird derjenige Preis für CO-PA fortgeschrieben, der beim Anlegen des Kundenauftrags galt. Ändert sich der Preis zwischen Kundenauftragsanlage und dem Warenausgang, wird in FI und EC-PCA der neue gleitende Preis gebucht. Fakturieren Sie den Auftrag später, wird aber der Preis in CO-PA gebucht, der zu Beginn ermittelt wurde.
- **Kostenlose Lieferungen**
  Kostenlose Lieferungen werden üblicherweise nicht fakturiert. Ohne Faktura werden dann jedoch auch nicht die angefallenen Kosten in CO-PA fortgeschrieben.

Maßnahmen gegen Abweichungen

Die drei genannten Probleme treten nur bei der kalkulatorischen CO-PA-Komponente auf; wählen Sie die buchhalterische Variante, stimmen die Werte zwischen Ergebnisrechnung und FI stets kontengenau überein. Um zu gewährleisten, dass die Ergebnisse zwischen FI und kalkulatorischer CO-PA-Komponente zumindest je Kontengruppe übereinstimmen, können Sie u.a. folgende Maßnahmen ergreifen:

Überlegen Sie, ob Sie Ihre Kundenauftragspositionen als kosten- und erlösführend kennzeichnen (siehe Abschnitt 7.4.4, »Kundenauftrags-Controlling). Sie müssen dann alle Kundenaufträge regelmäßig an CO-PA abrechnen. Dadurch übernehmen Sie die Kosten des Umsatzes nicht mehr anhand der SD-Konditionen, sondern Sie schreiben die tatsächlich auf den Kundenauftragspositionen gebuchten Kosten in CO-PA fort. Damit können keine Differenzen mehr durch Produkte entstehen, die mit dem gleitenden Preis bewertet sind, und kostenlose Lieferungen würden auch mit abgerechnet. Bei Bedarf können Sie auch eine Ermittlung von Ware in Arbeit für die Kundenauftragspositionen durchführen, um zu gewährleisten, dass zum Monatsende nicht fakturierte Kosten korrekt im Bestand geführt werden (zur Ermittlung von Ware in Arbeit siehe auch Abschnitt 7.4.3, »Auftragsbezogenes Produkt-Controlling«). Ihr Reporting ist dann jedoch nur noch so aktuell, wie häufig Sie abrechnen, und Sie können die Bewertung (siehe Abschnitt 8.4.4) nicht mehr nutzen.

Wenn Sie die Bewertung nutzen wollen bzw. die Kosten des Umsatzes anhand von SD-Konditionen in CO-PA fortschreiben wollen, stellen Sie sicher, dass alle Produkte, die Sie verkaufen, mit dem Standardpreis bewertet sind. Damit können keine Differenzen aufgrund des gleitenden Durchschnittspreises mehr auftreten.

Wir zeigen Ihnen nun, welche Customizing-Einstellungen Sie für die Istbuchungen vornehmen.

8.6.1 Vorbereitungen

Bevor Sie mit dem Buchen von Istwerten in CO-PA beginnen können, müssen Sie zunächst einige Vorbereitungen treffen, die wir Ihnen nun vorstellen.

Nummernvergabe für Istbuchungen

Nummernkreise für Istwerte

Über den Menüpfad Controlling • Ergebnis- und Marktsegmentrechnung • Werteflüsse im Ist • Vorbereitungen • Nummernvergabe für Istbuchungen einrichten (Transaktion KEN1) definieren Sie die Nummernkreise für die Einzelposten in Ihrer Ergebnisrechnung. Die Vorgehensweise bei der Pflege von Nummernkreisen haben Sie bereits in Abschnitt 2.2.1 kennengelernt.

Merkmalsgruppen

Wozu dienen Merkmalsgruppen?

In manchen Fällen ist es sinnvoll, zu einem Ergebnisobjekt nicht alle Merkmale anzuzeigen, die im Ergebnisbereich enthalten sind. Wenn Sie z.B. einige Merkmale nicht verwenden, ist es für die Analyse übersichtlicher, wenn in einem Ergebnisobjekt nur diejenigen Merkmale sichtbar sind, die im Einsatz sind. Ein anderes Anwendungsbeispiel ist die manuelle Erfassung von Belegen in der Finanzbuchhaltung (siehe auch Abschnitt 8.6.5, »Direktkontierung aus FI/MM«. Es ist fehleranfällig und für den Sachbearbeiter verwirrend, wenn er eine große Anzahl von Merkmalen angezeigt bekommt, von denen nur ein oder zwei für seine Buchung relevant sind. Über eine geeignete *Merkmalsgruppe* können Sie zum einen die Anzahl der einzugebenden Merkmale einschränken und zum anderen diejenigen, die automatisch hergeleitet werden (z.B. BUCHUNGSKREIS oder PROFIT-CENTER) nur als Anzeigefelder darstellen. Schließlich können Sie diejenigen Merkmale, die unbedingt eingegeben werden sollen, als Muss-Felder deklarieren, um Eingabefehler bei der Erfassung zu vermeiden.

Merkmalsgruppen anlegen

Sie definieren Merkmalsgruppen über den Menüpfad CONTROLLING • ERGEBNIS- UND MARKTSEGMENTRECHNUNG • WERTEFLÜSSE IM IST • VORBEREITUNGEN • MERKMALSGRUPPEN • MERKMALSGRUPPEN PFLEGEN (Transaktion KEPA). Hier legen Sie zunächst nur einen Namen und einen Text für die Merkmalsgruppen fest (siehe Abbildung 8.63).

Merkmalsgruppe	Text
1	Gruppe mit Kundenauftrag
2	Gruppe ohne Kundenauftrag
3	Gruppe mit BUK als Mussfeld

Abbildung 8.63 Merkmalsgruppe definieren

Nachdem Sie Ihre Merkmalsgruppe angelegt haben, legen Sie fest, in welcher Zeile welches Merkmal sichtbar sein soll und ob das Merkmalsfeld eingabebereit ist oder nicht bzw. ein Muss-Feld sein soll. Wenn Sie Abstände zwischen Ihren Merkmalen sehen möchten, lassen Sie eine Zeile aus (wie z.B. in Abbildung 8.64 die Zeile 9).

Merkmalsgruppen Kontierungsbild zuordnen

Jetzt können Sie Ihre Merkmalsgruppen verschiedenen Vorgängen zuordnen. Über den Menüpfad CONTROLLING • ERGEBNIS- UND MARKTSEGMENTRECHNUNG • WERTEFLÜSSE IM IST • VORBEREITUNGEN • MERKMALSGRUPPEN • MERKMALSGRUPPEN FÜR KONTIERUNGSBILD ZUORDNEN (Transaktion KE4G) ordnen Sie den gewünschten Vorgängen eine Merkmalsgruppe zu. Wenn Sie den Button ERF.HILFE (Erfassungshilfe) anklicken (siehe Abbildung 8.65), können Sie die Struktur der Merkmalsgruppe aufrufen (siehe Abbildung 8.66).

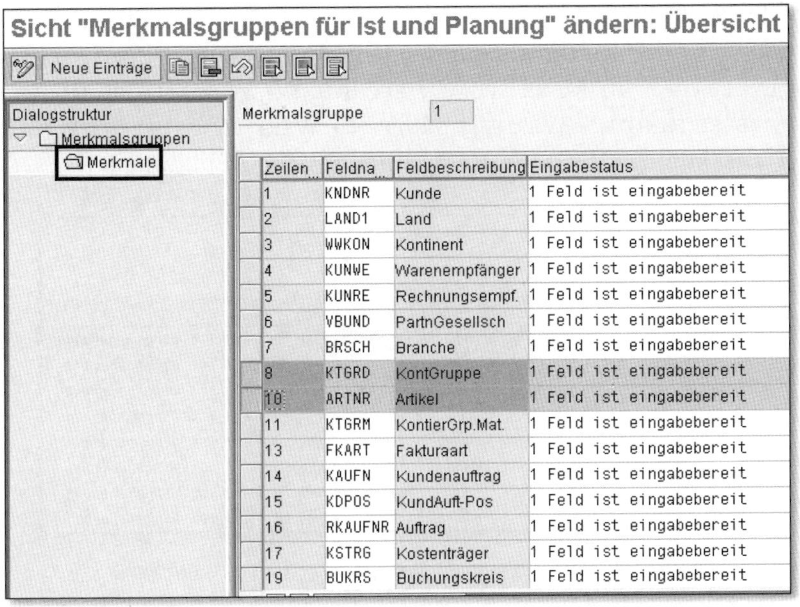

Abbildung 8.64 Merkmale der Merkmalsgruppe zuordnen

Abbildung 8.65 Merkmalsgruppe zum Vorgang zuordnen

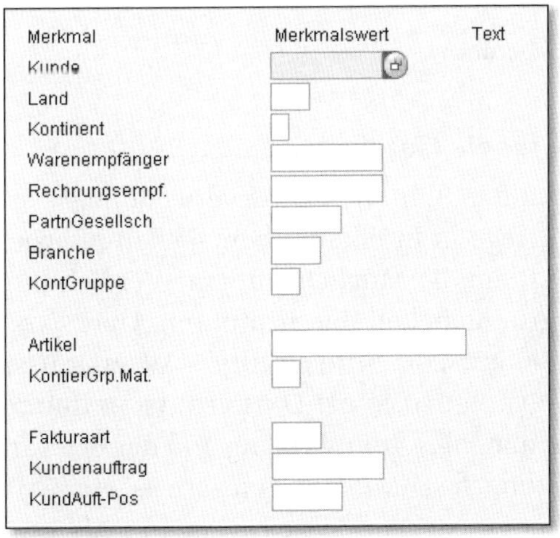

Abbildung 8.66 Erfassungshilfe für die Merkmalsgruppe

Wertfeldgruppen

Wertfeldgruppen anlegen

Analog zu den Merkmalsgruppen definieren Sie über CONTROLLING • ERGEBNIS- UND MARKTSEGMENTRECHNUNG • WERTEFLÜSSE IM IST • VORBEREITUNGEN • WERTFELDGRUPPEN • WERTFELDGRUPPEN PFLEGEN (Transaktion KEVFG) Wertfeldgruppen (siehe Abbildung 8.67).

Abbildung 8.67 Wertfeldgruppe definieren und Wertfelder zuordnen

Wertfeldgruppen zuordnen

Sie ordnen die zuvor definierte Wertfeldgruppe analog zu den Merkmalsgruppen über CONTROLLING • ERGEBNIS- UND MARKTSEGMENTRECHNUNG • WERTEFLÜSSE IM IST • VORBEREITUNGEN • WERTFELDGRUPPEN • WERTFELDGRUPPEN FÜR EINZELPOSTENBILDSCHIRME ZUORDNEN (Transaktion KEVG3) den Vorgängen zu (siehe Abbildung 8.68).

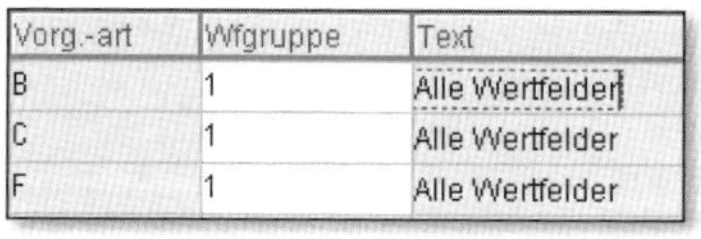

Abbildung 8.68 Wertfeldgruppe zuordnen

Zeitpunkt der Verdichtung für die Einzelposten

Einzelposten verdichten

Wir haben Ihnen in Abschnitt 8.3.4, »Merkmalsverwendung«, erklärt, wie Sie die Zahl der Belege in Ihren Summentabellen reduzieren können. Sie haben außerdem die Möglichkeit, eine Verdichtung der Istdaten in den Einzelpostentabellen durchzuführen. Über CONTROLLING • ERGEBNIS- UND MARKTSEGMENTRECHNUNG • WERTEFLÜSSE IM IST • VORBEREITUNGEN • VERDICHTUNG BEI DATENFORTSCHREIBUNG (Transaktion KE2S) legen Sie abhängig vom Vorgang und der Belegart den Zeitpunkt der Verdichtung fest. Mit der Belegart ist ein SAP-Beleg oder ein Beleg aus einem externen System gemeint. Als Zeitpunkt der Verdichtung können Sie auswählen, ob die Verdichtung vor oder nach der Bewertung stattfinden soll (siehe Abbildung 8.69).

Vrgng	Text	extern	Zeitpunkt
RMRP	Eingangsrechnung	☐	1
SD00	Faktura	☐	1
RMWA	Warenbewegung	☐	1
RFBU	Sachkontenbuchung	☐	1

Abbildung 8.69 Zeitpunkt der Verdichtung in der Einzelpostentabelle

Bei der Verdichtung der Fakturadaten vor der Ableitung/Bewertung müssen Sie das Zusammenspiel mit der Bewertungslogik berücksichtigen. Falls Sie in Ihrer Bewertung Staffeln verwenden, wird die Bewertungslogik auf Basis von verdichteten Daten durchgeführt und kann zu fehlerhaften Ergebnissen führen (siehe Abschnitt 8.4.4).

Mengen in Standardmengeneinheit führen

In der Ergebnisrechnung haben Sie die Möglichkeit, die relevanten Materialien in anderen Mengeneinheiten darzustellen als die über SD fakturierte Menge.

[zB]

Umrechnung von Kartons in Stück

Nehmen wir an, unser Beispielunternehmen verkauft Brettspiele an den Großhandel nur in größeren Mengen; die fakturierte Mengeneinheit sind dabei Kartons, die unterschiedliche Größen haben können. In der Ergebnisrechnung wollen wir jedoch nur die verkauften Stückzahlen sehen.

Mengen in Standardmengeneinheit führen

Dazu richten Sie im Menüpfad Controlling • Ergebnis- und Marktsegmentrechnung • Werteflüsse im Ist • Vorbereitungen • Mengen in Standardmengeneinheit führen (Transaktion KE4MS) die Zuordnung Quellmenge zu Standard Menge mit einer Standardmengeneinheit ein (siehe Abbildung 8.70).

Quellmenge	Kurzbeschreibung	Standard Menge	Kurzbeschreibung	Einheit
VVM31	Absatzmenge	VVM39	Standard Menge	K20

Abbildung 8.70 Umrechnung Quellmenge in Standardmenge

Durch diese Zuordnung legen Sie fest, dass die Menge in der Standardmenge in einem eigenen Wertfeld (im Beispiel VVM39) fortgeschrieben wird. Sie müssen außerdem im Materialstamm (Transaktion

MM02) die Umrechnung zwischen den entsprechenden Mengeneinheiten festlegen (siehe Abbildung 8.71).

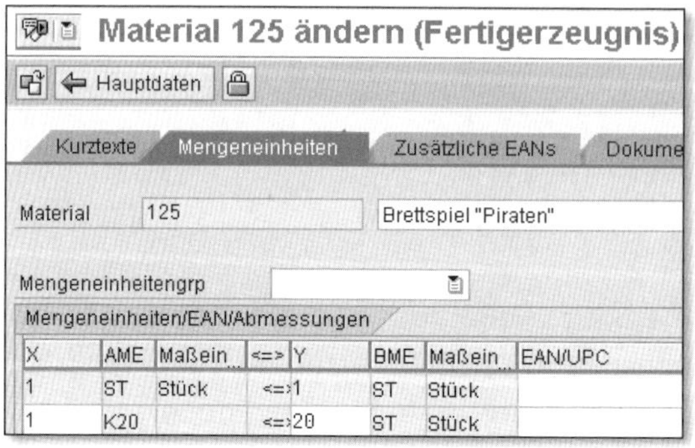

Abbildung 8.71 Pflege der Mengeneinheiten im Materialstamm

8.6.2 Kundenauftragseingänge aktivieren

In der kalkulatorischen Ergebnisrechnung können Sie neben den in FI gebuchten Belegen und den kalkulatorischen Werten aus der Bewertung auch die Kundenauftragseingänge übernehmen. Damit können Sie die zukünftige Erlösentwicklung besser planen und relativ früh eine Aussage über die zukünftigen Ergebnisse treffen. Die Belege zum Auftragseingang werden in der Ergebnisrechnung unter der Vorgangsart A gebucht.

Kundenauftragseingang übernehmen

Zunächst verknüpfen Sie diejenigen SD-Konditionen mit Wertfeldern, die Sie in der Ergebnisrechnung als Auftragseingang übernehmen wollen. Diese Zuordnung nehmen Sie über Controlling • Ergebnis- und Marktsegmentrechnung • Werteflüsse im Ist • Kundenauftragseingänge übernehmen • Wertfelder zuordnen (Transaktion KE4I) bzw. Mengenfelder zuordnen (Transaktion KE4M) vor. Die Einstellungen sind dieselben, wie Sie sie auch für die Fakturen im Ist benötigen; wir beschreiben sie ausführlich im nächsten Abschnitt 8.6.3, »Fakturen übernehmen«.

Über Controlling • Ergebnis- und Marktsegmentrechnung • Werteflüsse im Ist • Kundenauftragseingänge übernehmen • Kundenauftragseingänge aktivieren (Transaktion KEKF) aktivieren Sie die Übernahme der Kundenauftragseingänge (siehe Abbildung 8.72). In der Spalte KAEing (Kundenauftragseingang) entscheiden Sie, ob Sie die Belege zum Zeitpunkt der Erfassung oder der Lieferung fortschreiben wollen.

KKrs	Bezeichnung	ab GJahr	Erg.b	KAEing
M001	Kinderspiel	2010	M001	2

Abbildung 8.72 Kundenauftragseingang aktivieren

8.6.3 Fakturen übernehmen

Wertfelder SD-Konditionen zuordnen

Wie wir Ihnen in Abschnitt 8.3.2, »Wertfelder«, erläutert haben, stehen Ihnen in der Ergebnisrechnung zwei Arten von Wertfeldern zur Verfügung: Betragsfelder und Mengenfelder. Im Menüpfad CONTROLLING • ERGEBNIS- UND MARKTSEGMENTRECHNUNG • WERTEFLÜSSE IM IST • FAKTUREN ÜBERNEHMEN • WERTFELDER ZUORDNEN und weiter über ZUORDNUNGSPFLEGE SD-KONDITIONEN → COPA-WERTFELDER (Transaktion KE4I) pflegen Sie die Beziehung zwischen den SD-Konditionsarten (Spalte KART) und den COPA-Wertfeldern für Betragsfelder (siehe Abbildung 8.73).

Ergebnisbereich M001 Kinderspiel

KArt	Bezeichnung	Wertfeld	Kurzbeschreibung	Vorz. Übern
K007	Kundenrabatt	VVM02	Rabatt	☐
KF00	Fracht	VVM03	Frachterlöse	☐
PR00	Preis	VVM01	Erlös	☐

Abbildung 8.73 Zuordnung von SD-Konditionen zu COPA-Wertfeldern

Die Spalte VORZ. ÜBERN (Vorzeichenübernahme) benötigen Sie für Konditionsarten, die sowohl positive als auch negative Werte annehmen können (z.B. Gewinn- oder Verlustzuschläge). Wenn Sie diesen Parameter aktivieren, werden alle Einzelposten für die entsprechenden Konditionsarten mit dem jeweiligen Vorzeichen in CO-PA fortgeschrieben. Standardmäßig (bei nicht aktivierter Vorzeichenübernahme) werden bei Fakturen alle Konditionsarten mit positiven Vorzeichen übernommen und bei Retouren alle Konditionsarten mit negativen Vorzeichen. SAP weist ausdrücklich darauf hin, dass Sie diesen Parameter nicht generell für alle Konditionsarten aktivieren sollten; er dient nicht dazu, die Vorzeichenlogik zwischen FI bzw. SD und CO-PA abzugleichen.

[«]

Kostenartentyp für Erlösarten

Bei der Übernahme von Fakturen werden die entsprechenden Erlöse nur dann in CO-PA fortgeschrieben, wenn die Erlöskostenarten, die in der Faktura gebucht werden, als Kostenarten vom Typ 11 (Erlöse) oder 12 (Erlösschmälerungen) angelegt sind.

Mengenfelder zuordnen

Im Menüpfad CONTROLLING • ERGEBNIS- UND MARKTSEGMENTRECHNUNG • WERTEFLÜSSE IM IST • FAKTUREN ÜBERNEHMEN • MENGENFELDER ZUORDNEN (Transaktion KE4M) legen Sie fest, welche SD-Mengenfelder als Mengenfelder in der Ergebnisrechnung abgebildet werden (siehe Abbildung 8.74).

Alle Belege, die bei der Übernahme von Fakturen in der Ergebnisrechnung fortgeschrieben werden, werden mit der Vorgangsart F gebucht.

SD-Mengenfeld	Kurzbezeichnung	COPA-Mengenfeld	Kurzbezeichnung
FKIMG	Fakturierte Menge	VVM32	Fakturierte Menge

Abbildung 8.74 Zuordnung SD-Mengenfelder zu COPA-Mengenfeldern

In bestimmten Fällen ist es erforderlich, Konditionswerte aus SD nicht in CO-PA fortzuschreiben. Sie haben dann über CONTROLLING • ERGEBNIS- UND MARKTSEGMENTRECHNUNG • WERTEFLÜSSE IM IST • FAKTUREN ÜBERNEHMEN • WERT-/MENGENFELDER ZURÜCKSETZEN (Transaktion KE4W) die Möglichkeit, Wertfelder bei den entsprechenden Konstellationen zurückzusetzen.

[zB]

Wertfeld zurücksetzen

Wir nehmen an, Sie haben einen Warenausgang und eine Faktura dazu verbucht. Die Faktura beinhaltet den Bruttoerlös und den Versicherungserlös. Der Kunde schickt Ihnen einen Teil von der Lieferung zurück. Sie erstellen daraufhin eine Retourengutschrift. In die Retourengutschrift werden alle Werte aus der Faktura übernommen (inklusive Versicherungserlöse).

In der Ergebnisrechnung möchten Sie aber keine Wertkorrektur für den Versicherungserlös sehen. Deswegen setzen Sie den Versicherungserlös aus der Retourengutschrift auf null.

Sie hinterlegen hier Kombinationen aus Fakturaarten und Wertfeldern, für die keine Wert- bzw. Mengenübernahme stattfinden soll. Dazu müssen Sie das Feld ZURÜCKSETZEN aktivieren (siehe Abbildung 8.75).

FkArt	Bezeichnung	Wertfeld	Kurzbeschreibung	zurücksetzen
RE	Retourengutschrift	VVM08	Versicherungserlöse	☑

Abbildung 8.75 COPA-Wertfeld zurücksetzen

Damit haben Sie alle Einstellungen zur Übernahme von Werten und Mengen aus Fakturen abgeschlossen. Als Nächstes beschäftigen wir uns mit der Abrechnung von Aufträgen und Projekten.

8.6.4 Aufträge/Projekte abrechnen

Wenn Sie kosten- und erlösführende Kundenauftragspositionen verwenden (weitere Erläuterungen dazu finden Sie in Abschnitt 8.1, »Überblick«), können Sie nicht, wie zuvor beschrieben, die Konditionswerte aus dem Kundenauftrag direkt auf Wertfeldern fortschreiben. Die Ursache liegt darin, dass bei einer kosten- und erlösführenden Kundenauftragsposition die Kosten für den Warenausgang und die Erlöse aus der Faktura auf die Kundenauftragsposition gebucht werden und nicht direkt an ein Ergebnisobjekt durchgereicht werden, wie das bei einer nicht-kosten- und erlösführenden Kundenauftragsposition der Fall ist. Um die Kosten und Erlöse in CO-PA zu übernehmen, müssen Sie eine Abrechnung durchführen. Das Gleiche gilt für Innenaufträge und Projekte, die Sie in der Ergebnisrechnung auswerten wollen – auch hier müssen Sie abrechnen.

Ergebnisschema für Abrechnung definieren

Die Funktionsweise der Abrechnung sowie die notwendigen Customizing-Einstellungen wie ein Verrechnungsschema oder ein Abrechnungsprofil haben wir in Abschnitt 5.7.5 ausführlich erläutert. Wie dort beschrieben, steuern Sie über ein Verrechnungsschema, welche Kostenart auf dem Senderobjekt über welche Abrechnungskostenart fortgeschrieben werden soll. Im Ergebnisschema, das Sie im Customizing über CONTROLLING • ERGEBNIS- UND MARKTSEGMENTRECHNUNG • WERTEFLÜSSE IM IST • AUFTRÄGE/PROJEKTE ABRECHNEN • ERGEBNISSCHEMA FÜR ABRECHNUNG DEFINIEREN (Transaktion KEI1) anlegen, definieren Sie nun, wie die Abrechnungskostenarten an Wertfelder verrechnet werden sollen. Die Struktur des Ergebnisschemas ist sehr ähnlich wie die des Verrechnungsschemas (siehe Abbildung 8.76). Sie beginnen, indem Sie ein Ergebnisschema anlegen ❶. Wie beim Verrechnungsschema definieren Sie dann im nächsten Schritt ZUORDNUNGEN ❷. Zuordnungen dienen der Gruppierung ❸ von Kostenarten, die Sie gemeinsam einem Wertfeld zuordnen wollen.

[+]

Gleiche Zuordnungsstruktur bei Verrechnungs- und Ergebnisschema

Wir empfehlen Ihnen, bei Verrechnungs- und Ergebnisschemata, die gemeinsam verwendet werden, dieselben Zuordnungen zu verwenden. Sie können dadurch im Produktivbetrieb wesentlich einfacher den Wertefluss nachvollziehen.

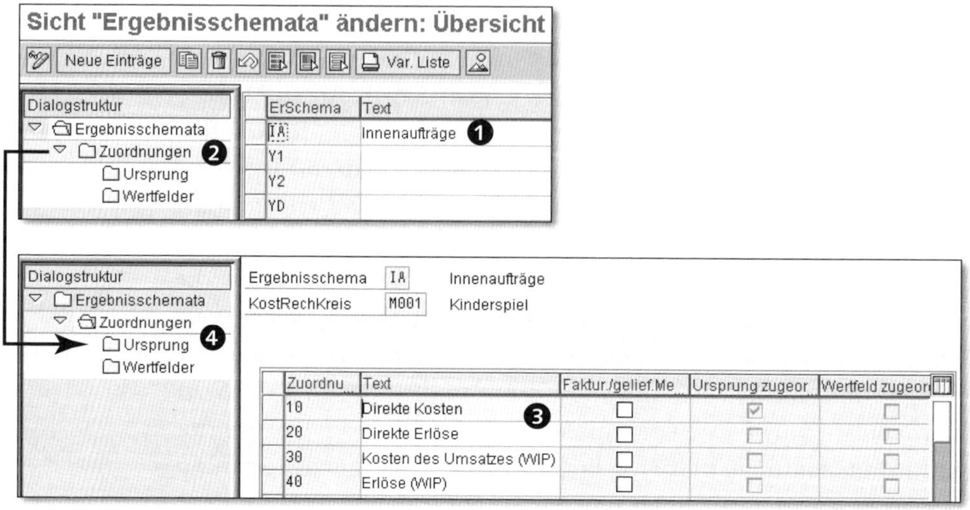

Abbildung 8.76 Ergebnisschema definieren

Von den Zuordnungen aus verzweigen Sie über URSPRUNG ❹ zur Pflege der Ursprungskostenarten. Wie beim Verrechnungsschema definieren Sie hier, welche Kosten über die entsprechende Verrechnung verarbeitet werden sollen (siehe Abbildung 8.77). Im Bereich URSPRUNG wählen Sie dazu zunächst aus, welche Art von Kosten Sie verrechnen wollen: Wählen Sie KOSTEN/ERLÖSE, geben Sie weiter oben Kostenarten an (über ein Intervall oder eine Kostenartengruppe). Wollen Sie jedoch Abweichungen von Fertigungsaufträgen an CO-PA abrechnen (siehe Abschnitt 7.4.3, »Auftragsbezogenes Produkt-Controlling«), wählen Sie ABWEICHUNGEN AUF FERTIGUNGSAUFTRÄGEN und geben eine Abweichungskategorie an; siehe dazu auch Abschnitt 8.6.6, »Produktionsabweichungen abrechnen«. Der Parameter BERECHNUNGSMOTIV AUF CS-AUFTRÄGEN bezieht sich auf die aufwandsbezogene Fakturierung, die Sie für Serviceaufträge durchführen können, die wir aber im Rahmen dieses Buches nicht berücksichtigen.

Zum Schluss definieren Sie über Wertfelder, an welches Wertfeld in CO-PA die Kosten abgerechnet werden sollen, die Sie in der entsprechenden Zuordnung festgelegt haben (siehe Abbildung 8.78). Sie bestimmen dabei zunächst in der Spalte MENGE/WERT-KZ, ob Sie Kosten oder Mengen abrechnen wollen. Über das Fix-Variabel-Kennzeichen (Spalte F) legen Sie fest, ob es sich bei der Zuordnung um fixe Kosten, variable oder eine Summe aus beidem handelt. Schließlich ordnen Sie in der Spalte WERTFELD das gewünschte Wertfeld ein.

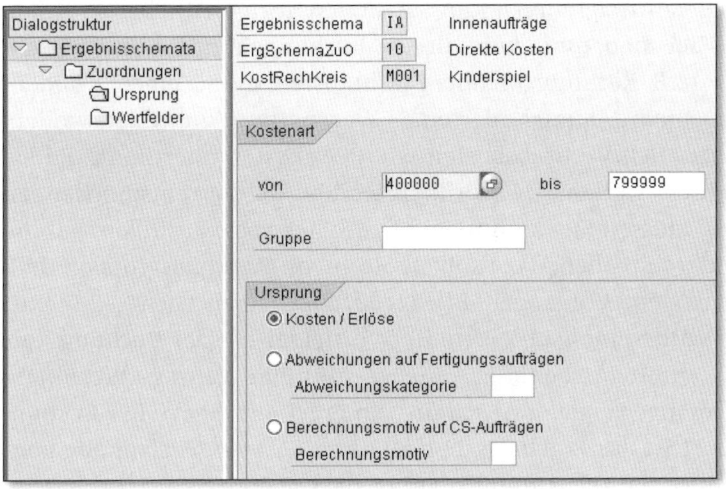

Abbildung 8.77 Ursprung zum Ergebnisschema definieren

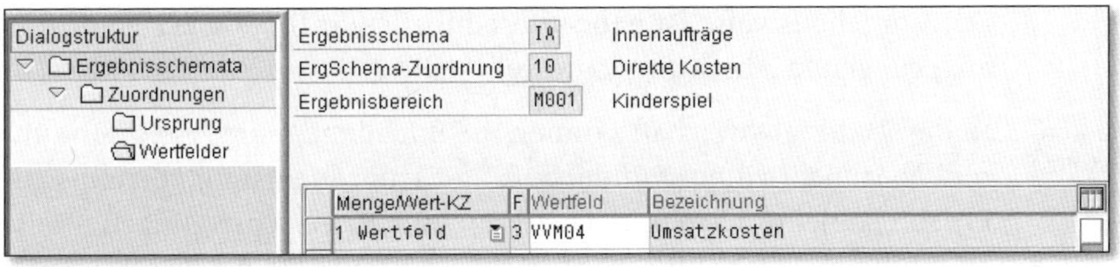

Abbildung 8.78 Wertfeld zum Ergebnisschema zuordnen

Das so definierte Ergebnisschema können Sie anhand eines Abrechnungsprofils (siehe Abschnitt 5.7.5) in den abzurechnenden Objekten vorbelegen. Falls Sie dies nicht schon beim Anlegen das Abrechnungsprofils getan haben, können Sie die Verknüpfung auch über Controlling • Ergebnis- und Marktsegmentrechnung • Werteflüsse im Ist • Aufträge/Projekte abrechnen • Ergebnisschema → Abrechnungsprofil zuordnen vornehmen.

Belege, die über die Abrechnung in CO-PA fortgeschrieben werden, sind der Vorgangsart C zugeordnet.

8.6.5 Direktkontierung aus FI/MM

Ergebnisschema für FI/MM

In manchen Fällen werden Sie Kosten auf Ergebnisobjekte buchen, die nicht in direktem Zusammenhang mit einem Kundenauftrag stehen, die also somit weder über die Übernahme von Fakturen noch durch die Auftragsabrechnung in CO-PA fortgeschrieben werden. Solche Fälle sind zum einen direkte Buchungen in der Finanzbuchhaltung – z. B. Rechnungen über Frachtkosten, die Sie einem Kundenauftrag, einem Material oder einer Warengruppe zuordnen wollen, oder aber auch Vertriebskosten wie Reisekosten oder Boni, die Sie bestimmten Merkmalen zuordnen wollen. Bei der entsprechenden Buchung müssen Sie dann manuell die Merkmale ausfüllen, auf die Sie kontieren wollen; dazu sollten Sie zuvor Merkmalsgruppen definiert und dem Vorgang RFBU zugeordnet haben (siehe Abschnitt 8.6.1, »Vorbereitungen«). Um die Wertfelder bei der Buchung korrekt zu ermitteln, benötigen Sie wie für die Auftragsabrechnung (siehe vorangegangener Abschnitt) ein Ergebnisschema. Für Buchungen aus FI ist das Ergebnisschema FI von SAP vorgegeben; Sie können es über CONTROLLING • ERGEBNIS- UND MARKTSEGMENTRECHNUNG • WERTEFLÜSSE IM IST • DIREKTKONTIERUNG AUS FI/MM • ERGEBNISSCHEMA FÜR ABRECHNUNG DEFINIEREN (Transaktion KEI2) pflegen. Die Vorgehensweise ist dabei dieselbe, die wir Ihnen bereits im vorangegangenen Abschnitt vorgestellt haben.

Automatische Kontierung einstellen

In der Materialwirtschaft können Sie Buchungen, die zu Kosten führen, aber nicht einem Kundenauftrag zuzuordnen sind, ebenfalls auf Ergebnisobjekte kontieren. Dies können z. B. Verschrottungen, Preisänderungen oder Inventurdifferenzen sein. Beim Erfassen von Warenbewegungen geben Sie jedoch nicht manuell Merkmale an, da viele Buchungen automatisch erfolgen. Stattdessen müssen Sie zunächst mittels der automatischen Kontierung dafür sorgen, dass die Kostenarten, die bei den entsprechenden Warenbewegungen gebucht werden, automatisch auf ein Ergebnisobjekt kontiert werden. Dabei ermittelt das System dann alle Merkmale, die zum Zeitpunkt der Buchung verfügbar sind – bei einer Verschrottung wären das z. B. das Material und das Werk –, und leitet daraus so weit wie möglich weitere Merkmale ab (z. B. PRODUKTHIERARCHIE, PROFIT-CENTER etc.). Die automatische Kontierung haben wir Ihnen schon einmal in Abschnitt 4.6.1, »Manuelle Istbuchungen«, vorgestellt. Im Menübaum der Ergebnisrechnung pflegen Sie sie über CONTROLLING • ERGEBNIS- UND MARKTSEGMENTRECHNUNG • WERTEFLÜSSE IM IST • DIREKTKONTIERUNG AUS FI/MM • AUTOMATISCHE KONTIERUNGSFINDUNG (Transaktion OKB9). Um eine Kostenart automatisch auf Ergebnisobjekte zu kontieren, tragen Sie sie hier ein und aktivieren, wie in Abbildung 8.79 dargestellt, den Parameter ERG. (Ergebnisobjekt).

Belege, die über FI oder MM in CO-PA gebucht werden, erhalten die Vorgangsart B.

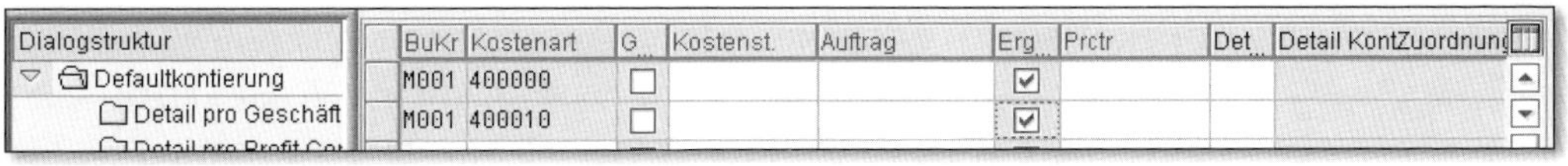

Abbildung 8.79 Automatische Kontierung für Buchungen aus MM

8.6.6 Produktionsabweichungen abrechnen

Abweichungen aus CO-PC

Wie wir in Abschnitt 7.4.3, »Auftragsbezogenes Produkt-Controlling«, erläutert haben, wird bei der Abrechnung eines abgeschlossenen Fertigungsauftrags der Saldo des Auftrags an ein Preisdifferenzenkonto abgerechnet. Falls Sie auch Abweichungen zu Fertigungsaufträgen ermitteln, können Sie die Gesamtabweichung (Sollversion 0) an CO-PA abrechnen. Dazu erstellen Sie ein Ergebnisschema, in dem Sie die entsprechenden Abweichungskategorien Wertfeldern zuordnen (siehe Abschnitt 8.6.4, »Aufträge/Projekte abrechnen«).

8.6.7 Gemeinkosten übernehmen

Um Gemeinkosten von Kostenstellen oder Geschäftsprozessen in die Ergebnisrechnung zu übernehmen, setzen Sie die Funktionalitäten Umlage, direkte bzw. indirekte Leistungsverrechnung und Template-Verrechnung ein. Umlagen und Leistungsverrechnungen haben wir in Abschnitt 4.6.3, »Periodenabschluss«, ausführlich erläutert, Templates in Abschnitt 6.4. Wir gehen an dieser Stelle daher nur auf die Unterschiede und Besonderheiten von Verrechnungen an Ergebnisobjekte ein.

Die Fortschreibung der Gemeinkosten erfolgt unter der Vorgangsart D.

Vorbereitungen

Gerechnete Werte als Bezugsbasis

Bei Verrechnungen können Sie variable Bezugsgrößen verwenden, wie z.B. das Wertfeld für den Umsatz oder die Umsatzkosten der aktuellen Periode. Wollen Sie sich jedoch nicht auf ein einzelnes Wertfeld beziehen, sondern auf eine gerechnete Größe wie z.B. den Bruttogewinn der laufenden Periode, können Sie sogenannte *Kennzahlen* verwenden. Kennzahlen erlauben es Ihnen, aus einer Kombination von Wertfeldern und mathematischen Formeln errechnete

Werte zu bestimmen. Einmal definierte Kennzahlen können Sie an verschiedenen Stellen wiederverwenden, z.B. bei der Planung im Berichtswesen. Sie erstellen eine Kennzahl im Customizing über Controlling • Ergebnis- und Marktsegmentrechnung • Werteflüsse im Ist • Gemeinkosten übernehmen • Vorbereitungen • Gerechnete Werte als Bezugsbasis definieren (Transaktion KE2K). Sie vergeben dann zunächst einen Schlüssel, ein Kurzwort und eine Bezeichnung (siehe Abbildung 8.80). Unter Kennzahl-Formelzeile können Sie dann Rechenoperationen mit Wertfeldern eingeben. Klicken Sie auf den Button Anzeigen ❶, zeigt Ihnen das System eine Liste aller Wertfelder Ihres Ergebnisbereichs. Im Beispiel haben wir den Bruttogewinn anhand des Umsatzes und der Umsatzkosten errechnet. Bevor Sie die Kennzahl sichern können, müssen Sie sie zunächst über den entsprechenden Button prüfen ❷; nach dem Sichern können Sie die Kennzahl in Verrechnungen wie z.B. Umlagen oder Top-down-Verteilungen auf die gleiche Weise verwenden wie ein Wertfeld.

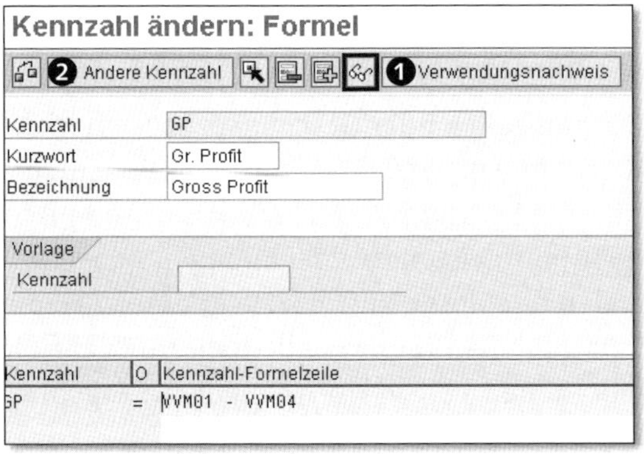

Abbildung 8.80 Kennzahl als Bezugsbasis definieren

Merkmalsgruppen Zyklen zuordnen

Um die Zahl der verfügbaren Merkmale in den Verrechnungen einzuschränken (z.B. aus Gründen der Übersichtlichkeit, aber auch um Vorgaben zu machen), können Sie den Vorgängen, die mit den Verrechnungsarten Indirekte Leistungsverrechnung (RKIL) und Umlage (KSPA) verknüpft sind, Merkmalsgruppen zuordnen. Dazu navigieren Sie im Customizing zum Punkt Controlling • Ergebnis- und Marktsegmentrechnung • Werteflüsse im Ist • Gemeinkosten übernehmen • Vorbereitungen • Merkmalsgruppen → Ist-Zyklen zuordnen (Transaktion KEVG4). Weitere Informationen zu Merkmalsgruppen und deren Pflege finden Sie in Abschnitt 8.6.1, »Vorbereitungen«.

Kostenschichtung bei Leistungsverrechnung

Falls Sie die Isttarifermittlung einsetzen, können Sie dabei zur weiteren Untergliederung der Kosten eine Kostenschichtung durchführen und ein Elementeschema zuordnen. Weitere Informationen dazu finden Sie in den Abschnitten 4.6.3, »Periodenabschluss«, und 7.3.2, »Grundeinstellungen für die Materialkalkulation«. Bei der direkten bzw. indirekten Leistungsverrechnung in CO-PA können Sie dabei auch die Kostenschichtung übernehmen. Dazu müssen Sie zunächst über Controlling • Ergebnis- und Marktsegmentrechnung • Werteflüsse im Ist • Gemeinkosten übernehmen • Vorbereitungen • Übernahme Kostenschichtung bei Leistungsverrechnung aktivieren (Transaktion KECO) festlegen, dass die Schichtung übernommen werden soll. Außerdem müssen Sie die Kostenelemente des verwendeten Elementeschemas Wertfeldern zuordnen. Wie Sie dies tun, zeigen wir weiter unten in diesem Abschnitt.

Unter Controlling • Ergebnis- und Marktsegmentrechnung • Werteflüsse im Ist • Gemeinkosten übernehmen • Vorbereitungen • Ergebnisschema → Vorgang zuordnen (Transaktion KEVG6) ordnen Sie bestimmten Vorgängen im Gemeinkosten-Controlling wie z.B. Umbuchungen oder der Nachbewertung von Tarifen ein Ergebnisschema zu, um bei den entsprechenden Buchungen die verwendeten Kostenarten mit Wertfeldern zu verknüpfen. Als Voreinstellung verwendet das System hier die Standard-Ergebnisschemata CO für Nachbewertungen, Leistungsverrechnung und Template-Verrechnungen sowie FI für Umbuchungen.

Kostenstellen-/Prozesskosten übernehmen

Nachdem Sie die oben dargestellten Vorbereitungen vorgenommen haben, können Sie damit beginnen, Gemeinkosten in die Ergebnisrechnung zu übernehmen. Eine Möglichkeit dazu bieten Umlagen, bei denen Sie Kosten von Kostenstellen oder Geschäftsprozessen anhand von sekundären Kostenarten an Ergebnisobjekte verrechnen. Eine ausführliche Erläuterung des Konzepts von Umlagen sowie deren Funktionsweise finden Sie in Abschnitt 4.6.3, »Periodenabschluss«. Wir zeigen Ihnen an dieser Stelle lediglich die Besonderheiten und Unterschiede bei Umlagen in CO-PA.

Umlagezyklus an CO-PA

Sie erstellen eine Umlage in CO-PA im Customizing über Controlling • Ergebnis- und Marktsegmentrechnung • Werteflüsse im Ist • Gemeinkosten übernehmen • Kostenstellen-/Prozesskosten übernehmen • Umlage von Kostenstellen-/Prozesskosten definieren (Transaktion KEU1). Die Kopfdaten unterscheiden sich von denen der Kostenstellenumlagen dadurch, dass Sie keine Feldgruppen auswählen können (siehe Abbildung 8.81); der Parameter kumulierte Bezugsbasis hat dieselbe Bedeutung wie kumuliert bei den Kostenstellenumlagen. Über die Senderselektionsart steuern Sie, ob Sie über den betreffenden Zyklus fixe und variable Kosten getrennt oder gemeinsam verrechnen wollen; wählen Sie eine getrennte Verrechnung, müssen Sie in den Segmenten jeweils ein Wertfeld für die fixen und eines für die variablen Kosten angeben. Sie müssen außerdem einen Kostenrechnungskreis auswählen (Feld KostRechKreis) und über die Bezugsgrösse angeben, ob Sie einen Zyklus für die kalkulatorische oder die buchhalterische Ergebnisrechnung erstellen wollen.

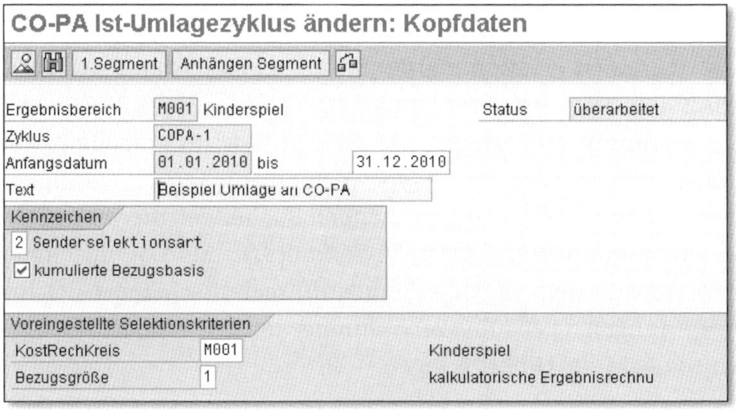

Abbildung 8.81 Umlage in CO-PA: Kopfdaten

Im Segmentkopf können Sie wie bei den Kostenstellenumlagen entweder eine Umlagekostenart oder ein Verrechnungsschema angeben, um die zu verrechnenden Kosten Umlagekostenarten zuzuordnen (siehe Abbildung 8.82). Analog können Sie ein Ergebnisschema angeben, um die zu verrechnenden Kosten Wertfeldern zuzuordnen. Tun Sie das nicht, müssen Sie, abhängig von Ihrer gewählten Senderselektionsart in den Zyklus-Kopfdaten, je ein Wertfeld für die fixen und variablen Kosten angeben oder aber eines für die Summe aus fixen und variablen Kosten.

Abbildung 8.82 Umlage in CO-PA: Segmentkopf

Als Sender können Sie wie auch bei den Umlagen im Gemeinkosten-Controlling Kostenstellen, Geschäftsprozesse und Kostenarten angeben; als Empfänger stehen Ihnen nun die Merkmale Ihres Ergebnisbereichs zur Verfügung.

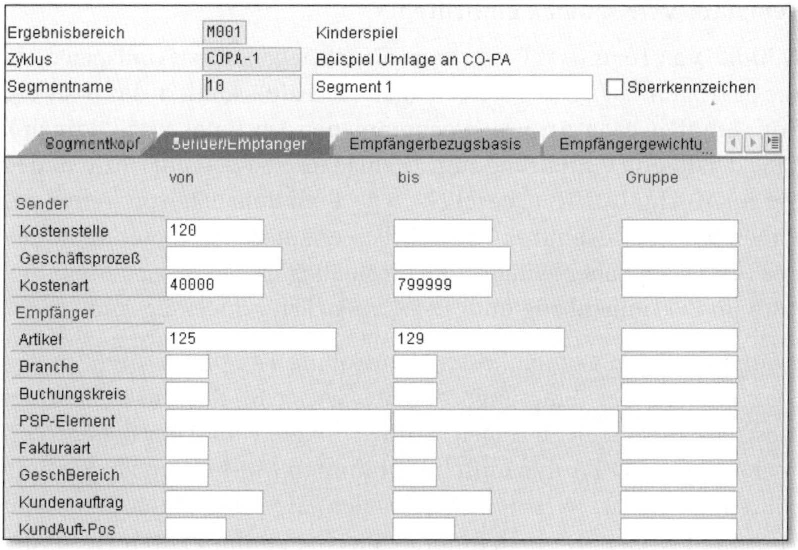

Abbildung 8.83 Umlage in CO-PA: Sender und Empfänger

Die restlichen Einstellungen sind analog zu den dargestellten Beispielen in Abschnitt 4.6.3.

Über Controlling • Ergebnis- und Marktsegmentrechnung • Werteflüsse im Ist • Gemeinkosten übernehmen • Kostenstellen-/Prozesskosten übernehmen • Zyklusübersicht Ist-Umlage anzeigen (Transaktion KEUD) können Sie eine Übersicht über alle Ihre definierten Umlagen aufrufen.

Leistungen direkt/indirekt verrechnen

Leistungsverrechnung an CO-PA

Als Alternative zur Umlage steht Ihnen die Leistungsverrechnung zur Verfügung. Eine direkte Leistungsverrechnung erfassen Sie im Anwendungsmenü über die Transaktion KB21N; Sie benötigen dafür ein Ergebnisschema, das Sie dem Vorgang für direkte Leistungsverrechnung zuordnen (siehe weiter oben in diesem Abschnitt). Für die indirekte Leistungsverrechnung erstellen Sie einen Verrechnungszyklus ähnlich wie bei der Umlage. Umfassende Informationen dazu finden Sie in Abschnitt 4.6.3. Bei der indirekten Leistungsverrechnung in CO-PA gelten dieselben Unterschiede in den Zyklus-Kopfdaten und bei den Sendern und Empfängern wie bei der Umlage (siehe weiter oben in diesem Abschnitt), ansonsten ist die Vorgehensweise dieselbe, wie in Abschnitt 4.6.3 dargestellt.

Template-Verrechnung einrichten

Mithilfe von Templates verrechnen Sie im Gegensatz zu Umlagen nicht die gesamten Kosten des Senders (*Push*-Prinzip), sondern auf Basis der vom Empfänger in Anspruch genommenen Leistungen (*Pull*-Prinzip). Eine detaillierte Einführung zum Thema Push- bzw. Pull-Prinzip finden Sie in Abschnitt 6.1, »Überblick«. Die Funktionalität von Templates haben wir in Abschnitt 6.4 ausführlich erläutert. An dieser Stelle zeigen wir Ihnen daher lediglich die Einstellungen, die speziell für Templates im Zusammenhang mit CO-PA zusätzlich notwendig sind.

Während Sie im Gemeinkosten-Controlling Templates direkt in den Stammdaten der Empfängerobjekte wie z.B. Kostenstellen oder Geschäftsprozessen eintragen, ordnen Sie die Templates bei der Verrechnung in CO-PA dynamisch bestimmten Merkmalen zu. Sie definieren zunächst, welchen Merkmalen Sie überhaupt Templates zuordnen wollen. Dann definieren Sie eine Findungsstrategie, in der Sie konkreten Merkmalswerten Templates zuweisen. Um die Template-Verrechnung zu starten, rufen Sie im Anwendungsmenü die Transaktion CPAE auf und geben für die zuvor ausgewählten Merkmale einen Wertebereich an. Die Template-Verrechnung wird dann für alle Merkmalswerte aus dem Merkmalsbereich durchgeführt, für die ein Template und Bezugswerte ermittelt werden können.

Vorgangsarten für Templates

Bevor Sie die Merkmale festlegen, schränken Sie zunächst über Controlling • Ergebnis- und Marktsegmentrechnung • Werteflüsse im Ist • Gemeinkosten übernehmen • Template-Verrechnung einrichten • Vorgangsarten zur Selektion der Kostentreiber festlegen (Transaktion KEVG) ein, zu welchen Vorgangsarten überhaupt Einzelposten bei der Template-Verrechnung berücksichtigt werden sollen (siehe Abbildung 8.84). Dies dient zum einen dazu, die Performance zu verbessern, da die nicht ausgewählten Vorgangsarten gar nicht erst ausgelesen werden müssen. Zum anderen haben Sie so die Möglichkeit zu verhindern, dass Auftragseingangswerte mit Fakturen vermischt oder gar doppelt verbucht werden.

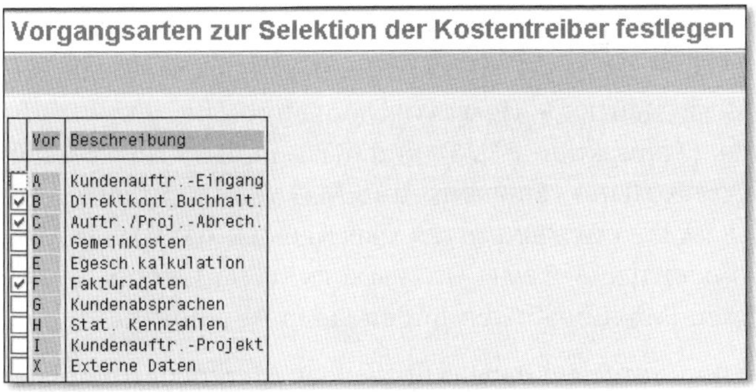

Abbildung 8.84 Vorgangsarten für die Selektion festlegen

Selektionsrelevanz für Vorgänge

Im Customizing-Eintrag Controlling • Ergebnis- und Marktsegmentrechnung • Werteflüsse im Ist • Gemeinkosten übernehmen • Template-Verrechnung einrichten • Verbuchungsmerkmale und Selektionsrelevanz pflegen (Transaktion KEAS) wählen Sie dann die Merkmale aus, denen Sie Templates zuordnen wollen (siehe Abbildung 8.85). Die über Templates zu verrechnenden Gemeinkosten werden auf allen Merkmalen gebucht, die Sie hier eintragen, und darüber hinaus auf allen davon abgeleiteten Merkmalen. Der Parameter Selektionsrelevant steuert, ob Sie das entsprechende Merkmal beim Aufruf der Template-Verrechnung als Selektionskriterium eingeben können.

Abbildung 8.85 Verbuchungsmerkmale auswählen

Template-Umgebung generieren

Unter Controlling • Ergebnis- und Marktsegmentrechnung • Werteflüsse im Ist • Gemeinkosten übernehmen • Template-Verrechnung einrichten • Template-Umgebung für CO-PA generieren (Transaktion KEAE) müssen Sie vor der ersten Nutzung der Templates in CO-PA (und nach nachfolgenden Änderungen an den Verbuchungsmerkmalen) die Template-Umgebung generieren. Dazu wählen Sie die Merkmale und Wertfelder aus, die Sie verwenden wollen, und starten den Generierungslauf.

Template-Umgebung verwalten

Die Umgebung und die Funktionsbäume für Templates in CO-PA verwalten Sie über Controlling • Ergebnis- und Marktsegmentrechnung • Werteflüsse im Ist • Gemeinkosten übernehmen • Template-Verrechnung einrichten • Template-Umgebung und Funktionsbäume pflegen (Transaktion CTU6), und die Templates selbst erstellen Sie über Controlling • Ergebnis- und Marktsegmentrechnung • Werteflüsse im Ist • Gemeinkosten übernehmen • Template-Verrechnung einrichten • Template pflegen (Transaktion CPT1). Details zu diesen Funktionalitäten finden Sie in Abschnitt 6.4.

Template-Findung

Nachdem Sie nun festgelegt haben, für welche Merkmale Templates verwendet werden sollen, und eigene Templates für CO-PA erstellt haben, ordnen Sie im Schritt Controlling • Ergebnis- und Marktsegmentrechnung • Werteflüsse im Ist • Gemeinkosten übernehmen • Template-Verrechnung einrichten • Template-Findung und weitere Verbuchungsmerkmale pflegen (Transaktion KEKW) den einzelnen Merkmalswerten Templates zu (siehe Abbildung 8.86). Die Vorgehensweise dabei ist dieselbe wie bei den Ableitungsregeln von Stammdaten (siehe Abschnitt 8.4.3, »Merkmalsableitung definieren«): Sie ordnen einem Quellfeld (in diesem Fall ein Merkmal) ein Zielfeld zu (hier: ein Template).

Sie können über Bedingungen Einschränkungen festlegen und dann Regeleinträge erfassen, in denen Sie den einzelnen Merkmalswerten Templates zuordnen (siehe Abbildung 8.87).

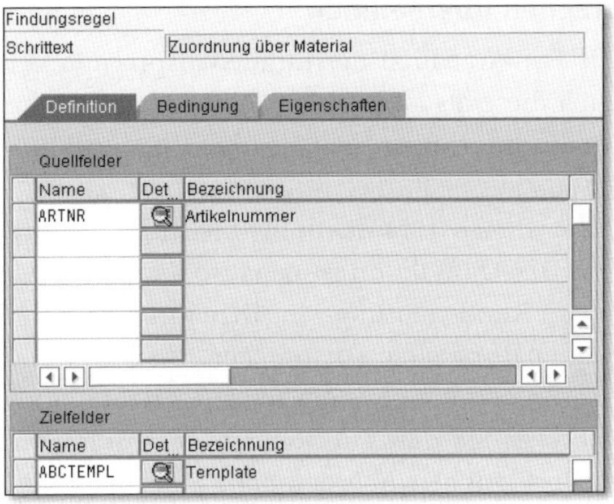

Abbildung 8.86 Template-Findung festlegen

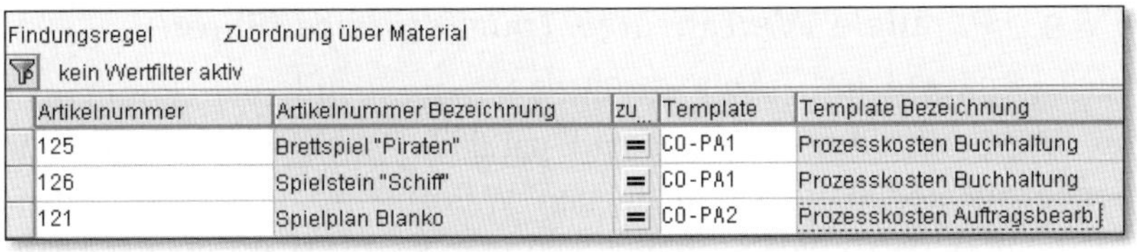
Findungsregel Zuordnung über Material
kein Wertfilter aktiv

Artikelnummer	Artikelnummer Bezeichnung	zu...	Template	Template Bezeichnung
125	Brettspiel "Piraten"	=	CO-PA1	Prozesskosten Buchhaltung
126	Spielstein "Schiff"	=	CO-PA1	Prozesskosten Buchhaltung
121	Spielplan Blanko	=	CO-PA2	Prozesskosten Auftragsbearb.

Abbildung 8.87 Zuordnung von Templates zu Merkmalwerten

Verrechnungskostenarten zuordnen

Wie bei den zuvor besprochenen Umlagen und Leistungsverrechnungen benötigen Sie auch bei der Verrechnung von Templates ein Ergebnisschema, um die Verrechnungskostenarten den Wertfeldern zuzuordnen. Sie können das Ergebnisschema unter Controlling • Ergebnis- und Marktsegmentrechnung • Werteflüsse im Ist • Gemeinkosten übernehmen • Template-Verrechnung einrichten • Ergebnisschema für Template- und Leistungsverrechnung pflegen bearbeiten (Transaktion KEI3). Sie müssen das Ergebnisschema außerdem dem Vorgang Template-Verrechnung (Ist) zuordnen (siehe weiter oben in diesem Abschnitt).

Falls Sie die Übernahme der Kostenschichtung bei der Leistungsverrechnung aktiviert haben (siehe weiter oben in diesem Abschnitt), müssen Sie über Controlling • Ergebnis- und Marktsegmentrechnung • Werteflüsse im Ist • Gemeinkosten übernehmen • Template-Verrechnung einrichten • Schichtungszuordnung für Leistungsverrechnung pflegen (Transaktion KEICO) jedem Kostenelement des verwendeten Elementeschemas ein Wertfeld zuordnen.

8.6.8 Kundenabsprachen übernehmen

Kundenabsprachen zuordnen

Falls Sie im Vertrieb die Funktionalität der Kundenabsprachen verwenden, können Sie auch diese als Istwerte in CO-PA übernehmen. Die entsprechenden Konditionsarten ordnen Sie über CONTROLLING • ERGEBNIS- UND MARKTSEGMENTRECHNUNG • WERTEFLÜSSE IM IST • KUNDENABSPRACHEN ÜBERNEHMEN (Transaktion KES4) den entsprechenden Wertfeldern zu. Die Transaktion ist genauso aufgebaut wie die für die Übernahme von Kundenauftragseingängen und Fakturen (siehe weiter oben). Kundenabsprachen entsprechen Budgets, deren Inanspruchnahme als Verfügung vom System fortgeschrieben wird. In dieser Transaktion können Sie durch Aktivieren des Parameters BUDGETVERFÜGUNG die Verfügungen übernehmen. Belege zu Kundenabsprachen werden unter der Vorgangsart G geführt.

8.6.9 Parallele Wertansätze/Transferpreise führen

Wie wir in Abschnitt 2.2.5 ausführlich dargestellt haben, können Sie im SAP-Controlling durchgehend parallele Wertansätze führen, in denen Sie neben unterschiedlichen Währungen auch verschiedene Sichtweisen darstellen können. So können Sie für Warenbewegungen eine legale Sicht (für das externe Berichtswesen), eine Konzernsicht (mit konsolidierten Zwischenumsätzen zwischen Tochterunternehmen) sowie eine Profit-Center-Sicht abbilden. Bei der letztgenannten Sicht können Sie Transferpreise für Warenverkäufe zwischen Profit-Centern vereinbaren; genauere Informationen dazu finden Sie in Abschnitt 9.6, »Transferpreise«.

Konten für interne Warenbewegungen

Die Ergebnis- und Marktsegmentrechnung ist üblicherweise nur auf Umsätze mit externen Kunden fokussiert. Falls Sie jedoch in der parallelen Bewertung eine Profit-Center-Sicht führen, können Sie in CO-PA auch die dabei entstehenden internen Umsätze abbilden. Wie Sie in Abschnitt 9.6.2, »Einstellungen für interne Warenbewegungen«, nachlesen können, müssen Sie für Transferpreise zwischen Profit-Centern Konten für interne Warenbewegungen definieren. Diese verknüpfen Sie nun in CO-PA über CONTROLLING • ERGEBNIS- UND MARKTSEGMENTRECHNUNG • WERTEFLÜSSE IM IST • PARALLELE WERTANSÄTZE/TRANSFERPREISE FÜHREN • KONTEN FÜR INTERNE WARENBEWEGUNGEN ZUORDNEN (Transaktion KEAD01) mit Wertfeldern (siehe Abbildung 8.88).

Abbildung 8.88 Konten für interne Warenbewegungen mit Wertfeldern verknüpfen

Profit-Center-Bewertung aktivieren

Anschließend aktivieren Sie über CONTROLLING • ERGEBNIS- UND MARKTSEGMENTRECHNUNG • WERTEFLÜSSE IM IST • PARALLELE WERTANSÄTZE/TRANSFERPREISE FÜHREN • PROFIT-CENTER-BEWERTUNG AKTIVIEREN (Transaktion KEKG) die Fortschreibung der Profit-Center-Bewertung in der Ergebnisrechnung.

8.6.10 Periodische Anpassungen

Im Anwendungsmenü können Sie periodische Anpassungen auf zwei unterschiedliche Weisen vornehmen: als periodische Bewertung (über die Transaktion KE27), bei der Sie Istdaten nachträglich neu bewerten können, oder als Top-down-Verteilung (Transaktion KE28), mittels derer Sie auf verdichteter Ebene wie z.B. WERK oder PROFIT-CENTER gebuchte Werte auf detailliertere Merkmale wie z.B. MATERIAL herunterbrechen. Bei der Top-down-Verteilung definieren Sie sogenannte *Bezugsbasen*, für die Sie neben Wertfeldern auch gerechnete Werte heranziehen können. Um gerechnete Werte nutzen zu können, benötigen Sie sogenannte *Kennzahlen*; wie Sie diese anlegen, haben wir in Abschnitt 8.6.7, »Gemeinkosten übernehmen«, erläutert.

8.6.11 Ergebnisrechnung aktivieren

CO-PA aktiv setzen

Wenn Sie alle notwendigen Einstellungen für die Istdaten vorgenommen haben, müssen Sie die Ergebnisrechnung noch in allen Kostenrechnungskreisen aktivieren, in denen Sie sie einsetzen wollen. Dazu wählen Sie im Customizing-Eintrag CONTROLLING • ERGEBNIS- UND MARKTSEGMENTRECHNUNG • WERTEFLÜSSE IM IST • ERGEBNISRECHNUNG AKTIVIEREN (Transaktion KEKE) das gewünschte Aktivkennzeichen aus – mit 2 aktivieren Sie nur die kalkulatorische Ergebnisrechnung, mit 3 nur die buchhalterische und mit 4 beide Formen der Ergebnisrechnung. Bevor Sie diese Einstellung vornehmen können, müssen Sie den entsprechenden Kostenrechnungskreis Ihrem Ergebnisbereich zugeordnet haben (siehe dazu Abschnitt 8.2, »Voraussetzungen und Grundeinstellungen«).

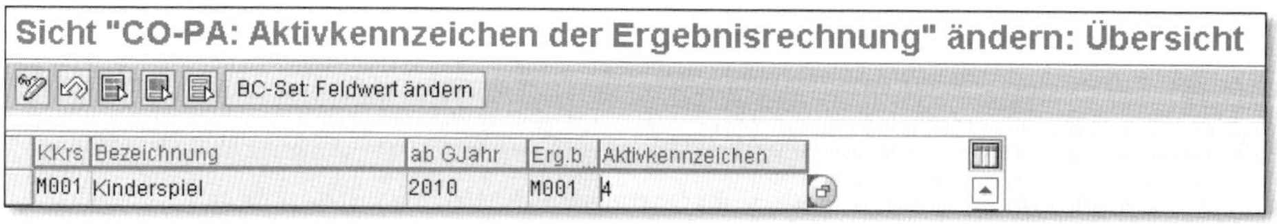

Abbildung 8.89 Ergebnisrechnung im Kostenrechnungskreis aktivieren

Wir schließen damit den Abschnitt zu den Wertflüssen im Ist ab. Als Nächstes stellen wir die Werkzeuge vor, die Ihnen im Customizing von CO-PA zur Verfügung stehen.

8.7 Werkzeuge

Unter dem Menübaum CONTROLLING • ERGEBNIS- UND MARKTSEGMENTRECHNUNG • WERKZEUGE hat SAP eine Reihe von Funktionalitäten zusammengefasst, die für den Produktivstart und den täglichen Betrieb sehr nützlich sein können.

8.7.1 Verdichtungsebenen

Was ist eine Verdichtungsebene?

Verdichtungsebenen dienen dazu, das Datenvolumen in CO-PA für Lesezugriffe zu komprimieren und damit die Antwortzeiten z.B. bei Rechercheberichten oder bei der Planung zu verbessern, wenn große Datenmengen gelesen werden. Sie definieren Verdichtungsebenen zunächst im Customizing und wählen dabei Merkmale aus, über die Sie verdichten wollen. Dabei werden alle Datensätze zusammengefasst, die in den noch übrigen, nicht verdichteten Merkmalen gleiche Werte aufweisen. Ein Beispiel für eine Verdichtung finden Sie in Abschnitt 8.3.4, »Merkmalsverwendung«.

Vorschlag erstellen lassen

Über CONTROLLING • ERGEBNIS- UND MARKTSEGMENTRECHNUNG • WERKZEUGE • VERDICHTUNGSEBENEN • AUTOMATISCHEN VORSCHLAG ERSTELLEN LASSEN (Transaktion KEDVP) können Sie sich vom System einen Vorschlag machen lassen, welche Merkmale geeignete Kandidaten für die Verdichtung sind. Dabei werden die bisherigen Datenbankzugriffe auf CO-PA im System berücksichtigt; dies wird nur einem Produktivsystem, das schon eine Weile in Betrieb ist, vernünftige Anhaltspunkte liefern. In einem Testsystem ist diese Funktionalität nicht zu gebrauchen.

Verdichtungsebenen definieren

Die Verdichtungsebenen legen Sie über CONTROLLING • ERGEBNIS- UND MARKTSEGMENTRECHNUNG • WERKZEUGE • VERDICHTUNGSEBENEN • VERDICHTUNGSEBENEN DEFINIEREN • VERDICHTUNGSEBENEN DEFINIEREN (Transaktion KEDV) an. Legen Sie zunächst eine neue Ebene an, und klicken Sie dann auf MERKMALE (siehe Abbildung 8.90). Sie können dann auswählen, welche Merkmale verdichtet werden sollen. Alle Merkmale, für die Sie einen konkreten Wert oder einen »*« in der Spalte MERKMALSWERT eintragen, bleiben für Auswertungen erhalten. Tragen Sie einen konkreten Wert ein wie hier im Beispiel beim Kostenrechnungskreis, wird für die entsprechende Verdichtungsebene über dieses Merkmal selektiert, d.h., es werden nur Belege aufgenommen, die z.B. zum Kostenrechnungskreis M001 gehören. Alle Merkmale, für die Sie den Merkmalswert frei lassen, werden verdichtet und stehen somit in Auswertungen nicht zur Verfügung.

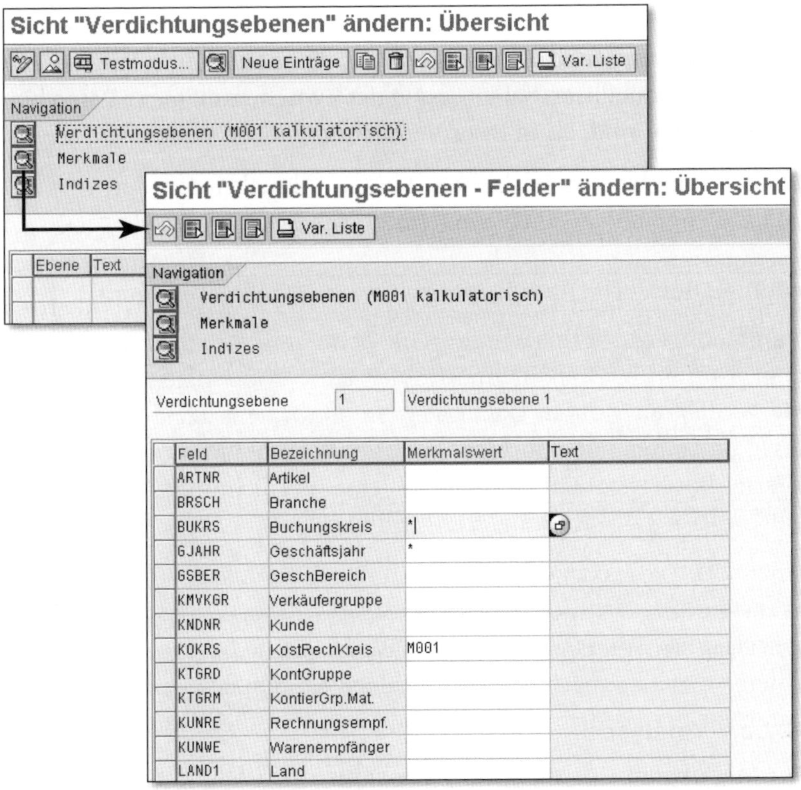

Abbildung 8.90 Verdichtungsebene definieren

Indizes erstellen

Klicken Sie auf Indizes, haben Sie außerdem die Möglichkeit, bis zu 15 Indizes zu erstellen. Ein Index optimiert den Datenbankzugriff für das entsprechende Merkmal; Selektionen über ein indiziertes Merkmal sind besonders schnell. Sie sollten zunächst die Merkmale definieren, das System erstellt dann automatisch geeignete Indizes. Diese automatisch generierten Indizes reichen in der Regel aus, bis Ihre Datenbanktabelle ein großes Volumen erreicht hat. Erst ab einem gewissen Datenvolumen ist es empfehlenswert, die Indizes zu überarbeiten und gegebenenfalls anzupassen.

Wenn Sie Ihre Verdichtungsebenen angelegt haben, erhalten diese den Status Aktiv, ohne Daten. Um sie mit Daten zu füllen, wechseln Sie im Anwendungsmenü zur Transaktion KEDU. Geben Sie hier die entsprechenden Verdichtungsebenen an, und wählen Sie unter Daten in Verdichtungsebenen aus, was Sie tun wollen (siehe Abbildung 8.91). Wählen Sie Aufbau neuer Ebenen, um eine neu angelegte Ebene mit dem Status Aktiv, ohne Daten zu initialisieren und mit Daten zu füllen. Ab dann bringen Sie die entsprechenden Ebenen mit der Option Aktualisieren auf den neuesten Stand. Wählen Sie Löschen und Neuaufbauen, wenn Sie die Verdichtungsebenen eine längere Zeit nicht mehr aktualisiert haben und in der Zwischenzeit mehr Daten hinzugekommen sind, als in Ihrer Verdichtungsebene stehen.

Verdichtungsebenen aufbauen

Im produktiven Betrieb sollten Sie das Aktualisieren der Verdichtungsebenen als regelmäßigen Hintergrundjob einplanen.

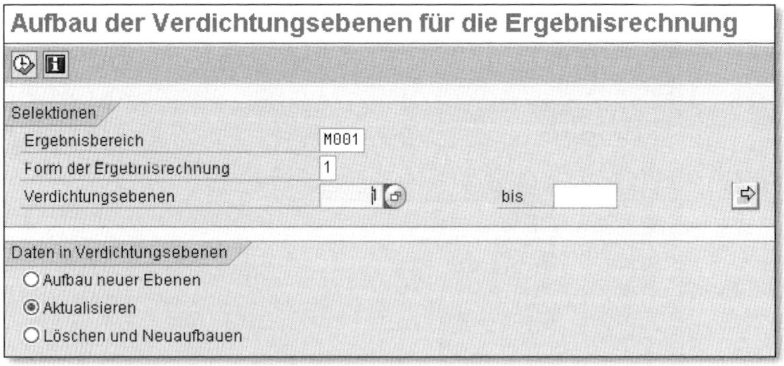

Abbildung 8.91 Aktualisieren der Verdichtungsebenen

8.7.2 Analyse

Customizing von CO-PA analysieren

Im Menübaum Controlling • Ergebnis- und Marktsegmentrechnung • Werkzeuge • Analyse finden Sie einige Funktionen, um die

Customizing-Einstellungen zu überprüfen und Datenflüsse in CO-PA zu analysieren bzw. zu simulieren, wie etwa die Bewertung, die Fakturaübernahme oder die Abrechnung.

8.7.3 Produktivstart

Testdaten löschen

Über Controlling • Ergebnis- und Marktsegmentrechnung • Werkzeuge • Produktivstart • Bewegungsdaten löschen (Transaktion KEDB) haben Sie die Möglichkeit, in einem Testsystem alle Bewegungsdaten in einem Ergebnisbereich zu löschen.

Einstellungen transportieren

Wie bereits in Abschnitt 8.3.3, »Ergebnisbereich pflegen«, erwähnt, wird bei Änderungen am Ergebnisbereich nicht automatisch ein Transportauftrag erstellt. Sie müssen den Transport des Ergebnisbereichs wie auch einiger anderer Einstellungen wie z.B. Zyklen, Planungslayouts etc. manuell über Controlling • Ergebnis- und Marktsegmentrechnung • Werkzeuge • Produktivstart • Objekte transportieren (Transaktion KE3I) anstoßen.

Falls Sie CO-PA nachträglich in einem bereits produktiven System eingeführt haben und dies nicht zu einem Geschäftsjahreswechsel erfolgt ist, können Sie nachträglich Kundenaufträge und Fakturen in CO-PA übernehmen. Um Kundenaufträge zu übernehmen, müssen Sie über Controlling • Ergebnis- und Marktsegmentrechnung • Werkzeuge • Produktivstart • Nachbuchen von Kundenaufträgen vorbereiten (Transaktion KE4F) zunächst die gewünschten Aufträge auswählen. Im nächsten Schritt übernehmen Sie die somit vorbereiteten Kundenaufträge dann über Controlling • Ergebnis- und Marktsegmentrechnung • Werkzeuge • Produktivstart • Nachbuchen von Kundenaufträgen ausführen (Transaktion KE4T). Fakturen können Sie über Controlling • Ergebnis- und Marktsegmentrechnung • Werkzeuge • Produktivstart • Nachbuchen von Fakturen (Transaktion KE4S) übernehmen.

8.7.4 Hilfsmittel

Texte übersetzen

Unter Controlling • Ergebnis- und Marktsegmentrechnung • Werkzeuge • Hilfsmittel • Texte übersetzen (Transaktion KETR) steht Ihnen ein nützliches Werkzeug zur Verfügung, um Texte in CO-PA in andere Anmeldesprachen in SAP ERP zu übersetzen. Sie können hier die Texte von allen Merkmalen, Wertfeldern und Berichten in verschiedenen Sprachen pflegen.

8.8 Buchhalterische Ergebnisrechnung

Besonderheiten buchhalterisches CO-PA

Wie in Abschnitt 8.1, »Überblick«, bereits erwähnt, haben wir uns bisher auf die Einstellungen für die kalkulatorische Ergebnisrechnung konzentriert. Die buchhalterische Ergebnisrechnung führt aufgrund ihrer im Vergleich zur kalkulatorischen eingeschränkten Funktionalität und Flexibilität ein Schattendasein. Dennoch hat sie ihre Daseinsberechtigung und ist in bestimmten Fällen sogar sinnvoller einzusetzen als die kalkulatorische Ergebnisrechnung, wenn eine oder mehrere der folgenden Bedingungen für Sie zutreffen:

- Sie benötigen eine exakte Abstimmung zwischen FI und CO-PA; dies ist insbesondere im nordamerikanischen Raum eine häufige Anforderung. Wie zu Beginn von Abschnitt 8.6, »Werteflüsse im Ist«, erläutert, gibt es einige Fälle, in denen diese Abstimmung nicht ohne Weiteres zu erreichen ist.
- Sie können auf die Bewertung mittels Kalkulationsschemata oder mit Hilfe der Produktkalkulation verzichten, weil Sie z.B. ausschließlich Handelsware verkaufen.
- Ein Teil oder alle Ihrer verkauften Produkte sind mit dem gleitenden Durchschnittspreis bewertet, sodass Sie bei der kalkulatorischen Ergebnisrechnung häufig Abweichungen zwischen den Kosten des Umsatzes in FI und in CO-PA haben.
- Sie benötigen keine Aussage über Ihren Auftragsgang bzw. Auftragsbestand.

Customizing für buchhalterisches CO-PA

Bei der Implementierung der buchhalterischen Ergebnisrechnung müssen Sie außerdem Folgendes beachten:

Für Ihren Ergebnisbereich können Sie entscheiden, ob Sie nur eine Form der Ergebnisrechnung einsetzen oder beide. Entscheiden Sie sich für beide, beachten Sie, dass sich damit auch die Anzahl der Belege für die Ergebnisrechnung verdoppelt.

[»]

Ergebnisbereich setzen und Form der Ergebnisrechnung vorschlagen

Wenn Sie in Ihrem Ergebnisbereich beide Formen der Ergebnisrechnung aktiviert haben, müssen Sie, wie in Abschnitt 8.3.3, »Ergebnisbereich pflegen«, erläutert, über die Transaktion KEBC (Ergebnisbereich setzen) einstellen, in welcher Form Sie aktuell arbeiten wollen. Abhängig davon, welche Form Sie gewählt haben, können Sie nur die dazugehörigen Customizing-

Einstellungen pflegen, Sie sehen in der Anwendung nur die Belege der gewählten Form und können auch nur die dazugehörigen Berichte ausführen. Die komplette Funktionalität der aktuell nicht ausgewählten Art der Ergebnisrechnung ist für Sie jeweils komplett unsichtbar.

Für die buchhalterische Ergebnisrechnung pflegen Sie den Ergebnisbereich mitsamt seiner Merkmale analog zur kalkulatorischen Ergebnisrechnung; Sie können aber keine Wertfelder bearbeiten.

Die Merkmalsableitung funktioniert in beiden Arten der Ergebnisrechnung identisch. Die Bewertung hingegen verwenden Sie bei der buchhalterischen CO-PA-Komponente überhaupt nicht.

Für die Planung steht Ihnen bei der buchhalterischen Ergebnisrechnung weitgehend dieselbe Funktionalität zur Verfügung wie bei der kalkulatorischen. Sie planen jedoch nicht mit Bezug zu Wertfeldern, sondern zu Kostenarten. Sie können dieselben Planungsfunktionen verwenden, mit Ausnahme der Bewertung und Umbewertung.

Im Rahmen der Istbuchungen benötigen Sie keine Einstellungen, um Konditionswerte aus Fakturen zu übernehmen. Die Funktionalität der Übernahme des Kundenauftragseingangs steht Ihnen bei der buchhalterischen Ergebnisrechnung nicht zur Verfügung. Für Erlöse, die über die Komponente SD fakturiert werden, benötigen Sie keine weiteren Einstellungen, da ja die Kundenaufträge direkt auf Ergebnisobjekte kontiert sind. Um jedoch den Warenausgang für Lieferscheine in der buchhalterischen CO-PA-Komponente auf Ergebnisobjekten fortzuschreiben, müssen Sie die verwendeten Kostenarten in der automatischen Kontierung eintragen und so einstellen, dass sie auf Ergebnisobjekte kontiert werden sollen (siehe Abschnitt 8.6.5, »Direktkontierung aus FI/MM«). Bei der Abrechnung von Aufträgen, Projekten und kosten- und erlösführenden Kundenauftragspositionen benötigen Sie kein Ergebnisschema; die abgerechneten Werte werden in der buchhalterischen CO-PA-Komponente anhand der verwendeten Abrechnungskostenarten fortgeschrieben bzw. bei kostenartengerechter Abrechnung unter den Ursprungskostenarten (siehe auch Abschnitt 8.6.4, »Aufträge/Projekte abrechnen«).

Die buchhalterische CO-PA-Komponente wird in der Onlinedokumentation zu SAP ERP nur am Rande erwähnt. Ausführlichere Informationen zu diesem Thema finden Sie im OSS-Hinweis 69384.

8.9 Aufbau der Ergebnbisrechnung in den drei Beispielunternehmen

Ebenso wie in den vorangegangenen Kapiteln werden wir Ihnen im Folgenden verschiedene Einsatzmöglichkeiten der Ergebnisrechnung anhand unserer Beispielunternehmen illustrieren. Zunächst zeigen wir dabei auf, welche Grundüberlegungen bei der Einführung von CO-PA angestellt werden sollten.

8.9.1 Grundüberlegungen

Kalkulatorische oder buchhalterische Ergebnisrechnung? Kriterien, um diese Frage zu beantworten, haben wir bereits im vorangegangenen Abschnitt aufgeführt: Im Normalfall sollten Sie die kalkulatorische Ergebnisrechnung einsetzen. Es gibt bestimmte Konstellationen, in denen die buchhalterische jedoch empfehlenswert ist: wenn eine kontengenaue Abstimmung zwischen CO-PA und FI erforderlich ist, Sie die Bewertung und die Ermittlung des Auftragseingangs nicht benötigen bzw. Sie Ihre Produkte zum gleitenden Durchschnittspreis bewerten.

Welche Merkmale? Welche Merkmale Sie benötigen, hängt von Ihren Reportinganforderungen ab. Eine wichtige Entscheidung ist, ob Sie Kundenaufträge und Kundenauftragspositionen als Merkmale führen, da diese das Belegvolumen stark erhöhen.

Welche Wertfelder? Auch diese Entscheidung kann nicht pauschal beantwortet werden; die Wertfelder hängen von Ihrer Reportingstruktur ab.

Wie sollen die Kosten des Umsatzes ermittelt werden? Bei der kalkulatorischen Ergebnisrechnung haben Sie hier die Wahl, ob Sie lediglich die SD-Konditionen übernehmen oder eine Bewertung durchführen, bei der Sie Werte aus der Materialkalkulation heranziehen und eigene Kalkulationsschemata definieren können.

Welche Planungsszenarien sollen verwendet werden? Sie müssen sich überlegen, welche Merkmale und Wertfelder Sie für die Planung einsetzen wollen, welche Planpakete Sie festlegen und welche Planungshilfen Sie den Anwendern zur Verfügung stellen.

Welche Istwerte sollen in die Ergebnisrechnung übernommen werden, und wie sollen diese gebucht werden? Bei dieser Fragestellung müssen

Sie bei Einsatz der kalkulatorischen Ergebnisrechnung entscheiden, ob Sie Fakturen direkt aus SD übernehmen oder Ihre Kundenauftragspositionen als kosten- und erlösführend deklarieren, um sie in CO-PA abzurechnen. Falls Sie Innenaufträge bzw. Projekte einsetzen, sollten Sie diese in aller Regel ebenfalls in die Ergebnisrechnung abrechnen, vor allem, wenn es sich dabei um Kundenprojekte handelt. Darüber hinaus entscheiden Sie, ob Sie auch Gemeinkosten für Ihre Auswertungen heranziehen wollen, indem Sie auch Kostenstellen und/oder Geschäftsprozesse per Umlage an die Ergebnisrechnung verrechnen.

8.9.2 Einsatz der Ergebnisrechnung bei einem Produktionsunternehmen

Die Firma *Kinderspiel* hat die kalkulatorische Ergebnisrechnung im Einsatz, da keines der Kriterien erfüllt ist, die für die buchhalterische Variante sprechen: Alle Verkaufsprodukte sind zum Standardpreis bewertet, und man will die Bewertung einsetzen, um die Kosten des Umsatzes detaillierter analysieren zu können.

Die wichtigsten Merkmale für *Kinderspiel* sind ARTIKEL, PRODUKTGRUPPE, PROFIT-CENTER, KUNDE und LAND. Kundenaufträge und Kundenauftragspositionen werden nicht als Merkmal benötigt. Die Wertfelder sind so strukturiert, dass damit eine GuV nach dem Umsatzkostenverfahren durchgeführt werden kann.

Das Unternehmen setzt außerdem die Funktionalität zur Ermittlung des Auftragseingangs ein, da diese Kennzahl wichtig für die Bedarfsplanung ist.

Bei *Kinderspiel* verwendet man die Bewertung mit Materialkalkulation, um in CO-PA anhand der Kostenschichtung eine detaillierte Analyse durchführen zu können, welche Einsatzkosten für bestimmte Rohstoffe wie Holz, Plastik oder Pappe angefallen sind.

Die Kundenauftragspositionen bei *Kinderspiel* sind allesamt nicht kosten- und erlösführend, da keine Kundeneinzelfertigung betrieben wird. Somit werden alle Fakturen direkt in CO-PA durchgebucht. Die Innenaufträge, die für die Forschung und Entwicklung verwendet werden, werden zum Monatsende an Ergebnisobjekte abgerechnet. Darüber hinaus werden die Gemeinkosten aus der Kostenstellenrechnung monatlich in CO-PA umgelegt.

Im Rahmen der Planung führt man eine Absatz- und Umsatzplanung auf der Ebene von Produktgruppen und Profit-Centern je Region und Land durch. Die Planungspakete sind so strukturiert, dass die regionalen Vertriebsleiter für ihren jeweiligen Bereich planen können.

Aufgrund all dieser Daten erstellt *Kinderspiel* eine GuV nach dem Umsatzkostenverfahren je Produktgruppe. Man ist somit in der Lage, eine Deckungsbeitragsrechnung bis zum EBIT auf dieser Detailebene durchzuführen.

8.9.3 Einsatz der Ergebnisrechnung bei einem Großhändler

Der Großhändler *Hightech-Handel* setzt die buchhalterische Ergebnisrechnung ein. Hintergrund dieser Entscheidung ist vor allem die Tatsache, dass man ausschließlich Handelsware verkauft und diese zum gleitenden Durchschnittspreis bewertet. Da Kundenaufträge in der Regel binnen kürzester Zeit abgewickelt werden, wird die Kenngröße AUFTRAGSEINGANG nicht benötigt. Das Produktkosten-Controlling nutzt *Hightech-Handel* ohnehin nicht, weshalb man auch keinen Ansatzpunkt hat, die Bewertung einzusetzen.

Die wichtigsten Merkmale für die Auswertung sind PROFIT-CENTER, PRODUKTGRUPPE, LAND und KUNDE. Die Margen in diesem Geschäft sind sehr gering, sodass ein einzelner großer Kundenauftrag mit einer schlechten Marge das Tagesergebnis stark beeinflussen kann. Man hat deshalb Kundenaufträge und Kundenauftragspositionen als Merkmale definiert, um das Ergebnis einzelner Kundenaufträge ermitteln zu können.

Das Unternehmen berichtet nach dem Gesamtkostenverfahren, allerdings verwenden die Controller dafür nicht CO-PA, sondern das neue Hauptbuch. In der Ergebnisrechnung wird eine Deckungsbeitragsrechnung je Produktgruppe und Kunde durchgeführt, in die auch Gemeinkosten mit einfließen.

Da die buchhalterische Ergebnisrechnung im Einsatz ist, werden somit auch alle Kundenaufträge direkt durchgebucht.Bei *Hightech-Handel* werden Innenaufträge im Marketing eingesetzt, die monatlich an CO-PA abgerechnet werden. Darüber hinaus ist die Prozesskostenrechnung im Einsatz, mittels derer per Template-Verrechnung die Kosten für die Kundenauftragsbearbeitung an das Merkmal KUNDE verrechnet werden. Die Administrationskosten aus der Kostenstellenrechnung werden mittels einer Umlage an die Ergebnisrechnung verrechnet.

Die Planung nutzt *Hightech-Handel*, um eine Absatzplanung je Kunde und Profit-Center pro Land durchzuführen. Die Planpakete sind so strukturiert, dass sie von den Vertriebsleitern je Land bearbeitet werden.

8.9.4 Einsatz der Ergebnisrechnung bei einem Dienstleistungsunternehmen

Das Beratungshaus *RM Consulting* hat die kalkulatorische Ergebnisrechnung im Einsatz; zwar führt man auch hier keine Bewertung durch, man entschied sich aber für diese Form, um Wertfelder einsetzen zu können, anhand derer sich die Kosten und Erlöse verdichten lassen. Die wichtigsten Merkmale in diesem Szenario sind PROFIT-CENTER, KUNDE, BRANCHE DES KUNDEN, REGION und LAND. Außerdem wird das Merkmal INNENAUFTRAG eingesetzt, um Kundenprojekte individuell zu analysieren.

Die Controller bei *RM Consulting* würden gern den Auftragseingang für ihre Kundenprojekte ermitteln; da sie dies jedoch mittels Innenaufträgen tun, ist dies nicht möglich. Der Grund dafür ist, dass die entsprechenden Kundenauftragspositionen auf die Innenaufträge kontiert sind und somit nicht auf ein Ergebnisobjekt; der Auftragseingang kann deshalb nicht fortgeschrieben werden. Es gibt zwar eine Funktionalität zur Ermittlung des Auftragseingangs in einer solchen Konstellation, diese funktioniert aber nur für Projekte.

Für die Innenaufträge der Kundenprojekte wird monatlich die Ergebnisermittlung vorgenommen, um die Ware in Arbeit zu ermitteln. Anschließend werden die Ergebnisse dieses Schrittes an die Ergebnisrechnung abgerechnet.

Zum Periodenende erfolgt außerdem eine Umlage der Gemeinkosten von den Kostenstellen in die Ergebnisrechnung; die Verwaltungskosten werden dabei den Regionen zugeordnet.

RM Consulting berichtet nach dem Gesamtkostenverfahren, das nicht in CO-PA abgebildet wird, sondern in der Profit-Center-Rechnung. In der Ergebnisrechnung werden daher Analysen über Umsatz, Kosten des Umsatzes, Vertriebs- und Verwaltungskosten je Auftrag, Profit-Center, Kunde und Region durchgeführt.

Bei der Planung wird der Umsatz je Region und Profit-Center erfasst.

8.10 Zusammenfassung

In diesem Kapitel haben wir Ihnen alle Einstellungen gezeigt, die Sie für die Ergebnis- und Marktsegmentrechnung durchführen können. Nach einem Überblick, in dem wir Ihnen die grundsätzliche Funktionalität dieser Komponente erläutert haben, haben wir kurz die Voraussetzungen und Grundeinstellungen besprochen, die Sie vorab vornehmen müssen. Im Rahmen der Strukturen haben wir Ihnen gezeigt, wie Sie Merkmale und Wertfelder anlegen und diese einem Ergebnisbereich zuordnen können. Im Abschnitt über Stammdaten haben Sie die verschiedenen Möglichkeiten kennengelernt, Stammdaten abzuleiten. Außerdem haben wir Ihnen die verschiedenen Einsatzmöglichkeiten der Bewertung gezeigt, die Sie mittels einer Materialkalkulation oder über eigene Kalkulationsschemata durchführen können. Wesentlicher Bestandteil der Planung ist der Planungseinstieg, der es Ihnen erlaubt, Ihren Anwendern eine genau definierte Umgebung für die Planung zur Verfügung zu stellen. Darüber hinaus haben Sie zahlreiche Planungshilfen zur Auswahl, die Sie vorkonfigurieren können. Im Ist steht Ihnen eine Reihe von Möglichkeiten offen, Werte in die Ergebnisrechnung zu übernehmen. Sie können den Kundenauftragseingang fortschreiben, Fakturen anhand von SD-Konditionen Wertfeldern zuordnen oder aber Projekte und Aufträge abrechnen. Darüber hinaus besteht die Möglichkeit, Produktionsabweichungen aus dem Produktkosten-Controlling abzurechnen und Gemeinkosten aus der Kostenstellen- bzw. Prozesskostenrechnung zu verrechnen. Im Anschluss haben wir Ihnen eine Auswahl an Werkzeugen wie die Verdichtungsebenen vorgestellt, die Sie im Produktivbetrieb nutzen können. Zum Schluss des Kapitels sind wir wieder zu unseren Beispielunternehmen zurückgekehrt und haben skizziert, wie die Ergebnisrechnung dort eingesetzt werden könnte.

Wir schließen damit das Kapitel zur Ergebnis- und Marktsegmentrechnung ab. Als Nächstes stellen wir Ihnen die Profit-Center-Rechnung vor.

Die Profit-Center-Rechnung hat die Aufgabe, das Unternehmen in ergebnisverantwortliche Bereiche aufzuteilen. Ein Profit-Center stellt damit ein »Unternehmen im Unternehmen« dar.

9 Profit-Center-Rechnung

In diesem Kapitel beschäftigen wir uns mit der Profit-Center-Rechnung (Komponente EC-PCA). Wir beginnen mit einem allgemeinen Überblick über den Zweck und die Ziele dieser Funktionalität, in dem wir auch die grundlegenden Begriffe klären. Dem schließt sich ein Exkurs zum neuen Hauptbuch an, das zwar nicht Thema dieses Buches ist, aber Auswirkungen auf die Funktionalität der Profit-Center-Rechnung hat.

Weiter geht es dann mit den Stammdaten der Profit-Center-Rechnung. Wir bringen Ihnen die Konzepte der Profit-Center an sich, deren Standardhierarchie sowie der repräsentativen Materialien näher. Im Anschluss daran zeigen wir Ihnen Möglichkeiten, wie Sie Controlling-Objekte mit Profit-Centern verknüpfen können.

Die Transferpreise sind eine Funktionalität, die Sie nur nutzen können, wenn Sie parallele Wertansätze und das Material-Ledger im Einsatz haben. Wenn Sie dieses Konzept nutzen, können Sie Transaktionen zwischen Profit-Centern zu anderen Preisen bewerten, als es die legale Steuergesetzgebung erfordert.

Im Rahmen der Planung stellen wir Ihnen zunächst die manuelle Planung vor, mittels derer Sie Formulare erstellen, um Plandaten zu erfassen. Dabei können Sie Ihre Anwender mit einer Reihe von Planungshilfen unterstützen, wie etwa der Ressourcenplanung, der Formelplanung oder der Datenübernahme aus anderen SAP-Komponenten.

Sie übernehmen grundsätzlich alle Istbuchungen in die Profit-Center-Rechnung, die über Kostenarten auf Controlling-Objekte gebucht werden. Darüber hinaus haben Sie aber auch die Möglichkeit, Bilanz-

und GuV-Konten fortzuschreiben, die nicht als Kostenarten angelegt sind. Welche Funktionalitäten Ihnen hier zur Verfügung stehen, klären wir im Abschnitt zu den Istbuchungen. Im Anschluss daran unternehmen wir dann noch einen kurzen Abstecher zu den Konsolidierungsvorbereitungen, die nur relevant sind, wenn Sie die Funktionalität EC-CS einsetzen.

Zum Schluss des Kapitels liefern wir Ihnen wie gewohnt wieder einige Beispiele anhand unserer Musterunternehmen.

9.1 Überblick

Was ist ein Profit-Center?

Die *Profit-Center-Rechnung* hat das Ziel, das Unternehmen in logisch eigenständige Bereiche aufzuteilen, die jeder für sich für ihr eigenes Ergebnis verantwortlich sind. Profit-Center stellen damit »Unternehmen im Unternehmen« dar. Ein *Profit-Center* repräsentiert somit einen Verantwortungsbereich im Unternehmen, der mit den ihm zur Verfügung stehenden Ressourcen ein Ergebnis erwirtschaftet. Die Aufteilung eines Unternehmens in Profit-Center hat den Zweck, unternehmerische Verantwortung von oben nach unten zu delegieren und unternehmensinterne Märkte und Wettbewerb zu schaffen. Die Profit-Center-Rechnung ermöglicht es Ihnen, für jeden internen Verantwortungsbereich eine eigene GuV nach dem Umsatzkosten- oder Gesamtkostenverfahren zu erstellen und darüber hinaus bei Bedarf auch eine komplette Bilanz.

Die Abgrenzung der Profit-Center-Rechnung von der Kostenstellenrechnung besteht darin, dass Kostenstellen zur Analyse der Entstehung von Kosten dienen, während Profit-Center neben Kosten auch Erlöse erwirtschaften. Profit-Center decken in der Regel wesentlich größere Unternehmensbereiche ab, als dies Kostenstellen tun.

Der Fokus der Profit-Center-Rechnung liegt im Gegensatz zur Ergebnis- und Marktsegmentrechnung auf dem Unternehmen selbst, während Letztere den Markt betrachtet. Die Ergebnisrechnung analysiert, in welchen Marktsegmenten das Unternehmen erfolgreich ist oder nicht, während die Profit-Center-Rechnung im Blick hat, welche Teile des eigenen Unternehmens besonders erfolgreich waren und bei welchen Teilen Handlungsbedarf besteht. Ein weiterer wesentlicher Unterschied besteht darin, dass die Ergebnisrechnung ausschließlich auf die GuV ausgelegt ist und keine Funktionalität anbietet, auch Bilanzzahlen darzustellen.

Aus technischer Sicht handelt es sich bei Profit-Centern um Stammdatenobjekte, die eine ähnliche Struktur haben wir Kostenstellen – neben einem Namen und einer Bezeichnung haben sie eine zeitliche Gültigkeit, einen Verantwortlichen und sind hierarchisch in einer Standardhierarchie angeordnet.

Der technische Name der Komponente, EC-PCA, deutet bereits darauf hin, dass die Profit-Center-Rechnung streng genommen kein Teil des Controllings ist, sondern des übergreifenden Unternehmens-Controllings.

[«]

Profit-Center sind keine Controlling-Objekte

Profit-Center dienen der übergreifenden Auswertung von Kosten und Erlösen der zugeordneten Controlling-Objekte. Sie sind aber selbst keine Controlling-Objekte, d.h., Sie können keinen Beleg in der GuV direkt auf ein Profit-Center kontieren, ohne nicht auch noch ein Controlling-Objekt wie z.B. eine Kostenstelle oder einen Innenauftrag anzugeben.

Bilanzpositionen hingegen können Sie auf ein Profit-Center buchen, da Sie für Bilanzkonten ja keine Controlling-Objekte verwenden.

Controlling-Objekte Profit-Centern zuordnen

Ein wesentlicher Unterschied der Profit-Center-Rechnung zu den Controlling-Komponenten ist, dass Profit-Center keine Controlling-Objekte sind; vielmehr dienen sie als übergeordnete Gruppierung für alle Controlling-Objekte im Controlling. Wenn Sie die Profit-Center-Rechnung einsetzen, dann müssen Sie alle Controlling-Objekte wie Kostenstellen, Innenaufträge, Geschäftsprozesse, Fertigungsaufträge oder Ergebnisobjekte genau einem Profit-Center zuordnen. Sämtliche Kosten und Erlöse, die auf ein Controlling-Objekt kontiert werden, schreibt das System damit automatisch auch zum zugeordneten Profit-Center fort. Neben Controlling-Objekten können Sie auch weitere Materialstammsätze mit Profit-Centern verknüpfen. Die Art der Zuordnung von Controlling-Objekt zu Profit-Centern hängt vom betroffenen Objekt ab:

- Kostenstellen ordnen Sie manuell im Stammsatz ein Profit-Center zu (siehe Abschnitt 4.3.5, »Kostenstellen«).
- Bei Innenaufträgen tragen Sie manuell im Auftragsstammsatz ein Profit-Center ein oder belegen es mittels eines Musterauftrags vor (siehe Abschnitt 5.3.1, »Auftragsarten«).

- Bei Geschäftsprozessen verfahren Sie analog zu Kostenstellen, indem Sie manuell ein Profit-Center im Stammsatz hinterlegen (siehe Abschnitt 6.3.3, »Geschäftsprozesse«).
- Für Fertigungsaufträge, Produktkostensammler und Kostenträgerhierarchien ermittelt das System automatisch das Profit-Center aus dem Stammsatz des zugeordneten Materials.
- Auch bei Kundenauftragspositionen und Bestellpositionen wird das Profit-Center automatisch aus dem Materialstammsatz übernommen.
- In der Ergebnisrechnung sind PROFIT-CENTER und MATERIAL feste Merkmale. Entsprechend ist bereits eine Ableitung des Profit-Centers aus dem Material voreingestellt. Ergebnisobjekte ermitteln das Profit-Center somit ebenfalls aus dem Materialstamm. Erfassen Sie manuelle Belege in der Finanzbuchhaltung, müssen Sie gegebenenfalls das Profit-Center manuell angeben.

Bilanzpositionen in EC-PCA

Für Bilanzpositionen wird das Profit-Center wie folgt ermittelt:

- Anlagenstammsätze sind immer entweder einer Kostenstelle, einem Innenauftrag oder einem Projekt zugeordnet. Der Anlagenbestand und sämtliche Bewegungen werden somit auf dem Profit-Center fortgeschrieben, dem die Anlage indirekt über das verknüpfte Controlling-Objekt zugeordnet ist. Die Anlagen-Bewegungsarten werden ebenfalls in den Profit-Center-Belegen fortgeschrieben. Anlagenbestände und -bewegungen können Sie entweder online übernehmen oder periodisch über einen speziellen Report (siehe Abschnitt 9.8.4, »Zusätzliche Bilanz- und GuV-Konten auswählen«).
- Der Materialbestand wird anhand der Zuordnung des Materials zum Profit-Center ermittelt; auch hier haben Sie die Wahl, Bewegungen und Bestände online oder periodisch zu übernehmen (siehe Abschnitt 9.8.6, »Übernahme ausgewählter Bilanzpositionen«).
- Ware in Arbeit ordnet das System automatisch demjenigen Profit-Center zu, zu dem auch der Innenauftrag oder Fertigungsauftrag gehört, für den die Ware in Arbeit ermittelt wurde.
- Für Forderungen und Verbindlichkeiten ermittelt das System das entsprechende Profit-Center indirekt anhand der Gegenbuchung in der GuV, die in den jeweiligen Debitoren- oder Kreditorenrechnungen erfasst wurde (siehe ebenfalls Abschnitt 9.8.6).

- Bei allen weiteren Buchungen zu Bilanzkonten, bei denen das Profit-Center nicht automatisch ermittelt werden kann, können Sie entweder ein Default-Profit-Center verwenden oder es manuell auswählen (siehe Abschnitt 9.8.4).

Die Profit-Center-Rechnung nimmt somit eine Sonderstellung im Controlling ein, da sie eine den anderen Komponenten übergeordnete Ebene bildet (siehe Abbildung 9.1). Jede Buchung in der GuV muss bei aktiver Profit-Center-Rechnung einem Profit-Center zugeordnet werden. Es finden somit keine Werteflüsse zwischen der Profit-Center-Rechnung und den anderen CO-Komponenten statt.

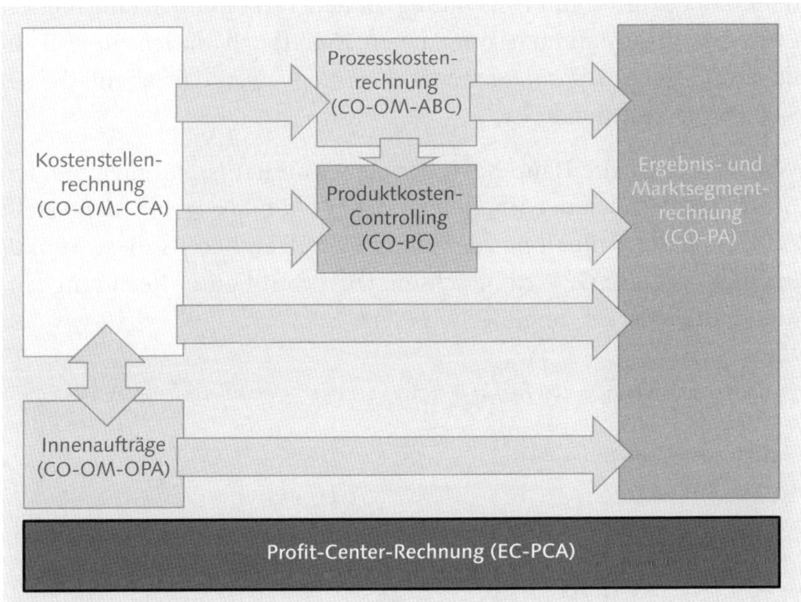

Abbildung 9.1 Einordnung der Profit-Center-Rechnung in das Gesamtkonzept der Komponente CO

Wie weiter oben in diesem Abschnitt erwähnt, strukturieren Sie Ihre Profit-Center analog zu den Kostenstellen in einer Standardhierarchie, die Sie wiederum in Gruppen untergliedern können. Welche Art der Struktur Sie hier wählen, hängt stark von Ihrer Unternehmensstruktur ab. Grundsätzlich sollten Sie Ihre Profit-Center-Struktur aber so wählen, dass sie Ihre Reportingstruktur z. B. für Ihre Segmentberichterstattung widerspiegelt.

Auswirkungen des neuen Hauptbuchs

Wo genau die Fortschreibung von GuV- und Bilanzwerten stattfindet, hängt davon ab, ob Sie das neue Hauptbuch einsetzen oder nicht. Arbeiten Sie noch mit dem klassischen Hauptbuch, dann bilden Sie die Profit-Center in einem eigenen Ledger (8A) ab. Wir sprechen dann analog von der *klassischen Profit-Center-Rechnung*. Im neuen Hauptbuch jedoch ist die Profit-Center-Rechnung nahtlos in das Hauptbuch integriert; das Profit-Center ist dann lediglich ein Merkmal für die Berichterstattung im neuen Hauptbuch. In diesem Kapitel beschäftigen wir uns ausschließlich mit der klassischen Profit-Center-Rechnung, da das neue Hauptbuch nicht Thema dieses Buches ist. Wir gehen im folgenden Abschnitt lediglich kurz auf die Besonderheiten der Profit-Center-Rechnung im neuen Hauptbuch ein. Weiterführende Informationen zum neuen Hauptbuch finden Sie z.B. in unserem Buch *SAP-Finanzwesen – Customizing*, das ebenfalls bei SAP PRESS erschienen ist.

Wie weit das neue Hauptbuch bereits verbreitet ist, können Sie den Umfrageergebnissen entnehmen, die in Abbildung 9.2 dargestellt sind. 30% der Teilnehmer der Umfrage nutzen bereits diese Funktionalität, um ihre GuV zu berichten. Die Profit-Center-Rechnung landete immerhin auf dem zweiten Platz.

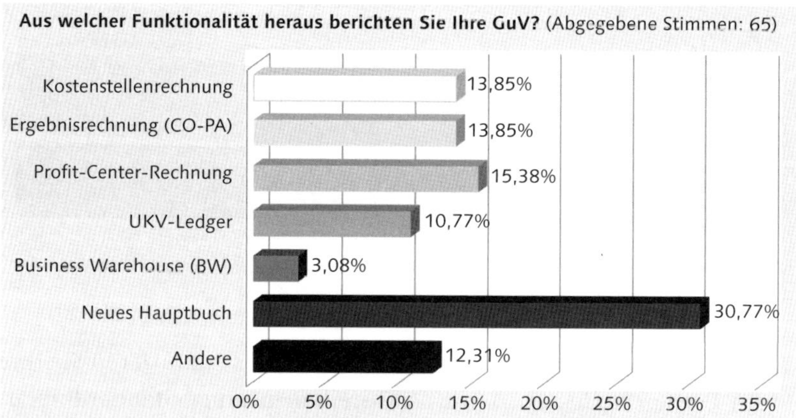

Abbildung 9.2 Umfrage zur Nutzung der verschiedenen Reportingwerkzeuge in SAP ERP

Nach dieser Übersicht gehen wir nun noch kurz auf das neue Hauptbuch ein.

9.2 Profit-Center-Rechnung im neuen Hauptbuch

Profit-Center im neuen Hauptbuch

Wie bereits im vorangegangenen Abschnitt erwähnt, löst das neue Hauptbuch die Funktionalität der klassischen Profit-Center-Rechnung ab. Im klassischen Szenario wird das Hauptbuch in einem eigenen Ledger geführt, während Sie für die Profit-Center-Rechnung ein weiteres Ledger benötigen. Sie können somit im klassischen Hauptbuch aus FI heraus keine verdichtete Auswertung über Informationen aus der Profit-Center-Rechnung erstellen – das Feld PROFIT-CENTER ist in der Summentabelle GLT0 des klassischen Hauptbuchs nicht enthalten.

9.2.1 Grundeinstellungen

Da die Profit-Center-Rechnung im neuen Hauptbuch kein eigenes Ledger mehr darstellt, entfallen sämtliche Einstellungen im Kostenrechnungskreis, die wir in diesem Abschnitt vorstellen: Sie müssen kein eigenes Ledger aktivieren, und Sie benötigen auch kein Dummy-Profit-Center (mehr zum Dummy-Profit-Center lesen Sie im nächsten Abschnitt).

[«]

Achtung: EC-PCA im neuen Hauptbuch

Wenn Sie es unbedingt wollen, können Sie die klassische Profit-Center-Rechnung (EC-PCA) auch zusammen mit dem neuen Hauptbuch verwenden. In diesem Fall gelten alle Einstellungen, die wir ab dem nächsten Abschnitt beschreiben. Die Profit-Center-Rechnung führen Sie dann in einem eigenen Ledger – mit allen sich daraus ergebenden Nachteilen (kein Reporting über Profit-Center in FI, Belegaufteilung erst im Nachhinein). Es gibt jedoch auch Szenarios, in denen es womöglich wünschenswert ist, die Profit-Center-Rechnung in einem eigenen Ledger zu führen. Da das neue Hauptbuch für die externe Berichterstattung verwendet wird, ist Ihre Flexibilität bei der Profit-Center-Rechnung eingeschränkt. So können bzw. dürfen Sie beispielsweise im neuen Hauptbuch nicht mehr Belege aus abgeschlossenen Perioden verändern, löschen oder nachbuchen. Falls Sie diese Möglichkeiten benötigen, sollten Sie tatsächlich überlegen, die Profit-Center-Rechnung lieber in einem eigenen Ledger zu führen.

Theoretisch ist es auch möglich, die Profit-Center-Rechnung sowohl im neuen Hauptbuch als auch in einem eigenen Ledger zu führen. Dies führt jedoch zu Problemen, da einige Funktionen im neuen Hauptbuch etwas anders gestaltet sind als in EC-PCA. Ein Beispiel hierzu ist das Dummy-Profit-Center: Im klassischen EC-PCA müssen sie ein Dummy-Profit-Center anlegen, da Sie andernfalls nicht buchen können; im neuen Hauptbuch kann dies aber zu Problemen bei der Belegaufteilung führen (siehe den Kasten »Profit-Center als Mussfeld« im nächsten Abschnitt). Wir empfehlen Ihnen daher, nur eine der beiden Varianten zu wählen, aber nicht beide.

Flexible Feldauswahl

Im neuen Hauptbuch können Sie für die neue Summentabelle FAGLFLEXT selbst bestimmen, für welche Felder Sie Auswertungen benötigen. Hierzu aktivieren Sie sogenannte Szenarios, die SAP vordefiniert hat. Ein Szenario legt fest, welche zusätzlichen Felder in der Tabelle FAGLFLEXT fortgeschrieben werden sollen, wie zum Beispiel Geschäftsbereiche, Funktionsbereiche (für das Umsatzkostenverfahren), oder eben Profit-Center. Um die gewünschten Szenarios zu aktivieren, gehen Sie im Customizing zum Menüpunkt Finanzwesen (neu) • Grundeinstellungen Finanzwesen (neu) • Bücher • Ledger • Szenarios und kundeneigene Felder definieren. Wählen Sie dann das gewünschte Ledger aus, und fügen Sie die entsprechenden Szenarios als neue Einträge hinzu (siehe Abbildung 9.3).

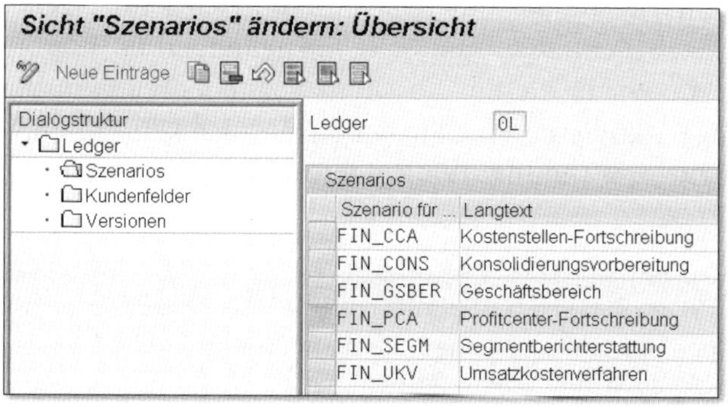

Abbildung 9.3 Szenarios für das neue Hauptbuch festlegen

Belegaufteilung

Für jedes Feld, das Sie mittels eines Szenarios in die Summentabelle aufgenommen haben, können Sie je Ausprägung eine eigene Bilanz und GuV erstellen. Hierzu ist es notwendig, dass alle Belege im neuen Hauptbuch das entsprechende Merkmal mit sich führen. Um dies zu gewährleisten, hat SAP mit dem neuen Hauptbuch die *Belegaufteilung* eingeführt. Die Belegaufteilung löst die Funktionalität zur Übernahme von Bilanzpositionen ab (siehe Abschnitt 9.8.6, »Übernahme ausgewählter Bilanzpositionen«) und bietet Ihnen nunmehr die Möglichkeit, z.B. Forderungen und Verbindlichkeiten online auf Profit-Center aufzuteilen, anstatt dies nachträglich zum Periodenende zu tun. Die einzigen Einstellungen aus diesem Kapitel, die Sie im neuen Hauptbuch weiterhin benötigen, sind die Einstellungen zur Anlage von Stammdaten.

Um die Belegaufteilung zu aktivieren, gehen Sie im Customizing zu Finanzwesen (neu) • Hauptbuchhaltung (neu) • Geschäftsvor-

Fälle • Belegaufteilung • Belegaufteilungsmerkmale für Hauptbuchhaltung definieren. Für die Felder, die Sie zuvor in der Auswahl der Szenarios in die Tabelle FAGLFLEXT aufgenommen haben, können Sie nun entscheiden, ob Sie für sie eine Bilanz je Profit-Center erstellen möchten (hierzu müssen Sie den Parameter Nullsaldo aktivieren, wie es in Abbildung 9.4 dargestellt ist), und ob sie als Muss-Felder definiert sein sollen (Parameter Mussfeld).

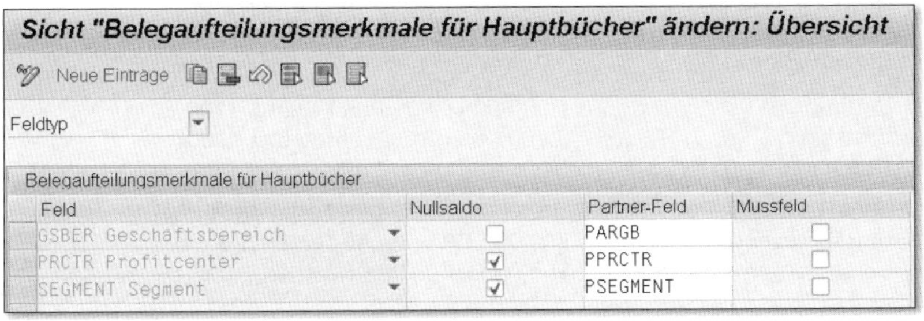

Abbildung 9.4 Belegaufteilungsmerkmale für Hauptbücher

Der Parameter Nullsaldo bewirkt, dass alle Positionen der Belege, die im neuen Hauptbuch erfasst werden, einem Profit-Center zugeordnet sind. In einigen Fällen, z.B. bei einer Debitorenrechnung, muss das SAP-System dafür zusätzliche Zeilen hinzufügen. Im Beispiel in Abbildung 9.5 sehen Sie eine Debitorenrechnung mit drei Umsatzpositionen, für die bereits ein Profit-Center ermittelt wurde. Für die Buchung auf das Debitorenabstimmkonto und die Umsatzsteuer kann bei der Erfassung zunächst kein Profit-Center ermittelt werden. Erst die Belegaufteilung kann diese Positionen aufgrund der Umsatzpositionen Profit-Centern zuordnen und so sicherstellen, dass sowohl die GuV-, als auch die Bilanzpositionen Profit-Center-genau gebucht werden können. Hier wird zunächst die Position für die Umsatzsteuer aufgeteilt, indem je beteiligtem Profit-Center eine eigene Position hinzugefügt wird, und anschließend wird auf die gleiche Weise mit dem Debitorenabstimmkonto verfahren. Ein großer Vorteil der Belegaufteilung gegenüber der nachträglichen Übernahme der Bilanzpositionen im klassischen Hauptbuch ist die Tatsache, dass die Aufteilung unmittelbar beim Erfassen des jeweiligen Beleges erfolgt. Indem Sie beim Erfassen von der Erfassungs- in die Ledger-Sicht wechseln, können Sie bereits vor dem Buchen prüfen, ob die Belegaufteilung richtig funktioniert.

Debitorenrechnung	
Debitor 2001243	11.000,00 EUR → Profit-Center ???
Umsatz	5.000,00 EUR → Profit-Center 1100
Umsatz	3.000,00 EUR → Profit-Center 1200
Umsatz	2.000,00 EUR → Profit-Center 1300
Umsatzsteuer	1.000,00 EUR → Profit-Center ???
Beleg-aufteilung	
Debitor 2001243	5.500,00 EUR → Profit-Center 1100
Debitor 2001243	3.500,00 EUR → Profit-Center 1200
Debitor 2001243	2.200,00 EUR → Profit-Center 1300
Umsatz	5.000,00 EUR → Profit-Center 1100
Umsatz	3.000,00 EUR → Profit-Center 1200
Umsatz	2.000,00 EUR → Profit-Center 1300
Umsatzsteuer	500,00 EUR → Profit-Center 1100
Umsatzsteuer	300,00 EUR → Profit-Center 1200
Umsatzsteuer	200,00 EUR → Profit-Center 1300

Abbildung 9.5 Belegaufteilung für eine Debitorenrechnung

Diese Logik funktioniert nur dann, wenn für mindestens eine Position ein Profit-Center ermittelt werden konnte, sodass das SAP-System in der Lage ist, für die anderen Positionen ebenso jeweils ein Profit-Center zu ermitteln. Sollte dies einmal nicht der Fall sein, würde der Beleg ohne Profit-Center gebucht. Durch den Parameter MUSSFELD für das Feld PROFIT-CENTER verhindern Sie, dass dies geschieht; fehlt bei einer Buchung eine Zuordnung zum Profit-Center in mindestens einer Position, reagiert das SAP-System mit einer Fehlermeldung und verhindert, dass der Beleg gebucht wird.

[»]

Profit-Center als Muss-Feld

Überlegen Sie sich sorgfältig, ob Sie das Profit-Center als Muss-Feld kennzeichnen. Denn Sie benötigen diese Option nur, wenn Sie Ihre komplette Bilanz auf Profit-Center aufteilen möchten. Benötigen Sie z.B. nur ausgewählte Bilanzpositionen je Profit-Center, wie Materialbestand und Forderungen/Verbindlichkeiten, sollten Sie diesen Parameter nicht aktivieren. Denn der Parameter führt zu Buchungsabbrüchen, und zwar nicht nur bei manuellen Buchungen in den Komponenten FI und CO, in denen die Kollegen reagieren und gegebenenfalls ein Profit-Center nachpflegen können. Auch können Sie damit wertschöpfende logistische Prozesse aufhalten, wie das Buchen von Warenausgängen oder das Erstellen von Kundenfakturen.

Um Belege auf Profit-Center aufzuteilen und am Ende Bilanzen je Profit-Center erstellen zu können, stehen Ihnen noch andere Werkzeuge im neuen Hauptbuch zur Verfügung, die wir Ihnen im nächsten Abschnitt vorstellen.

9.2.2 Stammdaten

Die Einstellungen zu den Stammdaten der Profit-Center finden Sie bei aktivem neuen Hauptbuch nicht nur im Menübaum der Profit-Center-Rechnung, sondern auch unter FINANZWESEN (NEU) • HAUPTBUCHHALTUNG (NEU) • STAMMDATEN • PROFITCENTER. Um bei der Verwendung der Profit-Center im neuen Hauptbuch die Profit-Center-Standardhierarchie anzulegen, verwenden Sie in diesem Menü die Transaktion PROFITCENTER-STANDARDHIERARCHIE IM KOSTRECHKREIS ANLEGEN. Die Pflegetransaktionen für die Struktur der Standardhierarchie, für die Profit-Center-Gruppen und die Profit-Center selbst sind dieselben wie die, die wir in den folgenden Abschnitten beschreiben.

Vorschlags-Profit-Center

Wie wir Ihnen in Abschnitt 9.8.4, »Zusätzliche Bilanz- und GuV-Konten auswählen«, erläutern, können Sie für bestimmte Bilanzkonten ein Vorschlags-Profit-Center hinterlegen. In der klassischen Profit-Center-Rechnung verwenden Sie dafür die Transaktion 3KEH. Setzen Sie das Release ECC 5.0 mit dem neuen Hauptbuch ein, können Sie diese Funktionalität auch noch nutzen. Ab ECC 6.0 wählen Sie allerdings zu diesem Zweck die Transaktion VORSCHLAGSPROFITCENTER KONTEN ZUORDNEN (Transaktion FAGL3KEH); außerdem können Sie mithilfe des BAdI FAGL_3KEH_DEFPRCTR eine eigene Ableitungslogik programmieren.

[«]

Vorschlags-Profit-Center

Bitte beachten Sie auch hier den Unterschied zwischen der klassischen Profit-Center-Rechnung und dem neuen Hauptbuch bei der Funktionalität der Vorschlags-Profit-Center: In der klassischen Profit-Center-Rechnung ist ein Eintrag in der Transaktion 3KEH Voraussetzung dafür, dass ein Sachkonto, für das keine Kostenart existiert, überhaupt in der Profit-Center-Rechnung fortgeschrieben wird. Hingegen benötigen Sie die Transaktion FAGL3KEH im neuen Hauptbuch nur dann, wenn Sie für ein Konto einen Vorschlagswert hinterlegen möchten. Beachten Sie außerdem, dass die Verwendung von Vorschlags-Profit-Centern zu Problemen führen kann, wenn Sie gleichzeitig auch die Belegaufteilung verwenden. Die Ableitung des Vorschlags-Profit-Centers findet vor der Belegaufteilung statt, und die Belegaufteilung überschreibt die bereits ermittelten Vorschlags-Profit-Center nicht mehr. Sie sollten daher grundsätzlich niemals für OP-geführte Konten ein Vorschlags-Profit-Center einsetzen, wenn Sie auch die Belegaufteilung nutzen. Dies gilt insbesondere für Forderungen, Verbindlichkeiten und das WE/RE-Konto.

Substitution

Eine weitere Möglichkeit zur Ableitung des Profit-Centers ist die *Substitution*: Die grundsätzliche Funktionalität von Substitutionen haben wir in Abschnitt 2.2.4, »Kontierungslogik«, behandelt. Beachten Sie, dass Sie im neuen Hauptbuch Validierungen und Substitutionen für Profit-Center im Customizing über FINANZWESEN (NEU) • GRUNDEINSTELLUNGEN FINANZWESEN (NEU) • WERKZEUGE • VALIDIERUNG/SUBSTITUTION einstellen. Die Ableitung des Profit-Centers bei buchungskreisübergreifendem Verkauf, die wir in Abschnitt 9.5, »Zuordnung von Kontierungsobjekten zu Profit-Centern«, behandeln, pflegen Sie hingegen im neuen Hauptbuch über FINANZWESEN (NEU) • HAUPTBUCHHALTUNG (NEU) • WERKZEUGE • VALIDIERUNG/SUBSTITUTION • SUBSTITUTION VON KUNDENAUFTRÄGEN ZU PROFITCENTERN.

Im Menübaum FINANZWESEN (NEU) • HAUPTBUCHHALTUNG (NEU) • STAMMDATEN • PROFITCENTER finden Sie außerdem die Transaktion DUMMY-PROFITCENTER ANLEGEN. Beachten Sie, dass Sie das Dummy-Profit-Center nur in der klassischen Profit-Center-Rechnung benötigen, nicht aber im neuen Hauptbuch.

[»]

Dummy-Profit-Center

Das Dummy-Profit-Center ist in der klassischen Profit-Center-Rechnung Voraussetzung dafür, dass Sie überhaupt Belege in das Profit-Center-Ledger übernehmen können (siehe Abschnitt 9.3.1, »Einstellungen für den Kostenrechnungskreis«). Im neuen Hauptbuch ist das Dummy-Profit-Center hingegen nicht mehr notwendig. Denn Belegzeilen, für die das SAP-System kein Profit-Center ermitteln kann, werden im neuen Hauptbuch ganz einfach ohne Profit-Center gebucht (es sei denn, Sie deklarieren es als Pflichtfeld, wie wir es im vorherigen Abschnitt dargestellt haben). Wenn Sie die Belegaufteilung verwenden, könnte es sogar hinderlich sein, wenn Sie ein Dummy-Profit-Center angelegt haben. So stünde im Beispiel in Abbildung 9.5 in einem solchen Fall das Dummy-Profit-Center vor der Belegaufteilung in der Belegzeile für die Umsatzsteuer, und das System würde diese Zeile dann nicht weiter aufteilen, weil es das Dummy-Profit-Center als ganz normales Profit-Center interpretieren würde. Es würde sogar noch den Teil der Debitorenforderung, der der Umsatzsteuer entspricht, dem Dummy-Profit-Center zuteilen.

Was ist ein Segment?

Im neuen Hauptbuch bietet SAP außerdem mit dem *Segment* noch eine neue Stammdatenentität an. Auf der Basis von Segmenten können Sie alternativ oder zusätzlich zu Profit-Centern eine Segmentberichterstattung erstellen. Segmente werden im Customizing unter dem Pfad UNTERNEHMENSSTRUKTUR • DEFINITION • FINANZWESEN • SEGMENT DEFINIEREN definiert (siehe Abbildung 9.6).

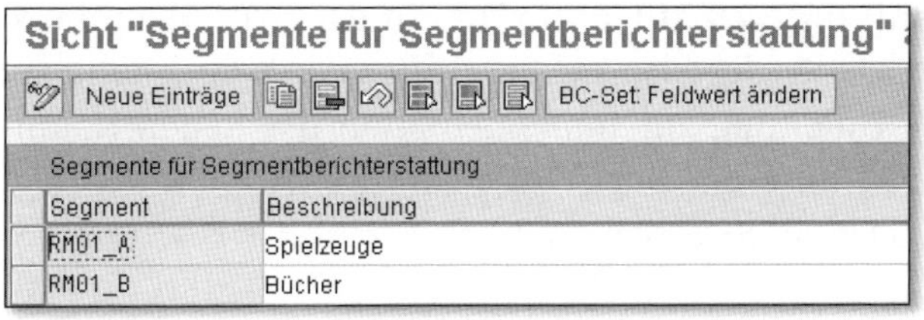

Abbildung 9.6 Segment definieren

Segmentableitung

Ein Segment legen Sie unabhängig von anderen Organisationseinheiten wie etwa dem Buchungskreis oder Kostenrechnungskreis an. Im Normalfall ordnen Sie Segmente im Profit-Center-Stamm zu; die einzige Alternative dazu ist ein Business Add-in, das Sie programmieren können, um die Segmente nach eigenen Kriterien abzuleiten. Diese Einstellung finden Sie unter FINANZWESEN (NEU) • GRUNDEINSTELLUNGEN FINANZWESEN (NEU) • WERKZEUGE • KUNDENERWEITERUNGEN • BUSINESS ADD-INS (BADIS) • ABLEITUNG SEGMENT • SEGMENT ABLEITEN.

Segmente stellen eine Art virtueller Profit-Center-Gruppen dar. Ihr Einsatz bietet sich dann an, wenn Ihre Profit-Center-Struktur nicht die Struktur Ihrer Segmentberichterstattung darstellt. Ist z.B. Ihre Profit-Center-Struktur auf erster Ebene funktional gegliedert und darunter anhand von Segmenten, können Sie den einzelnen Profit-Centern Segmente zuordnen, um sie so in der Berichterstattung zusammenzufassen.

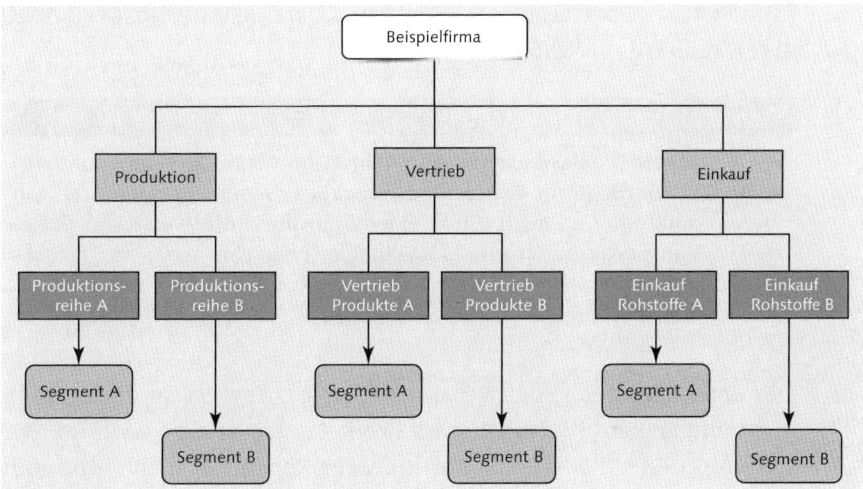

Abbildung 9.7 Beispiel zur Verwendung von Segmenten

Wir beenden damit unseren kurzen Exkurs in das neue Hauptbuch und wenden uns wieder der klassischen Profit-Center-Rechnung zu. Eine ausführliche Anleitung zur Implementation des neuen Hauptbuchs finden Sie in unserem Buch *SAP-Finanzwesen – Customizing*, das ebenfalls bei SAP PRESS erschienen ist.

9.3 Voraussetzungen und Grundeinstellungen

Organisatorische Voraussetzungen

Um das Customizing der klassischen Profit-Center-Rechnung einstellen zu können, müssen zunächst die folgenden Voraussetzungen erfüllt sein:

- Sie haben einen oder mehrere Buchungskreise (inklusive Geschäftsjahresvariante und Kontenplan) angelegt (siehe Abschnitt 2.1.1).
- Sie haben einen oder mehrere Kostenrechnungskreise erstellt und mit dem oder den Buchungskreisen verknüpft (siehe Abschnitt 2.1.5).

Sind diese Voraussetzungen erfüllt, müssen Sie als Nächstes einige Grundeinstellungen vornehmen, die wir Ihnen nun vorstellen.

9.3.1 Einstellungen für den Kostenrechnungskreis

Grundeinstellungen im Kostenrechnungskreis

Im ersten Schritt müssen Sie die Profit-Center-Rechnung aktivieren und grundlegende Einstellungen vornehmen. Dazu wechseln Sie im Customizing zum Menüpunkt CONTROLLING • PROFIT-CENTER-RECHNUNG • GRUNDEINSTELLUNGEN • EINSTELLUNGEN FÜR DEN KOSTENRECHNUNGSKREIS • EINSTELLUNGEN FÜR DEN KOSTENRECHNUNGSKREIS PFLEGEN (Transaktion OKE5).

[»]

Transport der Grundeinstellungen

Bitte beachten Sie das besondere Verfahren zum Transport der Grundeinstellungen für die Profit-Center-Rechnung: Sie können aus den jeweiligen Transaktionen heraus nicht direkt einen Transportauftrag erstellen. Stattdessen transportieren Sie die Einstellungen über eine spezielle Transaktion, die wir in Abschnitt 9.10.1, »Transport von Customizing-Einstellungen«, weiter beschreiben.

Was ist das Dummy-Profit-Center?

Der erste Parameter, das DUMMY-PROFIT-CENTER, ist an dieser Stelle nicht eingabebereit; das Dummy-Profit-Center ist eine wichtige Einstellung, ohne die Sie die Profit-Center-Rechnung nicht produktiv nutzen können. Weitere Details dazu, welchen Zweck dieser Parameter hat und wie Sie ihn einstellen, finden Sie weiter hinten in diesem Abschnitt.

Standardhierarchie angeben

In einem weiteren wichtigen Eintrag entscheiden Sie, wie die Profit-Center-Standardhierarchie für den Kostenrechnungskreis heißen soll (siehe Abbildung 9.8). Die STANDARDHIERARCHIE erfüllt für die Profit-Center dieselbe Funktion wie für die Kostenstellen (siehe Abschnitt 4.2, »Voraussetzungen und Grundeinstellungen«): Sie repräsentiert den Ursprungsknoten für die Gliederung der Profit-Center-Stammdaten. Wie die Kostenstellen können Sie auch die Profit-Center anhand von Gruppen hierarchisch zuordnen.

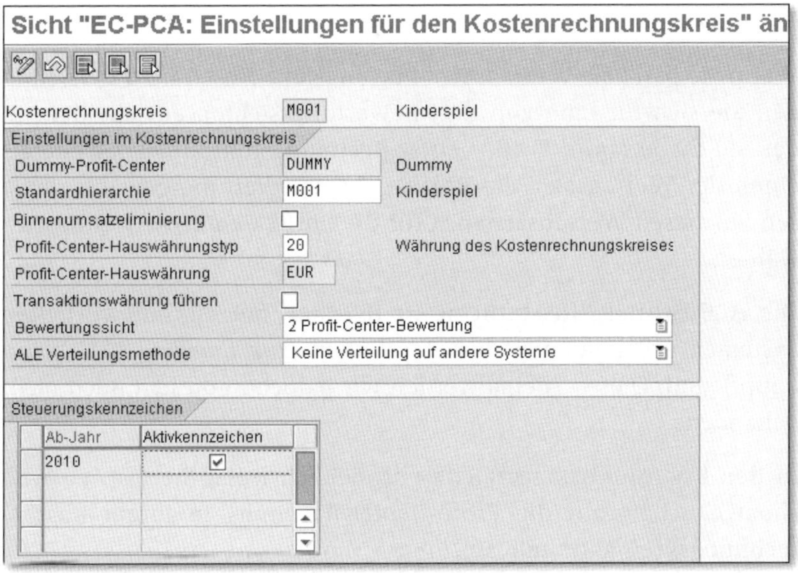

Abbildung 9.8 Grundeinstellungen zum Kostenrechnungskreis

Was ist Binnenumsatzeliminierung?

Wenn Sie das Kennzeichen BINNENUMSATZELIMINIERUNG aktivieren, werden bei Verrechnungen zwischen zwei Controlling-Objekten, die zum selben Profit-Center gehören, keine Belege fortgeschrieben.

[zB]

Binnenumsatzeliminierung

Der Innenauftrag 100022 ist dem Profit-Center 1000 zugeordnet und wird an die Kostenstelle 500 abgerechnet, die ebenfalls zum Profit-Center 1000 gehört. Ist die Binnenumsatzeliminierung aktiv, wird bei dieser Verrechnung kein Beleg im Profit-Center-Ledger erzeugt.

Verschiedene Währungen führen

Über den PROFIT-CENTER-HAUSWÄHRUNGSTYP legen Sie fest, in welcher Währung Sie Ihre Profit-Center-Rechnung führen wollen. Sie haben hier die Wahl zwischen der Kostenrechnungskreiswährung, der Konzernwährung oder einer davon abweichenden, frei wählbaren Profit-Center-Währung (die entsprechende Währung wird dann im Feld PROFIT-CENTER-HAUSWÄHRUNG angezeigt. Welche weiteren Einstellungen Sie für das Führen mehrerer Währungen vornehmen müssen, haben wir in Abschnitt 2.2.5, »Parallele Wertansätze«, erläutert.

Durch den Parameter TRANSAKTIONSWÄHRUNG FÜHREN steuern Sie, dass für Belege bei der Übernahme in die Profit-Center-Rechnung die Transaktionswährung mitgeführt wird, sodass in Berichten sichtbar ist, in welcher Währung diese gebucht wurden.

Parallele Wertansätze

Wenn Sie parallele Wertansätze führen (siehe Abschnitt 2.2.5), können Sie sich für eine von drei Bewertungssichten entscheiden, in der Sie die gesamte Profit-Center-Rechnung führen. Haben Sie als einen der Wertansätze die Profit-Center-Bewertung gewählt, müssen Sie diesen Wertansatz auch für die Profit-Center-Rechnung auswählen.

Die ALE-VERTEILUNGSMETHODE ist relevant, falls Sie mit verteilten Systemen arbeiten, die über *Application Link Enabling* (ALE) verknüpft sind. Dieses Thema werden wir jedoch in diesem Buch nicht behandeln.

In den STEUERUNGSKENNZEICHEN schließlich legen Sie fest, ab welchem Geschäftsjahr die Profit-Center-Rechnung in Ihrem Kostenrechnungskreis aktiv sein soll.

Bevor Sie die weiteren Grundeinstellungen für die Profit-Center-Rechnung vornehmen können, müssen Sie zunächst ein Dummy-Profit-Center anlegen. Das Dummy-Profit-Center erfüllt eine wichtige Voraussetzung dafür, dass alle Buchungen aus der Finanzbuchhaltung und den übrigen Controlling-Komponenten vollständig in die Profit-Center-Rechnung übernommen werden. Nur so ist gewährleistet, dass Sie die Bilanz und GuV der Finanzbuchhaltung mit der Profit-Center-Rechnung abstimmen können. Wann immer das System für eine Buchung kein Profit-Center ermitteln kann, weil z.B. im gebuchten Controlling-Objekt keines hinterlegt ist, bucht es den entsprechenden Beleg auf das Dummy-Profit-Center.

Umgang mit dem Dummy-Profit-Center [+]

Zu jedem Monatsabschluss sollten Sie überprüfen, ob das Dummy-Profit-Center einen Saldo aufweist, und die dort gebuchten Belege gegebenenfalls korrigieren. Falls Sie nicht wünschen, dass Belege ohne weitere Warnung auf dem Dummy-Profit-Center landen, sollten Sie eine Validierung in die Finanzbuchhaltung einbauen, die beim Buchen prüft, ob ein gültiges Profit-Center ermittelt wurde.

Wie Sie eine Validierung im Controlling erstellen können, haben wir in Abschnitt 2.2.4, »Kontierungslogik«, beschrieben; die Vorgehensweise für Validierungen in der Finanzbuchhaltung ist dieselbe. Weitere Informationen zu diesem Thema finden Sie auch in unserem Buch *SAP-Finanzwesen – Customizing*, ebenfalls erschienen bei SAP PRESS.

Dummy-Profit-Center anlegen

Sie erstellen das Dummy-Profit-Center über CONTROLLING • PROFIT-CENTER-RECHNUNG • STAMMDATEN • PROFITCENTER • DUMMY-PROFIT-CENTER ANLEGEN (Transaktion KE59). Vergeben Sie zunächst einen Namen (siehe Abbildung 9.9); Sie können diesen frei wählen, es empfiehlt sich aber der Deutlichkeit halber DUMMY. Pflegen Sie dann die Grunddaten. Sie haben hier weniger Stammdaten zur Verfügung als für normale Profit-Center, und Sie müssen das Dummy-Profit-Center auch nicht aktivieren. Ansonsten verläuft die Pflege der Stammdaten analog zu den anderen Profit-Centern, wie wir sie in Abschnitt 9.4.1, »Standardhierarchie«, beschreiben werden.

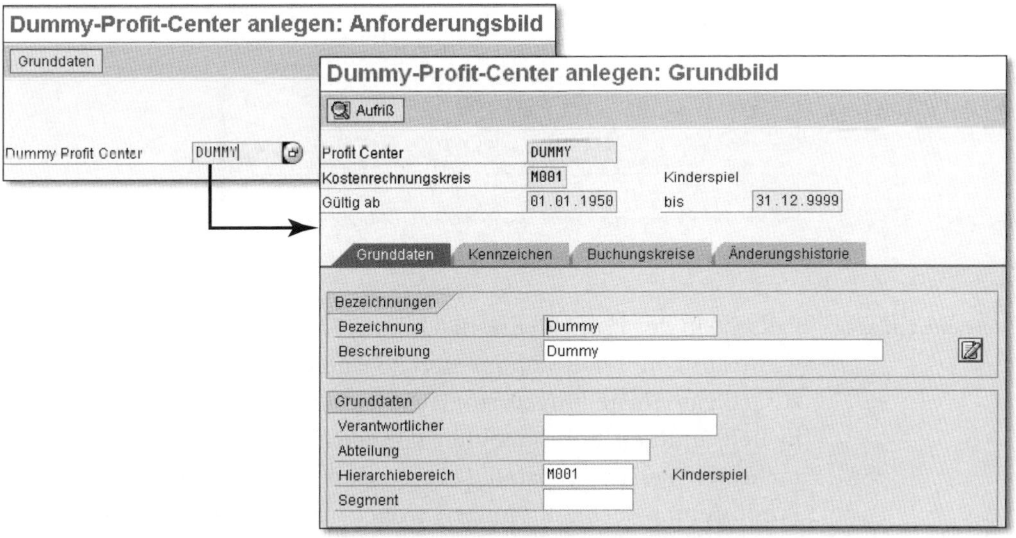

Abbildung 9.9 Dummy-Profit-Center anlegen

Steuerungsparameter für Istdaten

Wenn Sie das Dummy-Profit-Center angelegt haben, können Sie mit den Einstellungen für den Kostenrechnungskreis fortfahren. Unter Controlling • Profit-Center-Rechnung • Grundeinstellungen • Einstellungen für den Kostenrechnungskreis • Durchbuchungen aktivieren • Steuerungsparameter Istdaten einstellen (Transaktion 1KEF) entscheiden Sie, ab welchem Geschäftsjahr in der Profit-Center-Rechnung gebucht werden darf. Aktivieren Sie den Parameter Einzelposten, wird mit jeder Buchung in der Profit-Center-Rechnung ein Beleg erzeugt. Wir empfehlen Ihnen, diese Option zu nutzen, da Sie es beim Analysieren von Zahlen sehr viel einfacher haben werden, wenn Sie die individuellen Buchungen nachvollziehen können. *Onlineübernahme* bedeutet, dass alle Buchungen, die für die Profit-Center-Rechnung relevant sind (also alle Buchungen auf Controlling-Objekten sowie die zusätzlich ausgewählten Bilanz- und GuV-Konten), direkt online in das Profit-Center-Ledger fortgeschrieben werden. Aktivieren Sie diesen Schalter nicht, müssen Sie alle Belege zum Periodenende bzw. zum Jahresende mittels spezieller Reports übernehmen. Diese Reports stellen wir Ihnen in Abschnitt 9.10.4, »Produktivstart vorbereiten«, im Detail vor. Auch hier raten wir Ihnen, diese Möglichkeit zu nutzen, da Ihre Daten so wesentlich aktueller sind als bei der nachträglichen Übernahme. Das Gesperrt-Kennzeichen verwenden Sie, um jegliche Istbuchungen in der Profit-Center-Rechnung für das entsprechende Geschäftsjahr zu verbieten.

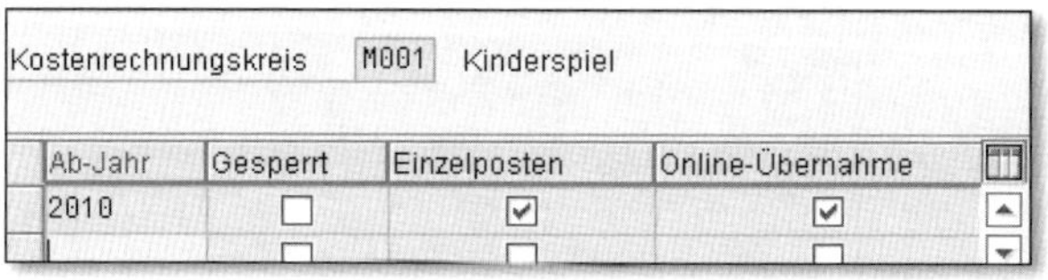

Abbildung 9.10 Steuerungsparameter für die Istdaten einstellen

Versionen pflegen

Falls Sie in der Profit-Center-Rechnung Plandaten erfassen bzw. Planwerte aus anderen Komponenten übernehmen möchten, müssen Sie zusätzliche Einstellungen zu Planversionen vornehmen. Ebenso wie in den anderen Komponenten können Sie auch hier Plandaten in mehreren Versionen parallel führen. Jede Planversion, die Sie in der Profit-Center-Rechnung nutzen wollen, müssen Sie zuvor allgemein definiert haben; ausführliche Informationen dazu finden Sie in

Abschnitt 2.2.2. Unter Controlling • Profit-Center-Rechnung • Grundeinstellungen • Einstellungen für den Kostenrechnungskreis • Planversionen • Planversionen pflegen nehmen Sie dann zusätzliche Einstellungen für die Profit-Center-Rechnung vor. Dazu wählen Sie die entsprechende Planversion aus und wählen dann den Eintrag Einstellungen Profit-Center-Rechnung (siehe Abbildung 9.11). Für jedes Geschäftsjahr legen Sie nun anhand des Parameters Online-Übernahme fest, ob die Plandaten aus den anderen Komponenten im Controlling wie z.B. der Kostenstellenrechnung oder den Innenaufträgen direkt online übertragen werden sollen; aktivieren Sie diesen Parameter nicht, müssen Sie die Übernahme der Plandaten periodisch manuell starten (siehe Abschnitt 9.7.5, »Plandatenübernahme«). Version gesperrt bedeutet, dass Plandaten zu dieser Version im entsprechenden Geschäftsjahr nicht mehr geändert werden dürfen. Über Einzelposten steuern Sie, dass für die Planwerte Einzelposten fortgeschrieben werden, und über den Kurstyp in Kombination mit dem Wertstellungsdatum (Wertstellung) legen Sie fest, zu welchen Umrechnungskursen Belege in Fremdwährung umgerechnet werden sollen. Falls Sie Transferpreise im Plan ermitteln wollen, hinterlegen Sie unter Variante für TP die entsprechende Transferpreisvariante (weitere Informationen dazu finden Sie in Abschnitt 9.6, »Transferpreise«).

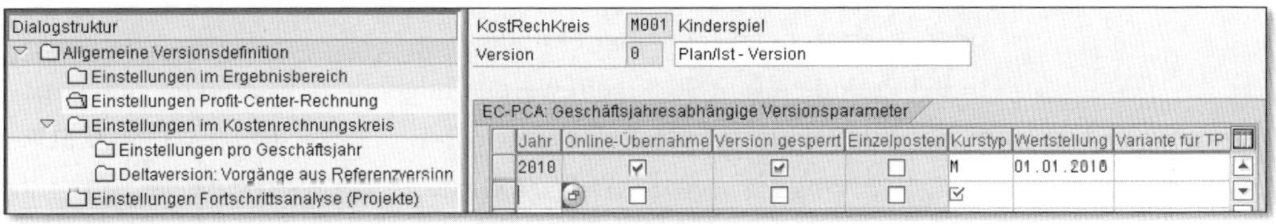

Abbildung 9.11 Planversion für die Profit-Center-Rechnung definieren

Onlineübernahme von Plandaten deaktivieren

[+]

Falls Sie in der Profit-Center-Rechnung als Planwerte die vereinbarten Jahres-Budgets für z.B. die Umsatzplanung oder Kostenstellen verwenden und gleichzeitig noch in anderen Komponenten wie z.B. Innenaufträgen Plandaten erfassen, sollten Sie die Onlineübernahme der Plandaten deaktivieren. Sie können dann bei der manuellen Überleitung der Planzahlen auswählen, aus welchen Komponenten Sie die Zahlen übernehmen wollen, und verhindern dadurch, dass zu den offiziellen Planzahlen z.B. die Kostenplanung von Innenaufträgen hinzuaddiert wird.

Einstellungen analysieren

Über CONTROLLING • PROFIT-CENTER-RECHNUNG • GRUNDEINSTELLUNGEN • EINSTELLUNGEN FÜR DEN KOSTENRECHNUNGSKREIS • EINSTELLUNGEN ANALYSIEREN (Transaktion 1KE1) finden Sie ein Analysewerkzeug, mit dessen Hilfe Sie einen Überblick über die Einstellungen gewinnen können, die Sie in diesem Abschnitt vorgenommen haben. Sie können hier auch leicht mögliche Fehler erkennen.

Durchschnittsbestands-Ledger aktivieren

Über die Transaktion CONTROLLING • PROFIT-CENTER-RECHNUNG • GRUNDEINSTELLUNGEN • EINSTELLUNGEN FÜR DEN KOSTENRECHNUNGSKREIS • DURCHSCHNITTSBESTANDS-LEDGER AKTIVIEREN (Transaktion 0KE6) nehmen Sie Einstellungen zum Durchschnittsbestands-Ledger vor. Dabei handelt es sich um ein eigenes Ledger (unter der fest vorgegebenen Bezeichnung 8Z), anhand dessen Sie für jedes Konto Durchschnittsbestände ermitteln können. Das Ziel dabei ist es, eventuelle Schwankungen auf dem Konto abzufangen und so ein realistischeres Bild von den Beständen zu erzeugen als über die Stichtagsbetrachtung. Die Zu- und Abgänge im Lauf der Periode werden dabei mit der Zahl der noch verbleibenden Tage der Periode gewichtet.

[zB]

Durchschnittsbestand

Auf einem Materialkonto haben Sie einen Anfangsbestand von 1.000 EUR. Jede Warenbewegung wird wie folgt berechnet:

Gewichteter Betrag = Betrag × Zahl der verbleibenden Tage in der Periode/Gesamtzahl an Tagen der Periode

In der Periode 4 (mit 30 Tagen) werden folgende Bewegungen gebucht:

- Tag 10: Zugang von 600 EUR; gewichtet: 500 × 20 / 30 = 400 EUR
- Tag 12: Abgang von 100 EUR; gewichtet: –100 × 18 / 30 = –60 EUR
- Tag 25: Zugang von 300 EUR; gewichtet: 300 × 5 / 30 = 50 EUR

Insgesamt ergibt sich damit ein Durchschnittsbestand von:

- 1.000 + 400 – 60 + 50 = 1.390 EUR

Zum Vergleich: Der Stichtagssaldo zum Periodenende beträgt 1.800 EUR.

Um das Ledger zu aktivieren, wählen Sie den Parameter AKTIVIEREN aus (siehe Abbildung 9.12). Für die Berechnung des Durchschnittsbestands haben Sie die Wahl zwischen dem oben beschriebenen SAP-Standardverfahren oder der Bewertung nach einem User-Exit.

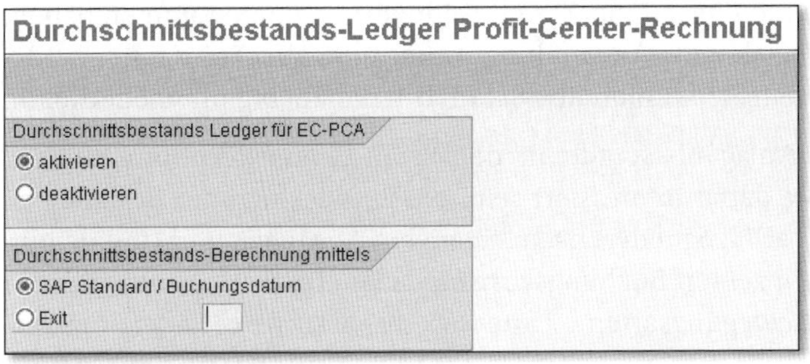

Abbildung 9.12 Durchschnittsbestands-Ledger aktivieren

9.3.2 Saldovortrag

Saldovortrag erlauben

Für den Fall, dass Sie neben den Buchungen auf Controlling-Objekten auch Bilanzkonten in die Profit-Center-Rechnung übernehmen wollen (siehe Abschnitt 9.8.4, »Zusätzliche Bilanz- und GuV-Konten auswählen«), müssen Sie zu Beginn eines neuen Geschäftsjahres die Salden der Bilanzkonten fortschreiben (ansonsten weisen die entsprechenden Konten alle einen Saldo von null aus). Zu diesem Zweck benötigen Sie den *Saldovortrag*. Sie müssen zunächst einmal im Customizing unter CONTROLLING • PROFIT-CENTER-RECHNUNG • GRUNDEINSTELLUNGEN • EINSTELLUNGEN FÜR DEN KOSTENRECHNUNGSKREIS • SALDOVORTRAG • SALDOVORTRAG ERLAUBEN (Transaktion 2KET) festlegen, ob diese Funktionalität grundsätzlich in Ihrem System erlaubt sein soll.

Ergebnisvortragskonten pflegen

Als Nächstes ordnen Sie über CONTROLLING • PROFIT-CENTER-RECHNUNG • GRUNDEINSTELLUNGEN • EINSTELLUNGEN FÜR DEN KOSTENRECHNUNGSKREIS • SALDOVORTRAG • ERGEBNISVORTRAGSKONTEN PFLEGEN je Kontenplan jedem Erfolgskontentyp ein Ergebnisvortragskonto zu (siehe Abbildung 9.13). Der Erfolgskontentyp ist ein Parameter im Sachkontenstamm, der zur weiteren Klassifizierung von Erfolgskonten dient. Der saldierte Erfolg aller Konten eines Erfolgskontentyps wird auf dem angegebenen Vortragskonto in das neue Geschäftsjahr fortgeschrieben.

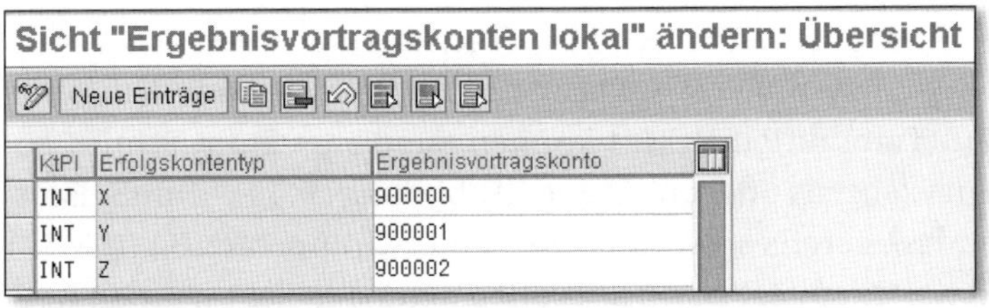

Abbildung 9.13 Ergebnisvortragskonten eintragen

Wenn Sie die Einstellungen zum Saldovortrag vorgenommen haben, können Sie ihn im Anwendungsmenü über die Transaktion 2KES durchführen. Sie können den Saldovortrag beliebig oft wiederholen.

Bewegungsarten der Konsolidierung pflegen

Falls Sie Anlagenbestände in der Profit-Center-Rechnung führen, werden Sie daran interessiert sein, die Entwicklung der Bestände zu verfolgen, z.B. gegliedert nach Zugängen, Abgängen und Umbuchungen. Die einzelnen Buchungsvorgänge klassifizieren Sie anhand von Anlagen-Bewegungsarten. Unter CONTROLLING • PROFIT-CENTER-RECHNUNG • GRUNDEINSTELLUNGEN • EINSTELLUNGEN FÜR DEN KOSTENRECHNUNGSKREIS • SALDOVORTRAG • BEWEGUNGSARTEN DER KONSOLIDIERUNG PFLEGEN (Transaktion OC08) stellen Sie die für diesen Zweck erlaubten Bewegungsarten ein.

Damit schließen wir den Abschnitt zu den Grundeinstellungen ab. Beachten Sie noch einmal, dass Sie vor allem die Einstellungen zum Kostenrechnungskreis nur über spezielle Werkzeuge transportieren können. Wir stellen Ihnen nun die Einstellungen für die Stammdaten vor.

9.4 Stammdaten

In den Grundeinstellungen zum Kostenrechnungskreis haben Sie den Namen für Ihre Standardhierarchie bereits festgelegt (siehe Abschnitt 9.3.1, »Einstellungen für den Kostenrechnungskreis«). Davon ausgehend, können Sie Ihre Unternehmensstruktur nun über Profit-Center-Gruppen und individuelle Profit-Center in der Profit-Center-Rechnung abbilden. Als Hilfsmittel bei Verrechnungen stehen Ihnen außerdem statistische Kennzahlen zur Verfügung; zur Verdichtung von materialbezogenen Plan- und Istwerten können Sie repräsentative Materialien definieren.

9.4.1 Standardhierarchie

Standardhierarchie pflegen

Über die Customizing-Transaktion CONTROLLING • PROFIT-CENTER-RECHNUNG • STAMMDATEN • PROFITCENTER • STANDARDHIERARCHIE DEFINIEREN (Transaktion KCH4) können Sie die gesamte Profit-Center-Struktur zentral pflegen (siehe Abbildung 9.14). Im Beispiel sehen Sie, dass bereits sowohl Profit-Center-Gruppen (z.B. 1000 für Brett- und Kartenspiele) als auch Profit-Center angelegt wurden (z.B. 1100 für Kartenspiele).

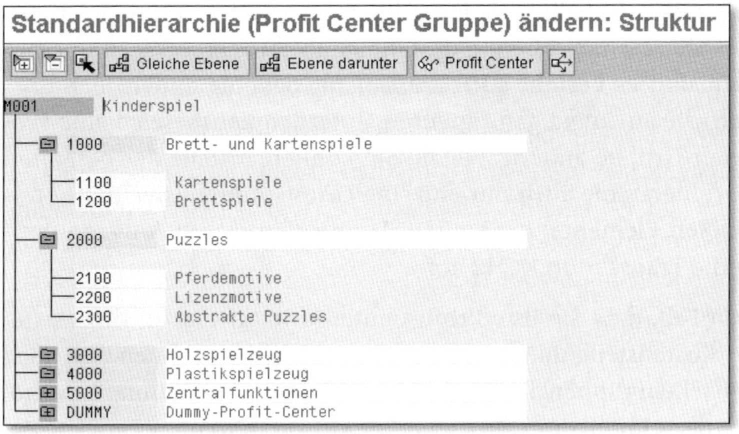

Abbildung 9.14 Profit-Center-Standardhierarchie pflegen

Wesentlich komfortabler und übersichtlicher können Sie die Standardhierarchie auch über die Transaktion KCH5N pflegen (siehe Abbildung 9.15), die Sie über das Anwendungsmenü aufrufen. Die Funktionalität ist hier dieselbe wie bei der entsprechenden Pflegetransaktion der Kostenstellenstandardhierarchie, die wir in Abschnitt 4.3.2, Standardhierarchie«, erläutert haben.

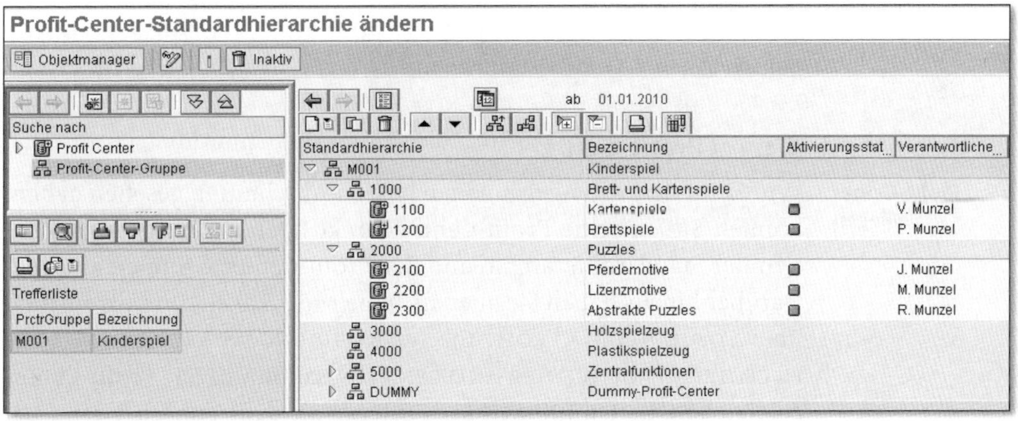

Abbildung 9.15 Alternative Transaktion zur Pflege der Standardhierarchie

9.4.2 Profit-Center-Gruppen

Profit-Center-Gruppen anlegen

Wenn Sie über die oben beschriebenen Transaktionen die gesamte Standardhierarchie bearbeiten, gelten für Profit-Center dieselben Hinweise wie für Kostenstellen (siehe Abschnitt 4.3.4, »Kostenstellengruppen«): Falls Ihre Standardhierarchie sehr umfangreich ist, kann es zum einen passieren, dass die Pflegetransaktion sehr langsam reagiert, und es besteht auch die Gefahr, dass Sie andere Benutzer sperren, die an einem ganz anderen Unternehmensbereich eine Profit-Center-Gruppe ändern wollen. Sie können anstelle der gesamten Standardhierarchie auch nur einzelne Gruppen (inklusive der untergeordneten Elemente) bearbeiten. Dazu rufen Sie im Anwendungsmenü die Transaktion KCH2 auf.

Kostenstellengruppen kopieren

Für den Fall, dass Sie Ihre Profit-Center-Struktur eng an Ihre bestehende Kostenstellenhierarchie anlehnen wollen, können Sie auch Kostenstellengruppen in Profit-Center-Gruppen kopieren. Navigieren Sie dazu im Customizing zum Punkt Controlling • Profit-Center-Rechnung • Stammdaten • Profitcenter • Kostenstellengruppen kopieren (Transaktion 2KEU). Sie haben dann die Wahl, ob Sie eine Kostenstellengruppe oder die ganze Standardhierarchie kopieren wollen (siehe Abbildung 9.16).

Abbildung 9.16 Kostenstellengruppe kopieren

9.4.3 Profit-Center

Profit-Center anlegen

Wie Sie in den vorangegangenen beiden Abschnitten gesehen haben, können Sie einzelne Profit-Center direkt über die Pflegetransaktionen der Standardhierarchie und der Profit-Center-Gruppen anlegen. Darüber hinaus haben Sie aber auch die Möglichkeit, im Customizing über Controlling • Profit-Center-Rechnung • Stammdaten • Profitcenter • Profitcenter anlegen (Transaktion KE51) Profit-Center zu erstellen. In den Grunddaten pflegen Sie dann zunächst den Gültigkeitszeitraum, für den das Profit-Center aktiv sein soll (siehe Abbildung 9.17). Sie pflegen außerdem eine Kurz- und Langbezeichnung (Bezeichnung und Beschreibung) für das Profit-Center sowie weitere Stammdaten wie einen Verantwortlichen, einen Verantwortlichen Benutzer und die Abteilung. Falls Sie Segmente für die Berichterstattung einsetzen, können Sie an dieser Stelle das Profit-Center mit einem Segment verknüpfen.

Wie die Kostenstellen sind auch die Stammsätze für Profit-Center zeitabhängig, alle Profit-Center-bezogenen Stammdaten gelten also stets für einen bestimmten Zeitraum. In der Stammdatenpflege können Sie im Menü über den Eintrag BEARBEITEN • BETRACHTUNGSZEITRAUM SETZEN den Betrachtungszeitraum ändern, auf den Sie sich beziehen. Hat sich z.B. ein Wechsel beim Verantwortlichen ergeben, können Sie für den entsprechenden Betrachtungszeitraum eine andere Zuordnung treffen. Weiter unten in diesem Abschnitt zeigen wir Ihnen, wie Sie die Zeitabhängigkeit für einzelne Felder aufheben können.

Im Abschnitt KENNZEICHEN können Sie das Profit-Center sperren und ein Template für die Formelplanung eintragen, falls Sie diese Funktionalität nutzen (siehe Abschnitt 9.7.4, »Formelplanung«); Sie können hier außerdem an dem Parameter DUMMY-PROFIT-CENTER erkennen, ob es sich beim ausgewählten Profit-Center um das Dummy-Profit-Center handelt. Wir hatten bereits in Abschnitt 9.3.1, »Einstellungen für den Kostenrechnungskreis«, erläutert, welchen Zweck das Dummy-Profit-Center hat und wie Sie es erstellen. Beachten Sie bitte, dass Sie das Dummy-Profit-Center nur über die eigens dafür vorgesehene Transaktion anlegen können und nicht über die hier beschriebene; deshalb können Sie das entsprechende Kennzeichen auch nicht ändern.

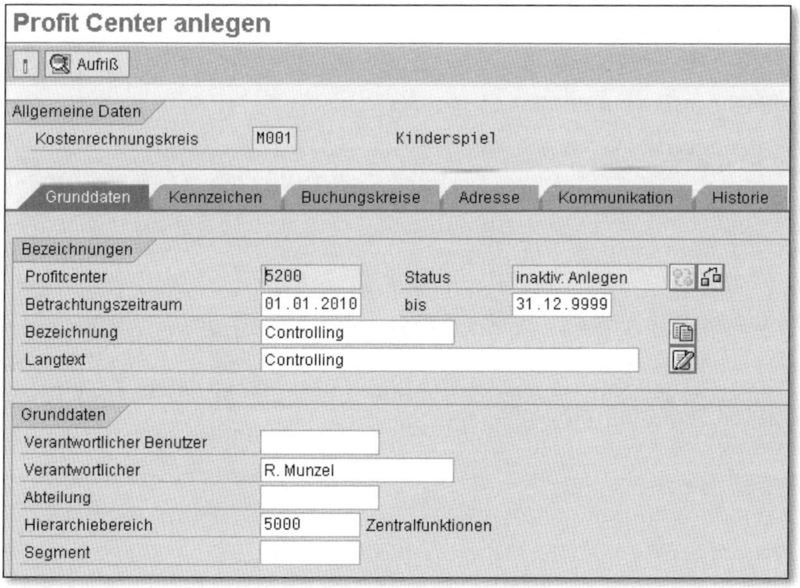

Abbildung 9.17 Profit-Center anlegen

Im Abschnitt BUCHUNGSKREISE legen Sie fest, in welchen Buchungskreisen, die dem Kostenrechnungskreis zugeordnet sind, das betroffene Profit-Center bebucht werden darf (siehe Abbildung 9.18). Welche Profit-Center Sie welchen Buchungskreisen zuordnen, hängt stark von Ihrer unternehmensweiten Profit-Center-Hierarchie ab. Falls Ihre Hierarchie z.B. produktorientiert ist und Sie in mehreren Buchungskreisen die gleiche Produktpalette anbieten, dann ist es empfehlenswert, die entsprechenden Profit-Center auch in allen relevanten Buchungskreisen zuzulassen. Sie reduzieren damit die Zahl der benötigten Profit-Center sowie den damit verbundenen Pflegeaufwand und vereinfachen Ihr übergreifendes Reporting.

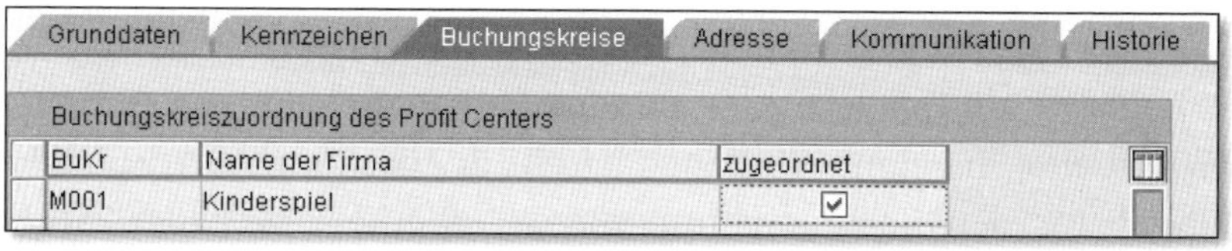

Abbildung 9.18 Profit-Center Buchungskreisen zuordnen

[zB]

Einheitliche Profit-Center in mehreren Buchungskreisen

Nehmen wir an, Ihr Unternehmen besteht aus einem Kostenrechnungskreis mit drei Buchungskreisen. Ihre Unternehmensstruktur ist produktorientiert, und die Profit-Center 1000, 2000 und 3000 spiegeln Ihre einzelnen Produktbereiche wider.

Lassen Sie nun alle drei Profit-Center in allen Buchungskreisen zu, benötigen Sie insgesamt nur drei Stammsätze:

Profit Center	Buchungskreis 0001	Buchungskreis 0002	Buchungskreis 0003
1000	X	X	X
2000	X	X	X
3000	X	X	X

Legen Sie jedoch je Buchungskreis individuelle Profit-Center an, erhöht sich Ihr Aufwand zur Stammdatenpflege deutlich:

Profit Center	Buchungskreis 0001	Buchungskreis 0002	Buchungskreis 0003
11000	X	–	–
12000	X	–	–
13000	X	–	–
21000	–	X	–
22000	–	X	–
23000	–	X	–
31000	–	–	X
32000	–	–	X
33000	–	–	X

In den weiteren Abschnitten der Profit-Center-Stammdaten haben Sie noch die Möglichkeit, die Adress- und Kommunikationsdaten zu hinterlegen. Unter HISTORIE sehen Sie sämtliche Änderungsbelege zum Stammsatz.

Sichern Sie Ihr Profit-Center dann, ist es damit noch nicht einsatzbereit. Sie müssen es zusätzlich noch aktivieren (über den entsprechenden Button oder über PROFIT CENTER • AKTIVIEREN). Erst dann können Sie Buchungen zu diesem Profit-Center vornehmen.

Inaktive Stammsätze aktivieren

Die Aktivierung der Profit-Center können Sie über CONTROLLING • PROFIT-CENTER-RECHNUNG • STAMMDATEN • PROFITCENTER • INAKTIVE PROFITCENTER AKTIVIEREN (Transaktion KEOA2) auch über eine Sammelbearbeitung vornehmen. Sie können hier einen Bereich von Profit-Centern, eine Gruppe oder alle Profit-Center auswählen. Analog haben Sie die Möglichkeit, über CONTROLLING • PROFIT-CENTER-RECHNUNG • STAMMDATEN • PROFITCENTER • INAKTIVE PROFITCENTER LÖSCHEN (Transaktion KEOD2) inaktive Profit-Center zu löschen.

Kostenstellen kopieren

Wie bei den Profit-Center-Gruppen (siehe Abschnitt 9.4.2, »Profit-Center-Gruppen«) steht Ihnen auch bei den Profit-Center-Stammsätzen eine Kopierfunktion zur Verfügung, um Kostenstellen in Profit-Center zu kopieren. Sie rufen diese über CONTROLLING • PROFIT-CENTER-RECHNUNG • STAMMDATEN • PROFITCENTER • KOSTENSTELLEN KOPIEREN (Transaktion 2KEV) auf.

Zeitabhängigkeit der Stammdaten

Wie wir weiter vorne in diesem Abschnitt bereits erwähnt haben, sind die meisten Stammdatenfelder eines Profit-Centers zeitabhängig, d.h., sie gelten immer für einen bestimmten Zeitraum. Über die Customizing-Transaktion Controlling • Profit-Center-Rechnung • Stammdaten • Profitcenter • Zeitabhängige Felder für Profitcenter festlegen (Transaktion 0KE7) können Sie entscheiden, welche Stammdatenfelder zeitabhängig sein sollen, indem Sie den Parameter Zeitabhängiges Feld aktivieren oder deaktivieren (siehe Abbildung 9.19).

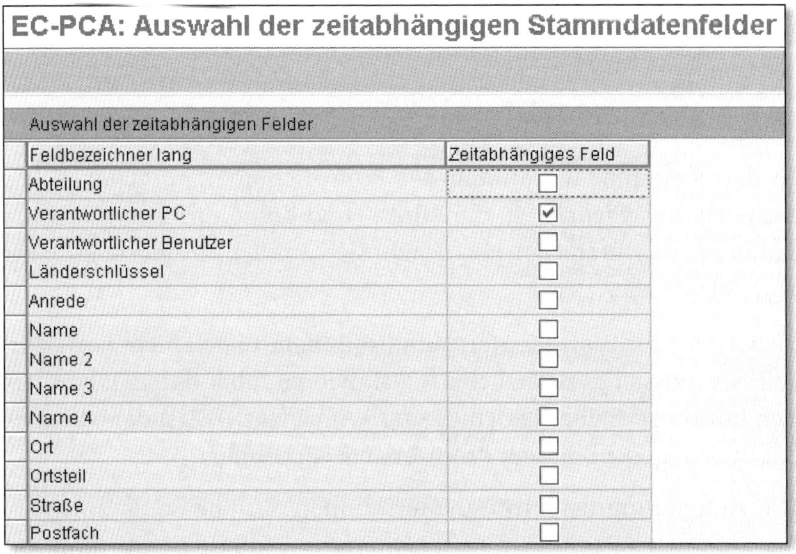

Abbildung 9.19 Zeitabhängige Felder für Profit-Center-Stammdaten festlegen

Suchhilfe für Profit-Center

Für Profit-Center können Sie eigene Suchhilfen erstellen; wie das funktioniert, haben wir bereits in Abschnitt 3.3.1, »Kostenarten«, dargelegt. Sie erstellen eigene Suchhilfen für Profit-Center über die Customizing-Transaktion Controlling • Profit-Center-Rechnung • Stammdaten • Profitcenter • Matchcode-ID für Profitcenter definieren (Transaktion 1KE6).

Wir haben Ihnen nun die wichtigsten Einstellungen zu den Profit-Center-Stammdaten gezeigt. Für die Stammdatenpflege von statistischen Kennzahlen möchten wir Sie auf Abschnitt 4.3.7, »Statistische

Kennzahlen«, verweisen, in dem wir das Thema bereits ausführlich behandelt haben.

9.4.4 Repräsentative Materialien

Was ist ein repräsentatives Material?

In einigen Szenarios – wie zum Beispiel bei der Ergebnisplanung, beim Reporting oder bei der Ermittlung von Transferpreisen – kann es sinnvoll sein, sich nicht nur auf die Ebene von Profit-Centern zu beziehen, sondern detailliertere Materialinformationen mit einzubeziehen. Sie könnten dadurch eine Umsatzplanung für verschiedene Produktgruppen durchführen, das Ergebnis von Handelswaren im Vergleich zu Fertigprodukten analysieren oder Transferpreise auf der Basis von bestimmten Materialeigenschaften festlegen. Auf der anderen Seite ist die Betrachtungsebene der Profit-Center-Rechnung sehr aggregiert, sodass Sie nicht unbedingt einzelne Materialnummern bei den genannten Szenarios betrachten wollen, da dies zu detailliert wäre. Aus diesem Grund stellt SAP als zusätzliches Stammdatum das *repräsentative Material* zur Verfügung. Dabei handelt es sich um ein eine Datenentität, die mit einer Materialnummer verknüpft wird und stellvertretend für eine frei wählbare Gruppierung von Materialien besteht. In den genannten Beispielen könnten Sie so bei Ihrer Umsatzplanung ein repräsentatives Material je Produktgruppe erstellen; für die Auswertungen setzen Sie eines für Handelsware und eines für Fertigprodukte ein. Auch für die Transferpreise können Sie repräsentative Materialien je Materialeigenschaft festlegen.

Repräsentative Materialien aktivieren

Im Customizing stellen Sie unter Controlling • Profit-Center-Rechnung • Stammdaten • Repräsentative Materialien • Repräsentative Materialien aktivieren (Transaktion 3KEJ) als Erstes ein, für welche Bewertungsklassen und gegebenenfalls Bewertungsmodifikationskonstanten, im Prinzip also für welche Bestandskonten, Sie repräsentative Materialien zulassen wollen (siehe Abbildung 9.20). Da in Ihren Planungen, Ergebnisberichten und Transferpreisen überwiegend Halb- und Fertigprodukte und Handelswaren eine Rolle spielen, empfiehlt SAP daher, keine repräsentativen Materialien für Rohstoffe zu verwenden.

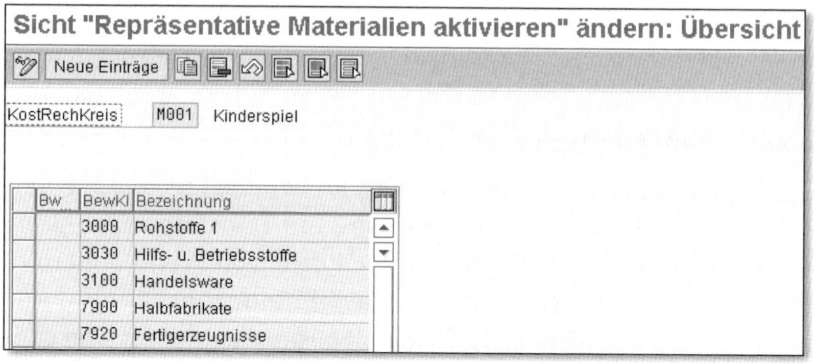

Abbildung 9.20 Repräsentative Materialien aktivieren

Repräsentative Materialien auswählen

Im nächsten Schritt legen Sie unter CONTROLLING • PROFIT-CENTER-RECHNUNG • STAMMDATEN • REPRÄSENTATIVE MATERIALIEN • REPRÄSENTATIVE MATERIALIEN AUSWÄHLEN (Transaktion 3KEK) fest, welche Materialnummern Sie als repräsentative Materialien verwenden wollen. Dabei können Sie beliebige existierende Materialnummern auswählen; es steht Ihnen frei, ob Sie bereits bestehende Materialien verwenden, die selbst zu der Gruppe gehören sollen, die sie repräsentieren, oder ob Sie eigens für diesen Zweck spezielle Materialnummern anlegen. Im Beispiel aus Abbildung 9.21 haben wir eigene Materialnummern erstellt, um bestimmte Gruppen von Halb- und Fertigprodukten zu repräsentieren.

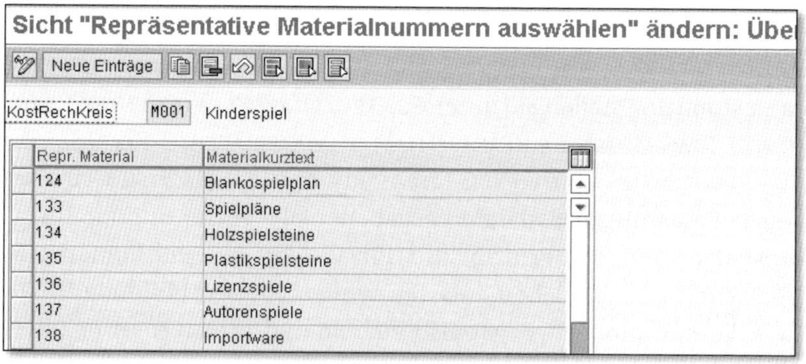

Abbildung 9.21 Repräsentative Materialnummern auswählen

Repräsentative Materialien ableiten

Schließlich definieren Sie über CONTROLLING • PROFIT-CENTER-RECHNUNG • STAMMDATEN • REPRÄSENTATIVE MATERIALIEN • REPRÄSENTA-

TIVE MATERIALIEN ABLEITEN (Transaktion 8KEO) die Zuordnung von Materialnummern zu repräsentativen Materialien. Dabei legen Sie eine Strategie fest, die aus mehreren Schritten besteht, die in einer vorgegebenen Reihenfolge durchlaufen werden. Diese Funktionalität basiert auf derselben Technik wie die Ableitung von Stammdaten in CO-PA. Wir erläutern die Ermittlung der repräsentativen Materialien daher an dieser Stelle nur kurz und verweisen auf Abschnitt 8.4.3, »Merkmalsableitung definieren«.

In jedem Schritt nehmen Sie entweder eine Zuweisung oder eine Ableitung vor; alternativ können Sie auch eine Erweiterung programmieren. Mit einer Zuweisung ordnen Sie einem Material ein festes repräsentatives Material zu, falls es eine bestimmte Bedingung erfüllt.

[zB]

Zuweisung des repräsentativen Materials

Mit einer Zuweisung ordnen Sie alle Materialien dem repräsentativen Material HALBFABRIKATE zu, die die Bedingung erfüllen, dass sie zur Bewertungsklasse 7900 (Halbfabrikate) gehören.

Bei einer Ableitung können Sie die Zuordnung von Materialien zu repräsentativen Materialien über eine Zuordnungstabelle vornehmen.

[zB]

Ableitung des repräsentativen Materials

Bei einer Ableitung geben Sie direkt die Verknüpfung zwischen Material und repräsentativem Material vor:

Material 458 → Repräsentatives Material 133

Material 890 → Repräsentatives Material 136

Erweiterung für repräsentative Materialien

Falls die beschriebenen Methoden Ihre Anforderungen nicht erfüllen, können Sie über die Erweiterung PCA00002 eine individuelle Logik programmieren, um die repräsentativen Materialien zu ermitteln.

Wir haben Ihnen damit alle notwendigen Einstellungen zu den Stammdaten der Profit-Center-Rechnung vorgestellt. Als Nächstes beschreiben wir nun, wie Sie Kontierungsobjekte mit Profit-Centern verknüpfen können.

9.5 Zuordnung von Kontierungsobjekten zu Profit-Centern

Wie wir bereits in Abschnitt 9.1, »Überblick«, erläutert haben, müssen Sie alle Controlling-Objekte Profit-Centern zuordnen, um ein vollständiges Reporting zu gewährleisten. Wir haben dort auch beschrieben, welche Zuordnungen Sie manuell vornehmen müssen – Materialien, Kostenstellen, Innenaufträge, Geschäftsprozesse, Projekte – und welche indirekt abgeleitet werden – Fertigungsaufträge, Kundenaufträge, Bestellungen, Service- und Instandhaltungsaufträge, Anlagen.

Wenn Sie die Profit-Center-Rechnung im Rahmen einer Neuimplementierung von SAP ERP einführen und somit keine bestehenden Daten ändern müssen, genügt es, dass Sie die aufgeführten manuellen Zuordnungen vornehmen. Im laufenden Betrieb nach dem Produktivstart werden dann die indirekten Zuordnungen automatisch beim Anlegen der betroffenen Controlling-Objekte ermittelt.

Führen Sie hingegen die Profit-Center-Rechnung nachträglich in einem bereits produktiven System ein, genügt es nicht, nur die manuellen Zuordnungen zu pflegen – Sie müssen auch die bereits bestehenden Controlling-Objekte mit einem Profit-Center versorgen, die normalerweise ein Profit-Center indirekt ermitteln.

Controlling-Objekte nachträglich zuordnen

SAP hat im Customizing-Menübaum Controlling • Profit-Center-Rechnung • Zuordnungen von Kontierungsobjekten zu Profit-Centern eine Liste mit Transaktionen zusammengestellt, anhand derer Sie direkt in die Einzelpflege der genannten Controlling-Objekte springen können. Das ist gut gemeint und dient der Übersichtlichkeit, hilft Ihnen bei einer nachträglichen Einführung der Profit-Center-Rechnung im laufenden System aber nicht weiter. Zum einen werden Sie große Mengen an existierenden Controlling-Objekten haben, die Sie nur mit großem Aufwand alle manuell pflegen können. Sie benötigen also Pflegetransaktionen zur Massenbearbeitung, die Sie in den jeweiligen Anwendungsmenüs der einzelnen Komponenten finden. Doch auch mit der Massenbearbeitung werden Sie nicht allen bestehenden Objekten ein Profit-Center zuweisen können, da das entsprechende Feld z.B. bei einem Kundenauftrag nicht mehr eingabebereit ist, wenn bereits eine Lieferung erfolgt ist. Sie müssen außerdem entscheiden, ob Sie nur für offene Aufträge,

Bestellungen etc. das Profit-Center nachpflegen wollen oder auch für bereits abgeschlossene. Bedenken Sie dabei, nach welcher Logik das Profit-Center ermittelt wird, wenn z.B. ein neuer Kundenauftrag mit Referenz zu einem bestehenden erstellt wird oder eine Gutschrift mit Bezug zu einer Faktura: Wenn referenziert wird, übernehmen die Positionen des neu angelegten Kundenauftrags bzw. der Gutschrift jeweils das Profit-Center aus der Referenzvorlage und ermitteln es nicht neu anhand des verwendeten Materials. Wird eine Kundenauftragsposition referenziert, der kein Profit-Center zugeordnet ist, setzt das System automatisch das Dummy-Profit-Center.

Bei einer nachträglichen Aktivierung der Profit-Center-Rechnung bleiben Ihnen somit zwei Möglichkeiten, um für den laufenden Betrieb zu 100% sicherzustellen, dass alle Controlling-Objekte mit Profit-Centern versorgt sind:

1. Sie ermitteln das Profit-Center beim Buchen von Belegen über eine Substitution (siehe Abschnitt 2.2.4, »Kontierungslogik«).
2. Sie programmieren sich einen oder mehrere Reports in ABAP, mit deren Hilfe Sie die Zuordnung der bestehenden Controlling-Objekte zu Profit-Centern direkt in den Datenbank-Tabellen ändern.

Beide genannten Optionen bergen gewisse Gefahren: Substitutionen können unerwartete Ergebnisse liefern, wenn die Bedingungen nicht genau genug definiert sind, und haben vor allem den Nachteil, dass für den Anwender nicht erkennbar ist, dass bei seiner Buchung eine Substitution aktiv ist. Bei ABAP-Programmen, die Änderungen direkt auf der Datenbank vornehmen, sind äußerste Vorsicht und ein ausführlicher Test erforderlich. Falls Sie keinen erfahrenen Programmierer zur Verfügung haben, sollten Sie sicherheitshalber auf Substitutionen zurückgreifen.

Zuordnungen überprüfen

Unter Controlling • Profit-Center-Rechnung • Zuordnungen von Kontierungsobjekten zu Profit-Centern • Zuordnungen überprüfen (Transaktion 1KE4) finden Sie einen nützlichen Monitor, anhand dessen Sie für alle relevanten Controlling-Objekte die Zuordnung zu Profit-Centern überprüfen können. Über Zuordnungsübersicht können Sie ein Controlling-Objekt aufrufen und dann auswählen, ob Sie alle Objekte sehen wollen, die noch keinem

Profit-Center zugeordnet sind (NICHT ZUGEORDNETES), oder eine Übersicht über die bereits zugeordneten (z.B. MATERIAL ZU PRCTR).

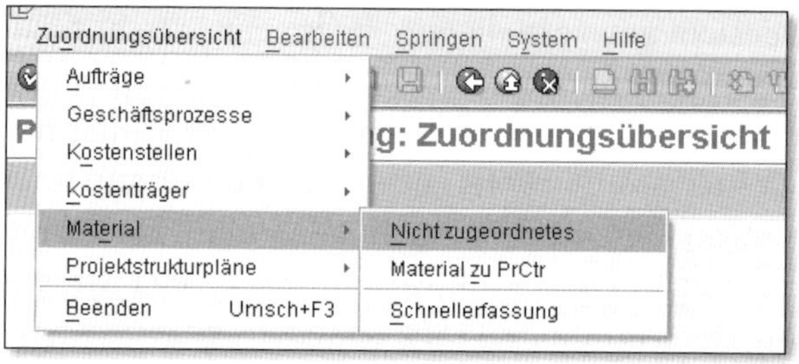

Abbildung 9.22 Zuordnungsmonitor

Buchungskreis-übergreifender Verkauf

Falls Sie buchungskreisübergreifenden Verkauf einsetzen, müssen Sie eine Substitution definieren, um für die Faktura an den Kunden das Profit-Center zu ermitteln. Dazu erläutern wir zunächst anhand des Beispiels in Abbildung 9.23 den Ablauf dieses Vorgangs:

In Buchungskreis 1 erstellen Sie einen Kundenauftrag ❶, der eine Position zu Material 123 enthält ❷, das aus Werk 2 geliefert werden soll. Werk 2 gehört zu Buchungskreis 2, und damit gehört auch die Kundenauftragsposition aus Sicht des Controllings zu Buchungskreis 2. Material 123 ist in Werk 2 dem Profit-Center 1000 zugeordnet. Bei der Lieferung an den Kunden wird in Buchungskreis 2 der Warenausgang gebucht ❸ und auf ein Kontierungsobjekt (z.B. ein Ergebnisobjekt) kontiert, das dem Profit-Center 1000 zugeordnet ist. Im nächsten Schritt wird in Buchungskreis 1 eine Faktura an den Kunden erstellt ❹. Da die Kundenauftragsposition zum Buchungskreis 2 gehört, hat das System keine Information darüber, auf welches Profit-Center die Faktura in Buchungskreis 2 kontiert werden soll. Deshalb ist es an dieser Stelle notwendig, eine Substitution zu definieren, die das Profit-Center für den fakturierenden Buchungskreis ermittelt. Zum Schluss erstellt Buchungskreis 2 eine interne Verrechnung an Buchungskreis 1 ❺, die wiederum auf Profit-Center 1000 kontiert wird. Diese interne Verrechnung wird per EDI an Buchungskreis 1 übermittelt, wo sie automatisch als Eingangsrechnung verbucht wird ❻. An dieser Stelle wird auf dasselbe Profit-Center kontiert, das bereits bei der Faktura an den Kunden per Substitution ermittelt wurde.

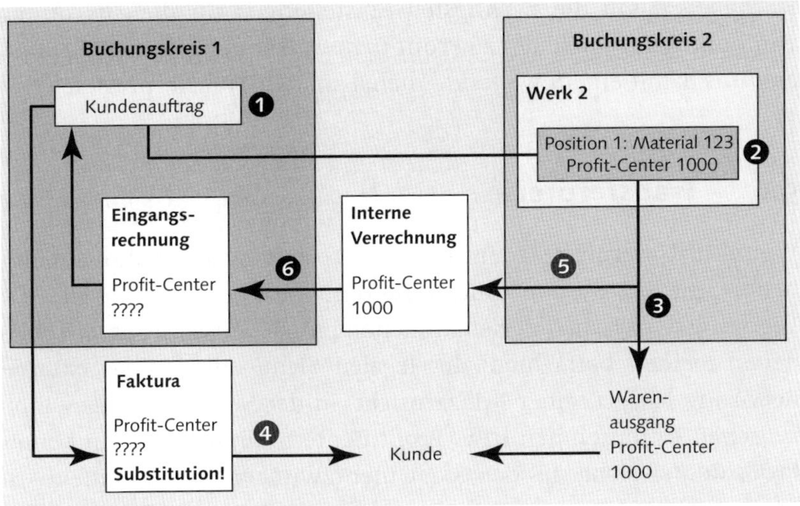

Abbildung 9.23 Buchungsablauf beim buchungskreisübergreifenden Verkauf

Substitution für buchungskreisübergreifenden Verkauf

Die Substitution zur Ermittlung des Profit-Centers im verkaufenden Buchungskreis definieren Sie im Customizing über CONTROLLING • PROFIT-CENTER-RECHNUNG • ZUORDNUNGEN VON KONTIERUNGSOBJEKTEN ZU PROFIT-CENTERN • SUBSTITUTIONEN KUNDENAUFTRÄGE • SUBSTITUTIONSREGELN DEFINIEREN (Transaktion OKEM). Eine ausführliche Beschreibung der Vorgehensweise zum Erstellen einer Substitution finden Sie in Abschnitt 2.2.4, »Kontierungslogik«. Sie aktivieren die Substitution über CONTROLLING • PROFIT-CENTER-RECHNUNG • ZUORDNUNGEN VON KONTIERUNGSOBJEKTEN ZU PROFIT-CENTERN • SUBSTITUTIONEN KUNDENAUFTRÄGE • SUBSTITUTIONSREGEL ZUORDNEN (Transaktion OKEL). Je Kostenrechnungskreis geben Sie dabei die zu verwendende Substitution an und entscheiden, zu welchem Zeitpunkt diese aufgerufen werden soll (siehe Abbildung 9.24). Der Zeitpunkt entscheidet, ob die Substitution nur für Kundenaufträge mit buchungskreisübergreifendem Verkauf aktiv sein soll oder für alle und ob sie zum Zeitpunkt der Anlage des Kundenauftrags oder zur Faktura greifen soll.

KKrs	Subst.	Substitution Beschreibung	Aktivkennzeichen
M001	CCS1		3

Abbildung 9.24 Aktivieren der Substitution für buchungskreisübergreifenden Verkauf

Sie haben damit die wichtigsten Einstellungen für die Zuordnung von Kontierungsobjekten zu Profit-Centern kennengelernt. Wir wenden uns damit einem weiteren Thema zu, den Transferpreisen.

9.6 Transferpreise

Was sind Transferpreise?

Wenn Ihr Unternehmen aus mehreren rechtlich selbstständigen Einheiten (im SAP-System: Buchungskreisen) besteht, wollen Sie die Werteflüsse zwischen diesen Einheiten möglicherweise aus verschiedenen Sichten betrachten: der legalen Sicht, auf der das externe Reporting basiert, einer Konzernsicht, in der Sie Zwischengewinne zwischen Unternehmen bzw. Profit-Centern eliminieren, und einer Profit-Center-Sicht, in der Sie Güter zwischen Profit-Centern zu Transferpreisen verkaufen, also anderen Preisen, als Sie sie in der legalen Sicht darstellen. Für diese Szenarios stellt SAP das Konzept von parallelen Wertansätzen zur Verfügung, das wir in Abschnitt 2.2.5 ausführlich erläutert haben. An dieser Stelle beschreiben wir die Customizing-Einstellungen, die notwendig sind, um für Leistungsbeziehungen zwischen Profit-Centern in der Profit-Center-Bewertung von der legalen Sicht abweichende Werte zu ermitteln.

Voraussetzungen für Transferpreise

Um Transferpreise nutzen zu können, müssen Sie folgende Voraussetzungen erfüllt haben:

- Sie müssen im Währungs- und Bewertungsprofil einen Währungstyp unter der Bewertungssicht PROFIT-CENTER-BEWERTUNG eingestellt haben (siehe dazu ebenfalls Abschnitt 2.2.5).
- Sie müssen das Material-Ledger aktiviert haben (siehe Abschnitt 7.5, »Istkalkulation/Material-Ledger«).

In den Einstellungen zum Kostenrechnungskreis müssen Sie als Bewertungssicht die Profit-Center-Bewertung eingestellt haben (siehe Abschnitt 9.3.1, »Einstellungen für den Kostenrechnungskreis«).

Was ist eine Transferpreisvariante?

Sind alle diese Bedingungen erfüllt, können Sie das Customizing für die Ermittlung von Transferpreisen durchführen. In Abbildung 9.25 sehen Sie eine schematische Übersicht über die einzelnen Elemente der Transferpreisermittlung. Grundlage ist eine sogenannte *Transferpreisvariante*, über die Sie festlegen, welche Kalkulationsschemata bei der Transferpreisermittlung in welcher Reihenfolge durchlaufen werden sollen (Kalkulationsschemata kennen Sie bereits aus Abschnitt

4.4.4, »Ressourcenplanung«, und 8.4.4, »Bewertung«). Ein Kalkulationsschema wiederum enthält Rechenzeilen und Konditionsarten, die nach bestimmten Regeln mit Werten gefüllt werden können (wie z.B. Vorgabe eines festen Preises oder prozentualer Zuschlag auf eine Kalkulation). Je Konditionsart wiederum können Sie anhand sogenannter *Zugriffsfolgen* vorgeben, zu welchen Merkmalskombinationen Werte vorgegeben werden können (z.B. in Abhängigkeit vom Material und Empfänger-Profit-Center oder nur vom Material). Zu einer Zugriffsfolge geben Sie vor, welche Felder beim Pflegen von Werten gepflegt sein müssen (z.B. benötigen Sie für ein Material stets auch den Kontext eines Werkes oder für ein Profit-Center einen Kostenrechnungskreis).

Transferpreisvariante 000

Kalkulationsschema TP0001

Kalkulationsschema TP0002

Stufe	Zähler	Kalkulationsart	Von Stufe	Bis Stufe	Bedingung	Formel
010	00	TPB1	000	000	000	000
020	00	TP02	010	010	000	000

Zugriffsfolge TP00

Zugriff	Tabelle	Bezeichnung	Bed.	Exkl.
10	141	Abhängig von Material u. Empfänger-Profit-Center		000
20	142	Abhängig von Material		010
30	143	Abhängig von Warengruppe		

Felder

Zugriff	Felder
10	Kostenrechnungskreis, Werk, Material, ProfitCenter
20	Werk, Material
30	Werk, Warengruppe

Abbildung 9.25 Customizing-Einstellungen für Transferpreisfindung

Haben Sie alle diese Einstellungen vorgenommen, können Sie je Konditionsart als Stammdaten Konditionssätze erstellen, über die Sie dann zum Beispiel vorgeben, dass für Material 125 für das Empfänger-Profit-Center 1100 ein Transferpreis von 500 EUR gelten soll und für Material 125 und dasselbe Profit-Center ein Preis von 600 EUR.

Wir stellen Ihnen die notwendigen Customizing-Einstellungen nun im Detail vor.

Preisfindung für Transferpreise einstellen

Über Controlling • Profit-Center-Rechnung • Transferpreise • Grundeinstellungen der Preisfindung (Transaktion 8KEZ) legen Sie die grundlegenden Einstellungen für Transferpreisvarianten, Kalkulationsschemata und Konditionsarten fest (siehe Abbildung 9.26). In aller Regel sollten die SAP-Standardeinstellungen für die meisten Zwecke ausreichend sein; wir empfehlen Ihnen daher, diese so weit wie möglich zu verwenden. Sie können sich hier die vorhandenen Konditionsarten anzeigen lassen ❶, einen Überblick über die bestehenden Kalkulationsschemata ❷ verschaffen bzw. eine neue Transferpreisvariante anlegen ❸.

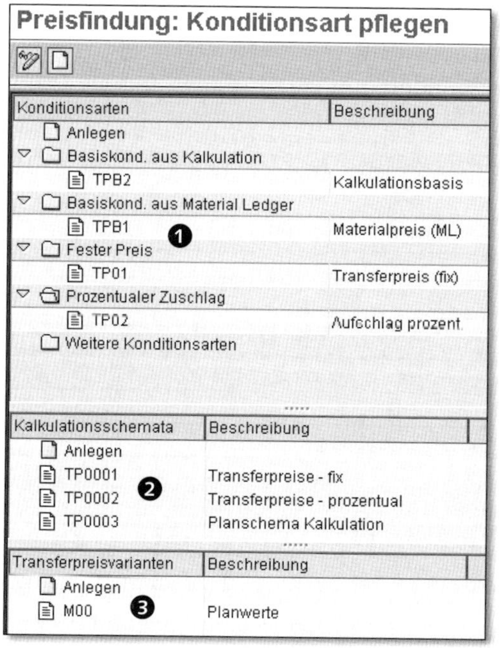

Abbildung 9.26 Grundeinstellungen der Preisfindung

Konditionsart anlegen

SAP liefert im Standard vier Konditionsarten aus, deren Details Sie per Doppelklick auf den entsprechenden Eintrag aufrufen können. Im Bereich Definition Konditionsart können Sie erkennen, auf welche Weise die entsprechende Konditionsart mit Daten versorgt wird (siehe Abbildung 9.27).

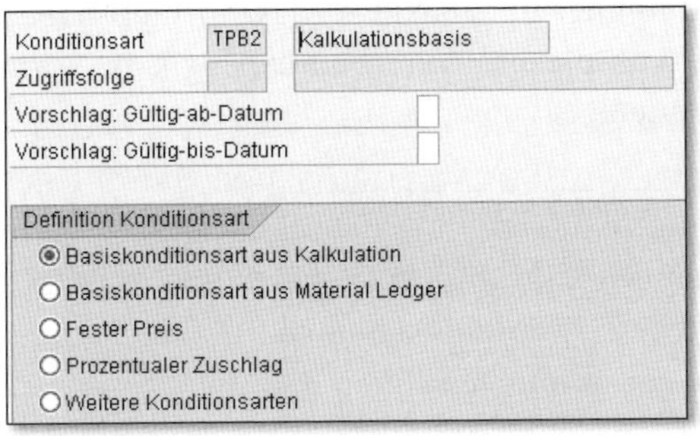

Abbildung 9.27 Detaileinstellungen zu den Konditionsarten

Die Konditionsart TPB2 liefert den Preis eines Materials anhand der Kalkulation und kann die Grundlage für weitere Berechnungen zur Ermittlung des Standardpreises sein. Analog liefert die Konditionsart TPB1 den Profit-Center-Preis aus dem Material-Ledger. Die Konditionsart TP01 können Sie verwenden, um einen festen Preis als Transferpreis vorzugeben, TP02 hingegen erlaubt es Ihnen, einen prozentualen Zuschlag aufgrund eines Basispreises (z.B. anhand der Werte der Konditionsarten TPB1 oder TPB2) festzulegen.

Was ist eine Zugriffsfolge?

Die Zugriffsfolge steuert, über welche Preistabellen Konditionssätze erfasst werden können, und von welchen Feldern diese abhängig sein sollen. Dies ist nicht relevant für Konditionsarten, die einen fest definierten Wert liefern wie z.B. TPB1 oder TPB2. Über Vorschlag: Gültig-ab-Datum bzw. Gültig-bis-Datum machen Sie eine Vorgabe, welches Anfangs- bzw. Enddatum das System vorschlagen soll, wenn Sie Konditionssätze zu dieser Konditionsart erfassen. Sie können hier z.B. das Tagesdatum, den ersten Tag des Monats oder den ersten Tag des Jahres angeben.

Kalkulationsschema für Transferpreise

In Abbildung 9.28 sehen Sie ein Beispiel für eines der Kalkulationsschemata, die im Standard ausgeliefert werden. Ein Kalkulationsschema besteht aus einer oder mehreren Zeilen. Je Zeile geben Sie zunächst eine Stufe an; dies dient zur Kennzeichnung für Zeilen, die sich auf die Werte anderer Zeilen beziehen. Sie können mehrere Zeilen derselben Stufe zuordnen; zur eindeutigen Kennzeichnung geben Sie dann in der Spalte Zähl noch einen Zähler an. Unter KArt tragen Sie eine Konditionsart ein; falls diese sich auf andere Zeilen bezieht, geben Sie in den Spalten VonStu und BisStu an, welche Stufen dabei herangezogen werden sollen. Im Beispiel verwendet die zweite Zeile in Stufe 020 das Ergebnis der Stufe 010 als Basis für einen prozentualen Preisaufschlag.

In den Spalten BEDG (Bedingung) und BASFRM (Basisformel) haben Sie die Möglichkeit, eine komplexere Verarbeitungslogik in Form von ABAP-Code zu verwenden.

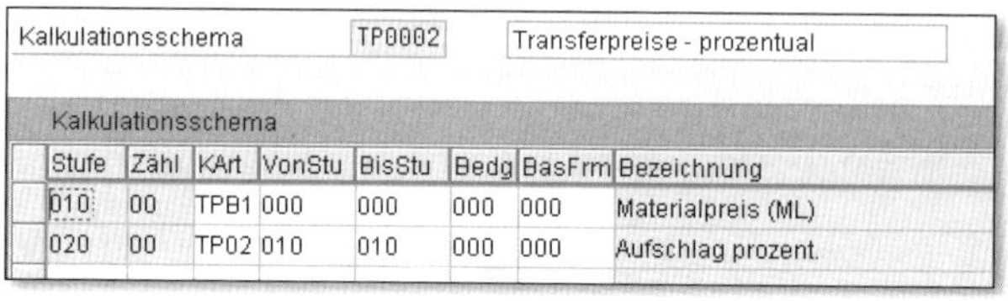

Abbildung 9.28 Kalkulationsschema bearbeiten

Eine *Transferpreisvariante* steuert, welche Kalkulationsschemata bei der Findung der Transferpreise durchlaufen werden sollen, und in welcher Reihenfolge dies geschehen soll. Für Istwerte ist im SAP-System die Variante 000 fest vorgegeben, die wiederum auf die Kalkulationsschemata TP0001 und TP0002 zurückgreift. Sie können also zusätzliche Transferpreisvarianten nur für die Ermittlung von Planwerten erstellen; im Standard liefert SAP hier die Variante 001 aus, der die Kalkulationsschemata TP0001 und TP0003 zugeordnet sind. Welches Transferpreisschema jeweils verwendet werden soll, legen Sie in den Einstellungen zur Version fest (siehe Abschnitt 9.3.1, »Einstellungen für den Kostenrechnungskreis«).

Transferpreisvariante anlegen

Wenn Sie eine neue Transferpreisvariante erstellen, tragen Sie zunächst einen Namen und eine Bezeichnung ein (siehe Abbildung 9.29). Unter SCHEMA geben Sie alle Kalkulationsschemata an, die durchlaufen werden sollen. Beim Ermitteln der Transferpreise beginnt das System dann beim ersten Kalkulationsschema und prüft, ob es einen gültigen Wert anhand der dort hinterlegten Konditionen finden kann; ist dies nicht der Fall, geht es zum nächsten Schema weiter und prüft dort etc. Die Kalkulationsschemata werden dabei in der Reihenfolge durchlaufen, in der sie an dieser Stelle eingetragen wurden; in der Spalte RF können Sie aber auch eine alternative Reihenfolge vorgeben.

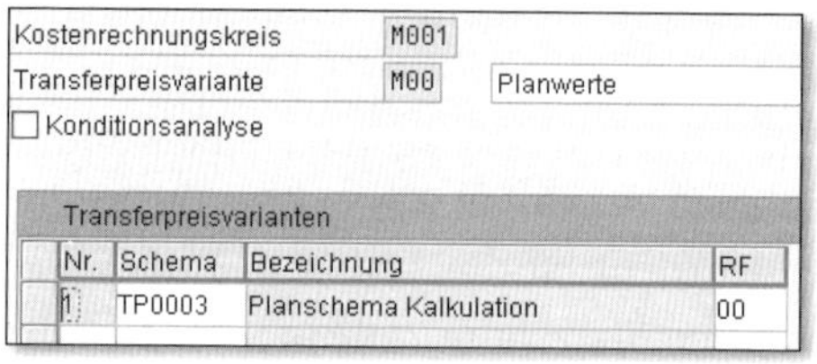

Abbildung 9.29 Transferpreisschema anlegen

9.6.1 Detailsteuerung der Preisfindung

Konditionstabellen pflegen

Wie im vorherigen Abschnitt bereits erwähnt, ermitteln Sie im Kalkulationsschema anhand von Konditionsarten Transferpreise. Dazu pflegen Sie für die einzelnen Konditionsarten *Konditionssätze*, in denen Sie konkret festlegen, welcher Transferpreis für welches Material bzw. Partner-Profit-Center gelten soll. Anhand der Zugriffsfolge, die Sie der Konditionsart zuordnen, legen Sie die *Zugriffe* und deren Reihenfolge fest, in welcher Abhängigkeit die Konditionssätze erfasst werden müssen, also z.B. in Abhängigkeit nur vom Material oder vom Material und Partner-Profit-Center. Die Zugriffe wiederum basieren auf sogenannten *Konditionstabellen*. Falls Sie eigene Konditionsarten anlegen wollen, können Sie über CONTROLLING • PROFIT-CENTER-RECHNUNG • TRANSFERPREISE • DETAILSTEUERUNG DER PREISFINDUNG • PREISABHÄNGIGKEITEN (KONDITIONSTABELLEN) DEFINIEREN eigene Konditionstabellen erstellen. Über FELDKATALOG FÜR DIE TRANSFERPREISFINDUNG rufen Sie zunächst eine Übersicht aller Felder auf, die Sie in Konditionstabellen für Transferpreise verwenden können (siehe Abbildung 9.30). Falls Sie über diese noch hinausgehende Felder benötigen, können Sie zusätzliche anlegen; beachten Sie dabei aber, dass Sie nur Felder hinzufügen können, die in den Tabellen KOMG, KOMK oder KOMP enthalten sind.

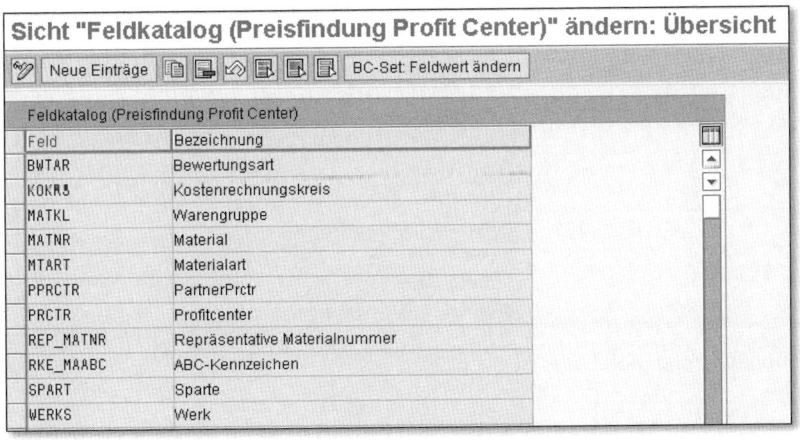

Feld	Bezeichnung
BWTAR	Bewertungsart
KOKRS	Kostenrechnungskreis
MATKL	Warengruppe
MATNR	Material
MTART	Materialart
PPRCTR	PartnerPrctr
PRCTR	Profitcenter
REP_MATNR	Repräsentative Materialnummer
RKE_MAABC	ABC-Kennzeichen
SPART	Sparte
WERKS	Werk

Abbildung 9.30 Feldkatalog für die Transferpreisfindung

Über KONDITIONSTABELLEN PFLEGEN bearbeiten Sie die Konditionstabellen. Auch hier sollten Sie zunächst prüfen, ob die bestehenden

Tabellen für Ihre Zwecke ausreichen. Im Standard stehen die folgenden Konditionstabellen zur Verfügung:

- 141 – Abhängig von Material und Empfänger-Profit-Center
- 142 – Abhängig von Material
- 143 – Abhängig von Warengruppe

In Abbildung 9.31 sehen Sie die Tabelle 141. Auf der linken Seite stehen die ausgewählten Felder, die für die Zugriffe verwendet werden. Rechts finden Sie weitere Felder, die Sie in eigenen Konditionstabellen zusätzlich verwenden können. Um eine neue Tabelle zu erstellen, wählen Sie eine Nummer 501 und 999 und wählen entsprechend die benötigten Felder aus. Beachten Sie bitte, dass Sie keine Standardeinstellungen von SAP verändern, sondern diese lediglich kopieren und dann weiterbearbeiten sollten.

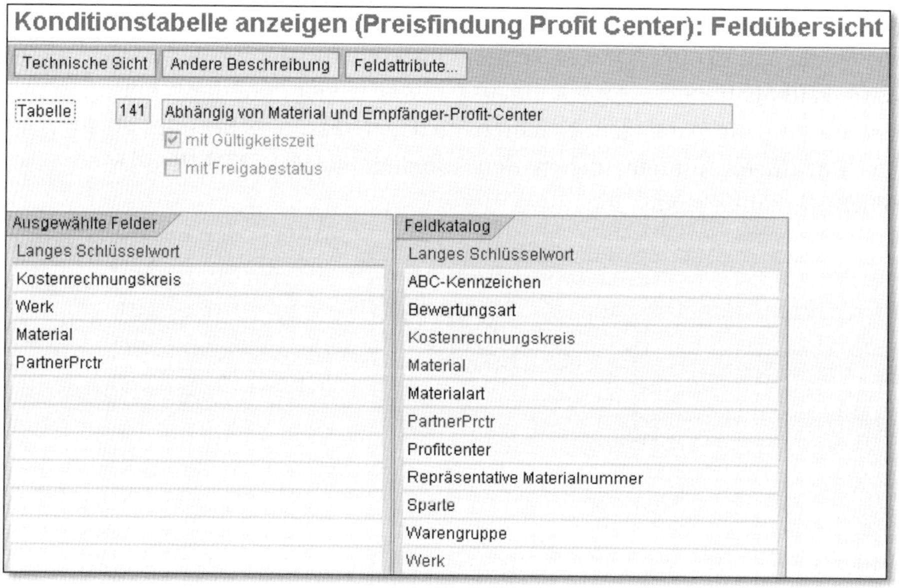

Abbildung 9.31 Konditionstabelle pflegen

Zugriffsfolge definieren

Unter dem Menüpunkt Controlling • Profit-Center-Rechnung • Transferpreise • Detailsteuerung der Preisfindung • Zugriffsfolge definieren können Sie bei Bedarf eigene Zugriffsfolgen und Zugriffe erstellen; wie Sie dabei vorgehen, haben wir exemplarisch in Abschnitt 4.4.4, »Ressourcenplanung«, vorgestellt. Für die Transferpreise ist im Standard die Zugriffsfolge TP00 ausgeliefert, die je einen

Zugriff auf die drei Standardkonditionstabellen 141, 142 und 143 enthält.

Konditionsausschluss festlegen

In manchen Fällen kann es vorkommen, dass bei der Findung des Transferpreises mehrere Konditionssätze selektiert werden. Sie können über einen *Konditionsausschluss* festlegen, welcher der infrage kommenden Sätze dann berücksichtigt werden soll und welcher nicht. Dazu definieren Sie sogenannte *Konditionsausschlussgruppen* und ordnen diesen Konditionsarten zu. Im Konditionsausschluss selbst legen Sie dann je Gruppe fest, welcher Wert ermittelt bzw. ausgeschlossen werden soll.

[zB]

Konditionsausschluss

In einem Kalkulationsschema haben Sie zum einen eine Konditionsart für feste Preise und zum anderen für Zuschläge zu einem Materialpreis definiert. Sie wollen sicherstellen, dass der jeweils niedrigere Preis angewendet wird.

Wir zeigen Ihnen das Customizing dazu anhand des oben angeführten Beispiels. Wechseln Sie zunächst zum Punkt Controlling • Profit-Center-Rechnung • Transferpreise • Detailsteuerung der Preisfindung • Konditionsausschluss für Gruppen von Konditionen definieren, und wählen Sie dann Konditionsausschlussgruppen definieren. Wie in Abbildung 9.32 dargestellt, definieren wir zunächst eine Konditionsausschlussgruppe ❶. Über Konditionsausschlussgruppen: Konditionsarten zuordnen stellen Sie dann eine Verknüpfung zu den benötigten Konditionsarten her ❷ – im Beispiel entsprechend zu TP01 und TP02.

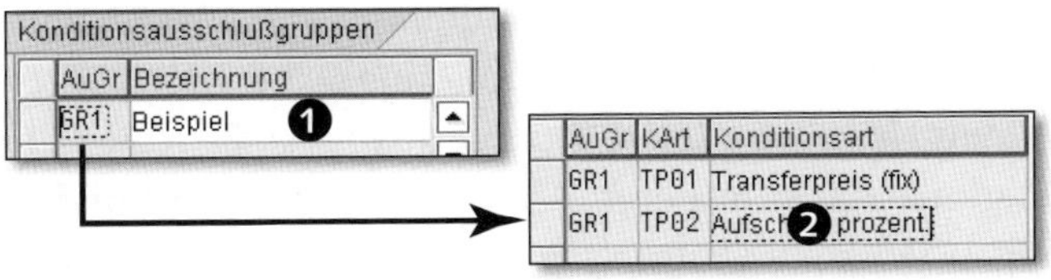

Abbildung 9.32 Konditionsausschluss definieren

Preisliste definieren

Navigieren Sie dann zum Menüpunkt Konditionsausschluss: Zuordnung zum Kalkulationsschema (siehe Abbildung 9.33), wählen Sie unter Schemata ❶ zunächst ein Kalkulationsschema aus ❷, und gehen Sie dann zu Ausschluss ❸. Hier tragen Sie zunächst eine laufende Nummer ein (Spalte LFN) und wählen in der Spalte KVF ein Konditionsausschlussverfahren aus ❹. Zur Auswahl haben Sie hier z.B. GÜNSTIGSTE KONDITIONSART INNERHALB EINER GRUPPE oder UNGÜNSTIGSTE KONDITIONSART EINER GRUPPE. Zum Schluss geben Sie in der Spalte AUGR1 die zuvor definierte Ausschlussgruppe an. Im Beispiel haben wir das Verfahren GÜNSTIGSTE KONDITIONSART INNERHALB EINER GRUPPE gewählt, sodass das System in diesem Kalkulationsschema die Konditionsart in der Ausschlussgruppe auswählt, die den niedrigsten Preis liefert.

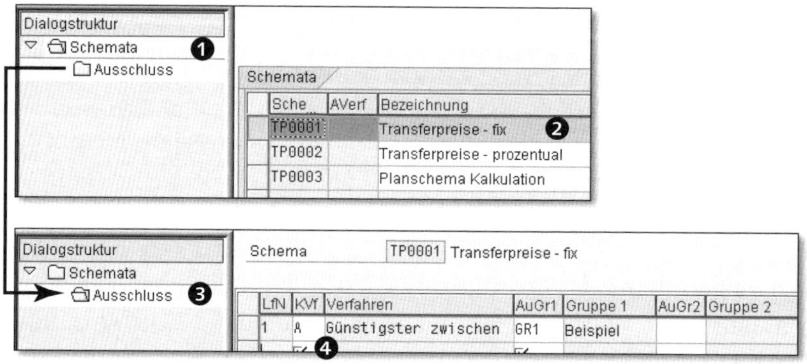

Abbildung 9.33 Ausschluss definieren

Um die unterschiedlichen Konditionssätze transparent zu machen, die Sie zu verschiedenen Zugriffsfolgen und Preistabellen gepflegt haben, können Sie über CONTROLLING • PROFIT-CENTER-RECHNUNG • TRANSFERPREISE • DETAILSTEUERUNG DER PREISFINDUNG • PREISLISTEN DEFINIEREN eine *Preisliste* erstellen. Wir zeigen Ihnen anhand eines Beispiels, wie Sie eine Preisliste erstellen, die alle Konditionssätze anzeigt, die in Bezug auf eine Materialnummer und ein Partner-Profit-Center angelegt wurden (siehe Abbildung 9.34). Dazu legen Sie zunächst einen Namen und eine Bezeichnung fest ❶. Nun wählen Sie alle Merkmale aus, in deren Abhängigkeit Sie die Konditionssätze anzeigen wollen – in unserem Beispiel also MATERIAL und Partner-Profit-Center (PARTNERPRCTR) ❷. Da das Profit-Center vom Kostenrechnungskreis abhängt, haben wir diesen auch ausgewählt.

Entscheiden Sie dann anhand der Buttons ODER bzw. UND ❸, ob Sie alle Konditionstabellen auswählen wollen, in denen mindestens eines der gewählten Merkmale vorkommt (ODER), bzw. nur die

Tabellen, in denen alle gewählten Merkmale vorkommen (UND). In unserem Beispiel benötigen wir eine Und-Verknüpfung und klicken auf den entsprechenden Button. Sie sehen dann im nächsten Bild eine Liste aller Konditionstabellen, die diesen Kriterien entsprechen – in unserem Fall nur eine Tabelle, die 141 ABHÄNGIG VON MATERIAL UND EMPFÄNGER-PROFIT-CENTER ❹.

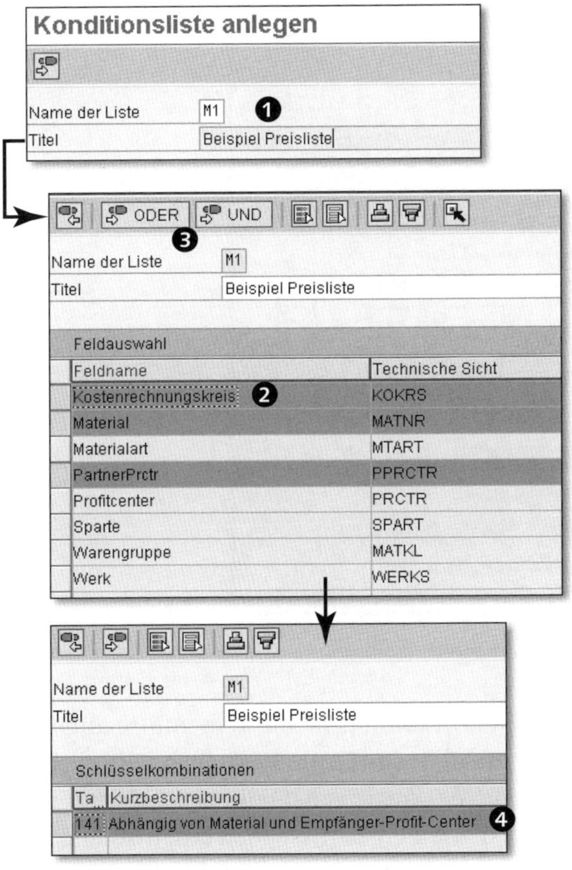

Abbildung 9.34 Preisliste erstellen

Zum Schluss definieren Sie das Anzeigelayout der Preisliste (siehe Abbildung 9.35. Das System listet alle Merkmale auf, die Sie zuvor selektiert haben, und ergänzt noch weitere, falls nötig. In unserem Fall hatten wir zwar das Material ausgewählt, aber nicht das Werk. Da das Material vom Werk abhängt, hat das System das Merkmal WERK automatisch hinzugefügt. Sie entscheiden nun anhand der Spalte Positionierung, wo die Merkmale positioniert werden sollen:

- auf dem Seitenkopf als Überschrift jeder Seite
- als Gruppenkopf zur Gruppierung der Positionen
- als Position

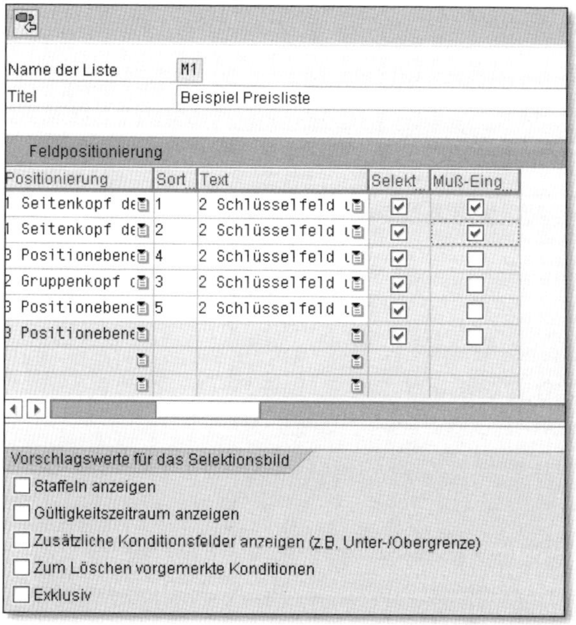

Abbildung 9.35 Anzeigelayout definieren

In der Spalte Sort. (Sortierung) können Sie die Reihenfolge angeben, in der die Merkmale innerhalb jeder Ebene erscheinen sollen. Über Text bestimmen Sie, ob die Merkmale anhand ihres Schlüssels, ihrer Bezeichnung oder beider Varianten dargestellt werden sollen. Alle Merkmale, für die Sie den Parameter Selekt (Selektion) aktivieren, erscheinen beim Ausführen der Preisliste als Selektionskriterien; aktivieren Sie außerdem Muss-Eing. (Muss-Eingabe), ist die Angabe des entsprechenden Merkmals Pflicht. Weiter unten im Bereich Vorschlagswerte für das Selektionsbild stehen Ihnen noch weitere Parameter zur Verfügung, über die Sie vorbelegen können, welche weiteren Informationen zu den Konditionssätzen angezeigt werden sollen. In Abbildung 9.36 sehen Sie die fertig erstellte Preisliste bei der Ausführung.

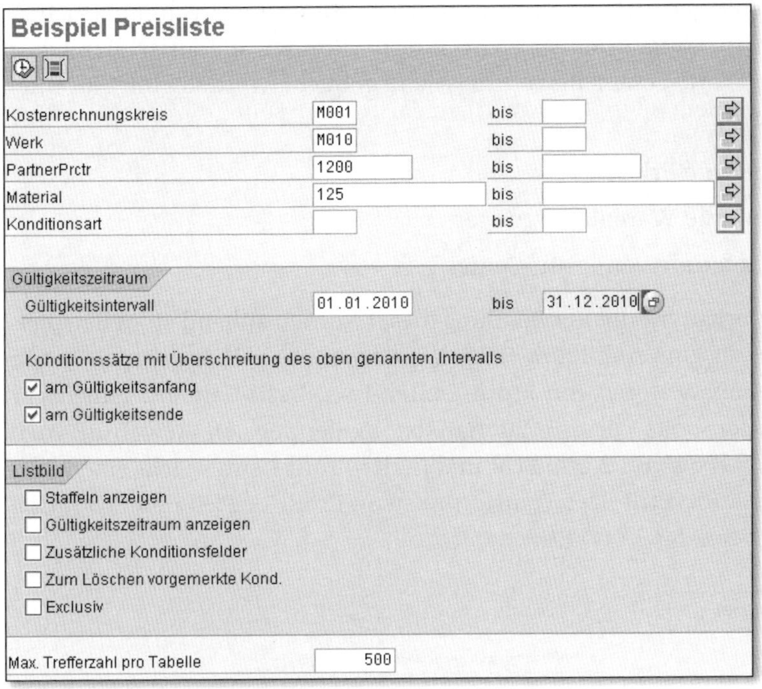

Abbildung 9.36 Ausführung der Preisliste

9.6.2 Einstellungen für interne Warenbewegungen

Verkäufe zwischen Profit-Centern

Bei einigen Buchungsvorgängen in der Logistik werden Warenbewegungen zwischen verschiedenen Profit-Centern gebucht. Wenn Sie die Profit-Center-Bewertungssicht in der Profit-Center-Rechnung führen, werden die beteiligten Profit-Center wie interne Firmen behandelt und entsprechend die Buchungen wie Verkäufe zwischen zwei Firmen über Erfolgskonten abgebildet.

[zB]

Warenbewegungen zwischen zwei Profit-Centern

Wie wir bereits in Abschnitt 9.1, »Überblick«, erläutert haben, werden Materialien je Werk einem Profit-Center zugeordnet. Innerhalb desselben Werkes kann es somit zu Bewegungen zwischen Profit-Centern kommen, wenn z.B. ein Fertigungsauftrag zu Profit-Center 1 gehört und darauf ein Material verbraucht wird, das Profit-Center 2 zugeordnet ist.

Ist ein Material in Werk A dem Profit-Center 1 zugeordnet, in Werk B hingegen Profit-Center 2, erfolgt bei einer Umlagerung dieses Materials von Werk A nach Werk B eine Bewegung zwischen den Profit-Centern 1 und 2.

Um die genannten Vorgänge in der Profit-Center-Rechnung abzubilden, benötigen Sie spezielle interne Konten, die ausschließlich in der Profit-Center-Bewertungssicht gebucht werden. Im Einzelnen sind dies:

- interne Erlöse
- interne Warenbewegungen
- Lieferung von Profit-Center

Wir erläutern die Verwendung dieser Konten anhand eines Beispiels, wie wir es in Abbildung 9.37 dargestellt haben. Hier nehmen wir an, dass ein Material von Profit-Center 1 an Profit-Center 2 umgelagert werden soll. Dieses Material hat in der legalen Bewertungssicht einen Preis von 2.000 EUR und in der Profit-Center-Sicht einen Preis von 2.500 EUR. Der Transferpreis von Profit-Center 1 an Profit-Center 2 beträgt 3.000 EUR.

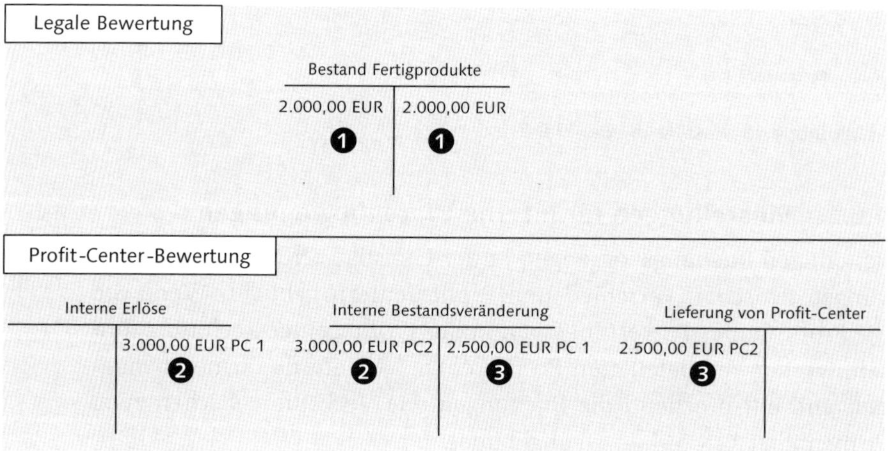

Abbildung 9.37 Beispiel für eine Warenbewegung zwischen zwei Profit-Centern

Mit der Warenbewegung buchen Sie in der legalen Bewertungssicht in der Finanzbuchhaltung lediglich einen Ab- und Zugang auf demselben Bestandskonto ❶. In der Profit-Center-Bewertungssicht hingegen buchen Sie auf dem Profit-Center 1 den internen Erlös von 3.000 (entspricht dem Transferpreis) auf das Konto für interne Erlöse und als Gegenbuchung den Wert des Materials (2.500 EUR in der Profit-Center-Sicht) als Warenausgang auf das Konto für interne Warenbewegungen ❷. Auf dem Profit-Center 2 buchen Sie analog einen Wareneingang auf dem Konto für interne Warenbewegungen in Höhe von 2.500 EUR und 3.000 EUR auf dem Konto für Lieferungen vom Profit-Center ❸.

Kontenfindung interne Warenbewegungen

Für die genannten Konten müssen Sie zunächst in der Finanzbuchhaltung Stammsätze anlegen. Diese müssen als Erfolgskonten klassifiziert sein, dürfen jedoch nicht als Kostenarten angelegt sein. Sie konfigurieren die Kontenfindung für interne Warenbewegungen im Customizing über Controlling • Profit-Center-Rechnung • Transferpreise • Einstellungen für interne Warenbewegungen • Kontenfindung für interne Warenbewegungen definieren (Transaktion 0KEK). Sie nehmen die Zuordnung der Konten je Materialart (MatArt) vor (siehe Abbildung 9.38) und können bei Bedarf auch nach Bewertungsklasse (BewKl.) und/oder Bewertungsmodifikationskonstante (BwMK) einschränken. In den Spalten Int. Erlöse (Interne Erlöse), Bestver. (Interne Bestandsveränderung) und Lieferung von PrCtr (Lieferung von Profit-Center) tragen Sie die entsprechenden Konten ein. Der Parameter Keine steuert, dass auf der Empfängerseite keine Belege fortgeschrieben werden sollen. Dies kann sinnvoll sein für Rohstoffe und Halbfabrikate, für die keine Transferpreise geführt werden, bei denen also kein interner Gewinn anfällt. In einem solchen Fall hätten im Beispiel in Abbildung 9.37 die Buchungen auf Profit-Center 2 beide denselben Wert und würden sich aufheben. Es könnte also auf diese beiden Buchungen verzichtet werden, und das Ergebnis wäre immer noch richtig.

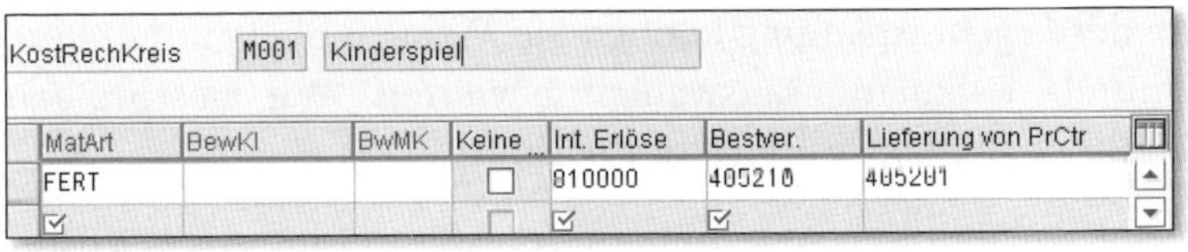

Abbildung 9.38 Kontenfindung für interne Warenbewegungen

Kontenfindung Produktionsabweichungen

Neben den bereits vorgestellten Konten ist noch ein weiterer Fall zu berücksichtigen. Falls Sie selbst gefertigte Waren von einem Profit-Center an ein anderes verkaufen und dabei Produktionsabweichungen anfallen, sollen diese Abweichungen beim sendenden und nicht beim empfangenden Profit-Center gebucht werden. Für diese Buchung müssen Sie ein weiteres Konto im Customizing unter Controlling • Profit-Center-Rechnung • Transferpreise • Einstellungen für interne Warenbewegungen • Kontenfindung für Prod.Abw. bei Lief. an andere PrCtr def. (Transaktion 3KEL) hinterlegen. Sie hinterlegen hier je Bewertungsklasse ein GuV-Konto (siehe Abbildung 9.39).

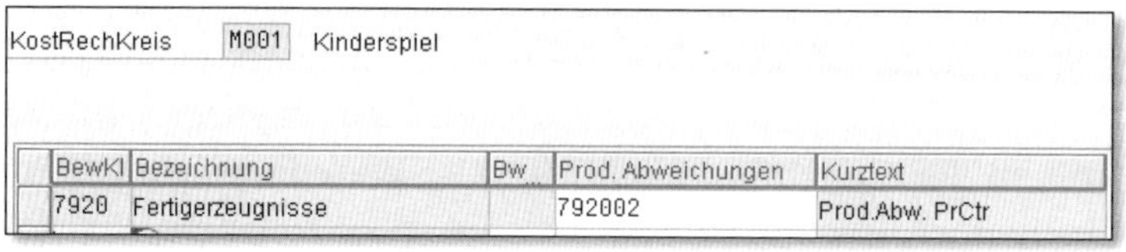

Abbildung 9.39 Kontenfindung für Produktionsabweichungen

Sonderbehandlung interne Warenbewegungen

Für eine Reihe von Materialbewegungen ist es nicht sinnvoll, nach der oben beschriebenen Logik interne Warenbewegungen auf gesonderten Konten zu buchen, wie z.B. Warenausgang für kostenlose Lieferungen, Retoure oder Verschrottung. Diese Bewegungsarten werden gesondert behandelt, und SAP hat hier bereits eine Voreinstellung getroffen, die Sie über Controlling • Profit-Center-Rechnung • Transferpreise • Einstellungen für interne Warenbewegungen • Sonderbehandlung für interne Warenbewegungen definieren (Transaktion OKEN) einsehen können. Sie sollten an diesen Einstellungen nichts ändern; nur für den Fall, dass Sie eigene Bewegungsarten definiert haben, die ebenfalls der Sonderbehandlung unterliegen sollen, sollten Sie hier Einträge hinzufügen.

9.6.3 Ergebnisplanung

Mithilfe der Ergebnisplanung können Sie Mengen planen und diese dann mittels Kalkulationsauswahlen bewerten. Wir beschreiben diese Funktionalität ausführlich in Abschnitt 9.7.3.

Wir beenden damit den Abschnitt zu Transferpreisen. Als Nächstes Thema beschäftigen wir uns mit der Planung.

9.7 Planung

Im Rahmen der Planung steht Ihnen in der Profit-Center-Rechnung zunächst die Möglichkeit zur Verfügung, anhand selbst erstellter Formulare manuell zu planen. Diese Funktionalität wird ergänzt durch einige Planungshilfen wie etwa die Formelplanung und die Ergebnisplanung. Darüber hinaus können Sie auch Plandaten aus anderen Komponenten übernehmen und Verrechnungen im Plan durchführen. Wir beginnen jedoch mit den Grundeinstellungen, die Sie zu Beginn vornehmen sollten.

9.7.1 Grundeinstellungen

Belegarten für Planbelege

Zur Planung in der Profit-Center-Rechnung sind einige Grundeinstellungen notwendig, die Auswirkungen auf die folgenden Funktionalitäten haben. Zunächst legen Sie über CONTROLLING • PROFIT-CENTER-RECHNUNG • PLANUNG • GRUNDEINSTELLUNGEN IN DER PLANUNG • BELEGARTEN PFLEGEN • BELEGARTEN FÜR LOKALE BELEGE PFLEGEN (Transaktion GCBA) lokale Belegarten fest. Dabei handelt es sich, anders als bei den sogenannten *Rollup-Belegarten*, um Belegarten, die Sie für manuelle Planbelege sowie Verrechnungen im Plan in der Profit-Center-Rechnung verwenden. An dieser Stelle wird sichtbar, dass es sich bei der klassischen Profit-Center-Rechnung technisch um ein spezielles Ledger der Finanzbuchhaltung handelt, denn die Einstellungen, die Sie hier vornehmen, finden Sie in der Definition der speziellen Ledger auch wieder. Einige Einstellungen, die Sie hier vornehmen können, haben auch nur eine Bedeutung für die Verwendung der Belegarten in speziellen Ledgern und sind ohne Funktion in der Profit-Center-Rechnung.

Sie können die voreingestellte Belegart P0 verwenden, SAP empfiehlt aber, dass Sie eigene Belegarten benutzen. Für einfache Anwendungen werden Sie mit einer Belegart auskommen; nur für den Fall, dass Sie anhand der Belegart unterschiedliche Planungsvorgänge oder -stufen dokumentieren wollen, benötigen Sie mehrere. Um eine Belegart anzulegen, geben Sie zunächst einen Schlüssel in der Spalte BELEGART vor (siehe Abbildung 9.40) und eine Beschreibung. In den Spalten LOKAL und GLOBAL sehen Sie die Nummernkreise, denen die Belegart zugeordnet ist (die Zuordnung nehmen Sie in einer anderen Transaktion vor, die wir Ihnen gleich vorstellen werden). Für die klassische Profit-Center-Rechnung ist nur der lokale Nummernkreis von Bedeutung. Ebenfalls ohne weitere Funktion an dieser Stelle sind die weiteren Spalten, die Sie hier einstellen können; diese sind nur von Belang im speziellen Ledger. Im Zweifel können Sie einfach alle Optionen aktivieren.

Belegart	T..	W	W	Saldoprüf.	Lokal	Global	Beschreibung
M0	☑	☑	☑	0			Beleg für manuelle Planbuchung

Abbildung 9.40 Belegarten für lokale Belege pflegen

Rollup-Belegarten pflegen

Falls Sie Plandaten von CO-PA in die Profit-Center-Rechnung übernehmen wollen, benötigen Sie für diesen Zweck außerdem eine sogenannte Rollup-Belegart. Der Begriff *Rollup* bedeutet in diesem Fall lediglich das Übertragen von Daten aus einem Ledger (in diesem Fall CO-PA) in ein anderes (EC-PCA). Die Rollup-Belegarten pflegen Sie über Controlling • Profit-Center-Rechnung • Planung • Grundeinstellungen in der Planung • Belegarten pflegen • Belegarten für lokale Belege pflegen (Transaktion GCBR). Sie benötigen hier lediglich einen Schlüssel (in der Spalte Belegart) und eine Beschreibung für die Belegart; den Nummernkreis ordnen Sie in diesem Fall direkt zu.

Belegart	Nummernkreis Rollup	Beschreibung
N0	99	Rollup-Belegart

Abbildung 9.41 Rollup-Belegart anlegen

Nummernkreise für Planbelege pflegen

Über Controlling • Profit-Center-Rechnung • Planung • Grundeinstellungen in der Planung • Nummernkreise definieren • Nummernkreise für lokale Belege definieren (Transaktion GB02) ordnen Sie Ihre lokalen Belege einem Nummernkreis zu. Wie Sie Nummernkreise pflegen und zuordnen, erfahren Sie in Abschnitt 2.2.1. Nummernkreise für Rollup-Belegarten erstellen Sie über Controlling • Profit-Center-Rechnung • Planung • Grundeinstellungen in der Planung • Nummernkreise definieren • Nummernkreise für Rollup definieren (Transaktion GL20).

Um planen zu können, benötigen Sie außerdem eine oder mehrere Planversionen. Welche Einstellungen Sie dafür vornehmen müssen, haben wir in Abschnitt 9.3.1, »Einstellungen für den Kostenrechnungskreis«, beschrieben.

Damit sehen wir uns nun die manuelle Planung im Detail an.

9.7.2 Manuelle Planung

Planungslayout definieren

Bei der manuellen Planung erfassen Sie Planzahlen auf der Ebene von Profit-Centern, Konten und statistischen Kennzahlen. Die Eingabe erfolgt über sogenannte *Planungslayouts*, die Sie im Menübaum Controlling • Profit-Center-Rechnung • Planung • Manuelle Planung • Planungslayout anlegen können. Welches Layout dabei je Planungsszenario herangezogen werden soll, steuern Sie über Planerprofile, die Sie unter Controlling • Profit-Center-Rechnung •

PLANUNG • MANUELLE PLANUNG • PLANERPROFILE PFLEGEN (Transaktion KP34PC) festlegen können. Die Vorgehensweise ist dieselbe wie bei den Planungslayouts für die Kostenstellenplanung, die wir in Abschnitt 4.4.2, »Manuelle Planung«, behandelt haben.

9.7.3 Ergebnisplanung

Ergebnisplanung mit Transferpreisen

Wenn Sie Transferpreise einsetzen (siehe Abschnitt 9.6), können Sie bei der manuellen Planung eine Ergebnisplanung anhand von Mengen durchführen. Zunächst benötigen Sie dazu ein Planungsformular, das die Eingabe von repräsentativen Materialien (siehe Abschnitt 9.4.4) zulässt – zum Beispiel das Standardlayout 8A-106. Beim Planen wählen Sie dann ein oder mehrere repräsentative Materialien aus und planen dazu eine Menge. Anhand der Menge können Sie dann vom System automatisch anhand der hinterlegten Transferpreise die Planerlöse sowie die Planherstellkosten ermitteln.

Zugriff auf Kalkulation definieren

Bevor Sie die Ergebnisplanung durchführen können, müssen Sie jedoch einige Einstellungen im Customizing vornehmen. Zuerst legen Sie fest, anhand welcher Kalkulationsvariante die Planherstellkosten ermittelt werden sollen. Wechseln Sie dazu zum Schritt CONTROLLING • PROFIT-CENTER-RECHNUNG • PLANUNG • ERGEBNISPLANUNG • ZUGRIFF AUF MATERIALKALKULATION DEFINIEREN. Sie definieren hier zunächst eine sogenannte Kalkulationsauswahl (Spalte KALK.AUS.), die Sie mit einer BEZEICHNUNG versehen. Unter KALK.VAR ordnen Sie dann eine Kalkulationsvariante zu, anhand derer die Planherstellkosten ermittelt werden sollen (ausführliche Informationen zu Kalkulationsvarianten finden Sie in Abschnitt 7.3.3, »Materialkalkulation«). Sie müssen hier eine Kalkulationsvariante verwenden, die über ihre Kalkulationsart die Profit-Center-Bewertung heranzieht. Ordnen Sie außerdem in der Spalte VERSION eine Kalkulationsversion (siehe ebenfalls Abschnitt 7.3.3) und einen Stichtag zu. Der Stichtag bestimmt, zu welchem Datum die jeweils gültige Kalkulation des Materials ermittelt werden soll. Sie können entweder ein konkretes Datum im Feld KALK.DATUM angeben, eine PERIODE oder ein Periodenkennzeichen (PKZ), anhand dessen Sie bestimmen können, ob die laufende, die zukünftige oder die vergangene Plankalkulation ausgewählt werden soll.

Kalk.aus.	Bezeichnung	Kalk.Var	Version	Kalk.Datum	Periode	PKZ
1	Profit-Center-Planung	MPC1	1		012.2010	

Abbildung 9.42 Zugriff auf Materialkalkulation einstellen

Kalkulationsauswahl zuordnen

Wenn Sie die Kalkulationsauswahl fertiggestellt haben, bestimmen Sie über CONTROLLING • PROFIT-CENTER-RECHNUNG • PLANUNG • ERGEBNISPLANUNG • KALKULATIONSAUSWAHL ZUORDNEN (Transaktion 8KET), in welchen Fällen eine bestimmte Kalkulationsauswahl verwendet werden soll. Die Ermittlung erfolgt über eine Ableitung, wie Sie sie bereits aus CO-PA (siehe Abschnitt 8.4.3, »Merkmalsableitung definieren«) kennen. Sie bestimmen dabei zunächst, aufgrund welchen Kriteriums die Kalkulationsauswahl ermittelt werden soll – z.B. anhand des repräsentativen Materials, der Planversion oder des Geschäftsjahres. Im Beispiel aus Abbildung 9.43 haben wir das repräsentative Material verwendet.

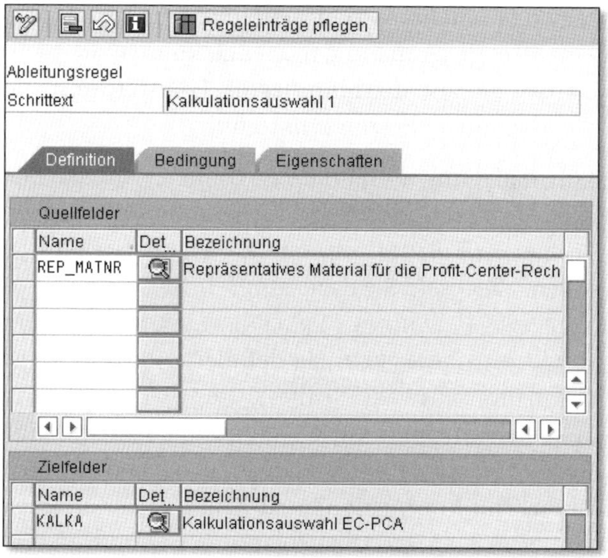

Abbildung 9.43 Kalkulationsauswahl ableiten

Im Abschnitt BEDINGUNG können Sie bei Bedarf Einschränkungen festlegen und über den Button REGELEINTRÄGE PFLEGEN den Ausprägungen des ausgewählten Quellfelds je eine Kalkulationsauswahl zuordnen (siehe Abbildung 9.44).

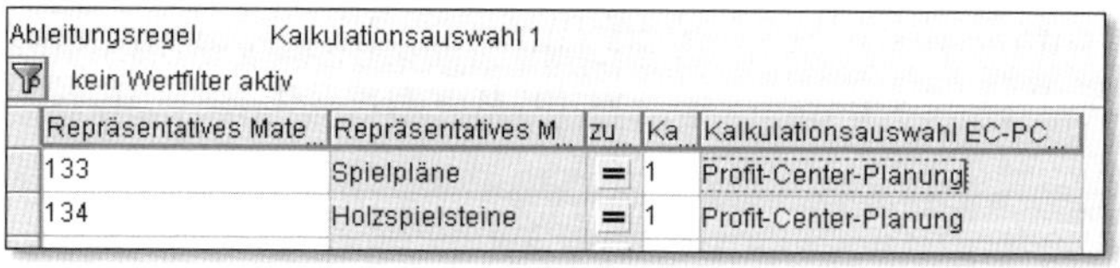

Abbildung 9.44 Regeleinträge pflegen

Zulässige Konten definieren

Schließlich müssen Sie noch über Controlling • Profit-Center-Rechnung • Planung • Ergebnisplanung • Zulässige Konten definieren festlegen, für welche Konten überhaupt bei der Ergebnisplanung die Ermittlung von Transferpreisen bzw. Planherstellkosten erfolgen soll. Sie können hier beliebige GuV-Konten angeben und entscheiden jeweils, ob es sich um ein Erlös- oder Bestandsveränderungskonto handeln soll (siehe Abbildung 9.45).

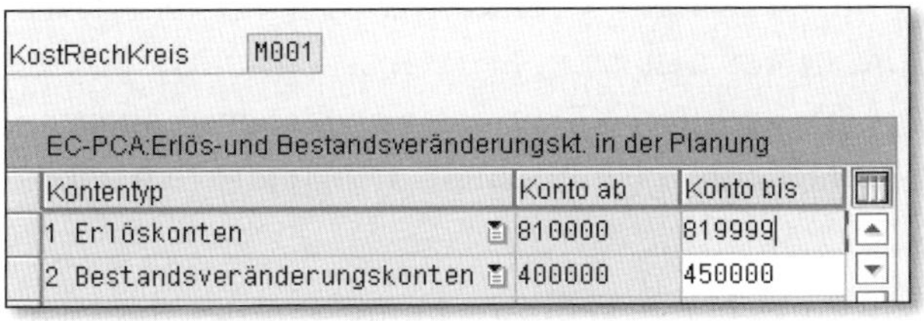
KostRechKreis M001

EC-PCA:Erlös-und Bestandsveränderungskt. in der Planung

Kontentyp	Konto ab	Konto bis
1 Erlöskonten	810000	819999
2 Bestandsveränderungskonten	400000	450000

Abbildung 9.45 Zulässige Konten einstellen

9.7.4 Formelplanung

Formelplanung mit Template-Technik

Bei der *Formelplanung* unterstützt Sie das System anhand der Template-Technik dabei, komplexe Berechnungen aufgrund von Istdaten und/oder von Ihnen eingegebener Plandaten anzustellen. Die Vorgehensweise ist dieselbe wie bei der Formelplanung für Kostenstellen, die wir in Abschnitt 4.4.5 beschrieben haben. Sie erstellen Templates für die Formelplanung zu Profit-Centern über Controlling • Profit-Center-Rechnung • Planung • Formelplanung • Templates pflegen (Transaktion CPT1). Die Umgebung für die Profit-Center-Planung heißt PCA. Sie tragen die Templates anschließend in den Profit-Center-Stammdaten ein (siehe Abschnitt 9.1.3).

9.7.5 Plandatenübernahme

Sie können in die Profit-Center-Rechnung Plandaten aus allen anderen Komponenten des Controllings in SAP ERP übernehmen. Die Plandaten, die Sie auf den entsprechenden Controlling-Objekten wie z. B. Kostenstellen, Innenaufträgen oder Ergebnisobjekten erfasst haben, schreiben Sie dabei auf dem jeweils zugeordneten Profit-Center fort. Die Plandaten können Sie entweder online übernehmen, sobald sie erfasst sind; dazu müssen Sie die Onlineübernahme in der Planversion aktivieren (siehe Abschnitt 9.3.1, »Einstellungen für den Kostenrechnungskreis«). Andernfalls stoßen Sie die Übernahme manuell an; wie dies geschieht und welche Voreinstellungen Sie für die kalkulatorische Ergebnisrechnung treffen müssen, erläutern wir Ihnen nun in diesem Abschnitt.

Plandaten aus CO-PA übernehmen

Wenn Sie Plandaten aus der kalkulatorischen CO-PA-Komponente übernehmen, werden die Werte stets mit positivem Vorzeichen fortgeschrieben. Wollen Sie jedoch für bestimmte Wertfelder negative Werte übernehmen, müssen Sie über Controlling • Profit-Center-Rechnung • Planung • Plandatenübernahme • Übernahme von Plandaten aus der kalk. Ergebnisrechnung • Vorzeichenlogik pflegen (Transaktion KESF) das Vorzeichen umkehren. Dazu tragen Sie einfach die gewünschten Wertfelder ein (siehe Abbildung 9.46).

Kontenfindung pflegen

Da Sie in der kalkulatorischen Ergebnisrechnung auf der Basis von Wertfeldern planen, in der Profit-Center-Rechnung jedoch mit Konten arbeiten, müssen Sie für die Übernahme der Plandaten aus CO-PA eine Überleitung von den Wertfeldern zu Konten festlegen. Diese Einstellung nehmen Sie über Controlling • Profit-Center-Rechnung • Planung • Plandatenübernahme • Übernahme von Plandaten aus der kalk. Ergebnisrechnung • Kontenfindung pflegen (Transaktion KEDP) vor. Die Ermittlung erfolgt über eine Ableitung, wie Sie sie bereits aus CO-PA (siehe Abschnitt 8.4.3, »Merkmalsableitung definieren«) kennen. Die Quell- und Zielfelder sind an dieser Stelle jedoch bereits vorgegeben – die Kombination Kostenrechnungskreis/Wertfeld bildet die Quelle, die Kontonummer das Ziel (siehe Abbildung 9.47). Im Abschnitt Bedingung können Sie mittels Merkmalen aus CO-PA einschränken (z. B. um Rabatte für bestimmte Kundengruppen auf getrennte Konten abzuleiten). Über den Button Regeleinträge pflegen legen Sie dann fest, welches Wertfeld in welches Konto übergeleitet werden soll.

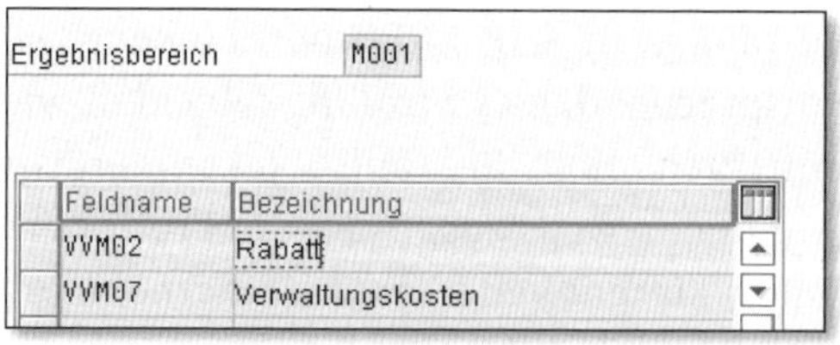

Abbildung 9.46 Vorzeichenlogik ändern

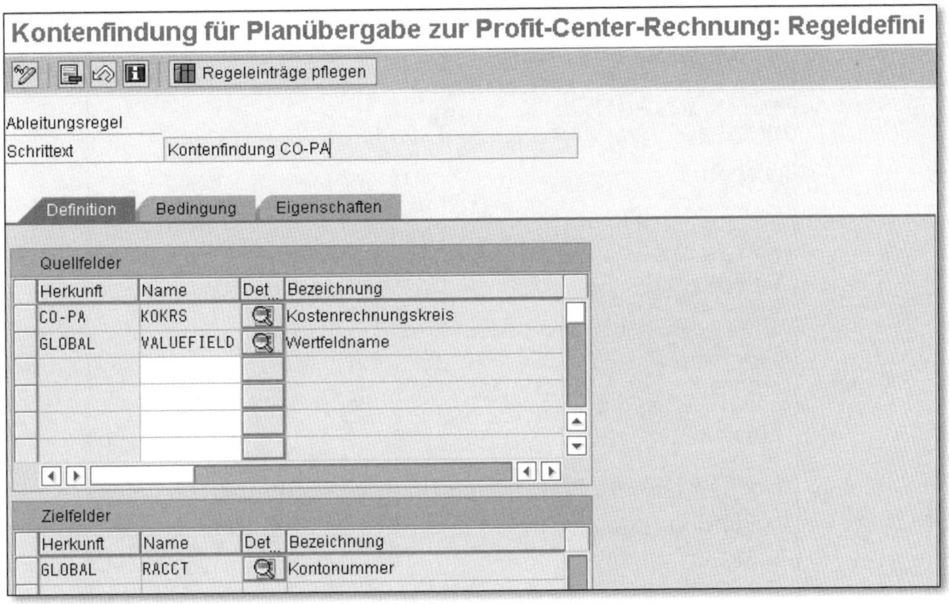

Abbildung 9.47 Wertfelder in Konten überleiten

Die Plandatenübernahme aus CO-PA starten Sie dann über Controlling • Profit-Center-Rechnung • Planung • Plandatenübernahme • Übernahme von Plandaten aus der kalk. Ergebnisrechnung • Datenübernahme durchführen (Transaktion KE1V).

Plandaten aus CO übernehmen

Um Plandaten aus den anderen Komponenten des Controllings manuell zu übernehmen, wechseln Sie zum Customizing-Punkt Controlling • Profit-Center-Rechnung • Planung • Plandatenübernahme • CO-Plandatenübernahme (Transaktion 1KE0). Wie in Abbildung 9.48 dargestellt, geben Sie dazu zunächst die Planversion und das Geschäftsjahr an ❶. Sie wählen dann aus, von welchen Controlling-Objekten Sie die Plandaten übernehmen wollen ❷. Im Block Ausprägungen wählen Sie dann für die gewünschten Controlling-Objekte die konkreten Ausprägungen aus, deren Plandaten Sie übernehmen wollen ❸. Unter Ablaufsteuerung können Sie außerdem noch einstellen, ob bereits bestehende Plandaten in der Profit-Center-Rechnung gelöscht oder storniert werden soll ❹. Letzteres ist nur möglich, wenn Sie in der Planversion das Führen von Einzelposten aktiviert haben (siehe Abschnitt 9.3.1, »Einstellungen für den Kostenrechnungskreis«).

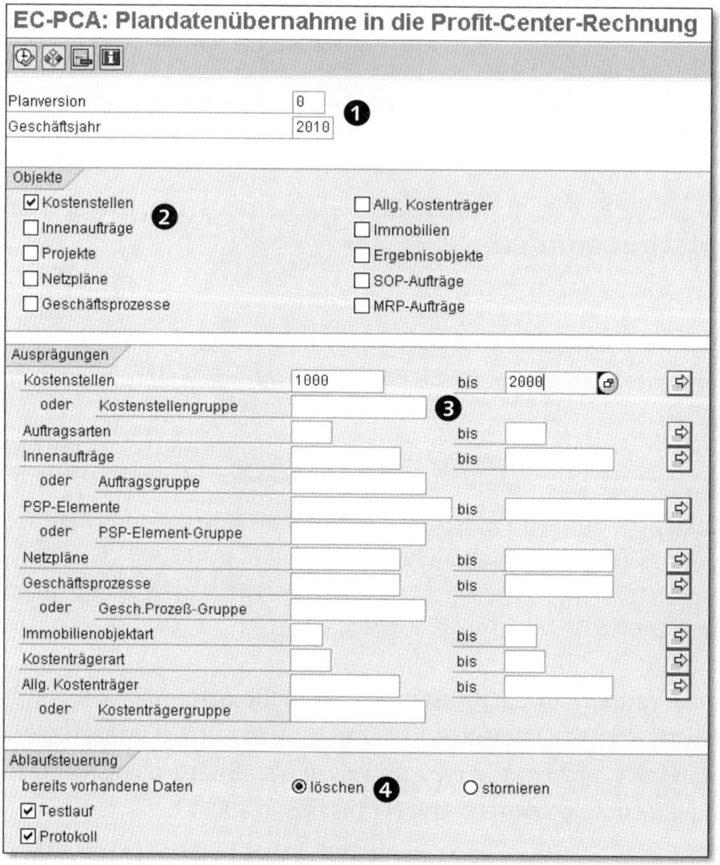

Abbildung 9.48 Plandatenübernahme in die Profit-Center-Rechnung

Anfangsbestand statistischer Kennzahlen übernehmen

Falls Sie die Profit-Center-Rechnung nachträglich einführen und bereits andere Komponenten des Controllings aktiv haben, können Sie die bereits bestehenden Anfangsbestände der statistischen Kennzahlen übernehmen. Wählen Sie dazu im Customizing den Eintrag Controlling • Profit-Center-Rechnung • Planung • Plandatenübernahme • Statistische Kennzahlen: Anfangsbestand im Plan übernehmen (Transaktion 1KEE). Sie müssen dann das Geschäftsjahr, die Planversion und die Art des Herkunftsobjekts auswählen.

9.7.6 Verrechnungen

Verrechnungen im Plan einstellen

Für Planwerte auf Profit-Centern können Sie im Plan Verrechnungen durchführen. Ihnen stehen dabei die Funktionalitäten der Umlage und der Verteilung zur Verfügung. Die Vorgehensweise dabei ist dieselbe wie bei Kostenstellenverrechnungen, die wir ausführlich in Abschnitt 4.6.3, »Periodenabschluss«, behandelt haben.

Wir schließen damit den Abschnitt der Planung ab und beschäftigen uns nun mit den Istbuchungen.

9.8 Istbuchungen

In diesem Abschnitt stellen wir Ihnen die verschiedenen Einstellungen zur Verbuchung von Istdaten vor. Zunächst sind wieder einige Grundeinstellungen bezüglich der Nummernkreise erforderlich, um Istbuchungen vornehmen zu können. Als Nächstes lernen Sie die Möglichkeit kennen, Belege manuell in der Profit-Center-Rechnung zu erfassen. Wir zeigen Ihnen dann, wie Sie die automatische Kontierung einstellen und wie Sie Bilanz- und GuV-Konten übernehmen können, die nicht als Kostenarten angelegt sind. Im Anschluss beschäftigen wir uns mit automatischen Verrechnungen, um dann auf die Übernahme bestimmter Bilanzpositionen wie Materialbestand oder Forderungen und Verbindlichkeiten zu sprechen zu kommen. Zum Abschluss dieses Abschnitts zeigen wir Ihnen noch einige Reports, mit denen Sie Belege selektiv oder periodisch in die Profit-Center-Rechnung übernehmen können.

9.8.1 Grundeinstellungen im Ist

Belegarten für Istbelege pflegen

Bevor Sie Istdaten erfassen können, müssen Sie Belegarten für die Profit-Center-Rechnung definieren. Sie pflegen die Belegarten über Controlling • Profit-Center-Rechnung • Istbuchungen • Grundeinstellungen im Ist • Belegarten pflegen (Transaktion GCBX).

Nummernkreise für Istbelege pflegen

Die dazugehörigen Nummernkreise legen Sie über Controlling • Profit-Center-Rechnung • Istbuchungen • Grundeinstellungen im Ist • Nummernkreise für lokale Belege definieren (Transaktion GB02) an. Die Vorgehensweise ist dabei dieselbe wie für die Planbelegarten, deren Pflege wir ausführlich in Abschnitt 9.7.1, »Grundeinstellungen«, erläutert haben.

9.8.2 Manuelle Erfassung über ein Layout

Sie können in der Profit-Center-Rechnung nicht nur Belege aus anderen Controlling-Komponenten übernehmen, sondern auch eigene

Belege erfassen. Dazu rufen Sie im Anwendungsmenü die Transaktion 9KEO auf (siehe Abbildung 9.49). Um einen manuellen Beleg zu buchen, verwenden Sie ein Layout, das die Felder vorgibt, die Sie beim Buchen eingeben müssen.

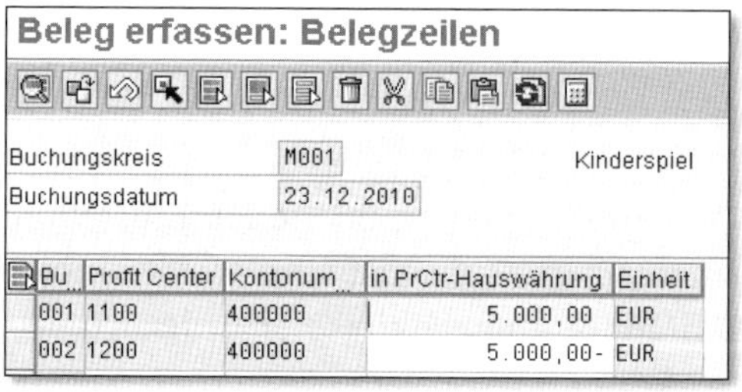

Abbildung 9.49 Manuelle Buchung in der Profit-Center-Rechnung

[»]

Manuelle Belege in der Profit-Center-Rechnung erfassen

Belege, die Sie manuell nur in der Profit-Center-Rechnung erfassen, sind in keiner anderen Controlling-Komponente wie z.B. der Ergebnisrechnung oder der Kostenstellenrechnung sichtbar. Die Ergebnisse der Profit-Center-Rechnung und der anderen Komponenten sind somit in diesem Falle nicht mehr abstimmbar. Sie sollten manuelle Profit-Center-Belege daher nur in Ausnahmefällen erfassen, wie z.B. für Korrekturen oder die Datenübernahme beim Produktivstart.

Layout für manuelle Belege anlegen

SAP liefert im Standard bereits eine große Anzahl unterschiedlicher Layouts aus; falls keines dabei ist, das Ihren Anforderungen entspricht, können Sie über Controlling • Profit-Center-Rechnung • Istbuchungen • Manuelle Erfassung über ein Layout • Layout zur Belegerfassung pflegen ein eigenes erstellen (Transaktion 9KES). Die Vorgehensweise dabei ist dieselbe wie beim Erstellen von Planungslayouts in der Kostenstellenrechnung. In Abschnitt 4.4.2, »Manuelle Planung«, finden Sie ausführliche Informationen, wie Sie beim Erstellen eines Layouts vorgehen.

Layout für statistische Kennzahlen pflegen

Auch für statistische Kennzahlen können Sie manuelle Belege buchen (im Anwendungsmenü über die Transaktion 9KE5). Um ein Layout für die Erfassung von statistischen Kennzahlen zu pflegen, wechseln Sie im Customizing zum Punkt Controlling • Profit-Center-Rechnung • Istbuchungen • Manuelle Erfassung über ein Layout • Layout zur Erfassung von statistischen Kennzahlen pflegen (Transaktion 9KEK). Die Vorgehensweise dabei ist analog zu den Istbelegen, die wir oben beschrieben haben.

9.8.3 Maschinelle Kontierungszuordnung von Erlösarten pflegen

Automatische Kontierung einstellen

Die *automatische Kontierung* dient mehreren Zwecken. Zum einen können Sie sie benutzen, um für bestimmte Kostenarten eine feste Kontierung wie eine Kostenstelle oder einen Innenauftrag vorzugeben (siehe Abschnitt 4.6.1, »Manuelle Istbuchungen«). Andererseits können Sie für Kostenarten, die bei Materialbewegungen verwendet werden, eine Kontierung auf Ergebnisobjekte vorgeben (siehe Abschnitt 8.6.5, »Direktkontierung aus FI/MM«). Die weiteren Möglichkeiten, die wir an dieser Stelle erläutern, sind die Vorgabe eines Profit-Centers sowie die automatische Ableitung einer Kostenstelle oder eines Innenauftrags in Abhängigkeit vom Profit-Center.

Sie rufen die automatische Kontierung über den Menüpfad CONTROLLING • PROFIT-CENTER-RECHNUNG • ISTBUCHUNGEN • MASCHINELLE KONTIERUNGSZUORDNUNG VON ERLÖSARTEN PFLEGEN (TRANSAKTION OKB9). Für Erlösarten können Sie hier ein festes Profit-Center vorgeben, sodass die unter dieser Erlösart gebuchten Erlöse stets auf das angegebene Profit-Center gebucht werden (siehe Abbildung 9.50).

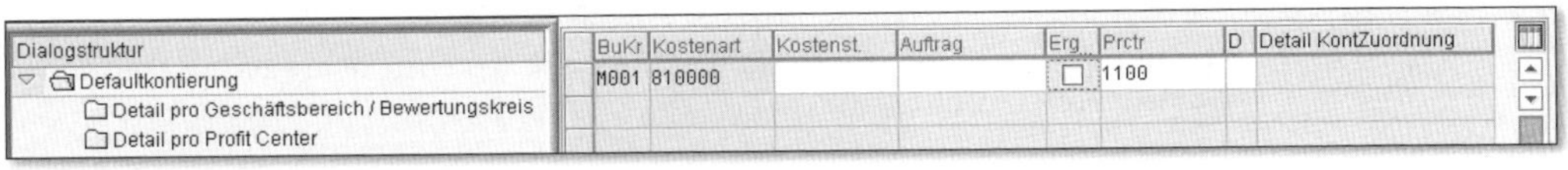

Abbildung 9.50 Festes Profit-Center für Erlösarten vorgeben

Um eine Kostenstelle oder einen Innenauftrag automatisch vom Profit-Center abzuleiten, tragen Sie in der Spalte D (DETAIL KONTIERUNGSZUORDNUNG) den Wert »3« ein ❶ (siehe Abbildung 9.51). Damit ist die Eingabe eines Profit-Centers für diese Kostenart verbindlich. Verzweigen Sie dann über DETAIL PRO PROFIT CENTER ❷ in die Detailebene. Dort legen Sie dann fest, für welches Profit-Center auf welche Kostenstelle bzw. welchen Innenauftrag kontiert werden soll ❸. Beachten Sie, dass diese automatische Kontierung nur dann wirksam wird, wenn bei einer Buchung keine andere Zuordnung zu einem Controlling-Objekt existiert. Dies ist z. B. der Fall bei automatischen Buchungen in der Materialwirtschaft (Warenauslieferung, Verschrottung). Im Beispiel wird die Kostenart 400000 automatisch auf Kostenstelle 100 kontiert, wenn im Buchungssatz bereits das Profit-Center 1100 kontiert ist und keine andere Kostenstelle angegeben ist; ist der Buchungssatz auf Profit-Center 1200 kontiert, wird die Kostenstelle 200 ermittelt etc.

[»]

Automatische Kontierung auf Kostenstelle

Wenn Sie die Ergebnisrechnung (CO-PA) im Einsatz haben, sollten Sie automatische Buchungen in der Materialwirtschaft auf Ergebnisobjekte buchen (die dafür notwendigen Einstellungen haben wir in Abschnitt 8.6.5, »Direktkontierung aus FI/MM«, vorgestellt). Die automatische Kontierung sollten Sie zur Ermittlung einer Kostenstelle in Abhängigkeit vom Profit-Center dann einsetzen, wenn Sie CO-PA nicht nutzen.

Beachten Sie dabei, dass die Kostenstellen, die Sie hier eintragen, auch dem entsprechenden Profit-Center zugeordnet sind.

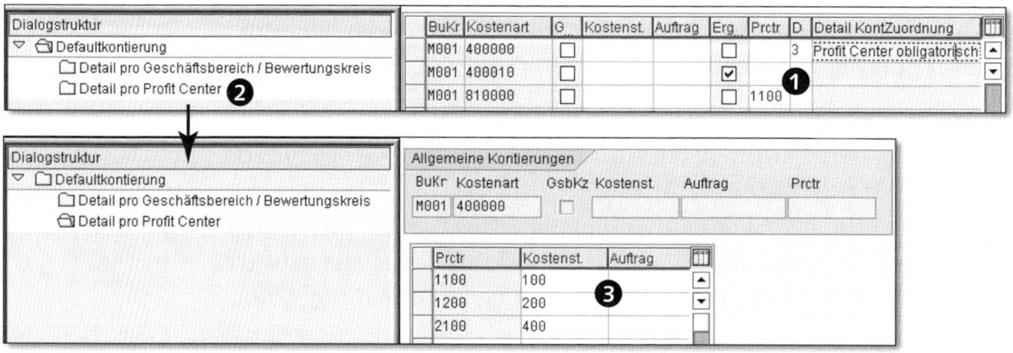

Abbildung 9.51 Automatische Kontierung einer Kostenstelle in Abhängigkeit vom Profit-Center

9.8.4 Zusätzliche Bilanz- und GuV-Konten auswählen

Da alle Controlling-Objekte einem Profit-Center zugeordnet sind, werden somit automatisch alle Buchungen, die in den anderen Teilkomponenten von CO erfolgen, automatisch in der Profit-Center-Rechnung fortgeschrieben. Dies wird in der Regel ausreichen, um eine GuV je Profit-Center zu erstellen. Wollen Sie jedoch eine komplette Bilanz je Profit-Center erstellen, benötigen Sie zusätzlich auch Bilanzkonten sowie GuV-Konten, die rein in der Komponente FI gebucht werden.

FI-Konten übernehmen

Über Controlling • Profit-Center-Rechnung • Istbuchungen • Zusätzliche Bilanz- und GuV-Konten auswählen • Konten auswählen (Transaktion 3KEH) bestimmen Sie, welche Konten, die rein in FI gebucht werden, in der Profit-Center-Rechnung fortgeschrieben werden sollen (siehe Abbildung 9.52). Sie geben dabei einzelne Konten oder Bereiche von Konten ein und ordnen ein Vorschlags-Profit-Center zu.

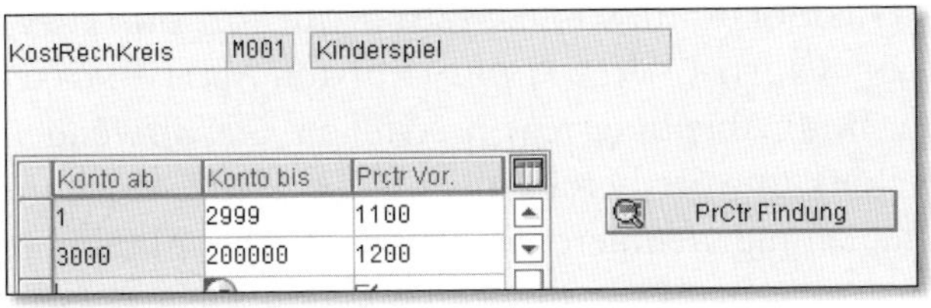

Abbildung 9.52 Zusätzliche Bilanz- und GuV-Konten auswählen

[«]

Vorschlags-Profit-Center bei Bilanzkonten

Das Vorschlags-Profit-Center wird nur für den Fall herangezogen, dass das System bei einer Buchung kein Profit-Center ermitteln kann. Wird bei einer FI-Buchung z.B. ein Profit-Center manuell eingegeben oder bei einer Anlagenbewegung automatisch ein anderes ermittelt, wird das jeweils ermittelte Profit-Center in die Buchung übernommen und das Vorschlags-Profit-Center überschrieben.

[«]

Übernahme von Bilanzpositionen

Für bestimmte Arten von Bilanzkonten (Bestandskonten für Anlagen, Material und Ware in Arbeit sowie Abstimmkonten für Forderungen und Verbindlichkeiten) stellt SAP spezielle Reports zur monatlichen Übernahme der Buchungen in die Profit-Center-Rechnung zur Verfügung (siehe Abschnitt 9.8.6, »Übernahme ausgewählter Bilanzpositionen«). Dabei müssen Sie die folgenden Wechselwirkungen mit der Auswahl von zusätzlichen Bilanz- und GuV-Konten beachten:

- Abstimmkonten für Forderungen und Verbindlichkeiten können nur über die speziellen Übernahmereports korrekt übernommen werden (warum das so ist, erklären wir ebenfalls in Abschnitt 9.8.6). Diese Konten dürfen Sie hier daher nicht mit auswählen, da Sie sonst doppelte Werte in der Profit-Center-Rechnung erhalten.
- Für Anlagenkonten und Ware in Arbeit haben Sie die Wahl, ob Sie sie online übernehmen – dann müssen Sie die entsprechenden Konten an dieser Stelle eintragen. Wollen Sie die Werte hingegen nur periodisch übernehmen, tragen Sie sie hier nicht ein.
- Materialbestände können Sie online oder monatlich übernehmen; es ist auch eine Kombination aus beidem möglich, da bei der monatlichen Übernahme eventuell online übernommene Posten gelöscht werden. Für die Onlineübernahme müssen Sie die Materialbestandskonten ebenfalls an dieser Stelle hinterlegen.

Ableitungsregeln festlegen

Falls die feste Zuordnung des Vorschlags-Profit-Centers für Ihre Anforderungen nicht ausreicht, können Sie über CONTROLLING • PROFIT-

Center-Rechnung • Istbuchungen • Zusätzliche Bilanz- und GuV-Konten auswählen • Profit-Center-Findung durch Ableitungsregeln (Transaktion 3KEI) Ableitungsregeln erstellen. Sie verwenden dabei dieselbe Technik, die Sie bereits aus CO-PA (siehe Abschnitt 8.4.3, »Merkmalsableitung definieren«) kennen (siehe Abbildung 9.53).

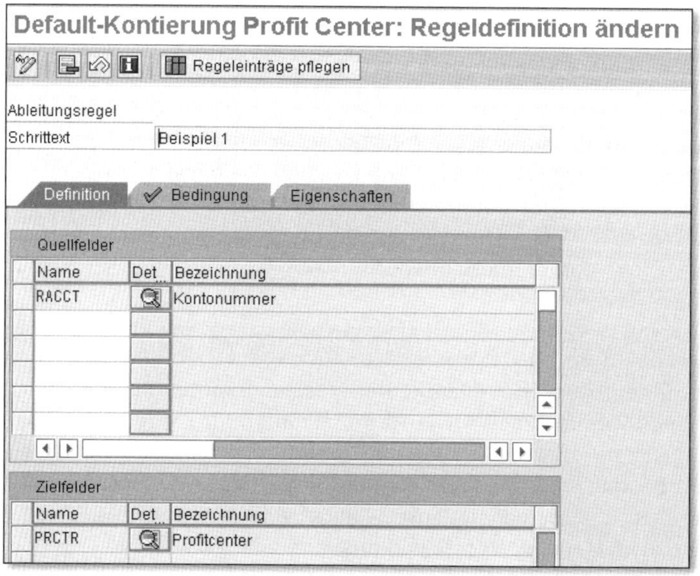

Abbildung 9.53 Default-Kontierung des Profit-Centers: Regeldefinition

Als Quellfeld ist hier jedoch die Kontonummer und als Zielfeld das Profit-Center fest vorgegeben. Eine größere Flexibilität gegenüber der direkten Angabe des Vorschlags-Profit-Centers erreichen Sie an dieser Stelle einerseits durch Bedingungen (siehe Abbildung 9.54). Sie können hier z.B. das Vorschlags-Profit-Center in Abhängigkeit vom Buchungskreis, Bewertungskreis oder Geschäftsbereich ableiten.

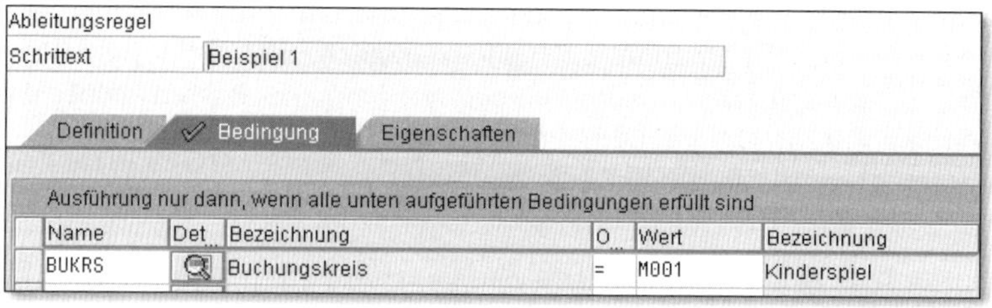

Abbildung 9.54 Default-Kontierung des Profit-Centers: Bedingung

Ein weiterer Vorteil dieser Technik gegenüber der Direkteingabe ist die Möglichkeit, die Einträge zeitabhängig zu pflegen (siehe Abbildung 9.55). Aktivieren Sie hier die Option EINTRÄGE SOLLEN MIT GÜLTIGKEITSDATUM PFLEGBAR SEIN, können Sie bei den Regeleinträgen zusätzlich Gültigkeitszeiträume mit angeben.

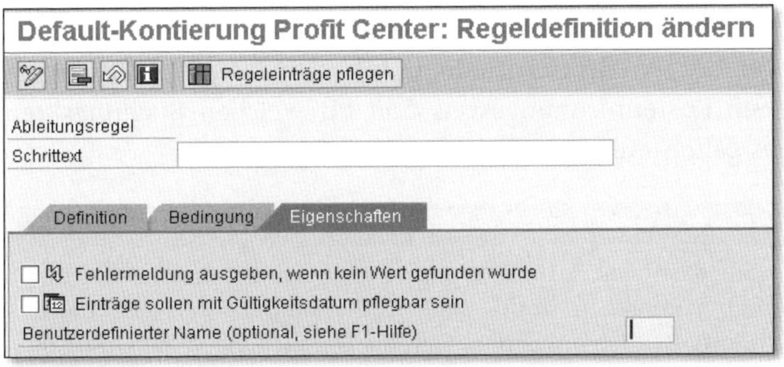

Abbildung 9.55 Default-Kontierung des Profit-Centers: Eigenschaften

Über den Button REGELEINTRÄGE PFLEGEN geben Sie dann die Zuordnungen von Konten zu Profit-Centern an (siehe Abbildung 9.56).

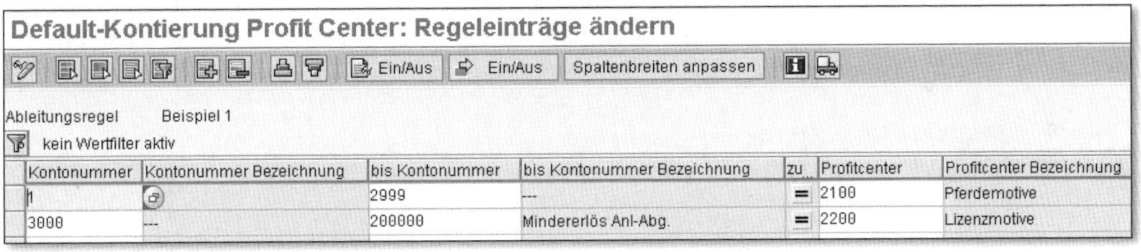

Abbildung 9.56 Regeleinträge pflegen

9.8.5 Periodenabschluss

Periodische Verrechnungen anlegen

In der Profit-Center-Rechnung stehen Ihnen zum Periodenabschluss die Funktionen Umlage und Verteilung zur Verfügung. Die Funktionsweise ist identisch mit den gleichnamigen Konzepten in der Kostenstellenrechnung, die wir ausführlich in Abschnitt 4.6.3, »Periodenabschluss«, erläutert haben. Sie erstellen eine Umlage in der Profit-Center-Rechnung über CONTROLLING • PROFIT-CENTER-RECHNUNG • ISTBUCHUNGEN • PERIODENABSCHLUSS • VERTEILUNG DEFINIEREN (Transaktion 4KE1), Verteilungen legen Sie im selben Menübaum unter dem Punkt UMLAGE DEFINIEREN (Transaktion 3KE1) an.

In den Kopfdaten pflegen Sie weitgehend dieselben Daten wie bei einer Verteilung bzw. Umlage in der Kostenstellenrechnung. Da Sie in der Profit-Center-Rechnung sowohl GuV- als auch Bilanzkonten verrechnen können, steht Ihnen hier zusätzlich der Parameter Bilanzkonten Saldi (Bilanzkonten saldieren) zur Verfügung (siehe Abbildung 9.57). Damit entscheiden Sie, ob für Bilanzkonten jeweils der kumulierte Wert berücksichtigt werden soll oder nur die Bestandsveränderungen der jeweiligen Periode. Darüber hinaus geben Sie hier an, für welchen Kostenrechnungskreis und für welchen Buchungskreis der Zyklus gelten soll.

[»]

Verrechnungen in der Profit-Center-Rechnung

Beachten Sie, dass jegliche Umbuchungen, die Sie direkt in der Profit-Center-Rechnung vornehmen, in den anderen Teilkomponenten des Controllings nicht fortgeschrieben werden. Falls Sie Umbuchungen auf GuV-Konten erfassen, entstehen Inkonsistenzen mit den anderen Teilkomponenten.

Wir empfehlen Ihnen daher, GuV-Umbuchungen grundsätzlich nur in den vorgelagerten Komponenten wie z.B. der Kostenstellenrechnung durchzuführen, die ja dann auch in der Profit-Center-Rechnung fortgeschrieben werden, um somit die Konsistenz zu wahren.

Umbuchungen, insbesondere Verteilungen und Umlagen, bieten sich in der Profit-Center-Rechnung lediglich für Bilanzkonten an, da diese ohnehin nicht in anderen Teilkomponenten von CO fortgeschrieben werden.

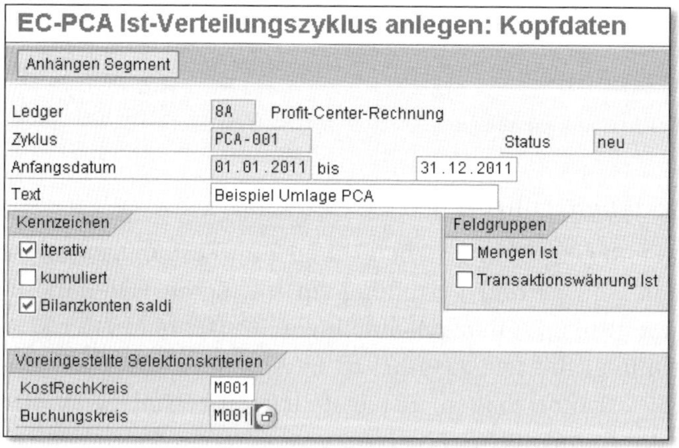

Abbildung 9.57 Profit-Center-Verteilung anlegen

Feldverwendung für Verrechnungen einstellen

Ähnlich wie bei den periodischen Verrechnungen in der Kostenstellenrechnung können Sie auch für Umlagen und Verteilungen in der

Profit-Center-Rechnung festlegen, welche Felder als Sender bzw. Empfänger zur Verfügung stehen sollen. Sie finden unter CONTROLLING • PROFIT-CENTER-RECHNUNG • ISTBUCHUNGEN • PERIODENABSCHLUSS • FELDVERWENDUNG PFLEGEN jedoch lediglich den Hinweis, dass Sie dafür die entsprechende Transaktion im speziellen Ledger verwenden sollen. Diese finden Sie unter FINANZWESEN • SPEZIELLE LEDGER • PERIODISCHE ARBEITEN • ALLOKATION • FELDVERWENDUNG UMLAGE PFLEGEN (Transaktion GCA1) bzw. FELDVERWENDUNG VERTEILUNG PFLEGEN (Transaktion GCA6).

9.8.6 Übernahme ausgewählter Bilanzpositionen

Für diejenigen Bilanzkonten, für die das System automatisch ein Profit-Center ermitteln kann, stehen Ihnen spezielle Übernahmeprogramme zur Verfügung, um die jeweiligen Bestände automatisch zu übernehmen. Sie können diese Programme einerseits nutzen, um bei einer nachträglichen Einführung der Profit-Center-Rechnung die Anfangsbestände zu übernehmen, oder aber auch zur periodischen Übernahme der Bilanzpositionen.

Wie wir in Abschnitt 9.8.4, »Zusätzliche Bilanz- und GuV-Konten auswählen«, bereits erwähnt haben, müssen Sie grundsätzlich überlegen, welche Bilanzkonten Sie online übernehmen wollen und welche Sie periodisch nachbuchen. Für Forderungen und Verbindlichkeiten ist grundsätzlich keine Onlineübernahme möglich (siehe weiter hinten in diesem Abschnitt), alle anderen Konten müssen Sie, wie ebenfalls in Abschnitt 9.8.4 beschrieben, mit einem Default-Profit-Center versehen.

Wir legen in diesem Abschnitt nun dar, welche Möglichkeiten Sie bei der Übernahme von Bilanzkonten haben und was Sie dabei beachten müssen.

Übernahme von Materialbeständen

Materialbestand periodisch übernehmen

Sie führen die Übernahme von Materialbeständen im Customizing über CONTROLLING • PROFIT-CENTER-RECHNUNG • ISTBUCHUNGEN • ÜBERNAHME AUSGEWÄHLTER BILANZPOSITIONEN • AUFBAU VON MATERIALBESTÄNDEN (Transaktion 1KEH) durch. Dazu wählen Sie den oder die Buchungskreise aus (siehe Abbildung 9.58), für die Sie die Datenübernahme vornehmen wollen. Außerdem müssen Sie angeben, ob Sie die Daten für die aktuelle oder die Vorperiode übernehmen wollen; eine Übernahme zu einer weiter zurückliegenden Periode ist nicht möglich. Über den Parameter Einzelposten steuern Sie, ob bei der Übernahme Belege geschrieben werden. Beachten Sie, dass Sie dadurch die Datenmenge im System erhöhen.

Für den Fall, dass Sie in der betroffenen Periode bereits Materialbewegungen online in der Profit-Center-Rechnung gebucht haben, werden diese durch den Start der Übernahme von Materialbeständen gelöscht. Es ist somit sichergestellt, dass Sie keine doppelten Werte erhalten. Über Detaillierungsstufe Protokoll wählen Sie aus, wie viele Informationen das Ergebnisprotokoll enthalten soll.

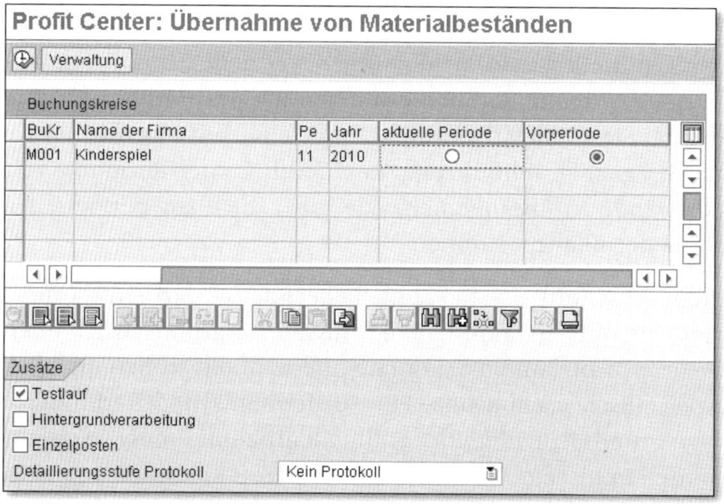

Abbildung 9.58 Übernahme von Materialbeständen

[+] **Kombinierte Übernahme von Materialbeständen**

Falls Sie häufig Änderungen an der Zuordnung von Materialnummern zu Profit-Centern vornehmen, empfehlen wir Ihnen, die Materialbestände sowohl online als auch zum Periodenende über den hier vorgestellten Report zu übernehmen.

Durch die Onlineübernahme haben Sie auch in der laufenden Periode aktuelle Zahlen in der Profit-Center-Rechnung. Ordnen Sie jedoch während der Periode ein Material einem anderen Profit-Center zu, wird der Bestand dieses Materials nicht automatisch auf das neue Profit-Center umgebucht und bliebe somit auf dem alten Profit-Center stehen. Erst mit der Übernahme der Materialbestände ermittelt das System die Bestände anhand der aktuellen Zuordnung der Materialien zu Profit-Centern neu und schreibt die Bestände entsprechend fort.

Führen Sie also zum Periodenende jeweils die Übernahme von Materialbeständen durch, stellen Sie damit sicher, dass Ihre Bestände korrekt ausgewiesen sind.

Übernahme von Ware in Arbeit

Ware in Arbeit periodisch übernehmen

Über CONTROLLING • PROFIT-CENTER-RECHNUNG • ISTBUCHUNGEN • ÜBERNAHME AUSGEWÄHLTER BILANZPOSITIONEN • AUFBAU VON WARE IN ARBEIT (Transaktion 1KEJ) können Sie die Ware in Arbeit übernehmen (siehe Abbildung 9.59). Das System ermittelt dabei die Resultate der Ergebnisermittlung (siehe Abschnitte 7.4.3, »Auftragsbezogenes Produkt-Controlling«) und 5.7.4, »Ergebnisermittlung«) und schreibt sie in der Profit-Center-Rechnung fort. Aktivieren Sie dabei den Parameter ANFANGSBESTAND AUFBAUEN, ermittelt das System einen Anfangsbestand anhand der Vorperioden und Vorjahre. Diese Prozedur ist jedoch sehr zeitaufwendig und sollte nur einmal zur Initialisierung der Ware in Arbeit genutzt werden. Für spätere Übernahmeläufe sollten Sie den Parameter deaktivieren, sodass dann jeweils nur die Bestandsveränderung der entsprechenden Periode übernommen wird.

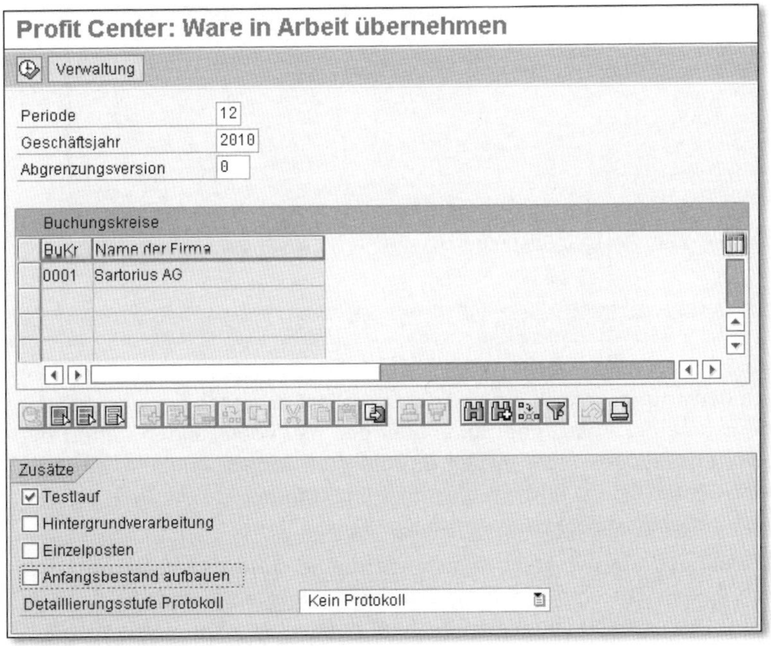

Abbildung 9.59 Übernahme von Ware in Arbeit

Übernahme von Anlagenbeständen

Anlagen periodisch übernehmen

Zur Übernahme von Anlagenbeständen navigieren Sie zum Punkt Controlling • Profit-Center-Rechnung • Istbuchungen • Übernahme ausgewählter Bilanzpositionen • Aufbau von Anlagenbeständen (Transaktion 1KEI). Neben dem Buchungskreis müssen Sie hier auch den Bewertungsbereich auswählen, für den die Anlagenbestände übernommen werden sollen (siehe Abbildung 9.60). Alle anderen Parameter haben dieselbe Bedeutung wie bei der Übernahme von Materialbeständen.

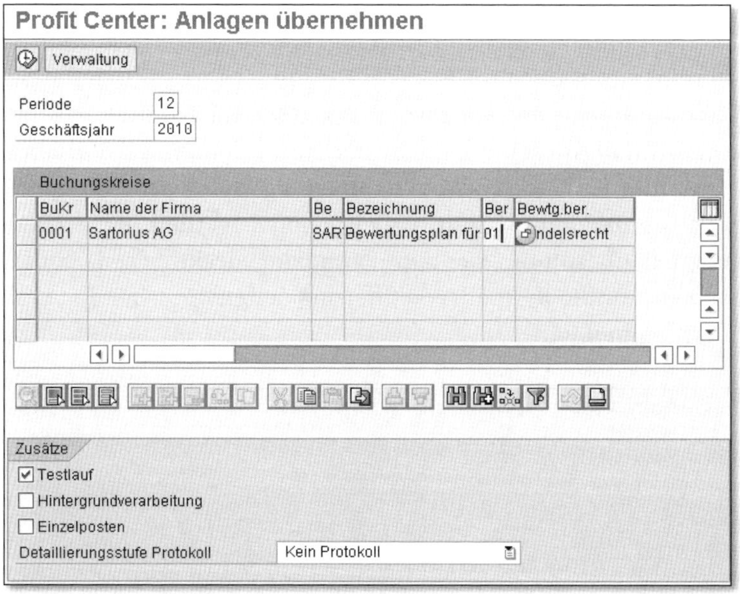

Abbildung 9.60 Anlagen übernehmen

[»]

Übernahme von mehreren Bewertungsbereichen

Falls Sie mehrere Bewertungsbereiche im Einsatz haben und in Berichten nach Bewertungsbereich differenzieren wollen, beachten Sie, dass bei der Übernahme der Anlagenbestände über den hier vorgestellten Report der Bewertungsbereich nicht in den Einzelposten fortgeschrieben wird. Die Profit-Center-Belege enthalten somit keine Information darüber, zu welchem Bewertungsbereich der jeweilige Beleg gehört.

Übernehmen Sie die Anlagenbestände online, wird der Bewertungsbereich in den Einzelposten fortgeschrieben. Um den Anfangsbestand in der Profit-Center-Rechnung zu buchen, müssen Sie dann gegebenenfalls manuelle Profit-Center-Belege buchen (siehe Abschnitt 9.8.2, »Manuelle Erfassung über ein Layout«).

Übernahme von Forderungen und Verbindlichkeiten

Forderungen und Verbindlichkeiten übernehmen

Wie bereits eingangs erwähnt, ist es in der klassischen Profit-Center-Rechnung nicht möglich, die Forderungen und Verbindlichkeiten online zu übernehmen. Dies liegt daran, dass bei einer Debitoren- bzw. Kreditorenrechnung, die in FI gebucht wird, der Debitoren/Kreditorenzeile jeweils mehrere Erfolgskonten gegenüberstehen können, die unterschiedlichen Profit-Centern zugeordnet sein können.

Betrachten wir z.B. eine Debitorenrechnung, wie sie in Abbildung 9.61 dargestellt ist: Dem Kunden wurden Waren in Höhe von 10.000 EUR fakturiert, wovon Erlöse in Höhe von 5.000 EUR dem Profit-Center 1100 zugeordnet sind, 3.000 EUR auf Profit-Center 1200 entfallen und 2.000 EUR auf Profit-Center 1300.

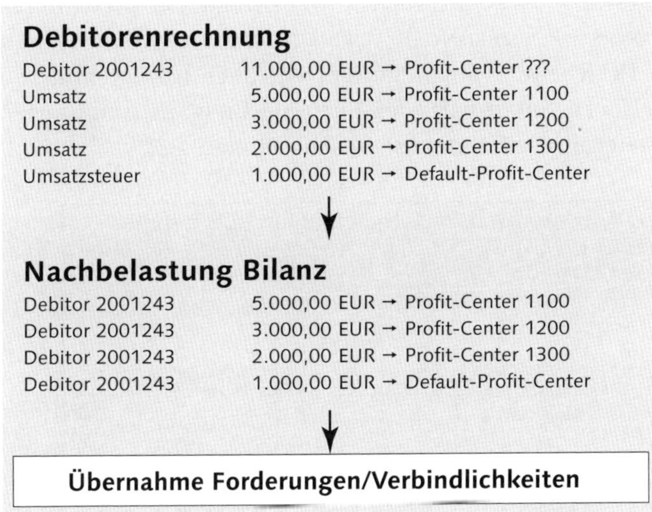

Abbildung 9.61 Logik der Nachbelastung GuV zur Übernahme von Forderungen und Verbindlichkeiten

Die Umsatzsteuer (bei einem Satz von 10%) wird auf ein Bilanzkonto gebucht, für das wir ein Default-Profit-Center eingetragen haben (siehe Abschnitt 9.8.4, »Zusätzliche Bilanz- und GuV-Konten auswählen«). Da das System kein anderes Profit-Center für die Umsatzsteuer ermitteln kann, wird der Betrag von 1.000 EUR dem Default-Profit-Center zugeordnet.

Die Debitorenzeile in der Rechnung über den Betrag von 11.000 EUR kann somit nicht eindeutig einem Profit-Center zugeordnet werden, und deshalb kann auch die Forderung nicht online in die Profit-Center-Rechnung übernommen werden. Zur periodischen Übernahme der Forderungen und Verbindlichkeiten müssen Sie daher monatlich zunächst die Nachbelastung Bilanz (Transaktion F.5D) ausführen (siehe Abbildung 9.62), um die Debitorenrechnung in vier Teilbelege aufzusplitten, wie ebenfalls in Abbildung 9.61 dargestellt.

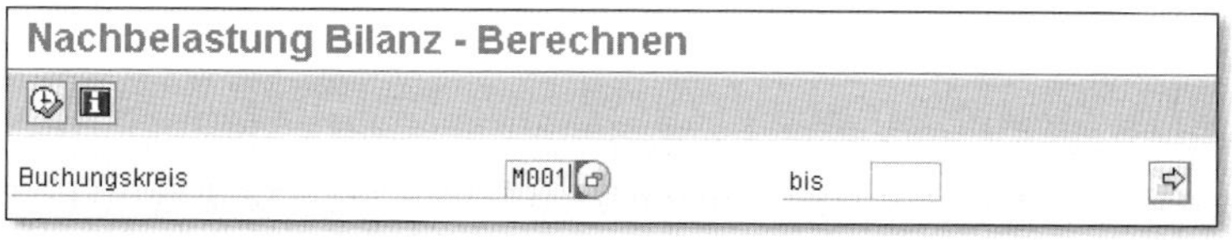

Abbildung 9.62 Aufrufen der Nachbelastung der Bilanz

Im Anschluss wechseln Sie zum Menüpfad Controlling • Profit-Center-Rechnung • Istbuchungen • Übernahme ausgewählter Bilanzpositionen • Forderungen/Verbindlichkeiten übernehmen (Transaktion 1KEK) auf. Wählen Sie hier wie auch bei den anderen vorgestellten Übernahmereports den Buchungskreis aus, und pflegen Sie die Parameter unter Zusätze (siehe Abbildung 9.63).

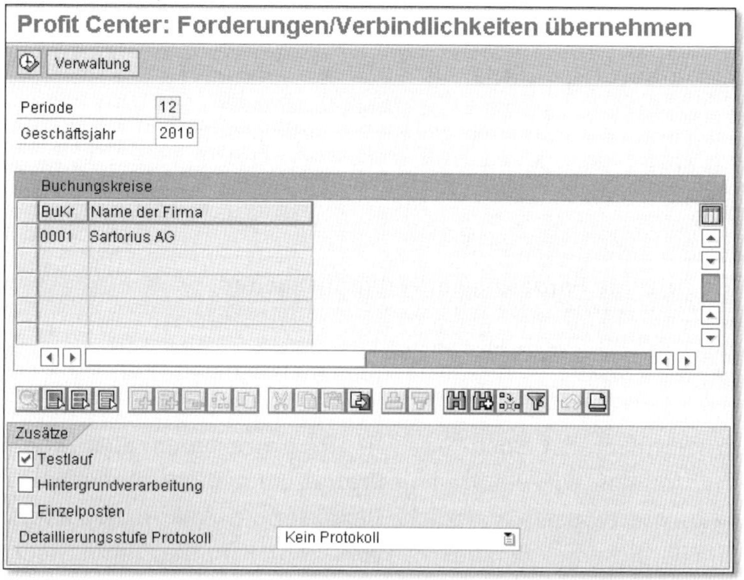

Abbildung 9.63 Übernahme von Forderungen und Verbindlichkeiten

Die Einschränkung, Forderungen und Verbindlichkeiten nur zum Periodenende übernehmen zu können, wurde im neuen Hauptbuch durch die Einführung des Belegsplitters aufgehoben.

9.8.7 Istdatenübernahme

Sie haben im vorangegangenen Abschnitt die verschiedenen Transaktionen kennengelernt, um Bilanzpositionen periodisch in die Profit-Center-Rechnung zu übertragen. Wenn Sie in den Steuerungsparametern für den Kostenrechnungskreis (siehe Abschnitt 9.3.1, »Einstellungen für den Kostenrechnungskreis«) die Onlineübernahme nicht aktiviert haben, müssen Sie auch GuV-Buchungen, die auf Controlling-Objekten gebucht wurden, periodisch übernehmen. Dazu stehen Ihnen verschiedene Übernahmereports zur Verfügung, die wir Ihnen in diesem Abschnitt vorstellen.

CO-Daten periodisch übernehmen

Über den Menüpfad Controlling • Profit-Center-Rechnung • Istbuchungen • Istdatenübernahme • CO-Istdaten periodisch übernehmen (Transaktion OKEO) schreiben Sie alle Sekundärbuchungen, die auf belieben Controlling-Objekten gebucht wurden, in die Profit-Center-Rechnung fort. Dazu wählen Sie das Geschäftsjahr und die Buchungsperiode(n) aus und entscheiden, ob Sie Einzelposten fortschreiben wollen (siehe Abbildung 9.64). Falls es beim Ausführen zu Fehlern kommt, können Sie diese korrigieren und beim wiederholten Aufrufen dieser Transaktion den Parameter Fehlerhafte Sätze nachbuchen aktivieren. Der Report bucht dann lediglich die als fehlerhaft gekennzeichneten Belege nach.

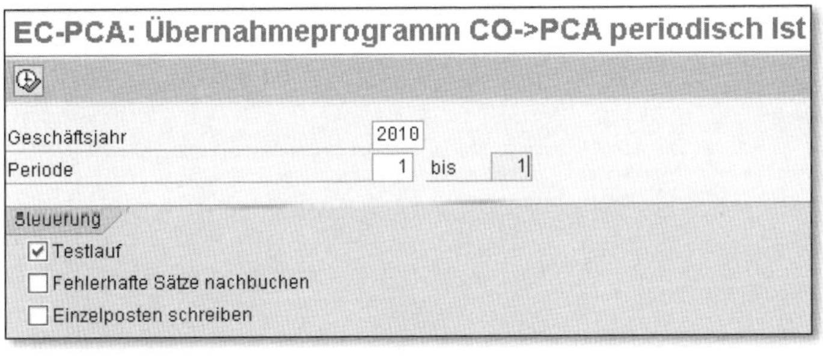

Abbildung 9.64 CO-Istdaten periodisch übernehmen

CO-Daten selektiv übernehmen

Unter Controlling • Profit-Center-Rechnung • Istbuchungen • Istdatenübernahme • CO-Istdaten selektiv übernehmen (Transaktion 1KEA) steht Ihnen eine weitere Möglichkeit zur Verfügung, Sekundärbuchungen in EC-PCA zu übernehmen. Sie haben hier zusätzlich die Möglichkeit, auf CO-Belegnummern und Vorgangsarten einzuschränken.

FI-Daten selektiv übernehmen

Über den Pfad Controlling • Profit-Center-Rechnung • Istbuchungen • Istdatenübernahme • FI-Istdaten übernehmen (Transaktion 1KE8) übernehmen Sie Primärbuchungen aus der Finanzbuchhaltung in die Profit-Center-Rechnung. Diese Funktionalität ist auch dafür geeignet, bei einer nachträglichen Einführung der Profit-Center-Rechnung die Datenübernahme durchzuführen.

Sie geben dabei mindestens den Buchungskreis und das Geschäftsjahr an, können aber auch weiter einschränken, z.B. nach Periode, Vorgang etc. (siehe Abbildung 9.65). Wählen Sie hierbei den Parameter Vorprüfen, überprüft das System vor dem Buchen die Belege darauf, ob sie schon in EC-PCA fortgeschrieben sind; Belege, für die das der Fall ist, werden dann nicht noch einmal übernommen, um Doppeltbuchungen zu vermeiden.

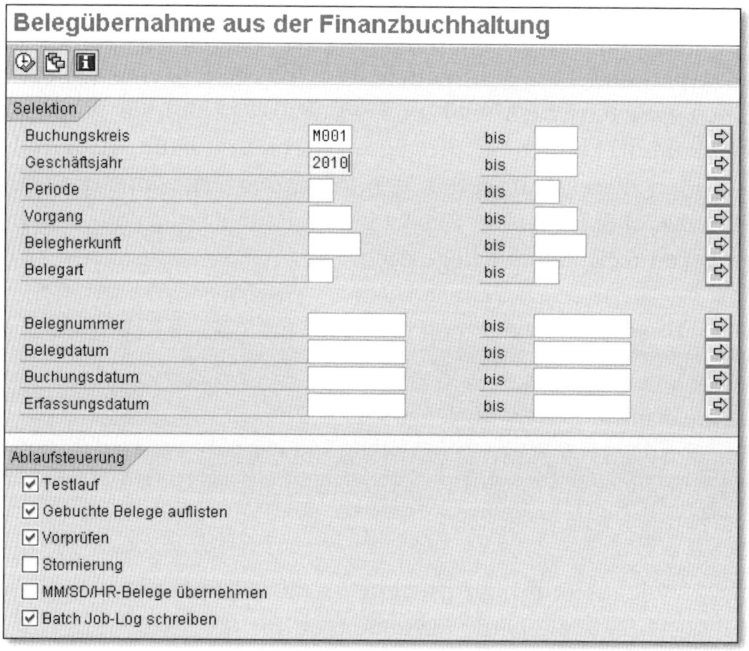

Abbildung 9.65 Belegübernahme aus der Finanzbuchhaltung

Bei der Übernahme ermittelt das System das Profit-Center anhand der Controlling-Objekte, auf die in den FI-Belegen gebucht wurde. Falls ein Beleg falsch übernommen wird, müssen Sie die Zuordnung zuerst im Originalbeleg korrigieren und können die Übernahme dann erneut durchführen. Um einen Beleg erneut zu übernehmen, aktivieren Sie den Parameter STORNIERUNG und deaktivieren VORPRÜFEN. Das System storniert dann den bereits übernommenen Beleg und bucht ihn neu; auf diese Weise wird wiederum vermieden, dass Belege doppelt gebucht werden.

Für Belege aus den Komponenten SD und MM existieren eigene Übernahmereports (siehe weiter hinten in diesem Abschnitt). Indem Sie den Parameter MM/SD/HR-BELEGE ÜBERNEHMEN aktivieren, können Sie aber auch über diese Transaktion sämtliche Belege auf einmal in der Profit-Center-Rechnung fortschreiben.

MM/SD-Belege selektiv übernehmen

Um Belege aus der Komponente MM (Materialwirtschaft) auf Profit-Centern fortzuschreiben, wechseln Sie zum Customizing-Punkt CONTROLLING • PROFIT-CENTER-RECHNUNG • ISTBUCHUNGEN • ISTDATENÜBERNAHME • MM-ISTDATEN ÜBERNEHMEN (Transaktion 1KEC). Die Vorgehensweise ist hier dieselbe wie bei der Übernahme der FI-Daten. Analog können Sie über CONTROLLING • PROFIT-CENTER-RECHNUNG • ISTBUCHUNGEN • ISTDATENÜBERNAHME • SD-ISTDATEN ÜBERNEHMEN (Transaktion 1KE9) mit den SD-Daten verfahren.

[+]

Auswahl der geeigneten Übernahmereports

Bei der Übernahme aller Belege einer bestimmten Periode oder eines Geschäftsjahrs ist es am einfachsten, den Übernahmereport für die FI-Daten einzusetzen, da Sie dabei die SD- und MM-Daten gleich mit selektieren können. Wollen Sie jedoch nur gezielt einen oder mehrere Belege nachbuchen, kommt es darauf an, auf welche Belegnummern Sie sich beziehen. Im FI-Report benötigen Sie die Nummern der FI-Belege, im MM-Report die MM-Belegnummern etc. Die Reports für MM und SD können also dann hilfreich sein, wenn Ihnen nur die jeweiligen Belege aus den entsprechenden Komponenten vorliegen und Sie sich den Aufwand sparen wollen, die dazugehörigen FI-Belege herauszusuchen.

Damit sind wir am Ende des Abschnitts zu den Istdaten angelangt. Im Anschluss sehen wir uns die Einstellungen für Konsolidierungsvorbereitungen an.

9.9 Konsolidierungsvorbereitungen

Falls Sie die Konsolidierung in SAP ERP (Komponente EC-CS) einsetzen, müssen Sie in der Profit-Center-Rechnung einige Einstellungen als Vorbereitung dafür vornehmen. Die Konsolidierung kann bei buchungskreisübergreifenden Geschäftsbeziehungen Binnenumsätze und Zwischengewinne nicht nur auf der Ebene des Buchungskreises, sondern auch des Profit-Centers eliminieren. Dazu muss jedoch in jedem Beleg neben dem Profit-Center auch das Partner-Profit-Center bekannt sein, also dasjenige Profit-Center, mit dem eine Lieferung oder Leistung erfolgt ist.

Es stehen Ihnen in SAP ERP zwei Funktionen zur Verfügung, um das Partner-Profit-Center zu ermitteln: über eine Ableitung oder über Nachlesen. Wenn Sie in verteilten SAP-Systemen arbeiten, können Sie nur die Ableitung einsetzen; bei einem zentralen SAP-System haben Sie die Auswahl zwischen beiden Methoden, die wir Ihnen nun vorstellen.

Partner-Profit-Center ableiten

Bei der Ableitung legen Sie über Regeln fest, wie im Einkauf und im Verkauf das Partner-Profit-Center bestimmt werden soll. Die dazu notwendigen Einstellungen nehmen Sie unter CONTROLLING • PROFIT-CENTER-RECHNUNG • KONSOLIDIERUNGSVORBEREITUNGEN • PARTNER-PROFIT-CENTER IM EIN- UND VERKAUF ABLEITEN • PARTNER-PROFIT-CENTER IM EINKAUF ABLEITEN (Transaktion 8KES) bzw. PARTNER-PROFIT-CENTER IM VERKAUF ABLEITEN (Transaktion 8KER) vor. Die Vorgehensweise zum Pflegen der Ableitungsregel ist dieselbe, die Sie bereits aus CO-PA (siehe Abschnitt 8.4.3, »Merkmalsableitung definieren«) kennen (siehe Abbildung 9.66).

Um das Partner-Profit-Center nachzulesen, wechseln Sie im Customizing zum Eintrag CONTROLLING • PROFIT-CENTER-RECHNUNG • KONSOLIDIERUNGSVORBEREITUNGEN • BESTELLUNGEN/KUNDENAUFTRÄGE NACHLESEN • VERBUNDENE GESELLSCHAFTEN IDENTIFIZIEREN. Hier wählen Sie alle Gesellschaften aus, für die Sie bei Bestellungen und Kundenaufträgen in Ihrem Kostenrechnungskreis das Partner-Profit-Center nachlesen wollen. Dabei liest das System das Partner-Profit-Center automatisch direkt aus dem Beleg; diese Methode ist damit genauer als die Ableitung, sorgt jedoch für eine höhere Systembelastung.

[»] **Nachlesen des Partner-Profit-Centers**

Sie können das Partner-Profit-Center nur für Belege nachlesen, die nach der Aktivierung des Nachlesens gebucht wurden. Rückwirkend können Sie diese Funktionalität nicht nutzen.

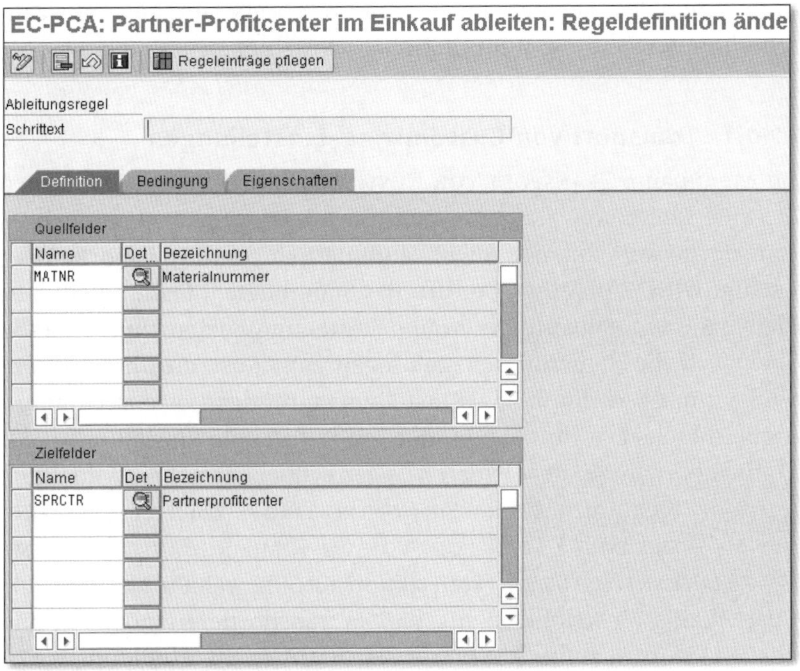

Abbildung 9.66 Partner-Profit-Center im Einkauf ableiten

Damit haben wir bereits alle Einstellungen zu den Konsolidierungsvorbereitungen erläutert. Wir zeigen Ihnen nun im nächsten Abschnitt, welche Werkzeuge Ihnen in der Profit-Center-Rechnung für verschiedene Zwecke zur Verfügung stehen.

9.10 Werkzeuge

Im Menübaum CONTROLLING • PROFIT-CENTER-RECHNUNG • WERKZEUGE finden Sie eine Sammlung einer Reihe von Anwendungen, die ansonsten in keinem direkten Zusammenhang zueinander stehen. Wir stellen Ihnen in diesem Abschnitt die wichtigsten davon vor. Bitten beachten Sie dabei, dass wir die Themen Berechtigungen und Verteilung von SAP-Systemen (Application Link Enabling, ALE) im Rahmen dieses Buches nicht behandeln, da sie zu umfangreich sind.

Nachrichtensteuerung einstellen

Über CONTROLLING • PROFIT-CENTER-RECHNUNG • WERKZEUGE • NACHRICHTENSTEUERUNG ÄNDERN (Transaktion OBA5) können Sie die Nachrichtensteuerung ändern. Es handelt sich dabei um dieselbe

Transaktion, die Sie auch im Menü CONTROLLING ALLGEMEIN aufrufen können (siehe Abschnitt 2.2.3, »Nachrichtensteuerung«).

9.10.1 Transport von Customizing-Einstellungen

Einstellungen transportieren

Im Menübaum TRANSPORT VON CUSTOMIZING-EINSTELLUNGEN finden Sie eine Reihe von Transaktionen, um diejenigen Einstellungen zu transportieren, für die nicht automatisch ein Transportauftrag erzeugt wird. Zum einen betrifft dies Stammdaten, Planungslayouts, Planversionen, Substitutionen und Verteilungszyklen, zum anderen aber auch die Steuerungseinstellungen zum Kostenrechnungskreis. Wie wir in Abschnitt 9.3.1, »Einstellungen für den Kostenrechnungskreis«, bereits erwähnt haben, müssen Sie u.a. die Einstellungen zur Onlineübernahme der Istdaten eigens über diese Funktionalität transportieren. Dazu wählen Sie CONTROLLING • PROFIT-CENTER-RECHNUNG • WERKZEUGE • TRANSPORT VON CUSTOMIZING-EINSTELLUNGEN • UMFELD TRANSPORTIEREN (Transaktion OKEP); wählen Sie dann die Customizing-Einstellungen aus, die Sie transportieren möchten, und klicken Sie dann auf IN AUFTRAG AUFNEHMEN (siehe Abbildung 9.67).

Abbildung 9.67 Umfeld transportieren

9.10.2 Erweiterungen

Erweiterungen für Profit-Center

In der Profit-Center-Rechnung stehen Ihnen die folgenden Erweiterungen zur Verfügung:

- PCA00001: Belegänderungen bei Datenübernahme
- PCA00002: Zuweisung eines repräsentativen Materials
- PCATP001: Findung von Transferpreisen

- PCAAUTHO: Erweiterung der Berechtigungsprüfung
- PCASELEK: Änderung der Selektionsbedingungen bei Datenübernahme

Die Erweiterung PCASELEK ermöglicht es Ihnen, für bestimmte Vorgänge die Art der Fortschreibung der Belege in die Profit-Center-Rechnung zu ändern. Dazu müssen Sie zunächst über CONTROLLING • PROFIT-CENTER-RECHNUNG • WERKZEUGE • KUNDENERWEITERUNGEN • VORGÄNGE AUSWÄHLEN FÜR EXIT PCASELEK (Transaktion 0KEO) die Vorgänge auswählen, für die der Exit aktiv sein soll.

Alle Erweiterungen implementieren Sie über die Transaktion CMOD.

9.10.3 Belegverdichtung

Die Belegverdichtung können Sie einsetzen, um das Datenvolumen in der Profit-Center-Rechnung zu verringern. Dazu legen Sie je Vorgang fest, welche Felder der Einzelpostentabellen verdichtet werden sollen. Das System fasst dann Belege zusammen, die für bestimmte Felder wie z.B. das Profit-Center dieselben Werte aufweisen, sich aber in zu verdichtenden Feldern unterscheiden.

[zB]

Belegverdichtung

Sie haben für den Vorgang RMWA (Warenausgang in der Materialwirtschaft) die Verdichtung über das Feld MATNR (Materialnummer) eingestellt. Buchen Sie nun einen Warenausgangsbeleg mit drei Positionen, die alle demselben Profit-Center zugeordnet sind, aber unterschiedliche Materialnummern aufweisen, bucht das System wie folgt:

Ohne Verdichtung:

Beleg 1

Position 1	Profit-Center 1100	Material ABC
Position 2	Profit-Center 1100	Material CDE
Position 3	Profit-Center 1100	Material FGH

Mit Verdichtung:

Beleg 1

Position 1	Profit-Center 1100	Material *

Belegverdichtung einstellen

Durch die Verdichtung haben Sie keine Möglichkeit mehr, anhand der Materialnummer auszuwerten, Sie haben aber in diesem Beispiel das Belegvolumen reduziert.

Sie stellen die Belegverdichtung über CONTROLLING • PROFIT-CENTER-RECHNUNG • WERKZEUGE • BELEGVERDICHTUNG PFLEGEN (Transaktion OKE8) ein. Dort wählen Sie zunächst einen Vorgang aus und geben dann die Felder an, über die Sie verdichten wollen.

[»]

Belegverdichtung – nur für erfahrene Anwender!

Wir empfehlen Ihnen, die Belegverdichtung erst dann einzusetzen, wenn Sie bereits einige Erfahrung mit SAP ERP im Allgemeinen und der Profit-Center-Rechnung im Besonderen gesammelt haben. Insbesondere zu Beginn der produktiven Nutzung von EC-PCA wird das Belegvolumen noch nicht so hoch sein, dass Sie zu dieser Maßnahme greifen müssen. Wenn Sie die Belegverdichtung nutzen wollen, müssen Sie genau abwägen, welche Felder Sie nach wie vor für Auswertungen benötigen und welche überhaupt zu einer spürbaren Verringerung des Datenvolumens führen.

9.10.4 Produktivstart vorbereiten

Test-Bewegungsdaten löschen

Im Menübaum CONTROLLING • PROFIT-CENTER-RECHNUNG • WERKZEUGE • PRODUKTIVSTART VORBEREITEN • TESTDATEN LÖSCHEN finden Sie drei Transaktionen, um Testdaten zu löschen. Die erste davon, BEWEGUNGSDATEN LÖSCHEN (Transaktion OKE1), ist nicht nur hilfreich bei einem Produktivstart, sondern kann auch im laufenden Betrieb genutzt werden, um Fehlbuchungen zu korrigieren. Sie können mit dieser Anwendung Profit-Center-Belege löschen und dabei auf Profit-Center, Kontonummer, Herkunftsobjekt, Buchungsperiode etc. einschränken (siehe Abbildung 9.68).

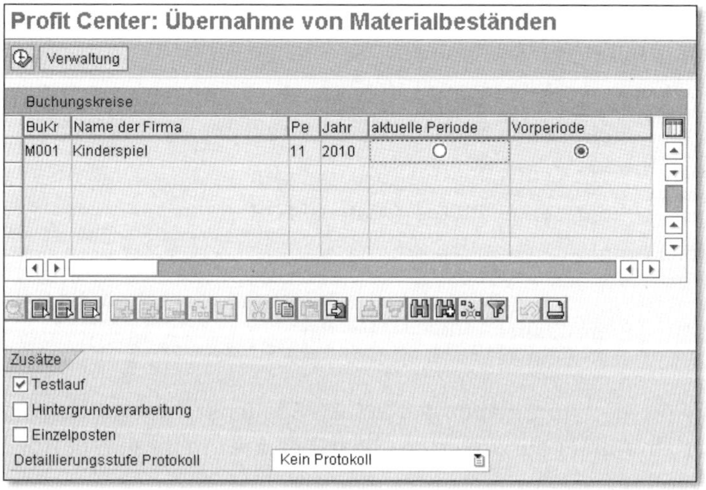

Abbildung 9.68 Übernahme von Materialbeständen

Löschen von Testdaten [«]

Sie sollten mit dieser Funktionalität vorsichtig sein und vor jedem Löschen zunächst einen Testlauf durchführen, um nicht versehentlich mehr Daten zu löschen, als Sie beabsichtigen. Sie können in jedem Fall jedoch nur begrenzten Schaden anrichten, denn die Ursprungsbelege in der Finanzbuchhaltung oder den anderen Controlling-Komponenten können Sie mit dieser Transaktion nicht verändern. Darüber hinaus können Sie mit den Reports zur Datenübernahme eventuell versehentlich gelöschte Belege erneut in die Profit-Center-Rechnung übernehmen (siehe Abschnitt 9.8.7, »Istdatenübernahme«).

Test-Stammdaten löschen

Über CONTROLLING • PROFIT-CENTER-RECHNUNG • WERKZEUGE • PRODUKTIVSTART VORBEREITEN • TESTDATEN LÖSCHEN • PROFITCENTER LÖSCHEN (Transaktion OKE2) können Sie Profit-Center-Stammdaten löschen. Einen Stammsatz können Sie aber nur dann wirklich löschen, wenn dem entsprechenden Profit-Center keinerlei Objekte wie z.B. Kostenstellen zugeordnet sind, keine Istdaten darauf gebucht und keine Plandaten erfasst sind. Diese Funktionalität können Sie somit tatsächlich nur in einem Entwicklungssystem nutzen, da Sie dort eventuelle Zuordnungen entfernen und Plan- wie Istdaten mit der oben beschriebenen Transaktion löschen können.

Langtexte löschen

Mittels CONTROLLING • PROFIT-CENTER-RECHNUNG • WERKZEUGE • PRODUKTIVSTART VORBEREITEN • TESTDATEN LÖSCHEN • LANGTEXTE LÖSCHEN (Transaktion 7JEQ) können Sie die Langtexte zu Plandaten löschen.

Im Unterbaum DATENÜBERNAHME finden Sie dieselben Transaktionen, die wir bereits in Abschnitt 9.8.6, »Übernahme ausgewählter Bilanzpositionen«, und 9.8.7, »Istdatenübernahme«, beschrieben haben.

Wir beenden damit den Abschnitt zu den Werkzeugen und sehen uns nun an, wie die Profit-Center-Rechnung in unseren drei Beispielunternehmen eingesetzt werden könnte.

9.11 Aufbau der Profit-Center-Rechnung in den drei Beispielunternehmen

Wie bereits in den vorangegangenen Kapitel kommen wir auch nun wieder zurück auf unsere drei Beispielunternehmen und zeigen exemplarisch, wie die Profit-Center-Rechnung in diesen umgesetzt werden könnte. Dabei gehen wir zunächst auf die Grundüberlegungen ein, die wir voranstellen.

9.11.1 Grundüberlegungen

Welche Struktur? Welche »Unternehmen im Unternehmen« sollen gebildet werden? Welche Vorgaben können aus der Struktur der Segmentberichterstattung abgeleitet werden? Soll die Struktur sich an Funktionen, Produkten oder Regionen orientieren?

Sollen Transferpreise eingesetzt werden? Wird die parallele Bewertung genutzt, und sollen in diesem Rahmen Transferpreise verwendet werden? Ist das Material-Ledger bereits aktiv?

Soll in der Profit-Center-Rechnung geplant werden? Sollen Planwerte direkt in der Profit-Center-Rechnung erfasst oder aus anderen Komponenten übernommen werden? Oder soll die Planung gar ganz in einer anderen Applikation wie z.B. der Ergebnisrechnung abgebildet werden?

Welche Bilanz- und GuV-Konten sollen zusätzlich übernommen werden? Soll in der Profit-Center-Rechnung ausschließlich die GuV oder auch die Bilanz dargestellt werden? Falls Bilanzwerte benötigt werden, welche sollen dies sein, und wie sollen sie in die Profit-Center-Rechnung übernommen werden?

Sollen Verrechnungen in der Profit-Center-Rechnung durchgeführt werden? Besteht die Notwendigkeit, nachträgliche Verrechnungen durchzuführen, die in den anderen CO-Komponenten nicht sichtbar sein werden?

9.11.2 Einsatz der Profit-Center-Rechnung bei einem Produktionsunternehmen

Die Firma *Kinderspiel* hat ihre Profit-Center-Struktur nach ihren vier Produktsparten gegliedert (siehe Abbildung 9.69). Zusätzlich gibt es noch ein Profit-Center für die Zentralfunktionen. Da die Kostenstellenstruktur des Unternehmens funktional aufgebaut ist (siehe Abschnitt 4.7.2, »Einsatz der Kostenstellenrechnung bei einem Produktionsunternehmen«), können die einzelnen Logistik-Kostenstellen nicht eindeutig einem Profit-Center zugeordnet werden. Daher entschied man sich, alle Kostenstellen, die für mehrere Profit-Center Leistungen erbringen, unter dem Profit-Center für Zentralfunktionen zusammenzufassen. Bei der Verrechnung der Gemeinkosten in die Ergebnisrechnung werden dann die entsprechenden Profit-Center belastet.

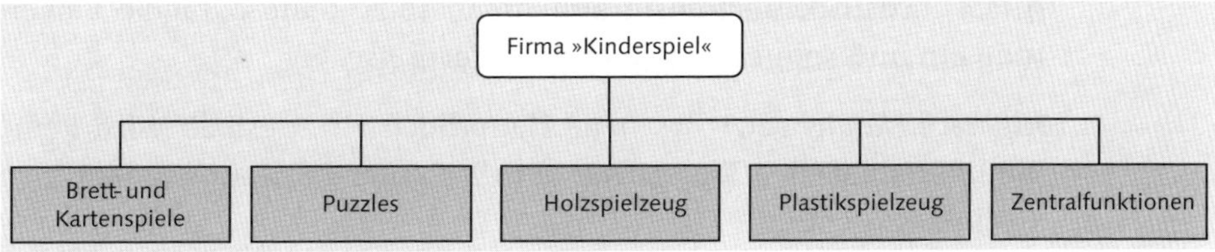

Abbildung 9.69 Profit-Center-Struktur für ein Industrieunternehmen

Das Unternehmen führt keine parallelen Wertansätze und daher auch keine Transferpreise. Die Planung von Gemeinkosten erfolgt in der Kostenstellenrechnung, während die Absatzplanung in der Ergebnisrechnung durchgeführt wird. Die Plandaten aus beiden Quellen werden in die Profit-Center-Rechnung übernommen.

Kinderspiel hat in der Ergebnisrechnung eine Deckungsbeitragsrechnung im Einsatz, die eine GuV bis zur Produktgruppe abbildet. Die externe Segmentberichterstattung findet jedoch in der Profit-Center-Rechnung statt, und hier ist man auch an einer Analyse des Working Capital je Profit-Center interessiert. Entsprechend werden Materialbestände, Anlagenbestände, Forderungen und Verbindlichkeiten sowie die Ware in Arbeit über die entsprechenden Reports in EC-PCA übernommen.

9.11.3 Einsatz der Profit-Center-Rechnung bei einem Großhändler

Bei *Hightech-Handel* ist bereits die Kostenstellenstruktur den einzelnen Produktsparten untergeordnet, entsprechend einfach ist es für dieses Unternehmen, die Profit-Center-Hierarchie festzulegen (siehe Abbildung 9.70). Je Profit-Center gibt es eigene Kostenstellen für die einzelnen Funktionen wie Marketing, Vertrieb oder Einkauf. Die zentralen Dienste wie Unternehmensleitung oder IT sind dem Profit-Center für die Administration zugeordnet.

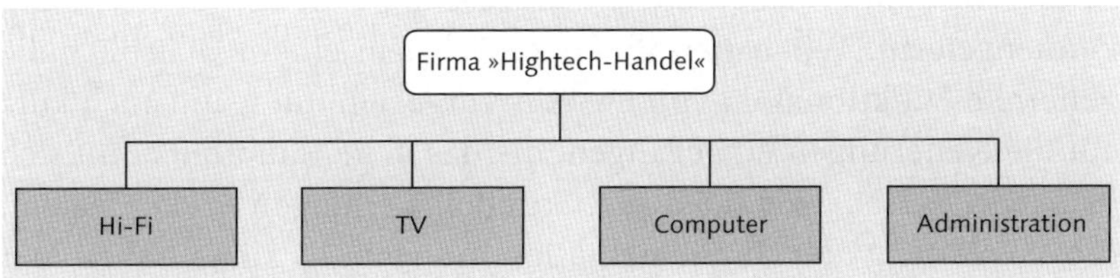

Abbildung 9.70 Profit-Center-Struktur für einen Großhändler

Auch unser Großhandelsunternehmen setzt keine parallele Bewertung ein und somit auch keine Transferpreise.

Hightech-Handel setzt das neue Hauptbuch ein, deshalb wird keine Funktionalität der klassischen Profit-Center-Rechnung außer den Strukturen genutzt.

9.11.4 Einsatz der Profit-Center-Rechnung bei einem Dienstleistungsunternehmen

Die Beratungsfirma *RM Consulting* hat zwar eine regionale Kostenstellenstruktur, die Segmentberichterstattung erfolgt jedoch nach den verschiedenen Beratungssegmenten. Entsprechend ist auch die Profit-Center-Hierarchie angeordnet (siehe Abbildung 9.71).

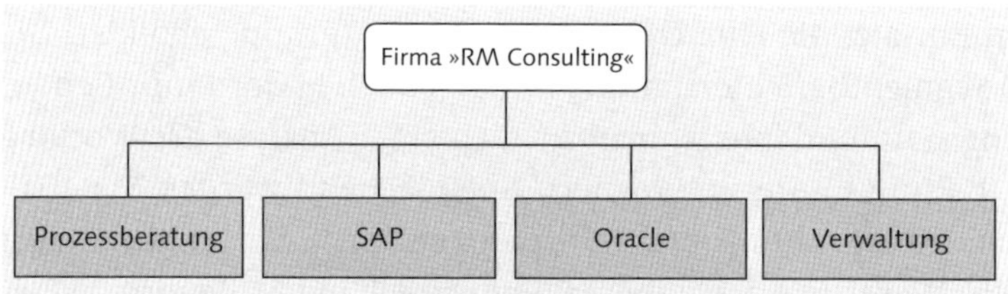

Abbildung 9.71 Profit-Center-Struktur für ein Beratungsunternehmen

RM Consulting berichtet sein Ergebnis nach dem Gesamtkostenverfahren aus der klassischen Profit-Center-Rechnung. Die Planzahlen aus der Kostenstellenrechnung und aus CO-PA werden in EC-PCA übernommen, um Plan-/Istvergleiche anzustellen.

Transferpreise sind in diesem Unternehmen nicht im Einsatz, da auch keine parallele Bewertung erfolgt.

9.12 Zusammenfassung

In diesem Kapitel haben Sie die klassische Profit-Center-Rechnung kennengelernt. Wir haben Ihnen zunächst in einem Überblick die generelle Funktionalität von EC-PCA vorgestellt und sind auch kurz auf die Neuerungen eingegangen, die das neue Hauptbuch mit sich bringt. Nachdem wir noch die Grundeinstellungen erklärt haben, die zu Anfang der Implementation notwendig sind, haben wir Ihnen dann alle notwendigen Einstellungen zu den Stammdaten erläutert. Der nächste größere Abschnitt galt den Transferpreisen, die es Ihnen ermöglichen, Material zwischen Profit-Centern zu unterschiedlichen Wertansätzen zu verkaufen. Im Rahmen der Planung haben Sie die manuelle Planung sowie diverse Planungshilfen kennengelernt. Im Anschluss haben wir Ihnen dargestellt, wie Sie Istdaten in die Profit-Center-Rechnung übernehmen, insbesondere im Hinblick auf Bilanzzahlen. Nach einem kurzen Abschnitt über Konsolidierungsvorbereitungen haben wir Ihnen zum Schluss wieder exemplarisch vorgestellt, wie die klassische EC-PCA-Komponente in unseren Beispielunternehmen eingesetzt werden könnte.

Damit sind wir am Ende des Kapitels zur Profit-Center-Rechnung angelangt. Im letzten Kapitel dieses Buches widmen wir uns nun dem Berichtswesen.

Das Berichtswesen bietet Ihnen die Werkzeuge Report Painter und Recherche an, um Auswertungen im Controlling durchzuführen. Neben vordefinierten Standardberichten können Sie auch eigene Berichte erstellen.

10 Berichtswesen

Anders als die bisher in diesem Buch vorgestellten Teilkomponenten des Controllings ist das Berichtswesen kein autonomer Bestandteil der Komponente CO, sondern in die einzelnen Komponenten integriert. Sie finden in jedem Menübaum zu den einzelnen CO-Komponenten einen eigenen Menüpfad für das Informationssystem. Die Einstellungen, die Sie dort vorfinden, sind jedoch in allen Komponenten recht ähnlich, da es sich stets um dieselben beiden Werkzeuge Report Painter und Recherche handelt. Wir haben daher beschlossen, dem Berichtswesen ein eigenes Kapitel zu widmen, um es komponentenübergreifend und kompakt vorzustellen.

Im Folgenden geben wir Ihnen zunächst einen Überblick über die Funktionalität der genannten Werkzeuge. Wir beschäftigen uns dann zuerst mit dem Report Painter und zeigen Ihnen, wie Sie die bestehenden Standardreports zu den einzelnen CO-Teilkomponenten aus SAP-Mandant 000 kopieren. Im Anschluss erläutern wir Ihnen, wie Sie eigene Berichte mit dem Report Painter erstellen können.

Im zweiten Abschnitt dieses Kapitels wenden wir uns dann der Recherche zu. Wir zeigen Ihnen, wie Sie bei diesem Werkzeug vorgehen, um eigene Formulare und Berichte zu entwerfen, und gehen zum Schluss noch auf einige komponentenspezifische Besonderheiten, insbesondere in CO-PA, ein.

10.1 Überblick

Report Painter vs. Recherche

Im Controlling stehen Ihnen im Wesentlichen die Werkzeuge *Report Painter* und *Recherche* zur Verfügung, um Berichte zu definieren und auszuführen. Beim Report Painter handelt es sich um eine Weiterentwicklung des Report Writers, der zwar im Prinzip eine mächtigere Funktionalität besitzt, dafür aber erheblich komplizierter und weniger intuitiv bei der Definition ist. Da der Report Painter in den allermeisten Fällen ausreicht, um Reportinganforderungen umzusetzen, werden wir in diesem Kapitel den Report Writer nicht näher beschreiben. Die Recherchetechnologie baut auf dem Report Painter auf, indem sie z. B. ähnliche Formulare verwendet, bietet aber flexiblere Auswertungsmöglichkeiten.

Reporting mit Merkmalen und Kennzahlen

Grundsätzlich dient sowohl der Report Painter als auch die Recherche dazu, *Merkmale* und *Kennzahlen* auszuwerten. Kennzahlen repräsentieren dabei alle Informationen, die in Mengen oder Werten ausgedrückt werden können, wie etwa Kosten, Erlöse, Leistungsmengen oder Mengen statistischer Kennzahlen. Merkmale hingegen kennzeichnen alles, was keine Kennzahl ist und dienen dazu, die Kennzahlen genauer zu spezifizieren. Merkmale können z.B. sein: Kostenarten, Kostenstellen, Versionen, Werttypen etc.

[»]

Kombination von Merkmalen und Kennzahlen

Die Kennzahl Kosten für sich betrachtet liefert noch keine Information, mit der ein Controller etwas anfangen kann. Erst wenn sie durch den Bezug zu Merkmalen eingeschränkt wird, können Erkenntnisse daraus gezogen werden, wie z. B.: Die Kombination aus den Merkmalen Kostenstelle, Kostenart, Geschäftsjahr, Periode, Werttyp und Version mit der Kennzahl Kosten ergibt: die Istkosten (Werttyp 4) aller Kostenarten in der Kostenartengruppe GESAMT in Version 0 zu Kostenstelle 500 in Periode 5 im Geschäftsjahr 2011.

Struktur des Report Painters

Report-Painter-Berichte bestehen im Wesentlichen aus einem Formular, in dessen Zeilen und Spalten Sie jeweils auswählen, welche Kennzahlen und Merkmale dargestellt werden. Stellen Sie hierarchisch angeordnete Merkmale wie z. B. Kostenarten oder Kostenstellen in einer Zeile dar, haben Sie auch die Möglichkeit, die Hierarchie aufzulösen und somit alle Einzelwerte innerhalb der Hierarchie anzeigen zu lassen.

Struktur von Rechercheberichten

Rechercheberichte können Sie sowohl mit als auch ohne Formular verwenden; in letzterem Falle spricht man von sogenannten *Ad-hoc-Berichten*. Das Prinzip, dass Sie Merkmale und Kennzahlen auswerten, bleibt dasselbe, und auch die Formulare haben eine sehr ähnliche Struktur. Der Hauptunterschied zwischen Rechercheberichten und Report-Painter-Berichten besteht darin, dass Sie zwischen den dargestellten Merkmalen beliebig umschalten können, nachdem Sie den Bericht gestartet haben. So können Sie sich die Kennzahlen im Formular bzw. im Ad-hoc-Bericht wahlweise nach dem Merkmal KUNDE, PROFIT-CENTER oder GESCHÄFTSJAHR darstellen lassen oder diese auch kombinieren (z.B. Kunde 123 zu Profit-Center 2100 bis 2500 im Geschäftsjahr 2011).

Report-Painter-Berichte sind somit statischer als Rechercheberichte und eignen sich besonders dazu, das Berichtswesen zu standardisieren, indem Sie den Anwendern Berichte an die Hand geben, die mit den Controlling-Richtlinien Ihres Unternehmens übereinstimmen. Rechercheberichte bieten hingegen Vorteile, wenn Sie die dargestellten Informationen aus verschiedenen Blickwinkeln analysieren wollen.

Wir zeigen Ihnen nun zunächst, wie Sie mit dem Report Painter arbeiten können. Danach widmen wir uns den Rechercheberichten.

10.2 Report Painter

Verwendung des Report Painters

Den Report Painter können Sie in den folgenden Unterkomponenten des Controllings verwenden:

- Kostenartenrechnung
- Kostenstellenrechnung
- Innenaufträge
- Prozesskostenrechnung
- Produktkosten-Controlling
- Profit-Center-Rechnung

Wir zeigen Ihnen in diesem Abschnitt zunächst, wie Sie SAP-Standardberichte in Ihren Produktivmandanten kopieren. Falls diese Ihren Anforderungen nicht genügen, können Sie eigene Berichte erstellen. Wie Sie dabei vorgehen, erklären wir dann im Anschluss.

10.2.1 Standardberichte

Standardberichte kopieren

SAP liefert im Standard eine Reihe von Report-Painter-Berichten aus. Wenn Ihr SAP-System neu aufgesetzt ist oder Sie einen Releasewechsel durchgeführt haben, müssen Sie diese Berichte zunächst aus Mandant 000 in Ihren Produktivmandanten kopieren. Bevor Sie überlegen, eigene Berichte zu definieren, sollten Sie zunächst prüfen, ob diese Berichte für Ihre Zwecke ausreichend sind. Wir stellen Ihnen nun im Folgenden einige Einstellungen vor, die Sie für Standardberichte vornehmen können. Alle diese Einstellungen liegen je CO-Komponente im selben Menüpfad. Damit wir nicht für jede Transaktion neun verschiedene Pfade und Transaktionen angeben müssen, geben wir an dieser Stelle nur die entsprechenden Menüpfade an. Diese sind:

- **Kostenartenrechnung:** Controlling • Kostenartenrechnung • Informationssystem • Standardberichte
- **Kostenstellenrechnung:** Controlling • Kostenstellenrechnung • Informationssystem • Standardberichte
- **Innenaufträge:** Controlling • Innenaufträge • Informationssystem • Standardberichte
- **Prozesskostenrechnung:** Controlling • Prozesskostenrechnung • Informationssystem • Standardberichte
- **Produktkostenplanung:** Controlling • Produktkosten-Controlling • Informationssystem • Produktkostenplanung
- **Periodisches Produkt-Controlling:** Controlling • Produktkosten-Controlling • Informationssystem • Kostenträgerrechnung • Periodisches Produkt-Controlling
- **Auftragsbezogenes Produkt-Controlling:** Controlling • Produktkosten-Controlling • Informationssystem • Kostenträgerrechnung • Auftragsbezogenes Produkt-Controlling
- **Kundenauftrags-Controlling:** Controlling • Produktkosten-Controlling • Informationssystem • Kostenträgerrechnung • Kundenauftrags-Controlling
- **Controlling für immaterielle Güter und Dienstleistungen:** Controlling • Produktkosten-Controlling • Informationssystem • Kostenträgerrechnung • Controlling für immaterielle Güter und Dienstleistungen
- **Profit-Center-Rechnung:** Controlling • Profit-Center-Rechnung • Informationssystem • Report Painter

Um die Standardberichte zu importieren, wählen Sie jeweils die Transaktion STANDARDBERICHTE IMPORTIEREN (in Abbildung 10.1 sehen Sie als Beispiel die Berichte der Kostenstellenrechnung). Wählen Sie die Berichte aus, die Sie importieren wollen, und starten Sie dann die Übernahme.

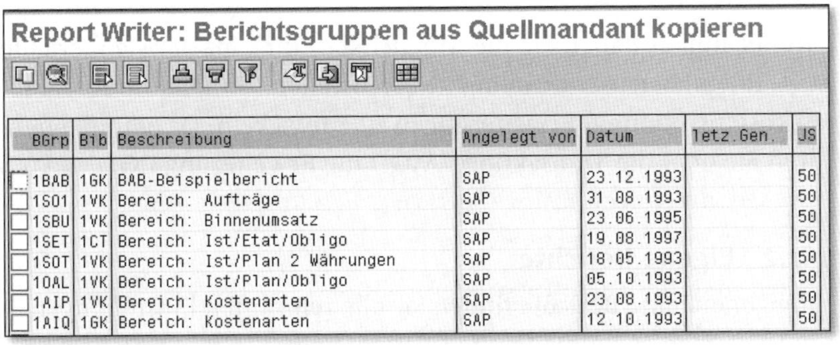
Report Writer: Berichtsgruppen aus Quellmandant kopieren

BGrp	Bib	Beschreibung	Angelegt von	Datum	letz.Gen.	JS
1BAB	1GK	BAB-Beispielbericht	SAP	23.12.1993		50
1S01	1VK	Bereich: Aufträge	SAP	31.08.1993		50
1SBU	1VK	Bereich: Binnenumsatz	SAP	23.06.1995		50
1SET	1CT	Bereich: Ist/Etat/Obligo	SAP	19.08.1997		50
1SOT	1VK	Bereich: Ist/Plan 2 Währungen	SAP	18.05.1993		50
1OAL	1VK	Bereich: Ist/Plan/Obligo	SAP	05.10.1993		50
1AIP	1VK	Bereich: Kostenarten	SAP	23.08.1993		50
1AIQ	1GK	Bereich: Kostenarten	SAP	12.10.1993		50

Abbildung 10.1 Standardberichte der Kostenstellenrechnung importieren

Standardberichte generieren

Vor dem ersten Aufrufen muss jeder Report-Painter-Bericht zunächst generiert werden. Um dem Anwender das Warten zu ersparen, können Sie alle Berichte gleich im Vorhinein automatisch generieren. Dazu wählen Sie jeweils im angegebenen Menüpfad die Transaktion STANDARDBERICHTE GENERIEREN. Wählen Sie die Berichte aus, die Sie generieren wollen, und klicken Sie dann auf den Button GENERIEREN (in Abbildung 10.2 sehen Sie erneut ein Beispiel aus der Kostenstellenrechnung).

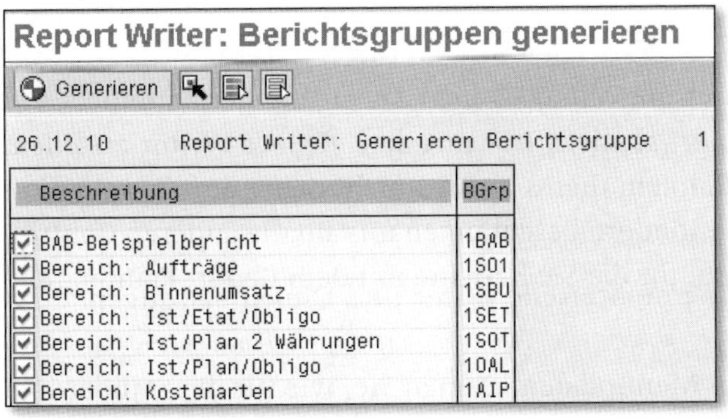
Report Writer: Berichtsgruppen generieren

Generieren

26.12.10 Report Writer: Generieren Berichtsgruppe 1

Beschreibung	BGrp
BAB-Beispielbericht	1BAB
Bereich: Aufträge	1S01
Bereich: Binnenumsatz	1SBU
Bereich: Ist/Etat/Obligo	1SET
Bereich: Ist/Plan 2 Währungen	1SOT
Bereich: Ist/Plan/Obligo	1OAL
Bereich: Kostenarten	1AIP

Abbildung 10.2 Berichtsgruppen generieren

Berichtssprachen festlegen

Berichte im Report Painter können Sie in bis zu 32 Sprachen führen. Im angegebenen Menüpfad für die Kostenstellenrechnung, die

Innenaufträge, die Prozesskostenrechnung und die Profit-Center-Rechnung mittels der Transaktion BERICHTSSPRACHEN FESTLEGEN entscheiden Sie, für welche Sprachen die sprachabhängigen Texte beim Generieren erzeugt werden sollen. Beachten Sie, dass die Ausführungszeit der Berichte sich verlängert, je mehr Sprachen Sie ausgewählt haben.

Erweiterung für Einzelpostenberichte

Darüber hinaus haben Sie die Möglichkeit, für Einzelpostenberichte im Gemeinkosten-Controlling (Kostenstellen, Innenaufträge, Prozesskostenrechnung) Erweiterungen zu entwickeln. Dazu implementieren Sie über die Transaktion CMOD die Erweiterung COOMEP01.

10.2.2 Eigene Berichte

Menüpfade in den einzelnen Komponenten

Für eigenerstellte Berichte finden Sie alle relevanten Einstellungen in den folgenden Menüpfaden im Customizing:

- **Kostenartenrechnung:** CONTROLLING • KOSTENARTENRECHNUNG • INFORMATIONSSYSTEM • EIGENE BERICHTE
- **Kostenstellenrechnung:** CONTROLLING • KOSTENSTELLENRECHNUNG • INFORMATIONSSYSTEM • EIGENE BERICHTE
- **Innenaufträge:** CONTROLLING • INNENAUFTRÄGE • INFORMATIONSSYSTEM • EIGENE BERICHTE
- **Prozesskostenrechnung:** CONTROLLING • PROZESSKOSTENRECHNUNG • INFORMATIONSSYSTEM • EIGENE BERICHTE
- **Profit-Center-Rechnung:** CONTROLLING • PROFIT-CENTER-RECHNUNG • INFORMATIONSSYSTEM • REPORT PAINTER

Im Produktkosten-Controlling können Sie eigene Berichte nicht mit dem Report Painter, sondern nur mit dem Report Writer erstellen. Wir werden im Rahmen dieses Buches nicht näher auf diese Funktionalität eingehen, sondern beschränken uns auf die anderen Controlling-Komponenten, für die Sie Berichte mit dem Report Painter anlegen können.

In den genannten Menüpfaden können Sie, wie für die Standardberichte auch, Berichtssprachen festlegen und Berichte generieren. Darüber hinaus haben Sie die Möglichkeit, Vorlagen zu importieren. Dabei handelt es sich um vordefinierte Zeilen und Spalten für Report-Painter-Berichte, die Sie in Ihren eigenen Berichten verwenden können. Bei Bedarf können Sie diese aus Mandant 000 importieren.

Bibliothek anlegen

Was ist eine Bibliothek?

Wie bereits in Abschnitt 10.1, »Überblick«, erwähnt, sind die wesentlichen Bestandteile eines Report-Painter-Berichts Kennzahlen und Merkmale. Einen Bericht erstellen Sie immer in Bezug auf eine sogenannte *Bibliothek*, die wiederum vorgibt, welche Kennzahlen und Merkmale zur Verfügung stehen. Report-Painter-Berichte im Controlling basieren auf der Reportingtabelle CCSS. Mittels einer Bibliothek schränken Sie die maximal verfügbare Anzahl an Kennzahlen und Merkmalen aus der Tabelle CCSS entsprechend Ihren Anforderungen ein. Eine Bibliothek dient somit der Steuerung, welche Informationen den jeweiligen Adressaten der Berichte angeboten werden sollen, und auch zur Berechtigungsvergabe.

Bibliothek anlegen

In den oben angegebenen Menüpfaden erstellen Sie neue Bibliotheken über BIBLIOTHEKEN DEFINIEREN bzw. BIBLIOTHEKEN PFLEGEN (jeweils Transaktion GR21). Im Beispiel erstellen wir eine neue Bibliothek für die Kostenstellenrechnung, die wir von einer bestehenden kopieren (siehe Abbildung 10.3). Dazu geben wir unter BIBLIOTHEK einen Namen an und tragen die zu kopierende Bibliothek im Bereich VORLAGE ein. Falls Sie keine bestehende Bibliothek kopieren wollen, geben Sie stattdessen unter TABELLE eine Reportingtabelle an, auf die Sie sich beziehen wollen.

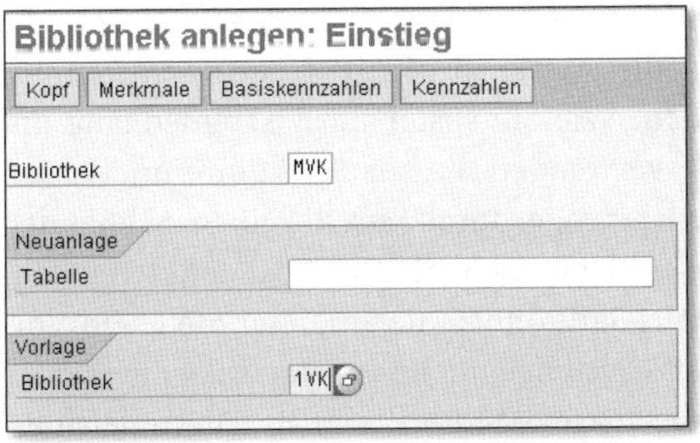

Abbildung 10.3 Bibliothek anlegen

Bibliothek-Kopfdaten pflegen

Im Kopf geben Sie nun eine BESCHREIBUNG an und optional ein KOMPONENTENKÜRZEL, das die CO-Komponente näher spezifiziert (siehe

Abbildung 10.4). Sie können hier außerdem eine Berechtigungsgruppe zuordnen, um Berechtigungen explizit für diese Bibliothek zu vergeben. Im Bereich Bericht/Bericht-Schnittstelle können Sie verschiedene Reports miteinander verknüpfen, indem Sie vorgeben, welcher Bericht welchen anderen aufrufen kann.

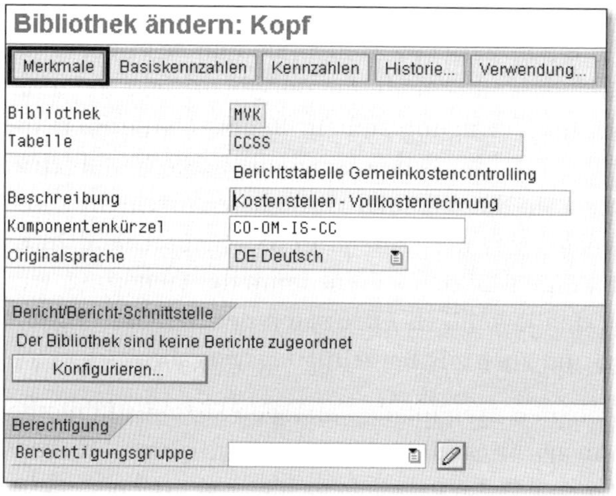

Abbildung 10.4 Bibliothek anlegen: Kopfdaten

Merkmale verwalten

Indem Sie auf den Button Merkmale klicken, gelangen Sie zur Pflege der Merkmale (siehe Abbildung 10.5). Hier legen Sie fest, welche Merkmale für Berichte zu dieser Bibliothek zur Verfügung stehen sollen. Kreuzen Sie in der linken Spalte alle benötigten Merkmale an; die Pflichtmerkmale sind bereits fest vorgegeben und können nicht abgewählt werden. Auf der rechten Seite geben Sie in der Spalte Pos die Reihenfolge vor, in der die Merkmale in den Auswahllisten für Berichte aufgelistet werden. Wie Sie später im Zusammenhang mit Berichten sehen werden, verwenden Sie zur Selektion von Werten beim Ausführen eines Berichts sogenannte *Sets*. Bei einem Set handelt es sich um eine Gruppe von Merkmalen, die Sie selbst definieren können. In der Spalte Vorschl. Set können Sie an dieser Stelle ein Vorschlagsset vorgeben, das das System dann immer vorschlägt, wenn Sie einen Bericht aufrufen, der dieses Merkmal enthält. Dies erleichtert dem Anwender die Arbeit, wenn alle Berichte dieser Bibliothek für das entsprechende Merkmal stets dasselbe Set zur Selektion verwenden sollen, da er dann nicht jedes Mal ein Set auswählen muss.

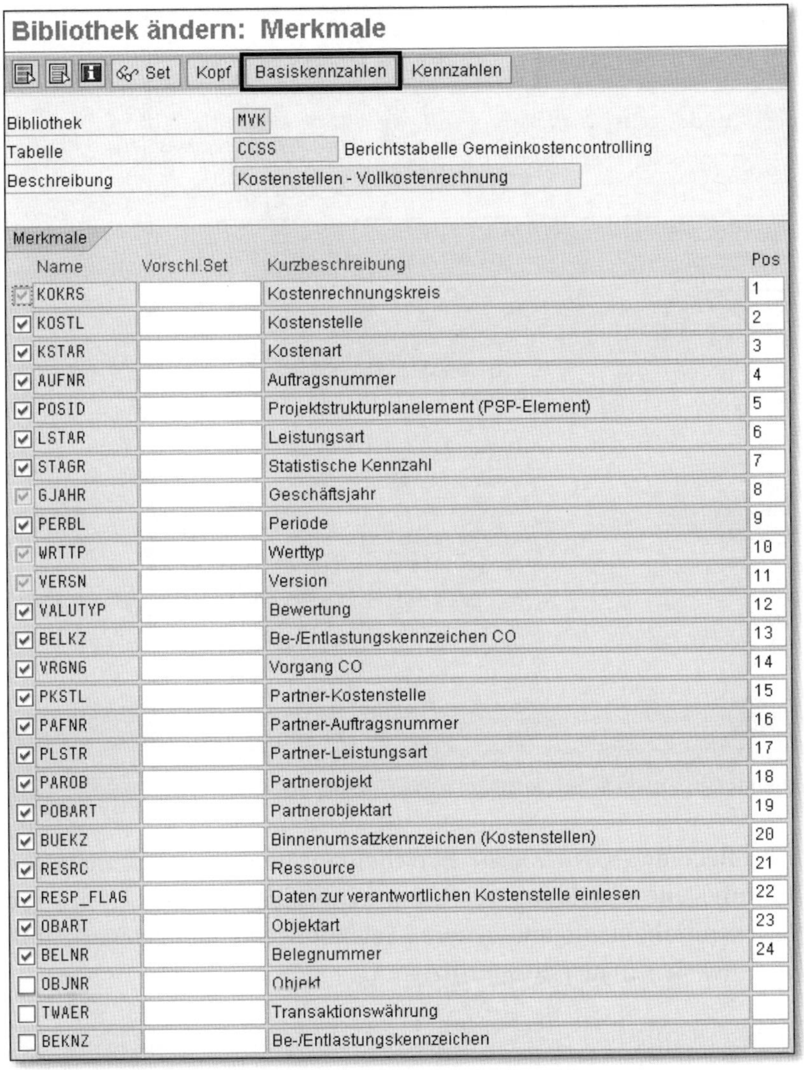

Abbildung 10.5 Bibliothek anlegen: Merkmale

Basiskennzahlen pflegen

Über den Button Basiskennzahlen gelangen Sie zur Pflege der Basiskennzahlen (siehe Abbildung 10.6). Dabei handelt es sich um die grundlegenden Wertfelder eines Berichts wie z.B. Kosten, Menge oder Preisabweichung. Diese sind von SAP fest vorgegeben und können nicht verändert werden.

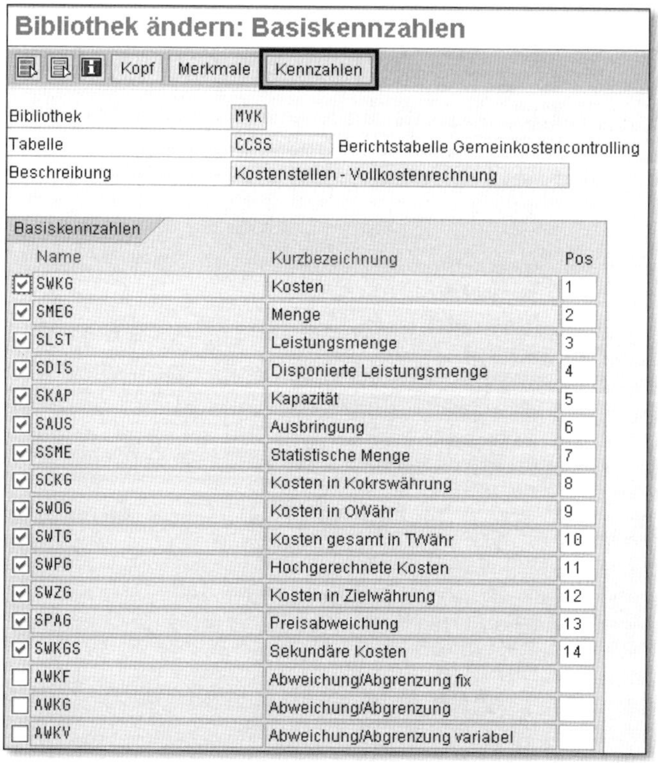

Abbildung 10.6 Bibliothek anlegen: Basiskennzahlen

Kennzahlen pflegen

Die Pflege der KENNZAHLEN erreichen Sie über den gleichnamigen Button (siehe Abbildung 10.7). Bei Kennzahlen handelt es sich um Basiskennzahlen, die mit weiteren Selektionsbedingungen verknüpft sind, um sie genauer zu spezifizieren.

[zB]

Aus Basiskennzahl wird Kennzahl

Aus der generischen Basiskennzahl KOSTEN können Sie die Kennzahl VARIABLE ISTKOSTEN erstellen, indem Sie die Basiskennzahl um den Werttyp 4 (Ist) und das Fix-Variabel-Kennzeichen für variable Kosten erweitern.

Die in den Reportingtabellen vorgegebenen Kennzahlen können Sie nicht ändern, Sie haben aber die Möglichkeit, neue zu erstellen. In aller Regel sollten Sie jedoch mit den vorhandenen Basiskennzahlen und Kennzahlen auskommen, sodass wir das Anlegen neuer Kennzahlen an dieser Stelle nicht erläutern.

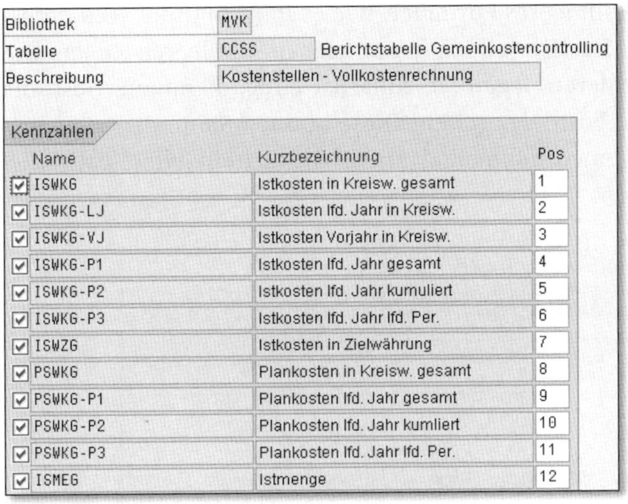

Abbildung 10.7 Bibliothek anlegen: Kennzahlen

Sie haben nun gelernt, wie Sie eine Bibliothek anlegen können. Wir zeigen Ihnen als Nächstes das Anlegen eines Report-Painter-Berichts.

Bericht anlegen

Im folgenden Beispiel führen wir vor, wie Sie einen Kostenstellenbericht erstellen können, der für jede Kostenstelle die Plan- und Istkosten darstellt und die Differenz zwischen beiden Größen bildet. Außerdem können Sie die Kostenstellen aufreißen.

Bericht erstellen

Um einen eigenen Bericht zu erstellen, wechseln Sie zum Menüpunkt BERICHTE ERSTELLEN in dem weiter vorne in diesem Abschnitt angegebenen Menüpfad. Geben Sie dann eine BIBLIOTHEK an (dies kann eine Standardbibliothek oder auch eine eigendefinierte sein). Versehen Sie den Report außerdem mit einem Namen und einer Bezeichnung (siehe Abbildung 10.8).

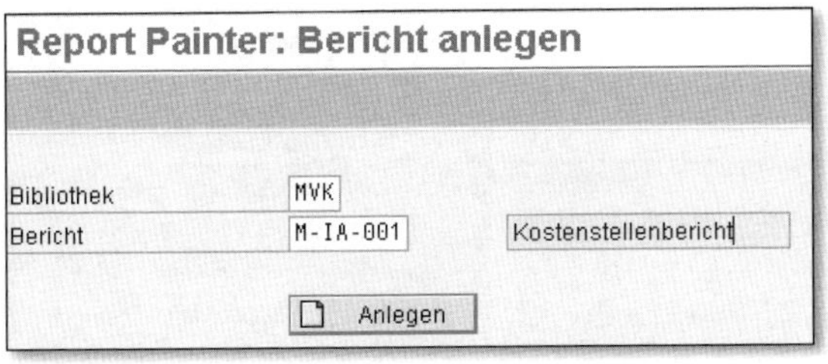

Abbildung 10.8 Bericht anlegen – Kopfdaten

Sie sehen dann ein leeres Formular, wie es in Abbildung 10.9 dargestellt ist. Bevor Sie sich jedoch daranmachen, die leeren Zeilen und Spalten zu definieren, legen Sie zunächst einige Parameter fest, die für das gesamte Formular gelten. Diese können Sie in den allgemeinen Einstellungen vornehmen, damit Sie sie nicht in jeder Spalte wiederholen müssen.

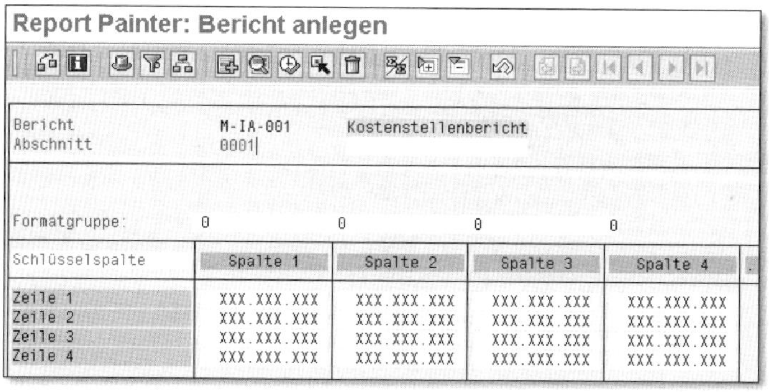

Abbildung 10.9 Bericht anlegen – Übersicht Formular

Allgemeine Selektionen pflegen

Um die ALLGEMEINEN SELEKTIONEN festzulegen, wechseln Sie im Menü zum Punkt BEARBEITEN • ALLG. SELEKTIONEN. Sie können dann aus den verfügbaren Merkmalen in der rechten Spalte diejenigen auswählen, die Sie für den gesamten Bericht mit demselben Wert belegen wollen (siehe Abbildung 10.10).

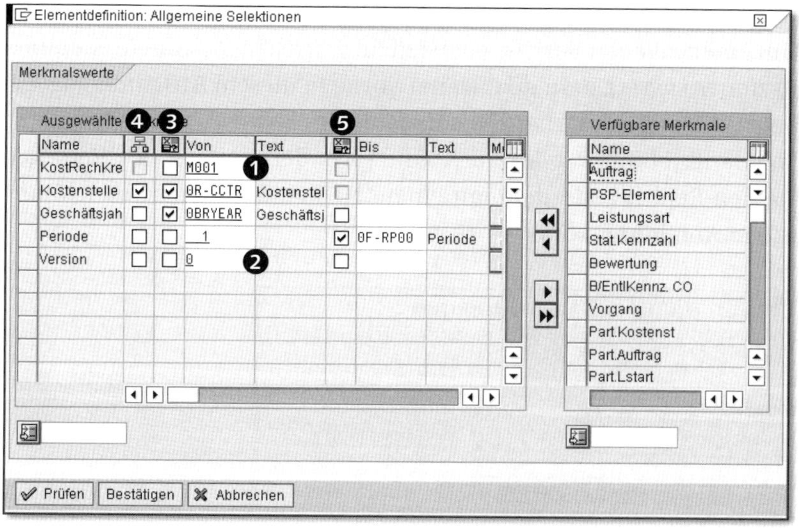

Abbildung 10.10 Allgemeine Selektionen

In unserem Beispiel haben wir den Kostenrechnungskreis ❶ und die Version ❷ mit den festen Werten M001 bzw. 0 vorbelegt. Diese Parameter können beim Ausführen des Berichts vom Benutzer nicht mehr verändert werden. Die Kostenstelle(n), über die berichtet werden soll, wollen wir hingegen vom Benutzer beim Ausführen eingeben lassen. Dazu aktivieren wir den Parameter VARIABLE AN/AUS ❸ und geben eine bereits existierende *Variable* an, die es dem Benutzer erlaubt, bei der Ausführung des Reports eine oder mehrere Kostenstellen anzugeben. Darüber hinaus schalten wir außerdem noch den Parameter EINGABE VON SETS ❹ ein, sodass anstelle einzelner Kostenstellen auch Kostenstellengruppen angegeben werden können; diese Einstellung ist auch eine Voraussetzung dafür, dass die Kostenstellen im Bericht hierarchisch dargestellt werden können (siehe weiter hinten in diesem Abschnitt).

Für das Geschäftsjahr arbeiten wir analog zur Kostenstelle mit einer Variablen. Bei der Periode hingegen soll der Bericht stets die kumulierten Jahreswerte darstellen. Deshalb belegen wir den VON-Wert für die Periode mit dem Wert 1 vor und erlauben es dem Anwender, anhand einer weiteren Variablen den BIS-Wert anzugeben ❺.

Zeile definieren

Nach der Vorgabe der ALLGEMEINEN SELEKTIONEN definieren wir als Nächstes eine Zeile. Wie bereits eingangs erläutert, soll der Bericht alle Kostenarten einer vorgegebenen Kostenartengruppe hierarchisch darstellen. Wir definieren daher nur eine Zeile, in der wir als einziges Merkmal die Kostenart auswählen. Wie zuvor gezeigt, erlauben wir es auch hier dem Anwender, die gewünschten Kostenarten beim Ausführen des Reports auszuwählen und dabei auch eine Gruppe anzugeben (siehe Abbildung 10.11).

Über den Button TEXTPFLEGE in Abbildung 10.11 gelangen Sie zur Textpflege, in der Sie eine Beschreibung für die Zeile hinterlegen können (siehe Abbildung 10.12). Für jeden Text müssen Sie mindestens einen mittellangen Text angeben; zusätzlich können Sie auch noch einen kurzen und einen langen eintragen. Welcher Text jeweils angezeigt wird, steuern Sie über die Formatierungsoptionen im Bericht. Haben Sie einen Kurztext eingegeben, können Sie diesen über den Button KURZTEXT KOPIEREN in die beiden anderen Zeilen übernehmen.

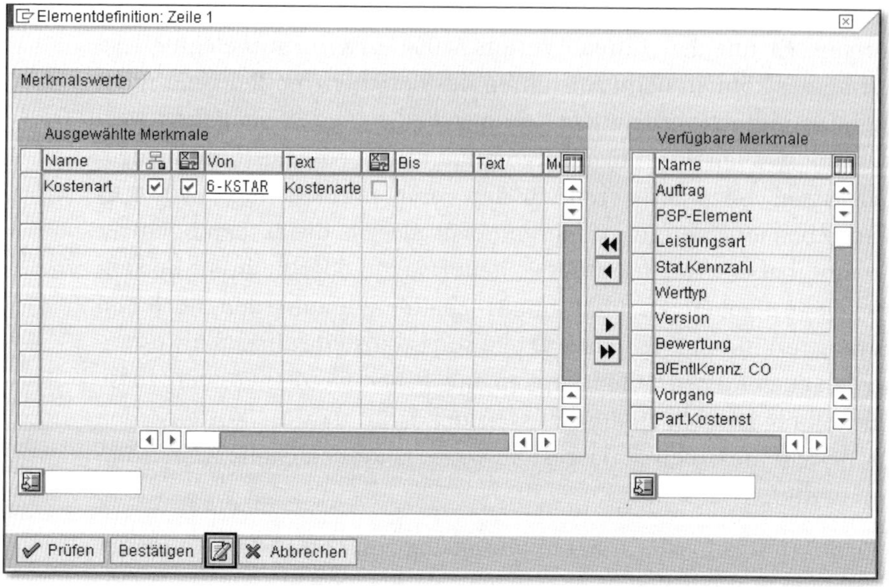

Abbildung 10.11 Zeilendefinition

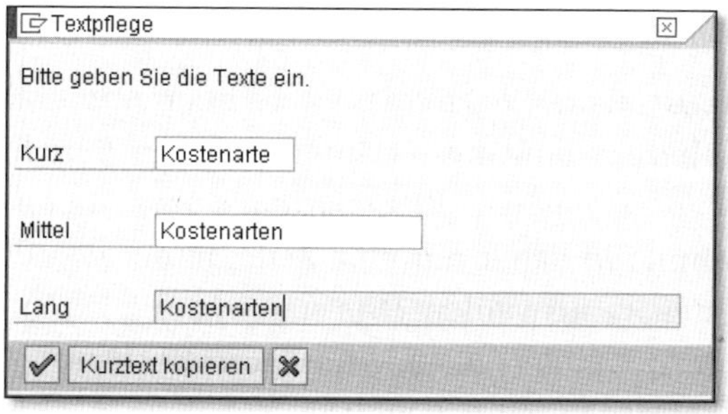

Abbildung 10.12 Text pflegen

Zeile expandieren

Um die Kostenarten, die wir in der Zeile ausgewählt haben, hierarchisch darzustellen, expandieren wir die Zeile. Dazu wählen wir zunächst die Zeile aus und klicken dann auf den Button EXPANDIEREN (siehe Markierung in Abbildung 10.13). Sie können dann in einem Popup auswählen, ob das entsprechende Merkmal als Einzelwert dargestellt (alle Werte werden dann ohne Struktur aufgelistet) oder aufgelöst (also hierarchisch dargestellt) werden soll.

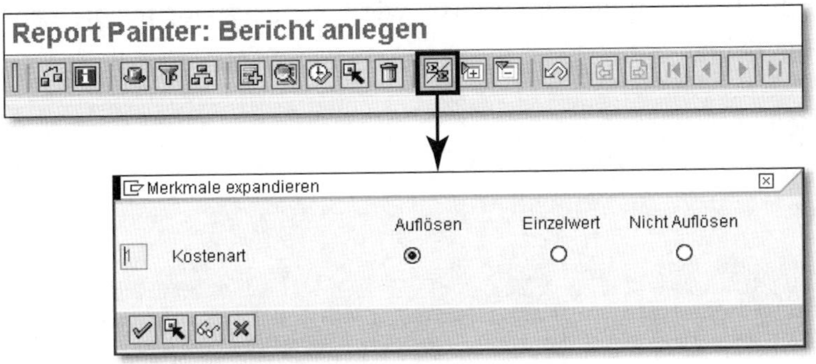

Abbildung 10.13 Zeile expandieren

Spalte anlegen

Im nächsten Schritt definieren wir eine Spalte, in der wir die Istwerte darstellen wollen. Dazu führen wir einen Doppelklick auf den Kopf einer leeren Spalte aus. Es erscheint ein Popup (siehe Abbildung 10.14), das Ihnen die Entscheidungsmöglichkeit gibt, entweder eine Basiskennzahl zu verwenden, die Sie selbst mit Merkmalen näher spezifizieren können (Option KENNZAHL MIT MERKMALEN). Alternativ können Sie eine Kennzahl aus der zugrunde liegenden Bibliothek auswählen (VORDEFINIERTE KENNZAHL). Im Beispiel haben wir uns für eine Basiskennzahl entschieden.

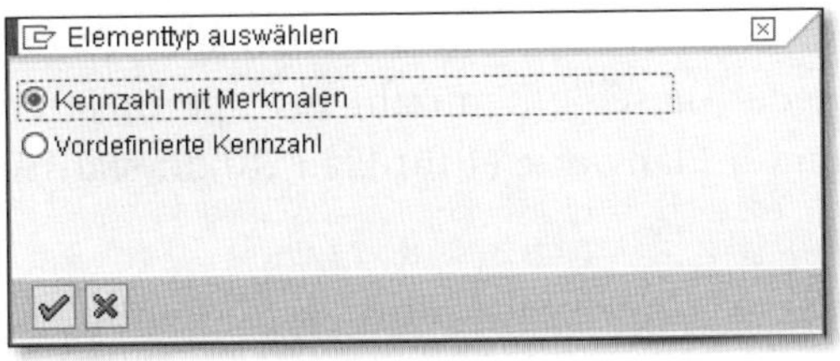

Abbildung 10.14 Spalte anlegen

In der Spaltendefinition wählen wir zunächst die gewünschte Basiskennzahl aus ❶. Diese spezifizieren wir nun genauer, indem wir das Merkmal WERTTYP auswählen ❷. Der Werttyp dient dazu, festzulegen, ob Istwerte, Planwerte, statistische Werte etc. dargestellt werden sollen. Für diese Spalte wollen wir Istwerte darstellen und wählen dafür den Werttyp 4 aus. Außerdem fügen wir noch statistische Istwerte hinzu (Werttyp 11). Um mehrere Einzelwerte auszuwählen, die nicht in einem Bereich liegen, können Sie über den Button MEHR weitere Zeilen für das Merkmal hinzufügen ❸. Wir pflegen dann noch die Texte auf dieselbe Weise, wie wir dies zuvor für die Zeile erledigt haben.

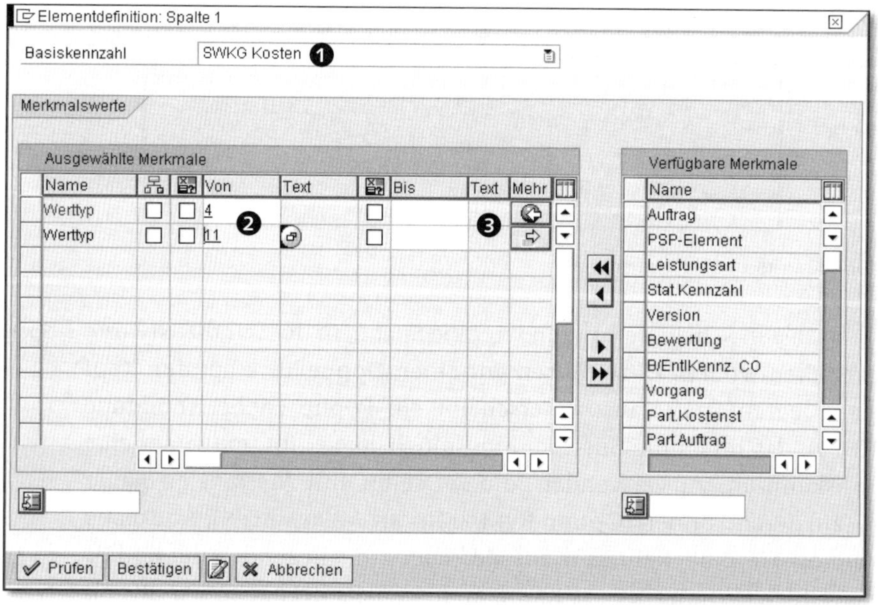

Abbildung 10.15 Spaltendefinition

Danach erstellen wir auf dieselbe Weise eine weitere Spalte für die Planwerte. Wir wählen wieder dieselbe Kennzahl aus, spezifizieren diesmal aber die Werttypen für Planwerte (1 für Plan, 10 für statistischen Plan).

Formel anlegen

Als letzte Spalte fügen wir eine Formelspalte hinzu. Dazu führen wir wiederum einen Doppelklick auf einen leeren Spaltenkopf aus; da wir mittlerweile schon mindestens eine Wertspalte definiert haben, haben wir nun neben Kennzahlen und Basiskennzahlen als weitere Option eine Formelspalte zur Auswahl. Für die Formelspalte können wir eine Rechenformel angeben (siehe Abbildung 10.16). Im Bereich FORMELBESTANDTEILE ❶ können Sie hier alle bereits bestehenden Spalten auswählen und in der Formel verwenden. Die Spalten verknüpfen Sie im Block FORMELZEILE ❷ mit mathematischen Operatoren. Im Beispiel haben wir die Spalte für die Planwerte von den Istwerten subtrahiert.

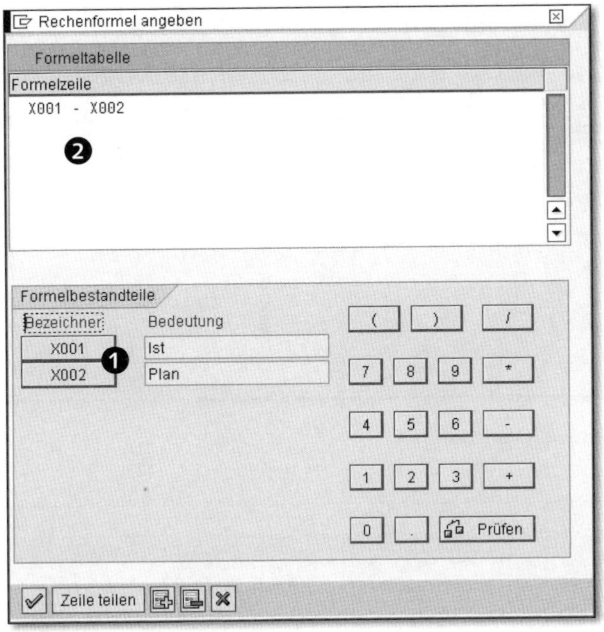

Abbildung 10.16 Formel definieren

Variation definieren

Würden wir den Bericht jetzt ausführen, würde er in der definierten Spalte die Kostenarten aufreißen, die zu den selektierten Kostenstellen im Plan und Ist erfasst wurden. Der Anwender hätte jedoch nicht die Möglichkeit, die einzelnen Kostenstellen für sich zu betrachten, sondern es würde nur die Gesamtsumme über alle Kostenstellen gezeigt. Das liegt daran, dass wir das Merkmal KOSTENSTELLE in den ALLGEMEINEN SELEKTIONEN ausgewählt haben. Um Merkmale in den ALLGEMEINEN SELEKTIONEN im Aufriss zu zeigen, benötigen wir eine sogenannte *Variation*. Mittels einer Variation entscheiden wir für jedes Merkmal aus den ALLGEMEINEN SELEKTIONEN, ob es als Einzelwert oder aufgelöst, also hierarchisch heruntergebrochen, dargestellt werden soll (siehe Abbildung 10.17). Dazu klicken Sie auf den Button ALLGEMEINE VARIATION (siehe Markierung); im Beispiel haben wir das Merkmal KOSTENSTELLE aufgelöst.

Ausgeführter Bericht

In Abbildung 10.18 sehen Sie den Bericht bei der Ausführung. In der Schlüsselspalte können Sie die einzelnen Kostenarten erkennen, in den Spalten sind die Ist- und Planwerte dargestellt sowie die Differenz aus beiden. Auf der linken Seite können Sie in der Variation der Kostenstellen jeweils die Kostenstelle oder -gruppe auswählen, deren Kosten Sie analysieren wollen.

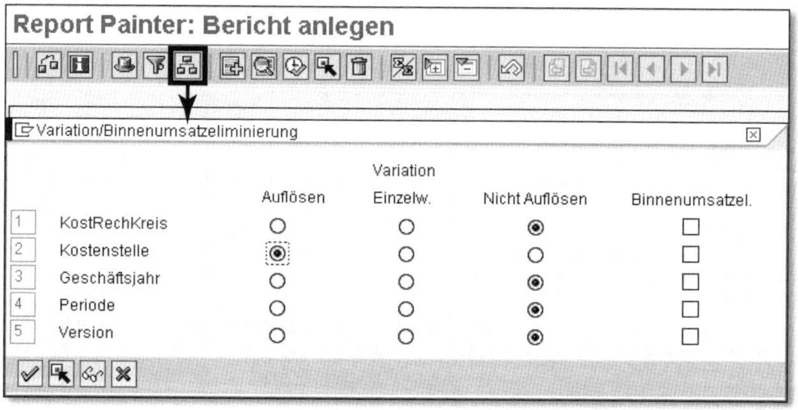

Abbildung 10.17 Allgemeine Variation

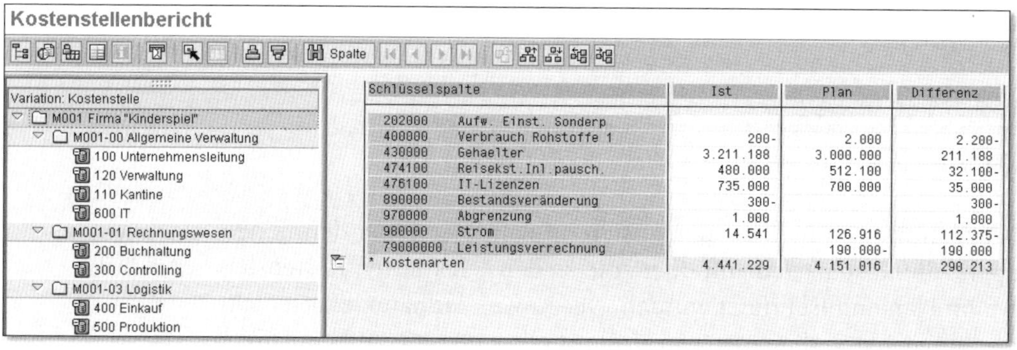

Abbildung 10.18 Bericht ausführen

Sie haben nun gelernt, wie Sie einen Report-Painter-Bericht inklusive Bibliothek erstellen. Wir zeigen Ihnen nun, wie Sie vorgehen, um einen Recherchebericht zu definieren.

10.3 Recherche

Verwendung der Recherche

Rechercheberichte stehen Ihnen in folgenden CO-Teilkomponenten zur Verfügung:

- Produktkosten-Controlling
- Ergebnisrechnung
- Profit-Center-Rechnung

Sie definieren Rechercheberichte über folgende Menüpfade:

- **Produktkosten-Controlling:** CONTROLLING • PRODUKTKOSTEN-CONTROLLING • INFORMATIONSSYSTEM • EIGENE BERICHTE • EIGENE BERICHTE FÜR PRODUKTRECHERCHE
- **Ergebnisrechnung:** CONTROLLING • ERGEBNIS- UND MARKTSEGMENTRECHNUNG • INFOSYSTEM
- **Profit-Center-Rechnung:** CONTROLLING • PROFIT-CENTER-RECHNUNG • INFORMATIONSSYSTEM • RECHERCHE

Arten von Rechercheformularen

Rechercheberichte bestehen, anders als Report-Painter-Berichte, aus zwei getrennten Teilen: einem Formular und dem Report selbst. Formulare können in mehreren Berichten verwendet werden.

Ein Formular besteht – wie ein Report-Painter-Bericht – aus Zeilen und Spalten. Sie können auch hier die Kennzahlen entweder in den Zeilen oder den Spalten darstellen; Merkmale können Sie sowohl in den Zeilen als auch den Spalten auswählen. Somit stehen Ihnen die folgenden Möglichkeiten zur Verfügung, Formulare zu definieren:

- **Zweidimensional**
  Sie legen die Zeilen und Spalten fest und geben somit für den Bericht eine feste Struktur vor.
- **Eindimensional mit Kennzahl**
  Sie bestimmen die Kennzahlen im Formular (eventuell erweitert um Merkmale) und lassen den Anwender die restlichen Merkmale beim Aufrufen des Reports angeben.
- **Eindimensional ohne Kennzahl**
  Im Formular definieren Sie entweder die Zeilen oder die Spalten mit Merkmalen und geben die Kennzahlen erst beim Aufrufen des Reports an.

Welche Merkmale beim Aufrufen des Reports verwendet werden dürfen, legen Sie in der Berichtsdefinition fest. Sie geben dem Anwender damit die Möglichkeit, die Kennzahlen in Bezug zu einem oder mehreren Merkmalen darzustellen.

Wir zeigen Ihnen nun exemplarisch, wie Sie einen Recherchebericht in der Ergebnisrechnung anlegen, um den Deckungsbeitrag 1 je Profit-Center oder Kunde darzustellen. Dazu sollen die Merkmale im Zeilenaufriss aufgelistet werden, während die Spalten den Umsatz, die Kosten des Umsatzes sowie die Differenz aus beiden zeigen.

Formular anlegen

Um ein Formular für einen Bericht in CO-PA anzulegen, wechseln Sie im Customizing zum Punkt CONTROLLING • ERGEBNIS- UND MARKTSEGMENTRECHNUNG • INFOSYSTEM • BERICHTSBESTANDTEILE • FORMULARE DEFINIEREN • FORMULARE FÜR ERGEBNISBERICHTE DEFINIEREN (Transaktion KE34). Wir geben hier einen Namen und eine Bezeichnung für das Formular an und wählen die Struktur des Formulars aus (siehe Abbildung 10.19).

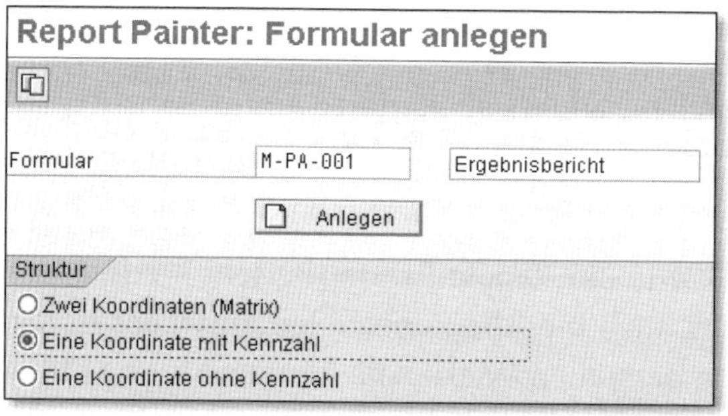

Abbildung 10.19 Formular für Rechercheberricht anlegen

Zu Spaltendarstellung wechseln

Indem wir auf den Button ANLEGEN klicken, erhalten wir ein leeres Formular, das wir bearbeiten können. Als Voreinstellung bietet Ihnen SAP ERP das Formular in einer Zeilendarstellung, in der Sie lediglich die Zeilen definieren können. Wir wollen aber in unserem Anwendungsfall die Merkmale in den Spalten vorgeben und die Kennzahlen in den Spalten herunterbrechen. Dazu wählen wir im Menü zunächst SPRINGEN • SPALTENDARSTELLUNG, um die Sicht zu wechseln (siehe Abbildung 10.20).

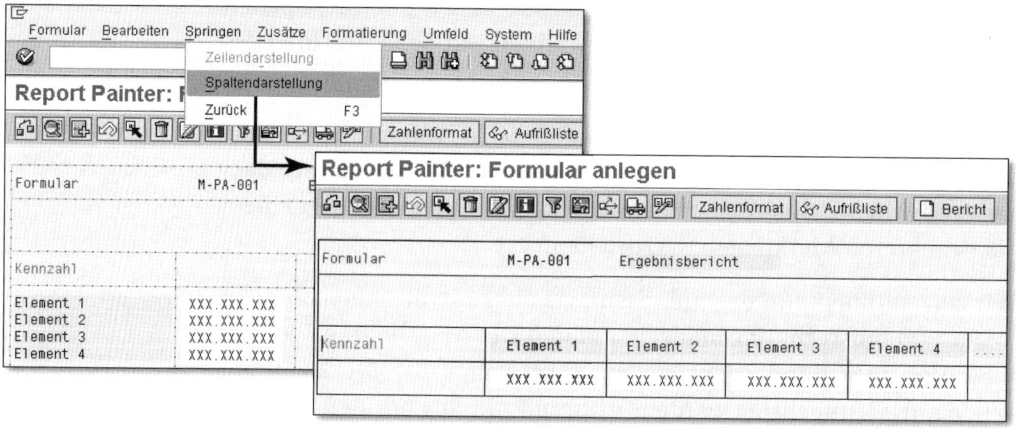

Abbildung 10.20 Wechsel von Zeilen- in Spaltendarstellung

Allgemeine Selektionen definieren

Wie im Report-Painter-Bericht definieren wir auch hier zunächst die ALLGEMEINEN SELEKTIONEN, die für den gesamten Bericht gelten sollen. Dazu rufen wir im Menü die Option BEARBEITEN • ALLG. SELEKTIONEN • ALLG. SELEKTIONEN auf. Die Einstellungen, die wir hier vornehmen, sind dieselben wie beim Report Painter (siehe Abbildung 10.21) – wir übernehmen diejenigen Merkmale, die wir für die Selektion einschränken wollen. Der Unterschied zum Report Painter ist, dass Sie lokale Variablen verwenden können, die Sie nicht erst zuvor definiert haben müssen. Im Beispiel haben wir u.a. für das Merkmal BUCHUNGSKREIS Variablen aktiviert ❶. Es erscheint dann jeweils ein Popup, in dem Sie je Merkmal eine lokale Variable definieren können ❷. Wir geben hier eine Bezeichnung für die Variable an.

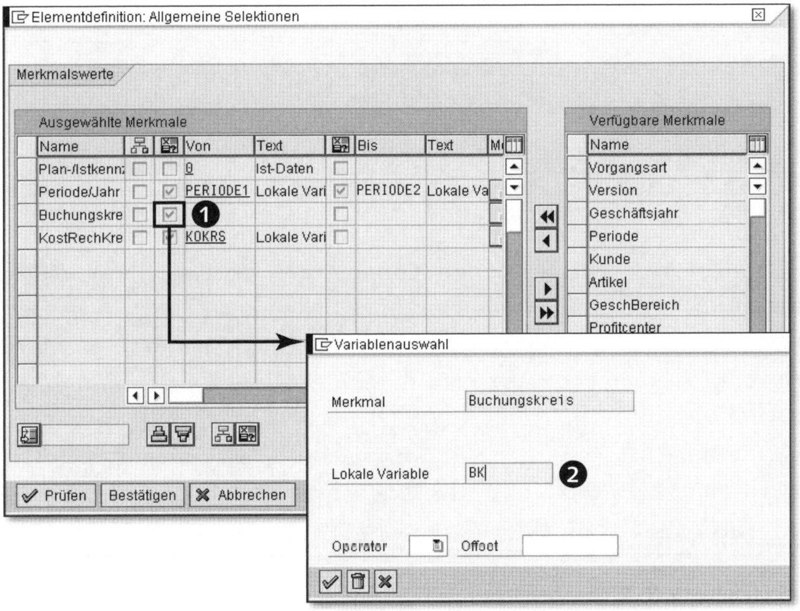

Abbildung 10.21 Allgemeine Selektionen

Mit den Parametern OPERATOR und OFFSET können Sie für numerische Werte wie z.B. das Geschäftsjahr Werte inkrementieren.

[zB]

Verwendung von Operator und Offset

Für das Merkmal GESCHÄFTSJAHR haben Sie die lokale Variable GJ angelegt, die der Anwender jeweils beim Aufrufen des Reports mit einem Wert versieht. Geben Sie nun als Operator den Wert + an und für den Offset 1, addiert das System zum Variablenwert den Betrag 1 hinzu; hat der Anwender das Geschäftsjahr 2011 angegeben, wird daraus der Wert 2012.

Spalte definieren

Nachdem wir die ALLGEMEINEN SELEKTIONEN festgelegt haben, definieren wir die Spalten. Für die erste Spalte doppelklicken wir wieder auf den Kopf einer leeren Spalte und gelangen in die Definition der Spalte (siehe Abbildung 10.22). Wie wir beim Report Painter an dieser Stelle die Kennzahl oder Basiskennzahl auswählen, legen wir beim Recherchebericht nun das WERTFELD an, das wir auswerten wollen – in diesem Fall das Wertfeld für Erlöse. Anstelle eines Wertfeldes können wir hier auch Rechenschemata verwenden, sofern wir zuvor welche definiert haben (siehe weiter oben). Da wir später das Merkmal PROFIT-CENTER in den Zeilen darstellen wollen, benötigen wir an dieser Stelle keine weitere Merkmalseinschränkung.

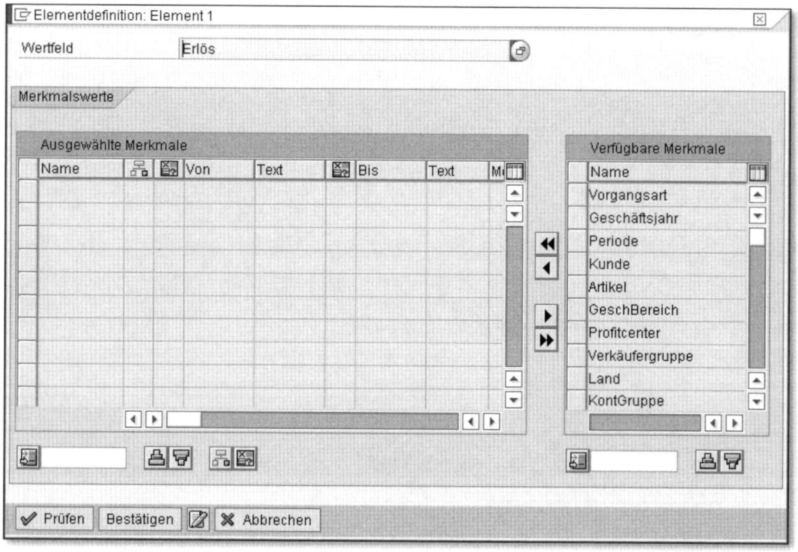

Abbildung 10.22 Spaltendefinition

Analog zur soeben vorgestellten Vorgehensweise haben wir eine weitere Spalte für die Kosten des Umsatzes erstellt und eine Formelspalte, um die Kosten des Umsatzes von den Erlösen zu subtrahieren. Die Definition der Formel funktioniert genauso wie beim Report Painter, den wir in Abschnitt 10.2.2, »Eigene Berichte«, beschrieben haben. Das Formular sieht nach diesen Schritten so aus, wie in Abbildung 10.23 dargestellt.

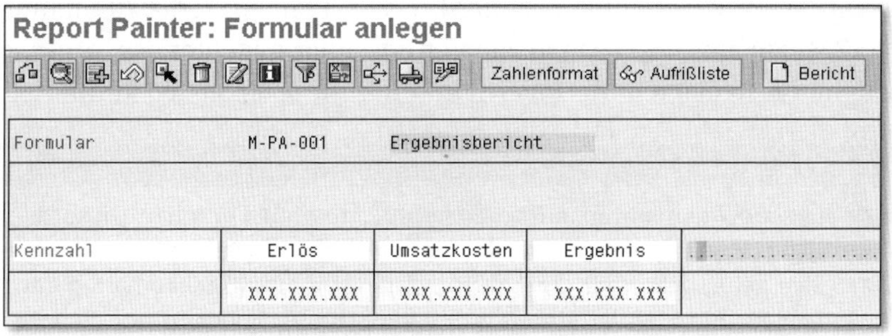

Abbildung 10.23 Fertiges Formular

Über die Customizing-Transaktion Controlling • Ergebnis- und Marktsegmentrechnung • Infosystem • Berichtsbestandteile • Formulare definieren • Formulare für einzelpostenbasierte Berichte definieren (Transaktion KE94) erstellen Sie Formulare für Berichte, um Einzelposten auszuwerten. Die Vorgehensweise ist dabei dieselbe wie für Rechercheberichte.

Recherchebericht anlegen

Einen Bericht erstellen Sie über Controlling • Ergebnis- und Marktsegmentrechnung • Infosystem • Ergebnisbericht anlegen (Transaktion KE31). Wie bereits erwähnt, haben Sie dabei die Möglichkeit, einen Ad-hoc-Bericht oder einen formularbasierten Bericht zu erstellen. Im Beispiel legen wir einen Bericht mit Bezug auf unser soeben fertiggestelltes Formular an (siehe Abbildung 10.24). Wir tragen einen Namen und eine Bezeichnung ein, wählen die Option Bericht mit Formular und geben das Formular an.

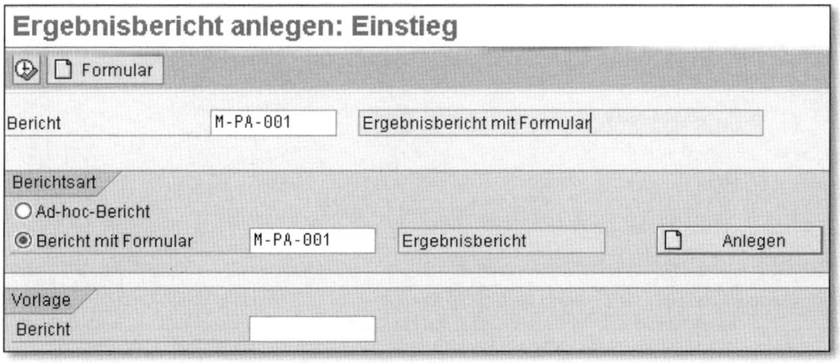

Abbildung 10.24 Ergebnisbericht anlegen

Merkmale auswählen

Im Bereich Merkmale wählen wir nun aus, welche Merkmale für den Bericht verfügbar sein sollen, d.h., wonach Sie die im Formular festgelegten Kennzahlen herunterbrechen können (siehe Abbildung 10.25). Für unser eindimensionales Formular bedeutet das, dass Sie die hier festgelegten Merkmale als Zeilen auflisten lassen können.

[»]

Ad-hoc-Berichte

Ad-hoc-Berichte nennt man Rechercheberichte ohne Formular. Diese lassen sich schneller anlegen und sind in der Handhabung flexibler. Sie eignen sich daher besser für die Analyse von bestimmten Sachverhalten und weniger für die Standardisierung des Reportings. Einen Ad-hoc-Bericht legen Sie auf dieselbe Weise an wie einen Bericht mit Formular; es erscheint dann noch eine weitere Registerkarte, auf der Sie die Kennzahlen für den Bericht festlegen können.

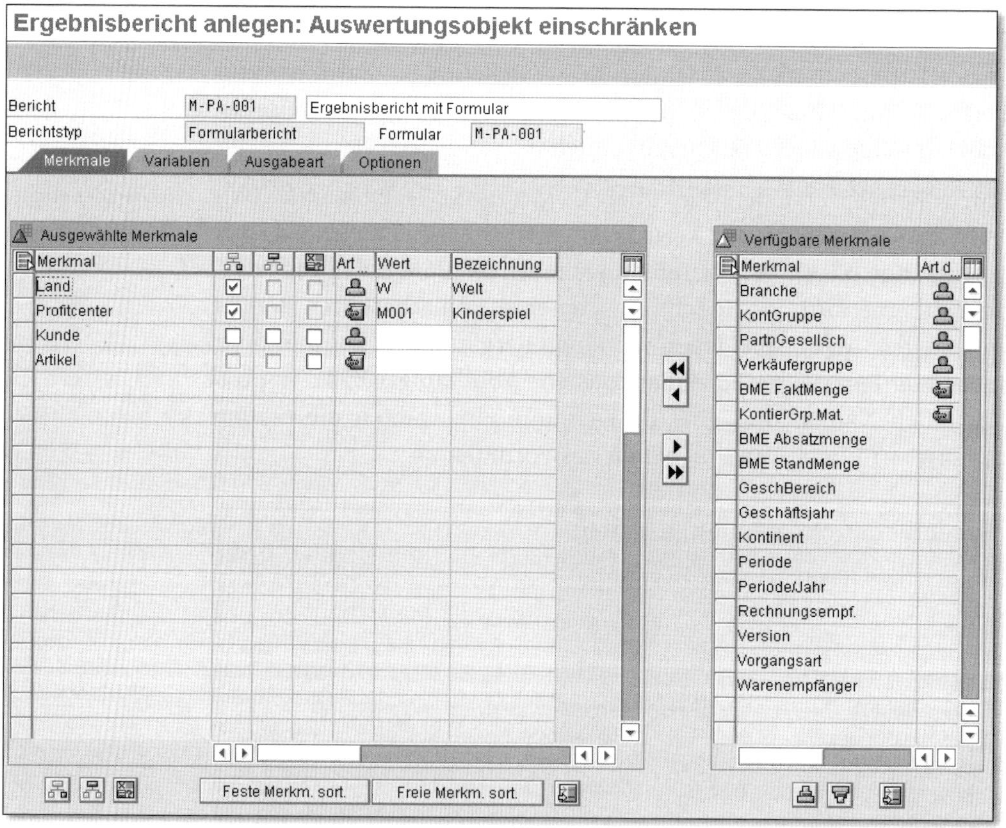

Abbildung 10.25 Merkmale

Variablen vorbelegen

Auf der Registerkarte Variablen haben wir die Möglichkeit, die Variablen, die wir im Formular festgelegt haben, mit Werten vorzubelegen (siehe Abbildung 10.26). Der Parameter Eingabe b. Ausführ.

bedeutet, dass der Anwender den Wert der entsprechenden Variablen beim Ausführen des Reports ändern darf.

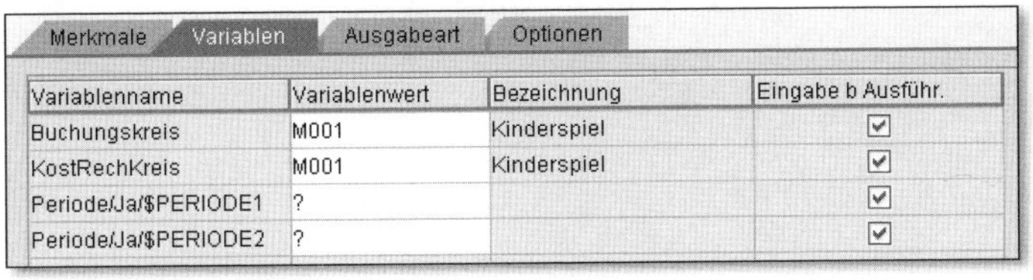

Variablenname	Variablenwert	Bezeichnung	Eingabe b Ausführ.
Buchungskreis	M001	Kinderspiel	☑
KostRechKreis	M001	Kinderspiel	☑
Periode/Ja/$PERIODE1	?		☑
Periode/Ja/$PERIODE2	?		☑

Abbildung 10.26 Variablen

Ausgabeart einstellen

Im nächsten Schritt bestimmen wir die AUSGABEART. Hier stehen uns eine grafische Berichtsausgabe, die klassische Recherche, eine Objektliste in ALV oder eine Ausgabe in XXL (*Extended Excel*) zur Verfügung (siehe Abbildung 10.27). Die grafische Berichtsausgabe wurde mit dem SAP R/3-Release 4.6 eingeführt und basiert auf einem HTML-Template, das Sie bei Bedarf verändern können. Die klassische Recherche ist die Vorgängerversion der grafischen Ausgabe, die bis zum Release 4.5 Standard war.

Wir wählen für unser Beispiel die grafische Ausgabe, da sie am komfortabelsten zu handhaben ist. Nun müssen wir als Nächstes die Ausgabebereiche definieren. Es stehen die Bereiche INFO, NAVIGATION, AUFRISS, DETAIL und GRAFIK zur Auswahl. Sie können unterschiedliche Kombinationen dieser fünf Elemente auswählen.

- Die Auswahl INFO bedeutet, dass ein Berichtskopf angezeigt wird. Dieser enthält u.a. den Namen des Reports, die vorgegebenen Merkmale und den Selektionszeitpunkt.
- Den Bereich NAVIGATION müssen Sie stets auswählen; über diesen Bereich wählen Sie die Merkmale aus, anhand derer Sie die Kennzahlen darstellen wollen.
- Wenn Sie AUFRISS auswählen, haben Sie dadurch die Möglichkeit, die ausgewählten Merkmale herunterzubrechen.
- DETAIL benötigen Sie hauptsächlich für zweidimensionale Formulare. Sie können damit ein Merkmal auswählen und sich im DETAIL-Bereich die Zeilen und Spalten zu diesem Merkmal anzeigen lassen.
- GRAFIK schließlich bedeutet, dass Sie eine grafische Darstellung der Ergebnisse angezeigt bekommen.

Im Beispiel haben wir uns für NAVIGATION und AUFRISS entschieden.

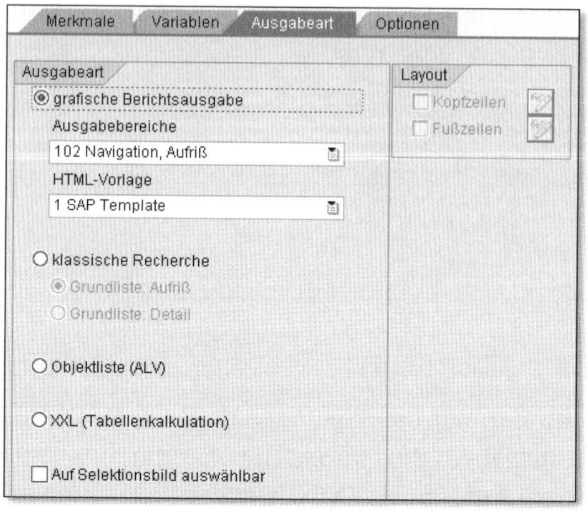

Abbildung 10.27 Ausgabeart

Optionen festlegen

Auf der Registerkarte OPTIONEN schließlich legen Sie die Einstellungen zum Druck fest (siehe Abbildung 10.28). Darüber hinaus können Sie hier über den Button BERICHTS-ZUORDNUNG festlegen, welche weiteren Berichte Sie direkt aus diesem Report heraus aufrufen können. Im Bereich PERFORMANCE finden Sie Einstellungen, die nur für die Ergebnisrechnung relevant sind; Sie legen hier fest, ob der Bericht Verdichtungsebenen lesen soll oder nicht und wie das System reagieren soll, wenn keine Verdichtungsebene vorliegt. Weitere Informationen zu Verdichtungsebenen finden Sie in Abschnitt 8.7.1.

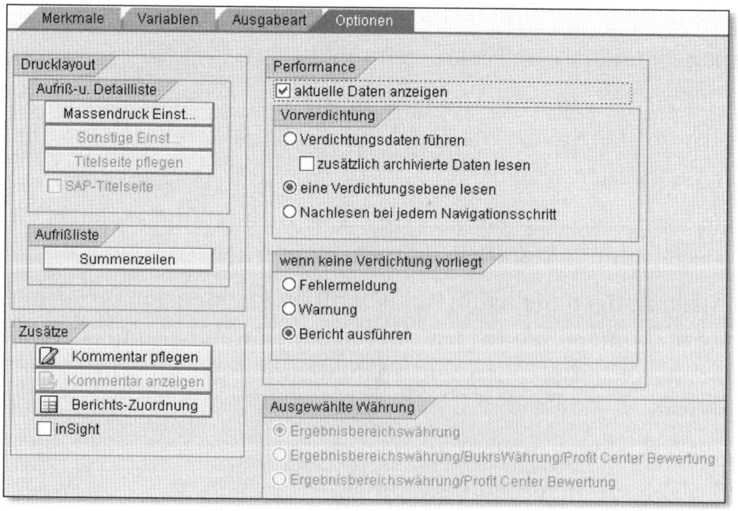

Abbildung 10.28 Optionen

Der Report ist damit fertig. In Abbildung 10.29 sehen Sie das Resultat, wenn der Bericht ausgeführt wird.

Ausgeführter Bericht

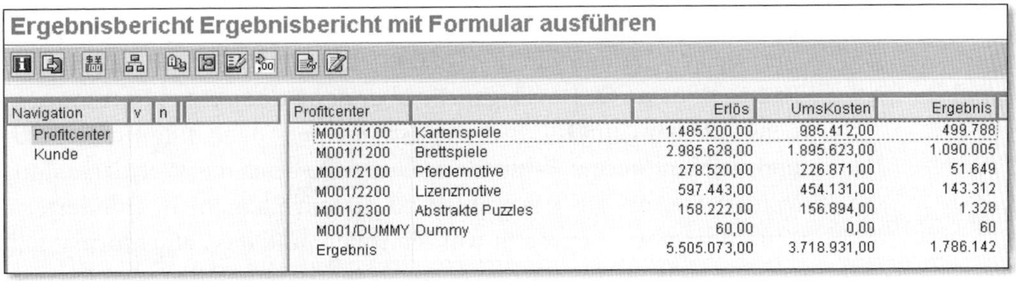

Profitcenter		Erlös	UmsKosten	Ergebnis
M001/1100	Kartenspiele	1.485.200,00	985.412,00	499.788
M001/1200	Brettspiele	2.985.628,00	1.895.623,00	1.090.005
M001/2100	Pferdemotive	278.520,00	226.871,00	51.649
M001/2200	Lizenzmotive	597.443,00	454.131,00	143.312
M001/2300	Abstrakte Puzzles	158.222,00	156.894,00	1.328
M001/DUMMY	Dummy	60,00	0,00	60
Ergebnis		5.505.073,00	3.718.931,00	1.786.142

Abbildung 10.29 Ausgeführter Bericht

Sie haben damit die Grundprinzipien kennengelernt. Wir gehen nun noch auf einige Besonderheiten der drei Controlling-Komponenten ein, die diese Art von Berichten verwenden.

10.3.1 Weitere Funktionalitäten der Recherche im Produktkosten-Controlling

Im Produktkosten-Controlling können Sie über CONTROLLING • PRODUKTKOSTEN-CONTROLLING • INFORMATIONSSYSTEM • EIGENE BERICHTE • KENNZAHLEN DEFINIEREN (Transaktion KCK0) sogenannte *Kennzahlen* anlegen. Dabei stellt Ihnen das System einen Formeleditor zur Verfügung, um mit Bezug auf andere Kennzahlen mithilfe von mathematischen Formeln und gegebenenfalls User Exits Zahlen zu ermitteln, die sich mit herkömmlichen Mitteln im Bericht nicht abbilden lassen. Da ein solches Szenario vor allem dann unwahrscheinlich ist, wenn Sie gerade im Begriff sind, das Controlling zu implementieren, und die Funktionalität verhältnismäßig kompliziert ist, verzichten wir an dieser Stelle darauf, die Definition von Kennzahlen im Detail vorzustellen.

10.3.2 Weitere Funktionalitäten der Recherche in der Ergebnisrechnung

Rechenschemata definieren

In CO-PA können Sie sogenannte *Rechenschemata* definieren, in denen Sie häufig verwendete Rechenoperationen zu verschiedenen Wertfeldern hinterlegen können. Diese können Sie dann in Berichten auf dieselbe Weise verwenden wie Wertfelder. Ein Rechenschema kann mehrere verschiedene Elemente enthalten und verhält sich damit wie eine Formelsammlung. Sie erstellen ein Rechenschema im

Customizing über CONTROLLING • ERGEBNIS- UND MARKTSEGMENTRECHNUNG • INFOSYSTEM • BERICHTSBESTANDTEILE • RECHENSCHEMATA DEFINIEREN (Transaktion KER1). Wie in Abbildung 10.30 dargestellt, geben Sie zunächst einen Namen und einen mittellangen Text an ❶. Verzweigen Sie dann in der Dialogstruktur zum Punkt ELEMENTE IM RECHENSCHEMA ❷. Dort legen Sie über den Button NEUE EINTRÄGE ein neues Element an ❸. Geben Sie dem Element dann eine Nummer ❹, und wählen Sie die Zahlendarstellung ❺. Über die Wertdarstellung steuern Sie, ob die Kennzahlen zu diesem Element in Hundertern, Tausendern etc. dargestellt werden sollen, und das Zahlenformat gibt an, wie viele Dezimalstellen Sie anzeigen lassen wollen. Der Parameter MENGE/WERT ❻ im Abschnitt KENNZEICHEN gibt an, ob es sich bei dem Element um ein Mengen- oder Wertfeld handelt; das System ermittelt dies normalerweise automatisch. Die Option SUMMIERUNG benötigen Sie nur, falls Sie einen User-Exit einbauen wollen. Zum Schluss pflegen Sie noch die Texte für das Element ❼.

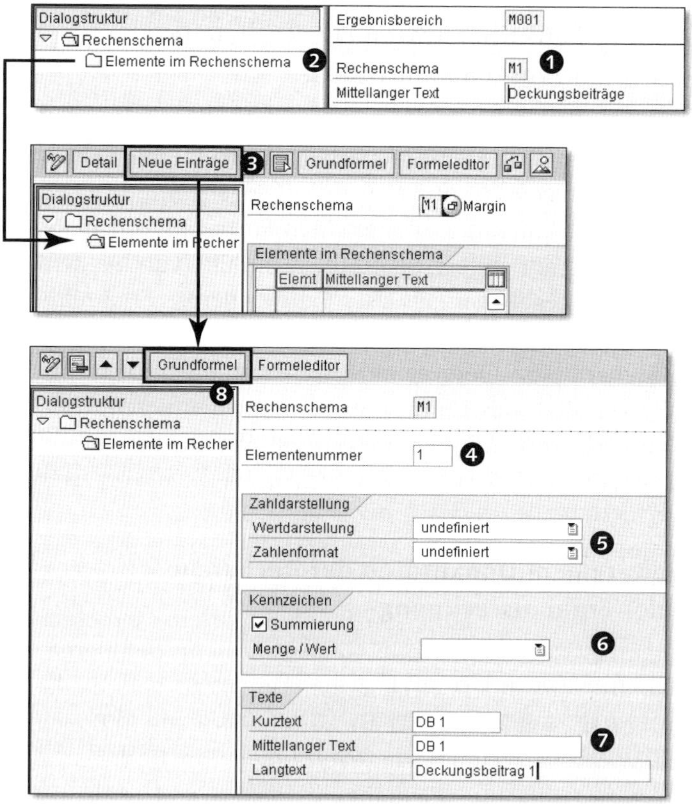

Abbildung 10.30 Rechenschema anlegen

Über den Button GRUNDFORMEL ❽ stellen Sie dann ein, wie die Kennzahl für das Element berechnet werden soll (siehe Abbildung 10.31). In der Spalte ELEMENT tragen Sie hier die gewünschten Wertfelder ein, auf deren Grundlage Sie die Berechnungen anstellen wollen. In der Spalte +– entscheiden Sie jeweils, ob das Wertfeld addiert oder subtrahiert werden soll.

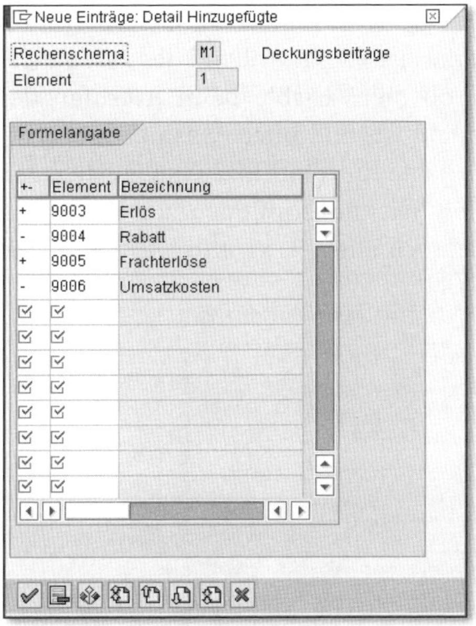

Abbildung 10.31 Grundformel für Rechenschema

Auf diese Weise können Sie mehrere Elemente im selben Schema erstellen und diese dann in Rechercheberichten verwenden.

Wie bereits weiter oben erläutert, können Sie in Rechercheberichten für die meisten Zwecke lokale Variablen verwenden, wenn bestimmte Merkmale bei jedem Aufruf des Berichts neu ermittelt werden sollen. Sie können jedoch auch globale Variablen definieren; diese haben zum einen den Vorteil, dass Sie sie in allen Berichten wiederverwenden können, zum anderen können Sie hier komplexere Methoden zur Ermittlung der Werte einsetzen.

Globale Variablen definieren

Sie definieren globale Variablen über CONTROLLING • ERGEBNIS- UND MARKTSEGMENTRECHNUNG • INFOSYSTEM • BERICHTSBESTANDTEILE • VARIABLEN FÜR BERICHTE DEFINIEREN (Transaktion KE3E). Legen Sie dann zunächst den VARIABLENTYP fest (siehe Abbildung 10.32). Dieser bestimmt, ob es sich dabei um einen Merkmalswert, einen Text, eine Formel, einen Hierarchieknoten oder eine Hierarchie handeln soll. Über den FELDNAMEN wählen Sie das Merkmal aus, für das die Variable eingesetzt werden kann, und über die ERSETZUNGSART legen Sie fest, auf welche Weise der Wert ermittelt werden soll. Der einfachste Fall ist die Eingabe durch den Benutzer, Sie können aber auch Formeln verwenden oder Exits einsetzen. Unter VORSCHLAGSWERT entscheiden Sie, wie der Vorschlagswert für die Variable bestimmt werden soll – z.B. per Exit oder als Festwert. Anhand des Parameters KANNEINGABE geben Sie vor, ob die Variable beim Aufrufen des Reports ein Kann- oder Pflichtfeld ist, und über PARAMETER/SELECTOPT. steuern Sie, ob für die Variable nur ein Einzelwert eingegeben werden darf oder die normalen Selektionsoptionen zur Verfügung stehen. Zum Schluss tragen Sie noch einen TEXT, KURZTEXT und eine BESCHREIBUNG ein.

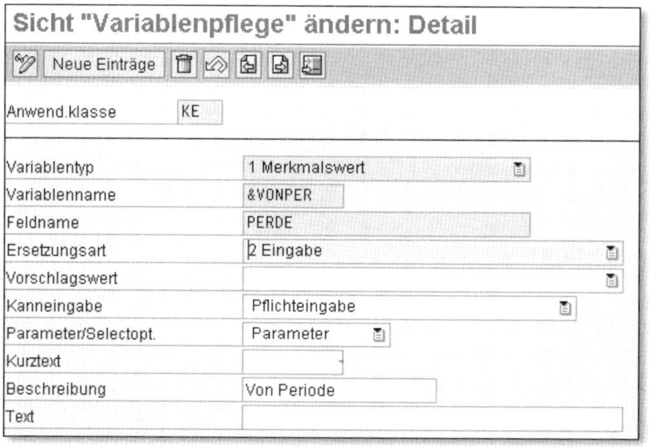

Abbildung 10.32 Globale Variable

Merkmalsgruppen festlegen

Um beim Anlegen von Berichten nur bestimmte Merkmale zuzulassen, können Sie über CONTROLLING • ERGEBNIS- UND MARKTSEGMENTRECHNUNG • INFOSYSTEM • BERICHTSBESTANDTEILE • MERKMALSGRUPPEN FÜR DAS INFOSYSTEM FESTLEGEN (Transaktion KEPD) spezielle Merkmalsgruppen festlegen. Die Vorgehensweise ist dabei dieselbe, die wir bereits in Abschnitt 8.6.1, »Vorbereitungen«, zum Thema Merkmalsgruppen beschrieben haben.

Merkmalshierarchie definieren

Darüber hinaus haben Sie unter dem Menüpunkt CONTROLLING • ERGEBNIS- UND MARKTSEGMENTRECHNUNG • INFOSYSTEM • BERICHTSBESTANDTEILE • MERKMALSHIERARCHIE DEFINIEREN (Transaktion KES3) die Möglichkeit, eine Merkmalshierarchie zu definieren. Wie Sie dabei vorgehen, haben wir in Abschnitt 8.4.2, »Merkmalshierarchie definieren«, erläutert.

Kostenartenhierarchie für buchhalterische CO-PA-Komponente

Wenn Sie die buchhalterische Ergebnisrechnung einsetzen, müssen Sie über Controlling • Ergebnis- und Marktsegmentrechnung • Infosystem • Berichtsbestandteile • Kostenartenhierarchie für buchh. CO-PA zuordnen (Transaktion KE3K) mindestens eine Kostenartengruppe festlegen, die in Berichten verwendet werden kann.

Anzeigeattribute zuordnen

In bestimmten Fällen kann es sinnvoll sein, für ein Merkmal weitere Stammdatenattribute zur Anzeige zur Verfügung zu stellen als nur den Namen (z.B. für einen Debitor zusätzlich den Ort oder die Straße). Dazu wechseln Sie zum Customizing-Punkt Controlling • Ergebnis- und Marktsegmentrechnung • Infosystem • Berichtsbestandteile • Anzeigeattribute zuordnen. Je Merkmal können Sie hier unter Angabe der physischen Tabelle (also der Tabelle, in der die Werte für das Merkmal gehalten werden) weitere Attribute zuordnen (siehe Abbildung 10.33).

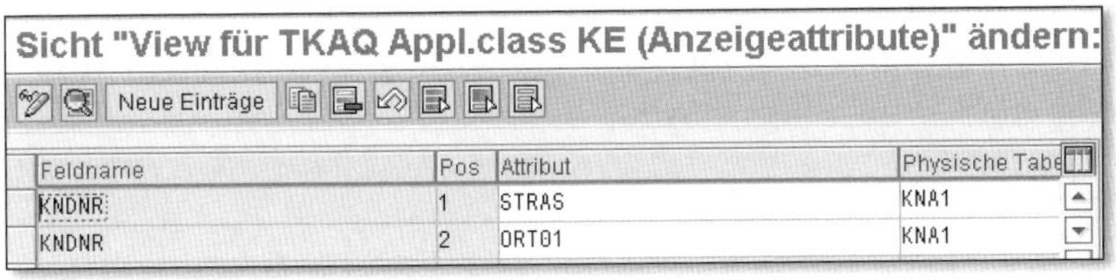

Feldname	Pos	Attribut	Physische Tabe
KNDNR	1	STRAS	KNA1
KNDNR	2	ORT01	KNA1

Abbildung 10.33 Anzeigeattribute

Sie haben damit die wichtigsten Funktionalitäten zu Berichten in der Ergebnisrechnung kennengelernt. Wir gehen nun noch kurz auf die Profit-Center-Rechnung ein.

10.3.3 Weitere Funktionalitäten der Recherche in der Profit-Center-Rechnung

In der Profit-Center-Rechnung gibt es von SAP vordefinierte Standardreports. Diese können Sie über Controlling • Profit-Center-Rechnung • Informationssystem • Recherche • Import aus Mandant • Berichte importieren (Transaktion KE8Q) aus Mandant 000 kopieren. Im selben Menübaum steht Ihnen außerdem noch eine Funktion zum Import von Formularen zur Verfügung (Formulare importieren, Transaktion KE8R).

Über CONTROLLING • PROFIT-CENTER-RECHNUNG • INFORMATIONSSYSTEM • RECHERCHE • KENNZAHLEN PFLEGEN (Transaktion KCK0) haben Sie die Möglichkeit, Kennzahlen anzulegen. Wie wir bereits weiter oben im Zusammenhang mit den Rechercheberichten für das Produktkosten-Controlling erläutert haben, werden wir auf diese Funktionalität nicht im Detail eingehen.

Variablen für EC-PCA pflegen

Unter dem Menüpunkt CONTROLLING • PROFIT-CENTER-RECHNUNG • INFORMATIONSSYSTEM • RECHERCHE • VARIABLEN PFLEGEN (Transaktion KE8V) können Sie globale Variablen für die Profit-Center-Rechnung erstellen, die Funktionalität ist dabei dieselbe wie in CO-PA.

10.4 Zusammenfassung

Sie haben in diesem Kapitel die notwendigen Customizing-Einstellungen für die beiden wichtigsten Reportingwerkzeuge im Controlling kennengelernt, den Report Painter und die Recherche. Wir haben Ihnen gezeigt, wie Sie in den einzelnen Komponenten Berichte mit den beiden Funktionalitäten anlegen. Zum Schluss sind wir noch auf einige komponentenspezifische Besonderheiten, insbesondere in CO-PA, eingegangen.

Anhang

A Glossar

Automatische Kontierung Automatische Funktion beim Buchen von Vorgängen, wobei das System die Positionen den jeweiligen Konten zuordnet, ohne dass der Benutzer Eingaben vornehmen muss.

Bewegungsart Die Bewegungsart klassifiziert den betriebswirtschaftlichen Vorgang (wie z.B. Zugang, Abgang, Umbuchung etc.) und bestimmt, wie der Vorgang im System verarbeitet wird. Jede Bewegungsart gehört zu einer bestimmten Bewegungsartengruppe.

Bewertung Begriff aus der Bilanzierung: Feststellung des Werts sämtlicher Güter des Anlage- und Umlaufvermögens sowie der Verbindlichkeiten zu einem bestimmten Zeitpunkt nach gesetzlichen Vorschriften.

Bilanz Rechnungsmäßiger Abschluss eines Unternehmens zu einem bestimmten Zeitpunkt (Bilanzstichtag) in Form einer Gegenüberstellung von Vermögen (Aktiva – Aktivseite der Bilanz) und Kapital (Passiva – Passivseite der Bilanz). Vermögen und Kapital stellen dieselbe Wertgesamtheit dar. Dieser Sachverhalt kommt in der sogenannten Bilanzgleichung (Aktiva = Passiva) zum Ausdruck.

Buchungskreis Kleinste organisatorische Einheit des externen Rechnungswesens, für die eine vollständige, in sich abgeschlossene Buchhaltung abgebildet werden kann.

Buchungskreiswährung/Hauswährung Dies ist die Währung des Buchungskreises, in der die Belege angehängt werden. Das SAP-System speichert immer die Buchungskreiswährung.

Controlling-Objekt Oberbegriff für Organisationseinheiten im Controlling, wie etwa Kostenstelle, Innenauftrag, Geschäftsprozess, Kostenträger, Fertigungsauftrag, Ergebnisobjekt etc.

Easy Cost Planning Kalkulationsmethode zur Durchführung einer einfachen und schnellen Kostenplanung, die verwendet werden kann bei der Kostenplanung für Innenaufträge. Das Prinzip dieser Kalkulationsmethode beruht auf der Bereitstellung von Kalkulationsmodellen, mit deren Hilfe die einfache Kostenplanung durch den Planenden ermöglicht wird.

Ergebnisbereich Stellt einen Teil des Unternehmens dar, für den eine einheitliche Segmentierung des Absatzmarktes vorliegt. Für einzelne Marktsegmente, die durch klassifizierende Merkmale beschrieben werden (wie z.B. ARTIKELGRUPPE, KUNDENGRUPPE, LAND, VERTRIEBSWEG), wird durch Gegenüberstellung von Kosten und Erlösen ein Ergebnis ausgewiesen. Die Marktsegmente werden Ergebnisobjekte genannt. Einem Ergebnisbereich können mehrere Kostenrechnungskreise zugewiesen werden.

Ergebnisobjekt Das Ergebnisobjekt ist der Kontierungsbegriff der Ergebnis- und Marktsegmentrechnung. Ein Ergebnisobjekt entspricht einem Marktsegment, auf dem durch Gegenüberstellung von Kosten und Erlösen ein Ergebnis ausgewiesen wird. Ein Ergebnisobjekt wird innerhalb eines Ergebnisbereichs definiert durch eine Kombination aus Merkmalswerten.

Fertigungsauftrag Produktionsauftrag, der im Rahmen der diskreten Fertigung verwendet wird.

Funktionsbereich Organisationseinheit in der Buchhaltung, die die Kosten einer Organisation nach Funktionen unterteilt, wie z.B.: Verwaltung, Vertrieb, Marketing, Fertigung und F&E. Die Unterteilung wird für das Umsatzkostenverfahren vorgenommen.

Gemeinkosten Kosten, die sich keiner bestimmten Bezugsgröße (z.B. einem Produkt) exakt zurechnen lassen. Dazu zählen auch Kosten, die theoretisch zwar direkt als Einzelkosten auf die Kostenträger oder Kostenstellen zugerechnet werden könnten (z.B. Schrauben), aber aus Wirtschaftlichkeitsgründen mithilfe von Schlüsseln verrechnet werden.

Gesamtkostenverfahren Verfahren, um die Kosten einer Periode auszuweisen. Während das Umsatzkostenverfahren nur die Kosten berücksichtigt, die zur Erzielung der Erlöse angefallen sind (eine Zunahme des Bestands an Fertigerzeugnissen gilt nicht als Erlös), enthält das Gesamtkostenverfahren sämtliche Kosten in der Periode, unabhängig davon, ob der entsprechende Erlös in der betreffenden Periode angefallen ist.

Geschäftsjahresvariante Über die Geschäftsjahresvariante wird der Zusammenhang zwischen Kalenderjahr und Geschäftsjahr hergestellt. Die Geschäftsjahresvariante legt fest, aus wie vielen Perioden und Sonderperioden ein Geschäftsjahr besteht und wie das System die zugehörigen Buchungsperioden bestimmt.

Geschäftsprozess Betriebswirtschaftlicher Ablauf innerhalb des Unternehmens. Dieser verbraucht Ressourcen und kann abteilungsübergreifend sein. Bei der Ausführung eines Geschäftsprozesses können Leistungen mehrerer Kostenstellen eines Kostenrechnungskreises in Anspruch genommen werden.

Gewinn- und Verlustrechnung (GuV) Gegenüberstellung von Erträgen und Aufwendungen einer Periode zur Ermittlung des Ergebnisses des Unternehmens und seiner Quellen. Die GuV ist Pflichtbestandteil des Jahresabschlusses.

Gleitender Durchschnittspreis Sich aufgrund von Warenbewegungen und Rechnungserfassungen verändernder Preis, mit dem ein Material bewertet wird. Der gleitende Durchschnittspreis berechnet sich aus Materialwert dividiert durch Materialbestand. Nach jeder Warenbewegung oder Rechnungserfassung wird er automatisch neu berechnet.

Hauptbuch Darstellung von Werten, auf deren Basis die Bilanz sowie die Gewinn- und Verlustrechnung erstellt werden. Das Hauptbuch führt Werte auf Buchungskreisebene.

Innenauftrag Instrument, das dazu dient, Teile der Kosten und unter

Umständen der Erlöse des Unternehmens zu überwachen. Sie können einen Innenauftrag anlegen zur Überwachung der Kosten einer zeitlich begrenzten Maßnahme, Überwachung der Kosten und gegebenenfalls der Erlöse für die Erbringung einer Leistung bzw. für die dauernde Überwachung von Kosten.

Interne Leistungsverrechnung Innerbetriebliches Kostenverrechnungsverfahren, bei dem bewertete Leistungen (Bezugsgrößen) von Kostenstellen verursachungsgerecht auf die Kostenempfänger weiterverrechnet werden können. Bei der internen oder auch innerbetrieblichen Leistungsverrechnung wird die erbrachte Leistung der Kostenstelle mit dem geplanten Tarif der Leistungsart multipliziert. Das Ergebnis sind die zu verrechnenden Kosten. Die Senderstelle wird um diesen Betrag entlastet, das Empfängerobjekt mit diesem belastet.

Konsolidierung Unter einer Konsolidierung versteht man die Zusammenführung der Einzelabschlüsse der einbezogenen Konzerngesellschaften zum Konzernabschluss.

Kontenplan Verzeichnis aller Sachkonten, die von einem oder mehreren Buchungskreisen gemeinsam verwendet werden.

Kontierung Festlegung der Konten, die bei einem Geschäftsvorfall bebucht werden. Siehe auch *Zusatzkontierung*.

Kosten des Umsatzes Herstellungskosten der abgesetzten Produkte. Diese können den Umsatzerlösen gegenübergestellt werden. Die Kosten des Umsatzes beinhalten nicht die Kosten für Bestände fertiger und unfertiger Erzeugnisse. Die Kosten des Umsatzes werden in der Regel zum Zeitpunkt des Warenausgangs ermittelt. Die Buchung erfolgt hier nicht wie beim Gesamtkostenverfahren gegen Bestandsänderungen, sondern gegen ein Konto KOSTEN DES UMSATZES. Dies kann durch entsprechendes Customizing der Kontenfindung beim Warenausgang eingestellt werden.

Kostenart Eine Kostenart klassifiziert den bewerteten Verbrauch einer Organisation von Produktionsfaktoren innerhalb eines Kostenrechnungskreises. Eine Kostenart entspricht einer kostenrelevanten Kontenplanposition.

Kostenrechnungskreis Organisatorische Einheit innerhalb eines Unternehmens, für die eine vollständige, in sich geschlossene Kostenrechnung durchgeführt werden kann. Ein Kostenrechnungskreis kann einen oder mehrere, gegebenenfalls unterschiedliche Währungen führende, Buchungskreise umfassen.

Kostenstelle Organisatorische Einheit innerhalb eines Kostenrechnungskreises, die einen eindeutig abgegrenzten Ort der Kostenentstehung darstellt. Die Abgrenzung kann nach funktionalen, abrechnungstechnischen oder räumlichen Aspekten oder gemäß der Kostenverantwortung vorgenommen werden.

Kostenträger Kostenträger sind die Leistungseinheiten des Wertschöpfungsprozesses, denen entsprechend ihrer Verursachung Kosten periodengerecht zugerechnet werden. Kostenträger können entweder eigenständige Entitäten (sogenannte Kostenträger-Identnummern) sein oder andere Entitäten, wie Aufträge, Projekte, o.Ä., darstellen. Für jeden Kostenträger können eine Vorkalkulation, eine mitlaufende Kalkulation und eine Nachkalkulation durchgeführt werden. Im SAP-System können unter anderem folgende Kostenträger verwendet werden: Produktkostensammler, Fertigungsaufträge, Prozessaufträge, Kostenträger-Identnummern, Kundenauftragspositionen.

Kundenauftrag Aufforderung eines Kunden an das Unternehmen, eine bestimmte Menge an Materialien zu einem vorherbestimmten Zeitpunkt zu liefern beziehungsweise Leistungen zu einem vorherbestimmten Zeitpunkt zu erbringen. Ein Vertriebsbereich nimmt den Kundenauftrag entgegen und ist damit für die Erfüllung des Vertrags verantwortlich.

Kurstyp Schlüssel, der den Typ eines Umrechnungskurses im System darstellt. Zum Beispiel können Sie einen Geldkurs, einen Briefkurs oder einen Mittelkurs als jeweiligen Kurstyp definieren. Dieser wird dann beim Umrechnen von Währungsbeträgen im System verwendet.

Leistungsarten Leistungsarten beschreiben die Leistungen einer Kostenstelle und werden in Zeit- oder Mengeneinheiten gemessen. Beispiele: Maschinenstunden, Arbeitsstunden.

Mandant In kaufmännischer, organisatorischer und technischer Hinsicht eine eigenständige Einheit in einem SAP-System mit separaten Stammsätzen und einem eigenen Tabellenset.

Mitlaufende Kalkulation Verfahren, bei dem alle zu einem Kostenträger angefallenen Istkosten auf dem Kostenträger fortgeschrieben werden.

Musterkalkulation Werkzeug zur Kostenplanung und Preisbildung, bei dem Sie Positionen in Form einer Einzelkalkulation manuell eingeben. Diese Kalkulation kann als Baustein in einer Kalkulation und als Vorlage bei der Planung von anderen Objekten im SAP ERP-System verwendet werden, z. B. bei Materialkalkulationen ohne Mengengerüst oder CO-Fertigungsaufträgen.

Nachkalkulation Eine auf eine Leistungseinheit (den Kostenträger) bezogene Kalkulation, der die für die Leistungserhebung tatsächlich angefallenen Kosten zugrunde liegen. Die Nachkalkulation dient der Kostenermittlung und der Kostenkontrolle. Sie beinhaltet auch die Gegenüberstellung von Soll- und Istkosten.

Nummernkreise Nummernbereiche, die Sie Geschäftsobjekten – oder deren Unterobjekten – der gleichen Art zuordnen können. Beispiele für solche Objekte sind Geschäftspartner, Sachkonten, Aufträge, Buchungsbelege und Waren. Jeder Nummernkreis besitzt ein Nummernkreisintervall.

Periodischer Verrechnungspreis Preis, der sich aufgrund von Warenbewegungen und Rechnungserfassungen periodisch verändert. Der periodische Verrechnungspreis berechnet sich aus Materialwert dividiert durch Materialbestand und bezieht sich auf die Basismengeneinheit und Preiseinheit im Materialstammsatz.

Primärkostenart Kostenarten, deren Kosten ihren Ursprung außerhalb der Kostenrechnung haben; einer Primärkostenart steht immer ein Sachkonto in der Finanzbuchhaltung gegenüber.

Profit-Center Organisatorische Einheit des Rechnungswesens, die das Unternehmen managementorientiert, d.h. zum Zwecke der internen Steuerung, gliedert. Für ein Profit-Center können Ergebnisse ausgewiesen werden, die nach dem Umsatz- oder nach dem Gesamtkostenverfahren ermittelt werden. Durch den Ausweis des gebundenen Vermögens kann das Profit-Center zum Investment-Center erweitert werden.

Recherche Werkzeug für das Evaluieren der Daten einer Anwendung nach ihren Merkmalen und Kennzahlen. Mithilfe der Recherche können Sie einfache, datengetriebene Listen (Ad-hoc-Berichte) sowie auch aufwendig formatierte Berichte (mittels Formularen) generieren.

Report Painter Werkzeug zum Anlegen von Berichten, die den speziellen geschäftlichen Anforderungen an das Berichtswesen entsprechen.

Sachkonto Struktur zur Aufnahme von Wertebewegungen in einem Buchungskreis bezüglich einer Sachkontenposition eines Kontenplans. Das Sachkonto umfasst Verkehrszahlen, in denen Wertebewegungen einer Buchungsperiode für Berichtszwecke des Hauptbuchs als Summenwerte dargestellt sind.

SAP Das größte Softwareunternehmen in Europa mit Sitz in Walldorf, Deutschland. Marktführer im Bereich Unternehmenssoftware und wichtiger Akteur im Bereich Internetanwendungen.

SAP-Hinweis Ein SAP-Hinweis ist eine Textinformation zu einer bestimmten Frage, Problemsituation oder Systemmeldung, die im Zusammenhang mit Ihrer Arbeit am System auftauchen kann. Alle SAP-Hinweise sind in einer online verfügbaren Datenbank bei SAP hinterlegt und für Kunden von dort abrufbar. Ein mögliche Frage könnte z.B. lauten: Welche Datenbankversionen der Datenbank XY sind im Zusammenhang mit meinem SAP-Systemrelease von SAP freigegeben?

Sekundärkostenart Kostenart, die zur Verrechnung von Kosten im Rahmen der innerbetrieblichen Leistungsverrechnung dient. Diese Kostenarten haben keine Entsprechung in der Finanzbuchhaltung, d.h., sie werden ausschließlich in der Kostenrechnung verwendet und dürfen in der Finanzbuchhaltung nicht als Konto vorhanden sein.

Spezielle Ledger Anwendung, mit der kundendefinierte Ledger (Bücher) zum Zweck des Berichtswesens geführt werden. Die kundendefinierten Ledger können mit beliebigen Kontierungsbegriffen als Haupt- oder Nebenbücher geführt werden. Kontierungsbegriffe können SAP-Dimensionen aus den verschiedenen Anwendungen und kundeneigene Dimensionen sein. Beispiel: SAP-Dimension: Konto, Geschäftsbereich, Profit-Center. Kundendefinierte Dimension: Region.

Stammsatz Datensatz, der Stammdaten enthält, d.h. Daten, die über eine vergleichsweise lange Zeitdauer unverändert bleiben. Ein Kreditorenstammsatz enthält z.B. Namen und Adresse des Kreditors sowie Angaben zur Bank. Ein Benutzerstammsatz im SAP-System enthält die Systemberechtigung des Benutzers, den Standarddrucker, Starttransaktionen etc.

Standardhierarchie Baumstruktur zur Gliederung aller zu einem Kostenrechnungskreis gehörenden Kostenstellen, Geschäftsprozesse oder Profit-Center.

Standardpreis Konstanter Preis, mit dem ein Material ohne Berücksichtigung von Warenbewegungen und Rechnungserfassungen bewertet wird.

Statistische Kennzahlen Statistische Werte zur Charakterisierung von Kostenstellen, Aufträgen, Geschäftsprozessen und Profit-Centern. Statistische Kennzahlen können in zwei Ausprägungen definiert werden: als Festwert und als Summenwert. Festwerte werden von der aktuellen Buchungsperiode in alle folgenden Buchungsperioden vorgetragen. Summenwerte werden ausschließlich in der aktuellen Buchungsperiode gebucht.

Substitution Prozess der Ersetzung von Werten bei der Eingabe dieser Werte in das SAP-System. Eingegebene Werte werden dabei mit einer vom Benutzer definierten booleschen Aussage (Voraussetzung) verglichen. Wenn die Aussage wahr ist, werden die betreffenden Werte ersetzt. Die Substitution wird durchgeführt, bevor die Daten in die Datenbank geschrieben werden.

Tarif Der in einer internen Leistungsverrechnung verwendete Wert, der für die interne Bewegung von Kosten zwischen Kostenträgern (z.B. Kostenstellen) verwendet wird. Der Verrechnungspreis kann entweder manuell erfasst oder iterativ ermittelt werden.

Transaktionscode Ein Transaktionscode (auch T-Code) ist eine Folge von Zeichen, die eine Transaktion im SAP-System benennt. Ein Transaktionscode kann bis zu 20 Zeichen enthalten und soll immer mit einem Buchstaben beginnen. Erlaubte Zeichen sind Buchstaben von A bis Z, Zahlen von 0 bis 9 und der Unterstrich. Um eine Transaktion aufzurufen, geben Sie den Transaktionscode in das Kommando- bzw. Befehlsfeld ein und betätigen die [↵]-Taste.

Transaktionswährung Die Transaktionswährung ist die Währung, in der ein Geschäftsvorfall abgewickelt und gebucht wird. Ein Geschäftsvorfall kann außer in der Hauswährung zusätzlich in einer weiteren Währung, der Transaktionswährung, gebucht werden. Das ist üblicherweise der Fall, wenn die Geschäftspartner unterschiedliche Hauswährungen haben.

Validierung Prozess der Überprüfung von Werten und Wertkombinationen bei der Eingabe dieser Werte in das SAP-System.

Version Kostenrechnungskreisbezogene Zusammenfassung von jahresabhängigen Kennzeichen für Plandaten und Istdaten. Die Version erlaubt, parallele Plandaten für dasselbe Objekt zu führen. So können z.B. optimistische und pessimistische Planungen abgebildet werden. Darüber hinaus werden parallele Wertansätze im Ist in verschiedenen Versionen geführt.

Vorkalkulation Verfahren, mit dem die Plankosten eines Objekts, z.B. eines Auftrags, ermittelt werden.

Ware in Arbeit Unfertige Erzeugnisse, deren Kosten folgendermaßen ermittelt werden können: aus der Differenz aus Istkostenbelastung und Entlastung eines Auftrags bzw. durch die Bewertung der bis dato je Arbeitsvorgang rückgemeldeten, um relevanten Ausschuss bereinigten Gutmenge.

Warenausgang Begriff der Bestandsführung, der eine Minderung des Lagerbestands infolge einer Materialentnahme bzw. -ausgabe oder infolge einer Lieferung an einen Kunden bezeichnet.

Wareneingang Begriff der Bestandsführung, der den Erhalt von Waren durch eine Firma, in der Regel mit Bezug zu einer Bestellung oder einem Fertigungsauftrag, bezeichnet.

WE/RE-Konto Dieses Sachkonto enthält Buchungen für eingegangene, aber noch nicht berechnete Waren sowie Buchungen für berechnete, aber noch nicht eingegangene Waren.

Werk Organisatorische Einheit der Logistik, die das Unternehmen aus Sicht der Produktion, Beschaffung, Instandhaltung und Disposition gliedert.

Zusatzkontierung Alle Einträge in einer Belegposition, die zusätzlich zu Kontonummer, Betrag und Buchungsschlüssel vorgenommen werden. Beispiele: Zahlungsbedingungen, Zahlungsweise und Kostenstelle.

B Menüpfade

B.1 Kapitel 2 – Unternehmensstruktur und Grundeinstellungen

B.1.1 Menü Unternehmensstuktur

Buchungskreis anlegen: Definition • Finanzwesen • Buchungskreis bearbeiten, kopieren, löschen, prüfen; Aktivität: Buchungskreis kopieren, löschen, prüfen (Transaktion EC01)

Buchungskreisdaten bearbeiten: Definition • Finanzwesen • Buchungskreis bearbeiten, kopieren, löschen, prüfen

Kostenrechnungskreis anlegen: Definition • Controlling • Kostenrechnungskreis pflegen

Ergebnisbereich anlegen: Definition • Controlling • Ergebnisbereich anlegen

Werk anlegen: Definition • Logistik Allgemein • Werk definieren, kopieren, löschen, prüfen (Transaktion EC02)

Werk zum Buchungskreis zuordnen: Zuordnung • Logistik Allgemein • Werk • Buchungskreis zuordnen (Transaktion OX18)

B.1.2 Menü Finanzwesen (neu)

Buchungskreis-Einstellungen überprüfen: Grundeinstellungen Finanzwesen (neu) • Globale Parameter prüfen und ergänzen

Kontenplan bearbeiten: Hauptbuchhaltung (neu) • Stammdaten • Sachkonten • Vorarbeiten • Kontenplanverzeichnis bearbeiten (Transaktion OB13)

Kontenplan zum Buchungskreis zuordnen: Hauptbuchhaltung (neu) • Stammdaten • Sachkonten • Vorarbeiten • Buchungskreis einem Kontenplan zuordnen (Transaktion OB62)

Geschäftsjahresvariante pflegen: Grundeinstellungen Finanzwesen (neu) • Bücher • Geschäftsjahr und Buchungsperioden • Geschäftsjahresvariante pflegen (Rumpfgeschäftsjahr pflegen) (Transaktion OB29)

B.1.3 Menü Finanzwesen

Funktionsbereich definieren: Grundeinstellungen • Finanzwesen • Buchungskreis • Umsatzkostenverfahren • Funktionsbereich • Funktionsbereich definieren

Substitution für Funktionsbereich definieren: Grundeinstellungen Finanzwesen • Buchungskreis • Umsatzkostenverfahren • Substitution für Umsatzkostenverfahren einrichten • Substitution definieren (Transaktion OBZM)

Umsatzkostenverfahren zur Vorbereitung aktivieren: Grundeinstellungen Finanzwesen • Buchungskreis • Umsatzkostenverfahren • Umsatzkostenverfahren zur Vorbereitung aktivieren

B.1.4 Menü Materialwirtschaft

Bewertungsklassen definieren: Bewertung und Kontierung • Kontenfindung • Kontenfindung ohne Assistent • Bewertungsklassen festlegen (Transaktion OMSK)

B.1.5 Menü Controlling • Controlling Allgemein

Nummernkreise definieren: Organisation • Nummernkreise für CO-Belege pflegen (Transaktion KANK)

Version pflegen: Organisation • Versionen pflegen

Nachrichtensteuerung einstellen: Organisation • Nachrichtensteuerung ändern (Transaktion OBA5)

Validierung definieren: Kontierungslogik • Validierung definieren (Transaktion OKC7)

Substitution definieren: Kontierungslogik • Substitution definieren (Transaktion OKC9)

Währungs- und Bewertungsprofil anlegen: Parallele Wertansätze/Transferpreise führen • Grundeinstellungen • Währungs- und Bewertungsprofil erstellen (Transaktion 8KEM)

W&B-Profil zuordnen: Parallele Wertansätze/Transferpreise führen • Grundeinstellungen • W&B-Profil dem Kostenrechnungskreis zuordnen (Transaktion 8KEQ)

Version zum Bewertungsansatz zuordnen: Parallele Wertansätze/Transferpreise führen • Grundeinstellungen • Versionen für Bewertung anlegen

Wertansatzverrechnungskonto definieren: Parallele Wertansätze/Transferpreise führen • Detailsteuerung • Wertansatzverrechnungskonto definieren (Transaktion 8KEN)

Konditionsarten ausnehmen: Parallele Wertansätze/Transferpreise führen • Detailsteuerung • Deaktivierung der Umrechnung ausgewählter Konditionsarten

Parallele Wertansätze aktivieren: Parallele Wertansätze/Transferpreise führen • Aktivierung • Parallele Wertansätze: Aktivierung prüfen/durchführen (Transaktion 8KEP)

B.2 Kapitel 3 – Kostenartenrechnung

B.2.1 Menü Controlling • Kostenartenrechnung

Kostenarten anlegen: Stammdaten • Kostenarten • Kostenarten anlegen

Voreinstellungen für Kostenarten maschinell anlegen: Stammdaten • Kostenarten • Primäre und sekundäre Kostenarten maschinell anlegen • Voreinstellungen vornehmen (Transaktion OKB2)

Kostenarten maschinell anlegen: Stammdaten • Kostenarten • Primäre und sekundäre Kostenarten maschinell anlegen • Batch-Input-Mappe erzeugen (Transaktion OKB3)

Batch-Input-Mappe ausführen: Stammdaten • Kostenarten • Primäre und sekundäre Kostenarten maschinell anlegen • Batch-Input-Mappe ausführen (Transaktion SM35)

Zeitabhängige Felder für Kostenarten festlegen: Stammdaten • Kostenarten • Zeitabhängige Felder für Kostenarten festlegen (Transaktion OKEK)

Eigenschaften festlegen: Stammdaten • Kostenarten • Kostenarteneigenschaften festlegen (Transaktion OKA6)

Eigenschaftenmix festlegen: Stammdaten • Kostenarten • Kostenarteneigenschaftenmix festlegen (Transaktion OKA4)

Selektionsvariante anlegen: Stammdaten • Kostenarten • Selektionsvarianten für Kostenarten anlegen (Transaktion KM5V)

Suchhilfe definieren: Stammdaten • Kostenarten • Suchhilfen für Kostenarten definieren (Transaktion OKEC)

Kostenartengruppen pflegen: Stammdaten • Kostenarten • Kostenartengruppen anlegen (Transaktion KAH1)

Abstimmledger aktivieren: Abstimmledger • Abstimmledger aktivieren/deaktivieren (Transaktion KALA)

Ausgleichskonten hinterlegen: Abstimmledger • Ausgleichkonten für Abstimmbuchungen definieren

Nummernkreis für Abstimmbuchungen pflegen: Abstimmledger • Belegnummern für Abstimmbuchung festlegen (Transaktion OK13)

Regeln zur Auswahl von Abstimmbuchungen festlegen: Abstimmledger • Regeln zur Auswahl von Abstimmbuchungen übernehmen (Transaktion KALK)

B.3 Kapitel 4 – Kostenstellenrechnung

B.3.1 Menü Controlling • Kostenstellenrechnung

Kostenstellenrechnung aktivieren: Kostenstellenrechnung im Kostenrechnungskreis aktivieren (Transaktion OKKP)

Kostenstellenarten anlegen: Controlling • Kostenstellenrechnung • Stammdaten • Kostenstellen • Kostenstellenarten definieren

Kostenstellen-Standardhierarchie pflegen: Stammdaten • Kostenstellen • Standardhierarchie pflegen (Transaktion OKEON)

Kostenstellengruppen pflegen: Stammdaten • Kostenstellen • Kostenstellengruppen definieren

Kostenstellen einzeln anlegen: Stammdaten • Kostenstellen • Kostenstellen anlegen (Transaktion KS01)

Zeitabhängigkeit der Stammdaten einstellen: Stammdaten • Kostenstellen • Zeitabhängige Felder für Kostenstellen festlegen (Transaktion OKEG)

Sammelbearbeitung von Kostenstellen: Stammdaten • Kostenstelle • Sammelbearbeitung • Ändern (Transaktion KS12)

Selektionsvariante für Kostenstellen anlegen: Stammdaten • Kostenstellen • Selektionsvarianten Kostenstellen definieren (Transaktion KM1V)

Listvarianten definieren: Stammdaten • Kostenstellen • Listvarianten für Sammelbearbeitung definieren (Transaktion 0KM1)

Suchhilfe für Kostenstellen anlegen: Stammdaten • Kostenstellen • Suchhilfen für Kostenstellen definieren (Transaktion OKEA)

Leistungsarten anlegen: Stammdaten • Leistungsarten • Leistungsarten anlegen (Transaktion KL01)

Leistungsverrechnung erfassen (im Anwendungsmenü): Controlling • Kostenstellenrechnung • Istbuchungen • Leistungsverrechnung • Erfassen (Transaktion KB21N)

Senderleistungen erfassen (im Anwendungsmenü): Controlling • Kostenstellenrechnung • Istbuchungen • Senderleistungen • Erfassen (Transaktion KB51N)

Plantarife eingeben (im Anwendungsmenü): Controlling • Kostenstellenrechnung • Planung • Leistungserbringung/Tarife • Ändern (Transaktion KP26)

Fixkostenvorverteilung (im Anwendungsmenü): Controlling • Kostenstellenrechnung • Periodenabschluss • Einzelfunktionen • Fixkostenvorverteilung (Transaktion KSFX)

Zeitabhängigkeit für Leistungsarten: Stammdaten • Leistungsarten • Zeitabhängige Felder für Leistungsarten festlegen (Transaktion OKEI)

Sammelbearbeitung für Leistungsarten: Stammdaten • Leistungsarten • Selektionsvarianten Leistungsarten definieren (Transaktion KM7V)

Leistungsartengruppen anlegen: Stammdaten • Leistungsarten • Leistungsartengruppen definieren (Transaktion KLH1)

Suchhilfe für Leistungsarten anlegen: Stammdaten • Leistungsarten • Suchhilfen für Leistungsarten definieren (Transaktion OKEE)

Statistische Kennzahlen anlegen: Stammdaten • Statistische Kennzahlen • Statistische Kennzahlen pflegen (Transaktion KK01)

Gruppen für statistische Kennzahlen anlegen Stammdaten • Statistische Kennzahlen • Statistische Kennzahlengruppen pflegen (Transaktion KBH1)

Ressourcen anlegen: Stammdaten • Ressourcen • Ressourcen definieren (Transaktion KPR2)

Kurstyp anlegen: Planung • Grundeinstellungen zur Planung • Kurstypen definieren (Transaktion OB07)

Umrechnungskurse eintragen: Planung • Grundeinstellungen zur Planung • Umrechnungskurse definieren (Transaktion OB08)

Manuelle Kostenplanung (im Anwendungsmenü): Controlling • Kostenstellenrechnung • Planung • Kosten/Leistungsaufnahmen • Ändern (Transaktion KP06)

Planerprofil auswählen (im Anwendungsmenü): Controlling • Kostenstellenrechnung • Planung • Planerprofil setzen (Transaktion KP04)

Planungslayout erstellen: Planung • Manuelle Planung • Eigene Planungslayouts

Planungslayout ins Planerprofil eintragen: Planung • Manuelle Planung • Eigene Planerprofile definieren

Verteilungsschlüssel definieren: Planung • Manuelle Planung • Eigene Verteilungsschlüssel definieren (Transaktion KP80)

Kalkulationsvariante für Detailplanung anlegen: Planung • Manuelle Planung • Detailplanung Primärkostenarten • Kalkulationsvarianten festlegen (Transaktion OKY4)

Preistabelle für Ressourcenplanung erstellen: Planung • Ressourcenplanung • Preistabellen definieren (Transaktion KPRI)

Zugriffsfolge für Ressourcenplanung anlegen: Planung • Ressourcenplanung • Zugriffsfolgen definieren

Konditionsarten für Ressourcenplanung erstellen: Planung • Ressourcenplanung • Konditionsarten definieren (Transaktion KPR4)

Kalkulationsschema für Ressourcenplanung anlegen: Planung • Ressourcenplanung • Kalkulationsschemata definieren (Transaktion KPRC)

Bewertungsvariante für Ressourcenplanung anlegen: Planung • Ressourcenplanung • Bewertungsvarianten definieren (Transaktion KPR8)

Bewertungsvariante mit Kalkulationsschema verknüpfen: Planung • Ressourcenplanung • Kalkulationsschemata zu Bewertungsvariante zuordnen (Transaktion KPRA)

Bewertungsvariante mit Planversion verknüpfen: Planung • Ressourcenplanung • Bewertungsvariante zu Version zuordnen (Transaktion OKEV)

Umwertung anlegen: Planung • Planungshilfen • Umwertung definieren (Transaktion KPU1)

Periodische Umbuchung definieren: Planung • Planungshilfen • Periodische Umbuchung • Periodische Umbuchung definieren (Transaktion KSW7)

Übernahme von Plandaten aus HR: Planung • Plandatenübernahme • Personalkosten aus HR übernehmen (Transaktion OKPLACTRL)

Übernahme von Planleistungen aus PP: Planung • Plandatenübernahme • Disponierte Leistungen aus PP übernehmen

Statistische Kennzahlen mit LIS-Kennzahlen verknüpfen: Planung • Plandatenübernahme • Übernahme statistischer Kennzahlen aus dem LIS • Verbindung statistischer Kennzahlen mit dem LIS definieren (Transaktion KK01)

LIS-Kennzahlen fortschreiben: Planung • Plandatenübernahme • Übernahme statistischer Kennzahlen aus dem LIS • Zuordnung Kostenstelle – Leistungsart definieren (Transaktion KVA0)

Gemeinkostenzuschläge im Plan definieren: Planung • Verrechnungen • Gemeinkostenzuschläge im Plan definieren (Transaktion OKOZ)

Kostenstellenverteilung im Plan: Planung • Verrechnungen • Verteilung

Kostenstellenumlage im Plan: Planung • Verrechnungen • Umlagen

Leistungsverrechnung im Plan: Planung • Verrechnungen • Leistungsverrechnung

Etatprofil definieren: Etatverwaltung • Profile für die Etatverwaltung definieren (Transaktion OKF1)

Obligoverwaltung aktivieren: Obligo und Mittelbindung • Obligoverwaltung aktivieren

Nummernkreise für Mittelbindung definieren: Obligo und Mittelbindung • Nummernkreise für Mittelbindung definieren (Transaktion OK60)

Belegarten für Mittelbindung definieren: Obligo und Mittelbindung • Belegarten zur Mittelbindung definieren

Feldstatusgruppe definieren: Obligo und Mittelbindung • Feldsteuerung Mittelbindung • Feldstatusvariante definieren (Transaktion FMU3)

Feldstatusvariante mit Buchungskreis verknüpfen: Obligo und Mittelbindung • Feldsteuerung Mittelbindung • Feldstatusvariante Buchungskreis zuordnen

Feldstatusgruppen anlegen: Obligo und Mittelbindung • Feldsteuerung Mittelbindung • Feldstatusgruppen definieren (Transaktion FMU5)

Feldauswahlleiste definieren: Obligo und Mittelbindung • Feldsteuerung Mittelbindung • Feldauswahlleiste definieren (Transaktion FMU7)

Feldauswahlleiste mit Feldstatusvariante und -gruppe verknüpfen: Obligo und Mittelbindung • Feldsteuerung Mittelbindung • Feldauswahlleiste zuordnen (Transaktion FMUN)

Automatische Kontierung einstellen: Istbuchungen • Manuelle Istbuchungen • Automatische Kontierungsfindung bearbeiten (Transaktion OKB9)

Erfassungsvariante definieren: Istbuchungen • Manuelle Istbuchungen • Eigene Erfassungsvarianten für Buchungen im Controlling definieren

BAdI zur Bewertung von Leistungsmengen: Istbuchungen • Manuelle Istbuchungen • BAdI: Externe Bewertung von Leistungsverrechnungen implementieren

Personalkosten zu Kostenstellen zuordnen: Istbuchungen • Istdatenübernahme • Übernahme Personalkosten aus HR • Personalkosten zu Kostenstellen zuordnen

Ersatzkostenstelle für Personalabrechnung festlegen: Kostenstellenrechnung • Istbuchungen • Istdatenübernahme • Übernahme Personalkosten aus HR • Ersatzkostenstellen für Personalabrechnung festlegen

BAdI zur Übernahme aus Fremdsystemen: Istbuchungen • Datenübernahme aus Fremdsystemen • BAdI: Übernahme von externen CO-Istdaten implementieren

Abgrenzungsaufträge anlegen: Istbuchungen • Periodenabschluß • Abgrenzung • Auftragsarten für Abgrenzungsaufträge anlegen (Transaktion KOT2_OPA)

Layouts für Auftragsarten: Istbuchungen • Periodenabschluß • Abgrenzung • Auftragslayout für Abgrenzungsaufträge anlegen

Abgrenzungskostenarten anlegen: Istbuchungen • Periodenabschluß • Abgrenzung • Zuschlagsverfahren • Abgrenzungskostenarten anlegen (Transaktion KA01)

Zuschlagsschema anlegen: Istbuchungen • Periodenabschluß • Abgrenzung • Zuschlagsverfahren • Zuschlagsschema definieren (Transaktion KSAZ)

Abgrenzung durchführen (im Anwendungsmenü): Controlling • Kostenstellenrechnung • Periodenabschluß • Einzelfunktionen • Abgrenzung (Transaktion KSA3)

Abgrenzung im Plan durchführen (im Anwendungsmenü): Controlling • Kostenstellenrechnung • Planung • Planungshilfen • Abgrenzung (Transaktion KSA8)

Soll=Ist-Entlastung pflegen: Istbuchungen • Periodenabschluß • Abgrenzung • Soll=Ist-Verfahren • Soll=Ist-Entlastung pflegen • Soll=Ist-Entlastung pflegen (Transaktion KSAJ)

Abgrenzung durchführen (im Anwendungsmenü): Controlling • Kostenstellenrechnung • Periodenabschluß • Einzelfunktionen • Abgrenzung (Transaktion KSA3)

Kalkulationsvariante für Gemeinkostenzuschläge: Istbuchungen • Periodenabschluß • Gemeinkostenzuschläge • Kalkulationsschemata definieren

Selektionsvariante für Gemeinkostenzuschläge: Istbuchungen • Periodenabschluß • Gemeinkostenzuschläge • Selektionsvarianten für Gemeinkostenzuschläge definieren (Transaktion KM1V)

Typen von Sendern und Empfängern für periodische Umbuchung festlegen: Istbuchungen • Periodenabschluß • Periodische Umbuchung • Typen von Sendern/Empfängern der period. Umbuchung festlegen (Transaktion KCAP)

Typen von Sendern und Empfängern für Verteilung festlegen: Istbuchungen • Periodenabschluß • Verteilung • Typen von Sendern/Empfängern der Verteilung festlegen (Transaktion KCAV)

Typen von Sendern und Empfängern für Umlage festlegen: Istbuchungen • Periodenabschluß • Umlage • Typen von Sendern/Empfängern der Umlage festlegen (Transaktion KCAU)

Typen von Sendern und Empfängern für ind. Leistungsverrechnung festlegen: Istbuchungen • Periodenabschluß • Leistungsverrechnung • Indirekte Leistungsverrechnung • Typen von Sendern/Empfängern der in. Leist.verr. festlegen (Transaktion KCAL)

Periodische Umbuchung definieren: Istbuchungen • Periodenabschluß • Periodische Umbuchung • Periodische Umbuchungen definieren (Transaktion KSW1)

Verteilung definieren: Istbuchungen • Periodenabschluß • Verteilung • Verteilung definieren (Transaktion KSV1)

Umlage definieren: Istbuchungen • Periodenabschluß • Umlage • Umlage definieren (Transaktion KSU1)

Indirekte Leistungsverrechnung definieren: Istbuchungen • Periodenabschluß • Leistungsverrechnung • Indirekte Leistungsverrechnung • Indirekte Leistungsverrechnung definieren (Transaktion KSC1)

Verrechnungsschema definieren: Istbuchungen • Periodenabschluß • Umlage • Verrechnungsschemata definieren (Transaktion KSES)

Typen von Sendern und Empfängern für periodische Umbuchung definieren: Istbuchungen • Periodenabschluß • Periodische Umbuchung • Typen von Sendern/Empfängern der period. Umbuchung festlegen (Transaktion KCAP)

Template-Verrechnung anlegen: Istbuchungen • Periodenabschluß • Leistungsverrechnung • Template-Verrechnung • Templates pflegen (Transaktion CPT1)

Splittungsschema definieren: Istbuchungen • Periodenabschluß • Leistungsverrechnung • Splittung • Splittungsschema definieren (Transaktion OKES)

Veränderung der Grundeinstellungen zur Tarifermittlung: Istbuchungen • Periodenabschluß • Leistungsverrechnung • Tarifermittlung • Veränderung der Grundeinstellungen zur Tarifermittlung (Transaktion OKET)

Kostenelementeschema definieren: Istbuchungen • Periodenabschluß • Leistungsverrechnung • Tarifermittlung • Einstellungen zur Kostenschichtung • Kostenelementeschema definieren (Transaktion OKTZ)

Switchschema definieren: Istbuchungen • Periodenabschluß • Leistungsverrechnung • Tarifermittlung • Einstellungen zur Kostenschichtung • Switchschema definieren (Transaktion OKER)

Sollversionen definieren: Istbuchungen • Abweichungen • Sollversionen definieren (Transaktion OKV5)

Abweichungsvarianten definieren: Istbuchungen • Abweichungen • Abweichungsvarianten definieren (Transaktion OKVF)

Einsatzpreisabweichungen festlegen: Istbuchungen • Abweichungen • Primärdaten-Einsatzpreisabweichungen festlegen (Transaktion OKA8)

B.4 Kapitel 5 – Innenaufträge

B.4.1 Menü Controlling • Innenaufträge

Auftragsverwaltung aktivieren: Auftragsverwaltung im Kostenrechnungskreis aktivieren (Transaktion OKKP)

Auftragsarten definieren: Auftragsstammdaten • Auftragsarten definieren (Transaktion KOT2_OPA)

Druckformular für Auftragsstammdaten: Auftragsstammdaten • Auftragsdruck vorbereiten (Transaktion SE71)

Nummernkreise definieren: Auftragsstammdaten • Nummernkreise für Aufträge pflegen (Transaktion KONK)

Statusschema anlegen: Auftragsstammdaten • Statusverwaltung • Statusschemata definieren (Transaktion OK02)

Statusschema zuordnen: Auftragsstammdaten • Statusverwaltung • Statusverwaltung in Auftragsarten festlegen (Transaktion KOT2_OPA_STSMA)

Bildschirmgestaltung: Auftragsstammdaten • Bildschirmgestaltung • Auftragslayouts definieren

Parameter über Musteraufträge vorbelegen: Auftragsstammdaten • Bildschirmgestaltung • Musteraufträge pflegen (Transaktion KOM1)

Weitere Stammdatenfelder definieren: Auftragsstammdaten • Bildschirmgestaltung • Individuelle Stammdatenfelder ändern (Transaktion SE11_OLD)

Selektionsvariante definieren: Auftragsstammdaten • Selektion und Sammelbearbeitung • Selektionsvarianten definieren (Transaktion OKOV)

Selektionsregeln einstellen: Auftragsstammdaten • Selektion und Sammelbearbeitung • Selektionsregeln definieren (Transaktion OKOR)

Statusselektionsschema anlegen: Auftragsstammdaten • Selektion und Sammelbearbeitung • Statusselektionsschemata definieren (Transaktion BS42)

Substitutionsregeln für Sammelbearbeitung pflegen: Auftragsstammdaten • Selektion und Sammelbearbeitung • Substitutionsregeln für Sammelbearbeitung pflegen (Transaktion OKOU)

Verarbeitungsgruppen anlegen: Auftragsstammdaten • Selektion und Sammelbearbeitung • Verarbeitungsgruppen pflegen

Suchhilfen definieren: Auftragsstammdaten • Selektion und Sammelbearbeitung • Suchhilfen für Aufträge anlegen (Transaktion OKO1)

Aufträge klassifizieren: Auftragsstammdaten • Selektion und Sammelbearbeitung • Freie Merkmale (Klassifizierung) pflegen

Planungslayouts für Innenaufträge anlegen: Planung • Manuelle Planung • Eigene Planungslayouts • Planungslayouts für Kostenartenplanung anlegen (Transaktion KPG5)

Planungslayouts für statistische Kennzahlen anlegen: Planung • Manuelle Planung • Eigene Planungslayouts • Planungslayouts für Statistische Kennzahlenplanung anlegen (Transaktion KPH5)

Planerprofile für Innenaufträge anlegen: Planung • Manuelle Planung • Eigene Planerprofile pflegen (Transaktion KP34)

Verteilungsschlüssel definieren: Planung • Manuelle Planung • Eigene Verteilungsschlüssel pflegen (Transaktion KP80)

Kalkulationsvariante anlegen: Planung • Manuelle Planung • Kalkulationsvarianten definieren (Transaktion OKKR)

Nummernkreise für Einzelkalkulation zuordnen: Planung • Manuelle Planung • Nummernkreise für die Einzelkalkulation zuordnen (Transaktion CKNR)

Planprofil festlegen: Planung • Manuelle Planung • Planprofile für Gesamtplanung pflegen (Transaktion OKOS)

Kalkulationsvariante festlegen: Planung • Easy Cost Planning und Execution Services • Easy Cost Planning • Kalkulationsvarianten festlegen (Transaktion OKKR)

Kalkulationsvariante im Planprofil eintragen: Planung • Easy Cost Planning und Execution Services • Easy Cost Planning • Planprofile für Gesamtplanung pflegen

Elementeschema für Easy Cost Planning: Planung • Easy Cost Planning und Execution Services • Easy Cost Planning • Elementeschema prüfen (Transaktion OKTZ)

Kalkulationsschema für Gemeinkostenzuschläge: Planung • Easy Cost Planning und Execution Services • Easy Cost Planning • Gemeinkostenzuschläge im Plan definieren (Transaktion OKOZ)

Kalkulationsmodell anlegen (im Anwendungsmenü): Rechnungswesen • Projektsystem • Grunddaten • Vorlagen • Modelle für Easy Cost Planning (Transkation CKCM)

Execution-Services-Profil definieren: Planung • Easy Cost Planning und Execution Services • Execution Services • Execution Services Profil definieren

Belegarten und Bewegungsarten zuordnen: Planung • Easy Cost Planning und Execution Services • Execution Services • Einstellungen für die Execution Services definieren

Periodische Umbuchung im Plan: Planung • Periodische Umbuchungen definieren (Transaktion KSW7)

Gemeinkostenzuschläge im Plan: Planung • Gemeinkostenzuschläge im Plan definieren (Transaktion OKOZ)

Templates im Plan: Planung • Templates

Planabrechnung: Planung • Abrechnung

Budgetprofil definieren: Budgetierung und Verfügbarkeitskontrolle • Budgetprofile pflegen

Budgetprofil zuordnen: Budgetierung und Verfügbarkeitskontrolle • Budgetprofile pflegen • Budgetprofile in Auftragsarten pflegen (Transaktion KOAB)

Nummernkreise für Verfügbarkeitskontrolle: Budgetierung und Verfügbarkeitskontrolle • Nummernkreise für Budgetierung pflegen (Transaktion OK11)

Toleranzgrenzen für Verfügbarkeitskontrolle: Budgetierung und Verfügbarkeitskontrolle • Toleranzgrenzen für Verfügbarkeitskontrolle festlegen

Budgetverantwortliche definieren: Budgetierung und Verfügbarkeitskontrolle • Budgetverantwortliche

Ausnahmen von der Verfügbarkeitskontrolle: Budgetierung und Verfügbarkeitskontrolle • Ausnahmekostenarten für Verfügbarkeitskontrolle festlegen (Transaktion OPTK)

Verfügbarkeitskontrolle neu aufbauen: Budgetierung und Verfügbarkeitskontrolle • Verfügbarkeitskontrolle neu aufbauen (Transaktion KO31)

Nummernkreise festlegen: Istbuchungen • Istvorgänge den Nummernkreisen zuordnen (Transaktion KANK)

Automatische Kontierung festlegen: Istbuchungen • Automatische Kontierungsfindung pflegen (Transaktion OKB9)

Anzahlungsfortschreibung einstellen: Istbuchungen • Defaultkostenarten für Anzahlungen definieren (Transaktion OKEP)

Erfassungsvarianten definieren: Istbuchungen • Eigene Erfassungsvarianten für Buchungen im Controlling definieren

Gemeinkostenzuschläge einstellen: Istbuchungen • Gemeinkostenzuschläge

Kalkulationsschema im Musterauftrag pflegen: Istbuchungen • Gemeinkostenzuschläge • Kalk.schema und Zuschl.schlüssel in Musteraufträgen pflegen

Periodische Umbuchung definieren: Istbuchungen • Periodische Umbuchungen definieren (Transaktion KSW1)

Templates definieren: Istbuchungen • Template-Verrechnung

Zinskennzeichen definieren: Istbuchungen • Verzinsung • Zinskennzeichen definieren (Transaktion OPIE)

Zinssätze festlegen: Istbuchungen • Verzinsung • Konditionen zum Zinskennzeichen • Zinssätze festlegen

Zinsschema anlegen: Istbuchungen • Verzinsung • Zinsschemata • Zinsschemata anlegen

Details zum Zinsschema: Istbuchungen • Verzinsung • Zinsschemata • Detaileinstellungen zum Zinsschema vornehmen (Transaktion OPIB)

Zinsrelevanz festlegen: Istbuchungen • Verzinsung • Zinsschemata • Zinsrelevanz für Wertkategorien festlegen (Transaktion OPIC)

Buchungsschema anlegen: Istbuchungen • Verzinsung • Verbuchungssteuerung • Buchungsschema für Buchhaltung definieren (Transaktion OPID)

Abgrenzungsschlüssel definieren: Projektsystem • Erlöse und Ergebnis • Automatische und periodische Verrechnungen • Ergebnisermittlung • Abgrenzungsschlüssel und -versionen • Abgrenzungsschlüssel für Ergebnisermittlung pflegen (Transaktion OKG1)

Abgrenzungsversion anlegen: Projektsystem • Erlöse und Ergebnis • Automatische und periodische Verrechnungen • Ergebnisermittlung • Abgrenzungsschlüssel und -versionen • Abgrenzungsversionen definieren (Transaktion OKG2)

Bewertungsmethode definieren: Projektsystem • Erlöse und Ergebnis • Automatische und periodische Verrechnungen • Ergebnisermittlung • Abgrenzungsschlüssel und -versionen • Bewertungsmethoden für Ergebnisermittlung festlegen (Transaktion OKG3)

Zeilen-IDs definieren: Projektsystem • Erlöse und Ergebnis • Automatische und periodische Verrechnungen • Ergebnisermittlung • Abgrenzungsschlüssel und -versionen • Zeilenidentifikationen definieren

Kostenarten zu Zeilen-IDs zuordnen: Projektsystem • Erlöse und Ergebnis • Automatische und periodische Verrechnungen • Ergebnisermittlung • Abgrenzungsschlüssel und -versionen • Zuordnungen für Ergebnisermittlung festlegen (Transaktion OKG5)

Zeilen-IDs Abgrenzungskostenarten zuordnen: Projektsystem • Erlöse und Ergebnis • Automatische und periodische Verrechnungen • Ergebnisermittlung • Abgrenzungsschlüssel und -versionen • Fortschreibung für Ergebnisermittlung festlegen (Transaktion OKG4)

Buchungskonten für Bilanz und GuV festlegen: Projektsystem • Erlöse und Ergebnis • Automatische und periodische Verrechnungen • Ergebnisermittlung • Abgrenzungsschlüssel und -versionen • Buchungsregeln für Abrechnung an die Buchhaltung festlegen (Transaktion OKG8)

Verrechnungsschema definieren: Innenaufträge • Istbuchungen • Abrechnung • Verrechnungsschema definieren

Ursprungsschema anlegen: Innenaufträge • Istbuchungen • Abrechnung • Ursprungsschemata pflegen

Ergebnisschema einstellen: Innenaufträge • Istbuchungen • Abrechnung • Ergebnisschemata pflegen (Transaktion KEI1)

Abrechnungsprofil definieren: Innenaufträge • Istbuchungen • Abrechnung • Abrechnungsprofile pflegen

Selektionsvariante einstellen: Innenaufträge • Istbuchungen • Abrechnung • Selektionsvarianten für Abrechnung definieren (Transaktion OKOV)

Nummernkreise definieren: Istbuchungen • Abrechnung • Nummernkreise für Abrechnung pflegen (Transaktion SNUM)

Strategien zur Ermittlung der Abrechnungsvorschrift: Innenaufträge • Istbuchungen • Abrechnung • Automatische Generierung von Abrechnungsvorschriften • Strategien für automatische Abrechnungsvorschriftsermittlung anzeigen (Transaktion KSR1_ORC)

Eigene Strategien zur Ermittlung der Abrechnungsvorschrift entwickeln: Innenaufträge • Istbuchungen • Abrechnung • Automatische Generierung von Abrechnungsvorschriften • Eigene Strategien zur automatischen Abrechnungsvorschriftsgenerierung

Strategiefolgen zur Ermittlung der Abrechnungsstrategie: Innenaufträge • Istbuchungen • Abrechnung • Automatische Generierung von Abrechnungsvorschriften • Strategiefolgen für automatische Abrechnungsvorschriftsermittlung (Transaktion KSR2_ORC)

Strategie der Auftragsart zuordnen: Innenaufträge • Istbuchungen • Abrechnung • Automatische Generierung von Abrechnungsvorschriften • Zuordnung Strategiefolge zu Auftragsart treffen (Transaktion KSR3_ORC)

B.4.2 Menü Projektsystem

Wertkategorien definieren: Kosten • Wertkategorien • Wertkategorien pflegen (Transaktion OPI1)

Wertkategorien mit Kostenarten verknüpfen: Kosten • Wertkategorien • Kostenarten Wertkategorien zuordnen (Transaktion OPI2)

B.5 Kapitel 6 – Prozesskostenrechnung

B.5.1 Menü Controlling • Prozeßkostenrechnung

Prozesskostenrechnung aktivieren: Prozeßkostenrechnung im Kostenrechnungskreis aktivieren (Transaktion OKKP)

Delta-Version definieren: Controlling • Controlling Allgemein • Organisation • Versionen pflegen

Standardhierarchie anlegen: Standardhierarchie zum Kostenrechnungskreis pflegen (Transaktion OKW1)

Standardhierarchie pflegen: Stammdaten • Geschäftsprozesse • Standardhierarchie der Geschäftsprozesse pflegen (Transaktion CPH4N)

Geschäftsprozessgruppen anlegen: Stammdaten • Geschäftsprozesse • Geschäftsprozeßgruppen pflegen (Transaktion CPH1)

Geschäftsprozesse pflegen: Stammdaten • Geschäftsprozesse • Geschäftsprozesse pflegen (Transaktion CP01)

Zeitabhängigkeit der Stammdaten: Stammdaten • Geschäftsprozesse • Zeitabhängige Felder für Geschäftsprozesse festlegen (Transaktion OKEZ)

Sammelbearbeitung für Geschäftsprozesse: Stammdaten • Geschäftsprozeß • Sammelbearbeitung • Ändern (Transaktion CP12)

Selektionsvarianten anlegen: Stammdaten • Geschäftsprozesse • Selektionsvarianten Geschäftsprozesse definieren (Transaktion KM3V)

Suchhilfen definieren: Stammdaten • Geschäftsprozesse • Suchhilfen für Geschäftsprozesse definieren (Transaktion OKWO)

Template anlegen: Templates • Templates pflegen • Template anlegen (Transaktion CPT1)

Funktionsbäume definieren: Templates • Umgebungen und Funktionsbäume definieren (Transaktion CTU6)

Manuelle Planung einstellen: Planung • Manuelle Planung • Eigene Planungslayouts

Planprofile anlegen: Planung • Manuelle Planung • Eigene Planungslayouts • Eigene Planerprofile pflegen (Transaktion KP34)

Plandatenübernahme aus anderen Komponenten: Planung • Manuelle Planung • Plandatenübernahme

Verteilung im Plan: Planung • Verrechnungen • Verteilung

Umlage im Plan: Planung • Verrechnungen • Umlagen

Indirekte Leistungsverrechnung im Plan: Planung • Verrechnungen • Indirekte Leistungsverrechnung

Tarifermittlung im Plan: Planung • Verrechnungen • Tarifermittlung

Erfassungsvarianten für Istbuchungen: Istbuchungen • Manuelle Istbuchungen • Eigene Erfassungsvarianten für Buchungen im Controlling definieren

Istdaten aus anderen Komponenten übernehmen: Istbuchungen • Istdatenübernahme

Verteilung im Ist: Istbuchungen • Periodenabschluss • Verteilung

Umlage im Ist: Istbuchungen • Periodenabschluss • Umlage

Indirekte Leistungsverrechnung im Ist: Istbuchungen • Periodenabschluss • Indirekte Leistungsverrechnung

Tarifermittlung im Ist: Istbuchungen • Periodenabschluss • Tarifermittlung

Abweichungsermittlung für Geschäftsprozesse: Istbuchungen • Abweichungen

B.5.2 Menü Controlling • Controlling Allgemein

Systemeinstellungen transportieren: Produktivstart vorbereiten • Transport von Systemeinstellungen • Einstellungen zur Prozeßkostenrechnung transportieren (Transaktion OKWT)

B.6 Kapitel 7 – Produktkosten-Controlling

Bewertungsebene festlegen: Unternehmensstruktur • Definition • Logistik Allgemein • Bewertungsebene festlegen (Transaktion OX14)

Buchungskreis für MM freischalten: Logistik Allgemein • Materialstamm • Grundeinstellungen • Buchungskreise für die Materialwirtschaft pflegen (Transaktion OMSY)

Fortschreibung von Materialarten: Logistik Allgemein • Materialstamm • Grundeinstellungen • Materialarten • Eigenschaften der Materialart festlegen

Kontenfindung Materialwirtschaft: Materialwirtschaft • Bewertung und Kontierung • Kontenfindung

Herkunftsgruppen anlegen: Controlling • Produktkosten-Controlling • Grundeinstellungen für die Materialkalkulation • Herkunftsgruppen definieren (Transaktion OKZ1)

B.6.1 Menü Controlling • Produktkosten-Controlling • Produktkostenplanung

Kalkulationsschema anlegen: Grundeinstellungen für die Materialkalkulation • Gemeinkostenzuschläge • Kalkulationsschemata definieren

Zuschlagsschlüssel definieren: Grundeinstellungen für die Materialkalkulation • Gemeinkostenzuschläge • Zuschlagsschlüssel definieren

Zuschlagsschlüssel zum Materialstamm zuordnen: Grundeinstellungen für die Materialkalkulation • Gemeinkostenzuschläge • Gemeinkostengruppen definieren (Transaktion OKZ2)

Templates pflegen: Grundeinstellungen für die Materialkalkulation • Templates • Templates pflegen (Transaktion CPT1)

Materialkalkulation durchführen (im Anwendungsmenü): Controlling • Produktkosten-Controlling • Produktkostenplanung • Materialkalkulation • Kalkulation mit Mengengerüst • Anlegen (Transaktion CK11N)

Elementeschema anlegen: Grundeinstellungen für die Materialkalkulation • Elementeschema definieren (Transaktion OKTZ)

Fehlersteuerung einstellen: Grundeinstellungen für die Materialkalkulation • Fehlersteuerung

Fehlersuchen festlegen: Grundeinstellungen für die Materialkalkulation • Fehlersteuerung • Fehlersuche festlegen

Kalkulationsvariante anlegen: Materialkalkulation mit Mengengerüst • Kalkulationsvarianten definieren (Transaktion OKKN)

Kalkulationsart anlegen: Materialkalkulation mit Mengengerüst • Kalkulationsart definieren (Transaktion OKKI)

Bewertungsvariante anlegen: Materialkalkulation mit Mengengerüst • Bewertungsvarianten definieren (Transaktion OKK4)

Terminsteuerung definieren: Materialkalkulation mit Mengengerüst • Terminsteuerung definieren (Transaktion OKK6)

Auflösungssteuerung einstellen: Materialkalkulation mit Mengengerüst • Auflösungssteuerung definieren (Transaktion OKK5)

Übernahmesteuerung definieren: Materialkalkulation mit Mengengerüst • Übernahmesteuerung definieren (Transaktion OKKM)

Referenzvariante einstellen: Materialkalkulation mit Mengengerüst • Referenzvarianten definieren (Transaktion OKYC)

Eigenschaften der Materialarten überprüfen: Materialkalkulation mit Mengengerüst • Parameter zur Bestimmung des Mengengerüsts • Daten zum Material • Eigenschaften der Materialarten überprüfen

Kalkulation mit Mengengerüst erlauben: Materialkalkulation mit Mengengerüst • Parameter zur Bestimmung des Mengengerüsts • Daten zum Material • Materialstatus überprüfen

Steuerschlüssel definieren: Materialkalkulation mit Mengengerüst • Parameter zur Bestimmung des Mengengerüsts • Auswahl des Arbeitsplanes • Steuerschlüssel für Vorgänge überprüfen (Transaktion OKZ4)

Formeln für die Kalkulation prüfen: Materialkalkulation mit Mengengerüst • Parameter zur Bestimmung des Mengengerüsts • Auswahl des Arbeitsplanes • Formeln für die Kalkulation überprüfen (Transaktion OP54)

Parameter für die Formeln überprüfen: Materialkalkulation mit Mengengerüst • Parameter zur Bestimmung des Mengengerüsts • Auswahl des Arbeitsplanes • Parameter für die Formeln überprüfen (Transaktion OP51)

Nachrichtentypen definieren: Preisfortschreibung • Parameter für die Plankalkulation • Nachrichtentypen für die Plankalkulation definieren (Transaktion OKZZ)

Flexible Meldungstypen definieren: Preisfortschreibung • Parameter für die Plankalkulation • Flexible Meldungstypen

Einstellungen zur Abwertung: Preisfortschreibung • Kalkulationsrelevanz festlegen (Transaktion OKK9)

Preisfaktoren definieren: Preisfortschreibung • Preisfaktoren definieren (Transaktion OKK7)

Buchungskreisübergreifende Kalkulation aktivieren: Ausgewählte Funktionen in der Materialkalkulation • Buchungskreisübergreifende Kalkulation aktivieren (Transaktion OKYV)

Schichtung in Kostenrechnungskreiswährung aktivieren: Ausgewählte Funktionen in der Materialkalkulation • Kostenschichtung in Kostenrechnungskreiswährung aktivieren (Transaktion OKYW)

Kalkulationsversion anlegen: Ausgewählte Funktionen in der Materialkalkulation • Kalkulationsversionen definieren (Transaktion OKYD)

Partnerversion definieren: Ausgewählte Funktionen in der Materialkalkulation • Partnerversionen definieren (Transaktion OKYB)

Rohstoffkalkulation hinterlegen: Ausgewählte Funktionen in der Materialkalkulation • Rohstoffkalkulation • Konditionsarten zu Herkunftsgruppen zuordnen (Transaktion OKYO)

Mengengerüsttypen definieren: Ausgewählte Funktionen in der Materialkalkulation • Mischkalkulation • Mengengerüsttypen definieren

Ursprungsschema für Kuppelproduktion anlegen: Ausgewählte Funktionen in der Materialkalkulation • Kalkulation von Kuppelprodukten • Ursprungsschema definieren (Transaktion OKEU)

Kalkulationsvariante für Produktionslose: Ausgewählte Funktionen in der Materialkalkulation • Produktionsloskalkulation (SEIBAN) • Kalkulationsvarianten definieren (Transaktion OKYH)

BAdI für flexible Meldungen: Ausgewählte Funktionen in der Materialkalkulation • Business Add-In für flexible Meldungen

Gemeinkostenzuschläge für Muster- und Simulationskalkulation: Muster- und Simluationskalkulation • Grundeinstellungen für die Muster- und Simulationskalkulation • Gemeinkostenzuschläge

Übernahme von Prozesskosten: Muster- und Simulationskalkulation • Grundeinstellungen für die Muster- und Simulationskalkulation • Prozeßkosten

Fehlersteuerung: Controlling • Produktkostenplanung • Muster- und Simulationskalkulation • Grundeinstellungen für die Muster- und Simulationskalkulation • Fehlersteuerung

Musterkalkulationsgruppen erstellen: Muster- und Simluationskalkulation • Grundeinstellungen für die Muster- und Simulationskalkulation • Musterkalkulationsgruppen anlegen (Transaktion OKZA)

Kalkulationsvariante für Musterkalkulation: Muster- und Simluationskalkulation • Grundeinstellungen für die Muster- und Simulationskalkulation • Kalkulationsvarianten und deren Bestandteile • Kalkulationsvarianten definieren (Transaktion OKKO)

Kalkulationsvariante für Ad-hoc-Kalkulation anlegen: Ad-hoc-Kalkulation • Kalkulationsvarianten definieren (Transaktion IKKZ)

Menü Produktion:

Produktkostensammler aktivieren: Fertigungssteuerung • Stammdaten • Auftrag • Auftragsabhängige Parameter definieren (Transaktion OPL8)

Menü Controlling • Kostenträgerrechnung • Periodisches Produkt-Controlling:

Kalkulationsvariante für Produktkostensammler überprüfen: Produktkostensammler • Kalkulationsvarianten für Produktkostensammler überprüfen

Bewertungsvarianten für Produktkostensammler überarbeiten: Produktkostensammler • Bewertungsvarianten für Produktkostensammler überprüfen (Transaktion OPN2)

Produktkostensammler-Auftragsarten definieren: Produktkostensammler • Auftragsarten überprüfen (Transaktion KOT2_PKOSA)

Vorschlagswerte für Auftragsarten: Produktkostensammler • Kostenrechnungsrelevante Vorschlagswerte je Auftragsart/Werk pflegen

Fehlersteuerung für Produktkostensammler einstellen: Produktkostensammler • Flexible Fehlersteuerung

Kostenträgerprofile für Kostenträgerhierarchie definieren: Kostenträgerhierarchien • Kostenträgerprofile für Kostenträgerhierarchien definieren (Transaktion OKZ6)

Kostenträgerarten für Kostenträgerhierarchie definieren: Kostenträgerhierarchien • Kostenträgerarten für Kostenträgerhierarchien definieren (Transaktion OKZ5)

Preisdifferenzen für Kostenträgerhierarchie steuern: Kostenträgerhierarchien • Materialkonten für Abrechnung überprüfen (Transaktion OBYC)

Fehlersteuerung für Kostenträgerhierarchien einstellen: Kostenträgerhierarchien • Flexible Fehlersteuerung

Serienfertigungsprofile überprüfen: Mitlaufende Kalkulation • Steuerungsdaten für Serienfertigungsprofile überprüfen

Kostenprotokoll bei Serienfertigung aktivieren: Mitlaufende Kalkulation • Generieren Kostenprotokoll bei Serienfertigung aktivieren

Bewertungsvariante für Auftragsablieferung definieren: Mitlaufende Kalkulation • Zugangsbewertung für Auftragsablieferung festlegen

B.6.2 Menü Controlling • Kostenträgerrechnung • Auftragsbezogenes Produkt-Controlling

Kalkulationsvarianten für PP-Fertigungsaufträge festlegen: Produktionsaufträge • Kalkulationsvarianten für Produktionsaufträge (PP) überprüfen (Transaktion OPL1)

Bewertungsvarianten für PP-Fertigungsaufträge überprüfen: Produktionsaufträge • Bewertungsvarianten für Produktionsaufträge (PP) überprüfen (Transaktion OPN2)

Kalkulationsvarianten für CO-Fertigungsaufträge überprüfen: Produktionsaufträge • Kalkulationsvarianten für CO-Fertigungsaufträge überprüfen (Transaktion OKY2)

Bewertungsvarianten für CO-Fertigungsaufträge überprüfen: Produktionsaufträge • Bewertungsvarianten für CO-Fertigungsaufträge überprüfen (Transaktion OKY5)

Fertigungsauftragsarten überprüfen: Produktionsaufträge • Auftragsarten überprüfen (Transaktion KOT2)

Vorschlagswerte für Fertigungsaufträge: Produktionsaufträge • Kostenrechnungsrelevante Vorschlagswerte je Auftragsart/Werk pflegen

Planprofil für CO-Fertigungsaufträge: Produktionsaufträge • Planprofile für CO-Fertigungsaufträge definieren (Transaktion OKOS)

Fehlersteuerung für Fertigungsaufträge: Produktionsaufträge • Flexible Fehlersteuerung

Zugangsbewertung für Auftragsablieferung festlegen: Produktionsaufträge • Zugangsbewertung für Auftragsablieferung festlegen

Abgrenzungsschlüssel definieren: Periodenabschluß • Abgrenzungsschlüssel definieren (Transaktion OKG1)

Abgrenzungsversion einstellen: Periodenabschluß • Abgrenzungsversionen definieren (Transaktion OKG9)

Bewertungsmethoden definieren: Periodenabschluß • Bewertungsmethode definieren (Istkosten) (Transaktion OGGC)

Zeilen-IDs anlegen: Periodenabschluß • Zeilenidentifikatoren definieren

Kostenarten mit Zeilen-IDs verknüpfen: Periodenabschluß • Zuordnung definieren (Transaktion OKGB)

Zeilen-IDs fortschreiben: Periodenabschluß • Fortschreibung definieren (Transaktion OKGA)

Buchungsregeln festlegen: Periodenabschluß • Buchungsregeln für Abrechnung der Ware in Arbeit definieren (Transaktion OKG8)

Fehlersteuerung für Ware in Arbeit: Periodenabschluß • Ware in Arbeit • Flexible Fehlersteuerung

Abweichungsschlüssel definieren: Periodenabschluß • Abweichungsermittlung • Abweichungsschlüssel definieren (Transaktion OKV1)

Abweichungsschlüssel je Werk vorschlagen: Periodenabschluß • Abweichungsermittlung • Abweichungsschlüssel je Werk vorschlagen (Transaktion OKVW)

Abweichungsvariante überprüfen: Periodenabschluß • Abweichungsermittlung • Abweichungsvarianten überprüfen (Transaktion OKVG)

Bewertungsvariante für WIP und Ausschuss: Periodenabschluß • Abweichungsermittlung • Bewertungsvariante WIP und Aussschuß (Sollkosten) definieren

Sollversionen definieren: Periodenabschluß • Abweichungsermittlung • Sollversionen festlegen (Transaktion OKV6)

Abweichung pauschal vorgeben: Periodenabschluß • Abweichungsermittlung • Einsatzpreisabweichungen Primärdaten festlegen (Transaktion OKA8)

Fehlersteuerung für Abweichungsermittlung: Periodenabschluß • Abweichungsermittlung • Flexible Fehlersteuerung

Kontenfindung für Preisdifferenzen: Materialwirtschaft • Bewertung und Kontierung • Kontenfindung • Kontenfindung ohne Assistent • Automatische Buchungen einstellen

Menü Controlling • Kostenträgerrechnung • Kundenauftrags-Controlling:

Zuordnung Bedarfsarten zu Bedarfsklassen: Steuerung Kundenauftragsfertigung/Kundenauftrags-Controlling • Bedarfsarten überprüfen (Transaktion OVZH)

Bedarfsklassen überprüfen: Steuerung Kundenauftragsfertigung/Kundenauftrags-Controlling • Bedarfsklassen überprüfen

Kontierungstypen definieren: Steuerung Kundenauftragsfertigung/Kundenauftrags-Controlling • Kontierungstypen überprüfen

Fehlersteuerung für Kundenauftragskalkulation: Steuerung Kundenauftragsfertigung/Kundenauftrags-Controlling • Flexible Meldungssteuerung für Massenkalkulation Verkaufsbelege (Transaktion OPR4_CKMC)

Kalkulationsvariante für Kundenauftragskalkulation: Vorkalkulation und Auftragsstücklistenkalkulation • Kalkulationsvarianten für die Erzeugniskalkulation überprüfen (Transaktion OKY9)

Kalkulationsvariante für Auftragsstücklistenkalkulation: Vorkalkulation und Auftragsstücklistenkalkulation • Einzelkalkulation zu Kundenauftragsposition • Kalkulationsvarianten für die Einzelkalkulation überprüfen (Transaktion OKY1)

Fehlersteuerung für Auftragsstücklistenkalkulation: Vorkalkulation und Auftragsstücklistenkalkulation • Flexible Fehlersteuerung

B.6.3 Menü Controlling • Kostenträgerrechnung • Controlling für immaterielle Güter und Dienstleistungen

Kostenträgerprofile für Kostenträger-allgemein: Grundeinstellungen für das Controlling immaterieller Güter • Kostenträgerprofile definieren (Transaktion OKZB)

Kostenträgerart definieren: Grundeinstellungen für das Controlling immaterieller Güter • Kostenträgerarten definieren (Transaktion OKZ7)

Kalkulationsvariante für Gesamtplanung: Planung • Gesamtplanung • Kalkulationsvarianten für die Kostenträger-ID überprüfen (Transaktion OKY3)

Bewertungsvariante für Gesamtplanung: Planung • Gesamtplanung • Bewertungsvarianten für die Kostenträger-ID überprüfen (Transaktion OKY6)

Planungslayouts und Planerprofile: Planung • Periodische Planung • Layouts für Kostenarten- und Leistungsartenplanung definieren (Transaktion KK65) bzw. Layouts für Planung statistischer Kennzahlen definieren (Transaktion KK95)

Datenübernahme aus LIS: Planung • Periodische Planung • Übernahme statistischer Kennzahlen aus LIS • Zuordnung Kostenträger-Kennzahl (Transaktion KVC0)

B.6.4 Menü Controlling • Produktkosten-Controlling • Istkalkulation/Material-Ledger

Material-Ledger aktivieren: Bewertungskreise für das Material-Ledger aktivieren

Währungstypen festlegen: Währungstypen einem Material-Ledger-Typ zuordnen (Transaktion OMX2)

Material-Ledger-Typen Bewertungskreis zuordnen: Material-Ledger-Typen einem Bewertungskreis zuordnen (Transaktion OMX3)

Nummernkreise für Material-Ledger: Nummernkreise für Material-Ledger-Belege pflegen (Transaktion OMX4)

Dynamische Preisänderung einstellen: Dynamische Preisänderung einstellen

Gründe für Preisänderungen hinterlegen: Gründe für Preisänderungen

Flexible Meldungstypen für Material-Ledger: Flexible Meldungstypen definieren (Transaktion OPR4_ACT)

Bewegungsartengruppen definieren: Materialfortschreibung • Bewegungsartengruppen des Material-Ledgers definieren

Bewegungsartengruppen zuordnen: Materialfortschreibung • Bewegungsartengruppen des Material-Ledgers zuordnen

Fortschreibungsschema definieren: Materialfortschreibung • Fortschreibungsschema definieren

Fortschreibungsschema zuordnen: Materialfortschreibung • Fortschreibungsschema einem Bewertungskreis zuordnen

BAdI für Istschichtung: Materialfortschreibung • BAdI: Modifizierung der Istschichtung bei der Fortschreibung im ML

Istkalkulation aktivieren: Istkalkulation • Istkalkulation aktivieren

Controlling-Ebenen definieren: Istkalkulation • Eigendefinierte Namen für Zugänge/Verbräuche anlegen

Namen für Zugänge/Verbräuche definieren: Istkalkulation • Eigendefinierte Namen für Zugänge/Verbräuche zuordnen

Istschichtung aktivieren: Istkalkulation • Istschichtung aktivieren

Schichtungsübernahme in CO-PA: Istkalkulation • Schichtungsübernahme in CO-PA einstellen

BAdI zur Verteilung von Verbrauchsdifferenzen: Istkalkulation • BAdI: Empfängersuche bei der Verbrauchsmengennachbewertung

BAdI für externes Aufteilungsschema bei Kuppelproduktion: Istkalkulation • BAdI: Externes Aufteilungsschema bei Kuppelproduktion

BAdI zur Bewertung des Endbestands: Istkalkulation • BAdI: Endbestandsbewertung

Customizing-Einstellungen überprüfen: Umfeld • Customizing-Einstellungen prüfen (Transaktion CKM9)

Material-Ledger aktiv setzen (im Anwendungsmenü): Rechnungswesen • Controlling • Produktkosten-Controlling • Istkalkulation/Material-Ledger • Umfeld • Produktivstart • Bewertungskreise produktiv setzen (Transaktion CKMSTART)

Abstimmung mit FI-Bestandskonten (im Anwendungsmenü): Rechnungswesen • Controlling • Produktkosten-Controlling • Istkalkulation/Material-Ledger • Umfeld • Produktivstart • Abstimmung mit Bestandskonten im FI (Transaktion CKMADJUST)

B.7 Kapitel 8 – Ergebnis- und Marktsegmentrechnung

B.7.1 Menü Controlling • Ergebnis- und Marktsegmentrechnung

Merkmal anlegen: Strukturen • Ergebnisbereich pflegen • Merkmale pflegen (Transaktion KEA5)

Wertfeld anlegen: Strukturen • Ergebnisbereich definieren • Wertfelder pflegen (Transaktion KEA6)

Datenstruktur des Ergebnisbereichs anlegen: Strukturen • Ergebnisbereich definieren • Ergebnisbereich pflegen (Transaktion KEA0)

Ergebnisbereichs-Vorlagen anzeigen: Strukturen • Ergebnisbereich definieren • Ergebnisbereichsvorlagen

Ergebnisbereich voreinstellen: Strukturen • Ergebnisbereich setzen (Transaktion KEBC)

Merkmalsverwendung festlegen: Strukturen • Merkmale der Ergebnisobjekte festlegen (Merkmalsverwendung) (Transaktion KEQ3)

Merkmalswerte erstellen: Stammdaten • Merkmalswerte • Merkmalswerte pflegen (Transaktion KES1)

Merkmalshierarchie anlegen: Stammdaten • Merkmalswerte • Merkmalshierarchie definieren (Transaktion KES3)

Merkmale ableiten: Stammdaten • Merkmalsableitung definieren (Transaktion KEDR)

Bewertungsstrategie definieren: Stammdaten • Bewertung • Bewertungsstrategien • Bewertungsstrategie definieren und zuordnen (Transaktion KE4U)

Kalkulationsauswahl anlegen: Stammdaten • Bewertung • Bewertung mit Materialkalkulation einrichten • Zugriff auf Plankalkulation definieren

Kalkulationsauswahl für Istkalkulation anlegen: Stammdaten • Bewertung • Bewertung mit Materialkalkulation einrichten • Zugriff auf Istkalkulation/Material-Ledger definieren

Kalkulationsauswahl Artikel zuordnen: Stammdaten • Bewertung • Bewertung mit Materialkalkulation einrichten • Kalkulationsauswahl • Artikel zuordnen (Transaktion KE4H)

Kalkulationsauswahl Materialart zuordnen: Stammdaten • Bewertung • Bewertung mit Materialkalkulation einrichten • Kalkulationsauswahl → Materialarten zuordnen (Transaktion KE4J)

Kalkulationsauswahl flexibel zuordnen: Stammdaten • Bewertung • Bewertung mit Materialkalkulation einrichten • Flexible Zuordnung der Kalkulationsauswahl (Transaktion KEPC)

Wertfelder Kalkulationsauswahl zuordnen: Stammdaten • Bewertung • Bewertung mit Materialkalkulation einrichten • Wertfelder zuordnen (Transaktion KE4R)

Konditionsart anlegen: Stammdaten • Bewertung • Konditionen und Kalkulationsschemata definieren • Konditionsarten und Kalkulationsschemata anlegen (Transaktion 8KEV)

Konditionstabelle anlegen: Stammdaten • Bewertung • Konditionen und Konditionsschemata definieren • Konditionstabellen pflegen (Transaktion KE4A)

Zugriffsfolge definieren: Stammdaten • Bewertung • Konditionen und Konditionsschemata definieren • Zugriffsfolgen festlegen

Kalkulationsschema anlegen: Stammdaten • Bewertung • Konditionen und Kalkulationsschemata definieren • Konditionsarten und Kalkulationsschemata anlegen (Transaktion 8KEV)

Wertfelder Konditionsart zuordnen: Stammdaten • Bewertung • Konditionen und Konditionsschemata definieren • Wertfelder zuordnen (Transaktion KE45)

Konditionsliste erstellen: Stammdaten • Bewertung • Konditionen und Konditionsschemata definieren • Konditionslisten definieren (Transaktion KE4L)

Nummernkreise für Planbelege: Planung • Vorbereitungen • Nummernvergabe für Planung einrichten (Transaktion KEN2)

Planversionen pflegen: Planung • Vorbereitungen • Versionen pflegen

Mengenfelder zuordnen: Planung • Vorbereitungen • Mengenfelder zuordnen (Transaktion KE4M)

Planungseinstieg einrichten: Planung • Planungseinstieg • Planungseinstieg einrichten (Transaktion KEPM)

Planungslayout manuell definieren: Planung • Manuelle Plandatenerfassung • Planungslayout definieren (Transaktion KE14)

Wertfelder für Top-down-Verteilung definieren: Planung • Manuelle Plandatenerfassung • Vorgangsbezogene Top-Down-Verteilung einrichten • Wertfeldzuordnung definieren (Transaktion KEVF)

Verteilungsprofil definieren: Planung • Manuelle Plandatenerfassung • Vorgangsbezogene Top-Down-Verteilung einrichten • Verteilungsprofile definieren (Transaktion KEVP)

Gerechnete Werte als Bezugsbasis: Planung • Manuelle Plandatenerfassung • Vorgangsbezogene Top-Down-Verteilung einrichten • Gerechnete Werte als Bezugsbasis für Top-Down-Verteilung (Transaktion KE2K)

Gerechnete Werte als Bezugsbasis definieren: Planung • Planungsintegration • Kostenstellen-/Prozeßplanung übernehmen • Vorbereitungen • Gerechnete Werte als Bezugsbasis definieren (Transaktion KE2K)

Planzyklen zuordnen: Planung • Planungsintegration • Kostenstellen-/Prozeßplanung übernehmen • Vorbereitungen • Merkmalsgruppen → Planzyklen zuordnen (Transaktion KEVG5)

Empfangende CO-PA-Version einstellen: Planung • Planungsintegration • Kostenstellen-/Prozeßplanung übernehmen • Vorbereitungen • Empfangende Planversion zuordnen (Transaktion KEPV)

Übernahme Kostenschichtung bei Leistungsverrechnung aktivieren: Planung • Planungsintegration • Kostenstellen-/Prozeßplanung übernehmen • Vorbereitungen • Übernahme Kostenschichtung bei Leistungsverrechnung aktivieren (Transaktion KECO)

Ergebnisschema zum Vorgang zuordnen: Planung • Planungsintegration • Kostenstellen-/Prozeßplanung übernehmen • Vorbereitungen • Ergebnisschema → Vorgang zuordnen (Transaktion KEVG7)

Umlage Gemeinkosten: Planung • Planungsintegration • Kostenstellen-/Prozeßplanung übernehmen • Kostenstellen-/Prozeßkosten umlegen

Ergebnisschema definieren: Planung • Planungsintegration • Auftrags-/Projektplanung übernehmen • Ergebnisschema für Abrechnung definieren (Transaktion KEI1)

Ergebnisschema Abrechnungsprofil zuordnen: Planung • Planungsintegration • Auftrags-/Projektplanung übernehmen • Ergebnisschema → Abrechnungsprofil zuordnen

Schnittstelle zu SOP: Planung • Planungsintegration • Absatzmengen nach SOP übergeben • Merkmalsgruppen pflegen (Transaktion KEPA)

Daten aus LIS übernehmen: Planung • Planungsintegration • LIS-Schnittstelle einrichten

Planwerte an EC-PCA übergeben: Planung • Planungsintegration • Plandatenübernahme an EC-PCA/FI-GL/FI-SL einrichten

Verteilungsschlüssel erstellen: Planung • Planungshilfen • Verteilungsschlüssel für Periodenverteilung • Verteilungsschlüssel pflegen (Transaktion KEV0)

Verteilungsschlüssel dynamisch ermitteln: Planung • Planungshilfen • Verteilungsschlüssel für Periodenverteilung • Objektabhängige Verteilungsschlüssel pflegen

Umwertungsreihe anlegen: Planung • Planungshilfen • Umwertungsreihe • Umwertungsreihen pflegen (Transaktion KEF1)

Ereignis definieren: Planung • Planungshilfen • Ereignis • Ereignisse pflegen (Transaktion KEF3)

Prognoseprofil erstellen: Planung • Planungshilfen • Prognoseprofil • Prognoseprofile pflegen (Transaktion KE1T)

Gewichtungsgruppen erstellen: Planung • Planungshilfen • Prognoseprofil • Gewichtungsgruppen pflegen

Objektabhängige Prognoseprofile pflegen: Planung • Planungshilfen • Prognoseprofil • Objektabhängige Prognoseprofile pflegen

Quoten definieren: Planung • Planungshilfen • Quoten und Quotenschemata pflegen (Transaktion KE1I)

Gerechnete Werte für Top-down-Verteilung: Planung • Planungshilfen • Gerechnete Werte als Bezugsbasis für Top-Down-Verteilung

Erweiterungen für Planung: Planung • Planungshilfen • Exit-Nr. für Kundenerweiterung anlegen (Transaktion KE1O)

Nummernkreise für Istwerte: Werteflüsse im Ist • Vorbereitungen • Nummernvergabe für Istbuchungen einrichten (Transaktion KEN1)

Merkmalsgruppen anlegen: Werteflüsse im Ist • Vorbereitungen • Merkmalsgruppen • Merkmalsgruppen pflegen (Transaktion KEPA)

Merkmalsgruppen Kontierungsbild zuordnen: Werteflüsse im Ist • Vorbereitungen • Merkmalsgruppen • Merkmalsgruppen für Kontierungsbild zuordnen (Transaktion KE4G)

Wertfeldgruppen anlegen: Werteflüsse im Ist • Vorbereitungen • Wertfeldgruppen • Wertfeldgruppen pflegen (Transaktion KEVFG)

Wertfeldgruppen zuordnen: Werteflüsse im Ist • Vorbereitungen • Wertfeldgruppen • Wertfeldgruppen für Einzelpostenbildschirme zuordnen (Transaktion KEVG3)

Einzelposten verdichten: Werteflüsse im Ist • Vorbereitungen • Verdichtung bei Datenfortschreibung (Transaktion KE2S)

Mengen in Standardmengeneinheit führen: Werteflüsse im Ist • Vorbereitungen • Mengen in Standardmengeneinheit führen (Transaktion KE4MS)

Kundenauftragseingang übernehmen: Werteflüsse im Ist • Kundenauftragseingänge übernehmen • Wertfelder zuordnen (Transaktion KE4I) bzw. Mengenfelder zuordnen (Transaktion KE4M)

Übernahme Kundenauftragseingang übernehmen: Werteflüsse im Ist • Kundenauftragseingänge übernehmen • Kundenauftragseingänge aktivieren (Transaktion KEKF)

Wertfelder SD-Konditionen zuordnen: Werteflüsse im Ist • Fakturen übernehmen • Wertfelder zuordnen und weiter über Zuordnungspflege SD-Konditionen → COPA-Wertfelder (Transaktion KE4I)

Mengenfelder SD-Konditionen zuordnen: Werteflüsse im Ist • Fakturen übernehmen • Mengenfelder zuordnen (Transaktion KE4M)

Mengen-/Wertfelder zurücksetzen: Werteflüsse im Ist • Fakturen übernehmen • Wert-/Mengenfelder zurücksetzen (Transaktion KE4W)

Ergebnisschema für Abrechnung definieren: Werteflüsse im Ist • Aufträge/Projekte abrechnen • Ergebnisschema für Abrechnung definieren (Transaktion KEI1)

Ergebnisschema für FI/MM: Werteflüsse im Ist • Direktkontierung aus FI/MM • Ergebnisschema für Abrechnung definieren (Transaktion KEI2)

Automatische Kontierung einstellen: Werteflüsse im Ist • Direktkontierung aus FI/MM • Automatische Kontierungsfindung (Transaktion OKB9)

Gerechnete Werte als Bezugsbasis: Werteflüsse im Ist • Gemeinkosten übernehmen • Vorbereitungen • Gerechnete Werte als Bezugsbasis definieren (Transaktion KE2K)

Merkmalsgruppen Zyklen zuordnen: Werteflüsse im Ist • Gemeinkosten übernehmen • Vorbereitungen • Merkmalsgruppen → Ist-Zyklen zuordnen (Transaktion KEVG4)

Kostenschichtung bei Leistungsverrechnung: Werteflüsse im Ist • Gemeinkosten übernehmen • Vorbereitungen • Übernahme Kostenschichtung bei Leistungsverrechnung aktivieren (Transaktion KECO)

Vorgang zuordnen: Werteflüsse im Ist • Gemeinkosten übernehmen • Vorbereitungen • Ergebnisschema → Vorgang zuordnen (Transaktion KEVG6)

Umlagezyklus an CO-PA: Werteflüsse im Ist • Gemeinkosten übernehmen • Kostenstellen-/Prozeßkosten übernehmen • Umlage von Kostenstellen-/Prozeßkosten definieren (Transaktion KEU1)

Übersicht über alle definierten Umlagen: Werteflüsse im Ist • Gemeinkosten übernehmen • Kostenstellen-/Prozeßkosten übernehmen • Zyklusübersicht Ist-Umlage anzeigen (Transaktion KEUD)

Vorgangsarten für Templates: Werteflüsse im Ist • Gemeinkosten übernehmen • Template-Verrechnung einrichten • Vorgangsarten zur Selektion der Kostentreiber festlegen (Transaktion KEVG)

Selektionsrelevanz für Vorgänge: Werteflüsse im Ist • Gemeinkosten übernehmen • Template-Verrechnung einrichten • Verbuchungsmerkmale und Selektionsrelevanz pflegen (Transaktion KEAS)

Template-Umgebung generieren: Werteflüsse im Ist • Gemeinkosten übernehmen • Template-Verrechnung einrichten • Template-Umgebung für CO-PA generieren (Transaktion KEAE)

Template-Umgebung verwalten: Werteflüsse im Ist • Gemeinkosten übernehmen • Template-Verrechnung einrichten • Template-Umgebung und Funktionsbäume pflegen (Transaktion CTU6)

Template erstellen: Werteflüsse im Ist • Gemeinkosten übernehmen • Template-Verrechnung einrichten • Template pflegen (Transaktion CPT1)

Template-Findung: Werteflüsse im Ist • Gemeinkosten übernehmen • Template-Verrechnung einrichten • Template-Findung und weitere Verbuchungsmerkmale pflegen (Transaktion KEKW)

Verrechnungskostenarten zuordnen: Werteflüsse im Ist • Gemeinkosten übernehmen • Template-Verrechnung einrichten • Ergebnisschema für Template- und Leistungsverrechnung pflegen (Transaktion KEI3)

Schichtungszuordnung für Leistungsverrechnung: Werteflüsse im Ist • Gemeinkosten übernehmen • Template-Verrechnung einrichten • Schichtungszuordnung für Leistungsverrechnung pflegen (Transaktion KEICO)

Kundenabsprachen zuordnen: Werteflüsse im Ist • Kundenabsprachen übernehmen (Transaktion KES4)

Konten für interne Warenbewegungen: Werteflüsse im Ist • Parallele Wertansätze/Transferpreise führen • Konten für interne Warenbewegungen zuordnen (Transaktion KEAD01)

Profit-Center-Bewertung aktivieren: Werteflüsse im Ist • Parallele Wertansätze/Transferpreise führen • Profit-Center-Bewertung aktivieren (Transaktion KEKG)

CO-PA aktiv setzen: Werteflüsse im Ist • Ergebnisrechnung aktivieren (Transaktion KEKE)

Vorschlag für Verdichtungsebenen erstellen lassen: Werkzeuge • Verdichtungsebenen • Automatischen Vorschlag erstellen lassen (Transaktion KEDVP)

Verdichtungsebenen definieren: Werkzeuge • Verdichtungsebenen • Verdichtungsebenen definieren (Transaktion KEDV)

Customizing von CO-PA analysieren: Werkzeuge • Analyse

Testdaten löschen: Werkzeuge • Produktivstart • Bewegungsdaten löschen (Transaktion KEDB)

Einstellungen transportieren: Werkzeuge • Produktivstart • Objekte transportieren (Transaktion KE3I)

Nachbuchen von Kundenaufträgen vorbereiten: Werkzeuge • Produktivstart • Nachbuchen von Kundenaufträgen vorbereiten (Transaktion KE4F)

Kundenaufträge nachbuchen: Werkzeuge • Produktivstart • Nachbuchen von Kundenaufträgen ausführen (Transaktion KE4T)

Fakturen übernehmen: Werkzeuge • Produktivstart • Nachbuchen von Fakturen (Transaktion KE4S)

Texte übersetzen: Werkzeuge • Hilfsmittel • Texte übersetzen (Transaktion KETR)

B.8 Kapitel 9 – Profit-Center-Rechnung

Segment ableiten: Finanzwesen (neu) • Grundeinstellungen Finanzwesen (neu) • Werkzeuge • Kundenerweiterungen • Business Add-Ins (BAdIs) • Ableitung Segment • Segment ableiten

B.8.1 Menü Controlling • Profit-Center-Rechnung

Grundeinstellungen im Kostenrechnungskreis: Grundeinstellungen • Einstellungen für den Kostenrechnungskreis • Einstellungen für den Kostenrechnungskreis pflegen (Transaktion 0KE5)

Dummy-Profit-Center anlegen: Stammdaten • Profitcenter • Dummy-Profitcenter anlegen (Transaktion KE59)

Steuerungsparameter für Istdaten: Grundeinstellungen • Einstellungen für den Kostenrechnungskreis • Durchbuchungen aktivieren • Steuerungsparameter Istdaten einstellen (Transaktion 1KEF)

Versionen pflegen: Grundeinstellungen • Einstellungen für den Kostenrechnungskreis • Planversionen • Planversionen pflegen

Einstellungen analysieren: Grundeinstellungen • Einstellungen für den Kostenrechnungskreis • Einstellungen analysieren (Transaktion 1KE1)

Durchschnittsbestands-Ledger aktivieren: Grundeinstellungen • Einstellungen für den Kostenrechnungskreis • Durchschnittsbestands-Ledger aktivieren (Transaktion 0KE6)

Saldovortrag erlauben: Grundeinstellungen • Einstellungen für den Kostenrechnungskreis • Saldovortrag • Saldovortrag erlauben (Transaktion 2KET)

Ergebnisvortragskonten pflegen: Grundeinstellungen • Einstellungen für den Kostenrechnungskreis • Saldovortrag • Ergebnisvortragskonten pflegen

Bewegungsarten der Konsolidierung pflegen: Grundeinstellungen • Einstellungen für den Kostenrechnungskreis • Saldovortrag • Bewegungsarten der Konsolidierung pflegen (Transaktion OC08)

Standardhierarchie pflegen: Stammdaten • Profitcenter • Standardhierarchie definieren (Transaktion KCH4)

Kostenstellengruppen kopieren: Stammdaten • Profitcenter • Kostenstellengruppen kopieren (Transaktion 2KEU)

Profit-Center anlegen: Stammdaten • Profitcenter • Profitcenter anlegen (Transaktion KE51)

Inaktive Stammsätze aktivieren: Stammdaten • Profitcenter • Inaktive Profitcenter aktivieren (Transaktion KEOA2)

Kostenstellen kopieren: Stammdaten • Profitcenter • Kostenstellen kopieren (Transaktion 2KEV)

Zeitabhängigkeit der Stammdaten: Stammdaten • Profitcenter • Zeitabhängige Felder für Profitcenter festlegen (Transaktion 0KE7)

Suchhilfe für Profit-Center: Stammdaten • Profitcenter • Matchcode-ID für Profitcenter definieren (Transaktion 1KE6)

Repräsentative Materialien aktivieren: Stammdaten • Repräsentative Materialien • Repräsentative Materialien aktivieren (Transaktion 3KEJ)

Repräsentative Materialien auswählen: Profit-Center-Rechnung • Stammdaten • Repräsentative Materialien • Repräsentative Materialien auswählen (Transaktion 3KEK)

Repräsentative Materialien ableiten: Stammdaten • Repräsentative Materialien • Repräsentative Materialien ableiten (Transaktion 8KEO)

Controlling-Objekte nachträglich zuordnen: Zuordnungen von Kontierungsobjekten zu Profit-Centern

Zuordnungen überprüfen: Zuordnungen von Kontierungsobjekten zu Profit-Centern • Zuordnungen überprüfen (Transaktion 1KE4)

Substitution für BK-übergreifenden Verkauf: Zuordnungen von Kontierungsobjekten zu Profit-Centern • Substitutionen Kundenaufträge • Substitutionsregeln definieren (Transaktion 0KEM)

Substitution zuordnen: Zuordnungen von Kontierungsobjekten zu Profit-Centern • Substitutionen Kundenaufträge • Substitutionsregel zuordnen (Transaktion 0KEL)

Preisfindung für Transferpreise einstellen: Transferpreise • Grundeinstellungen der Preisfindung (Transaktion 8KEZ)

Konditionstabellen pflegen: Transferpreise • Detailsteuerung der Preisfindung • Preisabhängigkeiten (Konditionstabellen) definieren

Zugriffsfolge definieren: Transferpreise • Detailsteuerung der Preisfindung • Zugriffsfolge definieren

Konditionsausschluss festlegen: Transferpreise • Detailsteuerung der Preisfindung • Konditionsausschluss für Gruppen von Konditionen definieren

Preisliste definieren: Transferpreise • Detailsteuerung der Preisfindung • Preislisten definieren

Kontenfindung interne Warenbewegungen: Transferpreise • Einstellungen für interne Warenbewegungen • Kontenfindung für interne Warenbewegungen definieren (Transaktion 0KEK)

Kontenfindung Produktionsabweichungen: Transferpreise • Einstellungen für interne Warenbewegungen • Kontenfindung für Prod.Abw. bei Lief. an andere PrCtr def. (Transaktion 3KEL)

Sonderbehandlung interne Warenbewegungen: Transferpreise • Einstellungen für interne Warenbewegungen • Sonderbehandlung für interne Warenbewegungen definieren (Transaktion 0KEN)

Belegarten für Planbelege: Planung • Grundeinstellungen in der Planung • Belegarten pflegen • Belegarten für lokale Belege pflegen (Transaktion GCBA)

Rollup-Belegarten pflegen: Planung • Grundeinstellungen in der Planung • Belegarten pflegen • Belegarten für lokale Belege pflegen (Transaktion GCBR)

Nummernkreise für Planbelege pflegen: Planung • Grundeinstellungen in der Planung • Nummernkreise definieren • Nummernkreise für lokale Belege definieren (Transaktion GB02)

Nummernkreise für Rollup-Belegarten pflegen: Planung • Grundeinstellungen in der Planung • Nummernkreise definieren • Nummernkreise für Rollup definieren (Transaktion GL20)

Planungslayout definieren: Planung • Manuelle Planung • Planungslayout

Planerprofile definieren: Planung • Manuelle Planung • Planerprofile pflegen (Transaktion KP34PC)

Zugriff auf Kalkulation definieren: Planung • Ergebnisplanung • Zugriff auf Materialkalkulation definieren

Kalkulationsauswahl zuordnen: Planung • Ergebnisplanung • Kalkulationsauswahl zuordnen (Transaktion 8KET)

Zulässige Konten definieren: Planung • Ergebnisplanung • Zulässige Konten definieren

Formelplanung mit Template-Technik: Planung • Formelplanung • Templates pflegen (Transaktion CPT1)

Plandaten aus CO-PA übernehmen: Planung • Plandatenübernahme • Übernahme von Plandaten aus der kalk. Ergebnisrechnung • Vorzeichenlogik pflegen (Transaktion KESF)

Kontenfindung pflegen: Planung • Plandatenübernahme • Übernahme von Plandaten aus der kalk. Ergebnisrechnung • Kontenfindung pflegen (Transaktion KEDP)

Plandatenübernahme durchführen: Planung • Plandatenübernahme • Übernahme von Plandaten aus der kalk. Ergebnisrechnung • Datenübernahme durchführen (Transaktion KE1V)

Plandaten aus CO übernehmen: Planung • Plandatenübernahme • CO-Plandatenübernahme (Transaktion 1KE0)

Anfangsbestand stat. Kennzahlen übernehmen: Planung • Plandatenübernahme • Statistische Kennzahlen: Anfangsbestand im Plan übernehmen (Transaktion 1KEE)

Belegarten für Istbelege pflegen: Istbuchungen • Grundeinstellungen im Ist • Belegarten pflegen (Transaktion GCBX)

Nummernkreise für Istbelege pflegen: Istbuchungen • Grundeinstellungen im Ist • Nummernkreise für lokale Belege definieren (Transaktion GB02)

Layout für manuelle Belege anlegen: Istbuchungen • Manuelle Erfassung über ein Layout • Layout zur Belegerfassung pflegen (Transaktion 9KES)

Layout für statistische Kennzahlen pflegen: Istbuchungen • Manuelle Erfassung über ein Layout • Layout zur Erfassung von statistischen Kennzahlen pflegen (Transaktion 9KEK)

Maschinelle Kontierungszuordnung von Erlösarten pflegen: Istbuchungen • Maschinelle Kontierungszuordnung von Erlösarten pflegen (Transaktion OKB9)

FI-Konten übernehmen: Istbuchungen • Zusätzliche Bilanz- und GuV-Konten auswählen • Konten auswählen (Transaktion 3KEH)

Ableitungsregeln festlegen: Istbuchungen • Zusätzliche Bilanz- und GuV-Konten auswählen • Profit-Center-Findung durch Ableitungsregeln (Transaktion 3KEI)

Verteilung anlegen: Istbuchungen • Periodenabschluß • Verteilung definieren (Transaktion 4KE1)

Umlage anlegen: Istbuchungen • Periodenabschluß • Umlage definieren (Transaktion 3KE1)

Feldverwendung für Verrechnungen einstellen: Finanzwesen • Spezielle Ledger • Periodische Arbeiten • Allokation • Feldverwendung Umlage pflegen (Transaktion GCA1) bzw. Feldverwendung Verteilung pflegen (Transaktion GCA6)

Materialbestand periodisch übernehmen: Istbuchungen • Übernahme ausgewählter Bilanzpositionen • Aufbau von Materialbeständen (Transaktion 1KEH)

Ware in Arbeit periodisch übernehmen: Istbuchungen • Übernahme ausgewählter Bilanzpositionen • Aufbau von Ware in Arbeit (Transaktion 1KEJ)

Anlagen periodisch übernehmen: Istbuchungen • Übernahme ausgewählter Bilanzpositionen • Aufbau von Anlagenbeständen (Transaktion 1KEI)

Forderungen und Verbindlichkeiten übernehmen: Istbuchungen • Übernahme ausgewählter Bilanzpositionen • Forderungen/Verbindlichkeiten übernehmen (Transaktion 1KEK)

CO-Daten periodisch übernehmen: Istbuchungen • Istdatenübernahme • CO-Istdaten periodisch übernehmen (Transaktion 0KE0)

CO-Daten selektiv übernehmen: Istbuchungen • Istdatenübernahme • CO-Istdaten selektiv übernehmen (Transaktion 1KEA)

FI-Daten selektiv übernehmen: Istbuchungen • Istdatenübernahme • FI-Istdaten übernehmen (Transaktion 1KE8)

MM-Belege selektiv übernehmen: Istbuchungen • Istdatenübernahme • MM-Istdaten übernehmen (Transaktion 1KEC)

SD-Belege selektiv übernehmen: Istbuchungen • Istdatenübernahme • SD-Istdaten übernehmen (Transaktion 1KE9)

Partner-Profit-Center im Einkauf ableiten: Konsolidierungsvorbereitungen • Partner-Profit-Center im Ein- und Verkauf ableiten • Partner-Profit-Center im Einkauf ableiten (Transaktion 8KES)

Partner-Profit-Center im Verkauf ableiten: Konsolidierungsvorbereitungen • Partner-Profit-Center im Ein- und Verkauf ableiten • Partner-Profit-Center im Verkauf ableiten (Transaktion 8KER)

Verbundene Gesellschaften identifizieren: Konsolidierungsvorbereitungen • Bestellungen/Kundenaufträge nachlesen • Verbundene Gesellschaften identifizieren

Nachrichtensteuerung einstellen: Werkzeuge • Nachrichtensteuerung ändern (Transaktion OBA5)

Einstellungen transportieren: Werkzeuge • Transport von Customizing-Einstellungen • Umfeld transportieren (Transaktion OKEP)

Art der Fortschreibung der Belege ändern: Werkzeuge • Kundenerweiterungen • Vorgänge auswählen für Exit PCASELEK (Transaktion OKEO)

Belegverdichtung einstellen: Werkzeuge • Belegverdichtung pflegen (Transaktion OKE8)

Test-Bewegungsdaten löschen: Werkzeuge • Produktivstart vorbereiten • Testdaten löschen • Bewegungsdaten löschen (Transaktion OKE1)

Test-Stammdaten löschen: Werkzeuge • Produktivstart vorbereiten • Testdaten löschen • Profitcenter löschen (Transaktion OKE2)

Langtexte löschen: Werkzeuge • Produktivstart vorbereiten • Testdaten löschen • Langtexte löschen (Transaktion 7JEQ)

B.9 Kapitel 10 – Berichtswesen

Standardberichte Kostenartenrechnung kopieren: Kostenartenrechnung: Controlling • Kostenartenrechnung • Informationssystem • Standardberichte • Standardberichte importieren

Standardberichte Kostenstellenrechnung kopieren: Controlling • Kostenstellenrechnung • Informationssystem • Standardberichte • Standardberichte importieren

Standardberichte Innenaufträge kopieren: Controlling • Innenaufträge • Informationssystem • Standardberichte • Standardberichte importieren

Standardberichte Prozesskostenrechnung kopieren: Controlling • Prozeßkostenrechnung • Informationssystem • Standardberichte • Standardberichte importieren

Standardberichte periodisches Produkt-Controlling kopieren: Controlling • Produktkosten-Controlling • Informationssystem • Kostenträgerrechnung • Periodisches Produkt-Controlling • Standardberichte importieren

Standardberichte auftragsbezogenes Produkt-Controlling kopieren: Controlling • Produktkosten-Controlling • Informationssystem • Kostenträgerrechnung • Auftragsbezogenes Produkt-Controlling • Standardberichte importieren

Standardberichte Kundenauftrags-Controlling kopieren: Controlling • Produktkosten-Controlling • Informationssystem • Kostenträgerrechnung • Kundenauftrags-Controlling • Standardberichte importieren

Standardberichte Controlling für immaterielle Güter und Dienstleistungen kopieren: Controlling • Produktkosten-Controlling • Informationssystem • Kostenträgerrechnung • Controlling für immaterielle Güter und Dienstleistungen • Standardberichte importieren

Standardberichte Profit-Center-Rechnung kopieren: Controlling • Profit-Center-Rechnung • Informationssystem • Report Painter • Standardberichte importieren

Eigene Berichte Kostenartenrechnung erstellen: Controlling • Kostenartenrechnung • Informationssystem • Eigene Berichte

Eigene Berichte Kostenstellenrechnung erstellen: Controlling • Kostenstellenrechnung • Informationssystem • Eigene Berichte

Eigene Berichte Innenaufträge erstellen: Controlling • Innenaufträge • Informationssystem • Eigene Berichte

Eigene Berichte Prozesskostenrechnung erstellen: Controlling • Prozeßkostenrechnung • Informationssystem • Eigene Berichte

Eigene Berichte Profit-Center-Rechnung erstellen: Controlling • Profit-Center-Rechnung • Informationssystem • Report Painter

Recherchebericht für Produktkosten-Controlling anlegen: Produktkosten-Controlling: Controlling • Produktkosten-Controlling • Informationssystem • Eigene Berichte • Eigene Berichte für Produktrecherche

Recherchebericht für Ergebnisrechnung anlegen: Infosystem

Recherchebericht für Profit-Center-Rechnung anlegen: Controlling • Profit-Center-Rechnung • Informationssystem • Recherche

Formular anlegen: Infosystem • Berichtsbestandteile • Formulare definieren • Formulare für Ergebnisberichte definieren (Transaktion KE34)

Recherchebericht anlegen: Infosystem • Ergebnisbericht anlegen (Transaktion KE31)

Kennzahlen anlegen: Controlling • Produktkosten-Controlling • Informationssystem • Eigene Berichte • Kennzahlen definieren (Transaktion KCKO)

Rechenschemata definieren: Infosystem • Berichtsbestandteile • Rechenschemata definieren (Transaktion KER1)

Globale Variablen definieren: Infosystem • Berichtsbestandteile • Variablen für Berichte definieren (Transaktion KE3E)

Merkmalsgruppen festlegen: Infosystem • Berichtsbestandteile • Merkmalsgruppen für das Infosystem festlegen (Transaktion KEPD)

Merkmalshierarchie definieren: Infosystem • Berichtsbestandteile • Merkmalshierarchie definieren (Transaktion KES3)

Kostenartenhierarchie für buchhalt. CO-PA: Infosystem • Berichtsbestandteile • Kostenartenhierarchie für buchh. CO-PA zuordnen (Transaktion KE3K)

Anzeigeattribute zuordnen: Infosystem • Berichtsbestandteile • Anzeigeattribute zuordnen

Standardreports importieren: Controlling • Profit-Center-Rechnung • Informationssystem • Recherche • Import aus Mandant • Berichte importieren (Transaktion KE8Q)

Formulare importieren: Controlling • Profit-Center-Rechnung • Informationssystem • Recherche • Import aus Mandant • Formulare importieren (Transaktion KE8R)

Kennzahlen anlegen: Controlling • Profit-Center-Rechnung • Informationssystem • Recherche • Kennzahlen pflegen (Transaktion KCK0)

Variablen für EC-PCA pflegen: Controlling • Profit-Center-Rechnung • Informationssystem • Recherche • Variablen pflegen (Transaktion KE8V)

C Die Autoren

Martin Munzel verfügt über mehr als 13 Jahre Erfahrung im SAP-Umfeld. In dieser Zeit war zunächst als Berater bei Siemens und Capgemini und später als Inhouse-Berater bei Tech Data und Sartorius tätig und verfügt somit über einen breiten praktischen Erfahrungsschatz. Sein Fokus liegt auf dem Bereich Controlling und auf Projektsystemen. Vor seiner beruflichen Laufbahn hat er Wirtschaftsinformatik und Betriebswirtschaftslehre studiert. Inzwischen ist Martin Munzel als freiberuflicher SAP-Berater und -Trainer tätig. Sie können den Autor per E-Mail unter *martin.munzel@web.de* erreichen.

Renata Munzel hat als Beraterin und Projektleiterin bei der SAP AG und Siemens an zahlreichen internationalen SAP-Projekten in unterschiedlichen Branchen mitgearbeitet. Ihr Schwerpunkt liegt im Rechnungswesen und Controlling. Seit 2009 arbeitet sie als Inhouse-Beraterin bei der Refratechnik AG in Göttingen. Sie erreichen die Autorin per E-Mail unter *renata.munzel@web.de*.

Index

A

B

C

D

E

F

G

H

I

K

L

M

N

O

P

R

S

T

U

V

W

Z

MITMACHEN & GEWINNEN!

SAP PRESS

Sagen Sie uns Ihre Meinung und gewinnen Sie einen von 5 SAP PRESS-Buchgutscheinen, die wir jeden Monat unter allen Einsendern verlosen. Zusätzlich haben Sie mit dieser Karte die Möglichkeit, unseren aktuellen Katalog und/oder Newsletter zu bestellen. Einfach ausfüllen und abschicken. Die Gewinner der Buchgutscheine werden persönlich von uns benachrichtigt. Viel Glück!

▸ **Wie lautet der Titel des Buches, das Sie bewerten möchten?**

▸ **Wegen welcher Inhalte haben Sie das Buch gekauft?**

▸ **Haben Sie in diesem Buch die Informationen gefunden, die Sie gesucht haben? Wenn nein, was haben Sie vermisst?**

- ☐ Ja, ich habe die gewünschten Informationen gefunden.
- ☐ Teilweise, ich habe nicht alle Informationen gefunden.
- ☐ Nein, ich habe die gewünschten Informationen nicht gefunden. Vermisst habe ich:

▸ **Welche Aussagen treffen am ehesten zu?** (Mehrfachantworten möglich)

- ☐ Ich habe das Buch von vorne nach hinten gelesen.
- ☐ Ich habe nur einzelne Abschnitte gelesen.
- ☐ Ich verwende das Buch als Nachschlagewerk.
- ☐ Ich lese immer mal wieder in dem Buch.

▸ **Wie suchen Sie Informationen in diesem Buch?** (Mehrfachantworten möglich)

- ☐ Inhaltsverzeichnis
- ☐ Marginalien (Stichwörter am Seitenrand)
- ☐ Index/Stichwortverzeichnis
- ☐ Buchscanner (Volltextsuche auf der Galileo-Website)
- ☐ Durchblättern

▸ **Wie beurteilen Sie die Qualität der Fachinformationen nach Schulnoten von 1 (sehr gut) bis 6 (ungenügend)?**

☐ 1 ☐ 2 ☐ 3 ☐ 4 ☐ 5 ☐ 6

▸ **Was hat Ihnen an diesem Buch gefallen?**

▸ **Was hat Ihnen nicht gefallen?**

▸ **Würden Sie das Buch weiterempfehlen?**

☐ Ja ☐ Nein

Falls nein, warum nicht?

▸ **Was ist Ihre Haupttätigkeit im Unternehmen?**
(z.B. Management, Berater, Entwickler, Key-User etc.)

▸ **Welche Berufsbezeichnung steht auf Ihrer Visitenkarte?**

▸ **Haben Sie dieses Buch selbst gekauft?**

- ☐ Ich habe das Buch selbst gekauft.
- ☐ Das Unternehmen hat das Buch gekauft.